Der Social-Media-Zyklus

Alexander Decker

Der Social-Media-Zyklus

Schritt für Schritt zum systematischen
Social-Media-Management im
Unternehmen

Alexander Decker
Studiengang Marketing/Vetrieb/Medien
Technische Hochschule Ingolstadt
Ingolstadt, Bayern, Deutschland

Ergänzendes Material zu diesem Buch finden Sie auf http://extras.springer.com/978-3-658-22872-9

ISBN 978-3-658-22872-9   ISBN 978-3-658-22873-6   (eBook)
https://doi.org/10.1007/978-3-658-22873-6

Die Deutsche Nationalbibliothek verzeichnet diese Publikation in der Deutschen Nationalbibliografie; detaillierte bibliografische Daten sind im Internet über http://dnb.d-nb.de abrufbar.

Springer Gabler
© Springer Fachmedien Wiesbaden GmbH 2019

Springer Gabler ist ein Imprint der eingetragenen Gesellschaft Springer Fachmedien Wiesbaden GmbH und ist ein Teil von Springer Nature
Die Anschrift der Gesellschaft ist: Abraham-Lincoln-Str. 46, 65189 Wiesbaden, Germany

Vorwort

Wer liest schon Vorworte? Offensichtlich Sie, zumindest den Anfang. Vielleicht liegt das an dem aufmerksamkeitsstarken Bild rechts, denn Bilder ziehen ja immer den Bann eines Lesers an. Sehen wir mal, ob Sie auch weiter lesen. Dies hängt sicherlich auch davon ab, ob ich es schaffe, Sie für die weiteren Zeilen zu interessieren. Ich mache es Ihnen einfach und sage Ihnen, warum es sich lohnt weiterzulesen:

Vorworte sind eine Chance all denjenigen zu danken, die auf die eine oder andere Weise zum Entstehen einer Arbeit beigetragen haben. Wenn Sie neugierig sind, wem ich mich zu Dank verpflichtet fühle und warum, dann lesen Sie jetzt einfach weiter. [Sonst darf ich Sie direkt auf Kap. 1 verweisen und Ihnen eine gute Lektüre wünschen.]

Auf dem Einband dieser Arbeit steht mein Name. Dennoch: ohne die Unterstützung einer Reihe sehr lieber Menschen wäre dieses „Werk" nicht oder zumindest nicht in dieser Form zustande gekommen. Diejenigen, die konstruktiv kritisiert, unterstützt, mich psychologisch und kulinarisch betreut haben und/oder für mich und meine Gedanken da waren, an diese Personen richtet sich dieses Vorwort. [Also, liebe Leute, weiterlesen].

Der erste Dank kommt von Herzen: Meine Frau Christine Plote hat, abgesehen von mir, mit Abstand den größten Beitrag zur Entstehung dieses Buches geleistet. Nicht nur, dass Sie mich in der sehr straffen Entstehungszeit vom ersten Satz bis zum letzten Feinschliff stets aufgemuntert und auch meinen Tunnelblick ertragen hat. Nein, Sie zeichnet zudem als kritisches Auge dafür verantwortlich, dass aus den vielen Schachtelsätzen, die ich gerne baue, verständliche deutsche Sätze wurden. Darüber hinaus gestaltete sie mit professioneller Hand die vielen Abbildungen und sorgte so für einen einheitlichen Look. Am besten lässt sich ihr „Input" mithilfe einer von Sting im Lied „Mad about you" verfassten Textzeile beschreiben: „There are no victories in all our histories without love". Das sagt alles.

Des Weiteren danke ich drei Kollegen, die sich trotz eigener Arbeitslast an die Korrektur bestimmter Teile des Buches gemacht haben. Dies ist zum einen meine sehr geschätzte Kollegin Prof. Dr. Felicitas Maunz von der Hochschule Augsburg, die mit kritischem Blick die rechtlichen Ausführungen begutachtete. Zum anderen kümmerten sich Prof. Dr. Philipp Rauschnabel von der Universität der Bundeswehr München ebenso wie mein lieber Freund Dr. Olivier Blanchard von digidoo Consulting vor allem um den theoretischen Part im ersten Teil des Buches. Olivier hat mir zudem noch den Rücken im Wintersemester 17/18 freigehalten, indem er mir die Hälfte des Kurses Digital Marketing im Masterstudiengang *Marketing/Vertrieb/Medien* (MVM) abnahm.

Für einen regen Gedankenaustausch danke ich zudem den lieben „Mitbewohnern" unserer Starnberger Bürogemeinschaft RIE41: Andrea Schmölzer von Peak PR, Angelika Muxfeldt, freie Journalistin und Dr. Claudia Sorg-Barth, Trainerin und Beraterin.

Sollten Sie nun nach dem Lesen dieser Zeilen festgestellt haben, dass Sie nicht explizit erwähnt wurden, dann liegt das nicht notwendigerweise daran, dass Sie aus meiner Sicht keinen nennenswerten Beitrag geleistet haben. Viel eher trifft zu, dass ich beschlossen habe, dass eine gute Seite Vorwort genügen muss. Denn: Wer liest schon Vorworte?

Starnberg   Alexander Decker
im September 2018

PS: Ergänzend zu meiner Philosophie über Vorworte stelle ich fest, dass diese letztlich zur Erbauung des Verfassers dienen. So hat mir das Nachdenken über den Sinn, Unsinn und Inhalt eines Vorwortes auch etwas sehr Schönes beschert: einen Rückblick auf die vergangenen Monate, in denen dieses Buch entstand. Und an das Jahr davor, als mir beim Rasenmähen die Idee kam, all das, was ich seit Jahren in Beratung und Lehre über Social Media lehre, in einem Buch zusammenzufassen.

Inhaltsverzeichnis

Über den Autor

Prof. Dr. Alexander Decker ist Professor für Konsumgütermarketing und Digitale Medien an der Technischen Hochschule Ingolstadt sowie Leiter des Masterstudiengangs *Marketing/Vertrieb/Medien* der THI Business School. Zudem ist er Gründer und Geschäftsführer der Beratung Seward's Folly. Mit seinen Studenten führt er im Rahmen des Masterstudiengangs regelmäßig praxisorientierte Projekte durch.

Vor seiner Berufung zum Professor war der Betriebswirtschaftler über 15 Jahre in verschiedenen Positionen an Hochschulen sowie in Unternehmensberatungen und Unternehmen tätig. Als Head of Consumer Relations bei Nestlé Deutschland verantwortete er die Corporate-CRM-Aktivitäten, den Nestlé Verbraucherservice sowie den Bereich Social Commerce. Unter seiner Leitung entstand u. a. die erste Social-Commerce-Plattform eines Lebensmittelherstellers, der Nestlé Marktplatz. Bei Premiere Fernsehen (heute Sky Deutschland) trieb Decker die strategische Weiterentwicklung des Kundenmanagements, das CRM-Controlling und das Qualitäts- und Beschwerdemanagement voran. Zuvor entwickelte und implementierte er als Unternehmensberater bei der finnischen Beratung Vectia für Unternehmen im B2C-und B2B-Bereich Strategien für CRM, zur Steigerung von Kundenloyalität und Kundenpotenzial sowie für die Akquisition von Neukunden.

Die akademischen Wurzeln von Prof. Dr. Decker liegen an der Universität Bayreuth sowie am Lehrstuhl für Dienstleistungsmanagement (zuvor Lehrstuhl für Marketing) von Prof. Dr. Bernd Stauss an der Kath. Universität Eichstätt-Ingolstadt, wo er zum Dr. rer. pol. promoviert wurde.

Alexander Decker ist Autor einer Vielzahl von Publikationen über CRM, Social Media und digitales Marketing. Als Referent tritt er regelmäßig auf nationalen und internationalen Konferenzen auf.

Kontakt:
E-Mail: alexander.decker@thi.de
www.sewardsfolly.de
www.socialmedia-zyklus.de

Abkürzungsverzeichnis

Abb.	Abbildung
Abschn.	Abschnitt
AGB	Allgemeine Geschäftsbedingungen
AI	Artificial Intelligence
AIM	AOL Instant Messenger
ALS	Amyotrophe Lateralsklerose
AOL	America Online
App	Applikation (als Begriff für eine Anwendung)
B2B	Business-to-Business
B2C	Business-to-Consumer
BBS	Bulletin-Board-System
BFF	Best Friends Forever (Internet-Slang)
BVDW	Bundesverband Digitale Wirtschaft
ca.	ungefähr
CEO	Chief Executive Officer
CI	Corporate Identity
CPL	Cost per Lead
CPO	Cost per Order
CRM	Customer-Relationship-Management
CSR	Corporate-Social-Responsibility
CTR	Click-Through-Rate
d. h.	das heißt
DAU	Daily Active User (täglich aktive Nutzer)
DSGVO	Datenschutz-Grundverordnung
E-Commerce	Electronic Commerce
€	Euro
et al.	et alii (und andere)
etc.	und so weiter
FAQ	Frequently Asked Questions
FMCG	Fast Moving Consumer Goods

GRID	Verhaltensgitter
HTML	Hypertext Markup Language
HR	Human Resources
Hrsg.	Herausgeber
ICQ	„I seek you"
Kap.	Kapitel
KPI	Key-Performance-Indicator
LoL	Laughing Out Loud (Internet-Slang)
LMAO	Laughing My Ass Off (Internet-Slang)
MAU	Monthly Active User (monatlich active Nutzer)
Mio.	Million/Millionen
o. a.	oben angeführt(e)
o. J.	ohne Jahresangabe
PJ	Poor/Personal Joke (Internet-Slang)
PR	Public Relations
QR	Quick Response
ROI	Return on Investment
S.	Seite
SEA	Search-Engine-Advertising
SEO	Search-Engine-Optimization
SERP	Search-Engine-Result-Page (Suchergebnis-Seite)
SMS	Short Message Service
sog.	sogenannt
SoLoMo	Social Local Mobile
SWOT	Strengths/Weaknesses/Opportunities/Threats
t	Zeit/Jahre
Tab.	Tabelle
THI	Technische Hochschule Ingolstadt
TMG	Telemediengesetz
TV	Television (Fernsehen)
u. a.	unter anderem/und andere
UGC	User-Generated-Content
USD	US-Dollar
URL	Uniform Resource Locator
u. U.	unter Umständen
UWG	Gesetz gegen den unlauteren Wettbewerb
v. a.	vor allem
vgl.	vergleiche
WM	Weltmeisterschaft
WWW	World Wide Web
z. B.	zum Beispiel
z. T.	zum Teil

Abbildungsverzeichnis

Tabellenverzeichnis

Teil I
Grundlagen Social Media und Social-Media-Strategie

Grundlagenforschung betreibe ich dann, wenn ich nicht weiß, was ich tue.
Wernher Freiherr von Braun, deutscher und später US-amerikanischer Raketeningenieur (Braun zitiert nach Zitate-Online.de o. J.)

Zusammenfassung

Zusammenfassung Dieses Buch besteht aus drei Teilen. Teil I beschäftigt sich in den Kapiteln 1 bis 4 mit den Grundlagen von Social Media. Auch wenn das Zitat von Wernher Freiherr von Braun oben nicht (ganz) auf den Autor zutrifft, so bringt die Beschäftigung mit den Basics zu Social Media doch immer wieder zusätzliche Erkenntnisse. Diese münden in Kap. 4 in den Aufbau eines strategischen und systematischen Social-Media-Management-Ansatzes, der für Teil II in den Kap. 5 bis 14 strukturgebend sein wird. Teil III zeigt dann in den Kapiteln 15 bis 17 zwei Anwendungsbeispiele des Social-Media-Zyklus und geht der Frage nach, wie man sich in diesem dynamischen Umfeld auf dem Laufenden halten kann.

Literatur

Zitate-Online.de (o. J.) Zitate – Literaturzitate – Allgemein. https://www.zitate-online.de/literaturzitate/allgemein/16016/grundlagenforschung-betreibe-ich-dann-wenn.html. Zugegriffen: 31.05.2018

Zur Motivation und Aufbau des Buches

1

Schon wieder ein (Lehr-)Buch über Social Media?
(Unbekannter Feedbackgeber aus der u. a. Befragung des Autors).

Zusammenfassung

Nach einer kurzen Einführung zur Motivation dieses Lehrbuch über Social Media, beschreibt dieser Teil die verhältnismäßig kurze, aber äußerst dynamische „Geschichte" von Social Media (Kap. 2) und erörtert darauf aufbauend definitorische Grundlagen für ein gemeinsames Verständnis des Begriffs Social Media (Kap. 3). Schließlich entwickelt Kap. 4 den bereits angeführten systematischen Social-Media-Management-Ansatz, den Teil II dieses Buches Schritt für Schritt ausführlich erläutert.

Motivation

Wie beginnt man sinnvollerweise ein Buch über Social Media? Ganz einfach: man befragt Freunde und Follower auf Facebook und Twitter, oder seine Studenten. Hier eine kleine Auswahl der Antworten:

- „First there was nothing ..."
- „Wir leben heute in einer Zeit, in der sich jeden Tag ständig etwas ändert."
- „Viele wissen gar nicht, was Social Media überhaupt ist!"
- „Können Sie sich ein Leben ohne Social Media vorstellen?"
- „Facebook, Twitter, Xing und Snapchat oder gar WhatsApp: Was wären wir heute ohne Social Media?"
- „Von dem, was jeder macht und niemand braucht."
- „Bits, bytes and pieces are creating a new society."

© Springer Fachmedien Wiesbaden GmbH 2019
A. Decker, *Der Social-Media-Zyklus,*
https://doi.org/10.1007/978-3-658-22873-6_1

- „Social media is still a teenager on the global business stage …"
- „Social Media ist kein Marketingkanal – es ist eine Philosophie."
- „Falls Sie mit dem Thema Social Media noch nichts zu tun hatten – kein Problem: es entwickelt sich so rasant, die Basics verändern sich so schnell, da kann man jederzeit einsteigen."
- „Vielleicht erscheint es riskant, ein Fachbuch über ein so schnelllebiges Thema wie Social Media zu schreiben – denn wie lange nach der Veröffentlichung wird dessen Content noch aktuell sein?"
- „Wozu braucht man (noch) ein Buch über Social Media? Ist das nicht schon bei seiner Veröffentlichung veraltet?"

Erwischt! Gerade die Kurzlebigkeit des Themas beschäftigte den Autor[1] schon lange vor der Entstehung dieses Buches. Ja, es ist richtig: zum Thema Social Media gibt es eine Vielzahl von Veröffentlichungen. Kein Wunder: es ist auch ein spannendes, weil so dynamisches Thema. Vielen Publikationen ist gemein, dass sie auch eine **strategische Perspektive** des Social-Media-Marketings einnehmen (so z. B. Hilker 2012; Li und Bernoff 2009 oder Ryan 2015). Aus Sicht des Autors fällt allerdings dieser Aspekt meist zu kurz aus. Auch Felix et al. (2017, S. 118) kommen zu dem Schluss, dass die Literatur zu Social-Media-Marketing fragmentiert und nur auf einzelne Aspekte fokussiert ist. Eigene Erfahrungen des Autors im Umgang mit den sozialen Medien und Social-Media-Marketing in Lehre und der unternehmerischen Beratung bestätigen dies: dem strategischen Aspekt eines systematischen Vorgehens wird auch in der Praxis zu wenig Aufmerksamkeit geschenkt.

Unternehmen und Studierende stehen zudem vor einem weiteren Problem: die unfassbar **große Masse an (Online) Quellen.** Sie fragen sich: Wie lassen sich aus dem Dickicht der Informationen die relevanten und verlässlichen Quellen herausfiltern? Auf welche grundlegenden Erkenntnisse kann man sicher zurückgreifen? Welche Inhalte sind morgen nicht schon wieder veraltet?

Viele Aspekte von Social Media weisen eine sehr kurze Halbwertszeit auf. Bis zur Veröffentlichung einer Monografie haben sich diese für gewöhnlich schon überlebt. Aus Sicht des Autors macht es folglich wenig Sinn, sich im Rahmen eines Buches mit sämtlichen Neuerungen der einzelnen Social-Media-Kanäle zu beschäftigen. Deswegen fokussieren die Ausführungen dieses Buches vor allem auf sog. **„Evergreen Content".** Diese Inhalte sind unabhängig von den dynamischen Entwicklungen in diesem Bereich allgemein gültig und veralten nicht (zu) schnell.

---

[1]Im Folgenden wird im Rahmen des Buches von Autor gesprochen, wenn der Ersteller dieses Buches gemeint ist. Bezieht sich der Autor auf andere Quellen und möchte deren Namen nicht ständig wiederholen, spricht er von den Verfassern. Auf eine eigentlich notwendige gendergerechte Ausdrucksweise unter Verwendung der Doppelform (z. B. Verfasser und Verfasserinnen) oder des sogenannten Binnen-Is (VerfasserInnen) wird zu Gunsten der einfacheren Lesbarkeit verzichtet.

Lange Rede, kurzer Sinn: **Ziel dieses Buches** ist es, einen systematischen Ansatz zum strategischen Management von Social Media zu geben und diesen mit so vielen konkreten Beispielen wie möglich umfassend und praxisnah darzustellen. Es dient als Kompass im Dschungel der Informationen rund um Social Media. An dieser Stelle übernimmt der Autor auch die Rolle eines Kurators. Unternehmen können daraus Anregungen für die strategische Ausrichtung ihres Social-Media-Marketings erhalten. Auch Fragestellungen aus den Bereichen Human Relations, Organisationsmanagement, Recht und Controlling finden Berücksichtigung, da sie wichtige Elemente eines strategischen Ansatzes zum Social-Media-Marketing darstellen (in Anlehnung an die Übersicht bei Felix et al. 2017, S. 118). Studierenden dient dieses Buch dazu, konkret anwendbare Ansätze für ein systematisches Social-Media-Management in Unternehmen kennenzulernen.

Ein Großteil der Ausführungen basiert auf den eigenen Erfahrungen des Autors aus dem unternehmerischen und dem Beratungs-Alltag. Da dennoch die meisten Informationen zu diesem Thema aus Online-Quellen stammen, finden neben den einschlägigen Monografien vor allem eine Vielzahl von Internetquellen aus Blogs, Studien oder Internet-Magazinen Verwendung.

Aufbau des Buches

Teil I bildet die **Basis** und setzt den Bezugsrahmen für einen systematischen Social-Media-Management-Ansatz: den *Social-Media-Zyklus*. Es zieht aus der Vielzahl der Veröffentlichungen zum Thema Social Media die wesentlichen Quintessenzen. Die Darstellung der geschichtlichen Entwicklung von Social Media zeigt die Dynamik, Kurz- und Schnelllebigkeit, aber auch die Komplexität, die sich vor allem in der jüngeren Vergangenheit ergeben hat. Der hier entwickelte Management-Ansatz ist strukturgebend für den zweiten Teil, den Hauptteil des Buches.

Teil II beschreibt detailliert die **einzelnen Schritte** des im ersten Teil entwickelten *Social-Media-Zyklus*. Jeder der zehn Schritte beleuchtet nacheinander die wichtigsten Aspekte, die es für ein systematisches Social-Media-Management in der Unternehmenspraxis zu berücksichtigen gilt. Darüber hinaus werden jeweils Instrumente vorgestellt, die die Arbeit im Social-Media-Bereich eines Unternehmens vereinfachen.

Der Aufbau des Zyklus entspricht der Logik eines idealen konzeptionellen Vorgehens im Unternehmen. Es bietet sich an, die einzelnen Kapitel zunächst in der gegebenen Reihenfolge zu lesen. Je nach Aufgabenstellung im „Daily Business" können später auch einzelne Schritte zur Vertiefung dienlich sein.

Teil III bietet ausgewählte **Vertiefungen** zum Thema. Am Beispiel der Social-Media-Aktivitäten des Masterstudiengangs *Marketing/Vertrieb/Medien* (MVM) an der THI Business School in Ingolstadt wird der Social-Media-Zyklus im Praxiseinsatz demonstriert. So zeigt sich, dass der in Teil II erläuterte Ansatz auch für kleine und mittlere Unternehmen ohne viel Budget geeignet ist. Für Unternehmen, die Social Media nicht aktiv betreiben wollen, liefert Teil III Tipps, welche Maßnahmen auch in diesem Fall (nach Meinung des Autors kann man nicht *nicht* Social Media betreiben) mindestens ergriffen werden sollten. Empfehlungen, wie man sich in einem solch dynamischen Umfeld up-to-date hält, runden den letzten Teil schließlich ab.

Social Media bedient sich vieler unterschiedlicher Medien und ist von einer enormen Dynamik geprägt. Um diesen beiden Aspekten gerecht zu werden, bietet das Buch aktive Verlinkungen. Zum einen kann über die Literaturangaben auf viele Quellen direkt zugegriffen werden. Zum anderen finden Leser zahlreiche **Servicelinks** mit Verweisen auf Videos, Posts, Social-Media-Plattformen, Studien oder weiterführende Inhalte und Downloads. Vor allem die Servicelinks in Teil II verweisen oft auf vom Autor betriebene Accounts mit laufend aktualisierten Hinweisen zu aktuellen Beiträgen und Studien und/oder auf Inhalte der zum Buch gehörenden Webseite socialmedia-zyklus.de. In der gedruckten Version des Buches lenken QR-Codes auf die jeweiligen Quellen. Da manche Servicelinks auf mehr als eine oder zwei Quellen verweisen, ist in diesen Fällen ein QR-Code abgedruckt, der auf eine Linkliste auf socialmedia-zyklus.de führt. Da auch Links veralten können, bittet der Autor schon jetzt um Nachsicht, sollte die eine oder andere Quelle nicht mehr verfügbar sein. Hinweise via die o. a. Website wären bei der Überarbeitung des Buches sehr hilfreich.

Beispielhaft führt der nachstehende Servicelink 1.1 zur oben genannten Buch-Website sowie zum Flipboard-Account, der im Rahmen des E-Learning-Konzepts des Autors (siehe dazu ausführlich Kap. 17) eine zentrale Rolle einnimmt.

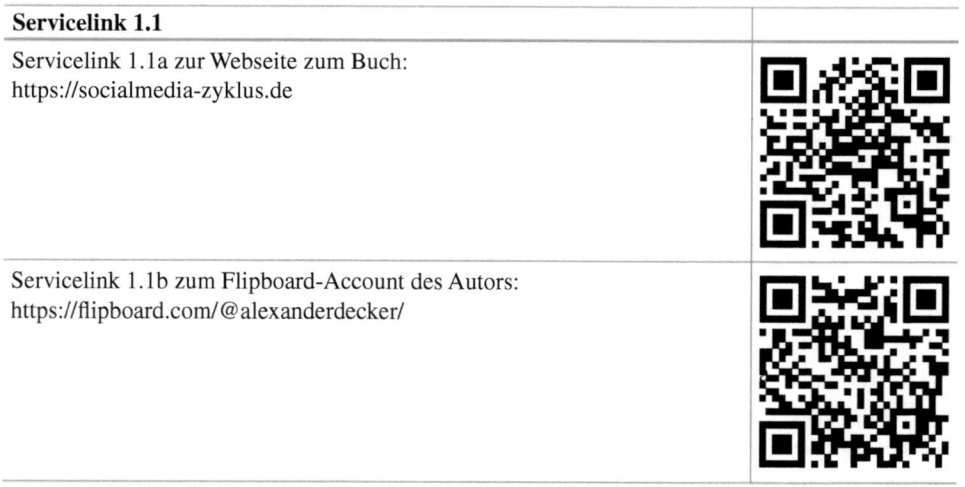

Servicelink 1.1

Servicelink 1.1a zur Webseite zum Buch:
https://socialmedia-zyklus.de

Servicelink 1.1b zum Flipboard-Account des Autors:
https://flipboard.com/@alexanderdecker/

Literatur

Felix R, Rauschnabel PA, Hinsch C (2017) Elements of strategic social media marketing: a holistic framework. J Bus Res 1:118–126. https://doi.org/10.1016/j.jbusres.2016.05.001

Hilker C (2012) Erfolgreiche Social-Media-Strategien für die Zukunft: Mehr Profit durch Facebook, Twitter, Xing und Co. Linde, Wien

Li C, Bernoff J (2009) Facebook, YouTube, Xing & Co: Gewinnen mit Social Technologies. Hanser, München

Ryan D (2015) Understanding social media. How to create a plan for your business that works. Kogan Page, London

Geschichte und Highlights von Social Media

2

> *Social media is like a snowball rolling down the hill. It's picking up*
> *speed. Five years from now, it's going to be the standard.*
> Jeff Antaya, CMO Plante-Moarn (Antaya zitiert bei Simplify360
> 2013, S. 25).

Zusammenfassung

Zur Einführung in die Thematik bietet dieses Kapitel einen Abriss über die Geschichte von Social Media (Abschn. 2.1). Es folgt eine kritische Würdigung zum Status Quo sowie ein Ausblick. Welche (vor allem positiven) Auswirkungen Social Media auf unser Leben nehmen kann, wird anhand ausgewählter Highlight-Momente in Abschn. 2.2 beschrieben.

2.1 Geschichtliche Entwicklung

Der viel zitierte Ausspruch von Jeff Antaya, der als Motto für dieses Kapitel steht, geht (mindestens) zurück auf das Jahr 2010. Social Media ist, wie damals von Antaya vorhergesagt, innerhalb weniger Jahre zum Standard geworden. Mehr noch – im August 2017 verzeichnete die internationale Digital-Agentur „We Are Social" erstmals mehr als **drei Milliarden aktive (Einzel-)Social-Media-Nutzer** auf der Welt. Dies entspricht 40 % der Weltbevölkerung (vgl. We Are Social 2017, S. 10). Welche Dynamik dahinter steckt, zeigt der Vergleich der Zahlen von Kroker (2017a) von 2017 mit denen aus dem Jahr 2015: „Damals verzeichnete WeAreSocial weltweit rund 2,2 Mrd. Social-User – in den vergangenen zwei Jahren hat die Nutzung also um satte 36 % zugelegt".

Um die Bedeutung dieser Zahlen und die damit verbundene Dynamik besser zu verstehen, ist es hilfreich, sich die wichtigsten Meilensteine der kurzen, aber bewegten

© Springer Fachmedien Wiesbaden GmbH 2019
A. Decker, *Der Social-Media-Zyklus,*
https://doi.org/10.1007/978-3-658-22873-6_2

geschichtlichen Entwicklung der sozialen Medien und Plattformen näher anzuschauen. Die Ausführungen beziehen sich auf Vorgänge in der westlichen Welt und nehmen wichtige Aspekte der Entwicklung des Internets beziehungsweise des digitalen Umfelds in die Betrachtungen auf. Auf spezielle Plattformen in Russland und im asiatischen Raum geht später Abschn. 7.3 ein.

Verschiedene Verfasser kommen zu unterschiedlichen geschichtlichen Phasen. Die hier vorgenommene Einteilung in fünf Phasen (siehe Abb. 2.1 im Überblick) orientiert sich an den aus der Sicht des Autors wegweisenden Ereignissen.

Phase 1: Vom Beginn des Internets bis zu den ersten schwarzen Brettern (1969 bis 1988)

Hart (2014) führt als erstes Datum das Jahr 1792 auf, das Jahr der Erfindung des Telegrafen (ähnlich: Riese 2016: sie nennt im selben Zusammenhang das Jahr 1844). Ganz so weit muss man jedoch nicht in die Vergangenheit reisen. Der erste echte Meilenstein in der Entwicklung der sozialen Medien (vgl. beispielsweise Hettler 2010, S. 1 oder Marrouat 2013) datiert auf dem 29. Oktober 1969, dem Geburtsdatum des Internets. An diesem Tag wurde erstmals ein Großrechner an der University of California in Los Angeles mit einer Maschine am 500 km entfernten Stanford-Research-Institute verbunden. Dies erfolgte im Rahmen des sog. **ARPANET,** das Advanced Research Projects Agency Network, ein Projekt des US-Verteidigungsministeriums (vgl. Karadeniz o. J.a). Diese Initiative basierte wiederum auf dem Konzept des „Galactic Networks", welches in den sechziger Jahren durch den MIT-Professor J.C.R. Licklider entwickelt wurde (vgl. Walsh 2017).

In den folgenden Jahren entwickelte der ebenfalls zur Forschungsgruppe des ARPA-NET gehörende Wissenschaftler Ray Tomlinsons ein Programm, um elektronische Post zu schreiben, lesen und versenden. 1971 gelang es ihm die erste E-Mail zu verschicken. Seither gilt er als „Vater" der E-Mail (vgl. Ludwig 2016).

Im Zuge der geschichtlichen Entwicklung seltener genannt ist eine Anwendung aus dem Jahr 1972 namens **„Community Memory",** laut Wagner (1998, S. 131) das erste

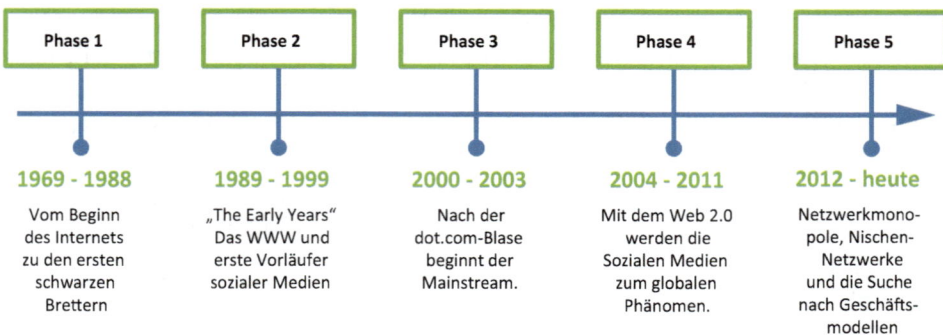

Abb. 2.1 Phasen der geschichtlichen Entwicklung der sozialen Medien. (Quelle: eigene Darstellung)

computergesteuerte schwarze Brett. Oberstes Ziel der Forscher war es, ein „öffentlich zugängliches Publikations- und Kommunikationssystem" (Wagner 1998, S. 131) zur Veröffentlichung von unzensierten Meinungen und Nachrichten zu schaffen. An einem Fernschreiber in Kalifornien konnte man Texte hinterlassen und Nachrichten anderer kommentieren. Je nach Definition von Social Media (siehe dazu Kap. 3) könnte dieses System folglich als erste soziale Plattform beschrieben werden.

Die eigentliche Geschichte der sozialen Medien startet jedoch mit dem in den siebziger Jahren entwickelten **Bulletin-Board-System** (kurz: BBS) (vgl. beispielsweise Kroker 2015a, Marrouat 2013, Steinbrenner 2017). Auf dem von Randy Suess und Ward Christensen entwickelten Foren-ähnlichen BBS konnten Nutzer Nachrichten, Daten und andere Informationen auf öffentlichen elektronischen schwarzen Brettern austauschen. Das erste per öffentlicher Einwahl zugängliche BBS startete am 16. Februar 1978 (vgl. Chip o. J., Bild 1). Dabei konnte sich immer nur eine Person über die private Telefonleitung mit dem BBS verbinden, dort eine Nachricht hinterlassen oder eine Datei hochladen, um anschließend die Verbindung zu trennen und somit dem nächsten Zugriff auf den neuen Content freizugeben. In den folgenden Jahren entstanden tausende verschiedene Bulletin Boards, aufgrund der hohen Verbindungskosten über das Telefon, vorwiegend auf regionaler Basis. Thematisch ähnelten die BBS aber bereits den heutigen Foren und Chats.

Im darauffolgenden Jahr entstand das **Usenet** mit seinen Newsgroups. Es stellte eine „zentrale Anlaufstelle für die neue digitale Generation" (Chip o. J., Bild 2) dar, da es im Gegensatz zu den schwarzen Brettern des BBS auf Servern gehostet wurde und so mehreren Nutzer zeitgleich Zugriff erlaubte. Das Usenet existiert noch heute, ist weiterhin ein selbständiger Dienst im Internet. Mit **Compuserve** gab es zeitgleich eine ähnliche Plattform wie das Usenet. Compuserve wuchs in den 1980er Jahren zum weltweit größten Online-Portal und war in den 1990er Jahren ein wichtiger Wegbereiter für die Nutzung des Internets in Privathaushalten. Es wurde am 6. Juli 2009 eingestellt (vgl. Lischka 2009).

Phase 2: The Early Years – Die Entstehung des World Wide Webs, erste Vorläufer sozialer Medien inklusive Blogging-Plattformen (1989 bis 1999)
Der Durchbruch des Internets als Massenmedium, und damit ein ganz wesentlicher Meilenstein in der Geschichte von Social Media, erfolgte 1989 mit der Entwicklung des **World Wide Webs** (kurz: WWW) durch den Briten Tim Berners-Lee (vgl. Hettler 2010, S. 1). Zwar gab es das Internet zu diesem Zeitpunkt schon seit über 20 Jahren. Dennoch war es eine eher akademische Angelegenheit, die vornehmlich von Universitäten, Forschungsinstituten und (in den USA) von militärischen und behördlichen Einrichtungen genutzt wurde (vgl. Karadeniz o. J.b). In diesem Zusammenhang beschreibt Hettler (2010, S. 1) die Idee von Berners-Lee wie folgt:

Ziel von Berners-Lee war ein weltweites, engmaschiges und stetig wachsendes Netz aus Webseiten, in denen Informationen jeglicher Art gespeichert werden konnten. Dabei hatte Berners-Lee ein Medium vor Augen, in dem jeder zugleich Konsument und Produzent sein konnte.

Aufbauend auf den rasanten Entwicklungen des seit 1991 öffentlich zugänglichen WWW beginnt eine Ära, die bei Boyd und Ellison (2007) als „The Early Years" von Social Media bezeichnet wird. So ging 1994 **Geocities** als eine Art Vorläufer der heutigen sozialen Netzwerke an den Start. Die Seite ermöglichte Internetnutzern, in einer virtuellen Stadt ihre eigene Homepage anzulegen. Zudem verfügte die Community über Chats und Foren (vgl. Pein 2013).

Ebenfalls 1994 begann der 19-jährige Justin Hall, sein Leben mit anderen auf links.net zu teilen. Er gilt damit als „Vater" des Bloggens – auf Deutsch anfänglich etwas umständlich als „Internet-Tagebücher" bezeichnet (vgl. Heuer 2009). Zu seiner Motivation sagte Hall im Interview mit t3n (vgl. Heuer 2009):

> 1994 gab es wenige andere Webseiten, keine Suchmaschinen und kein Google, man musste Dinge finden, indem man von Link zu Link sprang, und ich versuchte, mir einen kleinen eigenen Hub aufzubauen, der das Web verbindet, das ich mag und das ich gesehen habe.

Was war nun die erste „wirkliche" Social-Media-Plattform? Hier gehen die Meinungen auseinander. Folgt man beispielsweise Kroker (2015a) oder Steinbrenner (2017), so handelt es sich bei dem 1995 gestarteten Classmates.com um die erste Social-Media-ähnliche Internet-Seite. Die Online-Community diente vor allem der Suche und Kontaktpflege zwischen ehemaligen Schul- und Universitätsfreunden und wies damit schon vor über zwanzig Jahren viele Bestandteile moderner sozialer Netzwerke heutiger Prägung auf (vgl. Kroker 2015a).

Bei Marrouat (2013, ähnlich bei Chip o. J., Bild 6) wird der 1996 gestartete Multi-User-Messaging-Dienst **ICQ** („I seek You") als weiterer Meilenstein genannt. Das israelische Startup-Unternehmen Mirabilis entwickelte diesen eigenen, deutlich einfacheren Chat-Client für Windows-Systeme, der schnell einen Siegeszug rund um die Welt antrat. ICQ hatte zu Beginn des Jahrtausends weit mehr als 100 Mio. Nutzer. Unabhängig davon, ob man Instant-Messenger zu den sozialen Medien zählt oder nicht, kann man sagen, dass ICQ die Online-Kommunikation massentauglich machte (vgl. Steinbrenner 2017). Fast zeitgleich, nur ein halbes Jahr nach der ICQ-Einführung, wurde der **AOL Instant Messenger** (kurz: AIM) veröffentlicht. Nachdem AOL im Jahre 1998 ICQ kaufte, wurden die beiden Netzwerke nach und nach miteinander verschmolzen.

1997 ist das Jahr, in dem die Internetdomain Google.com registriert wurde. Es sollte der Startschuss für die Entwicklung eines der wichtigsten Unternehmen unserer Zeit sein, welches auch auf den Bereich Social Media einen enormen Einfluss ausübte. „Das erste soziale Netzwerk, in der Form wie wir es heute kennen" (Pein 2013), wurde ebenfalls 1997 – unter dem Namen SixDegrees.com durch den Rechtsanwalt und Finanzanalysten Andrew Weinreich gegründet (vgl. Plymale 2012). Der Name bezog sich auf das „Kleine-Welt-Experiment" des amerikanischen Psychologen Stanley Milgram (1967).

Die dahinterliegende Theorie (bekannt als Six Degrees of Separation)[1] besagt, dass jede Person auf der Welt über durchschnittlich sechs Kontakte mit jeder beliebigen anderen Person verbunden ist. SixDegrees.com war laut einer von Boyd und Ellison (2007) publizierten Untersuchung der erste Dienst, der die grundlegenden Merkmale heutiger sozialer Medien aufwies: Der Dienst erlaubte Instant Messaging, die Erstellung von Profilseiten, das Auflisten von Freundschaftsbeziehungen zu anderen Usern sowie das Durchsuchen von Freundeslisten anderer Benutzer. Plymale (2012) bezeichnet SixDegrees.com als Vorgänger von Myspace oder Facebook. Gerade das Phänomen der „Six Degrees of Separation" diente später als eine der Grundideen der Plattformen LinkedIn und Xing. Obwohl SixDegrees.com zu Zeiten seiner größten Popularität Ende der 90er Jahre weit über eine Million Nutzer hatte, war es seiner Zeit noch voraus. Boyd und Ellison (2007) führen an, dass die meisten User damals noch kein großes Netzwerk an Freunden hatten, die ebenfalls online waren. Diese „Early Adopter" beschwerten sich, dass es nach Annahme einer Freundschaftsanfrage nur wenig zu tun gab. Eine Vernetzung mit Fremden kam für die meisten nicht infrage. SixDegrees.com wurde im Jahr 2001 eingestellt (vgl. Plymale 2012).

Nach der Erfindung des Bloggens 1994 entstanden eine Vielzahl von „Internet-Tagebüchern". 1999 gingen die Blogging-Dienste **LiveJournal** (www.livejournal.com) und **Blogger** (www.blogger.com) an den Start. Mit ihnen konnte erstmals jeder kostenlos und benutzerfreundlich einen eigenen Blog im Internet erstellen und unterhalten (vgl. Steinbrenner 2017).

In diese Phase fällt auch die Gründung diverser Bewertungs- und Auskunftsportale. Dazu zählt auch der heutige Online-Shopping-Gigant **Amazon** (1994), der von Anfang an auf Produktbewertungen setzte, sowie das deutsche Verbraucherportal Ciao (1999).

Phase 3: Nach der dot.com-Blase – der Mainstream beginnt (2000 bis 2003)
Als nächste wichtige Phase nennt Pein (2013) die Zeit nach 2000. Damals platzte die sogenannte dot.com-Blase. Folge waren Kursstürze an den Börsen sowie ein massiver Vertrauensverlust gegenüber Internet-Geschäftsmodellen. Dennoch entstanden in diesem Zeitraum bis einschließlich 2003 die ersten nutzerstarken, globalen Plattformen.

2001 startete die freie Online-Enzyklopädie **Wikipedia.** Die von Jimmy Wales ins Leben gerufene Initiative gilt als Vorreiter aller folgenden Online-Lexika (vgl. Ihlenfeld 2004) und muss an dieser Stelle nicht näher erläutert werden. Wikipedia wird derzeit bei Alexa (2018) an Rang 5 der meist besuchten Websites der Welt geführt.

Weit weniger bekannt ist heute das Netzwerk **Friendster,** das 2002 an den Start ging. Es war zwar als eine Art Konkurrenz zur Dating-Plattform Match.com konzipiert worden. Letztere basierte jedoch auf der für Dating-Sites üblichen Funktionalität, fremde

---

[1]Stanley Milgrams These stand lange Zeit zurecht aufgrund eines schwachen Set-Ups des Experiments auf wackeligem Fundament. Verschiedene Studien in den vergangenen Jahren, wie z. B. die von Leskovec und Horovitz (2008) auf Basis der Auswertung von über 30 Mrd. Instant Messages, haben die Zahl von sechs bis sieben jedoch in der Tendenz bestätigt.

Personen mit ähnlichen Interessen einander bekannt zu machen, während es bei Friendster darum ging, Freunde von Freunden miteinander zu verbinden, in der Annahme, diese
würden romantischere Beziehungen als Fremde eingehen (vgl. Boyd und Ellison 2007).
Friendster bot von Anfang an alle Funktionen, die die sozialen Medien heutzutage ausmachen. Und das mit Erfolg: innerhalb von drei Monaten brachte es Friendster auf drei
Millionen Nutzer, was zu dieser Zeit bei gerade einmal 70 Mio. existierenden Computern
sehr erstaunlich war (vgl. Pein 2013). Bis zum April 2004 war die Plattform das größte
soziale Netzwerk der Welt. Aufgrund wachsender Probleme hinsichtlich der Webseiten-
stabilität (v. a. die IT-Infrastruktur hielt dem Nutzerwachstum nicht stand) sowie Einschränkungen bei den Funktionalitäten (vgl. dazu ausführlich Boyd und Ellison 2007)
wechselten immer mehr Nutzer zu dem 2003 gegründeten Dienst MySpace.

Das von Friendster inspirierte **MySpace** wurde in nur 10 Tagen programmiert. „Der
Schwerpunkt von MySpace war von Beginn an Musik, da der Gründer, Tom Anderson,
seine Kontakte in die Musikszene dazu nutzte, Künstler und Bands auf die Plattform
zu bringen. Darüber hinaus galt MySpace als bunter und hipper als Friendster." (Pein
2013). Die Plattform ermöglichte es jedem mit wenigen Mausklicks und ohne weiterführende Computer-Kenntnisse eine Art persönliche Homepage zu erstellen. Bands veröffentlichten infolge Songs auf MySpace, bevor deren CDs in die Läden kamen. Bereits
im April 2004 überholte MySpace Friendster als größtes Social Network der Welt. Im
August 2006 wies die Plattform erstmals mehr als 100 Mio. Nutzer auf (vgl. Sellers
2006). Bis September 2009 brachte es die Plattform auf mehr als 250 Mio. Mitglieder
(vgl. Zerfaß 2011).

Nach einem rasanten Aufstieg ging es für MySpace innerhalb weniger Jahre wieder
bergab. Das hatte vor allem mit dem Auftauchen einer neuen Plattform namens Facebook – die MySpace bereits im April 2008 bezüglich der Nutzerzahlen überholte –
und den damit verbundenen technischen Neuerungen zu tun (näheres dazu unter Phase
4). MySpace war wie die anderen Plattformen dieser Zeit als „Walled Garden", als
geschlossenes System konzipiert. Nutzer konnten durch eine Mitgliedschaft zwar in
das Netzwerk eintreten. Ansonsten waren die Netzwerke aber nach außen hin völlig
abgeschottet. Den jeweiligen Anbietern ging es lediglich darum, möglichst schnell möglichst viele User zu registrierten Anwendern zu machen, um so eine kritische Masse zu
erreichen und durch Netzwerkeffekte exponentielles Wachstum zu erzielen (vgl. Weigert
2010). Allerdings waren diese geschlossenen Systeme bei der Weiterentwicklung der
Plattformen auf eigene Programmierer beschränkt, was langfristig zu enormen Nach-
teilen führte.

Die hohe Dynamik dieser Phase zeigt sich daran, dass 2003 weitere, heute noch wichtige soziale Netzwerke an den Start gingen:

Mit **Linkedin** und **Xing** (2003 unter dem Namen Open BC gegründet – BC stand
für „Business Club") entstanden erstmals Plattformen für berufliche Kontakte. Sie entwickelten sich innerhalb weniger Jahre zu bevorzugten Netzwerken für Personalsuche
und Social-Media-Aktivitäten im B2B-Umfeld.

Auch Del.icio.us, Vorreiter in Sachen Social Bookmarking, hat seine Wurzeln in 2003. Ebenfalls 2003 wurde **Skype** gegründet. Das Besondere an Skype: Kontakte konnten erstmals kostenlos über das Internet miteinander telefonieren. Zu einer Zeit, als Festnetz- und Mobilfunkgebühren wesentlich höher waren als heute, war Skype ein „Segen für Vieltelefonierer" (Chip o. J., Bild 25). Es machte zwar nicht den Anfang in Sachen Online-Telefonie, aufgrund einer eigenen Technik erreichte es aber eine bessere Sprachqualität im Vergleich zu den bisherigen Anbietern. Zudem war die Bedienung viel einfacher.

Auch für die Blogging-Landschaft stellt das Jahr 2003 einen wichtigen Meilenstein dar: **WordPress** machte das Bloggen fortan einfacher und mächtiger.

Last but not least ging mit facemash.com 2003 der direkte Vorgänger von Facebook ans Netz und läutete damit eine neue Phase in der Geschichte der sozialen Medien ein.

Phase 4: Mit dem Web 2.0 zum globalen Phänomen (2004 bis 2011)
Eine wesentliche technische Veränderung prägte die vierte Entwicklungsphase der sozialen Medien: Aus dem Web 1.0 entstand das **Web 2.0**.

Ausgangspunkt war auch hier das Platzen der dot.com-Blase 2000/2001 – für den Verleger Tim O'Reilly der Wendepunkt für das WWW. 2004 prägte er den Begriff Web 2.0 auf einer Internetkonferenz, die im Anschluss als „Web 2.0 Conference" in die Geschichte einging (vgl. O'Reilly 2005). In seinem wegweisenden Artikel „What is Web 2.0?" fasste O'Reilly 2005 zentrale Prinzipien und Methoden zusammen, die das Web 2.0 ausmachen sollten. Er formulierte seine wesentlichen Gedanken wie folgt (O'Reilly 2005):

> Like many important concepts, Web 2.0 doesn't have a hard boundary, but rather, a gravitational core. You can visualize Web 2.0 as a set of principles and practices that tie together a veritable solar system of sites that demonstrate some or all of those principles, at a varying distance from that core.

Diese Grundlagen, die O'Reilly in einer sog. Meme Map visualisierte (siehe Abb. 2.2), bildeten gleichzeitig die direkten Anknüpfungspunkte für Social Media (vgl. Hettler 2010, S. 4). Allen voran sind hier die Prinzipien „Nutzergenerierte Inhalte und Werte" sowie „Das Web als Plattform" hervorzuheben. O'Reilly formulierte mit „nutzergenerierten Inhalten und Werten" erstmals ein wesentliches Prinzip der sozialen Medien: User sollten sich am Entstehungsprozess von Web-Inhalten beteiligen. Das „Mitmach-Web" und die Idee des User-Generated-Content (kurz: UGC) waren geboren.

Das Prinzip des „Web als Plattform" spielte für das 2004 von Mark Zuckerberg und seinen Kommilitonen Chris Hughes, Dustin Moskovitz und Eduardo Saverin gegründete **Facebook** eine entscheidende Rolle. Ursprünglich als „thefacebook" bezeichnet (die Namensänderung erfolgte im September 2009), war das Netzwerk zunächst für Studierende der Harvard University als eine Art Jahrbuch gedacht. Danach erfolgte die Freischaltung für weitere Universitäten und anschließend für alle Studierenden in den USA.

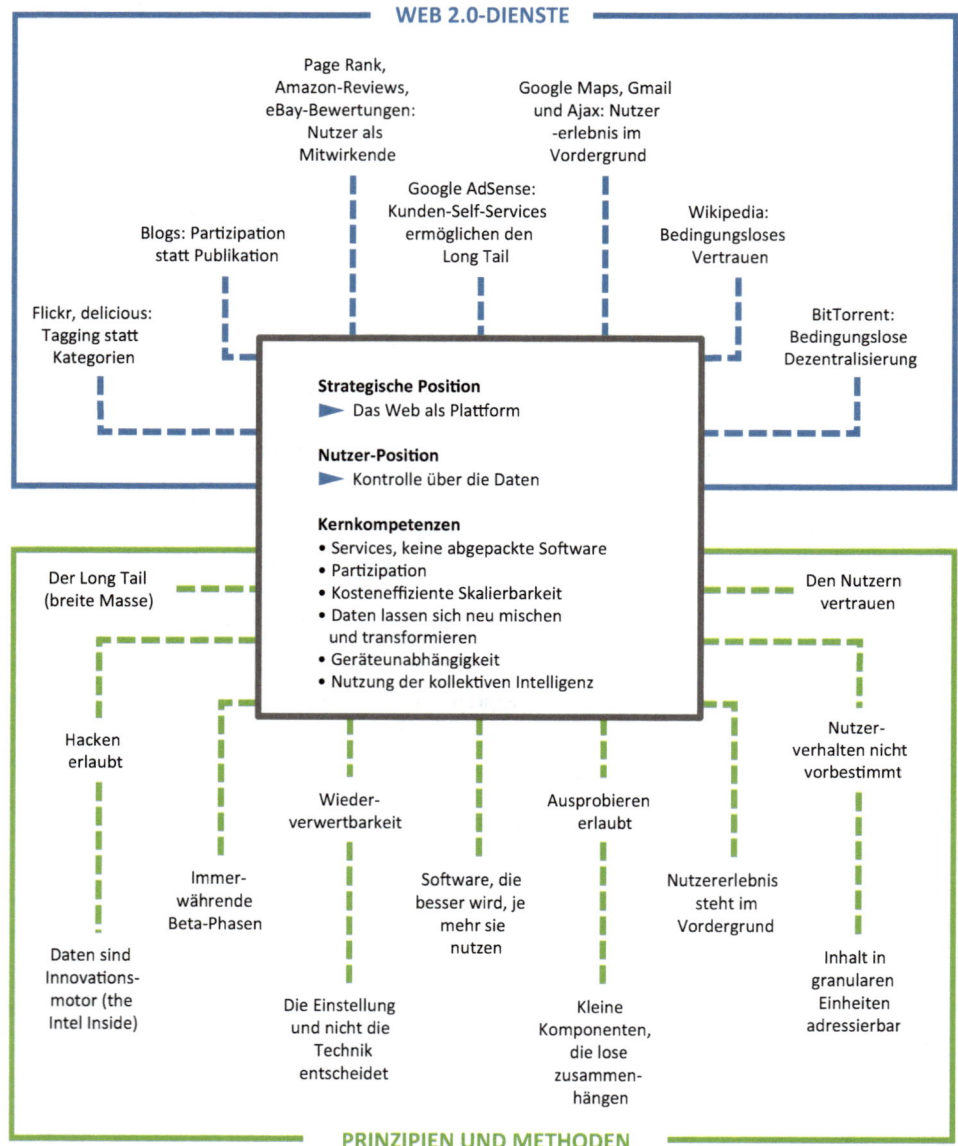

Abb. 2.2 Visualisierung der Prinzipien des Web 2.0 in der Meme Map nach O'Reilly. (Quelle: eigene Darstellung in Anlehnung an O'Reilly 2005)

2006 wurde Facebook öffentlich gemacht und mobil angeboten. Ende des Jahres verzeichnete das neue Netzwerk bereits 12 Mio. Mitglieder (vgl. Hanisch o. J.).

Im Mai 2007 präsentierte Facebook seine Entwicklerplattform. Als erste Social-Media-Plattform ermöglichte es der damals rund 25 Mio. Mitglieder zählende Dienst externen Websites, mit Applikationen innerhalb des „Walled Garden" vertreten zu sein. Es kam zu einer Art Goldrausch, jeder Dienst mit Rang und Namen wollte eine eigene Facebook-Anwendung entwickeln. Weigert (2010) führt in diesem Zusammenhang aus:

> Facebook gab damit den Startschuss für die zweite Evolutionsstufe von sozialen Netz-werken: Aus Walled Gardens wurden Plattformen – zwar nach wie vor mit teilweise schwer überwindbaren Mauern – aber immerhin durchlässiger als vorher, besonders für Anbieter, die hinein wollten. Erste Schnittstellen (API) ermöglichten es zudem, von außerhalb bestimmte Inhalte anzuzapfen, wie zum Beispiel den Newsfeed, der nach Autorisierung eines Nutzers von externen Applikationen ausgelesen werden konnte.

Die Entwickler-Plattform stellte nur eine Vorstufe zur Transformation im Sinne O'Reillys dar. Wieder war es Facebook, das 2008 den nächsten Schritt in Richtung **„Web als Plattform"** machte, ein Schritt, dem viele andere Netzwerke später folgen sollten: Facebook Connect erlaubte Website-Betreibern erstmals, einige Facebook-Funktionen in ihre Internet-Präsenzen zu integrieren. Fortan konnten Website-Betreiber ihren Site-Besuchern beispielsweise ein Login per Facebook-Identität anbieten und ihnen das Kommentieren über die Website direkt im Newsfeed der Facebook-Freunde ermöglichen (vgl. Weigert 2010).

Diese Evolutionsstufe ist geprägt „von der Dominanz einiger weniger, führen-der Anbieter, die nach vielen Jahren des Wachstums eine Stärke und Relevanz erreicht haben, die ihnen bisher unbekannten Handlungsspielraum einräumt" (Weigert 2010). Allen voran ist hier Facebook zu nennen, das sich seit seiner Gründung sowohl inhaltlich als auch größentechnisch rasant zum größten sozialen Netzwerk der Welt entwickelt hat. Als erste Plattform erreichte das Netzwerk im Oktober 2012 eine Milliarde aktiver Nut-zer (sog. MAUs, Monthly-Active-Users). Die Grenze von einer Milliarde aktiver mobiler Nutzer fiel im April 2014 (vgl. Wiese 2017). Am 27. Juni 2017 berichtete Mark Zucker-berg persönlich über Facebook, dass die Community nun offiziell zwei Milliarden aktive Nutzer zähle (siehe Abb. 2.3).

 Mark Zuckerberg
27. Juni 2017 · Palo Alto, Vereinigte Staaten ·

As of this morning, the Facebook community is now officially 2 billion people!

We're making progress connecting the world, and now let's bring the world closer together.

It's an honor to be on this journey with you.

Gefällt 386.584 Mal   24.524 Kommentare   11.820 Mal geteilt

Abb. 2.3 Post von Mark Zuckerberg vom 27.06.2017 zum Erreichen der Zwei-Milliarden-User-Marke. (Quelle: Facebook 2017a)

Die Entwicklung der sozialen Medien endet nicht mit Facebook. Wichtige Impulse gingen weiterhin auch von anderen Plattformen aus, von denen die meisten noch heute existieren (für vertiefende Porträts der Plattformen siehe Abschn. 7.2).

2004 war nicht nur das Geburtsjahr von Facebook, sondern auch des Fotodienstes **Flickr,** der das Hochladen und Teilen von Bildern vereinfachte und so dem visuellen Social-Media-Trend den Erfolg ebnete (vgl. Steinbrenner 2017).

Ebenfalls 2004 erkannten Kevin Rose, Owen Byrne, Ron Gorodetzky und Jay Adelson, dass einer der größten Vorteile des World Wide Web gleichzeitig eine seiner größten Schwächen ist: Durch die schiere Masse an frei zugänglichen Informationen kommt es schnell zum Phänomen des „Information Overload" – zu viele verfügbare Informationen verdecken den Blick auf die tatsächlich relevanten Informationen. Das Quartett gründete **Digg,** eine Website, bei der Nutzer durch Stimmabgabe entscheiden, ob eine Meldung wichtig/relevant oder unwichtig/irrelevant ist (vgl. Chip o. J., Bild 34).

In Deutschland wurde 2005 mit **StudiVZ** das erste Netzwerk der VZ Gruppe gegründet. Bis Mai 2009 war StudiVZ mit bis zu 17 Mio. Nutzern das führende deutsche Netzwerk, bevor es von Facebook – zunächst schleichend, dann immer schneller – verdrängt wurde. Die Nutzerzahlen stürzten dramatisch ab und die Plattform verlor rasant an Relevanz. Im September 2017 folgte die Insolvenzmeldung (vgl. FAZ 2017).

Von hoher Relevanz ist bis heute hingegen das ebenfalls 2005 gestartete Videoportal **YouTube,** mit dem der Siegeszug der Online-Videos begann. Das zu Google gehörende heute größte Videoportal wird oft nach Google auch als die zweitgrößte Suchmaschine der Welt bezeichnet (vgl. stellvertretend für viele Babka 2016, S. 7).

Als Revolutionär unter den Social-Media-Kanälen bezeichnet man den 2006 gegründeten Kurznachrichtendienst **Twitter,** der mit seiner Limitierung von Nachrichten (Tweets) auf 140 Zeichen[2] die Ära des Microbloggings und damit eine neue Dimension der Echtzeit-Kommunikation einläutete. Twitter ist wie YouTube heute eine feste Größe in der Social-Media-Landschaft. Allerdings muss man konstatieren, dass der Dienst seit Jahren, trotz Börsengangs im November 2013, mit finanziellen Problemen und stagnierenden Nutzerzahlen zu kämpfen hat.

Das erste **iPhone** von Apple markierte 2007 mit seiner Multi-Touch-Oberfläche einen Wandel in der Bedienung von Smartphones – weg von der Tastatur hin zum Touchscreen (vgl. Pein 2013). In den Folgejahren stiegt mit der Weiterentwicklung der Smartphones der Anteil mobiler Nutzer stetig an. Er hat inzwischen weltweit durchschnittlich eine Penetration von 37 % erreicht. Bei Facebook greifen aktuell 88 % der User über ein mobiles Gerät auf das Netzwerk zu (We Are Social 2018, S. 61).

Aufsehen erregte der ebenfalls 2007 eingeführte Blogging-Dienst **Tumblr** vor allem im Mai 2013, als Yahoo den Dienst für die damals unglaubliche Summe von knapp einer Milliarde Dollar übernahm.

---

[2]Diese Beschränkung wurde im Herbst 2017 auf 280 Zeichen ausgeweitet.

Doch der Deal von Yahoo war nichts gegen die Übernahme von WhatsApp durch Facebook. Diese toppte im Jahre 2014 mit einer Summe von 19 Mrd. Dollar alles bislang Dagewesene. **WhatsApp** ging 2009 an den Start. Der Telekommunikations-Dienst dient zum Austausch von Textnachrichten, Bild-, Video- und Ton-Dateien sowie Standortinformationen zwischen Benutzern von Mobilgeräten und zählt damit zu den internetbasierten und plattformübergreifenden Instant-Messaging-Diensten. Aktuell wird der Messenger von weit mehr als einer Milliarde Menschen aus 180 Ländern genutzt, die damit täglich 55 Mrd. Nachrichten verschicken (vgl. Brandt 2017). WhatsApp profitiert von dem aktuellen Trend, nach dem sich Nutzer lieber wieder im kleineren Rahmen und privat als über große Social-Media-Plattformen austauschen, sodass der Anteil der „Public Shares" zurückgeht (siehe dazu die Ausführungen zum Thema Dark Social im Abschn. 14.2).

Prägend waren in dieser Phase außerdem insbesondere die Gründungen von Instagram, Pinterest, Google Plus sowie Snapchat.

Die im Oktober 2010 gestartete Foto-Sharing-App **Instagram** gehört seit 2012 ebenfalls zum Facebook-Imperium. Instagram unterschied sich damals von ähnlichen Diensten vor allem durch das Angebot unterschiedlichster Filter (v. a. Vintage- oder Schwarz-Weiß-Einstellungen).

Ähnlich wie Instagram fokussiert auch die im Jahre 2010 veröffentlichte Plattform **Pinterest** auf Bilder. Nutzer können eigene „Pinnwände" erstellen, an die auf Websites veröffentlichte Bilder angeheftet werden können. Diese Bilder sind jeweils mit den Quellseiten verlinkt, von denen sie „gepinnt" wurden.

Google hatte bereits mehrfach versucht, im Bereich der sozialen Medien Fuß zu fassen (siehe beispielsweise Google Buzz oder Orkut), bevor es im Juni 2010 **Google+** (oder Google Plus) launchte. Einerseits kann Google + klar als Versuch gesehen werden, Facebook anzugreifen. Darüber hinaus steckte dahinter jedoch eine weiterführende Strategie: Mit dem Start von Google + setzte man im Hause des Suchmaschinen-Giganten auf ein „Single-Log-In" für alle Google-Plattformen. Einmal auf einer Google-Plattform registriert und eingeloggt, werden Nutzer gleichzeitig bei allen anderen Google-Diensten angemeldet. Auf diese Weise wollte Google nicht nur weitere Informationen über seine Nutzer sammeln, sondern gleichzeitig eingeloggte User auf den diversen Plattformen nicht nur individuell, sondern auch persönlich ansprechen. Das Prinzip des Single-Log-In führte dazu, dass die Anzahl von registrierten Nutzern von Google + enorm in die Höhe schnellte. Im Jahr 2016 verzeichnete die Website rund 3,1 Mrd. Nutzer. Jedoch weicht die Anzahl von registrierten Nutzern drastisch von den aktiven Nutzern ab, und so wird Google + oft als „tot" bezeichnet. Nur etwa 0,3 % der angemeldeten Personen nutzen die Webseite regelmäßig und auch nach mehreren Umbauaktionen dämmert Google + als „Untoter" (Kroker 2015b) in der Social-Media-Szene vor sich hin.

Ein weiteres Foto-Sharing-Instrument ist **Snapchat.** Der Dienst startete im September 2011 als reine iOS-App und besetzte eine Nische, die zuvor von keiner anderen Social-Media-Plattform entdeckt worden war: den Echtzeit-Bilderchat (vgl. Chip o. J., Bild 48).

Snapchat gibt seinen Nutzern die Möglichkeit, Bilder und kurze Videos mit zu verschicken, die sich binnen weniger Sekunden von selbst zerstören. Vor dem Hintergrund
des geflügelten Wortes „Das Internet vergisst nie", war es der Wunsch der Gründer einen
Messenger zu schaffen, über den man sich selbst zerstörende Fotos verschicken könne,
um auf diese Weise später nicht mit peinlichen Augenblicken konfrontiert zu werden
(ausführlich zur Geschichte Snapchats siehe Steuer 2016).

**Phase 5: Von der Suche nach Geschäftsmodellen, Netzwerkmonopolen und
Nischen-Netzwerken (2012 bis heute)**
Bezeichnend für diese Entwicklungsphase der sozialen Medien ist zunächst die Suche
vieler Plattformen nach Geschäftsmodellen. Viele als Start-Ups gegründete Netzwerke
versuchten zunächst ihre Dienste zu skalieren, also möglichst schnell eine kritische
Masse an Nutzern aufzubauen. Finanzieren ließen sich die jungen Firmen über Ventu-
re-Kapitalisten. Erst mit dem Erreichen einer bestimmten Anzahl von registrierten und
möglichst aktiven Usern forcierten diese Plattformen die Bemühungen, Einnahmen zu
generieren (vgl. Francis 2015). Meist erfolgte dies über den Verkauf von Werbeflächen
auf den Plattformen.

Auch an dieser Stelle sei Facebook als einer der Vorreiter genannt. Zwar hatte die
Plattform schon vor Mai 2012 Einnahmen über Werbung generiert. Mit der Einführung
der „**Promoted Posts**" läutete das größte soziale Netzwerk jedoch eine neue Ära ein.
Dabei spielte der damals neue **Facebook-Newsfeed-Algorithmus** eine wesentliche
Rolle. Er bestimmt, welche Inhalte im Newsfeed angezeigt werden und welche nicht.
Die offizielle Erklärung von Facebook geht in etwa so (vgl. dazu ausführlich Roth 2016):
Ohne Filterung würden jedem Facebook-User durchschnittlich täglich bis zu 1500 unterschiedliche Inhalte angezeigt werden (vgl. Boland 2014). Bei Personen mit vielen Freunden und Page-Likes würde der Wert auf bis zu 15.000 am Tag steigen. Nutzer wären
schlichtweg überfordert. Stattdessen wählt der Facebook-Algorithmus die jeweils relevantesten Nachrichten aus. Dies erscheint zunächst soweit nachvollziehbar und sinnvoll.

Viele vermuteten jedoch aufgrund des Börsengangs von Facebook in 2012 hinter der
Einführung des Algorithmus eine Monetarisierungsstrategie. Facebook negierte jedoch,
dass die Einführung des Algorithmus etwas damit zu tun hätte, Geld machen zu wollen
(vgl. Boland 2014). Persönliche Erfahrungen des Autors zeigen jedoch etwas anderes.
Anlässlich der Einführung der Promoted Posts besuchte der damalige Deutschland-Chef
von Facebook, Scott Woods, die großen Unternehmen in Deutschland und stellte die
neuen Werbeformen vor. Dabei wies er darauf hin, dass durch die Neuerungen auch
die organische Reichweite – also die Reichweite, die erreicht wird, ohne dass ein Beitrag beworben wurde – drastisch sinken würde. Woods sprach damals von einem Wert
von 16 %, der übrig bliebe, wenn man nicht auf die neuen Werbeformen zurückgreifen
würde. Wörtlich meinte er, wollte man seine Fans weiterhin erreichen, müsse man Geld
in die Hand nehmen.

Seit diesem Zeitpunkt ist die **organische Reichweite** auf Facebook kontinuierlich
gesunken: von rund 16 % im Jahre 2012, über sechs Prozent im Jahre 2014, auf zwei

Prozent im Jahre 2016 (vgl. für viele: Wray 2016). Bei Fan-Pages mit über 500.000 Likes stellten sich der Agentur Ogilvy zufolge diese Entwicklungen noch dramatischer dar: Hier sanken die Reichweiten bereits bis Februar 2014 auf zwei Prozent (vgl. Manson 2014, S. 2). Alleine im Jahr 2016 verlor die organische Reichweite für Facebook-Seiten im Vergleich zum Vorjahr um 52 % (vgl. Lawal 2017). Dies ist natürlich nicht nur dem Algorithmus und der Weiterentwicklung des Geschäftsmodells anzulasten. Hier spielen auch die von Boland (2014) angeführte wachsende Konkurrenz (bezogen auf die Menge von Inhalten, die geteilt werden) sowie die Art und Weise, wie Menschen Medien konsumieren, eine Rolle.

Diese Entwicklung betrifft nicht nur Facebook, sondern mittlerweile die meisten Social-Media-Plattformen – und sie hat Auswirkungen darauf, wie Unternehmen heute Social Media betreiben müssen: man kann sich nicht mehr nur auf die organische Reichweite verlassen, sondern muss auch gezielt in Werbung auf den Kanälen investieren.

Neben der zunehmenden Bedeutung der Werbung über soziale Medien ist in dieser (aktuellen) Phase eine weitere Entwicklung festzustellen: Betrachtet man den Status Quo der Landschaft der sozialen Medien heute, so erkennt man sehr gut den bei Keese (2014, S. 197) beschriebenen **Netzwerkeffekt**[3]. Die zentrale These der Theorie besagt: „In jedem Netzwerk steigt der Nutzen für alle Teilnehmer an, wenn neue Teilnehmer hinzukommen." Als Konsequenz daraus wählen Kunden unter allen Anbietern meist denjenigen, der das größte Netz hat (vgl. Keese 2014, S. 197–198). Anderweitig ist dieser Zusammenhang auch als Metcalfe's Law bekannt. Das nach dem Netzpionier Robert Metcalfe benannte Gesetz besagt, dass der Wert (V) eines Netzwerks proportional zur Zahl seiner Nutzer (n) im Quadrat ist. Weil alle Nutzer mit allen anderen kommunizieren können, ist ein Netzwerk mit zehn Nutzern nicht zehnmal so wertvoll wie eins mit nur einem Nutzer, sondern hundertmal so wertvoll (10^2) (vgl. Baumgärtel 2018). Auf diese Weise können in Netzwerken Monopole entstehen: Die Nutzer wandern nach und nach zum Branchenprimus, da für sie der Wert sich auszutauschen dort am größten ist. Diese Logik trifft auch auf die sozialen Medien zu. Sie werden heute vom übermächtigen Facebook-Konzern beherrscht. Dies sei nur logisch, da dort die Zahl an potenziellen Verbindungen am größten ist. Insofern funktioniert Marktwirtschaft in Netzen ganz anders als außerhalb.

Keese (2014, S. 198) beschreibt, dass Facebook bereits 2013 weltweit einen Marktanteil von 70 % hatte. Lässt man die Plattformen in China außen vor, so dominieren auch bei den „Sparten-Netzwerken" (also Netzwerke, die sich im Gegensatz zu Rundum-Netzwerken

---

[3]Laut Keese (2014, S. 199) fand der Netzwerkeffekt erstmals größere Beachtung durch Theodore Vail, dem ersten Präsidenten des US-amerikanischen Telekommunikationskonzerns Bell Telephone. Knieps (2007, S. 125) zählt zu den Begründern der Netzwerktheorie Jeffrey Rohlfs. Auf ökonomischer Seite zählten v. a. Carl Shapiro, Michael Katz, Joseph Farrell, Garth Saloner und Hal Varian zu den wichtigsten Vertretern (vgl. Blind 2004). Das vielleicht wichtigste Buch zur Theorie des Netzwerkeffekts stammte folglich aus den Reihen dieser Forscher, von Varian und Shapiro (1999).

wie Facebook auf eine oder wenige Hauptfunktionalitäten konzentrieren) vorwiegend
Dienste, die zum Facebook-Imperium gehören: Im Bereich der Instant-Messenger sind es
WhatsApp und der Facebook Messenger mit 1,5 bzw. 1,3 Mrd. MAUs. Unter den Foto-
Sharing-Apps führt Instagram (1 Mrd. MAUs). Einzig YouTube, mächtigste Online-Video-
Plattform mit monatlich ca. 1,5 Mrd. aktiven Nutzern, gehört nicht zu Facebook, dafür zum
anderen Online-Giganten Google. Twitter als wichtigster Vertreter des Microblogging fris-
tet hingegen mit knapp 330 Mio. monatlich aktiven Nutzern tatsächlich schon ein Nischendasein (vgl. hierzu auch die Zahlen bei We Are Social 2018, S. 59). Kroker (2017b) spricht
in diesem Zusammenhang vom „Facebook-Imperium", das auf dem Weg zur totalen Social-Media-Dominanz sei.

Wie sehr sich der Markt der Social-Media-Plattformen in Richtung Monopol entwickelt hat, zeigen die Übersichten Abb. 2.4 und 2.5. Abb. 2.4 bildet die Weltkarte der
Social-Media-Landschaft im September 2008 ab. Farbig markiert ist das jeweils größte
Netzwerk eines Landes (gemessen am Traffic, ausgewiesen bei Alexa.com). Die Vielfalt
der Farben steht für die damalige Vielfalt von Social-Media-Plattformen.

Nur drei Jahre später hatte sich die Landschaft komplett gewandelt: Im Dezem-
ber 2011 führt Facebook in 127 von 136 untersuchten Ländern das Ranking an (siehe
Abb. 2.5). Aktuell (Januar 2018) sitzt Facebook in 152 von 167 Ländern auf der
Pool-Position. Die Dominanz des Facebook-Konzerns zeigt auch ein Blick auf den zwei-
ten Platz: Die Facebook-Tochter Instagram nimmt bereits in 23 Ländern den zweiten
Platz ein (vgl. Vincos 2017).

Haben angesichts dieser Marktmacht neue Netzwerke überhaupt noch eine Chance?
Für Pein (2013) lautet das Zauberwort **„Nische"**. Sie sieht dann für neue Netzwerke eine
Chance, wenn sie sich auf ein Thema konzentrieren, ganz neue Funktionalitäten auf den
Markt bringen und all das dann richtig gut umsetzen. So verwundert es nicht, dass stän-
dig neue soziale Nischen-Netzwerke entstehen, die schnell als das nächste große Ding
gehypt werden. Hier seien Plattformen wie Ello, Meerkat, Periscope, Slack, Snapchat,
Trello, Vine oder Yik Yak erwähnt. Einige dieser Nischen-Netzwerke verschwinden allerdings häufig auch wieder sehr schnell.

Spannend bleibt in diesem Zusammenhang zu beobachten, wie sich die relativ neue
Plattformen Steemit, Vero oder Kama entwickeln werden. Mit **Steemit** können User
beispielsweise mit ihrem Engagement (sogenannte „Upvotes auf Beiträge") Geld verdienen (vgl. Voronoi 2017). **Vero** ist zu Beginn 2018 ein Hype, will nach eigener Aussage das echte Feeling von sozialer Kommunikation in einem Netzwerk zurückbringen:
als „True Social"-App – und zwar ganz ohne Werbung, ohne ausufernde Datensammelei
und intransparente Algorithmen (vgl. Beintker 2018, Firsching 2018). Mit **Kama** geht
ab April 2018 eine App für Großeltern an den Start, die Erinnerungen konservieren und
die Kommunikation mit der entfernt lebenden Familie vereinfachen soll (vgl. DiePresse
2018). All diese Plattformen versuchen oder versuchten sich im Schatten von Facebook eine Existenz aufzubauen und zu überleben. Inwiefern sie sich durchsetzen oder –
ähnlich wie Path, App.net, Ello oder Peach – einen weiteren Platz auf dem „Friedhof der
Netzwerk-Hypes" besetzen (Dlugos 2018), wird die Zukunft zeigen.

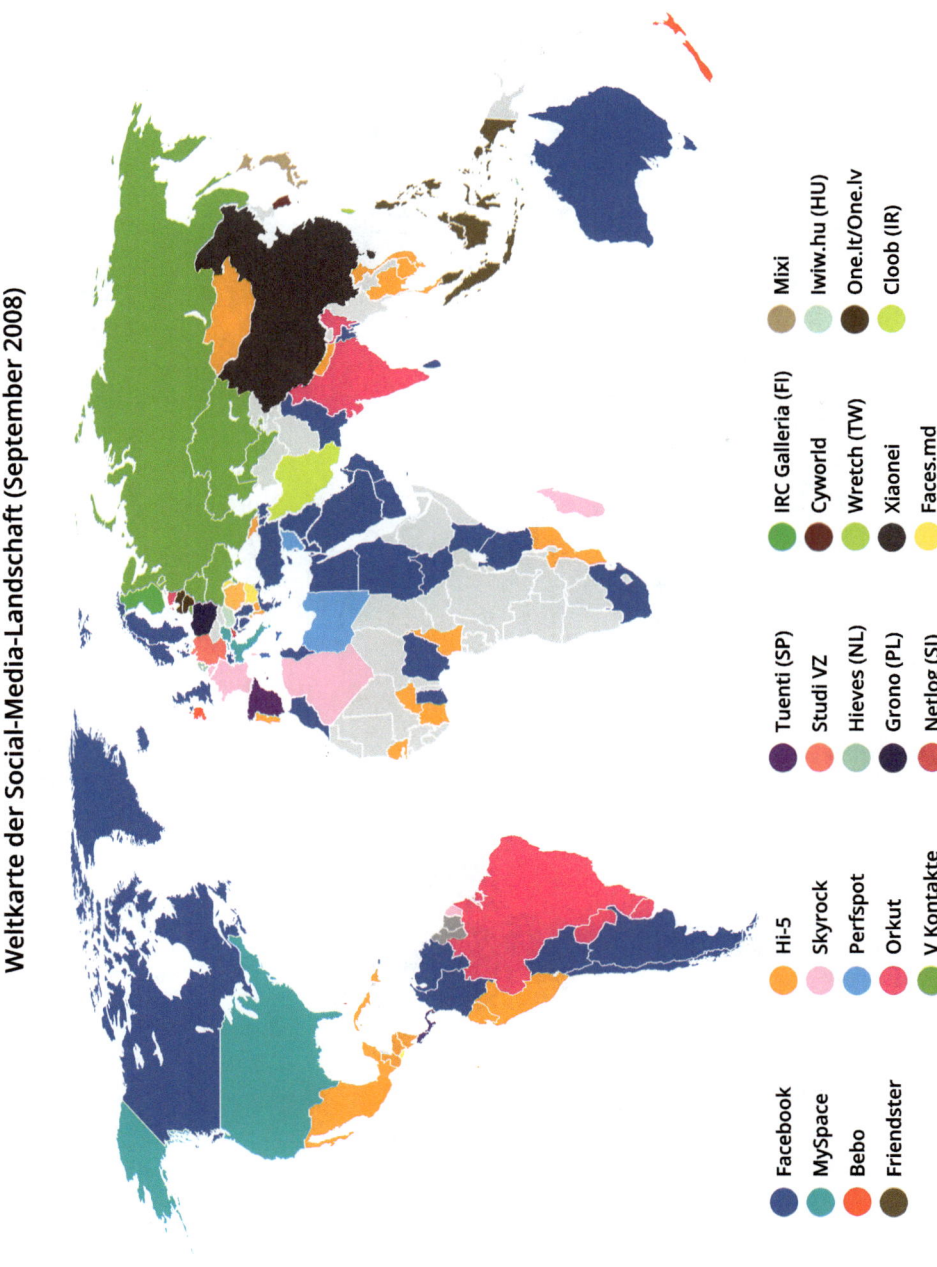

Abb. 2.4 Weltkarte der Social-Media-Landschaft im September 2008. (Quelle: Oxyweb o. J.)

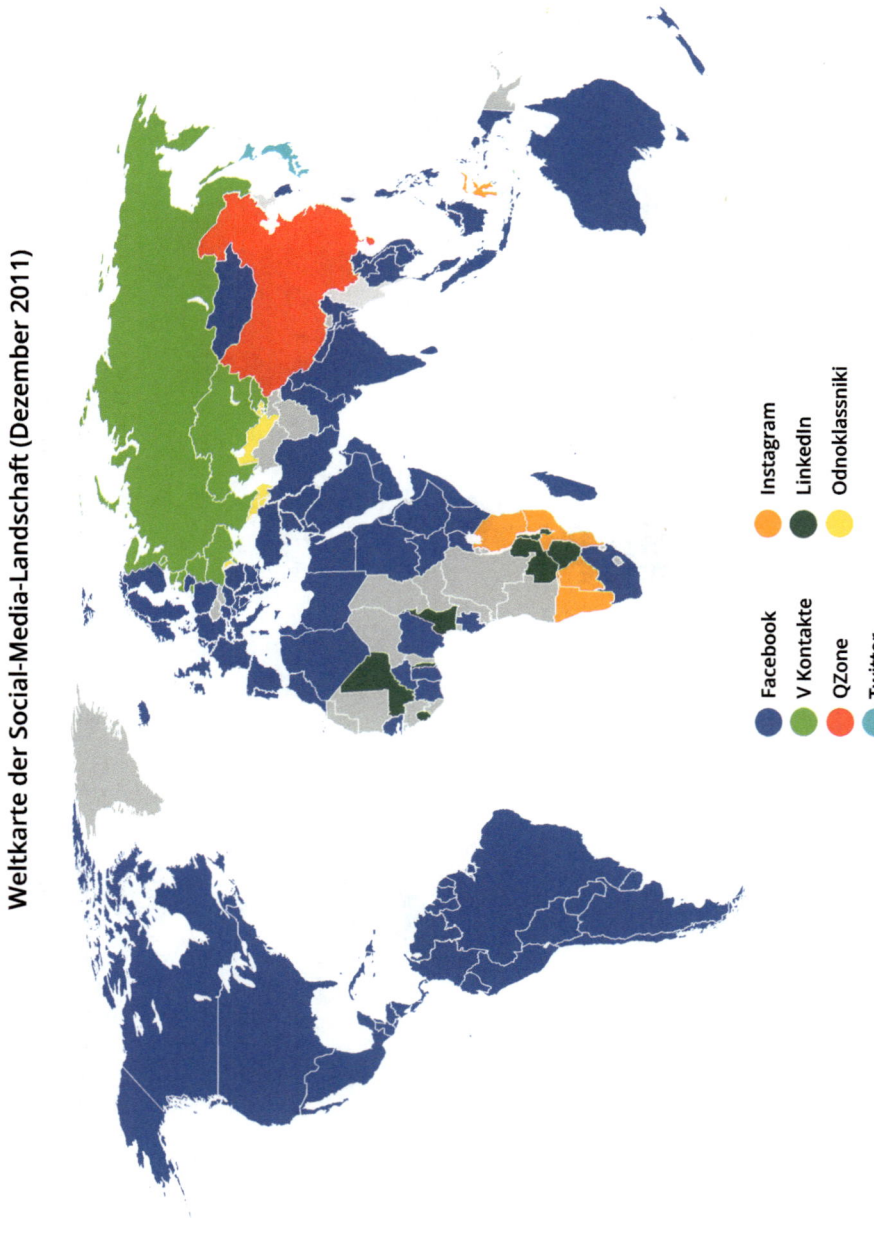

Abb. 2.5 Weltkarte der Social-Media-Landschaft im Dezember 2011. (Quelle: Vincos 2017)

Um einen Erfolg dieser und anderer neuer Plattformen zu verhindern, fährt Facebook eine harte Strategie zur Erhaltung seines Netzwerkmonopols: Kaum taucht eine neue Nischen-Plattform mit einer interessanten Funktionalität auf, die von der Masse angenommen wird, klont Facebook diese auf einer seiner Plattformen (sog. **Copy-Cat-Strategie**). So entzieht Facebook den neuen Diensten systematisch deren Daseins-Grundlage. Dies war beispielsweise der Fall bei der Live-Video-Plattform Periscope, als Facebook mit „Facebook Live" einen ähnlichen Dienst einführte. Dem Kurz-Video-Portal Vine setzte Instagram eine identische Funktion entgegen. Ähnlich läuft es seit 2016 mit den Snapchat-Stories, die zunächst auf Instagram, ab 2017 auch auf Facebook und WhatsApp (als WhatsApp Status) angeboten werden. Vergleicht man die Nutzungszahlen der Instagram-Stories mit denen von Snapchat, muss man feststellen, dass die Facebook-Tochter hier mit ca. 250 zu 160 Mio. täglich aktiven Nutzern (sog. DAUs, Daily-Active-User) klar die Nase vorne hat (vgl. Drees 2017). Aktuell buhlt Facebook um die Nutzer von Xing und Linkedin, indem es mit einer beruflichen Lebenslauffunktion experimentiert: „Nutzer sollen genauso wie bei Linkedin ihre „Work History" aufschalten können, die getrennt vom bisherigen Profil für Recruiter abrufbar sein wird" (Mair und Maaß 2017).

Die hohe Dynamik auf dem Markt der sozialen Netzwerke und die Themen, die in den Jahren seit 2009 eine Rolle spielten, zeigt eine der am häufigsten angesehenen Videoserie – „Social Media Revolution" von Eric Qualman. Sie bezieht sich auf sein Buch „Socialnomics". Die einzelnen Videos sind über den nachstehenden Servicelink 2.1 direkt abrufbar.

Servicelink 2.1

Servicelinks zur Videoserie "Social Media Revolution" von Eric Qualman:
Servicelink 2.1a – 2009: Social Media Revolution:
https://www.youtube.com/watch?v=sIFYPQjYhv8&t
Servicelink 2.1b – 2010: Social Media Revolution 2:
https://www.youtube.com/watch?v=lFZ0z5Fm-Ng
Servicelink 2.1c – 2011: Social Media Revolution 2011:
https://www.youtube.com/watch?v=3SuNx0UrnEo
Servicelink 2.1d – 2012: Social Media Revolution 4 – 2013:
https://www.youtube.com/watch?v=QUCfFcchw1w
Servicelink 2.1e – 2014: #Socialnomics 2014:
https://www.youtube.com/watch?v=zxpa4dNVd3c
Servicelink 2.1f – 2015: Social Media Revolution 2015 #Socialnomics:
https://www.youtube.com/watch?v=jottDMuLesU
Servicelink 2.1g – 2016: Socialnomics 2017:
https://www.youtube.com/watch?v=PWa8-43kE-Q

Status Quo und Ausblick

Viele Social-Media-Plattformen sind zu einem globalen Massenphänomen geworden. Damit verstärkt sich laut Weigert (2010) zumindest für die großen Player das oben beschriebene Prinzip O'Reillys des „Webs als Plattform". Er schreibt dazu, dass diese (unter Phase 4 beschriebene) Evolutionsstufe sozialer Netzwerke nicht möglich gewesen wäre, „[...] hätten sich die an dieser Front aktivsten Anbieter nicht zu Massen- phänomenen entwickelt, die Hunderte von Millionen von Usern bei sich versammeln und damit für die komplette Internet- und Inhaltewirtschaft dermaßen relevant geworden sind, dass nun viele Websites daran Interesse haben, sich selbst zu einem Teil des Social Networks zu machen."

All dies hat über die letzten Jahre tief greifende Veränderungen im Mediennutzungs- verhalten ausgelöst (vgl. für viele Decker 2016, S. 32). In Ihrem Buch „Digitaler Darwinismus" beschreiben Kreutzer und Land (2016, S. 76) einen neuen, immer ver- bundenen Nutzer, den sogenannten „Connected Customer", plakativ mit **„Ich, Alles, Sofort und Überall"**. Da sich die Nutzer gerade bei den großen Plattformen selten aus- loggen und deren Social-Plugins aus Bequemlichkeit nutzen, um sich bei anderen Kanä- len einzuloggen, sind viele Benutzer der großen Plattformen überall im Web als Mitglied der sozialen Medien zu erkennen. Insofern greifen die Entwicklungen im Social-Media- Bereich tiefer denn je in die Privatsphäre der User ein. Weigert (2010) sah diesbezüglich bereits 2010 einen sich anbahnenden Konflikt zwischen Anbieter- und Nutzerinteressen. Dessen Ausgang ist auch heute noch nicht absehbar, wie die Diskussionen um Facebook und den Datenskandal rund um Cambridge Analytica im Frühjahr 2018 aufzeigen. Laut Marc Zuckerberg wird es Jahre dauern, dies alles aufzubereiten.

Die Geschichte der sozialen Medien war bis dato geprägt von einer hohen Dynamik, laufenden Neuerungen und Veränderungen, rasanten Aufstiegen und Niedergängen. De Swaan et al. (2014, S. 56) bringen es so auf den Punkt: „[t]ools and strategies that were cutting-edge just a few years ago are fast becoming obsolete, and new approaches are appearing every day."

Spannend bleibt die Frage, ob und wie lange Netzwerkmonopole wie Facebook überleben werden. Angesichts seiner stets wachsenden Nutzerzahlen schien Facebook diesbezüglich bisher nicht gefährdet zu sein. Allerdings hinterlassen die Praktiken von Facebook in puncto Ausweisung von Nutzerdaten auch Zweifel. Studien zufolge ver- spricht Facebook mehr Nutzer als es gibt: In den USA erreicht Facebook nach eigenen Angaben 41 Mio. junge Erwachsener unter 24 Jahre. Laut offizieller Statistik leben in den USA allerdings nur 31 Mio. Menschen in dieser Altersgruppe, also zehn Millio- nen weniger, als Facebook angeblich User hat (vgl. Maheshwari 2017). Viele Medien berichten von ähnlichen Zahlen-Unsauberkeiten in anderen Ländern (z. B. Austra- lien, Großbritannien, Frankreich und Irland) und beziehen sich auf einen Analysten der US-Firma Pivotal. Facebook selbst teilte in diesem Zusammenhang mit, dass es nicht das Ziel sei, dass die User-Zahlen mit offiziellen Statistiken übereinstimmen und dass sie auf Selbstauskünften basierten. Es würden auch Personen mitgezählt, die nicht in dem jeweiligen Land lebten (vgl. Deutschlandfunknova 2017).

Tatsächlich darf man in diesem Zusammenhang nicht vergessen, dass es Nutzer gibt, die – entgegen der Richtlinien von Facebook – mehr als nur einen Account besitzen. Laut Schätzungen von Facebook scheint jeder zehnte Account ein Duplikat zu sein (vgl. Brandt 2018). Vielmehr als seine eventuellen Tricksereien scheinen dem blauen Riesen aber die Vorgänge rund um den oben bereits erwähnten „Datenskandal" mit Cambridge Analytics im Rahmen des US-Wahlkampfes zuzusetzen. Erstaunlich genug, dass es mehr als ein Jahr dauerte, bis sich die weithin bekannte Tatsache zu einer Krise steigerte. Elon Musk löschte nach Aufforderung eines Users bei Twitter medienwirksam seine Unternehmens-Accounts bei Facebook, einige Werbekunden zogen ihre Budgets zurück, Mark Zuckerberg entschuldigte sich öffentlich und kündigte umfassende Sicherheitsmaßnahmen und Änderungen an. Inwiefern diese Vorgänge Facebook tatsächlich schaden werden, bleibt abzuwarten. Selbst der deutsche Public-Policy-Manager von Facebook Deutschland, Semjon Rens, wusste bei einem Interview am 26. März 2018 im ZDF-Morgenmagazin keine Antwort auf die Frage, ob dies alles Facebook nachhaltig schädigen würde. Er stotterte verlegen und verstummte dann.

Bedenklich auch die wachsende Anzahl von **„Fake-Accounts":** Facebook musste hierzu einräumen, dass während der US-Präsidentschaftswahl hunderte solcher Fake-Accounts aus Russland in den USA Wahlwerbung geschaltet hatten (vgl. Deutschlandfunknova 2017). Auch andere soziale Plattformen wie Twitter haben damit zu kämpfen. Einer Studie der University of Southern California nach sind bis zu 15 % aller Twitter-Nutzer sogenannte „Social-Bots" (nicht zu verwechseln mit Chatbots). Hinter fast jedem siebten Account steckt also kein Mensch, sondern eine Maschine (vgl. Brien 2017). Damit einher geht die wachsende Verbreitung von „Fake-News", absichtlich von Menschen oder durch Maschinen gestreute falsche Nachrichten. Bei den US-Präsidentschaftswahlen oder bei der Brexit-Entscheidung 2016 spielten Social Bots offensichtlich als politische Stimmungsmacher das Zünglein an der Waage (vgl. Brien 2017). Facebook hingegen rechnet nach offiziellen Aussagen nur mit sieben Prozent Fake-Nutzern und Duplikaten im eigenen Netzwerk (vgl. Roth 2017).

In diesem Zusammenhang spielt die Tendenz (manche sprechen sogar von einem Boom) zu einer **verstärkten 1:1-Kommunikation** über (Instant-) Messenger eine große Rolle (vgl. Kroker 2018, WhatsBroadcast 2017). Laut Social-Media-Trend-Report 2018 von Buffer haben die vier größten MessagingApps die vier größten sozialen Netzwerke bereits Ende 2014 in der Anzahl von monatlich aktiven Nutzern überholt (vgl. Buffer 2018). Es häufen sich inzwischen Artikel, die bereits den Abgesang auf den Branchenführer Facebook singen, vor allem weil insbesondere Jugendliche der Plattform den Rücken kehren (vgl. beispielsweise BI Intelligence 2015, eMarketer 2018, Jacobsen 2018, Kroker 2018). Bei der ersten Quartalskonferenz in 2018 musste Mark Zuckerberg zudem eingestehen, dass die Nutzer erstmals weniger Zeit bei Facebook verbrachten (vgl. Kroker 2018). Dies trifft vor allem auf Teenager, auch in Deutschland, zu: nutzten 2014 noch 90 % der zwischen 14- und 19-Jährigen Facebook, sank dieser Anteil im Jahr 2017 auf 61 % (vgl. Leichsenring 2018). Eine ähnliche Richtung zeigen auch die sinkenden Interaktionsraten auf: Eine Studie von BuzzSumo, die 880 Mio. Facebook Posts zwischen Juli 2016 und Juni 2017 genauer unter die Lupe nahm, zeigte, dass die „Enga-gement Rates" der Posts zwischen Januar und Juni 2017 um ganze 20 % gesunken seien (vgl. WhatsBroadcast 2017). Diese Zahlen scheinen zu belegen, dass Messenger dem Mediennutzungsverhalten der jungen Generationen besser zu entsprechen scheinen. Face-book reagiert, indem es mit Messenger Kids eine Messenger-App speziell für Kinder unter 13 Jahren anbietet. Hierbei handelt es sich um eine im Funktionsumfang reduzierte Facebook-Messenger-Variante, die Eltern die Möglichkeit bietet, die App-Nutzung ihrer Kinder zu kontrollieren (vgl. Bell 2017).

Es erscheint denkbar, dass irgendwann auch Facebook als führende Plattform abgelöst werden könnte. Dazu führt Haucap (2012, S. 3) an, dass es sich im Internet meist nicht um resistente Monopole handelt. In dieselbe Richtung argumentieren Varian und Shapiro (1999), die sich mit der **Zerbrechlichkeit von Netzwerkmonopolen** auseinandergesetzt haben. Sie gehen fest davon aus, dass jedes Netzwerkmonopol eines Tages untergehen wird und entwickeln Gegenstrategien mit lebensverlängernden Maßnahmen (vgl. Keese 2014, S. 205). Betrachtet man diese Ratschläge näher, so wird man feststellen, dass Facebook viele davon befolgt, um seine marktbeherrschende Stellung zu behaupten. In diesem Zusammenhang seien nur zwei der vielen Prinzipien angeführt, die bereits im Laufe dieses Kapitels Erwähnung fanden:

- „Bieten Sie überragende Leistung an. Bauen Sie ein Produkt, das seinen Konkur-renten so weit überlegen ist, dass genug Kunden die Kosten des Wechsels auf sich nehmen" (Varian und Shapiro 1999): Mit der ständigen Weiterentwicklung seiner Plattformen versucht Mark Zuckerberg zum einen genau dies zu erreichen. Auch das bereits erwähnte Klonen von Funktionen neuer Anbieter geht in diese Richtung und sorgte erfolgreich dafür, dass User anderer Plattformen zu Facebook-Diensten abwanderten. Weiterhin hat Zuckerberg mit seinem Team durch das kluge Hinzu-kaufen attraktiver Social-Media-Plattformen wie Instagram und vor allem WhatsApp ein hervorragendes Portfolio an Plattformen zusammengestellt.
- „Wählen Sie offene Standards statt Kontrolle. Sie sollten danach streben, den Wert Ihrer Technologie zu maximieren, nicht deren Kontrolle. Dazu müssen Sie den Wert mit anderen Marktteilnehmern teilen" (Varian und Shapiro 1999): Damit sind genau die Entwicklungen von „Das Netzwerk als Plattform" und später „Das Web als Platt-form" gemeint, die Facebook als erstes soziales Netzwerk schon früh vollzog.

Insofern bleibt abzuwarten, wie sich die Geschichte der sozialen Medien, gerade in Zeiten sinkender organischer Reichweiten, von Fake-Accounts und -News sowie dem Aufstieg von Social-Bots weiterentwickeln wird (siehe dazu vertiefend Buffer 2018). Aufgrund des Facebook-Datenskandals verkündeten einige Medien schon das Ende der Era „Social Media". Demgegenüber steht aber die Tatsache, dass sich im ersten Quartal 2018 täglich immer noch über eine Million Menschen neu bei Social-Media-Plattformen anmeldeten (vgl. Priebe 2018). Der Datenskandal hat Social Media wohl nicht geschwächt, vielleicht aber die Sinne für einen vernünftigen Umgang geschärft.

Neue(re) Themen wie Augmented Reality, künstliche Intelligenz oder Social Television (Sendungen, die direkt über die sozialen Medien ausgestrahlt werden, sodass man dort auch unmittelbar kommentieren kann) werden – auch nach Meinung von Social-Media-Evangelist Brian Solis – in den sozialen Medien der Zukunft eine bedeutende Rolle einnehmen (vgl. Solis 2017).

2.2   Historische Social-Media-Ereignisse

Die Ausführungen in Abschn. 2.1 konzentrierten sich auf die Entstehung der wichtigsten technischen Grundlagen und Plattformen rund um Social Media. Der folgende Abschnitt zeigt nun anhand verschiedener **„historischer" Ereignisse,** welche beeindruckende Macht Social Media auf unser aller Leben ausüben kann. Dabei handelt es sich um Aspekte, bei denen die sozialen Medien einen erheblichen Einfluss auf das tägliche, soziale und/oder das politische Leben nahmen. Die Basis dieser Zusammenstellung bilden die Artikel von Erickson (2011) sowie vor allem von Peters (2017). Die ausgewählten Momente werden – so gut es geht – in chronologischer Reihenfolge dargestellt.

Die ersten viralen Phänomene über YouTube (ab 2007)
User-Generated-Content, also durch Nutzer erstellte Inhalte, hatte bereits früh das Potenzial, eine große Masse an Leuten anzusprechen, das zeigt unter anderem die Videoplattform YouTube. Dabei muss der Inhalt gar nicht unbedingt atemberaubend oder besonders sein. Ein frühes und sehr bekanntes Video von 2007 zeigt eine eher zufällige Aufnahme, die als „Charlie Bit My Finger" (das Video ist über den unten stehenden Servicelink 2.2a direkt abrufbar) weltberühmt wurde. Bis heute hat es fast 860 Mio. Aufrufe (Stand April 2018) und ist nach wie vor das Video mit den höchsten View-Zahlen für ein von einem privaten User hochgeladenes Video (vgl. Smith 2018).

Ein anderes Beispiel, ebenfalls aus dem Jahr 2007, ist das Musik-Video „Chocolate Rain" des amerikanischen Musikers Tay Zonday. Er wurde vom unbekannten Musiker zum Internet-Superstar, als sein Amateur-Video viral ging (siehe Servicelink 2.2b). 2008 gewann er dafür einen YouTube-Video-Award für eines der kreativsten Videos (vgl. Associated Press 2008) – ein Vorzeichen, wohin die Reise mit YouTube noch gehen würde. In den Folgejahren diente YouTube immer wieder als Karriere-Sprungbrett für Musiker. Einer der ersten Künstler, die durch YouTube weltbekannt wurden: Justin Bieber. Seine Karriere begann (ebenfalls 2007) mit Coverversionen bekannter Songs, die seine Mutter auf der Video-Plattform veröffentlichte. Es bildete sich zunächst eine lokale Fangemeinde, die schnell weiter wuchs, bis die Musikindustrie auf den damals 14-Jährigen aufmerksam wurde und Bieber seinen ersten Plattenvertrag erhielt.

Servicelink 2.2	
Servicelink 2.2a zum Video „Charlie bit my finger": https://www.youtube.com/watch?v=_OBlgSz8sSM	
Servicelink 2.2b zum Video „Chocolate Rain": https://www.youtube.com/watch?v=EwTZ2xpQwpA	

Diese Beispiele demonstrieren wie YouTube als Ausgangspunkt **viraler Hits** zu einer der wichtigsten Social-Media-Plattformen der Welt aufstieg und damit einen Trend begründete, den man „Going Viral" (Peters 2017) nennt. YouTube stellt heute eine riesige Entertainment-Drehscheibe dar, auf der man komplette TV-Streamings, Filme, Musik-Videos, aber auch Tutorials und vieles mehr einfach anschauen kann.

Die Wahl zum amerikanischen Präsidenten (2008)
Das folgende Beispiel zeigt auf eindrucksvolle Weise, wie **soziale Medien** schon relativ früh mit großem Erfolg **für Marketingzwecke** strategisch eingesetzt werden konnten.

Die Wahl von Barak Obama zum 44. Präsidenten der Vereinigten Staaten von Amerika wird – zumindest teilweise – auf die Nutzung neuer Marketing-Techniken zurückgeführt. Social Media spielte dabei eine wichtige Rolle (vgl. Kotler und Keller 2012, S. 3). Neben einer äußerst populären Facebook-Seite und 1800 auf YouTube geposteten Videos (vgl. Learmonth 2009, S. 16), hatte erstmals Twitter eine tragende Rolle bei einer Kampagne (vgl. Erickson 2011, Bild 1). Obwohl bis zu diesem Zeitpunkt „Wählen" immer noch als sehr private Entscheidung galt, drückten Millionen Menschen ihre politische Meinung nun offen über die sozialen Medien aus. Obama gelang es auf diese Weise vor allem die „kleinen Wähler" zu mobilisieren und sammelte über 500 Mio. US$ von über drei Millionen Spendern ein. Seinen Dank sprach Obama nach seiner Wahl unter anderem auch über Twitter aus (siehe Abb. 2.6).

Das Wunder auf dem Hudson River (2009)
Am 15. Januar 2009 geriet der U.S. Airways Flug 1549 kurz nach dem Start vom LaGuardia Flughafen in New York in einen Schwarm von Wildgänsen. Die Vögel wurden von den Turbinen angesogen und sorgten für einen Ausfall der Triebwerke. Im Gleitflug

Abb. 2.6 Tweet von Barak Obama mit Dank für die Unterstützung nach seiner Wahl 2008. (Quelle: Twitter 2008)

Abb. 2.7 Tweet von Janis Krums über die Notlandung auf dem Hudson River. (Quelle: Twitter 2009)

gelang dem Team um Pilot Chesley „Sully" Sullenberger eine spektakuläre Notlandung auf dem Hudson River, bei dem alle 155 Menschen an Bord überlebten (vgl. Peters 2017).

Der Vorfall erlangte noch aus einem anderen Grund schnell an Berühmtheit. 32 min nach der Notlandung setze Janis Krums an seine 170 Follower auf Twitter den in Abb. 2.7 abgebildeten Tweet ab.

Krums war der erste, der über dieses Ereignis berichtete. Sein Tweet verhalf Twitter nachweislich dazu, zu einer der bedeutendsten sozialen Plattformen der Welt aufzusteigen. Langer (2014) bezeichnete dies als „Twitter's defining moment" und zitiert in seinem Artikel den Co-Founder von Twitter, Jack Dorsey, zu diesem Thema:

> Suddenly the world turned its attention because we were the source of news – and it wasn't us, it was this person in the boat using the service, which is even more amazing.

Neben diesem wichtigen Moment für Twitter zeigt diese Momentaufnahme auch die **Geschwindigkeit,** mit der sich Neuigkeiten in den sozialen Medien verbreiten können – heute noch deutlich schneller als damals.

Der arabische Frühling (2011)

Welch immense **Macht** die sozialen Medien **ausüben** können, zeigt sich am Beispiel des Arabischen Frühlings. Es verdeutlicht, dass Social Media weit mehr ist, als nur das Teilen von lustigen Bildern und Videos mit Freunden und Bekannten. Aus der ausführlichen Diskussion zum Arabischen Frühling sei eine Untersuchung ganz besonders hervorzuheben. Die Studie „The Project on Information Technology and Political Islam" an der Universität von Washington analysierte mehr als drei Millionen Tweets, Gigabytes an Videos auf YouTube und tausende Blog-Posts (vgl. O'Donnell 2011). Philip Howard, Leiter des Projekts, kommt dabei zu folgenden Schluss:

> Our evidence suggests that social media carried a cascade of messages about freedom and democracy across North Africa and the Middle East, and helped raise expectations for the success of political uprising. [...] People who shared interest in democracy built extensive social networks and organized political action. Social media became a critical part of the toolkit for greater freedom (O'Donnell 2011).

Die Studie konnte auf Daten vor den wesentlichen Ereignissen zurückgreifen (z. B. vor dem Rücktritt des tunesischen Präsidenten Ben Ali am 14. Januar 2011). Die Daten belegen zum einen den enormen Aktivitätsanstieg in den sozialen Medien, zeigen zum anderen aber auch, wie schnell sich die Diskussionen über die Grenzen der betroffenen Staaten hinweg auf die ganze Welt weiterbewegten.

In diesem Zusammenhang thematisiert Howard (2011) den Sinn und Zweck, als Reaktion auf derartige Entwicklungen die Netzwerke zu kontrollieren oder abzuschalten und äußert sich wie folgt:

> Political leaders may be struck by the speed at which a crisis can spin out of their control, but controlling social media to circumvent collective action is a bad idea. Ultimately, social media works because messages pass over networks of trust and reciprocity, resonating with friends and family. The world needs more trust and reciprocity, not less. Similarly, the world needs more social media, not less.

Red Bull Stratos: Stratosphären-Sprung (2012)

Im Zuge der fortschreitenden Digitalisierung stellt sich die Frage, inwieweit die klassischen Medien bald ausgedient haben könnten. So berichtete eine amerikanische Studie 2016, dass die Ausgaben für Werbung auf digitalen und sozialen Medien in den USA zum ersten Mal die für Fernsehen überflügelten (vgl. Krasniak 2016). Dass die **klassischen Medien** nicht zwangsläufig tot sind, sondern sich hervorragend **mit den digitalen verbinden** lassen, belegt das folgende Beispiel: „Red Bull Stratos" gilt als Vorbild für eine herausragende Cross-Media-Kampagne. Es zeigt, „dass Unternehmen mit einer einzigartigen Marketing-Strategie und exklusiver Content-Strategie mit Social-Media-Marketing große Erfolge erzielen können" (Hilker 2017).

Das hauptsächlich vom österreichischen Energy-Drink-Hersteller Red Bull gesponserte Projekt „Stratos" war ein Fallschirmsprung des Extremsportlers Felix Baumgartner aus der Stratosphäre aus knapp 40 km Höhe am 14. Oktober 2012. Baumgartner brach bei diesem spektakulären Sprung mehrere aeronautische Weltrekorde (vgl. dazu ausführlich Red Bull 2013). Das gesamte Ereignis wurde durch Red Bull Stratos gezielt cross-medial begleitet (eine Zusammenfassung des Events zeigt das Video auf dem offiziellen Red Bull-Kanal bei YouTube, das Video kann über den Servicelink 2.3 weiter unten direkt abgerufen werden; Daten von Campillo-Lundbeck 2012; Chun 2012; Hilker 2017; Skene 2014):

- Mehr als acht Millionen Zuschauer sahen das Event live auf YouTube. Zu dieser Zeit ein sog. „Game Changer". Red Bull entschied sich für diesen Schritt mit dem Ziel, seine Zielgruppe besser zu erreichen.
- Über den offiziellen Medienpartner n-tv sahen das Event alleine in Deutschland sieben Millionen Zuschauer live. Insgesamt ging man davon aus, dass bei der Übertragung des Sprungs 1,8 Mrd. TV-Geräte eingeschaltet waren. Gut 200 Sender und Netzwerke übertrugen live.
- Besonders gelungen war die Social-Media-Integration von Facebook und Twitter: Zuschauer konnten Fragen zum Missionsverlauf stellen und den gesamten Verlauf online kommentieren.
  - Über drei Mio. Tweets wurden abgesetzt. Das Ereignis war tagelang das am meisten diskutierte Thema – die Hälfte der „Trending Topics" auf Twitter drehte sich um das Event.
  - Das Bild nach der Landung wurde über 500.000 geliked.
- Die Projekt-Homepage zeigte den Livestream sowie exzellent aufbereitete Hintergrundinformationen, die leicht via Social Media geteilt werden konnten.
- Die Kampagne sorgte schnell für einen sogenannten „Spill-Over-Effekt" über die sozialen Medien hinaus auf internationale Mainstream-Kanäle. Sie schaffte es z. B. auf die Titelseiten vieler renommierter Zeitungen und in die Hauptnachrichtensendungen.
- Die Cross-Media-Kampagne erzielte, vor allem durch die viralen Effekte, einen gigantischen PR-Wert. Die geschätzte Werbewirkung liegt bei 100 Mio. EUR. In österreichischen Medien war sogar von bis zu einer Milliarde Euro zu lesen. Die Kosten der Kampagne sollen zwischen 25 und 50 Mio. betragen haben.

Servicelink 2.3	
Servicelink zum Video „Red Bull Stratos – World Record Freefall": https://www.youtube.com/watch?v=dOoHArAzdug	

Das Beispiel zeigt, dass Social-Media-Marketing idealerweise eine veränderte Denk-
weise erfordert und einen positiven ROI erwirtschaften kann. In diesem Zusammenhang
zitiert Hilker (2017) den für den Red-Bull-Content-Pool zuständigen Jörg Mitter:

> Wer das erreichen will, muss Digital Marketing ganzheitlich und innovativ mit Social Media
> denken – das ist Red Bull beispielhaft gelungen.

ALS-Ice-Bucket-Challenge (2014)

Soziale Medien bringen nicht nur Unsinn und Werbung hervor, das zeigt auch die ALS-
Ice-Bucket-Challenge aus dem Jahre 2014. Die Aktion betont vor allem die **soziale
Komponente** von Social Media, auch wenn der Aufbau der Kampagne durchaus unter-
haltsam war.

Der Ursprung der Ice-Bucket-Challenge ist nicht zu 100 % geklärt. Die Idee scheint laut
Facebook (2014) von dem an ALS erkrankten ehemaligen Baseball-Star Peter Frates zu
stammen. Eine Facebook-Studie analysierte die Struktur der kommunikativen Ausbreitung
und zeigt, dass die Aktion in Boston, der Stadt in der Peter Frates Baseball spielte, ihren
Ursprung nahm (siehe dazu die Visualisierung in Abb. 2.8).

Wie lief die Challenge ab? Um auf die Krankheit ALS aufmerksam zu machen,
konnte man drei Personen über eine Social-Media-Plattform nominieren. Jeder Nomi-
nierte hatte dann 24 h Zeit, sich mit einem Eimer Eiswasser zu übergießen und ein
Video davon zu posten. Außerdem spendete man zehn Dollar an die ALS-Foundation
oder nationale Pendants. Kam man der Aufforderung nicht nach, musste man hundert
Dollar spenden (vgl. Grözinger 2014). Die meisten Teilnehmer entschieden sich für
beides. Die Aktion zog schnell die Aufmerksamkeit vieler Prominenter auf sich. Für die

Abb. 2.8 Visualisierung der „Spread Structure" zur ALS-Ice-Bucket-Challenge. (Quelle: Facebook
2014)

ALS-Foundation war die Aktion ein riesiger Erfolg: es konnten insgesamt über 200 Mio.
Euro an Spenden gesammelt werden (vgl. Kröning 2016).

Welche Dimensionen die Aktion hatte, fasst Grözinger (2014) zusammen:

- Bei YouTube wurden über 2,3 Mio. Videos hochgeladen.
- Über 28 Mio. Menschen waren auf Facebook an Gesprächen über die Ice Bucket Challenge beteiligt.
- Die englischsprachige Wikipedia listet mehr als tausend Prominente, die teilgenommen haben.

Nach Angaben von Brian Frederick, Vizepräsident der ALS-Organisation, sollen mithilfe
der gesammelten Gelder bereits erste Forschungserfolge realisiert worden sein (vgl.
Kröning 2016).

Obamas Reaktion auf die rassistischen Ausschreitungen in Charlottesville (2017)
Wenn es um den erfolgreichsten Tweet aller Zeiten geht, hätte an dieser Stelle lange das
Beispiel von Ellen DeGeneres' Selfie aus dem Jahr 2014 gestanden, den die Moderatorin live während der Oscar-Nacht 2014 machte und direkt veröffentlichte. Im Mai 2017
wurde sie allerdings von Carter Wilkerson, einem Teenager aus Nevada, abgelöst. Er
fragte per Tweet bei der Fast-Food-Kette Wendy's an, wie viele Retweets er bräuchte,
um für ein Jahr umsonst Chicken Nuggets zu bekommen. Wendy's antwortete mit der
willkürlich gewählten Summe von 18 Mio. Daraufhin bat Carter die Netzgemeinschaft
um Hilfe und der Hashtag #NuggsForCarter überschwemmte Twitter und wurde zum
Tweet mit den bis dahin meisten Retweets (vgl. Peters 2017)[4].

Auch dieser Rekord hielt nicht lange – ein weiteres Indiz für die **Dynamik** der sozialen Medien: Nach dem Anschlag auf ein Konzert in Manchester hatte sich Sängerin
Ariana Grande via Twitter geäußert. Grande war angesichts der Ereignisse „am Boden
zerstört" und erhielt weit über 2,7 Mio. Retweets.

Seit dem 13. August 2017 hält jedoch Barak Obama den Rekord des erfolgreichsten
Tweets. Sein Tweet hatte (ebenso wie der von Grande) einen ernsten Hintergrund –
Obama twitterte im Zusammenhang mit rechtsextremen Ausschreitungen in Charlottesville im US-Staat Virginia ein berühmtes Zitat des früheren südafrikanischen Präsidenten Nelson Mandela (siehe den Original-Tweet in Abb. 2.9): „Niemand hasst von
Geburt an jemanden aufgrund dessen Hautfarbe, dessen Herkunft oder dessen Religion." Zusammen mit dem Post lud Obama ein Foto hoch, auf dem er selbst vor einem
geöffneten Fenster mit drei Kindern unterschiedlicher Herkunft steht. Damit fand Obama
genau jene klaren Worte zu den Geschehnissen, die sein Amtsnachfolger Donald Trump
schmerzlich vermissen ließ.

---

[4]Auch wenn Carter die geforderten 18 Mio. Retweets nicht erreichte, gewährte ihm Wendy's das
gewünschte Jahr Gratis-Chicken-Nuggets.

Abb. 2.9 Tweet von Barak Obama zu den Ausschreitungen in Charlottesville. (Quelle: Twitter 2017)

Gemeinschaftliche Unterstützung bei Naturkatastrophen und Anschlägen (Community Support)

Das letzte Beispiel bezieht sich zunächst auf das Erdbeben auf Haiti im Januar 2010. Daneben lässt sich eine Vielzahl weiterer Katastrophen und – in der jüngeren Vergangenheit leider auch Anschläge – anführen, weswegen dieser Aspekt hier keinem konkreten Zeitpunkt zugeordnet wird. Vielmehr verdeutlicht diese Kategorie die **Rolle,** die die sozialen Medien mittlerweile bei derartigen **Katastrophen** spielen. Sie demonstriert eine der größten Stärken der sozialen Medien, nämlich die rasante Geschwindigkeit, mit der sich wichtige Informationen an eine große Anzahl von Menschen verbreiten lassen. Hier geht es allerdings weniger um die Berichte über die aktuelle Lage, sondern vielmehr um eine Reihe sozialer und wohltätiger Aktivitäten, die durch die sozialen Medien unterstützt beziehungsweise teilweise sogar ausgelöst wurden:

- **Mobilisierung von Rettungsmaßnahmen:** Bei dem Erdbeben auf Haiti 2010 waren es dem PEJ New Media Index zufolge vor allem die sozialen Medien, über die schnell Rettungstruppen aus verschiedensten Ländern mobilisiert werden konnten (vgl. PEJ New Media Index 2010). Ähnlich ist es seitdem bei verschiedenen Naturkatastrophen gewesen, so bei Tropensturm Harvey, der die Küste des US-Bundesstaates Texas im August 2017 heimsuchte, oder dem noch stärker wütenden Hurrikan Irma im September 2017. Magid (2017) berichtet über mehrere Vorfälle, bei denen Betroffene

selber über die sozialen Medien um Hilfe baten: „There are numerous stories such as a woman in Houston who posted on Facebook that her sister's family, including a one-year-old, needed to be rescued. And they were. Another woman received help after posting an address along with ‚Need help in NE Houston! Baby here and sick elderly!', on Twitter."
Facebook (2017b) hat zu diesem Zweck unter dem Link https://www.facebook.com/safetycheck/hurricane-harvey-aug24-2017/home/eine sog. „Community Help Page" eingerichtet, bei der man Updates posten kann, egal ob man selber Hilfe benötigt oder Unterstützung anbietet. Magid (2017) weist in seinem Beitrag sogar darauf hin, dass die sozialen Medien gegenüber dem normalen Notruf über Telefon einen entscheidenden Vorteil haben: das Telefon ist auf verfügbare Nummern und die Personen, die darauf antworten können, limitiert, Social Media nicht.

- **Unterstützung durch Fundraising:** Die sozialen Medien haben sich zu einem ausschlaggebenden Instrument entwickelt, wenn es darum geht, nach Katastrophen für Spendenaufrufe zu sorgen. Ein Report von CNN fasst die Rolle der sozialen Medien im Rahmen des oben genannten Erdbebens auf Haiti wie folgt zusammen (Ondrizek o. J.): „Social media – and Twitter specifically – became a central tool in the fundraising efforts that raised millions of dollars in aid for the country. By the end of the week the use of social media helped to raise more than $8 million in relief […]. " Mittlerweile haben sich ähnliche Aktionen bei Katastrophen etabliert.

- **Weitere Unterstützung Betroffener vor Ort:** Wie oben bereits mit der „Community Help Page" angedeutet, lassen sich über Social Media Unterstützungsleistungen durch Privatpersonen organisieren. So boten beispielsweise Einwohner Bostons vollkommen fremden Personen nach dem Bombenanschlag beim Boston Marathon im April 2013 Unterkünfte an, als alle Straßen und Hotels geschlossen wurden (vgl. Peters 2017). Echte Fan-Solidarität formierte sich über die sozialen Medien nach dem Anschlag auf den Bus von Borussia Dortmund im April 2017, die jegliche Rivalität zwischen den Fans die betroffenen Vereine (Borussia Dortmund und AS Monaco) vergessen ließ. Unter dem Hashtag #Bedforawayfans organisierten die BVB-Fans Betten für die Monaco-Anhänger (siehe Abb. 2.10).

- **Informationsversorgung Angehöriger:** Tragische Ereignisse wirken sich nicht nur auf die Betroffenen vor Ort aus. Es betrifft auch Angehörige und Freunde. Peters (2017) nennt eine Reihe von Beispielen (z. B. die Anschläge in Brüssel oder beim Boston Marathon), bei denen Familienmitglieder und Freunde über Facebook, Twitter oder anderen Plattformen überprüften, ob jemand aus deren Kreisen von den Anschlägen betroffen war. Bei dem Amoklauf in München 2016 oder Terroranschlägen wie auf den Weihnachtsmarkt an der Gedächtniskirche in Berlin 2016, aktiviert Facebook die Funktion „Safety Check". Sie zeigt an, ob man in Sicherheit ist. Auf diese Weise können Personen in den betroffenen Gebieten während einer Krise mit Freunden und Familie in Verbindung bleiben. Es hat sich sogar gezeigt, dass Nutzer in Krisenzeiten über andere Netzwerke auf den Safety Check von Facebook

Abb. 2.10 Beispielposts zum Hashtag #Bedforawayfans. (Quelle: Meedia Redaktion 2017)

hinweisen, wie z. B. die Polizei in Berlin über Twitter (siehe Abb. 2.11). Im September 2017, kurz nach den bereits erwähnten Hurrikans Harvey und Irma, führte Facebook deswegen ein neues Tool für Krisen- und Katastrophen-Bewältigungen, bekannt unter dem Namen „Crisis Response", ein. Mit „Crisis Response" erhalten Facebook-User eine zentrale Plattform, auf der weitere Informationen zu den jüngsten Krisen und Katastrophen aufzufinden sind und über die sie direkt auf Krisenreaktionsinstrumente wie den Sicherheitscheck, Community-Hilfe und Fundraising zugreifen können. Zusätzlich stellt Facebook Links zu Artikeln, Videos und Fotos bereit, die von der Facebook-Community veröffentlicht wurden, um den Menschen zu helfen mehr über eine Krise zu erfahren (vgl. Hutter 2017).

Abb. 2.11 Tweet der Polizei Berlin mit dem Hinweis auf den Facebook Safety Check. (Quelle: Twitter 2016)

- **Anteilnahme, Trost und Solidarität:** Neben den bisher beschriebenen unter-
stützenden Aktivitäten, die durch die sozialen Medien forciert wurden, bringen in
Krisenzeiten viele Menschen ihre Anteilnahme auf Social-Media-Plattformen länder-
übergreifend zum Ausdruck, spenden Betroffenen Trost und zeigen sich solidarisch
(vgl. Peters 2017).

Literatur

Alexa (2018) The top 500 sites on the web. https://www.alexa.com/topsites. Zugegriffen: 31. Mai
2018

Associated Press (2008) Viral videos win big at second YouTube Awards. CNN.com. Archived
from the original on March 23, 2008

Babka S (2016) Social Media für Führungskräfte. Behalten Sie das Steuer in der Hand. Springer
Gabler, Wiesbaden

Baumgärtel T (2018) Facebooks Macht steckt in dieser Formel. http://www.zeit.de/digi-
tal/2018-04/soziale-netzwerke-facebook-mark-zuckerberg-algorithmus-metcalfesches-gesetz.
Zugegriffen: 31. Mai 2018

Beintker S (2018) Vero: Der Prototyp für die nächste Generation von Social-Apps? http://mobil-
branche.de/2018/02/vero-umdenken-social-app. Zugegriffen: 31. Mai 2018

Bell K (2017) Facebook launches Messenger Kids, a messaging app for young kids. https://mas-
hable.com/2017/12/04/facebook-messenger-kids-app/?utm_cid=mash-com-fb-main-link#nU-
sZTo1zYmqw. Zugegriffen: 31. Mai 2018

BI Intelligence (2015) Facebook is losing its grip on teens as visual social networks gain popularity. http://www.businessinsider.de/facebook-is-losing-its-grip-on-the-teen-demographic-as-vi-
sual-social-networks-gain-popularity-2015-6?r=US&IR=T. Zugegriffen: 31. Mai 2018

Blind K (2004) The economics of standards: theory, evidence, policy. Edward Elgar Publishing,
Cheltenham

Boland B (2014) Organic reach on facebook: your questions answered. https://www.facebook.
com/business/news/Organic-Reach-on-Facebook. Zugegriffen: 31. Mai 2018

Boyd DM, Ellison NB (2007) Social network sites: definition, history, and scholarship. J Comput
Mediat Commun 13(1):210–230. https://doi.org/10.1111/j.1083-6101.2007.00393.x

Brandt M (2017) WhatsApp in Zahlen. https://de.statista.com/infografik/10550/wathsapp-in-zah-
len/. Zugegriffen: 31. Mai 2018

Brandt M (2018) Jeder 10. Facebook-Account ist ein Duplikat. https://de.statista.com/info-
grafik/11683/fake-accounts-bei-facebook/. Zugegriffen: 31. Mai 2018

Brien J (2017) Studie: Bis zu 48 Millionen Twitter-Nutzer sind in Wirklichkeit Bots. http://t3n.de/
news/studie-twitter-nutzer-bots-803959/. Zugegriffen: 31. Mai 2018

Buffer (2018) 2018 Social media trends report. https://www.slideshare.net/Bufferapp/2018-soci-
al-media-trends-report?ref=https://blog.bufferapp.com/social-media-trends-2018. Zugegriffen:
31. Mai 2018

Campillo-Lundbeck, S (2012) Projekt Stratos: Ein kleiner Schritt für einen Menschen, aber kein
großer Spruch für die Menschheit. http://www.horizont.net/marketing/nachrichten/-Projekt-
Stratos-Ein-kleiner-Schritt-fuer-einen-Menschen-aber-kein-grosser-Spruch-fuer-die-Mensch-
heit-110655. Zugegriffen: 31. Mai 2018

Chip (o. J.) Social Media Entwicklung: Vom Bulletin Board System zu Vine. http://www.chip. de/bildergalerie/Social-Media-Entwicklung-Vom-Bulletin-Board-System-zu-Vine-Galerie_38931140.html. Zugegriffen: 31. Mai 2018

Chun J (2012) Red bull stratos may change future of marketing. http://www.huffingtonpost. com/2012/10/15/red-bull-stratos-marketing_n_1966852.html. Zugegriffen: 31. Mai 2018

De Swaan AM, van den Driest F, Weed K (2014) The ultimate marketing machine. Harv Bus Rev 92(7):54–63

Decker A (2016) Connected Customer: Eine digitale (R)Evolution. Managementkompass. Customer Experience Management, F.A.Z. Fachverlag, 2, S 32–35

Deutschlandfunknova (2017) Facebook verspricht mehr Nutzer als es gibt. https://www. deutschlandfunknova.de/nachrichten/werbung-facebook-verspricht-mehr-nutzer-als-es-gibt. Zugegriffen: 31. Mai 2018

DiePresse (2018) „Kama" – Social Media App speziell für Großeltern. https://diepresse.com/ home/techscience/5374956/Kama-Social-Media-App-speziell-fuer-Grosseltern.   Zugegriffen: 31. Mai 2018

Dlugos C (2018) Friedhof der Hypes: Über diese Social Networks redet heute keiner mehr. https:// t3n.de/news/friedhof-hypes-soziale-netzwerke-984063/. Zugegriffen: 31. Mai 2018

Drees C (2017) Instagram stories: macht instagram snapchat kaputt? https://www.mobilegeeks.de/ artikel/instagram-stories-macht-instagram-snapchat-kaputt/. Zugegriffen: 31. Mai 2018

eMarketer (2018) Facebook losing younger users. But not all are migrating to Instagram. https:// www.emarketer.com/content/facebook-losing-younger-users-at-even-faster-pace.   Zugegriffen: 31. Mai 2018

Erickson C (2011) 10 Historical events affected by social media. http://mashable.com/2011/12/04/ social-media-historical-events/#6fYcq3BG1SqV. Zugegriffen: 31. Mai 2018

Facebook (2014) The Ice bucket challenge on facebook. https://newsroom.fb.com/news/2014/08/ the-ice-bucket-challenge-on-facebook/. Zugegriffen: 31. Mai 2018

Facebook (2017a) Post von Mark Zuckerburg vom 27.06.2017. https://www.facebook.com/zuck/ posts/10103831654565331. Zugegriffen: 31. Mai 2018

Facebook (2017b) Community help page zum hurricane harvey. https://www.facebook.com/safety-check/hurricane-harvey-aug24-2017/home/. Zugegriffen: 31. Mai 2018

FAZ (2017) StudiVZ ist pleite. http://www.faz.net/aktuell/wirtschaft/studivz-insolvenz-die-einstige-netzwerk-erfolgsstory-ist-pleite-15189212.html. Zugegriffen: 31. Mai 2018

Firsching J (2018) True social? Vero fehlt, was Snapchat ausgezeichnet hat. http://www.futurebiz. de/artikel/true-social-vero-fehlt-was-snapchat-ausgezeichnet-hat/. Zugegriffen: 31. Mai 2018

Francis T (2015) What did Billion Dollar companies look like at the Series A? http://observer. com/2015/09/what-did-billion-dollar-companies-look-like-at-the-series-a/ Zugegriffen: 31. Mai 2018

Grözinger K (2014) Kalt und hart: Fakten über die ALS Ice Bucket Challenge. https://www.tixxt. com/de/kalt-und-hart-fakten-uber-dir-als-ice-bucket-challenge/. Zugegriffen: 31. Mai 2018

Hanisch C (o. J.) Von Facemash zu Facebook – die Entwicklung des „Social Media-Riesen". http:// medien-mittweida.de/die-entwicklung-facebook/. Zugegriffen: 31. Mai 2018

Hart S (2014) Social networks: how did we get there? The evolution of social media. http://www. relevanza.com/social-networks-get/. Zugegriffen: 31. Mai 2018

Haucap J (2012) Wie lange hält Googles Monopol? Ordnungspolitische Perspektiven. Düsseldorfer Institut für Wettbewerbsökonomie. 32. https://www.econstor.eu/obitstream/10419/67103/1/730904032.pdf. Zugegriffen: 31. Mai 2018

Hettler U (2010) Social media marketing. Marketing mit Blogs, Sozialen Netzwerken und weiteren Anwendungen des Web 2.0. Oldenburg, München

Heuer T (2009) Justin Hall, Vater des Bloggings, im Interview: „1994 war das Web ziemlich leer, also musste man es befüllen". http://t3n.de/news/justin-hall-vater-bloggings-interview-1994-war-web-242053/. Seit Frühjahr 2018 nicht mehr verfügbar. Letzter. Zugegriffen: 30. März 2018

Hilker C (2017) Best Practice: Red Bull mit erfolgreicher Crossmedia-Kampagne: Stratos. http://blog.hilker-consulting.de/best-practice-red-bull-mit-erfolgreicher-crossmedia-kampagne-stratos. Zugegriffen: 31. Mai 2018

Howard PN (2011) The upside downside of social media protests. http://blogs.reuters.com/great-debate/2011/08/23/the-upside-downside-of-social-media-protests/. Zugegriffen: 31. Mai 2018

Hutter T (2017) Facebook: Neues Tool für Krisen- und Katastrophenbewältigung. http://www.thomashutter.com/index.php/2017/09/facebook-neues-tool-fuer-krisen-und-katastrophenbewaeltigung/. Zugegriffen: 31. Mai 2018

Ihlenfeld J (2004) Wikipedia feiert millionsten Artikel. https://www.golem.de/0409/33658.html. Zugegriffen: 31. Mai 2018

Jacobsen N (2018) Uncooles Social Network: Facebook laufen die jungen Nutzer weg – zu Snapchat. http://meedia.de/2018/02/12/uncooles-social-network-facebook-laufen-die-jungen-nutzer-weg-zu-snapchat/. Zugegriffen: 31. Mai 2018

Karadeniz B (o. J.a) Die Anfänge des Internet. http://netplanet.org/geschichte/arpa.shtml. Zugegriffen: 31. Mai 2018

Karadeniz B (o. J.b) Das Phänomen World Wide Web. http://netplanet.org/geschichte/worldwideweb.shtml. Zugegriffen: 31. Mai 2018

Keese C (2014) Silicon Valley. Was aus dem mächtigsten Tal der Welt auf uns zukommt. Knaus, München

Knieps G (2007) Netzökonomie: Grundlagen – Strategien – Wettbewerbspolitik. Springer Gabler, Wiesbaden

Kotler P, Keller KL (2012) Marketing management. Prentice Hall, Upper Saddle River

Krasniak M (2016) Social Ad spend surpasses television: new research. http://www.socialmediaexaminer.com/social-ad-spend-surpasses-television-new-research/. Zugegriffen: 31. Mai 2018

Kreutzer RT, Land KH (2016) Digitaler Darwinismus: Der stille Angriff auf Ihr Geschäftsmodell und Ihre Marke. Springer Gabler, Wiesbaden

Kroker M (2015a) Die Social-Media-Geschichte: Vom Bulletin-Board-System 1978 bis Snapchat & Vine. http://blog.wiwo.de/look-at-it/2015/11/16/die-social-media-geschichte-vom-bulletin-board-system-1978-bis-snapchat-vine/. Zugegriffen: 31. Mai 2018

Kroker M (2015b) So tot ist Google+ wirklich: 2,2 Milliarden Profile; 4 bis 6 Millionen nutzen G+ aktiv – 0,3 Prozent. http://blog.wiwo.de/look-at-it/2015/01/28/so-tot-ist-google-wirklich-22-milliarden-profile-4-bis-6-millionen-nutzen-g-aktiv-03-prozent/. Zugegriffen: 31. Mai 2018

Kroker, M (2017a) Erstmals mehr als 3 Milliarden Social-Media-Nutzer – 40 Prozent der Weltbevölkerung. https://www.xing.com/news/insiders/articles/erstmals-mehr-als-3-milliarden-social-media-nutzer-40-prozent-der-weltbevolkerung-900711. Zugegriffen: 31. Mai 2018

Kroker M (2017b) Das Facebook-Imperium – auf dem Weg zur totalen Social-Media-Dominanz. http://blog.wiwo.de/look-at-it/2017/02/14/das-facebook-imperium-auf-dem-weg-zur-totalen-social-media-dominanz/. Zugegriffen: 31. Mai 2018

Kroker M (2018) Facebook stagniert in Deutschland – während Messenger wie WhatsApp & Co. weiter wachsen. http://blog.wiwo.de/look-at-it/2018/02/01/facebook-stagniert-in-deutschland-waehrend-messenger-wie-whatsapp-co-weiter-wachsen/. Zugegriffen: 31. Mai 2018

Kröning A (2016) Darum hat sich die Ice Bucket Challenge gelohnt. https://www.welt.de/gesundheit/article157321509/Darum-hat-sich-die-Ice-Bucket-Challenge-gelohnt.html. Zugegriffen: 31. Mai 2018

Langer E (2014) The five year anniversary of Twitters defining moment. https://www.cnbc.
    com/2014/01/15/the-five-year-anniversary-of-twitters-defining-moment.html. Zugegriffen: 31.
    Mai 2018
Lawal M (2017) Die organische Social Media-Reichweite sinkt – so halten Sie dagegen! https://
    blog.hootsuite.com/de/organische-social-media-reichweite-sinkt/. Zugegriffen: 31. Mai 2018
Learmonth M (2009) Social media paves way to white house. Adv Age 3(30):16
Leichsenring HJ (2018) Droht Facebook die Vergreisung? Teenager brechen weg, Rentner legen
    zu. https://www.der-bank-blog.de/droht-facebook-vergreisung/studien/social_media/33064/.
    Zugegriffen: 31. Mai 2018
Leskovec J, Horovitz E (2008) Planetary-scale views on an instant-messaging network.
    doi: 2008arXiv0803.0939L
Lischka K (2009) Der älteste Online-Dienst ist offline. http://www.spiegel.de/netzwelt/web/com-
    puserve-classic-der-aelteste-online-dienst-ist-offline-a-634504.html. Zugegriffen: 31. Mai 2018
Ludwig C (2016) E-Mail-Erfinder ist tot: Wie Ray Tomlinson 1971 die erste elektronische Post mit
    @-Zeichen verschickte. http://www.businessinsider.de/e-mail-pionier-gestorben-wie-ray-tom-
    linson-1971-die-erste-e-mail-mit-zeichen-verschickte-2016-3. Zugegriffen: 31. Mai 2018
Magid L (2017) Hurricane Harvey: social media and mobile tech come to the rescue in Texas.
    http://www.mercurynews.com/2017/08/31/hurricane-harvey-social-media-and-mobile-tech-co-
    me-to-the-rescue-in-texas/. Zugegriffen: 31. Mai 2018
Maheshwari S (2017) Facebook tells advertisers it can reach many young people. Too many.
    https://www.nytimes.com/2017/09/06/business/media/facebook-advertisers.html. Zugegriffen:
    31. Mai 2018
Mair S, Maaß S (2017) Facebook vermittelt Jobs wie Xing und Linkedin. https://www.welt.de/
    wirtschaft/karriere/article171134779/Facebook-vermittelt-Jobs-wie-Xing-und-Linkedin.html.
    Zugegriffen: 31. Mai 2018
Manson M (2014) Facebook zero: considering life after the demise of organic reach. https://www.
    slideshare.net/socialogilvy/facebook-zero-white-paper-31934430. Zugegriffen: 31. Mai 2018
Marrouat C (2013) Social Media – A History: Infographic. Ursprünglich veröffentlich. https://bit.
    ly/2J0SOiT. Kein Zugriff mehr seit Frühjahr 2018. Letzter Zugegriffen: 30. März 2018. Info-
    grafik verfügbar unter: https://visual.ly/community/infographic/social-media/social-media-his-
    tory. Zugegriffen: 31. Mai 2018
Meedia Redaktion (2017) Social Media-Fan-Solidarität nach Anschlag auf BVB-Bus: #Bedfora-
    wayfans lässt Fan-Rivalitäten vergessen. http://meedia.de/2017/04/12/social-media-fan-so-
    lidaritaet-nach-anschlag-auf-bvb-bus-bedforawayfans-laesst-fan-rivalitaeten-vergessen/.
    Zugegriffen: 31. Mai 2018
Milgram S (1967) The small world problem. Psychol Today 5:60–67
O'Donnell C (2011) New study quantifies use of social media in Arab Spring. http://www.
    washington.edu/news/2011/09/12/new-study-quantifies-use-of-social-media-in-arab-spring/.
    Zugegriffen: 31. Mai 2018
Ondrizek M (o. J.) The role of (social) media. http://haiti.miami.edu/role-of-social-media.html.
    Zugegriffen: 31. Mai 2018
O'Reilly T (2005) What is web 2.0. Design patterns and business models for the next generation
    of software. http://www.oreilly.com/pub/a/web2/archive/what-is-web-20.html. Zugegriffen: 31.
    Mai 2018
Oxyweb (o. J.) World Map showing the popularity of social networks around the world. http://oxy-
    web.co.uk/blog/socialnetworkmapoftheworld.php. Zugegriffen: 31. Mai 2018
PEJ New Media Index (2010) Social media aid the Haiti Relief effort. PEJ New Media Index
    January 11–15, 2010. http://www.journalism.org/2010/01/21/social-media-aid-haiti-relief-ef-
    fort/. Zugegriffen: 31. Mai 2018

Pein V (2013) Die Geschichte der Social Networks. http://der-socialmediamanager.de/die-geschichte-der-social-networks/. Zugegriffen: 31. Mai 2018

Peters B (2017) Top 10 powerful moments that shaped social media history over the last 20 years. https://blog.bufferapp.com/social-media-history. Zugegriffen: 31. Mai 2018

Plymale S (2012) A forefather of social media: Andrew Weinreich and SixDegrees.com. https://emuprssa.com/2012/05/26/a-forefather-of-social-media-andrew-weinreich-and-sixdegrees-com/. Ab Herbst 2017 nicht mehr verfügbar. Letzter. Zugegriffen: 4. Sept. 2017

Priebe A (2018) 1 Million neue Nutzer jeden Tag: Datenskandal schwächt Social Media nicht. https://onlinemarketing.de/news/social-media-2018-datenskandal-nutzer-global.   Zugegriffen: 31. Mai 2018

Red Bull (2013) Final data released from Felix Baumgartner's supersonic freefall. http://www.redbullstratos.com/science/scientific-data-review/index.html. Zugegriffen: 31. Mai 2018

Riese M (2016) The definitive history of social media. https://www.dailydot.com/debug/history-of-social-media/. Zugegriffen: 31. Mai 2018

Roth P (2016) Der Facebook Newsfeed Algorithmus: die Faktoren für die organische Reichweite im Überblick. https://allfacebook.de/pages/facebook-newsfeed-algorithmus-faktoren. Zugegriffen: 31. Mai 2018

Roth P (2017) Facebook rechnet mit etwa 7 % Fake-Nutzern und Duplikaten im eigenen Netzwerk. https://allfacebook.de/zahlen_fakten/fake-nutzer. Zugegriffen: 31. Mai 2018

Sellers P (2006) MySpace cowboys. They run the fastest-growing web site on the planet. They have 100 million friends. Not bad for two guys who just wanted a place to hang out. http://archive.fortune.com/magazines/fortune/fortune_archive/2006/09/04/8384727/index.htm. Zugegriffen: 31. Mai 2018

Simplify360 (2013) 26 Social media marketing truths. https://de.slideshare.net/simplify360/26-social-media-marketing-truths. Zugegriffen: 31.Mai 2018

Skene K (2014) A PR case study: red bull stratos. https://www.newsgeneration.com/2014/03/14/pr-case-study-red-bull-stratos/. Zugegriffen: 31. Mai 2018

Smith K (2018) 39 Fascinating and incredible YouTube statistics. https://www.brandwatch.com/blog/39-youtube-stats/. Zugegriffen: 31. Mai 2018

Solis B (2017) The past, present and future of social media. http://www.briansolis.com/2017/11/past-present-future-social-media/. Zugegriffen: 31. Mai 2018

Steinbrenner T (2017) Die Geschichte der Social Media im Überblick. https://www.haufe.de/marketing-vertrieb/online-marketing/die-social-media-geschichte-im-ueberblick_132_298002.html?chorid=03611049&campaign=social-media/google+. Zugegriffen: 31.Mai 2018

Steuer P (2016) Snap me if you can. Das Buch für alle, die Snapchat endlich verstehen wollen. E-Book, das über http://snapmeifyoucan.net/ abrufbar war. Kein Zugriff mehr seit Anfang 2018. Letzter Zugegriffen: 20. Okt. 2017

Twitter (2008) Tweet von Barack Obama nach seiner Wahl. https://twitter.com/barackobama/status/992176676?lang=de. Zugegriffen: 31. Mai 2018

Twitter (2009) Tweet von Janis Krums zum Wunder von Hudson. https://twitter.com/jkrums/status/1121915133?ref_src=twsrc%5Etfw&ref_url=https%3A%2F%2Fblog.bufferapp.com%2Fsocial-media-history. Zugegriffen: 31. Mai 2018

Twitter (2016) Tweet der Polizei Berlin mit dem Hinweis auf den Facebook Security Check. https://twitter.com/PolizeiBerlin_E/status/810958018351341568?ref_src=twsrc%5Etfw&ref_url=https%3A%2F%2Fcdn.embedly.com%2Fwidgets%2Fcard.html%23sid%3Da3ecd93e-14b14e47b8e59b17d2393597. Zugegriffen: 31. Mai 2018

Twitter (2017) Tweet von Barack Obama als Reaktion auf die Unruhen in Charlottesville. https://twitter.com/BarackObama/status/896523232098078720. Zugegriffen: 31. Mai 2018

Varian H, Shapiro C (1999) Online zum Erfolg: Strategien für das Internet-Business. Langen-Müller, München

Vincos (2017) World map of social networks. http://vincos.it/world-map-of-social-networks/. Zugegriffen: 31. Mai 2018

Voronoi (2017) Hello friends, Welcome to Steemit! https://steemit.com/steemit/@voronoi/hello-friends-welcome-to-steemit. Zugegriffen: 31.Mai 2018

Wagner RM (1998) Networks in den USA: Von der Counterculture zum Mainstream? LIT, Hamburg

Walsh C (2017) This is what the entire internet looked like in 1973. https://www.weforum.org/agenda/2017/11/this-is-what-the-entire-internet-looked-like-in-1973/. Zugegriffen: 31. Mai 2018

We Are Social (2017) Global statshot: digital in Q3 2017. The latest essential internet. Social media, and mobile stats from around the world. https://wearesocial.com/blog/2017/08/three-billion-people-now-use-social-media. Zugegriffen: 31. Mai 2018

We Are Social (2018) Digital in 2018 global overview. https://www.slideshare.net/wearesocial/digital-in-2018-global-overview-86860338. Zugegriffen: 31. Mai 2018

Weigert M (2010) Massenphänomen: Die drei Evolutionsstufen sozialer Netzwerke. http://www.foerderland.de/digitale-wirtschaft/netzwertig/news/artikel/massenphaenomen-die-drei-evolutionsstufen-sozialer-netzwerke/. Zugegriffen: 31. Mai 2018

WhatsBroadcast (2017) Warum sich Messenger Marketing gegenüber Social Media durchsetzt! https://www.whatsbroadcast.com/de/warum-sich-messenger-marketing-gegenueber-social-media-durchsetzt/. Zugegriffen: 31. Mai 2018

Wiese J (2017) Zwei Milliarden Facebook Nutzer – Die Presseschau. https://allfacebook.de/zahlen_fakten/zwei-milliarden-facebook-nutzer-die-presseschau. Zugegriffen: 31. Mai 2018

Wray T (2016) Declining organic reach on facebook got you down? What you can do? https://raneydaydesign.com/declining-organic-reach-on-facebook-got-you-down-what-you-can-do/. Zugegriffen: 31. Mai 2018

Zerfaß F (2011) MySpace: Der Absturz eines Superstars. http://www.wiwo.de/unternehmen/myspace-der-absturz-eines-superstars/5155082.html. Zugegriffen: 31. Mai 2018

Definitorische Grundlagen und Mechanismen von Social Media

3

So · cial me · di · a – noun – A term to describe the current state of the Internet and the place where the consumers' attention is.
Gary Vaynerchuk, Multi-Unternehmer und Internet-Botschafter (Vaynerchuk zitiert bei Lymbouras 2017).

Zusammenfassung

Nach dem thematisch-historischen Einstieg in die Welt der sozialen Medien, soll nun genauer definiert werden, was Social Media ist. Dazu erfolgt in Abschn. 3.1 die Definition von Social Media, bevor in Abschn. 3.2 die zugrunde liegenden Mechanismen näher dargelegt werden.

3.1 Definition von Social Media und verwandten Begriffen

Social Media ist heutzutage ein fester Bestandteil unseres Lebens, der Begriff hat längst einen Platz in unserem Sprachgebrauch erobert und wird tagtäglich ganz selbstverständlich verwendet. So selbstverständlich, dass er mit vielen anderen Begriffen wie etwa *soziale Netzwerke* synonym verwendet wird. Ob diese Verwendung – oder auch die oben genannte Definition von Gary Vaynerchuk – in dieser Form korrekt ist, untersucht zunächst eine Analyse der verschiedenen Definitionsansätze zum Terminus Social Media, die in einer eigenen Begriffslegung mündet. Damit geht einher, dass eine genauere Festlegung zum Begriff der sozialen Netzwerke erfolgt. Da dieses Buch den Fokus auf die unternehmerische Nutzung von Social Media einnimmt, betrachten wir abschließend auch den Begriff *Social-Media-Marketing*.

© Springer Fachmedien Wiesbaden GmbH 2019
A. Decker, *Der Social-Media-Zyklus,*
https://doi.org/10.1007/978-3-658-22873-6_3

Begriffsanalyse und -definition von Social Media

Obwohl sich hinter dem Begriff Social Media nichts Bahnbrechendes verbirgt, stellten Kaplan und Heanlein (2010, S. 60) bereits 2010 fest, dass hierzu sowohl unter Wissenschaftlern als auch Managern große Konfusion herrscht: Was exakt versteht man unter diesem Terminus? Was genau soll darunter subsumiert werden – und was nicht? Pein (2014, S. 25) fügt hinzu, dass die Definition nicht so trivial ist, wie es zunächst erscheinen mag. Insofern lohnt zunächst der Blick auf unterschiedliche Definitionsansätze (siehe Tab. 3.1; Definitionen sind aufsteigend nach dem Erscheinungsjahr sortiert). Die Auswahl erfolgte wenn die jeweilige Begriffslegung in der Literatur häufig Verwendung fand und/oder wenn damit besonders interessante oder andersartige Aspekte hervorgehoben wurden.

Betrachtet man die verschiedenen Definitionsansätze, so sieht man, dass es zu einer Zweiteilung kommt. Auf der einen Seite stehen Definitionen, die Social Media eher im Zusammenhang mit *technischen* Plattformen und Medien sehen (so die Definitionen von Bruhn und Hadwich 2015; Bundesverband Digitale Wirtschaft 2015; Gabriel und Röhrs 2017 sowie Kaplan und Haenlein 2010). Auf der anderen Seite definieren die Begriffslegungen von Hettler (2010), Pein (2014) sowie Weinberg und Pahrmann (2012) Social Media als einen übergeordneten Begriff (oder Phänomen) der virtuelle *Beziehungen* widerspiegelt; eine Definition, die eher auf die Art fokussiert, wie Menschen diese Plattformen nutzen (vgl. Pein 2014, S. 25). Insofern erscheint als erster Anhaltspunkt für eine umfassende und zeitgemäße Definition der Ansatz von Babka (2016) sehr geeignet, der den Begriff im Singular (als Phänomen) und im Plural (mit Blick auf technische Plattformen) unterscheidet. In eine ähnliche Richtung denkt auch Safko (2010, S. 3–4), der explizit zwischen den Medien und dem sozialen Aspekt trennt.

Von dieser Zweiteilung abgesehen, lassen sich eine Vielzahl von Gemeinsamkeiten aus den in Tab. 3.1 angeführten Definitionen ableiten, die so auch anderweitig in der Literatur immer wieder angeführt werden (siehe z. B. die Zusammenstellung bei Obar und Wildman 2015). Diese sind:

- **Social Media basiert (aktuell) auf Web 2.0-Anwendungen:** Wie in Abschn. 2.1 dargelegt, schuf erst das Web 2.0 ein aktives Kommunikationssystem mit Möglichkeiten zum direkten Dialog, durch das sich User austauschen konnten. Das Web 2.0 machte Social Media in der heutigen Form erst möglich. Durch die Geschwindigkeit, mit der sich die Technologien weiterentwickeln, besteht die Gefahr, dass eine Beschränkung auf das Web 2.0 die Definition von Social Media zu sehr einengt. Insofern sollte sie wie bei Gabriel und Röhrs (2017, S. 16) geschehen neben dem Web 2.0 auch weitere

Tab. 3.1 Übersicht über verschiedene Definitionsansätze zu Social Media in der Literatur

Verfasser	Definition
Hettler (2010, S. 14)	„Persönlich erstellte, auf Interaktionen abzielende Beiträge, die in Form von Text, Bildern, Video oder Audio über Onlinemedien für einen ausgewählten Adressatenkreis einer virtuellen Gemeinschaft oder für die Allgemeinheit veröffentlicht werden, sowie zugrunde liegende und unterstützende Dienste und Werkzeuge des Web 2.0, sollen mit dem Begriff ‚Social Media' umschrieben werden."
Kaplan und Haenlein (2010, S. 61)	„Social Media is a group of Internet-based applications that build on the ideological and technological foundations of Web 2.0 and that allow the creation and exchange of User Generated Content."
Safko (2010, S. 3–4)	„Social Media is the media we use to be social. That's it" „The first part of the terminology, *social,* refers to the instinctional needs we humans have to connect with other humans. […] The second part of that term refers to the *media* we use with which we make those connections with other humans."
Pein (2014, S. 26)	„Der Begriff Social Media beschreibt das interaktive virtuelle Abbild von Beziehungen und der damit einhergehenden digitalen Kommunikation, die auf Basis von Web-2.0-Technologien wie sozialen Netzwerken, Blog, Foren und Multimediaplattformen stattfinden."
Weinberg und Pahrmann (2012, S. 1)	„Der Begriff Social Media (soziale Medien) steht für den Austausch von Informationen, Erfahrungen und Meinungen mithilfe von Community-Websites […]."
Bruhn und Hadwich (2015, S. 3)	„Social Media sind online-basierte Plattformen, die gekennzeichnet sind durch die Kommunikation und Vernetzung zwischen den Nutzern."
Bundesverband Digitale Wirtschaft (2015, S. 5)	„Social Media sind eine Vielfalt digitaler Medien und Technologien, die es Nutzern ermöglichen, sich untereinander auszutauschen und mediale Inhalte einzeln oder in Gemeinschaft zu gestalten. […] Die Nutzer nehmen durch Kommentare, Bewertungen und Empfehlungen aktiv auf die Inhalte Bezug und bauen auf diese Weise eine soziale Beziehung untereinander auf. Die Grenze zwischen Produzent und Konsument verschwimmt. Diese Faktoren unterscheiden Social Media von den traditionellen Massenmedien. Als Kommunikationsmittel setzt Social Media einzeln oder in Kombination auf Text, Bild, Audio oder Video."
Babka (2016, S. 1)	„Social Media im Plural genutzt stehen für die sozialen Netzwerke. Social Media im Singular genutzt steht für das Phänomen Social Media."

(Fortsetzung)

Tab. 3.1 (Fortsetzung)

Verfasser	Definition
Kreutzer (2016, S. 115, 117)	„Unter dem Begriff soziale Medien werden Online-Medien und -Technologien subsumiert, die es den Internet-Nutzern ermöglichen, einen Informationsaustausch online durchzuführen, der weit über die klassische E-Mail-Kommunikation hinausgeht. Zu den sozialen Medien zählen neben sozialen Netzwerken und Media-Sharing-Plattformen auch Blogs, Online-Foren und Online-Communitys." „Im Kern geht es innerhalb der sozialen Medien um eine Interaktion zwischen Internet-Nutzern – verbunden mit dem Austausch von Informationen und User-Generated Content. Dieser kann ausschließlich zwischen Privatpersonen oder zwischen Privatpersonen und Unternehmen stattfinden. Es entstehen zum einen soziale Beziehungen zwischen den Nutzern, die sich auf gleicher hierarchischer Ebene begegnen. Zum anderen können sich Meinungsführer-Meinungsfolger-Beziehungen herausbilden, die sich im gemeinsamen Erstellen, Weiterentwickeln und Distribuieren von Inhalten beispielsweise über Blogs und Communitys konkretisieren. Die niedrigen Einstiegsbarrieren bei der Nutzung der sozialen Medien – wie geringe Kosten, einfache Möglichkeiten zum Upload von Inhalten, leichte Bedienbarkeit (auch Usability genannt) – fördern deren Verbreitung."
Gabriel und Röhrs (2017, S. 16)	„Social Media (soziale Medien) sind digitale Medien, Technologien und Systeme, die über Anwendungsplattformen angeboten werden und mit denen unterschiedliche Anwendungen (Social-Media-Anwendungen) im Internet (beziehungsweise im Intranet) über Web 2.0 oder Web 3.0 ausgeführt werden können. Hierzu können sich z. B. Social Networks (soziale Netzwerke) als ein gemeinschaftliches Netzwerk von Benutzern bilden, die die Social-Media-Technologien nutzen. Charakteristisch für die Anwendungen sind die Kommunikation und vor allem die Erstellung (user-generated content) und die Verteilung von Inhalten, die in digitaler Form beziehungsweise als digitale Medien vorliegen."

Entwicklungen, wie z. B. das Web 3.0[1], aufführen, um so eine möglichst weit-reichende, der Dynamik der Thematik gerecht werdende Sichtweise einzunehmen.

- **Es geht vor allem um den Austausch von User-Generated-Content:** An vielen Stellen wird in der Literatur als wichtigstes Charakteristikum vor allem die Erstellung von neuen Inhalten durch die User, also der bereits erwähnte User-Generated-Content, genannt sowie dessen Verteilung in digitaler Form (siehe stellvertretend für viele: Gabriel und Röhrs 2017, S. 16; Kaplan und Haenlein 2010, S. 61; Obar und Wildman 2015, S. 745). Diese Feststellung geht ebenfalls auf eines der von Tim O'Reilly for-mulierten Prinzipien des Web 2.0 zurück (siehe Abschn. 2.1), nachdem sich User am Entstehungsprozess von Web-Inhalten beteiligen sollen. Insofern sollte dieser Aspekt zu den integralen Bestandteilen einer Definition über Social Media zählen.

- **Dieser Inhalt kann alle möglichen Formen annehmen:** Einige Definitionen (siehe z. B. die von Hettler 2010, S. 14) zählen die verschiedenen Formen auf, über die sich digitale Inhalte in den sozialen Medien transportieren lassen: dies sind vor allem Texte, Kommentare, Bewertungen, Bilder, Videos oder Audio. Auch hier erscheint es in Anbetracht der vielfältigen Möglichkeiten entweder sinnvoll bei der Definition von Social Media – ähnlich wie beim Aspekt zum Web 2.0 – eine möglichst weite For-mulierung zu wählen, oder die „Transportformate" gar nicht näher zu spezifizieren.

- **Die Kommunikationsbeziehungen sind weitreichender als in den klassischen Medien:** Betrachtet man die Kommunikationsbeziehungen in der Prä-Social-Media-Zeit, waren diese geprägt von zwei Kommunikationsformaten: Eins-zu-Eins-Kommunikation, die den nicht-öffentlichen Austausch zwischen zwei Parteien beschreibt, sowie Eins-zu-n-Kommunikation, dem Sinnbild der Massenkommunikation, bei der Medien-nutzer lediglich die Rolle der Informationsempfänger einnehmen (vgl. Hettler 2010, S. 16–21). Im Web 2.0 erfolgt die Kommunikation nun im Verhältnis „n-zu-n", also „Many-To-Many". Das bedeutet, dass alle Nutzer sozialer Medien gleichzeitig Emp-fänger wie auch Sender von Informationen beziehungsweise Inhalten sind. Auf diese Weise sind Medienanbieter nur noch einzelne Teilnehmer unter Vielen. Ihre Beiträge ste-hen in Konkurrenz zu der Vielzahl von Inhalten, die von den Usern generiert werden. Dies ist nach Auffassung des Autors allerdings nicht gleichbedeutend mit der Tatsache, dass jede Kommunikation über soziale Medien auch „Many-To-Many" ablaufen muss. Dagegen sprechen schon die Möglichkeiten, sich über soziale Medien persönliche Nach-richten (also eins-zu-eins) zu schicken. Eine Definition von Social Media darf somit

---

[1]Unter dem Begriff Web 3.0 versteht man – in Anlehnung an das Web 2.0 – ein semantisches Internet, das „intelligente" Web-Anwendungen ermöglicht (Smart Web). Hintergrund der Ent-wicklung bildet die Tatsache, dass durch das Web 2.0 eine enorm angestiegene Menge an Informationen existiert, die für das Web selbst aber in keiner Beziehung zueinanderstehen. Der Schwerpunkt im Web 3.0 liegt nun darauf, dass die von den Nutzern generierten Informationen mit einer Beschreibung versehen werden, die in ihrer Bedeutung eindeutig ist. Die Information im Web sollen so von Maschinen interpretiert und automatisch weiterverarbeitet und **miteinander in Beziehung** gesetzt werden können (vgl. bspw. Rochnow 2012). Inwiefern dies konkrete Aus-wirkungen auf Social Media hat, lässt sich heute noch nicht genau sagen.

die Kommunikationsbeziehungen in dieser Hinsicht nicht beschneiden. Alle Formen
sind denkbar. Dabei ist es unerheblich, ob die Kommunikation ausschließlich zwischen
Privatpersonen, zwischen Privatpersonen und Unternehmen oder allein unter Unternehmen stattfindet.

Vor dem Hintergrund der dargestellten Ausführungen soll Social Media abschließend
wie folgt definiert werden:

▶ **Definition** Der Begriff Social Media im Singular beschreibt das Phänomen, bei dem
Nutzer über virtuelle Anwendungs-Plattformen des Web 2.0, des Web 3.0 oder sonstigen
technischen Weiterentwicklungen miteinander interagieren, dabei eigene Inhalte kreieren
(sogenannten User-Generated-Content) und diese miteinander austauschen.

Der Begriff Social Media im Plural umfasst die damit verbundenen digitalen
Kommunikations-Dienste und Technologien, um die oben erwähnte Interaktion zwischen
den Nutzern zu ermöglichen. Synonym lassen sich Social Media u. a. als soziale Medien,
soziale (Anwendungs-)Plattformen, Social-Media-Kanäle oder -Plattformen sowie als
Social Web bezeichnen.

Detaillierte Betrachtung zum Begriff der sozialen Medien und Abgrenzungen
Die obige Definition nennt verschiedene Begriffe, mit denen sich die Social Media (im
Plural) synonym bezeichnen lassen. Aus den vielen Möglichkeiten mögen Leser einen
Begriff vielleicht vermissen: soziale Netzwerke. Dieser Begriff ist in der Literatur nicht
eindeutig definiert und wurde deswegen zunächst explizit nicht in die Definition aufgenommen. Vielen Einteilungen sozialer Medien in verschiedene Untergruppen (siehe
dazu ausführlich Abschn. 7.2) führen eine Sub-Kategorie der „Social Networks" auf,
zu Deutsch **soziale Netzwerke.** Zu diesen zählen vor allem Plattformen wie Facebook
oder Google +. Der Begriff der sozialen Netzwerke umfasst in diesem Zusammenhang
die Gemeinschaft dieser Plattformen, die somit nur ein Teilgebiet der sozialen Medien
(neben z. B. Kollaborations- oder Multi-Media-Sharing-Plattformen) darstellen. In
Anlehnung an Pein (2014, S. 333) könnte man in diesem Fall auch von sozialen Netzwerken im engeren Sinne sprechen. Demzufolge müsste konsequenterweise bei der
Verwendung des Terminus „soziales Netzwerk" im weiteren Sinne von „sozialen Netzwerken im übergeordneten Verständnis" die Rede sein. Aufgrund der Häufigkeit der
übergreifenden Verwendung des Begriffs sowohl im allgemeinen Sprachgebrauch
als auch in der Literatur sowie seiner Wortbedeutung im Hinblick auf die Thematik
(Social Media – sich vernetzen – Netzwerke) findet im weiteren Verlauf des Buches –
sofern nicht anderweitig ausgewiesen – der Begriff in seiner weiten Begriffsauslegung
Anwendung. Diese Betrachtungsweise gilt auch für die bisherigen Passagen des Buches.

Ein weiterer Begriff, der im Zusammenhang mit den sozialen Medien zumindest in
den Anfangszeiten häufiger genannt wurde, ist der Terminus **„Social Software".** Zu Zeiten des Aufkommens des Webs 2.0 oft noch synonym mit diesem verwendet, versteht
man unter Social Software in der Regel Softwaresysteme,

welche die menschliche Kommunikation, Interaktion und Zusammenarbeit unterstützen. Den Systemen ist gemein, dass sie den Aufbau und die Pflege sozialer Netzwerke und virtueller Gemeinschaften (sog. Communities) unterstützen und weitgehend mittels Selbstorganisation funktionieren (Bächle 2006, S. 121).

Hettler (2010, S. 12–13) führt in diesem Zusammenhang aus, dass zu Social Software im engeren Sinne somit alle möglichen Web-Anwendungen wie Blogs, Wikis, Foto-Plattformen sowie soziale Netzwerke (im engeren Sinne) zu zählen wären, und folgerichtig in einem ähnlichen Kontext wie „Social Media" Verwendung finden könnten. Letzterer lenke jedoch den Fokus mehr auf die Kommunikations- und Interaktionsbeziehungen, weswegen er treffender als Sammelbegriff für die Gesamtheit der digitalen Kommunikations-Dienste sei (vgl. Hettler 2010, S. 13; dort als ausführbare Programme „Software" bezeichnet). Heute gilt der Begriff Social Software als veraltet, könnte aber im Sinne der o. a. Definition auch synonym für die sozialen Medien verwendet werden.

Nach diesen begrifflichen Auseinandersetzungen gilt die Aufmerksamkeit nun der Frage, was ein soziales Netzwerk (im weiteren Sinne) ausmacht und was nicht. Damit grenzen wir ein, welche Angebote später in Kap. 7 zu den Social-Media-Plattformen gezählt werden soll.

Zunächst ist eine **Abgrenzung von den klassischen Medien** sinnvoll. Eine Einschätzung dazu liegt im deutschsprachigen Raum bereits schon seit 2008 vor: Komus und Wauch (2008) listen eine Reihe von sieben Eigenschaften auf, durch die sich die sozialen von den klassischen Medien unterscheiden lassen. Auch in aktuellen Werken, so bei Gabriel und Röhrs (2017, S. 19), werden diese Kriterien wiedergegeben. Stephen und Bart (2015, Chap. 1, Sect. 1) zählen vier **wesentliche Social-Media-Charakteristika** auf, die sich, bis auf eine Ausnahme, in die Liste von Komus und Wauch (2008) einordnen lassen. Tuten und Solomon (2015, S. 12–16) nennen ebenfalls eine Reihe von Merkmalen, die denen der anderen Verfasser in vielerlei Hinsicht ähneln. All dies zusammengenommen, zeichnen sich soziale Medien vor allem durch die folgenden acht Eigenschaften aus:

1. **(Globale) Reichweite und Skalierbarkeit** In diesem Zusammenhang steht die bei Tuten und Solomon (2015, S. 15) aufgeführte Skalierbarkeit. Damit ist die Fähigkeit gemeint, die Kapazitäten bei Wachstum relativ schnell auszuweiten und anzupassen, ohne den Deckungsbeitrag großartig zu belasten.

2. **Zugänglichkeit** Die sozialen Medien sind für alle Menschen überall zugänglich und nutzbar. Stephen und Bart (2015, Chap. 1, Sect. 1) nennen diese Charakteristik „Openness", schränken diese Offenheit jedoch ein wenig ein, indem sie von „minimum eligibility restrictions", also kleinen Zugangsbeschränkungen, sprechen.

3. **Benutzungsfreundlichkeit (engl. Usability)** Social-Media-Anwendungen sind so gestaltet, dass ihre Nutzung und die Produktion von Content relativ einfach und ohne großen Aufwand möglich ist. Spezielle Kenntnisse oder umfangreiches Fachwissen werden nicht vorausgesetzt.

4. Kostengünstigkeit Social-Media-Produktion und -Nutzung sind relativ kostengünstig, ebenso kostengünstig wie die Vervielfältigung und Verbreitung der Informationen beziehungsweise der Inhalte über Social Media.

5. Multimedialität Social Media sind multimedial, d. h., sie ermöglichen die beliebige Kombination multimedial vorliegender Informationen wie Texte, Zahlen, Grafiken, Sprache, Musik, Fotos und Filmen (Multimediasysteme) in den Anwendungen beziehungsweise bei der Erstellung der Inhalte. Dies entspricht der Eigenschaft „Flexibility" bei Stephen und Bart (2015, Chap. 1, Sect. 1).

6. Aktualität und Schnelligkeit Die sozialen Medien ermöglichen es zu jeder Zeit, unmittelbar und ohne Zeitverzug, Inhalte zu veröffentlichen und sie jederzeit zu verändern. Die daraus resultierende Schnelligkeit, die den sozialen Medien innewohnt, wird bei Stephen und Bart (2015, Chap. 1, Sect. 1) als „fast-paced flows of information" bezeichnet.

7. Anpassungsfähigkeit Dieses Merkmal nennen nur Stephen und Bart (2015, Chap. 1, Sect. 1), es erscheint dem Autor allerdings sehr sinnvoll. Zwar geht es zunächst in eine ähnliche Richtung wie Aktualität und Schnelligkeit, allerdings fokussiert die Anpassungsfähigkeit hauptsächlich auf die Veränderungsdynamik der technischen Plattformen. Wie unter Abschn. 2.1 beschrieben, änderte sich die Landschaft der Social-Media-Plattformen im Zeitverlauf erheblich, dem trägt diese Eigenschaft Rechnung.

8. Pull-Medium Menschen fordern Content und Veränderungen bei Social-Media-Anwendungen aktiv an. Inhalte können selektiv nachgefragt und zusammengestellt sowie weiterverarbeitet und -geleitet werden.

Im Zusammenhang mit den oben genannten acht wesentlichen Charakteristika von Social Media bedarf es einiger Anmerkungen:

- Bezüglich der Zugänglichkeit ist zu sagen, dass in manchen Ländern (z. B. China) nicht alle Social-Media-Plattformen verfügbar sind (z. B. YouTube). Insofern sind die Einschränkungen, die Stephen und Bart (2015, Chap. 1, Sect. 1) erwähnen, hier ganz besonders zu berücksichtigen, wobei diese im Falle der Sperrung von sozialen Plattformen in bestimmten Ländern nicht mehr als „klein" bezeichnet werden können.
- Vor dem Hintergrund der in Abschn. 2.1 dargestellten sinkenden organischen Reichweiten müssen Marketing treibende zunehmend mehr Kapital einsetzen, um ihre Zielgruppen zu erreichen. Insofern ist die Eigenschaft Kostengünstigkeit zu relativieren (siehe dazu noch Abschn. 4.2.1).

Um nun die sozialen Medien noch genauer zu beschreiben und sie von anderen digitalen Medien abzugrenzen, lohnt die Betrachtung der **vermeintlichen Gemeinsamkeiten**

sozialer Plattformen. Einen ersten Hinweis dazu liefern Boyd und Ellison (2007, S. 210) mit ihrer Definition sozialer Netzwerke (im weiteren Sinne):

> We define social network sites as web-based services that allow individuals to (1) construct a public or semi-public profile within a bounded system, (2) articulate a list of other users with whom they share a connection, and (3) view and traverse their list of connections and those made by others within the system. The nature and nomenclature of these connections may vary from site to site.

Die Definition von Boyd und Ellison (2007, S. 210) zielt darauf ab, dass soziale Medien immer zumindest in einem halb-öffentlichen Raum stattfinden. Ähnlich argumentiert auch Hettler (2010, S. 12), der in seiner engen Begriffsauslegung der sozialen Medien (bei ihm noch als „Social Software" bezeichnet) darauf verweist, dass die meisten Informationen dort öffentlich zugänglich seien. Fasst man den Begriff weiter, so Hettler (2010, S. 12), würden stellenweise auch Systeme wie E-Mail, Groupware oder Instant-Messaging den sozialen Medien zugeordnet werden, bei denen die Kommunikation in einem klar abgegrenzten privaten Raum bliebe.

Vor dem Hintergrund der aktuellen Tendenzen im Nutzungsverhalten der User – Stichwort „few-to-few"/Rückzug ins Privatere – stellt sich jedoch die Frage, ob das Kriterium der **„Öffentlichkeit"** tatsächlich eine für die sozialen Medien abgrenzende Eigenschaft darstellt? Zwar ist man auf der einen Seite erstaunt darüber, was Nutzer über sich in den sozialen Medien öffentlich preisgeben. Die Entwicklung des persönlichen Nutzerverhaltens macht allerdings deutlich, dass der Anteil an „Public Shares" inzwischen weiter zurückgeht. Viele Menschen agieren heute zunehmend zurückhaltender und entscheiden sich dafür, ihre Inhalte nur an ausgewählte Empfänger weiterzugeben anstatt sie öffentlich zu teilen. In diesem Zusammenhang scheinen vor allem E-Mail und Instant Messenger eine wesentliche Rolle zu spielen (siehe dazu und dem dahinterliegenden Phänomen „Dark Social" ausführlich Abschn. 14.2). Den o. a. Ausführungen von Boyd und Ellison (2007) und Hettler (2010) zufolge würden diese allerdings aufgrund der fehlenden „Öffentlichkeit" nicht zu den Social-Media-Plattformen zählen.

Die Tendenz der User, sich vermehrt in sogenannte geschützte Räume zurückzuziehen, hat aber nicht nur mit E-Mail und Instant Messenger zu tun. Hoffmann (2015) weist darauf hin, dass ein Großteil des Austauschs im Social Web niemals für die Allgemeinheit sichtbar war:

> Menschen neigen nun einmal dazu, sich in geschützten Räumen und abgegrenzten Zirkeln mit gemeinsamen Identifikationsmerkmalen zusammenzufinden; nicht selten kommt das Bewusstsein einer gewissen Exklusivität hinzu.

Als ein Beispiel seien die geschlossenen Gruppen in Facebook, Xing oder Linkedin angeführt. Hier herrschen eigens aufgestellte Regeln, wer Zutritt hat und wer nicht. Das, was ausgetauscht wird, bleibt (meistens) intern. Stellvertretend für viele stellt Hoffmann

(2015) fest, dass die Entwicklung des Social Web genau in diese Richtung geht: Hin zu geschützten Austauschplattformen für engere Zusammenschlüsse kleinerer Gruppen, hin zu sogenannten „Tribes" (ähnlich in diesem Sinne schon bei Beck 2014 nachzulesen). Im beruflichen Kontext gewinnen Angebote wie Slack oder HipChat zum direkten Austausch von Teams an Bedeutung (hier beispielhaft Hoffmann 2017). Und auch die Nutzung des privaten Nachrichtenversands auf vielen Plattformen zeigt, dass Kommunikation auf sozialen Medien häufig in geschützten Sphären stattfindet. All das spricht dagegen, das Attribut „öffentlich" als wesensbestimmendes Merkmal sozialer Medien zu bezeichnen.

Welche **Gemeinsamkeiten** lassen sich nun aber für soziale Medien festhalten? Auch hier bringt es Pein (2014, S. 333) nach Meinung des Autors gut auf den Punkt. Schaut man die dortigen Ausführungen genau an, so wird man Ähnlichkeiten zu der Definition bei Boyd und Ellison (2007, S. 210) finden, jedoch ohne die o. a. Einschränkungen. Soziale Medien lassen sich demnach wie folgt charakterisieren (Pein 2014, S. 333):

- „Nutzer haben ein persönliches Profil, auf dem sie Namen und/oder Spitznamen, Foto und weitere Informationen von sich preisgeben können. Das Profil ist die virtuelle Selbstdarstellung des Nutzers.
- Nutzer können untereinander Kontakte schließen, durch welche ein Netzwerk entsteht.
- Nutzer können sich austauschen, sprich miteinander kommunizieren. Die Art und Weise der Kommunikation ist dabei abhängig von der jeweiligen Plattform und reicht von öffentlicher Kommunikation über Kommentare bis hin zu persönlichen Nachrichten oder Privatchats".

Hier wird klar, dass Instant Messenger zu den sozialen Medien zu zählen sind. Dies trifft umso mehr zu, als Messenger schrittweise Funktionen addieren, die eine Annäherung an die sozialen Netzwerke (im engeren Sinne) darstellen. E-Mails hingegen fallen aufgrund des fehlenden Netzwerk-Gedankens aus der Kategorie heraus. Diese Sichtweise ist im Übrigen konsistent mit der wohl bekanntesten Visualisierung und Kartografie der sozialen Medien, dem sogenannten Social-Media-Prisma (siehe dazu ausführlich Kap. 7).

Social-Media-Marketing
Da – wie eingangs in Kap. 1 dargestellt – dieses Buch den Fokus auf die strategische unternehmerische Nutzung von Social Media legt, vor allem mit Fokus auf das Marketing, gilt es abschließend noch den Begriff *Social-Media-Marketing* zu definieren. Nachdem schon *Social Media* in der Literatur nicht eindeutig beschrieben war, überrascht es wenig, dass dies auch auf das Social-Media-Marketing zutrifft. Insofern soll zunächst an dieser Stelle wieder eine Übersicht über gängige, in der Literatur verwendete Definitionen erfolgen (siehe Tab. 3.2). Die Auswahl und die Darstellung erfolgten analog zum oben beschriebenen Vorgehen.

Tab. 3.2 Übersicht über verschiedene Definitionsansätze zu Social-Media-Marketing in der Literatur

Hettler (2010, S. 37–38)	„Marketing durch den zielorientierten Einsatz von Social Media beziehungsweise den neuen Möglichkeiten im Web, nutzergenerierte Beiträge zu veröffentlichen und sich darüber auszutauschen. Social Media Marketing ist somit eine Form des Marketings, das darauf abzielt, eigene Vermarktungsziele durch die Nutzung von und die Beteiligung an sozialen Kommunikations- und Austauschprozessen mittels einschlägiger (Web-2.0-) Applikationen und Technologien zu erreichen."
Weinberg und Pahrmann (2012, S. 5)	„Social Media Marketing ist ein Prozess, der es Menschen ermöglicht, für ihre Websites, Produkte oder Dienstleistungen in sozialen Netzwerken zu werben und eine breite Community anzusprechen, die über traditionelle Werbekanäle nicht zu erreichen gewesen wären. Social Media betonen vor allem das Kollektiv, nicht die Einzelperson […]."
Stephen and Bart (2015, Chap. 1, Sect. 2)	„Consequently, we define social media marketing as a way of thinking about marketing that involves constantly finding new ways to take advantage of the defining characteristics of social media itself – interactivity, openness and flexibility, and fast-paced flows of information."
Tuten und Solomon (2015, S. 21)	„Social media marketing is the utilization of social media technologies, channels and software to create, communicate, deliver and exchange offerings that have value for an organization's stakeholders."
Felix et al. (2017, S. 123)	„Social media marketing is an interdisciplinary and cross-functional concept that uses social media (often in combination with other communications channels) to achieve organizational goals by creating value for stakeholders. On a strategic level, social media marketing covers an organization's decisions about social media marketing scope (ranging from defenders to explorers), culture (ranging from conservatism to modernism), structure (ranging from hierarchies to networks), and governance (ranging from autocracy to anarchy)."
Kreutzer (2016, S. 119)	„Social-Media-Marketing ist ein Vorgehenskonzept, das sich zur Erreichung von Marketing-Zielen der Beteiligung der Nutzer in den sozialen Medien bedient."
Lammenett (2017, S. 363)	„Social-Media-Marketing hingegen ist das gezielte Marketing über soziale Netzwerke."

Betrachtet man die in Tab. 3.2 dargestellten Definitionen, so unterscheiden sie sich vor allem in Bezug auf die hierarchische Einordnung von Social-Media-Marketing in das Marketing beziehungsweise in den unternehmerischen Kontext sowie die damit verfolgten Ziele. Die engste Sichtweise nehmen Weinberg und Pahrmann (2012, S. 5) ein, die das Social-Media-Marketing auf eine Form der Werbung reduzieren, um Zielgruppen anzusprechen, die sonst nicht erreichbar gewesen wären[2] (eine ähnliche Sichtweise nimmt Bruhn 2014, S. 1041 ein, der es als Instrument der Kommunikationspolitik versteht). Auch wenn der Dialog mit den Zielgruppen – und damit der kommunikative Aspekt von Social Media – die Basis darstellt, um eine Beziehung zu ihnen auf- und auszubauen, so greift diese Sichtweise zu kurz. Ähnlich sieht dies Kreutzer (2016, S. 116):

> Die sozialen Medien dürfen nicht als weiterer reiner Verkaufs-, Werbe- oder PR-Kanal missverstanden werden. Dagegen eröffnen soziale Medien eine interessante Möglichkeit, in den Dialog mit Stakeholdern zu treten und One-to-one-Serviceleistungen zu erbringen.

In den Erläuterungen zur Definition von Tuten und Solomon (2015, S. 21) bezeichnen die Verfasser Social-Media-Marketing hingegen als das fünfte P des Marketing-Mix. Es steht für Partizipation. Ansonsten ist deren Begriffsfindung sehr an die bei Kotler und Keller (2012, S. 5) zitierte Marketing-Definition der American Marketing Association angelehnt. In dieses Bild passen die Sichtweisen von Hettler (2010, S. 37–38), Kreutzer (2016, S. 119), Lammenett (2017, S. 363) oder Stephen und Bart (2015, Chap. 2, Sect. 1), die den Begriff als Teil beziehungsweise Form des Marketings ansehen. Als solches liegt es nahe, dass das Social-Media-Marketing – wie teilweise in den Definitionen kolportiert – dazu beitragen soll, die Ziele des Marketings zu erreichen. Folglich stellt es eine Unterform des Marketings, detaillierter betrachtet sogar des digitalen Marketings, dar. Gegen diese Sichtweise ist zunächst nichts einzuwenden, zumal Studien aus der Praxis zeigen, dass der Einsatz von Social-Media-Aktivitäten dann am erfolgreichsten ist, wenn diese in die übergeordnete Marketing-Strategie integriert sind (vgl. Salesforce Research 2016).

Vor dem Hintergrund der Entwicklungen in den ersten beiden Dekaden des 21. Jahrhunderts stellt das Marketing jedoch keine auf die Marketing-Abteilung reduzierte Aufgabe in Unternehmen mehr dar. Kotler und Kellner (2012, S. 18–19) propagieren deswegen mit dem **holistischen Marketing-Konzept** die Einnahme einer weiteren, integrierenden Sichtweise, die auch andere Unternehmens-Disziplinen berücksichtigt. Felix et al. (2017, S. 119) fassen dies passend folgendermaßen zusammen:

> Thus, marketers must continuously manage new challenges along with organizational and philosophical changes, such as the inclusion of other departments or employees in the execution of marketing actions.

---

[2]In späteren Auflagen des Buches von Weinberg wird diese enge Sichtweise bei der Definition wiederum aufgegeben (vgl. Weinberg et al. 2014, S. 9).

Da die Marketing- und in diesem Zusammenhang die Social-Media-Marketing-Praxis ein ähnliches Bild zeichnet, nimmt der Autor hier nun für eine umfassende und zeitgemäße Definition von Social-Media-Marketing ebenfalls diese Perspektive ein. Folglich lässt sich der Begriff in Anlehnung an Felix et al. (2017, S. 123) wie folgt definieren:

▶ Social-Media-Marketing stellt ein interdisziplinäres und cross-funktionales Konzept dar, welches die sozialen Medien (oft in Kombination mit anderen Kommunikationskanälen) nutzt, um durch Wertschöpfung organisationale Zielsetzungen für die verschiedenen Stakeholder zu erreichen.

3.2 Mechanismen im Social Media

Babka (2016, S. 1, 6) führt an, dass man, um Social Media zu verstehen, weder in die Tiefen von Definitionen eintauchen, noch die neuesten Kanäle oder alle technische Details kennen muss (auch wenn der Autor dieses Buches die umfassende Beschäftigung mit diesen Thematiken durchaus als nützlich ansieht). Viel wichtiger sei es, die verschiedenen Social-Media-Mechanismen zu verstehen, denn diese seien es, die den „großen Unterschied in der Art der Kommunikation machen und das Kommunikationsverhalten der Menschen in fast allen Ländern dieser Erde revolutioniert haben" (Babka 2016, S. 1). Die Kenntnis der wesentlichen Social-Media-Mechanismen, so Babka, sei ausschlaggebend für jegliche Social-Media-Aktivität.

Die Auswahl der nachfolgend aufgeführten Mechanismen basiert im Wesentlichen auf den Ausführungen von Babka (2016), ergänzt durch Elemente von Stephen und Bart (2015, Chap. 1, Sect. 1) sowie eigenen Erfahrungen. Zur Veranschaulichung werden jeweils konkrete Beispiele aus der Praxis angeführt, die sich zum großen Teil auch auf die in Abschn. 2.2 vorgestellten historischen Social-Media-Ereignisse beziehen.

Mitmachen

Der Mitmach-Mechanismus bezieht sich vor allem auf die Tatsache, dass Social Media durch User-Generated-Content charakterisiert wird. Insofern besagt die Funktionsweise „mitmachen", dass jeder sein eigenes Profil auf Facebook oder Google+, seinen Blog auf Tumblr, seine Bilderwand auf Pinterest oder eine Expertengruppe auf Linkedin erstellen und Beiträge jeglicher Art (z. B. ein Song auf Soundcloud oder ein Video auf YouTube) posten kann. Typische Beispiele sind die in Abschn. 2.2 vorgestellten viralen Phänomene „Charlie bit my finger" oder „Chocolate rain".

Sich selbst darstellen

Eng mit dem zuvor angeführten Mechanismus verwandt ist die Selbstdarstellung in den sozialen Medien. Sie beginnt bei der Selbstdarstellung einzelner Individuen und reicht bis zu umfassenden Unternehmens-Fanpages, die als Marketing-Tool die Erreichung der organisationalen Ziele unterstützen sollen. Nie war es einfacher, sich selbst auszudrücken und zu präsentieren und dabei potenziell eine große Masse an Menschen zu erreichen. Auch dies demonstrierten die in Abschn. 2.2 vorgestellten viralen Phänomene, insbesondere das Video zu „Chocolate Rain".

Sich vernetzen – sozial interagieren

Auf der Basis z. B. erstellter Profile oder Expertengruppen können sich die Nutzer auf einfache Weise vernetzen und miteinander interagieren. Dies kann sich auf private oder politische Gruppierungen beziehen, die sich über Facebook vernetzen. Oder auf Mitarbeiter eines Unternehmens, die sich im Rahmen von Projekten über Slack organisieren. Wie vielfältig dieser Mechanismus wirkt, zeigten die Beispiele des arabischen Frühlings oder des Community Support, als gelebte, vernetzte Selbsthilfe, in Abschn. 2.2.

Teilen

Eng mit dem Mechanismus „sich vernetzen" ist das „Teilen" verbunden. Nie war es so einfach wie seit dem Aufkommen der sozialen Medien, neueste Meldungen, skurrile Videos oder persönliche Erfahrungen weiterzugeben. Welche Dimensionen dies annehmen und mit welcher Geschwindigkeit sich so etwas vollziehen kann, zeigten die in Abschn. 2.2 vorgestellten Beispiele „Das Wunder vom Hudson River" oder „Red Bull Stratos".

Mitreden – sich öffnen

Es ist mittlerweile üblich, dass Menschen über soziale Netzwerke ihre Meinung zu Ereignissen des öffentlichen Lebens vor aller Welt kundtun. Die Bandbreite reicht dabei von Verwunderung oder Ablehnung (wie z. B. während des Gesangswettbewerbs Eurovision Song Contest), über Trauer (siehe die in Abschn. 2.2 aufgeführten Beispiele bezüglich der Katastrophen) bis hin zu Begeisterung (siehe die tausende von Kommentaren über Facebook und Twitter während des Fußball-Halbfinal-Spiels bei der WM 2014 zwischen Deutschland und Brasilien, das 7:1 für Deutschland ausging). Auch das in Abschn. 2.2 angeführte Beispiel der Wahl zum amerikanischen Präsidenten 2008 zeigte, wie soziale Medien funktionieren können. Menschen, die bislang kaum öffentlich über Politik redeten, öffneten sich und diskutierten mit.

Beurteilen

Ein Aspekt, der in dieser Form bislang noch nicht als Beispiel angeführt wurde, ist das „Beurteilen". Gerade für das Social-Media-Marketing spielt dieser Mechanismus eine wesentliche Rolle. So ist es Nutzern heute auf einfachste Weise möglich, Produkte (z. B. über Amazon), den Arbeitgeber (z. B. über Kununu), Hotels oder Restaurants (z. B. über TripAdvisor) oder Ärzte (z. B. über jameda.de) zu bewerten. Gerade diese Form der Meinungsbildung im Social Web ist für viele Nutzer ausschlaggebend, wenn es darum geht, eigene Entscheidungen zu treffen. Viele Nutzer vertrauen diesen Beurteilungen mittlerweile mehr, als den Aussagen der Firmen in der Werbung. Online-Konsumenten-bewertungen belegen beim Vertrauen in unterschiedliche Werbeformen den dritten Platz (55 % Top-2-Nennungen), während Werbung im Fernsehen lediglich auf Platz 8 kommt (46 % Top-2-Nennungen). Am stärksten vertrauen Konsumenten Empfehlungen von Bekannten, die über die sozialen Medien geteilt werden (78 % Top-2-Nennungen; vgl. Statista 2017); zu ähnlichen Ergebnissen kommt auch die Studie von Nielsen (2015).

Beeinflussen

Weitreichender als die Mechanismen „mitreden" und „beurteilen" geht das „Beein-flussen". Sicher stellen die Online-Konsumentenbewertungen (siehe „Beurteilen") schon eine Art der Meinungsbildung dar, sie nehmen jedoch nicht ganz so elementar Ein-fluss auf die Gesellschaft. In diesem Sinne seien vielmehr die Vorkommnisse rund um den arabischen Frühling (siehe Abschn. 2.2) angeführt, die, von den sozialen Medien getrieben, zu nachhaltigen politischen Veränderungen führten. Im negativen Sinne seien aber auch die vermuteten Manipulationen über Fake-Accounts und Social Bots im Rah-men der US-amerikanischen Wahlen im Jahre 2016 zu nennen (siehe Abschn. 2.1).

Korrigieren

Die sozialen Medien bieten darüber hinaus die Funktion des „Korrigierens". Angeführt sei hier der sogenannte „Selbstreinigungseffekt" der sozialen Medien, zum Beispiel auf Plattformen wie Wikipedia, wo Nutzer auf einfache Weise fehlerhafte Artikel verbessern oder auf Preisvergleichsportalen wie Barcoo, auf denen Nutzer Preisinformationen korrigieren können. Korrigieren beinhaltet zudem, dass man auf ein falsches Handeln anderer hinweist, so wie es beispielsweise Barack Obama mit seinem Tweet zu den rechtsradikalen Aufständen in Charlottesville im August 2017 tat (siehe Abschn. 2.2).

Erweitern

Die sozialen Medien sind, wie in Abschn. 3.1 dargestellt, ein „Pull-Medium". Inhalte können selektiv zusammengestellt, weitergeleitet und weiterverarbeitet werden. Auch hierfür ist Wikipedia ein gutes Beispiel, lassen sich doch dort Artikel auf einfache Art mit weiteren Fakten und Medien bereichern. Auf Musik-Plattformen wie Spotify ist es möglich, neue Playlisten einzustellen oder existierende mit weiteren Songs anzureichern.

Die wichtigsten Grundlagen zu Social Media und Social-Media-Marketing sind nun gelegt. Wie geht man nun ein systematisches Management der sozialen Medien an? Damit beschäftigt sich das folgende Kapitel.

Literatur

Babka S (2016) Social Media für Führungskräfte. Behalten Sie das Steuer in der Hand. Springer Gabler, Wiesbaden

Bächle M (2006) Aktuelles Schlagwort Social Software. Informatik Spektrum 29(2):121–124

Beck MB (2014) The future of social media is mobile tribes. http://readwrite.com/2014/04/18/social-media-future-mobile-tribes/. Zugegriffen: 31. Mai 2018

Boyd DM, Ellison NB (2007) Social network sites: definition, history, and scholarship. J Comp Med Commun 13(1):210–230. https://doi.org/10.1111/j.1083-6101.2007.00393.x

Bruhn M (2014) Unternehmens- und Marketingkommunikation: Handbuch für ein integriertes Kommunikationsmanagement. Franz Vahlen, München

Bruhn M, Hadwich K (2015) Einsatz von Social Media für das Dienstleistungsmanagement. Springer Gabler, Wiesbaden

Bundesverband Digitale Wirtschaft (2015) Glossar social media. https://www.bvdw.org/themen/publikationen/detail/artikel/glossar-social-media. Zuggriffen: 31. Mai 2018

Felix R, Rauschnabel PA, Hinsch C (2017) Elements of strategic social media marketing: a holistic framework. J Bus Res 1:118–126. https://doi.org/10.1016/j.jbusres.2016.05.001

Gabriel R, Röhrs HP (2017) Social Media. Potenziale, Trends, Chancen und Risiken. Springer Gabler, Wiesbaden

Hettler U (2010) Social Media Marketing. Marketing mit Blogs, Sozialen Netzwerken und weiteren Anwendungen des Web 2.0. Oldenburg, München

Hoffmann K (2015) Sind „Tribes" die neuen Social Networks? https://www.kerstin-hoffmann.de/pr-doktor/tribes-social-networks-marketing/. Zugegriffen: 31. Mai 2018

Hoffmann K (2017) Vergesst soziale Netzwerke! Schaut auf die Messenger! https://www.kerstin-hoffmann.de/pr-doktor/soziale-netzwerke-messenger-whatsapp-monitoring/. Zugegriffen: 31. Mai 2018

Kaplan AM, Haenlein M (2010) Users of the world, unite! The challenges and opportunities of social media. Bus Horiz 53(1):59–68. https://doi.org/10.1016/j.bushor.2009.09.003

Komus A, Wauch F (2008) Wikimanagement. Was Unternehmen von Social Software und Web 2.0 lernen können. Oldenbourg, München

Kotler P, Keller KL (2012) Marketing management. Prentice Hall, New Jersey

Kreutzer RT (2016) Online-marketing. Springer-Gabler, Wiesbaden

Lammenett E (2017) Praxiswissen Online-Marketing. Affiliate- und E-Mail-Marketing, Suchmaschinenmarketing, Online-Werbung, Social Media, Facebook-Werbung. Springer Gabler, Wiesbaden

Lymbouras R (2017) A blog about me. http://www.mymarketingmasters.org.uk/rafailymbouras/2017/11/22/social-media-digital-marketing-career/. Zugegriffen: 31. Mai 2018

Nielsen (2015) Vertrauen in Werbung weltweit. Gewinner-Strategien für eine Medienlandschaft im Wandel. http://www.nielsen.com/content/dam/nielsenglobal/de/docs/Nielsen_Global_Trust_in_Advertising_Report_DIGITAL_FINAL_DE.pdf. Zugegriffen: 31. Mai 2018

Obar JA, Wildman S (2015) Social media definition and the governance challenge: an introduction to the special issue. Telecommun Policy 39(9):745–750. doi:Quello Center Working Paper No. 2647377

Pein V (2014) Der Social Media Manager. Handbuch für Ausbildung und Beruf. Galileo Press, Bonn

Rochnow M (2012) Web 3.0 – Das semantische Web. http://www.gironimo.org/webentwicklung/web-3-0-das-semantische-web.html. Zugegriffen: 31. Mai 2018

Safko L (2010) The social media bible: tactics, tools, and strategies for business success. Wiley, Hoboken

Salesforce Research (2016) State of marketing report 2016: trends and insights from nearly 4,000 marketing leaders worldwide. https://www.salesforce.com/blog/2016/03/state-of-marketing-2016.html. Zugegriffen: 31. Mai 2018

Statista (2017) Welche der folgenden Werbeformen vertrauen Sie? https://de.statista.com/statistik/daten/studie/222329/umfrage/umfrage-zum-vertrauen-in-unterschiedliche-werbeformen/. Zugegriffen: 31. Mai 2018

Stephen AT, Bart Y (2015) Social media marketing. Principles and strategies. Stukent, Rexburg

Tuten TL, Solomon MR (2015) Social media marketing. Sage, Los Angeles u. a.

Weinberg T, Pahrmann C (2012) Social Media Marketing. Strategien für Twitter, Facebook & Co. O'Reilly, Köln

Weinberg T, Pahrmann C, Ladwig W (2014) Social Media Marketing Strategien für Twitter, Facebook & Co. O'Reilly, Köln

Entwicklung eines systematischen Social-Media-Management-Ansatzes – Der Social-Media-Zyklus im Überblick

4

Social media is just a buzzword until you come up with a plan.
(Unknown zitiert bei Membis 2013).

Zusammenfassung

Wie eingangs dargestellt, soll dieses Buch einen systematischen Ansatz zum strategischen Management von Social Media geben und diesen mit konkreten Beispielen umfassend und praxisnah veranschaulichen. In Kap. 1 wurde bereits auf Felix et al. (2017, S.118) referenziert und erläutert, dass die Literatur in Bezug auf einen strategischen Social-Media-Marketing-Ansatz fragmentiert und auf Einzelaspekte fokussiert ist. Felix et al. haben aus diesem Grunde in ihrem Beitrag ein strategisches Rahmenwerk entwickelt. Auf der anderen Seite gibt es eine ganze Reihe eher praxisorientierter Ansätze, wie eine Social-Media-Strategie aufgebaut werden soll. Vor diesem Hintergrund verdeutlicht Abschn. 4.1 zunächst die Notwendigkeit eines solchen strategischen Vorgehens. Abschn. 4.2 stellt dann die gängigsten Konzepte vor, während Abschn. 4.3 aus diesen Ansätzen die Quintessenzen zieht und in ein eigenes Konzept münden lässt.

4.1 Zur Notwendigkeit eines systematischen Social-Media-Strategie-Ansatzes – fünf Mythen über Social Media

Muss man heutzutage die Notwendigkeit eines *strategischen* Ansatzes für Social Media noch betonen? Leider ja. Nachdem Unternehmen in Sachen Social Media anfänglich (zwischen 2008 und 2012) munter vor sich hin dilettierten, konstatierte Hilker (2012, S. 39), dass nur die Hälfte der Unternehmen einem strategischen Ansatz folgten. Nun könnte man

© Springer Fachmedien Wiesbaden GmbH 2019
A. Decker, *Der Social-Media-Zyklus,*
https://doi.org/10.1007/978-3-658-22873-6_4

meinen, dass sich der Status bis heute verbessert haben müsste. Doch auch der neueste „The State-Of-Social-Report" von Buffer berichtet von einem 50-prozentigen Anteil der Unternehmen, die zumindest keine *dokumentierte* Strategie aufweisen können (vgl. Read 2018, S. 9). Laut Deutschem Institut für Marketing gilt für Deutschland aktuell: weniger als 30 % der Unternehmen besitzen eine ausgearbeitete Social-Media-Marketing-Strategie (vgl. Ortgies 2018). Die Erfahrungen des Autors aus dem Beratungsalltag zeigen zudem, dass vor allem kleine und mittlere Unternehmen noch im reinen Trial-And-Error-Verfahren unterwegs sind. Es ist also nicht verwunderlich, dass sich hartnäckig nach wie vor zahlreiche und zum Teil widersprüchliche Mythen um Social Media ranken. Ihr Vorhandensein zeigt, dass Vieles immer noch falsch angegangen beziehungsweise verstanden wird. Der kurze nachstehende Überblick auf Basis praxisorientierter Artikel von Bott (2017), Chong (2017), von Külmer (2017), Lawal (2016), Melchior (2017) und Puscher (2015) über **die häufigsten Mythen** zeigt, welche Missverständnisse noch heute existieren und warum für Unternehmen ein planvolles Vorgehen notwendig ist. Erste Ansatzpunkte, was eine Social-Media-Strategie beinhalten muss, lassen sich daraus ableiten.

Mythos: „Social Media kostet nichts."
Es ist richtig, dass Social-Media-Marketing im Vergleich zu anderen Marketing-Ansätzen verhältnismäßig kostengünstig sein kann (siehe auch Abschn. 3.1). Kostenfrei ist es jedoch nicht. Dennoch starten viele Unternehmen ihr Engagement im Social Web in der Hoffnung, dort kostenlos Kunden gewinnen zu können – eine Annahme, die meist auf der Tatsache basiert, dass die Nutzung vieler sozialer Netzwerke wie Facebook oder Twitter kostenlos ist. Unternehmen übersehen dabei eine ganze Reihe von Kostenfaktoren. Dies sind v. a.:

- **Externe Kosten:**
  - Bilder (v. a. für den Einkauf von Bildrechten)
  - Bewerbung der Beiträge (v. a. aufgrund der sinkenden organischen Reichweiten; siehe Abschn. 2.1)
  - Teilweise Nutzungsgebühren für die Kanäle (XING-Unternehmensprofil, YouTube-Premium-Channel etc.)
  - (Monitoring-)Tools
  - Aktionen und Gewinnspiele
  - Beratung (Rechtsberatung, Strategieberatung etc.)
- **Interne Kosten:**
  - Schulung von Personal
  - Recherche, Planung und Erstellen von Inhalten
  - Social-Media-Moderation
  - Programmierung
  - Professionelle Gestaltung

Den größten Kostenblock bilden für gewöhnlich die **internen Kosten.** Hier schlägt vor allem die Arbeitszeit der Mitarbeiter zu Buche, die die Social-Media-Kanäle betreiben.

Viele Manager glauben, dass Mitarbeiter „das bisschen Social Media" einfach neben-her mitmachen könnten. Diese Sichtweise ist gefährlich. Social Media professionell zu betreiben erfordert Zeit – egal ob von einem Mitarbeiter oder einem externen Dienst-leister. Insofern, und um die besten Ergebnisse zu erzielen, bedarf es einer durchdachten Strategie, eines Werbebudgets und in den meisten Fällen eben auch externer Unter-stützung (so auch von Külmer 2017). Positiv ist in diesem Zusammenhang zu sehen, dass laut einer Studie des Digitalverbandes Bitkom immerhin vier von zehn Unter-nehmen in Deutschland mehr in Social Media investieren wollen (vgl. Bitkom 2017).

Mythos: „Social Media über Facebook genügt." versus „Man muss alle Plattformen bedienen."

Das mit Abstand beliebteste soziale Netzwerk in Deutschland ist Facebook (Bitkom 2017). 55 % der deutschen Internetnutzer waren in den vier Wochen vor der Erhebung der Bitkom auf dem weltweit größten Social-Media-Kanal aktiv. Da Facebook als eine Art Multifunktionsnetzwerk gilt, richten viele Unternehmen ihre Social-Media-Aktivitäten ausschließlich auf den Branchenprimus aus.

Demgegenüber steht ein anderer viel verbreiteter Irrglaube, dem zufolge Viel auch viel hilft: Einige Marketer meinen, auf allen sozialen Kanälen präsent sein zu müssen. Der Grund liegt zum einen in dem Glauben, auf diese Weise die Reichweite erhöhen zu können. Auf der anderen Seite steckt dahinter die Suche nach dem „Next-Big-Thing", das nach Facebook kommt, und die Hoffnung, durch ein frühes Engagement auf einer neuen Plattform einen Wettbewerbsvorteil erzielen zu können. Beide „Ansätze" ergeben jedoch so keinen Sinn.

Nachstehendes Zitat von Bitkom-Hauptgeschäftsführer Dr. Bernhard Rohleder bringt es auf den Punkt (Bitkom 2017):

> Erfolg mit Social Media gibt es nicht zum Nulltarif. Eine zielgruppengerechte Ansprache hilft, die Mittel sinnvoll einzusetzen. Es geht dabei nicht darum, alle Kanäle zu bespielen, sondern die zielgruppengerechten Plattformen mit der richtigen Strategie zu bedienen.

Sinnvollerweise sollten zunächst **die über die sozialen Medien zu erreichenden Ziel-gruppen** bestimmt werden. Erst daran kann sich die Auswahl der Social-Media-Kanäle anschließen.

Über welche Plattformen man welche Zielgruppe am besten erreicht, muss eine **Nutzer-Analyse** der einzelnen sozialen Medien ergeben. Denn es gibt teilweise große Unterschiede in deren Altersstruktur. Zwar glauben Viele, dass man mit Social Media lediglich die jungen Zielgruppen erreichen kann, dagegen sprechen jedoch (nebst ande-ren) die Ergebnisse einer weiteren Studie des Digitalverbandes Bitkom (2016). Demnach sind zwei Drittel (67 %) der Internetnutzer in Deutschland aktive Mitglieder in sozia-len Netzwerken. Sicherlich greifen jüngere und mittlere Altersgruppe am stärksten auf die verschiedenen sozialen Netzwerke zu. Sowohl unter den 14- bis 29-Jährigen als auch unter den 30- bis 49-Jährigen liegt der Anteil der aktiven Nutzer bei 79 %. Doch auch ältere Zielgruppen lassen sich über Social Media erreichen. Unter den 50- bis 64-jährigen Internetnutzern sind 52 % und in der Generation 65 Plus immerhin noch 38 % aktiv.

Die Analyse der Demografie und der Nutzerinteressen der jeweiligen Plattformen *vor* der Kanalauswahl ist folglich ein absolutes Muss. Dabei können Kanäle, die eben nicht vom eigenen Unternehmen betrieben werden, eine entscheidende Rolle spielen. Puscher (2015) führt als Beispiel die Automobilhersteller an, die vermutlich alle Motortalk.de als eine der wichtigsten Plattformen nennen werden. Dort diskutieren Automobilenthusiasten die neuesten Fahrzeuge und berichten sich gegenseitig von Problemen.

Positiv sei abschließend vermeldet, dass laut der Bitkom (2017) immerhin neun von zehn Unternehmen in Deutschland (93 %), die Social Media einsetzen, eine Zielgruppe definiert haben, die sie erreichen wollen und auf die sie ihre Aktivitäten abstimmen.

Mythos: „Social Media bringt schnellen Erfolg."
Wie beim „Kostenlos"-Mythos angedeutet, braucht die Arbeit mit den sozialen Medien vor allem **sehr viel Zeit und Konsistenz.** Die Praxis sieht in der Regel jedoch anders aus: Auf Facebook oder Google+ finden sich zahllose verwaiste Unternehmensauftritte, die zunächst engagiert betrieben, aber bald vernachlässigt wurden. Der Grund liegt oft im ausbleibenden Erfolg: Sobald die Zahl der Likes stagniert und die Beiträge nicht oft angeklickt oder geteilt werden, entsteht Ernüchterung aufseiten des Unternehmens (vgl. Bott 2017). Meistens fehlt es also an der notwendigen Ausdauer.

Lawal (2016) weist darauf hin, dass es schwer möglich ist, auf organische Art mehrere Tausend Follower innerhalb eines Monats zu gewinnen. Einigen Marken, die sich schon frühzeitig in den sozialen Medien engagiert haben, ist es gelungen einen Early-Adopter-Bonus zu erarbeiten. Sie schafften es, schnell eine große Community aufzubauen. Das sieht heute allerdings vor dem in Abschn. 2.1 beschriebenen Boom anders aus: Unzählige Unternehmen ringen um Aufmerksamkeit. Gleichzeitig werden die Nutzer immer wählerischer, wenn es darum geht, welche Unternehmen sie in ihr persönliches Netzwerk aufnehmen.

Das Entwickeln und Umsetzen, Optimieren, Testen und wieder Optimieren einer Social-Media-Strategie kann sich über Jahre hinziehen, und ebenso lange kann es dauern, bis Unternehmen ihre Ziele erreichen (vgl. Lawal 2016). Laut Bitkom (2017) ist die Geduld jedoch in der Regel von Erfolg gekrönt: Nur 22 % der Unternehmen geben an, dass sie die Mehrheit ihrer Ziele nicht erreichen, 47 % erreichen immerhin die Hälfte, 29 % den Großteil ihrer Ziele.

Allerdings kommt die **Erfolgskontrolle** der eigenen Social-Media-Aktivitäten in vielen Unternehmen zu kurz: Laut Bitkom (2017) messen weniger als Zweidrittel (63 %) die Zielerreichung ihrer Social-Media-Aktivitäten. Dies ist fatal, zumal sich die Erfolge – und Misserfolge – von Social Media leicht ermitteln lassen. Die Social-Media-Analyse sollte insofern in allen Unternehmen zum Standard werden. Dazu braucht es freilich klar gesetzte, aus der Unternehmensstrategie abgeleitete Ziele.

Mythos: „Social Media ersetzt die klassische Werbung."
Für Digital-Marketing- und Social-Media-Enthusiasten ist es klar: die klassischen Medien haben ausgedient. Seit einigen Jahren kommt es zu einer Umverteilung der Marketing-Budgets weg von den klassischen, hin zu den Online-Medien, vor allem hin auch zu Social Media. Das Beispiel von Red Bull Stratos (siehe Abschn. 2.2) hat allerdings gezeigt, dass erst die geschickte Kombination verschiedener Medien in einer **cross-medialen Kampagne** das gesamte Marketing-Potenzial ausschöpft. Viele Beispiele aus der Praxis des Autors bestätigen dies.

Vor dem Hintergrund, dass Interessenten und Kunden im Laufe ihrer Customer Journey eine Vielzahl von Kanälen durchlaufen, erscheint es nur logisch, dass auch Social-Media in einem cross-funktionalen Kontext zu sehen ist. Dies brachte schon die Definition von Social-Media-Marketing (siehe Abschn. 3.1) auf den Punkt.

Mythos: „Social Media ist ganz einfach."
Social Media geht doch ganz einfach! Kann das nicht der Praktikant machen? Der ist ja mit dem Internet aufgewachsen … (vgl. Kühner 2017). So oder so ähnlich denken immer noch viele Unternehmen. Damit geht der Irrglaube einher, dass es genüge, (mehr oder weniger guten) Content zu produzieren und Freunde zu bitten, diesen zu teilen, um einen viralen Hit zu produzieren. Melchior (2017) führt einige Gründe an, warum das ein Irrtum ist: „Zum einen haben die Freunde eventuell nicht eine so hohe Reichweite wie angenommen. Es sei denn, einer der Freunde ist Kim Kardashian. Zum anderen macht es wenig Sinn, wenn die Freunde andere demografische Merkmale aufweisen als die Zielgruppe."

Korrekterweise muss es also in Anlehnung an Leonhardt (2016) lauten:

Social Media ist wie Abnehmen: Eigentlich ganz einfach.

Richtig, Social Media ist dann einfach, wenn man bestimmte **Grundregeln** beachtet. Und diese Grundregeln können ebenso banal sein wie beim Abnehmen (weniger essen, mehr Sport). In erster Linie benötigt Social Media jedoch viel Disziplin, denn, richtig angewandt, ist es zeitraubend und anstrengend. Wer Social Media betreibt, muss Redaktionspläne erstellen, Themen recherchieren, sich mit Bildformaten beschäftigen, Inhalte wie Texte, Fotos und Videos produzieren oder die Produktion begleiten sowie die Kanäle testen (vgl. Kühner 2017). Es braucht klare Prozesse und Zuständigkeiten, und diese dürfen nicht bei Praktikanten liegen. So sehen es auch Hennig-Thurau und die Roland Berger Strategy Consultants mit zwei ihrer zehn Thesen zu Social Media (vgl. Roland Berger Strategy Consultants 2014, S. 8 und 22):

- These 3: Social Media sind eine Schlüsselfähigkeit.
- These 8: Social Media sind kein Selbstläufer.

„Social Media ist […] eine strategische Herausforderung, weil es die gesamte Organisation betrifft", erklärt Hennig-Thurau in der Studie zu den zehn Thesen (Roland Berger Strategy Consultants 2014). Mit Bezug auf den Altimeter Social Business Report
von 2013 nennen die Verfasser eine Zahl von lediglich 17 % der Unternehmen, die im
Social Media-Bereich wirklich strategisch agierten. Seitdem sind zwar ein paar Jahre ins
Land gegangen und diese Zahl dürfte sicherlich heute höher liegen. Bedenkt man allerdings, dass sich der Report auf die USA bezog und wir in Deutschland bei diesen Themen immer ein paar Jahre hinterher hinken, scheint nach wie vor Handlungsbedarf zu
bestehen. Die angeführten Zahlen zu Beginn dieses Abschnitts belegen dies.

Wie Modelle für einen solchen strategischen Ansatz aussehen können, thematisiert
Abschn. 4.2.

4.2   Analyse der wichtigsten Social-Media-Strategie-Ansätze

Betrachtet man die Tweets, die sich tagtäglich explizit mit der Thematik Digital Marketing beschäftigen, so fallen einem immer wieder Nachrichten auf, die „X Schritte zur
richtigen Social-Media-Marketing-Strategie" oder „Social-Media-Strategie erstellen"
oder „So entwickelst Du eine sinnvolle Social-Media-Strategie" betitelt sind. Hierbei
handelt es sich meist um kurze Praxisleitfäden, denen allen etwas Sinnvolles innewohnt.
Auf wissenschaftlicher Basis monieren Felix et al. (2017, S. 118) das Fehlen eines solchen übergreifenden Ansatzes. Aus diesem Grunde soll das Rahmenwerk dieser Verfasser als erstes Beispiel (Abschn. 4.2.1) dienen. Anschließend erfolgt die Betrachtung
von drei zumindest im deutschsprachigen Raum oft zitierten Ansätzen – den Modellen von Li und Bernoff (Abschn. 4.2.2), von Stuber (Abschn. 4.2.3) und von Hilker
(Abschn. 4.2.4). Ein kurzer Überblick über eine Auswahl an Praxis-Leitfäden aus den
oben erwähnten Tweets soll das Bild über die verschiedenen existierenden Modelle
abschließen (Abschn. 4.2.5). Eine Würdigung der einzelnen Ansätze erfolgt dann
gesammelt in Abschn. 4.3.

4.2.1   Das strategische Rahmenwerk nach Felix et al.

Ausgehend von der Tatsache, dass das bisherige Wissen um Social-Media-Marketing
dürftig und fragmentiert ist (Felix et al. 2017, S. 119), wählten die Verfasser für die Entwicklung ihres Rahmenwerks einen sogenannten „discovery-oriented, theories-in-use
approach" nach Argyris und Schön (1978). Den Verfassern zufolge können mithilfe dieser Perspektive auf Basis von Experten-Aussagen wichtige Facetten, Meinungen und
Motivationen rund um das Thema Social-Media-Marketing erfasst werden, die sich über
konventionelle, quantitative Methoden nicht erheben ließen. Anstelle eine statistische
Generalisierbarkeit zu erreichen, war es das Ziel der Autoren, die Erkenntnisse sinnvoll auf andere Bereiche anwenden zu können. Daher befragten die Verfasser zunächst

sieben europäische Social-Media-Experten mit nationaler und internationaler Erfahrung mithilfe von Tiefeninterviews, um dann die Erkenntnisse in einem zweiten Schritt über die Sichtweise von weiteren 265 Social-Media-Experten zu triangulieren[1] (vgl. Felix et al. 2017, S. 119–120). Die Befragten sollten dabei Social-Media-Marketing definieren, selbst gewählte Best und Worst Practices, Erfolgsfaktoren und Kennzahlen diskutieren sowie die ideale Form der Implementierung von Social-Media-Marketing in einer selbst gewählten Organisation erläutern.

Abb. 4.1 zeigt das daraus abgeleitete strategische Social-Media-Marketing-Rahmenwerk mit seinen vier Dimensionen, die nachfolgend näher erläutert werden (siehe dazu ausführlich die Darstellungen bei Felix et al. 2017, S. 120–123).

Social-Media-Marketing-Scope

Diese erste Dimension zeigt, in welchem Umfang Unternehmen Social Media betreiben: mehrheitlich zum Zwecke der Kommunikation mit einem oder wenigen Stakeholdern oder umfassend (intern wie extern) als originäres Instrument der Kollaboration. Als Extreme der beiden Pole definieren die Verfasser die „Defender" und „Explorer". Erstere nutzen Social Media vorwiegend im Sinne einer Einweg-Kommunikation, um ihre Zielgruppe zu unterhalten oder zu informieren. Hierbei setzen die „Defender" eher auf standardisierte Antworten oder verzichten gänzlich darauf. Demgegenüber interessieren sich „Explorer" im Rahmen ihres Social-Media-Marketings für eine authentische Zusammenarbeit, die auf gegenseitiger Interaktion verschiedenster Stakeholder (wie Nutzer und Kunden, Mitarbeiter, Zulieferer oder staatlichen Institutionen) basiert. Die Sammlung und Nutzung des Feedbacks der verschiedenen Nutzergruppen gilt als zentrales Element der Arbeitsweise der „Explorer". Der Ansatz beinhaltet außerdem die Evaluierung, inwieweit die verschiedenen Zielgruppen zum Wertschöpfungsprozess des Unternehmens beitragen können. Je stärker Unternehmen in Richtung des „Explorer"-Modus arbeiten, desto stärker können sie das Potenzial von Social Media ausschöpfen.

Social-Media-Marketing-Culture

Die zweite Dimension unterscheidet „Konservatismus" (als Vorsichtsprinzip) und „Modernismus" als Pole der unternehmens-kulturellen Ausrichtung von Social Media. „Konservative" Unternehmen nutzen die sozialen Medien eher im Sinne eines alleinstehenden, traditionellen Massenmarketing-Ansatzes. „Moderne" Unternehmen lassen sich durch ihre durchlässige, offene und flexible Social-Media-Marketing-Kultur

---

[1]Triangulation stellt einen Forschungsansatz der empirischen Sozialforschung dar, bei dem nach dem Motto „dreifach hält besser" verschiedene Methoden oder Sichtweisen auf das gleiche Phänomen angewendet oder verschiedenartige Daten zur Erforschung eines Phänomens herangezogen werden. Ziel ist es, die Schwächen der jeweils einen Vorgehensweise durch die Stärken der jeweils anderen Methoden auszugleichen, um systematische Fehler zu verringern und eine höhere Validität der Ergebnisse zu erreichen (vgl. Blaikie 1991, S. 115).

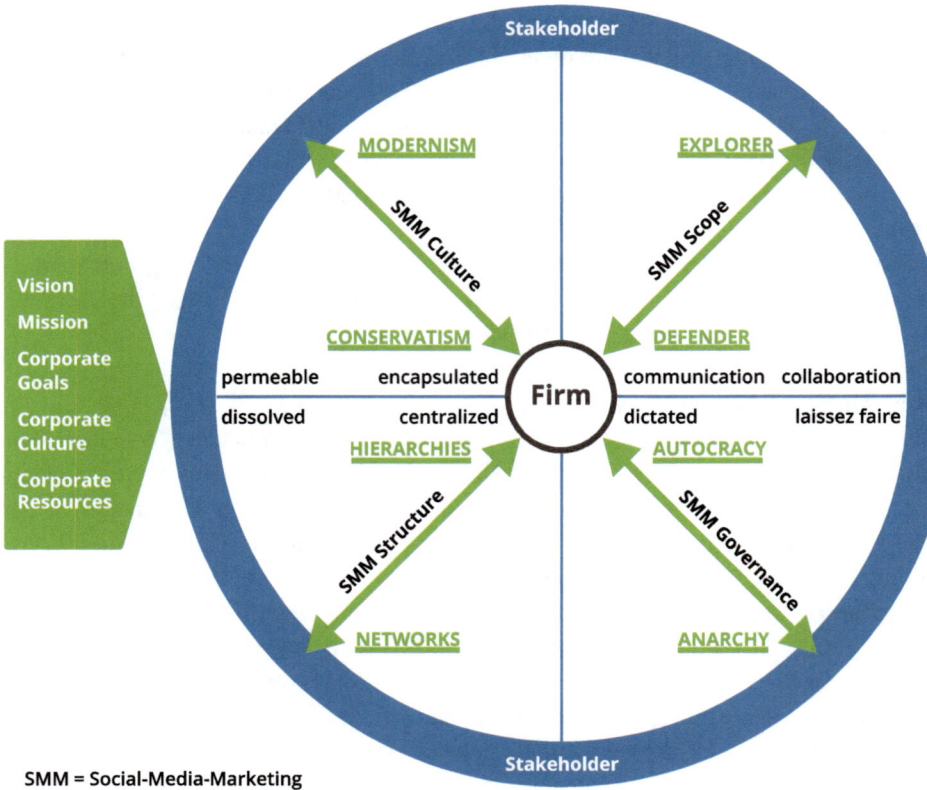

Abb. 4.1 Strategisches Social-Media-Marketing-Rahmenwerk nach Felix et al. (Quelle: eigene Darstellung in Anlehnung an Felix et al. 2017, S. 121)

charakterisieren. Damit geht einher, dass Mitarbeiter und vor allem auch das Top-Management von Social Media überzeugt sein müssen und bereit sind Risiken einzugehen (beispielsweise, dass im Netz über das Unternehmen negativ gesprochen wird). Vor diesem Hintergrund stehen insbesondere Unternehmen mit einer eher traditionellen Organisationsstruktur vor großen Herausforderungen. Allerdings sollten Unternehmen generell in der Lage sein, ihre eigene Marketing-Ausrichtung anzupassen. Denn nicht selten kommt es vor, dass der Einfluss der Nutzer auf andere zu einer Veränderung beispielsweise der Markenwahrnehmung führt.

Social-Media-Marketing-Structure

Mit der dritten Dimension adressieren die Verfasser Fragestellungen der Unternehmensstruktur, die sich im Rahmen von Social-Media-Marketing ergeben. „Hierarchies" stehen als ein Extrem für zentralisierte Organisationsformen mit einer klaren Definition der Verantwortlichkeiten. „Networks" repräsentieren hingegen als anderes Extrem Strukturen, in denen alle Mitarbeiter für Social Media verantwortlich sind. Ein dedizierter Social-Media-Marketing-Direktor sei in derartigen Gebilden nicht mehr nötig. Die Aktivitäten in den sozialen Medien sind dementsprechend dezentralisiert und cross-funktional aus-gerichtet. Beide Ausrichtungen weisen dabei ihre Vor- und Nachteile auf. Netzwerke ent-sprechen aber eher dem Grundgedanken einer modernen Social-Media-Struktur.

Social-Media-Marketing-Governance

Die letzte Dimension bezieht sich darauf, wie zum einen Regeln und Richtlinien in Unter-nehmen etabliert, und zum anderen wie die Verantwortlichkeiten gesteuert und kontrolliert werden. Als ein Pol der Organisationsform beschreibt „Autocracy" eine Situation mit sehr präzisen Anweisungen darüber, wer im Unternehmen auf Social-Media-Plattformen inter-agieren darf. Als Gegenpol steht „Anarchy" mit einer „Laissez-Faire-Mentalität" ohne jegliche Regelungen. In diesem Zusammenhang weisen die Verfasser auf Basis der Inter-viewergebnisse darauf hin, dass gerade bei eher offenen, netzwerkartigen Strukturen die Definition klarer Social-Media-Guidelines immer bedeutender wird.

Die Ausprägungen der Dimensionen sind nicht völlig unabhängig voneinander. Ein Unternehmen, das einen eher anarchistischen Führungsstil in Bezug auf Social Media pflegt, wird kaum viele hierarchische Strukturen aufbauen, braucht aber eben doch ein gewisses Maß an Regelungen.

Es erscheint logisch, dass Unternehmen nur selten die Extrempositionen bei den jeweiligen Dimensionen einnehmen. Die Entscheidung über die Ausrichtung des Social-Media-Marketings sollte sich – ähnlich wie bereits in Abschn. 3.1 beschrieben – an der gene-rellen Organisationsausrichtung (wie z. B. Mission, Vision, Unternehmensziele und -kultur, verfügbare Ressourcen) orientieren, jedoch die externen Einflussfaktoren (wie z. B. Commu-nities, Wettbewerb, staatliche Regulierungen) nicht vernachlässigen.

4.2.2 Die POST-Methode nach Li und Bernoff

Die POST-Methode nach Li und Bernoff (2009) zählt zu einem der frühesten und besten Social-Media-Strategie-Ansätze (vgl. Grabs et al. 2017, S. 95 – dort als POSM-Ansatz weiterentwickelt; Hilker 2012, S. 47). **„POST"** ist ein Akronym und steht für die vier Planungsschritte People, Objectives, Strategy und Technology (vgl. Li und Bernoff 2009, S. 75). Diese sind im Überblick der Abb. 4.2 zu entnehmen und werden im Folgenden nun näher erläutert.

People (Zielgruppe)

Der erste Schritt im Bezugssystem von Li und Bernoff bildet die Definition und anschlie-ßend die Analyse der Zielgruppe(n). Die Darstellungen über den Mythos „Social Media über Facebook genügt." in Abschn. 4.1 haben deutlich gemacht, dass es sich bei der Ziel-gruppenanalyse in der Tat um eine ganz wesentliche Tätigkeit handelt. In der Folge geht es nun darum, herauszufinden, ob, und wenn ja, auf welchen Social-Media-Kanälen die Zielgruppen unterwegs sind, um diese erfolgreich ansprechen zu können.

Abb. 4.2 POST-Framework nach Li und Bernoff. (Quelle: eigene Darstellung in Anlehnung an Li und Bernoff 2009, S. 75–76)

Anhaltspunkte zur Analyse liefern im Modell von Li und Bernoff die sogenannten „Social Technographic Profiles" von Forrester Research. Mit deren Hilfe lassen sich User je nach Aktivitäts- oder Partizipationsniveau sechs unterschiedlichen Charakteren zuordnen (geordnet nach der Aktivität von hoch bis niedrig): Kreatoren, Kritiker, Sammler, Mitmacher, Zuschauer und Inaktive (vgl. Li und Bernoff 2009, S. 49–51). Dabei variiert die Verteilung nach Alter, Geschlecht und nationaler Herkunft (vgl. Hilker 2012, S. 49). Forrester hatte hierzu ursprünglich ein kostenloses Tool auf seiner Webseite bereitgestellt, welches jedoch nicht mehr abrufbar ist.

Objectives (Ziele)
Abhängig von den im Schritt „People" identifizierten Typen und einer präzise definierten Vorstellung, wie die Aktivitäten der Zielgruppe(n) in den sozialen Medien aussehen, wird hier zunächst das Ziel ausgewählt (vgl. Li und Bernoff 2009, S. 76–78). Li und Bernoff benennen fünf Hauptziele für den Aufbau langfristiger Kundenbeziehungen. Sie empfehlen, sich auf ein Hauptziel zu konzentrieren, um die nachfolgende Strategie darauf aufzubauen. Die fünf Ziele sind:

1. Zuhören: Pein (2014, S. 144) nennt das Zuhören eines der grundsätzlichen Ziele einer Social-Media-Strategie, welches gleichzeitig das mit der niedrigsten Einstiegshürde ist. Das hat damit zu tun, dass man über das aktive Zuhören (z. B. mithilfe von Social-Media-Monitoring-Tools) schnell viele Eindrücke über die Themen, Probleme und Wünsche der Zielkunden erhalten kann.

2. Kommunizieren: Das aktive Zuhören liefert schnell erste Ansatzpunkte, um mit den Nutzern ins Gespräch zu kommen. Das weitere Ziel ist es, in einen interaktiven Dialog mit seinen Zielkunden zu kommen.

3. Motivieren: In einem nächsten Schritt sollen aktive Nutzer zu Markenbotschaftern gemacht, und virale Effekte angestoßen werden. So möchte man den Vorteil nutzen, dass User, wie in Abschn. 3.2 beim Mechanismus „Beurteilen" gezeigt, die Urteile von

Nutzern glaubwürdiger finden als klassische Werbung. Allerdings weist Pein (2014, S. 144) daraufhin, dass jedes Unternehmen bewusst entscheiden sollte, ob es die richtigen Voraussetzungen für diesen Schritt mitbringt. Auf Marken mit vielen Kritikern könnte sich dieser Schritt negativ auswirken.

4. Unterstützen: Social Media funktioniert wie in Abschn. 3.1 gezeigt oft im „Many-To-Many-Modus". Diese Kommunikationsbeziehungen gilt es beim Ziel „Unterstützen" zu nutzen. Kunden können sich gegenseitig bei Problemen oder Fragen helfen, wodurch die eigenen Support-Abteilungen entlastet und Kosten reduziert werden können. Dies lässt sich durch das Einrichten eigener, oder durch die Interaktion in bestehenden Communities fördern (vgl. Li und Bernoff 2009, S. 189).

5. Integrieren: Die höchste Zielstufe sehen Li und Bernoff (2009, S. 199–200 und 207) in der Integration der Kunden in die Innovationsprozesse des Unternehmens. Beispielsweise sollen Kundenmeinungen und -ideen in den Entwicklungsprozess von Produkten einbezogen werden. Kunden werden so zum integralen Bestandteil dieser Prozesse und liefern wichtige Anhaltspunkte für die Forschung und Entwicklung. Verbesserungen und Innovationen von Produkten oder Dienstleistungen können dadurch mitunter schneller und kundenorientierter verwirklicht werden.

Um den zweiten Schritt „Objectives" abzuschließen, muss bestimmt werden, wie man die festgelegten Ziele messen will.

Strategy (Strategie)

Die Strategie stellt die Überführung des Ist-Zustandes in den über die Ziele definierten Soll-Zustand dar. Li und Bernoff beschreiben in diesem dritten Planungsschritt die Veränderung der Beziehungen zwischen Unternehmen und Kunden sowie die Einbindung der Kunden in das Unternehmen (vgl. Hilker 2012, S. 50).

Technology (Technologie)

Aufbauend auf die zuvor definierten Ziele und die gewählte Strategie pro Zielgruppe folgt die Auswahl der entsprechenden Technologien. Auf diese zwingende Reihenfolge der Vorgehensweise wurde bereits in Abschn. 4.1 unter dem Mythos „Social Media über Facebook genügt" hingewiesen. Li und Bernoff (2009, S. 82) betonen, dass Unternehmen sowohl für die Nutzer, als auch für die Technologien Verständnis aufbauen sollen, vor allem weil sich letztere ständig weiterentwickeln.

Um den Strategie-Prozess so vorteilhaft wie möglich zu gestalten, schlagen Li und Bernoff (2009, S. 80 sowie 231–232) vor, im Kleinen zu beginnen und die Strategie nach und nach weiterzuentwickeln. Auch der Rückhalt und die Unterstützung der Führungskräfte seien unabdingbar. Zudem müssten eventuelle Risiken und Eskalationsmöglichkeiten vorab eingeplant werden, um eine schnelle Reaktion zu ermöglichen.

4.2.3 ZEMM-MIT-Methode nach Stuber

Mit der ZEMM-MIT-Methode stellt Stuber (o. J.a) einen Ansatz vor, den er als eine konkrete Schritt-für Schritt-Anweisung für die Praxis sieht. Ähnlich wie bei der POST-Methode steht ZEMM-MIT als Abkürzung für die einzelnen Schritte, die es in Social Media zu durchlaufen gilt. Einen ersten Überblick zu den Schritten und dem Konzept von Stuber (2012, S. 103) liefert Abb. 4.3.

Den äußeren Ring der Methode bildet das Akronym „ZEMM". Es steht für Ziele definieren, Entdecken, Mitmachen und Managen. Dieser Prozess wird nun näher betrachtet.

Ziele definieren

Stuber (o. J.b) macht sehr deutlich, dass Social Media kein Selbstzweck ist. Aus diesem Grunde stellt er die Definition der Ziele (im Gegensatz zum Ansatz der POST-Methode) an den Anfang seines Konzepts. Ausgangspunkt bilden Vision und Mission eines Unternehmens, davon abgeleitet die Unternehmensziele und die Ziele der jeweiligen Geschäftseinheiten. Auf Basis dieser Ziele werden letztendlich die quantitativen und qualitativen Social-Media-Vorgaben formuliert. Stuber (2012, S. 104–106) erläutert in diesem Zusammenhang, dass es sich dabei um einen iterativen Prozess handelt, der immer weiter verfeinert werden sollte. Außerdem sei es wichtig, für jedes Ziel Messkriterien festzulegen und zu terminieren, bis wann das Ziel erreicht werden soll (vgl. Stuber 2012, S. 106–107).

Entdecken

Nachdem mit der Zieldefinition die „Leitplanken" (Stuber o. J.b) gesetzt wurden, gilt es nun, sich einen Überblick zu verschaffen, was über das Zielobjekt und die für das Unternehmen relevanten Themen gesagt wird. Dies erfolgt in der Regel über ein sogenanntes

Abb. 4.3 ZEMM-MIT-Methode nach Stuber. (Quelle: eigene Darstellung in Anlehnung an Stuber 2012, S. 103)

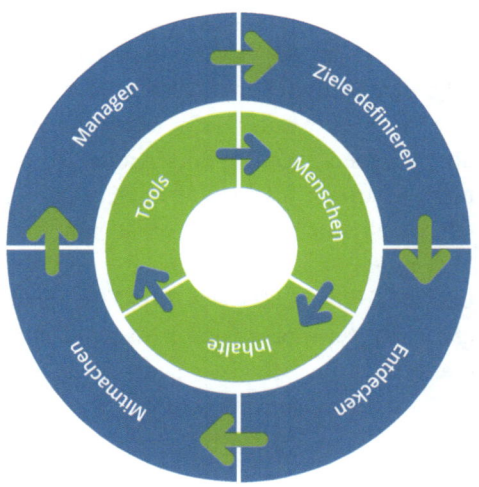

Social-Media-Monitoring (siehe dazu ausführlich Kap. 5), mit dem sich potenziell relevante Nischen und Plattformen identifizieren lassen, die das Unternehmen besetzen beziehungsweise nutzen könnte. Zudem lassen sich auf diese Weise relevante Themen finden, die es aufzugreifen gilt. Darüber hinaus ist es wichtig, die Zielgruppen, die angesprochen werden sollen, detailliert zu charakterisieren, um diese im nächsten Schritt „Mitmachen" bestmöglich adressieren zu können (vgl. Stuber 2012, S. 109–110).

Mitmachen

Aufbauend auf den ersten beiden Schritten geht es beim „Mitmachen" zunächst um die Wahl der Social-Media-Kanäle, auf denen sich das Unternehmen aktiv in die Diskussionen einbringen will. Stuber (o. J.b) schlägt vor, dass man neben den Reaktionen auf bestehende Inhalte auch untersuchen soll, wer die relevanten Persönlichkeiten beziehungsweise Meinungsführer im anvisierten Fachgebiet sind. Ziel ist es, mit diesen zu interagieren und sich selber als Experte zu platzieren. Daneben nennt Stuber (2012, S. 114 und 117–120) noch weitere Aufgaben, denen sich Unternehmen in diesem Schritt stellen müssen: Pflege der Kanäle und Verankerung dieser innerhalb der Organisation, Festlegung der Aufgabengebiete der Verantwortlichen, von Budgets und Ressourcen sowie die Erstellung von Mitarbeiter-Guidelines zum richtigen Umgang, den Rechten und den Pflichten auf Social Media.

Managen

Beim Managen, dem letzten Schritt der vier ZEMM-Schritte, werden die ersten drei Schritte in einen dauerhaften, iterativen und laufend zu optimierenden Prozess überführt. Wiederkehrende Abläufe sind zu identifizieren und es ist zu überlegen, welche dieser Abläufe sich durch den Einsatz geeigneter Instrumente sinnvoll automatisieren lassen (siehe dazu ausführlich später Abschn. 11.3). Um eine nachhaltige Zielerreichungsverfolgung zu gewährleisten, ist es wichtig, das Social-Media-Monitoring, das Netzwerken mit den Zielgruppen und das Erstellen sowie Distribuieren von Content laufend zu pflegen und zu verfeinern (vgl. Stuber 2012, S. 121).

Im Zentrum des Ansatzes von Stuber (siehe Abb. 4.3) steht der Begriff „MIT". Dahinter verbergen sich Menschen, Inhalte und Tools als die drei für Stuber zentralen Aspekte, die die sozialen Medien ausmachen und die bei allen Überlegungen berücksichtigt werden müssen (vgl. Stuber o. J.a).

Mensch

Stuber (o. J.a) formuliert sehr treffend, dass der Mensch bei allen Social-Media-Aktivitäten im Mittelpunkt stehen muss: „Ohne die Menschen, die Inhalte kreieren, kommentieren, teilen, erweitern oder konsumieren, gäbe es keine sozialen Medien!" (Stuber o. J.a).

Inhalte

Dazu bilden laut Stuber (2012, S. 134–136) nutzenstiftende Inhalte den Schlüssel zu mehr Engagement mit den Beiträgen und den Unternehmensauftritten, was wiederum entscheidend für den Erfolg der Unternehmensaktivitäten ist.

Tools

Mit Tools meint Stuber (2012, S. 140–141) Programme, die als Werkzeuge eingesetzt werden, um Social-Media-Aktivitäten zu steuern und zu unterstützen.

4.2.4 Der zehnstufige Strategie-Prozess nach Hilker

Das bereits 2010 entwickelte Vorgehensmodell zur Entwicklung einer Social-Media-Strategie von Hilker (2010) soll kein starres Schema darstellen, sondern dient vor allem der Orientierung (vgl. Hilker 2012, S. 52). Insofern postuliert die Verfasserin, dass nicht alle Schritte komplett abgearbeitet werden müssen, sondern auch gezielt einzelne Module ausgewählt werden können. Das Modell wurde der Verfasserin zufolge schon häufig im Beratungsumfeld und im Hochschulbetrieb bei der Entwicklung von Social-Media-Konzepten für die Praxis eingesetzt und hat sich bewährt (vgl. Hilker 2012, S. 51–52). In verschiedenen Veröffentlichungen demonstriert Hilker ihr Konzept anhand von Praxisbeispielen sehr anschaulich (siehe v. a. 2010 das Fallbeispiel DeLux-Hotel, S. 64–68 oder 2012 das Best-Practice-Beispiel der PSD-Bankengruppe, S. 52–56). An dieser Stelle soll das Konzept anhand aller zehn Schritte kurz vorgestellt werden. Einen ersten Überblick zu den zehn Schritten zeigt Abb. 4.4.

1. Zuhören: Der erste Schritt bei Hilker entspricht im Wesentlichen dem Aspekt „Entdecken" bei Stuber oder dem Ziel „Zuhören" innerhalb des Schrittes „Objectives" in der POST-Methode. Im Gegensatz zu den beiden zuvor genannten Ansätzen bildet hier das Zuhören jedoch den Startpunkt des Modells. Ziel ist es, auf Basis eines Social-Media-Monitorings die IST-Situation festzuhalten: Wo und wie wird in den sozialen Medien über ein Unternehmen, seine Protagonisten (z. B. CEO oder Geschäftsführer), Wettbewerber oder Social-Media-Kampagnen gesprochen? Für Unternehmen, die bislang noch keinerlei Social-Media-Aktivitäten unternommen haben oder denen es an einer grundlegenden Strategie fehlt, bietet sich eine sogenannte „Monitoring-Nullmessung" an (siehe auch Beispiel zur PSD-Bankengruppe; Hilker 2012, S. 52).

2. Zieldefinition: Aufbauend auf der Ist-Situation des Unternehmens gilt es im zweiten Schritt die gewünschten quantitativen und qualitativen Ziele, die das Unternehmen mit dem Social-Media-Auftritt verfolgen möchte, als Soll-Zustand zu definieren (vgl. Hilker 2010, S. 65). Eine SWOT-Analyse kann dazu die Stärken und Schwächen sowie Chancen und Risiken der geplanten Aktivitäten offenlegen (vgl. Hilker 2010, S. 65–66).

Abb. 4.4 Zehnstufiges
Strategiemodell nach Hilker.
(Quelle: eigene Darstellung
in Anlehnung an Hilker 2012,
S. 53)

3. Kanalauswahl: Ähnlich wie in den Ansätzen von Stuber und der POST-Methode erfolgt erst nach der Zieldefinition die Auswahl der entsprechenden Social-Media-Kanäle, um die anvisierten Ziele (und Zielgruppen) bestmöglich zu erreichen. Diese Auswahl kann beispielsweise eine Art Road-Map beinhalten, die festlegt, mit welchen Plattformen gestartet werden soll und welche im weiteren Verlauf hinzukommen könnten (vgl. Hilker 2012, S. 54).

4. Agenda Setting: Im darauffolgenden Schritt geht es darum, geeignete Themen zu definieren, die auf den Kanälen platziert werden sollen. Dabei bieten sich neben internen möglicherweise auch externe Themen an, die über das Social-Media-Monitoring identifiziert wurden. Bezüglich interner Inhalte nutzte Hilker im Praxisfall der PSD-Bankgruppe eine Online-Abfrage bei den teilnehmenden Banken (vgl. Hilker 2012, S. 54).

5. Strategie-Entwicklung: Schritt fünf stellt die eigentliche Strategie-Entwicklung dar. Das Strategie-Konzept bündelt alle bisherigen Schritte und bildet eine Übersicht über Ziele, Zielgruppen, Kanäle, Themen und Funktionalität der Elemente sowie deren Zusammenspiel (vgl. Hilker 2012, S. 55).

6. Maßnahmen-Mix: Mit der Entwicklung des Maßnahmen-Mixes nehmen die Aufgaben im Strategiemodell von Hilker einen etwas operativeren Charakter an. In diesem Schritt gilt es die Kanäle durch weitere Off- und Online-Maßnahmen (z. B. Gewinnspiele, Spendenaktionen) bekannt zu machen (vgl. Hilker 2012, S. 55).

7. Projekt-Team: Bereits 2010 stellte Hilker heraus, dass ausreichend Ressourcen einzuplanen sind, um den Erfolg der geplanten Social-Media-Aktivitäten zu gewährleisten (Hilker 2010, S. 66). Die bereits erwähnte Haltung, Social-Media könne ja den Praktikanten überlassen werden, kritisiert die Verfasserin scharf. Insofern kommt dem siebten Schritt, dem Aufstellen des Projekt-Teams, das für die Planung und Durchführung der Social-Media-Aktivitäten zuständig ist, eine besondere Rolle zu. Dabei geht es nicht nur um die Quantität, sondern vor allem auch um die Qualität der beteiligten Mitarbeiter. Diese müssen über die nötigen Social-Media-Kenntnisse und -Erfahrungen verfügen. Gegebenenfalls sind diese erst durch Schulungen und Trainings aufzubauen oder über externe Dienstleister abzudecken (vgl. Hilker 2010, S. 67).

8. Krisen-Management: Um die Nutzung der Social-Media-Aktivitäten „in sicheren Leitplanken zu platzieren" (Hilker 2012, S. 55), bedarf es geeigneter Anweisungen, die im Schritt acht, dem „Krisenmanagement", erarbeitet werden sollten. Zu derartigen Bestimmungen zählen Datenschutz- und Internetrichtlinien für Mitarbeiter oder Konzepte zum Verhalten bei Krisen (zum Beispiel bei Shitstorms).

9. Präsenzaufbau: Nach den vorangegangenen Planungsschritten geht es hier darum, die betreffenden Kanäle einzurichten, zu bespielen und eine lebendige Community aufzubauen (vgl. Hilker 2012, S. 55–56). Eine weitere Aufgabe besteht darin, die jeweiligen Kanäle durch Social-Media-Buttons in die Webseiten des Unternehmens zu integrieren.

10. Evaluation: Anhand der Bewertung der vorgenommenen Aktivitäten über ein kontinuierliches Social-Media-Monitoring wird abschließend die Erreichung der Ziele überprüft und Maßnahmen für die Weiterentwicklung der Strategie abgeleitet.

4.2.5 Kurzer Überblick über weitere Social-Media-Strategie und -Management-Ansätze

Wie eingangs zu diesem Kapitel erwähnt, erhält man fast täglich über die diversen Social-Media-Plattformen Beiträge, die Praxis-Leitfäden zur Entwicklung einer guten

Tab. 4.1 Übersicht über weitere Social-Media-Praxisleitfäden

5 Schritte nach Hoffmann (2017)	7c-Modell nach Lange (Quelle: Klamerski 2015)	8 Schritte nach Zielbar (Quelle: Schütz 2017)	9 Schritte nach Rankl (2016)	10 Schritte nach Oswald (2016)	12 Schritte nach Web-pixelkonsum (2017)
Positionie-rung	Contribution	Status Quo	Bestandsanalyse	Marke	Ziel-bestimmung
Kunden Avatar	Context	Zielgruppe	Monitoring	Ziel	Zielgruppe definieren
Auswahl der Plattformen	Contact	Benchmarking	Ressourcen	Zielpublikum	Buyer Personas
Social Media Ziele	Connection/ Channel	Ziele	Ziel-gruppen-Definition	Plattform	Influencer finden
Content und Redaktions-planung	Content	Content	Tonalität	Content	Social-Media-Platt-formen festlegen
	Conversation	Kanäle	Ziele	Usernutzen	Content publizieren
	Community	Umsetzung	Werbung	Wachstum	Mediathek aufbauen
		Analyse	Inhalte	Workflow	Beziehungen aufbauen
			Wir starten	Ressourcen	Redaktions-plan nutzen
				Erfolgs-messung	Follower gewinnen
					Tools ein-setzen
					Ergebnisse eruieren

Social-Media-Strategie vorstellen. An dieser Stelle sollen sechs ausgewählte Ansätze erläutert werden, die einen guten Überblick über die Inhalte der „verschiedenen" Schritte geben (siehe Tab. 4.1).

Weitere Ansätze sammelt der Autor auf einer seiner Unterseiten des Flipboard-Accounts, den Sie über den Servicelink 4.1 erreichen können.

Servicelink 4.1	
Servicelink zum Flipboard des Autors zu Schritt 5 des Social-Media-Zyklus: (SoMe5 – Zusammenführen): https://flipboard.com/@alexanderdecker/some-5-zusammenf%C3%BChren-2rtph2j7y	

Betrachtet man die verschiedenen Ansätze in Tab. 4.1 fällt, abgesehen von der unterschiedlichen Anzahl von Schritten und dem damit einhergehenden Detaillierungsgrad, auf, dass die Leitfäden inhaltlich, vor allem im Vergleich mit der POST-Methode sowie den Ansätzen von Stuber und Hilker, einander ähneln. Insofern wird an dieser Stelle nur auf Besonderheiten oder Aspekte hingewiesen, die nicht sofort aufgrund der Wortwahl selbsterklärend sind.

Im Ansatz von Hoffmann (2017) fallen insbesondere die ersten beiden Schritte auf. Mit der *Positionierung* fokussiert die Verfasserin auf die Vorüberlegungen: Wo steht das Unternehmen im Vergleich zum Wettbewerb und in welchen Punkten hebt es sich von diesem ab? Dies zielt in Richtung der in der Social-Media-Strategie-Definition (siehe Abschn. 3.1) eingenommenen organisationalen Gesamt-Perspektive. Mit *Kunden-Avatar* meint Hoffmann (2017) eine fiktive Person, die alle Eigenschaften (z. B. privat, demografisch, beruflich oder finanziell) hat, die der „perfekte" Kunde eines Unternehmens haben soll. Diese Eigenschaften können ausgestaltet werden. So kann möglicherweise eine tiefer gehende Beschreibung der Zielgruppe erreicht werden, wie sie in den o. a. Ansätzen bereits zur Geltung kam.

Etwas weiter ausholen muss man beim 7c-Modell nach Lange. Er führt neue Begrifflichkeiten ein, die am Ende aber in ähnliche Richtungen gehen wie die anderen Ansätze. Mit dem ersten „c" für *Contribution* bezieht sich Lange auf die Frage, wie Social Media zu den Zielen des Unternehmens beitragen kann und mit welchen Kennzahlen sich die Wirkung messen lässt (vgl. Klamerski 2015). Der Aspekt *Context* zielt in eine ähnliche Richtung wie die Positionierung bei Hoffmann. Dabei bezieht sich Lange insbesondere auf den Aspekt des Content Marketings – es stehen weder die Marke noch das Unternehmen im Fokus, sondern vielmehr ein zu definierendes Resonanzthema (wie z. B. das Thema Extremsport bei Red Bull; siehe das Red Bull Stratos-Beispiel in Abschn. 2.2). Mit *Contact* geht die Frage nach der Zielgruppe einher. Mit wem möchte das Unternehmen überhaupt in Kontakt treten? Ähnlich wie auch im Ansatz von Webpixelkonsum (2017) oder bei Stuber im Rahmen von „Mitmachen" (siehe Abschn. 4.2.3) gilt es, sich Gedanken über Meinungsführer (sogenannte „Influencer") zu machen und diese möglichst vorteilhaft für die eigenen Aktivitäten einzuspannen. Letztendlich erfolgt unter dem Schritt noch die Auswahl der entsprechenden Social-Media-Kanäle. *Content* beinhaltet, ähnlich wie bei den anderen Ansätzen, die Inhalte, die es auf den Kanälen zu platzieren gilt. *Conversation* bezieht sich schließlich auf die gegenseitige Interaktion mit den Nutzern, die im Zuge von *Connection* über die verschiedenen Plattformen unterschiedlich zu gestalten sind. Im Ansatz von Hilker entspricht dies den Aspekten des Zusammenspiels der Kanäle in Schritt fünf und deren Vermarktung in Schritt sechs. Unter *Community* behandelt Lange schließlich noch, wie das Unternehmen sein Netzwerk aufbauen und später erweitern kann (vgl. Klamerski 2015).

Betrachtet man die acht Schritte nach Zielbar (vgl. Schütz 2017), so lassen sich große Ähnlichkeiten mit dem Ansatz von Hilker erkennen. Lediglich die eher operativeren Aspekte der Schritte 6 bis 8 werden hier weniger beleuchtet. Ähnlich ist es mit dem Konzept nach Rankl (2016), bei dem nur der Aspekt der *Tonalität* etwas herausfällt. Damit verbindet der Verfasser vor allem die Frage, wie ein Unternehmen seine Nutzer ansprechen soll (Duzen oder Siezen). Rankl (2016) weist noch darauf hin, dass zu überlegen ist, wie man mit den Übergängen von einem Kanal zum anderen umgehen soll (wenn man zum Beispiel aus Facebook zu seinem Blog verlinkt). Auch die Regelung klarer Vorgaben über Social-Media-Guidelines sowie das Krisenmanagement subsumiert Rankl unter diesem Schritt.

Erwähnenswert bei den Ansätzen von Oswald (2016) und von Webpixelkonsum (2017) sind vornehmlich die Schritte „*Wachstum*" (bei Oswald) beziehungsweise „*Follower gewinnen*" (bei Webpixelkonsum). Sie dehnen die in vielen Ansätzen verortete Interaktion explizit auf den Auf- und Ausbau der Präsenzen in Bezug auf die Nutzerzahl aus. Beiden Ansätzen ist gemein, dass sie, ähnlich wie bei Hilker, auf eher operationale Themen eingehen.

4.3   Entwicklung des Social-Media-Zyklus

Aufbauend auf der Vorstellung der verschiedenen, in der Literatur wie Praxis, existenten Ansätze zur Entwicklung einer Social-Media-Strategie in Abschn. 4.2, gilt es im Folgenden, die wesentlichen Quintessenzen herauszufiltern und daraus einen umfassenden Social-Media-Management-Ansatz, den Social-Media-Zyklus, abzuleiten. Alle in Abschn. 4.2 vorgestellten Ansätze haben – wie gleich noch gezeigt wird – ihre Vor- aber auch ihre Nachteile. Insofern greift der Social-Media-Zyklus die in den zuvor analysierten Modellen angeführten Aspekte auf, kombiniert diese miteinander und optimiert sie auf diese Weise. Dabei bezieht der Autor auch eigene Erfahrungen aus der beruflichen Praxis und der Lehrtätigkeit ein.

Mit dem in Abschn. 4.2 beschriebenen strategischen Rahmenwerk nach Felix et al. (2017) stellen die Verfasser vor allem unterschiedliche organisationale Ausrichtungen von Social-Media-Marketing vor. Diese Aspekte kommen bei vielen der anderen beschriebenen Modelle – mit Ausnahme des Ansatzes von Hilker – nicht explizit oder nur am Rande vor. Die Social-Media-Praxis zeigt jedoch, dass organisatorische Aspekte von hoher Bedeutung sind und von daher nach Meinung des Autors im Rahmen eines praxisbezogenen und ganzheitlichen Social-Media-Management-Ansatzes ausdrücklich

Berücksichtigung finden müssen. Andere Gesichtspunkte, die in den meisten der vorgestellten Ansätze einen zentralen Raum einnehmen, wie z. B. Zielsetzungen, Kanalauswahl oder Contentbespielung, bleiben im Bezugsystem von Felix et al. aufgrund dessen
Aufgabenstellung unberücksichtigt.

Die POST-Methode nach Li und Bernoff (2009) findet in der Literatur häufig
Anwendung. Sie gibt eine Grundstruktur zur Strategieentwicklung vor, bleibt jedoch insgesamt sowohl mit den vier Schritten, als auch mit deren inhaltlicher Beschreibung recht
vage. In der Literatur finden sich zwar Beispiele, wie sich dies in der Praxis umsetzen
lässt, diese erscheinen dem Autor aber nicht genügend spezifiziert, um als Grundlage
für den zu entwickelnden Ansatz auszureichen. Es gilt, die Grundidee (Zielgruppen,
Ziele, Strategie, Technologie) aufzugreifen und zu vertiefen. Als wesentlicher Kritik-
punkt sei angeführt, dass „Zuhören" aus Sicht des Autors kein Ziel, sondern vielmehr
einen eigenen Schritt darstellt. Die formulierten Ziele erscheinen darüber hinaus zu all-
gemeingültig und somit zu unspezifisch. Wichtige Aspekte, wie etwa die Risiken und
Eskalationsprozesse, werden zwar erwähnt, sind aber nicht integraler Bestandteil des
Ansatzes.

Aus Sicht des Autors beinhaltet der Ansatz von Stuber (2012) eine wichtige Besonderheit, die zwar in manchen anderen Ansätzen kurz erwähnt, aber nicht deutlich als wesentliches Element gekennzeichnet wird: die ZEMM-MIT-Methode ist ein iterativer Prozess.
Dies bedeutet, dass der Prozess der Strategie-Entwicklung nach einmaligem Durchlaufen
der Schritte nicht beendet ist. Vielmehr sind Social-Media-Strategie und -Aktivitäten,
aufbauend auf die Überprüfung der Zielerreichung und die gesammelten Erfahrungen,
kontinuierlich anzupassen. Positiv fallen die detaillierten Ausführungen zur Formulierung
und der Festlegung messbarer Ziele, der Einsatz von Tools und die Festlegung organisatorischer Rahmenbedingungen auf. Der Aspekt „Managen" erscheint hingegen zu allgemein. Er beinhaltet sehr viele wesentliche Aspekte, die es nach Meinung des Autors
detaillierter als integrale Bestandteile des Management-Ansatzes hervorzuheben gilt.

Der konkreteste Leitfaden zur Vorgehensweise findet sich in der Methode von Hilker
(2010, 2012). Der Autor hat die Methode selber über lange Jahre im Rahmen seiner
Berufs- und Lehrtätigkeit eingesetzt und kann bestätigen, dass sie sich – so wie es auch
Hilker (2012, S. 52) über ihr Modell schreibt – im praktischen Einsatz bewährt hat. So
erscheint es bspw. sehr sinnvoll, zunächst zu erforschen, was in den sozialen Medien
über das eigene Unternehmen verbreitet wird. Social Media beginnt mit Zuhören! Eine
derartige Bestandsaufnahme findet sich auch in den Ansätzen von Zielbar (vgl. Schütz
2017) und Rankl (2016). Die darauffolgenden Schritte bei Hilker ergeben ebenso viel
Sinn. Während beispielsweise bei Li und Bernoff (2009) eine Entscheidung zur Kanalwahl als letzter Schritt nach der „Strategy" stattfindet, erfolgt dies bei Hilker wesentlich
früher, direkt nach Schritt 2, der Zieldefinition. Folglich basieren bei Hilker die nachfolgenden Schritte schon auf der Kanalwahl. Dies ergibt insofern einen Sinn, als die
darauffolgenden Schritte perfekt auf die gewählten Kanäle abgestimmt werden können.
Die meisten der unter Abschn. 4.2.5 vorgestellten Praxisleitfäden wählen eine ähnliche
Vorgehensweise und bekräftigen insofern eine solche Abfolge. Eine Beurteilung nach

der besten Abfolge der Schritte erscheint allerdings aufgrund der Interdependenzen sehr schwer. Abschließend sei zum Ansatz von Hilker positiv zu erwähnen, dass die Verfasserin detaillierter auf die Punkte *Inhalte, Redaktionsplan, Moderation, Organisation, Krisenmanagement und Evaluation* eingeht. Dass einige dieser Aspekte eine große Rolle spielen, zeigten die Ergebnisse der Studie von Felix et al. (2017).

Dennoch zeigten sich auch beim Einsatz der zehn Schritte nach Hilker in der eigenen Praxis Verbesserungspotenziale. Zunächst war es oftmals schwer, sowohl Unternehmen als auch Studierenden den Schritt vier, „Agenda-Setting", zu diesem Zeitpunkt der Abfolge näher zu bringen. Vielmehr verorteten viele Beteiligte diesen Punkt intuitiv eher unter „Maßnahmen-Mix" (Schritt sechs). Ähnlich war es mit dem Präsenzaufbau, der gefühlt zu spät erfolgt. Die Zuordnung mancher Aspekte zu den Schritten sieben und acht könnte nach Meinung des Autors besser strukturiert werden. Schließlich erweckt die Darstellung der zehn Schritte den Eindruck der Einmaligkeit. Auch wenn dies von Hilker so nicht postuliert wird, tauchte beim Einsatz des Ansatzes in der Praxis häufig die Frage auf „Und was kommt danach?".

Die in Abschn. 4.2.5 ergänzend aufgeführten Praxisleitfäden besitzen kleinere Besonderheiten, die aber nicht zu einer grundlegend neuen Strukturierung führen. Vielmehr geht es um Aspekte, die es im Rahmen der Ausführungen zu den Überkategorien später im Detail zu berücksichtigen gilt.

Der Autor hat vor dem Hintergrund der Mängel der dargestellten Methoden einen weiterführenden Social-Media-Management-Ansatz entwickelt und in der Praxis eingesetzt. Der **Social-Media-Zyklus** nach Decker baut auf dem Ansatz von Hilker (2012) auf und versucht, die wichtigen Aspekte aus anderen Modellen zu berücksichtigen. Es handelt sich dabei nicht um einen Top-Down Ansatz, sondern um einen iterativen Prozess im Sinne Stubers, der an mehreren Stellen eine Rückkoppelung ermöglicht (vgl. in diesem Sinne Welge et al. 2017, S. 196). Hier findet die Tatsache Berücksichtigung, dass man sehr wahrscheinlich unendlich lange darüber diskutieren kann, welcher Schritt im Rahmen einer festen Abfolge nach welchem kommen müsste. Der Name **„Social-Media-Zyklus"** trägt dem mehrfach iterativen Charakter des neuen Ansatzes Rechnung. Einen Überblick gibt Abb. 4.5.

Der **Social-Media-Zyklus** umfasst zehn Schritte. Der erste und der letzte Schritt, „Zuhören" sowie „Kontrollieren und analysieren" sind übergreifende, kontinuierlich durchzuführende Aktivitäten. Daneben wurde eine Einteilung in vier tendenziell eher strategisch und vier in der Tendenz eher operativ gelagerte Schritte vorgenommen. Die Nummerierung der einzelnen Schritte impliziert eine logische Abfolge, ist aber ebenfalls als iterativer Prozess mit der Möglichkeit für Rückkoppelungen konzipiert. Aus diesem Grunde sind die vier jeweiligen strategischen und operativen Hauptaktivitäten im Zyklus als Bausteine eines Kreises mit Pfeilen angeordnet. Dass die eher strategischen und die eher operativen Bestandteile einander bedingen, zeigen die beiden Pfeile in der Mitte zwischen den Kreisen (siehe Abb. 4.5).

Um einen ersten Eindruck über die einzelnen Schritte zu bekommen, erfolgt an dieser Stelle eine kurze Zusammenfassung. Eine ausführliche inhaltliche Auseinandersetzung zu jedem einzelnen Schritt bietet im Anschluss der Teil II.

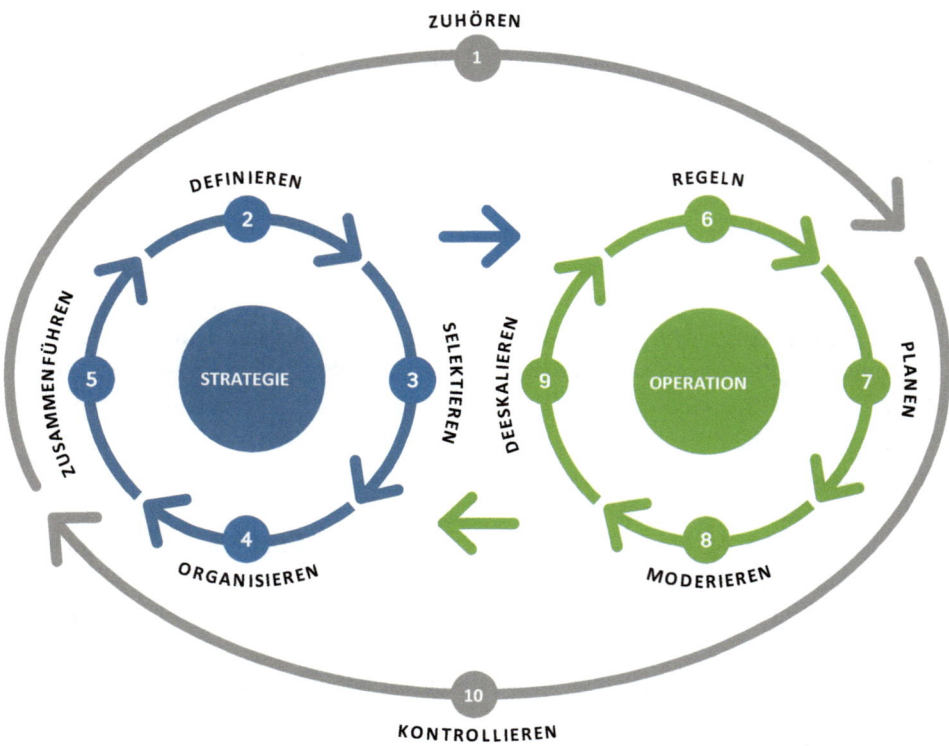

Abb. 4.5 Der Social-Media-Zyklus. (Quelle: eigene Darstellung)

1. Zuhören: Social Media beginnt mit Zuhören – mit dem aktiven Monitoring des eigenen Unternehmens, der Marken und der Wettbewerber (in Anlehnung an Hilker 2012). Dabei ist Zuhören unbedingt eine kontinuierliche Aufgabe, die es laufend parallel zu den anderen Aktivitäten durchzuführen gilt: „Monitoring ist für jedes Stadium Ihrer Social-Media-Strategie unerlässlich – ganz egal, ob Sie sich bisher noch gar nicht im Web engagierten, ob Sie vielleicht schon twittern oder bereits auf vielen Kanälen etabliert sind" (Weinberg und Pahrmann 2012, S. 48).

2. Definieren: Mit dem zweiten Schritt erfolgt – wie bei vielen der vorgestellten Ansätze – eine Festlegung der zu erreichenden Ziele sowie der damit verbundenen Zielgruppen bzw. vice versa.

3. Selektieren: Aufbauend auf der Zielsetzung und der Auswahl der Zielgruppen erfolgt die Selektion der Social-Media-Kanäle. Dass dieser Schritt in den allermeisten Fällen nach der Zielformulierung erfolgen sollte, erschließt sich aus den in Abschn. 4.1 erwähnten Besonderheiten bezüglich der Demografie und der Interessen der Nutzer der jeweiligen Plattformen.

4. Organisieren: Weit früher als in den oben betrachteten Ansätzen (wenn dort überhaupt berücksichtigt), behandelt dieses Modell Fragen der organisationalen Verankerung und der Verantwortlichkeiten in puncto Social Media. Dieser Schritt stellt einen strategischen Aspekt dar. Die Festlegung der Ziele und die Selektion der Social-Media-Kanäle kann nach Erfahrung des Autors in der Unternehmenspraxis nicht unabhängig von vorhandenen Ressourcen erfolgen. Weiß man beispielsweise, dass wenig Budget und/oder Human-Ressourcen im Unternehmen vorhanden sind, ergibt es wenig Sinn, eine Vielzahl von Kanälen zu bespielen. Insofern hat dieser Aspekt einen Einfluss auf die Zieldefinition und die Auswahl der Zielgruppen. Gerade in diesem Aspekt kommt sehr deutlich die Notwendigkeit der Rückkopplungen im Rahmen der Entwicklung der Social-Media-Strategie zum Ausdruck.

5. Zusammenführen: Dieser Schritt, den in dieser Form eigentlich nur Hilker und ansatzweise Li und Bernoff gehen, bringt die eigentliche Strategie zum Ausdruck. Sie basiert auf dem Zusammenspiel der einzelnen zuvor bestimmten Komponenten (Ziele, Zielgruppe, damit verbundene Kanalauswahl, Organisation und Verantwortlichkeiten). Das in diesem Schritt ebenfalls zu entwerfende Social-Media-Governance-Modell verbindet die strategischen Aspekten mit den eher operativen Schritten des Zyklus.

6. Regeln: Die Ausführungen u. a. bei Felix et al. (2017) verdeutlichen, dass Social Media Regeln braucht. Dies können interne Social-Media-Guidelines ebenso wie die an Nutzer gerichtete Netiquette sein. Der Schritt „regeln" muss zudem die Vielzahl von Gesetzen sowie die Nutzungsbedingungen der Plattformen berücksichtigen. Aus diesem Grunde vereinigt dieser Schritt, den es in der Form bei keinem den vorher betrachteten Ansätze gab, all diese Aspekte.

7. Planen und umsetzen: Ein Teil der Aktivitäten, die Stuber (2012) unter „managen" aufführte, sind in diesem Schritt zu finden. In Bezug auf Hilker (2012) beziehen sich die Aktivitäten v. a. auf das Agenda-Setting, den Maßnahmen-Mix sowie den Präsenzaufbau. Hier geht es um den Auf- und den Ausbau der einzelnen Präsenzen, die Content-Sichtung und -Auswahl sowie die Aufstellung eines konkreten Redaktionsplans auf Basis der in der Strategie formulierten Zielsetzungen. In diesem Zusammenhang sollten zudem Überlegungen hinsichtlich des sinnvollen Einsatzes von Tools zur Automatisierung angestellt werden.

8. Moderieren: Die Interaktion mit den Nutzern ist als ein wesentlicher Mechanismus der sozialen Medien in Abschn. 3.2 identifiziert worden. Dieser wichtige Aspekt des Interagierens und der Vernetzung erhält daher im Rahmen des Social-Media-Zyklus einen eigenen Schritt. Konkret kommt hier die gesamte Palette der Aufgaben eines Social-Media-Managers zum Tragen, die eben nicht nur in der Reaktion auf Posts der Nutzer liegen.

9. Deeskalieren: Im Unterschied zu Hilker (2012) umfasst dieser Schritt im Rahmen des Social-Media-Zyklus ausschließlich die notwendigen Aktivitäten, um mit aufkommender Kritik im Netz bestmöglich umzugehen. Es muss eine vorrangige Aufgabe sein, anbahnende Krisen frühzeitig durch geschicktes Management zu verhindern – eben zu „deeskalieren". Wenn eine Prävention nicht gelingt, beinhaltet dieser Schritt auch Maßnahmen, die es im Falle einer Krise zu ergreifen gilt.

10. Kontrollieren und analysieren: Der „letzte" Schritt im Zyklus, der ebenso wie Schritt eins kontinuierlich zu vollziehen ist, beschäftigt sich mit der Überprüfung der Erreichung der zuvor gesetzten Ziele. Dementsprechend sind geeignete Kennzahlen auszuwählen, zu monitoren und zu analysieren. Die Ergebnisse einer solchen Social-Media-Erfolgskontrolle bilden die Basis für die fortlaufende Überprüfung und Optimierung der Aktivitäten in allen Schritten des Zyklus.

Der Social-Media-Zyklus ist sowohl für proaktives als auch für reaktives Marketing anwendbar, denn es müssen nicht (ähnlich wie bei Hilker 2012) ständig alle Schritte durchlaufen werden. Die Ausführungen zu den einzelnen Schritten im folgenden Teil II nehmen die Perspektive eines proaktiven Ansatzes ein. Kap. 16 hingegen wird zeigen, welche Aktivitäten zu unternehmen sind, auch wenn sich ein Unternehmen entscheidet, selber nicht aktiv in den sozialen Medien tätig zu werden.

Literatur

Argyris C, Schön DA (1978) Organizational learning: a theory of action perspective. Addison-Wesley, Reading

Bitkom (2016) Zwei von drei Internetnutzern sind in sozialen Netzwerken aktiv. https://www.bitkom.org/Presse/Presseinformation/Zwei-von-drei-Internetnutzern-sind-in-sozialen-Netzwerken-aktiv.html. Zugegriffen: 31. Mai 2018

Bitkom (2017) Vier von zehn Unternehmen wollen mehr in Social Media investieren. https://www.bitkom.org/Presse/Presseinformation/Vier-von-zehn-Unternehmen-wollen-mehr-in-Social-Media-investieren.html. Zugegriffen: 31. Mai 2018

Blaikie NWH (1991) A critique of the use of triangulation in social research. Qual Quant 25(2):115–136

Bott G (2017) Das sind die 3 größten Irrtümer rund um die sozialen Medien. http://www.marconomy.de/digital/articles/611119/. Zugegriffen: 31. Mai 2018

Chong K (2017) 5 Things you've been told about social marketing that just aren't true. https://blog.hootsuite.com/social-media-marketing-myths/. Zugegriffen: 31. Mai 2018

Felix R, Rauschnabel PA, Hinsch C (2017) Elements of strategic social media marketing: a holistic framework. J Bus Res 1:118–126. https://doi.org/10.1016/j.jbusres.2016.05.001

Grabs A, Bannour KP, Vogl E (2017) Follow me! Erfolgreiches Social Media Marketing mit Facebook, Twitter und Co. Rheinwerk Computing, Bonn

Hilker C (2010) Social Media für Unternehmer: Wie man Xing, Twitter, Youtube und Co. erfolgreich im Business einsetzt. Linde, Wien

Hilker C (2012) Erfolgreiche Social-Media-Strategien für die Zukunft: Mehr Profit durch Facebook, Twitter, Xing und Co. Linde, Wien

Hoffmann D (2017) 5 Stufen zur erfolgreichen Social Media-Strategie. https://socialmedia-hoffmann.de/5-stufen-zur-erfolgreichen-social-media-strategie/. Zugegriffen: 31. Mai 2018

Klamerski M (2015) In 7 Schritten zur Social Media Strategie. https://www.socialmediaakademie.de/blog/social-media-strategie-7-c-modell/. Zugegriffen: 31. Mai 2018

Kühner J (2017) Social Media ist nichts für Praktikanten. http://editorial-blog.de/social-media-fuer-unternehmen-vorteile-und-tipps/. Zugegriffen: 31. Mai 2018

Külmer C von (2017) Die fünf größten Social Media Mythen. http://www.b4bschwaben.de/b4b-wissen/expertenwissen_artikel,-die-fuenf-groessten-social-media-mythen-_arid,250838.html. Zugegriffen: 31. Mai 2018

Lawal M (2016) 5 harte Wahrheiten über Social Media-Marketing (und wie Sie damit umgehen). https://blog.hootsuite.com/de/wahrheiten-ueber-social-media-marketing/. Zugegriffen: 31. Mai 2018

Leonhardt K (2016) Social Media ist wie Abnehmen – eigentlich ganz einfach. https://www.linkedin.com/pulse/social-media-ist-wie-abnehmen-eigentlich-ganz-einfach-kai-leonhardt-1. Zugegriffen: 31. Mai 2018

Li C, Bernoff J (2009) Facebook, YouTube, Xing & Co: Gewinnen mit Social Technologies. Hanser, München

Melchior L (2017) 6 Mythen im Social Media Marketing. https://www.internetworld.de/online-marketing/social-media-marketing/6-mythen-im-social-media-marketing-1189172.html. Zugegriffen: 31. Mai 2018

Membis L (2013) 10 Inspirational quotes for your social media marketing game plan. https://socialfulcrum.com/blog/10-inspirational-quotes-for-your-social-media-marketing-game-plan/. Zugegriffen: 31. Mai 2018

Ortgies M (2018) Anleitung zum Geld verbrennen: Social Media für B2B? https://t3n.de/news/anleitung-geld-verbrennen-social-1077467/. Zugegriffen: 31. Mai 2018

Oswald M (2016) 60-Minuten-Social-Media-Strategie mit Hand und Fuß. http://t3n.de/news/60-minuten-social-media-strategie-746947/. Zugegriffen: 31. Mai 2018

Pein V (2014) Der Social Media Manager. Handbuch für Ausbildung und Beruf. Galileo Press, Bonn

Puscher F (2015) Die neun größten Social Media-Irrtümer. http://www.absatzwirtschaft.de/die-neun-groessten-social-media-irrtuemer-43661/. Zugegriffen: 31. Mai 2018

Rankl J (2016) Social Media Strategie erstellen. http://emarcon.de/social-media-strategie-erstellen/. Zugegriffen: 31. Mai 2018

Read A (2018) The state of social 2018 report: your guide to latest social media marketing research. https://blog.bufferapp.com/state-of-social-2018. Zugegriffen: 31. Mai 2018

Roland Berger Strategy Consultants (2014) Socialize your business. Ten things executives should know about digitalization and social media. https://www.rolandberger.com/de/press/Digitalisierung-und-Social-Media-Unternehmen-der-Zukunft-sind-vernetzter-intel.html. Zugegriffen: 31. Mai 2018

Schütz S (2017) Mit den richtigen Fragen zur Social-Media-Strategie. https://www.zielbar.de/magazin/social-media-strategie-checkliste-16197/. Zugegriffen: 31. Mai 2018

Stuber R (2012) Erfolgreiches Social Media Marketing mit Facebook, Twitter, Google+, XING, LinkedIn, YouTube. Data Becker, Düsseldorf

Stuber R (o. J.a) So gelingt Ihr Social Media Start – die ZEMM-MIT-Methode als Schritt-für-Schritt Anleitung (Teil 1). http://www.absatzwirtschaft.de/so-gelingt-ihr-social-media-start-die-zemm-mit-methode-als-schritt-fuer-schritt-anleitung-teil-1-11513/. Zugegriffen: 31. Mai 2018

Stuber R (o. J.b) So gelingt Ihr Social Media Start – die ZEMM-MIT-Methode als Schritt-für-Schritt Anleitung (Teil 2). http://www.absatzwirtschaft.de/so-gelingt-ihr-social-media-start-die-zemm-mit-methode-als-schritt-fuer-schritt-anleitung-teil-2-11514/. Zugegriffen: 31. Mai 2018

Webpixelkonsum (2017) Nutze diese 12 Schritte für Deine Social-Media-Strategie. https://www.webpixelkonsum.de/nutze-diese-12-schritte-fuer-deine-social-media-strategie/. Zugegriffen: 31. Mai 2018

Weinberg T, Pahrmann C (2012) Social Media Marketing. O'Reilly Verlag, Köln

Welge MK, Al-Laham A, Eulerich M (2017) Strategisches Management: Grundlagen – Prozess – Implementierung. Springer Gabler, Wiesbaden

Teil II

Die 10 Schritte des Social-Media-Zyklus im Detail

Social media is like teen sex. Everyone wants to do it. No one actually knows how. When finally done, there is surprise it's not better.
Avinash Kaushik, Autor und Social-Media-Botschafter (Kaushik 2009).

Zusammenfassung

In Abschn. 4.3 erfolgte die Entwicklung eines Ansatzes zum systematischen Management von Social Media: dem Social-Media-Zyklus. Dieser Teil des Buches beschreibt in den Kapiteln 5 bis 14 die einzelnen Schritte jeweils im Detail.

Der o. a. oft zitierte Satz von Avinash Kaushik war lange Zeit ein Sinnbild dafür, wie Unternehmen Social Media wahrgenommen haben. Er trifft heute in dieser Form wohl nicht mehr zu, denn Social Media nimmt für die meisten Unternehmen mittlerweile einen wichtigen Platz im Rahmen der Marketingaktivitäten ein. Viele haben bereits umfassende Erfahrungen gesammelt, und es existieren zahlreiche Erfolgsgeschichten rund um Social Media. Dennoch befindet sich eine Vielzahl von – vor allem kleinen und mittelständischen – Unternehmen durchaus noch im **Trial-And-Error-Verfahren**. Dass aber ein systematischer, an strategischen Überlegungen ausgerichteter Social-Media-Ansatz notwendig ist, machte bereits Abschn. 4.1 deutlich. Wie so ein, auch für die Praxis tauglicher, Ansatz aussehen sollte, wurde mit dem Social-Media-Zyklus in Abschn. 4.3 dargelegt. Diese dort aufgeführten zehn Schritte gilt es nun im Detail zu beschreiben. Dabei führt jeder Schritt einleitend eine Reihe von Fragen auf, die sich ein Unternehmen stellen muss.

Doch bevor man in die Details der einzelnen Schritte einsteigt, gibt es in der Regel **übergeordnete Fragen,** die sich die meisten Unternehmen stellen sollten. Babka (2016, S. 29) führt in diesem Zusammenhang eine erste, zentrale Fragestellung auf, die in ähnlicher Form

schon zum Ende des vierten Kapitels angedeutet wurde: Soll das Unternehmen Social Media
aktiv oder passiv betreiben?

Um diese zentrale Frage nach einer aktiven oder passiven Ausrichtung der Social-
Media-Aktivitäten besser beantworten zu können, helfen folgende Fragestellungen (in
Anlehnung an Babka 2016, S. 20–30)[1]:

Fragen

- Bestehen bereits Social-Media-Aktivitäten?
- Wenn ja, waren sie strategisch aufgesetzt? Waren sie erfolgreich?
- Welche internen Erfahrungen mit Social Media gibt es bereits?
- Wer nutzt im Unternehmen Social Media und warum?
- Gibt es Befürworter und Treiber von Social Media?
- Gibt es Bedenkenträger oder gar Gegner von Social Media?
- Welche Chancen und Risiken gibt es in Bezug auf Social Media?
- Was fehlt, um Social Media professionell betreiben zu können?
- Wie sollte das Unternehmen in Bezug auf Social Media aufgestellt sein?
- Kann Social Media einen Beitrag zur Erreichung der Unternehmensziele leisten?
- Wenn ja, welche Unternehmensziele können mit Hilfe von Social Media erreicht
  werden?

Die eigenen Erfahrungen aus der Beratungspraxis zeigen, dass sich Antworten auf diese
Fragen am besten in einem initialen Social-Media-Workshop erarbeiten lassen. Bei
derartigen Workshops sollten alle Bereiche des Unternehmens, die von Social Media
betroffen sind oder werden könnten, eingeladen werden (z. B. Marketing und, falls
nicht im Marketing aufgehängt, Vertrieb, daneben auch Produktmanagement und Unternehmenskommunikation sowie HR, IT, Datenschutz, Rechtsabteilung und Service).

Wie zum Ende von Teil II angedeutet, müssen im Falle einer passiven Social-Media-
Ausrichtung nicht alle Schritte des Social-Media-Zyklus durchlaufen werden. Eine
Beschäftigung mit einem Teil der Schritte ist jedoch unabdingbar und wird in Kap. 16
erläutert.

Literatur

Kaushik A (2009) Tweet OH: Social Media is like teen sex. https://twitter.com/avinash/sta-
    tus/1270289378?lang=de. Zugegriffen: 31.05.2018
Babka S (2016) Social Media für Führungskräfte. Behalten Sie das Steuer in der Hand. Springer
    Gabler, Wiesbaden

---

[1]An dieser Stelle wie auch in den einzelnen nachfolgenden Kapiteln zum Social-Media-Zyklus
werden die Fragen anhand einer Übersicht einleitend zusammengefasst.

Schritt 1: Zuhören

5

Erst zuhören, dann reden.
Olivier Blanchard, Autor „Social Media ROI"
(Blanchard 2012, S. 169).

Zusammenfassung

Die folgenden Ausführungen beschäftigen sich zunächst mit den Grundlagen des Social-Media-Monitorings (Abschn. 5.1), um dann tiefer in die Materie einzusteigen. Steimel et al. (2011, S. 17) weisen darauf hin, dass zwei Bedingungen erfüllt sein müssen, um über Social-Media-Monitoring einen wirklichen Informationszugewinn zu erzielen. Es bedarf …

… einer intelligenten Technik, die zuverlässig hilft, die relevanten Quellen und Beiträge zu den für das Unternehmen relevanten Themen zu sammeln, sowie

… des entsprechenden Know-hows von Spezialisten, um die entsprechenden Tools zu bedienen und die richtigen Schlüsse zu ziehen.

Um dieses Know-how bestmöglich zu nutzen, ist ein strukturiertes Vorgehen notwendig. Aus diesem Grunde beschäftigt sich Abschn. 5.2 mit dem Prozess-Modell des Social-Media-Monitorings, bevor sich Abschn. 5.3 ausführlich den entsprechenden Tools widmet. Die Grenzen von Social-Media-Monitoring zeigt abschließend Abschn. 5.4 auf.

Blanchard (2012, S. 16) trifft es mit dem o. a. kurzen Zitat auf den Punkt: Am Anfang der Managementphase eines Social-Media-Programms muss das Zuhören stehen. Blanchard zufolge sei es entscheidend, so viel wie möglich über seine Umwelt zu wissen, um sie besser zu verstehen, darauf reagieren zu können und sich an sie anzupassen. **Zuhören**

© Springer Fachmedien Wiesbaden GmbH 2019
A. Decker, *Der Social-Media-Zyklus*,
https://doi.org/10.1007/978-3-658-22873-6_5

und Beobachten seien viel wichtiger als Sprechen. Je mehr ein Unternehmen weiß über die Marktbedingungen, den Verbrauchergeschmack, die neuesten Erfolge und Misserfolge seiner Wettbewerber sowie die Gesprächsthemen, die im Social Web kursieren, desto besser könne es seine strategische Position ausrichten. Aufgabe des Unternehmens müsse es folglich sein, zuerst einmal zu lernen, auf was es zu achten gilt (vgl. Blanchard 2012, S. 170–171). Pein (2014, S. 183) geht sogar so weit, dass ein vernünftiges Social-Media-Engagement ohne ein solches Wissen gar nicht möglich sei.

Den sozialen Medien wohnt jedoch – wie schon mehrfach beschrieben – eine enorm hohe Dynamik inne. Tausende von Gigabytes und Posts werden in wenigen Sekunden produziert. Dies demonstrieren Echtzeitanzeigen im Internet (siehe beispielsweise Internetlivestats o. J.) oder auch die vielen Infografiken in den sozialen Medien mit Statistiken, was z. B. innerhalb von sechzig Sekunden im Internet passiert (siehe beispielsweise Ihle 2017). Da sich die Inhalte dieser Infografiken genauso schnell ändern, wie die zugrunde liegenden Verhaltensweisen und Meinungen der Nutzer, macht deutlich, dass Zuhören keine Aufgabe ist, die es nur zu Beginn der Social-Media-Aktivitäten im Rahmen einer sogenannten Nullmessung (also einer erstmaligen Erhebung des Unternehmens zu dem, was sich in den sozialen Medien tut) zu durchlaufen gilt. Vielmehr muss das Zuhören im Rahmen eines systematischen Social-Media-Monitorings zu einer **kontinuierlichen Aufgabe** im Rahmen des Social-Media-Managements werden.

Folglich beschränken sich die nachstehend aufgeführten zentralen Fragen des Social-Media-Monitorings nicht nur auf initial zu beantwortende Inhalte einer Nullmessung, sondern zielen vor allem auf Aspekte des Daily Business ab. Insofern ist das Monitoring im Rahmen des Social-Media-Marketings zunehmend als Querschnittsdisziplin für die unterschiedlichen Abteilungen des Unternehmens anzusehen (in Anlehnung an N:Sight 2015, S. 3). Im Wesentlichen konzentrieren sich die Fragen auf die Ist-Analyse des eigenen Unternehmens sowie die des Marktes und des Wettbewerbs.

Fragen

Ist-Analyse eigenes Unternehmen

- Was und wie häufig wird über unser Unternehmen, unsere Produkte, unseren Service, unsere Protagonisten (z. B. CEO, Geschäftsführer) in den sozialen Medien gesprochen?
- Sind diese Äußerungen eher positiv oder negativ?
- Was sind die Schwierigkeiten?
- Wo sind die Möglichkeiten?
- Wie wird die neue Kampagne von den Zielgruppen aufgenommen?
- Welche Meinungen und Gerüchte, die sich negativ auf die Reputation unseres Unternehmens auswirken könnten, werden im Netz geäußert? Wo werden diese verbreitet?

- Welche Ziele sollen wir mit Social Media bei welchen Zielgruppen verfolgen?
- Was erwartet unsere Zielgruppen von uns?
- Welcher Content spricht die Zielgruppen an?

Markt- und Konkurrenz-Analyse

- Was macht die Konkurrenz? Wie wird über sie gesprochen?
- Wie ist die derzeitige Situation auf dem Markt?
- Gibt es wichtige neue Themen in der Branche? Welche Trends lassen sich erkennen?
- Welche Risiken bestehen?
- Welche Personen werden in der Branche als Experten und Meinungsführer anerkannt?

5.1   Grundlagen von Social-Media-Monitoring

5.1.1   Definition und Abgrenzung

Definition
Ähnlich wie bereits bei den verschiedenen Begriffsklärungen in Abschn. 3.1 stellt sich die Situation hinsichtlich der Definition von Social-Media-Monitoring dar. Es gibt eine Vielzahl von Ansätzen sowie ähnlicher Begriffe, **die teilweise synonym verwendet** werden: Hettler (2010, S. 83) umschreibt es als systematische Beobachtung von interessanten Sachverhalten im Social Web im Rahmen deskriptiver Untersuchungen. Noch prägnanter fasst es Hilker (2012, S. 200) zusammen: „Social Media Monitoring beobachtet die Meinungsbildung im Social Web." Auch wenn aufgrund der Kürze Einiges für diese Definitionen spricht und beide Definitionen wichtige Elemente aufweisen, so lassen sie aus Sicht des Autors zu viel Raum für Interpretation. Eine klare Abgrenzung zu verwandten Begriffen fiele von daher schwer.

Die Definition von Aßmann und Röbbeln (2013, S. 295) hingegen fasst den Begriff weit deutlicher und liefert zudem **Ansatzpunkte für die Abgrenzung** von ähnlichen Begriffen. Da deren Definition einige Gemeinsamkeiten mit der Begriffslegung bei Lange (2012, S. 656) und der Sichtweise bei eTracker (2010) aufweist, soll sie auch hier als gültige Definition fungieren:

▶ „Unter Social Media Monitoring versteht man die Identifikation, Beobachtung und Analyse der von den Nutzern erstellten Inhalte im Internet. Bei der Fülle an Daten im Internet wird der Fokus der Analyse von Marken und Produkten zunächst auf die verschiedenen Social-Media-Plattformen (Facebook, Twitter, Blog, Forum) gelegt."

Abgrenzungen

Wie oben schon angedeutet, gibt es eine ganze Reihe von Begriffen, die oft, aber nicht immer korrekterweise, synonym zu Social-Media-Monitoring verwendet werden. Die von Social-Media-Monitoring abzugrenzenden Begriffe sind:

- Social Listening
- Web Monitoring
- Web Controlling/-Analytics
- Social-Media-Controlling/-Analytics
- Social-Media-Clipping
- Social-Media-Research

Social Listening: Für Viele stellt Social-Media-Monitoring und Social Listening das-selbe dar (stellvertretend für viele Bundesverband Digitale Wirtschaft 2017, S. 7). Andere betrachten die Unterscheidung lediglich als Semantik (vgl. Cuttica 2016). Es gibt einen feinen Unterschied, den Neely (2010) sehr schön auf den Punkt bringt:

> In short: Monitoring sees trees; listening sees the forest.

Anders ausgedrückt bedeutet dies im Sinne von Neely: Das Monitoring schaut auf die einzelnen Posts, die über die verschiedenen Kanäle abgesetzt werden, während das Lis-tening die dahinterliegende Bedeutung und die größeren Zusammenhänge aus diesen Daten herausliest. In diesem Sinne ist Social-Media-Monitoring ein erster Schritt eines umfassenderen Social Listenings. Ähnlich beschreibt es Koethe (2017): Über das Moni-toring sammelt man alle Erwähnungen aus dem Social Web, wie Likes, Posts, Retweets, Shares. Social Listening meint die Analyse, das Gewichten und Auswerten.

Betrachtet man allerdings die o. a. Definition von Social-Media-Monitoring nach Aßmann und Röbbeln (2013, S. 295), so kann man feststellen, dass das Element der Analyse bereits im Monitoring enthalten ist. Selbiges werden die Ausführungen zum Prozess des Social-Media-Monitorings in Abschn. 5.2 zeigen. Vor dem Hintergrund der dargestellten Inhalte und der Tatsache, dass viele der – in Abgrenzung zum Monito-ring – als Social-Listening-Tools bezeichneten Instrumente auch heute noch keine ent-sprechenden Analyse-Elemente mitbringen, sind diese **beiden Begriffe als synonym** zu verstehen. So sieht es beispielsweise auch Falls (2016), der deswegen etwas zynisch vor-schlägt, all das als Social-Media-Intelligence zu bezeichnen.

Web Monitoring: Relativ eindeutig ist die Abgrenzung zum Begriff Web Monitoring. So schreiben bereits Aßmann und Röbbeln (2013, S. 295) in ihrer Definition zu Social-Media-Monitoring, dass es beim Web Monitoring generell um die Erhebung und Ana-lyse von **Daten im gesamten Internet** geht. Ähnlich sieht es Lange (2012, S. 656), für den der Unterschied darin besteht, dass sich das Web Monitoring nicht nur auf die Ana-lyse des User-Generated-Content beschränkt, sondern einen umfassenden Überblick liefert, auf welchen Plattformen und in welchem Kontext das Unternehmen im Internet erscheint. Insofern stellt das Social-Media-Monitoring eine Spezialisierung des Web Monitorings dar.

Web(site) Controlling/Analytics: Nicht zu verwechseln mit dem Web Monitoring sind Web Controlling beziehungsweise Web Analytics. Im Gegensatz zum Web Monitoring setzt das Web Controlling immer **auf der eigenen Website,** also onsite, an. Ziel ist es, Nutzer der eigenen Website und ihr Verhalten aus verschiedenen Blickwinkeln zu analysieren, um diese besser zu verstehen und den Webauftritt entsprechend zu optimieren. Web-Analytics ist wiederum ein Teilbereich von Web Controlling und dient der rein passiven Beobachtung von Website-Besuchern (vgl. eTracker 2010). Mit dem Web Controlling werden vor allem quantitative Daten erhoben, während es sich beim Web Monitoring sowohl um quantitative als auch um qualitative Daten handelt.

Social-Media-Controlling/-Analytics: Die Unterscheidung zwischen Web Monitoring und Web Controlling war deswegen an dieser Stelle hilfreich, da sie unmittelbar die Analogie zu den Unterschieden zwischen Social-Media-Monitoring und Social-Media-Controlling beziehungsweise -Analytics liefert (eine explizite Unterscheidung zwischen Social-Media-Controlling und -Analytics wird bislang nicht vorgenommen). Bezieht sich Social-Media-Monitoring auf die Inhalte aller denkbaren sozialen Medien (also auch auf Blogs, Foren und News-Seiten), fokussiert das Social-Media-Controlling stärker (aber nicht ausschließlich) auf die **unternehmenseigenen Social-Media-Kanäle** und die mit Social-Media verbundene Zielerreichung (vgl. Evertz 2017b). Zudem weisen die durch das Social-Media-Controlling erhobenen Daten **eher quantitativen,** strukturierten Charakter auf, während die Ergebnisse aus dem Monitoring eher qualitativer, unstrukturierter Natur sind (aber auch quantitativ sein können).

Diese Unterscheidung ist von hoher Bedeutung für den Social-Media-Zyklus, begründet sich doch hieraus die Trennung in die zwei Schritte „Zuhören" (Schritt 1) und „Kontrollieren und analysieren" (Schritt 10). Einen Überblick über die wesentlichen Unterschiede dieser beiden Begriffe liefert in Anlehnung an Bundesverband Digitale Wirtschaft (2017) die Tab. 5.1.

Einen umfassenden Überblick zum Thema Social-Media-Analyse liefert später Kap. 14.

Social-Media-Clipping: Nach Lange (2012, S. 656) stellt das Social-Media-Clipping eine Mischung aus Social-Media-Monitoring und Web Monitoring dar, bei dem lediglich ein **komprimierter quantitativer Überblick** der wichtigsten Social-Media-Plattformen gegeben wird, die Inhalte zum eigenen Unternehmen oder dessen Produkte enthalten. Demnach bildet das Social-Media-Clipping einen Teilbereich des Social-Media-Monitorings ab.

Tab. 5.1 Abgrenzung der Begrifflichkeiten Social-Media-Monitoring und –Analytics. (Quelle: in Anlehnung an Bundesverband Digitale Wirtschaft (2017, S. 7)

Begrifflichkeiten	Methodik	Metriken
Social-Media-Monitoring	• Grundlage: unstrukturierte, öffentliche Daten in Form von Textbeiträgen und immer häufiger auch Fotos und Videos • Beobachtung, Aggregation und Auswertung von Nutzerbeiträgen auf Social-Media-Plattformen • Quantitative und qualitative Analyse der Daten zu Marken/Themen oder Produkten	• Textbeitrag • URL • Domain • Zeitstempel • Quellentyp • Autorenname • Tonalität/Sentiment • Metadaten wie z. B. Relevanzfaktoren
Social-Media-Analytics	• Erhebung von (häufig nur öffentlichen) Verhaltensdaten auf Social-Media-Profilen bei Facebook, YouTube, Twitter oder Instagram und Co. • Aggregation der Daten über API (Schnittstelle) der Plattformen • Click-Stream-Analysen	• Likes, Shares, Kommentare • Reichweite/Impressions • Views • Fans/Follower • Anzahl Nutzerbeiträge

Social-Media-Research: Vielfach wird postuliert, dass über das Social-Media-Monitoring nun auch Marktforschung betrieben werden kann. Dies ist vor dem Hintergrund der o. a. Zusammenhänge vollkommen richtig. Damit lässt es sich jedoch nicht mit dem Begriff Social-Media-Research gleichsetzen. Hofmann (2014, S. 162) zeigt die wesentlichen Unterschiede auf: Während das Social-Media-Monitoring kontinuierlich und weitgehend unspezifisch ist, baut Social-Media-Research immer auf einer **gezielten Fragestellung** auf und bedient sich der Methoden der klassischen Markt- und Sozialforschung. Social-Media-Research-Prozesse orientieren sich demnach im Ablauf an den Schritten der empirischen Sozialforschung.

5.1.2 Aufgaben und Einsatzfelder des Social-Media-Monitorings

Teilweise lassen sich die Aufgaben und Ziele des Social-Media-Monitorings schon aus den unter Kap. 5 einleitend angeführten zentralen Fragestellungen ableiten. Dennoch gehen die **Notwendigkeiten und Möglichkeiten** eines solchen Ansatzes **sehr viel weiter.** Zunächst einmal sind Hofmann (2014, S. 161) folgend Social-Media-Inhalte für Unternehmen aus vier Gründen relevant, die sich so auch aus den Eigenschaften von Social Media (Bezug dazu in Klammern bei den vier Punkten; siehe auch Abschn. 3.1) ableiten lassen (ähnlich Butler 2016):

1. Die **große Masse an Informationen,** die als User-Generated-Content von jedermann verfasst werden kann und zugleich eine Vielzahl von Perspektiven offeriert (globale Reichweite und Skalierbarkeit).
2. Die **Relevanz der Informationen** für die Zielgruppe, da den Inhalten hohe Vertrauenswürdigkeit beigemessen wird. Zudem zeichnen sich die Informationen durch eine hohe Ehrlichkeit und geringe Verzerrungen aus (Pull Medium).
3. Die Informationen und Beiträge entstehen und **verbreiten sich sehr schnell,** was durch die zunehmende mobile Nutzung noch weiter gefördert wird. Eine Erforschung der Meinungen in Echtzeit wird ermöglicht (Aktualität und Schnelligkeit).
4. Die Beiträge sind **jederzeit und überall verfügbar** (Zugänglichkeit).

Aufbauend auf diesen Erkenntnissen lassen sich in der Literatur und in der Praxis eine Vielzahl von Aufzählungen finden, zu welchen Zwecken Social-Media-Monitoring dienen kann. Eine umfassende Übersicht liefert der Bundesverband Digitale Wirtschaft (2017, S. 15), die in Abb. 5.1 zu sehen ist.

Wie man aus Abb. 5.1 entnehmen kann, kommt, analog zur Definition von Social Media in Abschn. 3.1, das Social-Media-Monitoring ebenfalls unternehmensweit zum Einsatz. In Anlehnung und Weiterführung an die Vielzahl der in Abb. 5.1 dargestellten Einsatzfelder werden im Folgenden einige in der Literatur und Praxis besonders häufig genannten Aufgaben und Möglichkeiten näher vorgestellt (in Anlehnung an Bartels 2016; Bundesverband Digitale Wirtschaft 2017; Hilker 2012, S. 201; Hofmann 2014, S. 161; Pein 2014, S. 188–192; Ryan 2015, S. 66–67; Steimel et al. 2011, S. 23–24; Sterne 2011, S. 32–36; Weinberg und Pahrmann 2012, S. 48). Die Einsatzfelder sind nicht vollkommen überschneidungsfrei.

Nullmessung

Pein (2014, S. 189) erläutert, dass eine Nullmessung als **Bestandsaufnahme** der Diskussionen, Meinungen und Schauplätze im Social Web eine **notwendige Wissensgrundlage** für den Aufbau einer Social-Media-Strategie darstellt. Auf dieser Basis lassen sich Zielgruppen sowie Ziele in Bezug auf die jeweiligen Zielgruppen identifizieren, sowie Erkenntnisse gewinnen, auf welchen Plattformen sich die Zielgruppen bewegen. Auch Grabs et al. (2017, S. 132) weisen auf diese Notwendigkeit hin. Sie bezeichnen diesen Schritt als Social-Media-Audit (ähnlich Amos 2017).

Man unterscheidet in **externes und internes Social-Media-Audit.** Mit dem externen Audit werden die Social-Media-Aktivitäten der Konkurrenz, die Meinungen der eigenen Kunden und Stakeholder sowie das Stimmungsbild zu den eigenen Marken untersucht. Falls existent, analysiert man die eigenen Social-Media-Präsenzen. Das interne Audit fokussiert hingegen auf die Gegebenheiten und Voraussetzungen für Social Media im eigenen Unternehmen mit Fragen wie: Welche Erfahrungen wurden schon gemacht? Wo besteht Handlungsbedarf? Wer arbeitet wo mit wem im Unternehmen bereits zusammen? Diese Informationen lassen sich einfach über Befragungen der Mitarbeiter erfassen (vgl. dazu ausführlich Grabs et al. 2017, S. 101–105).

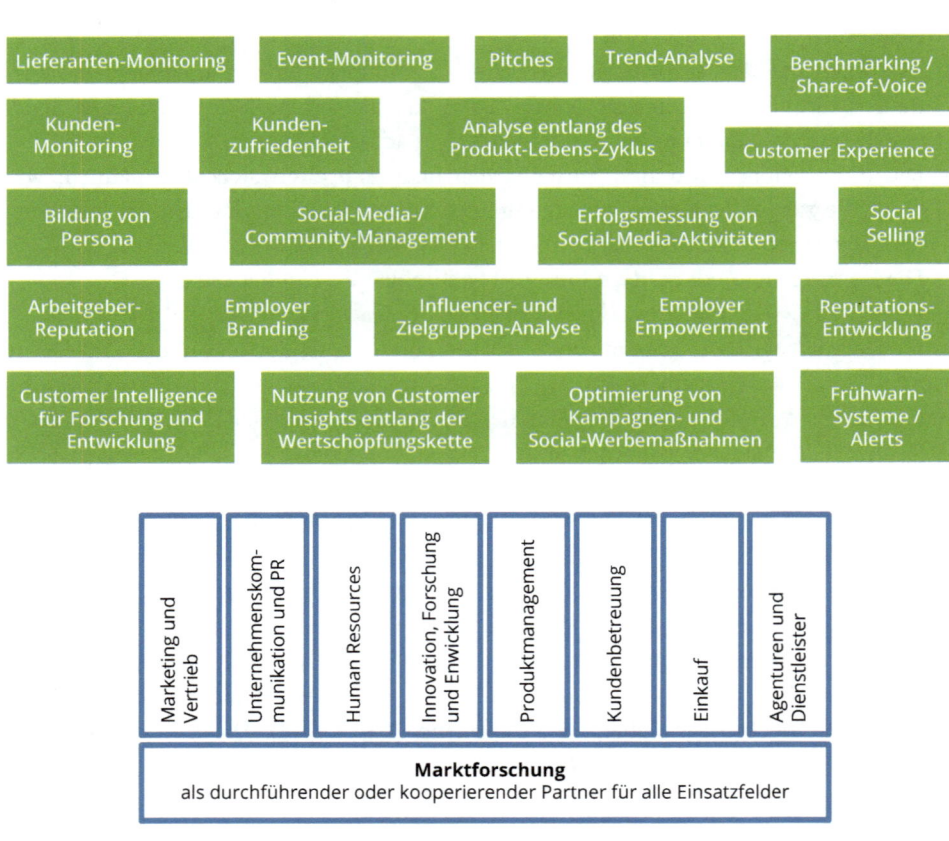

ABTEILUNGEN / FUNKTIONEN

Abb. 5.1 Einsatzfelder von Social-Media-Monitoring. (Quelle: eigene Darstellung in Anlehnung an Bundesverband Digitale Wirtschaft 2017, S. 15)

Zielgruppen-Analyse

Ist eine erstmalige Nullmessung durchgeführt worden, gilt es, seine mit Social-Media anvisierten Zielgruppen kontinuierlich zu beobachten. Eine der wesentlichen Fragen zu Beginn von Kap. 5 war, was wie häufig über das Unternehmen, seine Produkte oder den Service in den sozialen Medien gesprochen wird. Bartels (2016) weist darauf hin, dass Nutzer im Social Web oftmals sehr detailliert ihre Erfahrungen mitteilen. Diese Beiträge liefern wertvolle Erkenntnisse, wie die eigenen Marken, Kampagnen und bestimmte Produktdetails wahrgenommen werden. Daraus ergibt sich ein **Gesamtbild der Stimmung** im Social Web, auf dessen Grundlage sich fortan fundierte Entscheidungen treffen lassen.

Das Beispiel im Servicelink 5.1 zeigt, wie die University of Cambridge Social-Media-Monitoring nutzt, um die zahlreichen relevanten Beiträge in den über 260 verschiedenen

Accounts der akademischen Programme zu identifizieren. Auf diese Weise ist es den Verantwortlichen möglich, systematisch in den Dialog mit den Studierenden einzusteigen und die Beziehungen zu diesen zu pflegen.

Servicelink 5.1	
Servicelink zum YouTube Video zur Nutzung von Social-Media-Monitoring an der University of Cambridge: https://www.youtube.com/watch?v=S1x0wZFVx5Y	

Neben dieser eher reaktiven Vorgehensweise gilt es überdies zu analysieren, wie Zielgruppen auf die Unternehmens-Botschaften **direkt reagieren.** Eine der wichtigsten Aktivitäten in Social Media ist die Interaktion mit den Zielgruppen. Insofern muss das Social-Media-Monitoring auch Aufschluss darüber geben, ob die Zielgruppe die Botschaften des Unternehmens wahrnimmt, sie mag und selbst darauf reagiert: Welche Reaktionen, Stimmungen und Emotionen lösen die Kampagnen oder neue Produkte des Unternehmens aus?

Dass das Monitoring mehr als nur zur Überprüfung einer Kampagne dienen kann, zeigt das Beispiel des polnischen Pizzakuriers Da Grasso. Die über das Monitoring gesammelten Daten nutzte das Unternehmen für eine Guerilla-Marketing-Kampagne: Der Pizzakurier lieferte in der Kampagne Pizzen an hungrige Facebook-Nutzer aus. Im Servicelink 5.2 gelangt man direkt auf das dazugehörige YouTube Video.

Servicelink 5.2	
Servicelink zum YouTube Video zur Guerilla-Marketing-Kampagne Pizza giveaway! von Da Grasso: https://www.youtube.com/watch?v=DViwoKVvx88	

Trendanalyse

Über kontinuierliches und systematisches Social-Media-Monitoring ist es möglich, frühzeitig **aufkommende Trends zu identifizieren.** Was sind die Themen in der Branche und welche Inhalte werden besonders heiß diskutiert? Lässt sich daraus auch für das eigene Unternehmen Kapital schlagen? Dieses Wissen lässt sich vielleicht über eine innovative Kampagne zu einem Wettbewerbsvorteil ummünzen, zumindest liefert es aber Ansatzpunkte für die Planung der Social-Media-Inhalte (siehe dazu ausführlich Kap. 11).

Wie Unternehmen, die 2016 schon früh den aufkommenden Trend zu Pokemon Go erkannten, dies erfolgreich für ihr Unternehmen zu nutzen wussten, zeigen die Beispiele in Abb. 5.2.

Beispiel 1 in Abb. 5.2 zeigt eine Pizzeria in Buffalo, USA, die früh mit einem großen Reklameschild darauf hinwies, dass man zwei Pokestops vom Restaurant aus erreiche und lockte so eine Menge Kunden an. Beispiel 2 bezieht sich ebenfalls auf Location-Based-Marketing: Hier versucht ein Handygeschäft recht provokativ mit der Anspielung auf Pokemon Go neue Smartphones zu verkaufen. Beispiel 3 verdeutlicht, dass man den Trend nicht nur im lokalen Marketing nutzen konnte: Amazon erkannte früh die Problematik, dass der Akku während des Spiel äußerst schnell leer wird und außerhalb des Hauses nicht so einfach aufgeladen werden kann. Der Internethandelsriese reagierte raffiniert

Abb. 5.2 Kreative Beispiele zur Nutzung des Hypes um Pokemon Go. (Quelle: Langfellner 2016)

und bewarb Powerbanks mit dem Hashtag „PokemonGO" auf Twitter. Das Reiseangebotsportal Travador versuchte über einen Post auf seiner Facebook-Seite (siehe Beispiel 4 in Abb. 5.2) die Suche nach Pokemons geschickt mit Reisen zu verbinden: „[…] Die passende Reise zu jedem Pokémon nur auf www.travador.com #PokemonGO".

Qualitätssicherung, Produktoptimierungen und Innovationen
Social-Media-Monitoring macht nicht nur transparent, welche potenziellen Trends aufkommen könnten, oder wie Kunden über die Produkte eines Unternehmens denken. Aus der Beobachtung der sozialen Medien lassen sich viele **Hinweise für neue Produkte oder Produktverbesserungen** gewinnen. Das gesammelte Feedback dient damit auf der einen Seite der Qualitätssicherung, auf der anderen Seite zur Optimierung der eigenen Produktpalette.

Das Fallbeispiel 1 des Bundesverbandes Digitale Wirtschaft (2017, S. 30–31) demonstriert, wie sich derartige Erkenntnisse auf Basis eines Social-Media-Monitorings von Lebensmittel-Foren identifizieren ließen.

Fallbeispiel 1: Social-Media-Monitoring des Bundesverbandes Digitale Wirtschaft für einen Lebensmittelhersteller (Quelle: Bundesverband Digitale Wirtschaft 2017, S. 30–31):

Herausforderung

- Entwicklung einer neuen Joghurtsorte.
- Konsumenten mit neuen Rezepturen und Kreationen für Joghurt überraschen.
- Identifizieren, welche Zutaten und Zubereitungsarten gerade angesagt sind und das größte Potenzial bergen, um sich auf dem Markt durchzusetzen.

Vorgehensweise

- Basishypothese: Joghurtbegeisterte Konsumenten entwickeln selbst Rezepturen oder fragen im Internet um Rat, wenn sie keine für sich geeigneten Produkte im Supermarkt finden.
- Suchanfragen in Foren, Blogs und Fotoplattformen zu Lebensmitteln: Konzentration auf Inhalte, die sich mit der Eigenherstellung von Joghurt beschäftigten, um zu verstehen, welche Kundenbedürfnisse durch das bisherige Angebot noch nicht befriedigt wurden.
- Datenbereinigung: Herausfiltern von Beiträgen, die entweder Fragen zur Zubereitung eines Joghurts oder Erläuterungen beziehungsweise Begründungen für die Entwicklung einer Rezeptur enthielten.
- Analyse: Bildung übergreifender Themencluster, wie z. B. Abnehmen oder Kinder; Auswertung der Beiträge innerhalb eines Clusters anhand eines Analyseschemas.

Ergebnisse

- In Foren:
  - In Bezug auf Joghurt gibt es noch einige ungelöste Probleme und auch eine gewisse Unsicherheit.
  - Ableitung zahlreicher Insights auf Basis des Analyseschemas (siehe Beispiele in Abb. 5.3).
- In den Blogs und auf Fotoplattformen fanden sich hingegen vor allem Präsentationen eigener Joghurt-Kreationen mit Fotos und Rezepten.
- Die so erarbeiteten Insights flossen in den Ideengenerierungsprozess des Lebensmittelherstellers ein und halfen, die anschließende Produktentwicklungsarbeit an den Konzepten deutlich zu verkürzen und somit kosteneffektiver zu gestalten.

Kundenservice

Auch wenn es von vielen Unternehmen so noch nicht explizit vorgesehen sein mag: Mehr und mehr Kunden greifen bei Fragen und Problemen auf die sozialen Medien zurück. Eine Umfrage durch Oracle belegt, dass weltweit bis zu 43 % der Kunden über Social Media direkt mit Marken kommunizieren, weil sie nach einer schnellen Antwort für ein Problem oder eine Frage suchen (Koethe 2017). Däppen (2016) behauptet sogar, dass bei vielen Unternehmen das Social-Media-Team bereits mehr Supportanfragen beantwortet als das Hotline Team.

Diese Entwicklung bedeutet auf der einen Seite für Unternehmen eine Riesenchance. Auf der anderen Seite ist damit, in Anbetracht der Erwartungshaltung der Connected-Customers (siehe „Ich-Sofort-Alles-Überall-Prinzip" in Abschn. 2.1), auch ein immenser

Abb. 5.3 Zwei Beispiele für Insights aus dem Praxis-Case des BVDW aufgeteilt nach dem Analyseschema Wahrheit – Bedürfnis – Spannungsfeld. (Quelle: eigene Darstellung in Anlehnung an Bundesverband Digitale Wirtschaft 2017, S. 31)

Druck verbunden: Auf Twitter erwarten beispielsweise sechzig Prozent der Kunden, dass Marken auf Ihren Kommentar innerhalb einer Stunde antworten (vgl. Koethe 2017).

Um den Kunden helfen zu können, so Pein (2014, S. 189), müssen Unternehmen die Anfragen erst einmal finden. Dies mag bei den eigenen Social-Media-Kanälen noch vergleichsweise einfach sein. Um jedoch Probleme, die auf unternehmensfremden Foren und Blogs gepostet werden, zu identifizieren, braucht es in der Regel ein systematisches Social-Media-Monitoring. Dies bildet dann die Grundlage für einen proaktiven Kundenservice im Netz und überrascht viele Nutzer äußerst positiv. Hier sei als Best Practice das Fallbeispiel 2 der Lufthansa USA zu nennen.

Fallbeispiel 2: Lufthansa USA (Quelle: Decker 2016, S. 84)

Die Airline kombinierte als eines der ersten Unternehmen externes Social-Media-Monitoring mit hervorragendem öffentlichen Service über die sozialen Medien. Während des Pilotenstreiks 2009/2010 in den USA suchte das Team auf Twitter, Facebook und Flyertalk aktiv nach verunsicherten Gästen – um ihnen dann ein individuelles Info-Update zuzuschicken: „Lieber Herr X – Sie schaffen es nach Seattle" war ein typischer Tweet, ebenso „Liebe Frau Y, Ihr Flug fällt tatsächlich aus… dürfen wir sie auf United umbuchen?" Als Resultat auf diesen „gelebten Service" erntete Lufthansa USA Zehntausende von Dankensbezeugungen zufriedener Kunden, die sich erstklassig informiert und wie VIPs behandelt fühlten – sowie einen nicht unerheblichen positiven Schub der Imagedimension „Premiumservice".

Gerade, wenn ein Unternehmen sich an einer Diskussion beteiligt, obwohl es selber gar nicht betroffen war, besteht die Chance sich als Experte zu positionieren (vgl. Maier 2014a; Pein 2014, S. 189). Allerdings muss für solche Fälle definiert werden, wie vorzugehen ist, da ein Eingreifen vonseiten eines Unternehmens mit der angemessenen Transparenz und richtigen Ansprache erfolgen muss (vgl. Maier 2014b).

Vertiefende Aspekte, die es im Rahmen des Kundenservices via Social Media zu bedenken gibt, behandelt Kap. 12.

Krisenprävention

Krisenprävention und das damit verbundene Issue und Reputation Management zählen wohl zu den **wichtigsten Einsatzfeldern von Social-Media-Monitoring** (vgl. beispielsweise Ryan 2015, S. 67). Ziel ist es, sich häufende negative Stimmen über das Unternehmen rasch zu erkennen, Brandherde zu löschen und sogenannte Shitstorms zu verhindern. Social-Media-Monitoring nimmt dann die Funktion eines **Frühwarnsystems** ein und lässt etwaige Krisenherde und -themen in Real Time erkennen. Dabei kann es sich um Probleme mit einem Produkt handeln (siehe dazu später noch den Case von O2 – Wir sind Einzelfall!), um negativ aufgefasste Kampagnen (siehe Case zu Schlecker), als schlecht empfundenen Kundenservice (siehe Case Dell Hell), falsche Verhaltensweisen von Mitarbeitern (siehe Case von Domino Pizza) oder – sehr häufig – um Compliance- oder Corporate-Social-Responsibility-Themen (siehe Case von

Nestlé – KitKat/Palmöl). Hintergründe zu den hier aufgeführten Cases können anhand des Servicelinks 5.3 vertieft werden. Die hier angeführten Cases werden im Rahmen von Abschn. 13.1.2 näher beschrieben.

Servicelink 5.3	
Servicelink 5.3a zum Case „O2 – Wir sind Einzelfall!": https://t3n.de/news/einzelfall-o2-ubt-kundennahe-telekom-hame-347716/ Servicelink 5.3b zum Case „Schlecker – For You. For Ort": https://scilogs.spektrum.de/sprachlog/for-you-verbohrt/ Servicelink 5.3c zum Case „Dell Hell": https://webcommunitymarketing.wordpress.com/2011/02/20/die-vier-grossten-social-media-disaster/ Servicelink 5.3d zum Case „Domino Pizza": https://ethority.de/weblog/2009/04/16/popel-auf-der-pizza-dominos-social-media-krise/ Servicelink 5.3e zum Case „Nestlé – KitKat mit Palmöl": https://webcommunitymarketing.wordpress.com/2011/02/24/die-vier-grossten-social-media-disaster-2-von-4-kitkat/	

Um auf potenzielle Krisen schnell reagieren zu können, spielen „Alerts" oder „Issue Filter" eine wichtige Rolle. Hierbei handelt es sich um in den Social-Media-Monitoring-Tools hinterlegte Schlüsselbegriffe („Keywords"), bei deren Auftauchen in den sozialen Medien die zuvor definierten Verantwortlichen via Push-Nachrichten direkt über Gefahren in Kenntnis gesetzt werden. Das Beispiel in Abb. 5.4 zeigt die einfache Einrichtung eines solchen Alerts über das Tool Talkwalker.

Ergänzend kommen sogenannte **„Sentiment-Analysen"** zum Zuge: Hier wird versucht, die Tonalität, die unterliegende Stimmung von Posts zu ermitteln. Sie ergründen die in einem Online-Treffer ausgedrückten Ansichten und Emotionen (vgl. Bannister 2015; Gupta 2018). Werkzeuge für Text-Mining oder Text-Analyse versuchen mithilfe statistischer und linguistischer Verfahren zu ermitteln, ob Posts positiv, negativ oder neutral sind. Durch Analysen im Zeitverlauf kann frühzeitig abgeleitet werden, ob und wann sich das Stimmungsbild ins Negative wandelt und ob Gegenmaßnahmen ergriffen werden sollten. In Abb. 5.5 sieht man den Verlauf eines hypothetischen Unternehmens, bei dem speziell am 21. Juli ein enormer Anstieg an negativen Posts zu vermerken war.

Weitere Aspekte, die es über das Social-Media-Monitoring im Rahmen der Krisenprävention und des -managements zu beachten gibt, behandelt ausführlich Kap. 13.

Identifikation von Fürsprechern und Gegnern
Unter den in Abschn. 4.2.5 vorgestellten Praxisleitfäden zur Entwicklung einer Social-Media-Strategie beinhaltete einzig der Ansatz von Webpixelkonsum (2017) einen Schritt „Influencer finden". Hierbei handelt es sich nach Auffassung des Autors zwar

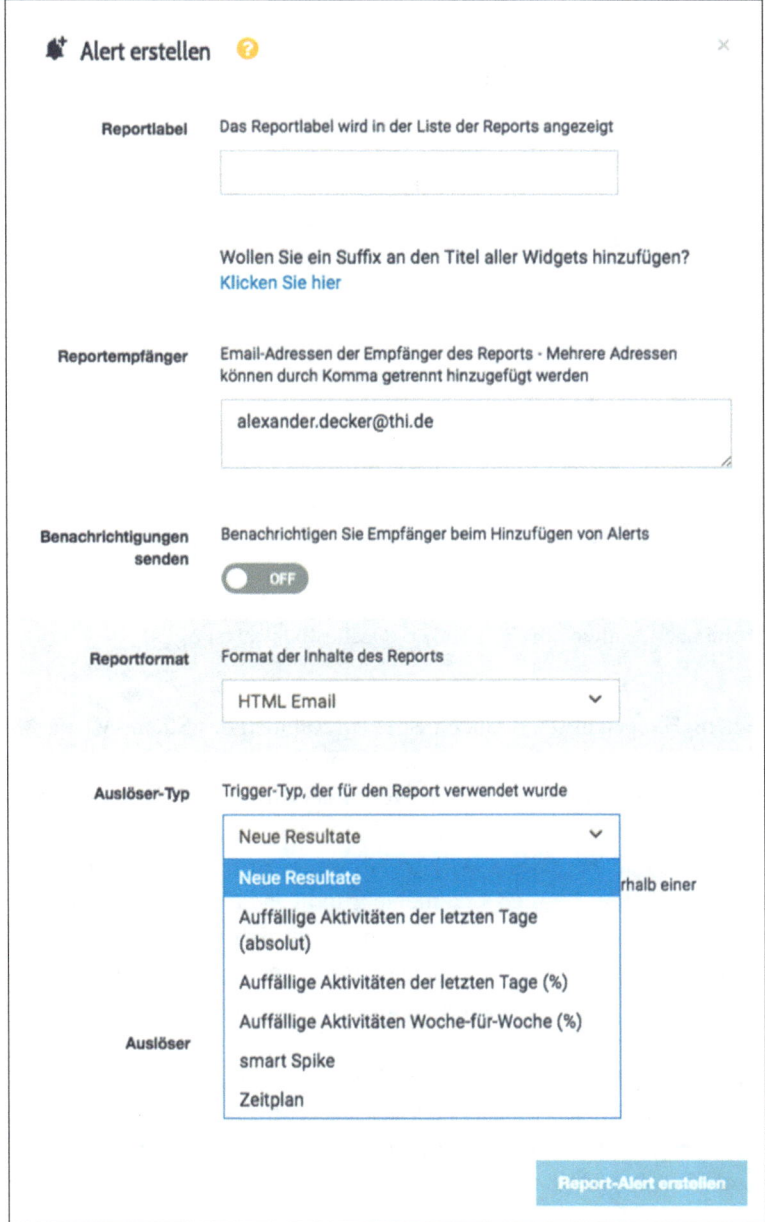

Abb. 5.4 Einrichten eines Alerts über Talkwalker. (Quelle: Talkwalker o. J.a)

Abb. 5.5 Sentiment-Analyse über Talkwalker. (Quelle: Talkwalker o. J.a)

nicht um einen „Hauptschritt", dennoch ist es im Rahmen des Social-Media-Monitorings wichtig, die „Influencer", also Meinungsführer, zu identifizieren und kennenzulernen.

Influencer im Sinne professioneller Meinungsführer[1] (im Folgenden kurz Influencer) sind Personen, die über hohe Reichweiten verfügen und eine hohe Glaubwürdigkeit besitzen. Sie erzielen enorme Wirkungen, wenn sie ihre Ansichten in den sozialen Medien publizieren, ihre Beiträge sind meinungsprägend (vgl. Kolo und Borgstedt 2015, S. 7). Meist sind dies Journalisten oder Blogger (vgl. Adenion 2015, S. 3), die mit ihrer Tätigkeit Geld verdienen. Je nach Themengebiet können Influencer aber auch Aktivisten, Analysten, Investoren, bekannte Sportler, Prominente, Buchautoren oder Experten für bestimmte Themengebiete sein (vgl. Adenion 2015, S. 13; Oettinger 2016).

Influencer können einen entscheidenden Einfluss auf die Bekanntheit von Produkten und Marken, die Reputation von Unternehmen und auf Kaufentscheidungen ausüben. Sie sind daher ein Faktor, der in die Social-Media-Strategie eines Unternehmens einbezogen werden muss. Wer die relevanten Meinungsführer sind und ob sie als Fürsprecher oder Kontrahenten einzustufen sind, können Unternehmen mit Social-Media-Monitoring herausfinden. In beiden Fällen – Fürsprechern wie „Gegnern" – hilft es weiter, die geeigneten Themen, Meinungen und Ansatzpunkte für eine Ansprache der Influencer zu identifizieren:

---

[1]Synonym werden oft auch die Begriffe Beeinflusser, Opinion-Leader, Multiplikatoren oder Meinungsmacher verwendet.

Was sagen sie über das Unternehmen? Auf welchen Plattformen sind sie aktiv? Welche Historie haben sie in Bezug auf das Unternehmen? Wer ist mit wem verbunden? Social-Media-Monitoring kann zudem dabei helfen, zuvor unbekannte Schlüsselwörter aufzudecken, die häufig im Zusammenhang mit der Marke des Unternehmens genannt werden.

Im Rahmen eines **systematischen Influencer-Marketing-Ansatzes** gilt es dann, zu den positiv gesonnenen Meinungsführern langfristige Beziehungen aufzubauen und deren Multiplikator-Effekt möglichst gut zu nutzen. Aber auch mit den Multiplikatoren mit negativer Einstellung gegenüber dem Unternehmen sollte man in Kontakt treten und vorsichtig versuchen, die Beziehungen zu ihnen in positive Bahnen zu lenken. Diese Aspekte werden an dieser Stelle nicht vertieft, stattdessen können dem speziellen Flipboard des Autors (Servicelink 5.4) ein umfassender Einblick über Vorgehensweisen sowie aktuelle Entwicklungen zum Influencer-Marketing entnommen werden. Dort ist auch ein Link zu einem Video von Radian6 zu finden, das zeigt, welche Informationen Social-Media-Monitoring über Influencer zur Verfügung stellen kann.

Servicelink 5.4

Servicelink 5.4a zum Influencer-Marketing-Flipboard des Autors:
https://flipboard.com/@alexanderdecker/influencer-marketing-tk1sg5d0y

Servicelink 5.4b zum YouTube Video von Radian 6 über das Tracking und Engaging mit Influencern:
https://www.youtube.com/watch?v=LjV56SIyKZY

Viele Beiträge aus der Literatur und Praxis führen auch Kunden als potenzielle Influencer auf (vgl. beispielsweise Adenion 2015, S. 13). Dieser Auffassung wird an dieser Stelle nicht gefolgt. Vielmehr stellen Kunden, die sich besonders positiv über ein Unternehmen äußern und zudem – ähnlich wie bei den Influencern – über eine gewisse Reichweite in den sozialen Medien verfügen, eine interessante separate Zielgruppe für das Social-Media-Marketing dar, sogenannte **„Markenbotschafter" beziehungsweise „Brand Advocates".** Der Hauptunterschied zwischen dieser Personengruppe und den Influencern liegt in der Tatsache, dass die Markenbotschafter ihre positiven Beiträge und Kommentare aus freien Stücken, also unentgeltlich machen. Aus diesem Grunde sind im Management dieser Personengruppen andere Aktivitäten vonseiten des Unternehmens nötig.

Anhaltspunkte zur Identifikation der Markenbotschafter liefert ebenfalls das Social-Media-Monitoring: Wer postet über das Unternehmen regelmäßig positiv über welche Kanäle? Wer beantwortet für das Unternehmen Kundenanfragen? Was sind die Erwartungen und Bedürfnisse dieser Personengruppen? Einen Eindruck, wie Social-Media-Monitoring helfen kann, Brand Advocates zu identifizieren und welche Informationen über sie mithilfe von Tools generiert werden können, vermittelt ein weiteres Radian6-Video, das über den Servicelink 5.5 abgerufen werden kann.

Servicelink 5.5	
Servicelink zum YouTube Video von Radian 6 über die Identifikation von Markenbotschaftern: https://www.youtube.com/watch?v=fOTbqRgL3s8	

Welche Möglichkeiten im Detail bestehen, um die Beziehung zu Markenbotschaftern zu vertiefen, ist Bestandteil von Kap. 12.

Wettbewerbsbeobachtung
Als letztes, aber ebenfalls sehr wichtiges Einsatzfeld des Social-Media-Monitorings sei die Wettbewerbsbeobachtung genannt. Dabei kann laut Pein (2014, S. 191) die gleiche Systematik zur Anwendung kommen, die ein Unternehmen im Rahmen seiner eigenen Ist-Analyse verwendet. Ein **Benchmarking der Aktivitäten der Konkurrenz** mit den eigenen Aktivitäten liefert wertvolle Hinweise über die jeweiligen Stärken und Schwächen. Zudem erfährt man so mehr über die wahrgenommene Positionierung der Unternehmungen aus der Sicht der Kunden.

Der Servicelink 5.6 enthält ein Video, das zeigt, wie einfach die Ersteinrichtung einer solchen Wettbewerbsbeobachtung über die entsprechenden Tools sein kann.

Servicelink 5.6	
Servicelink zum YouTube Video von BuzzSumo über das Tracking von Content Marketing der Wettbewerber: https://www.youtube.com/watch?v=gu5KT51699g	

An dieser Stelle sei darauf hingewiesen, dass sich ein systematisches Social-Media-Monitoring deutlich komplexer darstellt, als einleitend in den Videos gezeigt. Aus diesem Grunde demonstriert der nächste Abschnitt ein Prozess-Modell, mit dem ein systematisches Social-Media-Monitoring aufgebaut werden kann.

5.2   Prozess-Modell des Social-Media-Monitorings

In Bezug auf das Vorgehen zum Social-Media-Monitoring gibt es in Literatur und Praxis verschiedene Modelle, die sich inhaltlich weitgehend ähneln. An dieser Stelle folgt der Autor dem Ansatz des Bundesverband Digitale Wirtschaft (2017, S. 11–13). Dieser ist zum einen aktuell, zum anderen stellt der Ansatz den besten gemeinsamen Nenner im Vergleich zu den anderen Modellen dar (vgl. beispielsweise Pein 2014, S. 184–188; Ryan 2015, S. 68–69; Steimel et al. 2011, S. 21–22).

Das **Prozess-Modell des Bundesverband Digitale Wirtschaft** (2017, S. 11) umfasst fünf Schritte, die im Überblick der Abb. 5.6 zu entnehmen sind. Im Unterschied zur Originalabbildung wurden die einzelnen Phasen in Abb. 5.6 in einem Kreislauf dargestellt. So trägt der Autor der Tatsache Rechnung, dass es sich beim Social-Media-Monitoring um einen kontinuierlichen Prozess handelt.

Auf die einzelnen Phasen wird – auch unter Rückgriff auf weitere Quellen – im Folgenden näher eingegangen.

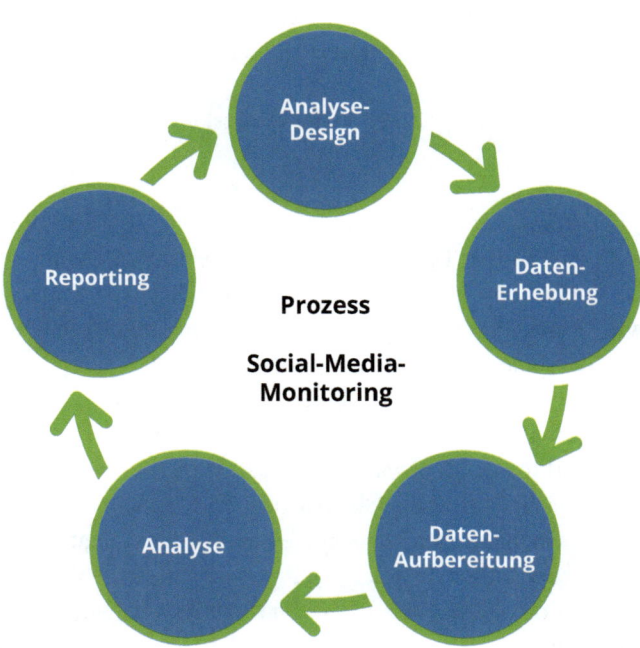

Abb. 5.6 Prozess-Modell des Social-Media-Monitorings. (Quelle: eigene Darstellung in Anlehnung an Bundesverband Digitale Wirtschaft 2017, S. 11)

5.2.1 Analyse-Design

Ähnlich, wie sich die gesamte Social-Media-Strategie **an den Unternehmens- und Marketingzielen orientieren** sollte, so sind auch die Ziele, die mit dem Monitoring verfolgt werden, daraus abzuleiten. Zwar besteht das Hauptziel darin, herauszufinden, wo, wann und vor allem wie über das Unternehmen beziehungsweise die Konkurrenz gesprochen wird. Je nach genereller Zielsetzung lassen sich aber unterschiedliche Aufgaben konkretisieren, die sich an den in Abschn. 5.1.2 dargelegten Einsatzfeldern orientieren. Ausgehend von diesen Erkenntniszielen des Monitorings sind die zu beobachtenden Themen festzulegen.

Die zum Monitoring notwendigen Tools funktionieren, ähnlich wie Suchmaschinen, fast alle über die Eingabe von Keywords (vgl. Grabs et al. 2017, S. 134; für Keywords analog verwendete Begriffe sind in diesem Zusammenhang: Suchterme oder -wörter, Schlüsselwörter oder –begriffe). Auf Basis der eingegebenen Schlüsselbegriffe durchforstet das jeweilige Tool mithilfe von sogenannten Crawlern automatisch die zuvor festgelegten Blogs, Foren, sozialen Netzwerke (im engeren Sinne) oder Bewertungsplattformen. Als Ergebnis werden die auf die Suchterme passenden Beiträge ausgegeben. So banal es klingen mag: **Keywords sind hier mit Bedacht zu wählen,** da es ansonsten, aufgrund der riesigen Informationsmenge in den sozialen Medien, zu übermäßig vielen irrelevanten Resultaten kommt. Dies zeigt das Fallbeispiel 3 der THI Business School.

Fallbeispiel 3: Social-Media-Monitoring an der THI Business School (Quelle: eigene Erfahrung)

Im Rahmen der Veranstaltung „Digital Marketing" im Masterstudiengang *Marketing/Vertrieb/Medien* an der THI Business School bekamen die Studierenden durch den Autor die Aufgabe, möglichst viel über die Social-Media-Strategie von FMCG-Konzernen wie Nestlé, Procter & Gamble und Co. herauszufinden. Basis sollte eine umfassende Analyse eines Social-Media-Monitorings sein.

Einleitend zeigte der Autor den Studierenden anhand von „Zalando", wie sich Suchabfragen in einem Monitoring-Tool einrichten lassen. Das Beispiel Zalando war in diesem Fall bewusst gewählt, ist doch der Unternehmensname ein vergleichsweise einzigartiger Begriff. Obwohl den Studierenden zuvor die Wichtigkeit von kombinierten Suchabfragen, verschiedenen Wortkombinationen und Kontextzusammenhängen verdeutlicht worden war, versuchten sie zunächst, auf Basis einfachster Abfragen Ergebnisse zu erhalten. Dies stellte bei Unternehmen wie Nestlé und Procter & Gamble keine großen Probleme dar. Allerdings erkannten die Gruppen, die Kraft und Coca-Cola zu analysieren hatten, schnell, wie wenig sinnvoll die Suche nach dem Keyword „Cola" oder dem Konzernnamen Kraft war: Im Falle von „Cola" fanden die Studierende abertausende Posts darüber, dass jemand zum Essen eine Cola trank. Noch überraschter waren sie allerdings bei der Eingabe des Suchbegriffes „Kraft". Anstelle – wie von ihnen vermutet – schnell einen Überblick über die relevanten Ereignisse rund um den Lebensmittelkonzern zu erhalten, ergab die Suche alle möglichen Ergebnisse, in denen das Wort „Kraft" vorkam – ein neues Gesetz, das in *Kraft* getreten war, jemand, der sich saft- und *kraft*los fühlte, Informationen über den physikalischen Begriff *Kraft …*

So lehrreich dieses didaktisch in dieser Form geplante Vorgehen für die Studierenden war, umso schmerzlicher war es für den Betreiber des Monitoring-Tools, der dieses der Hochschule kostenlos zur Verfügung gestellt hatte: Als über zwanzig User gleichzeitig derartig große Abfragen starteten, brach der Server zusammen und verursachte einen Ausfall des Tools – auch für die zahlenden Kunden. Der Schaden konnte aber durch ein schnelles Reagieren und eine Änderung der Suchabfragen schnell behoben werden und diente dem Tool-Betreiber als wichtige Erkenntnis.

Auf der anderen Seite dürfen die Keyword-Definition und die damit verbundene Suchabfrage nicht zu eng gefasst werden, da man ansonsten relevante Informationen übersieht. Diese Ausführungen machen deutlich, dass die sauberere Definition der richtigen Keywords und der daraus abgeleiteten Suchanfrage (auch: Queries oder Search Queries) durchaus **nicht trivial** ist. Der Keyword-Auswahl kommt damit eine zentrale Rolle zu. Mit ihr steht und fällt ein großer Teil der Qualität der Ergebnisse des Monitorings.

Hat man noch keine Erfahrungen mit der Festlegung von Keywords im Social-Media-Monitoring, so bieten sich die Vorgehensweisen der Keyword-Beschaffung für Search-Engine-Optimization (SEO) als Orientierung an (vgl. beispielsweise Enge et al. 2012, S. 159–160). Daneben liefern vor allem Evertz (2017a, S. 76–84) sowie Tran (2015) einen hervorragenden Überblick über Tipps für die Bestimmung von Keywords und die Erstellung von Suchanfragen in den Social-Media-Monitoring-Tools. Die wichtigsten seien hier zusammengefasst:

1. Fragen stellen und Recherchieren
Wie eingangs zu diesem Abschnitt erwähnt **beginnt alles mit den zuvor festgelegten Zielen** des Social-Media-Monitorings. Tran (2015) stellt deshalb Fragen wie „Welche Fragestellung wollen Sie lösen?" oder „Worüber möchten Sie mehr wissen?" Er führt in diesem Zusammenhang das Beispiel des Arzneimittels Tylenol an, für das die Digitalagentur eine verbesserte Digitalstrategie entwickeln wollte und einfach mit der Frage „Wer spricht aktuell über Kopfschmerzen und Migräne online?" startete. Evertz (2017a, S. 77) schlägt des Weiteren vor, je nach Fragestellung schon frühzeitig begleitende Informationen und Hintergründe zu recherchieren, um zum Kontext passende Begriffe zu identifizieren. Hierzu reicht es schon, in der Google-Suche Begriffe einzutragen und die von Google vorgeschlagenen Such-Erweiterungen zu analysieren.

2. Suche nach Keywords
Oben erfolgte bereits der Hinweis, dass eine zu enge Suche dazu führen kann, das wichtige Ergebnisse übersehen werden. Es gibt eine Vielzahl von Variablen, die ein Unternehmen, eine Marke oder ein Produkt betreffen können. Diese liegen jedoch nicht nur im

eigenen Unternehmen, sondern sind vielfach auch bei Wettbewerbern oder der Branche zu finden. Eine Übersicht zu ersten Ansatzpunkten liefert Tab. 5.2.

Tab. 5.2 führt beim eigenen Unternehmen und beim Wettbewerb zum Schluss noch den Hinweis auf, auch **falsche Schreibweisen sowie Abkürzungen** zu berücksichtigen. Viele Posts in den sozialen Medien weisen eine schlechte Orthografie auf. Dies trifft auch auf Marken- und Produktnamen zu. Zwar bieten mittlerweile einige Social-Media-Monitoring-Tools automatisierte Funktionalitäten für alternative Schreibweisen an. Dennoch sollte man bei der Wahl der Keywords sowohl mögliche Rechtschreibfehler (z. B. McDonalds ohne Apostroph oder Coca-Cola ohne Bindestrich) als auch Spitznamen (z. B. Macky, Maccy, Meggie, Mäggie, Meggy oder McDoof für McDonald's oder Coke für Coca-Cola) berücksichtigen. Ähnlich ist es mit Abkürzungen, die gerade vor dem Hintergrund des in den sozialen Medien herrschenden Internet-Slangs (z. B. LoL, LMAO, BFF oder PJ) und der damit verbundenen „Abkürzungeritis" (oder auch AKüFi für Abkürzungsfimmel) Hochkonjunktur haben. Dies betrifft auch Marken- und Produktnamen (z. B. McD für McDonald's), weswegen mögliche Kurzformen ebenso Berücksichtigung finden sollten.

Ideen für Schlüsselbegriffe liefern, neben den in Tab. 5.2 aufgeführten ersten Ansatzpunkten, auch im speziellen Themenumfeld **populäre Hashtags** (z. B. Trending Topics bei Twitter, beispielsweise über https://www.trendsmap.com/ oder http://hashtagify.me/). Evertz (2017a, S. 77) weist in seinem zweiten Tipp darauf hin, dass man beim Aufsetzen des Monitorings lieber erst einmal suchen soll. Man wird feststellen, dass bestimmte Begriffe zu falschen Treffern führen können, weil Benutzernamen (z. B. in Foren) oft Marken- oder Produktnamen enthalten. Diese Fehlleitungen gilt es **später auszuschließen**. Dies führt direkt zum dritten Hinweis.

3. Nutzung der Booleschen Operatoren

Keywords bilden – wie gezeigt – einen wichtigen Ausgangspunkt für das Social-Media-Monitoring. Der Bundesverband Digitale Wirtschaft (2017, S. 11) weist jedoch darauf hin, dass es am Ende auf die richtige Kombination der Suchbegriffe ankommt. In diesem Zusammenhang spielen die sogenannten Booleschen Logik-Operatoren die vielleicht wichtigste Rolle, wenn es darum geht, die **Suchanfragen zu optimieren**. Die meisten Tools nutzen die gleichen grundlegenden Operatoren.

Einfache Suchanfragen lassen sich beispielsweise unter Verwendung der gängigsten Operatoren erstellen:

- AND: Enthält nur Ergebnisse, in denen es für jeden Begriff Treffer gibt – z. B. McDonald's AND Hamburger
- OR: Enthält pro Ergebnis mindestens einen der Suchbegriffe – z. B. McDonald's OR Pommes

Tab. 5.2 Erste Ansatzpunkte für eine Keyword-Recherche. (Quelle: eigene Darstellung)

Eigenes Unternehmen	Branche	Wettbewerb
• Unternehmens- und Markennamen sowie deren Variationen • Aktuelle Kampagnen, Ereignisse oder Events, deren Bezeichnungen und Inhalte sowie Protagonisten • Namen der Unternehmens- oder Geschäftsleitung • Namen der angebotenen Produkte und Services • Bekannte und potenzielle Krisenthemen • Spitznamen, alternative Schreibweisen oder Abkürzungen der o. a. Begriffe	• Gängige Fachausdrücke aus der Branche (z. B. aus Branchenberichten, Marktübersichten) • Begriffe über Branchenkategorien und Teilnehmer der Wertschöpfungskette • Professionelle Organisationen, denen man angehört oder die eine wichtige Rolle in der Branche spielen • Namen der sog. Thought Leader der Branche • Keywords über Kaufintentionen	• Namen der Wettbewerber, deren Marken und Produkte und Services • Namen der Stakeholder in diesen Unternehmen • Aktuelle Kampagnen, Ereignisse oder Events, deren Bezeichnungen und Inhalte sowie Protagonisten • Bekannte und potenzielle Krisenthemen • Spitznamen, alternative Schreibweisen oder Abkürzungen der o. a. Begriffe

- AND NOT: Enthält alle Treffer, in denen ein Suchbegriff auftaucht, während der andere von der Suche ausgeschlossen wird – z. B. McDonald's AND NOT Wendy's[2]
- „…“: In Anführungszeichen gesetzte Begriffe liefern nur Posts mit dem exakten Wortlaut – z. B. „McDonald's bietet Salat an"

Da sich die Wirklichkeit in den sozialen Medien aber deutlich komplexer darstellt, bedarf es bei der Formulierung einer Suchanfrage der **Kombination vieler Keywords und Operatoren.** Einen umfassenden Überblick über die Booleschen Logik-Operatoren im Tool von Talkwalker liefert Tab. 5.3.

Neben diesen Operatoren bieten die meisten Tools noch **erweiterte Such-Optionen** wie Einstellungen zu Ländern (z. B. country:de für Deutschland), Sprachen (z. B. lang:de), Geschlechtern (z. B. gender:male), Formaten (z. B. contains:image, contains:video), Interaktionsformen (z. B. is:retweet, is:comment) sowie Restriktionen zu Metriken (z. B. facebook_likes > 0 für Artikel, die mindestens einen Like haben, twitter_followers: >1000 für die Mindestanzahl von Followern, den ein Account haben soll) oder Anzahl von ausgegebenen Ergebnissen (z. B. sample:25 für die Ausgabe von nur 25 % der gefundenen Beiträge).

Nimmt man all diese Aspekte zusammen, so können Suchanfragen schnell sehr komplex werden. Abb. 5.7 zeigt das Beispiel einer Abfrage über den Mobilfunkanbieter Orange. Da der Unternehmensname ein sehr allgemeiner Begriff ist, gibt es eine Vielzahl von Begriffen, die es explizit auszuschließen gilt. Das Beispiel in Abb. 5.7 zeigt aber auch – anhand von Talkwalker – das die Tools bei der Programmierung der Suchbegriffe in Echtzeit Vorschläge zum richtigen Umgang mit den Operatoren liefern.

---

[2]AND NOT wird in manchen Tools nur mit NOT programmiert.

Tab. 5.3 Erklärung der Booleschen Logik-Operatoren im Tool von Talkwalker. (Quelle: Talkwalker o. J.b)

Operator	Beschreibung	Beispiel
AND/+[a]	AND combines two keywords: BMW AND bike will find all entries which mention the keyword BMW and the keyword bike	BMW AND bike
AND NOT/–	AND NOT excludes a word of an entry: BMW AND NOT bike will find all entries with the keyword BMW, but only if the notion bike is not contained in the same article	BMW AND NOT bike
OR	OR means that a least one of the terms which are linked by an OR have to be mentioned in the same article: BMW OR bike will find all entries that include either the keyword BMW or the keyword bike	BMW OR bike
Exclusion of Keywords	Negative filters can be created by using the operator NOT	NOT coupons
Phrase Search „…"	Quotes „" are used for finding keyword sequences: „BMW series" will find all entries which contain the phrase „BMW series". In contrast the search query BMW AND series does not respect the order	„bmw series"
Combinations	Brackets () are used to group several keywords in a way that operators can be applied on multiple terms within the brackets (distributive law). BMW AND (motorcycle OR car) is a shortform for (BMW AND motorcycle) OR (BMW AND car)	BMW AND (motorcycle OR car)
Wildcard Search	The Wildcard operator * is a character that stands for 0 or any possible number. Wildcards are only accepted at the end of a keyword: Luxemb* will find all entries including keywords like Luxembourg, Luxemburg, Luxemburgish or any other keyword with the prefix Luxemb	Luxemb*
Wildcard Search – one character	The question mark ? has a similar function as the wildcard operator, but only replaces exactly one character, i. e. it is useful in consideration of British and American English, e. g.: reali?ation finds realisation but also realization	reali?ation

(Fortsetzung)

Tab. 5.3 (Fortsetzung)

Operator	Beschreibung	Beispiel
Proximity Search	The tilde symbol ~ analyses the surroundings of a character string which is enclosed in quotes (consisting at least two words). You cannot combine the tilde with the wildcard operator. e. g. „obama merkel" ~5 finds „A statement released from the White House said Obama, Monti and Merkel agreed on certain steps" (3 jumps between both words), „obama merkel" ~5 finds every entry, containing the keywords obama and merkel within an interval of maximum of 5 jumps	„obama merkel" ~5
Fuzzy X Search	The tilde symbol ~X after a word searches for words similar to the given word. The value after the tilde (0, 1 or 2) defines the number of changed characters. roam ~1 will also find foam	roam ~1
Fuzzy Search	The tilde symbol ~ after a word will find this word as a two part word with a hyphen, space or other special character in it. carsharing ~ will find carsharing, car-sharing, car sharing etc.	carsharing~
Raw Data Search	A simple + in front of a keyword samples an exact character string including special characters and punctuation, it does not consider lower and upper cases. It also works with brackets and tilde: +„l'oréal" or +„d&g" etc.	+„l'oréal"
Exact Raw Data Search	Two ++ in front of a keyword samples an exact character string including special characters and punctuation, it does consider lower and upper cases. It also works with brackets and tilde: ++„L'Oréal"	++„L'Oréal"
NEAR/x	The NEAR/x operator works similar to the proximity search operator, but also works with parentheses and thus can be used with multiple terms. (default value for x: 15)	(BMW OR Audi) NEAR/3 (motorcycle OR car)
ONEAR/x	Same as NEAR/x but respects the order of terms	(BMW OR Audi) ONEAR/3 (motorcycle OR car)
Sentence Search	The SENTENCE operator works similar to the NEAR/x operator. It searches for keywords that appear in the same sentence. SENTENCE can also be used with multiple terms	(BMW OR Audi) SENTENCE (motorcycle OR car)
Ordered Sentence Search	Same as SENTENCE but respects the order of terms in the sentence	(BMW OR Audi) OSENTENCE (motorcycle OR car)

[a]Hinweis: Die Operatoren werden komplett großgeschrieben und müssen auf Englisch verwendet werden.

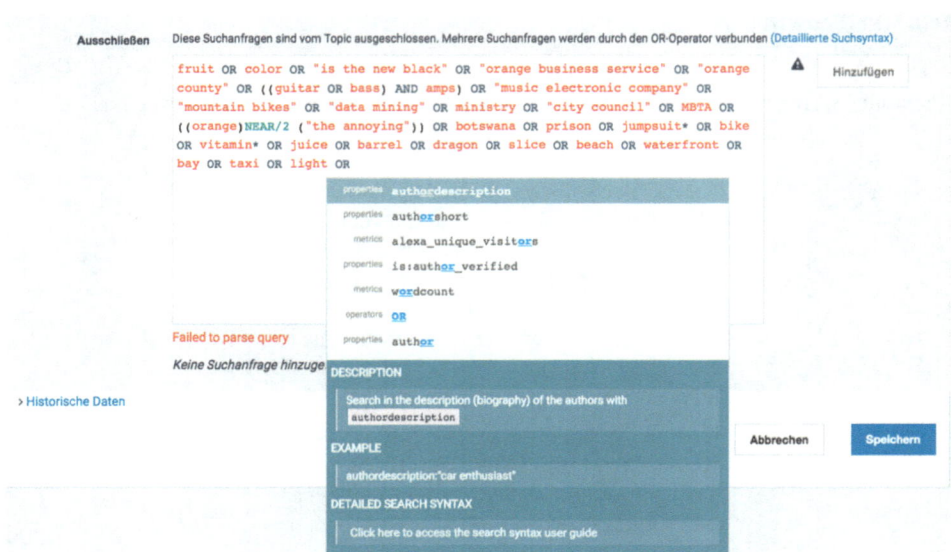

Abb. 5.7 Exclusion-List bei einer Suchabfrage zum Mobilfunkanbieter Orange. (Quelle: eigene Darstellung in Anlehnung an Leonhard 2015)

4. Testen und Suche verfeinern

Vor dem Hintergrund der möglichen Komplexität schlägt Tran (2015) vor, mit einfachen Queries zu starten und diese **nach und nach zu verfeinern.** Ähnlich sieht es Evertz (2017b), der diesbezüglich von „testen, testen, testen" spricht. Die Ergebnisse der Such-abfragen seien immer wieder zu überprüfen, anfangs durchaus wöchentlich oder sogar täglich. In diesem Zusammenhang spielen dann die unter 3. angeführten Booleschen Operatoren sowie die weiteren Einstellungs-Optionen eine wesentliche Rolle.

Wie die Ausführungen deutlich machten, handelt es sich bei diesem ersten Schritt des Social-Media-Monitorings um eine enorm anspruchsvolle Aufgabe. Tran (2015) fasst deren Bedeutung treffend mit folgenden Zitat zusammen:

> No matter how many features or widgets a social media monitoring tool comes equipped with, everything starts with the query.

Aus diesen Gründen wurde an dieser Stelle bewusst sehr detailliert auf diesen Schritt eingegangen.

5.2.2   Datenerhebung

Nach der Bestimmung der relevanten Keywords und der Programmierung der Suchan-fragen, gilt es für die Datenerhebung alle themenrelevanten Quellen wie Kanäle, Blogs, Foren oder Webseiten zu identifizieren und gegebenenfalls nicht vorhandene Quellen in das Quellen-Set des Monitoring-Tools zu integrieren oder – im Gegenteil – gezielt auszuschließen (vgl. Bundesverband Digitale Wirtschaft 2017, S. 11). Je nach Sichtweise der Verfasser erfolgt dies – wie in diesem Fall – an zweiter Stelle oder vor der Keyword-Recherche als erster Schritt (wie z. B. bei Steimel et al 2011, S. 19). Genau betrachtet kann man diese beiden Schritte gar nicht ganz sauber voneinander trennen, da das Testen und die Verfeinerung der Suche beim Set-Up des Analyse-Designs im Grunde genommen ja bereits eine Art der Datenerhebung darstellt. Pein (2014, S. 184) führt deswegen die hier aufgeführten Schritte eins bis drei in einer Stufe zusammen.

Bezüglich der Anzahl von heranzuziehenden Quellen herrscht in der Praxis Uneinigkeit. Die Bandbreite reicht von wenigen Quellen zu Beginn der Suche bis hin zum Durchforsten des „Deep Webs", um hypothesenfrei screenen zu können (vgl. Steimel et al. 2011, S. 19). Am Ende hängt dies vor allem von der zuvor definierten Zielsetzung ab, ist aber oftmals auch eine Kostenfrage.

5.2.3   Datenaufbereitung

Egal wie viel Aufwand beim Analyse-Design betrieben und wie sehr die Suchanfrage im Rahmen von Tests verfeinert wurde, am Ende beinhaltet das Such-Ergebnis immer noch einige **irrelevante Beiträge.** Diese gilt es bei der Datenaufbereitung zu **bereinigen.** Dies können Beiträge von irrelevanten Quellen, Spam-Posts, Werbung, Code-Artefakte oder Dubletten sein (vgl. Bundesverband Digitale Wirtschaft 2017, S. 12). Im Anschluss sind die Ergebnisse zu sortieren und zu gruppieren. Ryan (2015, S. 69) empfiehlt zu diesem Zwecke ein Kategorien-Rahmenwerk zu entwickeln, dem die einzelnen Posts zuzuordnen sind. Dies vereinfacht später die Datenanalyse. Ganz sauber wäre eine kategorisierende Inhaltsanalyse, wie sie beispielsweise Mayring (2015) in der qualitativen Marktforschung vorschlägt.

Diese Aufbereitung kann mithilfe von Softwareprogrammen automatisiert erfolgen, was die Effizienz erhöht (vgl. Steimel et al. 2011, S. 21). Die Erfahrung zeigt aber, dass dieser Schritt in der Regel durch händisches Löschen der Beiträge durch Spezialisten manuell begleitet erfolgen muss. Zudem werden häufig parallel zur Bereinigung die Beiträge auch gleichzeitig händisch getaggt. Dabei weist man die Beiträge bestimmten Themen zu, die sich im Aufbereitungsprozess ergeben (vgl. Bundesverband Digitale Wirtschaft 2017, S. 12).

Vorsicht ist geboten bei den durch die Tools automatisch erstellten Sentiment-Analysen (siehe Abschn. 5.1.2). Zwar haben sich die Monitoring-Programme über die Jahre diesbezüglich deutlich verbessert. Dennoch ist es keine perfekte Wissenschaft ohne Probleme, wie es Bannister (2015) im nachstehenden Zitat treffend zusammenfasst:

> Einer Maschine die Unterscheidung der vielen grammatikalischen Nuancen, kulturellen Variationen, Slang-Ausdrücken und falschen Schreibweisen beizubringen, ist ein schwieriges Unterfangen. Einer Maschine beizubringen, wie der Kontext den Ton beeinflussen kann, ist sogar noch schwieriger.

Dies lässt sich gut am nachfolgenden (fiktiven) Satz demonstrieren: „90 Charts in 90 min –
Die Vorlesung von Prof. Decker war heute mal wieder super".

Studierende werden schnell wissen, dass hinter der Aussage ein hohes Maß an Ironie
steckt. 90 Charts in 90 min bedeutet Frontalunterricht der übelsten Sorte mit anschlie-
ßendem „Death by Powerpoint". Das Monitoring-Tool identifiziert allerdings das Wort
„super" und kategorisiert den Post als positiv. Menschen hingegen erkennen den Kontext
und können die Aussage als negativ einordnen.

Bannister (2015) beschreibt, wie man bei den Software-Herstellern versucht, mithilfe von Machine Learning den Tools diese „Fähigkeiten" beizubringen. Wie alle auto-
matisierten Prozesse sind sie aber immer noch fehleranfällig. Hierzu tragen wie gezeigt
der o. a. Internet-Slang, die Tendenz, viele Aspekte abzukürzen und die Notwendigkeit,
Aussagen manchmal in nur 280 Zeichen, wie bei Twitter, zu formulieren, bei. Nach Meinung des Autors ist deswegen eine manuelle Überprüfung und Bereinigung der Tonalität
in jedem Fall – und trotz der Fortschritte in Bezug auf die Künstliche Intelligenz und
maschinellem Lernen – immer noch notwendig.

Abhängig von der Funktionszuverlässigkeit der Tools und der erhobenen Datenmenge
können die Bereinigung, die Überprüfung und das Tagging der Suchergebnisse sehr zeitaufwendig sein.

5.2.4 Analyse

Die Analyse und Interpretation der generierten Daten stellt den aufwendigsten Part des
Monitorings dar. Auch hier dienen die in Abschn. 5.1.2 dargestellten Einsatzfelder als
Orientierung für die entsprechenden Analysen. Grundsätzlich lassen sich zwei Analyse-
Ansätze unterscheiden:

- Quantitative Analysen
- Qualitative Analysen

Quantitative Analysen
Bei quantitativen Analysen geht es um die Auswertung und Generierung zählbarer
Daten. Viele Veröffentlichungen führen in diesem Zusammenhang unterschiedliche
Kennzahlen oder KPIs[3], wie z. B. Anzahl von Likes, Shares oder Kommentaren, auf.
Entsprechend der Unterscheidung zwischen Social-Media-Monitoring und Social-
Media-Analyse in Abschn. 5.1.1 handelt es sich aber bei den genannten Kennzahlen eher
um Sachverhalte, die es im Rahmen von Schritt 10 des Social-Media-Zyklus (kontrollie-
ren und analysieren) zu beobachten gilt. Am Ende kann man über diese Zuordnung treff-
lich diskutieren.

---

[3]Zur Unterscheidung von Kennzahlen und den sog. Key Performance Indicators (kurz KPIs), die
gerne synonym verwendet werden, siehe später Abschn. 14.1.1.

Quantitative Daten, die die Analyse des Social-Media-Monitorings hervorbringen kann, sind beispielsweise die oben bereits angeführten Sentiment-Analysen. Da diese nach wie vor eine nicht unerhebliche Ungenauigkeit aufweisen (können), sollten in regelmäßigen Abständen auch quantitative Daten über die Treffergenauigkeit und -vollständigkeit erhoben und analysiert werden. Ziel ist es, die Aussagekraft der automatischen Analysen zu verifizieren. Krömer (2012, S. 28–29) nennt in diesem Zusammenhang folgende zwei Kennzahlen der Datenrelevanz:

- **Recall (Trefferquote):** Gibt den Anteil der gefundenen relevanten Treffer an der Gesamtheit aller möglichen Treffer an. Der Wert beschreibt somit die Vollständigkeit eines Suchergebnisses.
- **Precision (Genauigkeit):** Nennt den Anteil relevanter Beiträge an der Ergebnismenge. Demnach beschreibt dieser Wert die Genauigkeit eines Suchergebnisses.

Qualitative Analysen

Qualitative Analysen beziehen sich vorwiegend auf die vielen unstrukturierten Daten, die im Zuge des Social-Media-Monitorings gewonnen werden. Hier steht die Beantwortung der unter Abschn. 5.2.1 bereits genannten zentralen Fragen im Fokus – wer spricht wo, wann und vor allem wie über das Unternehmen beziehungsweise die Konkurrenz. Es geht also darum, jeden relevanten Beitrag im Hinblick auf seine Inhalte zu überprüfen (vgl. Pein 2014, S. 187). Zu diesem Zwecke dienen die unter Abschn. 5.2.3 erwähnten Kategorisierungen.

Der Bundesverband Digitale Wirtschaft (2017, S. 12–13) führt folgende möglichen Analysen beispielhaft auf:[4]

- **Themenanalyse:** Sie stellt vielleicht die aufwendigste, aber auch aussagekräftigste Analyse dar. Im Fokus steht die vertiefende Durchdringung eines Themengebiets nach den unterschiedlichen Facetten, Meinungen, Fragen oder Wünschen.
- **Analyse von Influencern und Brand Advocates:** Hier geht es zum einen um die Identifikation der professionellen Meinungsführer (als Fürsprecher oder Gegner) und Markenbotschafter, sowie deren Einfluss und Reichweite. Zum anderen interessieren vor allem auch die Themen, die diese Personen in den sozialen Medien behandeln, und welche Meinungen sie vertreten.
- **Relevanzanalysen und Rankings von Quellen:** Diese zeigen, welcher Kanal, Blog oder Forum für das jeweilige Thema der/das Wichtigste ist.
- **Trendanalysen:** Sie liefern Informationen, welche Themen im Kommen sind, und welche Entwicklungen diese Themengebiete durchlaufen.

---

[4]An dieser Stelle kommt es bewusst zu Wiederholungen zu den in Abschn. 5.1.2 genannten Einsatzfeldern.

Je stärker mit unstrukturierten Daten gearbeitet wird und je inhaltstiefer die Analysen ausfallen, desto mehr erfolgt die Analyse außerhalb der Monitoring-Tools. Dies bedeutet nicht, dass alle Analysen durch Menschen zu erfolgen haben. Hier liefern beispielsweise gesonderte Text- und Data-Mining-Tools teilweise schon sehr gute Ergebnisse. Spätestens bei der Interpretation der Daten benötigt man dann aber erfahrene Spezialisten, die aus den extrahierten und sortierten Daten die notwendigen und richtigen Schlüsse ziehen können.

5.2.5 Reporting

Abschließend dient das Reporting der **Aufbereitung** der Analyse-Ergebnisse **in entscheidungsrelevanter Form.** Nur wenn die Entscheidungsträger im Unternehmen schnell und unkompliziert über die öffentlich geäußerten Erwartungen und Meinungen zum Unternehmen und seinem Wettbewerb in Kenntnis gesetzt werden, kann das Social-Media-Monitoring einen entscheidenden Beitrag zur Entscheidungsfindung und Strategieausrichtung leisten. Entsprechende Handlungsempfehlungen sind abzuleiten (in diesem Sinne Bundesverband Deutsche Wirtschaft 2017, S. 13; Steimel et al. 2011, S. 22). Tut man dies nicht, so Pein (2014, S. 188), lässt man eines der größten Potenziale, die Chance auf Verbesserung, ungenutzt.

Zur Ergebnispräsentation bieten viele Tools mittlerweile gute webbasierte Reporting-Oberflächen mit Dashboards oder Cockpits, die sich zudem leicht in andere Programme (z. B. Excel) exportieren lassen. Dabei kann man zwischen strategischen, analytischen und operativen Ansichten unterschieden (vgl. Bundesverband Digitale Wirtschaft 2017, S. 13).

5.3   Übersicht über Social-Media-Monitoring-Tools

Aufgrund der unfassbar großen Menge von Daten und Informationen, die täglich über die sozialen Medien generiert werden, benötigt man heute für ein systematisches Social-Media-Monitoring intelligente, automatisierte Tools, die zuverlässig helfen, die relevanten Quellen und Beiträge zu den für das Unternehmen relevanten Themen zu sammeln. Im Zuge der bisherigen Ausführungen in diesem Kapitel wurde darauf schon öfters Bezug genommen: Zum einen konnte zum Ende des Abschn. 5.1.2 über die dort angeführten Servicelinks 5.4b, 5.5 und 5.6 schon ein erster Eindruck über den Einsatz solcher Instrumente gewonnen werden. Zum anderen wiesen die Inhalte in Abschn. 5.2 immer wieder auf den Einsatz derartiger Programme hin.

In den letzten Jahren hat sich nun ein großer, **fast unüberschaubarer Markt** an Social-Media-Monitoring-Tools (aufgrund der beschriebenen Synonymität der beiden Begriffe auch oft als Social-Listening-Tools bezeichnet) entwickelt. Einen Überblick zu kostenlosen Tools liefert zunächst Abschn. 5.3.1, während sich Abschn. 5.3.2 mit den professionellen, kostenpflichtigen Instrumenten beschäftigt.

5.3.1 Kostenlose Tools

Unternehmen, die gerade in Social Media einsteigen, oder kleine und mittlere Unternehmen mit geringen Budgets fahren für den Start gut mit kostenlosen Monitoring-Tools. Solche Tools können helfen, einen **ersten Überblick über den Buzz in den sozialen Medien zu erhalten** und Erfahrungen für das Social-Media-Monitoring aufzubauen. Auch Grabs et al. (2017, S. 136) sehen die kostenlosen Tools vor allem für die Erstanalyse als geeignet an. Laut Mindruta (2016) ist es das Beste, einige dieser Tools auszuprobieren und sich für jenes zu entscheiden, das auf die Bedürfnisse des jeweiligen Unternehmens am besten zugeschnitten ist.

Dafür stehen eine Vielzahl von Tools zur Verfügung. Vor dem Hintergrund, dass dieses Buch sich verstärkt auf sogenannten Evergreen Content bezieht (siehe Kap. 1), ist es hier allerdings nicht das Ziel, in die Tiefen des umfangreichen Software-Angebots einzusteigen. Die Landschaft der Tools verändert sich fast täglich, eine statische Liste könnte demnach nie den Anspruch auf Vollständigkeit und Aktualität erfüllen. Über Servicelink 5.7 gibt es stattdessen Zugriff auf zwei umfassende Linklisten mit Informationen zu den verschiedenen Tools inklusive Kurzbeschreibungen.[5]

Servicelink 5.7	
Servicelink 5.7a zur Übersicht von Onlinemarketing-Praxis.de: https://www.onlinemarketing-praxis.de/social-media/kostenlose-social-media-monitoring-tools	
Servicelink 5.7b zur Übersicht bei Internet-PR-Beratung.de: https://internet-pr-beratung.de/social-media-monitoring-tools-definition/	

---

[5]Es kann passieren, dass aufgrund der Dynamik des Marktes manche Plattformen, die in den beiden über die Servicelinks aufrufbaren Übersichten aufgelistet sind, vorübergehend nicht angesteuert werden können oder ggf. sogar ganz vom Markt verschwunden sind. Dies ist dem Autor auch während der Recherche für diesen Teil des Buches immer wieder passiert. So sind bspw. die Tools Icerocket von Meltwalter oder Addictomatic so nicht mehr auffindbar gewesen.

Um sich im Dschungel der Angebote zurechtzufinden, strukturieren beide über den Servicelink 5.7 erreichbaren Webseiten die Tools nach den gleichen Kategorien (vgl. Mattschek o. J.; Zimmermanns 2015):

- Tools für mehrere soziale Medien
- Tools für Blogs und Foren
- Tools für Facebook
- Tools für Twitter
- Tools für Google+
- Tools für YouTube

Nicht alle der bei Mattschek (o. J.) und Zimmermanns (2015) genannten Tools sind Social-Media-Monitoring-Tools im Sinne der Definition und Abgrenzung des Begriffs aus Abschn. 5.1.1., sie liefern eher quantitative Daten für die Social-Media-Analyse. Dies trifft v. a. auf die Angebote und Tools für Facebook, Google+ und YouTube zu. Viele der dort aufgeführten Tools sind komplett kostenlos nutzbar, allerdings nicht alle: Einige bieten nur kostenlose Grundfunktionen an und/oder beschränken den Zugriff auf eine bestimmte Anzahl von Nutzern oder Plattformen.

Im Folgenden wird auf ein paar ausgewählte Tools eingegangen, die dem Autor im Laufe seiner Tätigkeit als nützlich aufgefallen sind und vor allem als **Einsteigertools** geeignet erscheinen. Interessanterweise besteht hierbei ein hoher Deckungsgrad zu den bei Grabs et al. (2017, S. 136–140) vorgestellten Programmen, was die Auswahl bestärkt. Die Darstellungen strukturieren sich analog zu den o. a. Kategorien. Auf Ausführungen zu speziellen Tools für Facebook, Google+ sowie YouTube wird aus den eben angeführten Gründen verzichtet.

Tools für mehrere soziale Medien
SocialMention (www.socialmention.com): SocialMention überwacht mehr als einhundert unterschiedliche Quellen. Neben klassischen Blogs und Newsseiten gehören auch Facebook, Twitter und YouTube zu den beobachteten sozialen Medien. Laut eigener Aussage bietet das Tool eine einfache Möglichkeit, in Echtzeit zu erfahren, was die Leute quer durch die gesamte Social-Media-Landschaft über eine Firma, ein neues Produkt oder jedes andere Thema denken (vgl. Socialmention o. J.a). Laut Mindruta (2016) zählt es **zu den besten kostenlosen Listening-Tools** auf dem Markt.

Wie nahezu alle Monitoring-Tools basiert die Abfrage bei SocialMention auf den einzugebenden Keywords. Die Einstiegsseite ist einfach gehalten und an das Design von Google angelehnt. Das Tool wirft die zum Keyword passenden Posts direkt aus und analysiert die Daten dann tief greifender. Die Ergebnisse können per E-Mail zugeschickt oder als CSV-Datei heruntergeladen werden.

SocialMention misst den Einfluss in den vier nachstehenden Kategorien, die so auch bei professionellen Tools angeboten werden (vgl. Socialmention o. J.b; siehe dazu den oberen linken Bereich in Abb. 5.8):

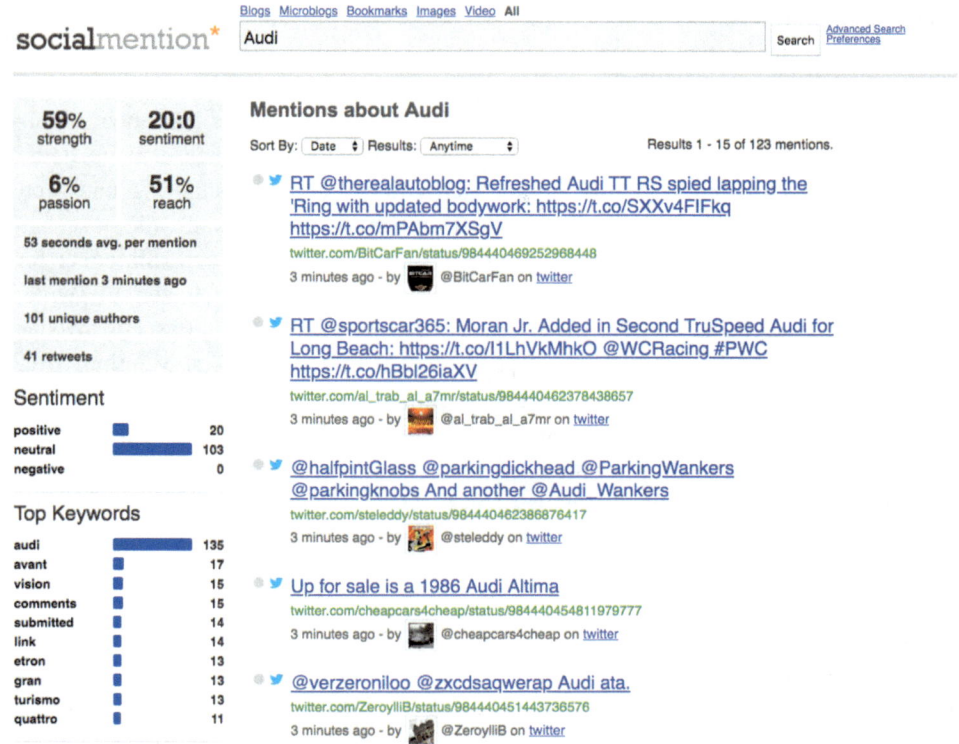

Abb. 5.8 Suchergebnisse bei SocialMention auf Basis des Keywords Audi. (Quelle: Socialmention o. J.b)

- **Strength:** beschreibt die Wahrscheinlichkeit, mit der eine Marke in den sozialen Medien diskutiert wird (Berechnung: Erwähnungen in den letzten 24 h geteilt durch Anzahl aller möglichen Erwähnungen).
- **Sentiment:** beschreibt den Anteil an positiven, neutralen und positiven Erwähnungen.
- **Passion:** Misst die Wahrscheinlichkeit, mit der Nutzer, die aktuell über eine Marke reden, dies erneut tun werden. Ein hoher Score indiziert, dass aktuell wenige Nutzer sehr intensiv über diese Marke sprechen.
- **Reach:** Misst den Grad des Einflusses (Berechnung: Anzahl von einzelnen Verfassern, die die Marke empfehlen, geteilt durch die gesamte Anzahl von Erwähnungen).

So praktisch und einfach SocialMention sich darstellt, so sehr muss man die Ergebnisse einzuordnen wissen. Die in Abb. 5.8 aufgeführten Kennzahlen sind mit Vorsicht zu genießen, da das Tool derzeit leider nicht die deutsche Sprache unterstützt und auch die Quellenabdeckung nicht solide ist (vgl. auch Grabs et al. 2017, S. 137). Ähnlich ist es mit den unter den Kennzahlen aufgeführten weiteren Statistiken. Sie liefern jeweils nur eine **Momentaufnahme.** Dennoch eignet sich das Tool, um schnell erste Tendenzen zu erkennen und eine Bestandsaufnahme zu machen. Dazu helfen die verschiedenen Filter, die das Tool anbietet.

Klear (https://klear.com/)**:** Klear (o. J.) bezeichnet sich selber als „the most sophisticated influencer search engine out there". Dabei bedient Klear neben dem Fokus auf Influencer-Marketing zwei weitere Kernbereiche: Social-Media-Monitoring und Wettbewerbserforschung. Die Datenbasis von Klear umfasst 500 Mio. Profile, die in sechzig Kategorien eingeteilt sind. Mit dem Programm lassen sich somit **einfach Influencer finden und analysieren.** Es gibt einen Überblick zu den Präsenzen der Nutzer auf Twitter, Instagram und Facebook. Darüber hinaus liefert das Tool Statistiken zu Posts pro Woche, Likes und Retweets. Die Analyse der Profile umfasst u. a. die „Social Mentions", das Engagement oder das Wachstum der Fanbase der Influencer.

Die Funktionalitäten von Klear sind in der kostenlosen Version limitiert, liefern aber ebenso wie bei SocialMention wichtige Erkenntnisse für eine **erste Bestandsaufnahme sowie die Identifikation von Influencern und deren Themen.** Allerdings unterstützt auch dieses Tool nicht die deutsche Sprache, weswegen die diesbezüglich oben bei SocialMention angeführten Kritikpunkte hier ebenso gelten.

Tools für Blogs und Foren
Google Alerts (https://www.google.de/alerts)**:** Der Klassiker unter den Einsteigertools für das Social-Media-Monitoring ist Google Alerts. Man trägt einen Begriff ein und erhält daraufhin künftig automatisch eine E-Mail, wenn ein neuer Such-Treffer oder eine Nachricht mit dem Begriff erschienen ist. Google Alerts ist primär im **Themen-Monitoring** stark. Aber auch Marken und Produkte, die etwas häufiger im Web vorkommen, werden gut gefunden. Brinkmann (2015) zufolge sinkt allerdings die Zahl der Benachrichtigungen. Zudem gibt es mittlerweile bessere Alternativen, wie das nächste Tool zeigen wird.

Talkwalker Alerts (http://www.talkwalker.com/de/alerts)**:** Talkwalker Alerts beschreibt sich selber als „[d]ie beste kostenlose Alternative zu Google Alerts" (Talkwalker o. J.c). Man kann mit dem Tool bis zu einhundert Keywords gleichzeitig überwachen und wird auf Wunsch täglich oder wöchentlich – wahlweise per E-Mail oder RSS-Feed – über neue Treffer informiert. Überwacht werden News, Blogs und Diskussionen. Das Tool überzeugt durch die **einfache Handhabung** (ähnlich wie bei Google Alerts) und ein übersichtliches Set-Up (siehe Abb. 5.9). Zum Einstieg in das Social-Media-Monitoring ist es sehr gut geeignet.

Als kostenloses Tool ist es aber auf die Suche in Blogs und Foren beschränkt. Für die Suche auf anderen Social-Media-Plattformen, wie z. B. Facebook oder Twitter, benötigt man die professionelle Variante (dazu später Abschn. 5.3.2).

Tools für Twitter
Twitter Search (https://twitter.com/search-advanced?lang=de)**:** Vielfach in Deutschland unterschätzt ist der Microblogging-Dienst Twitter. Hierzu erfolgen an späterer Stelle

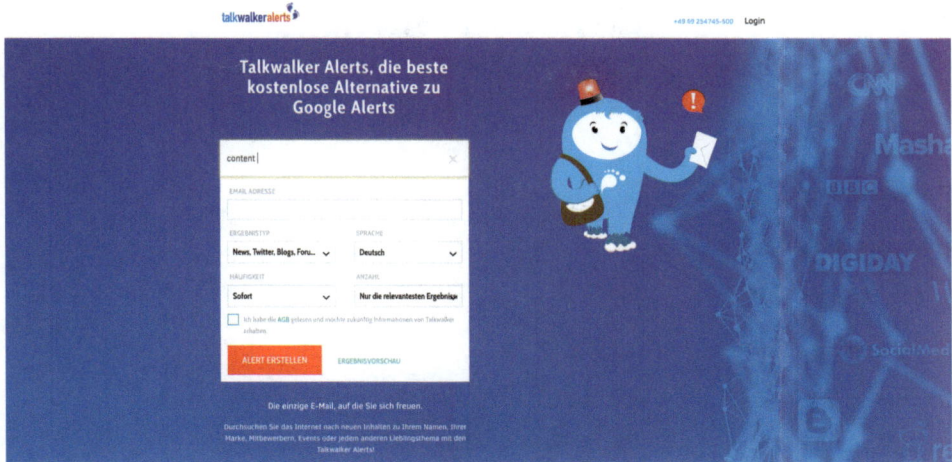

Abb. 5.9 Einstiegsseite zu Talkwalker Alerts. (Quelle: eigene Darstellung in Anlehnung an Talkwalker o. J.c)

noch vertiefende Hinweise in Abschn. 7.2.1. Insofern verwundert es nicht, dass auch die Twitter-Suche beziehungsweise die erweiterte Suche in Deutschland wenig Beachtung finden.

Um die erweiterte Suche von Twitter nutzen zu können muss man dort einen Account haben und eingeloggt sein. Über die Einstiegsmaske (siehe Abb. 5.10) findet man dann über ein Dutzend Suchmöglichkeiten, um aus dem großen Datenschatz von Twitter die entsprechenden Informationen zu extrahieren. Die Filtermöglichkeiten entsprechen in etwa der Logik der Booleschen Operatoren (siehe Abschn. 5.2.1), allerdings mit dem Vorzug, dass man kaum auf die korrekte Verwendung der Befehle achten muss. Read (2016) führt in seinem Artikel eine Vielzahl von Tipps auf, wie man über die erweiterte Suche von Twitter hervorragende Resultate erzielen kann.

Der Vorteil der Twitter-Suche ist, dass man sie auf die jeweilige **Sprache oder sogar den Standort einschränken kann,** was die Relevanz der Ergebnisse erhöht. Allerdings muss man berücksichtigen, dass Twitter leider auch weiterhin in Deutschland zu wenig genutzt wird, um wirklich für das Social-Media-Monitoring ein umfassendes Bild zu erhalten.

TweetDeck   (https://tweetdeck.twitter.com/): TweetDeck kommt den Grund-funktionalitäten eines professionellen Social-Media-Monitorings schon sehr nahe. Einzig, es beschränkt sich auf die Suche auf Twitter.

Über das Tool lassen sich auf einfache Weise vielfache Einzel-Streams (siehe dazu das Beispiel in Abb. 5.11) individuell anlegen, um so eine große Bandbreite an Unterhaltungen auf der Microblogging-Plattform zu überwachen. Die einzelnen Feeds zeigen Direktnachrichten, Erwähnungen (sogenannte Mentions), Hashtags, Trends, Listen, Favoriten, Suchergebnisse oder Tweets von einzelnen Nutzern. Die Darstellung der Ergebnisse erfolgt in „Real Time".

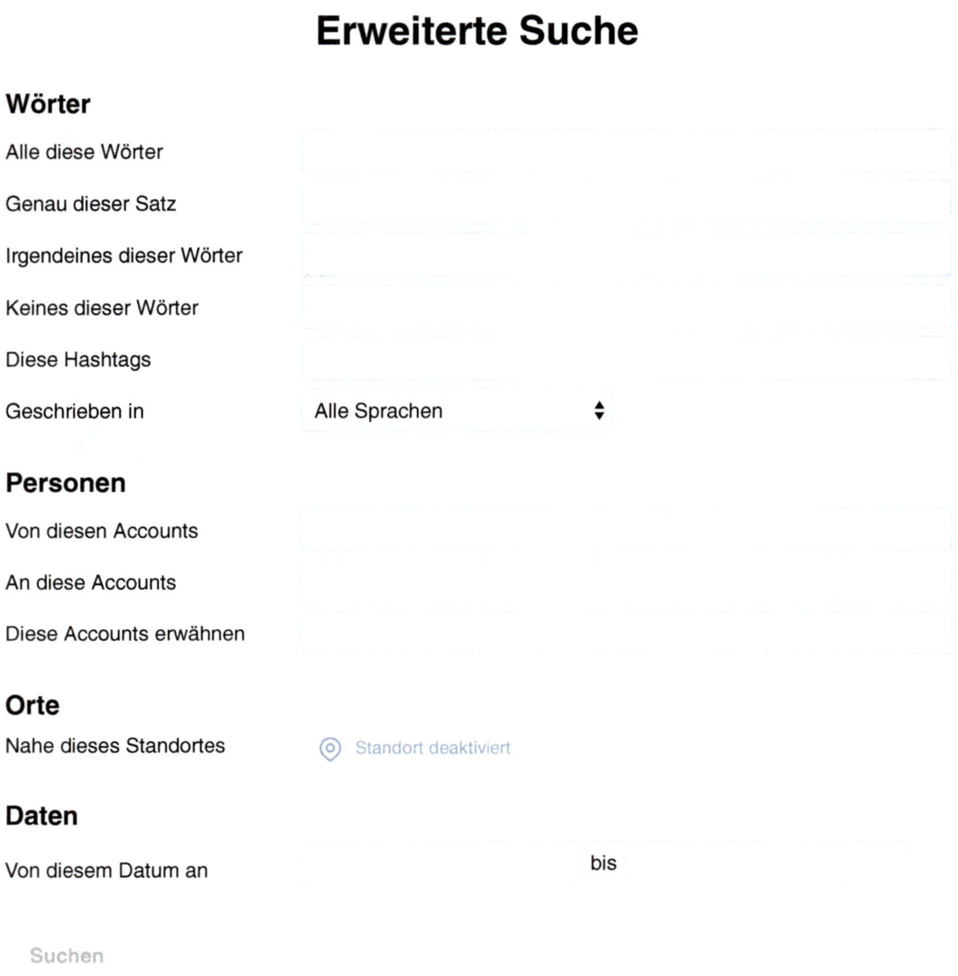

Erweiterte Suche

Wörter

Alle diese Wörter

Genau dieser Satz

Irgendeines dieser Wörter

Keines dieser Wörter

Diese Hashtags

Geschrieben in   Alle Sprachen   ⇕

Personen

Von diesen Accounts

An diese Accounts

Diese Accounts erwähnen

Orte

Nahe dieses Standortes   ◎ Standort deaktiviert

Daten

Von diesem Datum an   bis

Suchen

Abb. 5.10 Einstiegsmaske der erweiterten Suche von Twitter. (Quelle: eigene Darstellung auf Basis der Einstiegsseite bei www.twitter.com/search-advanced)

Wie teilweise schon herauszulesen war, bieten kostenlose Monitoring-Tools natürlich nicht nur Vorteile. Einige der vorgestellten kostenlos verfügbaren Tools weisen eingeschränkte Funktionalitäten auf und sind nur bis zu einem bestimmten Grad gratis. Zahn (2016) hat in Ihrem Whitepaper die wichtigsten Vor- und Nachteile kostenfreier Monitoring-Tools kurz zusammengefasst (siehe Tab. 5.4).

Wie bereits erwähnt: Die Vielfalt an Tools ist überwältigend. Viele bieten Funktionalitäten an, die über das Social-Media-Monitoring hinausgehen. Hier sei beispielsweise auf Tools wie Hootsuite, Buffer, oder SocialHub, verwiesen. Diese sind in den Grundversionen meist ebenfalls kostenlos. Da sie jedoch einen breiteren Funktionsumfang haben, werden sie an anderer Stelle vertieft (siehe Abschn. 11.1.4).

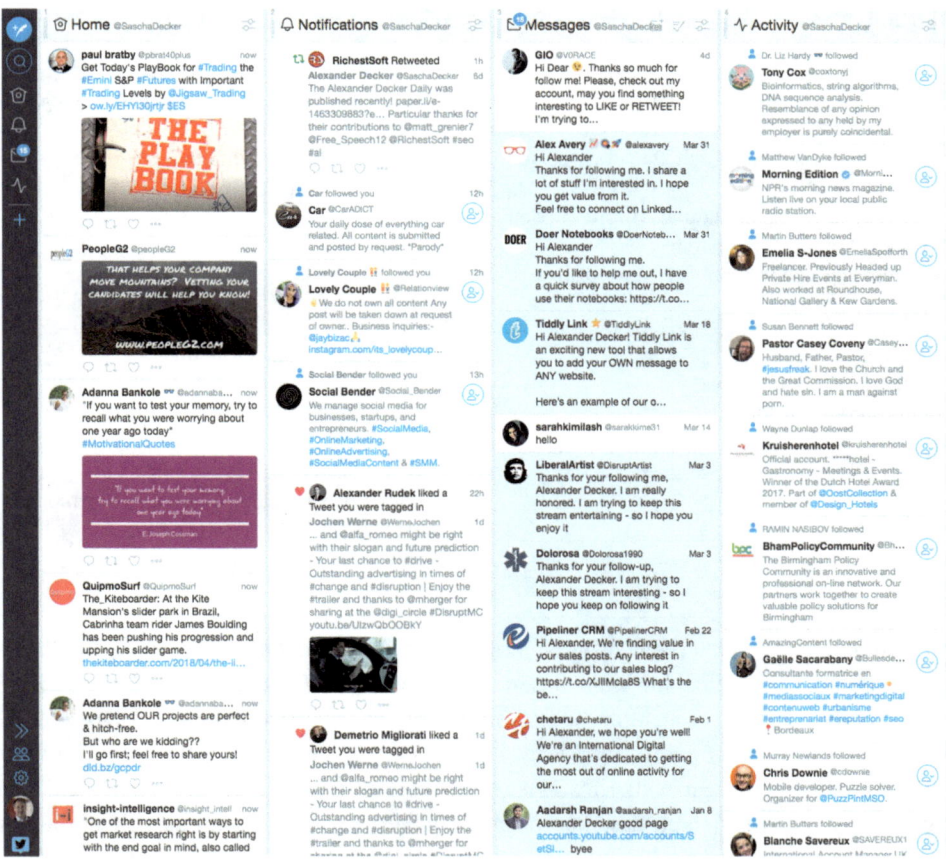

Abb. 5.11 Ergebnisanzeige mit verschiedenen Feeds in TweetDeck. (Quelle: eigene Darstellung auf Basis von https://tweetdeck.twitter.com/#)

Abschließend sei bezüglich der kostenlosen Tool nochmals darauf hingewiesen, dass diese professionelle Programme nicht ersetzen können. Letztere betreiben Social-Media-Monitoring auf einem höheren Level und bieten eine viel größere Auswahl an Features und Tiefen-Analysen an, wie der nachfolgende Abschnitt mit der Vertiefung der Profi-Tools zeigt.

5.3.2 Kostenpflichtige, professionelle Tools

Der Markt für professionelle Tools zum Social-Media-Monitoring ist, selbst mit Einschränkung auf den deutschsprachigen Markt, sehr groß und komplex. Dennoch vollzieht sich in den letzten Jahren eine Konsolidierungswelle unter den Tool-Anbietern. Viele **Monitoring-Tools entwickeln sich zu ganzheitlichen Lösungen.** Vor allem die

Tab. 5.4 Vor- und Nachteile kostenloser Social-Media-Monitoring-Tools. (Quelle: Zahn 2016)

Eigenen sich für	Eignen sich nicht für
• Zeitlich begrenzte Kurz-Analysen • Validierung der Ergebnisse aus anderen Tools • Erster Eindruck bezüglich Datenmenge und -qualität • Gefühl für Komplexität und Anforderungen für ein Monitoring-System • Ergänzung von Daten (z. B. Vernetzung)	• Monitoring einer Vielzahl von Themen und Marken • Komplexere Fragestellungen • Historische Analysen
Vorteile	Nachteile
• Kostenlos • Für jeden frei verfügbar • Gut für den Einstieg	• Häufig unklare Datengrundlage • Klare Definition von Suchwörtern häufig eingeschränkt und daher z. T. schlechte Datenqualität • Filter wie Sprache und Zeit häufig nicht verfügbar, daher gezielte Analyse schwer möglich • Meist keine eigene Export- und Archivierungsfunktion

marktführenden Anbieter bieten modulare Pakete an, in denen man je nach Bedürfnis ganze Module oder einzelne Funktionen aktivieren kann. Lösungen, für die man zwei oder mehrere Tools bedienen muss, sind hingegen seltener geworden. Als Folge sind die verfügbaren Lösungen enorm vielfältig. Demgegenüber steht die Erfahrung von Evertz (2017b), der aus seinem Alltag als Lotse für Auswahl und Einsatz von Analytics- und Monitoring-Tools berichtet, dass überraschend viele Menschen davon ausgehen, dass es *das eine Tool* gibt. Dem ist bei weitem nicht so.

Gemeinsam ist den meisten Tools, dass sie **cloudbasiert** sind. Sie müssen nicht lokal auf einem Rechner installiert, sondern können direkt im Internet über einen persönlichen Zugang genutzt werden. So sind die damit erhobenen Daten von überall und zu jeder Zeit ansteuerbar (vgl. Horn 2015). In der Regel liegen der Nutzung monatliche Basispreise zugrunde, die von verschiedenen Faktoren abhängen (siehe dazu später mehr).

Analog zu der im Prozessmodell des Social-Media-Monitorings vorgestellten Vorgehensweise (Abschn. 5.2) basiert auch die **Tool-Auswahl auf der vorher festgelegten Zielsetzung.** Evertz (2017b) fasst dies noch konkreter und sagt, dass die Grundvoraussetzung für eine erfolgreiche Toolauswahl zunächst eine Strategie mit genau festgelegten Zielen und den entsprechenden Metriken sein muss. Problematisch wird dies allerdings dann, wenn das Ziel des Monitorings die Nullmessung ist, die Basis für die Entwicklung der Social-Media-Strategie sein soll. Vor dem Hintergrund der in Abschn. 5.3.1 dargestellten Erfahrungen ist es allerdings fraglich, ob es sinnvoll ist, bereits so früh auf ein professionelles Tool zu setzen. Zielführender scheint in einem solchen Fall entweder eine Bestandsaufnahme über kostenlose Tools oder das Hinzuziehen eines externen Dienstleisters zu sein.

Die Toolauswahl ist also in Abhängigkeit von der jeweiligen Zielsetzung aus-zurichten. Vor diesem Hintergrund gilt es eine Reihe von Anforderungskriterien zu berücksichtigen, auf die sich die nachstehenden Ausführungen konzentrieren, bevor anschließend eine kurze Übersicht über etablierte professionelle Tools gegeben wird.

Anforderungskriterien bei der Auswahl professioneller Social-Media-Monitoring-Tools: Viele Beiträge zum Social-Media-Monitoring beschäftigen sich mit Ratschlägen, was bei der Auswahl eines professionellen Social-Media-Monitoring-Tools zu beachten ist. Aus verschiedenen Quellen wurden daraus die wesentlichen, nachstehenden Kriterien abgeleitet (vgl. Bundesverband Digitale Wirtschaft 2017, S. 50; Däppen 2015; Evertz 2017a, S. 203–206, b; Koethe 2017; MonitoringMatcher o. J.; Wörnemann et al. 2016).

Datenabdeckung: Welche Daten werden gebraucht, welche Kanäle sollen abgedeckt werden? In diesem Zusammenhang spielen auch die Formen der Beiträge (Nachricht, Post, Bild, Video, Audio etc.) eine Rolle. Koethe (2017) weist beispielsweise darauf hin, dass jeden Tag eine Million neue Fotos in die sozialen Medien hochgeladen werden. Achtzig Prozent der Posts erwähnen die in den Fotos gezeigten Markenprodukte nicht im Begleittext (z. B. in Kommentare). Die meisten Monitoring-Tools scannen jedoch die Fotos nur und verpassen so das Auftauchen von Logos und Markenzügen. Hier ist zu klären, ob eine detailliertere Bildanalyse für ein Unternehmen von Bedeutung ist (oder nicht) und ob sie bei der Auswahl Berücksichtigung finden sollte. Alle Daten müssen darüber hinaus vollständig und unmittelbar – in Echtzeit – erhoben werden können.

Sprachen: Im Zusammenhang mit der Datenabdeckung steht die Frage, auf welche Länder und vor allem auf welche Sprachen sich das Monitoring beziehen soll. Das Tools muss die benötigten Sprachen unterstützen und eine entsprechende Differenzierung zulassen.

Arbeitsfelder: Vor dem Hintergrund der o. a. Entwicklung des Marktes in Richtung ganzheitlicherer Angebote, sollte man sich bei der Auswahl des Tools Gedanken darüber machen, welche Arbeitsfelder abgedeckt werden sollen (nur Monitoring, Monitoring *und* Analytics etc.). Auf diese Aspekte wird später unter Abschn. 11.1.4 näher eingegangen. Wichtig ist auch die Frage, ob in Zukunft weitere Aktivitäten (z. B. weitere Kanäle, weitere Aufgabengebiete) geplant sind, die von dem Tool abgedeckt werden sollen (Evertz 2017b).

Grundfunktionen: Alerts, Sentiment, Reporting und Analyse: Die meisten Tools haben gewisse Grundfunktionen bereits integriert, wie z. B. automatische Alerts, bei denen die Verantwortlichen beim Auftauchen eines kritischen Keywords sofort auto-matisch benachrichtigt werden. Auch die bereits angesprochene Sentiment-Analyse zählt dazu, ebenso wie Reporting-Funktionalitäten. Vielmehr stellt sich hier die Frage nach der Qualität der Funktionalitäten: Werden die Reports automatisiert erstellt, lassen sie sich in andere Systeme exportieren? Liefert die Sentiment-Analyse brauchbare Ergebnisse oder ist der manuelle Aufwand extrem hoch?

Zusatzfunktionen: Ähnlich wie bei einem Autokauf bieten die verschiedenen Tools eine Vielzahl von optionalen „Extras" an. Hier seien einige der Möglichkeiten kurz aufgeführt (vgl. Koethe 2017):

- Tracking von Influencern und Markenbotschaftern
- Wettbewerbs-Benchmarking
- Prädiktive Analysen, z. B. zur Vorhersage von Kaufabsichten
- Visualisierungs-Tools
- Kampagnen-Management-Tracking
- Virality Map

Bei der Auswahl der Tools ist somit zu hinterfragen, welche dieser Extras unbedingt notwendig sind.

Trends und historische Daten: Ein gut geschultes Auge kann bei der Analyse der Monitoring-Daten schon früh Trends erkennen. Manche Tools aber unterstützen die Erkennung von Trends mithilfe künstlicher Intelligenz. Trending Score und Trend-Vorhersage werden genutzt, um den idealen Zeitpunkt für den Einstieg in einen Trend vorauszusagen (vgl. Koethe 2017). Zudem kann es sinnvoll erscheinen, für die nachträgliche Analyse auf historische Daten zugreifen zu können.

Schnittstellen: Wie bei den Reports schon angedeutet, ist es sinnvoll, wenn Daten in andere Programme exportiert und weiterverarbeitet werden können. Zudem ist zu prüfen, ob es darüber hinausgehende Workflows gibt, die eine Schnittstelle zum Tool benötigen.

Usability: Neben anderen Aspekten spielt natürlich auch die Bedienungsfreundlichkeit eines Tools eine wesentliche Rolle. Insofern stellen beispielsweise Wörnemann et al. (2016) bei ihrem Tool-Report folgende Fragen: Wie steht es mit der Alltagstauglichkeit? Wie ist die Handhabung? Ist das Tool übersichtlich gestaltet und intuitiv zu bedienen? Ist das Tool schnell im Umgang mit großen Daten? Gibt es eine zugehörige App?

Preisgestaltung: Um die verschiedenen Angebote am Markt vergleichen zu können, muss man Bewertungskriterien festlegen und diese gewichten. Evertz (2017b) spricht aus Erfahrung, wenn er schreibt, dass er auf die Frage nach der Priorität die Antwort „alles" oder „möglichst viel" erhält. Da der Funktionalitäten-Umfang vor allem eine Preisfrage ist und die Budgets im Social Media meist noch begrenzt sind, muss man sich überlegen, wo Abstriche gemacht werden können: was ist zwingend nötig, was ist eventuell wünschenswert und was ist eher unwichtig. Eine Orientierung liefert hierzu der Praxisleitfaden des Bundesverbandes Digitale Wirtschaft (2017, S. 51).

Daneben spielen bei den meisten Tool-Anbietern zwei Fragen eine entscheidende Rolle für die Preisgestaltung:

- Wie viele Menschen sollen mit dem Tool arbeiten?
- Wie viele Treffer sind monatlich zu erwarten?

Gerade in Bezug auf die zweite Frage können die in Abschn. 5.3.1 angeführten kostenlosen Tools helfen, um ein Gefühl den Umfang aufzubauen. Vor dem Hintergrund der Komplexität empfiehlt es sich zudem, den kostenlosen Vorab-Test, den fast alle Anbieter offerieren, zu nutzen.

Rechtssicherheit: Grabs et al. (2017, S. 134) führen in ihrem Buch noch einen wichtigen Tipp des Rechtsanwalts Peter Harlander auf, der an dieser Stelle 1:1 wiedergegeben werden soll:

> Auf Rechtskonformität achten: Monitoring-Tools sammeln Daten und werten diese aus. Nicht alle Tools bewegen sich dabei im Rahmen der in europäischen Ländern wie Deutschland, Österreich oder der Schweiz gültigen Datenschutzvorschriften. Manche Tools versprechen sogar, selbst Foren auszuwerten, die eigentlich nur geschlossenen Benutzergruppen zugänglich sein sollten. Eine detaillierte rechtliche Analyse der einzelnen Tools und ihrer oft sehr umfangreichen Funktionen würden wohl mehrere Doktorarbeiten füllen und damit ganz klar den Rahmen dieses Buches sprengen. Die [Verfasser] raten daher, jeweils vor der Nutzung konkreter Funktionen zu prüfen, ob die Nutzung der Funktion rechtskonform ist.

Vor dem Hintergrund, dass es – wie dargestellt – laut Evertz (2017b) eben nicht *das eine* Tool gibt, empfehlen Grabs et al. (2017, S. 135) folgendes:

> Verlassen Sie sich nicht auf das Ergebnis eines einzelnen Tools (egal, ob kostenpflichtig oder kostenlos), sondern nutzen Sie mehrere Tools parallel, und nehmen Sie so eine Überprüfung der Datenqualität anhand eines Vergleichs der Ergebnisse vor. So gehen Sie sicher, nichts Wichtiges übersehen zu haben. Am besten funktioniert unserer Meinung nach ein Mix aus kostenlosen und kostenpflichtigen Tools. Das bestätigen auch Branchenkollegen und Kunden.

Übersicht über den Markt kostenpflichtiger, professioneller Tools

Ähnlich wie bei den kostenlosen Tools gibt es für die professionellen Systeme Übersichten, die Ordnung in den Tool-Dschungel bringen sollen. Besonders hervorzuheben sind in diesem Zusammenhang der von Goldbach Interactive (Switzerland) AG veröffentlichte Toolreport sowie das G2 Crowd Grid for **Social-Media-Monitoring.**

Toolreport von Goldbach Interactive: Der Toolreport von Goldbach bietet interessierten Unternehmen eine Orientierungshilfe für die Werkzeugauswahl und ist – wie die Verfasser selber schreiben – mittlerweile eine etablierte Größe im immer komplexer werdenden Markt der Social-Media-Tools (vgl. Wörnemann et al. 2016).

Unter Abschn. 5.1.2 wurde bereits festgestellt, dass die verschiedenen Tools unterschiedliche Arbeitsfelder bedienen können. Der Toolreport von Goldbach bewertet die verschiedenen Softwarelösungen neben der Usability nach vier Funktionskategorien, von denen nur eine wirklich auf das eigentliche Social-Media-Monitoring abzielt (vgl. Wörnemann et al. 2016): Die Earned Media Monitoring & Analytics.[6] Einen Überblick über die Ergebnisse des Toolreports mit Fokus auf die für dieses Kapitel relevante Funktion liefert Abb. 5.12.

Wie aus Abb. 5.12 zu entnehmen ist, schnitt als bestes Tool in der Kategorie „Earned Media Monitoring & Analytics" das System des französischen Herstellers Linkfluence „Radarly" ab. Wörnemann et al. (2016) schreiben in der Begründung, dass das Erstellen von Suchabfragen und die Analyse von großen Datenmengen bei Radarly sehr intuitiv erfolgt. Weiter heißt es dort:

> Ortsbezogene Daten werden auf einer übersichtlichen Karte angezeigt, einzelne Länder oder Städte können herangezoomt werden. Das Tool weist zudem unter allen getesteten Tools eine der besten Quellenabdeckung auf. So lassen sich auch Beiträge aus Printmedien, Fernsehen oder Radio durchsuchen. Speziell zu erwähnen ist auch die Möglichkeit, Daten auf einer Zeitachse zu visualisieren und mittels Schieberegler rasch miteinander zu vergleichen oder Veränderungen über längere Zeiträume anzuzeigen. Neu kann mit Radarly auch nach Bildern gesucht werden wie z. B. einem Logo. Zudem wurden Auswertungsmöglichkeiten für Instagram eingeführt. Radarly bietet auch eine sehr grosse Auswahl an Alertfunktionen und ist insgesamt bestens für grössere und mittlere Unternehmen ausgelegt, die international tätig sind.

Diese Ausführungen erschienen dem Autor für ein weiterführendes Verständnis der in Abschn. 5.1.2 angeführten Funktionskriterien noch einmal wichtig. Wie jedoch aus Abb. 5.12 zu entnehmen ist, schnitten anderen Tools in dieser Kategorie ähnlich gut ab.

G2 Crowd Grid for Social-Media-Monitoring: Eine rein auf Social-Media-Monitoring-Tools fokussierte Einschätzung liefert das G2 Crowd Grid for Social-Media-Monitoring. Hierbei handelt es sich allerdings um eine Betrachtung aus der Sicht des amerikanischen Marktes. Um in die Kategorie eines solchen Tools aufgenommen zu werden, muss das Produkt nach Angaben der Betreiber des Grids folgende Funktionen beinhalten (vgl. G2 Crowd 2017):

---

[6]Die Funktion Publishing/Postings betrifft die Planung und Konzeption von Social Media (siehe dazu später ausführlich Kap. 11). Bei Engagement/Webcare geht es vor allem um den täglichen Dialog mit den Usern und somit um Funktionen wie Beantworten, Weiterleiten und Kommentieren von Beiträgen (siehe dazu später ausführlich Kap. 12). Social-Account-Analytics bezieht sich vor allem auf Fragen rund um die Social-Media-Analytics (siehe dazu die Abgrenzung zu Social-Media-Monitoring in Abschn. 5.1.1 sowie später ausführlich unter Kap. 14), also um die Erhebung und Analyse vorwiegend quantitativer Daten zur Erfolgskontrolle.

**Top-10 der Social-Media-Monitoring-Tools in der Kategorie „Earned-Media-Monitoring"
von Goldbach Interactive**

Abb. 5.12 Ergebnisse des Social-Media-Tool-Reports mit Bezug auf „Earned-Media-Monitoring"
von Goldbach Interactive. (Quelle: eigene Darstellung in Anlehnung an Wörnemann et al. 2016)

- Identifikation von Erwähnungen über verschiedene soziale Medien hinweg
- Identifikation von Trends (trending topics or phrases)
- Ausweis des Sentiments der User
- Organisationsmöglichkeiten der Informationen über die User
- Identifikation von Influencern und Meinungsführern

Die Beurteilung der Social-Media-Monitoring-Tools erfolgt auf Basis der Kundenzufriedenheit (auf Nutzerurteilen basierend) und Größe (basierend auf Marktanteil,
Anbietergröße und sozialem Einfluss). Entsprechend der Urteile wurden die 139 untersuchten Anbieter in eine der vier Kategorien eingeordnet, die der Abb. 5.13 zu entnehmen sind.

- Produkte im **Leader**-Quadranten erhielten eine hohe Bewertung der Nutzer und weisen eine substanzielle Marktpräsenz auf. Unternehmen in dieser Kategorie sind[7]:
  Sprout Social, Hootsuite, Brandwatch und Zoho Social.
- **High Performers** erhielten ebenfalls eine hohe Bewertung durch die Nutzer, haben
  aber noch keine den Leaders vergleichbare Präsenz im Markt. Zu den High Performers gehören: NetBase, Synthesio, Mention, Audiense, Radarly, Oktopost, Agora-
  Pulse, Sendible, Digimind Social, Falcon.io, Infegy Atlas, Geofeedia, NUVI, Tailwind,

---

[7]An dieser Stelle sind die einzelnen Tools mit der Website der G2 Crowd verlinkt, so dass man aus
dem E-Book heraus direkt auf die Nutzer-Bewertungen gelangt.

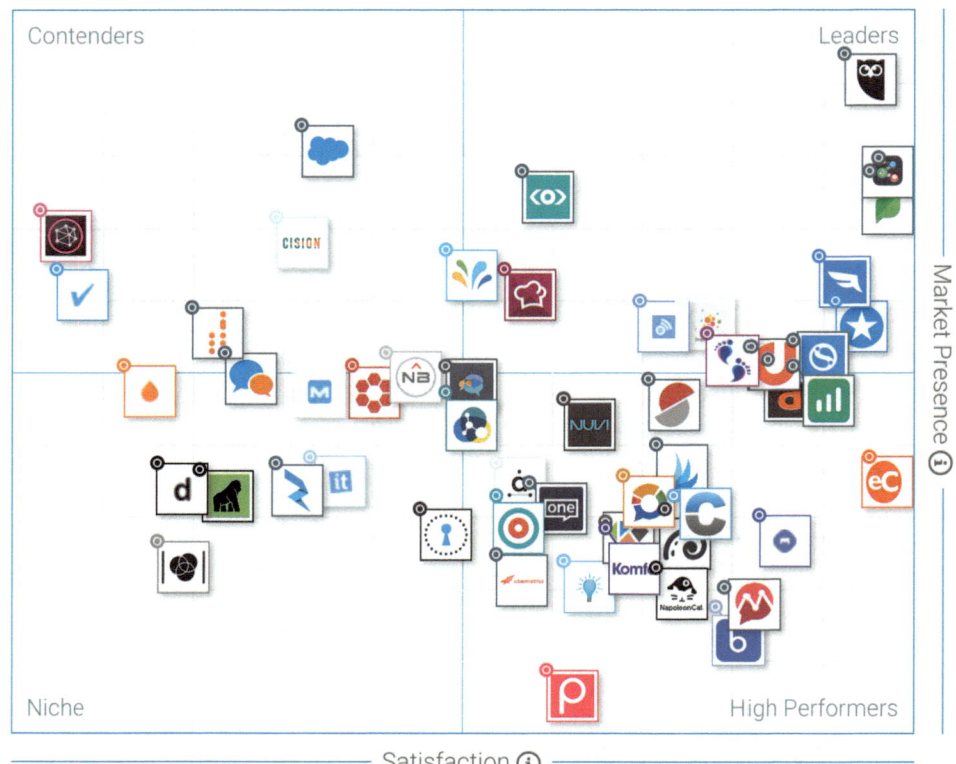

Abb. 5.13 Ergebnis des G2 Crowd Grid for Social-Media-Monitoring. (Quelle: G2 Crowd)

BuzzSumo, Cyfe, Klear, Plumlytics Social, Talkwalker, Mediatoolkit, Brand24, Zignal Labs, Komfo, BrandsEye, Buzzlogix, Ubermetrics Delta, eClincher und Mentionlytics.

- **Contenders** haben eine signifikante Marktpräsenz, allerdings wurden sie von den Nutzern nicht so hoch bewertet oder es fehlt noch an einer entsprechend ausreichenden Anzahl von Bewertungen. Dazu gehören: Cision, Adobe Social, Sprinklr und Social Studio.
- **Nischenanbieter** haben keine Marktpräsenz. Bezüglich der Nutzer-Bewertungen gilt hier das gleiche wie bei den Contenders. Zu dieser Kategorie zählen: Sysomos, Tracx, Spredfast, Meltwater Buzz, Crimson Hexagon, Socialbakers, Percolate, Social Report, Union Metrics und OutboundEngine.

Auch wenn sich das G2 Crowd Grid auf den amerikanischen Markt bezieht, so führt es doch einige der „üblichen" Tools auf. Ein Vergleich der verschiedenen Rankings hilft sicherlich, einen Überblick über diesen komplexen Markt zu gewinnen. Vor diesem Hintergrund liefert der Servicelink 5.8 neben dem Verweis zur G2 Crowd Seite weiterführende Links zu Übersichten (wie z. B. das Ranking der Digitalwelt) und Artikeln. Einen guten Überblick zu den gängigen Tools liefern darüber hinaus noch Grabs et al. (2017, S. 144–145).

Servicelink 5.8	
Servicelink 5.8a zur Einstiegsseite zum G2 Crowd Grid for Social-Media-Monitoring: https://www.g2crowd.com/categories/social-media-monitoring Servicelink 5.8b zur Ranking der größten Social-Listening-Anbieter in Deutschland von Digitalwelt: http://www.digitalwelt.org/themen/social-media/social-media-monitoring/anbieter Servicelink 5.8c zum Artikel „8 professionelle Tools" bei t3n im Überblick: https://t3n.de/news/social-media-monitoring-tools-680384/ Der aktuelle Toolreport von Goldbach sollte nach dessen Veröffentlichung jeweils über den Hashtag „#ToolreportXX" (also beispielsweise #Toolreport16 für die Ergebnisse des Jahres 2016) zu finden sein	

5.4   Grenzen von Social-Media-Monitoring

Wie dargestellt, können Social-Media-Monitoring-Tools eine Vielzahl von Funktionalitäten bieten. Die Ausführungen zeigten jedoch auch, dass es neben einer intelligenten Technologie **noch immer den menschlichen Verstand benötigt.** Und das ist auch gut so. Man sollte sich also nicht blind und unkontrolliert auf die Ergebnisse der Tools verlassen, da es sonst zu Fehleinschätzungen und -entscheidungen kommen kann. Am Ende handelt es sich bei den Tools um Maschinen, bei denen nach wie vor gilt: Crap in, Crap out – wenn man als Mensch nichts Vernünftiges in die Maschine eingibt, kann nichts Sinnvolles herauskommen.

Interessant ist in diesem Zusammenhang die Feststellung bei Wörnemann et al. (2016) zum Toolreport 2016. Gerade bei der Analyse der Monitoring-Funktionen identifizierten die Forscher die größten Differenzen zwischen den Tools:

> Besonders überraschend war die unterschiedlich hohe Anzahl gefundener Tweets zu den vorgegebenen Stichwörtern: Die Spanne reicht von 167 bis zu 2048 gefundenen Tweets im definierten Zeitraum. Der Grund für diese enorme Differenz konnte nicht restlos geklärt werden.

Auch die **Sentiment-Analysen** stecken – wie dargestellt – noch im Entwicklungsstadium. Laut Gupta (2018) kratzt man bislang lediglich an der Oberfläche. Die Entwicklungen rund um die Künstliche Intelligenz, das maschinelle Lernen und die damit verbundenen Fähigkeiten von Algorithmen, Texte zu analysieren, könnten in diesem Zusammenhang jedoch in Zukunft deutliche Fortschritte bringen.

Darüber hinaus können zwei bereits beschriebene Entwicklungen (siehe Abschn. 2.1) einen Einfluss auf die Qualität der Ergebnisse nehmen: Dies sind zum einen die **vermehrten Falschmeldungen,** sei es durch Menschen oder durch Social Bots. Und zum anderen die Tendenz der Nutzer, sich vermehrt in **geschlossenen virtuellen Räumen oder 1:1-Medien wie WhatsApp** aufzuhalten. Hier stößt nicht nur das Monitoring an seine Grenzen, sondern auch die Social-Media-Analyse, weswegen auf das dahinter liegende Phänomen des „Dark Social" noch an späterer Stelle einzugehen sein wird (siehe Abschn. 14.2). Grabs et al. (2017, S. 140) weisen darauf hin, dass manche Anbieter diesbezüglich Lösungen versprechen, mit welchen solche Daten gefiltert und somit zugänglich gemacht werden könnten. Sollte dies tatsächlich möglich sein, dann wäre es allerdings vermutlich rechtlich unzulässig und eine Gefahr für die Reputation des analysierenden Unternehmens.

Dass es sich bei beiden Themen (Erkennung von Falschmeldungen/Bots sowie Dark Social) um **ernsthafte Probleme** handelt, bestätigen die Interviews von Apel (2017a, b, c) mit den drei großen Anbietern Brandwatch, Talkwalker und Ubermetrics. Alle drei können Bot-generierte Massenbeiträge nicht zuverlässig erkennen (wie wohl ebenso wenig alle anderen Anbieter). Zudem werden nicht öffentliche Beiträge sehr korrekt und brav als nicht öffentlich erkannt. Dies ist juristisch sauber, aber für die Praxis ein wenig unbefriedigend.

Viele weitere **rechtliche Fragen** im Bereich von Social-Media und Monitoring sind aufgrund der Markt-Dynamik und der Tatsache, dass es sich um ein recht junges Gebiet handelt, noch nicht abschließend geklärt. Die kontroversen Diskussionen bezüglich des Themas Datenschutz im Internet und den sozialen Netzwerken lassen es zwingend notwendig erscheinen, sich umfassend zu informieren und das Thema mit größtmöglicher Seriosität anzugehen. Sollte dafür keine Expertise vorhanden sein, ist die Konsultation von entsprechenden Rechts-Experten dringend angeraten.

Das Umfeld von Social-Media-Monitoring ist hochdynamisch. Informationen, um in puncto „Zuhören", dem ersten Schritt im Social-Media-Zyklus, up-to-date zu bleiben, bietet abschließend der Servicelink 5.9 mit der Möglichkeit, fortlaufend aktuelle Beiträge abzurufen.

Servicelink 5.9

Servicelink zum Flipboard des Autors zu Schritt 1 des Social-Media-Zyklus (SoMe 1: Zuhören):
https://flipboard.com/@alexanderdecker/some-1-zuh%C3%B6ren-eicejnbdy

Literatur

Adenion (2015) Influencer Marketing 3.0 für die Unternehmenskommunikation. http://www.adenion.de/docs/influencer-marketing-30-fuer-die-unternehmenskommunikation.pdf. Zugegriffen: 31. Mai 2018

Amos D (2017) How to do a social media audit. https://www.solopreneursllc.com/social-media-audit/. Zugegriffen: 31. Mai 2018

Apel P (2017a) In Zeiten von WhatsApp und Co.: Wie relevant ist Social-Media-Monitoring noch? https://www.basicthinking.de/blog/2017/03/14/social-media-monitoring-tools/. Zugegriffen: 31. Mai 2018

Apel P (2017b) Social Media Monitoring: Interview mit Tool-Anbieter Talkwalker. https://www.basicthinking.de/blog/2017/03/21/social-media-monitoring-talkwalker/. Zugegriffen: 31. Mai 2018

Apel P (2017c) Social Media Monitoring: Interview mit Tool-Anbieter Ubermetrics. https://www.basicthinking.de/blog/2017/03/27/social-media-monitoring-ubermetrics/. Zugegriffen: 31. Mai 2018

Aßmann S, Röbbeln S (2013) Social Media für Unternehmen. Galileo Computing, Bonn

Bannister K (2015) Die Sentimentanalyse: Was ist das? Warum wird sie eingesetzt? https://blog.hootsuite.com/de/die-sentimentanalyse-was-ist-das-warum-wird-sie-eingesetzt-2/. Zugegriffen: 31. Mai 2018

Bartels J (2016) 5 Insights, welche Ihnen ohne Social Media Monitoring entgehen. https://www.webbosaurus.de/5-insights-welche-ihnen-ohne-social-media-monitoring-entgehen/. Zugegriffen: 31. Mai 2018

Blanchard O (2012) Social Media ROI. Messen Sie den Erfolg Ihrer Marketing-Kampagne. Addison-Wesley, München

Brinkmann S (2015) Fünf Google-Alerts-Alternativen: Talkwalker, Kuerzr, Alert.io, Bing News und IFTTT im Vergleich. https://www.journalisten-tools.de/recherchieren/fuenf-google-alerts-alternativen-talkwalker-kuerzr-alert-io-bing-news-und-ifttt-im-vergleich/. Zugegriffen: 31. Mai 2018

Bundesverband Digitale Wirtschaft (2017) Leitfaden: Social Media Monitoring in der Praxis. Grundlagen, Praxis-Cases, Anbieterauswahl und Trends. https://www.bvdw.org/themen/publikationen/detail/artikel/leitfaden-social-media-monitoring-in-der-praxis/. Zugegriffen: 31. Mai 2018

Butler P (2016) 6 Gründe für die wichtige Rolle der Social-Media-Analyse im Marketing. https://www.ibm.com/analytics/de/de/watson-analytics/datagames/blog/6-grunde-fur-die-wichtige-rolle-der-social-media-analyse-im-marketing.shtml. Zugegriffen: 31. Mai 2018

Cuttica P (2016) Social media monitoring versus listening: does it matter? http://www.cmo.com/opinion/articles/2016/2/26/social-media-monitoring-versus-listening-does-it-matter.html#gs.F6DjySc. Zugegriffen: 30. Mai 2018

Däppen A (2015) 14 Anforderungen an ein Social Media Monitoring Tool. http://ikm-hslu.ch/ikm-blog/2015/07/07/14-anforderungen-ein-social-media-monitoring-tool/. Zugegriffen: 31. Mai 2018

Däppen A (2016) 7 Einsatzmöglichkeiten für Social Media Monitoring Tools. https://www.marketingkiste.ch/7-einsatzmoeglichkeiten-fuer-social-media-monitoring-tools/. Zugegriffen: 31. Mai 2018

Decker A (2016) Was genau ist Social Service? In: Babka S (Hrsg) Social Media für Führungskräfte. Springer Gabler, Wiesbaden, S 82–85

Enge E, Spencer S, Stricchiola J, Fishkin R (2012) Die Kunst des SEO-Strategie und Praxis erfolgreicher Suchmaschinenoptimierung. O'Reilly, Köln eTracker (2010) Was ist bitte Web-Analytics, Web-Controlling oder Web Performance Monitoring? http://www.absatzwirtschaft.de/was-ist-bitte-web-analytics-web-controlling-oder-web-performance-monitoring-9972/. Zugegriffen: 31. Mai 2018

Evertz S (2017a) Analysiere das Web!: Wie Sie Marketing und Kommunikation mit Social Media Monitoring verbessern. Haufe, Freiburg

Evertz S (2017b) Toolauswahl für Social Media Monitoring und mehr. Upload Magazin 47. https://upload-magazin.de/blog/18026-toolauswahl-fuer-social-media-monitoring-und-mehr/. Zugegriffen: 31. Mai 2018

Falls J (2016) The difference between social monitoring and social listening. https://www.jason-falls.com/social-monitoring-social-listening/. Zugegriffen: 31. Mai 2018

G2 Crowd (2017) Best social media monitoring software. www.g2crowd.com/categories/social-media-monitoring. Zugegriffen: 31. Mai 2018

Grabs A, Bannour KP, Vogl E (2017) Follow me! Erfolgreiches Social Media Marketing mit Facebook, Twitter und Co. Rheinwerk Computing, Bonn

Gupta S (2018) Sentiment analysis: concept, analysis and applications. https://towardsdatascience.com/sentiment-analysis-concept-analysis-and-applications-6c94d6f58c17. Zugegriffen: 31. Mai 2018

Hettler U (2010) Social Media Marketing Marketing. mit Blogs, Sozialen Netzwerken und weiteren Anwendungen des Web 2.0. Oldenburg, München

Hilker C (2012) Erfolgreiche Social-Media-Strategien für die Zukunft: Mehr Profit durch Facebook, Twitter, Xing und Co. Linde, Wien

Hofmann O (2014) Methoden des Social Media Monitoring. In: König C, Stahl M, Wiegand E (Hrsg) Soziale Medien. Gegenstand und Instrument der Forschung. Springer VS, Wiesbaden, S 161–170

Horn N (2015) Social Media Monitoring Tools im Vergleich. https://www.socialmediaakademie.de/blog/social-media-monitoring-tools-im-vergleich/. Zugegriffen: 31. Mai 2018

Ihle P (2017) Was in einer Internet-Minute passiert. http://influence.ch/chart-der-woche/artikel/was-passiert-in-60-internet-sekunden/. Zugegriffen: 31. Mai 2018

Internetlivestats (o. J.) In 1 second, each and every second, there are … http://www.internetlivestats.com/one-second/. Zugegriffen: 31. Mai 2018

Klear (o. J.) The new standard in influencer marketing. Homepage. https://klear.com/. Zugegriffen: 31. Mai 2018

Koethe D (2017) Leitfaden: Was ist Social Media Monitoring & warum ist es wichtig? https://www.talkwalker.com/de/blog/social-media-monitoring-leitfaden. Zugegriffen: 31. Mai 2018

Kolo C, Borgstedt AL (2015) Markenempfehlung in sozialen Medien. Internationale Studie zu generellen Einflussfaktoren und spezifischen Motiven im Plattformvergleich. https://www.territory-webguerillas.de/fileadmin/user_upload/PR_Material/201505_Macromedia_webguerillas_Markenempfehlung.pdf. Zugegriffen: 31. Mai 2018

Krömer J (2012) Gegen den Zufall – Mensch versus Maschine bei der Sentiment-Analyse. Soc Media Mag 3:54–59

Lange M (2012) Social media monitoring. In: Schwarz T (Hrsg) Leitfaden Online Marketing. Marketing-Börse GmbH, Waghäusel, S 655–659

Langfellner S (2016) Pokémon GO für das eigene Unternehmensmarketing nutzen. https://kliqs.ch/pokemon-go-fuer-das-eigene-unternehmensmarketing-nutzen/. Zugegriffen: 31. Mai 2018

Leonhard A (2015) Die richtigen Fragen für dein Social Media Monitoring. https://www.socialmediaakademie.de/blog/die-richtigen-fragen-fuer-dein-social-media-monitoring/. Zugegriffen: 31. Mai 2018

Maier S (2014a) 10 Tipps für erfolgreichen Kundenservice in Social Media. https://blog.socialhub.io/kundenservice-social-media-10-tipps/. Zugegriffen: 31. Mai 2018

Maier S (2014b) Wie Social Media neue Handlungsfelder im Kundenservice eröffnen. https://blog.socialhub.io/social-media-kundenservice/. Zugegriffen: 31. Mai 2018

Mattschek M (o. J.) Social-Media-Monitoring. Kostenlose Social-Media-Monitoring-Tools. https://www.onlinemarketing-praxis.de/social-media/kostenlose-social-media-monitoring-tools. Zugegriffen: 31. Mai 2018

Mayring P (2015) Qualitative Inhaltsanalyse: Grundlagen und Techniken. Beltz, Weinheim

Mindruta R (2016) 15 kostenlose Social Media Monitoring Tools. https://www.brandwatch.com/de/2016/04/15-kostenlose-social-media-monitoring-tools/. Zugegriffen: 31. Mai 2018

MonitoringMatcher (o. J.) Anbieter Social Media Monitoring. http://www.monitoringmatcher.de/anbieter/social-media-monitoring/. Zugegriffen: 31. Mai 2018

N:Sight (2015) Social media monitoring. https://de.slideshare.net/nsightresearch/social-media-monitoring-16400713. Zugegriffen: 31. Mai 2018

Neely D (2010) Social-media listening vs. social-media monitoring: truly connecting, or merely collecting? http://www.marketingprofs.com/articles/2010/3634/social-media-listening-vs-social-media-monitoring-truly-connecting-or-merely-collecting#ixzz3XPToYHLW. Zugegriffen: 31. Mai 2018

Oettinger R (2016) Meinungsführer. Teil 1: Influencer – wer sie sind und wie sie ticken. https://www.channelpartner.de/a/influencer-wer-sie-sind-und-wie-sie-ticken,3047856. Zugegriffen: 31. Mai 2018

Pein V (2014) Der Social Media Manager. Handbuch für Ausbildung und Beruf. Galileo Press, Bonn

Read A (2016) The superhuman guide to twitter advanced search: 23 hidden ways to use advanced search for marketing and sales. https://blog.bufferapp.com/twitter-advanced-search. Zugegriffen: 31. Mai 2018

Ryan D (2015) Understanding social media. How to create a plan for your business that works. KoganPage, London u. a.

Socialmention (o. J.a) About. http://www.socialmention.com/about. Zugegriffen: 31. Mai 2018

Socialmention (o. J.b) FAQ. http://www.socialmention.com/faq. Zugegriffen: 31. Mai 2018

Steimel B, Halemba C, Dimitrova T (2011) Social Media Monitoring. Erst zuhören, dann mitreden in den Mitmachmedien. Mind Business Consultants, Meerbusch

Sterne T (2011) Social Media Monitoring. Analyse und Optimierung Ihres Social Media Marketings auf Facebook, Twitter, YouTube und Co. MITP-Verlag, Heidelberg u. a.

Talkwalker (o. J.a) Krisenüberwachung. https://www.talkwalker.com/de/use-cases/krisenueberwachung. Zugegriffen: 31. Mai 2018

Talkwalker (o. J.b) Boolean operators. https://www.talkwalker.com/user-manual/talkwalker#_talkwalker_query_syntax. Zugegriffen: 31. Mai 2018

Talkwalker (o. J.c) Homepage talkwalker alerts. http://www.talkwalker.com/de/alerts. Zugegriffen: 31. Mai 2018

Tran T (2015) The secrets to building great social media monitoring queries. http://blog.infegy.com/tips-for-building-great-social-media-monitoring-queries/. Zugegriffen: 31. Mai 2018

Webpixelkonsum (2017) Nutze diese 12 Schritte für Deine Social-Media-Strategie. https://www.webpixelkonsum.de/nutze-diese-12-schritte-fuer-deine-social-media-strategie/. Zugegriffen: 31. Mai 2018

Weinberg T, Pahrmann C (2012) Social media marketing. O'Reilly, Köln

Wörnemann S, Lauber D, Assaad A (2016) Social media toolreport 2016. http://www.goldbachinteractive.ch/insights/fachartikel/social-media-toolreport-2016. Zugegriffen: 31. Mai 2018

Zahn AM (2016) Kostenose Social-Media-Monitoring-Tools. http://www.forschungsweb.com/whitepaper-kostenlose-social-media-monitoring-tools/. Seit Anfang 2018 nicht mehr erreichbar. Zugegriffen: 13. Okt. 2017

Zimmermanns S (2015) Social-media-monitoring tools & definition. https://internet-pr-beratung.de/social-media-monitoring-tools-definition/. Zugegriffen: 31. Mai 2018

Schritt 2: Definieren

6

Der Langsamste, der sein Ziel nicht aus den Augen verliert, geht
noch immer geschwinder, als jener, der ohne Ziel umherirrt.
Gotthold Ephraim Lessing, Dichter der deutschen Aufklärung
(Lessing zitiert bei Harenberg 1997, S. 1427).

Zusammenfassung

Pein (2014, S. 130) weist daraufhin, dass Ziele im Bereich Social Media so indivi-
duell sind, wie die Situation des jeweiligen Unternehmens (ähnlich beispielsweise
Leutloff 2017; Stuber 2012, S. 104). Insofern gäbe es keine allgemeingültigen Emp-
fehlungen, mit welchem Ziel ein Unternehmen starten oder welche Zielgruppe spe-
ziell im Fokus stehen sollte. Vor diesem Hintergrund zeigt Abschn. 6.1 einleitend
Grundlagen zur Definition von Zielen und Zielgruppen, bevor Abschn. 6.2 einen
Überblick gibt, welche Ziele Unternehmen häufig im Zusammenhang mit Social
Media verfolgen.

Wie sehr die verschiedenen Schritte des Social-Media-Zyklus in gegenseitiger Abhängigkeit stehen, haben bereits die Ausführungen in Kap. 5 gezeigt. Um ein systematisches
Social-Media-Monitoring zu betreiben, braucht es Ziele. Diese leiten sich aus den generellen Zielen für Social Media ab. Andererseits soll das Monitoring aber überhaupt erst
Informationen darüber liefern, welche Zielgruppen wo und wie über ein Unternehmen
reden, um darauf aufbauend Ziele für Social Media festlegen zu können. Um diese
Henne-Ei-Diskussion aufzulösen, bedarf es eines Verweises auf die sogenannte Null-
messung (siehe Abschn. 5.2.1). Betreibt ein Unternehmen bislang noch kein Social
Media, so hilft das Monitoring, eine erste Bestandsaufnahme zu machen und daran
anschließend erste Ziele zu formulieren. Anderenfalls dient das Monitoring dazu,
Anhaltspunkte für eine Anpassung der bereits formulierten Ziele zu erhalten.

© Springer Fachmedien Wiesbaden GmbH 2019   141
A. Decker, *Der Social-Media-Zyklus*,
https://doi.org/10.1007/978-3-658-22873-6_6

Fakt ist: **Um systematisch Social Media zu betreiben, braucht es Ziele.** Diese sind an die vom Unternehmen anvisierten Zielgruppen auszurichten. Darauf aufbauend lassen sich dann die weiteren Schritte des Social-Media-Zyklus bestimmen. Dies ist kein starrer Prozess-Ablauf (siehe auch Abschn. 4.3), vielmehr ist die Abstimmung der Ziele und Zielgruppen mit den anderen Schritten ein iterativer Prozess.

Zum Einstieg in die Materie listet nachstehende Übersicht eine Reihe klassischer, zentraler Fragen auf, die sich ein Unternehmen zu Beginn des Prozessschritts „definieren" stellen sollte:

Fragen

Definition der Ziele und Aufgaben

- Was sind die Unternehmens-Ziele?
- Wie können diese auf Social-Media-Ziele übertragen werden?
- Was kann und was will das Unternehmen mit Social Media erreichen?
- Wo sind die Aufgaben?
- Was sind die Herausforderungen?

Zielgruppen-Definition

- Wen erreicht das Unternehmen bisher?
- Welche Zielgruppen soll das Unternehmen erreichen?
- Wo halten sich diese Zielgruppen in Social Media auf?
- Wie nutzen diese (einzelnen) Zielgruppe(n) Social Media?
- Wie können diese Zielgruppen angesprochen werden?

6.1 Grundlagen der Definition von Zielen und Zielgruppen

6.1.1 Definition von Zielen

Selbst Firmen, die bereits länger in den sozialen Medien unterwegs sind, haben oft keine zufriedenstellenden Antworten auf die Frage nach dem Sinn und Zweck ihrer Aktivitäten. Eishofer (2016) zitiert, auch vom Autor selbst häufig gehörte, Phrasen wie „Es bringt zwar nichts, aber man muss ja heutzutage mitmachen" oder „Ich bin schon lange dabei, aber kaufen tut auf Facebook keiner was". Dies sind klare Indizien dafür, dass diese Person beziehungsweise das betroffene Unternehmen keine Strategie verfolgt, eher ziellos durch das Social Web mäandert und hofft, dass sich der Erfolg von alleine einstellt. Blanchard (2012, S. 33) formuliert klar, dass ein Social-Media-Programm ohne Ziel nur mehr Arbeit bedeutet, nicht mehr.

Betrachtet man die Literatur darüber, wie sich Ziele sinnvoll definieren lassen, so finden sich immer wieder zwei zentrale Schritte, die es zu durchlaufen gilt (vgl. beispielsweise

Blanchard 2012, S. 36–39; Grabs et al. 2017, S. 106–112; Leutloff 2017; Pein 2014, S. 130–135; Stuber 2012, S. 104–105):

- Ableitung der Ziele aus den Unternehmenszielen
- Definition der Ziele anhand der SMART-Formel

Ableitung der Ziele aus den Unternehmenszielen
Die notwendige Zieldefinition darf laut Stuber (2012, S. 105) nicht im Glashaus stattfinden. Dies haben schon die Ausführungen zur Definition von Social-Media-Marketing deutlich gemacht. Es dient vielmehr dazu, **organisations-bezogene Zielsetzungen** durch Wertschöpfung für die verschiedenen Stakeholder **zu erreichen.** Dies bekräftigt auch Hennig-Thurau in der Studie mit den Roland Berger Strategy Consultants: „Die Ziele, die mit dem Einsatz sozialer Medien erreicht werden sollen, müssen […] aus der Unternehmensstrategie abgeleitet werden." (Roland Berger Strategy Consultants 2014).

Als Ausgangspunkt der Zieldefinition für Social Media dient vor diesem Hintergrund beispielsweise die umgekehrte Ziel-Pyramide, bei Stuber (2012, S. 104–105) als Social-Media-Strategiepyramide bezeichnet. Diese ist Abb. 6.1 zu entnehmen.

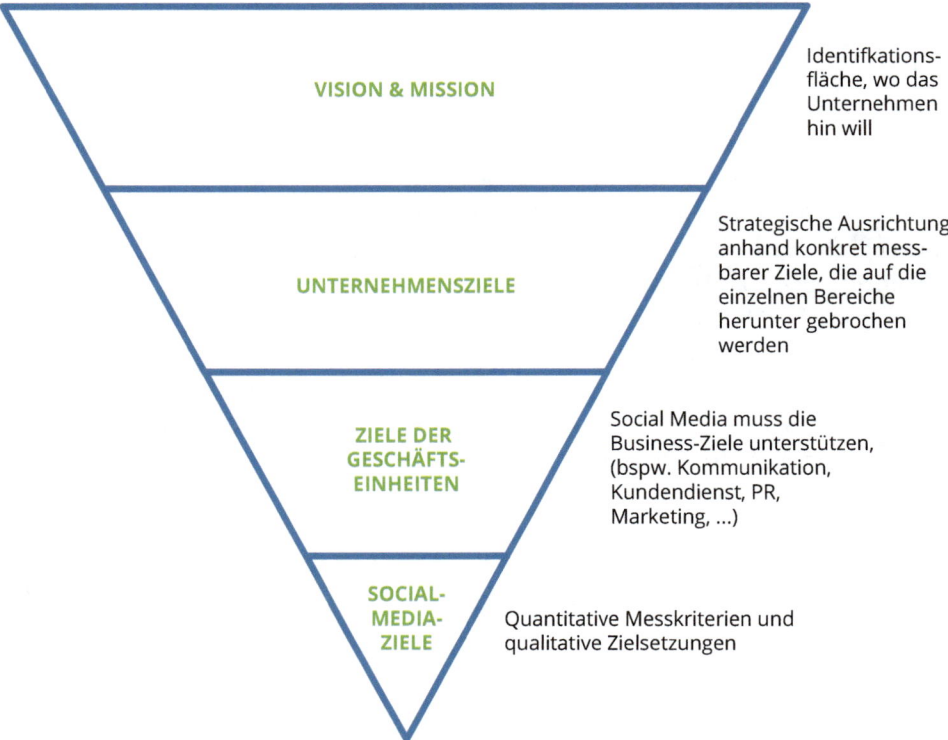

Abb. 6.1 Die Social-Media-Strategiepyramide nach Stuber. (Quelle: eigene Darstellung in Anlehnung an Stuber 2012, S. 105)

Die Social-Media-Strategiepyramide (siehe Abb. 6.1) geht von der Vision und Mission des Unternehmens aus, die wiederum die strategische Ausrichtung anhand konkret messbarer Ziele vorgeben und auf die einzelnen Bereiche weiter herunterbrechen. Diese Erkenntnisse sollten in der Regel bereits vorliegen. Die Aufgabe von Social Media muss es nun sein, diese Ziele der Geschäftseinheiten zu unterstützen. Auch in diesem Zusammenhang ist zu betonen, dass es sich in der Regel um einen **iterativen Prozess** handelt. Die ungefähren Zielvorstellungen sind mit den verschiedenen Anspruchsgruppen in der Organisation schrittweise zu verfeinern (vgl. Stuber 2012, S. 105).

Vor dem Hintergrund, dass Produkte immer austauschbarer werden, führen Grabs et al. (2017, S. 107–110) den Ansatz, von der Vision her zu starten, weiter. Mit Bezug auf den Golden Circle nach Sinek (2011) entwickeln sie eine Struktur, wie von einer Vision ausgehend die strategischen Ziele und schließlich die einzelnen Social-Media-Maßnahmen zu entwickeln sind. Hierbei kommen Prinzipien zum Einsatz, die vor allem bei erfolgreichen Unternehmen wie Apple in der Kommunikation zu finden sind. Es stehen weniger die Produkte im Mittelpunkt, sondern vielmehr nachstehende Fragen, die heutzutage vielfach im Rahmen von **Content Marketing und Storytelling den Ausgangspunkt** der Kommunikation bilden (vgl. Grabs et al. 2017, S. 108):

- *Warum* gibt es uns? Vision, Anspruch und Leidenschaft
- *Wie* setzen wir das um? Unternehmenswerte und Arbeitsweise
- *Was* machen wir daraus? Produkte und Dienstleistungen

Was generell für Kommunikation gilt, so Grabs et al. (2017, S. 108), müsse genauso für Social Media gelten, weswegen es auch für diese Disziplin eine eigene Vision brauche. Diese Vision müsse sich an Fragen orientieren wie „Warum wurde die Firma ursprünglich gegründet?", „Was hat uns damals motiviert?", „Warum geht man leidenschaftlich jeden Tag in dieses Unternehmen?". Die Antworten darauf geben einen Anhaltspunkt darüber, wie die Ziele konkreter formuliert und zudem später in Maßnahmen umgesetzt werden können.

Über den Servicelink 6.1 ist ein Ted-Talk von Simon Sinek abzurufen, in dem er die Theorie des Golden Circle auf fesselnde Weise näher erläutert und die hier angerissene Vorgehensweise anschaulich vertieft.

Servicelink 6.1

Servicelink zum Ted-Talk von Simon Sinek:
https://www.youtube.com/watch?v=u4ZoJKF_VuA

Definition der Ziele anhand der SMART-Formel

Unternehmen tendieren gerne – sehr wahrscheinlich unbewusst – dazu, ihre Ziele relativ unkonkret zu formulieren. Daher haben im Internet Praxis-Ratgeber zur richtigen Formulierung von Zielen in den letzten Jahren Hochkonjunktur.

Dort, wie auch in der Literatur, findet ein Ansatz aus dem Projektmanagement häufig Erwähnung: die SMART-Formel. SMART ist ein Akronym und steht für die nachstehenden Anforderungen an eine Zieldefinition (vgl. stellvertretend für viele in Bezug auf Social Media: Glaubitz 2017; Grabs et al. 2017, S. 111; Habicht 2017; Mattich 2016; Pein 2014, S. 133; Stuber 2012, S. 106)[1]:

S wie spezifisch:

Die Ziele müssen für alle Beteiligten eindeutig und unmissverständlich definiert sein.

Falsche Zielsetzung:
Verbesserung des Unternehmensimages.
   Problem: Hier fehlt es an den konkreten Faktoren, die klar machen, wie dieses Ziel zu erreichen ist.

Richtige Zielsetzung:
Verbesserung des Unternehmensimages durch die Senkung der negativen Nennungen auf Twitter sowie die Steigerung der positiven Produkt-Bewertungen auf unserer Social-Commerce-Plattform „Marktplatz".

Alternative Bedeutungen für S sind noch „simpel", „signifikant" oder „stretching" (im Sinne von anspruchsvoll). Spezifisch wird aber eindeutig am häufigsten als wesensbestimmendes Merkmal genannt.

M wie messbar:

Die spezifischen Ziele müssen anhand von konkreten Messkriterien zu überprüfen sein. Dies erfordert die Angabe eines konkreten Zahlenwertes.

Falsche Zielsetzung:
Verbesserung des Unternehmensimages durch die Senkung der negativen Nennungen auf Twitter sowie die Steigerung der positiven Produkt-Bewertungen auf unserer Social-Commerce-Plattform „Marktplatz".
   Problem: Bei welchem Messwert gilt das Ziel als erreicht?

---

[1]Die Versionen der nachstehenden falschen und richtigen Formulierungen der Zielsetzungen bauen bewusst aufeinander auf, so dass der erste Wortlaut durch den zweiten verbessert wird, der wiederum Ausgangspunkt zur Optimierung für Schritt 3 bildet usw.

Richtige Zielsetzung:
Verbesserung des Unternehmensimages durch die Senkung der negativen Nennungen auf Twitter um 10 % sowie die Steigerung der positiven Produkt-Bewertungen auf unserer Social-Commerce-Plattform „Marktplatz" vom aktuellen Durchschnitt 3,8 auf 4,2 (auf einer 5er-Skala).

Auch in Bezug auf das M ist die Bedeutung relativ einheitlich. Ab und zu ist noch „machbar" oder „motivierend" zu lesen, was dann wiederum Auswirkungen auf die restlichen Begriffe hat.

A wie akzeptiert:
Relativ uneinheitlich wird die Bedeutung hinsichtlich des Buchstabens A interpretiert. Am häufigsten findet sich hierfür „akzeptiert". Dies sagt aus, dass es eine Übereinstimmung bei den Beteiligten gibt, dass gerade dieses Ziel erreicht werden soll (ähnlich im Englischen: „agreed"). Dies beinhaltet gleichzeitig auch, wer die Verantwortung für die Erreichung des Zieles übertragen bekommt (im Sinne des gebräuchlichen „assignable" oder „assigned").

Falsche Zielsetzung:
Verbesserung des Unternehmensimages durch die Senkung der negativen Nennungen auf Twitter um 50 % sowie die Steigerung der positiven Produkt-Bewertungen auf der Social-Commerce-Plattform „Marktplatz" vom aktuellen Durchschnitt 3,8 auf 4,8 (auf einer 5er-Skala).
   Problem: Es fehlt die Zuordnung der Verantwortlichkeiten.

Richtige Zielsetzung:
Verbesserung des Unternehmensimages durch die Senkung der negativen Nennungen auf Twitter um 50 % durch die Abteilung PR sowie die Steigerung der positiven Produkt-Bewertungen auf unserer Social-Commerce-Plattform „Marktplatz" vom aktuellen Durchschnitt 3,8 auf 4,8 (auf einer 5er-Skala) durch das Produktmanagement.

Neben den genannten Alternativen taucht auch „ambitioniert" als Erläuterung auf, was als Gegenpunkt zum nachstehenden R wie realistisch zu verstehen ist.

R wie realistisch:
Auf der einen Seite dürfen Ziele nicht zu tief angesetzt werden. Auf der anderen Seite müssen sie aber realistisch sein. Utopisch gesetzte Ziele führen schnell zu Frustration. Zudem ist zu beachten, dass die zur Realisation notwendigen Ressourcen vorhanden sein müssen. Die jeweiligen Gegebenheiten des Marktes und der Situation sind zu berücksichtigen.

Falsche Zielsetzung:
Verbesserung des Unternehmensimages durch die Senkung der negativen Nennungen auf Twitter um 50 % durch die Abteilung PR sowie die Steigerung der positiven Produkt-Bewertungen auf unserer Social-Commerce-Plattform „Marktplatz" vom aktuellen Durchschnitt 3,8 auf 4,8 (auf einer 5er-Skala) durch das Produktmanagement.

Problem: Im Zusammenhang mit der Anzahl negativer Nennungen kommt es sicherlich auf die Menge von Kritik an. Handelt es sich um ein Unternehmen, dass sich viel Kritik ausgesetzt sieht, so wäre die Zielsetzung von 50 % sicherlich nicht realistisch. Eine Steigerung von 3,8 auf einen fast optimalen Wert von 4,8 erscheint in jedem Fall als unrealistisch.

Richtige Zielsetzung:
Verbesserung des Unternehmensimages durch die Senkung der negativen Nennungen auf Twitter um 10 % durch die Abteilung PR sowie die Steigerung der positiven Produkt-Bewertungen auf unserer Social-Commerce-Plattform „Marktplatz" vom aktuellen Durchschnitt 3,8 auf 4,2 (auf einer 5er-Skala) durch das Produktmanagement.

Alternativ wird für „realistisch" auch „relevant" angeführt. Das bedeutet, dass die Ziele für die gewählte Strategie auch zielführend sein müssen. Dieses Kriterium sollte aber eigentlich immer gewährleistet sein.

T wie terminiert:
Letztendlich bedarf jedes Ziel eines klaren Zeitrahmens. Die Terminvorgabe sollte so genau wie möglich, am besten anhand eines konkreten Datums erfolgen.

Falsche Zielsetzung:
Verbesserung des Unternehmensimages durch die Senkung der negativen Nennungen auf Twitter um 10 % durch die Abteilung PR sowie die Steigerung der positiven Produkt-Bewertungen auf unserer Social-Commerce-Plattform „Marktplatz" vom aktuellen Durchschnitt 3,8 auf 4,2 (auf einer 5er-Skala) durch das Produktmanagement.
Problem: Es fehlt an der genauen Terminvorgabe, bis wann die Werte zu erreichen sind.

Richtige Zielsetzung:
Verbesserung des Unternehmensimages durch die Senkung der negativen Nennungen auf Twitter um 10 % durch die Abteilung PR bis zum 31.12.2018 sowie die Steigerung der positiven Produkt-Bewertungen auf unserer Social-Commerce-Plattform „Marktplatz" vom aktuellen Durchschnitt 3,8 auf 4,2 (auf einer 5er-Skala) durch das Produktmanagement bis zum 31.03.2019.

Alternativen für T können „trackable" (im Sinne von messbar) oder „tangible" (im Sinne von greifbar, also spezifisch) sein.

Ziele sind nur dann smart formuliert, wenn sie alle fünf Kriterien erfüllen. Es wird dringend dazu geraten, diese Ziele schriftlich zu fixieren. Die Erarbeitung solcher smarten Ziele mag anstrengend und zeitraubend sein. Aber es lohnt sich, denn je sauberer der Zielfindungsprozess vonstatten geht, desto einfacher lässt sich später der Zielerreichungsgrad überprüfen. Dazu sind je Ziel entsprechende Kennzahlen und KPIs zu definieren und zu kontrollieren. Dies erfolgt fortlaufend in Schritt 10 – „kontrollieren und analysieren" – der ausführlich in Kap. 14 vorgestellt wird.

6.1.2 Definition von Zielgruppen

Manche Veröffentlichungen empfehlen, die Entwicklung der Social-Media-Strategie bei den bestehenden Kunden zu beginnen (so z. B. in der POST-Methode nach Li und Bernoff 2009 oder bei Grabs et al. 2017, S. 97 sowie Pein 2014, S. 126). Eine Zielgruppen-Analyse käme folglich vor der Zieldefinition. Andere Publikationen definieren zuerst die aus den Organisationszielen abgeleiteten Social-Media-Ziele, bevor eine Analyse der Zielgruppen anhand der o. a. Fragen erfolgt (siehe z. B. Stuber 2012, S. 108–112).

Am Ende ist auch dies im wahren Leben **ein iterativer Prozess unter Berücksichtigung aller Faktoren:** Die Basis bilden oftmals die Organisationsziele des Unternehmens, die – möglicherweise über einen mehrstufigen Prozess auf Social Media herunter gebrochen werden. Hier liefert in der Regel das Marketing die besten Anhaltspunkte, denn dort folgen Hinweise über die einzelnen Zielgruppen des Unternehmens. Mittels Social-Media-Monitoring ist herauszufinden, welche der Marketing-Zielgruppen sich wo in den sozialen Medien bewegen und was sie über das Unternehmen, die Produkte oder den Service sagen und erwarten (siehe dazu die Ausführungen zur Nullmessung und Beobachtung der Zielgruppen in Abschn. 5.2.1). Dabei kann man feststellen, dass sich bestimmte Zielgruppen gar nicht in den sozialen Medien aufhalten. Dies kann wiederum eine Anpassung der ersten groben Zielsetzungen für das Social Media nach sich ziehen.

Ferner ist zu beachten, dass die im Marketing aufgeführten Zielgruppen **nicht unbedingt mit den Social-Media-Zielgruppen identisch** sein müssen. Ein Grund dafür kann die Identifizierung weiterer Zielgruppen sein oder die Kunden verhalten sich in den sozialen Medien anders (als im „wahren" Leben) und bilden so ganz neue Zielgruppen. Ein schönes Beispiel, wie sich Personen in der Realität ganz unterschiedlichen Gruppen zuordnen lassen, zeigt das Video vom dänischen Fernsehsender TV2. Ausgehend von klassischen, anhand demografischer Daten gebildeten Gruppierungen formieren sich hier, je nach Kriterium, ganz unterschiedliche Konstellationen. Das Video ist über Servicelink 6.2 direkt abrufbar.

Servicelink 6.2

Servicelink zum YouTube-Video des dänischen TV Senders TV2:
https://www.youtube.com/watch?v=jD8tjhVO1Tc

Vor diesem Hintergrund empfiehlt es sich **nicht** unbedingt, bei der Zielgruppen-Auswahl **nach bekannten, allgemeingültigen Schemata zu agieren.** Zwar werden gerne vorgefertigte Typologien angepriesen, wie beispielsweise die Nutzertypen nach Forrester (verwendet im Rahmen der POST-Methode nach Li und Bernoff 2009) oder die beliebten Sinus-Milieus, die mittlerweile auch im Kontext der Internetnutzung existieren (siehe beispielsweise Sinus 2012, S. 33). Allerdings sollten derartige generische generelle Ansätze nur zur Anwendung kommen, wenn das Marketing keine unternehmensspezifischen Ansätze parat hat – schließlich will man den individuellen Social-Media-Zielen, der Situation des jeweiligen Unternehmens sowie seinen Zielgruppen gerecht werden.

Ansonsten gelten in diesem Zusammenhang analog die Regeln und Mechanismen zur Bildung von Zielgruppen, wie man sie aus der **Marktsegmentierung** (siehe beispielsweise Kotler und Keller 2012, S. 214–224) oder der Identifikation von unternehmensspezifischen **Kundentypologien** (siehe beispielsweise Decker und Eichsteller 2008) kennt. Hier liefert das Social-Media-Monitoring notwendige Informationen bezüglich der Spezifika der Nutzer im Social Web. Auf Basis dieser Informationen hat es sich mittlerweile sogar „eingebürgert", über sogenannte „Personas" eine detailliertere Zielgruppenbeschreibung für Social Media zu erstellen.

Per Definition ist eine **Persona** „ein detailliert beschriebener Charakter, der sich der eigenen Zielgruppe zuordnen lässt" (Hilker 2017, S. 8). Im Großen und Ganzen werden demnach typische Kunden beschrieben und visualisiert, um diese besser kennenzulernen (vgl. Grabs et al. 2017, S. 105). Obwohl heute stark im Marketing und CRM verankert, stammt der Begriff aus dem IT-Bereich. Mithilfe von Personas versuchte man ursprünglich, Nutzer von Computer-Anwendungen zu typologisieren. Grundlage der Beschreibung bildeten damals soziodemografische Kriterien und das Mediennutzungsverhalten (vgl. Tropp 2014, S. 352). Heute integriert man vor allem konsum- und kaufrelevante Merkmale in die jeweiligen Typologisierungen. Man spricht deshalb oft von sogenannten Buyer Personas (vgl. Hilker 2017, S. 89; Scholze 2017).

Typologien und auch die Bildung von Personas erhalten zunehmend mehr Zuspruch in der Marketingwelt, da die alleinige Verwendung demografischer Segmentierungskriterien, wie Alter, Geschlecht, Bildung und Klassenzugehörigkeit, nachweislich nur noch in sehr geringem Maße Auswirkungen auf den Konsum hat. Auf Basis einer Vielzahl von Kriterien lässt sich die Darstellung einer Persona sehr viel individueller gestalten. Sie zeichnet sich durch einen deutlich geringeren Verallgemeinerungsgrad aus. Insofern vereinfachen Personas in Social Media die Zielgruppenanalyse, da die Darstellung wie eine kleine Geschichte oder die Biografie eines Menschen wirkt und somit leichter zu merken ist (vgl. Grabs et al. 2017, S. 106). Ein Beispiel für eine erste Persona-Beschreibung liefert abschließend Abb. 6.2.

Unabhängig von der Form der Zielgruppenbildung und der Frage, ob die Social-Media-Zielgruppen identisch mit denen des Marketings sind, sei abschließend noch darauf hingewiesen, dass selbstredend pro Zielgruppe ganz unterschiedliche Ziele formuliert werden können. Welche Ziele Unternehmen typischerweise anvisieren, zeigt der nächste Abschnitt.

Name:	Alexander
Alter:	50
Wohnort:	Ballungsgebiet, aber nicht unbedingt in der Großstadt
Ziel:	Möchte eine Lehre bieten, die begeistert
Spezifisches Problem:	Wie bleibe ich zum einen auf dem Laufenden und zum anderen wo finde ich Inspiration für neue Lehrformate?
Fünf Orte, an denen er schon nach Lösungen suchte:	Udemy Coursera Ted Tals Primer Hootsuite Academy

Abb. 6.2 Persona-Beschreibung eines Nutzers von Digital-Marketing-Online-Kursen. (Quelle: eigene Darstellung)

6.2   Typische Ziele im Social Media

Obwohl die Zielsetzung sehr unternehmensspezifisch ausfallen muss, so findet man bei der Recherche in Literatur und Praxis immer wieder eine Reihe von sehr typischen Zielen, die Unternehmen mit Social Media zu erreichen versuchen. Der State-of-Social-Report 2016 von Buffer zeigt, welches – basierend auf einer Befragung von 1252 Unternehmen verschiedenster Größe – die Top-5-Ziele von Unternehmen (in den USA) sind. Abb. 6.3 zeigt diese im Überblick.[2]

Dass die Zielstellungen weit differenzierter ausfallen können, zeigt das tiefere Studium von Veröffentlichungen aus Literatur und Praxis. Die nachfolgende Übersicht bildet die Quintessenz aus einer Reihe von ausgewählten Veröffentlichungen (vgl. Blanchard 2012, S. 39–50; Eishofer 2016; Grabs et al. 2017, S. 112; Glaubitz 2017; Leutloff 2017; Lua 2017; Pein 2014, S. 130–131; Social Media-Trendmonitor 2016; Weinberg und Pahrmann 2012, S. 29–33) sowie eigenen Erfahrungen. Diese Übersicht zeigt, welche Ziele typischerweise mit Social Media verfolgt werden. Die Ziele stehen teilweise in enger Beziehung zueinander. Zur Strukturierung sind sie verschiedenen Unterkategorien zugeordnet. Wo möglich, wird zur Verdeutlichung der jeweiligen Ziele sowie deren

---

[2]Neben den USA (49 %) stammten die Befragten in dieser Erhebung aus dem Vereinigten Königreich (8 %), Kanada (6 %), Australien (4 %), Indien (4 %) sowie weiteren, nicht genau ausgewiesenen Ländern (29 %). Eine ähnliche Übersicht liefert der Social Media Examiner (2017).

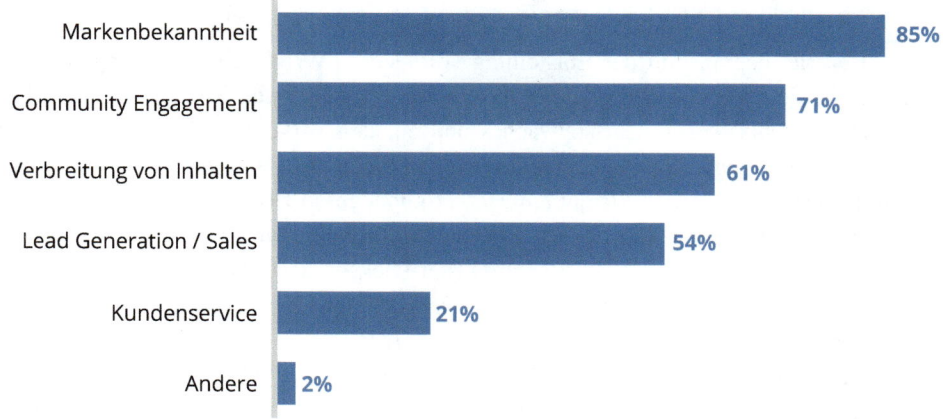

Abb. 6.3 Die fünf häufigsten genannten Social-Media-Ziele. (Quelle: eigene Darstellung in Anlehnung an Read 2016)

Umsetzung auf bereits erwähnte Cases verwiesen, beziehungsweise zusätzliche Fallbeispiele angeführt.

Marketing und Kommunikation

Steigerung Markenbekanntheit: Mit erheblichem Abstand steht die Steigerung der Markenbekanntheit im State-of-Social-Report von Buffer auf Platz eins der am häufigsten genannten Ziele für Social Media (siehe Abb. 6.3). Auch in Deutschland ist einer BITKOM-Studie zufolge die Steigerung der Bekanntheit des Unternehmens für die befragten Unternehmen das oberste Ziel ihrer Marketing-Bemühungen (vgl. Leutloff 2017). Nahezu alle o. a. Veröffentlichungen führen dieses Ziel ebenfalls auf. Dies ist nicht überraschend: Laut Asano (2017) verbringt der durchschnittliche Amerikaner täglich fast zwei Stunden in den sozialen Medien. Viel Zeit, um zu versuchen, dessen Aufmerksamkeit zu erhalten und sich als Marke im Bewusstsein zu verankern. Geht man davon aus, dass die Werte für Deutschland nicht ganz so hoch sind, bleibt immer noch viel Zeit, um die Aufmerksamkeit und das Interesse der Nutzer zu wecken beziehungsweise zu steigern. Auch wenn das Beispiel „Das Wunder auf dem Hudson River" (siehe Abschn. 2.2) keine Kampagne von Twitter war, sondern dem Microblogging-Dienst per Zufall viel „Buzz" bescherte, so zeigt es doch auf beeindruckende Weise, wie Social Media zur Markenbekanntheit beitragen kann. Ähnlich war es im Falle des Sängers Tay Zonday und seinem Video „Chocolate Rain" (siehe in Abschn. 2.2 das Beispiel zu den ersten Social-Media-Phänomenen). Auch das nachstehende Fallbeispiel 4 zu Blendtec zeigt, dass man in den sozialen Medien auch mit geringen finanziellen Mitteln viel Aufmerksamkeit erzielen kann, wenn man nur eine kreative Idee hat und guten beziehungsweise überraschenden Content liefert.

Fallbeispiel 4: Blendtec – Will it blend? (Quelle: in Anlehnung an Bauer 2016; Weinberg und Pahrmann 2012, S. 35–36)

Das Beispiel beginnt mit der Einstellung von George Wright als Marketingleiter bei Blendtec, einem 2006 noch relativ unbekannten Hersteller von Mixgeräten. Blendtec war ein gesichtsloses, umsatzschwaches und auf den Verkauf eines mittelmäßig gut laufenden Nischenprodukts spezialisiertes Unternehmen. Der Unternehmensgründer Tom Dickson gab George Wright ein Marketingbudget in Höhe von 50 US$, mit dem dieser etwas Originelles für die wenig bekannten Produkte tun sollte.

Die Idee zur Kampagne kam Wright, als er Dickson dabei beobachtete, wie dieser ein dickes Stück Bauholz zu schreddern versuchte, um die Leistungsfähigkeit eines neuen Mixermodells zu testen. Mit dem winzigen Marketing-Budget schaffte sich Wright einen Laborkittel an, einen Rechen sowie eine Tüte Murmeln und kaufte den Domainnamen „willitblend.com“. Wright filmte Dickson, wie dieser im Mixer verschiedene Dinge schredderte und stellte die Videos sowohl auf die Webseite als auch auf eine dafür eingerichtete YouTube-Seite. Blendtec sorgte mit seinen zerstörerischen „Will it blend?“-Videos schnell für Aufsehen. Das Unternehmen gab vor, die stärksten Mixer zu vertreiben – „und den letzten, den du im Leben brauchen wirst“.

Mit dieser lustigen, anders gearteten Content-Marketing-Strategie gelang es dem Unternehmen für jede Menge Viralität und Fans zu sorgen. Der YouTube-Kanal weist Stand März 2018 fast 900.000 Mitglieder auf. An die einhundert Videos wurden veröffentlicht. Als erfolgreichstes Video kommt allein die Episode „Will it blend? – iPad“ auf über 18,5 Mio. Abrufe (siehe https://www.youtube.com/watch?v=lAl28d-6tbko). Insgesamt wurden die Videos auf dem Kanal weit über 200 Mio. mal angeschaut. Der Umsatz der Blendtec-Produkte stieg um 700 %, die Marke wurde weltweit bekannt.

Blendtec baute die Content-Marketing-Strategie seither umfassend aus, sodass das Unternehmen auf allen populären Social-Media-Kanälen vertreten ist. Und nicht nur das: Es nutzt jeden Kanal auf andere Weise und stellt, je nach Verwendungszweck des Netzwerks, verschiedene Inhalte zur Verfügung:

- **YouTube** (https://www.youtube.com/user/Blendtec) als Dreh- und Angelpunkt aller viralen Marketing-Bestrebungen.
- **Facebook** (https://www.facebook.com/Blendtec/) als mehrfacher Content-Lieferant mit Links zu den Videos und zum Shop, sowie auch zu Fremdlinks mit Anleitungen, die mit dem Unternehmen in keiner Verbindung stehen, wohl aber den Usern einen Mehrwert liefern.
- **Instagram** (https://www.instagram.com/blendtec/) als neuerer Kanal, der ebenfalls zu den Videos verlinkt, aber im Kern Rezepte für einen „happy, healthy & simplified lifestyle“ bietet.

- **Pinterest** (https://www.pinterest.de/blendtec/), das ähnlich wie Instagram hauptsächlich auf eigene Rezepte sowie verschiedene Blogs verweist.
- **Twitter** (@Blendtec) zur Promotion der Videos, aber auch für die Verlinkung zu Rezepten und Anleitungen sowie zur ausführlichen Verknüpfung mit Hashtags.

Erhöhung der Reichweite: Eng mit der Steigerung der Markenbekanntheit ist das Ziel der Steigerung der Reichweite verbunden. Je nach Sichtweise könnte man dieses Ziel auch als Unterziel oder Messwert für die Erhöhung der Markenbekanntheit heranziehen: Viele Unternehmen versuchen dies durch den Aufbau von Fans und Followern oder über eine Reichweitensteigerung einzelner Beiträge zu erreichen (vgl. Leutloff 2017). In diesem Sinne verfolgen Unternehmen das Ziel der „Content Distribution" (siehe Abb. 6.3), also der Verbreitung der durch das Unternehmen generierten Inhalte. Desweiteren kann Social Media als Ersatz für wegbrechende Werbeflächen in den klassischen Medien dienen (vgl. Social Media-Trendmonitor 2016), um so zumindest die Reichweite zu erhalten. Wie sehr die Erhöhung der Reichweite und Steigerung der Markenbekanntheit einhergehen können, zeigte das o. a. Beispiel von Blendtec.

Stärkeres Community Engagement: Als zweitwichtigstes Ziel gaben die Unternehmen im State-of-Social-Report von Buffer an, über Social Media das Engagement innerhalb der Community stärken zu wollen (siehe Abb. 6.3). Auch dies kann wiederum zum Vorteil der Markenbekanntheit sein, beeinflusst verschiedenen Studien zufolge aber auch die Markenwahrnehmung, die Loyalität sowie die Mund-zu-Mund-Kommunikation positiv (vgl. Lua 2017).

Das Community Engagement stellt sowohl ein strategisches als mittlerweile auch ein notwendiges operatives Ziel von Social Media dar. Vor dem Hintergrund der in Abschn. 2.1 beschriebenen Einführung von Algorithmen (z. B. bei Facebook, inzwischen auch bei Instagram), die u. a. auf Basis der Interaktionsrate bestimmen, welche Inhalte im Newsfeed der jeweiligen Plattform angezeigt werden und welche nicht, ist es mehr denn je nötig, das Engagement der Nutzer so hoch wie möglich zu halten. Dazu benötigen Unternehmen wiederum hervorragenden Content sowie eine gute Moderation auf den Plattformen (siehe dazu später unter Kap. 12).

Eine weitere Tendenz, die im geschichtlichen Abriss zu Social Media beschrieben wurde (siehe Abschn. 2.1) und die es in diesem Zusammenhang zu berücksichtigen gilt, ist das vermehrte Auftreten geschlossener Communities und 1:1-Chats. Verfolgt ein Unternehmen das Ziel der Steigerung des Community Engagements, muss es sich Gedanken darüber machen, wie auch in solchen Fällen die entsprechenden Zielgruppen erreicht werden können (beispielsweise über eigene Chats auf Twitter oder Expertengruppen auf Xing und Linkedin).

Erhöhung des Traffics auf der Website: Ein wichtiges Ziel für Social-Media-Marketing-Kampagnen ist es, die Zugriffszahlen der eigenen Website zu erhöhen.

Dem State-of-Social-Report von Buffer zufolge nutzen drei von fünf Marketing-Verantwortlichen Social Media, um Website-Inhalte zu verbreiten und damit den Traffic auf der Webseite zu erhöhen (vgl. Read 2016). Einer Studie des Social Media Examiner (2017) zufolge erhöhen 78 % der Befragten ihren Website-Traffic durch den Einsatz von Social-Media-Marketing. Durch auf diese Weise verbesserte Ranking-Positionen auf Seiten wie Alexa oder Quantcast können wiederum höhere Preise für Anzeigen Dritter auf der Webseite erzielt werden (vgl. Weinberg und Pahrmann 2012, S. 29).

Neben den Zielen, die man mit der Kampagne selbst verfolgt, unterstützt die Erhöhung des Traffics auf der Website oftmals auch bereits angeführte Ziele des Social Media, wie z. B. die Steigerung der Markenbekanntheit oder die Verbesserung der Online-Reputation sowie das nachstehende, verbesserte Suchmaschinenranking.

Verbessertes Suchmaschinenranking: Im Zusammenhang mit einem verbesserten Suchmaschinenranking und den sozialen Medien wird von „Social SEO" gesprochen. Die wachsende Bedeutung dieser Disziplin basiert auf den Erkenntnissen aus Studien wie z. B. von SEOMoz (vgl. Moz 2015) oder Searchmetrics (2016). Diese Studien zeigen eine starke Korrelation zwischen Ranking-Erfolg und den „Social Signals", also beispielsweise Shares und Likes auf den Social-Media-Plattformen. Die Generierung von Social Signals ist Traffic3 (o. J.) zufolge aber keineswegs die einzige Möglichkeit, wie Social-Media-Aktivitäten die Suchmaschinen-Rankings einer Website beeinflussen können. Hier seien Social-Media-Präsenzen mit ihren direkten Effekten oder der indirekte Backlink-Aufbau über die Social-Media-Aktivitäten genannt. Allerdings ist zu berücksichtigen, dass diese Zusammenhänge noch keine Kausalitäten ausdrücken, weswegen rund um das Thema Social SEO auch hitzige Diskussionen laufen. Letztendlich zeigen Erkenntnisse z. B. von Evergreenmedia (2017), dass hochwertiger und relevanter Content in der Regel gerne geteilt und weiterverbreitet wird. Diese Art der Weiterverbreitung ist wiederum entscheidend für das Suchmaschinen-Ranking. Social Media führt allerdings nicht automatisch zu einem verbesserten Suchmaschinenergebnis, auch hier steht und fällt der Erfolg mit hochwertigen Inhalten. Entsprechen die Inhalte auf den verlinkten Websites nämlich nicht den Besuchererwartungen, erhöht dies in der Regel die sogenannte „Bounce-Rate"[3], was sich wiederum negativ auf das Website-Ranking in den Suchmaschinen auswirkt.

Verbesserung von Image und Reputation: In fast allen zu dieser Übersicht herangezogenen Quellen wurde das Reputations-Management als ein typisches Ziel für Social

---

[3]Die Bounce-Rate nennt den Prozentsatz der Besucher, die eine Website bereits nach wenigen Sekunden wieder verlassen (vgl. Kreutzer 2016, S. 77). Sie ist ein wichtiger Qualitätsindikator für eine Webseite, denn sie zeigt, wie viele Nutzer die Site verlassen, ohne in irgendeiner Weise mit dieser zu interagieren.

Media angeführt. Eng damit verbunden ist das übergeordnete Ziel, über Social Media das Image zu verbessern. Dies erreichen Unternehmen über eine offene und moderne Unternehmens-Darstellung in den sozialen Medien. Mehr Erwähnungen, mehr positives Feedback und Bewertungen wären weiter heruntergebrochene, damit verbundene Zielsetzungen (vgl. Leutloff 2017).

Reputations-Management als Ziel kann sich aber auch auf „Public Affairs" beziehen, eine Disziplin, die sich vorwiegend mit den negativen Effekten der sozialen Medien beschäftigt. Gesellschaftspolitische Themen (wie z. B. Kinderarbeit oder gen-manipuliertes Essen) stehen in diesem Zusammenhang oft im Mittelpunkt. Sie bieten das „beste" Empörungspotenzial und somit eine Basis für Shitstorms (vgl. Babka 2016, S. 58–59). Die Ziele der Social-Media-Aktivitäten beziehen sich in einem solchen Fall auf die Krisenprävention sowie die Deeskalation im Krisenfall. Es geht damit mehr um den Erhalt beziehungsweise die Wiederherstellung von Image und Reputation. Auf diese Aspekte wird später in Kap. 13 ausführlich eingegangen.

Auf- und Ausbau der Beziehungen zu Journalisten und Influencern: Eng verbunden mit der Verbesserung der Unternehmens-Reputation ist der Auf- und Ausbau von Beziehungen zu Journalisten und Influencern. Die Presse und andere klassische Medien haben nach wie vor einen hohen Einfluss auf das Image eines Unternehmens (vgl. Lua 2017), auch wenn es dank Social Media einfacher geworden ist, die eigenen News und Storys direkt mit Fans und Followern zu teilen. Eine relativ neue Zielgruppe ist – wie in Abschn. 5.1.2 gezeigt – die der Influencer, die inzwischen eine wesentliche Rolle im Social Web spielen.

Die gezielte Pflege der Beziehungen zu diesen Zielgruppen kann für eine positive und eventuell gesteigerte Berichterstattung sorgen, was wiederum positiv auf die Erreichung anderer Ziele im Social Media wirken kann.

Kundenservice und -bindung

Verbesserter Kundenservice: Wie unter Abschn. 5.1.2 schon angeführt, nutzen User vermehrt die sozialen Medien, um ihre Serviceanfragen beantwortet zu bekommen. Dem Social-Media-Trend-Report von Buffer (2018) zufolge können es sich Unternehmen nicht mehr leisten, diese Art der Kundenserviceanfragen auf sozialen Medien zu ignorieren. Nutzen Unternehmen die sozialen Medien proaktiv für Service-Zwecke, wird dies als „Social Service" bezeichnet. Darunter versteht man ein besonders fundiertes Social-Media-Marketing, bei dem die Beziehung mit und der Service für einzelne Kunden beziehungsweise Fans in den Vordergrund gestellt wird (vgl. Decker 2016a, S. 82). Derartige Firmen werden gerne als „socially devoted" bezeichnet. Hierbei handelt es sich um eine Art Auszeichnung des Portals „socialbakers.com" (Socialbakers ist einer der führenden Anbieter von Social-Media-Analyse- und -Statistik-Tools): Unternehmen, die innerhalb eines bestimmten Zeitabschnitts auf mindestens 65 % der Kunden-Anfragen auf Facebook und/oder Twitter antworten, werden als besonders sozial verbunden ausgezeichnet.

Solche Marken haben verstanden, dass Kunden keine einseitige Kommunikation mehr wollen, sondern ihre Fragen und Probleme lieber im dynamischen Dialog mit dem Unternehmen auf den von ihnen präferierten (sozialen) Kanälen klären möchten (vgl. Decker 2016a, S. 82–83). Entsprechend konsequent richten „socially devoted" Unternehmen ihre Aktivitäten auf diese neue Haltung der Konsumenten aus. Ein Best-Practice-Beispiel in diesem Zusammenhang ist der Service „Telekom hilft" (Fallbeispiel 5).

Fallbeispiel 5: Telekom hilft (Quelle: Decker 2016a, S. 83–84)

„Telekom-hilft" ist ein speziell auf Twitter und Facebook ausgerichteter Servicekanal der Deutschen Telekom, über den das Unternehmen monatlich rund 20.000 Fragen von Fans und Konsumenten beantwortet. Wie die Grafik unten zeigt, erzielt „Telekom-hilft" auf Twitter eine Responserate über 80 % sowie auf Facebook gut 98 %. Dabei antwortet man im Schnitt innerhalb von rund zwei Stunden auf die Anfragen. Vor dem Hintergrund, dass es sich bei den Anfragen häufig um komplexe technische Probleme handelt, ist dies beachtenswert, zumal man von der Deutschen Telekom auf den anderen Servicekanälen (Telefon, E-Mail) durchaus anderes gewohnt ist.

Beachtenswert ist bei „Telekom-hilft" die Umsetzung der sogenannten „Case-Ownership": Das Teammitglied, das einen Kundenfall annimmt, kümmert sich bis zum Schluss um dessen Lösung. Dieses Teammitglied übernimmt dabei als „Case Owner" die Lösung eines Problems nicht unbedingt selbst, sondern stellt vielmehr sicher, dass andere (technisch) kompetente Mitarbeiter das Problem beheben. Ein Case Owner bleibt so lange am Service-Fall dran, bis dieser zur Zufriedenheit des Kunden gelöst ist (was meistens funktioniert, Ausnahmen gibt es natürlich auch hierzu). Die Case-Ownership lässt sich bei der Betrachtung verschiedener Servicefälle auf „Telekom-hilft" unter anderem daran festmachen, dass der aufnehmende Kundenbetreuer so lange Rückfragen an den oder die Kundin stellt – ob beispielsweise der Techniker schon da war, ob dieser das Problem final lösen konnte –, bis der Service-Fall abschließend geklärt ist.

Besonders hervorzuheben ist in diesem Zusammenhang die Feedback-Community. „Telekom-hilft" bündelt hier häufig wiederkehrende Themen an einer Stelle und verringert so den Wiederholungsfaktor, ohne die individuelle Ansprache aufzugeben. Von Facebook und Twitter wird auf passende Einträge zu den jeweiligen Fragen verlinkt. Zudem dürfen besonders aktive Fans (zusätzlich zum Telekom-hilft Team) anderen Kunden Fragen beantworten – eine Technik, die auch als „Peer-to-Peer-Service" oder „kollaborativer Social Service" bekannt ist.

Telekom hilft ●
@Telekom_hilft

Hier hilft das Telekom Service-Team in
der festen Überzeugung, dass Service
mit 280 Zeichen geht. Das gesamte Team
findet ihr hier: bit.ly/WirsindTelekom…

◎ Bonn, Deutschland

✎ telekom.de/impressum

▦ Beigetreten März 2010

◷ Geboren am 05. Mai

▧ Fotos und Videos

- Eines der größten Social-Media-Teams Deutschlands

- Spezialisiert auf Kundenanfragen rund um die Produkte und
  Dienste der Telekom in sozialen Netzwerken

- Kundenchampion auf Twitter (Q1 / 2015)
  (Socially Devoted Statistik)
  - Responserate: 80,13 %
  - Antwortdauer auf Kundenanfragen:
    110 Minuten

- Kundenchampion auf Facebook (Q1 / 2015)
  (Socially Devoted Statistik)
  - Responserate: 98,48 %
  - Antwortdauer auf Kundenanfragen:
    138 Minuten

Es ist erstaunlich, dass in den USA bislang nur eines von fünf Unternehmen einen verbesserten Kundenservice als Ziel für seine Social-Media-Aktivitäten angibt (siehe
Abb. 6.3). Da die Serviceanfragen über Social Media in Zukunft eher zu- als abnehmen
werden, bietet Social Service Unternehmen eine gute Möglichkeit, um sich von ihren
Wettbewerbern zu differenzieren.

Die Ausführungen zum Social-Media-Monitoring zeigten (siehe Abschn. 5.1.2),
dass sich durch die Auswertung von Äußerungen zu Produkten und Dienstleistungen
im Social Web wichtige Informationen zur Verbesserung der Unternehmensleistungen
gewinnen lassen. Überdies wirkt ein guter Kundenservice positiv auf die Erreichung der
nachstehenden zwei Ziele.

Erhöhung Kundenzufriedenheit: Die Steigerung der Kundenzufriedenheit zählt seit
Jahren zu den im Marketing verfolgten Top-Zielen. Dem Bemühen um die Kundenzufriedenheit liegt die Erwartung zugrunde, darüber den ökonomischen Erfolg, insbesondere die Kundenbindung, positiv beeinflussen zu können (vgl. stellvertretend. für
viele Stauss 1997, S. 76). Folglich ist es nur konsequent, dieses Ziel auch im Social
Media anzuvisieren. Social Media sind in diesem Sinne nur weitere Kanäle, um mit den
Kunden in Kontakt zu kommen und das Bestmögliche zu unternehmen, um sie zufrieden
zu stellen.

Auf- und Ausbau von Kundenbeziehungen: Für viele Unternehmen, die in klassischen Vertriebsstrukturen mit Groß- und/oder Einzelhandel agieren, wie z. B. Produzenten in der Lebensmittelindustrie, bieten die sozialen Medien erstmals die Chance, direkte Beziehungen zu Endverbrauchern auf- und auszubauen. In diesen Unternehmen merkt man die fehlende Endkundenorientierung daran, dass dort mit „Kunde" vielfach nur der Handel gemeint ist. Direkte Beziehungen zu Verbrauchern existieren nur marginal, Informationen über Endkunden liegen meist nur über die Marktforschung vor. Ein Beispiel, bei dem der Aufbau von Kundenbeziehungen zum Ausgangspunkt der Entwicklung des Social-Media-Engagements wurde, zeigt nachstehendes Fallbeispiel 6 zum Nestlé-Marktplatz.

Fallbeispiel 6: Nestlé-Marktplatz (Quelle: Decker 2012, S. 9–12)

Verschiedene Entwicklungen bildeten 2011 den Ausgangspunkt für die Entwicklung des Nestlé-Marktplatzes: Zunächst war festzustellen, dass sich das Beziehungsmanagement des Lebensmittelherstellers lange Zeit nur auf den Handel konzentrierte. Im Wesentlichen war es der Handel, der mit den Verbrauchern in Kontakt stand, Markenbildung erfolgte weitestgehend über die klassischen Medien wie TV oder Print. Durch die Entwicklungen rund um das Internet und das dadurch veränderte Informations-, Kommunikations-, und auch Einkaufsverhalten von Verbrauchern sowie ein neues Mediennutzungsverhalten waren Hersteller von Lebensmitteln näher an die Konsumenten herangerückt.

Mit dem Nestlé-Marktplatz – der ersten Social-Commerce-Plattform eines Lebensmittelherstellers – stellte Nestlé Deutschland am 01. September 2011 eine Plattform online, die drei zentrale Zielsetzungen verfolgte:

- Beziehungsaufbau zu Endkunden über Transparenz und Öffnung
- Markenbildung über die Nutzung von Social Media
- Erfahrungen sammeln im E-Commerce

Das dahinterliegende Motto hieß „entdecken – shoppen – mitmachen".

Entdecken:
Die Säule „entdecken" bezog sich gleichermaßen auf die genannten Ziele der sozialen Markenbildung sowie den Beziehungsaufbau über Transparenz und Öffnung. Dazu gab es beispielsweise Zugriff auf 1500 Nestlé-Produkte inklusive aller Informationen zu Zutaten, Allergenen und Ernährungsweisen. Im Marktplatz-Blog erhielten die Nutzer Einblicke hinter die Kulissen von Nestlé, etwa in dessen Corporate-Social-Responsibility-Projekte.

Shoppen:
Der Bereich „shoppen" spielte in der Zielhierarchie des Nestlé-Marktplatzes eine untergeordnete Rolle. Trotz der allgemeinen Aufbruchsstimmung zu Beginn der

Dekade sah Nestlé im Online-Shopping für den Lebensmittelhandel nur einen untergeordneten Kanal. Nichtsdestotrotz konnte man über den Marktplatz 600 Artikel, vorwiegend Nischenprodukte sowie Klassiker aus dem Ausland, kaufen. Hauptziel war es in diesem Zusammenhang Erfahrungen im E-Commerce mit dem Endkunden zu sammeln. Mittlerweile ist der Shopping-Bereich des Marktplatzes jedoch eingestellt worden.

Mitmachen:
Das Hauptaugenmerk des Nestlé-Marktplatzes lag – wie eingangs gezeigt – auf dem Beziehungsaufbau, der Kommunikation und der Interaktion mit den Konsumenten. Von ihnen hoffte man sehr viel zu lernen, insbesondere im Hinblick auf Endkundenbedürfnisse sowie neue Produkte. Der Aspekt „social" beziehungsweise der gemeinsame Dialog mit den Konsumenten sollte im Zentrum stehen. Dabei ging es vor allem darum, den Nestlé-Marktplatz-Nutzern zuzuhören und sie zu verstehen. Klassische Social-Media-Elemente wie Kommentieren und Bewerten gehören somit zu den wesentlichen Funktionen der Plattform. Daneben konnten sich die Besucher des Nestlé-Marktplatzes als Produkttester bewerben sowie auf der Unterseite „Ideen & Tests" eigene Ideen zu neuen Produkten einreichen.

Die Erfahrungen im Live-Betrieb zeigten, dass Nestlé mit dem Marktplatz den richtigen Weg eingeschlagen hatte. Viele der genannten Aspekte mögen heute nicht mehr bahnbrechend wirken. Für einen Konzern wie Nestlé war der Nestlé Marktplatz jedoch – vor allem nach dem Social-Media-Desaster rund um den Greenpeace-Palmöl-Case (siehe dazu später Kap. 13) ein enormer Schritt der Öffnung. Auch die überwiegend positive Berichterstattung der Medien über die neue Ausrichtung bestätigte diesen Eindruck. Seit dem Launch im September 2011 wurde die Plattform auf Basis der gewonnenen Erkenntnisse kontinuierlich verändert und weiterentwickelt.

Informationsgewinnung
Informationsgewinnung und -nutzung über Kunden: Im Rahmen des Social-Media-Monitorings wurde bereits deutlich gemacht, wie bedeutsam die Gewinnung von Informationen über Kunden für Unternehmen ist, und tatsächlich zählt die Informationsgewinnung zu einem der wichtigsten Ziele des Social Listening, um überhaupt eine Social-Media-Strategie aufsetzen zu können. Diese Informationen spielen aber noch in einem weiteren Kontext eine wichtige Rolle.

Zufriedenheit alleine reicht heute nicht mehr aus. Durch die wachsende Bedeutung von Social Media und dem damit verbundenen Austausch der Nutzer untereinander, müssen sich Unternehmen aktiver denn je um die Gunst ihrer Kunden bemühen und eine bessere und gezieltere Kundenkommunikation ermöglichen. Um hierfür Ansatzpunkte zu gewinnen, bedarf es weiterführender Informationen über individuelle Kunden (vgl. Decker 2016b, S. 85). An dieser Stelle kommt „Social CRM" eine zunehmend wichtige Rolle zu. Social CRM versucht, die Informationen, die über die sozialen Medien über

Kunden gewonnen werden können, mit denen des Kundenmanagements zusammen-zuführen und zum gegenseitigen Vorteil für Kunden und Unternehmen im Sinne des o. a. Ziels der Kundenbindung zu nutzen. Dazu gibt es einige, v. a. rechtliche Rahmen-bedingungen, die es zu berücksichtigen gilt. Wie all die hier aufgeführten Aspekte vor dem Hintergrund der Zielsetzung der Gewinnung und Nutzung der Informationen zu einem schlüssigen Konzept zusammengeführt werden kann, zeigt das nachstehende Fall-beispiel 7 Lufthansa Mileonaire.

Fallbeispiel 7: Lufthansa Mileonaire (Quelle: Decker 2016b, S. 86–87)

Im November 2011 veranstaltete die Lufthansa auf ihrer Facebook-Seite ein Gewinnspiel mit dem Namen **Mileonaire,** bei dem bis zu einer Million Miles-&-More-Meilen gewonnen werden konnten. Die Nutzer mussten auf einer eigens für die Aktion programmierten Facebook-Applikation eine Wette auf eine der drei angebotenen Optionen eingehen: man setzte entweder auf den Gewinn der einen Mil-lion Meilen, der nur einmal vergeben wurde, oder man setzte auf den Gewinn von 250.000 Meilen, den es viermal gab oder man setzte auf 100.000 Meilen, die 10 Mal vergeben wurden. Nachdem man seine Wette platziert hatte, konnte man Freunde zum Gewinnspiel einladen. Nahm ein Freund die Einladung an, konnte ein User bis zu vier weitere Lostickets platzieren und so seine Gewinnchancen vergrößern. Über 110.000 Nutzer aus 179 Ländern nutzten die Mileonaire App. Im Schnitt lud jeder Nutzer wei-tere sechs Freunde ein.

Um diese App zu nutzen, mussten Nutzer zuvor ihre Einwilligung geben, dass Lufthansa die Facebook-Daten im Zusammenhang mit der jeweiligen Miles-&-Mo-re-Nummer und folglich mit den in der CRM-Datenbank gespeicherten Kunden-informationen in Verbindung bringen durfte. Dazu fragte die App gleich beim Start die Miles-&-More-Nummer ab. Nutzer, die bislang noch kein Miles-&-More-Konto hatten, konnten sich über die App direkt anmelden.

Mit der Miles-&-More-Nummer als eineindeutiges Zuordnungsmerkmal löste die Lufthansa zugleich eine andere Herausforderung, die sich beim Social CRM in der Regel stellt: Wie schafft man es, Daten aus mehreren unterschiedlich struktu-rierten Datenquellen in einer Zieldatenbank abzugleichen, sie zu transformieren und zu laden, um die gesammelten Daten schließlich zu einem Datensatz zusammen-zufassen und zu analysieren? Problematisch ist dies vor allem, weil die Kunden in der CRM-Datenbank und bei Facebook mit unterschiedlichen Namen und/oder E-Mail-Adressen agieren (können).

Lufthansa erhielt auf diese Weise von 110.000 Personen die Genehmigung, vorhandene CRM-Daten mit Facebook-Informationen zusammenzuführen.

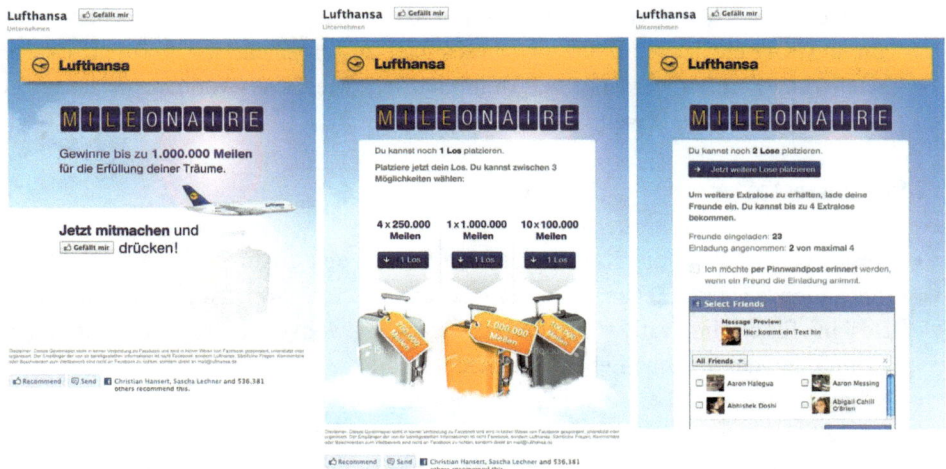

Produktinnovationen durch Kunden: Als wichtiges Ziel in Social Media gilt nicht nur die Gewinnung und Nutzung von Informationen *über* Kunden, sondern auch *durch* Kunden generierte Informationen. Damit ist zunächst das Kundenfeedback gemeint, das im Zuge des Social-Media-Monitorings als Stärken und Schwächen über das Unternehmen, aber vor allem über die Produkte erfasst wird.

Darüber hinaus versuchen Unternehmen durch die Nutzung von „Schwarmintelligenz" Produktinnovationen zu generieren. Dies kann auf unternehmenseigenen Plattformen über den sogenannten „Open-Innovation-Ansatz" erfolgen, wie es das Fallbeispiel 6 des Nestlé-Marktplatzes zeigte. Darüber hinaus gibt es externe Kollaborationsplattformen, die mit Unternehmen, Non-Profit-Organisationen und Werbeagenturen zusammenarbeiten. Als Beispiel sei hier Jovoto genannt, eine globale, offene Kreativ-Plattform für kollaborative Ideenfindung. Unternehmen können hier Innovationsaufgaben ausschreiben und dabei auf ein Netzwerk von mehr als 80.000 Kreativen zugreifen (vgl. Jovoto o. J.a). Wie Jovoto funktioniert und was dabei herauskommen kann, zeigt das nachstehende Fallbeispiel 8.

Fallbeispiel 8: Jovoto und Nespresso Second Life (Quelle: Jovoto o. J.b)

Hintergrund:

- Nespresso hatte den Kaffee-Markt vor über dreißig Jahren mit der Idee revolutioniert, dass sich jeder zu Hause ohne großen Aufwand eine perfekte Tasse Espresso zubereiten können sollte.

  Zur Umsetzung dieser Idee hatte Nespresso Kaffeekapseln aus Aluminium eingeführt, die in eigens für Nespresso gebauten Kaffee-Maschinen verwendet werden. Aluminium beschützt nach Ansicht von Nespresso das Aroma und die Qualität des Kaffees bestmöglich. Zudem ist das Material recyclingfähig.

- Nespresso möchte Verbraucher verstärkt dazu bringen, die verbrauchten Aluminium-Kapseln zu recyceln. Um dieses Ziel zu erreichen, soll Verbrauchern in Erinnerung gerufen werden, dass Aluminium ein wiederverwendbares Material ist und sehr gut zu einer Zweitverwendung taugt.

Maßnahme/Aktion:

- Nespresso hat über die Kreativplattform Jovoto einen Aufruf für eine Produktinnovation ausgeschrieben. Die Aufgabe an den Schwarm lautet: Entwurf eines Designs für ein innovatives Produkt, das aus der Zweitverwertung von Aluminium stammt und das tägliche Leben vereinfachen soll.
- Nespresso will mit dieser Aktion Aluminium generell und den Nespresso-Kapseln speziell ein zweites Leben geben.
- Eine Zusammenfassung der Aufgabenstellung ist dem nachstehenden Link zu entnehmen: https://vimeo.com/219821156

Ergebnisse:

- Eine erste Ergebnisübersicht ist dem Bild unten von der Webseite von Jovoto zu entnehmen.
- Einen tieferen Einblick liefert der Link, der auf die entsprechende Kampagnen-Site bei Jovoto führt: https://www.jovoto.com/projects/second-life/landing

Awarded ideas

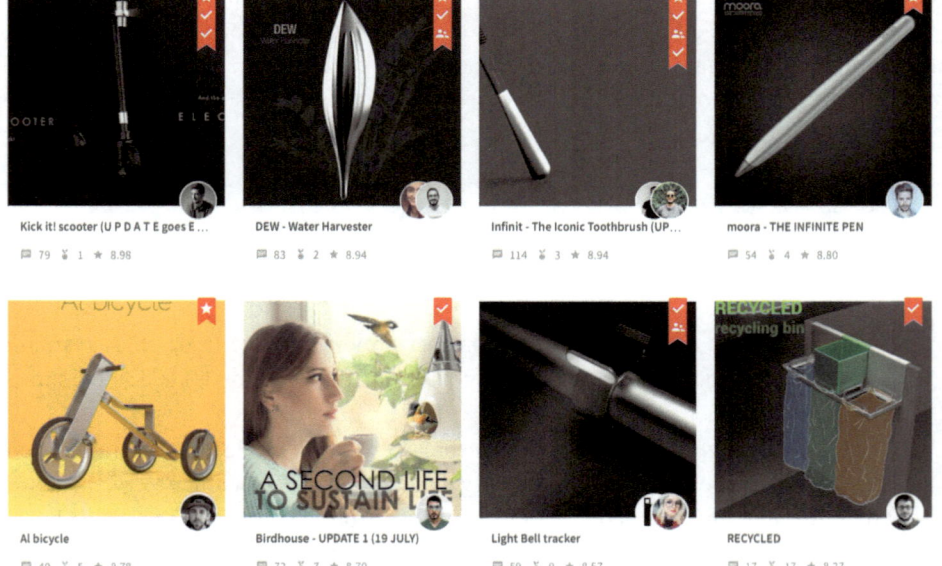

Wettbewerbsbeobachtung: Auch für dieses Ziels erfolgt der Verweis zum Social-Media-Monitoring. Ebenso wie die Wettbewerbsbeobachtung zu den wesentlichen Zielen des Social Listening zählt, so gehört sie folglich auch zu den übergeordneten Zielen von Social Media generell. Insofern sei an dieser Stelle auf die Ausführungen in Abschn. 5.1.2 verwiesen.

Vertrieb

Sales/Mehr Umsatz: Grundlegendes Ziel eines Unternehmens ist es, den Umsatz und/oder den Gewinn zu steigern. Social-Media-Marketing soll per Definition (siehe Abschn. 3.1) zu dieser übergeordneten Zielsetzung beitragen. Insofern verwundert es auf der einen Seite nicht, dass „Lead Generation/Sales" im State-of-Social-Report von Buffer mit 54 % Nennungshäufigkeit unter den Top-5-Gründen steht, warum Unternehmen Social Media betreiben (siehe Abb. 6.3). Auf der anderen Seite erstaunt es dann doch, dass nur jedes zweite Unternehmen ein vertriebliches Ziel angibt.

In diesem Zusammenhang gibt es – zunächst unabhängig davon, ob man als Unternehmen direkt oder indirekt vertreibt – einen indirekten und einen direkten Umsatz-Effekt. Der **indirekte Effekt** basiert auf Folgeeffekten aus der Erreichung anderer Zielsetzungen: Die Erhöhung der Markenbekanntheit oder die Steigerung der Reichweite über Social Media fördern in ähnlicher Weise den Abverkauf wie es Fernsehspots oder Printanzeigen jahrzehntelang taten (vgl. Blanchard 2012, S. 40). Allerdings ist die Medienlandschaft inzwischen deutlich vielfältiger und so werden sogar schwer zu erreichende Zielgruppen ansprechbar. Hinzu kommen als indirekte Effekte die positiven umsatzsteigernden (und andernfalls auch negativen) Auswirkungen aus den „Gesprächen", die Nutzer untereinander auf den sozialen Medien führen. Babka (2016, S. 133) spricht in diesem Zusammenhang vom Wandel von B2B und B2C hin zu H2H im Sinne von Human-to-Human-Beziehungen.

Der **direkte Effekt** auf den Umsatz bezieht sich nicht ausschließlich auf Unternehmen, die direkt an ihre Endkunden vertreiben. Wie bei der Beschreibung zum Ziel „Auf- und Ausbau von Kundenbeziehungen" gezeigt wurde, bieten die sozialen Medien auch für Unternehmen, die indirekt vertreiben, die Möglichkeit, mit ihren Endkunden in direkten Kontakt zu treten. Diese direkte Beziehung kann nicht nur klassischerweise zur Pflege der Kundenbeziehungen, sondern auch für die Förderung des direkten Abverkaufs genutzt werden. Zu diesem Zwecke lohnt es sich anzusehen, warum Nutzer Unternehmen auf den sozialen Medien folgen. Als Hauptgrund nennen die User Promotionen, spezielle Angebote sowie Giveaways (vgl. beispielsweise Blum 2015; Winn 2016). Die Zahlen in den verschiedenen Studien variieren zwar ein wenig. Im Mittel passen aber die bei Morais (2015) genannten Werte, wonach 70 % der User Unternehmen auf Facebook liken, um spezielle Angebote zu bekommen. Auf Twitter folgen 52 % der Nutzer einer Marke, weil sie nach Promotionen und Rabatten Ausschau halten. Auf der anderen Seite machen die sozialen Medien einer aktuellen Studie zufolge nur 1,27 % des Traffics deutscher Online-Shops aus, wobei Brancheninsider durchaus von höheren Zahlen sprechen (vgl. Timm 2017).

Die Erfahrungen sind sehr unterschiedlich und für viele Unternehmen enttäuschend. So schneidet das Ziel, den Vertrieb über die sozialen Medien zu unterstützen im Langzeitvergleich mit verschiedenen anderen Social-Media-Zielen mit am schlechtesten ab (vgl. Social Media-Trendmonitor 2016). Dies hat aber etwas mit der **Attribution der Klicks** auf den Werbeerfolg zu tun. Bei vielen Unternehmen herrscht hier noch das „The Last Cookie Wins"-Prinzip vor, bei dem der komplette Erfolg einer Abverkaufs-Maßnahme dem Medium zu geordnet wird, über den der Kauf letztendlich erfolgte. Dies spiegelt jedoch nicht mehr die Realität komplexer Customer Journeys wider: Viele User suchen zunächst auf einer Vielzahl von (Online-)Kanälen nach Informationen, so auch im Social Web. Haben sie dann ein Produkt gefunden, überprüfen sie oftmals noch, ob sie auf den einschlägigen Coupon-Portalen einen Rabatt-Gutschein ergattern können. – Beim Last-Cookie-Wins-Prinzip bekäme dann dieses Portal die gesamten Provisionen. Bei einer so einseitigen Erfolgsbetrachtung muss Social Media folglich schlecht abschneiden. Attribuiert man den Verkaufserfolg jedoch mit den entsprechenden **Attributionsmodellen** (siehe dazu die Beispiele bei Google) auf alle an der Kundenreise beteiligten Kanäle, wird man ein anderes Bild erhalten. Michael Masuch, Leiter Digital Commerce für Robinson und TUI Magic Life bei der TUI, berichtete auf dem Strategiegipfel Digitales Marketing im November 2017 darüber, dass Facebook nach Search-Engine-Advertising (SEA) für sein Unternehmen der zweitwichtigste assistierende Verkaufskanal sei. Dies gilt nach Meinung des TUI-Managers für jede andere Branche, wenn man das Last-Cookie-Wins-Prinzip außer Kraft setzt.

Auch wenn viele Nutzer angeben, Unternehmen wegen spezieller Angebote zu folgen, so sind die sozialen Medien nicht mit einem Webshop gleichzusetzen. Insofern bedarf es in diesem Zusammenhang einer guten Balance aus spannendem Content und interessanten Angeboten. Wie sich das Ziel der Umsatzsteigerung erfolgswirksam erreichen lässt, zeigt das Fallbeispiel 9 @DellOutlet.

Fallbeispiel 9: @DellOutlet (Quelle: in Anlehnung an Aaker et al. 2010, S. 1–2; Blanchard 2012, S. 41)

Hintergrund:

- Dieser Case geht zurück in das Jahr 2007, als die wenigsten Unternehmen etwas über Twitter und dessen geschäftliche Nutzung wussten. Im Juni 2007 begann Dell über den Twitter-Account *@DellOutlet* ein Netzwerk von Kunden aufzubauen.
- Dell stand damals vor der Herausforderung, eine täglich stark schwankende Menge von retournierten Produkten schnell wieder verkaufen zu müssen. Obwohl die meisten Pakete ungeöffnet zurückgeschickt wurden, durfte Dell die Computer nicht mehr als Neuware verkaufen.
- Die unvorhersehbare Menge von Retouren – mal waren es an einem Tag vier, dann wieder 45 – verursachten Inventarblasen, die schnell aus den Büchern mussten. Dafür stand kein oder nur wenig Budget zur Verfügung.

- Mit der Eröffnung des Accounts @DellOutlet testete Dell schließlich die Reaktion der Nutzer auf Sonderangebote der retournierten Waren.

Ergebnis:

- Bis zum April 2010 folgten 1,5 Mio. Nutzer dem Account @DellOutlet (heute sind es immer noch ca. 1,4 Mio.). Der Account war in über 3000 Twitter-Listen (Gruppen, die Nutzer aufbauen, um Accounts, denen sie folgen, zu aggregieren). Zu dieser Zeit zählte @DellOutlet zu einem der Top-100 Accounts mit den meisten Twitter-Followern.
- Seit dem Launch konnten alleine in den USA bis zum Jahre 2010 über drei Millionen Dollar an Einnahmen erzielt werden. Global waren es sogar 6,5 Mio. US$. Angesichts der Tatsache, dass damals nur wenige Leute Twitter nutzten und die sozialen Medien erst auf dem Weg zu einem globalen Phänomen waren (siehe Abschn. 2.1, Phase 4), stellen dies erstaunliche Werte dar.
- Daneben verzeichnete Dell positive Effekte, wie eine verbesserte User Experience, gestiegene Marken-Loyalität sowie verstärkte positive Mund-zu-Mund-Kommunikation.

Neukundengewinnung: Viele Veröffentlichungen führen die Akquisition neuer Kunden als eigenes Ziel für Social Media auf (auch wenn die Neukundengewinnung ebenso als Vehikel für das Ziel der „Umsatzsteigerung" subsumiert werden könnte). Folglich gelten die o. a. Aspekte der indirekten und direkten Effekte zur Steigerung des Umsatzes über Social Media analog für die Neukundengewinnung.

Neukunden über Social Media zu gewinnen, kann langwierig sein. Man spricht in diesem Zusammenhang auch vom Prozess der „Lead Generation" (zu Deutsch: Interessentengenerierung). Ein „Lead" ist eine Person, die in der ein oder anderen Form ein Interesse an einem Unternehmen, dessen Produkten oder Services bekundet hat. Demzufolge beschreibt die „Lead Generation" den Prozess, diese Person von einem „kalten" (sprich unbekannten) Kontakt zu einem potenziellen Kunden zu entwickeln (vgl. Kolowich 2017). Der Weg führt meistens entlang des sogenannten „Sales Funnels", der sich in Bezug auf die sozialen Medien laut Lee (2016) etwas anders darstellt, als sonst übliche Darstellungen. In den sozialen Medien kann der lange Weg der Leads durch eine unbestimmte, gegebenenfalls sich wiederholende Abfolge von Views, Follows, Mentions, Direct Messages, Subscription, Replies und Follow-Ups schließlich zur Gewinnung des Neukunden führen. Auch hier ist jedes Unternehmen und jede Customer Journey anders, weswegen es den *einen* Weg nicht gibt und dieser sicherlich nicht linear abläuft.

Welche Möglichkeiten zur Integration von Social Media in den Prozess der „Lead Generation" existieren, zeigt der Beitrag von Kolowich (2017) oder die Slideshare-Präsentation von Buffer, die über Servicelink 6.3 abrufbar ist.

Servicelink 6.3	
Servicelink zur Slideshare-Präsentation von Buffer zum Thema Lead Generation: https://www.slideshare.net/Bufferapp/how-the-pros-get-leads-from-social-media?ref=https://blog.bufferapp.com/get-more-leads	

HR und Organisation

Mitarbeitergewinnung: Konzentrierten sich die Ausführungen bislang auf das große Umfeld von Marketing und Vertrieb, so verfolgen einige Unternehmen – auch wenn dies so explizit nicht in den Umfragen des Social Media Examiner oder aus dem State-of-Social-Report 2016 hervorging – mittlerweile Ziele im Bereich der Human Relations und der Organisationsentwicklung. In diesem Zusammenhang liefert Social Media als sogenanntes „Social Recruiting" vor allem in der Personalbeschaffung einen hohen Nutzen.

Wie in Abschn. 2.1, Phase 3 beschrieben, gehören Business-Netzwerke wie Linkedin und Xing schon seit langem zur Social-Media-Landschaft. Beide Plattformen haben sich über die Jahre weiterentwickelt und sind stark gewachsen. Die Zunahme an professionellen Profilen in den Business-Netzwerken wiederum gibt den Recruitern in den Unternehmen und den Personalberatern die Möglichkeit, Bewerber besser zu finden und eine Vorauswahl zu treffen (vgl. Blanchard 2012, S. 45). Die direkte, vom Unternehmen oder über einen beauftragten Dienstleister ausgehende Ansprache, auch als „Active Sourcing" bezeichnet, gewinnt vor allem deswegen an Bedeutung, weil viele Kandidaten – z. B.

die stark nachgefragten Abgänger aus den MINT-Studiengängen – über die klassischen Kanäle nicht mehr zu finden sind (vgl. Babka 2016, S. 101).

Neben den Business-Netzwerken stehen den Personalabteilungen darüber hinaus auch Lebenslaufdatenbanken wie Monster, Absolventa oder CareerBuilder zur Verfügung, um Kandidaten direkt anzusprechen und für das Unternehmen zu gewinnen. Dass man dabei ungewöhnliche Wege einschlagen kann, zeigt das nachstehende Fallbeispiel 10 der BFFT Gesellschaft für Fahrzeugtechnik mbH.

Fallbeispiel 10: BFFT – Mitarbeiterbindung und Mitarbeitergewinnung über Snapchat (Quelle: Projektbericht von Kaufmann und Knorr 2016)

Hintergrund:

- Die BFFT Gesellschaft für Fahrzeugtechnik mbH bezeichnet sich als „der etwas andere Fahrzeugtechnikentwickler". Das Unternehmen stellt seit 1988 innovative Fahrzeugelektronik wie Fahrerassistenzsysteme, Infotainment und Energiespeichersysteme her.
- Aufgrund des branchenkennzeichnenden Fachkräftemangels steht BFFT vor der Herausforderung, Fachpersonal langfristig an das Unternehmen zu binden beziehungsweise initial für das Unternehmen zu gewinnen.
- Das Unternehmen ist deshalb stets auf der Suche nach innovativen Möglichkeiten, um bestehende und potenzielle Mitarbeiter zu begeistern.
- Maßnahme: BFFT entschied sich, sein Social-Media-Portfolio um Snapchat als Mitarbeiterbindungs- und Mitarbeitergewinnungskanal zu erweitern.

Ergebnis:

- Der im Rahmen eines Projekts mit der THI Business School entstandene Snapchat-Content bietet einen Themenmix aus den Bereichen Unternehmen, Lifestyle und Technik. Dieser Content-Mix wird bereits in den anderen Social-Media-Kanälen von BFFT umgesetzt und soll sich daher konsequenterweise auch in Snapchat widerspiegeln. Die Snaps-Planung ist dem Bild unten zu entnehmen.
- Zur Verbreitung des Snapchat-Angebots wurde der BFFT-Snapcode als Profilbild auf allen Social-Media-Kanälen eingebunden.
- Die entwickelten Snaps beinhalten Situationen aus dem Arbeitsalltag bei BFFT in Form von Arbeitsinhalten, Hobbys und Interessen der Mitarbeiter. Sie liefern aber auch Einblicke in Lifestyle-Themen aus den Bereichen Sport, Gesundheit und Freizeit sowie in technische Neuigkeiten aus der Automobilbranche und aktuelle BFFT-Projekte. So gibt es u. a. einen „Snapchat – Takeover": Jede Woche übernimmt an einem Tag ein BFFT-Mitarbeiter den Unternehmenskanal und berichtet aus seinem Arbeitsalltag.

- Neben den Content-Bestandteilen war es das Ziel, den Followern die Marken-persönlichkeit näherzubringen. BFFT steht unter anderem für die Werte entspannt, modern, anders, nicht alltäglich, natürlich, offen. Dies ließ sich ideal in Snapchat umsetzen, da die Berichterstattung spontan, nah an den Mitarbeitern und somit sehr real und authentisch erfolgt.
- Mit dieser Aktion gelang es BFFT ein weiteres Mal, sich als der etwas andere Fahrzeugentwickler zu präsentieren und attraktiv zu sein sowohl für die eigenen Mitarbeiter als auch für neue Bewerber.

MONTAG: UNTERNEHMEN	MITTWOCH: TECHNIK	FREITAG: LIFE-STYLE
• **Other Half:** Zwei Mitarbeiter stellen sich gegenseitig vor • **Mitarbeiterinterview:** Einzelinterview mit klassischen und witzigen Fragen • **Black or White:** Schnelle Entscheidung zwischen zwei Begriffen • **BFFT aus den Augen des Marketing-Teams** Filmen des Arbeitsalltags, Berichte über vergangene Events, Fragestunde	• **Produktvorstellungen:** Fotos der Produkte, Interview von Mitarbeitern, Erklärung durch Laien • **Dienstleistungsangebot:** Hintergrundinfos, Videos, Aktuelles • **Externe Informationen:** Neuigkeiten aus der Branche, Kooperationen, (z. B. Schanzer Racing), Artikel in Zeitschriften	• **Freizeit der BFFTler:** Besondere Hobbies, Sport, Sammler • **Fitness:** Studio, Sportarten, Vorbereitung auf Wettbewerbe, Dehnübungen • **Ernährung:** Kantine, Lieblingsessen, Rezepte, Trends • **Ingolstadt:** Sehenswürdigkeiten, Restaurants, Bars • **Lebensweisheiten:** Motivationssprüche, Happy-Moments • **Kunst & Kultur:** Konzerte, Musiker, Kinofilme

Employer Branding: Ein weiteres Ziel, das durch die teilweise angespannte Personal-beschaffungs-Situation (Stichwort „War for Talents") deutlich an Bedeutung gewinnt, ist die Stärkung der Arbeitgebermarke, das sogenannte „Employer Branding". Damit geht zum einen einher, sich **für potenzielle Bewerber als attraktiven Arbeitgeber zu positionieren.** Gerade für die aktuell auf den Arbeitsmarkt strömenden Absolventen der Generation Y und die Digital Natives ist die Identifikation mit dem Unternehmen immens wichtig (vgl. Gebhardt et al. 2015, S. 9). Eine positive Darstellung des eige-nen Unternehmens als attraktiver Arbeitgeber stellt daher ein wichtiges Mittel für die Rekrutierung von neuen Talenten dar. Social Media hilft dabei über eine authentische Kommunikation genau diese Zielgruppen anzusprechen und vorhandene Unsicherheiten

abzubauen. Über Kanäle wie YouTube können Unternehmen Einblicke in das Arbeitsleben vor Ort gewähren (siehe als gutes Beispiel das YouTube-Portal des Flughafen
München unter https://www.youtube.com/user/MucAirport/videos). Als solches unterstützt das Employer Branding auch die Mitarbeitergewinnung.

Zum anderen zielt das Employer Branding darauf ab, die **Beziehungen zu
bestehenden Mitarbeitern** zu stärken (sogenanntes internes Employer Branding).
Die sozialen Medien helfen z. B. über interne Netzwerke, die Identifikation und den
Zusammenhalt zu stärken (vgl. Babka 2016, S. 103).

Mitarbeitern kommt beim (intern- wie extern-gerichteten) Employer Branding eine
ganz besondere Rolle zu. Gerade Mitarbeiter, die eine hohe emotionale Bindung zur
Marke besitzen, lassen sich sehr gut als Unternehmensbotschafter einsetzen (vgl. Esch
et al. 2014, S. 11). Sie sprechen über die sozialen Medien Empfehlungen aus oder werben in „Mitarbeiter-werben-Mitarbeiter-Programmen" für ihren Arbeitgeber. Darüber
hinaus kommt ihnen in den externen Arbeitgeberportalen, wie z. B. Kununu.de oder
MeinChef.de, eine enorme Bedeutung zu. Dort ist es möglich, teilweise anonym, sein
Unternehmen zu bewerten. Ein bewertetes Unternehmen kann darauf wiederum Stellung
beziehen. Selbstredend können hier neben positiven immer auch negative Effekte auftreten, weswegen ein sauber aufgesetztes Employer-Branding-Programm unter Berücksichtigung der sozialen Medien als Ziel ausgegeben wird.

Mitarbeiter dienen im Rahmen solcher Programme oftmals als Protagonisten in
Imagefilmen. Videos werden vielfach zur Ansprache der entsprechenden Zielgruppen
über die sozialen Medien ausgespielt, um das Employer Branding zu fördern. Dem
Videokanal YouTube kommt in diesem Zusammenhang neben den Business-Netzwerken
wohl die größte Bedeutung zu. Servicelink 6.4 bietet einen Überblick über mehr und
weniger gelungene Beispiele von Arbeitgeber-Imagefilmen. Die Zuordnung in die Kategorien „gut" oder „schlecht" erfolgte durch den Autor auf Basis der Beurteilungen der
Fälle in der Literatur.

Servicelink 6.4

Gute Beispiele von Arbeitgeber-Imagefilmen:
Servicelink 6.4a zum Arbeitgeber-Imagefilm des Flughafen München
„LipDub Flughafen München - Verbindung leben":
https://www.youtube.com/watch?v=-lVAAZ6OWQs&t=3s
Servicelink 6.4b zum Arbeitgeber-Imagefilm der Mondi Personalagentur
„MONDI Unternehmensfilm":
https://www.youtube.com/watch?v=ts8fo7PzUFc
Servicelink 6.4c zum Arbeitgeber-Imagefilm der Bäckerei Göing
„Ausbildung bei Bäcker Göing":
https://www.youtube.com/watch?v=EwtaO3gOsXE

Schlechte Beispiele von Arbeitgeber-Imagefilmen: Servicelink 6.4d zum Arbeitgeber-Imagefilm von BMW „BMW Praktikum Rap": https://www.youtube.com/watch?v=VM36TAo6i5o Servicelink 6.4e zum Arbeitgeber-Imagefilm der Sparda-Bank „Sparda Movie Stars": https://www.youtube.com/watch?v=ZSazzpSqljw Servicelink 6.4f zum Focus-Artikel zum Arbeitgeber-Imagefilm der Polizei NRW „Hopper Mine: Polizei NRW Rap": http://www.focus.de/panorama/videos/skurrile-nachwuchswerbung-in-nrw-polizei-blamiert-sich-mit-peinlichem-rap-video_vid_41.584.html Das ursprüngliche Video ist über YouTube nicht mehr abrufbar

Fazit

Abschließend sei zu den Zielen und vor allem der Zielerreichung darauf verwiesen, dass sich der Erfolg des Social-Media-Engagements oftmals nicht über Nacht einstellt. Den Ergebnissen der Studie des Social Media-Trendmonitors (2016) zufolge kommt der Erfolg erst mit den Jahren:

> Je länger Unternehmen in den sozialen Medien aktiv sind, umso besser erreichen sie ihre dafür gesetzten Ziele. Erfolg im Social Web hat demnach viel mit Erfahrung zu tun.

Nur sechs von zehn Unternehmen, die erst seit weniger als einem Jahr im Social Web aktiv sind, haben ihre Ziele voll oder teilweise erreicht (vgl. Social Media-Trend-monitor 2016). Bei Firmen, die bereits fünf Jahre oder länger Social Media einsetzen, sind es hingegen rund neun von zehn. Einen Überblick über die Ergebnisse des Social Media-Trendmonitors zeigt Abb. 6.4.

Unternehmen, die über das Social Web Impulse von ihren Kunden für die Produktent-wicklung gewinnen wollen, haben den größten Erfahrungs-Vorsprung (siehe Abb. 6.4). Die Ergebnisse des Trendmonitors zeigen: Nur ein Viertel der Befragten mit weniger als einem Jahr Social-Media-Aktivität haben dieses Ziel voll oder teilweise erreicht. Unter den „alten Hasen" mit fünf oder mehr Jahren Erfahrung liegt diese Quote bei 77 % – satte 52 Prozentpunkte mehr (vgl. Social Media-Trendmonitor 2016).

Ähnlich groß ist der Unterschied bei Firmen, die über das Social Web ihren Kunden-service verbessern wollen: Hier springt die Erfolgsquote von 42 % bei den „Frisch-lingen" um 48 Punkte auf 90 % bei den Erfahrensten. Während Erfahrung den Erfolg im Social Web steigert, wird er durch einen mangelnden Einsatz von Geld und Personal ausgebremst (vgl. Social Media-Trendmonitor 2016). Letzteres sind Aspekte die es in Schritt 4 „organisieren" zu behandeln gilt.

Abschließend folgt auch zu diesem Kapitel ein Servicelink (6.5) zum laufend aktua-lisierten Flipboard dieses gerade behandelten zweiten Schritts – „definieren" – im Soci-al-Media-Zyklus.

Inwiefern haben Sie Ihre Social-Media-Ziele erreicht (Angaben in %)?

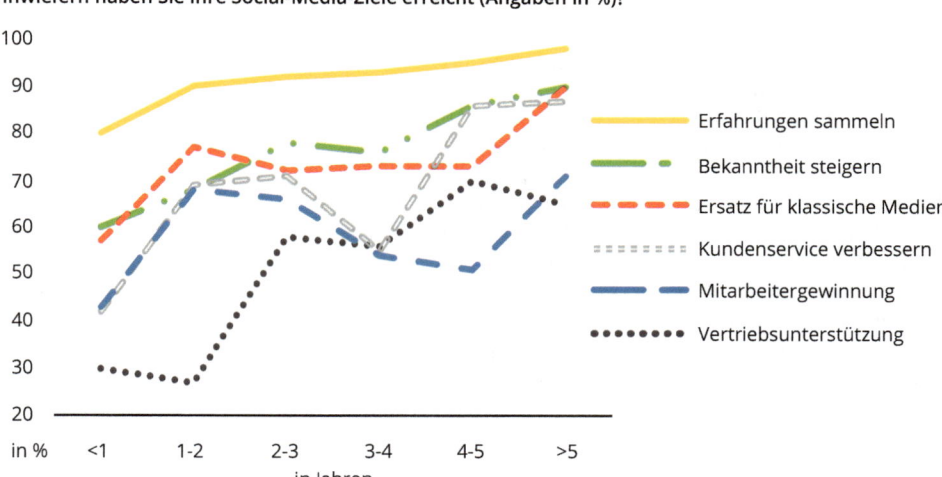

Abb. 6.4 Ziele der Kommunikation über Social Media und deren Erfolg im Zeitverlauf. (Quelle: eigene Darstellung in Anlehnung an Social Media-Trendmonitor 2016)

Servicelink 6.5	
Servicelink zum Flipboard des Autors zu Schritt 2 des Social-Media-Zyklus (SoMe 2: Definieren): https://flipboard.com/@alexanderdecker/some-2-definieren-hbitekspy	

Literatur

Aaker J, Chawla R, Leslie S (2010) Deals @Delloutlet: how Dell clears inventory through Twitter. Stanford Graduate School of Business, Stanford. Case No. M334

Asano E (2017) How much time do people spend on social media? http://www.socialmediatoday.com/marketing/how-much-time-do-people-spend-social-media-infographic. Zugegriffen: 31. Mai 2018

Babka S (2016) Social Media für Führungskräfte. Behalten Sie das Steuer in der Hand. Springer Gabler, Wiesbaden

Bauer T (2016) „Will it Blend?" – Content Marketing auf Basis von sinnloser Zerstörung. https://onlinemarketing.de/news/will-it-blend-exzellentes-content-marketing-mit-sinnloser-zerstoerung. Zugegriffen: 31. Mai 2018

Blanchard O (2012) Social Media ROI. Messen Sie den Erfolg Ihrer Marketing-Kampagne. Addison-Wesley, München

Blum P (2015) Top 5 reasons people follow brands on Twitter. http://www.axiapr.com/blog/top-5-
reasons-people-follow-brands-on-twitter. Zugegriffen: 31. Mai 2018

Buffer (2018) 2018 Social media trends report. https://www.slideshare.net/Bufferapp/2018-soci-
al-media-trends-report?ref=https://blog.bufferapp.com/social-media-trends-2018. Zugegriffen:
31. Mai 2018

Decker A (2012) Neue Wege in der Kommunikation über Social Commerce – dargestellt am Beispiel des Nestlé-Marktplatz. Journal für Verbraucherschutz und Lebensmittelsicherheit, 9–12.
https://doi.org/10.1007/s00003-012-0788-6

Decker A (2016a) Was genau ist Social Service? In: Babka S (Hrsg) Social Media für Führungskräfte. Springer Gabler, Wiesbaden, S 82–85

Decker A (2016b) Was genau ist Social CRM? In: Babka S (Hrsg) Social Media für Führungskräfte. Springer Gabler, Wiesbaden, S 85–89

Decker A, Eichsteller H (2008) Aufbau eines kundenbezogenen Kennzahlensystems bei Premiere.
In: Nohr H, Stillhammer J, Vöhringer A (Hrsg) Kundenorientierung in der Broadcast-Industrie.
Schriftenreihe Information Systems & Services, Bd 6. Logos-Verlag, Berlin, S 209–230

Eishofer A (2016) 10 Ziele, die Sie mit Social Media verfolgen können. https://www.eishofer.
com/10-ziele-die-sie-mit-social-media-verfolgen-koennen/. Zugegriffen: 31. Mai 2018

Esch FR, Knörle C, Strödter K (2014) Internal Branding: Wie Sie mit Mitarbeitern die Marke stark
machen. Vahlen, München

Evergreenmedia (2017) Social signals. https://www.evergreenmedia.at/glossar/social-signals/.
Zugegriffen: 31. Mai 2018

Gebhardt B, Hofmann J, Röhl H (2015) Zukunftsfähige Führung – Die Gestaltung von Führungs-
kompetenzen und -systemen. Bertelsmann Stiftung, Gütersloh

Glaubitz J (2017) Wie man sich Social-Media-Ziele setzt. https://www.geropflueger.de/wie-man-
sich-social-media-ziele-setzt/. Zugegriffen: 31. Mai 2018

Grabs A, Bannour KP, Vogl E (2017) Follow me! Erfolgreiches Social Media Marketing mit Facebook, Twitter und Co. Rheinwerk Computing, Bonn

Habicht J (2017) SMARTe Ziele für die Social Media Strategie. https://medium.com/@HabichtJonat-
han/smarte-ziele-f%C3%BCr-die-social-media-strategie-5775ce0c2f29. Zugegriffen: 31. Mai 2018

Harenberg B (1997) Harenberg Lexikon der Sprichwörter und Zitate. Verlags- und Medien GmbH
& Co. KG, Dortmund

Hilker C (2017) Content Marketing in der Praxis: Ein Leitfaden – Strategie, Konzepte und Praxis-
beispiele für B2B- und B2C-Unternehmen. Gabler, Wiesbaden

Jovoto (o. J.a) What is Jovoto? https://www.jovoto.com/about/. Zugegriffen: 31. Mai 2018

Jovoto (o. J.b) Nespresso challenges you: design a clever and useful product made from secondary
aluminum that showcases the material's value and versatility. https://www.jovoto.com/projects/
second-life/landing. Zugegriffen: 31. Mai 2018

Kaufmann M, Knorr K (2016) Snapchat: Mitarbeiterbindungs- und –gewinnungskonzept. Interner
Projektbericht der THI Business School

Kolowich L (2017) Lead generation: a beginner's guide to generating business leads the inbound way.
https://blog.hubspot.com/marketing/beginner-inbound-lead-generation-guide-ht. Zugegriffen: 31.
Mai 2018

Kotler P, Keller KL (2012) Marketing management. Prentice Hall, Upper Saddle River

Kreutzer RT (2016) Online-marketing. Springer-Gabler, Wiesbaden

Lee K (2016) How to build social media into your sales funnel. https://blog.bufferapp.com/soci-
al-media-sales-funnel. Zugegriffen: 31. Mai 2018

Leutloff J (2017) Erfolgskontrolle im Social Media Monitoring – Was sind relevante KPIs? https://www.internetkapitaene.de/2017/06/20/erfolgskontrolle-im-social-media-monitoring-was-sind-relevante-kpis/. Zugegriffen: 31. Mai 2018

Li C, Bernoff J (2009) Facebook, YouTube, Xing & Co: Gewinnen mit Social Technologies. Hanser, München

Lua A (2017) 9 Social media goals you can set for your business (and how to track them). https://blog.bufferapp.com/10-social-media-goals. Zugegriffen: 31. Mai 2018

Mattich K (2016) So erreichen Sie Ihre Social Media-Ziele (wirklich!). https://blog.hootsuite.com/de/erreichen-sie-ihre-social-media-ziele/. Zugegriffen: 31. Mai 2018

Morais A (2015) Four reasons why people follow brands on social media. http://blog.twittercounter.com/2015/02/reasons-people-follow-brand-social-media/. Zugegriffen: 31. Mai 2018

Moz (2015) Search engine ranking factors 2015. Expert survey and correlation data. https://moz.com/search-ranking-factors. Zugegriffen: 31. Mai 2018

Pein V (2014) Der Social Media Manager. Handbuch für Ausbildung und Beruf. Galileo Press, Bonn

Read A (2016) The future of social media (and how to prepare for it): the state of social report 2016. https://blog.bufferapp.com/social-media-2016. Zugegriffen: 31. Mai 2018

Roland Berger Strategy Consultants (2014) Socialize your business. Ten things executives should know about digitalization and social media. https://www.rolandberger.com/de/press/Digitalisierung-und-Social-Media-Unternehmen-der-Zukunft-sind-vernetzter-intel.html. Zugegriffen: 31. Mai 2018

Scholze R (2017) Darum ist eine Persona für die Online Strategie wichtig. https://www.webpixelkonsum.de/darum-ist-eine-persona-fuer-die-online-strategie-wichtig/. Zugegriffen: 31. Mai 2018

Searchmetrics (2016) Infografik Ranking-Faktoren mit Rang-Korrelationen. https://www.searchmetrics.com/de/knowledge-base/ranking-faktoren-infografik-2016/. Zugegriffen: 31. Mai 2018

Sinek S (2011) Start with why. How great leaders inspire everyone to take action. Penguin Group, New York

Sinus (2012) DIVSI Milieu-Studie zu Vertrauen und Sicherheit im Internet. Eine Grundlagenstudie des SINUS-Instituts Heidelberg im Auftrag des Deutschen Instituts für Vertrauen und Sicherheit im Internet (DIVSI). https://www.divsi.de/publikationen/studien/divsi-milieu-studie/. Zugegriffen: 31. Mai 2018

Social Media Examiner (2017) Welcher Nutzen ergibt sich durch den Einsatz von Social Media Marketing für Ihr Unternehmen? https://de.statista.com/statistik/daten/studie/186841/umfrage/marketingentscheider-zu-den-vorteilen-von-social-media-marketing/. Zugegriffen: 31. Mai 2018

Social Media-Trendmonitor (2016) Social-Media: Kommunikation, Strategie, Ziele. https://www.newsaktuell.de/academy/corporate-social-media-erfolg-social-web/. Zugegriffen: 31. Mai 2018

Stauss B (1997) Führt Kundenzufriedenheit zu Kundenbindung? In: Belz C (Hrsg) Marketingtransfer. Kompetenz für Marketing-Innovationen. Thexis, St. Gallen, 5:76–86

Stuber R (2012) Erfolgreiches Social Media Marketing mit Facebook, Twitter, Google+, XING, LinkedIn, YouTube. Data Becker, Düsseldorf

Timm F (2017) Wie wichtig ist Social Media für den E-Commerce? https://www.adzine.de/2017/10/wie-wichtig-ist-social-media-fuer-den-e-commerce/. Zugegriffen: 31. Mai 2018

Traffic3 (o. J.) Social SEO: Definition, Wirkung und Funktionsweise. http://traffic3.net/wissen/seo/social-seo. Zugegriffen: 31. Mai 2018

Tropp J (2014) Moderne Marketing-Kommunikation: System – Prozess – Management. Springer Fachmedien, Wiesbaden

Weinberg T, Pahrmann C (2012) Social media marketing. O'Reilly, Köln

Winn M (2016) Top 5 reasons why people follow your brand on social media. https://www.volusion.com/blog/top-5-reasons-why-people-follow-your-brand-on-social-media-two-minute-tuesdays/. Zugegriffen: 31. Mai 2018

Schritt 3: Selektieren

7

*Der größte Fehler bei Social Media ist, wenn man vom Kanal her
denkt.*
Mirko Lange, Internet-Berater, Dozent und Publizist, Betreiber des
Blogs Talkabout (Lange 2013)

Zusammenfassung

Dieses Kapitel systematisiert zunächst in Abschn. 7.1 die verschiedenen Kanäle und
stellt anschließend, aufbauend auf die vorgenommene Kategorisierung, die wichtigsten sozialen Netzwerke (im weiteren Sinne) mit ihren Grundcharakteristika vor.
Dabei konzentriert sich Abschn. 7.2 auf die Kanäle in der westlichen Welt. Um einen
umfassenden Überblick zu gewähren, behandelt abschließend Abschn. 7.3 noch die
beliebtesten Plattformen der östlichen Welt. Dabei konzentriert sich das Kapitel im
Sinne des Evergreen-Ansatzes auf dauerhaften Content, der nicht schnell veraltet.
Tiefer gehende Informationen zu den Social-Media-Plattformen bieten jeweils die
Servicelinks.

Das Zitat von Mirco Lange, angesehener Social-Media-Berater und Betreiber des Blogs
www.talkabout.de, fasst treffsicher die bisherigen Ausführungen zusammen: Die **Selektion** der Social-Media-Kanäle **darf sinnvollerweise erst nach einer umfassenden
Bestandsaufnahme** der Situation des Unternehmens in den sozialen Medien und der
daran anschließenden Zieldefinition pro anvisierter Zielgruppe erfolgen. Die Auswahl
des Kanals an den Anfang zu stellen, wäre ein großer Fehler, den allerdings viele Unternehmen begehen, indem sie zuerst und fast ausschließlich Facebook in Betracht ziehen.
Lange (2013) spricht in diesem Zusammenhang von der sogenannten „Facebook-Falle".
Die Möglichkeiten, die das Social Web bietet, *sind hingegen schier grenzenlos. Insofern*

© Springer Fachmedien Wiesbaden GmbH 2019
A. Decker, *Der Social-Media-Zyklus,*
https://doi.org/10.1007/978-3-658-22873-6_7

stellt es für Unternehmen *eher ein Problem dar, angesichts der* Angebotsfülle und der großen Dynamik den Überblick zu bewahren und nur die Plattformen zu selektieren, mit denen die Ziele je Zielgruppe am besten erreicht werden können.

Auch in diesem Schritt „selektieren" sollte man sich daher zunächst ganz generelle Fragen stellen:

Fragen

- Auf welchen Kanälen treffen wir einen Großteil unserer Nutzer an?
- Welche Kanäle brauchen wir konkret für welche Zielgruppe, um die dafür anvisierten Ziele zu erreichen?
  - Welche Kanalpräferenzen hat welche Zielgruppe?
  - Welche Zielgruppen werden worüber gezielt angesprochen?
  - Welche Themen werden von den Zielgruppen auf welchem Kanal behandelt?
  - Was soll mit welchem Social-Media-Kanal erreicht werden?
- Welche Vor- und Nachteile bringen uns die jeweiligen Kanäle?
- Welche Risikofaktoren gilt es zu berücksichtigen?
- Zu welchen Social-Media-Kanälen passen unsere Inhalte?
- Wie funktionieren die Mechanismen der unterschiedlichen Kanäle?

7.1 Grundlegender Überblick

Geht es darum, einen ersten Überblick über die sozialen Medien zu gewinnen, greifen viele Veröffentlichungen auf die wohl bekannteste Visualisierung, dem sogenannten **Social-Media-Prisma** zurück (vgl. Ethority 2017). Diese Darstellung der Social-Media-Landschaft mit allen relevanten Kanälen entstand aus einer Initiative des Digital-Evangelisten Brian Solis in Zusammenarbeit mit der Kreativagentur JESS3, die 2008 erstmals die damals als „Conversation Prism" bezeichnete Übersicht veröffentlichten. Das heutige vielverbreitete Social-Media-Prisma ist eine Aktion der Social-Media-Agentur Ethority, die zu den führenden Anbietern für Monitoring, Marktforschung und Strategie im Social Web gehört. Das Social-Media-Prisma gilt seit Jahren als *der* Qualitätsstandard für die relevantesten Social-Media-Plattformen, -Tools und -Anbieter (vgl. Ethority 2017). Es listet insgesamt über 250 Anbieter in 25 Kategorien auf. Die deutsche Version des Prismas ist in Abb. 7.1 dargestellt.

Neben der deutschen Version bietet Ethority noch ein „Global Social Prism", das über den Servicelink 7.1a abgerufen werden kann, sowie eine Version für China (siehe dazu später Abschn. 7.3.4). Eine weitere sehr umfassende Übersicht liefert die **Social-Media-Map** der Digitalagentur Overdrive Interactive (2018), die über deren Website zum Download bereitsteht und direkt über den Servicelink 7.1b zugänglich ist.

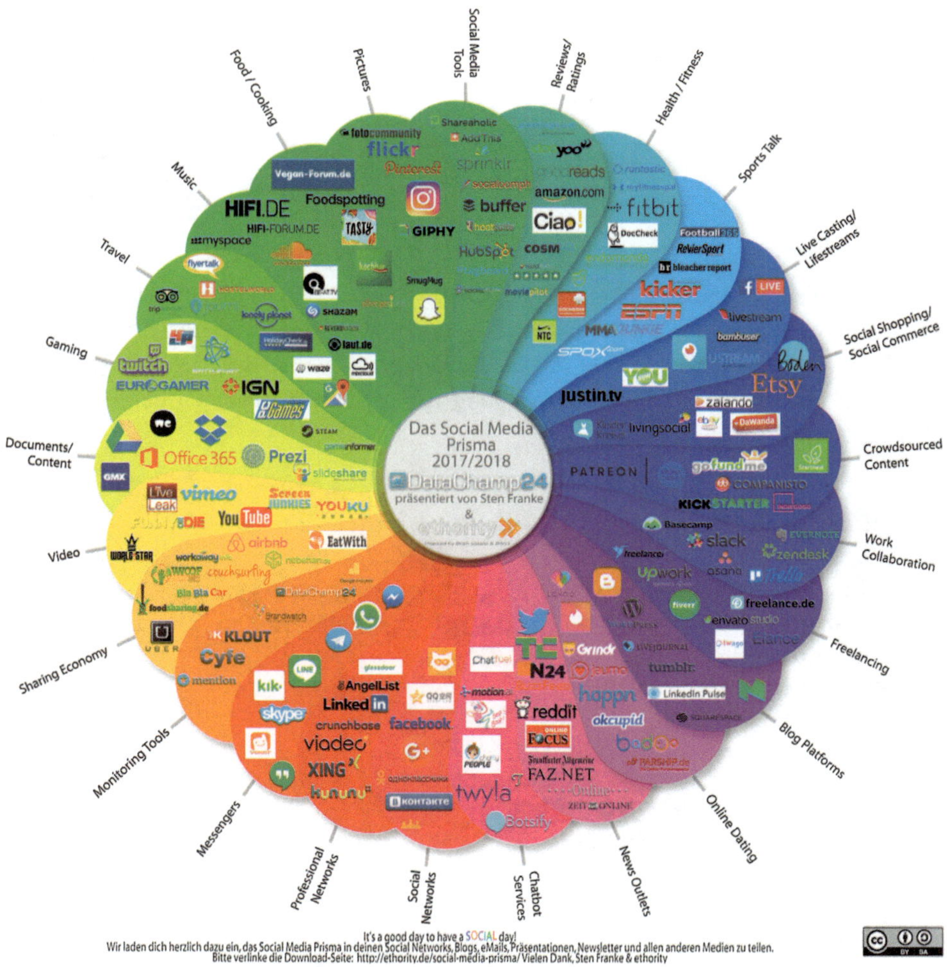

Abb. 7.1   Social-Media-Prisma 2017/2018. (Quelle: Ethority 2017)

Servicelink 7.1

Servicelink 7.1a zum Global-Social-Media-Prisma von Ethority:
https://ethority.de/en/social-media-prism/

Servicelink 7.1b zur Social-Media-Map 2018 von Overdrive Interactive:
https://www.ovrdrv.com/social-media-map/

Diese Visualisierungen helfen, eine erste Übersicht über den Markt der sozialen Netzwerke (im weiteren Sinne) zu erhalten. Sie sagen aber wenig über die Bedeutung der
einzelnen Plattformen aus. Hierzu dienen **Rankings,** wie z. B. das viel zitierte von We
Are Social (2018a, S. 59), mit dem Ranking der größten Plattformen der Welt (siehe
Abb. 7.2).

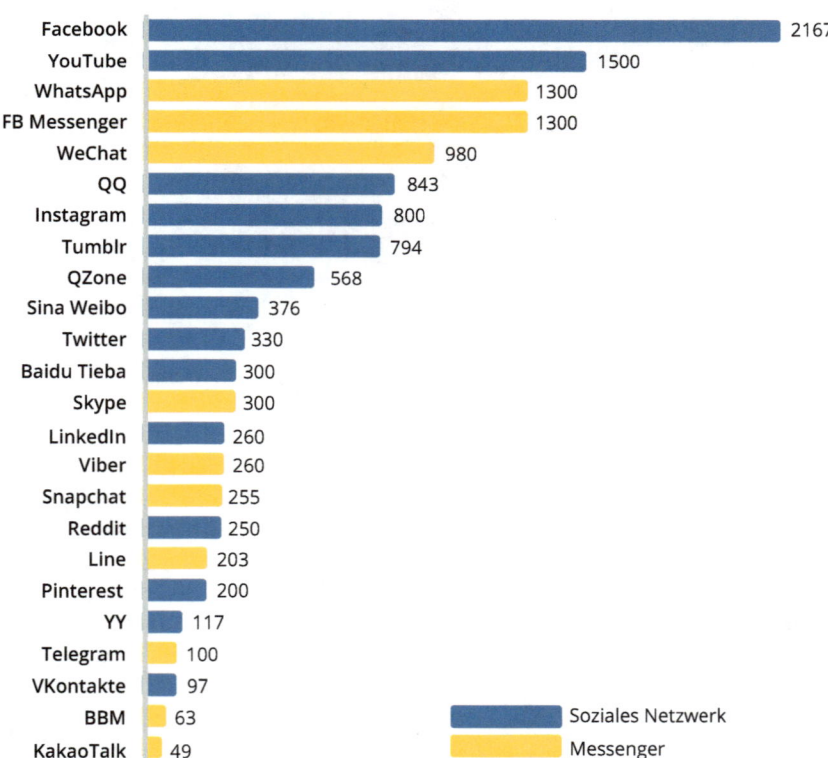

Abb. 7.2 Ranking der Social-Media-Plattformen anhand der monatlich aktiven Nutzer. (Quelle:
eigene Darstellung in Anlehnung an We Are Social 2018a, S. 59) (Die Zahl bei Tumblr bezieht
sich auf die im Dezember 2017 gemessenen „Monthly Unique Visitors")

Wie man in Abb. 7.2 sieht, ist Facebook – wenig überraschend – das größte soziale Netzwerk (im weiteren Sinne) der Welt. Auch wenn die Weltkarte der sozialen Medien von Facebook beherrscht wird (siehe dazu auch Abb. 2.5 in Abschn. 2.1) so zeigt Abb. 7.2 doch auch, dass es weltweit weitere große Netzwerke gibt. Sicherlich, als Konzern dominiert Facebook das Ranking mit vier Plattformen unter den ersten sieben. Dennoch finden sich weit vorne auch Kanäle, mit denen nicht jeder sofort etwas anfangen kann. Hierbei handelt es sich vor allem um Netzwerke aus der östlichen Welt, weswegen an späterer Stelle auf die Besonderheiten dieser Märkte eingegangen wird (siehe Abschn. 7.3).

Bei allen Übersichten handelt es sich um **Momentaufnahmen.** Die Zahlen dahinter verändern sich schnell. Weniger dynamisch sind aber generelle Rankings, weswegen an dieser Stelle (trotzt der Ausrichtung dieses Buches auf Evergreen Content), auf diese Übersichten nicht verzichtet wurde.

Man sollte sich nicht von der Übermacht Facebooks blenden lassen. Es lohnt, sich auch die anderen Plattformen genauer anzusehen. Um den Dschungel der Social-Media-Plattformen etwas zu lichten, bietet es sich an, die wichtigsten Netzwerke in **Kategorien einzuteilen.** Dazu lassen sich in der Literatur verschiedene Ansätze finden, die zunächst nach den Nutzungsklassen (vgl. Kreutzer 2016, S. 116) beziehungsweise Anwendungsbereichen (vgl. Gabriel und Röhrs 2017, S. 21) unterscheiden. Nicht immer gelingt dabei eine saubere Trennung zwischen übergeordneten Anwendungsbereichen und darunterliegenden Systemkategorien beziehungsweise den Anwendungsbeispielen (siehe z. B. Kaplan und Haenlein 2010 oder Gronau 2016). Hier zeichnen sich die Kategorisierungen von Kreutzer (2016, S. 118) sowie von Gabriel und Röhrs (2017, S. 21) durch klare Zuordnungen aus. Während Kreutzer in die drei Kategorien Kommunikation, Kooperation und Content Sharing unterscheidet, führen Gabriel und Röhrs (2017, S. 21) neben den ähnlich zu interpretierenden Kommunikation, Kollaboration und Multi-Media-Sharing noch eine Kategorie Unterhaltungsanwendungen auf. Die dort gezeigten Anwendungsbeispiele lassen sich nach Auffassung des Autors aber gut unter die bei Kreutzer (2016, S. 118) genannten Klassen einordnen. Darauf weisen auch Gabriel und Röhrs (2017, S. 21) hin, da sich einige der Anwendungen teilweise sehr stark überschneiden. Eine überschneidungsfreie Klassifikation erscheint allein schon deshalb schwer, weil die einzelnen sozialen Netzwerke im Zuge der Plattform-Weiterentwicklungen immer größere Überschneidungen in ihren Funktionen und Ausrichtungen aufweisen (siehe beispielsweise dazu Lewanczik 2017 bzw. später auch Abb. 7.10).

Basierend auf den Einteilungen der o. a. Quellen sowie eigenen Erfahrungen folgen die weiteren Ausführungen in Abschn. 7.2 der in Tab. 7.1 vorgenommenen Einteilung. Dabei bleiben sogenannte Business-Kategorien (wie z. B. Hotel, Travel, Health & Fitness, Recruiting oder Dating), wie sie im Social-Media-Prisma aufgeführt werden (siehe Abb. 7.1), an dieser Stelle aufgrund des zu hohen Spezialisierungsgrades außen vor.

Tab. 7.1 Klassifizierung der sozialen Medien nach Anwendungsbereichen und -beispielen

Anwendungsbereich	Kommunikation	Kollaboration	Multi-Media-Sharing
Anwendungsbeispiele	Soziale Netzwerke (im engeren Sinne)	Wikis	Foto-Sharing
	Berufliche Netzwerke	Social Bookmarking	Video-Sharing
	Blogs, Microblogs und Foren	News und Content	Audio-Sharing
	Messenger	Local Based Services	Livestreaming

7.2 Überblick über die wichtigsten Social-Media-Plattformen der westlichen Welt

Die nachfolgenden Ausführungen konzentrieren sich aufgrund der Ausrichtung dieses Buches vorwiegend auf Plattformen, die im deutschsprachigen Raum angeboten und auch im gewissen Rahmen genutzt werden. Dies spiegelt – mit Ausnahmen wie Xing – auch die Nutzung in anderen westlichen Ländern wider. In manchen Kategorien gibt es allerdings wenige Kanäle, die in Deutschland überhaupt eine Rolle spielen, weswegen auf Vertreter anderer westlicher Länder, vorwiegend aus den USA, zurückgegriffen wird. Die Auswahl der vorzustellenden Plattformen basiert auf einer Analyse der in der Literatur immer wieder hervorgehobenen Social-Media-Plattformen sowie auf eigenen Erkenntnissen und soll gleichzeitig eine **Vereinfachung des Social-Media-Prismas** bieten. Einen ersten Überblick liefert dazu Abb. 7.3 mit dem Social-Media-Plattform-Bouquet.

Die nachstehenden Kapitel orientieren sich am in Abb. 7.3 abgebildeten Bouquet an Social-Media-Plattformen. Da die Kenntnis der **Spezifika eines jeden Kanals** für die Erreichung der Zielsetzungen und der Zielgruppenausrichtung von zentraler Bedeutung ist, wird auf diese Aspekte wo möglich und sinnvoll ausführlicher Bezug genommen. Gerade die in Deutschland am häufigsten eingesetzten Plattformen werden in diesem Zusammenhang umfassender beschrieben.

Auch wenn dieses Buch so angelegt ist, dass es Inhalte darstellt, die möglichst unabhängig von den dynamischen Entwicklungen im Social-Media-Bereich dauerhaft Gültigkeit besitzen, so erscheint es an dieser Stelle sinnvoll, zur Einordnung der Wichtigkeit der einzelnen Kanäle Nutzerzahlen zu nennen. In Bezug auf konkrete Zahlen ist die Datenlage bei Social-Media-Plattformen allerdings oft sehr divers. Es finden sich häufig widersprüchliche, zumindest aber unterschiedliche Daten, die vor allem auf **unterschiedliche Messmethoden,** Zuordnungen (was ist ein soziales Netzwerk, was nicht? Gehören Messenger dazu?) sowie Zeitpunkte der Erhebung zurückzuführen sind. Diese Tatsache wurde bei der Auswahl der Kennzahlen berücksichtigt. In diesem Sinne dienen die Zahlen vor allem dazu, eine ungefähre Größenordnung anzugeben. Aktuelle Zahlen lassen sich über die den Abschnitten beigefügten Servicelinks abrufen.

**Das Social-Media-Bouquet
2018**

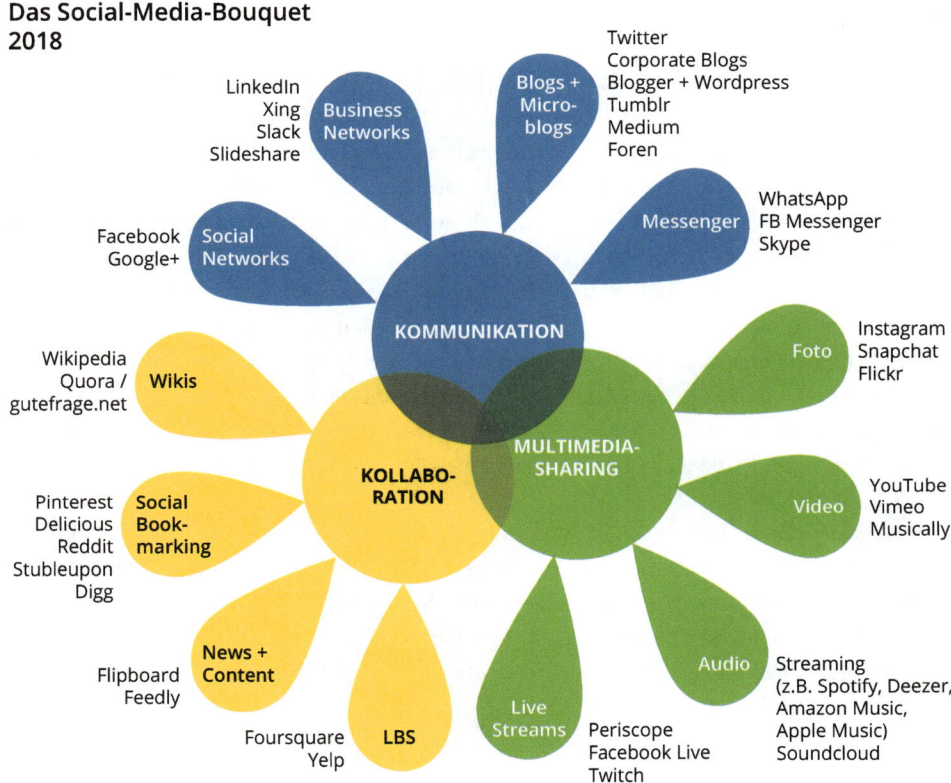

Abb. 7.3 Kategorisierung von Social-Media-Plattformen inklusive ausgewählter Vertreter: Das Social-Media-Bouquet. (Quelle: eigene Darstellung)

7.2.1 Kommunikationsplattformen

Den ersten Anwendungsbereich bilden die primär auf Kommunikation abzielenden Platt-formen wie soziale Netzwerke (im engeren Sinne, auch als Social Networks bezeichnet), berufliche Netzwerke, die Gruppe an Blogs, Microblogs und Foren sowie Messen-ger. Dass Messenger mittlerweile zu den sozialen Medien zu zählen sind, klärte bereits Abschn. 3.1. Es erscheint daher nicht verwunderlich, dass bekannte Übersichten wie das Social-Media-Prisma die Messenger mittlerweile standardmäßig unter den sozialen Medien aufführen.

Soziale Netzwerke

Facebook

Facebook ist die weltweit größte Social-Media-Plattform in Bezug auf die monatlich aktiven Nutzer. Wie bereits in Abschn. 2.1 erwähnt, überschritt der Social-Media-Gigant Ende Juni 2017 die magische Grenze von zwei Milliarden MAUs (Monthly Active Users). In Deutschland nutzen ca. 31 Mio. Menschen das Netzwerk aktiv (vgl. Buggisch 2018; Roth 2017a). Facebook ist der Prototyp eines sozialen Netzwerks (im engeren Sinne), alles dreht sich dort um die Erstellung persönlicher Profile, die Vernetzung mit Freunden sowie das Hochladen und Austauschen von Fotos und Videos. Speziell für Unternehmen bietet Facebook die Möglichkeit, ein Unternehmens-Profil (sogenannte Fanpages) anzulegen, das von Nutzern geliked werden kann. Unternehmen sind bei der Erstellung der Inhalte bei Facebook kaum Grenzen gesetzt (wenn man die rechtlichen Grundlagen und die Nutzungsbedingungen außer Acht lässt; siehe dazu Abschn. 10.1 und 10.2). Es gibt keine Zeichenbegrenzungen, kürzere Beiträge funktionieren jedoch in der Regel besser.

Besonderheiten: Facebook ist aufgrund der seiner Copy-Cat-Strategie (vgl. u. a. Lewanczik 2017), also dem bewussten Klonen von erfolgreichen oder zumindest interessanten Funktionen anderer Plattformen, zum Social-Media-Allrounder geworden. So können Nutzer heutzutage neben den Grundfunktionen auch 360-Grad-Videos posten, Produkte per Chatbot verkaufen oder von überall in der Welt Live-Videos ausstrahlen (vgl. HubSpot und Socialbakers 2017, S. 2).

Aufgrund der beschriebenen, stark rückläufigen organischen Reichweiten (siehe Abschn. 2.1, Phase 5) müssen Unternehmen in den letzten Jahren mehr und mehr Budget einsetzen, um ihre Fans weiterhin zu erreichen. Diese Entwicklung wird sich zukünftig noch weiter verstärken, denn Facebook will in Zukunft wieder „sozialer" werden – sprich: die Seitenbeiträge von Unternehmen noch stärker beschneiden, um Beiträgen von Freunden wieder mehr Raum zu geben (vgl. Dlugos 2018; auch als „Newsfeed-Armageddon" bezeichnet; vgl. Wieland 2018).[1] Wie Unternehmen die organische Reichweite dennoch hochhalten können, zeigen beispielhaft die deutsche Übersetzung der Richtlinien von Facebook bei Hutter (2017) oder der Beitrag von Wieland (2018).

Zielgruppen: Auf Facebook tummeln sich Menschen aller Altersklasse und Interessen. Jedoch scheint Facebook bei den jüngeren Zielgruppen an Attraktivität verloren zu haben (siehe Abschn. 2.1), weswegen sich Facebook insbesondere für Unternehmen eignet, die Zielgruppen über 30 ansprechen möchten. Die jüngeren Generationen in Deutschland nutzen ein breiteres Spektrum sozialer Medien, und diese Spaltung der Nutzergruppen gewinnt mehr und mehr an Fahrt (vgl. HubSpot und Socialbakers 2017, S. 12). Was die Verteilung zwischen Männern und Frauen angeht, so ist Facebook in der

---

[1]Dies ist unabhängig von den Änderungen an den Metriken zu Beginn des Jahres 2018, die zu einem weiteren Rückgang der organischen Reichweiten führte (vgl. beispielsweise Hutter 2018; Roth 2018).

Tendenz etwas weiblicher: 83 % aller Frauen, die online sind, nutzen Facebook. Bei den Männern sind es nur 75 % (vgl. Kroker 2017a).

Zielsetzungen: Von den in Abschn. 6.2 vorgestellten Zielen lassen sich über Facebook vor allem die Steigerung der Markenbekanntheit, des Traffics und der Reichweite sowie die Image- und Reputationspflege, der Ausbau von Kundenbeziehungen und die Neukundengewinnung erreichen. Mehr oder weniger kann man aufgrund der Allround-Ausrichtung nahezu jede Zielsetzung für jede Art von Unternehmen aufführen. Das zeigt der Blick auf eine Umfrage des Social Media Examiner (2017), wonach 94 % aller befragten Unternehmen Facebook in ihrem Unternehmen nutzen.

Content-Arten: Im Prinzip sind alle Formate nutzbar (z. B. Texte, Bilder, Videos, Links). Aktuell erhalten Videos sowie Bilder mit Links die besten Interaktionsraten.

Vermarktungsmöglichkeiten: Aufgrund der sehr hohen weltweiten Nutzung, ist das Netzwerk für (fast) jedes Produkt oder jede Dienstleistung geeignet. Und immerhin sind 49 % der Facebook-Nutzer Fan von mindestens einer Marke (vgl. Smith K 2016). Aufgrund der sinkenden, organischen Reichweiten muss es ein wesentliches Ziel im Rahmen des Facebook-Marketings sein, die Interaktionsraten mit den Fans möglichst hoch zu halten, um weiterhin einigermaßen sichtbar zu bleiben. Um den Rückgang an diesem „Earned Content" auszugleichen und den Anteil der Nutzer zu erreichen, die überhaupt keiner Marke folgen, stehen Unternehmen umfassende Instrumente zur Verfügung, mit denen Beiträge beworben werden können. Diese Tools von Facebook bieten umfangreiche Targeting-Möglichkeiten. Und selbst, wenn die organische Reichweite gut sein sollte, empfiehlt es sich, um seine Ziele zu erreichen, immer auch auf Paid Content zu setzen. Thomas Hutter (2017) bringt das mit folgendem Satz auf den Punkt: „Eine Facebook Strategie ohne Einsatz von Paid Media ist keine Strategie."

Tipps: Facebook-Marketing mag auf den ersten Blick „einfach" erscheinen. Dies ist allerdings nicht der Fall. HubSpot und Socialbakers (2017, S. 4) schlagen vor, dass man seine Facebook-Seite wie einen Kanal für den Kundenservice behandeln sollte: schnell auf Nachrichten antworten, Daten aktuell halten und interessante Inhalte für die Fan- und Follower-Gemeinde anbieten. Um über diese Plattform professionelles Social-Media-Marketing zu betreiben, muss man sich zudem kontinuierlich auf dem Laufenden halten. Dies betrifft v. a. die ständigen Anpassungen am Newsfeed-Algorithmus, der Einfluss auf die organische Reichweite nimmt. Die zu bezahlenden Vermarktungsmöglichkeiten unterliegen ebenfalls starken Veränderungen. Vor diesem Hintergrund ist es am einfachsten, man hält sich über die im Servicelink 7.2 aufgeführten Quellen auf einem aktuellen Stand. Dort sind neben dem Link zum Facebook-Flipboard des Autors auch Verweise auf umfassende und gute Blogs von Spezialisten wie Thomas Hutter, Björn Tantau oder Allfacebook zu finden.

Servicelink 7.2	
Servicelink 7.2a zum Flipboard des Autors zum Thema Facebook: https://flipboard.com/@alexanderdecker/facebook-utuf23o1y Servicelink 7.2b zum Blog von Thomas Hutter: http://www.thomashutter.com/ Servicelink 7.2c zum Blog von Björn Tantau: https://bjoerntantau.com/ Servicelink 7.2d zur Webseite von Allfacebook.de: https://allfacebook.de/	

Google+ (auch Google Plus)

Google+ stellte einst die Eintrittstür von Google in die Social-Media-Welt dar. Damit verband sich u. a. eine Single-Sign-On-Strategie, mit der beim Anlegen eines Google-Kontos automatisch auch ein Google+-Account angelegt wurde. Dieser Tatsache verdankt das soziale Netzwerk, dass es mit großer Wahrscheinlichkeit die Plattform ist, die die meisten *registrierten* Nutzer in der Welt hat, mehr noch als Facebook. Die Zahlen schwanken zwischen 2,5 und 3,1 Mrd. angemeldeten Nutzern (vgl. Buggisch 2018; Köhler 2017). Demgegenüber stehen jedoch deutlich geringere monatlich aktive Nutzer. Im besten Fall wird von ca. 400 Mio. MAUs gesprochen, andere Quellen gehen von nur vier bis sechs Millionen aktiven Nutzern aus (vgl. Griffis 2016). Delzio (2015) zufolge sind über 91 % der Google+-Profile leer, das heißt die Profilbesitzer haben keinen einzigen Beitrag oder je ein Update gepostet. Viele Experten bezeichnen die Plattform schon lange als Geisterstadt (siehe u. a. Google Watch Blog 2017) oder schlichtweg als tot (vgl. Buggisch 2018). Die aktuelle Statistik von We Are Social (2018a, S. 59) listet Google+ nicht mehr und die ARD/ZDF-Onlinestudie führt Google+ bereits seit 2016 nicht in seiner Befragung (vgl. Buggisch 2018).

Google+ ähnelte zunächst einem typischen Social Network wie Facebook. Nach mehreren (vergleichsweise erfolglosen) Anläufen änderte man das Netzwerk im November 2015 radikal, lagerte erfolgreiche Funktionen wie Photos und Hangouts aus und trimmte die Plattform eher in Richtung Special-Interest-Netzwerk.

Besonderheiten: Google+ verfolgte von Anfang an eine Besonderheit, wodurch es sich vom Marktführer Facebook unterscheiden sollte: Die Kontakte des Nutzers wurden in sogenannten „Kreisen" organisiert. Dabei handelt es sich um vom Benutzer festgelegte Gruppen, wie sie auch in der Realität auftreten können (also zum Beispiel ein Kreis für alle Kollegen des Nutzers, einer für die Verwandten und einer für die Freunde). Die heutigen Besonderheiten resultieren aus dem o. a. Relaunch vom November 2015: Fokussierung auf Inhalte, Sammlungen und Gemeinschaften – weg von einer klassischen „Social-Network-Funktion". Statt nach Kreisen zu filtern, durchsucht man nun direkt die netzwerk-eigenen Kategorien „Collections" und „Communities". Collections werden von einer Person erstellt und verwaltet, um Posts zu einem bestimmten Themenbereich (zum Beispiel Rezepte oder Reisefotos) zu sammeln. Communitys decken ebenfalls einen bestimmten Themenbereich ab, können allerdings mit Beiträgen aller Mitglieder befüllt werden. Auf Google+ steht nicht im Fokus, was die eigenen Kontakte treiben, sondern welche Inhalte online gehen, die den eigenen Interessen entsprechen. So hat sich Google+ weg von einem klassischen Social Network und hin zu einer Community-Plattform entwickelt (vgl. Köhler 2017).

Zielgruppen: Aufgrund der beschriebenen Entwicklungen spricht Google+ heute vor allem ein spezifisches Fachpublikum an, das vorwiegend aus der Technik- und Digitalbranche kommt. Fast drei Viertel der Google+-User sind männlich (vgl. Sprout Social 2016), zu den Top-Berufsgruppen auf Google+ zählen Ingenieure (29 %), Entwickler (17 %) und Designer (14 %) (vgl. Griffis 2016). Wer ein Nischenpublikum in diesen Bereichen bedienen will, findet hier leicht seine Zielgruppe(n).

Zielsetzungen: Auch wenn sich Google+ im Reigen der bedeutendsten sozialen Netzwerke nicht durchsetzen konnte, so ist das Google-Konto mit den darin enthaltenen Diensten und den Google+-Profilen sehr wichtig für Marken und Unternehmen (vgl. Ihnenfeldt 2017). Da das Tool sehr stark mit allen anderen Google-Tools verwoben ist, hilft ein gepflegtes Google+-Konto im Hinblick auf die SEO-Rankings der eigenen Website (vgl. Gerber 2017), da der Content schnell indiziert wird (vgl. u. a. Griffis 2016; Wieland 2016). Daneben besteht die Möglichkeit, aufgrund der Special-Interest-Ausrichtung in den jeweiligen Disziplinen entweder Influencer zu identifizieren und Beziehungen zu diesen aufzubauen oder sich dort selber als Experte zu positionieren.

Content-Arten: Seit dem Relaunch im November 2015 stehen bildlastige Beiträge im Vordergrund. Dies bestätigt die Analyse von Circle Count (o. J.), die etwa neun Millionen Google+-Postings auf circa 10.000 Profilen und Unternehmensseiten untersucht. Demnach sind 57 % der Posts Fotos, gefolgt von Links (27 %) und Videos (8 %).

Vermarktungsmöglichkeiten: Aufgrund seines Geisterstadt-Images erscheint Google+ zunächst aus Marketing-Perspektive wenig interessant. Innerhalb der o. a. Zielgruppen ist es jedoch möglich, diese direkt anzusprechen. Weitere Vermarktungsmöglichkeiten, wie z. B. das lokale Branchenbuch, wurden eingestellt. Zudem bietet Google+ nur wenige Anzeige-Möglichkeiten. Mit dem 2013 eingeführten Anzeigenformat +PostAds gibt es zwar bezahlte Google+-Beiträge. Diese lassen sich aber nicht direkt innerhalb von Google+, sondern nur im AdSense-Netzwerk ausspielen (vgl. Köhler 2017).

Berufliche Netzwerke
LinkedIn
LinkedIn wurde gegründet, um „Professionals" das Netzwerken auf internationaler Ebene zu vereinfachen. Die Plattform, anfänglich gerne als „Facebook für Erwachsene" bezeichnet, erlaubt es Nutzern, Online-Visitenkarten mit Lebenslauf zu veröffentlichen und, über das eigene soziale Netzwerk hinaus, Kontakte mit beruflich wichtigen Personen zu knüpfen. Gerade dort, wo das Netzwerken zwischen beruflichen Kontakten über

eine eher privat-ausgerichtete Plattform wie Facebook inadäquat erscheint, ermöglicht es LinkedIn, soziale Kontakte mit der notwendigen professionellen Distanz zu knüpfen, zu pflegen, sich auszutauschen und voneinander zu profitieren. Daneben eignet sich das Business-Netzwerk hervorragend für Unternehmen, um sich nach außen professionell darzustellen.

Weltweit ist es das größte Netzwerk seiner Art mit circa 350 Mio. registrierten Usern – Buggisch (2018) berichtet sogar von 500 Mio. Mitgliedern, von denen circa 260 Mio. monatlich aktiv sind (vgl. We Are Social 2018a, S. 59). Im DACH-Raum kommt LinkedIn auf ca. 10 Mio. Nutzer (vgl. Buggisch 2018; Großkopf 2017). Seit Ende 2016 gehört LinkedIn zu Microsoft.

Besonderheiten: Im Gegensatz zu vielen sozialen Medien gibt es bei LinkedIn neben der kostenlosen Basisversion auch eine kostenpflichtige Premium-Variante. Diese kostet im Monat 10 EUR, bei einer jährlichen Zahlvariante nur 7,56 EUR. Mit der Premiumversion erhalten Nutzer weitere Funktionen (wie zum Beispiel das Kontaktieren von Nicht-Kontakten), die vor allem für die professionelle Nutzung von Unternehmen, wie Personalabteilungen und Headhunter von hoher Bedeutung sind. Einen Vergleich der Funktionen zwischen Basis- und Premium-Variante zeigt Abb. 7.4.

Zielgruppen: Als Business-Netzwerk fokussiert Linkedin auf den B2B-Bereich. Männer und Frauen sind ungefähr gleich stark vertreten. Bezüglich des Alters sind ab

	LINKEDIN BASIS	LINKEDIN PREMIUM	XING BASIS	XING PREMIUM
Anzahl Suchkriterien	9	13	1	12
Max. Anzeige Suchtreffer	200	1.000	10	300
Nichtkontakte anschreiben	x	√	x	√
Nachrichten mit Anhang	√	√	x	√
Ansicht Kontaktanfragen	unbegrenzt	unbegrenzt	1	unbegrenzt
Suche in Nachrichten	√	√	x	√
Rechtschutzversicherung	x	x	x	√
Profilbesucher Ansicht	4	unbegrenzt	x	unbegrenzt
Einbinden Videos (YouTube)	√	√	x	√
Hintergrundbild	√	√	x	x
Suchauftrag für Jobs	unbegrenzt	unbegrenzt	defekt	defekt
Werbung für eigenes Profil	√	√	x	√
	0 €	10 €	0 €	9,95 €

Abb. 7.4 Vergleich der Basis- und Premium-Versionen von LinkedIn und Xing. (Quelle: eigene Darstellung in Anlehnung an Koß 2017)

20 Jahren nahezu alle Generationen vertreten. Bezogen auf die Positionen findet sich die ganze Pallette vom Studenten bis zum Geschäftsführer. Interessant wird es, wenn man sich das Durchschnittseinkommen der Nutzer anschaut: 44 %, und damit der größte Anteil der Nutzer, verdienen mehr als 75.000 US$. 50 % der Nutzer haben einen College-Abschluss (vgl. Kroker 2017a).

Zielsetzungen: Neben dem Aufbau und der Pflege des persönlichen beruflichen Netzwerks wird LinkedIn vor allem im Personalbereich eingesetzt. Hier stehen beide in Abschn. 6.2 aufgeführten Ziele, Mitarbeitergewinnung und Employer Branding, im Fokus. Daneben wächst die Bedeutung von LinkedIn in Bezug auf die Generierung von Leads im B2B-Bereich.

Content-Arten: In den persönlichen Profilen dominieren Texte über die Person, sowie weiterführende Links und Fotos. Bei Unternehmensprofilen spielen zusätzlich Unternehmens-Videos eine immer größere Rolle. Wie in Abschn. 6.2 dargestellt, versuchen Unternehmen über diese Plattform ihre Außendarstellung mit Employer-Branding-Videos positiv zu beeinflussen.

Vermarktungsmöglichkeiten: Neben einer professionell betriebenen Unternehmensseite auf LinkedIn stehen weitere Möglichkeiten zur Vermarktung zur Verfügung. In Bezug auf die HR-Themen bieten sich dazu vor allem die zusätzlichen Funktionen der Premium-Version an. Für die Lead Generierung stehen zwei weitere Tools zur Verfügung. Zum einen lassen sich über sogenannte „Sponsored Posts" organische oder spezielle Beiträge zur Bewerbung pushen (diese sind im Stream für Follower nicht sichtbar). Hierbei können Unternehmen auf fast alle Merkmale, die es in einem persönlichen Profil gibt, zurückgreifen, um die jeweilige Zielgruppe direkt anzusprechen. Zum anderen kann man über den „Sales Navigator" potenzielle Käufer (über deren persönliche Accounts) auf Basis spezifischer Kriterien – wie der Position im Unternehmen oder der Berufserfahrung – ausfindig machen. Die identifizierten Vorschläge lassen sich weitergehend analysieren, um so zusätzliche Details über den potenziellen Kunden zu erfahren. Der Sales Navigator bietet die Möglichkeit, individuelle Schlagwörter oder Notizen zu hinterlegen. Darüber hinaus lassen sich diese Daten in ein CRM-System übertragen (vgl. Großkopf 2017).

Xing

Das im Jahre 2003 als OpenBC (BC stand für Business Club) gegründete Business-Netzwerk ist das deutschsprachige Pendant zu LinkedIn. Als solches weist es zunächst nahezu die gleichen Funktionalitäten auf, wie der Konkurrent aus den Vereinigten Staaten. Über das berufliche Netzwerk haben sich circa 13 Mio. Mitglieder im DACH-Raum vernetzt (vgl. Buggisch 2018). International spielt Xing hingegen keine Rolle. Auch bezüglich der Nutzer-Aktivität weist Xing nicht die besten Zahlen auf: Aus der ARD/ZDF-Onlinestudie (2017b) weiß man, dass nur 1,2 Mio. der Mitglieder wöchentlich auf der Plattform aktiv sind. Die meisten schauen seltener nach Neuigkeiten oder nutzen XING bei Bedarf als lebendes Adressbuch (vgl. Buggisch 2018). Insofern steht die Frage im Raum, wann Xing in Deutschland von LinkedIn überholt wird und ob es langfristig gegen den großen Konkurrenten aus den USA überleben kann.

Besonderheiten: Ebenso wie LinkedIn bietet Xing neben der kostenlosen Basis-variante eine Premiumversion, die im Monat 9,95 EUR kostet (bei entsprechenden Aktionen manchmal deutlich günstiger). Der Vergleich der Basisversionen von Xing mit LinkedIn in Abb. 7.4 zeigt, dass Xing deutlich weniger Funktionen aufweist. Gerade in Bezug auf die Suche von Personen kann man nur ein Suchkriterium nutzen. Die Suche einer Nachricht im Postfach ist ohne Premium-Account nicht möglich (vgl. Koß 2017).

Zielgruppen: Hier gelten die Ausführungen zu LinkedIn analog. Immerhin nutzen fast 77 % der Xing-Nutzer auch LinkedIn (vgl. Adenion o. J.). Allerdings muss man berücksichtigen, dass sich Xing auf den deutschsprachigen Markt konzentriert. 92 % aller Nutzer von Xing kommen aus Deutschland (vgl. Adenion o. J.). Unterschiede gibt es aber im Hinblick auf die Frage, wer in welchem Netzwerk vertreten ist. Laut einer Analyse von Koß im Jahr 2016 waren zum Beispiel circa 820.000 Mitarbeiter aus DAX-Konzernen bei LinkedIn, bei Xing waren es knapp 240.000. Wer in einem DAX-Unternehmen arbeitet oder arbeiten möchte, kommt an LinkedIn nicht vorbei. Besteht mehr Interesse an kleinen- und mittelständischen Unternehmen, scheint Xing besser geeignet zu sein (vgl. Blindert 2017).

Zielsetzungen: Auch hier lassen sich die gleichen Zielsetzungen aufführen wie bei LinkedIn. Blindert (2017) weist in ihrer Analyse aber darauf hin, dass Xing gerade im Bereich des Active Sourcing, also der direkten Suche von neuen Mitarbeitern über das Netzwerk, gegenüber LinkedIn deutliche Vorteile bietet.

Content-Arten: siehe dazu die Ausführungen bei LinkedIn.

Vermarktungsmöglichkeiten: Wie LinkedIn hat auch Xing das Potenzial erkannt und bietet spezielle Lösungen für Unternehmen im Bereich Recruiting und Employer Branding an. Wer bei Xing ähnliche Möglichkeiten zur Generierung von Reichweite und Leads sucht wie bei LinkedIn, wird allerdings enttäuscht. Auf einer Unternehmensseite können zwar spezifische Neuigkeiten geteilt werden. Diese Posts werden den Nutzern in ihren Timelines allerdings wenig prominent dargestellt. Es gibt auch bei Xing die Möglichkeit, Anzeigen zu schalten. Das Targeting ist allerdings nicht so detailliert wie bei LinkedIn (vgl. Großkopf 2017). Der wöchentlich verschickte, redaktionell gestaltete Newsletter von Xing bietet hingegen Chancen für die Reichweitenerhöhung, wenn man als Unternehmen in den News erwähnt wird (vgl. Großkopf 2017).

Tipps: Koß (2017) nennt in puncto „LinkedIn vs. Xing" nachstehende Faustregel: „Wenn Sie mehr mit Fach- und Führungskräften zu tun haben oder international tätig sind, ist LinkedIn die erste Wahl. Sind Sie Freiberufler oder Freelancer oder suchen Sie genau diese, hat XING im deutschsprachigen Raum die Nase vorn".

Da sich auch die beruflichen Netzwerke LinkedIn und Xing ständig weiterentwickeln und verändern, liefert Servicelink 7.3 die Möglichkeit, sich über diese auf dem Laufenden zu halten. Dort bietet der Autor auch Informationen über mögliche neue, aufstrebende Konkurrenten von LinkedIn und Xing, wie zum Beispiel beBee oder Vutuv.

Servicelink 7.3	
Servicelink zum Business-Netzwerk-Flipboard des Autors: https://flipboard.com/@alexanderdecker/business-nw-ffu5a748y	

Slack

Slack entstand als Werkzeug, um die interne Kommunikation und die Zusammenarbeit von Projektteams zu vereinfachen. Dabei dient es zum einen als interner Chatroom. Dazu lassen sich beliebig viele „Channels" einrichten und die Teilnehmer nach unterschiedlichsten Kriterien festgelegen (z. B. Zugriff nur für Projektleitung, Zugriff für das ganze Team etc.). Direkte Chats zwischen Teammitgliedern sind ebenso möglich. Zum anderen integriert Slack eine Vielzahl von anderen Tools. Auf diese Weise zentralisiert Slack Aktivitäten, die auf anderen Plattformen ausgeführt werden. Das funktioniert beispielsweise mit Dropbox, Trello oder auch Twitter (vgl. Tißler 2017). Der Vorteil daran ist, dass Slack für die verschiedenen Tätigkeiten eben keine neuen Tools nutzt, in die sich jeder einarbeiten muss. Vielmehr können die Teammitglieder innerhalb von Slack auf Programme zurückgreifen, mit denen sie selber schon länger arbeiten. Seit Mai 2017 bieten die Desktop-Apps von Slack auch die Möglichkeit, den Inhalt des eigenen Monitors an Team-Mitglieder zu übertragen (vgl. Rixecker 2017).

Slack kann über ein Programm auf dem Computer oder eine App für Android beziehungsweise iOS auf dem Smartphone oder Tablet genutzt werden. Die Inhalte lassen sich über verschiedenen Geräte hinweg synchronisieren.

Erstaunlich ist, dass Slack so viel besser angenommen wird als beispielsweise Atlassians HipChat, obwohl beide Angebote sehr ähnliche Funktionen aufweisen. Das liegt laut Tißler (2017) vor allem am Featureset sowie der gelungenen Umsetzung, die eine einfache Handhabung ermöglicht. So lässt sich über die Chatfunktion beispielsweise die Anzahl von E-Mails in den bisherigen Praxisanwendungen drastisch reduzieren. Aktivitäten bei anderen Cloud-Diensten führt Slack zentral an einer Stelle zusammen. Diskussionen sind jederzeit wiederauffindbar – auch wenn sie sich um Dokumente drehen, die man über Slack hochgeladen und dem Team zur Verfügung gestellt hat.

Slack ist also eine ganz anders geartete Social-Media-Plattform, bei der die Verbesserung der Teamarbeit im Vordergrund steht. Zielgruppen sind alle Unternehmen, die in Teams vor allem größere Projekte stemmen müssen. Weiterführende Informationen, wie zum Beispiel ein Video mit einer ausführlichen Erklärung des Tools, sind Servicelink 7.4 zu entnehmen.

Servicelink 7.4	
Servicelink 7.4a zum Slack-Erklärvideo des Upload Magazins: https://www.youtube.com/watch?v=74c011CjQ7I	
Servicelink 7.4b zur Marketing-Strategie hinter Slack, erläutert vom Gründer Stewart Butterfield: https://medium.com/@stewart/we-dont-sell-saddles-here-4c59524d650d	

Slideshare

Abschließend soll in dieser Kategorie das zu LinkedIn gehörende Slideshare noch kurz Erwähnung finden. Es ist ein Dienst zum **Tauschen und Archivieren von Präsentationen,** Dokumenten, PDFs, Videos und Webinaren mit vorwiegend professionellen Inhalten. Aus diesem Grunde vermutet man, dass sich die Nutzerschaft stark mit der von LinkedIn deckt (vgl. Heimstaedt 2012). Die jeweiligen Dokumente können als öffentlich zugänglich oder privat markiert, bewertet, kommentiert und geteilt werden. Auch wenn es eine absolute Nischen-Plattform darstellt, so verzeichnete Slideshare beim Kauf durch LinkedIn im Jahre 2012 weltweit doch um die 60 Mio. Besucher pro Monat (vgl. Allton 2017; D'Andrea 2012). Laut Alexa belegt Slideshare immerhin einen Platz um die 150 im globalen Ranking aller Webseiten (vgl. Alexa 2018a). Um Slideshare vor dem Hintergrund der vergleichsweisen geringen Nutzerzahlen sinnvoll zu nutzen, bietet es sich an, die dort hochgeladenen Dateien über andere Social-Media-Plattformen quer zu vermarkten. Folglich kann Slideshare dabei helfen, sich auf einem Gebiet als Experte zu positionieren und zusätzlich Reichweite und Bekanntheit aufzubauen.

Microblogs, Blogs und Foren
Twitter

Twitter zählt zu den sogenannten Microblogging-Diensten. Der Kurznachrichtendienst ist die kondensierte Version der Facebook-Status-Updates auf Basis von ursprünglich nur 140 Zeichen (siehe dazu unten mehr). Bei Twitter geht es in erster Linie um Informationen und News rund um aktuelle Themen und Ereignisse, die in Echtzeit als sogenannte „Tweets" geteilt werden. Mithin gilt Twitter als das schnellste Informationsmedium der Welt, schneller noch als Google (siehe dazu beispielsweise den Case „Das Wunder auf dem Hudson River" in Abschn. 2.2). Laut Pein (2014, S. 371) liegt das vor allem daran, dass die meisten Accounts öffentlich sind und die Nutzer ohne Hierarchie miteinander kommunizieren. Im Gegensatz zu Facebook herrscht hier das Prinzip der „Follower", das heißt man wählt Profile aus, denen man „folgen" möchte; Inhaber der Profile, denen man folgt, müssen den Folgenden nicht erst eine Berechtigung dazu geben.

Seit einiger Zeit stagniert die Zahl der Twitter-User bei circa 330 Mio. monatlich aktiven Nutzern (vgl. Buggisch 2018; We Are Social 2018a, S. 59). Die Zahl der registrierten Nutzer soll bei circa einer Milliarde liegen. Rund 53 % haben allerdings noch nie ein Tweet abgesetzt (vgl. Kroker 2017a). Fast 400 Mio. Accounts sind ohne Follower. Hinzu kommen bis zu 15 % aller Twitter-Accounts, die von sogenannten „Social Bots", also Maschinen, betrieben werden (vgl. Brien 2017a; Carnette 2018).

In Bezug auf Deutschland schwanken die Angaben über die Nutzerzahlen. Manche Publikationen sprechen von um die vier Prozent der Twitter-Accounts, die deutschen Nutzern zuzurechnen wären (vgl. Adenion o. J.). Dies würde 12 Mio. Nutzern entsprechen (der Zahl, die Twitter zuletzt im Frühjahr 2016 meldete), wobei maximal ein Viertel Twitter aktiv nutzt. Andere Untersuchungen weisen lediglich drei Millionen deutsche Profile mit höchstens einem Drittel aktiver Nutzer aus (vgl. Buggisch 2017). Wie man es auch dreht, am Ende besteht zwischen den Deutschen und Twitter bislang noch keine wirkliche Zuneigung.

Besonderheiten: Twitter ist ein interessantes Tool, das die Fähigkeit erfordert, komplexe Sachverhalte komprimiert in maximal 280 Zeichen zu packen[2]. Wie sehr diese kurzen Nachrichten die soziale Gemeinde bewegen oder auch empören können, zeigen unter anderem die Tweets des amerikanischen Präsidenten Donald Trump. Für Posts auf Twitter gilt die Netiquette – gleichermaßen für private wie für Firmen-Accounts (zwischen denen auch ansonsten kein Unterschied besteht, im Gegensatz zum Beispiel zu Facebook). Bei Twitter geht es in erster Linie um den Dialog, weswegen man vermeiden sollte, zu viel über sich selbst zu schreiben. Zudem sollten Unternehmen eher ihre menschliche Seite zeigen und sich nicht hinter Logos verstecken. Auch das Kaufen von Followern wird übel genommen (vgl. Pein 2014, S. 377–378). Der organische Aufbau funktioniert bei Twitter vor allem über Gegenseitigkeit: Folgt ein Nutzer einem anderen, erwartet er in der Regel, dass der Andere ihm ebenfalls folgt („Folge-ich-Dir-folgst-Du-mir"-Taktik). Aber auch darüber hinausgehende Interaktionen zwischen den Nutzern spielen eine große Rolle.

Daneben muss man bei Twitter berücksichtigen, dass die Lebensdauer eines Tweets extrem kurz ist. Einer Untersuchung von Mamsys zufolge, beträgt die durchschnittliche Sichtbarkeit eines Tweets nur 18 min (vgl. Schulze-Siebert 2017). Aus diesem Grund

---

[2]Im Herbst 2017 stellte Twitter sein Markenzeichen mit dem 140-Zeichen-Limit auf den Prüfstand. Tester in ausgewählten Ländern konnten doppelt so lange Tweets senden (vgl. bspw. Newton 2017). Ab November 2017 teilte Twitter dann mit, dass diese Ausweitung ab sofort für alle verfügbar sei (vgl. bspw. für viele Kunz 2017).

empfehlen viele Experten, gut angenommene Beiträge mehrmals zu posten, um die Zielgruppen (unter anderem auch neue Follower) bestmöglich zu erreichen. Dies bietet sich
vor allem dann an, wenn ein Beitrag zeitlich unabhängig ist, also sogenannten Evergreen
Content darstellt.

Zielgruppen: Twitter führt in Deutschland nach wie vor ein Nischendasein. Mit
„Nerds", Bloggern, Journalisten, Gamern und anderen webaffinen Gruppierungen kann
die Vernetzung und der Austausch trotzdem – oder gerade deswegen – sehr wertvoll für
Marken und Unternehmen sein (vgl. Ihnenfeldt 2017). Twitter zeigt sich hinsichtlich der
Geschlechterverteilung weitgehend ausgeglichen, mit einem leichten Übergewicht an
männlichen Nutzern. Auch wenn es Twitter bereits seit 2006 gibt, so spricht der Dienst
in der Tendenz eher eine jüngere Zielgruppe an: 37 % der User sind unter 30 Jahren (vgl.
Kroker 2017a; Sprout Social 2016). Im Hinblick auf die Verteilung der Einkommens-
klassen und der Bildung liefert die Nutzerschaft von Twitter ein ziemlich ausgeglichenes
Bild (vgl. Sprout Social 2016).

Zielsetzungen: Aufgrund der Geschwindigkeit, mit der sich die Informationen verbreiten lassen, nutzen viele Unternehmen das Tool in der Unternehmenskommunikation
und in der PR, zum Beispiel für den Auf- und Ausbau der Markenbekanntheit sowie die
Image-Pflege. Da die meisten Tweets auf eine Webseite verlinken, dient das Tool partiell zur Steigerung des Website-Traffics. Wie in Abschn. 6.2 erläutert, folgen 52 % der
Nutzer auf Twitter einer Marke, weil sie nach Promotionen und Rabatten Ausschau halten (vgl. Morais 2015). Sonderaktionen sollten allerdings nicht überhand nehmen, um
das Ziel der Umsatzsteigerung nicht zu torpedieren. Das Beispiel von „Telekom hilft" in
Abschn. 6.2 hat gezeigt, dass man Twitter hervorragend für den Kundenservice einsetzen
kann.

Aufgrund der Schnelligkeit des Mediums bietet sich Twitter wie fast keine andere
Plattform dafür an, sogenanntes „Real-Time-Marketing" zu betreiben. Dabei geht es
darum, aktuelle Vorkommnisse, über die viele Menschen reden, positiv für sich als Marke
zu nutzen. Weltberühmt wurde zum Beispiel der Tweet des Keksherstellers Oreo „You
Can Still Dunk in the Dark" als Antwort auf den Stromausfall während der Halbzeit-
Show beim Superbowl 2013 (siehe Abb. 7.5).

Content-Arten: Aufgrund der Grundvorgabe von ursprünglich 140, inzwischen 280
Zeichen dominieren kurze Texte mit Verlinkungen zum eigentlich zu verbreitenden Content. Daneben darf in keinem Tweet die Verschlagwortung über ein oder zwei Hashtags[3]
fehlen, um auf diese Weise auch von Nicht-Followern gefunden zu werden. Tweets mit
Bildern werden deutlich häufiger geteilt (sogenannte „Retweets"). Aber auch Bewegtbilder wie Videos oder Gifs sind auf Twitter sehr beliebt.

Vermarktungsmöglichkeiten: Wie beschrieben sollte man einen behutsamen, organischen Aufbau seiner Followerschaft betreiben. Dafür sucht man auf Basis von Key-

---

[3]Ein Hashtag ist ein mit Doppelkreuz (#) versehenes Schlagwort, das dazu dient, Nachrichten mit
bestimmten Inhalten oder zu bestimmten Themen in sozialen Netzwerken auffindbar zu machen.

Abb. 7.5 Real-Time-Marketing am Beispiel des Oreo-Tweets „You can still dunk in the dark“. (Quelle: Twitter 2013)

words Accounts, die an ähnlichen Themen interessiert sind, wie man selber, und folgt diesen. In vielen Fällen „folgen“ diese Nutzer dann zurück. Daneben bietet auch Twitter eine große Bandbreite von Möglichkeiten, um einen Account über Paid Content bekannt zu machen. Hier seien vor allem sogenannte „Promoted Tweets“ (ähnlich der Facebook-Logik), „Promoted Trends“ (um in den Trending Topics von Twitter angezeigt zu werden) oder „Promoted Accounts“ (zur Verbreitung ganzer Profile) zu nennen. Allerdings waren diese Werbeformate bislang wenig vielversprechend, weswegen Twitter weiterhin Probleme hat, ein erfolgreiches Geschäftsmodell aufzubauen. Der Kurznachrichtendienst startete einen neuen Versuch mit dem 99-US$-Werbeabo, bei dem Twitter die organischen Posts (keine Zitate, Antworten oder Retweets) automatisch in Promoted Tweets verwandelt (vgl. Erxleben 2017a).

Tipps: Zu kaum einer anderen Plattform gibt es mehr unterstützende und weiterführende Tools wie zu Twitter. Makara (2018) hat in seiner Übersicht über 500 dieser

Instrumente gezählt. Über den beigefügten Servicelink 7.5 haben Sie Zugriff auf das Twitter-Flipboard des Autors sowie Linklisten zu den verschiedenen Twitter-Tools.

Servicelink 7.5	
Servicelink 7.5a zum Twitter-Flipboard des Autors: https://flipboard.com/@alexanderdecker/twitter-4ed0ae81y Servicelink 7.5b zu Twitter-Tools: https://blog.bufferapp.com/free-twitter-tools https://www.lilachbullock.com/twitter-tools/	

Corporate Blogs

Eine oft unterschätzte Social-Media-Plattform bieten **Unternehmens- und Marken-blogs.** Nachdem die sogenannten „Corporate Blogs" lange Zeit keine wesentliche Rolle im Rahmen des Social-Media-Marketings deutscher Unternehmen spielten, ist das Bewusstsein für deren Vorteile in den letzten Jahren stark gestiegen. So kann ein Blog auf dem eigenen Server und damit unabhängig von Fremd-Plattformen laufen. Zudem muss man sich nicht nach fremden Regeln richten und läuft nicht Gefahr, zensiert zu werden, weil man aus Versehen gegen AGBs verstoßen hat oder aus anderen Gründen unliebsam auffiel (vgl. Ihnenfeldt 2017). Blogs bieten Kommentarfunktionen und die leichte Verknüpfung mit der eigenen Website sowie Unternehmensprofilen auf anderen Social-Media-Kanälen. Ein weiterer Vorteil, der Unternehmens-Blogs von den meisten anderen Social-Media-Plattformen unterscheidet, ist die Möglichkeit, eigene Inhalte ausführlich darzustellen, beispielsweise auch längere (Fach-)artikel mit journalistischem Anspruch oder Reportagecharakter. Es gibt keine grundsätzliche Mengenbeschränkung, die Optik ist frei gestaltbar und auch die Struktur eines Corporate Blogs liegt in der eigenen Hand.

Corporate Blogs sind so beliebt wie nie zuvor (vgl. Grabs et al. 2017, S. 329). Laut einer Studie von Adenion (2016) stieg die Anzahl der Unternehmen, die zur Kommunikation mit ihren Zielgruppen Corporate Blogs betreiben, von knapp 20 % in 2012 auf 62 % in 2016. Auch die Regelmäßigkeit neuer Beiträge in den Unternehmens-Blogs ist gestiegen: 91,6 % der Befragten in der Studie von Adenion (2016) geben an, zwischen einem und fünf Artikel pro Woche zu veröffentlichen. Rund 60 % generieren ihre Blog-Beiträge auf Basis der eigenen Unternehmens-News. Diese Entwicklung lässt sich unter anderem mit der Erkenntnis erklären, dass Unternehmen verstärkt auf Content-Marketing setzen müssen, um ihren Zielgruppen relevante Inhalte zur Verfügung stellen zu können. Im Gegensatz zur Lebensdauer von Beiträgen auf den bekannten sozialen Plattformen, wie vor allem Facebook, Twitter oder Instagram, behalten Blog-Beiträge im Schnitt fast zwei Jahre ihre Sichtbarkeit (vgl. Adenion 2016). Einen Blog zu erstellen macht somit Sinn, um Content zu platzieren und mittel- bis langfristige Aufmerksamkeit von interessierten Besuchern zu erhalten (vgl. Schulze-Siebert 2017).

Auch wenn die Nutzung in den letzten Jahren zunahm, so fällt das Qualitätsurteil über Unternehmens-Blogs in Deutschland allerdings sehr schlecht aus. Dies verdeutlicht nachstehendes Zitat von Hoffmann (2016):

> Ein großer Teil deutscher Unternehmen selbst aus digitalaffinen Branchen kann nichts aufweisen, was annähernd als Blog gelten könnte. Nicht alle Blogs verwirklichen gleichermaßen hohe Qualität. Viele verwaisen nach einem ambitionierten Start, oder sie sind schlecht mit externen Präsenzen verknüpft. Oder es gibt Alibi-Plattformen, die vorwiegend mit Selbstreferentiellem bespielt werden, weswegen sie außer den Unternehmensverantwortlichen wohl kaum jemand gerne liest.

Corporate Blogs funktionieren dann gut, wenn sie konkrete Ziele verfolgen und als aktive Kommunikationsplattform betrieben werden. In Bezug auf die Zielsetzungen können Blogs das gesamte in Abschn. 6.2 dargestellte Spektrum abbilden. Sicherlich zählen jedoch die Unterstützung bei der PR-Arbeit, das Reputationsmanagement (insbesondere im Hinblick auf Aspekte der Corporate-Social-Responsibility), die Steigerung der Markenbekanntheit oder des Website-Traffics sowie die Mitarbeiter-Bindung zu den am häufigsten verfolgten Zielen von Unternehmens-Blogs. Obwohl die Übersicht in Abb. 7.6 bereits im Jahre 2005 veröffentlicht wurde, so fasst sie dennoch gut die verschiedenen Einsatzmöglichkeiten von Blogs in/für Unternehmen zusammen.

Auch wenn Hoffmann (2016) berechtigterweise Kritik an vielen Unternehmens-Blogs in Deutschland übt, so gibt es doch eine Reihe hervorragender Best-Practice-Beispiele. Diese lassen sich über den Servicelink 7.6 aufrufen. Ganz oben sind zwei Pioniere

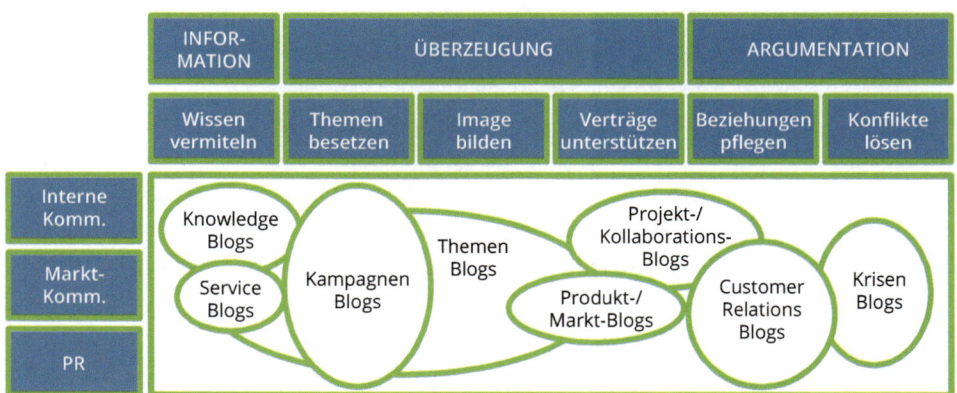

Abb. 7.6 Einsatzmöglichkeiten von Corporate Blogs. (Quelle: eigene Darstellung in Anlehnung an Zerfaß und Boelter 2005, S. 127)

des deutschen Corporate Bloggings zu finden: der Frosta- und der Daimler-Blog. Eine Beschreibung und Würdigung dieser Blog-Beispiele ist den Ausführungen beispielsweise bei Chip (o. J.), Hertling (2017; auch mit Beispielen aus anderen Ländern) oder Hoffmann (2016) zu entnehmen.

Servicelink 7.6

Servicelink 7.6a zum Unternehmens- und Marken-Blog von Frosta:
http://www.frostablog.de
Servicelink 7.6b zum Mitarbeiter-Blog von Daimler:
https://blog.daimler.com/
Servicelink 7.6c zum Service-Blog von Metro:
https://www.metro.de/blog
Servicelink 7.6d zum Themen-Blog von Cap Gemini:
https://www.capgemini.com/de-de/blogs/
Servicelink 7.6e zum Krisen-Blog von Greenpeace:
http://blog.greenpeace.de/
Servicelink 7.6f zum Blog von Ritter Sport, der einst als Kampagnen-Blog startete und heute eine Vielzahl von Themen abdeckt (Misch-Blog):
https://www.ritter-sport.de/blog/

Auch wenn es beim Thema Corporate Blog nicht um die Plattform an sich geht, sondern darum, wie gut Blogs innerhalb der integrierten Kommunikationsstrategie funktionieren, so behandeln die weiteren Ausführungen dennoch verschiedene Blog-Dienste (Blogger und WordPress) beziehungsweise Blog-Plattformen (Tumblr und Medium), auf denen Unternehmen auf einfache Weise eigene Corporate Blogs einrichten können.

Blogger
Der **Blog-Dienst** Blogger zählte – wie in Abschn. 2.1, Phase 2 dargestellt – neben Live-Journal zu den ersten Blog-Softwares überhaupt. 2003 kaufte Google die Plattform, weswegen sie des Öfteren als Google Blogger bezeichnet wird. Als Teil der Google-Familie bietet Blogger die klassischen Google-Vorteile wie Integration in AdSense. Es ist zudem kostenlos[4] und weist eine einfache Handhabung auf. Damit gehen allerdings auch Nachteile einher, wie geringe Erweiterungsmöglichkeiten, eine begrenzte Auswahl an guten sogenannten „Themes" (auch: Designvorlagen, Templates) oder die Tatsache, dass man ein Google-Konto benötigt (vgl. Pressengers 2014). Unabhängig davon, ob man Google mag oder nicht, bedeutet die Erstellung eines Blogs über Blogger auf jeden Fall, dass dieses innerhalb des Google-Imperiums betrieben wird (sogenanntes Hosting). Möchte

---

[4]In der Gratisvariante erhält der Nutzer eine Subdomain mit der URL http://ihrname.blogspot.com. Man kann aber bei Blogger auch eine eigene Domain registrieren, diese ist dann allerdings kostenpflichtig.

man später das Blog auf eine andere Plattform umziehen, ist das zum einen nicht ganz einfach, zum zweiten läuft man Gefahr sein SEO-Ranking zu verlieren und zum dritten könnten die Daten trotz Umzugs noch lange bei Google gespeichert werden (vgl. WPBeginners 2018). Als Anbieter des Hosting-Services behält der Tech-Gigant auch die Kontrolle über den Zugriff zum eigenen Blog oder kann das Blog ganz schließen. Auf der anderen Seite gilt Blogger mittlerweile als sicher und Blog-Betreiber müssen sich keine Gedanken über Backups machen.

WordPress
WordPress gilt mittlerweile als die am meisten genutzte Blog-Software der Welt (vgl. Grabs et al. 2017, S. 367). Allein im März 2018 wurden knapp 83 Mio. Blogposts über WordPress abgesetzt (WordPress 2018). In diesem Zusammenhang muss man zwischen WordPress.com und WordPress.org differenzieren. Im Wesentlichen unterscheiden sich die beiden Services darin, wo der Blog gehostet wird.

WordPress.com **ist ein Blog-Hosting-Service,** ähnlich wie Blogger, bei dem zusätzlich zu einem sehr limitierten kostenlosen Angebot weitere Pakete kostenpflichtig hinzu gebucht werden können. Wer einen Blog bei WordPress.com einrichtet, muss sich keinen eigenen Webspace oder eigene Domain mieten, man erhält automatisch eine Subdomain für den eigenen Blog in der Form: ihrname.WordPress.com. Die kostenlose Variante ist in ihren Möglichkeiten jedoch stark begrenzt, so sind zum Beispiel maximal drei Gigabyte Speicherkapazität verfügbar, eigene Toplevel-Domains (ihrname.de) oder Uploads eigener Themes sind nicht möglich. Nachteilig am kostenlosen Angebot ist zudem, dass auf dem eigenen Blog externe Werbeanzeigen platziert werden, die man nicht kontrollieren und von denen man selber nicht profitieren kann. Im Gegenteil: Man darf auch keine eigenen Werbeplätze vermieten (es sei denn man wird als erfolgreiche Seite in das Programm WordAd aufgenommen). Das kostenlose Angebot ist daher nur für Hobby-Blogger oder Anfänger sinnvoll (vgl. WPBeginners 2017). Bei den kostenpflichtigen Paketen kann hingegen eine eigene Domain registriert werden (www.ihrname.de) und man wird automatisch Partner im WordAd-Programm. Um die wirklich interessanten Funktionalitäten nutzen zu können, muss man allerdings eines der beiden teuersten Pakete buchen (Business für 299 US$ oder VIP für 5000 US$ pro Monat, vgl. WPBeginners 2017).

WordPress.org (für manche „the real WordPress", WPBeginners 2018) stellt hingegen die **(Blogging-)***Software* **kostenfrei** zur Verfügung. Um eine Domain, das Hosting und die Installation muss man sich selber kümmern. Insofern kommen auch hier Kosten auf den Blog-Betreiber zu, allerdings sind die Hosting-Anforderungen für den Anfang nicht sehr hoch. Viele Hosting-Anbieter bieten eigens WordPress-Hosting-Pakete und One-Click-Installationen an. Die Kosten belaufen sich anfänglich auf etwa drei bis zehn Euro im Monat, können jedoch mit wachsendem Blog höheren Zugriffszahlen schnell steigen.

WordPress.org richtet sich eher an professionelle Betreiber, die sich eigenständig um das regelmäßige Aufspielen von Updates und das Erstellen von Backups kümmern. Die Vorteile eines auf einer unabhängigen Plattform gehosteten Blogs überwiegen jedoch die Nachteile bei weitem: Das Aufsetzen eines Blogs über WordPress ist verhältnismäßig einfach. Alle Codes der Open-Source-Software sind frei zugänglich, jeder Betreiber kann nach eigenem Belieben die Codes verändern oder neue Bausteine programmieren (vgl. Grabs et al. 2017, S. 367). Das Blog lässt sich bei Bedarf vollständig an das Design und die strukturellen Anforderungen eines Unternehmens anpassen. Der Blog-Betreiber ist im Besitz aller Daten und kann nicht von einem Externen zur Schließung des Blogs gezwungen werden. Gleichzeitig bestehen umfassende Möglichkeiten, über diese Variante Geld zu verdienen, beispielsweise durch die Vermarktung von Werbeanzeigen oder die Anbindung eines Online-Shops. Außerdem besteht die Möglichkeit, das Blog mit Google Analytics oder anderen Analyse-Tools zu verbinden, was umfassende Auswertungsmöglichkeiten zur Kontrolle der Kennzahlen bietet (vgl. Pressengers 2014; WPBeginners 2018).

Über Schnittstellen oder Plug-Ins lässt sich das Blog gut mit anderen Social-Media-Kanälen verbinden. Am Ende dürfte es aber die enorm große Auswahl an kostenfreien oder kostenpflichtigen Plugins zur Erweiterung sowie (Design-)vorlagen, sogenannten „Themes", sein, die für die Betreiber kleinerer oder mittlerer Blogs den größten Vorteil von WordPress.org darstellt. Über die offene Plattform existiert eine rege Community an Nutzern und Entwicklern, die sich bei Problemen gerne mit Rat und Tat aushilft. Ein weiterer Vorteil der hohen Verbreitung von WordPress ist die hohe Verfügbarkeit von (kostenfreien) Tutorials und Anleitungen zur Installation, Bedienung, Erweiterung und Programmierung der Software. Als Open-Source-Plattform ist WordPress.org überdies nicht abhängig vom Schicksal eines Unternehmens oder einer Person.

Tumblr

Dem eigenen Claim zufolge ist Tumblr „the easiest way to blog". Betrachtet man jedoch die Inhalte, die auf Tumblr geteilt werden, könnte man den Dienst auch als Microblogging-Plattform bezeichnen. Mediale, kurze Inhalte, die sich leicht teilen lassen, stehen deutlich im Vordergrund: Bis zu 85 % der Posts sind Bilder. Ein Großteil der über Tumblr gebloggten Posts sind „reblogs", vor allem GIFs oder Grafiken, die von einem anderen Nutzer gepostet wurden (vgl. Pressengers 2014). Da User diese mit Hashtag versehen können, lassen sich eigene Beiträge schnell in der Tumblr-Welt bekannt machen und verbreiten. Insofern stellt Tumblr eine Art Mischung aus Twitter und Blog dar.

Besonderheiten: Hinter Tumblr stehen den Angaben der eigenen Website zufolge über 400 Mio. Blogs. Allerdings steigt auch hier die Zahl an Fake-Accounts. Es wurden bis Mai 2018 über 161 Mrd. Blog-Posts abgesetzt (vgl. Tumblr o. J.). Diese großen Nutzerzahlen liegen zum einen an der besonders leichten Handhabe: Die eigene Blogseite kann auf Basis kostenloser Designvorlagen erstellt werden. Daneben bietet die Plattform wenige, aber ausgefeilte Templates an, die dann aber etwas kosten. Wer selber HTML oder CSS codieren kann, hat die Möglichkeit, seinen Blog individuell nach dem Corporate Design des Unternehmens zu gestalten. Zum anderen spricht der

Community-Aspekt die junge Zielgruppe an. Etwas seltsam mutet es vor diesem Hintergrund an, dass Tumblr keinerlei Kommentarfunktion aufweist.

Zielgruppen: Auch wenn Tumblr als Plattform in Deutschland bislang wenig Akzeptanz erfährt, so rangiert es weltweit mit fast 794 Mio. monatlich „uniquen" Nutzern[5] unter den Top 10 der größten Social-Media-Dienste (vgl. We Are Social 2018a, S. 59). Der Großteil der Nutzer kommt aus den USA. Eine Größenordnung für Nutzerzahlen in Deutschland ist leider kaum zu finden. Das Durchschnittsalter der Tumblr-Nutzer ist relativ jung: vor allem Teenager und junge Erwachsene lieben Tumblr (vgl. Pressengers 2014). Das Verhältnis zwischen Männern und Frauen ist in etwa gleich.

Zielsetzungen: Tumblr bietet sich nicht generell als Plattform für Unternehmens-Blogs an, sondern eher für Themen- oder Personen-Blogs (vgl. Grabs et al. 2017, S. 367), beziehungsweise für visuelle und Entertainment-Inhalte an. Da lange Texte und anspruchsvolle Inhalte dort keinen Platz finden, ist die unternehmensseitige Nutzung eingeschränkt. Zudem werden die Inhalte bei Tumblr gehostet, das heißt die genannten Nachteile in puncto Zugriff und Kontrolle (siehe beispielsweise Blogger) gelten hier analog. Auf der positiven Seite steht die Tatsache, dass man auf Tumblr seine eigene Top-Level-Domain verwenden kann. Stehen zudem junge Zielgruppen und multimediale Inhalte im Fokus, wird Tumblr deutlich interessanter. Gerade für Unternehmen, die Wert auf SEO legen, ist der Effekt durch das einfache Rebloggen auf dieser Plattform von Bedeutung: potenziell virale Inhalte lassen sich so schnell in der Community verbreiten. Besonders spannend: Zur Reblogging-Funktion gehören sog. dofollow-Links. Diese weisen den Nutzer wieder auf die Originalseite zurück. Teilen hundert Nutzer einen Beitrag, entstehen so hundert dofollow-Links zum eigenen Blog (vgl. Blattwerk 2017). Der virale Effekt lässt sich schließlich noch durch das Teilen über Links zu Facebook und Twitter verstärken.

Tumbler-Blogs sind öffentlich, im Gegensatz zu den klassischen sozialen Netzwerken. Vor diesem Hintergrund unterstützt ein Blog auf Tumblr vor allem die Imagebildung und die eigene Corporate Website mit den Informationen über die eigene Marke.

Content-Arten: Grundsätzlich lassen sich über Tumblr jegliche Formate verbreiten. Wie bereits ausführlich dargestellt, stehen v. a. Bilder stark im Fokus. Erwähnenswert ist an dieser Stelle noch, dass auf Tumblr die Hashtag-Funktion deutlich häufiger genutzt wird, als bei vielen anderen Plattformen. Ähnlich wie bei Twitter entdecken und teilen Nutzer die Inhalte, ohne dem Blog selbst folgen zu müssen. Der Blog benötigt also keine bestätigten Freundschaften (vgl. Blattwerk 2017).

Vermarktungsmöglichkeiten: Neben den dargestellten Möglichkeiten bietet Tumblr auch Paid Media an. Diese „Sponsored Posts" oder „Ads" sind länger sichtbar als die normalen Posts. Bislang nutzen aber nur wenige Unternehmen diese Möglichkeiten, was erstaunlich ist, da es hier noch wenig Konkurrenz von Mitbewerbern gibt (vgl. Blattwerk 2017).

---

[5]Tumblr weist keine monatlich aktiven Nutzer aus. Die Daten basieren auf monatlich uniquen Nutzern. Die genannten Zahlen dürften deswegen deutlich höher ausfallen, als die MAUs.

Tipps: Wer sich für die individuelle Anpassung seines Tumblr-Blogs interessiert, kann auf die vielen Tutorials vor allem auf YouTube zurückgreifen, die zeigen, wie dies einfach umgesetzt werden kann. Allerdings ändert sich die Oberfläche von Tumblr häufig, weswegen sich die Videos durchaus schnell auf ein veraltetes Design beziehen können. Die Grundprinzipien gelten jedoch auch weiterhin.

Medium

Eine verhältnismäßig neue Plattform, die im Gegensatz zu Tumblr nicht nur jugendliche Nutzer anspricht und eher auf **fundierte Themen** abzielt, ist Medium (welches ebenso wie Blogger, WordPress.com und Tumblr als Host der Blogs auftritt). Medium promotete sich zeitweilig als Ort, „where ideas can be shared and discussed" (Yeung 2016). Dazu tragen das reduzierte, hochwertige Design und die Funktionalitäten von Medium bei, die den Verfasser von Beiträgen dazu zwingen, sich auf die inhaltliche Qualität zu konzentrieren, als sich von Call-To-Actions, schicken Videos oder Farbauswahlmöglichkeiten ablenken zu lassen (vgl. Liu 2017).

Zwar lassen sich über Medium sehr gut die Digital Natives anvisieren. Es bietet nach seiner schrittweisen Öffnung (Medium starte als eine sogenannte „Invitation-Only-Plattform") aber mehr und mehr die Möglichkeit für Unternehmen, auch mit der Zielgruppe der 24- bis 34-Jährigen zu interagieren. Mit dieser Entwicklung ging einher, dass zunehmend Frauen Medium nutzen, auch wenn Männer immer noch ca. drei Viertel der über Medium verlinkten Inhalte beisteuerten. Ende Dezember 2017 wies Medium immerhin 60 Mio. sogenannter „Unique Visitors" aus, eine Steigerung von 140 % im Vergleich zum Vorjahr (vgl. Yeung 2016). Ähnlich wie bei Tumblr ist das Aufsetzen eines Blogs bei Medium sehr einfach.

Inhaltlich war bei Medium von Anfang an eine gewisse Tech-Orientierung auszumachen. Während der Analyse der Beiträge auf Medium erkannte Ryan (2016) allerdings, dass sich die am häufigsten geteilten Posts auf **Politik, die Start-Up-Welt und Design** bezogen, alles eher neuere Rubriken. Medium hat Potenzial, um ein breiteres Spektrum an Themen zu bedienen.

Seit seiner Einführung im Jahre 2012 wurde Medium kontinuierlich weiterentwickelt. Die Aufmerksamkeit, so Gründer Ev Williams, liege inzwischen weniger auf dem Ausbau der Bearbeitungsmöglichkeiten als auf kommunikativen Aspekten. Dazu gehöre beispielsweise die Option für die Hervorhebung von Textpassagen sowie die Distribution von Inhalten als Screenshot via Twitter. „Ein qualitatives Feedback sieht Williams ebenfalls durch die Funktion verbessert, direkt auf Einträge antworten zu können. Und darin manifestiert sich schließlich auch ein Verständnis von Medium.com, das weniger an Publikationen als an Konversationen orientiert ist" (Meyer 2015).

Ähnlich wie bei Tumblr (oder anderen Plattformen) bietet Medium einen Mix an sogenannten „Pay-To-Play"-Optionen an, inklusive bezahlter Werbeplätze am Ende eines Beitrags. Dies gibt, laut Ryan (2016), Marken die Möglichkeit, Kampagnen bei den Zielgruppen zu testen, bevor sie als Teil einer Strategie verkündet werden. Für Medium.com sollten Inhalte so konzipiert sein, dass sie auf Markenversprechen und zukünftige Innovationen abzielen, nicht aber auf den kurzfristigen Abverkauf von Waren.

Foren und Communities

Foren oder Internet-Communities zählen zu den ältesten Formen der Diskussion im Internet (vgl. Pein 2014, S. 426). Dabei handelt es sich um einen Zusammenschluss von Individuen, die ein gemeinsames Interesse oder Ziel teilen und sich mehr oder weniger regelmäßig mithilfe einer technischen Plattform im Internet treffen, um miteinander Informationen auszutauschen und Probleme zu lösen (vgl. Meffert et al. 2005, S. 10–13). Der Fokus liegt nicht auf redaktionell erstellten Inhalten, sondern auf der **Gemeinschaft und dem Miteinander der User.** Dementsprechend geht es nicht hauptsächlich um das Vernetzen mit anderen Personen, sondern um den Austausch von Informationen mit Gleichgesinnten zu bestimmten Themen. Klassische Fachforen kommen aus den Bereichen Automobil, Sport, Technik, Hobby, Lifestyle und Politik. Im Gegensatz zu Blogs, die eher auf eine „One-To-Many"-Kommunikation ausgerichtet sind, bilden Foren die klassische Austauschform des Web 2.0 mit einer „Many-To-Many"-Ausrichtung.

Foren werden oftmals unterschätzt und für antiquiert gehalten. Dabei sind sie eine hervorragende Quelle für ehrliche und ungefilterte Meinungen im Web 2.0 (vgl. Pein 2014, S. 426) und sollten bei der Entwicklung der Social-Media-Strategie zumindest im Rahmen des ersten Schritts „Zuhören" Beachtung finden. Lassen sich keine weiterführenden Informationen daraus ziehen, muss man sie nicht explizit berücksichtigen. Dennoch wird man überrascht sein, wie viele Fachforen es gibt und wie viele Informationen sich dort gewinnen lassen. Eines der größte und bekanntesten Foren ist Motortalk (siehe auch Abschn. 4.1). Zu vielen Branchen lassen sich Fachforen finden, weswegen sie sich zumindest für das **Ziel der Wettbewerbsbeobachtung** sehr gut eignen. Darüber hinaus können Unternehmen auch Ziele im Hinblick auf die Verbesserung des Kundenservices unterstützen, indem sie sich im Rahmen dieser Foren proaktiv an den Gesprächen beteiligen (siehe Abschn. 5.1.2). Dies hat bei einer positiven Ausgestaltung wiederum Effekte auf die Kundenbeziehungen.

Die für ein Unternehmen wichtigen Foren lassen sich über das Social-Media-Monitoring identifizieren. Mögliche kostenlose Tools wurden hierzu bereits in Abschn. 5.3.1 vorgestellt. Zusätzlich kann man zum Einstieg auch eine Google-Suche mit dem entsprechenden Keyword durchführen. Um sich nur Forenbeiträge anzeigen zu lassen, muss man in Google auf der SERP („Search Engine Result Page", Suchergebnisseite) über den Klick auf „Mehr" die Suche über „Diskussionen" einschränken. Daneben existieren spezielle **Foren-Suchmaschinen,** über die man relevante Foren zu speziellen Themen oder Branchen identifizieren kann. Der Servicelink 7.7 bietet direkten Zugang zu zwei dieser Suchmaschinen.

Servicelink 7.7

Servicelink 7.7a zum Forenverzeichnis Hoood:
http://www.hoood.de/

Servicelink 7.7b zum Forenverzeichnis Forumcheck:
http://forumcheck.de/

Neben den Fachforen besteht für Unternehmen die Möglichkeit, eigene Markenforen, sogenannte **„Brand Communities"**, aufzubauen. Der Begriff Brand Community beschreibt eine virtuelle, interessensbasierte Gemeinschaft von Konsumenten, die auf eine bestimmte Marke ausgerichtet ist (vgl. Brudler 2010, S. 1–2). Pein (2014, S. 428) bezeichnet dies als die „Königsklasse", stelle der Aufbau und der Betrieb eines eigenen Forums doch harte Arbeit dar. Es sei nur zu empfehlen, ein eigenes Forum aufzubauen, wenn eine geeignet große Zielgruppe existiert und diese bereit ist, zu diskutieren.

Auch hier sind generell alle in Abschn. 6.2 aufgeführten Ziele als Ausgangsbasis zum Aufbau und Betreiben eines Forums denkbar. Typischerweise stehen im Vordergrund Aspekte wie die Nutzung der Community-Mitglieder als Feedback-Kanal, für Produkt- und Serviceinnovationen oder für Umfragen sowie der Auf- und Ausbau der Kunden- beziehungen. Besonders sind Foren aber auch, um den **Kundenservice zu verbessern.** Der Case „Telekom hilft" in Abschn. 6.2 kann als gelungenes Beispiel angeführt werden. In einer funktionierenden Community müssen Service-Anfragen überdies nicht mehr alleine durch das Unternehmen beantwortet werden. Oftmals helfen sich die Mitglieder untereinander selber. Besonders beeindruckend geschieht dies in der Bob-Commu- nity von Bosch, einem Forum zum Austausch unter Profi-Handwerkern. Nach Aussage eines leitenden Mitarbeiters von Bosch waren Mitarbeiter sogar angehalten bis zu drei Tage abzuwarten, ob ein Community-Mitglied auf eine Anfrage antwortet, bevor sie sel- ber tätig wurden. Auch wenn dies nicht das primäre Ziel einer solchen Ausrichtung sein sollte, lassen sich so natürlich auch Kosten senken.

Über den Servicelink 7.8 sind beispielhaft Brand Communities aus verschiedenen Branchen aufgeführt, die aus Sicht des Autors gut funktionieren und unterschiedliche Ansätze aufzeigen.

Servicelink 7.8

Servicelink 7.8a: Bob-Community von Bosch:
https://www.bosch-professional.com/de/de/community/
Servicelink 7.8b: Community von Conrad für Technik-Begeisterte:
https://community.conrad.de/
Servicelink 7.8c: Hej-Community von IKEA:
https://www.hej.de/
Servicelink 7.8d: Deutsches Playstation-Forum:
http://community.eu.playstation.com/t5/Deutsches-Forum/ct-p/38
Servicelink 7.8e: Beauty-Insider Community von Sephora:
https://www.sephora.com/community

Messenger

WhatsApp

WhatsApp ist die drittgrößte Social-Media-Plattform der Welt (vgl. We Are Social 2018a, S. 59, siehe Abb. 7.2), unter den Messengern sogar die Nummer eins. In einer Analyse von SimilarWeb, bei der die Daten von Android-Handys aus 187 Ländern analysiert wurden, war WhatsApp in 109 Ländern die am häufigsten eingesetzte Messenger-App. Dies entspricht 55,6 % der Weltbevölkerung (vgl. Schwartz 2016). An zweiter Stelle kam der Facebook-Messenger, der in 49 Ländern dominierte. Zusammengenommen bedeutet dies, dass der Facebook-Konzern mit rund 80 % den weltweiten Messenger-Markt dominiert (vgl. Schwartz 2016). Eine Visualisierung der Weltkarte der Messenger-Apps zeigt Abb. 7.7.

Zählt man – wie in diesem Buch – die Messenger-Dienste zu den sozialen Medien, so stellt WhatsApp **die größte Social-Media-Plattform in Deutschland dar.** Auch wenn für Deutschland keine separaten Nutzerzahlen ausgewiesen werden, errechnete die ARD/ZDF-Onlinestudie (2017b) 40 Mio. wöchentlich sowie 34 Mio. täglich aktive deutsche WhatsApp-Nutzer. Damit hat WhatsApp fast dreimal so viele tägliche Nutzer wie Facebook (vgl. Buggisch 2018).

WhatsApp startete als sogenannter „Instant-Messaging-Dienst", mit dem Nutzer sich gegenseitig Textnachrichten schicken konnten. Im Gegensatz zur SMS ist die Nachrichtenübertragung kein separater kostenpflichtiger Dienst eines Mobilfunkanbieters, sondern nutzt eine vorhandene Internetverbindung. In den letzten Jahren hat sich WhatsApp enorm weiterentwickelt. Der Dienst bietet mittlerweile einen Funktionsumfang, der weit über das Instant Messaging hinaus in Richtung Community-App geht: Zusätzlich zu Textnachrichten können User Sprachnachrichten sowie Foto-, Kontakt-, Video- und Audiodateien austauschen. Bilder und Videos können mit Smileys und Paint-Funktionen ergänzt werden. Der eigene Standort, den Whatsapp per GPS ermittelt, lässt sich ebenso übertragen. Mit einer WhatsApp-Gruppennachricht kann man bis zu 256 Kontakte auf einmal erreichen. Gruppenmitglieder können, ähnlich wie in einem Chat-Raum, Nachrichten austauschen. Seit Ende März 2015 ist auch das Telefonieren (Voice over IP) über WhatsApp möglich.

Auch wenn folgenden Zahlen nur eine Momentaufnahme darstellen, so sind sie doch beeindruckend: Weltweit eine Milliarde täglich aktiver Nutzer versenden pro Tag 55 Mrd. Nachrichten, teilen 4,5 Mrd. Fotos sowie eine Milliarde Videos. WhatsApp unterstützt sechzig Sprachen und hat Nutzer in 180 Ländern (vgl. Brandt 2017a).

Besonderheiten: WhatsApp ist zunächst vor allem ein mobil genutzter Dienst. Seit Januar 2015 steht darüber hinaus auch die Desktop-Variante „WhatsApp Web" zur Verfügung. Nach einer einmaligen Anmeldung synchronisiert WhatsApp alle Nachrichten und zeigt diese sowohl auf dem Handy als auch auf dem Desktop an. Die Synchronisierung erfolgt in Echtzeit. Im Anschluss können Anwender Nachrichten auf allen Endgeräten lesen und schreiben (vgl. Weck 2017a). Für die unternehmerische Nutzung gilt, dass WhatsApp aktuell noch nicht für die klassische „One-To-Many"-Kommunikation gedacht ist. Sogenannte „Broadcast-Listen", die in etwa der Kontaktliste auf WhatsApp

Weltkarte der Messenger Dienste (2016)

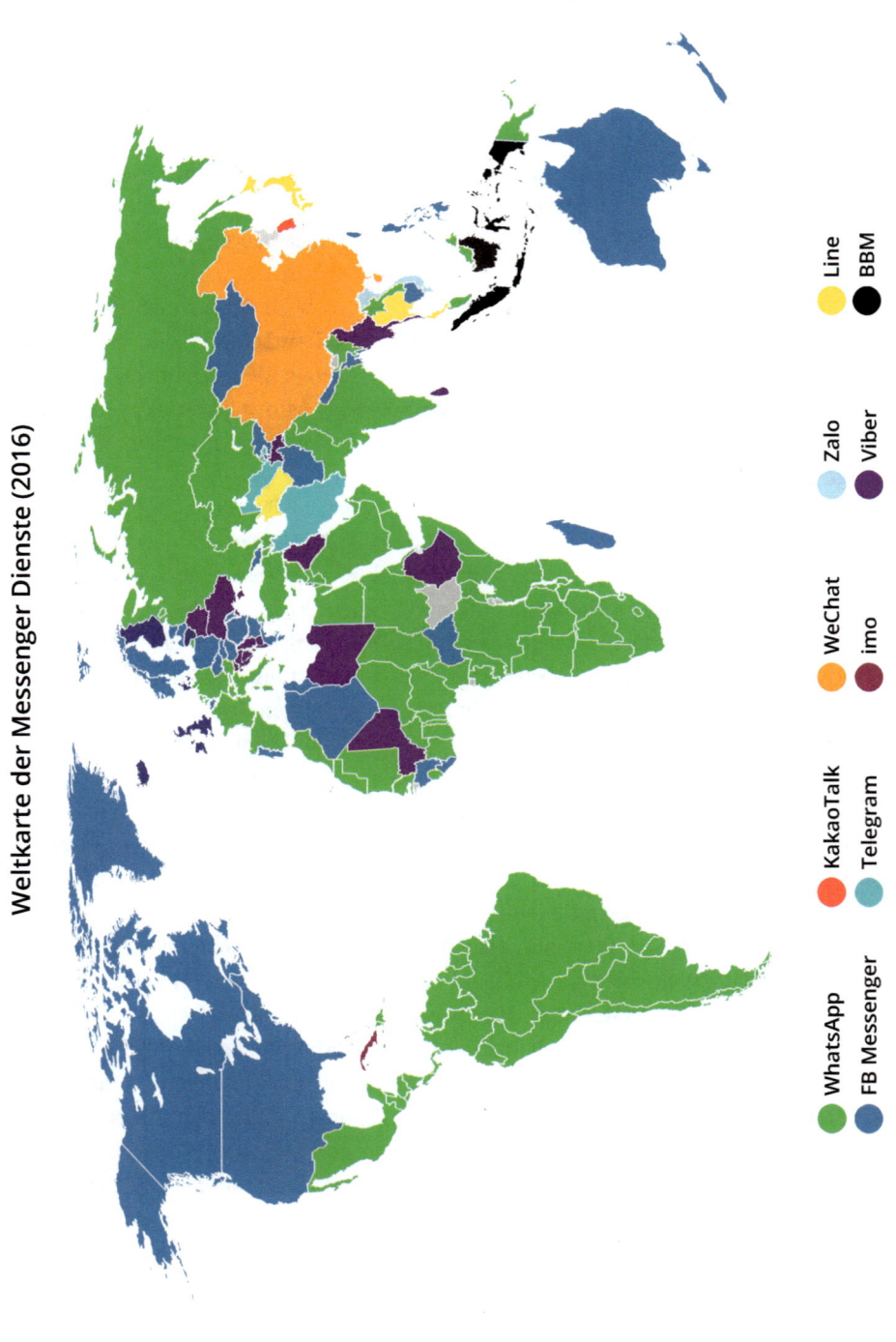

Abb. 7.7 Die Welt-Landkarte der Messenger-Apps. (Quelle: Schwartz 2016)

entsprechen, sind nur in Grenzen nutzbar. Hier reglementiert WhatsApp auf 256 Teilnehmer pro Liste (vgl. Grabs et al. 2017, S. 470).

Dennoch setzen immer mehr Unternehmen im Social-Media-Marketing auf Whatsapp. Dabei war die Plattform – durch die AGBs vorgegeben – lange Zeit ein Dienst, der nur dem Austausch von privaten Informationen mit Freunden vorbehalten war. Dies ändert sich nach und nach. Tests einer Business-Version des Messenger-Dienstes liefen im Sommer 2017 (vgl. Gillner 2017), Anfang 2018 kam die Business-Version offiziell auf den Markt (vgl. Brien 2018). Bei der Business-App handelt es sich um eine spezielle Chatlösung für Unternehmen, die im Grunde nicht viel anders aufgebaut ist, als die Consumer-Variante, aber zusätzliche Business-Features, wie Unternehmensprofile, Statistiken, automatische Abwesenheits- oder Begrüßungsnachrichten bietet (vgl. Bordel 2017; Brien 2018). Vor dem Hintergrund der hohen Nutzung des Messengers liegt es nahe, den Geschäftskunden mit speziellen Lösungen entgegenzukommen und gleichzeitig neue Monetarisierungsquellen zu erschließen. So plant WhatsApp – im Unterschied zum Business-Modell bei Facebook, das sich vor allem über Werbung finanziert – künftig von Unternehmen Geld zu verlangen, wenn sie den Kurznachrichtendienst zur Kunden-Kommunikation nutzen wollen (vgl. Brien 2018; DPA 2017).

Zielgruppen: Der ARD/ZDF-Onlinestudie von 2017 zufolge nutzen 64 % der deutschen Bevölkerung ab 14 Jahren WhatsApp (vgl. ARD/ZDF-Onlinestudie 2017a). Das sind sagenhafte 40 Mio. monatlich aktive **WhatsApp-Nutzer.** Das Verhältnis zwischen Männern und Frauen ist nahezu ausgeglichen. WhatsApp erfreut sich vor allem bei den jüngeren Zielgruppen großer Beliebtheit: 92 % der 14- bis 19-Jährigen beziehungsweise 90 % der 20- bis 29-Jährigen nutzen den Messenger. In der Gruppe der 30- bis 49-Jährigen sind es noch 82 %. Nur ältere Menschen nutzen Whatsapp weniger (50- bis 69-Jährige: 54 %, über 70-Jährige: 20 %; ARD/ZDF-Onlinestudie 2017a). Hier sind es wahrscheinlich datenschutzrechtliche Bedenken der älteren Nutzer, die es WhatsApp in diesen Altergruppen in Deutschland schwer machen. WhatsApp-Nutzer interessieren sich einer Studie von YouGov zufolge besonders für die Themen Restaurants (63 %), Kino (60 %), Kneipen (39 %) sowie Fitness, Training und Sport (38 %) (vgl. Gillner 2017).

Zielsetzungen: Da das Marketing über WhatsApp noch in den Kinderschuhen steckt, gibt es hierfür noch keine allgemeingültigen Tipps, die nachstehenden Beispiele liefern aber erste Ideen für den unternehmerischen Einsatz des Messengers.

Als Service-Kanal bietet der Messenger sehr gute Optionen – hier geht es vor allem darum, Nutzer in Echtzeit mit den für sie relevanten Informationen zu versorgen. Der Flughafen Hamburg nutzte WhatsApp erstmals am 23. Januar 2015 beim Pilotenstreik von Ver.di. Betroffene Fluggäste konnten eine WhatsApp-Nachricht an den Hamburger Airport senden und wurden anschließend in regelmäßigen Abständen über die neuesten Entwicklungen informiert (vgl. Zebothsen 2015). Das Sheraton Frankfurt Airport Hotel setzt WhatsApp für die Kundenkommunikation ein: Gäste können sich über Preise und Buchungen, Fundsachen, Rechnungen, Kontaktdaten bestimmter Abteilungen, Anreiseinformationen oder Fragen rund um den Airport erkundigen sowie Gastbeschwerden oder Lob loswerden (vgl. Hendele 2014). Unternehmen sollten bei derartigen Ansätzen sicherstellen, dass die notwendigen Ressourcen zur Verfügung stehen, denn Antworten sollten in wenigen Minuten beim Nutzer/Kunden eingehen.

Daneben bietet WhatsApp auch für die Markenbildung von Personen (beispielsweise Musikern/Bands) interessante Möglichkeiten, um für mehr Nähe zu den Fans zu sorgen (vgl. Haghighat Mehr 2017). Grabs et al. (2017, S. 470) führen ein Beispiel von Daimler an, bei dem der Messenger im Personalmarketing zum Einsatz kam, um Bewerbern Fragen zum Bewerbungsprozess zu beantworten.

Wie weit man es vor allem mit kreativen Ansätzen bringen kann, zeigt das Beispiel von Absolut Wodka Argentinien aus dem Jahr 2013, einer Zeit, als man über WhatsApp eigentlich noch kein Marketing betreiben durfte. Um den Launch einer neuen Limited-Edition-Collection zu promoten organisierte Absolut Wodka eine exklusive Party. Nur zwei Eintrittskarten waren für die Öffentlichkeit bestimmt. Um diese zu ergattern, musste man den fingierten Türsteher Sven überzeugen, einem Einlass zu gewähren. Um Sven zu kontaktieren, konnte man nur WhatsApp nutzen (vgl. Edmonds 2016). Auch wenn die Zahlen nicht sonderlich hoch scheinen, so war die Aktion dennoch ein großer Erfolg: 600 Nutzer kontaktierten Sven über einen drei Tage andauernden Chat mit über tausend Bildern, Videos und Audio-Nachrichten via WhatsApp. Von größerer Bedeutung war jedoch der Buzz, den diese Aktion über WhatsApp und dann über andere soziale Medien auslöste und den Absolut Wodka schließlich durch ein lustiges, zusammenfassendes YouTube-Video noch weiter puschte. Das Video ist über Servicelink 7.9 direkt abrufbar.

Servicelink 7.9

Servicelink zum YouTube-Video zur WhatsApp Aktion von Absolut Wodka:
https://www.youtube.com/watch?v=ozFLRwzyO6Q

Content-Arten: Neben Text- und Sprachnachrichten werden über WhatsApp vor allem auch Bilder und Videos übermittelt.

Vermarktungsmöglichkeiten: Aktuell sehen die strategischen Ausrichtungen des Business-Modells von WhatsApp noch nicht vor, Werbung zu schalten. Dass dies so bleiben könnte, zeigen die o. a. Überlegungen rund um die Business-App.

Tipps: Eine grundsätzliche Hürde beim Social-Media-Marketing über WhatsApp stellen die Datenschutzbedenken der Nutzer dar. So befürchten laut der bereits erwähnten YouGov-Studie sogar jene 45 % der Befragten, die die WhatsApp-Nutzung für die Kommunikation mit Unternehmen als überfällig erachten, dass WhatsApp so nur weitere Daten über Kunden sammeln will (vgl. Gillner 2017). In diesem Zusammenhang gilt es zu bedenken, dass nicht alles, was technisch möglich erscheint, auch rechtens ist. Im Messenger-Marketing geht es insbesondere um die Übertragung und Verarbeitung von Nutzerdaten und das Ausspielen redaktioneller und werblicher Inhalte. Hierzu muss der Nutzer wirksam einwilligen (vgl. Riehle 2017). Der auf Social-Media-spezialisierte Rechtsanwalt Dr. Thomas Schwenke weist zusätzlich darauf hin, dass man über WhatsApp keine 100 %ig korrekten Datenschutz-Erklärungen verfassen kann: „Damit sind auch keine 100 %ig wirksamen Einwilligungen möglich. Schließlich kann niemand genau sagen, was Facebook wirklich alles mit den gesammelten Daten anstellt" (Schwenke im Beitrag von Riehle 2017). Neben weiteren Detailinformationen weist Schwenke darauf hin, dass bei der unternehmensseitigen Nutzung von WhatsApp zudem eine Impressums-Pflicht besteht. Doch auch, wenn man die Tipps von Schwenke berücksichtigen würde, bliebe – wie generell im Social-Media-Marketing – immer noch eine rechtliche Unsicherheit für Unternehmen, die sich im Internet bewegen (vgl. Riehle 2017; ähnlich: Grabs et al. 2017, S. 472; siehe dazu auch ausführlicher das Fallbeispiel 14 in Abschn. 10.1). Insofern gelten die hier angeführten Aspekte für den nun zu betrachtenden Facebook Messenger analog.

Facebook-Messenger

Wie gezeigt steht der Facebook-Messenger weltweit unter vergleichbaren Diensten auf Platz zwei nach WhatsApp. In Deutschland kommt der Facebook-Ableger nur auf eine Nutzerschaft von neun Millionen (dies entspricht 15 % aller Internetnutzer; vgl. Bitkom 2016a; Haghighat Mehr 2017) und belegt damit hinter Skype Rang drei. Auf den ersten Blick ähnelt der Facebook-Messenger in seinen Grundfunktionalitäten WhatsApp. Dennoch gibt es Unterschiede, vor allem in der strategischen Ausrichtung der App, weswegen an dieser Stelle hauptsächlich auf diese eingegangen wird.

Ursprünglich als integraler Bestandteil von Facebook zum Verschicken privater Nachrichten eingerichtet, lagerte der Tech-Gigant im Juli 2014 den Messenger in eine eigenständige App aus. Der Messenger soll mehr und mehr zum Allzwecktool der mobilen Kommunikation werden (vgl. Grabs et al. 2017, S. 472). Im Gegensatz zu WhatsApp war er ab der Auslagerung zur eigenständigen App für die geschäftliche Nutzung offen. Facebook verfolgt damit einen ähnlichen Ansatz wie bereits seit Jahren der chinesische Internet-Konzern Tencent mit seinem Messenger „WeChat" (siehe dazu Abschn. 7.3.4). Der Facebook-Messenger soll auf einfache Weise Buchungen, Serviceleistungen, Einkäufe oder Zahlungen ermöglichen. Erfolgsentscheidend wird die Verwirklichung einer einfachen und komfortablen Bezahlenfunktion aus dem Messenger heraus sein (vgl. Haghighat Mehr 2017).

Die bedeutendste Weiterentwicklung auf dem Weg zu einer All-In-One-App stellen die sogenannten Messenger-Bots (auch Bots oder Chatbots genannt) dar. Hierbei handelt es sich um Programme, im Sinne digitaler Assistenten, die mit vorgefertigten/standardisierten oder mit individuellen/personalisierten Antworten auf Bedürfnisse oder Probleme eines Anfragenden reagieren (vgl. Bannour 2016). Dazu greifen Bots auf verschiedene Datenquellen zurück: zum einen auf Profildaten des Nutzers, der die Anfrage stellt (z. B. Standortdaten, Name, Geschlecht), zum anderen auf Kundendaten, sofern sie mit dem Profil verknüpft sind oder über eine Abfrage hinzugezogen werden können

(z. B. Kundendaten oder Daten zu einer bestimmten Bestellung aus dem Online-Shop; vgl. Bannour 2016; weitergehende Informationen zu Chatbots finden sich zudem in Abschn. 12.3).

Im April 2016 auf der Facebook-eigenen Entwicklerkonferenz F8 als Teil seines 10-Jahres-Plans angekündigt, ist bereits ein Jahr später der auf künstlicher Intelligenz (auch Artificial Intelligence, kurz AI) beruhende „Robot" mit dem Namen M oder Facebook Messenger M im Einsatz (vgl. McCauley 2017). Facebook berücksichtigt damit den Trend, dass Kunden ihre Anfragen an Unternehmen nicht mehr auf öffentliche Facebook-Seiten stellen, sondern vermehrt auf die Privatnachrichtenfunktion zurückgreifen (vgl. Edwards 2016; Kapler 2017).

In diesem Sinne sollen Chatbots das Gros der einfachen Fragen (dies sind aktuell bis zu 60 %; laut Gartner kann dieser Wert bis zum Jahre 2020 auf bis zu 85 % ansteigen) automatisiert und beschleunigt ohne Zuhilfenahme von menschlichen Ressourcen beantworten (vgl. Kapler 2017). Chatbots bilden so einen zentralen Knotenpunkt für Kundenanfragen über den Messenger, ersetzen jedoch die Service-Mitarbeiter nicht vollständig. Vielmehr erhalten die menschlichen Mitarbeiter für die restlichen 40 % der Anfragen mehr Zeit, um sich ausführlicher um Kundenanliegen kümmern zu können. In Summe würden daraus im Idealfall sowohl reduzierte Servicekosten als auch ein verbesserter Kundenservice resultieren. Demgegenüber stehen allerdings heute noch technische Probleme wie beispielsweise Fehlinterpretationen der Anfragen, die falsche oder gar fehlende Reaktionen des Chatbots nach sich ziehen, was wiederum zu einem negativen Nutzererlebnis führt (vgl. Bannour 2016).

Aktuell finden Chatbots in Deutschland noch keine breite Anwendung. Laut Statista haben 2016 gerade einmal 16 % der deutschen Internetnutzer wissentlich mit einem Chatbot kommuniziert. Weltweit gab es Facebook zufolge im April 2017 jedoch bereits über 100.000 Bots im Facebook-Messenger (vgl. Breninek 2017). Anfang 2018 waren es bereits über 200.000 Bots (vgl. Marcus 2018). Ein Auszug bereits verfügbarer Facebook-Messenger-Bots ist über Servicelink 7.10 abrufbar.

Servicelink 7.10

Servicelink 7.10a zu einer Liste verfügbarer Facebook-Messenger-Bots:
https://botlist.co/bots/filter?platform=13

Servicelink 7.10b zu Beispielen von in Deutschland im
Einsatz befindlicher Messenger-Bots:
http://t3n.de/news/chatbots-messenger-marketing-2-837706/

Neben den Bots gibt es im Vergleich zu WhatsApp noch einen weiteren Unterschied: das dahinterliegende Geschäftsmodell. Wie oben bei WhatsApp bereits angedeutet, verzichtet man beim Branchenführer darauf, Werbung zu schalten. Dies ist beim Facebook-Messenger anders. Nach ersten Tests in Australien und Thailand rollte das Unternehmen im Juli 2017 die Beta-Version der Messenger-Ads global aus. Laut dem Unternehmen können Anzeigenkunden damit ab sofort auch das Facebook-Targeting nutzen, um ihre Reichweite auszudehnen und ihre Zielgruppe über den Messenger zu erreichen (vgl. Weck 2017b).

Skype

2016 belegte das zu Microsoft gehörende Skype mit einem Anteil von 16 % der Internetnutzer den zweiten Platz hinter WhatsApp in Deutschland (vgl. Bitkom 2016a). Dies entspricht in etwa neun Millionen Nutzern. Weltweit kommt der Dienst auf geschätzte 300 Mio. monatlich aktive Nutzer (siehe Abb. 7.2). Das Funktionsprofil ist ähnlich, wie bei den oben porträtierten Hauptkonkurrenten, allerdings liegt bei Skype ein größerer Fokus auf Videokonferenzen, IP-Telefonie, Dateiübertragungen und Screen-Sharing. In der Folge wird das Programm aktuell eher für **unternehmens-interne Vorhaben** als zur Vermarktung eingesetzt. Der Dienst lässt sich sowohl mit dem zugehörigen Anwendungsprogramm nutzen, das für viele Betriebssysteme angeboten wird, als auch unter web.skype.com über einen Browser.

Fazit

Obwohl die Nutzung von Messenger-Diensten immer mit einer gewissen „Datenunsicherheit" bei den Nutzern einhergeht, haben sich mit speziellen Sicherheitsfunktionen ausgestattete Apps wie Threema, Telegram und Signal in Deutschland noch nicht durchgesetzt (vgl. Bitkom 2016a).

Abschließend erfolgt auch zu diesem Abschnitt noch der Servicelink (7.11) zum Messenger-Flipboard des Autors, dem laufend aktuelle Artikel entnommen werden können.

Servicelink 7.11	
Servicelink zum Messenger-Flipboard des Autors: https://flipboard.com/@alexanderdecker/messenger-21chgr15y	

7.2.2 Kollaborationsplattformen

Bei dieser zweiten Gruppe der Social-Media-Plattformen stehen die Zusammenarbeit und die Kooperation zwischen den Nutzern im Mittelpunkt. Die Plattformen ähneln sich zum Teil sehr, eine Zuordnung ist daher nicht immer ganz einfach. Das Thema Wissensmanagement bildet eine Klammer, unter anderem sind in diesem Bereich die sogenannten „Wikis" zu finden. Zum anderen sind Bewertungs- und Auskunfts-, News- und Content-Plattformen sowie Social-Bookmarking- und Location-Based-Services von Interesse. Viele dieser Dienste spielen zurzeit nur untergeordnete Rollen in Deutschland, und so wird auf sie nur kurz eingegangen.

Wikis
Wikipedia
Keinesfalls eine untergeordnete Rolle spielt Wikipedia im Gefüge der Kollaborationsplattformen – ganz im Gegenteil: Die Online-Enzyklopädie steht auf Rang fünf der meist besuchten Webseiten der Welt (siehe auch Abschn. 2.1). Wikipedia selbst bezeichnet sich als „ein Projekt zum Aufbau einer Enzyklopädie aus freien Inhalten [...]" (Wikipedia o. J.a), bei der der Aspekt Kollaboration im Fokus steht. Freiwillige, ehrenamtlich arbeitende Verfasser erstellen und pflegen die einzelnen Einträge. Das im März 2001 gegründete deutschsprachige Wikipedia ist mit über 2,1 Mio. Artikeln die viertgrößte Sammlung von Beiträgen weltweit (vgl. Wikipedia o. J.a). Einer Umfrage der Bitkom zufolge verwenden 79 % der deutschen Internetnutzer das Online-Lexikon, am stärksten die jüngste Zielgruppe im Alter zwischen 14 und 29 Jahren (92 %), am wenigsten Personen, die älter als 65 Jahre sind (43 %) (vgl. Bitkom 2016b).

Nun stellt sich die Frage, wie Unternehmen Wikipedia im Rahmen ihres Social-Media-Marketings nutzen können. Dazu hilft der Blick auf eine Studie von Conductor: Demnach machen Artikel mit einem Link zu Wikipedia auf der ersten Suchergebnisseite (SERP) bei Google 46 % aller Treffer aus (bei Bing 31 %). Erscheint ein Treffer bei Google auf der ersten SERP, rangiert er in 65 % der Fälle unter den ersten drei angezeigten organischen Treffern (bei Bing sind es sogar 83 % der Fälle, vgl. McGee 2017). Hinzu kommt, dass Google bei den Darstellungen zum Knowledge Graph[6] sehr häufig auf Wikipedia zurückgreift. Diese Ergebnisse verdeutlichen, welche **besondere Rolle** Wikipedia **für die Suchmaschinenoptimierung** (SEO) und somit auch für die Steigerung des eigenen Web-Traffics spielt.

Shivar (2017) hat über die unternehmerische Nutzung von Wikipedia einen umfassenden Artikel veröffentlich. Im Zentrum stehen eigene, gut strukturierte Wikipedia-Beiträge zum Unternehmen, der Marke oder den Produkten. Allerdings sollten diese Beträge nicht zu werblich ausfallen, da die Administratoren ansonsten die Seite sperren oder löschen könnten. Des Weiteren sollten Links in eigenen und verwandten Artikeln überprüft werden: Wird ein Link zur eigenen Website als Spam-Link ausgewiesen? Existieren nicht funktionierende „Broken" Links zu eigenen Seiten (bei der Analyse hilft beispielsweise ein Tool namens WikiGrabber)? Wird irgendwo eine fehlende Zitierung („citation needed") aufgeführt, zu der das Unternehmen etwas beitragen könnte? Wer schreibt über das Unternehmen, ist dies ein Meinungsführer? Außerdem lässt sich Wikipedia zur Keyword-Recherche nutzen, da ja die meisten Einträge von unabhängigen Nutzern kommen und die Sprache der Masse verwenden.

Werden diese Tipps systematisch und kontinuierlich befolgt, können indirekt – über SEO und die Steigerung des Web-Traffics – positive Effekte auf die Markenbekanntheit wirken. Eine weitere Chance: Negative Kommentare in Wikipedia bieten Anhaltspunkte für Verbesserungsmöglichkeiten und das Reputationsmanagement.

Quora und gutefrage.net
Quora und gutefrage.net sind **digitale Ratgeber-Communities.** Während Quora eher den amerikanischen Markt bedient und gut drei Millionen monatlich aktive Nutzer aufweist (vgl. Allton 2017), stellt gutefrage.net nach Zahlen die größte Plattform ihrer Art im deutschsprachigen Raum dar. Beide Plattformen vermitteln kostenfrei praktische Ratschläge und persönliche Erfahrungen zwischen den Nutzern.

Gutefrage.net erreicht in Deutschland bei Alexa Platz 88 der meist besuchten Webseiten (Tendenz jedoch stark fallend). 86 % der Nutzer kommen aus Deutschland, mit leichter Tendenz zu einer stärkeren Nutzung durch Männer (vgl. Alexa 2018e). Die Ratgeberseite kommt auf 3,6 Mio. Mitglieder (vgl. Sand 2017).

Für die unternehmerische Nutzung nimmt gutefrage.net (beziehungsweise Quora in den USA) eine ähnliche Rolle ein wie Wikipedia: Es kann hauptsächlich zur **Steigerung des Traffics** dienen – in Deutschland steht diese Plattform immerhin auf Platz

---

[6]Mit dem Knowledge Graph hat Google 2012 ein System eingeführt, das Fakten zu Menschen, Orten und Sachverhalten kumuliert und grafisch in einem eigenen Bereich der SERPs zusammenführt. Dabei greift Google auf einen anderen Algorithmus zurück, als bei der organischen Suche. Die Ergebnisse sind in der Regel auf der rechten oberen Hälfte der SERP zu finden.

drei der besten Social-Media-Traffic-Lieferanten (vgl. Timm 2017). Auf der anderen Seite kann gutefrage.net auch für den Kundenservice nützlich sein, indem Unternehmen sich proaktiv in Diskussionen einklinken (siehe dazu Abschn. 5.1.2). Dies kann sogar noch deutlich weiter gehen, wie das Beispiel von CosmosDirekt zeigt: Der Versicherer beantwortete im Rahmen einer offiziellen Zusammenarbeit in der Ratgeber-Community Fragen zu Sicherheit, Vorsorge und Finanzen (siehe dazu das Beispiel bei Pein 2014, S. 189).

Bewertungs- und Auskunfts-Plattformen
Die Entstehung der ersten Bewertungs- und Auskunfts-Portale reicht bis in die zweite Phase der Geschichte der sozialen Medien zurück (1989 bis 1999; siehe Abschn. 2.1, Phase 2). Laut Pein (2014, S. 417) laufen sie jedoch bei der Planung von Social-Media-Strategien oftmals „unterhalb des Radars".

Aus der Vielfalt existierender Portale seien einige prominente Beispiele hervorgehoben: Neben Amazon ist hier vor allem das branchenübergreifende Verbraucherportal Ciao zu nennen. Im Tourismusbereich spielen Plattformen wie Holiday Check oder TripAdvisor eine entscheidende Rolle. Hinzu kommen beispielsweise Arbeitgeber-Bewertungs-Plattformen wie Kununu oder Arzt-Bewertungs-Plattformen wie Jameda.

Wie die Ausführungen zum Schritt 1 des Social-Media-Zyklus in Abschn. 5.1.2 zeigten, stellt die Beobachtung des eigenen Renommees sowie der Reputation der Konkurrenz wichtige **Einsatzfelder im Rahmen des Social-Media-Monitorings** dar. Hierfür drängt sich die Analyse von Bewertungsplattformen förmlich auf, geben diese Portale doch direkten Einblick in offene und ehrliche Verbrauchermeinungen. Hinzu kommt, dass Bewertungen von Produkten und Dienstleistungen (insbesondere der bei Amazon geführten Produkte) oftmals prominent ganz oben in den Trefferlisten der Suchmaschinen angezeigt werden. Insofern wäre es fatal, diese Informationen zu ignorieren.

Social-Bookmarking-Services
Die den Social-Bookmarking-Services zugrunde liegende Idee kennt man aus der täglichen Internetnutzung: die Bookmarking-Funktion im Browser. Sie ermöglicht es, Webseiten, die man schnell wieder auffinden möchte, im Lese- oder Favoritenmenu des Browsers abzuspeichern.

Bookmarks wurden ursprünglich nur privat genutzt, mit den Social-Media-Bookmarking-Services eroberten sie den öffentlichen Raum. Nutzer können die für sie wichtigsten Webseiten, Artikel, Blogposts, Bilder und Videos als Links verwalten und mit anderen teilen. Letztere kann man zu Listen hinzufügen, bewerten, kommentieren und mit Schlagwörtern („Tags") versehen (vgl. Stuber 2012, S. 320). Überdies erhalten User von Bookmarking-Services, basierend auf ihrem Profil und Nutzungsverhalten, Vorschläge für weitere relevante Inhalte. Unternehmen können Bookmarketing-Dienste vor allem einsetzen, um auf eigene Inhalte aufmerksam zu machen, **Traffic auf Websites** zu generieren und die **Markenbekanntheit zu steigern** (vgl. Eagan 2016).

Es lassen sich zwei Arten des Social-Bookmarkings unterscheiden: Bei **Lesezeichen-Gemeinschaften** stehen die Bookmarks und deren Verwaltung im Vordergrund. Vertreter dieser Kategorie sind Pinterest und Delicious. Bei den **News-Communitys** geht es anstelle des eigentlichen Lesezeichens um den Inhalt der vorgeschlagenen Webseite: Nutzer schlagen Links zu Themen vor, die sie entdecken, während andere Nutzer diese Vorschläge bewerten. Beiträge, die viele Nutzer positiv beurteilen, steigen im Rang auf und landen eventuell als Vorschlag auf der Hauptseite der News-Community. Neben Reddit zählen Stumbleupon und Digg zu dieser Kategorie.

Pinterest

Der prominenteste Vertreter von Social-Bookmarking-Services ist aktuell Pinterest, eine visuell ausgerichtete Plattform, auf der Nutzer sogenannte „Pins" – Bilder mit Beschreibungen – an virtuelle, selbst erstellte Pinnwände „heften" können. Die Bilder sind in der Regel mit der Webadresse verknüpft, auf der das Bild gefunden wurde. Der allergrößte Teil der Inhalte stammt nicht originär von Pinterest-Nutzern. Vielmehr handelt es sich um eine Sammlung von Bildern, die User beim Browsen durch das Internet entdeckt haben. Über den „Pin-It"-Button im Browser oder in Pinterest selbst, wird ein Bild ganz einfach auf einer der Pinnwände als Lesezeichen abgelegt. Insofern kann man sich Pinterest wie eine virtuelle Korkpinnwand vorstellen.

Viele ordnen Pinterest in die Kategorie der Foto-Sharing-Netzwerke ein. Das ist durchaus nicht falsch. Allerdings entspricht die Plattform weitaus mehr der Logik einer Lesezeichen-Community, daher führt der Autor den Dienst an dieser Stelle als Social-Bookmarking-Service auf: Pinterest verfolgt nicht das Ziel, Menschen miteinander zu verbinden, sondern Menschen mit *Interessen,* die sie mögen, zusammen zu bringen. 200 Mio. monatlich aktive Nutzern weltweit machen Pinterest zu einer der größten Social-Media-Plattformen der Welt (vgl. Buggisch 2018; We Are Social 2018a, S. 59). Schätzungen zufolge nutzen täglich circa vier Millionen Deutsche die Bookmarking-Plattform (vgl. Buggisch 2018). Deutschland ist derzeit für Pinterest mit 73 % Zuwachs im letzten Jahr einer der am schnellsten wachsenden Märkte (vgl. Steger 2017a).

Besonderheiten: Pinterest stellt aufgrund seiner Ausrichtung unter den populärsten Social-Media-Diensten per se schon eine Besonderheit dar. Hinzu kommt, dass sich im Vergleich zu den Inhalten anderer Social-Media-Plattformen Pinterest-Inhalte durch eine enorm lange Sichtbarkeit auszeichnen. In der Regel bleiben Inhalte vier Monate sichtbar, nur Blog-Posts leben länger (vgl. Schulze-Siebert 2017). Pinterest ist primär eine mobile App: Über 80 % des Traffics wird mobil generiert (vgl. Futurebiz 2017).

Nutzung: Für Unternehmen bietet es sich an, ein eigenes Unternehmensprofil anzulegen, das von mehreren Mitarbeitern im Unternehmen benutzt werden kann. Pinterest bietet Unternehmen zudem die Möglichkeit, beim Aufruf eines Unternehmensprofils ausgewählte Boards anzeigen zu lassen, die sogenannten „Pinterest Showcases". Das „Schaufenster" stellt eine Auswahl von fünf Boards dar, die in einer rotierenden Präsentation im Profil angezeigt werden. Darüber hinaus stehen für Unternehmensprofile mit den „Pinterest Analytics" verschiedene statistische Auswertungen zur Verfügung, darunter das Pinterest-Profil (Profilaufrufe und Pinaufrufe), die Zielgruppenreichweite (Nutzerdaten) und die Webseitenaktivität; vgl. Futurebiz (2017).

Zielgruppen: Pinterest ist eine weiblich dominierte Plattform. Zwar schwanken auch hier die Zahlen, dennoch kann man davon ausgehen, dass circa drei Viertel der Nutzer Frauen sind. Die Zielgruppe der Männer wächst aber kontinuierlich. Pinterest zieht eher Nutzer mit höherem Bildungsniveau und aus höheren Einkommensschichten an (vgl. Sprout Social 2016). Das Durchschnittsalter beträgt 40 Jahre, auch wenn die meisten Nutzer deutlich unter dieser Marke liegen (vgl. Aslam 2017). Pinterest eignet sich besonders für Unternehmen aus dem Fashion-, Einrichtungs-, Do-It-Yourself- sowie Essen-und-Trinken-Bereich (vgl. Wagner 2015). Viele Pinnwände drehen sich um die Themen Lifestyle, Familie, Hochzeit und Babys.

Zielsetzungen: Pinterest ist für alle Marken und Unternehmen die richtige Wahl, die ihre Produkte und Botschaften mit inspirierenden Bildern transportieren können. Der großzügige Text-Editor erlaubt längere Beschreibungen zu den einzelnen Bildern, sodass man vielfältige Möglichkeiten der Imagebildung, Produktvorstellungen, Kundengewinnung und Kaufanreize nutzen kann. Hinzu kommt, dass Pinterest bei den Google-Bildern häufig bevorzugt angezeigt wird, weswegen der Dienst ein gutes Mittel zur Suchmaschinenoptimierung sein kann (vgl. Ihnenfeldt 2017). Besonders stark punktet Pinterest jedoch in Sachen Traffic-Generierung. Diesbezüglich rangiert der Social-Bookmarking-Service als Traffic-Lieferant für Unternehmens-Webseiten hinter Facebook weltweit auf Platz zwei (vgl. Brandt 2018; Steger 2017a). Tendenz steigend: Während der Referral-Traffic von Facebook im zweiten Halbjahr 2017 drastisch eingebrochen ist, kletterte der Anteil von Pinterest von 6,1 auf 7,5 %. Futurebiz (2017) beschreibt deswegen Pinterest aus Marketingsicht als „visuelle Linksammlung und Suchmaschine". Je mehr Bilder von einer Marke oder einem Unternehmen auf Pinterest geteilt werden, desto mehr Verlinkungen zu Webseiten entstehen.

Content-Arten: Pinterest konzentriert sich fast ausschließlich auf das Teilen von Fotos. Im Business-Kontext haben Infografiken auf Pinterest einen regelrechten Boom ausgelöst.

Vermarktungsmöglichkeiten: Um über Pinterest Social-Media-Ziele zu erreichen, bedarf es zunächst eines sauber aufgesetzten Unternehmens-Profils. Futurebiz liefert dazu in seinem White Paper eine umfassende Übersicht, was es alles zu berücksichtigen gilt. Auf den Guide kann über den unten angeführten Servicelink 7.12 direkt zugegriffen werden.

Daneben bietet Pinterest mittlerweile umfassende und vor allem innovative bezahlte Vermarktungsmöglichkeiten, mit denen sich die Plattform von Konkurrenten wie Facebook oder Google absetzen möchte. Hier sei beispielsweise das Engagement-Targeting aufgeführt, mit dem sich Nutzer auf Basis ihres Nutzungsverhaltens gezielt ansprechen lassen: Interagieren User mit den Pins eines Unternehmens, kann das Unternehmen sie daraufhin mit passender Werbung ansprechen (vgl. IT-Times 2017a). Mit der App „Lens", einer Art visuellen Suchmaschine, verwandelt Pinterest die Kamera des Endgeräts in einen Scanner, der Objekte aus dem echten Leben erfasst. Zu einem so erfassten Gegenstand liefert Lens dann passende Pins auf den Bildschirm – bei einem Apfel können dies beispielsweise Rezepte, Anbautipps, Life-Hacks oder auch ähnliche Bilder sein. Für Unternehmen besonders interessant ist die Erweiterung „Shop the Look", ein Tool, das die auf einem Pin angezeigten Produkte identifiziert, diese können dann über Pinterest selbst oder über die jeweilige Website des Verkäufers bestellt werden (vgl. IT-Times 2017b). Mit „Shop the look" können Nutzer über Pinterest alle Schritte von der Inspiration bis zum Kauf abwickeln (vgl. IT-Times 2017c).

Die zunehmende Bedeutung von Bewegtbildern zeigt sich auch auf Pinterest. Dort stiegen Video-Pins von 2015 auf 2016 um 60 %, ein Trend, der auch 2017 anhielt. Aus diesem Grunde hat Pinterest „Autoplay-Video-Pin-Ads" eingeführt, die aus dem Gros der unbewegten Pins durch Bewegtbilder herausstechen (vgl. Gotter 2017).

Tipps: Pinterest erlebt derzeit ein kleines Revival, es häufen sich die Artikel über Neuerungen. Hier dient Servicelink 7.12 dazu, sich tiefer mit der Materie und den aktuellen Entwicklungen auf dem Laufenden zu halten.

Servicelink 7.12

Servicelink 7.12a zum Pinterest-Flipboard des Autors:
https://flipboard.com/@alexanderdecker/pinterest-l7dcks54y
Weiterführende Servicelinks:
Servicelink 7.12b – Pinterest Markenrichtlinien:
 https://business.pinterest.com/de/brand-guidelines
Servicelink 7.12c – Pinterest Blog/Newsroom:
https://newsroom.pinterest.com/de
Servicelink 7.12d – Pinterest für Entwickler:
https://developers.pinterest.com/
Servicelink 7.12e – Pinterest für Unternehmen:
https://business.pinterest.com/de
Servicelink 7.12f – Whitepaper von Futurebiz zum
Marketing auf Pinterest:
http://www.futurebiz.de/leitfaden-pinterest-marketing/

Delicious

Auch Delicious zählt zu den Lesezeichen-Gemeinschaften. Hier können User ganz klassisch Bookmarks setzen, um diese als eigene Liste, **ähnlich einem Adressbuch,** zu verwalten. Nutzer können sich Profile anderer User ansehen und deren Bookmarks übernehmen. Dieser Dienst war vor allem zu Beginn der 2000er-Jahre sehr beliebt. Heute belegt er auf Alexa nur noch einen Rang um die 810.000, Tendenz extrem stark fallend.

Eagan (2016) spricht davon, dass Delicious noch über zwei Millionen aktive Nutzer aufweist. Diese kommen zu fast 80 % aus den USA (vgl. Alexa 2018b).

Reddit
Reddit ist ein klassisches Beispiel für eine News-Community. Der **Social-News-Aggregator** sagt selbst über sich: „The conversation starts on Reddit" (Reddit o. J.a). Die dahinter stehende Logik beschreibt der Service selbst mit **„share, vote, discuss"**: „Share" bedeutet, dass jeder registrierte Nutzer eine Community zu einem beliebigen Thema eröffnen und dort Inhalte einstellen kann, die aus einem Link oder einem Textbeitrag bestehen. User können diesen Communitys beitreten und ebenfalls Beiträge leisten. Jede Community wird zudem von unabhängigen, freiwilligen Nutzern moderiert. Hinter „Vote" verbirgt sich eine Bewertungsfunktion, bei der die Community-Mitglieder über alle Beiträge und Diskussionen abstimmen können. Diese Bewertungen beeinflussen die Position eines Beitrags in der jeweiligen Community sowie der Startseite. Mit „Discuss" ist die Kommentarfunktion auf Reddit gemeint. Die Diskussionen machen der Plattform zufolge den eigentlichen Reiz aus. Auf diese Weise möchte Reddit Communitys und Individuen mit Ideen, den neuesten digitalen Trends und aktuellen Nachrichten zusammenbringen (vgl. Reddit o. J.a).

Reddit selber spricht von 250 Mio. Nutzern (ohne zu spezifizieren, ob diese monatlich aktiv oder nur registriert sind; vgl. Reddit o. J.b). Mit um die 170 Mio. aktiven monatlichen Nutzern gelingt es der Plattform tatsächlich ziemlich gut, im Konzert der großen Social-Media-Plattformen mitzuhalten (vgl. Allton 2017). Der Service hat sich im Laufe des Jahres 2017 von einem Rang zwischen 20 und 30 nach oben gearbeitet: Alexa (2018f) führt Reddit aktuell auf Platz sechs im Global Rank und auf Platz drei in den USA. In Deutschland belegt Reddit immerhin einen Platz um Rang 15 bei Alexa. Demografisch gesehen dominieren männliche Nutzer (ca. 60 %), die vorwiegend zwischen 25 und 34 Jahre alt sind und eine höhere Schulbildung aufweisen (vgl. Hudgens 2017a). Viele weitere Zahlen, Daten und Fakten hat Smith C (2018) zusammengestellt.

Für Unternehmen bietet Reddit **Chancen und Risiken zugleich,** denn das Netzwerk ist bekannt dafür, allzu plumpe Marketing-Taktiken abzustrafen. Verschiedene Domains wurden bereits von der Plattform verbannt, was dort öffentlich eingesehen werden kann (siehe: https://www.reddit.com/r/BannedDomains/). Insofern gilt es die Vermarktung vorsichtig anzugehen. Hudgens (2017a) beschreibt ein sinnvolles Vorgehen als „Building a Traffic Source Backwards": Anstelle selbst eine Community zu gründen und Beiträge zu veröffentlichen, empfiehlt es sich, zunächst Reddit und die existierenden Kategorien (sogenannte „Subreddits") zu analysieren. Hierzu überprüft man mit einer Suche über (site:reddit.com KEYWORD), ob es bereits eine passende Kategorie für das Unternehmen gibt. Die angezeigten Ergebnisse bieten die Möglichkeit, die Demografie der Nutzer ausführlicher zu analysieren und sie mit den eigenen Zielgruppen abzugleichen. Zudem sieht man, ob in den dortigen Communitys beispielsweise Links erlaubt sind, welche Arten von Inhalten eingestellt werden dürfen oder wie die sogenannten Redditors auf Inhalte von kommerziellen Anbietern reagieren. Informationen über die jeweilige Größe der Gruppe und die Interaktionsrate innerhalb der Subreddits geben Auskunft über das

Vermarktungs-Potenzial. Auf diese Weise lassen sich eine Reihe von relevanten Subreddits identifizieren, deren tiefere Analyse zeigt, welche Arten von Inhalten Anklang finden. Darauf lassen sich dann die eigenen Beiträge aufbauen, womit im positiven Fall Steigerungen der Reichweite, des Traffics und der Markenbekanntheit einhergehen. Neben dieser Earned-Media-Coverage bietet Reddit verschiedene Paid-Media-Angebote an, die über die klassischen Targeting-Möglichkeiten verfügen.

Stumbleupon

Auch Stumbleupon zählt zu den **News-Communitys.** Der Dienst erreicht einen Global Rank bei Alexa um die 2200, allerdings mit stark abnehmender Tendenz. The Social Media Hat weist für die Plattform 30 Mio. monatlich aktive Nutzer aus (vgl. Allton 2017), kommt damit aber nicht an Reddit heran. Die Nutzerschaft ist deutlich internationaler, mit einem Anteil von 45 % Amerikanern. In Deutschland spielt der Dienst jedoch eine untergeordnete Rolle. Frauen verwenden Stumbleupon deutlich häufiger als Männer (ca. im Verhältnis von 60:40; vgl. Alexa 2018c).

Unternehmen verfolgen mit Stumbleupon hauptsächlich das Ziel, den **Traffic auf der eigenen Webseite** zu erhöhen. Bis Ende 2014 belegte Stumbleupon bei Shareaholic noch den vierten Platz als Traffic-Lieferant hinter Facebook, Pinterest und Twitter. Der Dienst sorgte damals immerhin für 0,5 % des Traffics, der über die sozialen Medien erzielt wurde (vgl. Thomas 2015). Um Traffic zu generieren, tragen auf Stumbleupon zum einen eigene gute Beiträge bei. Zum anderen bietet der Dienst Werbungsschaltungen an. Dabei nutzt er klassischerweise die Informationen aus den Nutzerprofilen, um zielgerichtet gesponserte Seiten auszuspielen und setzt stark auf sogenanntes „Native Advertising"[7]. Diese Werbeseiten können, wie jede organische Seite auch, bewertet und kommentiert werden. Darüber regelt sich dann auch die Frequenz, mit der die Seite ausgespielt wird: Fällt das kollektive Urteil überwiegend negativ aus, gelangen Seiten deutlich seltener in die Zirkulation. Daneben bietet der Dienst auch gute Möglichkeiten, um die Demografie innerhalb der auf Stumbleupon existierenden Interessengruppen zu analysieren und gezielt darauf abgestimmte Inhalte zu platzieren (vgl. Hudgens 2017b).

Digg

Die **News-Community** Digg war, wie in Abschn. 2.1 gezeigt – die erste Plattform dieser Art. Im Vergleich zu Stumbleupon schneidet Digg jedoch derzeit etwas schlechter ab und erreicht einen Global Rank bei Alexa um die 2500, mit fallender Tendenz. The Social Media Hat führt für die Plattform acht Millionen monatlich aktive Nutzer auf (vgl. Allton 2017). Digg weist ebenso wie Stumbleupon eine internationale Nutzerschaft auf, wobei circa 55 % aus den USA kommen. Deutsche Nutzer sind auch hier kaum vertreten. Im Gegensatz zu Stumbleupon erreicht Digg mehr Männer als Frauen (Verhältnis in etwa 60:40) und spricht vorwiegend Nutzer mit einer gehobenen Schulbildung an (vgl.

---

[7]Der allgemein anerkannten Definition von Sharethrough (o. J.) zufolge ist Native Advertising eine Form der bezahlten Werbung (Paid Media) bei der die „Ad Experience" der natürlichen Form und den Funktionen der „User Experience" folgt, in der sie platziert wurde.

Alexa 2018d). Speziell bei Bloggern scheint der Dienst sehr beliebt zu sein (vgl. Eagan 2016).

Inhaltlich hat sich Digg auf **jede Art von Nachrichten, Videos und Podcasts** spezialisiert. Ähnlich wie bei Stumbleupon lassen sich Beiträge bewerten. Im positiven Fall erfolgt dies mit „digg it!". Posts können aber auch als Spam ausgewiesen oder negativ bewertet (begraben – „bury") werden. Von Bedeutung ist Digg vor allem für kleine Webseiten, die durch einen erfolgreichen Digg-Verweis schnell mit Anfragen überflutet werden können (und manchmal deswegen offline gehen müssen; sogenannter „Digg-Effekt"). Insofern steht bei diesem Bookmarking-Service aus Unternehmenssicht vorwiegend die Steigerung des Website-Traffics im Vordergrund. Ähnlich wie bei Stumbleupon lassen sich Beiträge bewerben. Auch Digg richtet sein Augenmerk mittlerweile stark auf das Thema Native Advertising.

News- und Content-Plattformen
News- und Content-Plattformen wie Flipboard oder Feedly ähneln sehr stark den Social-Bookmarking-Services. Auch wenn es im Vergleich zu seinem Konkurrenten Feedly eine geringere Bedeutung aufweist, wird Flipboard an dieser Stelle zuerst behandelt, da es das Tool ist, welches der Autor im Rahmen dieses Buches verwendet.

Flipboard
Grundsätzlich gibt es bei Flipboard zwei Hauptfunktionalitäten: Zum einen können Nutzer – wie bei den Social-Bookmarking-Services – eigene Sammlungen und Inhalte oder Artikel von beliebigen Webseiten erstellen. Diese Sammlungen kann man für alle Flipboard-Nutzer öffentlich machen. Zudem gibt es viele Möglichkeiten, Inhalte zu teilen („to flip") und zu verwalten. Diese Funktion nutzt der Autor dieses Buches immer am Ende von Abschnitten, um Servicelinks zu verschiedenen Themen zu sammeln. Zum anderen – und darin liegt der Hauptunterschied zu anderen Diensten – stellt Flipboard ein **individuell gestaltbares Online-Magazin** zur Verfügung, dessen Inhalte von einer Redaktion vorausgewählt werden. Der User kann selber aus einer Vielzahl von Publikationen verschiedenster Bereiche auswählen, welche Nachrichten gezeigt werden sollen. Flipboard sammelt zu diesem Zweck Inhalte von Medien, Blogs und sozialen Netzwerken, die Partner der Plattform sind, und sortiert sie in verschiedenen Rubriken. Diese Rubriken können Nutzer dann abonnieren. Unter den englischsprachigen Partnern finden sich internationale Größen wie „The Guardian", „Business Insider", „Cosmopolitan", „Associated Press", „The Telegraph", „People Magazin", „Washington Post" und viele mehr. Aber auch die deutschen Partner sind namhaft: „Der Spiegel", „Geo", „Zeit Online", „sueddeutsche.de", „Vice", „wired.de", „krautreporter.de" und weitere (vgl. Wegener 2015). Die Medien und Blogs erhalten in der Regel kein Geld dafür, dass sie ihre Inhalte über Flipboard zur Verfügung stellen (vgl. Kuketz 2017). Flipboard wird hauptsächlich über die dazugehörige App verwendet, bietet aber auch eine Desktop-Version an.

Nach eigenen Angaben hat Flipboard monatlich mehr als 100 Mio. aktive Nutzer (vgl. Flipboard o. J.). Laut Alexa (2018g) belegt die Plattform allerdings nur einen globalen

Rang um die 4300, mit abfallender Tendenz. Die Nutzer sind eher männlich, das Verhältnis männlich zu weiblich beträgt circa 55 zu 45. Sie weisen ein höheres Bildungsniveau auf und kommen aus der ganzen Welt (nur knapp 40 % stammen aus den USA).

Unternehmen können die Plattform zum einen über die Werbemöglichkeiten, die in Form von Bannern und gesponserten Inhalten in den Nachrichtenfeed eingespielt werden, für die Vermarktung nutzen. Medien- und Verlagsunternehmen bietet Flipboard eine Möglichkeit, ihre Reichweite zu erhöhen, allerdings – wie oben angeführt – in der Regel unentgeltlich. Vor allem aber können Unternehmen Flipboard als Publishing-Tool nutzen, um eigene Inhalte zu verbreiten und damit einen Beitrag zum Content- und Eigenmarketing zu leisten. Paul Marsden, ein bekannter Digital Evangelist, fasst die Möglichkeiten mit Flipboard folgendermaßen zusammen: „[to] generate value (discovery, validation, recommendation) for and from people with shared interests rather than shared contacts." (Zitat bei Chaney 2016).

Feedly
Der wohl größte Konkurrent von Flipboard ist Feedly, das ähnlich funktioniert, weswegen nur kurz auf die Besonderheiten eingegangen wird. Im Vergleich zu Flipboard weist Feedly eine noch breitere internationale Nutzerschaft auf. Mit circa 29 % kommt der größte Teil der User aus Japan (vgl. Alexa 2018h). Feedly rankt deutlich besser als Flipboard, mit einem Global Rank um die 400.

In verschiedenen Vergleichen der beiden **News-Aggregatoren** schneidet Feedly etwas besser ab als Flipboard, vor allem, weil es dem Google Reader ähnlicher und zudem intuitiver zu nutzen ist. Feedly punktet zudem bei der Zuverlässigkeit, die Informationen aus den verschiedenen Webseiten zu ziehen. Es bietet überdies sinnvolle Verknüpfungen zu Kollaborationsplattformen wie Slack, Evernote oder Trello. Flipboard sticht Feedly hingegen in Bezug auf die Personalisierungsmöglichkeiten, das modernere Design sowie die Integration der sozialen Medien bei der Artikel-Auswahl aus (vgl. Macwan 2017; Slant 2017).

Eine Liste von Alternativen zu den beiden Tools liefert Servicelink 7.13.

Servicelink 7.13

Servicelink zu einer Alternativen-Liste zu Flipboard:
https://www.slant.co/options/1454/alternatives/~flipboard-alternatives

Location-Based-Services

Zwei Drittel aller Deutschen gehen regelmäßig über ihr Smartphone ins Netz (vgl. Koch und Frees 2016, S. 422), 30 % täglich (ARD/ZDF-Onlinestudie 2017b, S. 7). In der ARD/ZDF-Onlinestudie von 2017 wird deswegen von der „Nutzung unterwegs" gesprochen. Dabei verschmilzt die Online- mit der Offline-Welt. In diesem Zusammenhang spricht man von **SoLoMo,** das für Social, Local, Mobile steht:

> Durch eine zunehmende Nutzung sozialer Netzwerke und den damit verbundenen Austausch von Informationen, Meinungen und Bewertungen (social) sowie die Fokussierung auf die unmittelbare Umgebung (local), zusammen mit einer stark zunehmenden Internetnutzung auf mobilen Endgeräten wie Smartphones oder Tablets (mobile) führt dazu, dass das Zusammenspiel dieser 3 Bereiche unter dem Begriff SoLoMo stark vorangetrieben wird (Ringel 2011).

Was zunächst der Navigation über GPS diente, entwickelte sich im Zuge der SoLoMo-Bewegung zu immer umfassenderen standortbezogenen Dienstleistungen. Als Folge gibt es mittlerweile einen großen Markt von attraktiven Services für mobile Endgeräte, die sich vor allem auf die direkte Umgebung der User konzentrieren und diesen **Informationen** oder Funktionen zur Verfügung stellen, **abhängig davon, wo sie sich gerade aufhalten.** Diese Dienste werden unter dem Begriff „Location-Based-Services" (kurz LBS) zusammengefasst. Wie umfassend und vielfältig das Angebot ist, zeigt Abb. 7.8 mit einer Übersicht aus dem Jahr 2014. Seitdem sind viele weitere Services hinzugekommen, eine aktualisierte Version der Übersicht aus dem Jahre 2014 konnte jedoch nicht gefunden werden.

Wie aus Abb. 7.8 zu entnehmen, reicht die Bandbreite der Dienste von Tourismus (24,7 % der Apps), über Beförderung und Verkehr (12,9 %), Navigation und Maps (11,4 %) bis hin zu Gaming-Angeboten (1,6 %, vgl. Goldmedia 2014, S. 15). Da die LBS – wie dargestellt – stark vom Aufenthaltsort des Nutzers abhängen, erweisen sie sich nicht für jedes Unternehmen als nützlich (vgl. Pein 2014, S. 430). Für Unternehmen mit lokalen Angeboten sind vor allem proaktive Dienste, auch **Push-Dienste** genannt, von besonderer Bedeutung: Sobald sich ein Kunde in einem bestimmten örtlichen Bereich befindet, etwa in der Nähe einer Filiale, bekommt er auf seinem Smartphone – sofern er zuvor der Kontaktaufnahme durch das Unternehmen zugestimmt hat – ein passendes Angebot angezeigt. Die Größe des Bereichs kann das Unternehmen selbst festlegen – man spricht hier auch von Geofencing. Ebenso spielen sogenannte Beacons eine immer größer werdende Rolle. Beacons sind kleine Sender, die mithilfe des Standards Bluetooth Low Energy Technology (BLE) mit anderen, in der Regel mobilen Geräten, kommunizieren. Die Kommunikation basiert also auf dem Sender-Empfänger-Prinzip. Befindet sich ein Nutzer in der Nähe eines Beacons, kann dieser gezielt mit einer Push-Nachricht, die etwa einen Rabatt-Coupon enthält, adressiert und in ein lokales Geschäft gelockt werden. Vor diesem Hintergrund erscheint es fast logisch, dass LBS insbesondere für den stationären Handel großes Potenzial bergen. Zum einen lassen sich Kunden gezielt ansprechen,

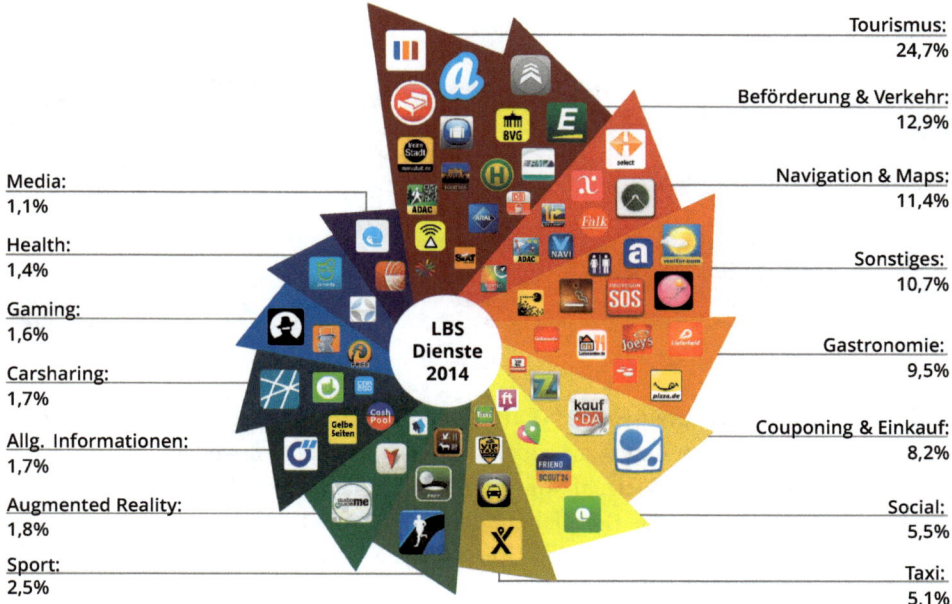

Tourismus: 24,7%

Beförderung & Verkehr: 12,9%

Navigation & Maps: 11,4%

Sonstiges: 10,7%

Gastronomie: 9,5%

Couponing & Einkauf: 8,2%

Social: 5,5%

Taxi: 5,1%

Media: 1,1%

Health: 1,4%

Gaming: 1,6%

Carsharing: 1,7%

Allg. Informationen: 1,7%

Augmented Reality: 1,8%

Sport: 2,5%

Abb. 7.8 Der deutsche Markt der Location-Based-Services 2014. (Quelle: Goldmedia 2014, S. 14)

zum anderen kann das Unternehmen eine Unmenge von Nutzerdaten sammeln, was zu noch besseren Targeting-Möglichkeiten führt und wiederum die Kaufwahrscheinlichkeit erhöhen kann.

Um einen besseren Eindruck davon zu bekommen, wie man als Unternehmen LBS nutzen kann, zeigt das nachstehende Fallbeispiel 11 den Case von O2More Local.

Fallbeispiel 11: O2More Local (Quelle: Goldmedia 2014, S. 27)

O2 hat vor ein paar Jahren einen kommerziellen Location-Based-Messaging-Dienst für lokale Angebote betrieben, bei dem registrierte Kunden per SMS oder MMS über Deals in der unmittelbaren Umgebung informiert wurden. Im Gegensatz zu Smartphone-Apps funktioniert der Versand per SMS oder MMS mit jedem Mobiltelefon, ein wichtiges Kriterium, da damals in Deutschland noch rund 60 % der Mobilfunkkunden kein Smartphone besaßen. O2More Local ermittelte die Geolocation mittels des Mobilfunknetzes. Um definierte Locations teilnehmender Unternehmen, zum Beispiel Geschäfte, wurden virtuelle Geofences gelegt. Betrat ein Kunde diesen Bereich, erhielt er eine Nachricht mit einem Angebot des entsprechenden Unternehmens. Binnen weniger Monate nach dem Launch nutzten rund 500.000 Kunden den Service. Laut O2 wurde eine Weiterempfehlungsrate von bis zu 70 % erzielt.

Location-basedMessaging Dienst für lokale Angebote   Verteilung der deutschen
                                                                O2More LocalKunden

LBS können **mit Augmented-Reality-Funktionen** ergänzt werden. Dabei wird die reale
Umgebung über eine App durch zusätzliche virtuelle Elemente erweitert. Wie so etwas
aussehen kann und welche Vielzahl von Informationen und Dienstleistungen sich damit
transportieren lassen, zeigt das Beispiel „Le Bar Guide" des Bierherstellers Stella Artois.
Über die Stella-Artois-App können sich User anzeigen lassen, wo die nächste Bar ist, die
Stella Artois ausschenkt. Zudem bietet die App einen Taxiruf-Service, für den Fall, dass
man zu viele Stellas konsumiert hat. Das dazugehörige Video, das die App im Einsatz
zeigt, kann über Servicelink 7.14 abgerufen werden.

Servicelink 7.14	
Servicelink zum YouTube-Video von Stella Artois: https://www.youtube.com/watch?v=sTERI1s-UyA	

LBS werden häufig als unternehmensbezogene Dienste angeboten. Darüber hinaus gibt es
aber auch unternehmensübergreifende Plattformen, wie z. B. nebenan.de, wirnachbarn.com
oder Anomo, oder die beiden Beispiele, die im Folgenden kurz vorgestellt werden.

Foursquare
Foursquare, einer der ersten bekannten LBS, ist ein **standortbasierter Empfehlungs-
Dienst** für lokale Angebote. Er wirbt mit dem Versprechen, in jeder Stadt der Welt die
besten Orte zum Essen und Trinken, Shoppen oder Besichtigen zu finden. Dabei erhält
man Zugriff auf über 75 Mio. Kurz-Tipps von Experten vor Ort (vgl. Foursquare o. J.).
Dieser Ansatz greift somit gleich auf mehrere Mechanismen sozialer Medien zurück
(siehe auch Abschn. 3.2): Mitmachen, sich vernetzen, teilen, beurteilen und beeinflussen. Foursquare bietet jedem Nutzer die Möglichkeit, Orte (indirekt) zu bewerten.
Dabei erhält jedes Geschäft oder Sehenswürdigkeit einen sogenannten Score (Wert)

zwischen 1 und 10, der die Beliebtheit auf Basis von Zustimmungen und Check-Ins (über die Schwester-App Swarm) signalisiert. Weltweit hat Foursquare 55 Mio. monatlich aktive Nutzer (vgl. Allton 2017), die über die ganze Welt verteilt sind. In Deutschland wird der Dienst jedoch weniger genutzt.

Unternehmen aus den genannten Branchen können sich bei Foursquare mit ihrer Adresse und Geschäftskategorie eintragen und so Nutzer mit Neuigkeiten oder „Special Deals" versorgen.

Yelp (in Deutschland früher Qype)
Ähnlich wie Foursquare ist Yelp ein **Empfehlungsportal für Restaurants und Geschäfte.** Dabei geht der Dienst über die Geschäfts-Bereiche von Foursquare hinaus und nimmt beispielsweise auch Hotels, Zahnärzte, Friseure oder Mechaniker in die Bewertungen auf. Tatsächlich kann man den Dienst auch als Bewertungsportal sehen. Die Aspekte „lokal" und „mobil" stehen hier jedoch im Vordergrund, weswegen Yelp wie Foursquare ein Beispiel für Location-Based-Services ist.

„Yelper" haben bis Ende Q3 2017 mehr als 142 Mio. Beiträge verfasst. Jeder Geschäftsinhaber (oder Manager) kann ein kostenfreies Profil anlegen, Fotos hochladen und Nachrichten an seine Kunden versenden. Lokale Unternehmen können über Yelp Anzeigen schalten, die eindeutig mit „Yelp-Anzeigen" markiert sind. Anzeigenkunden haben jedoch nicht die Möglichkeit, Beiträge zu entfernen oder deren Reihenfolge zu ändern. Ähnlich wie bei Foursquare benutzt Yelp eine automatisierte Software, um die hilfreichsten und vertrauenswürdigsten Beiträge der Yelp-Community anzuzeigen. Diese Software bezieht mehrere Faktoren in die Bewertung ein, wie zum Beispiel die Qualität, die Vertrauenswürdigkeit und die bisherige Aktivität des Users auf Yelp (vgl. Yelp o. J.a). Im dritten Quartal 2017 wurde Yelp von etwa 30 Mio. eindeutigen mobilen Endgeräten über die Yelp-App aufgerufen, circa 74 Mio. eindeutige Besucher haben Yelp über die mobile Website besucht und circa 84 Mio. eindeutige Besucher über einen Desktop-Browser (vgl. Yelp o. J.b). Yelp ist im Vergleich zu Foursquare in Deutschland deutlich bekannter, sehr wahrscheinlich aufgrund der Tatsache, dass der Dienst 2012 das deutsche Qype aufkaufte und in Yelp integrierte.

Die unternehmerischen Möglichkeiten, vor allem für die lokalen Geschäfte, entsprechen in etwa denen von Foursquare.

An dieser Stelle sei abschließend noch angeführt, dass seit Herbst 2017 auch Facebook mit Facebook Local eine eigene LBS-App anbietet, die aus der bisherigen Event-App hervorgegangen ist (vgl. Roth 2017b). Facebook verfolgt somit auch in diesem Bereich strikt seine Copy-Cat-Strategie.

7.2.3 Multi-Media-Sharing-Plattformen

In der letzten Gruppe geht es um Multi-Media-Sharing-Plattformen, über die – je nach Typ – die verschiedensten Content-Formate (vor allem Fotos, Videos oder Audio) geteilt werden. Auch die Livestreaming-Dienste zählen zu dieser Kategorie. Eine genaue Zuordnung ist zum Teil schwierig, da sich viele Plattformen mit ihren Funktionen mehr und mehr angleichen. So bieten viele ursprünglich reine Foto-Sharing-Kanäle heute auch Bewegtbild-Möglichkeiten. Kreutzer (2016, S. 117) weist in diesem Zusammenhang darauf hin, dass diese Art des Content-Sharings auch über die Kommunikationsplattformen, vor allem über die sozialen Netzwerke im engeren Sinne, stattfindet, schließlich würden auch dort unterschiedlichste Inhalte mit anderen geteilt.

Foto-Sharing
Instagram
Das seit August 2012 zu Facebook gehörende Instagram startete einst als reine Foto-Community. In Anlehnung an die Sofortbilder der Kodak Instamatic- und Polaroid-Kameras hatten ursprünglich die mit Instagram gemachten Fotos und Videos eine quadratische Form. Die einfache Handhabung und eine geschickte Copy-Cat-Strategie des Klonens von Funktionen anderer Plattformen (siehe auch Abschn. 2.1, Phase 5), machten Instagram in den letzten Jahren zu *der* Social-Media-Plattform mit Fokus auf Fotos und Videos mit ästhetischen Anspruch. Wie in jedem klassischen sozialen Netzwerk (im weiteren Sinne) können die Nutzer Bilder und Kurzvideos posten und anderen Nutzern folgen. Hat man einen öffentlichen Account (Instagram sieht auch eine Privateinstellung vor), kann man Beiträge kommentieren und liken, auch wenn man selber mit dem Profilinhaber nicht direkt verbunden ist. Insofern fördert Instagram nicht nur Beziehungen zwischen Nutzern, sondern auch den Interessensaustausch zwischen Nutzern, die sich nicht kennen. Weigert (2017) formuliert dies passend wie folgt:

> Das zu Facebook gehörende Social Network schafft es derzeit von allen existierenden Diensten am besten, menschliche Bedürfnisse des Vernetzens und Teilens persönlicher Erlebnisse zu stillen, ohne dabei (über das unvermeidliche Maß hinaus) zum Magneten für Trolle, Konfliktsüchtige, Nachrichten-Junk, Propagandisten und Desinformateure zu werden.

Das Bildernetzwerk stellt neben WhatsApp in der Zwischenzeit die perfekte Ergänzung für Facebook dar, denn Instagram boomt. Das zeigt auch die Entwicklung der Zahlen: demnach kommt die Facebook-Tochter auf eine Milliarde monatlich aktive Nutzer (Stand September 2018). Bei der Übernahme durch Facebook im April 2012 waren es gerade mal 30 Mio. In Deutschland tummeln sich jeden Monat immerhin 17 Mio. Nutzer auf Instagram (vgl. Buggisch 2018), was es zur drittgrößten Social-Media-Plattform in Deutschland macht. Alleine in Deutschland ist Instagram seit Januar 2016 innerhalb von eineinhalb Jahren um mehr als acht Millionen Nutzer gewachsen (vgl. in Anlehnung an Allfacebook 2017). Der große Erfolg ist unter anderem einem veränderten Nutzungsverhalten und der damit in Verbindung stehenden wachsenden Beliebtheit visueller Inhalte zu verdanken (vgl. Bauer 2017b).

Besonderheiten: Der Erfolg der hauptsächlich als App betriebenen Plattform basiert neben der Einfachheit vor allem auf der Vielzahl von Filtern, mit denen sich die Beiträge bearbeiten lassen.

Neben den Fotos spielen Kurzvideos, die sogenannten „Instagram Stories", eine zunehmend wichtige Rolle. Es handelt sich dabei um eine recht plumpe Snapchat-Kopie, die bei ihrer Einführung im August 2016 als schwacher Versuch gewertet wurde, den Erfolg von Snapchat auszubremsen. Mittlerweile nutzen 250 Mio. Nutzer täglich die Instagram Stories, womit Instagram die Konkurrenz von Snapchat längst in fast allen Belangen abgehängt hat (vgl. Erxleben 2017b). Bei den Instagram Stories handelt es sich um ein Format, bei dem der User eine Sequenz von Kurzvideos (bis zu 15 s) über den Tag verteilt aufnimmt, um damit eine Geschichte zu erzählen, die auf der Plattform als zusammenhängendes Video zu sehen ist. Diese Stories werden nach Ablauf von 24 h automatisch gelöscht. Ein normaler Post von Instagram wird zwar nicht gelöscht, hat aber im Vergleich eine etwas kürzere Sichtbarkeit von 21 h (vgl. Schulze-Siebert 2017).

Daneben probiert Instagram (ähnlich wie auch Facebook) immer wieder weitere Funktionalitäten aus. Anfang Oktober 2017 hat Instagram bei den Stories eine einfache Abstimmungsfunktion eingefügt. Man kann nun dort Umfragen einbetten. Dabei stellt der Nutzer eine Frage und bietet zwei Antwortmöglichkeiten (vgl. Brückner 2017).

Instagram zeichnet sich vor allem im Vergleich zu vielen anderen Social-Media-Kanälen durch eine deutlich höhere Interaktionsrate aus. Sie lag 2016 im Schnitt bei circa 3,5 %, verlor aber im Vergleich zum Vorjahr um bis zu 40 % (vgl. Gottke 2016a, b). Hintergrund dieser Entwicklung ist auch hier (ähnlich wie bei Facebook) die Zunahme von Accounts und das damit einhergehende erhöhte Posting-Aufkommen. Damit verbunden: Mehr als 70 % der Posts bleiben im Feed ungesehen. Vor allem nach langen Offline-Phasen (zum Beispiel in der Nacht) war es für Nutzer unmöglich, alle Beiträge zu sehen (vgl. Erxleben 2017c).

Deswegen führte Facebook im Sommer 2016 auch für seine Tochter Instagram einen Filter-Algorithmus ein. Im Gegensatz zum Newsfeed-Algorithmus von Facebook spielt der Instagram-Algorithmus weiterhin alle Beiträge der befreundeten Nutzer aus, lediglich die Reihenfolge wird verändert (vgl. Erxleben 2017c; Tosev 2017). Wie die Berechnung im Detail funktioniert, bleibt auch im Fall von Instagram weitgehend geheim. Laut Instagram-Software-Ingenieur Thomas Dimson spielen unter anderem folgende vier Faktoren eine Rolle (vgl. Erxleben 2017c):

- Welche Inhalte gefallen dem Nutzer?
- Welchen Menschen schickt der Nutzer Direktnachrichten?
- Nach welchen Accounts sucht der Nutzer?
- Welche Personen kennt der Nutzer im wirklichen Leben?

Am Ende sind es auch hier die Interaktionen, die eine entscheidende Rolle spielen dürften, weswegen es – ähnlich wie beim Facebook-Algorithmus – für das Community Management bei Instagram darauf ankommen wird, guten Content bereit zu stellen.

Die Nähe von Instagram zu Facebook dürfte für die Multi-Media-Sharing-Plattform noch aus einem anderen Grund von Vorteil sein: Über die Cross-Posting-Funktion zu Facebook lassen sich Bilder oder Stories automatisch auch beim Branchenführer posten, was zur weiteren Erhöhung der Reichweite beitragen kann. Allerdings sollte man dies mit Bedacht und unter Berücksichtigung der jeweiligen Zielgruppen auf den Plattformen tun.

Zielgruppen: Instagram hat eine weitgehend internationale Verbreitung. Die Nutzerschaft umfasst verschiedene demografische und soziale Schichten (vgl. Weigert 2017). Dennoch: Vor allem jüngere Zielgruppen sehen Instagram als deutlich hipper an als zum Beispiel Facebook. 35 % der 14- bis 29-jährigen Deutschen sind auf Instagram aktiv. Weltweit sind 90 % der Instagram-Nutzer unter 35 Jahre alt (vgl. Kroker 2017a). Die Bilderplattform erfreut sich somit unter der für das Marketing attraktiven Zielgruppe höchster Beliebtheit und gilt als „Liebling der Agenturen" (vgl. Bauer 2017a). Ältere User hingegen greifen derzeit noch lieber auf andere Netzwerke zurück. Instagram weist eine eher weibliche Nutzerschaft aus: 38 % aller Frauen, die online sind, nutzen das Netzwerk. Demgegenüber stehen 25 % der Online-Männer (vgl. Kroker 2017a). In Bezug auf Bildung und Einkommen ist das Verhältnis in etwa ausgeglichen (vgl. Sprout Social 2016).

Aufgrund der Grundausrichtung bietet sich Instagram vor allem für Unternehmen an, die sich mit emotionalen Themen und Produkten befassen, die sich gut inszenieren lassen.

Zielsetzungen: Dass Instagram boomt, lässt sich auch an der wachsenden Zahl an Unternehmensprofilen auf Instagram erkennen: 15 Mio. Firmen nutzten das Netzwerk im August 2017, noch im März desselben Jahres waren es noch „nur" acht Millionen. Achtzig Prozent aller Instagram-User weltweit folgen mindestens einer Marke (vgl. Bauer 2017b). Der Großteil der Top-Marken aus verschiedenen Branchen ist auf der Plattform vertreten. Themen wie Fitness, Gesundheit und Essen, Lifestyle sowie Fashion, Design und Einrichtung stehen aber bei den Nutzern besonders hoch im Kurs (vgl. Grabs et al. 2017, S. 287). Viele Unternehmen nutzen Instagram vor allem zum Imageaufbau, zur Erreichung einer höheren Reichweite und somit zur Steigerung der Markenbekanntheit.

Wie kaum eine andere Plattform steht Instagram aufgrund seiner Ausrichtung aber auch für Influencer-Marketing, da sich hier besonders viele Meinungsführer, Blogger und Prominente tummeln. Vor allem im Rahmen von Kooperationen nutzen Unternehmen die Reichweite und Beliebtheit von Influencern für ihre Zielsetzungen. Hierfür gibt es in der Regel zwei Modelle: Entweder veröffentlichen Influencer einzelne Posts über eine Marke oder sie übernehmen im Zuge sogenannter Channel-Take-Overs für eine bestimmte Zeit die Betreuung eines Unternehmens-Accounts. Die Zusammenarbeit mit Instagram dient Unternehmen vor allem dazu, neue Zielgruppen – die Fans der Influencer – anzusprechen und für sich zu gewinnen. Allerdings ist zu konstatieren, dass das Influencer-Marketing, insbesondere über Instagram, seit 2017 stark an Vertrauen verloren hat. Dazu haben peinliche Instagram-Kampagnen,[8] Fake-Follower und Schleichwerbung beigetragen (vgl. dazu ausführlich Lange und Frühwirt 2017). Um für mehr Transparenz

---

[8]An dieser Stelle sei beispielsweise die Kampagne von Unilver zum Waschmittel Coral genannt. Um die Marke bekannter und beliebter zu machen, engagierte Unilever eine Reihe an reichweitenstarken Influencern, die sich in seltsamen und unglaubwürdigen Posen mit einer Flasche Waschmittel ablichten ließen. Das Blog Leitmedium verurteilte die Aktion als peinlichste Instagram-Kampagne des Jahres 2017 (vgl. Lange und Frühwirt 2017).

zu sorgen, führte Instagram im Laufe des Jahres 2017 ein neues Feature ein, das es Influencern künftig erlauben soll, bezahlte Posts zu kennzeichnen. Auf diese Weise will Instagram gegen Schleichwerbung vorgehen.

Ein Drittel aller geposteten Instagram Stories kommen von Unternehmen (vgl. Allfacebook 2017). Zur Mitte des Jahres 2017 hatte zumindest die Hälfte aller deutschen Unternehmen, die auf Instagram vertreten sind, schon mit Story-Ansätzen experimentiert – eine hohe Marktdurchdringung (2017b). Stories lassen sich für Unternehmen in vielfältiger Hinsicht einsetzen. Die Ideen reichen dabei von Gewinnspielen über Tutorials bis hin zu Live-Fragestunden (vgl. Erxleben 2017b).

Was es beim Marketing mit Instagram zu berücksichtigen gilt, welche Filter besonders viele Likes produzieren, wie man ein konsistentes Erscheinungsbild aufbaut, dazu gibt es eine Vielzahl von Veröffentlichungen, die unten über den beigefügten Servicelink 7.16 zum Instagram-Flipboard des Autors zu erreichen sind. Aus der Vielzahl erfolgreicher Beispiele sei an dieser Stelle eines herausgegriffen: die Instagram-Aktion für die PS 2014 Collection von Ikea Russland. Hierbei handelte es sich um die weltweit erste „Instagram-Webseite", eine Art Produktkatalog für die limitierte Kollektion. Sowohl die Kollektion als auch jeweils die einzelnen Produktkategorien und Produkte erhielten einen eigenen Instagram-Account. Inhaltlich bestückt wurden die Accounts unter anderem von den Nutzern selbst, die zu Hause ihre eigenen Ikea-Produkte fotografierten und auf Instagram veröffentlichten. Über geschicktes Tagging der Produkte erreichten später andere Nutzer durch Klick auf die Produktfotos die dedizierten Ikea-Produkt-Accounts, wo sie Preise, Produktspezifikationen sowie lifestyle-orientierte Bilder der Produkte ansehen konnten. Das Video, das die Aktion beschreibt, kann über Servicelink 7.15 aufgerufen werden.

Servicelink 7.15	
Servicelink zum Video von IKEA Russland: https://www.youtube.com/watch?v=HPW6iHJ6tMM	

Content-Arten: Dass auf Instagram Bilder und Videos geteilt werden, wurde bereits erläutert. Wichtig für die unternehmerische Nutzung sind jedoch vor allem zwei Faktoren: Zum einen müssen Fotos auf Instagram authentisch sein und einen gewissen ästhetischen Anspruch erfüllen. Selfies oder Bilder, die einen Blick hinter die Kulissen ermöglichen, bringen das Unternehmen den Nutzern näher. Zum anderen spielen – ähnlich wie bei Twitter – auch bei Instagram Hashtags eine besondere Rolle. Im Gegensatz zu Twitter ist es sinnvoll, Instagram-Posts mit möglichst vielen Hashtags (bis zu 30 Stück) zu versehen, um auch von Nicht-Followern gefunden zu werden. Am Ende macht die geschickte Kombination aus visuellen Inspirationen mit den richtigen Texten, Hashtags und Interaktionen einen erfolgreichen Post aus. Der Aufbau einer Instagram-Follower-Community für ein Durchschnittsunternehmen ist ein langfristiges Projekt, das tagtäglich viel Zeit und Sorgfalt erfordert.

Vermarktungsmöglichkeiten: Mittlerweile nutzen viele Unternehmen einen sogenannten „Business Account" und können auf diese Weise auf Seiten-Statistiken zugreifen und Beiträge bewerben (vgl. Nolzen 2017). Hervorzuheben ist, dass Instagram seit eineinhalb Jahren die Möglichkeit bezahlter Werbung bietet. Die Vermarktungsmöglichkeiten ähneln denen von Facebook, weswegen an dieser Stelle nicht weiter darauf eingegangen werden muss.

Einer aktuellen Studie zufolge ist Instagram nicht nur der Liebling der Vermarkter, sondern auch der Nutzer: Während Werbung auf anderen Plattformen die Nutzer in der Regel stört, findet sie auf Instagram durchaus Zuspruch. Von den Instagram-Nutzern unter 25 Jahren gaben 31 % an, dass sie Kampagnen dort tendenziell ansprechend finden. 26 % der 25- bis 34-jährigen und 15 % der über 35-jährigen Instagramer finden die Werbung ab und zu ansprechend. Insgesamt 52 % der aktiven Nutzer nannten Instagram als die Plattform, auf der sie Werbung am positivsten wahrnehmen (vgl. Appinio 2017). Vor diesem Hintergrund erscheint es nicht verwunderlich, dass Instagram sich weiter als Plattform der Wahl für Werbetreibende etabliert und die Anzahl von Instagram Ads in ihren verschiedenen Formen stetig zunimmt (vgl. Brandt 2017b). Im März 2017 verzeichnete Instagram bereits eine Millionen Werbetreibende (vgl. Bauer 2017b).

Einen Zugriff auf Artikel mit aktuellen Zahlen, Daten und Fakten rund um Instagram sowie zum Thema Influencer-Marketing liefert Servicelink 7.16.

Servicelink 7.16

Servicelink 7.16a zum Instagram-Flipboard des Autors:
https://flipboard.com/@alexanderdecker/instagram-q4ii3hd2y

Servicelink 7.16b zum Influencer-Marketing-Flipboard
des Autors:
https://flipboard.com/@alexanderdecker/influencer-marketing-tk1sg5d0y

Snapchat

Die Einordnung von Snapchat in die angeführten Kategorien fällt schwer, denn es ist sowohl soziales Netzwerk als auch Foto-Sharing-Community als auch Messenger. In der „2018 Social Media Map" von Overdrive Interactive (2018) wird es gleich nach Facebook und Twitter als soziales Netzwerk (im engeren Sinne) aufgeführt. Das Social-Media-Prisma von Ethority (siehe Abb. 7.1) zählt es zu den Foto-Sharing-Communities. Einige Veröffentlichungen ordnen es den Messenger-Diensten zu (so z. B. bei Lutsch 2016; Steuer 2017), da das Netzwerk – wie der Name schon vermuten lässt – auch über eine Chat-Funktion verfügt. Da Snapchat seinen Nutzern aber in erster Linie die Möglichkeit bietet, Bilder und kurze Videos zu teilen, und die Funktionen denen von Instagram in vielerlei Hinsicht ähneln, wird es an dieser Stelle als Foto-Sharing-Plattform und folglich als Konkurrent von Instagram angesehen. Allerdings: Snapchat ist in vielerlei Hinsicht das „Original", Instagram der Nachahmer.

Die 2011 gegründete Plattform, die ausschließlich über mobile Endgeräte funktioniert, präsentierte sich von Anfang an anders als seine Mitstreiter – Snapchat ist unter anderem Erfinder des „Ephemeral Content" (ephemeral = flüchtig, vergänglich). Alleinstellungsmerkmal waren zu Beginn vor allem die „Snaps", Bilder und Videos mit einer vorher festgelegten Verfügbarkeitsdauer, die sich binnen weniger Sekunden von selbst zerstören. Ähnlich funktionieren die bereits im Oktober 2013 eingeführten „Snapchat Stories", die eine Lebensdauer von 24 h aufweisen, bevor sie automatischen gelöscht werden. Sie dienten als „Vorbild" für die oben beschriebenen Instagram Stories und bieten daher nahezu identische Funktionen, einschließlich der Bearbeitungsmöglichkeiten, wie Hinzufügen von Emojis, Filtern, Farben, Uhrzeiten oder Temperaturangaben. Später erfolgte noch die Einführung der „Memories", mit denen man Stories aus alten Aufnahmen neu zusammenstellen und dafür auch Fotos und Videos aus dem normalen Foto-Album der Kamera benutzen kann.

Aufgrund des Innovationsreichtums, der Spontaneität und der Verspieltheit der App gilt Snapchat als besonders hip. Bis 2016 gehörte es zu den am stärksten wachsenden Social-Media-Plattformen (vgl. Steuer 2016, S. 17). 2017 kam der Dienst immerhin auf geschätzte 255 Mio. monatliche Nutzer (siehe Abb. 7.2).[9] Nach eigenen Angaben nutzten im Q3 2017 178 Mio. Nutzer das Netzwerk täglich, was einem Zuwachs von vier Prozent gegenüber dem Vorquartal entsprach. Damit blieb Snapchat allerdings hinter den Erwartungen und der Entwicklung der Konkurrenz zurück (vgl. Brandt 2017c). Viele wähnten deswegen das einstige „Einhorn" bereits auf dem absteigenden Ast (vgl. beispielsweise Bauer 2018), bis Snapchat Anfang 2018 viele Analysten überraschte: Die aktiven Nutzer sind auf 187 Mio. und damit deutlich stärker angestiegen als erwartet (vgl. Firsching 2018).

In Deutschland hat es ein wenig gedauert, bis Snapchat angenommen wurde. Mittlerweile nutzen den Schnipsel-Dienst bis zu fünf Millionen Nutzer täglich (vgl. Buggisch

---

[9]Snapchat weist lediglich täglich aktive Nutzer aus, weswegen es sich bei den MAUs um Schätzungen von Techcrunch handelt (vgl. We Are Social 2018a, S. 59).

2018; Firsching 2018; Steger 2017b), wobei die Zahlen auch hier schwanken. In der ARD/ZDF-Onlinestudie (2017b) wird von maximal 2,5 Mio. täglichen Nutzern ausgegangen.

Mit einem großen Re-Design versuchte das Unternehmen Ende 2017 die App leichter verständlich und bedienbarer zu machen und so ein größeres Publikum anzuziehen. Dazu sollen auch die individualisierten Newsfeeds beitragen (vgl. Giesler 2017). Allerdings zeigten sich die User bislang davon alles andere als begeistert (vgl. Bauer 2018) und starteten sogar eine Petition, um Snap (das Unternehmen hinter der Plattform) dazu zu bewegen die Änderungen rückgängig zu machen. US-Reality-TV-Star Kylie Jenner brachte Anfang 2018 ihren Unmut über die Änderungen in einem Tweet zum Ausdruck, wodurch der Kurs der Snap-Aktie zeitweilig um 8 % sank, was einem Börsenwert von etwa 1,7 Mrd. US$ entspricht (vgl. Bünte 2018).

Besonderheiten: Auf das ursprüngliche Alleinstellungsmerkmal, dem sog. Ephemeral Messaging (Vergänglichkeit der Nachricht; vgl. beispielsweise Price 2017), wurde bereits eingegangen. Die zeitliche begrenzte Lebensdauer von Inhalten macht die Interaktion spontaner, menschlicher und weniger künstlich. Auch wenn diese Besonderheit durch die Instagram Stories kopiert wurde, so zählen bei Snapchat weiterhin vor allem der Augenblick und die Spontanität. Im Gegensatz zu Instagram sind hier gestellte Fotos und Videos nicht zu finden.

Snapchat ist zudem ein viel intimeres und exklusiveres Netzwerk als die zuckerbergschen Konkurrenten. Von außen nicht einsehbar, kommunizierten die User vor allem zu Beginn nur mit den Menschen, die ihnen wichtig waren (vgl. Steuer 2016, S. 22). Als Folge fühlten sie sich sicherer und weniger beobachtet. Nutzer äußerten, dass sie auf Snapchat Dinge machen können, ohne erwischt zu werden (vgl. Steuer 2016, S. 25). Auch wenn das technisch gesehen nicht richtig ist, so entscheidet hier das Gefühl der User. Recht schnell fanden Nutzer Mittel und Wege, die ihnen zugeschickten Snaps trotz deren Vergänglichkeit zu speichern, indem sie zunächst Screenshots der Snaps machten. Später, als Snapchat dafür eine Benachrichtigungsfunktion einrichtete, fotografierten Nutzer Snaps mit einem anderem Smartphone ab. Zumindest als gesichert gilt aber die Tatsache, dass Snapchat die automatisch gelöschten Bilder und Videos der Nutzer nicht im Backup speichert, wodurch es sich weiterhin von Facebook und Co. unterscheidet.

Neben dieser Tatsache ist Snapchat ein Netzwerk, dem die Nutzer viel Aufmerksamkeit schenken. Jedes Bild oder Video wird von den Nutzern bewusst angeklickt und geht so im Gegensatz zu anderen Netzwerken nicht in den überfüllten Timelines unter. Dies macht es besonders interessant für Unternehmen und Marken (vgl. Steuer 2016, S. 23 und 25).

Dass Snapchat, trotz der fortwährenden Klon-Attacken durch die Facebook-Plattformen, weiterhin eine wichtige Rolle spielt, hat auch damit zu tun, dass dem Unternehmen bislang die Innovationen nicht ausgehen. So wurde beispielsweise Ende Januar 2015 mit „Snapchat Discover" ein weiterer neuer Bereich innerhalb der App vorgestellt, der sich an Unternehmen und Medien richtet. Im Discover Bereich bieten beispielsweise National Geographic, Vice, Yahoo, People, Daily Mail, Cosmopolitan oder CNN ihre extra für Snapchat aufbereiteten Inhalte an und hoffen, dadurch neue Leser zu gewinnen (vgl. Steuer 2016, S. 16).

Im September 2016 launchte Snap in den USA die sogenannten „Spectacles". Dabei handelt es sich um eine Sonnenbrille, die „snappt" (vgl. Snap o. J.), also per Knopfdruck mit der Brille Aufnahmen macht. Im Juni 2017 folgte der weitere Roll-Out. Das börsennotierte Unternehmen platzierte nun auch überall in Europa sogenannte „Snapbots", Automaten, an denen sich Nutzer die Fotobrille kaufen können (vgl. Steger 2017b). Schon die Art und Weise der Distribution über die Snapbots demonstriert die Innovationskraft von Snap. Bis Ende 2017 wurden 150.000 Brillen verkauft. Damit blieb man hinter den Erwartungen, was zudem mit einem Verlust von ca. 40 Mio. US\$ verbunden war (vgl. Firsching 2018). Ende 2017 startete Snapchat mit einer neuen Augmented-Reality-App namens „Lens Studio", die Nutzern und Werbern die Möglichkeit bietet, auf einfache Weise eigene 3D-Augmented-Reality-Lenses zu erstellen (vgl. Kolm 2017).

Treffend fasst Bauer (2018) die Besonderheiten von Snapchat in ihrem Fazit zusammen:

> Snapchat hat seit Bestehen großen kulturellen Einfluss ausüben können. Angefangen bei vergänglichem Content, über vertikale Videos, First Mover in Augmented Reality bis hin zum Einläuten des Zeitalters visueller Kommunikation, war die App anderen Social Networks stets einen Schritt voraus. Nur hat Snapchat aus diesen Vorteilen nie einen wirklichen Nutzen ziehen und die App bisher langfristig monetarisieren können. Hinzu kommt die exorbitant junge Zielgruppe, deren Kaufkraft erst in einigen Jahren zutage gefördert wird und die nicht mit platten Werbeeinblendungen vergrault werden sollte.

Zielgruppen: Weist Instagram bereits eine sehr junge Zielgruppe auf, so dürfte das Durchschnittsalter bei Snapchat – wie sich das im Zitat von Bauer schon andeutete – nochmals niedriger liegen. Mit 66 % stellen die 14- bis 19-Jährigen die größte Alterskohorte dar. 29 % der deutschen Snapchat User sind zwischen 20 und 29 Jahren alt. Weit geringer ist die Anzahl der unter 14-Jährigen sowie der älteren Nutzer: Sie liegt bei jeweils 2,5 %. Mit diesen Zahlen will Snap auch dem Vorwurf des virtuellen Kindergartens begegnen, in dem nur eine sehr junge und dadurch sprunghaftere Zielgruppe unterwegs sei (vgl. Bauer 2017a). In Zusammenhang mit der Demografie seiner Nutzer verweist Snapchat darauf, dass 45 % der eigenen täglichen Nutzer nicht via Facebook und ganze 44 % nicht via YouTube erreicht werden können. Bei Instagram ist der Abstand jedoch geringer: Hier sind es nur 29 % (vgl. Steger 2017b). Die Plattform wird eher von weiblichen Nutzern angenommen. Hier schwanken die Zahlen für Deutschland zwischen 55 % (vgl. Steuer 2016, S. 21) und bis zu 71 % der User (vgl. Sprout Social 2016). Aufgrund der jungen Nutzerschaft wenig überraschend, verfügen die Nutzer von Snapchat über ein unterdurchschnittliches Einkommen (vgl. Sprout Social 2016).

Zielsetzungen: Für den Snapchat-Experten Philipp Steuer gibt es trotz des abklingenden Hypes zwei Hauptgründe, sich als Unternehmen mit Snapchat zu beschäftigen: zum einen die Steigerung der Markenbekanntheit, zum anderen Sales (vgl. Steuer 2017). Dabei unterscheidet er, ob man als Unternehmen bereits einen

Snapchat-Account hat oder nicht. Wenn ja, kann man gut weitermachen, sollte aber die Performance vor allem der Stories mit denen bei Instagram vergleichen. Hat man noch keinen Account, macht es wenig Sinn, derzeit noch einzusteigen. Dennoch kann je nach Zielsetzung und Zielgruppe ein Test sinnvoll sein (vgl. Steuer 2017).

Bislang nutzten Unternehmen Snapchat erfolgreich für Produktneueinführungen, Events, Gewinnspiele oder für Gutscheine. Besonders gelungen sind Kampagnen, die zu der Verspieltheit der App noch eigene Gamification-Ansätze[10] hinzufügen. Als Beispiel sei hier eine Kampagne aus dem Jahr 2013 angeführt, bei der die Frozen-Yoghurt-Kette 16 Handles vielleicht als eines der ersten Unternehmen eine Promotion über Snapchat durchführte (vgl. Cicero 2013). Über den Account „Love16Handles" ermutigte die Kette seine User dazu, bei einem Gewinnspiel mitzumachen. Sie sollten in den Filialen Fotos ihrer Freunde beim Genus seines Frozen Yoghurts snappen. Die Nutzer erhielten einen Gutschein-Code über 16, 50 oder 100 % Rabatt, den sie beim Kauf eines Joghurts einlösen konnten. Die clevere Verbindung des Gamification-Ansatzes mit den Funktionalitäten von Snapchat bestand darin, dass man bis zum Kauf noch nicht wusste, welcher Rabatt sich hinter dem Code verbarg – man konnte vorher nicht nachschauen, da der Code ab Öffnung des Posts ja nur zehn Sekunden sichtbar war (vgl. Cicero 2013). Abb. 7.9 zeigt einen Tweet, mit dem auf die Aktion aufmerksam gemacht wurde sowie den Gutschein-Code.

So clever dieses Beispiel ist, so klar zeigt es den damit verbundenen Nachteil: Durch den Charakter der sich selbst vernichtenden Inhalte ist es schwierig, über Snapchat nachhaltige Strategien und Konzepte aufzubauen (vgl. Haghighat Mehr 2017). Durch die Kurzlebigkeit entsteht für Unternehmen der Druck ständig neue Inhalte veröffentlichen zu müssen. Auf der anderen Seite ermöglicht Snapchat aber eine wesentlich größere Nähe zwischen Unternehmen und Usern als bei anderen Plattformen (vgl. Ruff 2017). Allerdings: in Deutschland folgen fast 82 % der Snapchat-Nutzer keinem Unternehmen (vgl. Firsching 2017a).

Content-Arten: Auf die Content-Arten wurde im Rahmen der obigen Ausführungen bereits ausführlich eingegangen. Herauszustellen ist an dieser Stelle nochmals, dass die Inhalte auf Snapchat vor allem durch ihre Spontanität und die Nutzung des Augenblicks herausstechen. Unternehmen, die in der Lage sind, derartiges zu liefern, können sich über Snapchat, zumindest im Rahmen von Kampagnen, von der Konkurrenz differenzieren.

---

[10]Gamification ist die Kunst unterhaltsame und packende Techniken und Mechaniken aus Spielen in produktive Aktivitäten der realen Welt einzubinden (vgl. Chou 2016, S. 8). Das Hauptziel von Gamification ist es, die Motivation von Nutzern zu steigern, indem Techniken aus Spielen die Leute dazu anregen sich mehr in eine Aufgabe zu engagieren.

Abb. 7.9 Snapchat-Kampagne von 16 Handles. (Quelle: Cicero 2013)

Vermarktungsmöglichkeiten: Lange Zeit war das Ausspielen von Werbung auf Snapchat sehr mühsam, da man direkt mit einem der Sales Manager in Kontakt treten musste (vgl. Steuer 2017).

Im Mai 2017 kündigte Snapchat endlich die Anzeigen-Plattform „Ad Manager" an, mit der Werbetreibende ihre Kampagnen auf der Plattform selbstständig aufsetzen und verwalten können (vgl. Rondinella 2017). Wie bei anderen Netzwerken bereits gewohnt, bietet das Tool verschiedene Targeting-Möglichkeiten für die einzelnen Beitrags-Formen. Die entsprechenden Kennzahlen lassen sich ebenfalls über das Tool einsehen und tracken (vgl. Rondinella 2017). Im Vergleich zu den Pendants von Facebook oder Twitter handelt es sich aber noch um eine deutlich reduzierte Version.

Interessant sind in diesem Zusammenhang die Ergebnisse der Studie „Wie snappt Deutschland?" der Hochschule Düsseldorf in Zusammenarbeit mit der Agentur Whylder.

Demnach finden über 85 % der Befragten weder gesponserte Lenses (Lenses sind die viel-fältigen Filter und Gimmicks zum Anreichern der Bilder und Videos) noch Geofilter (das sind witzige Overlays, die anzeigen, wo man sich gerade aufhält und mit denen sich die Bil-der ebenfalls anreichern lassen) als störend. Geht es um Snapchat-Anzeigen innerhalb von Stories, sieht es schon anders aus: Hiervon fühlen sich 75 % gestört (vgl. Firsching 2017a).

Abschließend erfolgt auch für diese Plattform noch der Hinweis auf den Servicelink (7.17), über den man sich in Sachen Snapchat auf dem Flipboard des Autors auf dem Laufenden halten kann.

Servicelink 7.17

Servicelink zum Snapchat-Flipboard des Autors:
https://flipboard.com/@alexanderdecker/snapchat-i3396rsdy

Flickr

Wie in Abschn. 2.1, Phase 4 schon beschrieben, startete Flickr als Foto-Sharing-Platt-form bereits 2004 und gilt deswegen als Klassiker in dieser Kategorie. Ähnlich wie bei Instagram können hier registrierte Nutzer (man benötigt eine Yahoo-ID) Bilder und Videos hochladen und diese mit ausgewählten Personen oder der ganzen Welt teilen (vgl. Pein 2014, S. 412). Letzteres war zum Zeitpunkt des Starts von Flickr eine Besonderheit, da man bis dato gewohnt war, Bilder nur im engsten Freundes- oder Familienkreis zu zeigen. Durch die **Offenheit der Plattform** bildeten sich schnell Interessensgruppen von Fotografen, die sich auf spezielle Themengebiete spezialisierten und austauschten. Eine Besonderheit von Flickr ist die Möglichkeit, Bilder mit einer sogenannten **Creative-Commons-Lizenz** (CC-Lizenz) zu versehen. Mit dieser Lizenz können Urheber ihre Werke gezielt und in unterschiedlichen Stufen zur weiteren Nutzung durch andere Perso-nen freigeben. Ganz konkret bietet CC sechs verschiedene Standard-Lizenzverträge an, die die rechtlichen Bedingungen der Verbreitung kreativer Inhalte (in diesem Fall Bil-der) festlegen. Hier geht es unter anderem darum zu bestimmen, ob die Inhalte (kom-merziell) genutzt und/oder verändert und/oder mit einem neuen Namen versehen werden dürfen (vgl. dazu ausführlich: Creative Commons Deutschland o. J.). Aus diesem Grunde war und ist Flickr vor allem für Journalisten, Künstler und Blogger besonders interes-sant, weil sie in der gigantischen Flickr-Datenbank mit mehreren Milliarden Fotos (vgl. Grabs et al. 2017, S. 318) sehr viele Bilder mit offenen Lizenzen finden können. Auch für Unternehmen bietet sich die Möglichkeit, auf diese Bilder zuzugreifen und sie – im Falle einer Freigabe für die kommerzielle Nutzung – für ihre Kampagnen und Social-Media-Präsenzen einzusetzen.

Im Gegensatz zu Instagram finden sich auf Flickr sowohl **Hobby- als auch Profifotografen.** Unternehmen posten dort Pressebilder oder nutzen die Plattform, um – ähnlich wie bei Instagram – einen Blick hinter die Kulissen zu geben. Aufgrund ihrer großen Reichweite ist die Foto-Plattform längst zur **Suchmaschine für Bilder avanciert.** Trotz der Dominanz von Instagram kommt Flickr heute immer noch auf knapp 100 Mio. monatlich aktive Nutzer (vgl. Allton 2017). Auch in Deutschland genießt Flickr eine hohe Popularität. Von dort stammen fünf Prozent der Nutzer des Dienstes, womit es mit Japan fast gleichauf die viertmeisten User auf der Welt liefert (vgl. Alexa 2018i).

Alternativen zu Instagram und Flickr Alternativen zu Instagram und Flickr sind beispielsweise Photobucket, Pixabay, Unsplash oder die ehemals als Picasa bekannte Plattform von Google, die zunächst komplett in Google+ integriert wurde und später, im Rahmen des großen Relaunches (siehe Abschn. 7.2.1), als eigenständiges Google-Fotos weitergeführt wurde.

Video Sharing
YouTube
Das Videoportal YouTube hat in der Entwicklung der sozialen Medien oftmals eine entscheidende Rolle gespielt: sei es über die ersten viralen Videos, bei der US-Präsidentschaftswahl 2008, im Rahmen des arabischen Frühlings, beim Stratosphärensprung oder bei der ALS-Ice-Bucket-Challenge (siehe auch Abschn. 2.2). Viele weitere, vor allem auch virale Beispiele ließen sich aufführen. Umso erstaunlicher, dass YouTube in einigen Übersichten über die wichtigsten Social-Media-Plattformen nicht aufgeführt wird – wohl weil es nicht allgemein als Social Network wahrgenommen wird (vgl. Bauer 2017a). Dabei stellt die Google-Tochter mit 1,5 Mio. monatlich aktiven Nutzern (siehe Abb. 7.2) das zweitgrößte soziale Netzwerk (im weiteren Sinne) der Welt dar. Schätzungen zufolge schauen circa sechs Millionen Deutsche mindestens einmal im Monat Videos auf YouTube an (vgl. u. a. Buggisch 2017; Haghighat Mehr 2017).

Die Grundfunktionalität von YouTube ist einfach: Nutzer können nach der Registrierung eigene Videos hochladen und anderen zur Verfügung stellen. Ähnlich wie bei den Foto-Sharing-Plattformen entscheiden sie selbst, ob ihre Videos nur einer kleinen, privaten Gruppe oder der Öffentlichkeit zugänglich sein sollen. Darüber hinaus bietet YouTube die üblichen Funktionen eines sozialen Netzwerks, wie das Folgen anderer Nutzer, das Liken oder das Kommentieren von Beiträgen. Das Abspielen von Videos steht allerdings klar im Vordergrund, YouTube ist kein sehr interaktiver Kanal.

Wie Privatpersonen können Unternehmen einen eigenen Kanal einrichten und ihn entsprechend ihrer Corporate Identity individuell gestalten. Nutzer können (Unternehmens-)Kanälen folgen, in dem sie sie abonnieren. Rund 89 % der weltweit größten Marken verfügen aktuell über mindestens einen, teilweise sogar mehrere eigene Kanäle auf YouTube. Bei den meisten der anderen elf Prozent handelt es sich um Firmen aus China, wo YouTube nicht verfügbar ist (vgl. Divimove 2016). Dies deckt sich in etwa mit den Ergebnissen von Gartner L2, wonach 98 % der untersuchten Firmen auf YouTube (gleichzeitig aber auch auf anderen Plattformen) vertreten sind (vgl. Firsching 2017b). Wie bereits in den vergangenen Jahren belegt Red Bull auf YouTube mit 7,7 Mio. Abonnenten Rang eins unter den Marken. Hingegen scheint YouTube bei kleinen und mittelständischen Unternehmen noch nicht angekommen zu sein, denn über alle Unternehmensgrößen hinweg nutzen weltweit nur 45 % aller Unternehmen das Videoportal (vgl. Social Media Examiner 2017).

Besonderheiten: YouTubes Erfolg basiert auf der hohen und weiter wachsenden Bedeutung von Video-Content. Grabs et al. (2017, S. 225) bezeichnen YouTube bereits als das neue Fernsehen. Das lässt sich mit folgenden Zahlen und Fakten gut untermauern (vgl. Kroker 2017b; Smith K 2018):

- 2015 verbrachten 18- bis 49-Jährige vier Prozent weniger Zeit vor dem Fernseher, während die Nutzungsdauer von YouTube um 74 % anstieg.
- YouTuber laden pro Minute 500 h Videos auf die Plattform.
- Umgekehrt schauen YouTube-Nutzer jeden Tag Videomaterial im Umfang von einer Milliarde Stunden.
- 60 % dieser Videos werden bereits über mobile Geräte abgerufen.
- Allein über mobile Endgeräte erreicht YouTube mehr 18- bis 49-Jährige, als jedes andere Kabel-TV-Netzwerk der Welt.

Der Vorteil von Videos gegenüber anderen Formaten liegt in ihrer Dynamik: Bewegtbilder erregen mehr Aufmerksamkeit als Fotos oder Texte. In relativ kurzer Zeit können so viele Inhalte und Botschaften transportiert werden. Allerdings ist die Aufmerksamkeitsspanne deutlich geringer als beispielsweise im TV oder Kino, was insbesondere bei der Produktion von Videos unbedingt berücksichtigt werden sollte (vgl. Grabs et al. 2017, S. 226).

Vor dem Hintergrund der wachsenden Bedeutung von Video-Content verwundert es nicht, dass YouTube in den letzten Jahren mächtig Konkurrenz bekommen hat. Die Vormachtstellung bröckelt besonders, seit sich der Facebook-Konzern auch in diesem Bereich stärker betätigt – Facebook und teilweise Instagram graben mächtig am Video-Thron von YouTube (vgl. Peter 2017). Auch wenn der Vergleich ein wenig hinkt, weil die Views pro Plattform unterschiedlich gemessen werden, so gehen 48,4 % der 7,2 Mrd. von L2 analysierten Videoaufrufe an Facebook. Videospezialist YouTube kommt nur auf 38,2 %, während Instagram bereits einen Anteil von 13,5 % erreicht. Geht es allerdings um längere Videos, rangiert YouTube immer noch auf Platz eins. Allerdings erhalten längere Videos auch auf Facebook immer mehr Zuspruch (vgl. Firsching 2017b). Dies verdeutlicht einmal mehr, dass die Zeiten, in denen Plattformen klar nach Format getrennt werden konnten, lange vorbei sind.

Zu schaffen macht YouTube zudem die wachsende Bedeutung von Streaming-Diensten wie Netflix oder Amazon Video.

Zielgruppen: Grundsätzlich könnte man annehmen, dass bei 1,5 Mio. aktiven monatlichen Nutzern nahezu jede Zielgruppe auf YouTube vertreten sein müsste. Dem ist auch so, dennoch stellen die 25- bis 44-Jährigen mit 51 % der Nutzer die größte Alterskohorte auf der Video-Tochter von Google. 11 % sind zwischen 18 und 24 Jahren, während lediglich 27 % über 45 Jahre alt sind (vgl. Kroker 2017b; 14 % konnten nicht zugeordnet werden).

Bezogen auf Deutschland liefert eine aktuelle Studie zur Nutzungshäufigkeit von YouTube bei Jugendlichen vor allem für die Altersklasse der 10–19-Jährigen beeindruckende Zahlen: 67 % der Befragten nutzen YouTube täglich, weitere 25 % mindestens einmal pro Woche. Das heißt, dass enorme 92 % der deutschen Teenager regelmäßig auf der Videoplattform unterwegs sind (vgl. Horizont o. J.).

YouTube wird deutlich stärker von Männern (je nach Quelle zwischen 55 bis 62 %) als Frauen (38 bis 45 %) genutzt (vgl. Kroker 2017a, b).

Eine andere, sehr interessante Sichtweise, die stärker auf dem Nutzerverhalten aufbaut, nimmt Peter (2017) ein. Er unterscheidet zwei Hauptgruppen:

- „Passive" Nutzer – Diese verwenden YouTube vor allem als Nachschlagewerk oder Musik-Quelle. Die passiven Nutzer erreichen YouTube über die Google Suche, über verlinkte Videos auf einer Webseite oder indem sie gezielt bei YouTube suchen.
- „Aktive" Nutzer – Für diese eher junge Zielgruppe (zwischen 10 und 35 Jahren) ist YouTube eine eigene Plattform. Sie schauen Videos, tauschen sich aus, folgen anderen YouTubern und surfen auf YouTube.

Zielsetzungen: Folgt man der Zweiteilung der Zielgruppen bei Peter (2017) so ergeben sich ebenso zwei generelle Zielrichtungen mit unterschiedlich auszugestaltenden Videos. Zum einen dient YouTube als Videohoster mit hohem SEO-Charakter für die passiven Nutzer: Unternehmen finden hier einen zentralen Ort für ihre Videos, der bei Suchanfragen eine hohe Relevanz hat. Auch wenn YouTube in den Statistiken zu Suchmaschinen in der Regel gar nicht aufgeführt wird, so stellt es dennoch nach Google die am meisten genutzte Suchmaschine dar (vgl. beispielsweise für viele Smith K 2018). Da Videos in der Regel auf die entsprechenden Keywords optimiert werden, erreichen sie häufig eine gute Position auf der SERP bei Google und auch anderen Suchmaschinen. Dadurch erhalten YouTube-Videos – im Vergleich zur Kurzlebigkeit auf den Timelines bei Facebook oder Instagram – auch nach dem ersten Anschauen ein zweites oder sogar viele weitere Leben: Ein Video auf YouTube hat eine durchschnittliche Lebensdauer von mehr als zwanzig Tagen (vgl. Schulze-Siebert 2017) und bringt infolgedessen weitere Vorteile für die Reichweite und somit für die Markenbekanntheit. Wie gut dies funktionieren kann, zeigte das Beispiel von Blendtec (s. Abschn. 6.2).

Peter (2017) führt für diese Nutzungskategorie als Videohoster Beispiele wie Tutorials oder Anleitungen an, aber auch detaillierte Produktvideos. Der große Vorteil hier: Nutzer interessieren sich wirklich für den Inhalt, das heißt sie nehmen sich für YouTube-Videos deutlich mehr Zeit als für Videos auf Facebook oder Instagram. Allerdings sehen sich diese Nutzer meist nur die Videoinhalte an, nach denen sie aktiv gesucht haben.

Zum anderen bietet YouTube für das Social-Media-Marketing – wie oben angedeutet – über das Betreiben eines eigenen Kanals zahlreiche weitere Möglichkeiten, um vor allem die aktiven Nutzer und damit die jüngeren Zielgruppen anzusprechen. Ob kurze Videos, die in wenigen Minuten inspirierende Impulse geben, oder längere Filme, die tiefer gehende Inhalte und Informationen transportieren – YouTube ist die Basis für Video-Marketing und Image-Aufbau (vgl. Ihnenfeldt 2017). Allerdings scheuen sich viele Unternehmen noch vor einem solchen Schritt, denn hier muss man regelmäßig Inhalt nur für YouTube und dessen Zielgruppe produzieren. Auf der anderen Seite steht die Chance, eine treue Followerschaft zu erarbeiten, die es gewohnt ist mit Videos und der Marke zu interagieren. Wenn Videos unterhaltsam sind, werden oft mehrere Videos eines Kanals in Folge angesehen (vgl. Peter 2017). Auch hier steht Red Bull als leuchtendes Beispiel: Abonnenten des Kanals verbringen freiwillig mehrere Stunden hintereinander mit den Action-Videos des Brauseherstellers.

Getränkeunternehmen sind überhaupt stark auf YouTube vertreten, so wie Coca-Cola oder Pepsi mit ihren sehr erfolgreichen Kanälen. Daneben spielen vor allem Medien- (wie WarnerBros, BBC oder Discovery) und Technologieunternehmen (wie Playstation, Google und Apple) herausragende Rollen (vgl. Divimove 2016). Grundsätzlich ist YouTube aber für jede Branche geeignet.

Auch YouTube bietet – ähnlich wie Instagram – hervorragende Möglichkeiten für die Zusammenarbeit mit Influencern. Erfolgreiche YouTuber können das Image von Produkten und Dienstleistungen maßgeblich beeinflussen. Hier gelten die bei Instagram gemachten Ausführungen analog.

Content-Arten: Inhaltlich beschränkt sich YouTube auf Videos, auch wenn das Live-Streaming zunehmend ein wichtiger Faktor für YouTube werden könnte.

Vermarktungsmöglichkeiten: Auch YouTube lässt sich als Werbekanal nutzen, um passende Zielgruppen zu erreichen. Dafür spricht per se schon die große Reichweite des Kanals. Das Videoportal bietet hierfür verschiedene Vermarktungsmöglichkeiten, wie vor allem Videoanzeigen, die als Pre-Roll, Mid-Roll oder Post-Roll vor, während oder nach einem Video eingeblendet werden. Video-Mastheads sind große Banner, die auf der Startseite von YouTube zu sehen sind. Bei TrueView-Videoanzeigen handelt es sich wiederum um verschiedene eingeblendete Formate in, über oder seitlich von Suchergebnissen, Wiedergabeseiten oder in Videos (vgl. Grabs et al. 2017, S. 245). Das Besondere an diesen Werbeformaten ist, dass sie sich über Google AdWords buchen lassen und damit sämtliche Aussteuerungsfunktionen des Buchungsportals zur Verfügung stellen.

Des Weiteren können Kanalbetreiber, sobald ihr Kanal 10.000 öffentliche Aufrufe erreicht, eine Aufnahme in das YouTube-Partnerprogramm beantragen, mit dem sich YouTube-Inhalte monetarisieren lassen. Dabei verdienen die Videolieferanten Geld mit Werbeanzeigen, die YouTube im Rahmen ihrer Videos einblendet (vgl. YouTube o. J.). Grundsätzlich handelt es sich bei dem Vergütungsmodell von YouTube um nichts anderes als „AdSense“. Dieser Google-Dienst schaltet, im Gegensatz zu „AdWords“, keine

Anzeigen auf der Google-SERP, sondern klinkt Werbebanner in Websites oder in Videos ein. Website- oder Videokanalbetreiber erhalten von Google Geld für die Bereitstellung des Platzes beziehungsweise die Klicks auf die Anzeigenbanner – irgendwo zwischen einem und zwei US-Dollar pro tausend Views. 45 % dieser Anzeigeneinnahmen bekommt YouTube, 55 % verbleiben beim Anzeigenpartner, dem Videokanalbetreiber (vgl. dazu ausführlich Czypionka 2017).

Tipps: Da die Aufmerksamkeitsspanne der Nutzer oftmals sehr gering ist, gilt für Social Videos in der Regel der Grundsatz: Ein Video muss innerhalb der ersten drei Sekunden die Zuschauer fesseln. Dabei sollte die Gesamtdauer eines Online-Videos 90 s nicht überschreiten, es sei denn es gelingt, den Nutzer über eine spannende Dramaturgie länger bei Laune zu halten (vgl. Grabs et al. 2017, S. 226).

YouTube hat deutlich weniger mobile Nutzer als Facebook und Instagram. Dennoch nutzen – wie gezeigt – immerhin etwa 60 % YouTube über mobile Geräte. Querformat ist hier immer noch der Standard. Deswegen sollten für YouTube und Facebook (viel Hochformat) gesonderte Videos produziert werden. Bei den meisten Unternehmen wird dies allerdings nicht möglich sein. Dann muss man sich aber vielleicht nicht zwingend für eine Plattform entscheiden, sondern wählt einen Mittelweg. So können die Videos mit ein paar Handgriffen im Videoschnitt einfach für die verschiedenen Plattformen adaptiert werden (vgl. Peter 2017).

Alternativen zu YouTube Wie bereits angeführt stellen Facebook und teilweise Instagram Alternativen für Video-Marketing dar. Neben diesen bereits vorgestellten Plattformen gibt es aber noch eine Reihe von „reinen" Videoportalen, wie z. B. Vimeo, MyVideo oder DailyMotion.

Musical.ly
Neben den genannten Big Playern besetzen immer wieder neue, aufstrebende Plattformen eigene Nischen. So war es bei Snapchat, und so ist es derzeit bei Musical.ly.

Erxleben (2017d) beschreibt Musical.ly als eine Kombination aus dem Videoansatz von Snapchat mit den Bearbeitungsmöglichkeiten von Instagram im privaten Umfeld eines Messengers. Er verwendet dafür den Begriff einer „Social-Video-App". Die Nutzer der App, die sogenannten „Muser", nehmen mit ihrem Smartphone 15-sekündige Musikvideos auf, bei denen sie ihre Lippen synchron zum Playback eines selbst ausgewählten Songs bewegen (**Lip-Sync**), tanzen und/oder gestikulieren. Auch Zitate aus bekannten Filmen oder eigene Geräusche können als Grundlage dienen.

User können aus Millionen von Songs ihren Lieblings-Song auswählen. Nach Aufnahme des Playback-Videos ermöglichen Effekte, wie Filter, Zeitraffer oder Zeitlupe, eine einfache kreative Bearbeitung (vgl. Schau Hin o. J.), wodurch teilweise kuriose Videos entstehen. Die Clips lassen sich anschließend auf dem eigenen Profil oder in anderen Netzwerken teilen. 12 Mio. Videos werden auf diese Weise mittlerweile täglich geteilt (Vgl. Das 2017).

Weltweit nutzen bereits bis zu 200 Mio. Menschen Musical.ly, 40 Mio. davon sind monatlich aktiv (vgl. Erxleben 2017d). Dreiviertel aller Muser sind Frauen (vgl. Agrawal 2016). Auch in Deutschland genießt die App zunehmend mehr Aufmerksamkeit. So habe man nach Angabe der Marketing-Chefin von Musical.ly in Deutschland 2017 die Nutzerzahlen verachtfacht und komme auf 8,5 Mio. registrierte Deutsche (vgl. Erxleben 2017d).

Dem Online-Umfrageinstitut SurveyMonkey zufolge sind rund 60 % der Musical.ly-Nutzer jünger als 30 Jahre, 23 % sind unter 18 Jahre alt (vgl. Das 2017). Auch wenn die Nutzung erst ab dreizehn Jahren erlaubt ist, so geht man davon aus, dass die App vor allem **bei den unter 10-Jährigen** großen Anklang findet. Aus diesem Grunde sagt man Musical.ly oft nach, eine Pausenhof-App zu sein. Vaynerchuk (2017) zufolge macht gerade dies den Erfolg der App aus: Es ist die erste Plattform, die sich an Grundschüler richtet und es dieser Generation erlaubt, Inhalte so einfach wie nie zuvor zu produzieren.

Auch wenn die Erfahrungen mit dieser erst 2015 gelaunchten Plattform noch sehr gering sind – für Unternehmen, die speziell diese sehr junge Zielgruppe ansprechen möchte, ist Musical.ly auf jeden Fall eine Überlegung wert. Innovativen Unternehmen bieten sich hier Möglichkeiten sich vom Wettbewerb zu differenzieren.

Abschließend zum Abschnitt der Video-Sharing-Plattformen erfolgt hier noch der Hinweis auf das YouTube- und Video-Marketing-Flipboard des Autors, mit dem man sich auch in diesem dynamischen Feld auf dem Laufenden halten kann (Servicelink 7.18).

Servicelink 7.18

Servicelink zum YouTube- und Video-Marketing-Flipboard des Autors:
https://flipboard.com/@alexanderdecker/youtube-5hklaesjy

Audio Sharing
Spotify
Die Kategorie der Audio-Sharing-Plattformen dreht sich hauptsächlich um den Bereich Musik. Ab 2003 war es zunächst MySpace, das die Welt der Musiker mit denen der privaten Nutzer verband. Auch wenn das ehemals größte Social Network heute kaum mehr Erwähnung findet, so kommt der Dienst noch immer auf 50 Mio. monatlich aktive Nutzer (vgl. Allton 2017). Aber nicht nur als weltweit größtes soziales Netzwerk hat MySpace verloren. Die **Nummer eins unter den Audio-Sharing-Plattformen** ist seit geraumer Zeit ein anderes Netzwerk: Spotify. Als **Musik-Streaming-Dienst** bietet die von zwei Schweden 2006 gegründete Plattform geschätzte 30 Mio. Musiktitel an, die von den wichtigsten Musik-Labels, wie Sony, EMI, Warner Music Group und Universal, im Rahmen von Partnerschaften zur Verfügung gestellt werden. Spotify steht damit in

Konkurrenz zu Services wie Deezer, Amazon Music oder Apple Music, führt aber das Feld mit 40 % Marktanteil (gegenüber 19 % bei Apple Music und 12 % bei Amazon Music; vgl. MIDiA Research 2017) und 180 Mio. monatlich aktiven Nutzern an (vgl. Spotify 2018a). 83 Mio. davon greifen auf den Premium-Bezahl-Dienst von Spotify zurück (vgl. Spotify 2018b).

Nachdem es Spotify Nutzern nicht erlaubt, sich mit den Musikern auf der Plattform zu verbinden, stellt sich die Frage, warum es dennoch als Social Network angesehen wird. Dies hat zunächst einmal mit der Tatsache zu tun, dass User sich auf Spotify eigene Playlisten zusammenstellen können und damit den Inhalt erweitern (siehe Social-Media-Mechanismen in Abschn. 3.2). Der wahre Social-Media-Charakter von Spotify geht aber vor allem auf die Möglichkeit zurück, den Account mit anderen Profilen auf Facebook oder Twitter zu verbinden. Auf diese Weise wird es möglich, auf die von Freunden/ Followern favorisierte Musik und deren Playlisten zuzugreifen. Damit hat Spotify die Dynamik des persönlichen und **sozialen Austauschs in Sachen Musik verändert.** Während man früher eher isoliert seiner Musik lauschte oder man sie zumindest Freunden aktiv vorspielen musste, können Freunde nun bequem beobachten, welche Musik einem gefällt (vgl. Campaign Creators o. J.).

Auf dieser Basis sammelt Spotify Unmengen von Daten, die es teilweise gut einzusetzen weiß. Hier sei vor allem auf das Feature „Discovery Weekly" verwiesen, das Nutzern wöchentlich basierend auf einem Algorithmus, der das persönliche Streaming-Verhalten auswertet, individuelle Songlisten mit dreißig Liedern zum Entdecken vorschlägt. Werbekunden können sich „programmbezogen" einkaufen und die rund 80 Mio. Gratisnutzer selektiert nach Merkmalen wie Musikvorlieben, Alter, Geschlecht und „Verhaltenssegmenten" ansprechen. Eigenen Erfahrungen zufolge besteht hier allerdings noch deutlich Luft nach oben, was die Zielgenauigkeit der ausgespielten Werbung angeht.

Soundcloud
Eine weitere interessante Plattform stellt Soundcloud dar. Im Gegensatz zu Spotify ist das Berliner Netzwerk ein **Online-Musikdienst zum Austausch und zur Distribution von Audiodateien.** Nach Aussage des neuen CEO Kerry Trainor ist Soundcloud „[…] die größte Urheber-getriebene Audioplattform der Welt" (Brücken 2017). Klassischerweise können Nutzer nach der Registrierung Audio-Dateien (meistens Musik) hochladen, wie bei anderen sozialen Plattformen anderen Nutzern folgen, deren Beiträge liken, teilen oder deren Songs zu Playlisten hinzufügen.

2013 Soundcloud verzeichnete 40 Mio. registrierte Nutzer. Seitdem hat der Dienst jedoch keine Nutzerzahlen mehr ausgewiesen (vgl. Wirminghaus 2017). Da man Soundcloud aber auch als nicht-registrierter User benutzen kann, spielt vor allem die Anzahl der sogenannten Unique Visitors eine wichtige Rolle. Aufgrund von schlechten Nachrichten und Gerüchten rund um den Dienst ist der Traffic auf dem Portal um 25 % eingebrochen – von fast 400 Mio. Einzelbesuchern Anfang 2016 auf zuletzt weniger als 300 Mio. (vgl. Brücken 2017).

Soundcloud dient vor allem als **Kooperations- und Werbeplattform für Musiker.**
Es bietet jedoch auch die Möglichkeit, Podcasts zu verbreiten. Damit haben Unternehmen und Meinungsführer die Möglichkeit, Audio-Inhalte zu verbreiten und folglich zum Reichweiten- und Markenbekanntheits-Ausbau beizutragen. Ein sehr gelungenes Beispiel für einen interessanten Podcast liefert der Social-Media-Experte Björn Tantau. Der Podcast kann über Servicelink 7.19 abgerufen werden.

Servicelink 7.19	
Servicelink zum Podcast-Stream von Björn Tantau auf Soundcloud: https://soundcloud.com/bjoerntantau	

Live-Streaming-Dienste
Periscope
Die zunehmende Dynamik der sozialen Medien hat mit der Einführung von Live-Streaming-Diensten wie zum Beispiel Periscope eine neue Dimension erreicht. Was zu Zeiten des arabischen Frühlings noch zeitverzögert über YouTube verbreitet wurde (siehe Abschn. 2.2), lässt sich seit 2015 über derartige Dienste als **Direktübertragung** schnell und unkompliziert in Echtzeit darstellen. Gab es zu Beginn der Entstehung des Live-Streamings noch eine Vielzahl von Apps wie Meerkat (als vermutlich erster Anbieter), Bambuser oder YouNow, so hatte sich zwischenzeitlich das zu Twitter gehörende Periscope an die Spitze dieser Kategorie gesetzt.

Das Prinzip hinter Periscope ist sehr einfach: User greifen auf die App zu, geben eine Kurzbeschreibung ein und filmen drauf los. Durch die App wird die **Aufnahme in Echtzeit übertragen.** Diese Videos können andere Periscope-Nutzer, ohne mit dem Ersteller verbunden zu sein, live oder bis zu 24 h später ansehen. Danach werden die Aufnahmen durch den Dienst gelöscht. Die „Zuschauer" haben dabei die Möglichkeit, Kommentare zu posten.

Periscope profitiert seit seiner Einführung davon, dass es als Twitter-Tochter auf das Netzwerk und den sogenannten „Social-Graph" der Mutter, und damit auf dessen Reichweite, zugreifen kann. Schnell erreichte der Dienst 10 Mio. Nutzer. Seitdem (Ende 2015) ist es schwer, aktuelle Zahlen hierfür zu finden (vgl. Smith C 2016). Hochgerechnet soll Periscope nach Twitter-Angaben in 2017 auf über 400 Mio. h Live-Streaming gekommen sein (vgl. Firsching 2017c). Periscope weist eine junge Nutzerschaft auf: 32 % sind zwischen 16 und 24 Jahren alt, fast 50 % zwischen 25 und 34 Jahre (vgl. GlobalWebIndex 2015) – eine begehrte Zielgruppe, die über klassische Werbung immer schwerer anzusprechen ist.

Aufgrund des Echtzeit-Charakters ist Periscope vor allem für Journalisten, die bislang schon stark auf Twitter als schnellstes Nachrichten-Medium der Welt zurückgegriffen haben, und Medien-Unternehmen besonders interessant. Allerdings sieht sich der Twitter-Dienst seit August 2016 einem vermeintlich unbesiegbaren Konkurrenten ausgesetzt: Facebook.

Facebook Live
Wie bei anderen Funktionalitäten hat Facebook nach einer Sondierung des Marktes und einer Testphase mit Facebook Mentions selber ein Live-Streaming in das größte soziale Netzwerk der Welt integriert (vgl. Grabs et al. 2017, S. 277). Der **Klon ist mittlerweile erfolgreicher** als das Original Periscope. Die riesige Reichweite von Facebook dürfte Periscope stark ausbremsen. Zum Vergleich: Facebook Live generiert derzeit täglich mehr als 3000 Jahre sogenannter „Watch Time" und sorgt für ein dreimal höheres Engagement der Nutzer als bei normalen Videos (vgl. Carter 2017).

Bei der Übertragung mit Facebook Live sind einige Aspekte zu beachten, die sich aber eher auf geplante als auf spontane Events beziehen (vgl. Carter 2017; Grabs et al. 2017, S. 278; Wiese 2017):

- Um entsprechenden Response für die Live-Übertragung zu bekommen, sollte das Event rechtzeitig über die entsprechenden Kanäle angekündigt werden.
- Auch wenn ein Live-Event natürlicher wirkt als eine standardmäßige Übertragung im Fernsehen, sollten Vorbereitungen hinsichtlich Kamera, Ton und Licht getroffen werden.
- Die Live-Video Qualität ist von der Internetverbindung während des Streams abhängig. Im Anschluss kann der aufgezeichnete Stream allerdings noch einmal in HD Qualität hochgeladen werden. Facebook ersetzt dann das Live-Video-Material.
- Ein Livestream wird inzwischen nicht mehr automatisch nach Abschluss des Streams auf der Seite veröffentlicht. Der Admin muss explizit den Post bestätigen und kann das Video vom Handy aus direkt wieder löschen.
- Live-Kommentare und -Reaktionen machen das Erlebnis aus. Um dieses Engagement entsprechend zu würdigen und zu fördern, sollte darauf geachtet werden, dass ein Team zur Verfügung steht, dass auf die Posts direkt reagiert.
- Es ist auf die Einhaltung des Urheberrechts zu achten. Fremde Inhalte dürfen nicht einfach mitgefilmt werden.
- Der Funktionsumfang bei einer Facebook-Live-Übertragung kann auch von der jeweiligen App (FB App, Mention App, Seiten-Manager-App) abhängen und sollte vorher geprüft werden.

Für den unternehmerischen Einsatz von Facebook Live kommt eine Vielzahl von Möglichkeiten in Betracht. Ähnlich wie bei Periscope ist es vor allem im Rahmen der PR sinnvoll einzusetzen. In diesem Zusammenhang sind beispielsweise die Live-Übertragungen von BMW auf der SEMA 2017, der größten Auto-Tuning-Messe der Welt, zu nennen. Über den BMWBLOG veranstaltete der Autobauer spezielle, vorher angekündigte Enthüllungs-Events über den Live-Streaming-Dienst, um die Neuerungen entsprechend in Szene zu setzen (vgl. BMWBLOG 2017).

Twitch

Abschließend erfolgt noch eine kurze Vorstellung eines Dienstes, der bei Nicht-Gamern zunächst einmal Verwunderung auslöst. Es geht um Twitch, einem **Live-Video-Streaming-Portal für Games**. Dies bedeutet, dass User live anderen Nutzern beim Spielen von Videospielen zusehen. Dazu ist zunächst kein Account notwendig. Ein solcher eröffnet jedoch die Möglichkeit, einen eigenen Kanal zu erstellen, der weitere Funktionen – das Folgen und Abonnieren von anderen Kanälen sowie das Schreiben im Live-Chat von Kanälen – ermöglicht. Dem sogenannten „Streamer" kann zugesehen werden, wenn sein Kanal gerade „live" ist. Vergangene Sendungen stehen bis zu vierzehn Tage nach Ausstrahlung zur Verfügung, bei einem Premium Account bis zu sechzig Tage.

Wem der Erfolg von Twitch nun absolut seltsam vorkommt, dem sei gesagt, dass der Gaming-Bereich stetig wächst und einen beträchtlichen Teil des Internets einnimmt. Weltweit schauen sich mehr Nutzer Gaming-Streams und -Videos an, als es Abonnenten von Serien- und Film-Streaming-Diensten wie Netflix gibt (vgl. Ritter 2017). In Deutschland belief sich 2017 der Anteil der Gamer unter den 14- bis 29-Jährigen auf 74 %, bei den 30- bis 49-Jährigen sind es immer noch 63 % (vgl. Bitkom 2017). Vielleicht sollte man auch einfach die Frage stellen, ob es am Ende ein Unterschied ist, wenn man 22 Menschen dabei zuschaut, wie sie einem Ball hinterherlaufen, oder professionellen Gamern bei einem Online-„Battle".

Twitch ist in diesem Zusammenhang der **Branchenprimus**. Er bringt Gaming-Stars, von denen einige mit Live-Übertragungen ihrer Spiele ins Internet mehrere Tausend US-Dollar im Monat verdienen, mit 100 Mio. Usern zusammen, von denen jeder im Monat durchschnittlich rund 160 min solcher Videoinhalte anschaut. In Deutschland besuchen Twitch monatlich bereits 13 Mio. Einzelbesucher das Webportal (vgl. Eisenbrand und Lux 2015). Betrachtet man die demografische Zusammensetzung der Gamer, gelingt es der Streaming-Plattform, insbesondere die junge Zielgruppe zu erreichen, die **für (klassische) Werbung ansonsten extrem schwer erreichbar** ist.

Twitch bietet verschiedene Werbemöglichkeiten (ausgenommen sind die Premium-Accounts, die Werbefreiheit garantieren). Neben klassischen Display-Ads, wie Bannern oder Homepage-Take-Overs, bieten sich auch Affiliate-Links auf den Kanälen der Streamer an, um über deren Reichweite Traffic auf den eigenen Websites zu generieren. Außerdem können Unternehmen, die in dieses Umfeld passen, einen eigenen „gebrandeten" Kanal eröffnen und diesen gegebenenfalls von einem bekannten Streamer führen lassen.

Aufgrund dieser speziellen, aber interessanten Zielgruppe, erfolgte im September 2014 die Übernahme von Twitch durch Amazon für 970 Mio. US$ (vgl. Kuhn 2014).

7.2.4   Zusammenfassender Überblick

Die Ausführungen zu den verschiedenen Plattformen haben gezeigt, dass eine eindeutige Zuordnung der Netzwerke zu einer einzelnen Kategorie teilweise schwerfällt. Im Zuge der Weiterentwicklung nähern sich viele Plattformen einander mehr und mehr an und übernehmen erfolgreiche Funktionen der Konkurrenten. Besonders die zu Facebook gehörenden Dienste klonen gerne und häufig. Inzwischen ähnlich sich insbesondere Facebook, Instagram, WhatsApp, der Facebook Messenger sowie Snapchat und Twitter immer mehr und weisen große Überschneidungen bei ihren Funktionen und auch ihrer Ausrichtung auf. Recode hat dies in einer bemerkenswerten Grafik zusammengestellt, die Abb. 7.10 zu entnehmen ist.

Einzig Twitter hebt sich noch etwas vom Modell Facebook ab (siehe Abb. 7.10). Allerdings sucht der Microblogging-Dienst nach wie vor nach einem funktionierenden Geschäftsmodell – was die These stützt, dass eine distinkte Identität zwar bei den Usern gut ankommt, die Aneignung besonders populärer Funktionen jedoch lukrativer zu sein scheint. Denn Features, die von den Usern besonders gut genutzt werden, bedeuten mehr Verweildauer und damit bessere Werbebedingungen und womöglich mehr Werbeeinkünfte (vgl. Lewanczik 2017).

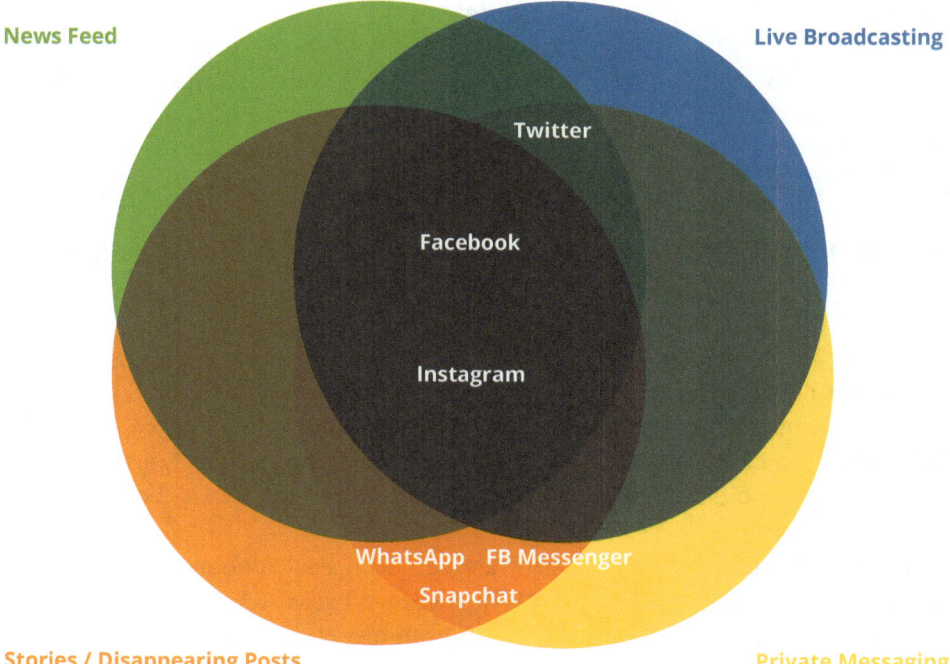

Abb. 7.10   Ausgewählte Social-Media-Plattformen und deren Überschneidungen. (Quelle: eigene Darstellung in Anlehnung an Lewanczik 2017)

	K	SK	Beschreibung / POD	ZG	Hauptziele	Aufwand
FW	Kommunikation	Social NW	Allrounder, Dank Copy-Cats, größtes Netzwerk der Welt	Alle Alters-gruppen, v.a. ab 30	Image, Reichweite Bekanntheit, Traffic	**Mittel**
G+	Kommunikation	Social NW	Special-Interest Netzwerk mit Fokus auf Technik	Technik-/Digital-branche, Männer	SEO, Influencer	Mittel
LI	Kommunikation	Business NW	Facebook für Erwachsene, Pflege von Firmenprofilen	v.a. ab 30, hohes Einkommen, LI für DAX-Unternehmen	MA-Gewinnung, Employer Branding	Gering
TW	Kommunikation	Micro-blog	Schnellstes Nachrichten-Medium, 280 Zeichen, #	Alle Alters-gruppen, Presse und Medien	Image, Service, Traffic, Sales	Hoch
TU	Kommunikation	**Blog**	Die einfachste Art zu bloggen	Eher jüngere ZG, v.a. noch USA	SEO, Influencer	Hoch
WA	Kommunikation	Messen-ger	Mobile App zum Austausch in eher privaten Gruppen	v.a. jüngere Altersgruppen	Kundenservice, MA-Gewinnung	Gering
PI	Koll.	Book-mark	Virtuelle Pinnwand und Linksammlung	mittlere Alters-gruppen, Frauen	Images, Sales, Neukunden, Traffic	Mittel
IG	Multi-Media	Foto	Foto/Videos mit ästhe-tischen Anspruch, Stories	v.a. jüngere ZG, Tendenz weiblich	Influencer, Image, Bekanntheit	Mittel
SN	Multi-Media	Foto	Posts, die wieder verschwinden, Spectacles	sehr junge ZG, auch unter 18	Bekanntheit, Sales	Mittel
YT	Multi-Media	Video	Das Videoportal, zweit-größte Suchmaschine nach Google	v.a. von 25-44, Tendenz männlich	SEO, Bekanntheit, Image, Traffic	Hoch

Legende: NW = Netzwerk, FB = Facebook, G+ = Google+, LI = LinkedIn, TW = Twitter, TU =Tumblr, WA = WhatsApp, PI = Pinterest, IG = Instagram, SN = Snapchat, YT = YouTube
K = Kategorie, SK = Subkategorie, ZG = Zielgruppe, POD = Point-of-Difference (Differenzierungsmerkmal)

Abb. 7.11 Hauptcharakteristika der wichtigsten Social-Media-Plattformen. (Quelle: eigene Darstellung)

Wie aber Kap. 6 erläutert, sind es gerade die (kleinen) Unterschiede der Plattformen, die von Bedeutung sind, wenn es Unternehmen darum geht, die richtigen Kanäle für Zielgruppen und Ziele auszuwählen. Aus diesem Grunde zeigt Abb. 7.11, aufbauend auf den Ausführungen dieses Kapitels, die Hauptcharakteristika der wichtigsten Plattformen im Überblick.

Um weitere Anhaltspunkte für die Wahl der richtigen Plattformen zu finden, ist zudem die Übersicht von GrowEpic (2017) interessant (siehe Abb. 7.12). Sie schlüsselt auf, wie stark verschiedene Branchen auf die wichtigsten Plattformen zugreifen.

Wie sieht es nun speziell in Deutschland aus – wie viele Netzwerke nutzen die deutschen Unternehmen gleichzeitig und in welchen Kombinationen? Hierüber gibt die Studie von Adenion (2016, S. 12 und 13) Aufschluss: 30 % der befragten Unternehmen

	FB	TW	LI	PI	IG	YT	G+	Blog
Art & Entertainm.	48%	58%	2%	19%	23%	22%	25%	52%
Autos & Vehicles	43%	49%	5%	10%	17%	32%	23%	38%
Beauty & Fitness	57%	62%	3%	42%	43%	41%	26%	52%
Books / Literature	33%	42%	3%	13%	8%	10%	17%	40%
Business & Ind.	41%	48%	17%	14%	10%	29%	19%	36%
Career & Edu.	51%	57%	20%	14%	20%	34%	27%	42%
Computer & Elect.	38%	51%	16%	6%	6%	26%	26%	49%
Finance	47%	54%	21%	7%	8%	32%	22%	35%
Food & Drink	63%	71%	6%	44%	42%	33%	28%	50%
Gambling	36%	46%	2%	4%	9%	21%	16%	32%
Games	34%	41%	0%	4%	3%	21%	13%	33%
Health	46%	54%	9%	19%	13%	32%	22%	44%
Home & Garden	50%	54%	3%	46%	25%	27%	31%	59%
Internet & Telco	36%	43%	11%	7%	7%	15%	25%	42%
Law & Government	42%	50%	13%	6%	10%	27%	23%	39%
News & Media	62%	69%	9%	16%	22%	27%	34%	60%
People & Society	39%	48%	9%	15%	15%	24%	19%	41%
Pets & Animals	43%	51%	2%	20%	15%	30%	20%	40%
Recreation	45%	47%	2%	20%	21%	29%	15%	41%
Reference	28%	39%	3%	10%	9%	12%	13%	30%
Science	30%	40%	6%	6%	7%	21%	13%	36%
Shopping	59%	66%	5%	46%	34%	35%	33%	43%
Sports	50%	63%	2%	9%	23%	33%	17%	50%
Travel	29%	50%	9%	22%	22%	32%	34%	29%

Abb. 7.12 Nutzungshäufigkeiten der wichtigsten Social-Media-Plattformen nach Branche. (Quelle: eigene Darstellung in Anlehnung an GrowEpic 2017)

nutzen lediglich eine Plattform für ihre Social-Media-Aktivitäten. Fast zwei Drittel haben zwei bis fünf Social-Media-Netzwerke parallel im Einsatz. Besonderer Beliebtheit erfreut sich die Kombination von Facebook und Twitter (78 %). Die Top-10 der Kombinationen zeigt Tab. 7.2.

Die Website von Coupofy.com zeigt, was sich auf diesen Plattformen in Echtzeit tut. Sie ist über Servicelink 7.20a aufzurufen. Da – wie gezeigt – die populärsten

Tab. 7.2 Die beliebtesten Plattform-Kombinationen in deutschen Unternehmen. (Quelle: in Anlehnung an Adenion 2016, S. 13)

#	Netzwerk-Kombination	Verteilung (%)
1	Facebook/Twitter	78
2	Twitter/LinkedIn	41
3	Facebook/LinkedIn	35
4	Google+/Twitter	32
5	Pinterest/Twitter	30
6	Facebook/Google+	27
7	Facebook/Pinterest	23
8	Twitter/Tumblr	22
9	Tumblr/Facebook	17
10	Google+/LinkedIn	15

Social-Media-Plattformen immer ähnlichere Funktionen aufweisen, könnten sich in Nischen neue und für bestimmte Zielgruppen populäre Kanäle etablieren. Beispiele (vgl. Brien 2017b; Lutsch 2015; Papendorf 2017) bieten die Servicelinks 7.20b–j.

Servicelink 7.20	
Servicelink 7.20a zu Coupofy.com mit Daten zu Aktionen auf den wichtigsten Social-Media-Plattformen in Echtzeit: http://www.coupofy.com/social-media-in-realtime/ Servicelinks zu Nischenplattformen: Servicelink 7.20b – Mastodon: Der werbefreie Twitter-Konkurrent https://mastodon.social/about Servicelink 7.20c – letsseewhatworks.com: Die Unternehmer Community https://letsseewhatworks.com/ Servicelink 7.20d – athlinks.com: Social Network für Ausdauersportler https://www.athlinks.com/ Servicelink 7.20e – ravelry.com: Hier treffen sich Strickbegeisterte https://www.ravelry.com/account/login Servicelink 7.20f – redkaraoke.com: Für Gesangstalente und solche die sich dafür halten https://www.redkaraoke.com/ Servicelink 7.20g – bakespace.com: Community für Hobbyköche und Hobbybäcker http://www.bakespace.com/ Servicelink 7.20h – cafemom.com: Plattform für Mütter http://www.cafemom.com/ Servicelink 7.20i – Lego Life: Ein sicheres Social Network nur für Kinder https://www.lego.com/de-de/life Servicelink 7.20j – Wize.life: Soziales Netzwerk für Best Ager https://wize.life/	

Nimmt man all diese Aspekte zusammen, bleibt unter dem Strich die Erkenntnis, dass jedes Unternehmen, unabhängig davon, was es anbietet und welche Zielgruppen es im Auge hat, ein passendes Netzwerk für seine Social-Media-Aktivitäten finden kann.

7.3   Überblick über die wichtigsten Social-Media-Plattformen in der östlichen Welt

Die Weltkarte der Social-Media-Landschaft im Dezember 2011, die in Abschn. 2.1 in Abb. 2.5 zu sehen war und die in großen Teil auch heute noch so gilt, machte deutlich, dass der überwiegende Teil der Welt – damals wie heute – von Facebook dominiert wird. Dennoch gibt es einige Länder, in denen dies nicht der Fall ist. Aus diesem Grunde soll auf diese, vornehmlich auf der östlichen Halbkugel der Erde befindlichen Märkte im Folgenden näher eingegangen werden.

Wie eingangs zu Abschn. 7.2 bereits erwähnt, stellt sich die Datenlage in Bezug auf konkrete Zahlen und Ranglisten von Social-Media-Plattformen oft sehr divers dar. Dies gilt für Plattformen in der westlichen Welt, mehr noch aber für die Netzwerke im Osten, zu denen es weit weniger verfügbares (verständliches) Material gibt. Die nachfolgend angeführten Kennzahlen dienen in diesem Abschnitt dazu, ein ungefähres Bild über die Social-Media-Landschaften der ausgewählten Länder zu liefern.

Die Auswahl der vier Länder erfolgte auf Basis verschiedener Überlegungen: Größe des Landes und Anzahl von Nutzern der sozialen Medien, erkennbare Unterschiede in den Social-Media-Landschaften zur westlichen Welt (zum Beispiel, dass Facebook das Ranking nicht anführt) sowie, daraus abgeleitet, wissenswerte Informationen für Social-al-Media-Manager in Deutschland. Vor diesem Hintergrund beschäftigt sich zunächst Abschn. 7.3.1 mit der Szene in Russland, dem flächenmäßig größten Land der Erde. Es folgen besonders interessante asiatische Märkte wie Japan (Abschn. 7.3.2), Südkorea (Abschn. 7.3.3) und China (Abschn. 7.3.4).

7.3.1   Russland

Russland ist mit seinen circa 144 Mio. Einwohnern ein interessanter Markt. Davon sind allerdings – je nach Sichtweise – nur zwischen 30 und 40 % in den sozialen Medien aktiv. Am Ende greifen dennoch laut We Are Social (2018b, S. 114) immer noch knapp 56 Mio. Russen mindestens einmal im Monat auf ein soziales Netzwerk zu.

Bei Betrachtung von Abb. 2.5 mit den im Land jeweils führenden Social-Media-Plattformen sticht Russland schon aufgrund seiner großen Fläche und der anderen Färbung hervor, und man sieht gleich: Hier führt nicht Facebook das Ranking an. Russlands Social-Media-Landschaft ist aber nicht nur deswegen interessant. Überraschend ist vielmehr, dass die zwei bedeutendsten russischen Plattformen auch in Deutschland eine nicht unerhebliche Rolle spielen. Betrachtet man die Anzahl der Visits von sozialen

Netzwerken in Deutschland im Oktober 2016 (siehe Abb. 7.13), so findet man dort neben vielen alten Bekannten auf Platz 2 und 5 die zwei Dienste, die in Russland den Markt (mit) anführen: VK (früher Vkontakte.ru). und Odnoklassniki.

Wie oben schon angedeutet, stellen unterschiedliche Rankings für ein und dasselbe Land die sozialen Netzwerke je nach Veröffentlichung, Sichtweise und Datenbasis unterschiedlich wichtig dar. Das trifft im Besonderen auch auf Russland zu. Hier werden die beiden genannten russischen Plattformen meistens als Branchenführer ausgewiesen. Es wurde allerdings bereits darauf hingewiesen, dass einige Veröffentlichungen – warum auch immer – gerne YouTube übersehen. Und genau das ist bei vielen der im Zugriff befindlichen Veröffentlichungen zu Russland der Fall. Nimmt man die in der Regel sehr zuverlässigen Zahlen von We Are Social (2018b, S. 132) von Anfang 2018 als Basis, so würde das Videoportal das Ranking der wichtigsten Social Networks in Russland knapp anführen: Demnach nutzen 63 % der aktiven Social-Media-Nutzer YouTube, das damit knapp vor VK liegt (61 %). Das zweite russische Netzwerk, Odnoklassniki, kommt dann auf Platz drei mit 42 %, dem folgt WhatsApp mit 38 %. Facebook liegt in dieser Übersicht nur auf Rang 6 mit 35 % (davor liegt Skype mit 38 %; vgl. We Are Social 2018b, S. 132).

Die beiden russischen Plattformen werden nun etwas näher betrachtet.

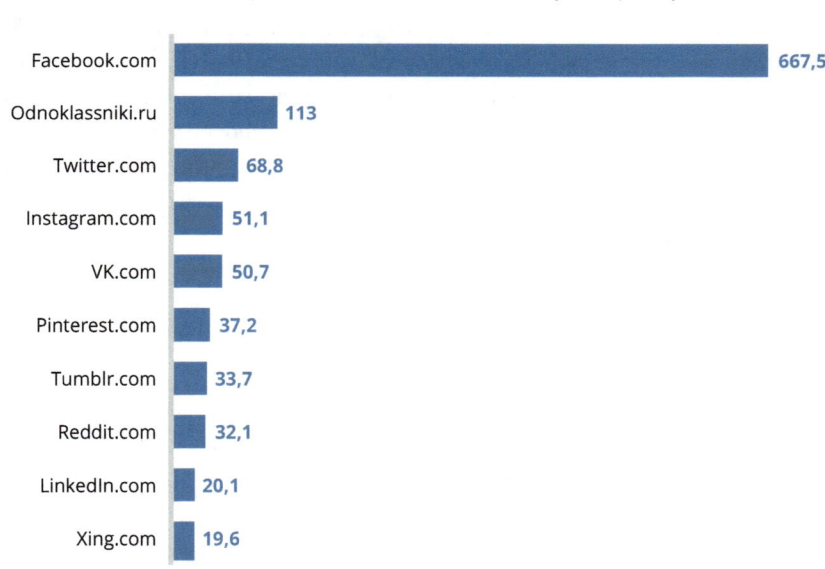

Soziale Netzwerke in Deutschland nach der Anzahl der Visits (in Mio., 2016)

Facebook.com	667,5
Odnoklassniki.ru	113
Twitter.com	68,8
Instagram.com	51,1
VK.com	50,7
Pinterest.com	37,2
Tumblr.com	33,7
Reddit.com	32,1
LinkedIn.com	20,1
Xing.com	19,6

Abb. 7.13 Soziale Netzwerke in Deutschland nach Anzahl der Visits im Oktober 2016 (in Millionen). (Quelle: eigene Darstellung in Anlehnung an Statista 2018)

VK (VK.com)

VK, früher Vkontaktje, russisch für „in Kontakt", ist die beliebteste russische Social-Media-Plattform. In der Statistik von We Are Social in Abb. 7.2 wird sie mit 97 Mio. monatlich aktiven Nutzern geführt, davon kommen circa 70 Mio. aus Russland (vgl. Kent 2017). Laut SimilarWeb (2018) und Alexa (2018k) führt VK das Ranking der am häufigsten besuchten Websites Russlands an und kommt bei Similar Web weltweit immerhin auf Platz 8 (bei Alexa ist es Rang 17).

Einfach gesagt, kann man VK als den **russischen Facebook-Klon** bezeichnen. Und tatsächlich: Vergleicht man den Auftritt von Facebook mit dem von VK, so fällt einem die Ähnlichkeit sofort ins Auge. Das kann man trotz der relativ schlechten Bildqualität in Abb. 7.14 erkennen.

Das weiß-blaue Layout von VK ähnelt auffällig dem Facebook-Look der dritten Generation (2006). Dies liegt vielleicht daran, dass VK-Gründer Pawel Durow 2008 das Design von Facebook ohne jegliche Änderungen kopierte (vgl. Sikorska 2013). Auch die Symbole und der Aufbau der Seite stimmen größtenteils überein. Der Profilaufbau stellt fast alle Funktionen zur Verfügung, die auch Facebook-User kennen. Und auch sonst bietet VK Vermarktungs-Tools ähnlich denen des amerikanischen „Halbbruders" (vgl. Lanzone 2017). Doch während Facebook seine Funktionen und sein Layout stets weiterentwickelte – wie der gedankliche Vergleich des Layouts des damaligen Facebook-Auftritts in Abb. 7.14

Facebook   VK
(Optik 3. Generation 2006)   (ab 2008)

Abb. 7.14   Vergleich des Auftritts von Facebook mit VK. (Quelle: Sikorska 2013)

mit dem heutigen Erscheinungsbild zeigt – und die Usability der Plattform weiter an die Bedürfnisse des Nutzers anpasste, blieb bei der russischen Kopie fast alles unverändert (vgl. Lanzone 2017).

Ohne genauer auf die Details der unterschiedlichen Funktionalitäten einzugehen (diese sind ausführlich bei Sikorska 2013 beschrieben), gibt es dennoch ein paar grundlegende Aspekte, die erwähnenswert sind:

- VK hat andere Privatsphären-Einstellungen als Facebook. Eine Option, Beiträge nur für Freunde freizuschalten, gibt es nicht. Man muss noch nicht mal einen Account haben, um Posts anderer Nutzer zu sehen (vgl. Alt 2016).
- Das Netzwerk bietet unter anderem ein riesiges Angebot an kostenlosen, wenn auch oft halblegalen Inhalten zu Musik, Videos und Pornos an. Anscheinend ein Erfolgsrezept von Durow, der mit dem Netzwerk reich wurde. Daraus ergaben sich bereits einige Probleme mit Urheberrechtsverletzungen (vgl. Lanzone 2017).
- VK-Profile werde überdurchschnittlich oft gehackt. Im Dark Web waren bereits Daten von 100 Mio. VK-Nutzern im Angebot, einschließlich unverschlüsselter Passwörter (vgl. Lanzone 2017).
- Anscheinend kontrolliert der Kreml indirekt die Plattform, was es für unabhängige Stimmen und Regimekritiker schwieriger macht, sich dort frei zu äußern (vgl. Lanzone 2017).
- Während Facebook gegen fremdenfeindliche Äußerungen vorgeht und mitunter Nutzer sperrt, entwickelte sich VK in den letzten Jahren zu einer Plattform rechtsradikaler Hetze. Außerhalb Russlands, unter anderem in Deutschland, bietet VK eine Heimat für sogenannte „Facebook-Flüchtlinge", Personen, die auf Facebook aufgrund ihrer rechtsradikalen Äußerungen gesperrt wurden und sich nun auf VK vertun. Der deutsche Verfassungsschutz ist bereits auf VK aufmerksam geworden, die Plattform selber tut aber nichts gegen die Hetze (vgl. Alt 2016).

In Russland stehen VK und Facebook in direkter Konkurrenz. Für das zuckerbergsche Netzwerk ist dies kein einfacher Kampf, da die einheimischen „Big Player" die Nase vorn haben und Facebooks Markteroberung zu verhindern versuchen (vgl. Sikorska 2013). Angesichts des zwielichtigen Rufs von VK stellt sich allerdings die Frage, wie lange das noch gut geht. Facebook konnte in Russland immerhin von 2017 auf 2018 mit 89 % einen deutlichen Zuwachs an aktiven Nutzern verzeichnen (vgl. We Are Social 2018b, S. 133). Auch deutsche Unternehmen sollten – trotz der hohen Reichweite der Seite in Deutschland – überlegen, ob sich hier ein Engagement lohnt.

Odnoklassniki (ok.ru)
Odnoklassniki, zu Deutsch „Klassenkameraden oder Mitschüler", ist das zweitwichtigste russische soziale Netzwerk (vgl. Crunchbase 2017). Wie aus dem Namen schon zu entnehmen, handelt es sich hierbei um einen **ähnlichen Ansatz wie die deutschen**

VZ-Netzwerke und StayFriends oder das amerikanische classmates.com: Odnoklassniki ermöglicht ehemaligen Schulkameraden, Freunden und Arbeitskollegen wieder in Kontakt zu treten oder zu bleiben. Insofern stellt es die üblichen Funktionen zur Verfügung, wie das Einrichten von Benutzerprofilen mit vielfältigen Angaben zur eigenen Person, Fotos, Gruppen, Foren usw. Zum Wiederfinden früherer Kontakte bietet die Plattform ziemlich detaillierte Suchparameter an. Ähnlich wie bei Xing zeigt das Netzwerk an, wer das eigene Profil besucht hat (der sogenannte „Invisible Mode" ist nur in einer Bezahl-Variante verfügbar; vgl. Smith B 2016). Hervorzuheben sind darüber hinaus Funktionen wie das Rating von Fotos, Online Chats und Übersichten, wer gerade online ist, letzteres verleiht dem Netzwerk einen leichten Touch eines Datings-Services (vgl. Prabhu 2016).

Laut Alexa (2018j) ist Odnoklassniki die siebtpopulärste Webseite Russlands und liegt weltweit auf Rang 48. Nach Russland kommen – aufgrund der Zahlen in Abb. 7.13 wenig überraschend – die meisten Nutzer aus Deutschland (13,3 %). Bezüglich der Nutzerzahlen gibt es kein einheitliches Bild: Die deutsche Wikipedia-Seite spricht von 135 Mio. registrierten Mitgliedern, die englischsprachige Ausgabe führt 200 Mio. User an, von denen 45 Mio. die Plattform täglich nutzen. Smith B (2016) spricht von über 31,5 Mio. monatlich aktiven Nutzern.

Während VK eine größere Popularität unter jüngeren, männlichen Nutzern zu genießen scheint, scheinen „ältere" (25 bis 35 Jahre), eher weibliche Zielgruppen (69 % der Nutzer sind Frauen) lieber Odnoklassniki zu nutzen (vgl. Smith B 2016). Beide Plattformen gehören zur Unternehmensgruppe Mail.ru (vgl. Vincos 2017), weswegen diese Verteilung beim Betreiber auf keinerlei Probleme stoßen dürfte.

7.3.2 Japan

Die Social-Media-Landschaft von Japan ist hochinteressant. Von den 127 Mio. Einwohnern nutzen über die Hälfte die sozialen Medien mindestens einmal im Monat. Dies sind 71 Mio. Japaner (vgl. We Are Social 2018c, S. 84). Folgt man Veröffentlichungen, die mit dem japanischen Markt vertraut sind, so ergibt sich zunächst folgendes Bild:

Als einziges Land der Erde führt Japan den Kurznachrichten-Dienst **Twitter im Ranking als Nummer eins** (vgl. Vincos 2017). Den Aussagen von Twitter zufolge kam das Netzwerk 2016 auf 40 Mio. monatlich aktive Nutzer (vgl. Wong 2017). Es blickt dabei zurück auf ein kräftiges Wachstum von 14 % im Vergleich zum Vorjahr 2015 (vgl. Neely 2017a). Über 50 % der Nutzer sind unter 29 Jahren, eine Zielgruppe, die zudem noch die höchste Nutzungs-Rate in Sachen Smartphones ausweist (vgl. Neely 2017a). Einen wesentlichen Grund für den Erfolg sieht Neely (2017a) vor allem in der Anonymität des Kurznachrichten-Dienstes: Er erlaubt es auf einfache Weise Prominenten und Influencern zu folgen sowie Inhalte auf privatere Weise als in Facebook zu teilen. Zudem erlangte Twitter große Popularität, als es während des großen Erdbebens und Tsunamis bei Tohoku 2011 half, die Kommunikationsprobleme, die über SMS bestanden, zu lösen (vgl. JapanBuzz 2017a).

Damit führt Twitter deutlich vor Facebook (mit 26 Mio. MAUs), das im Vergleich nur langsam wächst (vgl. Neely 2017a). Hier steht vor allem die Klarnamen-Pflicht von Facebook dem Wunsch der Japaner nach Anonymität im Wege. Facebook zieht im Vergleich zu Twitter ein deutlich älteres Publikum an. Etwas über 50 % der Nutzer sind zwischen 30 und 50 Jahre alt. Dies rührt auch daher, dass Facebook gerade unter den japanischen Berufstätigen eher als eine Art Business denn als soziales (sprich: privates) Netzwerk genutzt wird (vgl. Wong 2017).

Auf Platz drei der wichtigsten japanischen Netzwerke steht Instagram mit 12 Mio. MAUs, das die größte Wachstumsrate in 2016 aufwies (37 % Zuwachs gegenüber dem Vorjahr; vgl. Wong 2017). Ähnlich wie Twitter ist die Facebook-Tochter bei den jüngeren Zielgruppen beliebt (fast 50 % sind im Alter zwischen 10 [!] und 30 Jahren). Wie anderswo in der Welt weist Instagram in Japan eine eher weibliche Nutzerschaft (61 %) auf (vgl. Neely 2017a).

Diese Rangfolge lässt allerdings zwei wesentliche Aspekte außer Acht: Zum einen fehlt auch hier YouTube, zum anderen ist der Markt der Messenger nicht berücksichtigt. Greift man auf die Zahlen von We Are Social (2018c, S. 102) zurück, so wäre es erneut YouTube, das mit 70 % der aktiven Social-Media-Nutzer das Ranking anführt. Twitter käme demnach „nur" auf Platz drei mit 45 %. Neben diesen in der westlichen Welt etablierten Plattformen spielen noch zwei weitere Netzwerke in Japan eine große Rolle: **LINE und Snow.** LINE kommt wiederum bei We Are Social (2018c, S. 102) auf Platz zwei und 54 % der Nutzer. Snow wird dort – warum auch immer – nicht geführt. Bei der näheren Betrachtung der oben verwendeten Quellen, ergibt sich allerdings ein ganz anderes Bild, weswegen LINE und Snow im Folgenden näher betrachtet werden.

LINE

LINE ist Japans **beliebteste Messaging-App.** Zählt man Messenger – wie in diesem Buch (siehe dazu Abschn. 3.1) – zu den sozialen Medien, stellte es mit 62 bis 64 Mio. MAUs im Jahre 2016 das eigentlich erfolgreichste Netzwerk in der Social-Media-Landschaft von Japan dar (Nutzerzahlen von Kent 2017; Neely 2017a und Wong 2017), das heißt fast 50 % der Gesamt-Bevölkerung zählt zu den monatlich aktiven Nutzern. Die App ist auf über 90 % der japanischen Smartphones zu finden (vgl. Neely 2016). Global gesehen kommt der Messenger sogar auf 203 Mio. MAUs (siehe Abb. 7.2), mit einer Konzentration im asiatischen Raum. Trotz des großen Erfolges sieht sich LINE aber einer verstärkten Konkurrenz mit anderen Messengern ausgesetzt, weswegen die Zahlen im letzten Quartal 2016 rückläufig waren (vgl. Wong 2017).

LINE begann interessanterweise als Projekt, um – ähnlich wie Twitter – **Kommunikationsprobleme der Japaner mit den SMS-Diensten** nach dem Erdbeben und Tsunami bei Tohoku 2011 **zu lösen** (vgl. Neely 2016). Ähnlich der Entwicklung der in der westlichen Welt bekannten Messenger baut auch LINE seine Funktionalitäten kontinuierlich weit über das Instant-Messaging aus: Mit Stickern, Spielen und einer Vielzahl anderer Services, wie zum Beispiel Musik- und Video-Streaming oder sogenannte Job-Hunting-Services, versucht LINE mehr Nutzungsdauer bei seinen Usern zu bekommen. Dennoch verharren die Japaner bei ihren alten Nutzungsgewohnheiten und nutzen LINE primär als Kanal, um direkt mit anderen Nutzern Nachrichten auszutauschen. Es wird deswegen als „**Direct Social Network**" bezeichnet (Neely 2016).

Im Gegensatz zur westlichen Welt, wo die unternehmerische Nutzung von Messengern erst Fahrt aufnimmt, greifen Unternehmen in Japan bereits seit längerem auf Messenger-Apps wie LINE zu, um (potenzielle) Kunden zu kontaktieren (vgl. Neely 2017b): Hierzu benötigen Unternehmen entweder einen sogenannten LINE@-Account oder werden LINE-Partner. Darüber können Unternehmen auf verschiedene Services zugreifen, um zunächst eine Fanbasis aufzubauen und diese dann mit unterschiedlichen Angeboten und Services zu versorgen. Hier spielen vor allem sogenannte LINE Stickers sowie Exclusive Offers eine entscheidende Rolle. Während letztere leicht erklärt sind – es handelt sich um klassische Discount- und Promotion-Angebote – muss man bei den Stickern etwas weiter ausholen: Da virtuelle Maskottchen in Japan sehr beliebt sind, bieten Unternehmen über den LINE-Sticker-Shop ständig neue Charaktere an, die entweder für 100 Yen zu kaufen sind oder als Belohnung für das Folgen des Unternehmens-Accounts ausgegeben werden (vgl. Neely 2017b). Dies wiederum dient Branding-Zwecken und bedeutet einiges an Aufwand für die Unternehmen, die ständig neue Figuren entwickeln müssen. Neben den beiden genannten Möglichkeiten stehen den Firmen noch sogenannte LINE Points zur Verfügung. Nutzer können diese sammeln, in dem sie sich gezielt Werbung anschauen oder etwas herunterladen oder kaufen. Mit diesen Punkten können die User wiederum im LINE Shop einkaufen (vgl. Neely 2017b).

All dies zeigt, dass die Nutzung von Messengern in Japan (und generell im asiatischen Raum) deutlich weiter fortgeschritten ist als bei uns, weswegen sich die Beschäftigung mit den Mechanismen durchaus lohnt.

Snow

Ein Newcomer in der Social-Media-Szene ist Snow, **Japans Antwort auf Snapchat.** Es ist insbesondere unter den weiblichen Teenagern, aber auch bei japanischen Celebrities sehr populär (vgl. JapanBuzz 2017a; Wong 2017). Snow gehört ebenso wie LINE zum koreanischen Konzern Naver (vgl. JapanBuzz 2017b). Im Dezember 2016 erreichte die App 100 Mio. Downloads und kommt auf circa 50 Mio. monatlich aktive Nutzer (vgl. Wong 2017). Damit wäre es ebenso wie LINE erfolgreicher als Twitter und sogar als YouTube. Die große Resonanz auf Snow rief auch Mark Zuckerberg auf den Plan, der die Snapchat-Kopie im Sommer 2016 kaufen wollte. Aufgrund der Potenziale, die Naver selbst in der App sah, lehnte es jedoch das Angebot ab. Diese Potenziale liegen vor allem im Zusammenspiel mit dem Tochter-Netzwerk LINE und dem Vorhaben der weiteren Expansion auf dem chinesischen und koreanischen Markt (vgl. Wong 2017).

Die meisten Funktionen von Snow sind denen von Snapchat sehr ähnlich (siehe dazu die Screenshots in Abb. 7.15). Snow bietet im Gegensatz zu Snapchat aber eine größere Fülle an Add-Ons für Fotos und Videos (bei Snapchat als Filter und Lenses bekannt). Diese sind zudem genau auf den Geschmack der asiatischen Bevölkerung ausgerichtet (vgl. Wong 2017). Die Art und Weise, wie man in Snow Bilder und Videos bearbeiten

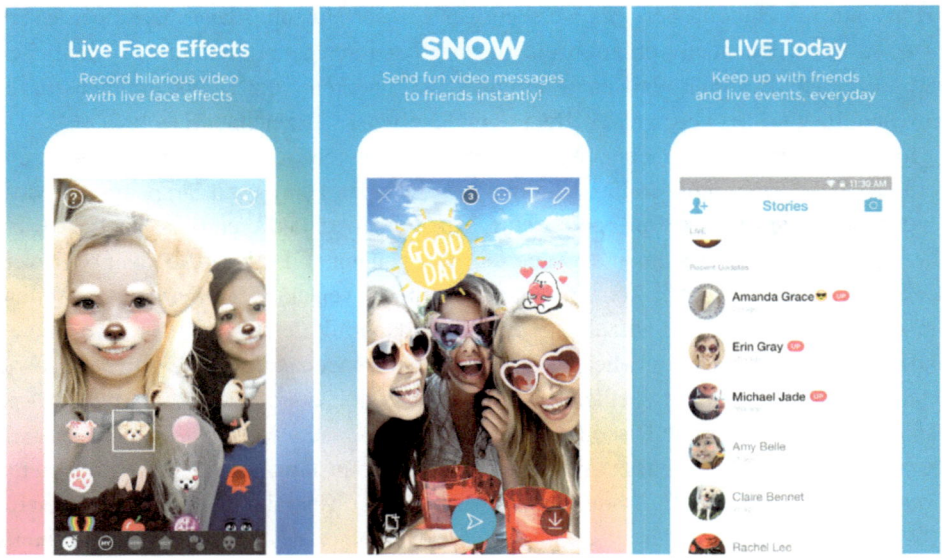

Abb. 7.15 Screenshots der japanischen Snapchat-Kopie Snow. (Quelle: Wong 2017)

kann, bezeichnen junge Japanerinnen als „Moreru": Es macht die Nutzer auf den Aufnahmen hübscher als im Original (vgl. JapanBuzz 2017b), was Snow einen enormen
Vorteil gegenüber der App aus den USA verschafft.

7.3.3 Südkorea

Südkorea ist mit etwas über 51 Mio. Einwohnern deutlich kleiner als Japan, weist aber
eine Penetrations-Rate von sagenhaften 84 % in Sachen monatlich aktiver Social-Media-Nutzer auf. Folglich greifen 43 Mio. Südkoreaner jeden Monat aktiv auf die sozialen Medien zu, 85 % über mobile Geräte (vgl. We Are Social 2018c, S. 127). Dies hat
sicherlich damit zu tun, dass Südkorea das Land ist, das mit durchschnittlich 28,6 Mbit/s
das schnellste Internet weltweit zur Verfügung stellt (vgl. Brandt 2017d). Südkorea hat
es zudem weltweit als einziges Land geschafft, flächendeckend den Mobilfunkstandard
3G/4G (UMTS/LTE) einzuführen. Wo man sich auch aufhält, eine High-Speed-Internet-
verbindung ist immer vorhanden (vgl. Linkfluence 2017a).

   Ähnlich wie in Japan bilden auch in Südkorea lokale Player ein Gegengewicht zu
Facebook und Co. Auch hier zeigt sich kein einheitliches Bild, was das Ranking der
Plattformen angeht. So landet YouTube bei We Are Social (2018c, S. 144) wie auch in
Japan auf Platz eins mit 74 % der Social-Media-Nutzer, was umgerechnet circa 30 Mio.
MAUs entspräche. Auf Platz zwei folgt Facebook (62 %). Mittlerweile auf Platz drei

vorgerückt,[11] taucht das erste südkoreanische Netzwerk, KakaoTalk (58 %) auf. Allerdings weist We Are Social selber darauf hin, dass die Daten in Bezug auf KakaoTalk auf andere Weise gesammelt wurden, weswegen sie schwer vergleichbar sind. Interessanterweise ist es Kent (2017), der selber hinter We Are Social steht, der in einer Veröffentlichung zu den hier immer wieder herangezogenen Zahlen von 42 Mio. aktiven monatlichen Nutzern von KakaoTalk spricht, was der südkoreanischen Plattform klar Platz eins bescheren würde.

Neben KakaoTalk spielen in Südkorea noch KakaoStory sowie Band eine wichtige Rolle. Kurz wird noch auf Cyworld eingegangen.

KakaoTalk

88 % der Südkoreaner mit Internetzugang nutzen einen **Messenger Service.** Davon verwenden 99 % KakaoTalk – das entspricht der dreifachen Penetration im Vergleich zum Facebook Messenger (24 %). Das in Japan so erfolgreiche LINE kommt nur auf 15 % (vgl. We Are Social 2018c, S. 144). Dies bedeutet, dass acht von zehn Menschen in Südkorea sich via KakaoTalk miteinander verbinden (vgl. Ramirez 2017). Wie oben kurz erwähnt, weist KakaoTalk wohl 42 Mio. monatlich aktive Nutzer in Südkorea aus, sprich 85 % der Nutzer des Dienstes kommen aus Südkorea (siehe Abb. 7.2: die MAU für KakaoTalk liegen bei 49 Mio.).

Auch KakaoTalk hat sich seit seinem Launch 2010 zu einem **Multimedia-Messaging-Dienst** weiterentwickelt, der kostenlose Anrufe, Kalenderfunktionen oder In-App-(Geschenke-)Shoppen bietet. Interessanterweise ist die App gerade bei Senioren aufgrund der kostenlosen Telefonverbindungen beliebt (vgl. Ramirez 2017), was nicht heißt, dass KakaoTalk eine „alte" Zielgruppe aufweisen würde. Aufgrund seiner hohen Penetration erreicht der Messenger nahezu alle Social-Media-Nutzer jeden Alters.

Vor diesem Hintergrund genießt KakaoTalk auch bei Unternehmen eine hohe Aufmerksamkeit und wird umfassend für Marketing-Zwecke eingesetzt. Als Besonderheit sei hier die Vermarktungs-Plattform „Plus Friend" zu nennen, über die Nutzer sich mit ihren favorisierten Marken, Celebritys und Medienfirmen verbinden können (vgl. Steimle 2015a).

KakaoStory

Das bei Südkoreanern sehr beliebte KakaoStory kann mit seiner Vielzahl von Services **mit Facebook verglichen** werden (vgl. Linkfluence 2017a). Ramirez (2017) zufolge nutzen es 71 % der südkoreanischen Social-Media-Nutzer (entspricht circa 29 Mio. MAUs), während Facebook (siehe oben) nur auf 62 % kommt.

KakaoStory spricht tendenziell etwas ältere Nutzer zwischen 30 und 40 an, die mehr die geschlossenere Atmosphäre des Service im Vergleich zu offeneren Plattformen wie Facebook bevorzugen. Letzteres wird eher von südkoreanischen Teens und Twens verwendet.

---

[11]Zu Beginn des Jahres 2017 war KakaoTalk noch auf Platz 5 im Ranking bei We Are Social gelegen.

Die meisten KakaoStory-Nutzer geben an, sich vor allem über private Angelegenheiten auszutauschen (ca. 70 %), während rund 10 % Musik und Videos teilen (vgl. Shin 2015).

Band

Ähnlich wie KakaoStory, wird das zum Konzern Naver gehörende Band vor allem von Personen mittleren Alters verwendet, die **alte Schulfreunde** wiederfinden wollen (vgl. Linkfluence 2017a).

Cyworld

Abschließend sei noch kurz auf Cyworld eingegangen, welches heute keine große Bedeutung mehr einnimmt. Dennoch: Cyworld **zählte zu den ersten großen sozialen Netzwerken,** lange bevor es Twitter oder Facebook gab. Dem 1999 entwickelten Cyworld ist es zu verdanken, dass die Südkoreaner derart von Social Media begeistert sind (vgl. Linkfluence 2017a; Steimle 2015a). Lange hielt es dem Druck von Facebook stand, kam sogar bis auf 24 Mio. MAUs, bis es schließlich Ende 2007 erstmals vom heutigen Weltmarktführer überholt wurde. Interessante Besonderheit von Cyworld: Es ermöglicht seinen Nutzern, ihre Beziehungen entsprechend dem südkoreanischen Kulturmodell hierarchisch zu gliedern (Ebene 1, 2 oder 3) und dadurch Kontakte besser zu verwalten und zu priorisieren (vgl. Linkfluence 2017a).

7.3.4 China

Die vielleicht spannendste Social-Media-Landschaft bietet der bevölkerungsreichste Staat der Erde, China. Hier spielen aufgrund der hohen Zensurbestimmungen die westlichen Plattformen wie Facebook, Twitter oder YouTube eine komplett untergeordnete Rolle, da sie durch die sogenannte chinesische „Great Firewall" (Liu 2016, S. 18) schwer beziehungsweise gar nicht zugänglich sind. So präsentiert sich den rund 1,4 Mrd. Chinesen ein ganz eigener, praktisch abgeschotteter Markt sozialer Medien. Zensur, eingeschränkte Meinungsfreiheit und jahrelange kommunistische Herrschaft lassen kaum Platz für eine virtuelle Welt – so zumindest der westliche Glaube. Aber: Netzwerke und Verbindungen sind in China von besonders großer Bedeutung (vgl. Linkfluence 2016). Social Media stellt einen wichtigen Bestandteil im Leben vieler Chinesen dar (vgl. Liu 2016, S. 12).

Den über 900 Mio. aktiven Social-Media-Nutzern (vgl. We Are Social 2018c, S. 18) bietet sich ein Markt, auf dem man schnell den Überblick verlieren kann. Hier hilft die Übersicht aus dem Jahre 2017 von Kantar CIC, eines der führenden Beratungsunternehmen für Social-Media-Marketing in China, bei der im inneren Kreis auch die westlichen Pendants abgebildet sind (siehe Abb. 7.16).

Wie man in Abb. 7.16 sieht – erkennt man wenig. Die meisten der Logos und Schriftzeichen werden den wenigsten etwas sagen. Stellt sich von daher nicht die Frage, warum man sich mit diesem sehr abgeschotteten Markt beschäftigen sollte, vor allem, wenn man sich nicht besonders für China interessiert? Ganz einfach: Aus betriebswirtschaftlicher Sicht hat China für die meisten global agierenden Unternehmen hohe Priorität. Insofern

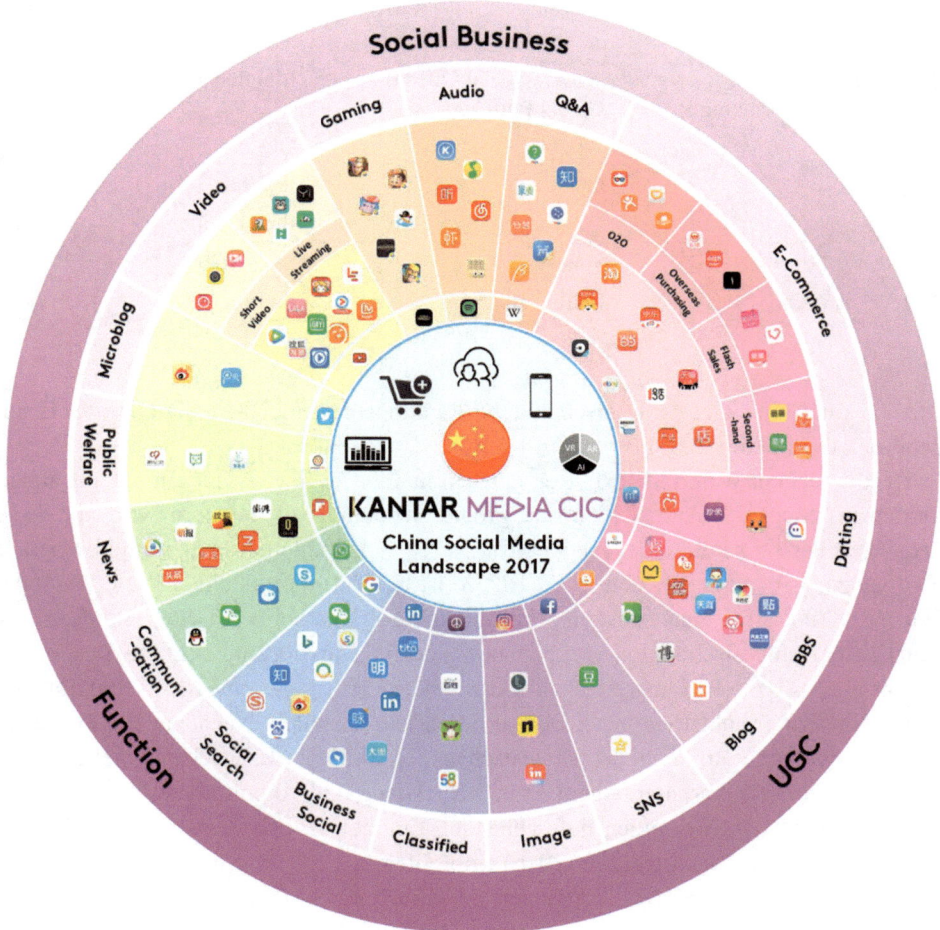

Abb. 7.16   Social-Media-Landscape für China. (Quelle: Kantar CIC 2018)

ist ein Verständnis für die dortigen Social-Media-Märkte wichtig, auch wenn die eigene Marke nicht in China operiert. So berichtet beispielsweise Linkfluence (2017b) von Vorfällen, bei denen westliche Marken die Wut chinesischer Konsumenten online erfahren mussten. 2013 riefen beispielsweise chinesische Social-Media-Nutzer in den USA zu einem Boykott einer amerikanischen Airline auf, nachdem Fälle von anti-chinesischer Diskriminierung und Mobbing bekannt wurden (vgl. Linkfluence 2017b).

„Social Media in China folgen anderen Regeln als die in Deutschland. So hat China beispielsweise ein anderes Rechtssystem und andere Verhaltensmuster der Internetnutzer", so Liu (2016, S. 19) in seinem umfassenden Buch zu Social Media in China. Möchten Unternehmen in China ihre Konsumenten verstehen und diese für sich begeistern, dann führt kein Weg an den wichtigsten Netzwerken vorbei (vgl. Linkfluence 2016). In diesem Sinne seien im Folgenden die bedeutendsten Vertreter kurz vorgestellt, um ein Grundverständnis aufzubauen.

Tab. 7.3 Vergleich des Rankings chinesischer Social-Media-Plattformen in verschiedenen Veröffentlichungen

#	We Are Social (2018c) – Chinesisches Ranking	We Are Social (2018a) – Global Ranking	Linkfluence (2016)
1	WeChat	WeChat	QQ
2	QZone	QQ	WeChat
3	YouKu	QZone	Beidu Teiba
4	Sina Weibo	Sina Weibo	Sina Weibo
5	Tencent Weibo	Beidu Teiba	RenRen

Auch für China gibt es unterschiedliche Rankings der Social-Media-Dienste. Einen Überblick dazu liefert Tab. 7.3.

Youku, Tencent Weibo und RenRen tauchen in Tab. 7.3 jeweils nur einmal auf. Ihnen kommt aus Sicht des Autors nicht die größte Bedeutung zu. Insofern wird auf diese Netzwerke nur sehr kurz eingegangen: YouKu (31 % der Internet-Nutzer greifen darauf in China zu; vgl. We Are Social 2018c, S. 33) ist ein Videoportal, ähnlich wie YouTube. Tencent Weibo (20 % Nutzer) ist ein Microblogging-Dienst ähnlich Twitter. RenRen hingegen ist der chinesische Klon von Facebook, der in Funktionsumfang und Design der Plattform aus Menlo Park extrem ähnelt. Erwähnenswert ist hier eine Musikfunktion, die es den Nutzern erlaubt Lieblingslieder zu hören und zu teilen. Nachdem RenRen einst eine sehr wichtige Rolle in der chinesischen Social-Media-Landschaft spielte, leidet der Dienst nun seit Jahren an einem Nutzer-Rückgang und kommt aktuell nur noch auf ca. 200 Mio. MAUs. Wer einen tiefergehenden Einblick zu den genannten Plattformen möchte, dem sei das Buch von Liu (2016) empfohlen.

Auf die anderen fünf Netzwerke aus der Tab. 7.3 wird im Folgenden näher eingegangen. Die Reihenfolge orientiert sich an der Global List von We Are Social (2018a), da damit die größere Bedeutung gerade für westliche Unternehmen einher geht.

WeChat

Ähnlich wie in Südkorea erfreut sich das Instant-Messaging in China großer Beliebtheit. Das zur Holding Tencent gehörende WeChat (im chinesischen Weixin – „kurze Nachricht" – genannt), ist der Abb. 7.2 zufolge heute mit 980 Mio. monatlichen aktiven Nutzern nach WhatsApp und dem Facebook Messenger die drittgrößte global agierende **Mobile-Messaging-App** (siehe Abb. 7.2). WeChat verzeichnet seit Jahren ein enormes Wachstum (vgl. Kent 2017) und ist in China mit Abstand die am meisten genutzte Social-Media-Plattform mit einem Anteil von 46 % der monatlich aktiven Nutzer (vgl. We Are Social 2018c, S. 33). Im März 2018 verkündete der Dienst, dass man die Marke von einer Milliarde monatlich aktiven Nutzern durchbrochen hat (vgl. Brennan 2018).

Das in Anlehnung an WhatsApp programmierte WeChat ist ein mobilbasierter Dienst, der wie sein Vorbild nur durch Eintragung einer gültigen Mobilnummer genutzt werden kann. Ausgehend von einem eindimensionalen Messaging-Angebot zum Start 2011 hat sich auch WeChat über die Jahre enorm weiterentwickelt und gilt nun als die chinesische Antwort auf Facebook, Twitter und WhatsApp in einem (vgl. Yiming 2017), eine Art „Eierlegende Wollmichsau" unter den sozialen Medien (vgl. Brandt 2017e). Dem Motto „We connect everything" getreu, verfolgt WeChat das Ziel, alles – Menschen und Objekte und Unternehmensaktivitäten – miteinander zu vernetzten. Dazu bietet es verschiedenste Services an, die Linkfluence (2016) kurz zusammengefasst hat:

- **Instant Messaging:** WeChat bietet die Möglichkeit, innerhalb des sozialen Netzwerkes in Echtzeit via Text- oder Sprachnachrichten zu kommunizieren. Auch das Live-Streaming von Videos ist möglich.
- **Official Accounts:** User können einen offiziellen Account erstellen, der es ihnen ermöglicht Nachrichten mit ihren Followern zu teilen und mit diesen zu interagieren.
- **Moments:** Mit Moments können Nutzer Bilder und Texte sowie, in Verbindung mit „QQmusik", Musik in ihren Feeds posten. Die Privatsphäre wird bei WeChat sehr respektiert, und so ist es nur möglich, die Feeds von verknüpften Freunden einzusehen.
- **City Services:** City Service ist bereits in 27 Städten Chinas verankert. WeChat bietet mit diesem Service die Abwicklung lokaler Angelegenheiten, wie beispielsweise einen Arzttermin zu vereinbaren oder Nahverkehrsmittel zu organisieren.
- **Heat Map:** Das 2015 veröffentlichte Heat Map ist das Nesthäkchen der WeChat-Services. Der Dienst zeigt, wo sich besonders viele Menschen tummeln. Quartz-Kolumnist Josh Horwitz nimmt an, dass die chinesische Regierung diesen Service nutzt, um illegale Versammlungen frühzeitig aufzulösen.
- **WeChat Pay(ment):** WeChat Pay ist die hauseigene Social-Media-Peer-to-Peer-Zahlungsmethode. Die Währung von WeChat ist in chinesischen Yen. Guthaben können Nutzer aufladen, indem sie ihren WeChat-Payment-Account mit ihrer Bankkarte verknüpfen oder indem sie Geld von anderen Nutzern erhalten.

In China ist der Einsatz von Messengern bereits eine Selbstverständlichkeit beim täglichen Umgang mit Unternehmen, Dienstleistern und Institutionen. Deswegen gibt es hierfür verschiedenste Möglichkeiten. Bei WeChat müssen in- wie ausländische Unternehmen Mindestinvestitionen tätigen, um die geforderten finanziellen Zugangsbeschränkungen zu überwinden und den Dienst unternehmerisch zu nutzen. Hat man „bezahlt", stehen zwei wesentliche Formen der Vermarktung zur Verfügung (siehe Linkfluence 2016):

- **WeChat Moment-Advertising:** WeChat Moment-Advertising ähnelt den Werbeplatzierungen von Facebook – in den Timelines der Nutzer des sozialen Netzwerkes können kleine Ads geschaltet werden.

- **Key-Opinion-Leaders:** Die zweite Methode ist ein klassisches Social-Influencer-Programm. Das Unternehmen identifiziert einen potenziellen Influencer und entlohnt diesen für das Platzieren der Werbung in dessen Newsfeed.

Durch das einfache Bezahlen über die WeChat-Pay-App wurden schnell Unternehmen auf den Dienst aufmerksam. Der große chinesische Technikhersteller Xiaomi startete beispielsweise im November 2013 einen Feldversuch, um das neue Smartphone Modell zuerst exklusiv über WeChat zu verkaufen: 150.000 Stück wurden innerhalb von zehn Minuten verkauft. Damit startete die Erfolgsgeschichte der WeChat-Sale-Angebote, die in den darauffolgenden Jahren mit hervorragenden Verkaufszahlen immer wieder internationale Schlagzeilen machten (vgl. Bogdan 2017).

Da WeChat so viele verschiedene Möglichkeiten bietet, sind im Servicelink 7.21 zusätzlich Videos mit Beispielen als Anschauungsmaterial abzurufen. Wie umfassend WeChat ist, zeigt auch das ausführliche Buch von Liu (2018), das sich ausschließlich mit WeChat beschäftigt. Angesichts dieser Vielfalt sagte beispielsweise David Marcus, Vizepräsident von Facebook Messenger, wie begeisternd er WeChat finde und kündigte an, den Facebook Messenger in diese Richtung entwickeln zu wollen.

Servicelink 7.21

Servicelink 7.21a – YouTube-Videos zu WeChat:
WeChat goes beyond Social Networking:
https://www.youtube.com/watch?v=cOrL5CnOAV8
Servicelink 7.21b – Discovery WeChat Dokumentation:
https://www.youtube.com/watch?v=EF-E841WYe4
Servicelink 7.21c – WeChat und mCommerce:
https://www.youtube.com/watch?v=5PmBEzvJo8c

QQ

Nach WeChat ist QQ derzeit mit 843 Mio. MAUs der zweitgrößte Messaging-Dienst in China (vgl. We Are Social 2018a, S. 59). Er gehört ebenso wie WeChat zur Tencent-Holding, weswegen er offiziell Tencent QQ heißt (vgl. Steimle 2015b). Im Gegensatz zu WeChat wurde QQ zunächst als desktop-basierter Dienst mit ähnlichen Funktionen wie Skype eingeführt: Neben typischen Features wie Textnachrichten, Video- und Voice-Chat bietet es die Funktion des On- und Offline-Dokumentenversands an (vgl. Liu 2016, S. 80–86, 95; Steimle 2015b). In diesem Zusammenhang ist QQ in ein umfassendes Social-Media-Softwareangebot von Tencent eingebunden, dessen Größe und der Umfang in China einzigartig ist. Die später hinzugekommene QQ App für Smartphone und andere mobile Endgeräte weist ähnliche, aber nicht identische Funktionalitäten auf. Bei der QQ App kann man z. B. nach Personen in der Nähe oder QQ-Freunden im Adressbuch suchen (vgl. Liu 2016, S. 87–88).

Privat-Nutzer können sich entscheiden, ob sie sich über QQpet ein virtuelles Haustier halten, über QQmusic Musik streamen oder auf Online-Spiele über den Dienst QQgame zugreifen (vgl. Tencent o. J.; hier ist auch eine Übersicht aller Dienste zu finden).

Unternehmen ermöglicht das Software-Angebot zum Beispiel klassisches E-Mail-Marketing via QQmail. Zusätzlich bietet QQspace Advertising sechs Möglich-keiten, um Werbung im Feed der relevanten Nutzer zu platzieren (beispielsweise das Platzieren eines Bildes, 15-Sekunden-Videos oder Unternehmensseiten; vgl. Linkfluence 2016; Tencent o. J.).

QZone

Das 2005 auf den Markt gebrachte QZone ist nach eigenen Angaben das größte soziale Netzwerk (im engeren Sinne) in China (vgl. Tencent o. J.). Wie man der Quellenangabe entnehmen kann, gehört auch diese Plattform zur Tencent-Holding. „Ursprünglich war QZone nur ein virtueller Platz, wo jeder Nutzer von QQ einen persönlichen Raum (das sogenannte Internet-Wohnzimmer) für sich reservieren, ihn dekorieren, dort Musik genießen, Fotos/Videos hochladen und Tagbücher/Notizen schreiben konnte" (Liu 2016, S. 147). Es wies damit doch ziemlich viele Ähnlichkeiten zu Facebook auf (vgl. Steimle 2015b; Tencent o. J.). QZone ist mittlerweile aber mehr als ein reines soziales Netzwerk: es bietet beispielsweise auch einen Blogging- und Microblogging-Dienst an. Unter-nehmen können ihre Marken über Fan-Pages vermarkten. Im Gegensatz zu RenRen, das ähnliche Funktionen bietet, präsentiert sich QZone etwas lifesytle-orientierter und moder-ner, wodurch es sich zumindest dadurch auch von Facebook abhebt.

Da Tencent durch den Instant-Messenger QQ schon viele Nutzer an Bord hatte, die automatisch eine QZone-Mitgliedschaft erhielten, wurde die Plattform zum Selbstläufer. Im ersten Quartal 2017 wies QZone 632 Mio. monatlich aktive Nutzer aus (vgl. Ten-cent o. J.). Allerdings dürfte QZone im Gegensatz zu WeChat und QQ, weniger „Uni-que User" aufweisen, weil viele Nutzer mehr als nur ein aktives Konto haben (vgl. Kent 2017).

Um die Bedeutung der Tencent-Holding zu verdeutlichen, erfolgt abschließend noch ein Vergleich zum Facebook-Konzern. Außer YouTube als Google-Tochter und Tumblr gehören sieben der neun größten Social-Media-Plattformen der Welt zu einem dieser beiden Konzerne. Einen Größenvergleich zwischen Facebook und Tencent zeigt Abb. 7.17[12].

---

[12]An dieser Stelle wurden die jeweils aktuellsten verfügbaren Werte aus der Quelle von Wagner (2018) übernommen. Somit kommt es bewusst zu Abweichungen zu den Daten aus Abb. 7.2.

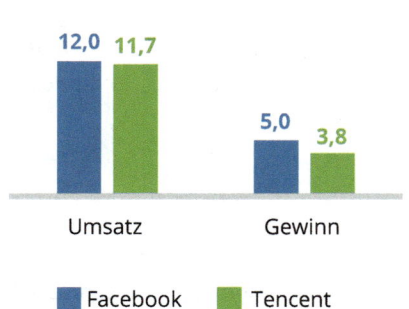
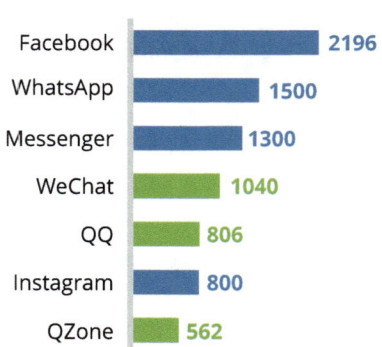

Abb. 7.17 Vergleich der Konzerne Facebook und Tencent. (Quelle: eigene Darstellung in Anlehnung an Wagner 2018)

Tencent spielt also praktisch in der gleichen Liga wie Facebook. Wie in Abb. 7.17 zu sehen, erwirtschafteten die Chinesen im ersten Halbjahr 2017 15,7 Mrd. US$ Umsatz (Facebook: 17,4 Mrd. US$) und 4,8 Mrd. US$ Gewinn (Facebook: 7 Mrd. US$). Lediglich in Bezug auf die Nutzerzahlen hinkt Tencent ein wenig hinterher, was aber vor allem an der nahezu globalen Ausbreitung der Facebook-Plattformen liegen dürfte.

Sina Weibo
Weibo ist das chinesische Wort für „Mikroblog", womit sich der Dienst der Sina Corporation mehr oder weniger selbst erklärt: Sina Weibo ist **Chinas wichtigste Kurznachrichten-Plattform** und wurde im Wesentlichen Twitter nachgebaut (vgl. Linkfluence 2016). Wie beim amerikanischen Vorbild ursprünglich auch, darf ein Beitrag nur maximal 140 Zeichen lang sein (bei Twitter inzwischen 280 Zeichen). Ebenso gibt es die @-Funktion, um Personen zu markieren sowie das Hashtag „#", um Postings zu kategorisieren. Weibo geht aber darüber hinaus und beinhaltet eine Vielzahl von weiteren beliebten Funktionen, die man von anderen sozialen Netzwerken kennt und Weibo für Einige zu einem „besseren Twitter" macht. Dies sind Features wie Instant-Messaging, eCommerce-Anbindungen, Integration von Apps dritter Parteien, sowie Video-, Foto- und Voice-Aufnahmemöglichkeiten. Nutzer können anderen Nutzern und Unternehmen folgen. Kirk (2016) bezeichnet es deswegen als Mash-Up der wichtigsten Social Networks mit einer Ausrichtung auf den Geschmack der chinesischen Nutzer. Gerade im Vergleich zu Twitter ist Weibo **deutlich persönlicher.**

Aufgrund der Anwerbung von chinesischen Prominenten, Unternehmen und Mediendiensten sowie mangels Alternativen wuchs die Mitte 2009 gegründete Plattform enorm schnell. Heute verzeichnet Sina Weibo 282 Mio. MAUs in China und 376 Mio. MAUs weltweit (vgl. Linkfluence 2016; We Are Social 2018a, S. 59).

Sina Weibo gilt als eines der wenigen **Möglichkeiten zur „freien" Meinungsäuße-rung in China,** und das, obwohl alle geposteten Informationen streng durch die chinesi-sche Regierung überprüft werden (vgl. Kirk 2016). Insofern kann es sein, dass ein Post, der heute noch zu lesen ist, am nächsten Tag schon entfernt wurde. Sina achtet allerdings stark auf die Einhaltung der chinesischen Internetzensur (vgl. Linkfluence 2016), wes-wegen zum Beispiel 2015 eine Registrierung mit Hinterlegung der wahren Namen und Identifikationsnummern eingeführt wurde (vgl. Kirk 2016). Nichtsdestotrotz finden sich immer noch genügend Aktivisten, die die Plattform nutzen, um über Menschenrechte zu diskutieren. Dies erfolgt zumeist über bestimmte Codes, um die Zensur auszutricksen. Vor diesem Hintergrund halten – unabhängig von den Nutzerzahlen – viele Sina Weibo für das wichtigste soziale Medium in China.

In Bezug auf die unternehmerische Nutzung ähneln die Vermarktungsmöglichkeiten denen von Twitter (zum Beispiel über Sponsored Posts). Unternehmen bauen zudem über Sina Weibo Fanbasen über ihre Unternehmensseiten auf und nutzen diese um Pro-dukte vorzustellen, Kampagnen zu fahren, Kundenfeedback einzusammeln oder einfach die Markenbekanntheit zu steigern (vgl. Liu 2016, S. 141–143; Lyakina 2017).

Baidu Tieba

Baidu Tieba ist die größte Kommunikationsplattform Chinas, die von der chinesischen Suchmaschinenfirma Baidu angeboten wird (vgl. Liu 2016, S. 42; Thai 2017). **Baidu ist somit das Pendant zu Google.** Das als eine Art Post-Forum Ende 2003 veröffentlichte Netzwerk wurde – wo es möglich war – genutzt, um anonyme Posts im Social Web zu verfassen. Nutzer wurden zunächst lediglich mit ihrer IP-Adresse angezeigt. Seit 2010 ist dies allerdings nicht mehr möglich (vgl. Linkfluence 2016).

Heute verknüpft Tieba die Vorteile eines Forums mit den Vorteilen einer Such-maschine zu einer einzigartigen Social-Media-Plattform: „Die Suchfunktionen von Baidu sind auch in Baidu Tieba integriert, sodass man im Baidu Tieba auf einfache Weise nach bestimmten Themen suchen kann" (Liu 2016, S. 42). Und dies funktioniert folgendermaßen (vgl. Linkfluence 2016): Nutzer können nach bestimmten Schlagworten beziehungsweise Interessen suchen. Existiert der gesuchte Begriff, werden die Nutzer automatisch zu einem Forum weitergeleitet, das alle Themen, Postings und Menschen, die dieselben Interessen haben, bündelt. Gibt es noch kein Forum für ein gesuchtes Schlagwort, so wird automatisiert eines erstellt. Getreu dem Slogan Tiebas „Born for your interest" wächst das Netzwerk somit mit jeder weiteren neuen Suchanfrage. Dem-entsprechend verzeichnet Tieba um die 300 Mio. MAUs in China (und auch weltweit; vgl. Linkfluence 2016; We Are Social 2018a, S. 59). Wenn man es mit einer westlichen Plattform vergleichen möchte, dann wohl am ehesten mit Reddit (vgl. Thai 2017).

In Bezug auf die Vermarktungsmöglichkeiten bestehen Ähnlichkeiten zu dem oben bereits angeführten Reddit: Für Unternehmen besteht die Möglichkeit, in den nach Inte-ressen erstellten Foren sehr präzise Werbung zu platzieren. Ähnlich wie bei Reddit kön-nen Moderatoren werbliche Beiträge löschen, wenn diese überhandnehmen. Daneben liefert es über die verschiedenen Foren wichtige Insights über die Interessen der Men-schen in China (vgl. Linkfluence 2016).

Abschließend erfolgt zu diesem gesamten Kap. 7 auch hier noch der Hinweis auf den Servicelink (7.22) auf das allgemeine Flipboard zum Schritt drei des Social-Media-Zyklus „Selektieren". Dort finden sich insbesondere Übersichten zu Zahlen, Daten und Fakten über die verschiedensten Social-Media-Plattformen, aber auch Artikel über die hier angeführten Netzwerke der östlichen Welt.

Servicelink 7.22	
Servicelink zum Flipboard des Autors zu Schritt 3 des Social-Media-Zyklus (SoMe 3: Selektieren): https://flipboard.com/@alexanderdecker/some-3-selektieren-(allgemein)-0hjg4bony	

Literatur

Adenion (2016) Social Media Studie. https://www.blog2social.com/de/blog/social-media-studie/. Zugegriffen: 31. Mai 2018

Adenion (o. J.) Social Media Studie: 76,9 % der XING-Nutzer nutzen auch LinkedIn. https://www.blog2social.com/de/blog/social-media-studie-76-prozent-der-xing-nutzer-nutzen-auch-linkedin/. Zugegriffen: 31. Mai 2018

Agrawal A (2016) What's behind Musical.ly's $500M valuation. https://medium.com/@sm_app_intel/whats-behind-musical-ly-s-500m-valuation-a1339cf864be. Zugegriffen: 31. Mai 2018

Alexa (2018a) Slideshare.net traffic statistics. https://www.alexa.com/siteinfo/slideshare.net. Zugegriffen: 31. Mai 2018

Alexa (2018b) Delicious.com traffic statistics. https://www.alexa.com/siteinfo/delicious.com. Zugegriffen: 31. Mai 2018

Alexa (2018c) Stumbleupon.com traffic statistics. https://www.alexa.com/siteinfo/stumbleupon.com. Zugegriffen: 31. Mai 2018

Alexa (2018d) Digg.com traffic statistics. https://www.alexa.com/siteinfo/digg.com. Zugegriffen: 31. Mai 2018

Alexa (2018e) Gutefrage.net traffic statistics. https://www.alexa.com/siteinfo/gutefrage.net. Zugegriffen: 31. Mai 2018

Alexa (2018f) Reddit.com traffic statistics. https://www.alexa.com/siteinfo/reddit.com. Zugegriffen: 31. Mai 2018

Alexa (2018g) Flipboard.com traffic statistics. https://www.alexa.com/siteinfo/flipboard.com. Zugegriffen: 31. Mai 2018

Alexa (2018h) Feedly.com traffic statistics. https://www.alexa.com/siteinfo/feedly.com. Zugegriffen: 31. Mai 2018

Alexa (2018i) Flickr.com traffic statistics. https://www.alexa.com/siteinfo/flickr.com. Zugegriffen: 31. Mai 2018

Alexa (2018j) OK.ru traffic statistics. https://www.alexa.com/siteinfo/ok.ru. Zugegriffen: 31. Mai 2018

Alexa (2018k) Vk.com traffic statistics. https://www.alexa.com/siteinfo/vk.com. Zugegriffen: 31. Mai 2018

Allfacebook (2017) Offizielle Nutzerzahlen: Instagram in Deutschland und Weltweit. https://allfacebook.de/instagram/instagram-nutzer-deutschland. Zugegriffen: 31. Mai 2018

Allton M (2017) Social media active users by network. https://www.thesocialmediahat.com/active-users. Zugegriffen: 31. Mai 2018

Alt C (2016) Russisches Netzwerk VK.com. Sammelbecken für Facebook-Hetzer. http://www.deutschlandfunk.de/russisches-netzwerk-vk-com-sammelbecken-fuer-facebook-hetzer.862.de.html?dram:article_id=345343. Zugegriffen: 31. Mai 2018

Appinio (2017) Auf Instagram kommt Werbung am besten an: Studie zur Nutzung von Social Media. https://www.appinio.com/de/blog/studie-zu-social-media-nutzung-und-werbewirkung-nach-altersgruppen. Zugegriffen: 31. Mai 2018

ARD/ZDF-Onlinestudie (2017a) WhatsApp/onlinecommunities. http://www.ard-zdf-onlinestudie.de/whatsapponlinecommunities/. Zugegriffen: 31. Mai 2018

ARD/ZDF-Onlinestudie (2017b) Online-Studie 2017. Kernergebnisse. http://www.ard-zdf-onlinestudie.de/files/2017/Artikel/Kern-Ergebnisse_ARDZDF-Onlinestudie_2017.pdf. Zugegriffen: 31. Mai 2018

Aslam S (2017) Pinterest by the numbers: stats, demographics & fun facts. https://www.omnicoreagency.com/pinterest-statistics/. Zugegriffen: 31. Mai 2018

Bannour KP (2016) Facebook Messenger Bots – Ein Überblick. https://de.ryte.com/magazine/facebook-messenger-bots-ein-ueberblick. Zugegriffen: 31. Mai 2018

Bauer T (2017a) State of Social Media: Das sind die beliebtesten Plattformen Deutschlands. https://onlinemarketing.de/news/social-media-plattformen-deutschland. Zugegriffen: 31. Mai 2018

Bauer T (2017b) Neuer Meilenstein: Instagram verzeichnet bereits 1 Million Werbetreibende. https://onlinemarketing.de/news/instagram-1-million-werbetreibende. Zugegriffen: 31. Mai 2018

Bauer T (2018) Einstiges Unicorn auf absteigenden Pfaden – was von Snapchat bleibt. https://onlinemarketing.de/news/snapchat-messenger-metriken. Zugegriffen: 31. Mai 2018

Bitkom (2016a) Zwei von drei Internetnutzern verwenden Messenger. https://www.bitkom.org/Presse/Presseinformation/Zwei-von-drei-Internetnutzern-verwenden-Messenger.html. Zugegriffen: 31. Mai 2018

Bitkom (2016b) Nutzen Sie das Online-Lexikon Wikipedia? https://de.statista.com/statistik/daten/studie/500747/umfrage/anteil-der-nutzer-von-wikipedia-in-deutschland/. Zugegriffen: 31. Mai 2018

Bitkom (2017) Anteil der Computer- und Videospieler in verschiedenen Altersgruppen in Deutschland im Jahr 2017. https://de.statista.com/statistik/daten/studie/315924/umfrage/anteil-der-computerspieler-in-deutschland-nach-alter/. Zugegriffen: 31. Mai 2018

Blattwerk (2017) Lohnt sich Tumblr für Unternehmen? http://www.blattwerk-kommunikation.de/blog/lohnt-sich-tumblr-fuer-unternehmen/. Zugegriffen: 31. Mai 2018

Blindert U (2017) Darum sollten Sie Ihr Xing-Profil nicht dichtmachen. https://www.welt.de/wirtschaft/bilanz/article166761897/Darum-sollten-Sie-Ihr-Xing-Profil-nicht-dichtmachen.html. Zugegriffen: 31. Mai 2018

BMWBLOG (2017) Oct 30: Facebook live from SEMA with special BMW M3 and M5 M performance parts. http://www.bmwblog.com/2017/10/29/oct-30-facebook-live-sema-new-bmw-m3-m5/. Zugegriffen: 31. Mai 2018

Bogdan F (2017) Der Aufstieg von WeChat – der größten Social Media Plattform in China. http://www.freshestweb.com/der-aufstieg-von-wechat-der-groessten-social-media-plattform-in-china/. Zugegriffen: 31. Mai 2018

Bordel S (2017) Erste Details zu WhatsApp Business. https://www.internetworld.de/mobile/what-sapp/details-zu-whatsapp-business-1391226.html. Zugegriffen: 31. Mai 2018

Brandt M (2017a) WhatsApp in Zahlen. https://de.statista.com/infografik/10550/wathsapp-in-zah-len/. Zugegriffen: 31. Mai 2018

Brandt M (2017b) Instagram wird immer werblicher. https://de.statista.com/infografik/11014/ver-wendung-von-tags-fuer-sponsored-posts-auf-instagram/. Zugegriffen: 31. Mai 2018

Brandt M (2017c) 173 Millionen nutzen täglich Snapchat. https://de.statista.com/infografik/4917/taeglich-aktive-nutzer-von-snapchat/. Zugegriffen: 31. Mai 2018

Brandt M (2017d) Deutsches Web zu langsam für die Weltspitze. https://de.statista.com/info-grafik/1064/top-10-laender-mit-dem-schnellsten-internetzugang/. Zugegriffen: 31. Mai 2018

Brandt M (2017e) Facebook und Tencent im Vergleich. https://de.statista.com/infografik/10724/facebook-und-tencent-im-vergleich/. Zugegriffen: 31. Mai 2018

Brandt M (2018) Facebook-Referral-Traffic bricht ein. https://de.statista.com/infografik/13025/anteil-des-social-media-traffics-am-gesamttraffic-von-webseiten/. Zugegriffen: 31. Mai 2018

Breninek P (2017) Chatbots: Diese deutschen Unternehmen setzen bereits auf Marketing im Mes-senger. http://t3n.de/news/chatbots-messenger-marketing-2-837706/. Zugegriffen: 31. Mai 2018

Brennan M (2018) One billion users and counting – what's behind WeChat's success? https://www.forbes.com/sites/outofasia/2018/03/08/one-billion-users-and-counting-whats-behind-we-chats-success/#3be32530771f. Zugegriffen: 31. Mai 2018

Brien J (2017a) Studie: Bis zu 48 Millionen Twitter-Nutzer sind in Wirklichkeit Bots. http://t3n.de/news/studie-twitter-nutzer-bots-803959/. Zugegriffen: 31. Mai 2018

Brien J (2017b) Lego Life: Ein sicheres Social Network nur für Kinder. http://t3n.de/news/lego-li-fe-social-network-kinder-790443/. Zugegriffen: 31. Mai 2018

Brien J (2018) Whatsapp Business: Offizielle Firmen-App veröffentlicht. https://t3n.de/news/what-sapp-business-offizielle-app-916144/. Zugegriffen: 31. Mai 2018

Brücken T (2017) Was der neue Soundcloud-CEO vorhat. https://www.gruenderszene.de/all-gemein/was-der-neue-soundcloud-ceo-vorhat. Zugegriffen: 31. Mai 2018

Brückner B (2017) Instagram-Umfragen – wie Marken das neue Feature nutzen können. http://www.osk.de/blog/instagram-umfragen. Zugegriffen: 31. Mai 2018

Brudler B (2010) Marketing in Online-Communities. FGM Fördergesellschaft Marketing e.V. an der LMU München, München

Buggisch C (2017) Social Media und Messenger – Nutzerzahlen in Deutschland 2017. https://buggisch.wordpress.com/2017/01/02/social-media-und-messenger-nutzerzahlen-in-deutsch-land-2017/. Zugegriffen: 31. Mai 2018

Buggisch C (2018) Social Media und Messenger – Nutzerzahlen in Deutschland 2018. https://buggisch.wordpress.com/2018/01/02/social-media-und-messenger-nutzerzahlen-in-deutsch-land-2018/. Zugegriffen: 31. Mai 2018

Bünte O (2018) Snapchat: Kylie Jenner lässt Snap-Aktie mit einem Tweet abstürzen. https://www.heise.de/newsticker/meldung/Snapchat-Kylie-Jenner-laesst-Snap-Aktie-mit-einem-Tweet-ab-stuerzen-3976585.html. Zugegriffen: 31. Mai 2018

Campaign Creators (o. J.) Spotify: the new social network. https://www.campaigncreators.com/blog/spotify-the-social-network/. Zugegriffen: 31. Mai 2018

Carnette J (2018) Twitter's bot problem is worse than you think. https://www.fool.com/investing/2018/02/05/twitters-bot-problem-is-worse-than-you-think.aspx. Zugegriffen: 31. Mai 2018

Carter R (2017) 10 Facebook live tips to follow before, during & after your broadcast. https://sproutsocial.com/insights/facebook-live-tips/. Zugegriffen: 31. Mai 2018

Chaney P (2016) Why and how to use flipboard to amplify your content marketing. http://www.business2community.com/content-marketing/use-flipboard-amplify-content-marke-ting-01644221#z7Ay64qIggqGKo8X.97. Zugegriffen: 31. Mai 2018

Chip (o. J.) 10 erfolgreiche Corporate Blogs aus Deutschland. http://www.chip.de/bildergalerie/10-erfolgreiche-Corporate-Blogs-aus-Deutschland-Galerie_41164276.html. Zugegriffen: 31. Mai 2018

Chou YK (2016) Actionable Gamification. Octalysis Media, Fremont

Cicero N (2013) First brand Snapchat campaign launched by 16 handles. https://www.socialfresh.com/first-snapchat-promotion-16-handles/. Zugegriffen: 31. Mai 2018

Circle Count (o. J.) How to get more interaction on Google+. http://de.circlecount.com/p/infographic-circlecount-how-to-get-more-interaction-on-google-plus.png. Zugegriffen: 31. Mai 2018

Creative Commons Deutschland (o. J.) Was ist CC? https://de.creativecommons.org/index.php/was-ist-cc/. Zugegriffen: 31. Mai 2018

Crunchbase (2017) Odnoklassniki. https://www.crunchbase.com/organization/odnoklassniki. Zugegriffen: 31. Mai 2018

Czypionka S (2017) So viel Geld verdienen YouTuber wirklich. https://www.bonek.de/mit-youtube-geld-verdienen/. Zugegriffen: 31. Mai 2018

D'Andrea M (2012) The marketer's guide to SlideShare. https://blog.kissmetrics.com/marketers-guide-to-slideshare/. Zugegriffen: 31. Mai 2018

Das L (2017) Ist musical.ly das neue Snapchat? https://de.statista.com/infografik/8421/musical-ly-nutzung/. Zugegriffen: 31. Mai 2018

Delzio S (2015) The future of Google+, what new research reveals. https://www.socialmediaexaminer.com/the-future-of-google-what-new-research-reveals/?amp&amp. Zugegriffen: 31. Mai 2018

Divimove (2016) Insights into the online video strategies of the world's biggest brands and industries. https://medium.com/@Divimove_/insights-into-the-online-video-strategies-of-the-worlds-biggest-brands-and-industries-fd3337fe8968. Zugegriffen: 31. Mai 2018

Dlugos C (2018) Schlecht für Unternehmen, gut für Nutzer? Facebook dreht am Algorithmus. https://t3n.de/news/facebook-newsfeed-update-908488/. Zugegriffen: 31. Mai 2018

DPA (2017) WhatsApp will Geld von Unternehmens-Kunden. https://www.internetworld.de/mobile/whatsapp/whatsapp-geld-unternehmens-kunden-1349923.html. Zugegriffen: 31. Mai 2018

Eagan S (2016) 10 nützliche Social Bookmarking Seiten. https://www.brandwatch.com/de/2016/02/10-nuetzliche-social-bookmarking-seiten/. Zugegriffen: 31. Mai 2018

Edmonds A (2016) WhatsApp success story: absolut unique access. http://www.socialmediacollege.com/blog/whatsapp-success-story-absolut-unique-access. Zugegriffen: 31. Mai 2018

Edwards J (2016) DATA: a massive, hidden shift is driving companies to use A.I. bots inside Facebook Messenger. http://www.businessinsider.com/statistics-on-companies-that-use-ai-bots-in-private-and-direct-messaging-2016-5?r=UK&IR=T. Zugegriffen: 31. Mai 2018

Eisenbrand R, Lux T (2015) Auf diesem Portal schauen Millionen von Teenagern anderen stundenlang live beim Computerspielen zu – und die Gamer verdienen damit Hunderttausende von Dollar. https://omr.com/de/das-phaenomen-twitch/. Zugegriffen: 31. Mai 2018

Erxleben C (2017a) Höhere Einnahmen? Twitter bringt 99-Dollar-Werbeabo. https://www.basicthinking.de/blog/2017/08/01/twitter-werbeabo/. Zugegriffen: 31. Mai 2018

Erxleben C (2017b) Instagram ist jetzt Deutschlands zweitgrößtes soziales Netzwerk. https://www.basicthinking.de/blog/2017/08/03/deutsche-instagrammer/. Zugegriffen: 31. Mai 2018

Erxleben C (2017c) Diese Faktoren beeinflussen den Instagram-Algorithmus. https://www.basicthinking.de/blog/2017/04/18/faktoren-instagram-algorithmus/. Zugegriffen: 31. Mai 2018

Erxleben C (2017d) Hidden Champion im Social Web: Der rasante Aufstieg von Musical.ly. https://www.basicthinking.de/blog/2017/03/09/snapchat-musically-social-media/. Zugegriffen: 31. Mai 2018

Ethority (2017) Social media prisma 2017/2018. Top 250 social media networks, plattformen, apps & tools. https://ethority.de/social-media-prisma/. Zugegriffen: 31. Mai 2018

Firsching J (2017a) Snapchat Studie Deutschland: 81,8 % folgen keinen Unternehmen auf Snapchat. http://www.futurebiz.de/artikel/snapchat-studie-deutschland-funktionen-werbeformate-discover/. Zugegriffen: 31. Mai 2018

Firsching J (2017b) Die drei größten Videoplattformen sind YouTube, Facebook…und INSTAGRAM. http://www.futurebiz.de/artikel/groessten-videoplattformen-youtube-facebook-instagram/. Zugegriffen: 31. Mai 2018

Firsching J (2017c) Twitter Statistiken 2017: Nutzerzahlen, Wachstum & Periscope. http://www.futurebiz.de/artikel/twitter-statistiken-2017/. Zugegriffen: 31. Mai 2018

Firsching J (2018) Snapchat Statistiken für 2018: Nutzerzahlen, versendete Snaps & Verweildauer. http://www.futurebiz.de/artikel/snapchat-statistiken-nutzerzahlen/. Zugegriffen: 31. Mai 2018

Flipboard (o. J.) Treten Sie Flipboard bei und erreichen Sie mehr als 100 Mio. Nutzer. https://de-de.about.flipboard.com/publishers/. Zugegriffen: 31. Mai 2018

Foursquare (o. J.) Foursquare. https://de.foursquare.com/. Zugegriffen: 31. Mai 2018

Futurebiz (2017) Pinterest marketing. http://www.futurebiz.de/leitfaden-pinterest-marketing/. Zugegriffen: 31. Mai 2018

Gabriel R, Röhrs HP (2017) Social Media. Potenziale, Trends, Chancen und Risiken. Springer Gabler, Wiesbaden

Gerber (2017) Wie Unternehmen ihre passenden Social-Media-Kanäle finden. https://www.communicateandsell.de/social-media/wie-unternehmen-ihre-passenden-social-media-kanaele-finden/. Zugegriffen: 31. Mai 2018

Giesler M (2017) Snapchat trennt das Soziale von den Medien. https://martingiesler.de/snapchat-trennt-das-soziale-von-den-medien/. Zugegrffen: 31. Mai 2018

Gillner S (2017) Längst überfällig: WhatsApp in der Unternehmenskommunikation. https://www.internetworld.de/social-media/whatsapp/laengst-ueberfaellig-whatsapp-in-unternehmenskommunikation-1233604.html. Zugegriffen: 31. Mai 2018

GlobalWebIndex (2015) Anteil der Internetnutzer, die im vergangenen Monat Periscope genutzt haben nach Altersgruppen weltweit im 2. Quartal 2015. https://de.statista.com/statistik/daten/studie/488530/umfrage/periscope-nutzer-nach-altersgruppen-weltweit/. Zugegriffen: 31. Mai 2018

Goldmedia (2014) Location-based Services Monitor 2014. Angebote, Nutzung und lokale Werbemarktpotenziale ortsbezogener, mobiler Dienste in Deutschland (Gesamtstudie). https://www.goldmedia.com/publikationen/studien/mobile-interac/location-based-services-monitor-2014.html. Zugegriffen: 31. Mai 2018

Google Watch Blog (2017) Google+: Neues Influence-Tool zeigt Informationen über die eigene Reichweite im Netzwerk. https://www.googlewatchblog.de/2017/01/googleplus-neues-influence-tool/. Zugegriffen: 31. Mai 2018

Gotter A (2017) How to use autoplay video in your Pinterest ads. https://www.socialmediaexaminer.com/autoplay-video-pinterest-ads/. Zugegriffen: 31. Mai 2018

Gottke J (2016a) Instagram study: interactions have dropped by 33% in one year. https://www.quintly.com/blog/2016/06/instagram-study-interactions/. Zugegriffen: 31. Mai 2018

Gottke J (2016b) Benchmark study: set the right social media goals for 2017. https://www.quintly.com/blog/2016/12/benchmark-study-set-the-right-social-media-goals-for-2017/. Zugegriffen: 31. Mai 2018

Grabs A, Bannour KP, Vogl E (2017) Follow me! Erfolgreiches Social Media Marketing mit Facebook, Twitter und Co. Rheinwerk Computing, Bonn

Griffis H (2016) 5 Surprising reasons to reconsider Google+ (that you can act on today). https://blog.bufferapp.com/google-plus. Zugegriffen: 31. Mai 2018

Gronau N (2016) Soziale Software. In: Gronau N, Becker J, Sinz E, Suhl L, Leimeister JM (Hrsg) Enzyklopädie der Wirtschaftsinformatik, Online-Lexikon. GITO-Verlag, Berlin

Großkopf M (2017) LinkedIn oder Xing? https://www.zielbar.de/magazin/linkedin-xing-b2b-kommunikation-16672/. Zugegriffen: 31. Mai 2018

GrowEpic (2017) Marketing by industry. How much does each industry make use of different channels. http://growepic.com/by-industry. Zugegriffen: 31. Mai 2018

Haghighat Mehr K (2017) Die beliebtesten Social Media Plattformen in Deutschland. https://www.mediabynature.de/blog/die-beliebtesten-social-media-plattformen-deutschland/. Zugegriffen: 31. Mai 2018

Heimstaedt M (2012) LinkedIn übernimmt Slideshare. https://www.gruenderszene.de/news/linkedin-uebernimmt-slideshare. Zugegriffen: 31. Mai 2018

Hendele T (2014) WhatsApp in der Gästekommunikation. http://www.hotel-newsroom.de/best-practices/whatsapp-in-der-gaestekommunikation/. Kein Zugriff mehr seit Anfang 2018. Letzter Zugegriffen: 31. Okt. 2017

Hertling M (2017) Die 38 besten Corporate Blogs. http://dirico.io/blog/content-marketing/die-35-besten-corporate-blogs/. Zugegriffen: 31. Mai 2018

Hoffmann K (2016) Best Practice „Corporate Blogs": Wie gut stehen deutsche Unternehmen da? https://upload-magazin.de/blog/10714-best-practice-corporate-blogs/. Zugegriffen: 31. Mai 2018

Horizont (o. J.) Wie oft nutzt du die Plattform YouTube? https://de.statista.com/statistik/daten/studie/453961/umfrage/nutzungshaeufigkeit-von-youtube-bei-jugendlichen-in-deutschland/. Zugegriffen: 31. Mai 2018

Hubspot und Socialbakers (2017) 24 Irrtümer zum Marketing mit Facebook. Daten und Einblicke für eine effektive Facebook-Marketingstrategie

Hudgens R (2017a) How to reverse engineer success on Reddit. https://www.siegemedia.com/creation/how-to-reverse-engineer-success-on-reddit. Zugegriffen: 31. Mai 2018

Hudgens R (2017b) The advanced guide to StumbleUpon marketing. https://www.siegemedia.com/marketing/stumbleupon-marketing-guide. Zugegriffen: 31. Mai 2018

Hutter T (2017) Facebook: News Feed Publisher Guidelines – mehr Reichweite im News Feed! http://www.thomashutter.com/index.php/2017/10/facebook-news-feed-publisher-guidelines-mehr-reichweite-im-news-feed/. Zugegriffen: 31. Mai 2018

Hutter T (2018) Facebook: Änderungen in den Metriken zur organischen Reichweite – oder warum die organischen Reichweitenzahlen ab Montag zurückgehen werden! http://www.thomashutter.com/index.php/2018/02/facebook-aenderungen-in-den-metriken-zur-organischen-reichweite-oder-warum-die-organischen-reichweitenzahlen-ab-montag-zurueckgehen-werden/. Zugegriffen: 31. Mai 2018

Ihnenfeldt E (2017) Social Media Liste der 10 wichtigsten Plattformen für Unternehmen und Marken. http://steadynews.de/socialmedia/social-media-liste-der-10-wichtigsten-plattformen-fuer-unternehmen-und-marken. Zugegriffen: 31. Mai 2018

IT-Times (2017a) Pinterest stellt für Unternehmen neue Marketing Tools für Zielgruppenwerbung vor. http://www.it-times.de/news/pinterest-stellt-fur-unternehmen-neue-marketing-tools-fur-zielgruppenwerbung-vor-119632/. Zugegriffen: 31. Mai 2018

IT-Times (2017b) Pinterest: Neue Möglichkeiten im E-Commerce via visueller Suchmaschine Lens und Shop the Look. http://www.it-times.de/news/pinterest-neue-moglichkeiten-im-e-commerce-via-visueller-suchmaschine-lens-und-shop-the-look-122629/. Zugegriffen: 31. Mai 2018

IT-Times (2017c) Pinterest für Werbetreibende: Automatische Videos im Home-Feed eingebettet. http://www.it-times.de/news/pinterest-fur-werbetreibende-automatische-videos-im-home-feed-eingebettet-124193/. Zugegriffen: 31. Mai 2018

JapanBuzz (2017a) Japanese social media trends for 2017. http://www.japanbuzz.info/japanese-so-cial-media-trends-for-2017/. Zugegriffen: 31. Mai 2018

JapanBuzz (2017b) Moreru, how Snow app is overtaking Snapchat in Japan. http://www.japan-buzz.info/moreru-how-snow-app-beat-snapchat-in-japan/. Zugegriffen: 31. Mai 2018

Kantar (2018) 3 Must-knows about the social media marketing in China. https://community-site.solved.fi/chinese-social-media-2018/. Zugegriffen: 31. Mai 2018

Kaplan AM, Haenlein M (2010) Users of the world, unite! The challenges and opportunities of social media. Bus Horiz 53(1):59–68. https://doi.org/10.1016/j.bushor.2009.09.003

Kapler J (2017) Improving customer satisfaction hinges on Facebook Messenger. http://multi-channelmerchant.com/blog/improving-customer-satisfaction-hinges-on-facebook-messenger/. Zugegriffen: 31. Mai 2018

Kent S (2017) Digital snapshot: internet and social media use in 2017. https://www.techinasia.com/talk/digital-snapshot-internet-social-media-2017. Zugegriffen: 31. Mai 2018

Kirk K (2016) China's most popular social media network. https://www.echosec.net/what-is-sina-weibo/. Zugegriffen: 31. Mai 2018

Koch W, Frees B (2016) Dynamische Entwicklung bei mobiler Internetnutzung sowie Audios und Videos. Mediaperspektiven 9:418–437. http://www.ard-zdf-onlinestudie.de/files/2016/0916_Koch_Frees.pdf. Zugegriffen: 31. Mai 2018

Köhler K (2017) Was bringt Google+ im Marketing-Mix? https://blog.hubspot.de/marketing/goog-le-marketing-mix. Zugegriffen: 31. Mai 2018

Kolm J (2017) Snapchat opens up its AR capabilities. http://strategyonline.ca/2017/12/14/snap-chat-opens-up-its-ar-capabilities/. Zugegriffen: 31. Mai 2018

Koß S (2017) LinkedIn vs. XING – Basis und Premium im Vergleich. https://linkedinsiders.word-press.com/2017/04/03/linkedin-vs-xing-basis-und-premium-im-vergleich/. Zugegriffen: 31. Mai 2018

Kreutzer RT (2016) Online-marketing. Springer-Gabler, Wiesbaden

Kroker M (2017a) Social-Media-Spickzettel: Die demografischen Fakten von Facebook, Twitter & Co. 2017. http://blog.wiwo.de/look-at-it/2017/04/05/social-media-spickzettel-die-demografi-schen-fakten-von-facebook-twitter-co-2017/. Zugegriffen: 31. Mai 2018

Kroker M (2017b) Die spannendsten Zahlen & Fakten rund um YouTube – Stand Mitte 2017. http://blog.wiwo.de/look-at-it/2017/10/11/die-spannendsten-zahlen-fakten-rund-um-youtube-stand-mitte-2017/. Zugegriffen: 31. Mai 2018

Kuhn J (2014) Amazon will mitspielen. http://www.sueddeutsche.de/digital/twitch-uebernah-me-amazon-will-mitspielen-1.2103878. Zugegriffen: 31. Mai 2018

Kuketz M (2017) Erfreulich: Nachrichten-App Flipboard. https://mobilsicher.de/apps/erfreu-lich-nachrichten-app-flipboard. Zugegriffen: 31. Mai 2018

Kunz C (2017) Twitter führt 280 Zeichen für alle ein. https://www.seo-suedwest.de/3067-twitter-280-zeichen-fuer-alle.html. Zugegriffen: 31. Mai 2018

Lange M (2013) Von Social Media zu Content Marketing: „Wir müssen aufhören, vom Kanal her zu denken!" http://www.talkabout.de/kanal-und-content/. Zugegriffen: 31. Mai 2018

Lange J, Frühwirt S (2017) Die Krise des Influencer-Marketings: Das Vertrauensproblem. http://smtu-berlin.de/die-krise-des-influencer-marketings-das-vertrauensproblem/.   Zugegriffen: 31. Mai 2018

Lanzone A (2017) VK – der umstrittene, russische Facebook-Klon. https://d-fi.ch/blog/2017/02/18/vk-der-umstrittene-russische-facebook-klon. Zugegriffen: 31. Mai 2018

Lewanczik N (2017) Warum Soziale Netzwerke kaum mehr zu unterscheiden sind. https://online-marketing.de/news/soziale-netzwerke-gleichen-features. Zugegriffen: 31. Mai 2018

Linkfluence (2016) 社交网络 – Social Media China. https://linkfluence.com/de/social-me-dia-china/. Zugegriffen: 31. Mai 2018

Linkfluence (2017a) Südkorea – eine weltweit einzigartige Landschaft für soziale Netzwerke. https://linkfluence.com/de/soziale-netzwerke-suedkorea/. Zugegriffen: 31. Mai 2018

Linkfluence (2017b) Die Bedeutung chinesischer Social Media Kanäle im Westen. https://linkfluence.com/de/die-rolle-chinesische-social-media-im-westen/. Zugegriffen: 31. Mai 2018

Liu Y (2016) Social Media in China. Wie deutsche Unternehmen soziale Medien im chinesischen Markt erfolgreich nutzen können. Springer-Gabler, Wiesbaden

Liu L (2017) Medium is the solution if you want to blog without any overhead. https://www.entrepreneur.com/article/294583. Zugegriffen: 31. Mai 2018

Liu Y (2018) Social Media Marketing in China mit WeChat. Einsatzmöglichkeiten, Funktionen und Tools für ein erfolgreiches Mobile Business. Springer-Gabler, Wiesbaden

Lutsch PG (2015) Soziale Netzwerke: Spannende Nischen Netzwerke die Sie kennen sollten. https://digital-media-manager.com/soziale-netzwerke-spannende-nischen-netzwerke-passend-zu-ihrer-zielgruppen/. Zugegriffen: 31. Mai 2018

Lutsch PG (2016) Das Snapchat-1×1: Endlich Snapchat verstehen! https://digital-media-manager.com/das-snapchat-1x1-endlich-snapchat-verstehen/. Zugegriffen: 31. Mai 2018

Lyakina O (2017) The ultimate beginner's guide to Weibo for business. https://www.dragonsocial.net/blog/the-ultimate-beginners-guide-to-weibo_social-media-for-business/. Zugegriffen: 31. Mai 2018

Macwan A (2017) Feedly vs Flipboard: which app is the best for the news savvy? https://www.guidingtech.com/59349/feedly-vs-flipboard-app-news-savvy/. Zugegriffen: 31. Mai 2018

Makara C (2018) Social media tools: the complete list of 615 tools (2018 update). https://bulk.ly/social-media-tools/. Zugegriffen: 31. Mai 2018

Marcus D (2018) Six trends for 2018: what to watch from Messenger. https://www.facebook.com/notes/david-marcus/six-trends-for-2018-what-to-watch-from-messenger/10157040374369148/. Zugegriffen: 31. Mai 2018

McCauley A (2017) The rise of Facebook Messenger chatbots. http://thesocialmediabloke.com/the-rise-of-facebook-messenger-chatbots/. Zugegriffen: 31. Mai 2018

McGee M (2017) Wikipedia appears on Google's page one 46 percent of the time, compared to 31 percent on Bing. https://searchengineland.com/wikipedia-visibility-google-bing-study-120433. Zugegriffen: 31. Mai 2018

Meffert H, Burmann C, Koers M (2005) Markenmanagement. Betriebswirtschaftler Verlag Dr. Th. Gabler/GWV Fachverlage GmbH, Wiesbaden

Meyer E (2015) Medium.com: Blog-Plattform oder soziales Netzwerk? http://www.netzpiloten.de/medium-blogging-oder-social-media/. Zugegriffen: 31. Mai 2018

MIDiA Research (2017) Marktanteile der einzelnen Anbieter an den zahlenden Abonnenten von Musikstreaming weltweit im Dezember 2016 und Juni 2017. https://de.statista.com/statistik/daten/studie/671214/umfrage/marktanteile-der-musikstreaming-anbieter-weltweit/. Zugegriffen: 31. Mai 2018

Morais A (2015) Four reasons why people follow brands on social media. http://blog.twittercounter.com/2015/02/reasons-people-follow-brand-social-media/. Zugegriffen: 31. Mai 2018

Neely K (2016) LINE—Japan's favorite mobile messenger app. http://www.humblebunny.com/line-japans-favorite-mobile-messenger-app/. Zugegriffen: 31. Mai 2018

Neely K (2017a) Japan's top social media networks for 2017. http://www.humblebunny.com/japans-top-social-media-networks-2017/. Zugegriffen: 31. Mai 2018

Neely K (2017b) How to advertise on LINE messenger in Japan. http://www.humblebunny.com/advertise-line-messenger-japan/. Zugegriffen: 31. Mai 2018

Newton C (2017) Twitter just doubled the character limit for tweets to 280. https://www.theverge.com/2017/9/26/16363912/twitter-character-limit-increase-280-test. Zugegriffen: 31. Mai 2018

Nolzen C (2017) Instagram Stories: das perfekte Marketing Tool auch bei wenig Reichweite. http://startupspot.de/instagram-stories-als-markeing-tool-so-gehts/. Zugegriffen: 31. Mai 2018

Overdrive Interactive (2018). 2018 Social media map. https://www.ovrdrv.com/social-media-map/. Zugegriffen: 31. Mai 2018

Papendorf N (2017) Ein Rüsseltier als neues Einhorn. Ist die Aufregung um das neue soziale Netzwerk Mastodon gerechtfertigt? https://www.der-bank-blog.de/ein-ruesseltier-einhorn/social-media/27037/. Zugegriffen: 31. Mai 2018

Pein V (2014) Der Social Media Manager. Handbuch für Ausbildung und Beruf. Galileo Press, Bonn

Peter D (2017) Facebook, Instagram und YouTube für Einsteiger: welche ist die richtige Plattform für meinen Video-Content? https://allfacebook.de/gastbeitrag/facebook-instagram-youtube. Zugegriffen: 31. Mai 2018

Prabhu LSP (2016) Social media in Russia. http://www.dreamgrow.com/social-media-in-russia/. Zugegriffen: 31. Mai 2018

Pressengers (2014) WordPress vs. Tumblr vs. Blogger. Die passende Blog-Plattform für Blogging-Neulinge. https://pressengers.de/tipps/die-passende-blog-plattform-fuer-blogging-neulinge/. Zugegriffen: 31. Mai 2018

Price R (2017) Snapchat has got big plans for its ‚Spectacles‘ camera-glasses in 2017. http://www.businessinsider.de/snapchat-snap-ipo-broaden-sale-spectacles-camera-glasses-augmented-reality-2017-2?r=US&IR=T. Zugegriffen: 31. Mai 2018

Ramirez E (2017) Nearly 100% of households in South Korea now have internet access, thanks to seniors. https://www.forbes.com/sites/elaineramirez/2017/01/31/nearly-100-of-households-in-south-korea-now-have-internet-access-thanks-to-seniors/#1c0494af5572. Zugegriffen: 31. Mai 2018

Reddit (o. J.a) About. https://about.reddit.com/. Zugegriffen: 31. Mai 2018

Reddit (o. J.b) Advertise. https://about.reddit.com/advertise/. Zugegriffen: 31. Mai 2018

Riehle S (2017) 7 rechtliche Fragen, die Du beim beachten solltest. http://socialmedia-doktor.de/rechtliche-fragen-messenger-marketing/. Zugegriffen: 31. Mai 2018

Ringel T (2011) SoLoMo – Die Social Local Mobile Bewegung. https://www.marketing-boerse.de/Fachartikel/details/SoLoMo–Die-Social-Local-Mobile-Bewegung/33255. Zugegriffen: 31. Mai 2018

Ritter T (2017) Gaming-Videos & -Streams - Beliebter als HBO, Netflix, ESPN und Hulu zusammen. http://www.gamestar.de/news/gaming_videos_streams,3313014.html. Zugegriffen: 31. Mai 2018

Rixecker T (2017) Slack lässt euch per Screensharing zusammenarbeiten. http://t3n.de/news/slack-interaktives-screensharing-870252/. Zugegriffen: 31. Mai 2018

Rondinella G (2017) Snapchat öffnet den neuen Ad Manager für europäische Kunden. http://www.horizont.net/tech/nachrichten/Anzeigen-Tool-Snapchat-oeffnet-den-neuen-Ad-Manager-fuer-europaeische-Kunden-158763. Zugegriffen: 31. Mai 2018

Roth P (2017a) Offizielle Facebook Nutzerzahlen für Deutschland (Stand: September 2017). https://allfacebook.de/zahlen_fakten/offiziell-facebook-nutzerzahlen-deutschland. Zugegriffen: 31. Mai 2018

Roth P (2017b) Facebook Local – neue App für Restaurants, Bars und Events. https://allfacebook.de/pages/local-app. Zugegriffen: 31. Mai 2018

Roth P (2018) Facebook berechnet die organische Reichweite zukünftig anders. https://allfacebook.de/pages/organich-reach-metic. Zugegriffen: 31. Mai 2018

Ruff H (2017) Social-Media-Kanäle: Die Qual der Wahl? https://marketing.gelbeseiten.de/PR-Social-Media/Social-Media/Social-Media-Kanaele-Die-Qual-der-Wahl. Zugegriffen: 31. Mai 2018

Ryan L (2016) Why should marketers be using Medium? https://www.marketingtechnews.net/news/2016/nov/29/why-should-marketers-be-using-medium/. Zugegriffen: 31. Mai 2018

Sand D (2017) Das sind die Fragen, die Deutschland wirklich interessieren. https://www.welt.de/vermischtes/article163847057/Das-sind-die-Fragen-die-Deutschland-wirklich-interessieren.html. Zugegriffen: 31. Mai 2018

Schau Hin (o. J.) Musical.ly: die Musik-App mit Star-Potenzial. https://www.schau-hin.info/informieren/medien/hoeren/wissenswertes/musically-die-star-app.html. Zugegriffen: 31. Mai 2018

Schulze-Siebert J (2017) Social Media Automation: Alt-Content wiederverwerten. https://letsseewhatworks.com/social-media-automation/. Zugegriffen: 31. Mai 2018

Schwartz J (2016) The most popular messaging app in every country. https://www.similarweb.com/blog/worldwide-messaging-apps. Zugegriffen: 31. Mai 2018

Sharethrough (o. J.) Native advertising: the official definition. http://www.sharethrough.com/nativeadvertising/. Zugegriffen: 31. Mai 2018

Shin JH (2015) Kakao Story is top social media in Korea: survey. http://www.koreaherald.com/view.php?ud=20150414000867. Zugegriffen: 31. Mai 2018

Shivar N (2017) How to use Wikipedia for SEO & content marketing. https://www.shivarweb.com/3632/how-to-use-wikipedia-for-seo/. Zugegriffen: 31. Mai 2018

Sikorska O (2013) Facebook vs. VKontakte: Kampf der Titanen auf dem russischen Markt. https://allfacebook.de/fbmarketing/facebook-vs-vkontakte-kampf-der-titanen-auf-dem-russischen-markt-whitepaper-18-seiten. Zugegriffen: 31. Mai 2018

SimilarWeb (2018) vk.com. https://www.similarweb.com/website/vk.com. Zugegriffen: 31. Mai 2018

Slant (2017) Flipboard vs Feedly. https://www.slant.co/versus/1454/1455/~flipboard_vs_feedly. Zugegriffen: 31. Mai 2018

Smith B (2016) The top 8 Russian social networks (and what makes them great). http://www.makeuseof.com/tag/top-8-russian-social-networks-makes-great/. Zugegriffen: 31. Mai 2018

Smith C (2016) 17 Interesting periscope statistics (December 2016). https://expandedramblings.com/index.php/periscope-statistics/. Zugegriffen: 31. Mai 2018

Smith K (2016) Marketing: 47 Facebook statistics for 2016. https://www.brandwatch.com/blog/47-facebook-statistics-2016/. Zugegriffen: 31. Mai 2018

Smith C (2018) 71 Amazing Reddit statistics and facts (March 2018). By the numbers. https://expandedramblings.com/index.php/reddit-stats/. Zugegriffen: 31. Mai 2018

Smith K (2018) 39 Fascinating and incredible YouTube statistics. https://www.brandwatch.com/blog/39-youtube-stats/. Zugegriffen: 31. Mai 2018

Snap (o. J.) Spectacles. https://www.spectacles.com/de/. Zugegriffen: 31. Mai 2018

Social Media Examiner (2017) Anteil der Unternehmen, die folgende Social Media Plattformen nutzen weltweit im Januar 2017. https://de.statista.com/statistik/daten/studie/71251/umfrage/einsatz-von-social-media-durch-unternehmen/. Zugegriffen: 31. Mai 2018

Spotify (2018a) Anzahl der aktiven Spotify-Nutzer weltweit von Juli 2012 bis Juni 2017 (in Millionen). https://de.statista.com/statistik/daten/studie/368928/umfrage/monatlich-aktive-nutzer-von-spotify-weltweit/. Zugegriffen: 31. August 2018

Spotify (2018b) Anzahl der zahlenden Abo-Kunden von Spotify bis Januar 2018 (in Millionen). https://de.statista.com/statistik/daten/studie/297138/umfrage/anzahl-der-zahlenden-abonnenten-von-spotify/. Zugegriffen: 31. August 2018

Sprout Social (2016) Social media demographics for marketer. https://bufferblog-wpengine.netdna-ssl.com/wp-content/uploads/2016/11/Social-Demographics_infographic.png. Zugegriffen: 31. Mai 2018

Statista (2018) Soziale Netzwerke in Deutschland nach Anzahl der Visits im Oktober 2016 (in Millionen). https://de.statista.com/statistik/daten/studie/70232/umfrage/soziale-netzwerke---nutzer-pro-monat/. Zugegriffen: 31. Mai 2018

Steger J (2017a) Pinterest tritt aus dem Schatten von Instagram und Co. http://www.handelsblatt.com/unternehmen/it-medien/soziale-netzwerke-pinterest-tritt-aus-dem-schatten-von-instagram-und-co/20327932.html. Zugegriffen: 31. Mai 2018

Steger J (2017b) Snapchat nennt Nutzerzahlen für Deutschland. http://www.handelsblatt.com/unternehmen/it-medien/soziales-netzwerk-snapchat-nennt-nutzerzahlen-fuer-deutschland/19909348.html. Zugegriffen: 31. Mai 2018

Steimle JJ (2015a) Snapshot: South Korea's social media landscape. https://www.clickz.com/snapshot-south-koreas-social-media-landscape/27367/. Zugegriffen: 31. Mai 2018

Steimle JJ (2015b) The state of social media in China. https://www.clickz.com/the-state-of-social-media-in-china/28219/. Zugegriffen: 31. Mai 2018

Steuer P (2016) Snap me if you can. Das Buch für alle, die Snapchat endlich verstehen wollen. E-Book, das über http://snapmeifyoucan.net/ abrufbar war. Kein Zugriff mehr seit Anfang 2018

Steuer P (2017) Status Quo Snapchat – Lohnt sich der Spaß überhaupt noch für Unternehmen? http://philippsteuer.de/status-quo-snapchat-lohnt-sich-der-spass-fuer-unternehmen/. Zugegriffen: 31. Mai 2018

Stuber R (2012) Erfolgreiches Social Media Marketing mit Facebook, Twitter, Google+, XING, LinkedIn, YouTube. Data Becker, Düsseldorf

Tencent (o. J.) Social networks. http://www.tencent.com/en-us/system.html. Zugegriffen: 31. Mai 2018

Thai N (2017) 10 Most popular social media sites in China (2017 updated). https://www.dragonsocial.net/blog/social-media-in-china/#Tieba. Zugegriffen: 31. Mai 2018

Thomas A (2015) StumbleUpon drives more traffic than Reddit: how to use it effectively. https://www.searchenginepeople.com/blog/15062-stumbleupon-traffic-links.html. Zugegriffen: 31. Mai 2018

Timm F (2017) Wie wichtig ist Social Media für den E-Commerce? https://www.adzine.de/2017/10/wie-wichtig-ist-social-media-fuer-den-e-commerce/. Zugegriffen: 31. Mai 2018

Tosev T (2017) Instagram Algorithmus: Was du jetzt wissen und tun musst, um deine Reichweite zu behalten. https://trajantosev.com/instagram-algorithmus-reichweite/. Zugegriffen: 31. Mai 2018

Tißler J (2017) Slack: Was dieses Werkzeug für Teams so erfolgreich macht. https://upload-magazin.de/blog/9924-slack-was-dieses-werkzeug-fuer-teams-so-erfolgreich-macht/. Zugegriffen: 31. Mai 2018

Tumblr (o. J.) About. https://www.tumblr.com/about. Zugegriffen: 31. Mai 2018

Twitter (2013) Tweet „Power out? No problem". https://twitter.com/oreo/status/298246571718483968?lang=de. Zugegriffen: 31. Mai 2018

Vaynerchuk G (2017) Why millions of tweens are using musical.ly... and why it matters. https://www.garyvaynerchuk.com/millions-of-tweens-using-musically-app/. Zugegriffen: 31. Mai 2018

Vincos (2017) World map of social networks. http://vincos.it/world-map-of-social-networks/. Zugegriffen: 31. Mai 2018

Wagner E (2015) 5 Todsünden von Start-ups im Social Media-Marketing. https://www.deutsche-startups.de/2015/07/17/5-todsuenden-von-start-ups-im-social-media-marketing/. Zugegriffen: 31. Mai 2018

Wagner P (2018) Facebook und Tencent im Vergleich. https://de.statista.com/infografik/10724/facebook-und-tencent-im-vergleich/. Zugegriffen: 31. Mai 2018

We Are Social (2018a) Digital in 2018 global overview. https://www.slideshare.net/wearesocial/digital-in-2018-global-overview-86860338. Zugegriffen: 31. Mai 2018

We Are Social (2018b) Digital in 2018 in Eastern Europe part 2 – east. https://www.slideshare.net/wearesocial/digital-in-2018-in-eastern-europe-part-2-east-86865266. Zugegriffen: 31. Mai 2018

We Are Social (2018c) Digital in 2018 in Eastern Asia. https://www.slideshare.net/wearesocial/digital-in-2018-in-eastern-asia-86866557. Zugegriffen: 31. Mai 2018

Weck A (2017a) Whatsapp Web kurz erklärt: So nutzt du den Messenger auf dem Desktop. http://t3n.de/news/whatsapp-web-offizielle-browser-version-589729/. Zugegriffen: 31. Mai 2018

Weck A (2017b) Facebook-Messenger-Ads starten jetzt auch in Deutschland. http://t3n.de/news/facebook-messenger-ads-deutschland-837476/. Zugegriffen: 31. Mai 2018

Wegener G (2015) Flipboard für das Selbstmarketing – mehr als ein Social News Magazin. http://achtungdesigner.de/flipboard-fuer-das-selbstmarketing/. Zugegriffen: 31. Mai 2018

Weigert M (2017) Was Instagram zum derzeit besten Social Network macht. http://t3n.de/news/instagram-bestes-social-network-828687/. Zugegriffen: 31. Mai 2018

Wieland A (2016) Google+ – Ranking-Power aus der Geisterstadt. https://onlinemarketing.de/news/google-plus-ranking-power-geisterstadt. Zugegriffen: 31. Mai 2018

Wieland A (2018) Nach dem Newsfeed-Armageddon: Maßnahmen für organische Reichweite auf Facebook. https://onlinemarketing.de/news/newsfeed-armageddon-massnahmen-organische-reichweite-facebook. Zugegriffen: 31. Mai 2018

Wiese J (2017) Facebook Live ist nicht gleich Facebook Live – Auf die App kommt es an! https://allfacebook.de/fbmarketing/facebook-live-app-funktionen. Zugegriffen: 31. Mai 2018

Wikipedia (o. J.a) Hauptseite. https://de.wikipedia.org/wiki/Wikipedia:Hauptseite. Zugegriffen: 31. Mai 2018

Wikipedia (o. J.b) Über Wikipedia. https://de.wikipedia.org/wiki/Wikipedia:%C3%9Cber_Wikipedia. Zugegriffen: 31. Mai 2018

Wirminghaus N (2017) SoundClouds Wochen der Wahrheit. https://www.gruenderszene.de/allgemein/soundcloud-bewertung-geruechte. Zugegriffen: 31. Mai 2018

Wong K (2017) Japan's social media landscape in 2017. http://blog.btrax.com/en/2017/01/30/japans-social-media-landscape-2017/. Zugegriffen: 31. Mai 2018

WordPress (2018) Anzahl der monatlichen Blog-Posts, die von WordPress-Nutzern veröffentlicht wurden von Januar 2016 bis April 2018 (in Millionen). https://de.statista.com/statistik/daten/studie/39104/umfrage/anzahl-der-posts-von-wordpress-nutzern-als-zeitreihe/. Zugegriffen: 31. Mai 2018

WPBeginners (2017) WordPress.com vs WordPress.org – which is Better? (Comparison chart). http://www.wpbeginner.com/beginners-guide/self-hosted-wordpress-org-vs-free-wordpress-com-infograph/. Zugegriffen: 31. Mai 2018

WPBeginners (2018) WordPress vs. Blogger – which one is better? (Pros and cons). http://www.wpbeginner.com/opinion/wordpress-vs-blogger-which-one-is-better-pros-and-cons/. Zugegriffen: 31. Mai 2018

Yelp (o. J.a) Über uns. https://www.yelp.de/about. Zugegriffen: 31. Mai 2018

Yelp (o. J.b) Presse. https://www.yelp.de/press. Zugegriffen: 31. Mai 2018

Yeung K (2016) Medium grows 140% to 60 million monthly visitors. https://venturebeat.com/2016/12/14/medium-grows-140-to-60-million-monthly-visitors/. Zugegriffen: 31. Mai 2018

Yiming C (2017) WeChat: Das Zentrum von Chinas digitalem Leben. https://www.marktforschung.de/hintergruende/marktforschung-international/blog-aus-china/marktforschung/wechat-das-zentrum-von-chinas-digitalem-leben/?platform=hootsuite. Zugegriffen: 31. Mai 2018

YouTube (o. J.) YouTube-Partnerprogramm – Überblick. https://support.google.com/youtube/answer/72851?hl=de. Zugegriffen: 31. Mai 2018

Zebothsen H (2015) Wie der Flughafen Hamburg seine Kunden per WhatsApp informiert. https://www.pressesprecher.com/nachrichten/wie-der-flughafen-hamburg-seine-kunden-whatsapp-informiert-9016. Zugegriffen: 31. Mai 2018

Zerfaß A, Boelter D (2005) Die neuen Meinungsmacher: Weblogs als Herausforderung für Kampagnen, Marketing, PR und Medien. Nausner & Nausner, Graz

Schritt 4: Organisieren

8

Social Media ist integrierter Teil des Unternehmensleitbildes und muss deshalb auch aus Vorstand oder Geschäftsführung voll und ganz unterstützt, gelebt und strategisch vorangetrieben werden.
Bernhard Rohleder, Haupt-Geschäftsführer der Bitkom (Roleder zitiert bei Bitkom 2017).

Zusammenfassung

Wie in Abschn. 3.1 gezeigt, ist Social-Media-Marketing ein interdisziplinäres und cross-funktionales Konzept, das neben den entsprechenden Ressourcen vor allem die koordinierte Zusammenarbeit vieler Abteilungen im Unternehmen erfordert. Babka (2016, S. 15–16) bringt in diesem Zusammenhang das Beispiel des berühmten schwedischen Kriegsschiffes „Vasa" als Metapher für mangelnde Kommunikation zwischen Unternehmensbereichen: Obwohl die besten Experten des Landes am Bau des Schiffes beteiligt waren, sank das Schiff – vor allem weil die einzelnen Gewerke isoliert nebeneinander agierten, ohne das große Ganze (in dem Fall die Statik) im Blick zu behalten. Im übertragenen Sinne auf Social Media bedeutet dies, dass wenn nur ein einziger Bereich seine Segel in eine andere Richtung hisst, kann dies Auswirkungen auf den Kurs des gesamten Unternehmens haben. Von daher ist es notwendig, das Unternehmen ganzheitlich für den Umgang mit Social Media aufzustellen.

Grundlegende Ansätze für die organisatorische Umsetzung behandelt deswegen zunächst Abschn. 8.1. Welche Aspekte bei der Aufstellung des Social-Media-Teams zu berücksichtigen sind und was ein Social-Media-Manager mitbringen muss, thematisiert Abschn. 8.2.

© Springer Fachmedien Wiesbaden GmbH 2019
A. Decker, *Der Social-Media-Zyklus,*
https://doi.org/10.1007/978-3-658-22873-6_8

Eine Untersuchung des Web-Portals CEO.com zusammen mit dem Daten-Management-Unternehmen Domo deckte 2016 auf, dass 60 % der Vorstandsvorsitzenden der US-Fortune-500-Unternehmen überhaupt keine eigenen Social-Media-Präsenzen führten. 27 % hatten zumindest einen Account (meistens LinkedIn) und nur 13 % waren auf mehr als einer Plattform aktiv (vgl. Domo 2017). Gründe hierfür findet Baker (2017) in dem Report von ceo.com und Domo:

> The writers admit as much, saying that a major reason why some CEOs are still hesitant to get on board is because it's hard to "capture and understand the ROI from digital marketing and social media activity." That's an industry-wide problem, and it likely won't go away anytime soon.

Nun kann man sich die Frage stellen, ob ein CEO selber überhaupt eine öffentlich sichtbare Social-Media-Präsenz braucht. Dafür gibt es gute Gründe: Eine Studie von IBM aus dem Jahre 2012 kam zu dem Ergebnis, dass Unternehmen, deren CEOs Social Media nicht nutzen, weniger wettbewerbsfähig sind (vgl. Fidelman 2012). Babka (2016, S. 173) weist darauf hin, dass sich ein CEO überdies über interne Kanäle mit seinen Mitarbeitern austauschen sollte. Und Bitkom Haupt-Geschäftsführer Dr. Bernhard Rohleder konstatiert, dass, wenn Social Media ein integrierter Teil des Unternehmensleitbildes ist, es von **Vorstand oder Geschäftsführung voll und ganz unterstützt, gelebt und strategisch vorangetrieben werden muss** (vgl. Bitkom 2017). Dazu braucht es Verständnis über die Funktionsweisen der sozialen Medien. Und hier schließt sich der Kreis: Verständnis über die Funktionsweise der sozialen Medien und für das, was Menschen im Hinblick auf das eigene Unternehmen bewegt, lässt sich am besten aufbauen, indem man selber in Sachen Social Media aktiv ist. Nur, wenn man verstanden hat, was strategisches Social Media bewirken kann, kann man eine Social-Media-Vision und -Strategie freigeben. Um dies auf koordinierte Weise zu tun, sollten sich Unternehmen auf die Reise und die damit einhergehenden organisatorischen Veränderungen einlassen (vgl. Fox 2017).

Vor diesem Hintergrund beschäftigt sich der vierte Schritt des Social-Media-Zyklus mit organisatorischen Fragestellungen (in Anlehnung an Babka 2016, S. 17):

Fragen

- Wo wird die Verantwortung für Social Media im Unternehmen aufgehängt?
- Wie soll Social Media organisiert sein (Mitarbeiterzahl, Informationsflüsse, Berichtsstrukturen)?
- Welche Gremien befassen sich mit Social Media?
- Wer betreibt im Unternehmen überhaupt Social Media? Wer macht was? Wer darf was?
- Wie viele Ressourcen/Mitarbeiter stehen zur Verfügung?
- Welches Budget steht für Social Media zur Verfügung?
- Wie kann das Thema innerhalb des Unternehmens geschult, getrieben und gelebt werden?
- Wie halte ich mein Team in diesem dynamischen Umfeld auf dem Laufenden?

„Organisieren" stellt den logischen vierten Schritt im Rahmen der Entwicklung einer Social-Media-Strategie dar, der aber ebenso in einer Iterationsschleife zu den anderen Schritten steht – wie auch die Schritte davor. Die Bestimmung der zu erreichenden Ziele über eine definierte Anzahl von Kanälen kann nicht unabhängig von den zur Verfügung stehenden Ressourcen erfolgen. Und genau an dieser Stelle liegt bei vielen Unternehmen das Problem: Scheitern die Ansätze in Social Media, liegt es meist am zu geringen Budget und am fehlenden Personal (vgl. Social-Media-Trendmonitor 2016). Und selbst, wenn ein Unternehmen im Social-Web Erfolge verbuchen kann, bremst der mangelnde Einsatz von Geld und Personal diese häufig wieder aus (vgl. Becker 2016).

8.1 Social-Media-Organisationsformen

8.1.1 Verankerung von Social Media im Unternehmen

Auch wenn es kein Patentrezept dafür gibt, wo man Social Media in einer Organisation ansiedeln soll, so dominiert in vielen Übersichten das Marketing als Heimat der Social-Media-Aktivitäten: Je nach Studie geben zwischen einem und zwei Drittel der Unternehmen an, dass Social Media im Marketing verankert ist. Bei zwischen 17 und 21 % der Firmen trägt die Unternehmenskommunikation die Verantwortung, Tendenz aber eher fallend (vgl. Altimeter 2015, S. 15; Hitz und Blackburn 2017, S. 8). Im Gegensatz dazu nimmt die Anzahl von Unternehmen, bei denen Social Media in einem dedizierten Digital-Team verortet ist, weiter zu: Bereits 16 % der Unternehmen organisieren ihre Social-Media-Aktivitäten in dieser Weise (vgl. Altimeter 2015, S. 15). Daneben übernehmen eigenen Erfahrungen zufolge auch die PR, die Personalabteilung oder zunehmend der Kundenservice den führenden Part.

Unabhängig davon, dass die organisatorische Zuteilung von Abteilungen ohnehin sehr unterschiedlich ausfallen kann (beispielsweise ist in vielen Unternehmen die Unternehmenskommunikation im Marketing aufgehängt), verdeutlichen die o. a. Verteilungen, dass es *die* Antwort auf die Frage, wo Social Media idealerweise aufgehängt sein soll, nicht gibt. Denn: **Es kommt immer darauf an.**

Worauf kommt es an? Cronin (2015) liefert hierfür ein einfaches Rahmenwerk mit drei Kriterien, an denen man sich orientieren kann: historische Unternehmensstrukturen, Zielsetzungen und das Entwicklungsstadium im Bereich Social Media.

Historische Unternehmensstrukturen
Als einen Anhaltspunkt, wo man Social Media aufhängt, können die historisch gewachsenen Unternehmensstrukturen dienen. Das ist auch genau der Grund, warum die Verantwortung für Social Media häufig im Marketing liegt: Hier starteten in vielen Unternehmen die ersten Aktivitäten, im Marketing liegen oftmals die Budgets. Eine Vielzahl von Artikeln, so Cronin (2015), nennen das Marketing als Hauptankerpunkt – alleine

aufgrund der Tatsache, dass man anfänglich nicht wusste, wo man Social Media ansonsten aufhängen solle.

Aufgrund der cross-funktionalen Ausrichtung von Social Media dürfte eine derartige Sichtweise in den meisten Unternehmen nicht mehr zielführend sein. Vor diesem Hintergrund sagt Quesenberry (2016) auch, das Social Media mittlerweile zu wichtig wäre, um es „nur" dem Marketing-Bereich zu überlassen.

Zielsetzungen
Auch in diesem Zusammenhang bieten die in Abschn. 6.2 dargestellten Zielsetzungen eine weitere Ausgangsbasis zur Bestimmung der organisatorischen Verankerung (siehe dazu nachstehend Cronin 2015):

- Stehen Aspekte der Markenbekanntheit, Steigerung des Images oder Auf- und Ausbau der Kundenbeziehungen ganz oben in der Prioritätenliste, so läge das Marketing als führende Einheit nahe.
- Geht es mehr um Reputations-Management oder Influencer-Marketing wäre die Unternehmenskommunikation/PR gefragt.
- Geht es um die Generierung von Traffic und Verbesserung der Suchmaschinen-optimierung, wäre die Verortung im Digital Team – sofern vorhanden – denkbar.
- Verfolgt das Unternehmen vor allem das Ziel den Umsatz zu steigern und Neukunden zu gewinnen, dann könnte der Vertrieb verantwortlich zeichnen.
- Da Social Media mittlerweile auch einen Servicekanal darstellen kann, könnte auch der Kundenservice diese Funktion übernehmen.
- Stehen Employer Branding und Mitarbeitergewinnung als primäre Zielsetzung fest, wäre es wiederum eher die Personalabteilung.

Da die Zielsetzungen heutzutage in den meisten Unternehmen weit über den eines einzelnen Bereichs hinausgehen, müssen bei der organisatorischen Verortung auch die von Social Media betroffenen Schnittstellen und Prozesse in die Betrachtung einbezogen werden. Dies wären neben den bereits aufgeführten Unternehmensbereichen unter anderem Forschung und Entwicklung, die Rechtsabteilung, eventuell der Betriebsrat, Datenschutz oder Fachabteilungen (vgl. Pein 2017).

Entwicklungsstadium im Bereich Social Media (Social-Media-Maturity-Modell)
Die Forschungsbemühungen von Li und Solis (2013) zeigen auf, dass neben klaren (auf die Gesamtorganisation abgestimmten) Zielsetzungen die organisatorische Ausrichtung wesentlich ist, um eine Social-Media-Strategie zum Erfolg zu führen. Li und Solis unterscheiden sechs Entwicklungsstadien, in denen sich Unternehmen in Sachen Social Media befinden können. Die Berücksichtigung der jeweiligen Social-Media-Reifephase kann einen weiteren wesentlichen Hinweis liefern, wie und wo man Social Media organisatorisch verankern sollte (siehe dazu das Social-Media-Maturity-Modell in Abb. 8.1 im Überblick).

Phase 1: Planning – „Zuhören und lernen"

Die erste der sechs in Abb. 8.1 dargestellten Phasen der Social-Business-Transformation soll garantieren, dass eine solide Grundlage für die strategische Entwicklung, organisatorische Ausrichtung, Entwicklung von Ressourcen und eine entsprechende Durchführung existiert. Die Hauptaktivitäten bestehen darin, den Usern zuzuhören, ihr Nutzungsverhalten zu verstehen und ihm Rahmen von Pilotprojekten die Aktivitäten priorisieren zu lernen. Aus organisatorischer Sicht benötigt man dazu Mitarbeiter, die diese Aufgaben neben ihren normalen Tätigkeiten betreiben, sowie externe Agenturen zur Unterstützung (vgl. Li und Solis 2013, S. 7–8).

Phase 2: Presence – „Anrecht geltend machen"

„Staking a claim" bedeutet so viel wie „ein Anrecht auf etwas geltend machen". Es repräsentiert die Evolution von der reinen Planung hin zur Ausführung einer formalen, etablierten Präsenz in den sozialen Medien. Social Media trägt in dieser Phase bereits dazu bei, das Marketing bei seiner Zielerreichung auf der Basis abgestimmter Kennzahlen zu unterstützen. Organisatorisch benötigt man dazu einen dedizierten Social-Media-Manager und entsprechende Inhalte (vgl. Li und Solis 2013, S. 9–10).

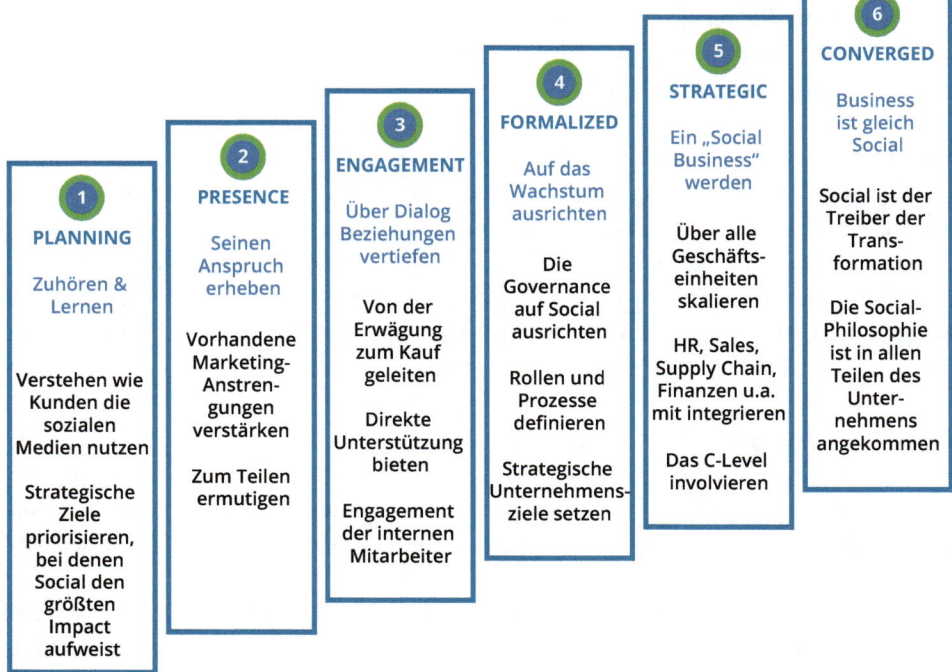

Abb. 8.1 Die sechs Phasen der Social-Media-Transformation. (Quelle: eigene Darstellung in Anlehnung an Li und Solis 2013, S. 6)

Phase 3: Engagement – „Über den Dialog Beziehungen vertiefen"
Haben Organisationen diese Stufe erreicht, stellt Social Media kein „Nice-To-Have"-Element mehr dar, sondern wird zu einem wesentlichen Teil des Kundenbeziehungsmanagements. Insofern benötigt man bereits einen dedizierten Manager für eine Social-Media-Strategie sowie ein kleines Team, um in direkte Interaktion mit den Nutzern zu treten und Communitys aufzubauen. Der Aufbau eines Social-Media-Risikomanagements gehört ebenso dazu wie die kulturelle Weiterentwicklung des Unternehmens in Richtung eines Verständnisses für Social Media (vgl. Li und Solis 2013, S. 10–11).

Phase 4: Formalized – „Auf das Wachstum ausrichten"
Unkoordinierte Social-Media-Aktivitäten zu vermeiden zählt zu den wesentlichen Antrieben für Unternehmen in Phase vier. Hier braucht es einen formalisierten Ansatz mit drei Hauptaktivitäten: Einführung eines Budgetgebers auf Management-Ebene, Aufbau eines sogenannten Center-Of-Excellence als Dreh- und Angelpunkt der Social-Media-Aktivitäten sowie Einführung eines unternehmensweiten Social-Media-Governance-Modells (vgl. Li und Solis 2013, S. 12–14; siehe dazu noch später ausführlich Abschn. 9.2).

Pein (2017) definiert den Begriff Governance im Allgemeinen als das Steuerungs- und Regelungssystem einer Organisation. Demnach beschreibt der Begriff Social-Media-Governance die Rahmenbedingungen für den Einsatz von Social Media, der, aufbauend auf der übergreifenden Strategie, insbesondere die Schaffung eines Ordnungsrahmens für den Einsatz von Social Media liefert.

Phase 5: Strategic – „Ein Social Business werden"
Im Rahmen der Weiterentwicklung zu Stufe fünf gewinnen die Social-Media-Aktivitäten zunehmend an Sichtbarkeit und wirken sich stärker auf den Unternehmenserfolg aus. Spätestens an dieser Stelle ist ein Top-Manager auf C-Level in das Social Business zu involvieren. Das Center-of-Excellence als Drehscheibe koordiniert übergeordnet alle Social-Media-Aktivitäten. Einzelne Einheiten übernehmen die operative Durchführung der Maßnahmen (vgl. Li und Solis 2013, S. 16–19).

Phase 6: Converged – „Business ist gleich Social"
Als Ergebnis einer cross-funktionalen Unterstützung auf Top-Management-Ebene wird Social Media zu einem integralen Bestandteil einer sich entwickelnden Organisation mit einer umfassenden „social" Kultur. „Social" ist dann die Verantwortung eines jeden Mitarbeiters (vgl. Li und Solis 2013, S. 19–21).

Wie oben schon angedeutet spielt der Reifestatus im Social-Media-Maturity-Modell gemäß den Erkenntnissen aus den Forschungen von Cronin (2015) eine wichtige Rolle für die organisatorische Verankerung von Social Media. Hierzu existieren wiederum mehrere Social-Media-Integrationsmodelle.

8.1.2   Social-Media-Integrationsmodelle

Die Altimeter Group analysiert seit 2010 die organisatorische Verortung von Social-Media-Teams, ihre Größe sowie Beziehung zu anderen Funktionsbereichen in Unternehmen. In diesem Zuge wurden fünf unterschiedliche Modelle identifiziert, wie Organisationen ihr Social-Media-Management aufsetzen beziehungsweise es in die Organisationsstruktur integrieren. Diese sind in einer ersten Übersicht der Abb. 8.2 zu entnehmen.

Die Ergebnisse über die verschiedenen Jahre zeigen, dass sich vor allem im Zeitraum von 2013 bis 2015 die organisatorische Verantwortung von Social Media von einem singulären Aufgabenbereich (dezentraler und zentraler Ansatz, siehe Abb. 8.2) mehr und mehr hin zu einem cross-funktionalen Ansatz (sogenannter Hub-And-Spoke- oder auch koordinierter Ansatz; siehe Abb. 8.2) entwickelt hat (vgl. Altimeter 2015, S. 12). Dies entspricht dem Verlauf der Entwicklung im Social-Media-Maturity-Modell aus Abschn. 8.1.1: Typischerweise verschieben sich die Ausrichtungen von einer dezentralen über eine zentrale hin zu Variationen des koordinierten Modells.

Es ist allerdings darauf hinzuweisen, dass keines der Integrationsmodelle generell besser oder schlechter geeignet ist. **Alle haben ihre Vor- und Nachteile.** Dabei spielt nicht nur die Reifestufe im Maturity-Modell eine Rolle. Die organisatorische Ausrichtung hat auch etwas mit der generellen Kultur oder der Größe eines Unternehmens zu tun.

Vor diesem Hintergrund gilt es nun, die fünf Modelle im Folgenden näher zu beschreiben.

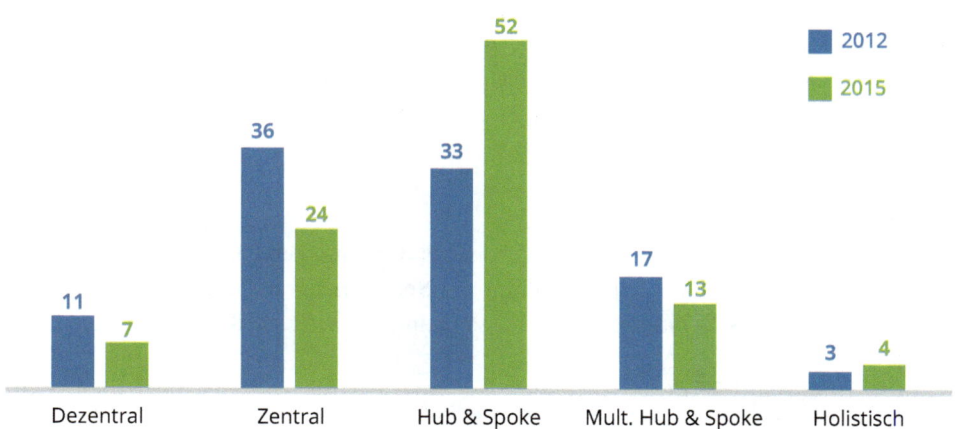

Abb. 8.2   Social-Media-Integrationsmodelle nach Altimeter. (Quelle: eigene Darstellung in Anlehnung an Altimeter 2015, S. 13)

1. Dezentral (organisch)

Fehlt eine übergeordnete Social-Media-Strategie und -Eingliederung in die Organisationsstruktur, zieht sich das Thema Social Media meist dezentral durch das Unternehmen. Mehrere Abteilungen und deren Mitarbeiter arbeiten am Thema Social Media aus einer organisch gewachsenen (Nicht-)Struktur heraus. Aus diesem Grunde wird dieser Ansatz oft als organisches Modell beschrieben. Es gibt keine konkrete Abteilung im Unternehmen, die für Management und Koordination der Social-Media-Aktivitäten zuständig ist. In einem solchen Modell hat beispielsweise das Marketing über einen Facebook-Kanal angefangen, seine Kampagnen auf die sozialen Medien auszuweiten. Die PR pflegt die Beziehungen zu ihren Journalisten über Twitter, während die Personalabteilung über LinkedIn oder Xing Employer Branding betreibt (siehe Abb. 8.3). Da sich Unternehmen allgemein mehr und mehr von den ersten Phasen des Maturity-Modells (siehe Abb. 8.1) wegentwickeln, nimmt der Anteil dieser Art des Organisationsaufbaus mit zunehmender Reife tendenziell ab.

Vorteile

Aufgrund der Nähe der Fachbereiche zu den Zielgruppen ist der Austausch mit den Nutzern meist authentischer und direkter. Ferner schafft die intensive Beschäftigung mit Kundenproblemen Wissensvorteile in den jeweiligen Abteilungen (vgl. Dimitrova et al. 2011, S. 47). Dies hat einen nicht zu verachtenden Motivationseffekt für die betroffenen Social-Media-Manager. Social Media wird zudem auf mehrere Schultern in der Organisation verteilt.

Nachteile

Wenn sich mehrere Abteilungen auf eigene Faust in den sozialen Medien engagieren, führt dies in der Regel zu einem höheren Ressourcenverbrauch und einer uneinheitlichen Unternehmensdarstellung nach außen (vgl. Pein 2017). Der eher experimentelle Umgang mit den Kunden und den Kundendialogen hat oftmals Überschneidungen, Doppelarbeiten und Kompetenzüberschreitungen zur Folge. Uneinheitliche Aussagen nach außen sind nicht selten. Auch der Aufbau von Erfahrungswerten fällt hier aufgrund von abgeschotteten „Informations-Silos" der einzelnen Abteilungen schwer. Falls Abstimmungen erfolgen, bedarf dies eines hohen Zeitaufwands. Ein echtes Omni-Channel-Management[1] ist schwer zu koordinieren.

Einsatzgebiete

Wie schon angedeutet, ist dieses Modell meist bei den Unternehmen anzutreffen, die sich noch in einem frühen Entwicklungsstadium von Social Media befinden. Diese dezentrale Organisationsform ist typisch für große Unternehmen, in denen Kontroll-Mechanismen

---

[1]Omni-Channel-Management bezeichnet das synergetische Planen, Steuern und Kontrollieren der zahlreichen verfügbaren Vertriebskanäle und Kundenkontaktpunkte („Customer-Touchpoints"), um das Kundenerlebnis und den Unternehmenserfolg über die verschiedenen Vertriebskanäle und Prozessschritte hinweg zu optimieren (vgl. Oeser o. J.).

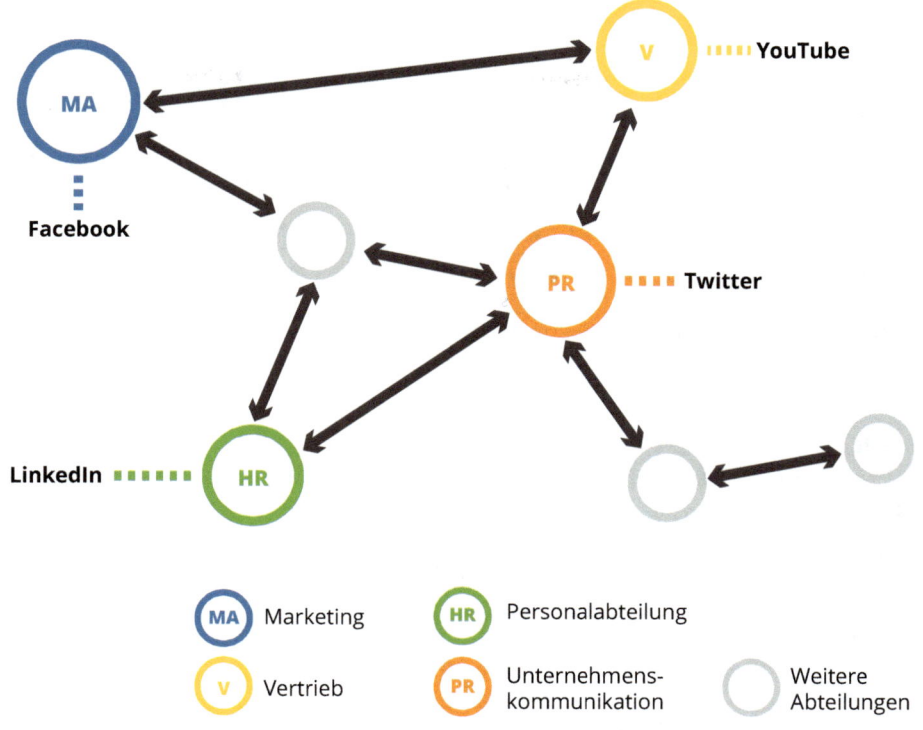

Abb. 8.3 Dezentrales (oder organisches) Integrationsmodell nach Altimeter. (Quelle: eigene Darstellung in Anlehnung an Altimeter 2015, S. 13)

schwer durchzusetzen sind (vgl. Owyang 2010) oder Organisationen mit einer dynamischen Unternehmenskultur.

Ein Beispiel einer solchen Organisationsform war zumindest früher bei Sky auszumachen.

2. Zentral

Den direkten Gegenentwurf zum eben beschriebenen Ansatz liefert die zentrale Organisationsform, bei der eine dedizierte Abteilung alle Social-Media-Aktivitäten koordiniert, steuert und kontrolliert. Damit geht eine klare hierarchische Aufteilung und Berichtsstruktur einher, die allerdings in der Theorie einfacher durchzusetzen ist als in der Praxis (vgl. Babka 2016, S. 21). Im Zweifelsfall greift der in der Verantwortung stehende Bereich auf die Fachabteilungen oder Sub-Marken zurück, wenn die „Zentrale" Anfragen nicht direkt beantworten kann (siehe Abb. 8.4).

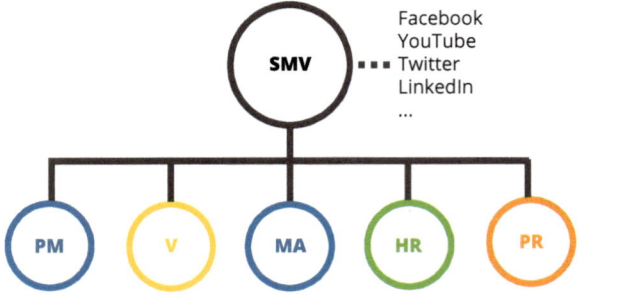

Abb. 8.4 Zentrales Integrationsmodell nach Altimeter. (Quelle: eigene Darstellung in Anlehnung an Altimeter 2015, S. 13)

Vorteile

Der Vorteil dieses Ansatzes liegt in der konsistenten Nutzeransprache im Sinne eines einheitlichen Markenauftritts. Damit einher geht ein besserer Überblick über alle Social-Media-Aktivitäten, was gleichzeitig die Budgetplanung und Mitarbeitersteuerung vereinfacht und Risiken reduziert. Die Abteilung hat zudem die Möglichkeit sich gezielt Know-how durch Best Practices aufzubauen. Es ist ein guter, erster Schritt hin zu einem koordinierten Modell (vgl. Altimeter 2015, S. 13).

Nachteile

Dieses Modell kann laut Babka (2016, S. 21) nur dann funktionieren, wenn die Führungskraft bedingungslosen Zugriff auf alle Bereiche hat. Dies trifft in der Regel nur auf Mitglieder des Top Managements zu. Auf dieser Ebene gestaltet es sich jedoch schwer, sich ständig auf dem Laufenden zu halten und alle Social-Media-Aktivitäten selbst zu koordinieren, vor allem wenn Social Media nur eine Aufgabe von mehreren ist. In diesen Fällen kann es schnell zur Überlastung kommen. Da solche Teams in der Regel eine geringere Expertise auf Marken- oder Fachbereichsebene besitzen, mangelt es oftmals an der notwendigen Authentizität und Kreativität. Zudem erweist sich der zentrale Ansatz oft als vergleichsweise langsam, vor allem bei Anfragen zu Spezialthemen (vgl. Owyang 2010). Da diese Art Verankerung meist nicht im Hinblick auf die Kundenbetreuung erfolgt, ist eine ganzheitliche Steuerung im Sinne des Omni-Channel-Managements nur schwer denkbar.

Einsatzgebiete

Dieser Ansatz kann sinnvoll sein in stark regulierten Branchen oder für Unternehmen, die einer genauen Überwachung unterliegen, um einen einheitlichen Außenauftritt zu gewährleisten. Er ist auch in größeren Unternehmen mit strikten hierarchischen Strukturen zu finden, bei denen die Mitarbeiter an Weisungen gebunden sind. Die zentrale Social-Media-Organisation ist eine erste Reifung von einer dezentralen hin zu einer koordinierten Organisationsform. Klassische Beispiele dafür waren früher Dell und Ford.

3. Hub-And-Spoke (koordiniert)

Wie im Social-Media-Maturity-Modell in Abschn. 8.1.1 beschrieben, zählt die Einführung eines „Center-Of-Excellence" zu einer der drei Hauptaktivitäten im Rahmen von Stufe vier. Kern dieser Formation ist ein dezidiertes Social-Media-Team,
das die bereichsübergreifende Verantwortung für sämtliche Social-Media-Aktivitäten
des Unternehmens trägt. Sie fungiert als Drehscheibe (englisch: Hub) und unterstützt
funktionsübergreifend die einzelnen Geschäftsbereiche. Im Einzelnen sind dies Auf-
gabenkomplexe wie zum Beispiel die Entwicklung der unternehmensweiten Social-
Media-Strategie, Test und Auswahl für mögliche Tools, Partner und Agenturen, zentraler Ansprechpartner für alle Themen und Probleme rund um Social Media sowie
Koordination des gesamten Engagements in den sozialen Medien (vgl. Pein 2017). Aus
diesem Grunde spricht man bei diesem Modell auch vom koordinierten Ansatz. Einzelne
Business Units oder Fachbereiche führen die Social-Media-Dialoge eigenverantwortlich
und haben in der Regel auch Budgethoheit (entspricht dann dem englischen Spoke; siehe
Abb. 8.5).

Vorteile

Ähnlich wie beim zentralen Ansatz ermöglicht diese Organisationsform einen weitgehend konsistenten Social-Media-Auftritt. Er verbindet damit die Vorteile einer
übergreifenden Instanz mit Berichtslinie an die Führungsebene, lässt aber durch die
Einbeziehung der Fachbereiche im operativen „Daily Business" die notwendigen Spiel-
räume für einen authentischen Social-Media-Auftritt (vgl. Babka 2016, S. 22). Deswegen genießt dieser Ansatz eine zunehmende Verbreitung und hohe Akzeptanz (siehe
Abb. 8.2).

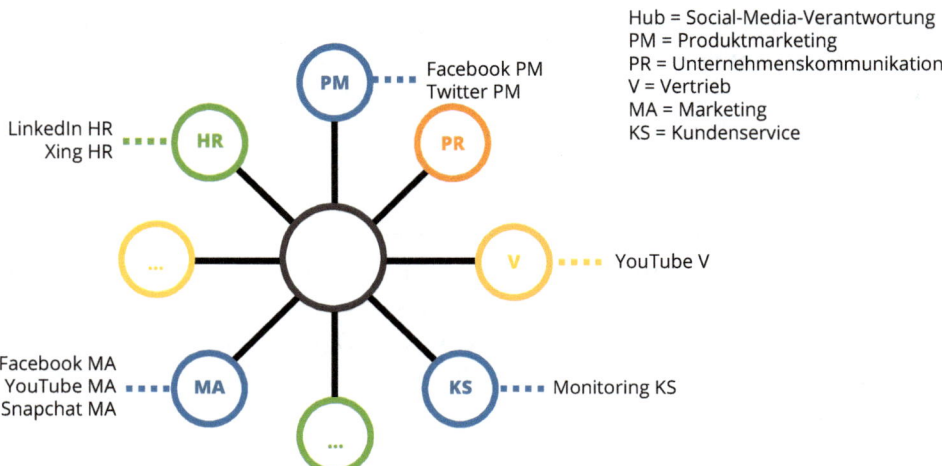

Abb. 8.5 Koordiniertes Integrationsmodell nach Altimeter. (Quelle: eigene Darstellung in
Anlehnung an Altimeter 2015, S. 13)

Nachteile

Dieses Modell ist vor allem bis zu dem Zeitpunkt seiner vollständigen Etablierung im Unternehmen und bis die entsprechenden Mechanismen vollständig greifen, zeitintensiv. Insbesondere in kritischen Fällen kann es bei einer nicht optimalen Ausgestaltung zu Problemen kommen, wenn nicht schnell und flexibel genug reagiert werden kann. Insofern braucht es bei diesem Ansatz eine Führungsperson, die ein gutes Standing im Unternehmen hat und der man vertraut. Die Unterstützung des Top-Managements ist dennoch nötig, um vor allem das Buy-In der einzelnen Fachbereiche oder Business Units zu bekommen (vgl. Owyang 2010). Wenn die entsprechende Unternehmenskultur existiert, ist auch ein Omni-Channel-Management-Ansatz gut umsetzbar.

Einsatzgebiete

Aktuell kommt dieser Ansatz bei mehr als der Hälfte der Unternehmen zum Einsatz. Owyang (2010) empfiehlt, dass der verantwortliche Hub eher als Unterstützer, denn als Polizei auftreten sollte.

4. Multiple-Hub-And-Spoke (mehrfach koordiniert)

In großen Konzernen oder international agierenden Unternehmen besteht aufgrund der Komplexität der Strukturen oft die Notwendigkeit eine weitere Unterteilung in einzelne Geschäftsbereiche vorzunehmen. In solchen Fällen wird ein übergeordneter Dach-Hub etabliert. Ebenso wie der einfache Hub im koordinierten Modell, ist dieser Dach-Hub konzernweit für die Social-Media-Strategie sowie alle übergeordneten Social-Media-Aktivitäten verantwortlich. Babka (2016, S. 23) empfiehlt in solchen Fällen ein Expertenteam aufzubauen und diese Experten dann zentral als interne Berater für Social-Media-Themen zu etablieren.

Dieses Dach-Hub steht in engem Austausch mit den zentralen Ansprechpartnern in den Sub-Hubs der angegliederten Unternehmensbereiche oder nationalen Gesellschaften. Dort führen die einzelnen Units (Spokes) die Dialoge selbst und setzen Richtlinien um, erweitern diese um marken- oder länderspezifische Ziele und Herausforderungen (siehe Abb. 8.6). Man spricht deswegen von einem mehrfach koordinierten Modell.

Vorteile

Den Business Units oder nationalen Gesellschaften gibt dieses Modell genügend Freiraum, um ihre Spezifika entsprechend gegenüber ihren Zielgruppen authentisch zu transportieren. Wird ein gegenseitiger Austausch unter den Einheiten gefördert, trägt dies zusätzlich zum Aufbau von Know-how in der Gesamt-Organisation bei. Im Zweifelsfall sorgen aber die Sub-Hubs oder der Dach-Hub durch die Durchsetzung von Standards für einen konsistenten Auftritt.

Nachteile

Ohne klare Ziele und Vorgaben funktioniert dieser Ansatz nicht. Er verursacht darüber hinaus eine zeitintensive Planung der Abläufe, bei der die Schnelligkeit nicht immer gegeben sein ist: Manchmal kann es dauern, bis ein Thema durch die entsprechenden

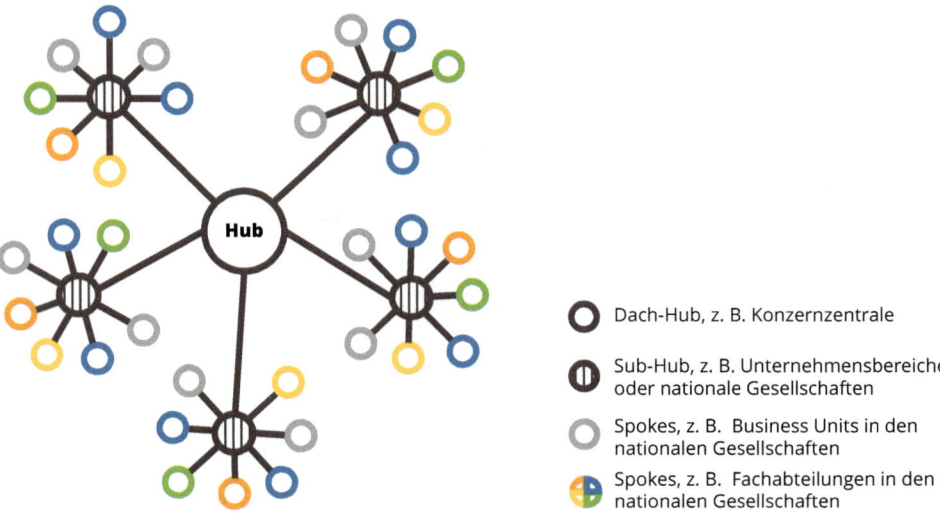

Dach-Hub, z. B. Konzernzentrale

Sub-Hub, z. B. Unternehmensbereiche oder nationale Gesellschaften

Spokes, z. B. Business Units in den nationalen Gesellschaften

Spokes, z. B. Fachabteilungen in den nationalen Gesellschaften

Abb. 8.6 Mehrfach koordiniertes Integrationsmodell nach Altimeter. (Quelle: eigene Darstellung in Anlehnung an Altimeter 2015, S. 13)

Instanzen bis zum Dach-Hub hoch-eskaliert wird. Auch das Feedback des Dach-Hubs kommt dann nicht immer mit der erforderlichen Geschwindigkeit. Trotz der gesetzten Standards kann es zudem schwierig sein, einheitliche Aussagen durchzusetzen.

Einsatzgebiete

Wie bereits einleitend erwähnt, erweist sich diese Organisationsform als sinnvoll für große, etablierte, international tätige Unternehmen mit ihren zahlreichen Geschäftsbereichen und Regionen, die autonom agieren können müssen. Als Beispiel dienen multinationale Konzerne wie Nestlé.

5. Holistisch

Im Sinne der höchsten Stufe des Social-Media-Maturity-Modells wird bei dieser Organisationsform Social Media zu einem integralen Bestandteil des gesamten Unternehmens. Alle Mitarbeiter führen Kundendialoge und kümmern sich um das Thema Social Media über alle Kanäle gleichermaßen. Das Muster in Abb. 8.7 verdeutlicht diese Gleichstellung und Koordination zwischen den Mitarbeitern der verschiedenen Bereiche. Die Mitarbeiter werden zuvor durch entsprechende Schulungen in die Lage versetzt, selbst und ohne Steuerung von oben auf Basis einer unternehmensweit festgelegten Social-Media-Strategie mit Richtlinien sinnvoll mit Social Media umzugehen (vgl. Altimeter 2015, S. 13; Babka 2016, S. 25). Wichtig ist, dass alle Mitarbeiter ein einheitliches Verständnis darüber haben, welche Geschäftspolitik ihr Unternehmen vertritt und wie sie mit Kundenfragen umgehen sollen. Der Unterschied zum dezentralen, organischen Modell ist der höhere beziehungsweise hohe Organisationsgrad sowie die einheitlichere Sicht auf das Thema.

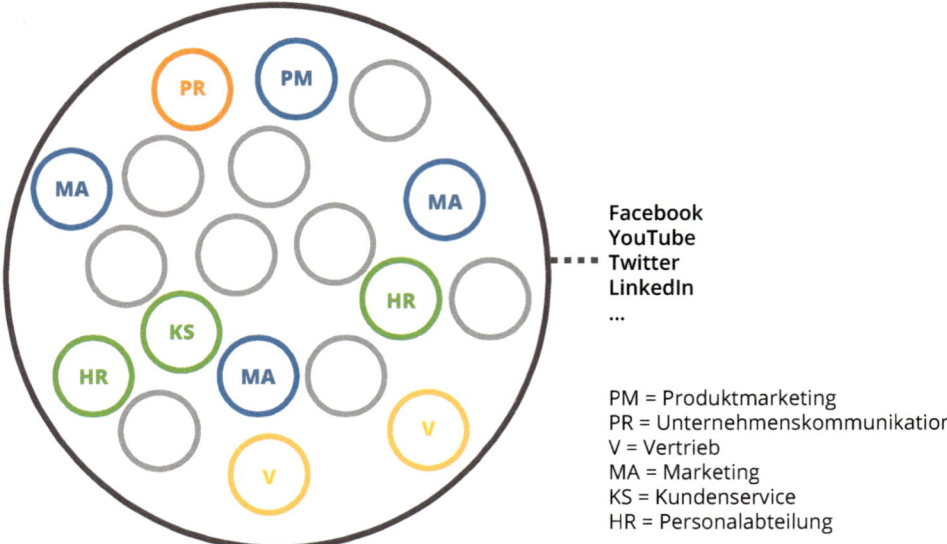

Abb. 8.7 Holistisches Integrationsmodell nach Altimeter. (Quelle: eigene Darstellung in Anlehnung an Altimeter 2015, S. 13)

Vorteile

Diese Organisationsform ermöglicht nach außen hin sehr wahrscheinlich das authentischste Engagement mit größtmöglicher Nähe zu den Nutzern und ist sehr effizient mit hoher Erfolgswirkung. Interessenten wird in der Regel sehr schnell geantwortet. Das Modell basiert auf dem Wissen der Masse. Für die Mitarbeiter liefert es zudem einen nicht zu unterschätzenden Motivationseffekt.

Nachteile

Dieses Modell verlangt nach einem Top-Management, das seinen Mitarbeitern vertraut und diese mit Handlungsmacht ausstattet. Unternehmenskultur und -Ziele müssen zudem strikt auf den Usernutzen konzentriert sein, um die unternehmenseinheitliche, holistische Sichtweise aller Mitarbeiter garantieren zu können. Ansonsten kann es schnell zu Anarchie und zu einem schleichenden Übergang zum dezentralen Modell kommen. Um dies zu vermeiden, muss das Top Management diese kundenorientierte Ausrichtung selbst vorleben (vgl. Owyang 2010).

Einsatzgebiete

Der holistische Ansatz eignet sich für kleinere Unternehmen, die sich dadurch auszeichnen, dass jeder Mitarbeiter im Unternehmen Social Media am Arbeitsplatz zur Beantwortung von Kundenanfragen nutzen darf. Als Beispiele werden hier immer wieder Best Buy oder Zappos angeführt. Vornehmlich ist dieses Modell auch in der IT-Branche zu finden.

Als Empfehlung sei festgehalten, dass man zunächst eine genaue Analyse des Unternehmens, seiner generellen Kultur und Gegebenheiten sowie seines Social-Media-Reifegrades durchführen sollte. Wie in Abb. 8.2 gezeigt, verfügen mittlerweile fast zwei Drittel der bei Altimeter untersuchten Unternehmen immerhin über ein koordiniertes Integrationsmodell.

8.1.3 Social Media und Kulturwandel

Die den sozialen Medien innewohnende Dynamik erfordert von Unternehmen bezüglich der organisatorischen Verankerung eine **hohe Flexibilität.** Egal, ob man als Unternehmen erst beginnt, Social Media zu betreiben, oder bereits Strukturen aufgesetzt hat: „Social Media ist keine Abteilung, sondern ein Ansatz" (Pein 2014, S. 218). Owyang (2010) formuliert es mit Bezug auf die in Abschn. 8.1.2 dargestellten Integrationsmodelle ähnlich: „Recognize this isn't an org chart, it's a cultural change".

Diese Grundgedanken in ein Unternehmen zu bringen und Social Media in sämtliche Bereiche und Prozesse zu integrieren, stellt nicht nur eine wichtige Aufgabe der Social-Media-Verantwortlichen, sondern auch des Top-Managements dar. Insofern ist es wichtig, dass sich auch die obersten Führungskräfte mit Social Media beschäftigen. Owyang (2010) weist in diesem Zusammenhang darauf hin, dass sich der Kulturwechsel nicht einfach so und schnell ergibt, sondern dass es hierfür ein **umfassendes Change Management** braucht.

An dieser Stelle soll nun nicht in die Tiefen des Change Managements vorgedrungen werden. Eine ausführliche Auseinandersetzung mit Bezug auf Social Media ist bei Pein (2014, S. 218–227) zu finden. Dennoch gilt es zumindest die wichtigsten Aspekte, die in puncto Social Media und Kulturwandel zu berücksichtigen sind, kurz aufzuführen (vgl. dazu Kern 2017; Pein 2014, S. 224–227; Weck 2017).

Unternehmens-Mission: Von starren Hierarchien zur festen Verankerung von Social Media in der Unternehmenskultur
Wie die Ausführungen zum Social-Media-Maturity-Modell und den Integrationsmodellen zeigten, weisen Unternehmen in unterschiedlichen Entwicklungsstadien und Organisationsmodellen eine unterschiedlich hohe Flexibilität auf. Auch unternehmensspezifische Machtstrukturen und Kommunikationsrituale beeinflussen die Art und Weise, wie Social Media genutzt wird und eingesetzt werden kann (vgl. Arndt 2012). Für jedes dieser Modelle und Unternehmen gilt: Komplett starre Hierarchien und Social Media passen nicht zueinander (vgl. Pein 2014, S. 224). Eine Studie von Capgemini mit Bezug auf Digitalisierung bestätigt jedoch die Erfahrungen vieler aus der Praxis: Häufig werden die bestehenden Verhältnisse vehement verteidigt, obwohl 72 % der deutschen Befragungsteilnehmer die etablierte Unternehmenskultur als eines der größten Hemmnisse auf dem Weg zu einer digitalen Organisation betrachten. Um die Digitalisierung – und somit auch Social Media – erfolgreich voranzutreiben, sagen die Studienverfasser,

bedürfe es einer festen Verankerung der Digital- (und damit auch der Social-Media-) Strategie in der Unternehmenskultur sowie wirkungsvoller Ansätze, um Befürchtungen der Mitarbeiter zu zerstreuen (vgl. Kern 2017).

Natürlich gibt es Branchen und Unternehmenskulturen, in denen eine intensive Beteiligung via Social Media schon heute üblich ist. Dies trifft erwartungsgemäß eher auf junge Start-Ups als auf die klassischen Old-School-Unternehmen zu. Facebook, als Beispiel für ein digital fortschrittliches Unternehmen, nennt als ersten seiner fünf Grundsätze für eine erfolgreiche Unternehmenskultur „Etabliere eine Mission und fokussiere dein Team darauf" und forciert so den Community-Gedanken. Seit der Einführung der Grundsätze achtet man bei Facebook penibel auf die Einhaltung – trotz immensen Mitarbeiter-Wachstums. Dabei spielt Marc Zuckerberg persönlich eine wichtige Rolle (vgl. Weck 2017).

Diese Haltung lässt sich aber nicht auf jedes Unternehmen übertragen. Insofern ist es notwendig, neben der Verankerung von Social Media in der Unternehmenskultur auch den entsprechenden Handlungswillen zur Veränderung aufzubauen. Ansatzpunkte hierfür liefert das Modell in Abb. 8.8.

Top-Management-Ansatz: Von der Angst vor Kontrollverlust zur Vertrauenskultur
Das Top-Management spielt eine entscheidende Rolle bei der Durchsetzung eines Kulturwandels. Um beim Beispiel Facebook zu bleiben: Mark Zuckerberg gilt bei seinen Mitarbeitern als glaubwürdig. Es beeinflusst die Motivation des Teams in besonderem

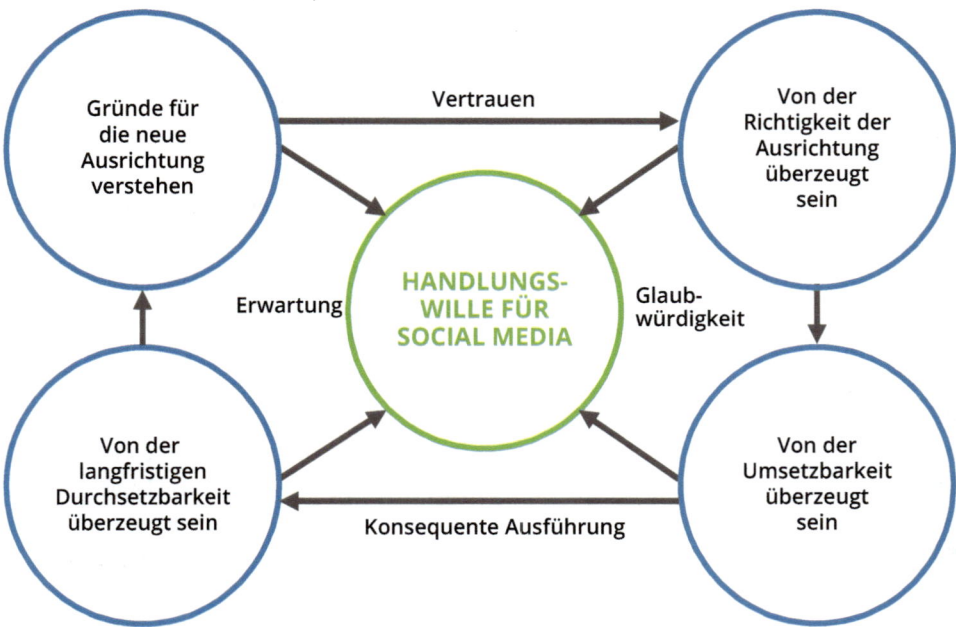

Abb. 8.8 Ansatzpunkte für den Aufbau von Handlungswillen. (Quelle: eigene Darstellung)

Maße, dass er nicht nur ein gesichtsloser Chef ist, den die Mitarbeiter hin und wieder aus der Ferne sehen, sondern dass er ihre Nähe sucht und menschlich wirkt. Zuckerberg schenkt seinen Mitarbeitern Vertrauen (vgl. Weck 2017) und fördert so den Aufbau eines Handlungswillens. So kann es gelingen, dass Mitarbeiter Gründe für die Neuausrichtung verstehen und sie von der Richtigkeit derselben zu überzeugen (siehe Abb. 8.8, obere Kreise).

Man kann andere Unternehmen jedoch nicht ohne Weiteres mit Facebook vergleichen und ihre Manager nicht mit Mark Zuckerberg. Bei vielen Führungskräften herrscht noch immer Angst vor einem möglichen Kontrollverlust, der mit Social Media (gefühlt) einhergehen kann (vgl. Pein 2017, S. 225). Gefragt ist dennoch ein Ansatz, bei dem die Geschäftsleitung federführend bei der Veränderung agiert und dem Faktor Mensch die entsprechende Bedeutung beimisst und in ihnen das entsprechende Potenzial sieht. Um noch einmal das Beispiel Facebook zu Rate zu ziehen: Chefs sollten authentisch sein und ihre Teams zur Eigeninitiative ermuntern (Weck 2017) – weg von laufender Kontrolle hin zu mehr Vertrauen. Dies fördert wiederum die Glaubwürdigkeit des Managements und unterstützt, bei konsequenter, Ausführung die Überzeugungsarbeit hinsichtlich Umsetzbarkeit und langfristiger Durchsetzbarkeit (siehe Abb. 8.8, untere Kreise). Das Management muss dabei ein Gespür für das richtige Maß an Kontrolle entwickeln und darf nicht in das Gegenteil verfallen und alles zur Diskussion stellen. Es sollte aber lernen, den Diskurs offen zu führen und Vertrauen in die kollektive Intelligenz entwickeln (vgl. Arndt 2012).

Weiterbildung: Von der Kultur der Gewohnheit zur Lern- und Fehlerkultur
Erfolgreiche Unternehmen, so eine Studie von Capgemini, passen ihren Führungsstil an und schaffen eine Vertrauenskultur, die Fehler zulässt. Außerdem binden sie Mitarbeiter frühzeitig in Veränderungsprozesse ein. Darüber hinaus zeigen die Studienergebnisse, dass digital fortschrittliche Unternehmen in ihre Mitarbeiter investieren und Ressourcen für entsprechende Coachings und Trainings sowie Wissensmanagement zur Verfügung stellen (vgl. Kern 2017). Bei Facebook heißt einer der Grundsätze „Fördere die Stärken der einzelnen Mitarbeiter" (Weck 2017).

Die Durchsetzung im Unternehmen ist allerdings zumeist nicht ganz einfach – häufig behindert die „Tyrannei des Status Quo" den Wandel. Veränderungen tun weh und sind anstrengend, weswegen sich Mitarbeiter nicht gerne darauf einlassen. „Klassiker" unter den Einwänden sind (vgl. Pein 2014, S. 227): „Aber das haben wir schon immer so gemacht" oder „Wir brauchen so einen neumodischen Kram nicht". Hier können wiederum die Ansatzpunkte zum Aufbau des Handlungswillens aus Abb. 8.8 hilfreich sein, um Mitarbeitern den Mehrwert des Wandels vor Augen zu führen und eine ausgereifte Lernkultur zu entwickeln. Letztere ist in Anbetracht der hohen Dynamik im Feld der sozialen Medien besonders wichtig, um auf dem Laufenden zu bleiben.

Wissensmanagement: Von Informationssilos zu geteiltem Wissen
Social Media ist eine cross-funktionale Disziplin. Als solche erfordert sie einen zeit-
nahen Zugriff auf alle Informationen im Unternehmen, die für den Dialog mit den
Nutzern benötigt werden (vgl. Pein 2014, S. 227). Hierzu ist oftmals ein Kulturwandel
notwendig, der auf Vertrauen und Transparenz basiert. Er bedarf aber auch der Partizipation. Hierbei spielt erneut das Management eine Schlüsselrolle. Es muss die
Rahmenbedingungen für ein kreatives und innovatives Unternehmen schaffen und
eine „neue Kultur des Teilens" vorleben (vgl. Arndt 2012). Das bedeutet insbesondere,
Informationssilos und „Kopf-Monopole" aufzulösen. Um dies zu erreichen, bieten sich
Workshops und Roadshows mit allen Abteilungen im Unternehmen an – aus Betroffenen
sollen Beteiligte werden und nicht umgekehrt.

8.2   Das Social-Media-Team und seine Rollen

Ein moderner Social-Media-Ansatz bezieht das ganze Unternehmen ein. Quesenberry
(2016) schlägt daher vor, **auf cross-funktionale Teams** zu setzen. Mit diesen sei es möglich, die Nutzer besser durch die Phasen ihrer Customer Journey zu begleiten und so das
Social Media effizienter und effektiver zu machen. Es hilft, das Eins-zu-Eins-Kunden-
Engagement skalieren zu können. Auch Pein (2017) verdeutlicht, dass ein gutes, ganz-
heitliches Social-Media-Engagement ein Team von speziell ausgebildeten Menschen mit
unterschiedlichen Schwerpunkten erfordert.

Die Ergebnisse der Umfrage des Berufsverbandes für Social Media und Community
Manager (BVCM) zeigen jedoch, dass die Unternehmen noch nicht so weit sind:
Mehr als ein Drittel der Social-Media-Verantwortlichen agiert noch immer ohne eigenständiges Team. Darüber hinaus besteht nach wie vor ein Großteil dieser „Teams" aus
lediglich ein bis zwei Personen (siehe Abb. 8.9).

In der Studie des BVCM in Abb. 8.9 geben fast 50 % der Organisationen an, entweder
einen oder zwei Mitarbeiter in eigenständigen „Teams" zu beschäftigen. Zieht man die
Ergebnisse des „The State of Social Marketing Reports" von Simply Measured hinzu,
so dürfte die Verteilung zwischen einem und zwei Mitarbeitern bei ca. 55:45 liegen (vgl.
Hitz und Blackburn 2017). Nimmt man diese Ergebnisse zusammen bedeutet dies, dass
in einem Viertel der Unternehmen, die sagen, sie hätten ein eigenständiges Team, dieses
aus einer One-Man-Show besteht. Buffer kommt in seiner Studie sogar auf einen Anteil
von 42 % (vgl. Lua 2017).

Schlimmer ist jedoch der „Ansatz", von dem Springett (2017) berichtet, wonach
selbst in amerikanischen Software-Unternehmen das Social Media den **Praktikanten**
mit der Begründung überlassen wird, dass die eigene Generation nicht wirklich im
Social Web aktiv sei und man deswegen diejenigen daransetzt, die das sind. Dieser
Ansatz ist in vielerlei Hinsicht inadäquat: Selbst, wenn man Praktikanten auf Social
Media schult, so fehlt ihnen doch der entsprechende Blick für dessen Einsatz im Business Kontext. Dies erkennt man spätestens, wenn man sich die Profile der Praktikanten

Gibt es für das Social-Media-Management in Ihrer Organisation ein eigenständiges Team?

Wie viele Personen arbeiten in bezahlter Anstellung „Social-Media-Professional" in der Organisation?

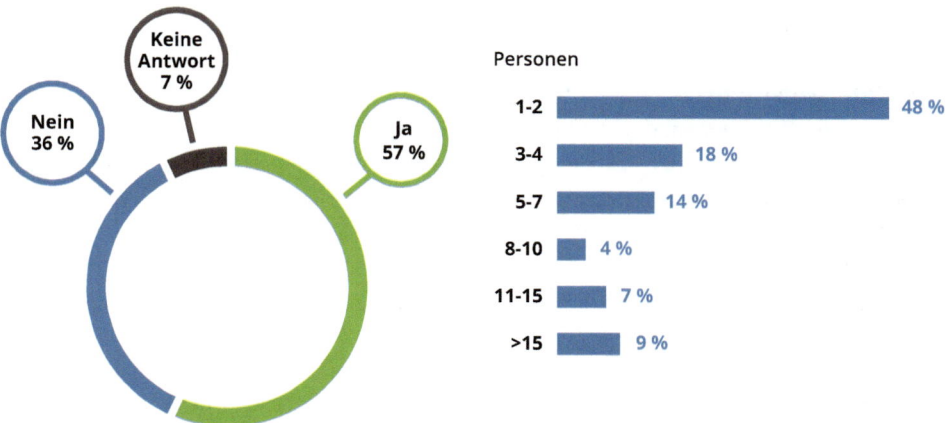

Abb. 8.9 Anteil eigenständiger Social-Media-Teams und deren Größe. (Quelle: eigene Darstellung in Anlehnung an Pein 2017)

auf LinkedIn anschaut: Hier fehlt es oft an einer professionell gestalteten Selbstdarstellung, was die fehlende Erfahrung im Unternehmenseinsatz unterstreicht (vgl. Springett 2017). Ähnlich sieht es auch Ulf Gimm von Procom-Bestman im Interview mit Johannes Kühner (2017):

> Mit dem Schreiben geht's da schon mal los. Wer sich sicher im Internet bewegen kann, ist nicht automatisch ein Rechtschreibgott. Kleine Tippfehler verzeiht das Netz, aber man sollte schon einer korrekten Sprache mächtig sein. Und das ist ja nicht alles: Wer Social Media betreut, muss Redaktionspläne erstellen. Themen recherchieren. Sich mit Bildformaten beschäftigen. Inhalte wie Texte, Fotos und Videos produzieren oder die Produktion begleiten. Kanäle testen. Und auch nach Feierabend mal ein „Gefällt mir" bei Twitter klicken und auf einen Kommentar eingehen. Kurzum: Bei Procom-Bestmann haben wir für all das ein vierköpfiges Social-Media-Team mit Gestaltern, Mediendesignern und mir in der Presse- und Öffentlichkeitsarbeit. Für eine Person allein wäre das schwer zu leisten. Außerdem muss Social Media nachhaltig sein. Das klappt nicht mit einem Praktikanten, der nach drei, sechs oder zwölf Monaten wieder verschwindet.

Wie sind nun aber Social-Media-Teams zusammenzustellen? Zunächst sollte man auch hier die ersten Schritte des Social-Media-Zyklus berücksichtigen: Was passiert draußen im Netz (zuhören)? Was sind die Organisationsziele und, weiter runtergebrochen, was sind die Ziele, die mit Social Media verfolgt werden (definieren)? Auf welchen Kanälen halten sich die Zielgruppen, die wir erreichen wollen, auf (selektieren)? Besteht bereits ein Budget und wenn ja, wie hoch ist es (organisieren)? – Die Antworten auf diese Fragen bestimmen die Größe des Teams sowie die Rollen und Fähigkeiten der Teammitglieder (in diesem Sinne ähnlich: Lua 2017).

Rollen in Social-Media-Teams

Betrachtet man die Ausführungen bei Lua (2017) sowie Pein (2017), so lassen sich sechs wesentliche Rollen beziehungsweise Fähigkeiten identifizieren, die in einem Social-Media-Team im Idealfall besetzt sein sollten:

1. Social-Media-Manager

Social-Media-Manager sind für die übergreifende Strategie und die Koordination des Social-Media-Engagements zuständig. Sie sollten eine übergreifende Perspektive einnehmen, müssen also auch konzeptionell arbeiten können. In kleinen Teams verantworten sie auch die meisten der operativen Tätigkeiten, wie die Pflege der Profile, Veröffentlichung von Content, Social-Media-Monitoring, Moderation und Krisenmanagement sowie die Analyse der Zielerreichung. Social-Media-Manager sollten Generalisten mit umfassendem Business-Know-how sein, sie sollten Branchenkenntnisse, Allgemeinwissen sowie juristische Grundlagen im Rahmen von Social Media mitbringen. Ein aufgeschlossenes Wesen und Kooperationsbereitschaft sind aufgrund der Schnittstellen-Funktion dringend erforderlich. Da Social-Media-Manager meistens die Teamleitung innehaben, sollten sie zudem Führungsqualitäten, Durchsetzungsvermögen und Organisationstalent besitzen.

2. Community Manager

Community Manager verantworten vor allem die Moderation auf den Plattformen, ihr Schwerpunkt liegt auf der Aktivierung und der Weiterentwicklung der Community. Im Einzelnen steuern sie die Interaktion mit den Nutzern und führen den direkten Dialog, sie sind quasi das „Gesicht des Unternehmens". Eine gewisse Medientauglichkeitspräsenz (zum Beispiel bei Videos) ist daher von Vorteil. Community Manager übernehmen eine wesentliche Rolle im Auf- und Ausbau der Beziehungen zu den Nutzern, Fans und Markenbotschaftern. Die Rolle erfordert einiges an Einfühlungsvermögen, Frustrationstoleranz (vor allem wenn viel Kritik geäußert wird) und im Idealfall auch Humor. Darüber hinaus kann die Rolle die Aufgabe des Social-Media-Monitorings beinhalten, um relevante Unterhaltungen im Social Web zu identifizieren. Dann kämen als weitere Qualifikationen Analysefähigkeiten und technisches Verständnis hinzu.

3. Social-Media-Redakteur

Social-Media-Redakteure oder auch „Content-Creators" sind darauf spezialisiert, passende Inhalte für die Plattformen in den unterschiedlichsten Formaten (Texte, Bilder, Videos etc.) zu erstellen. Als solche übernehmen sie des Öfteren auch die Rolle von Designern, vor allem wenn es darum geht, Bilder oder Grafiken zu erstellen. Sie können auch für die Planung der Posts gemäß Redaktionsplan verantwortlich zeichnen. Insofern müssen Content-Creators redaktionelle Kenntnisse, aber gleichzeitig auch eine kreative Ader mitbringen. Flexibilität und Agilität sind gefordert, denn Redakteure müssen sich schnell auf neue Ereignisse einstellen und darauf reagieren. Der Oreo-Fall zum Real-Time-Marketing bei Twitter in Abschn. 7.2.1 ist ein hervorragendes Beispiel für Kreativität und

Spontaneität. Redakteure sollten zudem Liebe zum Detail mitbringen – ganz banal um beispielsweise Tippfehler zu vermeiden, aber vielmehr noch, wenn es um Ideen und die richtige Wortwahl geht, um nicht schablonenhaft wiederkehrende Inhalte zu produzieren.

4. Social-Media-Analyst

Analysten analysieren die zuvor erhobenen Kennzahlen und Daten zu den jeweiligen Aktivitäten in den sozialen Medien und ziehen daraus Rückschlüsse für die weitere Vorgehensweise: Welche Arten von Posts kommen gut an, wird die Zielgruppe erreicht, wie verändern sich die Click-Through-Raten …? Sie erstellen daraus Reports und halten die Führung des Social-Media-Teams sowie das Management auf dem Laufenden. Dazu braucht es in der Regel die entsprechenden Analysefähigkeiten, eine hohe Zahlenaffinität und oft auch technisches Verständnis.

5. Customer-Support-Spezialist

Da User die sozialen Medien häufig auch für Serviceanfragen verwenden, sollte ein Team auch in puncto Customer-Support-Know-how gut besetzt sein. Um Kundendialoge mit Serviceinhalten kümmern sich idealerweise Spezialisten für den Kundenservice, die speziell für die Interaktion im Social Web ausgebildet wurden. Da User zeitnahe Antworten erwarten (in der Regel innerhalb von maximal vier Stunden; vgl. Sellas 2017), bietet es sich an, hier – ähnlich wie im „normalen" Kundenservice – einen Schichtbetrieb zu fahren. Ähnlich wie bei Community Managern erfordern diese Rollen Personen mit Einfühlungsvermögen, Empathie und vor allem Dienstleistungsmentalität. Gerade der direkte Kontakt mit den Nutzern kann sehr anstrengend sein, weswegen diese Rolle eine hohe Belastbarkeit und Frustrationstoleranz erfordert.

6. Social-Media-Advertiser

Da Social Media nicht mehr ohne Paid Content auskommt, braucht es oftmals auch Spezialisten, die sich detailliert mit den Vermarktungsangeboten der verschiedenen Kanäle auskennen. Sie müssen genau wissen, wie man wo was am besten zielgruppengerecht aussteuert und bucht. In dieser Rolle braucht der Advertiser technisches Verständnis sowie Genauigkeit. Letztere vor allem, um die langwierigen Prozesse zur Optimierung der Kampagnen konsequent bis zum Ende durchzuführen.

Wie aus den Ausführungen deutlich wurde, können durchaus mehrere Rollen durch eine Person besetzt sein, oder umgekehrt mehrere Personen die gleiche Rolle verkörpern. Lua (2017) nennt je nach Ausrichtung der Social-Media-Aktivitäten noch weitere Rollen, die denkbar wären: PR-Spezialist, Vertriebler, Koordinator für Partnerschaften, Designer oder Entwickler.

Extrahiert man aus den Beschreibungen der verschiedenen Rollen die notwendigen Fähigkeiten, so ergibt sich das Bild einer eierlegenden Wollmilchsau, und es wird klar, dass Einzelpersonen oder Mini-Teams nicht alle Fähigkeiten abdecken können. Zur Übersicht zeigt die Word-Cloud in Abb. 8.10 die wichtigsten Skills im Überblick.

Welche Skills braucht ein
Social-Media-Team?

Abb. 8.10 Word Cloud mit den notwendigen Fähigkeiten eines Social-Media-Teams. (Quelle: eigene Darstellung)

Wie eingangs erwähnt, beschäftigen viele Unternehmen bislang nur einzelne Personen oder sehr kleine Teams. Gerade für kleine und mittlere Unternehmen, die sich nur einen einzigen Mitarbeiter für die Betreuung der Social-Media-Aktivitäten leisten können, erscheint dies unmöglich leistbar. Bei der Liste handelt es sich allerdings um eine ideale Liste an Skills, die vor allem zur Orientierung dient. Pein (2017) weist zudem in diesem Zusammenhang darauf hin, dass nicht alle Aufgabeninhaber zwangsläufig in der Social-Media-Abteilung sitzen müssen, solange klar ist, wer die Verantwortung für die jeweiligen Bereiche trägt.

Inhouse oder Outsourcing?
An dieser Stelle stellt sich für viele Unternehmen, gerade wenn sie entweder ein kleines oder mittelständiges Unternehmen sind oder erst am Anfang der Social-Media-Aktivitäten stehen, die Frage, inwiefern Social Media inhouse oder extern durch eine Agentur durchgeführt werden soll. Neben den fehlenden Skill-Profilen und Erfahrungen im Umgang mit Social Media fehlen in Unternehmen oft auch die notwendigen Ressourcen (im Sinne von Mitarbeitern), um den hohen Zeitaufwand, der mit dieser Tätigkeit verbunden ist, stemmen zu können.

Um die Frage nach inhouse oder Outsourcing beantworten zu können, gibt es eine einfache Faustregel: **Do what you can do best, and outsource the rest!** Hat man als Unternehmen im Bereich Social Media wenig Expertise, bietet sich das Outsourcing an. Aber Achtung: Dies kann langfristig deutlich teurer kommen, als unternehmensintern Expertise aufzubauen (vgl. beispielsweise Sweeney 2016). Hinzu kommt, dass niemand das Business besser kennt als die eigenen Mitarbeiter. Dies ist vor allem von Bedeutung, weil Social-Media-Aktivitäten stets eng mit der Identität eines Unternehmens beziehungsweise seiner Marke(n) verknüpft sein sollten. Beauftragt man jemand Externes mit Strategie und Pflege der Social-Media-Accounts, hat diese Person in der Regel nicht alle Interna und Informationen zur Verfügung und kennt den

„Spirit" des Unternehmens nicht. Zudem fehlt dem Outsourcir
Möglichkeit, kurzfristig Entscheidungen zu treffen und die J
gen (vgl. Stuber 2012, S. 328).

Dies bedeutet, dass Unternehmen bestimmte Grundlag
müssen, vor allem die strategischen Aspekte der Zielbestimm
auswahl. Externe Berater bieten sich an, um das Unternehmen – zum
men von Social-Media-Strategie-Workshops – durch diesen Prozess zu begleiten
die notwendige Struktur und Grundlagen zu sorgen. Im Rahmen dieser Workshops lässt
sich auch identifizieren, welche Qualifikationen im Unternehmen bereits vorhanden sind.

Steht die wesentliche Ausrichtung der Social-Media-Strategie, kann man im Detail
bestimmen, welche Rollen möglicherweise extern (zum Beispiel über eine Agentur) zu
besetzen sind. Der Vorteil einer Agentur ist, dass man durch sie Zugriff auf eine ganze
Reihe von Experten wie Redakteure, Grafik-Designer, Social-Media-Vermarktungs- und
Software-Spezialisten oder Analytiker hat. Auf diese Weise lassen sich viele der o. a. Rollen
einkaufen, für die das Unternehmen keine Expertise aufweist. Ziel eines seriösen Social-
Media-Engagements eines jeden Unternehmens sollte es aber sein, langfristig eigene
Expertise und Ressourcen aufzubauen. Externe Partner können hier sehr gut behilflich sein.

In der Regel lassen sich die Aktivitäten gut auslagern, die eher technischer Natur
sind und/oder wenig Interaktion mit anderen Menschen erfordern. Auch eignen sich
Aufgaben gut, die von jemandem vorbereitet und dann durch das Unternehmen geprüft
werden können – oder eben solche, die ein gewisses Spezialwissen und Erfahrung
voraussetzen. Stuber (2012, S. 329–330) listet eine Reihe von Leistungen auf, ergänzt
durch eigene Erfahrungen des Autors und Hinweise von Sellas (2017).

Dazu gehören unter anderem folgende, eher **einmalige Tätigkeiten:**

- Durchführung der IST-Bestandsanalyse im Rahmen eines externen Social-Media-Audits
- Beratung bei der Auswahl von Social-Media-Monitoring- und Management-Tools
- Erstmaliges Aufsetzen des Social-Media-Monitorings
- Auswahl, Aufsetzen und Optimieren von Accounts in den sozialen Netzwerken entsprechend der identifizierten Zielgruppen
- Erstellung von Designs (beispielsweise zur einheitlichen Umsetzung der Corporate Identity auf den verschiedenen Plattformen)
- Identifikation relevanter Diskussionen, z. B. in XING- oder LinkedIn-Gruppen sowie auf Facebook-Seiten und -Gruppen
- Entwicklung spezifischer Applikationen, beispielsweise für Facebook
- Aufbau eines Kennzahlensystems auf Basis der festgelegten Zielsetzungen

Daneben gibt es eine Reihe **wiederkehrender Aufgaben**, die zumindest zum Teil ausgelagert werden können:

- Kontinuierliche Durchführung des Social-Media-Monitorings und dessen fortlaufende Optimierung
- Unterstützung bei der Erstellung eines Redaktionsplans, inklusive Ideengenerierung für Beiträge

...cherche von Status-Updates, Vorerfassen und Terminieren

Produktion aufwendiger Videos oder Bilder (vor allem, weil Agenturen hier meist über die entsprechenden Fachleute, Tools und Geräte verfügen)

- Auswahl, Buchung und Optimierung der bezahlten Vermarktungsmöglichkeiten auf den verschiedenen Plattformen inklusive Targeting
- Zusammenstellung von Reports im Rahmen der Zielüberprüfung
- Fortlaufende Analyse der Entwicklung von Social Media inklusive Identifikation von Trends, Neuausrichtungen der Plattformen
- Schulung von Mitarbeitern, aufbauend auf den neuesten Entwicklungen
- Juristische Beratung
- Unterstützung bei der Moderation auf den sozialen Medien

Gerade der letzte Aspekt ist von hoher Bedeutung, denn laut Stuber (2012, S. 329) gibt es eine Faustregel, nach der die Beziehungspflege und die Interaktion mit den Nutzern nicht ausgelagert werden soll. Wie oben erwähnt, kennen die internen Mitarbeiter das eigene Unternehmen und können deswegen die eigenen Werte am besten repräsentieren. Was internen Mitarbeitern allerdings in der Regel fehlt, sind Kenntnisse über Social-Media-Moderation der einzelnen Kanäle (siehe Kap. 12). Dazu braucht es viel Erfahrung, die intern erst aufgebaut werden muss. Zumindest die anfängliche **Unterstützung eines externen Partners ist deswegen durchaus sinnvoll.** Sollte diese Expertise bereits inhouse verfügbar sein, kann dennoch die Notwendigkeit bestehen, externe Firmen zu involvieren, zum Beispiel, wenn Unternehmen eine 24/7-Abdeckung gewährleisten, dafür aber keinen eigenen Schichtbetrieb aufbauen möchten.

Egal ob inhouse oder in Kooperation mit einem externen Partner: Das Team im Social-Media-Management **muss menschlich gut zusammenpassen.** Der Zusammenhalt und eine nahtlose Zusammenarbeit sind wichtige Voraussetzungen für die erfolgreiche Leistung. Bei der Auswahl der einzelnen Mitarbeiter ist deswegen gut darauf zu achten, ob die Charaktere zusammenpassen (vgl. Pein 2017).

Wie Unternehmen sich eine Social-Media-Expertise aufbauen können, zeigt abschließend noch nachstehendes Fallbeispiel 12 zu Nestlé.

Fallbeispiel 12: „Nestlé-Digital-Acceleration-Team und Reverse Mentoring" (Quelle: Babka 2016, S. 26–27; Nestlé o. J.)

Zum Aufbau von Expertise im Bereich Digital und Social Media hat Nestlé im Unternehmen ein interdisziplinäres und internationales, alle acht Monate rotierendes „Digital-Acceleration-Team" (DAT) aufgebaut. Die Mitglieder des Teams kommen aus verschiedenen Ländern und Disziplinen und verlassen temporär ihren aktuellen Posten, um für Digital und Social Media trainiert zu werden und strategische Projekte in diesem Bereich voranzutreiben. Das übergeordnete Digital-Acceleration-Team befindet sich am Hauptsitz in Vevey.

Weitere Digital-Acceleration-Teams gibt es in den Ländern. Sie funktionieren ähnlich und bauen Social-Media-Expertise in den Regionen auf. So zum Beispiel das

DAT Deutschland in der Nestlé-Zentrale in Frankfurt: Hier laufen viele der digitalen Aktivitäten zusammen. Das DAT initiiert zum Beispiel Webinare, in denen die Mitarbeiter Einblicke in aktuelle technologische Trendthemen gewinnen können. Die Wissensvermittlung ist vor dem Hintergrund der Dynamik dieses Bereiches einer der Bausteine der Digitalstrategie, die seit 2011 das Unternehmen prägt.

Da das Top-Management aufgrund von Zeitmangel in der Regel nicht in der Lage sein wird, sich alle relevanten Informationen selbst zu besorgen, ist ein weiterer Ansatz für den zusätzlichen Austausch von Informationen das sogenannte „Reverse Mentoring". Es handelt sich um ein umgekehrtes Mentoren-Verhältnis – junge Mitarbeiter coachen das Top-Management im Umgang mit neuesten digitalen Medien. Dies erfolgt beispielsweise im Rahmen eines lockeren „Digital Breakfast".

Der Servicelink 8.1 zum Ende dieses Abschnitts liefert einen Zugriff auf das allgemeine Flipboard zum Schritt vier des Social-Media-Zyklus. Überdies finden sich dort auch Links zu Videos über das Digital-Acceleration-Team von Nestlé.

Servicelink 8.1

Servicelink 8.1a zum Flipboard des Autors zu Schritt vier des Social-Media-Zyklus (SoMe 4: Organisieren):
https://flipboard.com/@alexanderdecker/some-4-organisieren-kb988ndhy
Servicelinks zu YouTube Videos über das Nestlé-Digital-Acceleration-Team in Vevey: Servicelink 8.1b –
https://www.youtube.com/watch?v=ktsMa8hfgY0
Servicelink 8.1c –
https://www.youtube.com/watch?v=sTqPKyJ6YSM

Literatur

Altimeter (2015) The 2015 state of social business: priorities shift from scaling to integrating. http://www.altimetergroup.com/pdf/reports/2015-State-Of-Social-Business-Altimeter-Group. pdf. Kein Zugriff mehr seit Anfang 2018 möglich. Zugegriffen: 13. Nov. 2017

Arndt S (2012) Social Media im Unternehmen – wer organisiert eigentlich den Kulturwandel? http://zimmermanneditorial.de/social-media-im-unternehmen-wer-organisiert-eigentlich-den-kulturwandel/. Kein Zugriff mehr seit Frühjahr 2018 möglich. Zugegriffen: 30. März 2018

Babka S (2016) Social Media für Führungskräfte. Behalten Sie das Steuer in der Hand. Springer Gabler, Wiesbaden

Baker D (2017) How the world's top CEOs use social media. https://contently.com/strategist/2017/06/12/ceos-use-social-media/. Zugegriffen: 31. Mai 2018

Becker A (2016) Das Erfolgsgeheimnis von Social-Media-Marketing: Viel Zeit und Geld. https://ethority.de/2016/10/25/das-erfolgsgeheimnis-social-media-marketing/. Zugegriffen: 31. Mai 2018

Bitkom (2017) Jedes zweite Unternehmen hat Richtlinien für Social Media. https://www.bitkom. org/Presse/Presseinformation/Jedes-zweite-Unternehmen-hat-Richtlinien-fuer-Social-Media. html. Zugegriffen: 31. Mai 2018

Cronin A (2015) Where does your social media department sit in your organisation? https://www.linkedin.com/pulse/where-does-your-social-media-department-sit-alan-cronin-. Zugegriffen: 31. Mai 2018

Dimitrova T, Kolm R, Steimel B (2011) Praxisleitfaden Social Media im Kundenservice. Smart Service im Social Web. MindBusiness Consultans, Meerbusch

Domo (2017) New report finds that social media habits of fortune 500 CEOs are sputtering; only 40 % have a social media presence. https://www.domo.com/news/press/2016-social-ceo-report. Zugegriffen: 31. Mai 2018

Fidelman M (2012) IBM study: if you don't have a social CEO, you're going to be less competitive. https://www.forbes.com/sites/markfidelman/2012/05/22/ibm-study-if-you-dont-have-a-social-ceo-youre-going-to-be-less-competitive/. Zugegriffen: 31. Mai 2018

Fox G (2017) The social CEO: what you need to know. https://www.forbes.com/sites/gretchen-fox/2017/08/16/the-social-ceo-what-you-need-to-know/. Zugegriffen: 31. Mai 2018

Hitz L, Blackburn B (2017) The state of social marketing. Annual report 2017. http://get.simply-measured.com/rs/135-YGJ-288/images/SM_StateOfSocial-2017.pdf. Zugegriffen: 31. Mai 2018

Kern E (2017) Digitalisierung ohne Kulturwandel funktioniert nicht. http://t3n.de/news/digitale-transformation-kulturwandel-studie-864710/. Zugegriffen: 31. Mai 2018

Kühner J (2017) „Social Media ist nichts für Praktikanten". http://editorial-blog.de/social-media-fuer-unternehmen-vorteile-und-tipps/. Zugegriffen: 31. Mai 2018

Li C, Solis B (2013) The evolution of social business. Six stages of social business transformation. https://www.slideshare.net/Altimeter/the-evolution-of-social-business-six-stages-of-social-media-transformation. Zugegriffen: 31. Mai 2018

Lua A (2017) How to build an all-star social media team in 5 steps. https://blog.bufferapp.com/social-media-team. Zugegriffen: 31. Mai 2018

Nestlé (o. J.) Damit Digitalisierung nützlich wird. Ein Besuch im DAT, den Beschleunigern der digitalen Transformation. https://www.nestle.de/storys/digitale-transformation. Zugegriffen: 31. Mai 2018

Oeser G (o. J.) Omni-Channel-Management. Gabler-Wirtschafts-Lexikon. http://wirtschafts-lexikon.gabler.de/Definition/omni-channel-management.html. Zugegriffen: 31. Mai 2018

Owyang J (2010) Framework and matrix: the five ways companies organize for social business. http://www.web-strategist.com/blog/2010/04/15/framework-and-matrix-the-five-ways-compa-nies-organize-for-social-business/. Zugegriffen: 31. Mai 2018

Pein V (2014) Der Social Media Manager. Handbuch für Ausbildung und Beruf. Galileo Press, Bonn

Pein V (2017) Interne Professionalisierung von Social Media: Effektive Strukturen, definierte Prozesse, richtige Kennzahlen. https://upload-magazin.de/blog/20680-professionalisierung-social-media/. Zugegriffen: 31. Mai 2018

Quesenberry KA (2016) Social media is too important to be left to the marketing department. https://hbr.org/2016/04/social-media-is-too-important-to-be-left-to-the-marketing-department. Zugegriffen: 31. Mai 2018

Sellas BB (2017) 10 reasons you should outsource social media marketing to someone else. http://bsquared.media/outsource-social-media-marketing-2/. Zugegriffen: 31. Mai 2018

Social Media-Trendmonitor (2016) Social-Media: Kommunikation, Strategie, Ziele. https://www.newsaktuell.de/academy/corporate-social-media-erfolg-social-web/. Zugegriffen: 31. Mai 2018

Springett P (2017) We employed interns to do the social media. http://www.social-experts.net/emp-loyed-interns-social-media/. Zugegriffen: 31. Mai 2018

Stuber R (2012) Erfolgreiches Social Media Marketing mit Facebook, Twitter, Google+, XING, LinkedIn, YouTube. Data Becker, Düsseldorf

Sweeney D (2016) Why small businesses should keep social media in-house. https://www.socialmediatoday.com/social-business/why-small-businesses-should-keep-social-media-house. Zugegriffen: 31. Mai 2018

Weck A (2017) Facebooks HR-Chefin erklärt 5 wichtige Grundsätze der erfolgreichen Unternehmenskultur. http://t3n.de/news/facebook-unternehmenskultur-839736/. Zugegriffen: 31. Mai 2018

*Social Media Strategy isn't rocket science … but it might as well be
if you don't know what you're doing.*
Sheree Mongrain, Buchautorin (Mongrain zitiert bei Goodreads o. J.).

Zusammenfassung

Die Ausführungen in den nachfolgenden Abschnitten fallen deutlich kürzer aus, als
die der bisherigen Kapitel. Dies bedeutet jedoch keinesfalls, dass „Zusammenführen"
ein einfacher Schritt ist. Ganz im Gegenteil: Der Abstimmungsprozess und das Fine-
tuning der bisherigen Schritte nehmen viel Zeit in Anspruch! Allerdings kommt es
dabei in der Regel auf die individuellen Besonderheiten eines jeden Unternehmens
an. Die folgenden Ausführungen konzentrieren sich deswegen auf die wesentlichen
Rahmenwerke, die diesen Prozess unterstützen sollen.

Um dies zu erreichen, gilt es zunächst das Zusammenspiel der einzelnen Komponenten (Ziele, Zielgruppe, damit verbundene Kanalauswahl, Organisation und Verantwortlichkeiten) in einer Social-Media-Architektur aufzuzeigen (siehe Abschn. 9.1).
Als Ergebnis eines iterativen Abstimmungsprozesses liegt schließlich die eigentliche
Social-Media-Strategie vor. Diese bildet schließlich die Basis für die Erstellung des
sogenannten „Social-Media-Governance-Modells" (siehe Abschn. 9.2).

Nachdem über das Social-Media-Monitoring eine Bestandsaufnahme über das eigene Unternehmen und der Konkurrenz stattgefunden hat, die Definition der Zielgruppen sowie der
mit ihnen verbundenen Ziele erfolgte, darauf aufbauend die Auswahl der Social-Media-
Plattformen vorgenommen und die organisatorischen Rahmenbedingungen festgelegt wurden, gilt es nun in diesem fünften Schritt des Social-Media-Zyklus die bisher erarbeiteten

© Springer Fachmedien Wiesbaden GmbH 2019   307
A. Decker, *Der Social-Media-Zyklus,*
https://doi.org/10.1007/978-3-658-22873-6_9

Ergebnisse im Rahmen eines **iterativen Prozesses abzustimmen und zusammenzuführen.** Das alles ist keine große Wissenschaft, wie Sheree Mongrain, Verfasserin des Buches „How to Create Your Social Media Marketing Plan: And get what you really want" sagt. Es kann aber sehr wohl eine werden, nämlich dann, wenn man diese Schritte eben nicht sorgfältig absolviert.

Der fünfte Schritt des Social-Media-Zyklus stellt Fragen, bei deren Beantwortung es vor allem um die Zusammenführung der bisher thematisierten Elemente geht:

Fragen

- Soll Social Media aktiv betrieben werden (oder nicht)?
- Wie lassen sich die bisher entwickelten Schritte zusammenführen?
- Wie lassen sich einzelne Elemente verfeinern und miteinander abstimmen?
- Wie sollen die verschiedenen Kanäle in einer Architektur verankert werden?
- Passen die Anforderungen an die Zielsetzung und die Anzahl zu betreibender Kanäle mit den zur Verfügung stehenden Ressourcen zusammen?
- Wie funktionieren die einzelnen Elemente der Struktur untereinander?
- Wie lassen sich die strategischen Aspekte am besten mit den operativen Aktivitäten verbinden?
- Wie ist das umfassende Social-Media-Governance-Modell aufgebaut?

9.1 Zusammenführung der strategischen Aspekte in der Social-Media-Architektur

Wie die Ausführungen zu den bisherigen Abschnitten des Social-Media-Zyklus zeigten, gibt es bei allen Schritten eine Vielzahl von Aspekten, die es zu berücksichtigen gilt. **Die Wahrscheinlichkeit, dass alles auf Anhieb zusammenpasst, ist relativ gering.** Um in diesem Zusammenhang eine bessere Übersicht zu erhalten, bietet es sich an, alle definierten Elemente in einer Social-Media-Architektur überblickartig zusammenzufassen. Wie eine solche Übersicht aussehen kann, zeigt Abb. 9.1.

Wie die beispielhafte Architektur in Abb. 9.1 zeigt, sind drei Ebenen zu unterscheiden, die sich grob an den Phasen zwei bis vier des Zyklus orientieren (ein praktisches Anwendungsbeispiel wird im Rahmen von Kap. 15 ausführlich erläutert):

1. Ebene: Ziele und Zielgruppen
2. Ebene: Kanäle
3. Ebene: Vertiefung auf Kanalebene unter Berücksichtigung der organisatorischen Verankerung und der benötigten Ressourcen

Parallel dazu (siehe Abb. 9.1 rechte Seite) beinhaltet die Übersicht Aspekte der generellen, zielgruppen- und kanal-übergreifenden Social-Media-Organisation.

Die **Ebene eins** zeigt die Ergebnisse der Bestimmung der Ziele und der Zielgruppen. An dieser Stelle wird durch die übergeordneten Ziele und die Social-Media-Vision

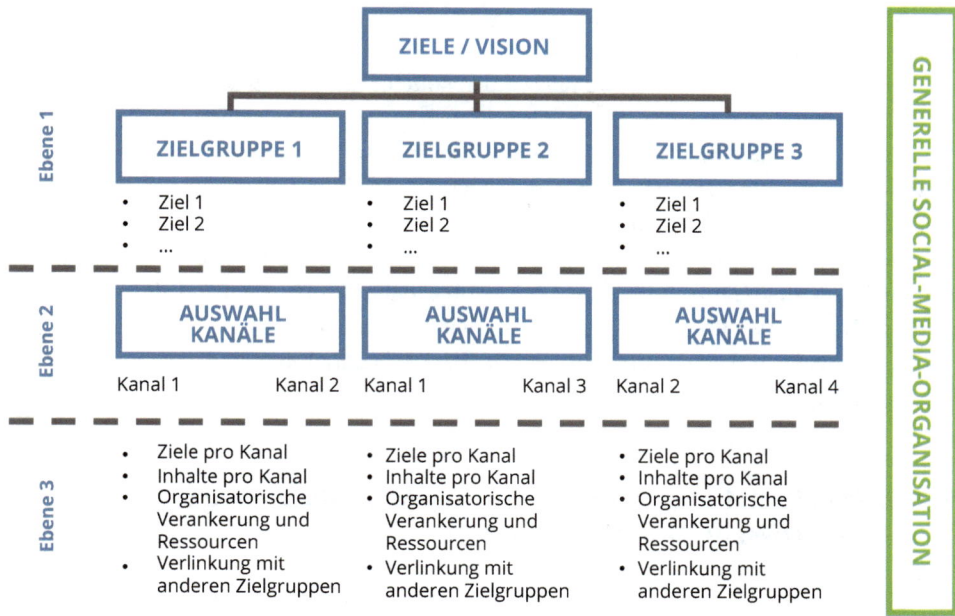

Abb. 9.1   Beispielhafte Social-Media-Architektur. (Quelle: eigene Darstellung)

deutlich, dass beide den Ausgangspunkt für die weiteren Überlegungen darstellen. Die anschließende Betrachtung erfolgt dann auf der Sub-Ebene der Zielgruppen, für die die einzelnen Ziele einzeln aufgeführt werden.

Ebene zwei vermittelt den Überblick über die Auswahl der zu bespielenden Social-Media-Kanäle pro Zielgruppe. Eine weiter heruntergebrochene Betrachtung erfolgt schließlich auf **Ebene drei.** Hier legen die Social-Media-Verantwortlichen die Ziele und womöglich erste inhaltliche Ausrichtungen je Kanal fest. Hinzu kommen an dieser Stelle Konkretisierungen hinsichtlich der organisatorischen Verankerung sowie der notwendigen Ressourcen (finanzielle ebenso wie Human-Ressourcen). Je nach gewähltem Integrationsmodell (siehe Abschn. 8.1.2) mag die organisatorische Verankerung eins zu eins der generellen Struktur entsprechen – zum Beispiel, wenn die Social-Media-Aktivitäten durch eine zentrale Abteilung gesteuert werden sollen. In den anderen Fällen bedarf es aber weiterer Spezifikationen.

Um Social-Media möglichst effizient aufzusetzen und das Maximale aus der Strategie schöpfen zu können, sollte ein Abgleich zwischen den einzelnen Zielgruppen-Strängen erfolgen, um einen besseren Überblick zu erhalten. Die Grundfrage lautet: Wo kann man Aktivitäten zusammenfassen, welche Inhalte können gebündelt werden? Detaillierte Fragen hierzu können beispielsweise sein:

- Gibt es eine Hierarchie hinsichtlich der Zielgruppen und der definierten Ziele?
- Gibt es eventuell Gemeinsamkeiten zwischen den Zielgruppen?

- Werden verschiedene Zielgruppen über gleiche Kanäle angesprochen?
- Gibt es Ansatzpunkte ähnlicher Inhalte, die über unterschiedliche Kanäle an unterschiedliche Zielgruppen ausgespielt werden sollten?

Nach dem Durchlaufen mehrerer Iterationsschleifen steht eine vorläufig finale Social-Media-Strategie fest. Die Formulierung **„vorläufig final"** berücksichtigt dabei die hohe Dynamik der sozialen Medien: Eine Social-Media-Strategie besitzt immer nur für einen gewissen Zeitraum (zwischen einem und drei Jahren, abhängig von der Ausrichtung des Unternehmens als Ganzes) Gültigkeit und sollte daher laufend anhand der zuvor festgelegten Kennzahlen überprüft und weiterentwickelt werden.

Die Strategie bildet nun die wesentliche Basis für das folgende sogenannte Social-Media-Governance-Modell.

9.2 Das Social-Media-Governance-Modell als Bindeglied zwischen Strategie und Operations

Das Zusammenspiel zwischen der Social-Media-Strategie und dem Governance-Modell wird oftmals falsch verstanden (vgl. Li 2014). Damit ist keinesfalls dasselbe gemeint. Wie in Abschn. 8.1.1 bereits angerissen, beschreibt der Begriff Social-Media-Governance die Rahmenbedingungen für den Einsatz von Social Media. Das Governance-Modell soll für eine **sichere, koordinierte Exekution der Social-Media-Strategie unter Einhalt bestimmter Standards** dienen. Ein solcher Ordnungsrahmen ist somit eine unabdingbare Voraussetzung für die erfolgreiche Etablierung von Social Media in Organisationen (vgl. Fink und Fuchs 2012).

Dennoch lassen sich Teile der Social-Media-Strategie nicht ganz überschneidungsfrei von denen des Steuerungsmodells trennen. Das hat nach Meinung des Autors damit zu tun, dass organisatorische Aspekte bereits bei der Formulierung der Strategie von hoher Bedeutung sind. Inwiefern solche Aspekte in die Strategie gehören oder in das Governance-Modell, wird unterschiedlich gesehen. Roberson definiert beispielsweise im Interview mit Whitler (2017) Social-Media-Governance als die Zusammenstellung der Policen, Prozeduren und Instrumente, die eine Organisation einsetzt, um die Werte der Organisation zu sichern, Risiken zu minimieren und die Einhaltung der Compliance-Regeln zu gewährleisten. Der organisatorische Aspekt wird folglich nicht explizit in die Betrachtung des Governance-Modells aufgenommen. Die allgemein anerkannte Definition von Terpening und Li (2014, S. 4) beinhaltet hingegen organisatorische Komponenten:

> Social Business Governance (SBG) is an integrated system of people, policies, processes, and practices that defines organizational structure and decision process to ensure effective management of social business at scale.

Hinter der in der Definition genannten Komponente **„People"** stehen im weitesten Sinne jene Aspekte, die bereits ausführlich in Schritt vier des Social-Media-Zyklus behandelt wurden. Interessanterweise scheinen sich die Verfasser selbst (zumindest Charlene Li) bezüglich der Grenzziehung, ob organisatorische Aspekte zur Strategie oder zum Steuerungsmodell gehören, auch nicht ganz einig zu sein. So ist in einer Vorversion des mit dieser Definition einhergehenden Rahmenwerks der Teilbereich „people" noch unberücksichtigt (vgl. Li und Solis 2013, S. 15). Greift man hingegen auf die Sozialwissenschaften zurück, so umfasst Governance alle institutionellen Strukturen und Prozesse, um die Wechselbeziehungen zwischen verschiedenen Akteuren zu regeln (vgl. beispielsweise van Kersbergen und van Waarden 2004). Dies zeigt, dass Strukturen auch für das Governance-Modell wichtig sind. Folglich kommt es an dieser Stelle zu einer Überschneidung zwischen den strategischen Aspekten von Social Media im Sinne des Autors und der generellen Auffassung über wesentliche Komponenten eines Governance-Modells. Positiv gesehen: Die Überschneidung verstärkt den **verbindenden Charakter** eines solchen Ordnungsrahmens zwischen den strategischen und den eher operativ-ausgerichteten Schritten des Social-Media-Zyklus.

Aufgrund des interdisziplinären Ansatzes von Social Media verlangt Social-Media-Governance weit mehr als nur einfache Guidelines. Social-Media-Governance muss **alle formellen und informellen Rahmenbedingungen** für das Handeln der Mitglieder einer Organisation im Social Web umfassen (vgl. Fink et al. 2015, S. 104). Laut Zerfaß et al. (2011, S. 1035) verlangt ein strategischer Einsatz von Social Media ein übergreifendes Rahmenwerk, welches verschiedenste Aspekte berücksichtigt. Dafür gibt es aber keine Musterlösungen. Ansatzpunkte dazu finden sich im sogenannten Social-Business-Governance-Modell (SBG-Modell oder -System) von Terpening und Li (2014, S. 8), das auf den vier bereits in der Definition genannten Komponenten „people", „policies", „processes" und „practices" basiert. Einen ersten Überblick über das SBG-Modell liefert Abb. 9.2.

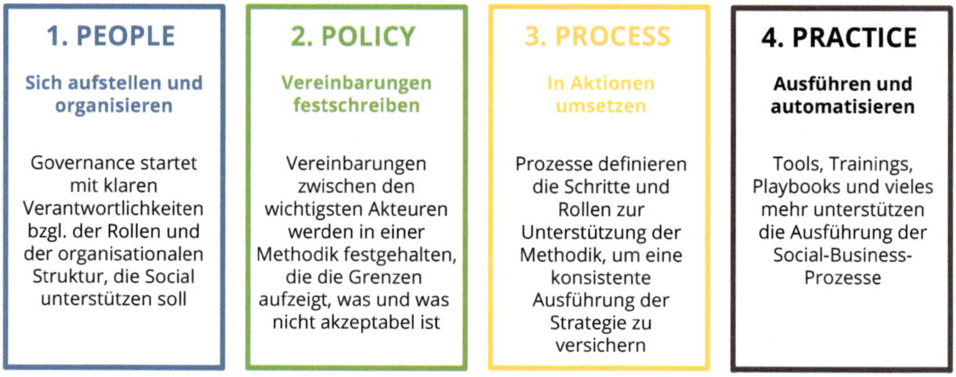

1. PEOPLE	2. POLICY	3. PROCESS	4. PRACTICE
Sich aufstellen und organisieren	Vereinbarungen festschreiben	In Aktionen umsetzen	Ausführen und automatisieren
Governance startet mit klaren Verantwortlichkeiten bzgl. der Rollen und der organisationalen Struktur, die Social unterstützen soll	Vereinbarungen zwischen den wichtigsten Akteuren werden in einer Methodik festgehalten, die die Grenzen aufzeigt, was und was nicht akzeptabel ist	Prozesse definieren die Schritte und Rollen zur Unterstützung der Methodik, um eine konsistente Ausführung der Strategie zu versichern	Tools, Trainings, Playbooks und vieles mehr unterstützen die Ausführung der Social-Business-Prozesse

Abb. 9.2 Die vier Ps eines Social-Media-Governance-Modells nach Terpening und Li. (Quelle: eigene Darstellung in Anlehnung an Terpening und Li 2014, S. 8)

People

Auch wenn im Rahmen von Kap. 8 bereits umfassend auf organisatorische Frage-stellungen eingegangen wurde, sollen die wesentlichen Aufgaben im System von Terpening und Li (2014, S. 9) aufgezeigt werden: Kurz gesagt geht es um die Schaffung gemeinsamer Grundlagen zur Social-Media-Zielerreichung, in dem die **Verantwort-lichkeiten und Rollen der Zusammenarbeit** in allen Social-Media-Bereichen definiert werden.

Obwohl es – wie beschrieben – für die konkrete Ausgestaltung dieser Aufgaben kein Patentrezept gibt, zeigen Terpening und Li (2014, S. 9–10) zum einen anhand von Best-Practices, was es bei der Ausgestaltung der Komponente „people" unbedingt zu berücksichtigen gibt:

- Das Alignement im Top-Management ist als Grundvoraussetzung herzustellen.
- Voraussetzungen für eine cross-funktionale Zusammenarbeit sind zu schaffen. Dies kann unter anderem in Workshops mit allen betroffenen Abteilungen erfolgen (siehe dazu auch Abschn. 8.1.3).
- Ein Integrationsmodell ist auszuwählen (Abschn. 8.1.2) und eine Roadmap zu ent-wickeln, die die Dynamik der Entwicklungen in den sozialen Medien berücksichtigt.

Darauf aufbauend stellen Terpening und Li (2014, S. 29) zum anderen eine Checkliste zur Verfügung, die eine erste Orientierung gibt, welche Fragen man hinsichtlich dieser Komponente beantworten sollte. Diese sind Abb. 9.3 zu entnehmen.

Policies

Unter „policies" werden die durch die wichtigsten Stakeholder **festgelegten Vorgehens-weisen und Absprachen** verstanden, um Risiken wie auch Business-Möglichkeiten zu managen. Damit verbunden ist auch die Einhaltung verschiedener interner und externer Regeln und Richtlinien. Sie müssen definieren, was akzeptabel und was nicht akzeptabel ist.

Auch für die Erstellung dieser Policen geben Terpening und Li (2014, S. 12–13) Best-Practice-Hinweise und stellen eine Checkliste zur Verfügung (siehe Abb. 9.4):

- Nicht alles muss neu erfunden werden. Es gibt bereits viele Regelungen und Richt-linien von verschiedenen Unternehmen, auf die man gut zurückgreifen kann.
- Die Regelungen sollen die Kultur, Mission und Vision der eigenen Organisation widerspiegeln.
- Klare Verantwortlichkeiten auf Top-Management-Level sind festzulegen.
- Die richtigen Stakeholder sollten in den Entwicklungsprozess der Regeln einbezogen werden.
- Eine konsistente Sichtweise ist zu gewährleisten.
- Die Regeln und Richtlinien sollen pragmatisch formuliert werden.
- Methoden zur Überprüfung der Einhaltung der Regeln sind zu definieren.
- Die Regeln und Richtlinien selbst sind regelmäßig auf ihre Aktualität hin zu über-prüfen und eventuell anzupassen.

PEOPLE

FÜHRUNG	⊘ Sind die Führungspersonen als Basis der Governance in Bezug auf die Strategie aufeinander abgestimmt? Versichern Sie, dass sie der High-Level-Strategie, der Vision und den Zielen zustimmen. Jede Führungsperson hat darauf aufbauend eigene Initiativen und Programme für seinen Bereich zu entwerfen.
	⊘ Ist eine Struktur implementiert (u.a. ein Lenkungsausschuss), um die Zusammenarbeit zu gewährleisten?
	⊘ Stimmen die Führungspersonen darin überein, wie das Unternehmen in diese Ziele investieren will und diese kontrolliert?
	⊘ Hat man das Kommittent der Führungspersonen, um bei der Exekution der Strategie am Ball zu bleiben? Es kann sein, dass das Unternehmen einen Reifegrad erreicht, in der die Führung im Glauben ist, alles sei unter Kontrolle und keine Risiken bestehen, so dass sich die Investitionen auszahlen werden. Bis dahin verlangen sie nach regelmäßigen Kontrollen in Bezug auf die erzielten Fortschritte.
ENTSCHEIDUNGS-FINDUNG	⊘ Existieren für die wichtigsten Entscheidungen, die ausgesteuert werden müssen, klare Rollen, Verantwortlichkeiten und Prinzipien? Stimmt dem die Führung zu?
ORGANISATION	⊘ Haben Sie einen Blick darauf, wie sich die Social-Media-Strukturen während des Jahres entwickeln, um die Strategie zu unterstützen? Ein üblicher Prozess ist bspw., dass eine Organisation mit unzusammenhängenden Social-Media-Aktivitäten zunächst diese zentralisiert, um wieder Kontrolle darüber zu erlangen. Später wird diese Kontrolle schrittweise wieder zurück an die Einheiten gegeben.
	⊘ Wurde für die laufende Organisation sowohl eine zentrale Drehscheibe (Hub) mit den entsprechenden Rollen und Verantwortlichkeiten als auch die entsprechenden umsetzenden Einheiten (Spokes) definiert?

Abb. 9.3 Social-Media-Governance-Checkliste für die Komponente „people". (Quelle: eigene Darstellung in Anlehnung an Terpening und Li 2014, S. 29)

POLICY

IDENTIFIKATION VON ENTSCHEIDUNGEN	⊘ Haben Sie definiert, welche Entscheidungen in der Methodik ausgesteuert werden müssen, um die Ausführung der Strategie und das Risiko-Management zu gewährleisten? Folgende Schlüssel-Entscheidungen sollten berücksichtigt werden: Aufsetzen neuer Programme, Launch einer Marke auf einem neuen Kanal, den Mitarbeitern Zugang zu den Plattformen auch während der Arbeit gewähren. Vergewissern Sie sich, dass derartige Schlüssel-Entscheidungen in den Methoden und Richtlinien abgebildet sind.
FÜHRUNGS-PRINZIPIEN	⊘ Wurden klare Führungs-Richtlinien auf Basis der Unternehmens-Kultur, der -Strategie oder des Risiko-Managements definiert? Z.B. mögen Sie eine stark an Digital orientierte Customer Journey aufweisen und die Governance unterstützt diese dementsprechend.
ALIGNEMENT DER ORGANISATION	⊘ Liegen gut dokumentierte Social-Business-Vereinbarungen und Richtlinien vor, die die abgestimmten wesentlichen Hebel der Social-Media-Governance, der Entscheidungs-Findung sowie die Rollen und Verantwortlichkeiten wiederspiegeln?

Abb. 9.4 Social-Media-Governance-Checkliste für die Komponente „policies". (Quelle: eigene Darstellung in Anlehnung an Terpening und Li 2014, S. 29)

Auf die inhaltliche Ausgestaltung der verschiedenen Regeln und Richtlinien wird im Rahmen von Kap. 10 ausführlich eingegangen.

Processes

Nach den beiden eher vorbereitenden Schritten „people" und „policies" geht es nun um die konkrete operative Durchsetzung bis auf die unterste Ebene: Wie gelingt es, das, was in den Regeln und Richtlinien festgelegt wurde, mit entsprechender Qualität auszuführen? „Processes" – Arbeitsabläufe – definieren in diesem Zusammenhang die **Schritte und Rollen aller beteiligten Personen** zur Umsetzungsunterstützung von Regeln und Richtlinien. Dazu sind Ablauf- und Maßnahmenpläne sowie Vorgehensweisen in Krisenfällen zu entwickeln (vgl. Terpening und Li 2014, S. 13).

Wie bei den anderen beiden Komponenten auch, liefern die Verfasser des hier beschriebenen Modells sowohl eine Checkliste zur Orientierung (siehe Abb. 9.5) als auch allgemeine Best-Practice-Hinweise:

- Ausgangspunkt sollen die Beschreibungen der bereits unabhängig von Social Media existierenden Prozesse bilden.
- Diese sind entweder um die Berührungspunkte mit Social Media zu erweitern oder können als Basis für die Beschreibung neuer Prozesse dienen.
- Jeder Prozess soll eine detaillierte Aufschlüsselung beinhalten, wer dafür verantwortlich zeichnet und wer wann was zu tun hat.
- Die Prozesse sollen nicht nur beschreiben, was nicht erlaubt ist, sondern auch, was möglich ist, um Raum für Innovationen zu bieten.
- Die Prozesse sind so auszugestalten, dass sie auditierbar und messbar sind. Dies kann in Service-Level-Agreements (SLA) festgehalten werden.
- Die Prozesse sollen visualisiert, getestet und regelmäßig angepasst werden.

Aspekte, die die Ablauf- und Maßnahmenpläne betreffen, behandeln Kap. 11 (Schritt 7: planen) und 12 (Schritt 8: moderieren) ausführlich. Der Umgang mit (drohenden) Krisen ist Bestandteil von Kap. 13 (Schritt 9: deeskalieren).

Practices

Die Praxis-Komponente des Social-Business-Governance-Systems beschäftigt sich mit **Tools und Technologien** sowie ressourcen-bezogenen Verfahren, zu denen beispielsweise **Trainings und sogenannte „Playbooks"** zählen (vgl. Terpening und Li 2014, S. 15).

- Tools und Technologien sind sinnvoll einzusetzen, um wiederkehrende Aktivitäten zu automatisieren und Prozesse auf diese Weise effizienter zu gestalten. Dazu zählen beispielsweise Tools für Social-Media-Monitoring (siehe Abschn. 5.3) oder zur Vereinfachung des Konzeptions-, Planungs- und Exekutionsprozesses (siehe dazu auch Kap. 11). Dies können aber auch Tools zum Compliance Management sein (wie Socialware, Actience, Hearsay Social).

PROCESS

PROZESSE UND VEREINBARUNGEN	✓ Ist es klar, welche Schritte unternommen werden müssen, um die Governance in allen Bereichen zu unterstützen?
	✓ Sind die Prozesse mit der Unternehmens-Kultur, den Hauptbestandteilen der Governance und weiterer Unternehmens-Vereinbarungen in Einklang gebracht?
NEUE PROGRAMME UND BUNDGETIERUNG	✓ Ist der Prozess zur Einführung neuer Programme und der Übernahme neuer Social-Media-Tools oder –Plattformen geklärt, speziell in Bezug auf Rollen und Verantwortlichkeiten?
	✓ Gibt es einen Prozess zur Priorisierung und Verteilung von Budgets, speziell für die Infrastruktur, die von mehreren verwendet wird?
	✓ Gibt es Vereinbarungen, die regeln, wie Budgets zugeteilt oder entzogen werden, die einen kontinuierlicher Ablauf über alle Geschäftseinheiten gewährleisten? Kann im Laufe des Jahres systematisch in Social Media investiert werden oder passiert das aufs Geratewohl hin?
	✓ Gibt es einen Prozess wie mit persönlichen Informationen beim Aufsetzen neuer Programme und Kanäle umgegangen wird. Wird dies auch zur Genüge in der Privacy Policy des Unternehmens reflektiert?
REPORTING UND AUDIT	✓ Gibt es ein operatives Reporting und Audit, um die Effektivität und die Effizienz der aufgesetzten Programme beurteilen zu können? Werden bspw. zufällig Posts auf den Plattformen im Hinblick auf die Einhaltung der Compliance überprüft? Wird die Einhaltung der Compliance im Hinblick auf die Einhaltung von SLAs z.B. bei Antwortzeiten im Kundenservice überprüft?
	✓ Gibt es einen Reporting-Prozess mit dem Feedback zu einem Minimum an Kennzahlen gegeben wird? Werden Konsequenzen für Programme abgeleitet, die die Ziele nicht erreichen?
SOCIAL ENGAGEMENT	✓ Gibt es einen Prozess bzgl. der Identifikation und des Umgangs mit Krisensituationen? Diese beinhalten klare Rollendefinitionen, einen Eskalationsplan, Einschätzungen bzgl. der Schwere der Krise und Testszenarien.
	✓ Gibt es einen Prozess bzgl. des Managements der täglichen Routine-Aufgaben wie z.B. das Antworten auf Kommentare oder das Weiterleiten von Beiträgen, bei denen man Unterstützung aus den Einheiten benötigt?
	✓ Gibt es Prozesse, die beschreiben wie die aus Social Media gewonnenen Daten mit denen der Kundendatenbank oder des Marketings integriert und mit anderen Abteilungen (bspw. Kundenservice, Web Analyse) geteilt werden?
	✓ Gibt es Prozesse, die das Engagement der Mitarbeiter in den sozialen Medien regelt, wie z.B. Verwendung von Logos, Äußerung von Kritik oder Verstoß gegen Unternehmens-Richtlinien?
RISK MANAGEMENT	✓ Gibt es Prozesse, die regeln, wie Risiko identifiziert, dokumentiert, zu Verantwortlichkeiten zugewiesen oder gemangt werden soll? Derartige Prozesse sind iterativ und laufen nach dem Schema Identifikation, Einschätzung, Umgang und Abschluss-Bewertung ab.

Abb. 9.5 Social-Media-Governance-Checkliste für die Komponente „processes". (Quelle: eigene Darstellung in Anlehnung an Terpening und Li 2014, S. 30)

- Playbooks dokumentieren Best Practices und etablieren diese als Vorbilder. Diese „Regieanweisungen" beinhalten geprüfte und erfolgreiche Prozesse, Policen und Strategien.
- Bestehende Praktiken sind datenbasiert zu überprüfen. Beispielsweise haben die wenigsten Unternehmen einen kompletten Überblick darüber, welche Plattformen, Geräte und Tools im Einsatz sind (vgl. Whitler 2017). Eine Überprüfung hilft, überflüssige Plattformen zu identifizieren und diese zu schließen, bevor über sie versehentlich etwas gepostet wird. Das Entfernen dieser Plattformen kann zudem zur Entlastung der Organisation führen (siehe dazu auch operativ Abschn. 11.1.1).
- Mitarbeiter sind kontinuierlich zu trainieren und zu schulen.

Abb. 9.6 fasst zudem noch die wichtigsten Fragestellungen anhand einer Checkliste zusammen.

Gerade der letzte Punkt verdient besondere Beachtung: Die **Mitarbeiter** nehmen im Rahmen der Umsetzung der Social-Media-Strategie die **zentrale Rolle** ein. Sie setzen

PRACTICE

TOOLS UND TECHNOLOGIEN	☑ Haben Sie Instrumente identifiziert, die eine skalierbare Exekution der Governance ermöglicht? Diese beziehen sich typischerweise auf Content Management, Monitoring, Archivierung oder Compliance-Management.
	☑ Wurden die Anbieter von Social-Media-Tools in Bezug auf die Einhaltung von Privatsphären-Einstellungen bewertet?
	☑ Gibt es einen aktiven einheitlichen Weg, um Zugang zu den Tools zu gewähren und diesen auch wieder sicher zu entziehen?
KENNZAHLEN UND ANALYSE	☑ Wird die Verteilung des Social-Media-Budget an der Erreichung von Unternehmenszielen ausgerichtet?
	☑ Gibt es ein Reporting von Trends bzgl. der Verstöße gegen die Governance-Richtlinien, um diese im Laufe der Zeit zu optimieren?
	☑ Gibt es ein Liste aktuell in Betrieb befindlicher Social-Media-Profilen?
	☑ Gibt es ein Liste anerkannter Dienstleister und Social-Media-Tool-Betreiber?
PLAYBOOKS UND TRAININGS	☑ Werden die im operativen Geschäfts befindlichen Social-Media-Akteure mit den entsprechenden Trainings versorgt, um die Umsetzung der Strategie und der Richtlinien gewährleisten zu können?
	☑ Gibt es Playbooks, in denen weithin akzeptierte Best-Practices dokumentiert sind, wie man die Strategie und Richtlinien am besten umsetzen kann? Dies kann sich auf die Nutzung von Technologien beziehen aber auch das Community Management, die Planung oder Analyse.
	☑ Gibt es regelmäßige Trainings um die Einhaltung der Social-Media-Policies zu gewährleisten?

Abb. 9.6 Social-Media-Governance-Checkliste für die Komponente „practices". (Quelle: eigene Darstellung in Anlehnung an Terpening und Li 2014, S. 31)

die Plattformen auf, planen Kampagnen und Beiträge. Sie moderieren, pflegen den direkten Kontakt zu den Nutzern und vieles mehr. Dabei handelt es sich nicht mehr um eine Randerscheinung: Laut einer Studie von Faktenkontor ist mit 41 % die Zahl derer, die soziale Medien im Berufsalltag einsetzen, um 15 % Punkte innerhalb des letzten Jahres gestiegen. 13 % der Befragten, die im Joballtag online sind, nutzen soziale Medien „häufig" als Teil ihrer Arbeit, 18 % „gelegentlich" und weitere zehn Prozent „selten" (vgl. Acquisa 2017). Damit werde ein geübter Umgang mit den sozialen Medien auf dem Arbeitsmarkt bald so selbstverständlich wie grundlegende Computerkenntnisse, sagen die Studienverfasser voraus.

Trotz dieser dynamischen Entwicklungen schulen einer Studie der Bitkom (2017) zufolge noch zu wenige Unternehmen ihre Mitarbeiter in puncto Social Media: Nur jedes vierte Unternehmen bildet seine Mitarbeiter extern weiter, weitere 15 % bieten interne Fortbildungen an, knapp zwei Drittel der Unternehmen (62 %) haben in diesem Bereich keinerlei Angebote für die Mitarbeiter. Vorbildlich ist in diesem Zusammenhang IBM zu sehen, wo man das Problem seit Längerem erkannt hat und mit dem „Social-Enablement"-Programm Sales- und Marketing-Teams in Sachen Social Media kontinuierlich schult (vgl. Mattgey 2017).

Ergebnisse der Studien von Terpening und Li (2014, S. 15) machen die Notwendigkeit von **Schulungen** noch deutlicher: Im Umgang mit den sozialen Medien ungeschulte Mitarbeiter sind ein Hindernis bei der Erreichung der gesetzten Ziele. Unter Umständen können sie sogar ein Unternehmensrisiko darstellen. Dies bedeutet, dass Mitarbeiter, die mit den sozialen Medien in Kontakt sind, zunächst einmal eine Initial-Schulung benötigen. Darauf aufbauend gilt es im Training-On-The-Job unter Anleitung zu üben und Wissen aufzubauen. Denn: Erfolg in Social Media hat viel mit Erfahrung zu tun, so die Ergebnisse der Langzeitbetrachtung des Social-Media-Trendmonitors (2016). Ihnenfeldt (2017) bringt es in diesem Zusammenhang auf den Punkt: „Social Media ist wie Fahrrad fahren – man lernt es nur durchs Tun."

Gleichzeitig **ändern sich ständig die Rahmenbedingungen** in den sozialen Medien: Kanäle verschwinden, neue Kanäle kommen hinzu. Nutzungsbedingungen verändern sich ebenso wie die Funktionen und deren Anordnungen. Aus diesen Gründen ist eine umfassende, fortlaufende Schulung aller mit Social Media beauftragten Personen im Rahmen von kontinuierlichen Update-Sessions nötig.

Bisher wurde hier sehr stark auf die handelnden Mitarbeiter eingegangen – allerdings darf man die **Führungsriege** nicht vergessen. Aus eigenen Erfahrungen kann der Autor berichten, dass die richtig großen Social-Media-Katastrophen selten durch die Operativen ausgelöst werden, sondern vielmehr durch Ungeschicklichkeiten und Fehler des Top-Managements. Insofern sollten auch Mitglieder des C-Levels, der Geschäftsführung und des höheren Managements in Sachen Social Media geschult werden. Das in Abschn. 8.2 angeführte Beispiel des Reverse Mentoring wäre zudem eine sinnvolle Maßnahme.

Eine Unterstützung hierfür liefert Servicelink 9.1. Zum einen gibt es ein Extra-Flipboard zum Thema Social-Media-Education. Zum anderen führen die darunter stehenden Links zu Übersichten zu (zumeist) kostenlosen Online-Kursen sowie zur Hootsuite Academy, einer kostenlosen Social-Media-Schulungsplattform des Toolanbieters gleichen Namens.

Servicelink 9.1	
Servicelink 9.1a – Social-Media-Education-Flipboard des Autors: https://flipboard.com/@alexanderdecker/some-education-u5pr465fy Servicelink 9.1b – Artikel von Brian Peters mit 37 kostenlosen Social-Media- und Marketing-Kursen: https://blog.bufferapp.com/marketing-courses Servicelink 9.1c – Artikel von Kyle Pearce über 10 kostenlose Online-Kurse zu Social-Media-Marketing https://www.diygenius.com/10-free-online-courses-in-social-media-and-inbound-marketing/ Servicelink 9.1d – Link zur Hootsuite Academy: https://hootsuite.com/de/education#	

Wie bei so vielen Aspekten im Social Media schafft man es auch beim Governance-Modell nicht sofort von Null auf 100. Terpening und Li (2014, S. 20) sprechen von einer Reise, auf die man sich begibt. Sie startet mit der Frage nach der Entwicklungsstufe, die das Unternehmen in der Social-Business-Governance-Maturity-Map einnimmt (angelehnt an das Social-Media-Maturity-Modell aus Abschn. 8.1.1): Wie ausgereift ist das aktuelle Social-Business-Governance-System und wo liegen die Lücken? Um diese Fragen beantworten zu können beschreibt die Maturity-Map für fünf Entwicklungsstufen Unternehmenszustände und bringt sie in den Zusammenhang mit den vier Ps des SBG-Systems (siehe Abb. 9.7). So lassen sich – etwa im Rahmen eines gemeinsamen Workshops mit den wichtigsten Abteilungen – Einschätzungen vornehmen und notwendige Aktionen ableiten.

Der Servicelink (9.2) zum Ende dieses Abschnitts liefert einen Zugriff auf das allgemeine Flipboard zum Schritt fünf des Social-Media-Zyklus. Dieses beinhaltet neben Artikeln zum Social-Media-Governance-Modell eine Vielzahl von Artikeln über den grundlegenden Aufbau einer Social-Media-Strategie.

Servicelink 9.2	
Servicelink zum Flipboard des Autors zu Schritt 5 des Social-Media-Zyklus (SoMe 5: Zusammenführen): https://flipboard.com/@alexanderdecker/some-5-zusam-menf%C3%BChren-2rtph2j7y	

	1. **AD-HOC** Inkonsistente oder keine Governance im Unternehmen	2. **GEPLANT** Organisation beginnt mit der Planung der Governance	3. **FORMALISIERT** Governance in Teilen der Organisation formalisiert	4. **STRATEGISCH** Konsistente Governance inkl. Messung im Unternehmen	5. **HOLISTISCH** Social und Digital Governance sind identisch im Unternehmen
PEOPLE Bringt Führungs-kräfte zusammen und schafft Strukturen	Kein formalisiertes Organisations-Modell, keine Social-Verant-wortlichkeit	Social Teams agieren in Silos; kein Orga-Design; sporadisches Führungs-Involvement	Formalisiertes Orga-Design; Führungs-Commitment bei den wichtigsten Gruppen	Führung mit strategischem Blick für Social; abgestimmtes verhalten in der Organisation	Abstimmung innerhalb der Führung über integrierte Social und Digital Governance
POLICY Schreibt Vereinba-rungen und Entscheidungen fest	Inadäquate Policen führen zu ad-hoc Entscheidungs-findung und -kontrolle.	Konsistente Policen und Entscheidungs-Findung nur in Teilen der Organisation	Auf Gruppen-Ebene formale Policen, manche werden davon in der gesamten Orga geteilt	Social Policen sind vollständig und mit anderen Policen im Unternehmen verknüpft.	Social und Digital Policen sowie Entschei-dungsfindung sind identisch und vollständig.
PROCESS Setzt Policy mit klaren Schritten und Rollen in Aktionen um	Wenn überhaupt, sind nur wenige Prozesse im Einsatz.	Einige wichtige Prozesse existieren, aber nur auf Gruppen-Ebene	Prozesse auf Gruppen-Ebene existieren, einige allgemeingültige Prozesse auch in der Organisation	Vollständige und konsistente Prozesse in der Organisation, die mit anderen verknüpft sind	Ein einheitliches Set an Prozessen liegt vor, das Digital und Social abdeckt
PRACTICE Tools, Trainings und Playbooks im Einsatz	Unzusammen-hängende Ad-hoc-Prozesse, die nicht über-prüft werden	Praktiken werden tw. geteilt und erste Tools für den unterneh-mensweiten Einsatz gesucht.	Formale Praktiken auf Gruppenebene; tw. Kennzahlen im Einsatz; Optimie-rungsversuche	Konsistente Praktiken in der Orga; Fokus auf fortgeschrittene Skills und deren Weiterentwicklung	Einheitliche Praktiken für Digital und Social

Abb. 9.7 Die Social-Business-Governance-Maturity-Map. (Quelle: eigene Darstellung in Anlehnung an Terpening und Li 2014, S. 21)

Literatur

Acquisa Online Redaktion (2017) Im Job geht bald nichts mehr ohne Social-Media-Kenntnisse. https://www.haufe.de/marketing-vertrieb/online-marketing/im-job-geht-bald-nichts-mehr-ohne-social-media-kenntnisse_132_408300.html. Zugegriffen: 31. Mai 2018

Bitkom (2017) Jedes zweite Unternehmen hat Richtlinien für Social Media. https://www.bitkom.org/Presse/Presseinformation/Jedes-zweite-Unternehmen-hat-Richtlinien-fuer-Social-Media.html. Zugegriffen: 31. Mai 2018

Fink und Fuchs (2012) Social Media Governance – hohe Relevanz, aber viele Hindernisse. https://www.ffpr.de/2012/11/15/social-media-governance-hohe-relevanz-aber-viele-hindernisse/. Zugegriffen: 31. Mai 2018

Fink S, Zerfaß A, Linke A (2015) Social media governance. In: Zerfaß A, Pleil T (Hrsg) Handbuch Online-PR. Strategische Kommunikation in Internet und Social Web. Halem, Köln, S 101–112

Goodreads (o. J.) Sherree Mongrain: Quotes. https://www.goodreads.com/author/quotes/10798188.Sherree_Mongrain. Zugegriffen: 31. Mai 2018

Ihnenfeldt E (2017) Social Media ist wie Fahrrad fahren – man lernt es nur durchs Tun. https://
  steadynews.de/socialmedia/social-media-ist-wie-fahrrad-fahren-man-lernt-es-nur-durchs-tun.
  Zugegriffen: 31. Mai 2018
Li C (2014) How good is your social business governance? https://www.linkedin.com/pul-
  se/20141115020359-33767-how-good-is-your-social-business-governance. Zugegriffen: 31. Mai
  2018
Li C, Solis B (2013) The evolution of social business. Six stages of social business transformation.
  https://www.slideshare.net/Altimeter/the-evolution-of-social-business-six-stages-of-social-
  media-transformation. Zugegriffen: 31. Mai 2018
Mattgey A (2017) Social-Enablement-Programm: Vorbild IBM: Mitarbeiter bekommen intensives
  Training für Social Media. https://www.wuv.de/digital/vorbild_ibm_mitarbeiter_bekommen_
  intensives_training_fuer_social_media. Zugegriffen: 31. Mai 2018
Social Media-Trendmonitor (2016) Social-Media: Kommunikation, Strategie, Ziele. https://www.
  newsaktuell.de/academy/corporate-social-media-erfolg-social-web/. Zugegriffen: 31. Mai 2018
Terpening E, Li C (2014) Social business governance: a framework to execute social business strategy. http://www.altimetergroup.com/pdf/reports/Social-Business-Governance-Altimeter-Group.
  pdf. Kein Zugriff mehr in 2018 möglich. Zugegriffen: 15. Nov. 2017
Van Kersbergen K, van Waarden F (2004) Governance as a bridge between disciplines: cross-disci-
  plinary inspiration regarding shifts in governance and problems of governability, accountability
  and legitimacy. Eur J Polit Res 43(2):143–171
Whitler KA (2017) Why more firms need a social media governance plan. https://www.forbes.
  com/sites/kimberlywhitler/2017/05/14/why-more-firms-need-a-social-media-governance-
  plan/#47100127a2b9. Zugegriffen: 31. Mai 2018
Zerfaß A, Fink S, Linke A (2011) Social media governance: regulatory frameworks as dri-
  vers of success in online communications. In: Proceedings series: 14th international public
  relations research conference: pushing the envelope in public relations theory and research
  and advancing practice, S 1016–1047. https://S.3.amazonaws.com/academia.edu.docu-
  ments/31729694/14th-IPRRC-Proceedings.pdf?AWSAccessKeyId=AKIAIWOWYYGZ2Y-
  53UL3A&Expires=1510821734&Signature=73w4DS0kwC10ma2ypwXwneFC2xU%3D&
  response-content-disposition=inline%3B%20filename%3D14th-IPRRC-Proceedings.
  pdf#page=1026. Kein Zugriff mehr in 2018 möglich. Zugegriffen: 16. Nov. 2017

Sharing is caring.
Motto aus dem Content Marketing (zitiert bei Siegel und Gale
2014).

Zusammenfassung

Social Media bewegt sich nicht in einem unregulierten Raum. Vielmehr gibt es nach
Auffassung des Autors vier Hauptbereiche, die in diesem Zusammenhang näher ausgeführt werden müssen: rechtliche Aspekte (siehe Abschn. 10.1), die Nutzungsbedingungen der Plattformen (siehe Abschn. 10.2), Verhaltensregeln für die Nutzer
der vom Unternehmen eingerichteten Kanäle (siehe Abschn. 10.3) sowie interne
Regelungen, die sich vor allem an die Mitarbeiter richten (siehe Abschn. 10.4).

Die Ausführungen zum Social-Media-Governance-Modell in Abschn. 9.2 haben
es gezeigt: Rahmenbedingungen für den Einsatz von Social Media *müssen* definiert werden. Als ein wichtiger vorbereitender Teil wurden in diesem Zusammenhang die „policies" genannt – die die wichtigsten Regelungen, die Risiken wie auch
Business-Möglichkeiten steuern. Damit verbunden ist die Einhaltung verschiedener
interner und externer Regeln und Richtlinien. Ohne die Definition von und die intensive
Beschäftigung mit (existierenden) Regeln kann ein Unternehmen nicht unfallfrei durch
die sozialen Medien navigieren. Ganz im Sinne des o. a. Mottos: Wer teilen will muss
sich auch um die Rahmenbedingungen kümmern. Um es noch deutlicher zu machen: Die
Definition von Regelungen sind kein „Nice-To-Have", sondern eine **Pflichtaktivität!**
　Unternehmen müssen sich in diesem Zusammenhang eine Vielzahl von Fragen stellen, die es im Rahmen dieses sechsten Schrittes des Social-Media-Zyklus „Regeln" zu
klären gilt.

© Springer Fachmedien Wiesbaden GmbH 2019
A. Decker, *Der Social-Media-Zyklus,*
https://doi.org/10.1007/978-3-658-22873-6_10

- Welche Rechtsnormen müssen beim Umgang mit Social Media beachtet werden?
- Gibt es besondere rechtliche Aspekte in dem individuellen Markt des Unternehmens?
- Was sagt die aktuelle Rechtsprechung?
- Welche Regelungen der Plattformen sind zu beachten?
- Wie soll das Unternehmen den Umgang mit den sozialen Medien intern regeln?
- Wie sieht es mit dem Thema Social Media und Compliance aus?
- Welche Inhalte muss man in den Regelungen für die Nutzer der Plattformen berücksichtigen?

10.1 Social Media und Recht

Die verschiedenen Rollen, die in einem Social-Media-Team zu besetzen sind, behandelte Abschn. 8.2. Notwendige Fähigkeiten in Bezug auf rechtliche Fragestellungen wurden dort allerdings nicht (explizit) genannt. Ein Grund dafür ist, dass es sich um **Spezialwissen** handelt, das einer **hohen Dynamik** unterliegt. Häufig ist daher mit diesen Fragestellungen die eigene Rechtsabteilung beauftragt oder Unternehmen engagieren eine externe Rechtsberatung.

Die rechtliche Grundlage für Aktivitäten in den sozialen Medien bieten zunächst einmal eine Reihe von **nationalen** Gesetzestexten. Aufgrund des grenzüberschreitenden Charakters von Social Media sollten aber auch **internationale Gesetzgebungen** im Auge behalten werden. Des Weiteren gibt es branchenspezifische Regelungen. Allerdings verändert sich die Social-Media-Landschaft so schnell, dass die Gesetzgebung national wie international kaum hinterherkommt. Viele rechtliche Social-Media-Fragestellungen sind nicht oder noch nicht ausreichend in Gesetzestexten behandelt (vgl. Babka 2016, S. 124). Insofern spielt die aktuelle Rechtsprechung eine weitere wesentliche Rolle. Vor diesem Hintergrund ist es enorm schwer, den Überblick zu behalten. Oder wie es der Rechtsanwalt (RA) Dr. Thomas Schwenke (2014a, S. 316) auf den Punkt bringt:

> Das Problem liegt darin, dass weiterhin das bestehende Recht gilt, es aber nicht mehr zu unserem täglichen Umgang mit Social Media passen will.

Spezialisten für Social-Media-Recht sind also nötig. Aber Achtung: Damit können sich Social-Media-Manager nicht einfach aus der Verantwortung stehlen. Für jedes Team-Mitglied gilt: Es ist eine **Pflicht, die rechtlichen Grundlagen zu kennen** und stets über Änderungen informiert zu sein. Der erste Aspekt lässt sich über grundlegende Schulungen der Team-Mitglieder erledigen. Der zweite Aspekt erfolgt idealerweise mit Unterstützung von Spezialisten.

Da der Autor weder Jurist noch Spezialist in diesem Fachgebiet ist, konzentrieren sich die nachfolgenden Ausführungen darauf, einen Überblick zu geben, welche rechtlichen Regelungen hauptsächlich zu beachten sind. Zur Vertiefung bietet es sich beispielsweise an, auf die einschlägigen Publikationen der in diesem Kapitel verwendeten Quellen sowie auf Blogs der branchenanerkannten Spezialisten wie Thomas Schwenke, Marcus Richter und Matthias Schneider zurückzugreifen. Der Servicelink 10.1 führt dorthin.

Servicelink 10.1	
Servicelink 10.1a zum Blog von RA Dr. Thomas Schwenke: https://drschwenke.de/category/social-media-2/ Servicelink 10.1b zum Jura-Podcast mit Marcus Richter und Thomas Schwenke https://rechtsbelehrung.com/alle-folgen/ Servicelink 10.1c zur Artikelserie von RA Dr. Matthias Schneider: http://www.hlfp.de/blog/2017/10/social-media-recht	

Wenn ein Unternehmen seinen Sitz in Deutschland hat, gilt – unabhängig davon, wo die Plattform sitzt, die das Unternehmen nutzen möchte – in erster Linie das deutsche Recht. Schwenke (2014a, S. 317) weist darauf hin, dass dies auch zutrifft, wenn ein Unternehmen aus dem Ausland tätig ist, aber explizit deutsche Zielgruppen anspricht. Umgekehrt sind die Gesetze anderer Länder zu beachten, wenn man Zielgruppen dort anspricht.

Analysiert man verschiedene Veröffentlichungen zu diesem Thema, so werden neben dem Arbeitsrecht, das in Abschn. 10.4 aufgegriffen wird, vor allem folgende Regelwerke für Deutschland immer wieder genannt: Markenrecht, Telemediengesetz, Urheberrecht, Wettbewerbsrecht, Persönlichkeitsrecht und das Datenschutzgesetz (vgl. Boecker 2012, S. 381–389; Plutte 2017; Schneider 2017a; Schwenke 2014a, S. 317–329; Schwenke 2014b, S. 3; Solmecke 2015) beziehungsweise ab Mai 2018 die für die EU gültige Datenschutz-Grundverordnung. Die folgenden Ausführungen sollen sich nun aber nicht mit den einzelnen Gesetzestexten befassen, sondern sie orientieren sich vielmehr an den wichtigsten Aktivitäten, die es beim Betreiben von Social Media in der Aufbauphase, der Nutzung und der Vermarktung zu berücksichtigen gilt. Die Einteilung in die drei Phasen ist als eine grobe Anordnung zur Orientierung zu verstehen.

Aufbauphase

In der Aufbauphase geht es vor allem darum zu verstehen, was es bei der Etablierung der Social-Media-Präsenz zu berücksichtigen gilt. Hierunter fallen insbesondere die Wahl der richtigen Kontoart, des Account-Namens sowie die Impressumspflicht.

Wahl der richtigen Kontoart

Im Sinne des sogenannten **Transparenzgebots** ist zu beachten, dass die kommerzielle Nutzung einer Social-Media-Präsenz aufgrund verschiedener Gesetze (z. B. UWG oder Telemediengesetz) über die gegebenen Nutzungsbedingungen der Plattformen (siehe dazu Abschn. 10.2) hinaus zusätzlich zu kennzeichnen ist (vgl. Schwenke 2014b, S. 18). Der durchschnittliche Nutzer muss die kommerzielle Absicht laut Gesetz ohne größere Anstrengungen erkennen können (vgl. Rockstroh 2014, S. 13), was im Bereich des Social-Media-Marketings (im Gegensatz zum traditionellen Marketing) oft nicht so einfach möglich ist. Vor diesem Hintergrund und der Tatsache, dass die meisten Plattformbetreiber zwischen privater und kommerzieller Nutzung von Präsenzen unterscheiden, wirkt sich die Art der Nutzung in der Aufbauphase auch auf die Wahl der Konto-Art aus: Bietet eine Plattform die kommerzielle Nutzung mit eigenen Unternehmensprofilen an, so ist die Kontoart dementsprechend auszuwählen.

Schwenke (2014b, S. 19) erläutert, wann nach dem deutschen Gesetz eine **kommerzielle Nutzung** vorliegt. Dies ist der Fall, wenn die Social-Media-Präsenz

- dem Absatz von Waren und Dienstleistungen oder
- der Imagepflege eines Unternehmens oder eines Freiberuflers
- direkt oder indirekt und
- nachhaltig

dient.

Da dies eine sehr weite Definition darstellt, so Schwenke, können Social-Media-Präsenzen sehr schnell einen kommerziellen Charakter aufweisen. Rein private Accounts werden immer seltener, vor allem, da die Vermischung von privaten mit geschäftlichen Inhalten zunimmt. Dies führt dazu, dass das gesamte Profil oft als kommerziell eingestuft wird (vgl. Schwenke 2014b, S. 20). Da der Schutz des Verbrauchers im Vordergrund steht, werden Gerichte – so der Social-Media-Rechtsspezialist weiter – im Zweifelsfall eher vom kommerziellen Charakter ausgehen als nicht. Eine **deutliche Kennzeichnung** über die Wahl der Kontoart, eindeutige Hinweise (z. B. „Bei diesem Profil handelt es sich um ein Angebot der Firma XY") oder die Wahl des Account-Namens sei deswegen dringend angeraten.

Wahl des Account-Namens

Bevor man nun seine Social-Media-Präsenz aufbaut, sind die Nutzungsbedingungen der jeweiligen Plattform zu überprüfen. Dieser Aspekt wird in Abschn. 10.2 näher betrachtet. Erfüllt das Unternehmen die Voraussetzungen des Dienste-Anbieters, geht es im nächsten Schritt darum, den Account-Namen festzulegen. Dieser ist von entscheidender Bedeutung, da die Seite über einen sinnvollen Namen besser gefunden wird. Insofern bietet es sich für ein Unternehmen an – auch vor dem Hintergrund der oben in Bezug auf die Wahl der Kontoart gemachten Aussagen, den **eigenen Firmen- oder Markennamen** zu verwenden. Handelt es sich dabei um einen markenrechtlich geprüften Namen, sollten keine rechtlichen Probleme auftreten (vgl. Schwenke 2014a, S. 318).

Bei den meisten Plattformen wird ein Name jedoch nur einmal vergeben. Hier gilt das Prinzip „first come – first served" (Rockstroh 2014, S. 14; Schwenke 2014b, S. 33). Wenn also jemand ein Profil bereits unter einem Namen registriert hat, ist es nicht möglich, ein weiteres Profil unter demselben Namen anzulegen. Dieses **Prioritätsprinzip** gilt laut Solmecke (2015, S. 16) jedoch nur, wenn nicht die Rechte Dritter verletzt werden: Nutzt jemand, der keine Markenrechte oder andere legitimen Rechte an dem Account-Namen hat, den Namen, könnte das Unternehmen Ansprüche aus dem Markengesetz geltend machen und verlangen, dass der bisherige Account-Inhaber es unterlässt, eine Social-Media-Site unter diesem Namen zu betreiben. Darüber hinaus macht es auch Sinn, so Solmecke weiter, die Seite bei der Plattform zu melden und eine Verletzung der eigenen Markenrechte geltend zu machen. Viele Betreiber von Social-Media-Plattformen bieten Möglichkeiten, derartige Rechtsverletzungen zu melden (vgl. Rocksroth 2014, S. 23). Ulbricht (2016, S. 15–17) beschreibt ausführlich verschiedene Schritte zu einem strategischen Vorgehen bei der Wahl des Account-Namens, vor allem für den Fall, dass der gewünschte Account-Name bereits besetzt sein sollte.

Plutte (2017) verweist darauf, dass auch eine Verletzung fremder Markenrechte vorliegt, wenn es sich beim Namen um ein **bekanntes Kennzeichen** handelt (z. B. @apple). Zulässig sind hingegen User-Namen, die Markenbegriffe beinhalten, aber auf eine kritische Auseinandersetzung mit einem Produkt oder Unternehmen hinweisen (z. B. @applekritiker).

Entschließt sich ein Unternehmen dazu, einen **Fantasienamen** zu verwenden, müssen fremde Namens-, Marken- oder Titelrechte überprüft (z. B. über Suchmaschinen und Markenämter) und im positiven Fall der Verfügbarkeit geltend gemacht werden (vgl. Schwenke 2014a, S. 318).

Plant ein Unternehmen, auf mehreren Plattformen gleichzeitig aktiv zu werden, so sollte es sicher stellen, dass über alle Social-Media-Dienste hinweg ein **einheitlicher Account-Name** genutzt wird. Eine Einzelprüfung der Verfügbarkeit von Account-Namen pro Kanal kann jedoch sehr mühsam sein. An dieser Stelle bietet es sich an, Unterstützungsdienste, wie beispielsweise Know.em (https://knowem.com) oder Namecheck (https://www.namecheck.com/social-media-user-names/) zu nutzen. Hier sieht man sofort, ob a) der Name noch verfügbar ist und b) ob etwa Regeln der Kanäle verletzt werden (siehe Abb. 10.1).

Impressumspflicht

Betreiber von Social-Media-Accounts unterliegen der Impressumspflicht, wenn ihre Präsenzen denen einer Webseite gleichkommen. Dies ist etwa dann der Fall, wenn die Beiträge auf eine Absatzförderung von Waren oder Dienstleistungen beziehungsweise die allgemeine Bewerbung des Unternehmens oder seiner Marken abzielen (vgl. Plutte 2017). Ähnliches gilt, wenn dort journalistisch-redaktionelle Inhalte bereitgestellt werden (vgl. Solmecke 2015, S. 19). Rein private Social-Media-Accounts unterliegen nicht der Impressumspflicht (vgl. Plutte 2017). Da es auch hier

Ergebnis der Suche zur Verfügbarkeit von Account-Namen mit know.em

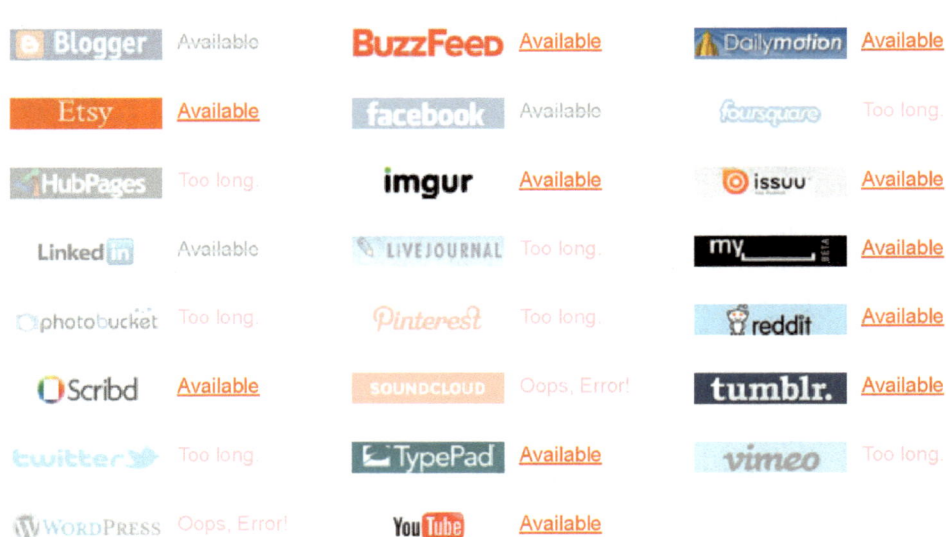

Abb. 10.1 Überprüfung von Account-Namen auf verschiedenen Plattformen mit know.em. (Quelle: eigene Darstellung)

einige Graubereiche gibt (z. B. abhängig von der Social-Media-Plattform oder bei Freiberuflern und Prominenten), schlägt Schwenke (2017, S. 319) vor, im Zweifel lieber ein Impressum anzulegen.

Das Impressum dient dazu, den/die Verantwortlichen einer Internetseite schnell und einfach zu identifizieren und zu kontaktieren (vgl. Schwenke 2014b, S. 50). Bei rechtlichen Streitigkeiten soll es möglich sein, den Anspruchsgegner zu bestimmen. Dies verbessert die **Rechtssicherheit** und den effektiven Rechtsschutz (vgl. Solmecke 2015, S. 18).

Grundlegend gibt es zwei generelle Vorgaben, die bei der Erstellung des Impressums beachtet werden müssen:

- **Aufführung bestimmter Informationen, die im Impressum genannt werden müssen:** Diese sind in § 5 des Telemediengesetztes (TMG) genannt und umfassen unter anderem Name und Anschrift des Account-Betreibers sowie Kontaktdaten. Vieles hängt jedoch von dem Unternehmen, seiner Rechtsform und Tätigkeit ab, weswegen es viele Varianten gibt (vgl. Schwenke 2014a, S. 319; Solmecke 2015, S. 20; Ulbricht 2016, S. 19). Um die Rechtmäßigkeit eines Impressums zu prüfen oder ein Impressum zu erstellen, verweisen die hier genannten Rechtsanwälte auf Dienste im Internet. Über Servicelink 10.2 lässt sich bequem auf diese Hinweise zugreifen.

Servicelink 10.2

Servicelink 10.2a zum kostenlosen Rechtstexter, den die Kanzlei WILDE BEUGER SOLMECKE in Kooperation mit Trusted Shops entwickelt hat (man muss sich dazu dort registrieren):
https://shop.trustedshops.com/de/rechtstexte
Servicelink 10.2b zum Impressums-Generator der Kanzlei Plutte:
https://www.ra-plutte.de/impressum-generator/
Servicelink 10.2c zum Tool „Abmahncheck" um zu prüfen, ob die eigene Webseite abmahngefährdet ist
https://www.wbs-law.de/abmahncheck/
Servicelink 10.2d zur Website von RA Dr. Thomas Schwenke mit aktuellen Hinweisen und Beispielen:
https://drschwenke.de/?s=impressumspflicht

- **Einbindung des Impressums:** Das Gesetz schreibt vor, dass das Impressum „leicht erkennbar", „unmittelbar erreichbar" und „ständig verfügbar" gehalten werden muss (vgl. u. a. Solmecke 2015, S. 22; Ulbricht 2016, S. 20). Schwenke (2014a, S. 319) weist darauf hin, dass die Forderung nach der unmittelbaren Erreichbarkeit einfach geregelt ist: Das Impressum muss von jeder Seite des Social-Media-Profils aus mit zwei Klicks erreicht werden können. Da das Gesetz nicht vorschreibt, hinter welcher Bezeichnung sich die gesetzlich vorgeschriebenen Angaben verbergen dürfen, ist die Thematik „leicht erkennbar" nicht ganz so simpel. Am besten ist es daher, das Impressum auch als solches oder als „Kontakt" zu bezeichnen (vgl. Ulbricht 2016, S. 20). Da einige Plattformen keine Rubrik „Impressum" anbieten, erscheint es sinnvoll, auf die Impressumsseite der Unternehmens-Webseite zu verlinken (vgl. Schwenke 2014a, S. 319). Dabei ist es unbedeutend, ob der Zugriff über Desktop oder ein mobiles Endgerät erfolgt: Das Impressum muss von jedwedem Gerät aus einfach erreichbar sein (vgl. Solmecke 2015, S. 22).

Nutzung

Der Übergang zwischen Aufbau einer Präsenz und dessen Nutzung ist fließend. Aus der Vielzahl von Aspekten, die es von Beginn an zu beachten gilt, zählen Fragen hinsichtlich des Urheberschutzes, des Rechts am eigenen Bild, der Haftung bei User-Generated-Content und Links sowie des Datenschutzes.

Urheberschutz

Social Media lebt von Texten, Bildern und Videos. Dabei erscheint es logisch, dass die im Unternehmen selbst erstellten Inhalte aus Urheberschutzsicht nahezu bedenkenlos verwendet werden können (vgl. Ulbricht 2016, S. 29). Allerdings – und dies wird

Abschn. 11.1.3 noch zeigen – greifen Unternehmen selten nur auf eigene Inhalte zurück. Aus diesem Grunde müssen Unternehmen für fremde Werke zunächst die explizite **Zustimmung des Urhebers** oder Rechteinhabers einholen, bevor sie deren Werke veröffentlichen (vgl. Ulbricht 2016, S. 30). Doch auch in diesem Zusammenhang gibt es Ausnahmen.

Laut Schwenke (2014a, S. 322) führt die **Verwendung von Texten** in den sozialen Medien selten zu Problemen, weil hier nur die individuelle Form – der Wortlaut – geschützt ist, nicht die darin enthaltene Information beziehungsweise die Idee. Eine Wiedergabe in eigenen Worten ist dem Urheberrecht zufolge demnach zulässig (vgl. Norden 2017). Auch die Individualität eines Textes spielt hier eine Rolle. Sie hängt meistens von seiner Länge ab. Der Urheberschutz bei Text setzt zwar keinen Mindestumfang voraus, in der Regel ist aber davon auszugehen, dass bei Tweets, Posts auf Facebook oder Instagram sowie bei Kommentaren ein zu geringer Gestaltungsspielraum des Verfassers existiert, was indiziell gegen eine Schutzfähigkeit spricht (vgl. Plutte 2017). Anders sieht es bei Blogbeiträgen oder Presseartikeln aus, die urheberrechtlich geschützt sind. Beinhaltet ein Text nur Fakten, ist eine Urheberrechtsschutz-Verletzung wiederum weniger wahrscheinlich (vgl. Norden 2017). Wie das aber im Recht oftmals so ist, gibt es auch hier Ausnahmen, z. B. dann, wenn ein kurzer Text besonders kreativ oder ungewöhnlich ist, sodass dieser doch als schützenswert angesehen wird. Möglich ist dann eine Wiedergabe als Zitat unter Angabe der Quelle (vgl. Schwenke 2017, S. 322).

Noch komplexer stellt sich die Situation bei **Bildern** dar, denn abgesehen von eigens erstellten Werken unterliegt ein Großteil aller Bilder dem urheberrechtlichen Schutz. Sind Personen auf einem Bild erkennbar abgebildet, sind zudem ihre Persönlichkeitsrechte zu beachten (siehe dazu weiter unten).

Möchte man Bilder verwenden, die von anderen erstellt wurden, bedarf es der Einwilligung der Rechteinhaber. Andernfalls läuft man Gefahr, eine Urheberrechtsverletzung zu begehen (vgl. Solmecke 2015, S. 35).

Plutte (2017) strukturiert die (technischen) Nutzungsmöglichkeiten indem er zwischen dem Upload und Posten von fremden Bildern, dem Embedding sowie dem Teilen von Bildern unterscheidet (sofern nicht anderweitig gekennzeichnet beziehen sich die nachstehenden Ausführungen auf den Beitrag von Plutte 2017).

- **Posten von fremden Bildern:** Fremde Bilder dürfen – unabhängig von ihrer Qualität – nur verwendet werden, wenn vorher die Einwilligung des Urhebers zur Veröffentlichung eingeholt wurde. Die Einwilligung sollte möglichst konkret erfragt und nachweisbar dokumentiert werden. Hier gibt es eine Reihe weiterer Aspekte, die zu beachten sind und in Fallbeispiel 13 aufgegriffen werden.
- **Embedding:** Einige Social-Media-Plattformen wie Instagram oder Twitter stellen sogenannte Embedding-Funktionen zur Verfügung. Damit wird das Einbinden eines Bildes auf einer Webseite erleichtert. Plutte (2017) hält dies auf Grundlage eines aktuellen EuGH-Urteils für unproblematisch, da diese „weder für ein neues Publikum

noch nach einem speziellen technischen Verfahren wiedergegeben werden, das sich von demjenigen der ursprünglichen Wiedergabe unterscheidet." Dies gilt somit nur, wenn sich das eingebettete Bild nicht auf einer zugangsbeschränkten Seite befindet. Allerdings gibt es hierzu auch andere Meinungen, wie die Ausführungen von Solmecke (2015, S. 37) zeigen, wonach die rechtliche Lage nach wie vor nicht vollständig geklärt ist.

- **Teilen von Bildern:** Teilt man ein Bild über Twitter, so ist dies Plutte (2017) zufolge weniger kritisch, da Twitter es den Nutzern ermöglicht, Beiträge anderer User über die Retweet-Funktion zu teilen. Er hält deswegen urheberrechtliche Probleme mit Retweets für fernliegend, weil solche Retweets dem Twitter-System immanent sind und dem ursprünglichen Verfasser des Tweets unterstellt werden darf, dass er mit Retweets einverstanden ist (siehe dazu Katko und Kaiser 2014a, S. 193). Schwenke (2017, S. 320) führt diesen Gedanken weiter aus und folgert, dass das urheberrechtliche Risiko deutlich gemindert sei, wenn Inhalte von anderen Quellen über Empfehlungsschaltflächen wie „Gefällt mir" geteilt werden, da mit diesen Buttons zum Teilen aufgefordert wird. Hingegen weist Schwenke darauf hin, dass auch die kleinen Vorschaubilder, die beim Teilen von Links (ohne Empfehlungs-Button) generiert werden, Vervielfältigungen beziehungsweise öffentliche Zugänglichmachungen darstellen und damit einer Nutzungs-Einwilligung bedürfen.

Fallbeispiel 13: Hinweise zur Verwendung von Bildern aus Stock-Archiven

Viele Unternehmen greifen bei der Erstellung von Beiträgen im Rahmen des Social-Media-Marketings auf verschiedenen Quellen für ihre Bilder zurück. Neben der Erstellung eigener Bilder (siehe weiter unten) nutzen sie vor allem Bilder aus Stockarchiven. Dabei sind professionelle Bilddatenbanken und solche mit sogenannten Creative-Commons-Lizenzen zu unterscheiden.

- **Professionelle Bilddatenbanken/Bildagenturen:** Vorproduzierte Bilder können bei professionellen Anbietern wie Fotolia, Shutterstock oder Pixelio eingekauft werden. Will man Bilder aus diesen Stock-Archiven verwenden, muss zunächst geprüft werden, ob der Anbieter überhaupt die Verwendung der Bilder in den Social-Media-Kanälen zulässt. Dies ist nach Plutte (2017) teilweise deswegen untersagt, weil sich Social-Media-Plattformen wie Twitter oder Instagram in ihren Nutzungsbedingungen vom jeweiligen User einfache Nutzungsrechte an hochgeladenen Bildern einräumen lassen, um die Bilder auf der Plattform darstellen zu dürfen.
Ist die Nutzung erlaubt, können lizenzfreie (RF – royalty free) und lizenzpflichtige Bilder (RM – rights managed) unterschieden werden. Solmecke (2015, S. 40) führt diesbezüglich weiter aus, dass sich bei den lizenzfreien Bildern der Preis in der Regel nach der Bildgröße bestimmt. Der Nutzer kann das Bild nach Zahlung eines einmaligen Entgeltes unbegrenzt nutzen, wobei vertraglich vorgesehene Beschränkungen durch die Bildagentur möglich sind. Bei den lizenzpflichtigen

Bildern richtet sich der Preis hingegen nach der Nutzungsart, der Auflage, der Nutzungsdauer und dem Verbreitungsraum. Hier wird dem Lizenznehmer ein genauer Benutzungsrahmen vorgegeben.

Genau in diesem Zusammenhang werden jedoch häufig Fehler begangen. Babka (2016, S. 10) sieht Unachtsamkeit beim Einkauf von Bildrechten als einen der zehn größten Fehler im Social-Media-Marketing an: Die hohe Dynamik von Social Media erschwert die Kontrolle von Bildnutzungen, daher sollten Nutzungsrechte ohne zeitliche und geografische Beschränkung eingekauft werden. Die Rechte für die Nutzung durch Dritte sind ebenfalls einzukaufen, da die Nutzungsbedingungen vieler Social-Media-Kanäle die Abtretung der Rechte an das Portal vorschreiben (siehe oben).

Oft werden Bilder bei Stock-Portalen über die vom Unternehmen beauftragten Social-Media- oder Digital-Agenturen eingekauft. In solchen Fällen sollte ausdrücklich schriftlich mit der Agentur geregelt werden, dass die entsprechenden Rechte für eine Social-Media-Nutzung durch das Unternehmen vorliegen. Stellt man dann später fest, dass die Rechte doch nicht vorlagen, besteht die Möglichkeit die Agentur in Regress zu nehmen (vgl. Rogner 2016). Vielen Unternehmen ist nicht klar, dass zunächst bei Verstößen gegen das Urhebergesetz das Unternehmen selber haftet.

In diesem Zusammenhang noch ein praktischer Hinweis: Es kommt häufiger vor, dass Unternehmen bei „zwielichtigen" Agenturen Rechte erwerben, vor allem, wenn sie versuchen beim Bilderrechte-Einkauf Geld zu sparen. Da es keinen gutgläubigen Rechteerwerb gibt („Wir wussten nicht, dass dies kein seriöser Anbieter ist"), sollten vor dem Einkauf der Rechte bestimmte Indizien (wie vorhandenes, „sauberes" Impressum, de-Domain, Zahlung in EUR) herangezogen werden, um die Seriosität des Rechteverkäufers zu überprüfen.

- **Datenbanken mit Creative-Commons-Lizenzen:** Wie bereits die Ausführungen unter Abschn. 7.2.3 zur Foto-Plattform Flickr zeigten, gibt es Dienste, die Bilder kostenfrei unter Einhaltung bestimmter Auflagen zur Verfügung stellen. Diese Auflagen bezeichnet man als Creative-Commons-Lizenzen, sie werden in Deutschland von Creative Commons Deutschland verwaltet (vgl. dazu und ausführlich: Creative Commons Deutschland o. J.). Ganz konkret bietet CC sechs verschiedene Standard-Lizenzverträge an, die bei der Verbreitung kreativer Inhalte (in diesem Fall Bilder) genutzt werden können, um die rechtlichen Bedingungen festzulegen. Hier geht es vor allem darum zu bestimmen, ob die Inhalte (kommerziell) genutzt und/oder verändert, mit einem neuen Namen versehen und/oder in welchen Ländern genutzt werden dürfen. Ähnlich wie bei der Verwendung von Bildern aus professionellen Stockbild-Archiven ist auch bei Creative-Commons-Lizenzen die Eignung für den beabsichtigten Einsatz zu prüfen. Lawal (2017a) empfiehlt deswegen, nach Bildern Ausschau zu halten, die nur eine Namensnennung des Urhebers erfordern oder mit einer Creative Commons Zero (CC0)-Lizenz freigegeben sind.

Für **Videos** (oder allgemein Bewegtbilder) gelten die Regelungen analog: Auch sie sind urheberrechtlich geschützt. Die Besonderheit liegt jedoch darin, dass Videos oftmals aus den Portalen eingebunden werden und daher das Embedding eine wesentliche Rolle spielt (vgl. Schwenke 2017, S. 322).

Vor allem im Zusammenhang mit Videos – aber auch unabhängig davon – gelten für **Musik** die gleichen Urheberrechte wie bei Bildern. Hier kommen allerdings (insbesondere in Deutschland) noch Besonderheiten bezüglich der **GEMA** oder anderer Verwertungsgesellschaften als mögliche Rechteinhaber hinzu: Verwendet man einen bei der GEMA oder ähnlichen Institutionen gelisteten Titel, sind Vergütungen nach Tarifen (variierend je nach Einsatz der Musik) zu entrichten. Es bietet sich deswegen an, nach GEMA-freien Musikstücken zu recherchieren. Die Verwendung solcher Stücke ist dann vom Künstler freizugeben. Im Idealfall sollte von der GEMA bestätigt werden, dass es sich um ein GEMA-freies Stück handelt, um abgesichert zu sein.

Wer sich weitergehender mit dieser Thematik beschäftigen möchte, dem sei die wirklich gute Übersicht mit Checkliste bei Ulbricht (2016, S. 49) empfohlen.

Persönlichkeitsrechte – das Recht am eigenen Bild

Möchte man die o. a. Urheberrechts-Probleme von vornherein vermeiden, bietet es sich an, **Bildmaterial selbst zu erstellen** oder erstellen zu lassen. Denn: Die Verwendung selbst angefertigter Fotos oder Illustrationen ist aus urheberrechtlicher Sicht stets zulässig (vgl. Plutte 2017). Boecker (2012, S. 385) empfiehlt für den Fall der Beauftragung von Fotografen (oder Illustratoren), dass man sich als Unternehmen ausdrücklich die inhaltlich, zeitlich und räumlich uneingeschränkten Nutzungsrechte einräumen lassen soll. Idealerweise lässt man sich bei Fotografien auch alle Rohdaten und sämtliche wesentliche Arbeitsschritte in verschiedenen Formaten aushändigen.

Urheberrechtlich sind selbst erstellte Bilder unbedenklich, allerdings können **Persönlichkeitsrechte** abgebildeter Personen ein Problem darstellen (vgl. u. a. Katko und Kaiser 2014a, S. 184; Plutte 2017; Ulbricht 2016, S. 27): Menschen haben – als Spezialfall des Persönlichkeitsrechts – ein Recht am eigenen Bild, daher ist eine Einwilligung der abgebildeten Personen von Nöten (vgl. Solmecke 2015, S. 41–42). Ob eine solche Einwilligung erforderlich ist, hängt stark von der jeweiligen Aufnahme ab. Das sogenannte Kunsturhebergesetz (KUG) sieht hierfür in § 23 Ausnahmeregelungen vor (vgl. dazu ausführlich Solmecke 2015, S. 45), nach denen es keiner Einwilligung bedarf, wenn es sich um einen der nachstehenden Fälle handelt:

- Bildnisse aus dem Bereich der Zeitgeschichte;
- Bilder, auf denen die Personen nur als Beiwerk neben einer Landschaft oder sonstigen Örtlichkeit erscheinen;
- Bilder von Versammlungen, Aufzügen und ähnlichen Vorgängen, an denen die dargestellten Personen teilgenommen haben;
- Bildnisse, die nicht auf Bestellung angefertigt sind, sofern die Verbreitung oder Schaustellung einem höheren Interesse der Kunst dient.

Nach gängiger Rechtsprechung des Europäischen Gerichtshofs für Menschenrechte (EGMR) gilt dies allerdings auch nicht uneingeschränkt. Demnach sei die werbliche Verwendung immer erlaubnispflichtig. Da sich die Realität also auch hier sehr komplex darstellt und es auf den Einzelfall ankommt, sollte im Zweifel **immer eine Einwilligung** eingeholt werden, um Abmahnungen zu vermeiden (vgl. Plutte 2017).

Haftung bei User-Generated-Content

Dass Unternehmen für die von ihnen erstellten Inhalte haften, dürfte klar sein. Aufgrund der Beteiligung der Nutzer beim „Mitmach-Web" stellt sich jedoch die Frage, wer eigentlich für nutzergenerierte Inhalte auf einem geschäftlich betriebenen Social-Media-Profil haftet? In diesem Zusammenhang spielt das **„Zueigenmachen nutzergenerierter Inhalte"** eine wichtige Rolle, denn darunter können auch fremde Inhalte fallen, die nicht vom Unternehmen stammen.

Rogner erläutert (2016; in diesem Sinne u. a. auch Schneider 2017c; Schwenke 2014b, S. 462), dass ein solches Zueigenmachen von fremden Inhalten beispielsweise dann vorliegt, wenn diese so in den eigenen Auftritt eingebunden werden, dass sie für einen Dritten nicht als fremde Inhalte erkennbar sind. Schneider (2017c) ergänzt, dass im Zusammenhang mit Social Media ein Zueigenmachen schon dann vorliegen kann, wenn das Unternehmen bei der Verbreitung fremder Inhalte mittels „Liken" eine **positive Bewertung** zum Ausdruck bringt: der Seitenbetreiber will durch das Liken eines Inhalts seine Zustimmung zum Ausdruck bringen. Es handelt sich also um eine „virtuelle Sympathiebekundung". Schutt (2017) erläutert in seinem Beitrag, dass das bloße Teilen eines Postings nach einem aktuellen Urteil des OLG Dresden hingegen kein haftungsrelevantes Zueigenmachen des Inhalts eines Beitrages darstellt. Derjenige, der den Text teilt, haftet dann nicht, auch wenn der Text eines Beitrages rechtsverletzend ist. Enthält hingegen der Post einen positiven Kommentar („unbedingt lesen", „der Verfasser hat absolut recht" o. ä.), so ist die Sachlage wiederum anders. Für solche Inhalte haftet dann das Unternehmen als Betreiber ebenfalls in vollem Umfang.

Rogner (2016) führt in diesem Zusammenhang weiter aus, dass für von dritten Nutzern eingestellte Inhalte ein sogenanntes **Haftungsprivileg** gilt: „Solange der Betreiber des Social-Media-Kanals keine Kenntnis von der Rechtsverletzung hat, haftet er auch nicht. Er hat auch keine präventiven Prüfpflichten. Sobald er jedoch Kenntnis von einem rechtswidrigen Inhalt hat, muss er unverzüglich tätig werden. Das bedeutet, der Inhalt muss ohne Zögern gelöscht werden." (in diesem Sinne u. a. auch Schneider 2017c; Ulbricht 2016, S. 65). Wird das Unternehmen trotz Kenntnis nicht tätig, ist es vollumfänglich haftbar. Dies gilt auch für den Fall, wenn sich das Unternehmen den entsprechenden Inhalt zu eigen machte (vgl. Schwenke 2014b, S. 462).

Bei **Bildern** liegt ein Zueigenmachen zum Beispiel dann vor, wenn ein Foto verbreitet wird, das von Dritten stammt, und der Hinweis auf die fremde Urheberschaft fehlt. In diesem Fall haftet das Unternehmen, wenn z. B. auf diesem Foto eine Person erkennbar ist, die in die Veröffentlichung nicht eingewilligt hat (vgl. Rogner 2016).

Als Empfehlung für Unternehmen bleibt somit auch in diesem Zusammenhang festzuhalten, dass man im Zweifel lieber auf eine Nutzung verzichten sollte. Zudem sollten

Nutzerbeiträge kontinuierlich überprüft und verletzende Inhalte gegebenenfalls gelöscht werden.

Linkhaftung

Ähnlich ist die Sachlage bezüglich der Verlinkung von Inhalten zu sehen. Hier entspricht die Linkhaftung im Wesentlichen der Haftung für Nutzerinhalte (vgl. Schwenke 2014b, S. 482). Schneider (2017c) weist jedoch darauf hin, dass nach neuerer Rechtsprechung ein gewisses Haftungsrisiko existiert. Demnach sei nicht abschließend geklärt, „inwieweit dem Linksetzenden eine Prüfung des verlinkten Inhalts auf seine mögliche Rechtswidrigkeit zuzumuten ist, wenn die Linksetzung mit **Gewinnerzielungsabsicht** erfolgt" (vgl. Schneider 2017c). Die Urteile verschiedener Gerichte gehen hier derzeit stark auseinander, weswegen zu empfehlen ist, sich vor der Verlinkung von der Rechtmäßigkeit der verlinkten Inhalte zu überzeugen.

Gesichert ist hingegen die Tatsache, dass sogenannte **Link-Disclaimer,** über die auf den Social-Media-Profilen ein genereller Haftungsausschluss für Links zum Ausdruck gebracht wird, **nicht vor einer Haftung schützen.**

Datenschutz

In Bezug auf den Datenschutz gibt es im Rahmen von Social Media drei wesentliche Felder zu beachten: Die Datenschutzerklärung, die Verwendung von Kundendaten sowie die Verwendung von sogenannten Social-Plug-Ins (vgl. Schwenke 2014a, S. 327–329).

- **Datenschutzerklärung:** Eine Datenschutzerklärung benötigen die Unternehmen, die Daten über Dritte sammeln, verwenden und an Dritte übermitteln (vgl. Schwenke 2014a, S. 327). Inwiefern Betreiber eines Social-Media-Profils (z. B. einer Fanpage bei Facebook) eine solche Erklärung benötigen, wurde von verschiedenen Gerichten unterschiedlich beschieden. Schneider (2017b) legt die aktuelle Rechtslage folgendermaßen aus: Normalerweise sind die Social Media-Plattformen (wie z. B. Facebook) im Sinne des Gesetzes für alle Daten verantwortlich, da sie die Datensammlung betreiben. Daher müssen Besitzer von Social-Media-Präsenzen (zum Beispiel Unternehmen mit einer Facebook-Seite) grundsätzlich keine eigene Datenschutzerklärungen vorhalten. Er warnt jedoch in Anbetracht einer ausstehenden EuGH-Entscheidung, dass man die weitere Entwicklung beobachten muss.
Vor diesem Hintergrund ist es folgerichtig, dass jemand, der Nutzerdaten selbst erhebt, wie beispielsweise über ein Blog, eine Datenschutzerklärung benötigt (vgl. Schwenke 2014a, S. 327). Auch im Messenger Marketing, wo es um die Übertragung und Verarbeitung von Nutzerdaten geht, braucht ein Unternehmen eine Datenschutzerklärung (vgl. Riehle 2017 im Interview mit RA Dr. Thomas Schwenke; siehe dazu auch das **Fallbeispiel 14** weiter unten). Ebenso muss ein Unternehmen eine Datenschutzerklärung bereitstellen, wenn es über Gewinnspiele oder Newsletteranmeldungen Daten mit Personenbezug erhebt, die über die normalen Daten der Social-Media-Plattform hinausgehen (vgl. Schneider 2017b; Schwenke 2014a, S. 327).

Welche Pflichtinhalte die Datenschutzerklärung aufweisen muss, regelt Art 13. ABS. 1 DSGVO (Datenschutz-Grundverordnung).[1] Dort sind die Pflichtinhalte katalogartig aufgelistet und können ähnlich einer Checkliste in die Einwilligungserklärung übernommen werden. Explizit geregelt ist inzwischen auch, dass diese Informationen in „allgemein verständlicher Form" gegeben werden müssen, also dass technische oder juristische Formulierungen vermieden werden sollen. Zudem müssen die Informationen leicht zugänglich sein. Zum Schutz der Betroffenen fordert die neue DSGVO wesentlich mehr Informationen zur Verwendung der Daten in der Einwilligungserklärung, als dies bislang durch das TMG der Fall war. Die formalen Anforderungen an die Datenschutzerklärung sind mit denen zu vergleichen, die an das Impressum gestellt werden. Da die neue DSGVO deutlich höhere Bußgelder bei Verstößen vorsieht, als dies bislang der Fall war, ist hier besondere Sorgfalt angeraten.

- **Verwendung von Kundendaten:** Im Grunde gelten in diesem Zusammenhang die gleichen Regelungen, wie im E-Mail-Marketing – um Daten von Kunden zu verwenden, muss eine wirksame Einwilligung vom Kunden eingeholt werden. Der Gebrauch der Daten darf dann nur zu dem angegebenen Zweck erfolgen. Im Zusammenhang mit Social Media ist vor allem folgendes zu beachten: Es ist nicht erlaubt, die durch Social-Media-Monitoring gewonnenen personen-bezogenen Daten, wie Meinungen oder Daten aus den Profilen, zu verwerten, wenn die Nutzer nicht explizit in die Speicherung weiterer Daten eingewilligt haben (vgl. Schwenke 2014a, S. 328). Werden hingegen keine konkreten Personen identifiziert, sondern nur pseudonyme Nutzerprofile erstellt (Beispiel: Nutzer 12345), ist keine Einwilligung der betroffenen Personen erforderlich. Dennoch ist dem Nutzer in diesem Fall eine Widerspruchsmöglichkeit einzuräumen (vgl. Solmecke 2015, S. 76).
- **Verwendung von Social-Plug-Ins**: Mit Social-Plug-Ins sind Schaltflächen wie der Facebook „Like-Button", das „+1" bei Google+ oder das „Follow" bei Twitter gemeint, sofern sie per Code in eine Website eingebettet sind. Laut Schneider (2017b) sind bloße Links zu einzelnen Seiten auf den Plattformen damit nicht gemeint. Die dahinterliegende Problematik lässt sich sehr gut anhand des Facebook-Like-Buttons erläutern. Dabei handelt es sich um ein externes Plug-In, eine Webapplikation, mit dem ein Websitebetreiber einen Like Button in die eigene Website einbinden kann. Problematisch ist das Plug-In deswegen, weil durch seine Implementierung die einbindende Website zu einer „Partner Site" wird. Schon beim Aufruf der Website tritt ein Code in Aktion, der bereits beim Laden der Seite – also ganz ohne dass der Website-User bewusst etwas tut – Daten an die Netzwerkplattform (in diesem Fall Facebook) übertragen (vgl. Berger 2014; Schmidt 2011). Im gesamten Facebook-Universum, Partner Sites inklusive, sammelt Facebook auf diese Weise Besuchsdaten: Durch die Sammlung von URL, Datum und Uhrzeit, IP, Browser,

---

[1]Der Art 13. ABS. 1 DSGVO löst mit dem 25. Mai 2018 die bisher in Deutschland gültge Regelung des § 13 ABS. 2 Satz 1 TMG ab.

Betriebssystem, Kennungen, die zumindest bei dort angemeldeten Nutzern direkt mit einer Person verknüpft sind, kann Facebook komplette Surfprofile der Nutzer erstellen. Und genau hier entsteht für Unternehmen, die ein solches Social-Plug-In auf ihrer Website einsetzen, ein rechtliches Problem: Denn Nutzer können bei Aufruf der Webseite nicht kontrollieren, in welchem Umfang ihre Daten in das soziale Netzwerk fließen. In den meisten Fällen wissen User überhaupt nicht, dass ein solches Plug-In eingebettet wurde, geschweige denn, was es für sie bedeutet. Streng genommen müssten folglich Website-Betreiber ihre Website-Besucher bereits *vor* dem Betreten der Website aufklären und eine Einwilligung einholen. Aus diesen Gründen sehen Datenschutzbehörden die Verwendung von Social-Plug-Ins allgemein sehr kritisch. Es gibt eine Vielzahl unterschiedlicher Rechtsprechungen dazu, die einmal in die eine – erlaubt –, mal in die andere Richtung – nicht erlaubt – gehen (vgl. Schneider 2017b). Seit der Gültigkeit der Datenschutzgrundverordnung (DSGVO) Ende Mai 2018, hat sich diese Sichtweise eher in die Richtung entwickelt, dass die Social-Plug-Ins in der reinen Form nicht zulässig sind.

Um das rechtliche Risiko für Unternehmen zu reduzieren, werden in der Praxis zwei alternative Work-Arounds eingesetzt. Mindestvoraussetzung für beide ist laut Schneider (2017b), dass in der Datenschutzerklärung auf die Erhebung der Daten durch Social-Plug-Ins hingewiesen wird.

– **Lösung 1: Zwei-Klick-Lösung:** Die Plug-Ins sind bei dieser Lösung als deaktivierte Buttons in die Website eingebettet. So kommt es zu keinem Kontakt mit den Servern des Plattform-Betreibers (vgl. Schmidt 2011). Durch den ersten Klick aktiviert der Nutzer das Plug-In und erklärt damit konkludent, dass er mit der Kommunikation mit dem Social-Media-Anbieter einverstanden ist (vgl. Schneider 2017b). Mit dem zweiten Klick übermittelt der Anwender dann seine Empfehlung (siehe Abb. 10.2). Brünen (2018) weist allerdings daraufhin, dass nach der neuen DSGVO auch diese Lösung einen rechtlichen Graubereich aufweist:

Problematisch dürfte jedoch sein, dass die Anbieter deutscher Websites „regelmäßig nicht in der Lage" sind, „die für eine informierte Zustimmung ihrer Nutzerinnen und Nutzer notwendige Transparenz zu schaffen" […]. Denn: Eine wirksame Einwilligung setzt voraus, dass Nutzende wissen, worin sie einwilligen. Da Facebook aber bisher nicht offenlegt, welche Daten genau erhoben werden und was mit diesen geschieht, fehlt es an der nötigen Information, um eine informierte Einwilligungserklärung abgeben zu können. Zudem muss die Einwilligung nachweisbar sein. Noch immer gilt grundsätzlich das Double Opt-In-Verfahren als einzige Möglichkeit, eine Einwilligungserklärung des Empfängers beweiskräftig zu beschaffen. […] Kaum jemand wird jedoch ein Double Opt-In-Verfahren bei Social Plugins installieren. Aus diesem Grunde empfiehlt es sich, auf die nachstehende Lösung zu setzen.

– **Lösung 2: Shariff-Lösung-:** Dieser Work-Around hat seinen Namen vom Computermagazin c't, das dieses Projekt entwickelte. Unternehmen entwickeln auf dieser Basis selbstständig derartige Plug-In-Buttons (siehe Abb. 10.3 für ein Beispiel, wie das im vom Autor verantworteten Projekt des Nestlé-Marktplatzes

Abb. 10.2 Beispiel für die Umsetzung der 2-Klick-Lösung. (Quelle: eigene Darstellung auf Basis der Umsetzung der Funktion auf www.kicker.de)

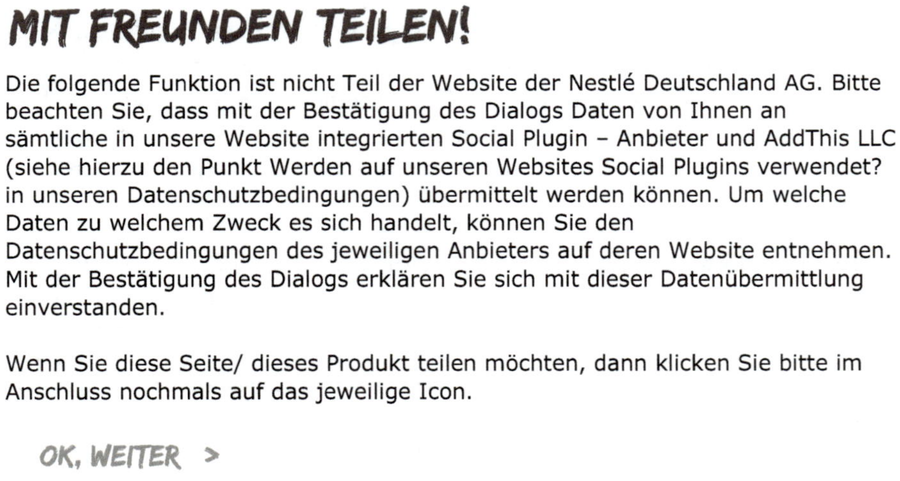

MIT FREUNDEN TEILEN!

Die folgende Funktion ist nicht Teil der Website der Nestlé Deutschland AG. Bitte beachten Sie, dass mit der Bestätigung des Dialogs Daten von Ihnen an sämtliche in unsere Website integrierten Social Plugin – Anbieter und AddThis LLC (siehe hierzu den Punkt Werden auf unseren Websites Social Plugins verwendet? in unseren Datenschutzbedingungen) übermittelt werden können. Um welche Daten zu welchem Zweck es sich handelt, können Sie den Datenschutzbedingungen des jeweiligen Anbieters auf deren Website entnehmen. Mit der Bestätigung des Dialogs erklären Sie sich mit dieser Datenübermittlung einverstanden.

Wenn Sie diese Seite/ dieses Produkt teilen möchten, dann klicken Sie bitte im Anschluss nochmals auf das jeweilige Icon.

OK, WEITER >

Abb. 10.3 Umsetzung der Shariff-Lösung am Beispiel des Nestlé-Marktplatzes. (Quelle: eigene Darstellung auf Basis der Umsetzung der Funktion auf www.nestle-marktplatz.de)

umgesetzt wurde). Bei den Plug-in-Buttons handelt es sich um einfache HTML-Links in einer der Button-Optik des jeweiligen Netzwerkes ähnlichen Variante (Facebook erlaubt es nicht, den Gefällt-Mir-Button außerhalb des Plug-Ins originalgetreu einzusetzen). Berger (2014) erläutert die weitere Funktionsweise wie folgt: „Ein Skript ruft ab, wie oft eine Seite bereits geteilt oder getwittert wurde. Es nimmt über die Programmier-Schnittstellen (APIs) der Dienste zu diesem Kontakt auf und ruft die Zahlen ab. Die Abfrage geschieht also vom Server aus; statt der IP-Adresse des Besuchers wird lediglich die Server-Adresse an Facebook, Google und Twitter übertragen. Solange der Nutzer nicht auf den Link drückt, um Inhalte zu teilen, bleibt er zumindest für Facebook & Co. unsichtbar". Erst wenn Nutzer nun den Button betätigen, wird der Inhalt an das soziale Netzwerk übermittelt. Es öffnet sich ein Pop-up. Der Nutzer muss nun noch einmal bestätigen, dass er seine Interaktion dem Anbieter des sozialen Netzwerkes mitteilen möchte (vgl. Schneider 2017b; siehe Abb. 10.3). Das bedeutet so Brünen (2018): „Solange der Nutzer nicht auf den Link drückt, um Inhalte zu teilen, bleibt er für Facebook & Co. unsichtbar. Klickt der User auf den Link, liegt die Informationspflicht über die Datenerhebung und -verarbeitung aber nicht mehr beim Händler, sondern bei dem Betreiber des sozialen Netzwerkes."

Fallbeispiel 14: Rechtliche Aspekte im Messenger-Marketing (Quelle: Riehle 2017)

Wie bereits dargestellt, nehmen Messenger im Rahmen der Social-Media-Aktivitäten deutlich an Gewicht zu. Auch hier gibt es spezifische rechtliche Fragen zu berücksichtigen. Basis für die folgenden Erläuterungen bilden die Informationen aus dem Interview von Riehle (2017) mit RA Dr. Thomas Schwenke.

1. **Erstellung einer Datenschutzerklärung:** In Messengern werden Daten von Nutzern übertragen und verarbeitet. Wird der Kanal auch geschäftlich zu Marketing-Zwecken genutzt, muss das vermarktende Unternehmen eine Datenschutzerklärung erstellen. Die Ausführungen von oben gelten analog. Dennoch gibt es im Rahmen vom Messenger-Marketing ein paar Besonderheiten: Zum einen spielen dort mittlerweile Chatbots eine große Rolle und die Datenschutzerklärung muss darauf hinweisen, wenn ein Unternehmen hierfür Tools von Drittanbietern einsetzt. Zum anderen bedarf es eines Hinweises, falls mit einem europäischen Anbieter Verträge zur Auftragsdatenverarbeitung bestehen. Zusätzlich zu diesen Auftragsdatenverarbeitungsverträgen müssen im Falle eines außereuropäischen Tool-Anbieters überdies Garantien für ein hinreichendes Datenschutz-Niveau vorliegen.
2. **Einholung einer wirksamen Einwilligung:** Das Unternehmen benötigt von Nutzern eine entsprechende wirksame Einwilligung zur Nutzung ihrer Daten. Diese Einwilligung sollte laut RA Schwenke gleich zu Beginn einer Unterhaltung eingeholt werden: Das Unternehmen muss auf seine Datenschutzerklärung hinweisen und braucht das Einverständnis des Nutzers, bevor die Konversation weitergeführt wird. RA Schwenke empfiehlt weiterhin, dafür Textbausteine einzusetzen,

die einen Link zur Datenschutzerklärung beinhalten. Ähnlich wie im E-Mail-Marketing sollte darin auch erläutert werden, wie User ihre Einwilligung zurückziehen können, am besten über einen Link zum Opt-Out.

3. **Anlegen eines Verarbeitungsverzeichnisses:** „Das Verarbeitungsverzeichnis ist eine Dokumentationsform und zentrales Instrument des Datenschutzrechts zur Umsetzung von Transparenzpflichten" (Bitkom 2017a). Es ist von jedem Unternehmen zu führen, das Daten verarbeitet. Das Verarbeitungsverzeichnis gilt für sämtliche Daten-Verarbeitungen und erfüllt in erster Linie nachstehende Aufgaben: Es protokolliert den Zweck der Datenerhebung, gibt Auskunft, wie die Daten verarbeitet werden, sammelt Verträge zur Auftragsverarbeitung und erklärt, wann die Daten gelöscht werden.

4. **Anlegen eines Impressums:** Bei Messengern handelt es sich um Kanäle, die ebenfalls dem TMG unterliegen, weswegen nach deutschem Recht ein Impressum vorgeschrieben ist. Ähnlich wie bei manchen anderen Social-Media-Plattformen ist der Verweis auf das Impressum nicht ganz einfach, vor allem wenn der Messenger – was der Normalfall ist – über ein mobiles Endgerät betrieben wird. RA Schwenke rät deswegen einen Link im einleitenden Text-Baustein zu platzieren. Kommen Chatbots zum Einsatz, kann man dem Nutzer am Smartphone ein Menü zur Navigation anbieten, in dem auf das Impressum verwiesen wird.

5. **Gebot der Daten-Sparsamkeit:** Auch hier gibt es Anleihen zum E-Mail-Marketing: Aus Datenschutzgründen sollten nur so viele Daten erhoben werden, wie zur Abwicklung des mit dem Chat verfolgten Zwecks von Nöten sind. Wer sensible Daten abfragt, zum Beispiel politische oder religiöse Gesinnungen, braucht hierfür von den Nutzern eine gesonderte Einwilligung.

6. **Werbe-Aktivitäten gemäß Einwilligung:** Messenger werden laut RA Schwenke als elektronisches Postfach angesehen, weswegen in diesem Zusammenhang die gleichen Regeln wie im E-Mail-Marketing gelten: Nachrichten dürfen nur zu dem Thema versandt werden, für das der Nutzer ursprünglich einwilligte.

7. **Hinweis auf die Verwendung von Chatbots:** Dem Nutzer muss klar sein, wann er mit einem Menschen und wann er mit einem Chatbot kommuniziert. Die entsprechenden Hinweise sollten bei Chatbeginn erfolgen.

Aktuell ist die Rechtslage in Bezug auf Messenger-Marketing noch unklar, da es sich um eine junge Disziplin handelt. RA Schwenke rät deswegen, sich an die o. a. sieben Punkte zu halten. Eine hundert prozentige Rechts-Sicherheit gäbe es allerdings auch in diesem Bereich nicht.

Vermarktung

Grundsätzlich gelten auch beim Social-Media-Marketing die strengen Vorschriften des Wettbewerbsgesetztes (UWG). Schwenke (2014a, S. 326) rät deswegen, auf Formulierungen zu verzichten, die auch bei Verwendung in den klassischen Medien Probleme aufwerfen würden. Dazu zählen Aussagen über und Vergleiche mit Konkurrenten oder die Verwendung von Superlativen. Im Rahmen der Vermarktung sind darüber hinaus drei Themen von hoher Bedeutung, über die ein Social-Media-Manager auch ohne Rechtsbeistand Bescheid wissen sollte: Regelungen bezüglich Werbenachrichten via Social Media und Gewinnspiele sowie Schleichwerbung.

Werbenachrichten via Social Media

Viele Unternehmen setzen heute vermehrt auf die **Möglichkeiten der direkten Kontaktaufnahme,** die die verschiedenen Plattformen anbieten. Dies trifft umso mehr zu, als die Nutzung von Messengern auch im unternehmerischen Kontext – wie gezeigt – deutlich zugenommen hat. In diesem Zusammenhang stellt sich die Frage, ob derartige direkte Werbebotschaften erlaubt sind oder nicht auch – zum Beispiel in Analogie zum E-Mail-Marketing – Spam darstellen beziehungsweise welche Voraussetzungen für eine rechtmäßige werbliche Nutzung erfüllt sein müssen. Auf diese Thematik ist im Rahmen dieses Buches bereits kurz eingegangen worden (siehe die Ausführungen zu WhatsApp in Abschn. 7.2.1 sowie im Fallbeispiel 14 zu Messenger-Marketing in diesem Abschnitt). Sie betrifft aber generell alle sozialen Medien, weswegen das Thema an dieser Stelle kurz behandelt wird.

Die entsprechende Rechtsgrundlage dazu liefert der § 7 Abs. 2, Nr. 3 UWG, bei dem es um verbotene, **unzumutbare Belästigung** geht. Diese liegt immer dann vor, „wenn Werbung unter Verwendung einer automatischen Anrufmaschine, eines Faxgerätes oder elektronischer Post versandt wird, ohne dass eine vorherige ausdrückliche Einwilligung des Adressaten vorliegt" (Ulbricht 2016, S. 126). Da Werbenachrichten via Social Media natürlich elektronische Post darstellen, „darf in einem sozialen Netzwerk nur dann Werbung an Dritte verschickt werden, wenn der Empfänger vor Erhalt der Nachricht ausdrücklich in deren Empfang eingewilligt hat" (Plutte 2016).

Insofern greifen für Marketingtreibende in den sozialen Medien die gleichen Regelungen wie beispielsweise für E-Mail und **Permission Marketing** stellt auch in diesem Zusammenhang eine wichtige Aufgabe dar. Das werbende Unternehmen muss die entsprechende Einwilligung beweisen können. Ein Like zählt dabei nicht als Einwilligung. Ebenso wenig zählen eine pauschale Einwilligung, „über alle denkbaren Kanäle informiert zu werden", eine nicht personalisierte Einwilligung in die AGBs oder Teilnahmebedingungen eines Gewinnspiels als „ausdrücklich" im Sinne des Gesetzes.

Doch keine Regelung ohne Ausnahme: Plutte (2016) weist darauf hin, dass der Gesetzgeber in einem eng umrissenen Rahmen elektronische Werbung zulässt, wenn keine vorherige, eindeutige Einwilligung des Empfängers vorliegt. Dies sei der Fall, wenn vor Versand der Werbenachricht bereits eine konkrete Geschäftsbeziehung zwischen den Parteien bestand, bei der verschiedene Voraussetzungen kumulativ gegeben sein müssen. Praktisch werden diese Voraussetzungen in Social-Media-Kanälen, so Plutte, (noch) selten vorliegen. Vielmehr gibt es eine Reihe von **Werbemaßnahmen,** „die sofern keine Einwilligung des Empfängers vorliegt […], die gerichtsfest dokumentiert wurde („Double-Opt-in"-Verfahren)", **unzulässig** sind. Plutte (2016) fasst solche Aktivitäten in einer für manche überraschende Liste zusammen:

- Direkte Werbemails an „befreundete" oder unbekannte Nutzer
- Werbende Postings auf der Pinnwand anderer Nutzern
- Freundschaftsanfragen, zumindest, wenn über die Textfunktion (vgl. XING) werbliche Aussagen vermittelt werden
- Einladung zu einer Fanseite
- Werbende Kommentierung eines fremden Beitrags
- Veranstaltungseinladung
- Werbung auf der eigenen Pinnwand, die den Freunden angezeigt wird
- Werbung, die der Nutzer (unbewusst) an seine Freunde weitergibt, etwa über eine App
- Tell-A-Friend Funktion/Freundefinder

Bei Verstoß gegen diese Regeln drohen neben Abmahnungen auch Sanktionen seitens der Plattformbetreiber, die oftmals ähnliche Regelungen in ihren Nutzungsbedingungen aufführen (siehe Abschn. 10.2).

Gewinnspiele
Ein beliebtes, wenn nicht sogar das am häufigsten eingesetzte Vermarktungs-Tool im Social-Media-Marketing stellen Gewinnspiele dar. Sie eignen sich besonders, um neue Nutzer zu gewinnen oder die Interaktion mit vorhandenen Fans zu beleben. Neben der Überprüfung, ob und in welcher Form Gewinnspielaktionen auf einer Plattform durchgeführt werden dürfen (siehe dazu Abschn. 10.2) sind auch hier bestimmte gesetzliche Regelungen zu beachten.

Als ersten Hinweis nennt Solmecke (2015, S. 66) die Tatsache, dass Gewinnspiele immer **kostenlos** sein müssen: Wird für die Teilnahme ein Einsatz verlangt und der Gewinner durch Zufall ermittelt, handelt es sich nicht mehr um ein Gewinnspiel, sondern um ein Glücksspiel, welches nur mit behördlicher Genehmigung erfolgen darf (vgl. Schwenke 2014b, S. 340). Seit dem Wegfall des sogenannten Kopplungsverbots ist es allerdings mittlerweile möglich, die Teilnahme an einem Gewinnspiel von dem Erwerb einer Ware oder Dienstleistung abhängig zu machen (vgl. Solmecke 2015, S. 67). Ferner müssen Gewinnspiele transparent sein, das heißt es müssen klar verständliche Teilnahmebedingungen vorliegen. Regelungen, die rechtskonforme **Teilnahmebedingungen** aufweisen sollten, lassen sich wie folgt zusammenfassen (in Anlehnung an Dlugos 2017; Plutte 2017; Schneider 2017d; Schwenke 2014b, S. 343–344; Solmecke 2015, S. 67):

- Name und Anschrift des Veranstalters
- Teilnahmevoraussetzungen: Was muss man tun, um teilzunehmen? Wer darf teilnehmen?
- Zulässige Teilnahmehandlungen
- Laufzeit des Gewinnspiels (Beginn und Ende)
- Ermittlung der Gewinner
- (Öffentliche) Benachrichtigung der Gewinner
- Haftung und Gewährleistung (Ausschluss des Rechtswegs)

- Datenschutz (Hinweise zum Umgang mit den personenbezogenen Daten; siehe dazu auch weiter oben die Ausführungen zur Datenschutzerklärung)
- Pflichtangaben entsprechend den Gewinnspielbedingungen der Plattformen (siehe Abschn. 10.2).

Des Weiteren weist Solmecke (2015, S. 67) darauf hin, dass die Teilnahmebedingungen dem Teilnehmer rechtzeitig, also vor der Teilnahme, sowie auf einfache Weise zur Verfügung gestellt werden müssen. Betrachtet man die o. a. Pflichtangaben, so wird schnell klar, dass es sich hierbei anbietet, die Teilnahmebedingungen an einer anderen Stelle als dem eigentlichen Post zu veröffentlichen und über einen Link darauf hinzuweisen (vgl. Dlugos 2017).

Schneider (2017d) gibt schließlich noch zwei wichtige Empfehlungen:

- Weist ein Gewinnspiel einen Werbecharakter auf, zum Beispiel indem der Gewinn besonders hervorgehoben wird, ist es **als Werbung kenntlich** zu machen, sofern das Gewinnspiel in einen redaktionellen Kontext eingebettet ist und wenn der ausgelobte Gewinn von Drittunternehmen zu Werbezwecken gesponsert wird. Andernfalls handelt es sich um Irreführung/Schleichwerbung.
- Oftmals wird bei Gewinnspielen als **Teilnahmevoraussetzung** von den Usern verlangt, eigenen Content auf das Profil des Unternehmens hochzuladen (zum Beispiel das Posten von Inhalten auf der Facebook-Chronik). Bei der Verwendung solcher fremden, user-generierten Inhalte können sich nachteilige Haftungskonstellationen für den Gewinnspielveranstalter ergeben. Um auf der sicheren Seite zu sein, empfiehlt Schneider deswegen, sich in den Teilnahmebedingungen die Nutzungsrechte an den geposteten Inhalten einräumen zu lassen und eine Haftungsfreistellung mit den Teilnehmern zu vereinbaren.

Schleichwerbung
Über Ansätze wie Content-Marketing, bei dem das eigentliche Produkt nicht im Zentrum der Vermarktungsaktivität steht (siehe Abschn. 7.2.1), oder Native Advertising (siehe Abschn. 7.2.2), versuchen Unternehmen indirekt, sich, ihre Marken oder ihre Produkte positiv darzustellen. Ziel ist es, den eigentlichen Werbezweck nicht zu betonen. In Deutschland gilt jedoch das sogenannte **Trennungsgebot,** wonach redaktionelle Inhalte strikt von werblichen Inhalten getrennt werden müssen (vgl. Plutte 2017; Katko und Kaiser 2014b, S. 260–262). Daher bewegen sich viele Unternehmen vor allem in den sozialen Medien häufig in der rechtlichen Grauzone der Schleichwerbung. „Schleichwerbung ist ein Oberbegriff für die werbende Darstellung oder Erwähnung von Unternehmen, Produkten oder Dienstleistungen, bei denen der Werbezweck nicht erkannt werden soll" (Schwenke 2017). Sie ist aufgrund des o. a. Trennungsgebotes unzulässig. Besondere Aufmerksamkeit erhält dieses Thema durch die zunehmende Popularität des Influencer-Marketings, bei dem Unternehmen Personen, die als Meinungsführer mit hohem Einfluss gelten, für sich engagieren (vgl. Plutte 2017).

Von einer rechtlichen Grauzone kann deswegen gesprochen werden, da die Klärung der Frage, wann eine Täuschung vorliegt, nicht ganz banal ist. Für Twitter und Instagram sowie Facebook haben Plutte (2017) sowie Schwenke (2017) nachstehende Punkte identifiziert, bei deren kumulativem **Vorliegen** man **von Schleichwerbung** sprechen kann und die hier zusammengefasst wiedergegeben werden:

- Ein Beitrag erweckt den Anschein neutral zu sein, zum Beispiel durch das Posten objektiv neutral wirkender Texte beziehungsweise Bilder (z. B. Meinungen, Statements, Tipps).
- Der Nutzer erkennt nicht die dahintersteckende wirtschaftliche Beeinflussung respektive Motivation. Der Beitrag wurde beispielsweise nicht als Werbung gekennzeichnet.
- Tatsächlich ist der Beitrag jedoch durch wirtschaftliche Zuwendungen motiviert. Dies liegt vor, „wenn der Verfasser des Posts als Gegenleistung Geld oder eine mehr als unerhebliche Sachzuwendung erhält. Ab welchem Wert der Sachzuwendung eine Pflicht zur Werbekennzeichnung besteht, ist umstritten. Diskutiert werden Beträge zwischen wenigen Euro und 1000 EUR" (Plutte 2017).

Eine tiefere Auseinandersetzung mit dieser komplizierten Thematik an dieser Stelle würde zu weit führen. Schwenke (2017) sieht hierfür auch den Grund in Gesetzen, „die sich noch an dem Bild klassischer Medien und Presse orientieren und sonst keine klaren Vorgaben machen. Mangels gerichtlicher Entscheidungen fehlt es auch von dieser Seite an klaren Regeln". Er empfiehlt deshalb ebenso wie Plutte (2017) kommerziell motivierte Inhalte klar mit „Werbung" oder „Anzeige" zu kennzeichnen. Andernfalls drohen neben behördlichen Ordnungsgeldern auch Abmahnungen von Mitbewerbern, wobei das Unternehmen für rechtswidriges Handeln des Verfassers haften muss (vgl. Plutte 2017). Eine gute Zusammenfassung zu dieser Thematik liefert etwa die Podcast-Folge zu Schleichwerbung von Marcus Richter und Thomas Schwenke, die über Servicelink 10.3 abgerufen werden kann.

Servicelink 10.3

Servicelink zur Podcast-Folge über Schleichwerbung von Marcus Richter und Thomas Schwenke:
https://rechtsbelehrung.com/schleichwerbung-rechtsbelehrung-folge-24-jura-podcast-grosse-faq/

10.2 Nutzungsbedingungen der Social-Media-Plattformen

Neben den gesetzlichen Vorgaben sind die Hausregeln der Social-Media-Dienste zu beachten (vgl. Rocksroth 2014, S. 24; Schwenke 2014a, S. 317). Ulbricht (2016, S. 111) nennt sie **„Gesetze der Plattformbetreiber".** Diese sind häufig in Nutzungsbedingungen, AGBs oder anderen Richtlinien enthalten. Da dafür meistens die Begriffe AGBs, Nutzungsbedingungen oder Terms of Service (ToS) Verwendung finden, sollen diese Bezeichnungen auch im Rahmen dieser Ausführungen synonym Anwendung finden. Das Unternehmen muss in diese Regelungen bei Anlegen des Accounts einwilligen.

Die Beschäftigung mit den Nutzungsbedingungen macht in der Regel wenig Spaß. Schaut man sich beispielsweise die ToS von Facebook an, wird man selbst in der deutschen Übersetzung nicht immer alles verstehen. Deswegen sollte man zur Vereinfachung auch immer auf einschlägige Online-Magazine zurückgreifen, die oftmals eine für Normalbürger verständliche „Übersetzung" der Inhalte anbieten. Zu prüfen ist auch, ob eine Plattform ein ganzes Bündel an Regelwerken vorgibt. Dies ist beispielsweise bei Facebook der Fall: Neben den allgemeinen ToS gibt es noch Richtlinien für die Fanseiten sowie Plattform-Richtlinien (siehe dazu auch Servicelink 10.4 am Ende dieses Abschnitts). Die Einhaltung der Nutzungsbedingungen ist dringend anzuraten. Andernfalls drohen rechtliche Konsequenzen von einer Verwarnung bis hin zum Ausschluss und Löschen von der Plattform (vgl. Babka 2016, S. 125; Ulbricht 2016, S. 117).

Die einzelnen Nutzungsbedingungen weisen in der Regel ziemlich genaue Vorgaben für eine Vielzahl von Aspekten auf. Wie eingangs erläutert, muss ein Unternehmen zunächst überprüfen, ob die ToS die unternehmerische Nutzung gestatten, beziehungsweise welche Voraussetzungen zu erfüllen sind. Des Weiteren seien beispielsweise Richtlinien für die Nutzung von Logos und anderen Warenzeichen oder der Umgang mit Bewertungen genannt. In Anlehnung an einige der unter Abschn. 10.1 angeführten Punkte sollen nachstehende Aspekte kurz gesondert hervorgehoben werden.

Wahl des Account-Namens
Neben rechtlichen Aspekten bei der Wahl des Account-Namens gibt es in der Regel auch seitens der Plattformbetreiber **detaillierte Vorgaben.** Bei Facebook darf beispielsweise der Seitenname nicht nur aus allgemeinen Begriffen wie „Pizza" oder „Bier" bestehen. Selbst der Name „München", eine von der Stadt München betriebene Fanpage, war zu allgemein und wurde von Facebook gelöscht (vgl. Solmecke 2015, S. 17). In den Nutzungsbedingungen für Facebook-Seiten (vgl. Facebook 2017) regelt das größte soziale Netzwerk unter anderem, dass eine grammatikalisch korrekte Großschreibung verwendet werden muss. Mit Ausnahme von Akronymen dürfen Seitennamen nicht ausschließlich Großbuchstaben enthalten. Auch Gattungsbegriffe und Kategoriebezeichnungen (z. B. „Fotografie" oder „Social-Media-Marketing") sind unerwünscht, es sei denn, die Begriffe sind Bestandteil des Firmennamens. In solchen Fällen muss der Unternehmensname aber mit aufgeführt werden (z. B. Fotografie Mustermann).

Facebook dient hier nur als ein Beispiel, die Regelungen anderer Plattformen unterscheiden sich nicht wesentlich. Dennoch weist Facebook besonders viele, durchaus verwirrende Direktiven auf. Verstöße dagegen können – wie das Beispiel der Stadt München zeigte – zur Folge haben, dass der mühsam aufgebaute Account plötzlich und ohne Vorwarnung gelöscht wird (vgl. Solmecke 2015, S. 17).

Gewinnspiele

Die Durchführung von Gewinnspielen auf verschiedenen Plattformen mag unter Berücksichtigung der verschiedenen Nutzungsbedingungen komplizierter anmuten, als die Befolgung der unter Abschn. 10.1 vorgestellten rechtlichen Rahmenbedingungen. Hinzu kommt, dass die ToS diesbezüglich ständigen Änderungen unterliegen. Ein detaillierte Auseinandersetzung mit den jeweiligen Regelungen erscheint insofern unerlässlich. Typische Aspekte sind unter anderem:

- **Teilnahmebedingungen:** Je nach Plattform können unterschiedliche Gewinnspielmechanismen erlaubt oder verboten sein. Bei Facebook kann man beispielsweise die Teilnahme von dem Liken eines Beitrags abhängig machen. Hingegen sind Aufforderungen wie „teile diesen Beitrag in deiner Chronik, um teilzunehmen" oder „erhöhe deine Gewinnchancen durch Teilen in der Chronik deines Freundes/deiner Freundin" oder „markiere deine Freunde/Freundinnen in diesem Beitrag, um teilzunehmen" nicht erlaubt (vgl. Facebook 2017). Google+ verbietet wiederum Aktionen, die mögliche Belohnungen im Austausch bieten für das Geben von „+1" für Inhalte, Follower eines Nutzers werden, das Hinzufügen eines Nutzers zu den eigenen Kreisen u. v. m. (vgl. Google o. J.). Twitter (2017a) und Google (o. J.) schreiben außerdem vor, dass die Gewinnspiel-Teilnahmebedingungen Personen mit mehreren Accounts von der Teilnahme ausschließen.
- **Klärung des Haftungsausschlusses des Betreibers der genutzten Social-Media-Plattform:** So fordern Facebook, Instagram, Snapchat, Google+ oder auch Pinterest die Seitenbetreiber dazu auf, den Teilnehmern zu erklären, dass die Plattform (oder deren Partner) in keinerlei Verbindung zu dem Gewinnspiel steht (oder das Gewinnspiel sponsern, unterstützen oder verwalten). Für sämtliche Belange des Gewinnspiels ist demnach der Seitenbetreiber verantwortlich (vgl. Solmecke 2015, S. 68–70).
- **Datenschutz:** Viele Gewinnspielregeln verweisen zudem auf geltendes Recht. So erklärt Facebook, dass Seitenbetreiber im Falle der Sammlung von Daten zuvor die entsprechenden Einwilligungen der Nutzer einzuholen haben (vgl. Facebook 2017). Andere Plattformen fordern, dass Nutzer nicht zu Spam ermutigt werden dürfen, zum Beispiel zum Versenden von Snaps an Freunde oder zum mehrmaligen Retweeten eines Gewinnspiels (um dadurch die Gewinnchancen zu erhöhen; vgl. Dlugos 2017).

Werberichtlinien

Schließlich existieren auch Vorgaben für die Gestaltung von Werbeanzeigen. Auch diese ändern sich allerdings häufiger. Hier gilt daher wie bei vielen anderen der hier aufgeführten Inhalte: Solche Regelungen sind regelmäßig vor Durchführung einer Aktion zu überprüfen. Dies ist nicht immer ganz einfach, da manche Plattformen mehr als nur ein Regelwerk aufweisen. Twitter (2017b; unter Werbekunden-Richtlinien) führt beispielsweise derzeit 26 verschiedene Richtlinien auf. In der Regel befassen sich diese Vorgaben (nicht nur bei Twitter) mit Verboten oder Einschränkungen in Bezug auf bestimmte Produkte, wie zum Beispiel Alkohol oder Tabakwaren, Diskriminierung oder nicht jugendfreie Inhalte. Gerade letzteres führt des Öfteren zu merkwürdigen Entscheidungen, was bei Facebook als Werbung gepostet werden darf und was nicht. Das Anfang 2018 erlassene Werbeverbot für Kryptowährungen wie Bitcoin ist hingegen sicher sinnvoll, um Nutzer vor Abzocke zu schützen (vgl. Fuest 2018).

Servicelink 10.4

Servicelinks zu den Nutzungsbedingungen der wichtigsten Social-Media-Plattformen:
Servicelink 10.4a – Facebook-TOS:
https://www.facebook.com/terms.php
Servicelink 10.4b – Facebook-Richtlinie für Fanseiten:
https://www.facebook.com/page_guidelines.php
Servicelink 10.4c – Facebook-Plattform-Richtlinien:
https://developers.facebook.com/policy/?locale=de_DE
Servicelink 10.4d – Google+ :
https://www.google.com/intl/de_ALL/+/policy/content.html
Servicelink 10.4e – LinkedIn:
http://linkedin.com/legal/user-agreement
Servicelink 10.4f. – Xing:
https://www.xing.com/terms
Servicelink 10.4g – Twitter:
https://www.twitter.com/tos
Servicelink 10.4h – Tumblr:
https://www.tumblr.com/policy/en/terms-of-service
Servicelink 10.4i – WhatsApp:
https://www.whatsapp.com/legal/?l=de
Servicelink 10.4j – Pinterest:
http://about.pinterest.com/terms
Servicelink 10.4k – Instagram:
http://instagram.com/legal/terms
Servicelink 10.4l – Snapchat:
https://www.snap.com/de-DE/terms/#terms-row
Servicelink 10.4m – YouTube:
http://www.youtube.com/static?template=terms

10.3   Extern-gerichtete Social-Media-Guidelines (Netiquette)

Während Unternehmen die rechtlichen Regelungen und die Nutzungsbedingungen der Plattformbetreiber und damit die Vorgaben anderer befolgen müssen, können (und sollten) sie für die von ihnen betriebenen Seiten einen eigenen Verhaltenskodex für ihre Nutzer aufstellen. Für diese **an externe** (das heißt nicht dem Unternehmen zugehörigen) **Anwender gerichteten Social-Media-Guidelines** verwenden Unternehmen unterschiedliche Namen, zum Beispiel bezeichnet Daimler sie als Kommentar-Richtlinien, Frosta nennt sie Blog-Regeln. Gemeinhin werden sie aber unter dem Begriff der Netiquette zusammengefasst. Dieses Kofferwort aus den Begriffen *Netz* und *Etikette* wurde erstmals 1979 im Umfeld der Plattform Usenet verwendet (siehe dazu Abschn. 2.1, Phase 1; vgl. Social Media Aachen 2011).

In der Netiquette schreiben Unternehmen fest, welches Verhalten sie sich von ihren Nutzern wünschen. Dabei regeln sie hauptsächlich, wo die **Grenzen in der Kommunikation** miteinander liegen (vgl. Diederich 2014) und untersagen in diesem Zusammenhang vor allem rassistische, sexistische und beleidigende Äußerungen.

Wie in Abschn. 9.2 bereits aufgeführt, raten Terpening und Li (2014, S. 13–14) dazu, einfach auf existierende Dokumente zurückzugreifen. Diese Empfehlung passt insbesondere bei der Netiquette, für die einige sehr gute Beispiele existieren, an denen man sich gut orientieren kann. Die Analyse dieser Richtlinien zeigt, welche **Elemente in einer Netiquette** sinnvollerweise behandelt werden sollen:

Vorwort/Einführung
Die knappe Einleitung sollte zunächst erklären, warum eine Netiquette notwendig und wichtig ist. Eine wohlkonzipierte Netiquette orientiert sich in der Regel an den allgemeinen Nutzungsgewohnheiten und geht unter Umständen auch auf zielgruppenspezifische Besonderheiten ein (vgl. Social Media Aachen 2011).

Hinweise zum guten Umgangston
Der Verhaltenskodex sollte keine Ansammlung von Verboten sein (vgl. Diederich 2014). Deswegen erscheint es ratsam, den inhaltlichen Teil – ähnlich wie in Gesprächen, bei denen konstruktive Kritik geäußert wird – mit dem explizit erwünschten Verhalten zu beginnen. Damit geht die Bestimmung des Umgangstons einher, der in der Regel auf ein freundliches und faires Miteinander zielt, zu konstruktiven Beiträgen anregt und auf die Toleranz der User setzt, auch wenn diese anderer Meinung sind.

Hinweise zu unerwünschtem Verhalten
Ein wesentlicher Bestandteil bilden die Punkte, die das Unternehmen auf keinen Fall auf der Seite sehen möchte. In der Regel folgt hier eine Liste von unerwünschten Verhaltensweisen, die zur Löschung eines Kommentars beziehungsweise zur Sperrung der IP-Adresse für weitere Kommentierungen führen. Der Autor hat selbst im Rahmen eines von ihm verantworteten Projekts (Nestlé-Marktplatz) auf Basis der Richtlinien von

Frosta und Daimler eine solche Auflistung erstellt (über Servicelink 10.5 gelangt man zu den drei kompletten Kommentar-Richtlinien). Hier eine beispielhafte Aufzählung:

- Der Missbrauch als Werbefläche für Webseiten oder Dienste
- Das maschinelle Hinterlassen von Kommentaren
- Das kommerzielle oder private Anbieten von Waren oder Dienstleistungen
- Rassismus und Hasspropaganda
- Aufforderungen zu Gewalt gegen Personen, Institutionen oder Unternehmen
- Pornografie
- Beleidigungen und Entwürdigungen von Personen in jeglicher Form
- Verletzungen von Rechten Dritter, auch und insbesondere von Urheberrechten
- Aufruf zu Demonstrationen und Kundgebungen jeglicher politischen Richtung
- Kommentare, die nicht in deutscher oder englischer Sprache verfasst sind
- Kommentare, die sich nicht auf den kommentierten Beitrag beziehen

Weitere Regelungen
Unter diesen Punkt fallen verschiedene Aspekte, die teilweise mit dem Datenschutz zu tun haben. Regelungen zum Datenschutz hängen davon ab, ob Nutzer zur Abgabe eines Kommentars den Namen sowie eine gültige E-Mail-Adresse angeben müssen (Beispiel Frosta, wobei allerdings auch Nicknames zugelassen sind) oder nicht (Beispiel Nestlé-Marktplatz). Werden E-Mail-Adressen oder andere persönliche Daten der Besucher und Kommentatoren abgefragt, erfolgt meist noch ein Hinweis zur vertraulichen Behandlung dieser Daten.

Zum anderen behalten sich manche Unternehmen ein zeitlich unbefristetes Nutzungsrecht an den Kommentaren vor. Damit geht einher, dass das Unternehmen auf Löschanfragen für bestimmte Leserkommentare nur reagiert, wenn diese berechtigt sind (Anstiftung zu Straftaten, Rassismus, Beleidigungen etc.). Insofern erfolgt dann noch der Hinweis, sich bitte vorher zu überlegen, ob eine Frage oder ein Kommentar so veröffentlicht werden soll, wie er gerade verfasst wurde.

Zudem erfolgt des Öfteren noch der Hinweis auf die Einhaltung der sonstigen geltenden rechtlichen Regeln.

Ausschlussklausel für Haftung
Abschließend regeln Unternehmen den sogenannten Haftungsausschluss für von Nutzern geäußerte Meinungen. Nachstehende Formulierung ist in vielen Guidelines zu finden: „Die Kommentare zu unseren Beiträgen spiegeln allein die Meinung einzelner Leser wider. Für die Richtigkeit und Vollständigkeit der Inhalte übernimmt *das Unternehmen* keinerlei Gewähr" (in Anlehnung an die Kommentar-Richtlinien von Daimler; siehe dazu Servicelink 10.5).

In diesem Zusammenhang weist jedoch Solmecke (2015, S. 134) darauf hin, dass „ein bloßer **allgemeiner, oberflächlicher Haftungsausschluss** mit einer pauschalisierten Distanzierung zu sämtlichen Inhalten [...] von den Gerichten als nicht wirksamer

Haftungsausschluss betrachtet [wird]. Wenn man sich von verlinkten Inhalten distanzieren möchte, dann muss dies in einzelfallbezogener Form erfolgen." Derartige Disclaimer sind also überflüssig (s. auch Abschn. 10.1).

Vielmehr kann nach den Grundsätzen der **Störerhaftung** der Portalbetreiber unter bestimmten Umständen auch für eine fremde Rechtsverletzung (durch den Nutzer) haften, zum Beispiel in Fällen von rechtsverletzenden Äußerungen, Bildern oder Links (vgl. Solmecke 2015, S. 131). Wird der Portalbetreiber über einen möglichen Rechtsverstoß in Kenntnis gesetzt, ist er verpflichtet, den Vorwurf innerhalb einer gesetzten Frist zu prüfen und im Falle einer Rechtsverletzung den rechtsverletzenden Beitrag zu entfernen (vgl. Solmecke 2015, S. 131). Dies fällt in der Regel in den Aufgabenbereich von Social-Media-Managern, vor allem in den Bereich der Moderation (siehe Kap. 12).

Servicelink 10.5

Servicelink 10.5a – Netiquette Daimler-Blog:
https://blog.daimler.com/kommentar-richtlinien/
Servicelink 10.5b – Netiquette Frosta-Blog:
http://www.frostablog.de/bloginfo/regeln
Servicelink 10.5c – Netiquette Nestlé-Marktplatz:
https://www.nestle-marktplatz.de/hilfe-und-kontakt

10.4   Intern-gerichtete Social-Media-Guidelines

Wie die Ausführungen in Abschn. 9.2 zeigen, ist mit 41 % die Zahl der Mitarbeiter, die soziale Medien im (deutschen) Berufsalltag einsetzen, stark gestiegen. Damit einher geht allerdings die erhöhte Gefahr, dass Mitarbeiter (meist unbewusst) ein schädliches Verhalten an den Tag legen, indem sie beispielsweise vertrauliche Informationen verbreiten (vgl. Rauschnabel et al. 2013, S. 36; Solmecke 2015, S. 83). Unvorsichtige Mitarbeiter zählen zu den drei größten Social-Media-Gefahren, die ein Unternehmen im Auge behalten sollte (vgl. Reed 2017). Auch hier gilt der alte Spruch: Ein System ist nur so gut wie sein schwächstes Glied.

Um Mitarbeiter für die Gefahren zu sensibilisieren, dienen zum einen Schulungen (siehe Abschn. 9.2), zum anderen **(an die Mitarbeiter gerichtete) Social-Media-Guidelines.** Darunter werden „fixierte Handlungsempfehlungen verstanden, die für Mitarbeiter Verhaltensregeln für den aktiven und passiven Umgang mit Social Media im Zusammenhang mit dem Unternehmen definieren" (Rauschnabel et al. 2013, S. 38–39). Mit ihnen gibt das Unternehmen den Mitarbeitern für die Nutzung der sozialen Medien Hilfestellung und Sicherheit, beugt Missverständnissen vor und schützt damit sowohl die Angestellten als auch das Unternehmen (vgl. Bitkom 2017b).

Nun könnte man anführen, dass derartige Richtlinien nicht notwendig seien, da Mitarbeiter über den Arbeitsvertrag sowie – falls vorhanden – besondere Vertraulichkeitshinweise, Sprachregelungen, Verhaltenskodizes oder Systemnutzungsregeln bereits ausreichend mit Vereinbarungen versorgt sind (vgl. Fink et al. 2015, S. 107; Hoffmann 2017). Fink et al. (2015, S. 107) stellen jedoch klar, dass die spezifischen Aspekte des Social Web in den Arbeitsverträgen meist unberücksichtigt bleiben. (Intern-gerichtete) Social-Media-Guidelines sollten von daher in **Ergänzung** zu bestehenden betrieblichen Vereinbarungen erstellt werden, um bereits existierende arbeitsrechtliche Pflichten zu konkretisieren (vgl. Bitkom 2017b; Fink et al. 2015, S. 107). Sie helfen, das rechtliche Risiko zu minimieren und sowohl Unternehmen als auch Marke zu schützen, indem sie potenzielle Gefahren skizzieren und erläutern, welche Maßnahmen etwa im Fall eines Fehlers oder eines gehackten Accounts zu ergreifen sind (vgl. Lawal 2017b). Social-Media-Guidelines nur aus der Perspektive der Risikominimierung zu betrachten, wäre jedoch zu kurz gegriffen. Sie dienen auch dazu, die mit Social Media verbundenen Chancen besser zu nutzen.

Betrachtet man die Anzahl von Veröffentlichungen zu diesem Thema, insbesondere jene mit Praxisbezug, so stellt man fest, dass sich die Experten weitgehend darüber einig sind, dass sich alle Unternehmen mit dem Thema Social-Media-Guidelines auseinandersetzen müssen. Bedenkt man die hohe Bedeutung, erstaunen jedoch die Ergebnisse einer Studie der Bitkom (2017b): Lediglich 37 % der befragten deutschen Unternehmen haben derartige Regeln für die berufliche Nutzung aufgestellt, weitere 18 % haben zumindest Richtlinien für die private Nutzung. Mehr als die Hälfte der Unternehmen lassen ihren Mitarbeitern dagegen völlig freie Hand.

Aus diesen Gründen befasst sich der nachstehende Abschnitt zunächst mit der Frage, wie Unternehmen derartige, an die Mitarbeiter gerichtete Richtlinien aufsetzen sollten (siehe Abschn. 10.4.1). Anschließend geht Abschn. 10.4.2 näher auf die Inhalte und Abschn. 10.4.3 ihre Ausgestaltung ein.

10.4.1 Prozess der Entwicklung von Social-Media-Guidelines

Die Erstellung von Social-Media-Guidelines ist kein einfaches und auch **kein einmaliges Unterfangen.** Letztendlich steckt aber hinter dem reinen Vorgehensmodell zur Entwicklung keine wirkliche Wissenschaft. Die nachstehenden Ausführungen orientieren sich am Modell von Rauschnabel et al. (2013, S. 38–43), da dieses auf Basis von Experteninterviews entwickelt wurde. Auch wenn es laut Aussage der Verfasser eine deskriptive Momentaufnahme der aktuellen Situation im deutschsprachigen Raum darstellt, so orientiert es sich an den üblichen Schritten zum Aufsetzen von Management-Prozessen und besitzt deswegen durchaus Verallgemeinerungscharakter.

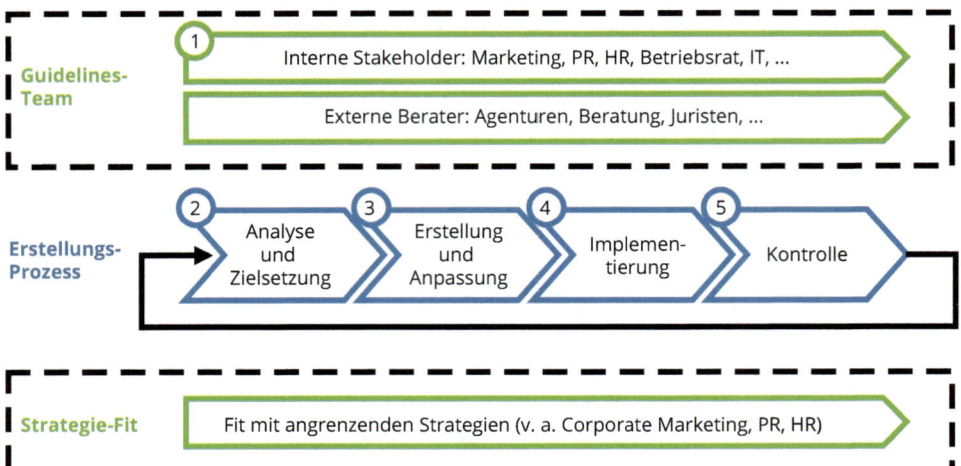

Abb. 10.4 Erstellungsprozess von Social-Media-Guidelines. (Quelle: eigene Darstellung in Anlehnung an Rauschnabel et al. 2013, S. 38)

Der Erstellungsprozess im Überblick ist zunächst der Abb. 10.4 zu entnehmen. Die einzelnen Phasen werden nachfolgend auf Basis der Ausführungen von Rauschnabel et al. (2013) kurz beschrieben. Ergänzende Quellen werden explizit hervorgehoben.

Stufe 1: Projekt-Team aufstellen
Aufgrund der mittlerweile hohen Bedeutung und des interdisziplinären Charakters von Social Media setzt der Erstellungsprozess von Social-Media-Guidelines strategisches sowie interdisziplinäres Wissen voraus. Aus diesem Grunde sollten Mitarbeiter aus den üblichen, von Social Media betroffenen beziehungsweise an Social Media beteiligten Bereichen in das Vorgehen involviert werden. Dies sind: Marketing, Personal-, Rechts- und IT-Abteilung, Compliance und/oder Datenschutzbeauftragte sowie (zumindest partiell) der Betriebsrat. Um die Sichtweise aus allen Management-Ebenen hinreichend zu repräsentieren, bietet es sich an, Mitarbeiter verschiedenster Hierarchie-Stufen zu berücksichtigen. Je nach vorhandener Expertise können externe Berater und vor allem Juristen die Entwicklung unterstützen.

Stufe 2: Ist-Analyse und Zielsetzung
Wie bei vielen Erstellungsprozessen bildet die Analyse des Ist-Zustands einen wesentlichen Ausgangspunkt. An dieser Stelle kann – bei sauberer Exekution der Schritte des Social-Media-Zyklus – auf die Ergebnisse der Social-Media-Audits (siehe Abschn. 5.2.1), der Definition der mit den Social-Media-Aktivitäten verbundenen Ziele (siehe Abschn. 6.2) sowie der grundlegenden Social-Media-Strategie (Abschn. 9.1) zurückgegriffen werden. Weitere Grundlagen sollten existierende Regularien im Unternehmen, das Online-Nutzungsverhalten sowie die Wünsche der Mitarbeiter bilden. Abhängig vom Status quo variiert der Regulierungsbedarf.

Aufbauend auf der Analyse erfolgt die Festlegung der Ziele der Guidelines. Bei der Ausgestaltung sind die Unternehmenskultur und die Social-Media-Ziele entscheidend. Insofern können die Ziele defensiv oder offensiv formuliert sein. Defensive Ziele beziehen sich auf die Vermeidung negativer Folgen (zum Beispiel die Veröffentlichung sensibler Daten), während offensive Ziele auf die Realisierung positiver Effekte hinwirken (etwa Mitarbeiter zu Unternehmens-Botschaftern machen). Grundsätzlich empfiehlt es sich zur Realisierung der Potenziale von Social Media, beide Sichtweisen einzunehmen. Die Zieldefinition kann im Rahmen von Workshops mit Vertretern der o. a. Organisationseinheiten und gegebenenfalls externen Beratern erarbeitet werden.

Stufe 3: Erstellung und Anpassung
Nun beginnt ein iterativer Prozess der Erstellung und Anpassung der Guidelines. Hierzu bietet es sich an, die Guidelines intern vorab zu publizieren und von den Mitarbeitern kommentieren zu lassen, wie das beispielsweise die Caritas getan hat (vgl. Bisculm 2011). Neben inhaltlichen Aspekten (siehe dazu Abschn. 10.4.2) sollte auch die optische Gestaltung der Richtlinien berücksichtigt werden (siehe Abschn. 10.4.3). Ziel muss es sein, möglichst leicht verständliche und optisch ansprechende Guidelines zu gestalten, um eine größtmögliche Aufmerksamkeit und Akzeptanz zu erreichen.

Nach den verschiedenen, notwendigen Iterationsschleifen folgt der klassische Freigabeprozess, an dem möglichst viele interne Stakeholder beteiligt sein sollten. Neben inhaltlichen Aspekten gilt es, die Guidelines auf Verständlichkeit und mögliche Fehlinterpretationen hin zu untersuchen. Spätestens in der Abstimmungsphase sind Vorstand beziehungsweise Geschäftsführung, zum Beispiel im Rahmen eines Lenkungsausschusses, miteinzubeziehen.

Stufe 4: Implementierung und Weiterentwicklung
Die Einführung der fertigen und freigegebenen Guidelines im Unternehmen erfolgt in Stufe vier. Ziel sollte es sein, dass alle Mitarbeiter, nicht nur diejenigen, die mit Social Media im Berufsalltag direkt zu tun haben, die Guidelines und ihre Inhalte kennen. Dies erweist sich oftmals in der Praxis als schwierig.

Hoffmann (2017), Rauschnabel et al. (2013, S. 42) und Scholze (2017) nennen in diesem Zusammenhang eine Reihe flankierender Maßnahmen, die dabei hilfreich sein können, um die notwendige Aufmerksamkeit zu erhalten. Dies sind zum Beispiel:

- Besondere Aufmachung der Social-Media-Guidelines (siehe Abschn. 10.4.3)
- Schulung der Mitarbeiter im sicheren Umgang mit den Social-Media-Guidelines im Unternehmensalltag
- Veröffentlichung der Social-Media-Guidelines für bestehende und neu angestellte Mitarbeiter, also intern sowie eventuell auch extern für die Anteilseigner
- Kontinuierliche Vorstellung der Richtlinien bei internen Veranstaltungen
- Hinweis auf die Guidelines in der Gehaltsabrechnung

- Festlegung einer Person als Anlaufpunkt für sämtliche Fragen rund um die Social-Media-Guidelines und kontinuierliche Weiterbildung dieser Person
- Aufbau eines Social-Media-Newsrooms, z. B. im Intranet, über den die Mitarbeiter jederzeit leicht auf die Guidelines zugreifen können

Wie eingangs erwähnt, ist die Erstellung von Social-Media-Guidelines keine einmalige Übung, und die Implementierung endet nicht mit der Einführung. Technische Weiterentwicklungen, Änderungen im Nutzungsverhalten oder auch Gesetzesneuerungen erfordern permanent Anpassungen. Mitarbeiter müssen (etwa über einen Social-Media-Newsroom) fortlaufend über Änderungen informiert werden. Nach Scholze (2017) kann dies am besten über ein Lebenszyklusmodell erreicht werden. Idealerweise durchlaufen Social-Media-Guidelines dann kontinuierlich die Phasen Entwicklung, Einführung, Anwendung und Aktualisierung.

Stufe 5: Kontrolle
Im fünften Schritt des Erstellungsprozesses einer Social-Media-Richtlinie – Kontrolle – muss ihre Wirksamkeit beziehungsweise Einhaltung überprüft werden. Eine systematische Überwachung der Social-Media-Aktivitäten von Mitarbeitern ist allerdings aufgrund datenschutzrechtlicher Aspekte nicht oder nur schwer möglich. Dennoch können über das Social-Media-Monitoring über eine (teil-)automatisierte Analyse von Nutzerinhalten auch Rückschlüsse auf die Urheber gezogen werden. Die Ableitung von Sanktionen bleibt dennoch schwierig. Insofern ist es sinnvoll, die Einhaltung der Guidelines durch die Schaffung einer positiven Unternehmenskultur zu unterstützen. Dabei kommt dem Top-Management eine wichtige Vorbildfunktion zu. Dies ist dringend notwendig, da – wie beschrieben – insbesondere Führungskräfte im Social Web manches Mal durch „unvorsichtiges" Verhalten Probleme verursacht haben. Besonders bekannt geworden ist das Beispiel des Geschäftsführers des Tablet-Herstellers Neofonie, Helmut Hoffer von Ankershoffen. Zusammen mit seiner Frau verfasste er 2010 bei Amazon unter fremden Namen Rezensionen, um ein Gegengewicht zu negativen Kommentaren zu bilden und das neue WeTab positiv darzustellen. Das Paar wurde überführt, der Neofonie-Chef trat zurück. Der Imageschaden für Neofonie war erheblich.

10.4.2 Inhalte von Social-Media-Guidelines

Die inhaltliche Ausgestaltung von Social-Media-Guidelines kommt laut Zerfaß et al. (2012, S. 28) einer Gratwanderung zwischen notwendigen Vorgaben und der für partizipative sowie dialogische Interaktionen typischen Flexibilität gleich. Die Guidelines sollen für die Social-Media-Aktivitäten aller Beteiligten Orientierung und Aufklärung bieten, ohne die Kreativität durch allzu starre Regelungen einzuengen. Rauschnabel et al. (2013, S. 41) bringen das Prinzip mit Bezug auf die Aussage einer Expertin auf den Punkt: **So ausführlich wie nötig und so kurz wie möglich.**

Es gibt im Arbeitsleben bereits eine Vielzahl von Regeln, die zwingend einzuhalten sind (Beispiel Arbeitsvertrag), daher sollten Social-Media-Guidelines eher positiv unterstützen als reglementieren, also eine offensive – auf die Realisierung positiver Effekte hinwirkende – Sichtweise einnehmen. Doch damit das gelingt, müssen die Richtlinien Relevanz erzeugen. Die „Kunst" dabei ist, auf relativ beliebige Allgemeinplätze zu verzichten und erkennbar zu machen, inwieweit die Guidelines helfen, sich sicher und eben auch rechtssicher in sozialen Netzwerken zu bewegen (vgl. Hoffmann 2017). Dies schafft man vor allem über **konkrete Beispiele, Tipps und Tricks.**

Nachstehende Auflistung der **Aufgaben von Social-Media-Guidelines** bei Beilharz (2017) kann als sehr gute Zusammenfassung herangezogen werden:

- Fehler vermeiden
- Risiken begrenzen
- Mitarbeiter informieren
- Sicherheit schaffen
- Grenzen aufzeigen
- Auf eine gemeinsame Strategie einstimmen
- Zur Nutzung motivieren

Jedes Unternehmen ist anders, hat eine eigene Kultur, verfolgt eigene Ziele, die sich wiederum auf die Ausgestaltung der Social-Media-Strategie auswirken. Daher kann es **keine Norm-Strategie** und keine Standardformulierung für die Social-Media-Guidelines geben. Dennoch stellt sich die Frage, ob die Richtlinien unterschiedlicher Unternehmen bei allen individuellen Unterschieden auch Gemeinsamkeiten im Aufbau und in den grundsätzlichen Inhalten aufweisen. Die Antwort darauf lautet: Ja, es gibt Gemeinsamkeiten.

Anhaltspunkte hierfür liefert zum einen die Inhaltsanalyse von Social-Media-Guidelines bei Rauschnabel et al. (2013, S. 43–45), die auf der Auswertung von 50 Best-Practice-Guidelines basiert. Zum anderen hat auch Beilharz (2017) aus einer Vielzahl von bereits eingesetzten Social-Media-Guidelines ein grobes Grundgerüst extrahiert. Zudem fließen Inhalte, die Babka (2016, S. 36–41), Bisculm (2011), Fink et al. (2015, S. 107–108) und Hoffmann (2017) anführen, in die Beschreibungen der einzelnen Bausteine ein (wobei eine komplette Überschneidungsfreiheit der Aspekte nicht möglich ist).

Folgende Elemente können immer wieder in Richtlinien identifiziert werden:

Einführung
Die Ergebnisse der Studie von Rauschnabel et al. (2013, S. 44) zeigen, dass ein Großteil der untersuchten Richtlinien über eine Einleitung verfügen. In diesem Zusammenhang besteht je nach Social-Media-Reifegrad des Unternehmens (siehe dazu das Social-Media-Maturity-Modell in Abschn. 8.1.1) unterschiedlicher Bedarf, die Mitarbeiter über Social Media und die damit verbundene Terminologie aufzuklären. Fink et al. (2015, S. 108) raten, die Wirkmechanismen des Social Webs zu erläutern. Unabhängig vom Reifegrad lohnt sich eine kurze Einführung in das Thema und eine Standortbestimmung immer.

Vorstellung der Social-Media-Ziele und -Strategie

Generell lassen sich als Hauptziele von Guidelines gemäß Rauschnabel et al. (2013, S. 44) die Sensibilisierung (90 %) und die Kompetenzsteigerung der Mitarbeiter im Umgang mit Social Media (82 %) ausmachen. Weitere wichtige Ziele sind die Erhöhung von Transparenz (88 %) und Authentizität (90 %) in der Unternehmenskommunikation. Um diese Ziele den Mitarbeitern näher zu bringen, sollten die mit den Social-Media-Aktivitäten verfolgten Ziele sowie die zugrunde liegende Strategie entweder in der Einleitung oder als separater Teil erläutert werden. Dieser Part stellt die Besonderheiten des jeweiligen Unternehmens heraus und verlangt nach einer individuellen Ausgestaltung.

Hoffmann (2017) führt folgende Punkte auf, die es hierbei zu berücksichtigen gilt. Die Richtlinien sollten …

- …in den Struktur- und Kulturwandel passen: Was bedeutet der digitale Wandel für unser Unternehmen und was ergibt sich daraus für die Social-Media-Aktivitäten?
- …Themenfelder abdecken: Worum geht es in diesen Guidelines und was ist das Ziel?
- …Nutzen definieren: Was bringt es dem einzelnen Mitarbeiter, sich damit auseinanderzusetzen?
- …Orientierung liefern: Wie ist das Thema Social Media anzugehen, und was ist dabei zu beachten?
- …Bewusstsein schaffen: Warum bin ich als Angehöriger des Unternehmens auch in meiner virtuellen Präsenz als solcher wichtig?

Empfehlungen zum angemessenen Verhalten

Ähnlich wie bei der Netiquette behandelt der nächste Baustein zunächst die positiven Aspekte des Social-Media-Engagements. Alle bei Rauschnabel et al. (2013, S. 44) analysierten Guidelines beinhalteten konkrete Hinweise und Empfehlungen für ein angemessenes Verhalten in Social Media. Demzufolge sollte man in diesem Teil Aspekte wie den empfohlenen Sprachgebrauch, den Respekt gegenüber Dritten sowie ethische Fragen und den Umgang mit kritischen Situationen, wie Anfeindungen oder Drohungen, erläutern (vgl. Fink et al. 2015, S. 108).

In diesem Zusammenhang erachten fast alle Arbeitgeber in der Studie von Rauschnabel et al. (2013, S. 44) Tugenden wie Ehrlichkeit (96 %) und Respekt (90 %) für wichtig. Zudem fordert ein Großteil seine Mitarbeiter auf, die eigene Identität (88 %) immer transparent zu machen.

Nach Hoffmann (2017) sollten die Richtlinien zudem …

- …Bezüge zum Arbeitsleben und zu bereits etablierten Regeln herstellen: Was hat Social Media mit Arbeitsverträgen, Geheimhaltungsvereinbarungen und seriösem, arbeitgeberkonformem Verhalten im Allgemeinen zu tun?
- …Handlungsvorschläge anhand von Beispielen liefern: Wo/wann trete ich erkennbar als Unternehmensangehöriger auf? Wie sieht in diesem Fällen ein adäquater Auftritt aus? Was muss bei Äußerungen über den Arbeitgeber beachtet werden?

- …Konkrete Anhaltspunkte für bestimmte Plattformen geben: Wo muss ich beispielsweise klarmachen, dass es sich hier um meine private Meinungsäußerung handelt?
- …Zuständigkeiten klären: Wer ist wofür verantwortlich? Wer darf in welchen Fällen für die Firma sprechen?
- …Abläufe beschreiben: Was ist wie abzustimmen? Wie sehen Freigabeprozesse aus? Wen kann oder muss ich in welchen Fragen zurate ziehen?
- …Empfehlungen für Formulierungen vorschlagen: Wie kennzeichne ich mein privates Blog? Wie ist die korrekte Schreibweise meines Unternehmens beispielsweise auf XING oder LinkedIn?

Fink et al. (2015, S. 107) führen zudem an, dass eine Sensibilisierung bezüglich zulässiger und unzulässiger Inhalte, wie etwa der Vertraulichkeit betrieblicher Inhalte oder der Gefahr geschäftsschädigender Äußerungen, erfolgen sollte. Dies lässt sich beispielsweise gut über konkrete positive und negative Beispiele, Tipps und Tricks darstellen. Beilharz (2017) verdeutlicht, dass gerade die No-Gos abstrakte Verbote greifbar machen und die Grenzen aufzeigen.

Erlaubte und nicht-erlaubte Nutzung von Social Media am Arbeitsplatz
Aufgrund der immer stärker werdenden Überschneidung von Privaten mit Beruflichen stehen viele Mitarbeiter vor der Frage, ob Social-Media-Kanäle am Arbeitsplatz erlaubt sind oder nicht (vgl. Babka 2016, S. 36; Beilharz 2017). Gerade wenn das Unternehmen die Nutzung (auch) zu privaten Zwecken erlaubt, sollten Grenzen und Regeln definiert werden, etwa hinsichtlich Dauer, Datenschutz und Sicherheit (vgl. Beilharz 2017).

Einige typische, zu klärende Fragen zu diesem Themengebiet führt Babka (2016, S. 37) auf:

- Dürfen Social-Media-Kanäle während der Arbeitszeit genutzt werden, und wenn ja, wie lange?
- Dürfen dazu die betrieblichen Arbeitsmittel genutzt werden?
- Dürfen private Smartphones oder Tablets am Arbeitsplatz genutzt werden?
- Was ist ein Betriebsgeheimnis und was nicht?
- Welche Sicherheitseinstellungen sind erforderlich?
- Darf ich in meinem Profil meinen Arbeitgeber nennen?
- Darf ich meinen Arbeitgeber im Social Web verteidigen?
- Darf ich ohne Handlungsauftrag für meinen Arbeitgeber im Social Web werben?
- An wen kann ich mich wenden, wenn ich kritische Kommentare zum Arbeitgeber sehe?

Rechtliche Fragestellungen
Einen wichtigen Schwerpunkt der Guidelines bilden zumeist die vielfältigen rechtlichen Social-Media-Fragestellungen. Viele der in Abschn. 10.1 aufgeführten Aspekte spielen hierbei eine zentrale Rolle, vor allem aber das Wettbewerbs-, das Urheber-, und das

Persönlichkeitsrecht sowie Fragen des Datenschutzes. Wichtige im Zusammenhang mit dem Arbeitsrecht stehende Punkte sind zu thematisieren (vgl. Fink et al. 2015, S. 107). Auch in diesem Bereich erscheinen Beispiele zum Umgang mit Geheimhaltungserklärungen und geheimhaltungspflichtigen Inhalten sinnvoll. Wenn die Social-Media-Guidelines Teil des Arbeitsvertrags werden, erhalten sie rechtliche Verbindlichkeit; Verstöße können damit zu Abmahnungen oder gar berechtigten Kündigungen führen (vgl. Beilharz 2017).

Was den betrieblichen und rechtlichen Rahmen betrifft, so zeigen die Ergebnisse von Rauschnabel et al. (2013, S. 44), dass Unternehmen häufig die Einhaltung des Urheberrechts (86 %), des Datenschutzes (70 %), der Betriebsgeheimnisse (74 %) und die Informationsweitergabe an externe Stakeholder (82 %) regeln. Mit Sanktionen drohen Unternehmen allerdings nur in einem Fünftel der untersuchten Guidelines. Nur rund ein Drittel der Guidelines verweisen hingegen auf Corporate-Design-Guidelines, das Markenrecht oder den Arbeitsvertrag.

Ansprechperson und Zeitraum der Gültigkeit
Abschließend sollten die Social-Media-Guidelines mit klaren Hinweisen zu den zentralen Ansprechpartnern inklusive Kontaktdaten, an die sich jeder Mitarbeiter bei Fragen oder Anliegen wenden kann (vgl. Beilharz 2017). Wird Social Media in einem größeren Team betrieben, so macht es Sinn, hierfür eine allgemeine Kontaktadresse, zum Beispiel via E-Mail (etwa socialmedia@konzern.de) oder eine zentrale Telefonnummer anzugeben.

Über diese allgemeinen Inhalte hinaus, lassen sich Guidelines inhaltlich an unterschiedliche Zielgruppen im Unternehmen abstimmen. Babka (2016, S. 35) differenziert nach drei Arten von Richtlinien:

- Stufe 1: allgemeine Guidelines, die sich an alle Mitarbeiter richten.
- Stufe 2: betriebliche Guidelines, die sich an alle Mitarbeiter, die aus betrieblichen Gründen Social Media nutzen, richten.
- Stufe 3: Spezifische Guidelines, die sich an alle internen und externen Mitarbeiter richten, die an einer bestimmten Social-Media-Aktivität beteiligt sind.

Je nach Stufe unterscheiden sich dann Inhalte, Zweck sowie der Überarbeitungszyklus (siehe Tab. 10.1).

Eine weitere Unterscheidung der Guidelines lässt sich in Bezug auf ihre Verbindlichkeit identifizieren. So kommen Rauschnabel et al. (2013, S. 45) zu folgenden drei grundlegend idealtypische Guideline-Prototypen:

- **Typ 1: Strenge Guidelines (52 % der Fälle)** zeichnen sich durch eine hohe Verbindlichkeit aus, sind als Ergänzung zu bestehenden Regeln zu sehen. Kommen vor allem bei Aktiengesellschaften sowie Unternehmen aus dem Finanz- und Gesundheitssektor zum Zuge.

Tab. 10.1 Ausrichtung von Social-Media-Guidelines an verschiedenen internen Zielgruppen. (Quelle: in Anlehnung an Babka 2016, S. 36)

	Stufe 1	Stufe 2	Stufe 3
Unternehmensbezug	Für alle Unternehmen	Für jedes Unternehmen, das Social Media aktiv betreibt	Für alle relevanten Kanäle, Kampagnen, Produkte oder Marken
Zielgruppe	Alle Mitarbeiter	Mitarbeiter, die aus betrieblichen Gründen Social Media nutzen	Alle internen und externen Mitarbeiter, die an einer bestimmten Social-Media-Aktivität beteiligt sind
Inhalte/Zweck	• Hilfestellung • Abgrenzung Beruf und Privates • Haltung des Unternehmens in Social Media • Gemeinsames Verständnis von Social Media	• Aufklärung über Rechte und Pflichten • Sicherheits-Bestimmungen • Allgemeine Vorgaben und Hinweise (z. B. rechtliche Fallstricke) • Kontroll-Mechanismen • Krisenplan	• Konkrete Guidelines für bestimmte Aktivitäten auf Kanal-, Marken-, Produkt-, oder Kampagnen-Ebene (z. B. Facebook Playbook)
Überarbeitung	Alle 2–3 Jahre	1 mal pro Jahr	Initial und ad-hoc (mind. 1× pro Jahr)

- **Typ 2: Motivierende Guidelines (24 % der Fälle)** zeichnen sich durch eine motivierende und weniger verbindliche Aufmachung aus und dienen dazu, Mitarbeiter als Markenbotschafter zu gewinnen.
- **Typ 3: Unverbindliche Social-Media-Hinweise (22 % der Fälle)** zeichnen sich durch eine eher konservative Aufmachung und einen geringeren Motivierungsgrad aus.

10.4.3 Ausgestaltung von Social-Media-Guidelines

Es gibt wohl kaum ein Unternehmen, in dem Mitarbeiter herumsitzen und nach Inhalten suchen, die sie lesen könnten. Wir alle sind, im Beruflichen und über das Berufliche hinaus, riesigen Informationsmengen ausgesetzt. Die Aufmerksamkeit, die wir einem einzelnen Stück widmen können, schwindet. Lange Lesestücke werden immer weniger beachtet (Hoffmann 2017).

Besser kann man es wohl nicht formulieren: Wenn Mitarbeiter Social-Media-Guidelines befolgen sollen, müssen sie diese kennen. Dies setzt eine gewisse Aufmerksamkeit voraus. Die Attraktivität der Richtlinie, diese tatsächlich zu lesen, steigt und sinkt mit der

Art und Weise, wie die Inhalte präsentiert werden. Als erste Faustregel kann eine optisch ansprechende Gestaltung, eine klare Strukturierung und eine eindeutige, knappe, verständliche Sprache dafür sorgen, viele Mitarbeiter zu erreichen. Hoffmann (2017) weist zudem darauf hin, dass man besonders in Unternehmen mit heterogener Mitarbeiterstruktur, den medialen und kommunikativen Voraussetzungen verschiedener Mitarbeitergruppen gerecht werden muss. Vor dem Hintergrund ist es fast schon beschämend, dass 39 der 50 Guidelines in der Studie von Rauschnabel et al. (2013, S. 45) auf Textform zurückgriffen und lediglich 22 % als Präsentation vorlagen.

Aufgrund der Wichtigkeit sollte sich das Unternehmen explizit Gedanken über die optische Aufbereitung der Richtlinien machen. Das heißt nicht, dass die Textform per se falsch ist. Auch hier kommt es auf die Umsetzung an. Dennoch gibt es andere Möglichkeiten, die man berücksichtigen könnte. Neben der Textform sind dies u. a. Comics oder Videos.

Textform

Am gängigsten ist die Textform. Hier dominiert in vielen Unternehmen das klassische pdf-Dokument mit oder ohne grafische Elemente zur inhaltlichen Unterstützung. Mitarbeiter können auf die Dokumente meist über die Unternehmenswebseite zugreifen. Text im pdf-Format ist aufgrund der allgemein geringen Komplexität und aus Kostengründen besonders beliebt. Nicht zu empfehlen ist hingegen eine umfangreiche gedruckte Broschüre. Bei einem vom Autor selbst „erlebten" Praxisbeispiel produzierte das Unternehmen eine 50-seitige Broschüre. Nicht der Formfaktor als gedruckte Broschüre stellte sich als Problem heraus. – Die Papierform kann durchaus sinnvoll sein, vor allem wenn Mitarbeiter in ihrem Berufsalltag wenig Zugang zu digitalen Medien haben. Es war vielmehr die schiere Informationsmasse, die abschreckte und dazu führte, dass die Guidelines nicht gelesen wurden.

Wie kann man es besser machen? Hier ein paar Anhaltspunkte:

- **Auf die Benennung achten:** Bei vielen Menschen rufen die Begriffe „Richtlinien" und „Anweisungen" ungute Gefühle hervor. Auch für die Mitarbeitenden der Digitalagentur Namics ging der Begriff Guidelines zu weit in Richtung Anweisung. Zudem widersprach er ihrer offenen Unternehmenskultur. Die Agentur publizierte stattdessen einen „Social Media Starter – der keinesfalls Guideline sein wollte" (vgl. Bisculm 2011). Inhaltlich unterschieden sich die Guidelines nicht von anderen guten Beispielen. Die Benennung muss dabei gar nicht unbedingt in eine solch kreative Richtung gehen. So bezeichnete Daimler seine Richtlinien beispielsweise als „Social-Media-Leitfaden" (vgl. Ljubic 2014).
- **Kurz halten:** Ein zweischneidiges Schwert stellen extrem kurz gehaltene Richtlinien dar. Ein besonderes Beispiel liefert Shepard (2012) mit seiner Twitter-Policy für „Gruntled Employees". Sie umfasst, passend zum Kanal, genau 140 Zeichen (siehe Abb. 10.5). Derartige Richtlinien machen aber nur dann Sinn, wenn sich die gesamte Belegschaft eines Unternehmens im Social Web gut auskennt und die Guidelines sich daher auf das Wichtigste beschränken können.

Our Twitter policy: Be professional, kind, discreet, authentic. Represent us well. Remember that you cannot control it once you hit "Tweet."

Abb. 10.5 Twitter-Policy bei Gruntled Employees. (Quelle: Shepard 2012)

- **Top-10-Listen:** Zusätzlich zu ausführlichen Social-Media-Richtlinien hilft eine Top-10-Liste, wie sie Shift Communications erstellt hat, um die wichtigsten Schwerpunkte aus dem Gesamtwerk in einem leicht lesbaren Format zusammenzufassen (vgl. Lawal 2017b).

Comics

Streng genommen auch als Text, aber in deutlich „poppigerer", unterhaltsamer Form präsentieren sich die Guidelines von adidas. Zusätzlich zu klassischen, ohnehin bereits knappen und leicht lesbaren Richtlinien, bei denen die wichtigsten Punkte in Fettschrift hervorgehoben sind, entschied sich der Sportartikelhersteller für eine weniger formelle Präsentationsform: Die ungewöhnliche Umsetzung in der Art eines Superhelden-Comics unterstützt die Vermittlung der komplexen Themen sehr konsequent, fördert das Leseverständnis und die Attraktivität der Richtlinien (siehe dazu auch Abb. 10.6).

Durch die Richtlinien führen die zwei Superhelden Sue Social und Media Man (vgl. Adidas 2011). Sie zeigen:

- „10 goldene Regeln in der Social-Media-Welt
- Typische Fehler im Social Web
- Die wichtigsten Kanäle
- Die Geschichte der Zusammenarbeit und des Teilens
- Warum die adidas Gruppe uns dazu ermutigt, etwas über die Nutzung von Social Media zu lernen."

Abb. 10.6 Social-Media-Guidelines von adidas im Cartoon-Stil. (Quelle: Adidas 2011)

Hintergrund-Geschichte zu Sue Social und dem Media-Man (Quelle: Adidas 2011)

When Sue Social is about to enter the social media world with her new smartphone, Media Man appears. He is the great hero who wants to protect Sue from the supposed dangers in the unknown world. Instead of understanding the benefits of social media and the fact it is here to stay, he starts a battle, which he is losing. Finally, he realizes that Sue doesn't need to be protected and is not afraid. She is happy to make the best use of it by sharing and enjoying and hooks up Media Man into the next step of communication and collaboration.

Videos
Für Aufsehen sorgen immer wieder Guidelines in Videoform, die die eigentlichen Richtlinien ergänzen. Hierfür gibt es mehrere Beispiele, die in verschiedenen Veröffentlichungen durchaus unterschiedlich bewertet werden.

Ein Vorzeige-Beispiel bereits von 2011 ist die Krones AG. Neben gedruckten „Tipps for Social Media" publizierte Krones seine Richtlinien auch über Video auf den sozialen Netzwerken (Twitter, Facebook, usw.). In dem YouTube-Video „You are Krones!" verdeutlicht das Unternehmen, mit welchem Bewusstsein die Mitarbeitenden von Krones die sozialen Netzwerke nutzen sollten (vgl. Bisculm 2011). Einschränkend muss man aber feststellen, dass das Video mit über sechs Minuten sehr wahrscheinlich für die normale Aufmerksamkeitsspanne eines Mitarbeiters zu lang geraten und heute nicht mehr zeitgemäß aufgemacht ist.

Auch die Deutsche Bahn ergänzt ihre Social-Media-Guidelines mit einem YouTube-Video namens „DB-Mitarbeiter-Kompass Social Media". Das Video berichtet in knapp zwei Minuten ausschließlich über die Gefahren im Netz und welche Risiken bei der Kommunikation im Social Web auftreten können. Das mag zur Unternehmenskultur der Bahn passen, die Vorteile und Chancen erläutert das Video jedoch kaum (vgl. Ljubic 2014).

Das vielleicht bekannteste Beispiel in dieser Kategorie ist der Clip „Herr Bohne geht ins Netz" von Tchibo. Bei dem Kaffeehersteller fragte man sich 2011, wie man Mitarbeiter für mögliche Gefahren im Social Web sensibilisieren kann, ohne sie zu bevormunden? Mit knapp 78.000 Aufrufen hat es das Video zu einer gewissen Viralität gebracht. Es zeigt spielerisch anhand des als Bohne dargestellten Antihelden die Fallstricke der sozialen Medien (vgl. Tchibo 2011). Das Video, das bei den meisten Mitarbeitern gut ankam (manche fühlten sich dennoch gemaßregelt) ergänzte damals auch bei Tchibo die auf Papier veröffentlichten Social-Media-Guidelines (vgl. Janner 2011). Aus fachlicher Sicht wurde positiv vermerkt, dass es Tchibo mit dem Video gelingt, die Verhaltensgrundregeln für Mitarbeiter sehr klar und einprägsam zu veranschaulichen. Andere Stimmen sahen hingegen nur die negativen Aspekte von Social Media beleuchtet und bemängelten die für die Thematik zu oberflächliche Darstellung.

Alle drei Videos sind über Servicelink 10.6 abrufbar.

Servicelink 10.6	
Servicelink 10.6a zum Guideline-Video der Krones AG: https://www.youtube.com/watch?v=89ePqSpRtC0 Servicelink 10.6b zum DB-Mitarbeiter-Kompass Social Media: https://www.youtube.com/watch?v=zvpRIsKfJuc Servicelink 10.6c zum Tchibo-Video „Herr Bohne geht ins Netz": https://www.youtube.com/watch?v=e_mLQ_eWk_o	

Die verschiedenen Beispiele dienen an dieser Stelle als Anregung, was man alles machen kann. Jede Form hat ihre Vor- und Nachteile. Wie gezeigt ergänzen sich oftmals auch mehrere Formate gegenseitig. Dabei ist in diesem Zusammenhang wieder auf den Rat von Terpening und Li (2014, S. 13–14) zurückzukommen: Man muss das Rad nicht immer wieder neu erfinden. Das bloße Kopieren fremder Guidelines – in der Praxis wenngleich häufig zu beobachten – ist zwar wenig zielführend (vgl. Beilharz 2017). Man kann aber auf das grobe Grundgerüst existierender Richtlinien zurückgreifen, die es dann auf den eigenen unternehmerischen Kontext im Rahmen des oben beschriebenen Entwicklungsprozesses anzupassen gilt. Die konkrete Ausgestaltung muss sich am Ende an der Unternehmenskultur sowie den jeweiligen internen Zielgruppen orientieren. Um Anregungen zu erhalten, bieten die Übersichten im Servicelink 10.7 eine Vielzahl solcher Umsetzungs-Beispiele.

Servicelink 10.7	
Servicelink zu Sammlungen von Social-Media-Guidelines: Servicelink 10.7a – Zusammenstellung von Christian Buggisch mit einer Übersicht über Regelwerke aus mehr als fünf Jahren (zwischen 2011 und 2016): https://buggisch.wordpress.com/2011/10/12/deutsche-social-media-guidelines/ Servicelink 10.7b – Beispiele für Social Media Guidelines für Unternehmen bei Natascha Ljubic: http://www.wds7.at/2014/01/beispiele-fuer-social-media-guidelines-fuer-unternehmen/ Servicelink 10.7c – Auflistung in der Social Media Governance Policy Database (international): http://socialmediagovernance.com/policies/	

Abschließend ist für das gesamte Kapitel noch ein Hinweis wichtig: Die bis dato beschriebenen Stufen des Social-Media-Zyklus – inklusive der hier beschriebenen Aktivitäten – sollten bei erstmaliger Beschäftigung eines Unternehmens mit den sozialen Medien *vor* der Planung und Umsetzung durchlaufen werden. Sollte ein Unternehmen bereits auf Social-Media-Plattformen aktiv sein und einige dieser Schritte noch nicht gegangen sein, ist dies schnellstmöglich nachzuholen!

Der Servicelink (10.8) zum Ende dieses Abschnitts liefert den Zugriff auf das allgemeine Flipboard zum Schritt 6 des Social-Media-Zyklus.

Servicelink 10.8	
Servicelink zum Flipboard des Autors zu Schritt 6 des Social-Media-Zyklus (SoMe 6: Regeln): https://flipboard.com/@alexanderdecker/some-6-regeln-1qgmft6cy	

Literatur

Adidas (Escribano F) (2011) Reloaded: adidas group social media guidelines. http://blog.adidas-group. com/2011/11/reloaded-adidas-group-social-media-guidelines/. Zugegriffen: 31. Mai 2018

Babka S (2016) Social Media für Führungskräfte. Behalten Sie das Steuer in der Hand. Springer Gabler, Wiesbaden

Beilharz F (2017) Social Media Guidelines. Inhalte und Beispiele. https://www.business-wissen. de/artikel/social-media-guidelines-inhalte-und-beispiele/. Zugegriffen: 31. Mai 2018

Berger D (2014) Schützen und teilen. Social-Media-Buttons datenschutzkonform nutzen. https://www.heise.de/ct/ausgabe/2014-26-Social-Media-Buttons-datenschutzkonform-nutzen-2463330.html. Zugegriffen: 31. Mai 2018

Bisculm B (2011) Über den Sinn und Unsinn von Social Media Guidelines. http://bisculm.com/ uber-den-sinn-und-unsinn-von-social-media-guidelines–4907/. Zugegriffen: 31. Mai 2018

Bitkom (2017a) Das Verarbeitungsverzeichnis. Verzeichnis von Verarbeitungstätigkeiten nach Art. 30 EU-Datenschutz-Grundverordnung (DS-GVO). https://www.bitkom.org/NP-Themen/ NP-Vertrauen-Sicherheit/Datenschutz/FirstSpirit-1496129138918170529-LF-Verarbeitungsver-zeichnis-online.pdf. Zugegriffen: 31. Mai 2018

Bitkom (2017b) Jedes zweite Unternehmen hat Richtlinien für Social Media. https://www.bitkom. org/Presse/Presseinformation/Jedes-zweite-Unternehmen-hat-Richtlinien-fuer-Social-Media. html. Zugegriffen: 31. Mai 2018

Boecker D (2012) Rechtliche Aspekte beim Social-Media-Marketing. In: Weinberg T, Pahrmann C (Hrsg) Social media marketing. O'Reilly, Köln, S 381–389

Brünen B (2018) Datenschutzgrundverordnung: Endet die Ära der Social Media Plugins? https:// www.it-recht-kanzlei.de/social-plugins-datenschutzgrundverordnung-dsgvo.html?print=1. Zugegriffen: 18. Mai 2018

Creative Commons Deutschland (o. J.) Was ist CC? https://de.creativecommons.org/index.php/ was-ist-cc/. Zugegriffen: 31. Mai 2018

Diederich J (2014) Community Management: Alles über Netiquetten – Schnelle Hilfe in der Community. http://ilikesocialmedia.de/by-html/. Zugegriffen: 31. Mai 2018

Dlugos C (2017) Social-Media-Gewinnspiele: Richtlinien auf Facebook, Instagram und Co. http:// t3n.de/news/social-media-gewinnspiele-859243/. Zugegriffen: 31. Mai 2018

Facebook (2017) Nutzungsbedingungen für Facebook-Seiten. https://www.facebook.com/page_ guidelines.php. Zugegriffen: 31. Mai 2018

Fink S, Zerfaß A, Linke A (2015) Social media governance. In: Zerfaß A, Pleil T (Hrsg) Handbuch Online-PR. Strategische Kommunikation in Internet und Social Web. Halem, Köln, S 101–112

Fuest B (2018) Facebook verpasst Bitcoin den Porno-Status. https://www.welt.de/wirtschaft/article173075354/Bitcoin-Facebook-verbietet-Werbung-fuer-Kryptowaehrungen-in-sozialen-Netzwerken.html. Zugegriffen: 31. Mai 2018

Google (o. J.) Wettbewerbs- und Werberichtlinien für Google+. https://www.google.com/intl/de_ALL/+/policy/contestspolicy.html. Zugegriffen: 31. Mai 2018

Hoffmann K (2017) Wie man Social-Media-Guidelines erarbeitet, die tatsächlich funktionieren. https://www.kerstin-hoffmann.de/pr-doktor/social-media-guidelines-unternehmen/. Zugegriffen: 31. Mai 2018

Janner K (2011) Herr Bohne geht ins Netz – Social Media Guidelines anschaulich erklärt #tschibo. http://karinjanner.de/herr-bohne-geht-ins-netz-social-media-guidelines-anschaulich-erklart-tschibo/. Zugegriffen: 31. Mai 2018

Katko P, Kaiser D (2014a) Immaterialgüterrechte (Kapitel 4). In: Splittgerber A (Hrsg) Praxishandbuch Rechtsfragen Social Media. De Gryuter, Berlin, S 177–243

Katko P, Kaiser D (2014b) Social Media-Marketing-Recht (Kapitel 5). In: Splittgerber A (Hrsg) Praxishandbuch Rechtsfragen Social Media. De Gryuter, Berlin, S 255–271

Lawal M (2017a) Darf ich dieses Foto in den sozialen Medien verwenden? Alles über Social Media Bildrechte. https://blog.hootsuite.com/de/social-media-bildrechte/. Zugegriffen: 31. Mai 2018

Lawal M (2017b) So erstellen Sie Social Media-Richtlinien für Ihr Unternehmen. https://blog.hootsuite.com/de/social-media-richtlinien-erstellen/. Zugegriffen: 31. Mai 2018

Ljubic N (2014) Beispiele für Social Media Guidelines für Unternehmen. http://www.wds7.at/2014/01/beispiele-fuer-social-media-guidelines-fuer-unternehmen/. Zugegriffen: 31. Mai 2018

Norden S (2017) Urheberrecht: Was Du bei Texten und Teilen von Inhalten beachten musst. http://www.b2n-social-media.de/social-media-recht-urheberrecht-teil-1/. Zugegriffen: 31. Mai 2018

Plutte N (2016) Werbenachrichten via Social Media – was ist erlaubt? https://www.ra-plutte.de/zulaessigkeit-von-werbenachrichten-via-social-media/. Zugegriffen: 31. Mai 2018

Plutte N (2017) 10 Rechtstipps zu Twitter & Instagram Marketing. https://www.ra-plutte.de/rechtstipps-zu-twitter-instagram-marketing/. Zugegriffen: 31. Mai 2018

Rauschnabel P, Mrkwicka K, Koch V, Ivens BS (2013) Social Media Guidelines: Aspekte der Realisierung. Mark Rev St. Gallen 5(36):47

Reed B (2017) 3 potenzielle Social Media-Gefahren, die Sie im Auge behalten sollten. https://blog.hootsuite.com/de/potenzielle-social-media-gefahren/. Zugegriffen: 31. Mai 2018

Riehle S (2017) 7 rechtliche Fragen, die Du beim Messenger Marketing beachten solltest. http://socialmedia-doktor.de/rechtliche-fragen-messenger-marketing/. Zugegriffen: 31. Mai 2018

Rockstroh S (2014) Die Social-Media-Präsenz von Anfang bis Ende – rechtliche Grundlagen (Kapitel 2). In: Splittgerber A (Hrsg) Praxishandbuch Rechtsfragen Social Media. De Gryuter, Berlin, S 10–92

Rogner A (2016) Social-Media-Marketing: Wer haftet bei User-generated Content? https://www.pressesprecher.com/nachrichten/social-media-marketing-wer-haftet-bei-user-generated-content-177577570. Zugegriffen: 31. Mai 2018

Schmidt J (2011) 2 Klicks für mehr Datenschutz. https://www.heise.de/ct/artikel/2-Klicks-fuer-mehr-Datenschutz-1333879.html. Zugegriffen: 31. Mai 2018

Schneider M (2017a) Social Media-Recht – Teil 1: Das Impressum in sozialen Netzwerken (Grundlagen, Facebook, Twitter, YouTube). http://www.hlfp.de/blog/2017/10/social-media-recht. Zugegriffen: 31. Mai 2018

Schneider M (2017b) Social Media-Recht – Teil 3: Datenschutzerklärung und Social Plugins. http://www.hlfp.de/blog/2017/11/social-media-recht-datenschutzerklaerung-und-social-plugins. Zugegriffen: 31. Mai 2018

Schneider M (2017c) Social Media-Recht – Teil 7: Risiken beim Sharen, Linken, Liken. http://www.hlfp.de/blog/2017/12/social-media-recht–teil-7-risiken-beim-sharen-linken-liken. Zugegriffen: 31. Mai 2018

Schneider M (2017d) Social Media-Recht – Teil 8: Vorgaben für Gewinnspiele. http://www.hlfp.de/blog/2017/12/social-media-recht–teil-8-vorgaben-fuer-gewinnspiele. Zugegriffen: 31. Mai 2018

Scholze R (2017) Sind Social-Media-Guidelines für Unternehmen hilfreich? https://www.web-pixelkonsum.de/sind-social-media-guidelines-fuer-unternehmen-hilfreich/#Link7. Zugegriffen: 31. Mai 2018

Schwenke T (2014a) Rechtliche Grundlagen. In: Pein V (Hrsg) Der Social Media Manager. Handbuch für Ausbildung und Beruf. Galileo Press, Bonn, S 316–329

Schwenke T (2014b) Social Media Marketing & Recht. O'Reilly, Bejing

Schwenke T (2017) Whitepaper: Risiken der Schleichwerbung – Rechtliche Grenzen bei Facebook und Instagram. https://allfacebook.de/policy/whitepaper-risiken-der-schleichwerbung-rechtliche-grenzen-bei-facebook-und-instagram. Zugegriffen: 31. Mai 2018

Schutt T (2017) Social Media: Haftungsfallen beim Teilen kennen. https://www.contentmanager.de/redaktion-recht/social-media-haftungsfallen-beim-teilen-kennen/. Zugegriffen: 31. Mai 2018

Shepard J (2012) A twitterable Twitter policy (updated). http://jayshep.com/a-twitterable-twitter-policy-updated/. Zugegriffen: 31. Mai 2018

Siegel & Gale (2014) Content marketing: giving a new meaning to "sharing is caring". http://www.siegelgale.com/content-marketing-giving-a-new-meaning-to-sharing-is-caring/. Zugegriffen: 31. Mai 2018

Social Media Aachen (2011) Netiquette: Was ist das und wieso brauche ich es? http://www.social-media-aachen.de/blog/netiquette-social-media/. Zugegriffen: 31. Mai 2018

Solmecke C (2015) Social Media Recht: rechtssicher in sozialen Netzen unterwegs. DATEV, Nürnberg

Terpening E, Li C (2014) Social business governance: a framework to execute social business strategy. http://www.altimetergroup.com/pdf/reports/Social-Business-Governance-Altimeter-Group.pdf. Kein Zugriff mehr in 2018 möglich. Zugegriffen: 15. Nov. 2017

Tchibo (Wiegand M) (2011) Video: Social Media Guidelines bei Tchibo oder „Herr Bohne geht ins Netz". http://blog.tchibo.com/aktuell/unternehmen/video-social-media-guidelines-bei-tchibo-teil-1-oder-%e2%80%9eherr-bohne-geht-ins-netz%e2%80%9c/. Zugegriffen: 31. Mai 2018

Twitter (2017a) Leitlinien für Werbeaktionen auf Twitter. https://support.twitter.com/articles/490446. Zugegriffen: 31. Mai 2018

Twitter (2017b) Richtlinien und Berichterstattung. Verstehe die Twitter Regeln und melde Verstöße. https://support.twitter.com/categories/284/331. Zugegriffen: 31. Mai 2018

Ulbricht C (2016) Social Media und Recht. Praxiswissen für Unternehmen. Haufe, Freiburg

Zerfaß A, Fink S, Linke A (2012) Social Media Delphi 2012: Eine Wissenschaftliche Studie zu Zukunftstrends der Social-Media-Kommunikation, Leipzig. https://www.slideshare.net/FFPR/studienbericht-social-media-delphi-2012. Zugegriffen: 31. Mai 2018

Schritt 7: Planen und umsetzen

11

> *You have to be different, great or first.*
> Loretta Lynn, amerikanische Country-Sängerin (Lynn zitiert bei
> Simplify360, 2013, S. 11).

Zusammenfassung

In der Hauptsache befasst sich dieser Abschnitt mit den Aktivitäten, die notwendig sind, um organische Reichweiten auf- und auszubauen (siehe Abschn. 11.1). Da Social Media mittlerweile nicht mehr ohne die Unterstützung von Paid Content auskommt, beleuchtet Abschn. 11.2 die Thematik des Social-Media-Advertising. Mit der operativen Umsetzung gehen auch Fragen der Effizienzsteigerung der täglichen Arbeit einher, daher untersucht Abschn. 11.3 den Sinn und Zweck von Social-Media-Automatisierung.

Nach den vielen vorbereitenden Schritten geht der Social-Media-Zyklus – endlich – in **die operative Umsetzung.** Die ausgewählten Kanäle, falls noch nicht vorhanden, werden aufgesetzt und müssen mit Inhalten befüllt werden. In den Anfängen des Social-Media-Marketings war es für den Social-Media- oder Community-Manager (je nach Rollenverteilung; im Folgenden analog verwendet) vergleichsweise einfach, Fans zu erreichen und für Interaktionen zu sorgen. Es gab wenig Konkurrenz im Social Web und somit wenig Inhalte. Die Nutzer klickten auf nahezu alles in ihren Newsfeeds. Diese Zeiten sind allerdings lange vorbei, die Konkurrenz nimmt kontinuierlich zu. Die Newsfeeds der Plattformen sind – auch mit Unternehmensbeiträgen – überladen. Manche Betreiber haben Algorithmen eingeführt, damit Nutzer nur noch die relevantesten Inhalte angezeigt bekommen. Die organischen Reichweiten sinken. Lua (2017a) spricht deswegen vom Content-Schock: Es gibt mehr Inhalte in den sozialen Medien als man konsumieren kann.

© Springer Fachmedien Wiesbaden GmbH 2019
A. Decker, *Der Social-Media-Zyklus,*
https://doi.org/10.1007/978-3-658-22873-6_11

Das o. a. Zitat von Loretta Lynn, einer amerikanischen Country-Sängerin, passt auch hier: Social-Media-Inhalte müssen entweder anders oder **großartig** sein, oder man muss als Erster mit einer neuen Idee auf den Markt kommen. Einfacher Content allein reicht heute nicht mehr aus, um erfolgreich zu sein. Klamerski (2014) schrieb schon 2014, dass die Nutzer sehr sensibel geworden sind und sofort erkennen, wenn es sich beim Social-Media-Auftritt eines Unternehmens um originale Inhalte oder nur um eine schlechte Kopie der Konkurrenz handelt. Sie strafen ein solches Verhalten sofort ab – mit negativen Kommentaren, mit Ignoranz oder Entfolgen.

Der **systematischen Planung der Social-Media-Inhalte** und ihrer Umsetzung kommt also eine enorm hohe Bedeutung zu. Eine Vielzahl von Fragen stellen sich, die im Rahmen dieses Abschnitts beantwortet werden:

Fragen

- Wie lässt sich die Social-Media-Strategie am besten in die Tat umsetzen?
- Mit welchen Inhalten erreicht man seine Zielgruppen am besten?
- Wie kann sich das Unternehmen von der Konkurrenz absetzen?
- Wie soll sich der Content am besten zusammensetzen?
- Woher bekommt man Ideen für die Inhalte?
- Wie oft soll man auf welchen Plattformen posten?
- Sollte zusätzlich in Social-Media-Advertising investiert werden?
- Wie lässt sich das alles sinnvoll verwalten?
- Welche Tools unterstützen hierbei?
- Wie kann die Effizienz der Redaktionsarbeit erhöht werden?
- Macht Social-Media-Automatisierung Sinn?

11.1 Auf- und Ausbau organischer Reichweite (Organic Reach)

Eines sollte bis hier klar geworden sein: Social Media ohne Zielsetzung und Strategie zu betreiben ist ein grundlegender Fehler. Daher sollten spätestens vor diesem Schritt Ziele und strategische Aspekte feststehen. Darauf muss in diesem Zusammenhang nicht noch einmal eingegangen werden.

Abschn. 11.1.1 erläutert das generelle Vorgehen bei der Planung und warum ein Social-Media-Redaktionsplan notwendig ist. Abschn. 11.1.2 zeigt, was bei der Vorbereitung bedacht werden sollte. Abschn. 11.1.3 befasst sich dann konkret mit den zu erstellenden Inhalten, während Abschn. 11.1.4 schließlich einen Überblick zu den wichtigsten Tools in diesem Bereich liefert.

11.1.1 Generelles Vorgehen: Zur Notwendigkeit eines Social-Media-Checks und eines Redaktionsplans

Auch wenn es viele nicht hören mögen und lieber gleich loslegen würden: Um eine Social-Media-Strategie sachgerecht umzusetzen braucht es ein professionelles, soll heißen: **systematisches Vorgehen.** Man darf hier nichts (oder zumindest nur sehr wenig) dem Zufall überlassen. Auch in diesem Zusammenhang sollten sich Social-Media-Manager zunächst eine Reihe von Fragen stellen und beantworten:

Fragen

- Welche Accounts, Seiten oder Profile stehen auf welchen Plattformen zur Verfügung?
- Werden die Accounts der Strategie entsprechend befüllt oder gibt es „Leichen im Keller"?
- Welche Inhalte werden wo, wie und wann veröffentlicht?
- Welche inhaltlichen Beiträge haben bislang auf welchen Plattformen gut funktioniert, welche nicht?
- Welche grundlegende Redaktionsstrategie wurde abgeleitet?
- Passen die Inhalte noch zur Strategie?
- Haben sich Funktionen auf den vom Unternehmen betriebenen Plattformen verändert?
- Wissen alle Mitarbeiter im Team über die Aktivitäten Bescheid?
- Werden die verschiedenen Ressourcen sinnvoll und effizient eingesetzt?
- Werden die Social-Media-Ziele erreicht?

Steht das Unternehmen mit seinen Aktivitäten im Social Web erst am Anfang, dann dürfte hier – bei sauberer Ausführung der bisherigen Schritte des Social-Media-Zyklus – kein Problem bestehen. Man setzt seine Profile auf den identifizierten Kanälen auf und kann mit der Planung beginnen. Unternehmen, die bereits länger aktiv sind, und die o. a. Fragen nicht zur Zufriedenheit beantworten können, sollten vor der Planung einen Social-Media-Check durchführen.

Der Social-Media-Check
Hoffmann (2018) hat einen umfassenden Social-Media-Check entwickelt. Er hilft dabei, die eigene Vorgehensweise und die Workarounds zu überprüfen, einen Überblick über den Status zu gewinnen und sorgt schließlich dafür, dass dieser Überblick künftig jederzeit auf Abruf verfügbar ist. Je nach Status der Organisation schlägt Hoffmann einen von vier Wegen vor. Für alle vier Checks bietet die Verfasserin Unterstützungstools in Form von Unterstützungstabellen an (über den im Literaturverzeichnis verlinkten Artikel herunterladbar). Die Kontroll-Taktik entspricht im Grunde den Aktivitäten des Social-Media-Monitorings (Schritts 1 „Zuhören" im Social-Media-Zyklus; siehe Kap. 5), weswegen diese nicht weiter vorgestellt werden muss. Bei der Ausbau-Taktik geht es um die

Erweiterung der bisherigen Social-Media-Aktivitäten gemäß einer vorher ausgeklügelten Social-Media-Strategie. Hierfür können die bis zu diesem Punkt vorgestellten Schritte des Social-Media-Zyklus Anwendung finden.

Die beiden anderen Taktiken werden nachfolgend kurz vorgestellt (im Folgenden basieren die Ausführungen auf Hoffmann 2018).

Die Rundum-Taktik: Diese Taktik bietet sich vor allem für Unternehmen an, die bereits auf einer Vielzahl von Plattformen unterwegs sind. Wenn der Social-Media-Check bei den Initialfragen ergab, dass der Überblick verloren gegangen ist, muss es zunächst Ziel sein, die tatsächliche Vorgehensweise mit der ursprünglich geplanten Strategie und ihrer taktischen Umsetzung abzugleichen. Folgende Aktivitäten helfen dabei:

- Fahndung nach Profilen, die einmal angelegt, aber nie wirklich genutzt wurden.
- Überprüfen, ob alle Daten, Texte, Inhalte, Bilder, Links auf allen Plattformen aktuell sind.
- Überprüfen für jedes einzelne Profil: Hat sich etwas an den Regularien, Funktionen und/oder an der Bedienungsweise einzelner Plattformen geändert?
- Welche Apps haben im Laufe der Zeit Zugriff auf die eigenen Accounts erhalten und ist dies weiterhin gewünscht?
- Stimmt die tatsächliche Vorgehensweise mit der Strategie und Taktik überein, die wir insgesamt und für jeden einzelnen Account vorgesehen haben?
- Entscheiden, welche Accounts noch benötigt werden und welche besser stillzulegen sind.

Die Häppchen-Taktik: Für Unternehmen, die bei den o. a. Fragen eigentlich ein gutes Ergebnis erzielt haben, aber ihre Präsenzen optimieren möchten, bietet sich die Häppchen-Taktik an. Dies kann dann der Fall sein, wenn man die Informationsflüsse in alle Richtungen besser kanalisieren und selektieren oder einfach mal gründlich aufräumen möchte, aber die Zeit dazu fehlt. In diesem Fall empfiehlt die Verfasserin schrittweise an die Thematik heranzugehen:

- Auflisten der wichtigsten Profile, die täglich oder häufig genutzt werden, in der Unterstützungstabelle.
- Bei aufkommenden Aktivitäten auf selten genutzten Plattform, überprüfen der Kategorien in der Unterstützungstabelle.
- Gegebenenfalls Recherche nach Accounts, die einmal angelegt, aber nie wirklich genutzt wurden.
- Für jedes einzelne Profil überprüfen: Hat sich etwas an den Regularien, Funktionen, an der Bedienungsweise der einzelnen Plattformen geändert?
- Bei jeder Plattform überprüfen, ob geplante und tatsächliche Vorgehensweise noch übereinstimmen.

- Überprüfen, ob selten genutzte Accounts noch gebraucht werden.
- Nachjustieren: Überarbeitung der generellen Strategie oder Anpassung der operativen Handlungen an die bereits vorliegende Taktik.

Sind die vorgestellten Aktivitäten zufriedenstellend umgesetzt, kann an die konkrete Planung gegangen werden.

Aufstellen eines Social-Media-Redaktionsplans
Wieso ist ein Social-Media-Redaktionsplan notwendig?
„Vergesst Redaktionspläne – Warum Marken den Storymodus brauchen" – so reißerisch stellte Sven Wiesner (w&v 2017), Geschäftsführer von Havas beebop, in Zeiten stark situativer Snaps und Storys von Bloggern und YouTubern die Social-Media-Arbeit mit Redaktionsplänen und Posting-Freigaben infrage. Das nachfolgende Zitat bringt seine Sichtweise auf den Punkt:

> Schaut man sich nun die Social Media Arbeit von Marken an, so trifft man auf ein dramatisch anderes Bild. Die Regel sind einbetonierte Redaktionspläne, in denen die Postingtexte und Bilder mindestens für die nächsten vier Wochen vorgeplant, aufwendig abgestimmt und freigegeben wurden. Raum für kreative oder gar tagesaktuelle Postings gibt es kaum, er wird im Kontrollzwang erstickt (Wiesner 2017).

Vielmehr, so Wiesner weiter, müssten Unternehmen zukünftig das autarke Arbeiten kleiner Einheiten gewährleisten, die ohne Freigabe für Marken in Echtzeit posten dürfen.

Diese Sichtweise ist nicht ganz falsch, insbesondere wenn man so sensationelle Real-Time-Marketing-Erfolge feiern möchte, wie einst Oreo mit dem „Dunk-In-The-Dark-Tweet" (siehe Abschn. 7.2.1, Abschnitt Twitter). Andererseits lässt sich eine solch organisierte „Anarchie" nicht auf jedes Unternehmen erfolgreich übertragen. Zumal man auch festhalten muss, dass sich während des Superbowl-Blackouts die Entscheider der zuständigen Agentur und des Oreo-Marketingteams in einem Raum befanden und nur deswegen auf den plötzlichen Stromausfall so schnell reagieren konnten (vgl. Wadhawan 2015).

Unternehmen kämpfen noch oft genug damit, die Dynamik der sozialen Medien in den Griff zu bekommen. Insofern mag dieser Ansatz sowohl für One-Man-Shows von Bloggern und YouTubern sinnvoll erscheinen als auch für Unternehmen, die sich in der Stufe sechs des Social-Media-Maturity-Modells befinden, anwendbar sein. Andere Unternehmen benötigen jedoch ein gewisses Maß an Struktur. Hier treten die „verschmähten" Redaktions- oder Content-Pläne[1] auf den Plan.

---

[1]Für derartige Pläne gibt es eine Reihe verschiedener Begriffe, die aber alle mehr oder weniger das gleiche meinen. Insofern werden im Folgenden die Begriffe Redaktionsplan, Content-Plan, Social-Media-Kalender oder ähnliche Variationen synonym verwendet.

Patterson (2016) schreibt in diesem Zusammenhang, dass eigentlich kein Weg an einem Redaktionsplan vorbeiführe, es sei denn, man möchte einen ernsthaften Social-Media-Burnout erleiden. Schließlich sei es kaum möglich, jeden nur erdenklichen Moment an die inhaltliche Ausgestaltung seiner Social-Media-Präsenz zu denken. Zudem kann eine Social-Media-Präsenz nicht nur auf Echtzeit-Content aufgebaut werden, das wäre schlichtweg auch ineffizient.

Was sind Social-Media-Redaktionspläne genau und welche Probleme lassen sich damit lösen?
Grundsätzlich sind Social-Media-Redaktionspläne – wie der Name schon sagt – erstmal ein Planungsinstrument, mit dem die Social-Media-Strategie umgesetzt werden soll. Sie helfen Unternehmen beziehungsweise Marken in konsequenter und konsistenter Weise hochqualitative, spannend formulierte und treffsichere Inhalte für ihre Zielgruppen zu veröffentlichen. Ein Social-Media-Redaktionskalender erspart auf diese Weise viel Zeit und sorgt dafür, dass Ressourcen sinnvoll eingesetzt werden (vgl. Dichtl 2015; Read 2016a). Er schafft Freiraum für andere Aktivitäten, denen Social-Media-Manager nachkommen müssen. Er dient als koordinierendes Instrument, bietet Orientierung und Übersicht, vor allem wenn Social-Media in Teams betrieben wird.

Des Weiteren hilft ein Redaktionsplan auch konkreten Problemen vorzubeugen (vgl. dazu Dichtl 2015):

- **Veröffentlichung schwacher Inhalte:** Die Social-Media-Strategie gibt vor, über welche Kanäle welche Zielgruppen angesprochen werden sollen. Doch oft weiß man nicht, welche Inhalte dort am besten ankommen. Routinechecks auf Basis der bisherigen Veröffentlichungen und den dazugehörigen Kennzahlen (siehe dazu auch Kap. 14) helfen zu verstehen, welche Inhalte über welche Formate bei der Zielgruppe den größten Erfolg erzielen und zur Zielerreichung beitragen. Dies bedeutet nicht, dass man monothematisch immer wieder nur diese Beiträge einplant. Dennoch liefert dieses Vorgehen Daten, um den Veröffentlichungsplan zu optimieren.
- **Versäumen wichtiger Termine:** Die zu planenden Inhalte können in die verschiedensten Richtungen gehen. Wichtig sind für Unternehmen vor allem unternehmensrelevante Termine, wie Produkt-Launches oder Kampagnen-Starts. Mit dem Redaktionskalender lassen sich all diese Termine inklusive des dazugehörigen Contents an einem Ort bündeln. Damit kann das Unternehmen genau planen, wann es verstärkt neuen Content bereitstellen oder aber haushalten und alten Content geschickt wiederverwerten sollte.
- **Überforderung der Content-Ersteller:** Auch, wenn man nicht alles alleine machen muss und auf ein Team zurückgreifen kann: Die Ressourcen müssen sinnvoll eingeteilt werden. Peaks wird es immer geben, aber mit ein wenig Planung lassen sich die Spitzenzeiten besser verteilen. Der Redaktionsplan unterstützt bei der genauen Planung der Content-Erstellung. Sobald die Themen der kommenden Posts feststehen, können konkrete Aufträge an die Ersteller vergeben werden, die sich nach Terminplan, Stärken und Erfahrungs-Level richten. Benötigt ein Thema mehr

Recherchearbeit oder ist aufwendiger in der Herstellung (z. B. Videos), kann dies frühzeitig eingeplant werden.

Was beinhaltet ein Reaktionsplan konkret?
Es gibt nicht *den* einen Redaktionsplan. Er lässt sich vielfältig sowie auch unterschiedlich umfangreich und detailliert gestalten. Grundsätzlich gibt es aber einige Elemente, die sich grob an klassischen Projektmanagement-Templates orientieren und die er auf jeden Fall enthalten sollte:

- Kalenderübersicht
- Übersicht aller Kanäle
- Autor/Ersteller je Beitrag
- Beschreibung des geplanten Beitrags
- Plattform, auf dem der Beitrag erscheinen soll
- Veröffentlichungstermin
- Geplantes Format
- Definition der wichtigsten Meilensteine pro Beitrag, z. B. Fertigstellung der Einzelteile – wie Texte, Bilder oder Videos
- Bearbeitungsstatus
- Verantwortung
- Freigabestatus

Zu diesem Zweck gibt es eine Reihe von Beispielen, viele basieren auf klassischen Excel-Templates. Im Servicelink 11.1 finden sich Verknüpfungen zu derartigen Vorlagen. Daneben helfen professionelle Social-Media-Management-Tools wie Buffer, Hootsuite, Social Hub oder Scompler bei der Planung. Auf diese Tools wird später noch eingegangen (siehe Abschn. 11.1.4).

Servicelink 11.1	
Servicelinks zu Redaktionsplan-Vorlagen: Servicelink 11.1a – http://www.contentmarketinginstitute.com/wp-content/uploads/2010/08/CMIEditorialCalendarTemplate.xls	
Servicelink 11.1b – http://www.coseed.de/fileadmin/downloads/content-marketing-redaktionsplan-template.xlsx	

Wie geht man bei der Erstellung eines Redaktionsplans vor?
Auch wenn es vor dem Hintergrund der einleitenden Gedanken von Wiesner (2017) etwas antiquiert erscheinen mag: Die Planung kann sich über einen längeren Zeitraum erstrecken, gerade um die o. a. Probleme bestmöglich zu vermeiden. Aus eigener Erfahrung bietet sich ein mehrstufiger Prozess an:

- **Grober Plan für ein Jahr:** Mit der ersten Grobplanung zu Beginn eines Planungsturnus lassen sich die wesentlichen Meilensteine eines Jahres im Voraus planen: Feiertage, besondere gesellschaftliche Ereignisse (Sportgroßereignisse, Wahlen, etc.), unternehmerische Highlights (Produkt-Launches, Kampagnen-Starts, Jubiläen, Messen etc.). Hierbei handelt es sich um Daten, die man auf keinen Fall versäumen sollte und die zumeist gute Anhaltspunkte für die inhaltliche Ausgestaltung bieten. Grundlegende strategische Ausrichtungen können dort manifestiert werden. Die Planung von langer Hand ermöglicht es den Erstellern, schon frühzeitig an ihren Themen zu arbeiten, zum Beispiel wenn die Arbeitsbelastung gerade etwas niedriger sein sollte.
- **Detaillierter Plan für ein Quartal oder einen Monat:** Der Jahresplan wird dann – je nach Unternehmenskultur und -dynamik – weiter heruntergebrochen, beispielsweise auf Quartals- oder Monatsbasis. Gegebenenfalls gibt es sogar so etwas wie ein Monatsthema oder Beitragsserien. Zu beachten ist zudem, dass die verschiedenen Themengebiete der Strategie gemäß adäquat ausgesteuert werden.
- **Feinplanung auf Wochenbasis:** Die detaillierte Inhaltsplanung erfolgt dann auf Wochenbasis – jetzt kann das aktuellere Geschehen einbezogen und Buzzthemen aufgegriffen werden.
- **Ad-hoc-Planung:** Jeder Redaktionsplan sollte so viel Flexibilität bieten, dass jederzeit, auch sehr kurzfristig, Ad-hoc-Themen aufgegriffen werden können. Genau an dieser Stelle geht es um die Echtzeitkommunikation und Real-Time-Marketing. Eine gesunde Planung und agiles Reagieren auf das Tagesgeschehen müssen sich nicht gegenseitig ausschließen. Jeder Social-Media-Manager sollte die Headlines der Tagespresse kennen und sich über Trendthemen (etwa über Twitter) auf dem Laufenden halten.

Die ersten zwei bis drei Planungsschritte bieten die Möglichkeit, Freiräume zu schaffen, um auch Ad-hoc-Maßnahmen umsetzen zu können. Langwierige Freigabeprozesse würden für Letzteres jedoch kontraproduktiv sein. Deswegen braucht es organisatorische Voraussetzungen mit agilen Strukturen. Müller (2017a) warnt zudem davor, den Redaktionsplan mit den verschiedenen Zeit-Slots zu starr zu behandeln. Nicht selten kommt es vor, dass diese Slots mit beliebigen Inhalten gefüllt werden, einfach damit etwas im Redaktionsplan steht. Der Redaktionsplan würde dann zu einem Risiko. Müller (2017a) empfiehlt deswegen: Relevante Inhalte sind wichtiger als die (starre) Frequenz (siehe dazu auch noch die Ausführungen weiter unten zur Posting-Strategie). Berücksichtigt man beide in diesem Absatz angeführten Aspekte bei der Planung, ist zumindest ein Teil der Forderung von Wiesner (2017) berücksichtigt.

11.1.2 Vorbereitende Tätigkeiten bei der Planung von Inhalten für die Social-Media-Präsenzen

Um nun den Redaktionsplan mit Leben zu füllen, sollten ein paar grundlegende Aspekte festgelegt werden, wie etwa die **Content-Strategie.** Diese leitet sich in den Grundzügen aus der Social-Media-Strategie ab und basiert auf folgenden Bausteinen:

- **Kommunikationsstrategie:** Worauf fokussieren die Inhalte (beispielsweise Unterhaltung, Interaktion, Information etc.)?
- **Werte der Kommunikationskultur („Voice"):** Welche Werte stehen im Vordergrund (beispielsweise Offenheit, Transparenz, Glaubwürdigkeit, Ehrlichkeit, Dialog, Gleichberechtigung, Interaktion, Erreichbarkeit und Respekt)?
- **Kommunikationsform („Tone"):** Wie werden die Nutzer angesprochen? Duzt oder siezt man sie oder spricht man sie immer so an, wie sie selber das Unternehmen ansprechen?

Gerade die letzten beiden Punkte mögen zunächst banal klingen, sind es aber nicht. Lee (2017) fasst dies wie folgt zusammen: „Voice is the mission statement; tone is the implementation of that mission". Um Anhaltspunkte für die Ausgestaltung der Stimme und der Tonalität zu bekommen, schlägt Lee (2017) vor, sich folgende Punkte zu überlegen:

Fragen

- Wenn die Marke eine Person wäre, welche Persönlichkeit hätte sie?
- Wenn die Marke eine Person wäre, welche Beziehung hätte sie zu den Kunden?
- Beschreibe über Adjektive, was diese Unternehmenspersönlichkeit *nicht* ist.
- Gibt es Unternehmen, die eine ähnliche Persönlichkeit aufweisen?
- Wie sollten die Kunden über das Unternehmen denken?

Eine weitere wichtige Aufgabe besteht darin, die **Profile** der in Schritt drei des Social-Media-Zyklus ausgewählten Plattformen **vollständig anzulegen.** Das vermittelt Professionalität und zeigt Nutzern, dass man die Seite seriös betreibt. Eine sorgfältige Auswahl der Profilbilder sollte für einen konsistenten Markenauftritt sorgen (vgl. Lee 2017). Ebenso kommt der Biografie eine wichtige Bedeutung zu. Auch sie muss auf die Zielgruppen ausgerichtet werden, sollte keine (oder zumindest nicht zu viele) Buzzwords verwenden und persönlich sein.

Schließlich gilt es noch eine **Posting-Strategie** festzulegen (vgl. Lee 2017):

Fragen

- Was ist die ideale Anzahl von Posts pro Tag oder Woche?
- Welches sollten die Hauptformate sein (Bilder, Videos, Texte etc.)?
- Wann soll gepostet werden?
- Was soll gepostet werden?

In Bezug auf den zuletzt genannten Punkt bietet es sich an, im Rahmen eines **Content-Plans** grobe Inhaltskategorien auszuarbeiten. Sie helfen dabei, einen Überblick zu er- oder behalten, welche Themen wie oft verarbeitet werden. Klassische Kategorien sind: Unternehmen, Branche, Aktuelles, Aktionen, Like-Gewinnung, Region, Personen, Information, Unterhaltung etc. Die Themen sollten unternehmensspezifisch ausgestaltet werden. Wichtig dabei: eine Kategorie „Zeitpuffer" sollte es auch geben. Damit wird im Redaktionsplan verdeutlicht, dass man auf das aktuelle Tagesgeschehen eingehen sollte.

Durch die Vielzahl von Erfahrungen im täglichen Social-Media-Business gibt es mittlerweile eine Reihe von sehr nützlichen **Tipps und Regeln,** die bei der Festlegung der Posting-Strategie unbedingt berücksichtigt werden sollten. Die wichtigsten werden nachfolgend kurz erläutert. Sie zeigen auf, warum Fans von einer Seite abspringen:[2]

Zu viele Postings

Das US-amerikanische Analytics-Unternehmen Bridge Ratings ging der Frage nach, aus welchen Gründen Fans sich dazu entschließen, eine Unternehmensseite zu entfolgen. Zwar bezieht sich die Studie nur auf Facebook und fand in den USA statt. Dennoch spiegeln die Ergebnisse auch die Sicht anderer Verfasser wieder. An erster Stelle nannten die Befragten in der Bridge-Ratings-Studie mit 44 % zu viele Postings (vgl. Priebe 2017, ähnliche Ergebnisse brachte beispielsweise die Studie von Sprout Social 2016 hervor). Neben der reinen Anzahl spielt auch eine Rolle, wie das **Zusammenspiel aus aktivem Posten und der Interaktion** mit den Nutzern aussieht. Holze (2017) beschreibt ein typisches Vorgehen, bei dem Unternehmen einfach nur ihre Beiträge abarbeiten, ohne auf die Reaktionen der Nutzer einzugehen, wie folgt:

> Viel hilft nicht viel: Einfach nur Netzwerke mit Beiträgen zu befeuern ohne dort aktiv zu sein, bringt nichts. Das ist so, als würdest du mit jemandem eine Unterhaltung führen, indem du alle 5 Minuten genau einen Satz sagst, der völlig aus dem Zusammenhang gerissen ist. Und zwischendrin schweigst. Statt bei sozialen Netzwerken auf "viel hilft viel" zu setzen, solltest du lieber auf wenigen Netzwerken intensiv präsent sein.

Vielleicht ist es so, dass bei all dem Enthusiasmus, der in manchen Unternehmen in puncto Social Media besteht, gerne mal „die Gäule mit den Social-Media-Managern" durchgehen, was dazu führen kann, zu viel zu posten. Man möchte sich als Unternehmen aktiv zeigen. Auch macht es keinen Sinn, eine Reihe von Posts gesammelt in einer Welle zu veröffentlichen. Dies wird schnell als störend oder sogar als Spam empfunden (vgl. Karberg 2017).

---

[2]An dieser Stelle wird – wie auch schon oben beschrieben – nicht mehr auf Aspekte einer fehlenden Social-Media-Strategie oder Zielgruppenausrichtung eingegangen, da diese Punkt bereits hinreichend behandelt wurden.

Quantität bedeutet nicht immer Qualität. Selbst bei einer ausreichenden Menge qualitativ hochwertigen Informationsmaterials kann es sich auf Dauer auszahlen, sich auf eine bestimmte Anzahl von Posts zu beschränken. Das Social-Media-Unternehmen Buffer zum Beispiel hat dies in einem Selbstversuch getestet und durch eine strengere Auswahl deutliche Qualitätsverbesserungen erzielt (vgl. Lua 2017b).

In diesem Zusammenhang spielen erneut die **Algorithmen** der Plattformen eine wichtige Rolle: Was das Publikum als wertvoll und interessant empfindet, wird häufiger angezeigt. Schlechte Inhalte hingegen werden bestraft und verschlechtern das Rating im Algorithmus und führen zu einer weiter abnehmenden organischen Reichweite (vgl. Karberg 2017; Oswald 2017).

Unregelmäßiges Posten

Oswald (2017) formuliert eine einfache Regel: „Poste, wann immer du relevanten Inhalt für deine Zielgruppe hast. Wenn du nichts zu sagen hast, schweige!" Das kann man so sehen, wenn man genügend Inhalte hat. Aber: Unregelmäßige Posten kann **zu sinkenden Abonnementzahlen** führen, da sich der Mehrwert für den Nutzer bei seltenen Posts nicht mehr ergibt (vgl. Karberg 2017). Insofern gilt es, hier eine sinnvolle Frequenz herauszufinden. Es gibt eine Reihe von Veröffentlichungen, die, nach Plattformen aufgesplittet, Hinweise liefern, wie oft, wo und vor allem wann zu posten ist (vgl. z. B. Lee 2017; Patterson 2016; Schmies 2018; Tamblé 2017a). Diese Zahlen können aber nur einen ersten Anhaltspunkt liefern. Denn auch hier kommt es auf die Unternehmensspezifika und die Zielgruppen an. Am Ende – so die Erfahrung – muss man dies am besten **austesten und optimieren.** An dieser Stelle sei nochmals auf Müller (2017a) verwiesen: Ein zu starres Festhalten an den Frequenzen kann auch schädlich sein, nämlich dann, wenn man die Zeit-Slots mit schlechtem Content befüllt.

Marketing-Posts nehmen überhand

Als zweitwichtigsten Grund, warum sie einer Unternehmensseite nicht mehr folgen, nennen Nutzer in der o. a. Studie das Überhandnehmen von Marketing-Posts (43 %). Ein Viertel der Probanden bemängelte, dass die Postings zu werblich seien (vgl. Priebe 2017). Hier zeigt sich ein grundsätzliches Problem beim Social-Media-Marketing: Unternehmen betreiben ihre Profile, um Nutzer von der Marke zu überzeugen oder guten Kundenservice zu bieten. Dies bedeutet einen **Spagat zwischen Werbung und wertvollen Informationen** für die Nutzer zu leisten (siehe dazu später noch mehr).

Sich wiederholender, langweiliger Inhalt oder Konzentration auf Unternehmens-Content

Mit 38 % nannten die Befragten der Bridge-Ratings-Studie langweiligen, sich wiederholenden Content als drittwichtigsten Grund, einer Fan-Page nicht mehr zu folgen (vgl. Priebe 2017). In eine ähnliche Richtung geht es, wenn Unternehmen nur eigenen Content veröffentlichen. Viele Unternehmen scheuen den Rückgriff auf Inhalte anderer Seiten, da man vermeiden will, anderen als Traffic-Lieferant zu dienen oder weil man denkt, es könne sich um Diebstahl von Gedankengut anderer handeln (vgl. Karberg 2017; Lua 2017b). Dies stellt eine sehr kurzsichtige und eigennützige Sichtweise dar. Ganz im Gegenteil: Das **Teilen fremder Inhalte stiftet Eigennutzen,** denn so kann von der Bekanntheit der Quelle oder der Qualität der Inhalte profitiert werden. Die kuratierten Inhalte sollten aber legal gekennzeichnet sein (vgl. Karberg 2017). Lua (2017b) berichtet beispielsweise dass fünf der Top-10-Posts bei Buffer auf Facebook genau aus solchem kuratierten Inhalten bestanden.

Auch wenn man allgemein formulierte Regeln mit Vorsicht genießen sollte: Die **5-3-2 Faustregel** bei Gero Pfluger oder Blog2Social liefert dennoch einen ganz guten Anhaltspunkt zur Festlegung einer Content-Strategie (siehe Abb. 11.1; Dobbin (2017) nennt als Faustregel 3-3-3 und bezieht sich auf die gleichen Aspekte). Nach eigenen Aussagen kann sie auf nahezu alle Plattformen angewendet werden (vgl. Glaubitz 2017; Tamblé 2017b):

- Ausgehend von einer Anzahl von zehn Beiträgen, steht die Fünf für *fremde* Inhalte, die man auf den eigenen Social-Media-Plattformen teilen sollte.
- Die Drei steht für *eigene* Beiträge. Hier geht es um unternehmensbasierte, gerne auch ab und zu etwas werblich angehauchte Beiträge, die den Kunden Einblick in das Unternehmensgeschehen geben sollen. Da ein Viertel der Nutzer in der o. a. Studie bemängelte, zu wenig Angebote zu bekommen, sollte auch dies – in Maßen – Berücksichtigung finden (vgl. Priebe 2017).
- Die Zwei steht für *persönliche* Beiträge. Hier geht es darum, eher persönliche Geschichten, die innerhalb des Unternehmens passieren, einzubringen. Aspekte wie Unterhaltung und Humor bieten sich an, um den Posts eine persönliche Note zu verleihen.

Abb. 11.1 5-3-2-Regel für die Content-Strategie-Erstellung. (Quelle: eigene Darstellung in Anlehnung an Tamblé 2017b)

Einheitliche Posts auf allen Plattformen

Gerade im Hinblick auf die Möglichkeiten der Social-Media-Automation (siehe Abschn. 11.3) ist es verlockend, nur einen Post vorzubereiten und diesen unverändert über sämtliche Profile zu verbreiten (sog. **Cross-Posting;** vgl. Karberg 2017; Lua 2017b; Zehmisch o. J.). Ein solches Vorgehen ist aus mehreren Gründen falsch:

- Es übersieht, dass die Plattformen in der Regel nach den jeweiligen **Zielgruppen** und den definierten **Zielen** ausgesucht wurden. Dies betrifft nicht nur die Inhalte, sondern auch die Zeitpunkte, wann die Zielgruppen auf den Plattformen unterwegs und erreichbar sind. Auch hierfür gibt es vermeintlich „allgemeingültige" Hinweise, allerdings gilt das Gleiche wie bei der Posting-Frequenz: Man muss es pro Plattform selber herausfinden und optimieren. Es gibt nicht *die* Zeit, zu der alle Betreiber von Social-Media-Profilen sinnvollerweise gleichzeitig Beiträge veröffentlichen sollen (vgl. Read 2017).
- Die einzelnen **Plattformen** weisen, trotz der Tendenz sich nach und nach anzunähern, immer noch **Spezifika** auf, die es zu berücksichtigen gilt – etwa die Beitragslänge, die Verwendung von Hashtags, die sinnvolle Beitragsfrequenz. Auch die Medien, über die die Inhalte transportiert werden, unterscheiden sich stark je nach Plattform (vgl. Lua 2017c sowie die Ausführungen in Abschn. 7.2):
  - Facebook: vor allem Videos und kuratierte Inhalte
  - Instagram: vor allem hochauflösende, qualitativ hochwertige Bilder, Zitate, Stories
  - Twitter: vor allem News, Blogposts und GIFs
  - LinkedIn/Xing: vor allem Stellenausschreibungen, Unternehmensneuigkeiten und Inhalte mit Bezug auf das Arbeitsleben
  - Pinterest: vor allem Infografiken und Schritt-für-Schritt-Anleitungen
  - Google+: vor allem Beiträge, die in der Suchmaschine gut ranken sollen

Ein solches Cross-Posting ist demnach nur sinnvoll, wenn die Inhalte an die beiden o. a. Punkte angepasst werden. Tamblé (2017b) spricht dann nicht mehr von Cross-Posting, sondern von **Cross-Promotion.** Die Verfasserin liefert einen schönen Überblick, was man wie auf einfache Weise pro Kanal anpassen kann (siehe dazu das Fallbeispiel 15 Cross-Promoting).

Fallbeispiel 15: Cross-Promoting (Quelle: Tamblé 2017b)

This is what I do for customizing my social media posts to cross-promote my blog posts:

Twitter: I add #hashtags to keywords. I also add @handles if I want to refer to a specific Twitter user for this post. If I post to more than one Twitter account, I use different tweets and schedule them at different times. I can also add more tweets to each Twitter channel, if I want to schedule multiple or recurring Tweets.

Facebook profile: I add a personal comment to introduce my post. I ask questions or ask to comment on my post to encourage engagement.

Facebook page: I edit my text for my business page slightly to give it a more formal touch. And I schedule it for a different time.

Google profile: I use a slightly longer introduction for my post, as longer comments work better on Google+. And, I use #hashtags for keywords. Blog2Social already provides a slightly longer excerpt for Google+ and adds the tags from the blog post as #hashtags for keywords at the end of the comment. I sometimes add the same as for Facebook.

Google page: I take the same comment as for my profile, but I schedule it for a different time.

Google group: I do the same as for my page and I schedule the post for multiple groups on different days and times each.

LinkedIn profile: I do the same as for Facebook, but sometimes tune the text a bit more businesslike.

LinkedIn page or focus page: I do the same as for my Google page and I schedule my post for a different time or date from my profile

Instagram: I sometimes add personal comments or call-for-shares, if appropriate and check the #hashtags.

Pinterest: I just check the comment and the #hashtags

Flickr: I just check the text and sometimes add more #hashtags

Medium: I re-publish my post as it is, but I schedule my post with a 3–7 day delay to my original post. Sometimes I make a few changes to the headline and the introduction.

Tumblr: I do the same as for Medium.

Zur Cross-Promotion können Social-Media-Management-Tools wie Buffer, Hootsuite, Social Hub oder Blog2Social (auf das beispielsweise Tamblé in den Original-Ausführungen zum Fallbeispiel 15 verweist) einen wichtigen Beitrag leisten (siehe dazu Abschn. 11.3). Vor dem Hintergrund, dass Social-Media-Beiträge auf verschiedenen Plattformen eine unterschiedliche Lebensdauer aufweisen (siehe Abschn. 7.2), helfen diese Tools, Inhalte mehrfach auf der gleichen Plattform zu veröffentlichen. Dies hängt aber auch stark von der jeweiligen Plattform ab und macht vor allem bei Twitter mit Evergreen Content Sinn, da man auf diese Weise seine unterschiedlichen Zielgruppen beziehungsweise neue Follower besser adressieren kann (vgl. Schulze-Siebert 2017; Schmies 2018).

11.1.3 Generierung von Inhalten für die Social-Media-Präsenzen

Folgt man grob der in Abschn. 11.1.2 angeführten 5-3-2 Regel, sollten fünfzig Prozent der Inhalte aus eigenen Quellen kommen, während die andere Hälfte aus fremden Quellen stammt.

Generierung von Content aus eigenen Quellen

Wie bereits bei den Ausführungen zum Redaktionsplan angeführt (siehe Abschn. 11.1.1), gibt es eine **Vielzahl von Quellen,** aus denen ein Unternehmen schöpfen kann, um eigenen Content zu erschaffen. Die Content-Verantwortlichen sollten sich von daher fragen, welche Storys im Unternehmen bereits existieren. Anhaltpunkte kann man beispielsweise in folgenden Bereichen erhalten:

- Presse-Abteilung
  - Pressemeldungen
  - Anwenderberichte
  - Fachartikel und Interviews
- Marketing-Abteilung
  - Produkt-Launches
  - Launches von neuen Kampagnen
  - News von der Website
  - Newsletter
  - Einladungen zu Events (beispielsweise Messen)
  - Bilder und Bewegtbilder
- Personal-Abteilung
  - Stellenausschreibungen
  - Erfolgte Neu-Besetzungen
  - Positionierung
  - Employer-Branding
- Fachabteilungen
  - Interessante Forschungsergebnisse
  - Beiträge in Diskussionsforen
  - Expertenmeinungen

Diese internen Quellen stellen nur den Anfang des Prozesses zur Erstellung eigener Inhalte dar. Vieles hängt im weiteren Verlauf davon ab, ob man das Engagement der Nutzer gewinnt und hält, denn:

> Social media is no longer a megaphone. It is now becoming a one-to-few — and often one-to-one – channel. [...] Social media is becoming an engagement channel (Lua 2017a).

In seinen weiteren Erläuterungen erläutert Lua (2017a), warum die Zukunft von Social Media vor allem im Engagement liegen muss. Auch wenn auf diese Gründe bereits an verschiedenen Stellen des Buches eingegangen wurde, seien sie hier zur Übersicht aufgeführt:

- Die organischen Reichweiten sinken.
- Messenger und Social Bots nehmen an Bedeutung zu.

- Menschen nutzen die sozialen Medien um Marken zu erreichen, vor allem in Service-fragen.
- Algorithmen priorisieren die Inhalte für die Nutzer.

Das Engagement der Nutzer hängt sehr stark von der **Interaktion mit den Nutzern** ab (siehe dazu ausführlich Kap. 12). Interaktion gibt es aber nicht ohne anregende, gewinnende Inhalte (sog. „engaging content"; in Anlehnung an Sunley 2016), die die Zielgruppe ansprechen. Dabei kann man durchaus auf Altbewährtes zurückgreifen, das heißt Inhalte, die in der Vergangenheit bei der Zielgruppe gut funktioniert haben. Um aber dem sogenannten „Wear-Out-Effekt" entgegenzuwirken, ist es wichtig, immer wieder Neues auszuprobieren. Welche Möglichkeiten bieten sich hier den Unternehmen? Nachstehend erfolgt eine Auswahl von Ideen, basierend auf den Beiträgen von Allender (2017), Barker (2017), Chong (2017), Lua (2017e) und Tousley (2016) sowie eigenen Erfahrungen:

Originelle und einzigartige BilderVisuals:
Die Nutzung von Bildern in Beiträgen ist mittlerweile zu einem Muss geworden. Posts ohne Bilder erreichen in der Regel auf allen Plattformen niedrigere Reichweiten. Mit Bildmotiven aus fremden Quellen geht oft die Problematik der Bildrechte einher (siehe Abschn. 10.1). Außerdem nutzen andere Unternehmen häufig die gleichen Stockfotos, die Motive bieten dann keinerlei Unterscheidung mehr. Bilder und Visuals müssen aber nicht immer aus fremden Quellen besorgt werden. Im Gegenteil: Originelle und einzigartige Bilder lassen sich einfach selber herstellen. Mögliche Ansätze und Einsatzmöglichkeiten zeigt Tab. 11.1. Auch Olende (2016) hat in seinem Artikel ein paar schöne Beispiele hierzu verarbeitet.

Tab. 11.1 Ideen für Bilder und Plattformen, auf denen diese platziert werden können. (Quelle: eigene Darstellung in Anlehnung an Lua 2017e)

Bildidee	Sinnvoll für
Produktfotos aus ungewöhnlichen Perspektiven, mit eigener Bildsprache	Pinterest, Instagram, Facebook, Twitter
Einsatz von Gifs (kurzen Bewegtbildern)	Twitter, Facebook, Google+, and Instagram
360-Grad-Bilder	Facebook, Twitter (Periscope), Instagram, YouTube Live
Charts über Zahlen, Daten und Fakten, z. B. aktuelle Statistiken	Facebook, Twitter, Instagram, Pinterest, LinkedIn, Xing, Google+
Memes mit Zitaten	Facebook, Twitter, LinkedIn, Pinterest, and Google+
Infografiken	Pinterest, Facebook, Twitter, Google+, Instagram

Verstärkter Einsatz von Videos:

Das höchste Engagement erreicht man auf vielen Plattformen, die dieses Format erlauben, mit Video-Content. Für die Erstellung braucht es nicht unbedingt großes, teures Equipment. Viele Videos, die kleine und mittelständische Unternehmen posten, sind mit Smartphones gemacht. Man muss nur beachten, dass das Smartphone sicher steht (z. B. über einen Tri-Pod), über ein extra Mikrofon ein guter Ton aufgenommen wird und die Lichtverhältnisse stimmen (vgl. Lua 2017e).

Hier ein paar Anregungen für Video-Content:

- **Übertragung eines Blog-Posts in ein Video-Format:** Auf Basis der Analyse, welche Arten von Blog-Posts besonders gut funktionieren, kann man versuchen, diese Inhalte in einem Video festzuhalten, etwa indem ein Mitglied des Unternehmens dies erzählt.
- **Tipps und Tricks im Umgang mit dem Produkt (How-To-Guides):** Die „Mein iPhone und ich"-Serie von Philipp Riederle avancierte zu Beginn der 2010er Jahre als einer der ersten dieses Genres zu einem *der* Video-Hits auf YouTube. Der Schüler erläuterte in jeder Folge eine andere Funktion des iPhones und traf damit den Nerv der Zuschauer. Auch für Unternehmen bieten solche How-To-Videos interessanten Content. Sie können damit Kunden schulen und sie mit den Unternehmensprodukten vertrauter machen. Dabei bietet es sich an, das Produkt in Aktion zu zeigen. Ein hervorragendes Beispiel hierfür ist GoPro: Der Kamera-Hersteller postet regelmäßig Videos vom Einsatz seiner Kameras im realen Leben. Einige Filme wurden zu viralen Hits, wie der Film des Feuerwehrmanns, der ein junges Kätzchen aus einem brennenden Haus rettete (https://www.youtube.com/watch?time_continue=3&v=CjB_oVeq8Lo; – ja, irgendwann musste auch in diesem Buch Cat-Content auftauchen!).
- **Behind-The-Scenes:** Video-Serien, die Blicke hinter die Kulissen eines Unternehmens werfen, indem sie Mitglieder des Top-Managements vorstellen oder von Firmen-Events berichten, bieten guten Stoff für persönliche Beiträge. Hier gibt es viele Möglichkeiten, um das Unternehmen offen und transparent zu zeigen.
- **Unternehmensankündigungen, zum Beispiel über Produkt-Launches:** Man denke nur an die legendären Presse-Events von Apple mit Steve Jobs, die auch im Social Web Renner waren.

Da viele Social-Media-Plattformen Videos als Auto-Play stumm abspielen, bietet es sich an, die Videos mit **Untertiteln** zu versehen, sodass die Inhalte auch ohne Ton verstanden werden. Möchte man die Videos mit Musik unterlegen, so gibt es vielfältige Möglichkeiten. Auf die Besonderheiten hinsichtlich GEMA oder anderen Verwertungsgesellschaften wurde bereits in Abschn. 10.1 hingewiesen. Zur Erinnerung: Neben den Urheberrechten muss man für Titel, die bei der GEMA oder anderen Verwertungsgesellschaften gelistet sind, bestimmte Vergütungen entrichten. Es bietet sich deswegen an, nach Musikstücken zu recherchieren, bei denen keine derartigen oder einfachere Rechte vorliegen. In seinem Artikel stellt Peters (2017a) dreizehn gute Quellen inklusive Informationen zu Pricing und Lizenzen vor, aus denen man (Background-) Musik beziehen kann.

Noch ein wichtiger Tipp: Videos, die direkt auf einer Plattform und nicht bei YouTube hochgeladen werden, erzielen eine fünfmal höhere Verbreitung. Geht es also nicht um die Befüllung des eigenen YouTube-Kanals, sollten Unternehmen ihre Videos direkt auf den Zielkanälen platzieren (vor allem bei Facebook) anstatt auf das Video bei YouTube zu verlinken (vgl. Lua 2017c).

Go Live:

Videos können auf eine andere Weise genutzt werden, wenn diese live gesendet werden. Insofern bieten sich die bei Video-Content genannten Möglichkeiten ebenso im Live-Format an. Worauf hierbei zu achten ist, wurde bereits im Rahmen der Vorstellung von Facebook Live in Abschn. 7.2.3 hingewiesen. Je nach Zielgruppe kann Live-Content sehr unterschiedlich ausfallen, wie zum Beispiel die Live-Übertragung von Online-Games über die Plattform Twitch zeigt (siehe Abschn. 7.2.3).

Gewinnspiele und Umfragen:

Ein Klassiker sind **Gewinnspiele.** Mit ihnen lassen sich vielfältige Social-Media-Ziele erreichen: Neukundengewinnung, Reichweiten-Erhöhung, Steigerung des Engagements oder Beziehungspflege. Sicherlich gibt es immer wieder Nutzer, die auf das „Abstauben" von Gewinnen auf Social-Media-Plattformen spezialisiert sind und wenig Interesse am durchführenden Unternehmen haben. Um dagegen ein wenig anzugehen, bieten sich Mechanismen an, bei denen weitere Interaktionen von den Teilnehmern gefordert werden, wie

- einen Kommentar abgeben,
- das Taggen eines Freundes,
- das Teilen eines Beitrags,
- das Posten unter Berücksichtigung eines besonderen Hashtags oder
- das Teilen eines Fotos inklusive eines gebrandeten Hashtags.

Mögliche Preise können Gratisprodukte des Unternehmens, Geschenkgutscheine oder Merchandise-Artikel sein. Auch für die Mechanismen und Preise gilt: austesten und optimieren.

Daneben lassen sich Nutzer durch einfache **Umfragen** gut einbeziehen. Cartwright (2016) zeigt in ihrem Artikel dreizehn Umsetzungsbeispiele von Unternehmen: Tippspiele (z. B. NFL), einfache Meinungs-Umfragen (z. B. Urban Outfitters) oder Produkt-Präferenzen (z. B. eBay). Gerade über die neuen Umfrage-Funktionen bei Instagram oder Facebook lassen sich derartige Erhebungen sehr leicht umsetzen. Sie lassen sich einfach über eine offene Frage am Ende eines Posts realisieren.

Fans und Kunden ins Zentrum stellen:

Aus Nutzern werden Markenbotschafter: Fans und Kunden zum Mittelpunkt von Beiträgen zu machen ist eine sehr effektive Methode, um das Nutzer-Engagement zu erhöhen (neudeutsch: sie zu **„featuren").** Damit sind laut Barker (2017) zwei positive Effekte verbunden: Man zeigt glaubwürdig, dass andere Kunden das Produkt lieben. Hinzu kommt ein Vervielfältigungseffekt – die gefeaturten Nutzer teilen in der Regel den Post aktiv, um selbst größtmögliche Aufmerksamkeit zu erlangen.

Storytelling:

Mit der **SUCCES-Formel** beschreibt Malcolm Gladwell (2000) in seinem Buch „Tipping Point", welche Aspekte Menschen im Gedächtnis bleiben:

- S = Simple: Die Grundlage einer Idee muss einfach sein.
- U = Unexpected: Man erweckt Aufmerksamkeit, indem man Menschen mit etwas überrascht.
- C = Concrete: Die Inhalte sollten so konkret wie möglich sein, damit sie verstanden werden können.
- C = Credible: Die Aspekte müssen belegbar und glaubwürdig sein.
- E = Emotions: Ideen, die über Emotionen getragen werden, bleiben besser im Gedächtnis.
- S = Story: Ähnlich wie Emotionen bleiben Geschichten besser im Gedächtnis hängen.

Gerade die letzten beiden Aspekte spielen auch in den sozialen Medien eine große Rolle. Die Beispiele der großen Social-Media-Momente in Abschn. 2.2 haben gezeigt, dass Gefühle und Geschichten Menschen aktivieren. Sie sorgen dafür, dass Inhalte im Gedächtnis haften bleiben und sich Nutzer verstärkt damit beschäftigen.

Das damit verbundene Storytelling liefert folglich eine gute Möglichkeit für Inhalte, die begeistern und zu Interaktion führen (sog. „engaging content"). Die SUCCES-Formel stellt eine gute Basis dar, was man berücksichtigen sollte. Durch die Erzählmethode und das Involvieren der Nutzer wird das zu vermittelnde Wissen leichter verständlich gemacht, aufgenommen und sogar miterlebt. „Dieser Prozess wird «**Transportation**» genannt und bedeutet, dass der Rezipient in die Geschichte eintaucht und sich darauf einlässt" (Heusler 2018). So kann eine Geschichte viel einfacher weitererzählt werden (vgl. Gnocchi 2015). Auf diese Weise können Kaufentscheidungen, Markenwahrnehmung und -image positiv beeinflusst werden (vgl. Richardson Gosline et al. 2017). „Je konsistenter und authentischer die Story erzählt wird, je mehr die Konsumenten sie als natürlichen Teil der Markenkommunikation akzeptieren, desto besser funktioniert das Storytelling" (Ajando 2016).

Gute **Beispiele** für unternehmensbezogene Storys liefern die Gründungsgeschichten der ersten Computerfirmen und Softwaregiganten aus den USA:

- Hewlett-Packard – das Garagen-Bastelprojekt
- Apple – der Mythos aus der Apfelkiste

Hier verleiht die interessante Entstehungsgeschichte der Marke einen authentischen und emotional erlebbaren Charakter (vgl. Ajando 2016). Dabei müssen sich die Geschichten keineswegs auf die Entstehung eines Unternehmens beschränken. Jegliche Geschichten sind denkbar, wenn sie zu den **Werten, Emotionen und zur Kultur des Unternehmens passen.** Das Beispiel von Blendtec (siehe Abschn. 6.2) hat dies eindrucksvoll demonstriert. Der Serieneffekt sorgt dafür, dass die Nutzer gespannt auf die nächste Folge warten. Wesentlich im Social-Media-Marketing ist jedoch, dass man – bei aller Berücksichtigung der o. a. Aspekte der SUCCES-Formel – relativ schnell auf den Punkt kommt, da die Nutzer sonst schnell weiter- oder wegklicken. Weitere Aspekte, die es speziell im Social Web zu berücksichtigen gilt, liefern beispielsweise Smartofficehelp (o. J.) mit ihrem 23 Punkte umfassenden Storytelling-Guide.

Um das Maximale aus dem eigenen Content zu machen und ein hohes Engagement der Nutzer zu erreichen, sollten sich Unternehmen nicht auf ihr Glück und die Qualität des Contents alleine verlassen. Hier gilt es eine Logik aus dem viralen Marketing anzuwenden: das **„Seeding"**, beziehungsweise in diesem Kontext das **Social-Media-Seeding** (vgl. Jung 2014; Schmies 2018). Von Seeding – säen oder platzieren – ist die Rede, wenn Inhalte in sozialen Netzwerken gezielt verbreitet werden. Hierbei wird zwischen dem einfachen und dem erweiterten Seeding unterschieden (siehe dazu auch Langner 2009):

- Beim einfachen Seeding streut das Unternehmen Inhalte auf den eigenen Seiten, wie beispielsweise auf der eigene Homepage oder auf eigenen Profilen innerhalb sozialer Netzwerke. Das Unternehmen fordert dabei seine Mitarbeiter, Freunde oder Partner aktiv dazu auf, die Inhalte zu teilen. Mit diesem Grundstock erzielt man oftmals schon eine gewisse kritische Reichweite.
- Das erweiterte Seeding hingegen bezieht Multiplikatoren und demzufolge Massenmedien mit ein. Dafür können sogenannte „Seeding-Agenturen" zum Einsatz kommen, die beim Streuen der Inhalte, etwa auf Blogs und Foren, die außerhalb des direkten Zugriffs des Unternehmens liegen, helfen.

Generierung von Content aus fremden Quellen
Wie in Abschn. 11.1.2 dargestellt, scheuen sich Unternehmen oft, Inhalte aus fremden Quellen zu nutzen, um den eigenen Social-Media-Auftritt zu befüllen. Die 5-3-2-Regel zeigte bereits, dass dies falsch ist. Die gezielte Nutzung fremder Inhalte bezeichnet man im Fachjargon als **Content Curation.** Dobbin (2017) definiert diesen Begriff wie folgt:

> Content curation is all about mining the internet for material that can be shared on your social networks. It's about finding great content and presenting it to your social media followers in a way that's organized and meaningful.

Ähnlich sieht es Deshpande von Curata (2017), der aber nach Meinung des Autors noch den Aspekt der Zielgruppe stärker in den Fokus rückt:

> Content curation is when an individual (or team) consistently finds, organizes, annotates, and shares the most relevant and highest quality digital content on a specific topic for their target market.

In Abgrenzung zum Content Marketing geht es bei Content Curation also um das gezielte Finden von interessanten, hervorstechenden Inhalten, anstatt selber Neues zu erschaffen. Damit löst das Kuratieren von Inhalten einige der wichtigsten Probleme, die viele Unternehmen im Content Marketing haben (in Anlehnung an Circle S Studio 2014, S. 12; Deshpande 2017; Gallegos 2017):

- Fehlende Zeit und Budget
- Ausreichend und fortwährend Inhalte produzieren
- Bewegende und unterschiedliche Inhalte produzieren

Gallegos (2017) bezeichnet vor diesem Hintergrund Content Curation als Freund, der hilft diese Probleme zu beseitigen. Dieser Ansatz füllt jedoch nicht nur die oben genannten Lücken. Vielmehr verbinden sich damit einige **andere positive Effekte** (vgl. Deshpande 2017; Dobbin 2017):

- Content Curation reduziert das o. a. Problem, seine Zielgruppe nur mit ego- und produktzentrierten Sichtweisen zu „nerven" und bietet die Perspektive Anderer.
- Es ermöglicht, Kontakt zu Meinungsführern aufzubauen und sich selber als Experte auf bestimmten Gebieten zu etablieren.
- Viele der Algorithmen, die auf den Plattformen für eine Vorauswahl der Inhalte für die Nutzer sorgen, beziehen die Attraktivität eines Beitrags in die Berechnungen ein. Ein Unternehmen, das einen Beitrag teilt, der anderweitig schon für viel Reichweite und Interaktion sorgte, nutzt dies gleichzeitig zur Erhöhung der Sichtbarkeit der eigenen Beiträge.
- Es unterstützt die Zielsetzungen der Steigerung der Markenbekanntheit, der SEO-Sichtbarkeit sowie der Lead Generierung.

Um nun **systematisches Content Curation** zu betreiben, sollte eine Reihe von Schritten berücksichtigt werden (in Anlehnung an Deshpande 2017; Dobbin 2017):

- **Lesen, beobachten, zuhören:** Es gibt eine enorme Anzahl von Quellen, auf die man zurückgreifen kann. Es mag zwar banal klingen, ist aber wichtig: Man sollte Inhalte prüfen, bevor man sie teilt.
- **Sicherstellen, dass die Inhalte relevant sind:** Der Kurator sollte sich die Frage stellen, ob der Inhalt zum Unternehmen oder zur Marke, vor allem aber zur Zielgruppe passt und Mehrwert liefert. Zudem ist zu prüfen, ob der Content und das Format zur Plattform passen (siehe auch Abschn. 11.1.2).
- **Sicherstellen, dass es sich um eine vertrauenswürdige Quelle handelt:** Wichtig ist zudem, dass die Quellen kontinuierlich qualitativ hochwertige Inhalte liefern. Vor dem Hintergrund der in Abschn. 10.1 vorgestellten rechtlichen Aspekte ist sicherzustellen, dass mit dem Teilen keine Urheberrechte verletzt werden (Stichwort Linkhaftung).
- **Personalisieren:** Mit dem geteilten Fremd-Beitrag sollte erklärt werden, warum dieser durch das Unternehmen veröffentlicht wird: Was ist daran interessant, welchen Mehrwert bietet der Post? Auch in diesem Zusammenhang ist es von hoher Bedeutung, sich der Seriosität der Quelle und der Inhalte zu vergewissern, da man sich durch die Personalisierung den Inhalt schnell „zu eigen macht" (siehe dazu Abschn. 10.1).

- **Teilen unterschiedlicher Perspektiven:** Um auch in diesem Zusammenhang eine einseitige Berichterstattung zu vermeiden, macht es Sinn, unterschiedliche Perspektiven zu beleuchten und die Inhalte zu variieren. Das hilft auch beim Kampf gegen die sogenannten Filterblasen (siehe Abschn. 2.1, Phase 5).
- **Richtig zitieren:** Der ursprüngliche Verfasser sollte unbedingt genannt werden. Dies kann entsprechend der Gegebenheiten der jeweiligen Plattform beispielsweise durch @Mentions oder Links erfolgen.

Wie oben schon angeführt, stehen theoretisch unendlich viele Quellen zur Verfügung, aus denen Inhalte kuratiert werden können. Doch welche Inhalte und Quellen sind die richtigen? Anhaltspunkte können folgende Aspekte liefern (die Auflistung ist nicht komplett überschneidungsfrei):

- **Trends:** Trendthemen auf Social Media zu identifizieren, kann ein nützliches Mittel sein, um der Konkurrenz einen Schritt voraus zu sein (vgl. Smith 2016). Zudem trifft auf Trends der o. a. Vorteil zu, dass sie durch Algorithmen in der Regel positiv bewertet werden. Insofern bietet ein systematisches Social-Media-Monitoring (Abschn. 5.2) Anhaltspunkte dafür, was gerade aktuell ist und eventuell für „Buzz" sorgen kann. Sollte das Unternehmen noch kein systematisches Social-Media-Monitoring betreiben, bieten viele Social-Media-Plattformen Echtzeit-Übersichten über aktuelle Trends an (etwa Twitter über „Trends" oder „Moments", angepasste beziehungsweise personalisierte Trends bei Facebook oder Instagram oder „Trending Videos" auf YouTube). Daneben helfen die Google-Trends oder die Auto-Suggest-Funktion auf der Google-Suchmaschine.
- **Branchen-Blogs und -Foren:** Branchenspezifische Blogs und Foren liefern konkrete Anhaltspunkte, womit sich Nutzer aktuell beschäftigen. Hier finden sich leicht passende Meinungsführer. Eine hervorragende Übersicht zu verschiedenen Branchen liefert beispielsweise der Beitrag von Lua (2017d).
- **Social-Bookmarking-Sites:** Die in Abschn. 7.2.2 beschriebenen News-Communitys wie Reddit oder Stumbleupon sowie News- und Content-Plattformen wie Feedly oder Flipboard sind hervorragende Quellen, um zum einen guten Content zu finden, zum anderen um diesen zu verwalten und wieder auffindbar zu machen.
- **User-Generated-Content:** Je nach Plattform bietet es sich an, direkt auf die Inhalte der eigenen Zielgruppen zurückzugreifen. Buffer hat beispielsweise mit diesem Vorgehen die Menge seiner Instagram-Follower in nur sechs Monaten um 500 % gesteigert (vgl. Lua 2017b). Im Buffer-Video auf Facebook wird demonstriert, wie dies auf einfache Weise über die Instagram-Desktop-Applikation gelingen kann. (https://www.facebook.com/bufferapp/videos/1398698710202572/). Auch GoPro hat, wie oben beschrieben, explizit auf User-Generated Content gesetzt – User haben ihre Videos auf die GoPro-Plattformen hochgeladen –, um auf diese Weise relevanten Content zu generieren, der zugleich das eigene Produkt im Einsatz zeigte.

- **Kooperationen:** Die Zusammenarbeit mit anderen Firmen kann helfen, neue Nutzerschaften zu erreichen. Dies bedeutet im Vergleich zur Erstellung in Eigenregie in der Regel etwas mehr an Vorbereitung und Planung. Derartige Kooperationen bieten sich vor allem dann an, wenn zwei Unternehmen gemeinsam an einer Sache arbeiten. Lee (2016) bezeichnet diese Vorgehensweise als „Native Un-Advertising", weil kein monetärer Austausch stattfindet und die Initiative meist nicht von dem Unternehmen ausgeht, dessen Beitrag auf der Seite veröffentlicht wird. Führen diese zwei Unternehmen derartige Kooperationen in regelmäßigen Abständen durch, so spricht man von einem sogenannten Social Swap.
- **Content-Lieferanten:** Findet man im Gros der Quellen nicht die entsprechenden Inhalte oder hat man schlichtweg zu wenig Zeit, so bietet sich die Zusammenarbeit mit Content-Lieferanten wie Contilla oder Interactive Creator an. Diese Dienstleister haben nicht nur umfassende Themen-Datenbanken, sie bieten in der Regel auch fertige interaktive Komponenten an, die sich für Unternehmen individualisieren lassen. Abb. 11.2 zeigt beispielhaft eine Übersicht solcher Formate bei Contilla. Interessant sind auch Plattformen wie Issuu: Die nach eigenen Aussagen weltweit größte digitale Publishing-Plattform (über 100 Mio. Unique Visitors monatlich) ermöglicht es jedermann digitale Broschüren zur Verfügung zu stellen. Über 15.000 Veröffentlichungen werden jeden Tag hochgeladen. Damit steht Unternehmen ein riesiger Pool interessanter Inhalte zur Verfügung, auf die man – größtenteils kostenfrei – zurückgreifen kann.

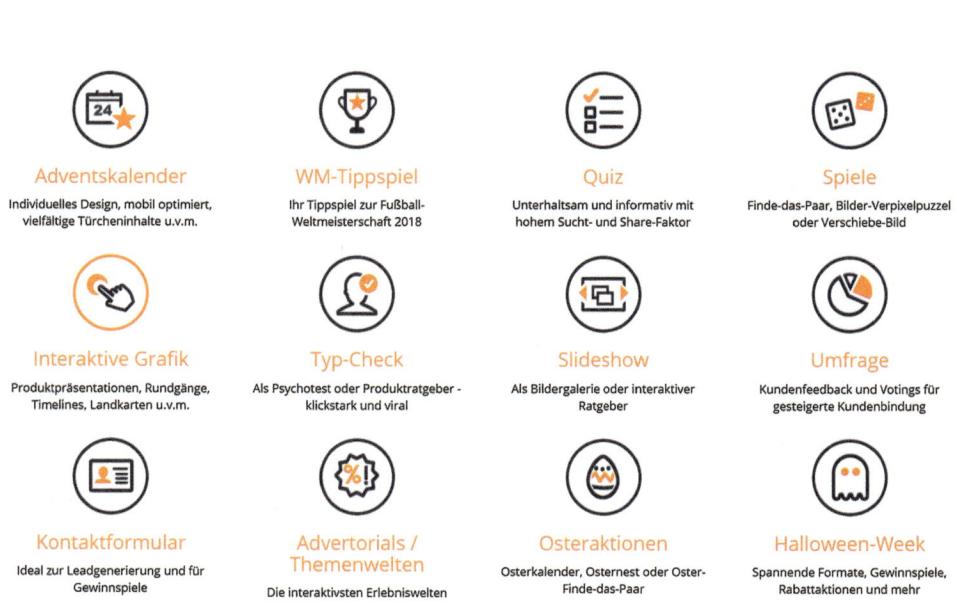

Abb. 11.2 Angebot interaktiver Formate bei Contilla. (Quelle: eigene Darstellung in Anlehnung an Contilla o. J.)

- **Tools:** Neben den in der Regel kostenpflichtigen Content-Lieferanten gibt es eine Vielzahl von kostenfreien Tools, die bei der Suche nach gutem Content behilflich sein können. Auf diese wird in Abschn. 11.1.4 näher eingegangen.

11.1.4 Unterstützende Social-Media-Tools

Die Ausführungen in diesem Kapitel haben gezeigt: Die Planung und Befüllung der Social-Media-Strategie mit konkreten Inhalten ist ein zeitintensives Unterfangen mit einer Vielzahl von Aktivitäten. Die meisten Social-Media-Plattformen bieten unterstützende Funktionen an. Beispielsweise lassen sich in Facebook Beiträge vorausplanen und terminieren. Betreibt ein Unternehmen jedoch mehr als nur einen (in diesem Fall: Facebook-) Kanal, greift also auf eine Vielzahl zu bestückender Plattformen und Profile zurück, kann schnell der Überblick verloren gehen. Was wird wo und wann auf welcher Plattform gepostet? Zudem muss dies heutzutage nicht mehr derart händisch oder manuell erfolgen. In der Zwischenzeit hat sich eine schier unendliche Menge von kostenlosen und kostenpflichtigen Tools etabliert, die zur Steigerung der Effizienz dienlich sind. Makara (2018a) hat dazu – wie in Abschn. 7.2.1 geschildert – eine Liste mit über 600 Instrumenten zusammengestellt. Um einen Überblick zu gewinnen, befragt Makara jedes Jahr Social-Media-Experten, welches aus ihrer Sicht die wichtigsten Tools sind. Dabei ergab sich für 2017 folgendes Bild (siehe Abb. 11.3).[3]

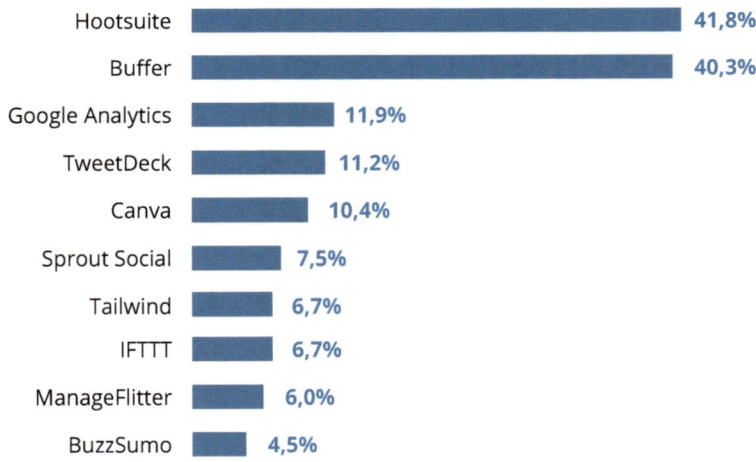

Abb. 11.3 Bevorzugte Social-Media-Tools von 134 Experten. (Quelle: eigene Darstellung in Anlehnung an Makara 2018b)

---

[3]Eine ähnliche Auflistung erarbeitete bspw. DesignWizard (2017), die auf den Aussagen von 123 Experten beruht.

Auf dieser Basis sowie einer Reihe von Tools, die der Autor dieses Buches regelmäßig einsetzt, wird eine Auswahl im Folgenden kurz vorgestellt. Die Ausführungen orientieren sich an den in diesem Kapitel dargestellten Schritten (siehe Abb. 11.4): 1) Planung und Umsetzung (grün), 2) Themenfindung und Content-Curation (gelb) sowie 3) Erstellung eigener Inhalte (hier weiter herunter gebrochen nach verschiedenen Formaten, blau).

1) Planung und Umsetzung
Die Ausführungen in Abschn. 11.1.1 haben gezeigt, dass trotz aller Agilität, die Social Media heutzutage erfordert, ein planvolles Vorgehen hilfreich, wenn nicht sogar dringend notwendig ist. In vielen Unternehmen erfolgen die Planungen häufig noch mit Excel-Sheets, die an zentralen Orten mit Zugriff für das gesamte Social-Media-Team abgelegt sind. Es gibt aber eine Reihe von übergreifenden Social-Media-Management-Tools, die deutlich mehr Funktionalitäten aufweisen. Hier seien vor allem Hootsuite und Buffer genannt, die auch von den Experten bei Makara (2018b; siehe Abb. 11.3) als Top-2-Tools genannt wurden. Speziell für den deutschen Markt sind ähnliche Tools interessant, wie zum Beispiel SocialHub oder Scompler (letzteres wurde mittlerweile vom kanadischen Anbieter Scribble Live übernommen).

Hootsuite (www.hootsuite.com): Hootsuite ist ein umfassendes Social-Media-Verwaltungstool, mit dem man über mehrere Social Networks hinweg den Überblick behalten, Posts planen, schnell auf Interaktionen reagieren und Analysen betreiben kann. Insofern geht es weit über die Funktionalitäten eines Redaktionstools hinaus. Dennoch wird es aber gerade dafür häufig genutzt.

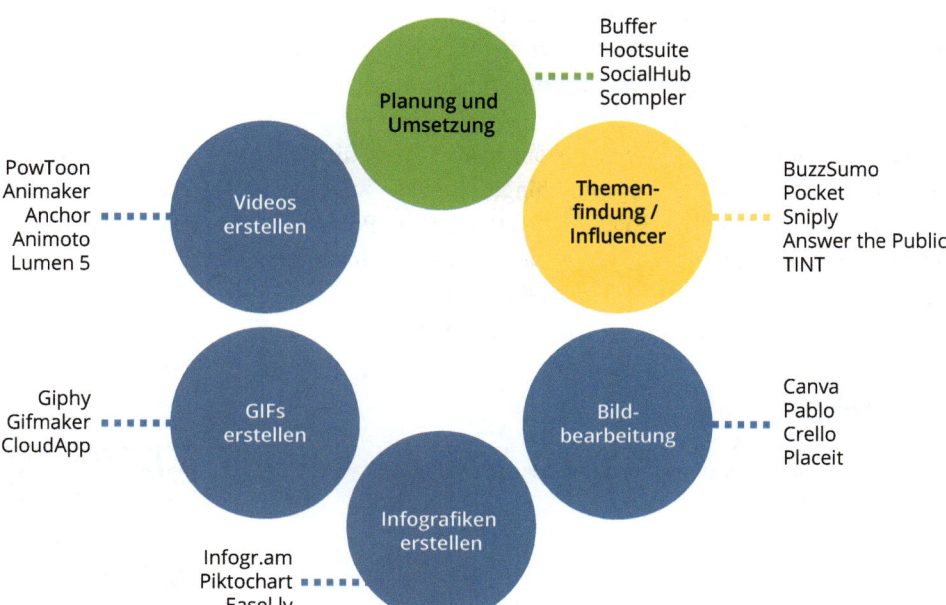

Abb. 11.4 Überblick über Social-Media-Tools zur Planung und Umsetzung. (Quelle: eigene Darstellung)

Hootsuite bietet kostenlose und kostenpflichtige Angebote. Bei der kostenlosen Variante sind drei Accounts integrierbar (siehe Tab. 11.2 weiter unten). Hootsuite unterstützt die gängigen Plattformen, nicht jedoch Pinterest. Für viele ist es vor allem das optimale Tool für Twitter. Einen guten Einblick über den Aufbau und die Funktionsweise von Hootsuite bieten die im Servicelink 11.2 verknüpften Tutorials.

Servicelink 11.2

Servicelinks zu Tutorials für Einsteiger zu Hootsuite:
Servicelink 11.2a:
https://blog.hootsuite.com/social-media-content-curation/
Servicelink 11.2b:
https://www.youtube.com/watch?v=hdDJkIk-XSA
Servicelink 11.2c – Grundlegende Informationen zu Hootsuite:
https://j0e.org/hootsuite/

Buffer (https://buffer.com): Meist in einem Atemzug mit Hootsuite wird Buffer genannt. Bei Makara (2018b; siehe Abb. 11.3) kam es auf den zweiten Platz der nützlichsten Tools. Viele (so auch der Autor selbst) sehen Buffer gegenüber Hootsuite als überlegen an, da es zum einen mehr Plattformen unterstützt (so auch Pinterest), aber vor allem, weil es einfach in der Bedienung und zuverlässig ist sowie ein perfektes Ergebnis auf der Zielplattform liefert. Mit den Buffer-Plug-Ins für Webbrowser kann man im Internet gefundene Beiträge einfach in den Redaktionsplan einplanen. Ein Standard-Text und -Bild werden dabei automatisch von der Webseite gezogen. Auch die mobile App funktioniert einwandfrei, sodass die Planung der Posts leicht von unterwegs aus betrieben werden kann. Sehr nützlich: Während der Planung verrät das Tool – auf Basis vergangener Beiträge – wann die besten Zeiten für Veröffentlichungen sind. Neben vielen weiteren brauchbaren Funktionen bietet die Software Erfolgsauswertungen bisheriger Posts, die über das Tool geplant wurden.

Auch für Buffer gibt es einen kostenlosen Account für bis zu vier verknüpfbare Profile. Die kostenpflichtigen Angebote hingegen sind – und das ist ein Nachteil – durchaus nicht günstig: Der „Awesome Account" mit zehn Profilen ist mit zehn US-Dollar pro Monat noch verhältnismäßig günstig. Der kleinste Business Account mit 25 Profilen kostet schon 99 US$ (vgl. joe.org 2017; siehe auch Tab. 11.2).

Über Servicelink 11.3 gelangt man zu einem kostenlosen Buffer-Tutorial bei Udemy.

Servicelink 11.3

Servicelink zu Buffer:
https://www.udemy.com/social-media-management-buffer/

SocialHub (https://socialhub.io/de/): Eine deutsche Variante der Social-Media-Management-Tools ist SocialHub aus Ingolstadt. Im Vergleich zu Buffer und Hootsuite bietet es vor allem Vorteile, die mit dem Standort zu tun haben: Für den Support stehen deutsche Ansprechpartner zur Verfügung. Außerdem orientiert sich SocialHub an der europäischen Datenschutzrichtlinie. Auch die Server stehen in Europa. Aus diesem Grunde soll es an dieser Stelle etwas ausführlicher behandelt werden.

In puncto Funktionalitäten ähnelt SocialHub den Konkurrenten aus den USA. Hervorstechend ist die Moderation.

- **Monitoring:** SocialHub bietet alle wesentlichen Monitoring-Funktionen. Man kann über Keywords und Hashtags auch indirekte Erwähnungen verfolgen und bekommt die Ergebnisse in die Inbox geliefert. Über Tags, Filter und Suchfunktionen lassen sich Konversationen auswerten.
- **Planung:** Mit dem Content Planner steht ein Redaktionsplanungs-Tool zur Verfügung, mit dem man – ähnlich wie bei den anderen genannten Tools – dank „Scheduling" zeitversetzt posten kann. Der Redaktionskalender wird unterstützt von Freigabeprozessen.
- **Moderation:** Die Smart Inbox bündelt alle Social-Media-Anfragen in einem Posteingang. Damit lassen sich Posts der Nutzer genauso einfach abarbeiten wie E-Mails. Die Moderations-Funktionen gehen nach Auffassung des Autors weit über die Möglichkeiten bei Hootsuite und Buffer hinaus. Hierzu tragen die vielen Work-Flow-Prozesse bei: Man kann anderen SocialHub-Nutzern Anfragen zuweisen oder diese an Fachabteilungen weiterleiten. Passende Antworten können mithilfe von Vorlagen zeitnah beantwortet werden. In der Bearbeitungshistorie verfolgt man, wer welche Änderungen an den Entwürfen durchgeführt hat. In diesem Sinne ähnelt SocialHub einem CRM-System, wie es in Contact-Centern zum Einsatz kommt.
- **Analyse:** Für die verbundenen Social-Media-Plattformen lässt sich die Performance der einzelnen Kanäle und der Teams beobachten und analysieren. Die Ergebnisse können in Reports ausgegeben werden.

Auch das User Interface von SocialHub ist sehr übersichtlich, einfach und intuitiv gestaltet. Besonders die gute Integration der Moderationsoberfläche macht SocialHub zu einem umfassenden Social-Media-Management-Tool aus einer Hand (siehe Abb. 11.5 für die vier Komponenten im Überblick). Die Funktionsweise und das Look-And-Feel lassen sich am besten über das SocialHub Webinar erfahren, welches über Servicelink 11.4 abzurufen ist.

Servicelink 11.4

Servicelink zu einem ausführlichen Webinar über Social Hub:
https://www.youtube.com/watch?v=8iil6eszDHs

Monitoring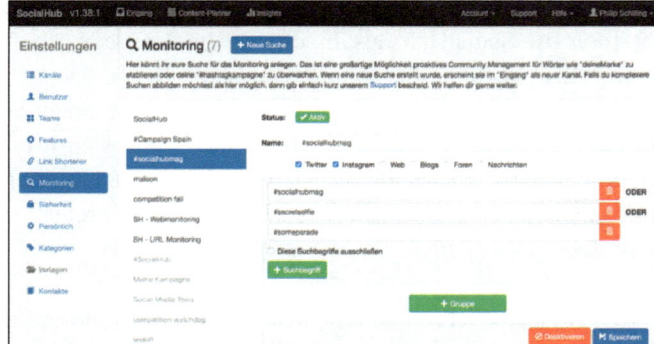

Planung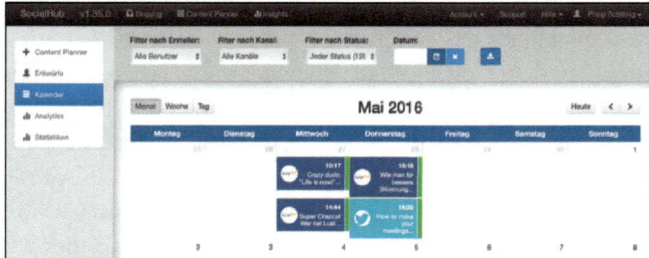

Moderation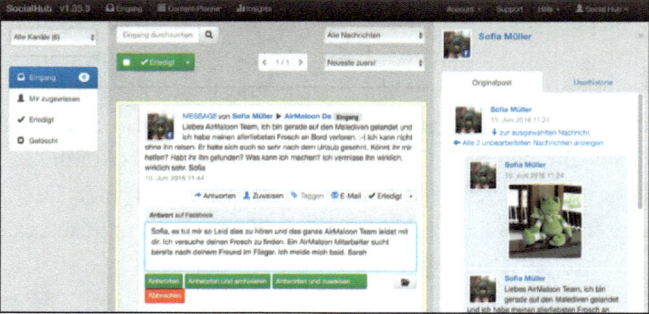

Analyse

Abb. 11.5 Überblick über die Hauptkomponenten von SocialHub. (Quelle: eigene Darstellung auf Basis von Social Hub o. J.)

Scompler (http://scompler.com/): Das von Mirko Lange von Talkabout initiierte Scompler ist ebenfalls eine Software, die Unternehmen helfen soll, den gesamten Prozess des strategischen Content Marketings von der Strategieerstellung über das Themenmanagement und die Redaktionsplanung bis hin zum Publishing und der Analyse zu managen. Dabei wird explizit das Redaktionstool ins Zentrum gesetzt. Und so präsentieren sich die Hauptfunktionen auf Basis eines Kalenders. Ähnlich wie bei Buffer und Hootsuite bietet Scompler einen kostenlosen Account an, der auf einen Nutzer begrenzt ist. Arbeitet das Team über einen Nutzer-Account, so lassen sich auch in der kostenlosen Variante die integrierten Freigabe-Funktionen nutzen.

Tab. 11.2 fasst die wichtigsten Funktionen und Informationen zu den vier hier vorgestellten Management-Tools zusammen.

Neben den hier kurz beschriebenen vier Tools gibt es noch eine Vielzahl anderer Lösungen. Joe.org hat sich sehr ausführlich mit einer Reihe dieser Instrumente beschäftigt

Tab. 11.2 Überblick zu den wichtigsten Funktionen und Inhalten der vier vorgestellten Social-Media-Management-Tools. (Quelle: eigene Darstellung)

Kriterium	Hootsuite	Buffer	Social Hub	Scompler
Unterstützte Dienste	FB, G+, TW, LI, IG	FB, G+, TW, LI, IG, PI, WP	FB, FB Messenger, FB Places, TW, IG, YT	FB, TW, WP YT, LI, IG nur ab kostenpflichtigem Account
Funktionen[a]	Monitoring	Monitoring	Monitoring	–
	Redaktion/Planung	Redaktion/Planung	Redaktion/Planung	Redaktion /Planung
	Moderation	Moderation	Moderation (umfassend)	–
	Analyse	Analyse	Analyse	Analyse
Kostenloser Account	Frei für einen Nutzer bis 3 Profile	Frei für einen Nutzer bis 3 Profile	Keiner	Frei für einen Nutzer bis 5 Profile
Kostenpflichtige Accounts[b]	19 €/10 Profile/1 Nutzer 99 €/20 Profile/3 Nutzer 499 €/50 Profile/5 Nutzer Plus individuelle Angebote	15 US$/8 Profile 99 US$/25 Profile 199 US$/50 Profile 399 US$/150 Profile Plus individuelle Angebote	Preise auf Basis individueller Anfragen (Daumenregel: 100 € pro Kanal und Nutzer)	19 € für 2 Nutzer/5 Accounts 99 € pro Nutzer (max. 15)/15 Accounts 199 €/ unbegrenzte Nutzer/Accounts

Legende: FB = Facebook,   G+ = Google+,   TW = Twitter,   LI = LinkedIn,   IG = Instagram, PI = Pinterest, WP = WordPress
[a]bezogen auf kostenpflichtige Accounts
[b]Kosten pro Monat

und eine umfangreiche Vergleichstabelle mit den wichtigsten Funktionalitäten und Preismodellen zusammengestellt. Diese Informationen sind über Servicelink 11.5 abrufbar.

Servicelink 11.5	
Servicelink zur Übersicht der Social-Media-Management-Tools bei joe.org: https://j0e.org/vergleich-social-media-management-tools/	

2) Themenfindung und Content Curation

Sowohl für die Suche nach Themen für die Erstellung eigener Inhalte (siehe Punkt 3 weiter unten), als auch für die Content Curation gibt es eine Vielzahl von Tools. Die Content- und News-Plattformen Feedly und Flipboard, die in diesem Zusammenhang immer wieder genannt werden, wurden bereits in Abschn. 7.2.2 vorgestellt, ebenso Reddit, das als gutes Recherche-Tool dient. Neben diesen Plattformen sticht vor allem ein Angebot immer wieder heraus, das besonders häufig in Praxisbeiträgen genannt wird: BuzzSumo. Dieses Tool steht im Fokus der nachstehenden Ausführungen. Ein kurzer Überblick über weitere Tools rundet die Vorstellung der wichtigsten Instrumente für diesen Bereich ab.

BuzzSumo (http://buzzsumo.com/): BuzzSumo liefert einen ersten Überblick, welche Links und Artikel häufig in den sozialen Medien geteilt und diskutiert werden. Es zeigt die jeweils erfolgreichsten Beiträge zum Suchbegriff oder der entsprechenden Seite an. Neben der Recherche zu spezifischen Themen führt es die Top-10-Influencer für jedes dieser Topics an. Insofern eignet sich BuzzSumo hervorragend, um Meinungsführer in den jeweiligen Kategorien ausfindig zu machen. Daneben hat sich das Tool einen Namen gemacht, weil man es auch für das Social-Media-Monitoring einsetzen kann.

Neben einer kostenlosen Testversion, mit der man sehr schnell an Grenzen stößt, gibt es kostenpflichtige Accounts, deren monatliche Kosten im Bereich von 79 bis zu 559 € liegen.

Der Blick auf den Screenshot der Einstiegsmaske von BuzzSumo (siehe Abb. 11.6) verrät, dass die Handhabung sehr einfach ist: Die Suche basiert auch hier auf Keywords, wobei URLs ebenso eingegeben werden können. Über den Link „How to run an Advanced Search" lassen sich die wichtigsten Booleschen Operatoren (siehe dazu ausführlich Tab. 5.3 in Abschn. 5.2.1) einblenden, was zur Konkretisierung der Suchanfrage sehr nützlich ist. Auf der linken Seite stehen eine Vielzahl von Filtern zur Verfügung, wie der Zeitraum, auf den die Suche eingegrenzt werden soll, oder Länder- und Spracheneinstellungen. Ihnenfeldt (2017) weist berechtigterweise noch darauf hin, dass man bei Verwendung der kostenfreien Version den Zeitraum möglichst streng begrenzen sollte, da nur zehn Ergebnisse ausgegeben werden. Für mehr als zehn Treffer muss die kostenpflichtige Version gebucht werden. Dies gilt für die Verwendung der meisten Filter. Auch die Grenze der täglich frei verfügbaren Abrufe erreicht man relativ schnell.

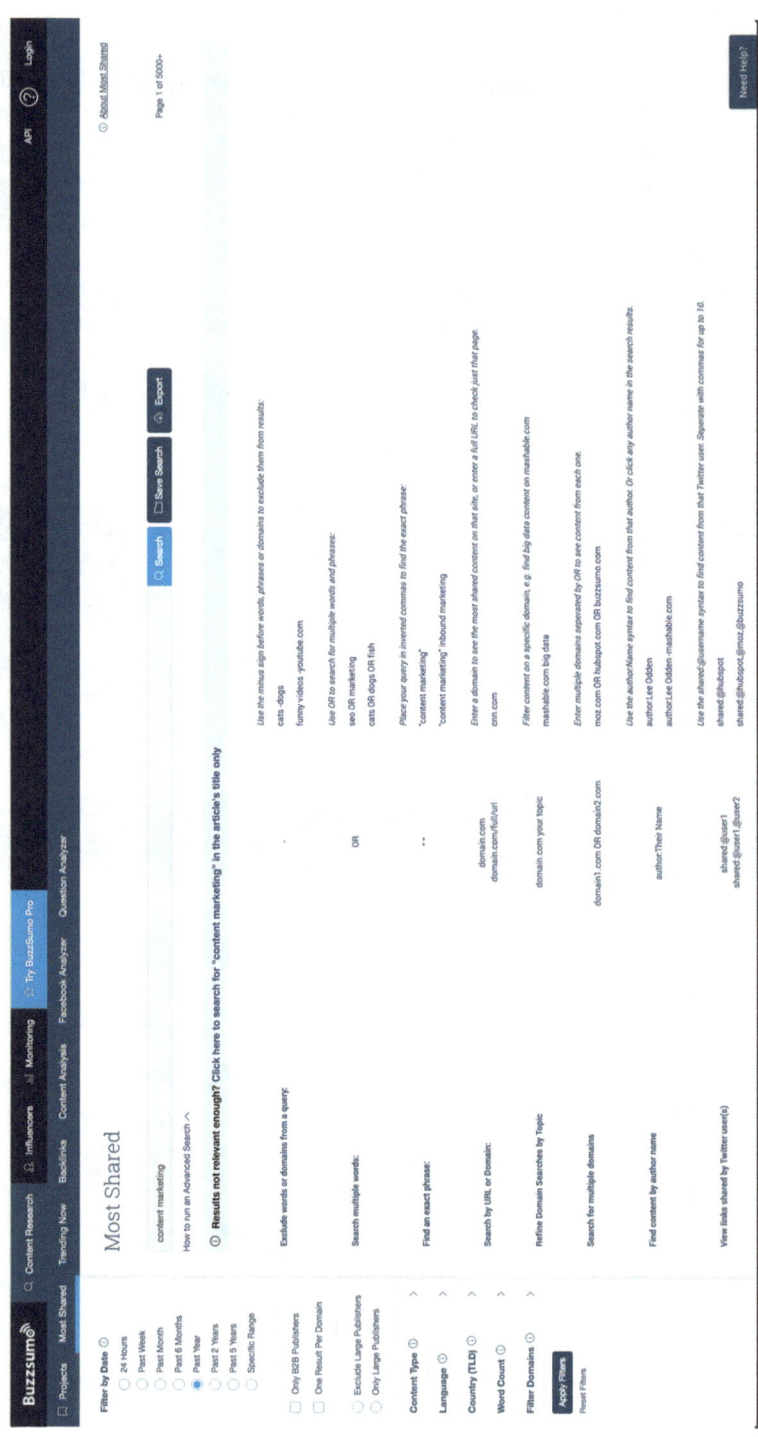

Abb. 11.6 Einstiegsmaske von BuzzSumo. (Quelle: eigene Darstellung auf Basis von BuzzSumo o. J.a)

Nach Eingabe des Keywords zeigt das Tool an, welche Artikel, Posts und Videos im gewünschten Zeitraum auf Basis der gewählten Filter veröffentlicht wurden (siehe Abb. 11.7). Die KPIs zu den wichtigsten Plattformen – Facebook, LinkedIn, Twitter und Pinterest – zeigen zudem an, wie oft der jeweilige Beitrag wo geteilt wurde. Über „Sort by" kann der Nutzer entscheiden, ob er sich die Ergebnisse nach den „Total Shares" oder den geteilten Beiträgen pro Plattform anzeigen lassen möchte. Gerade die zuletzt genannte Aufschlüsselung ist sehr hilfreich, weil es die Unterschiede der Kanäle verdeutlicht und zeigt, welche Inhalte dort prominent sind.

Für die weitergehende respektive spezifischere Suche sollte man dann ähnlich vorgehen, wie man es auch im Rahmen des Social-Media-Monitorings macht (siehe dazu Abschn. 5.2).

Der Servicelink 11.6 führt zu einem kurzen Tutorial, das BuzzSumo im Einsatz zeigt.

Servicelink 11.6	
Servicelink zu einem BuzzSumo-Tutorial von Simpletivity auf Basis einer Pro-Version: https://www.youtube.com/watch?v=gDEHU0iIzNQ	

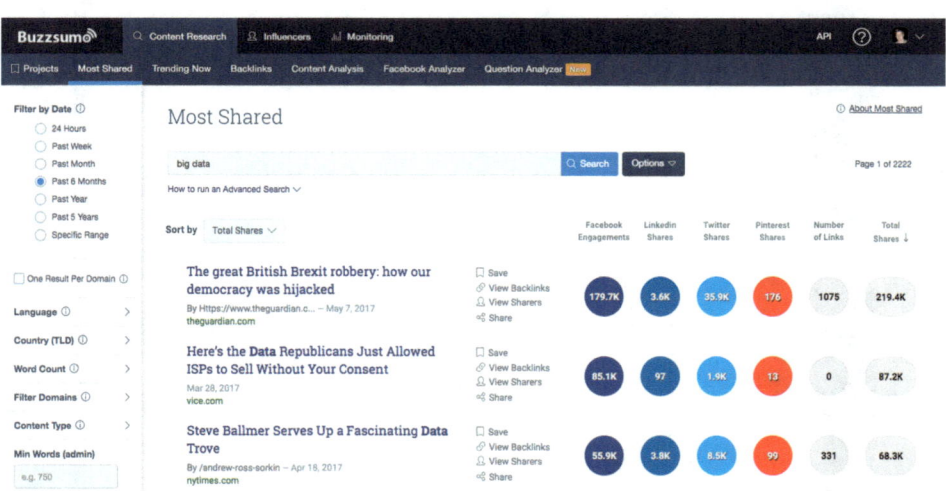

Abb. 11.7   Ergebnisanzeige bei BuzzSumo zum Thema Big Data. (Quelle: BuzzSumo o. J.b)

Weitere Tools

Aus der Vielzahl von Tools sollen im Folgenden jene kurz vorgestellt werden, die eine Besonderheit aufweisen.

- **Pocket** (https://getpocket.com/): Ist man viel unterwegs und hat womöglich einen schlechten Empfang, dann ist Pocket ein nützliches Tool. Denn es erlaubt aus über 1500 integrierten Apps Beiträge zu speichern und sie später im Offline-Modus zu lesen. Sicher, Facebook hat eine solche Funktion bereits nachgebaut. Der redaktionelle Look von Pocket ist aber deutlich ansprechender und hilft, Inhalte besser wieder zu finden. Pocket ist eine kostenlose Applikation.
- **Sniply** (https://snip.ly/): Mit Sniply lassen sich Inhalte – wie bei anderen Tools auch – auf einfache Weise teilen. Das Besondere: Über das Tool lässt sich zusätzlich sehr einfach ein Call-To-Action einbinden. Klickt der Nutzer auf den Link, der über die gängigen Plattformen verbreitet werden kann, kommt er auf die entsprechende Website, auf der dann ein Call-To-Action-Button des Linkgebers eingebunden ist. Wie Sniply funktioniert, zeigt dieses kurze Video: https://www.youtube.com/watch?v=gcXkjcvnta4.
  Der Preis bewegt sich zwischen 29 und 299 US$ pro Monat.
- **Answer the Public** (https://answerthepublic.com/): Wie schon oben angeführt, bietet Google-Suggest eine gute Möglichkeit, Ideen für Content zu finden, der gerade nachgefragt wird. Answer the Public greift diese Idee auf und visualisiert die gefundenen Inhalte auf eindrucksvolle Weise (siehe Abb. 11.8). Answer the Public ist eine kostenlose Applikation.
- **TINT** (https://www.tintup.com/): Mit TINT kann man gezielt Consumer-Generated-Content aus verschiedenen Plattformen ziehen, etwa indem nach konkreten Hashtags gesucht wird. Hier bieten sich natürlich vor allem Kampagnen-Hashtags an. Das Tool führt dann die identifizierten Inhalte in einem Stream zusammen.
- **Überblick zu Gewinnspiel-Tools:** Da Gewinnspiele auch im Social Web eine hohe Aufmerksamkeit genießen, ist es sinnvoll, unterschiedliche Mechanismen einzusetzen. Bullock (2017) stellt in ihrem Artikel zehn tolle Tools vor, mit denen sich Gewinnspiele gut umsetzen beziehungsweise zumindest konkrete Anregungen erhalten lassen.

Weitere Tools, wie Anders Pink, Nuzzel, Refind oder Zuzzel, können über Servicelink 11.7 zum Video von A. J. Ghergich eingesehen werden. Die beiden anderen Links führen zu Beiträgen mit Hinweisen zu weiteren Content-Curation-Tools.

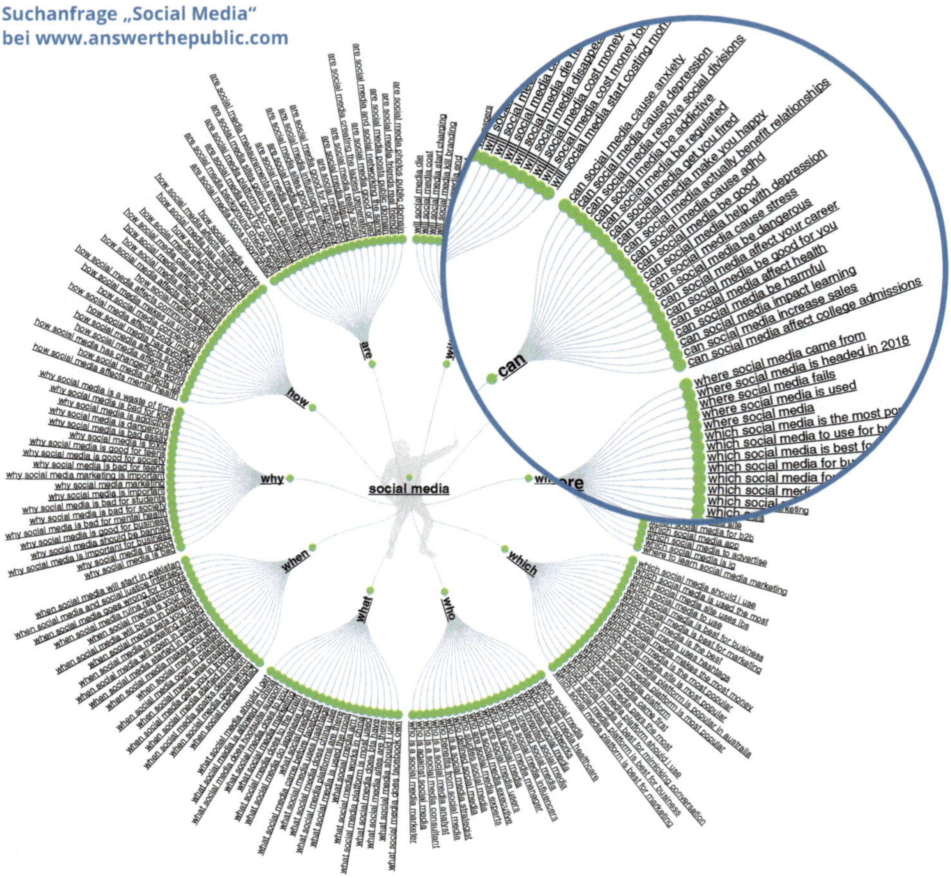

Suchanfrage „Social Media"
bei www.answerthepublic.com

Abb. 11.8 Visualisierung von Suchanfragen mit Answer the Public. (Quelle: eigene Darstellung auf Basis einer Suchabfrage zum Thema Social Media)

Servicelink 11.7

Servicelink 11.7a zu einem YouTube-Video mit kurzer Vorstellung der Content-Curation-Tools Anders Pink, Nuzzel, Refind und Zest von A.J. Ghergich:
https://www.youtube.com/watch?v=WjkteupbEr0
Servicelinks zu Beiträgen mit Übersichten zu Content-Curation-Tools:
Servicelink 11.7b –
https://blog.hootsuite.com/social-media-content-curation/
Servicelink 11.7c –
https://www.tintup.com/blog/content-marketing-curation-tools/

3) Erstellung eigener Inhalte
Bildbearbeitung
Bilder können über diverse Kanäle eingekauft oder besorgt werden. In diesem Zusammenhang können – wie gezeigt – schnell Fehler passieren, und es ist sinnvoll Bilder selber zu erstellen. Neben der eigenen Fotografie gibt es zu diesem Zweck auch Grafik-Tools, auf die man zurückgreifen kann. Einige der vom Autor gern genutzten werden nun vorgestellt.

Canva (https://www.canva.com/): Schaut man auf das Ranking bei Makara (siehe Abb. 11.3), so belegt Canva Platz fünf unter den Top-Tools der Social-Media-Experten. Es ist das bestplatzierte unter den Tools für die Erstellung von grafischen Inhalten und unter Social-Media-Managern ein beliebtes Instrument für die einfache Erstellung von Grafiken. Es bietet den Zugriff auf viele kostenlose Templates, Layouts und Design-Elemente (siehe Abb. 11.9), die gleichzeitig zur Ideengenerierung dienen können. Für eine größere Auswahl können weitere Elemente einzeln eingekauft werden (oftmals für nur einen US-Dollar).
Ähnlich wie Canva sind Crello (https://crello.com/de/) oder das an Buffer angebundene Pablo (https://pablo.buffer.com/).

Placeit (https://placeit.net/): Jeder, der schon einmal versucht hat, seine Website oder sein Unternehmenslogo in das Bild eines iPhone-Screens einzubauen, weiß, das ist nicht immer ganz einfach ohne spezielle Grafiktools und entsprechende Kenntnisse. Der in der Basisversion kostenlose Mock-Up-Generator Placeit schafft hier Abhilfe. Neben der Integration von Bildern, Logos, Website-Scrolls und Videos in diverse Geräte-Abbildungen (iPhone, Tablets etc.) lassen sich mit Placeit grafische Elemente auch auf Merchandise- und Bekleidungsartikeln positionieren.

360-Grad-Bilder:
An dieser Stelle geht es weniger um konkrete Tools, als um einen Hinweis, wie man auf einfache Art 360-Grad-Bilder erstellen kann. Dazu muss man nur mit seinem Smartphone ein Bild über die Panorama-Funktion aufnehmen, das breiter als einhundert Grad ist. Der Upload bei Facebook sorgt dann dafür, dass das Foto automatisch in ein 360-Grad-Bild umgewandelt wird (vgl. Lua 2017f).
Wer doch lieber auf fertige Bilder anderer Ersteller zurückgreifen möchte, kann über Servicelink 11.8 auf den Artikel von XO Julia zugreifen, der eine Riesenliste für kostenlose Fotos für Blog und Social Media beinhaltet.

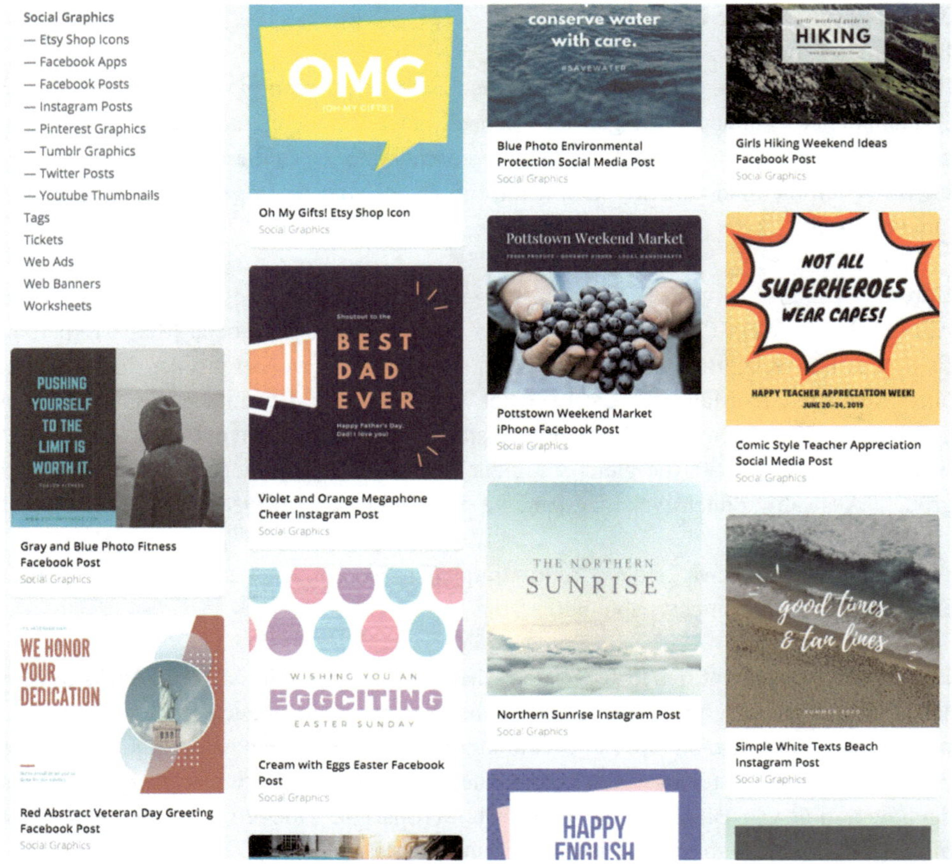

Social Graphics
— Etsy Shop Icons
— Facebook Apps
— Facebook Posts
— Instagram Posts
— Pinterest Graphics
— Tumblr Graphics
— Twitter Posts
— Youtube Thumbnails
Tags
Tickets
Web Ads
Web Banners
Worksheets

Abb. 11.9 Screenshot mit Beispielen aus der Canva-Bibliothek. (Quelle: Lua 2017f)

Servicelink 11.8	
Servicelink zum Artikel von XO Julia mit Hinweisen zu kostenlosen Foto-Seiten: http://xojulia.de/die-ultimative-riesenliste-fur-kostenloses-fotos-zur-freien-verwendung-fur-blog-social-media-und-online-kurse	

Infografiken erstellen

Einem Blog-Post von HubSpot zufolge werden Infografiken dreimal häufiger geteilt oder geliked als andere Inhalte (vgl. Mawhinney 2017). Insbesondere auf Pinterest erleben Infografiken seit einiger Zeit eine wahre Blütezeit. Grund genug, sich auch diese Art von Bildern näher anzuschauen und vor allem die Tools, die es zu ihrer Erstellung gibt. Die Unterschiede zwischen den meisten Tools sind aber meist gering. Die nachstehenden Ausführungen basieren auf den Ausführungen von Weck (2017a). Dort sind weitere Tools zur Erstellung von Infografiken zu finden.

Infogr.am (https://infogram.com/): Der Webdienst Infogr.am ist Dank vorgefertigter Templates sehr einfach zu nutzen und richtet sich vor allem an Einsteiger. Die Datenbasis können Nutzer aus Tabellenprogrammen wie Microsoft Excel importieren und anschließend mit verschiedenen Arten von Tabellen und Grafen visualisieren. Das Tool ist demnach – gerade auch im Vergleich mit anderen – relativ gut für die Visualisierung von Zahlenmaterial geeignet. In der kostenlosen Variante sind die Möglichkeiten, die Bibliotheken und Funktionen allerdings begrenzt.

Piktochart (https://piktochart.com/): Ähnlich aufgebaut ist Piktochart. Es bietet im Vergleich zu anderen Einsteiger-Tools viele Möglichkeiten zur Individualisierung. Auch hier beschränkt der Anbieter die Funktionen in der kostenlosen Version deutlich. Die erstellten Bilder beinhalten zudem ein Wasserzeichen.

Easel.ly (https://www.easel.ly/): Anders als bei den beiden zuvor vorgestellten Tools kann man bei Easel.ly keine CSV-Dateien importieren. Ansonsten bietet der Webdienst einige Freiheiten: Die vorgefertigten Templates sind kostenlos und enthalten viele Grafiken, die Nutzer stufenlos vergrößern und verkleinern sowie verschieben können. Easel.ly bietet sich an, um schnell ansprechende Schaubilder zu gestalten. Hingegen ist die Umsetzung von Zahlencharts mit Easel.ly nicht besonders gelungen, weswegen hierfür eher Infogr.am empfohlen sei.

Animierte GIFs nutzen/erstellen

Wenngleich animierte GIFs, also Kurzsequenzen von Bildern, nicht unbedingt für jede Plattform geeignet sind (siehe dazu Tab. 11.1), so erlebt das Grafikformat aus den Anfängen des Web seit einiger Zeit eine Renaissance. Die Mini-Animationen sorgen immer wieder für Aufmerksamkeit und Engagement, insbesondere auf Twitter (vgl. Read 2016b). Meist bringen sie einen Funken Humor in oft langweilige Beiträge. Animierte GIFs funktionieren deswegen so gut, weil sie sich durch das Autoplay im Stream von den reinen Text- und Bild-Beiträgen absetzen können. Weck (2017b) bezeichnet sie sogar als letzten Schrei im Social Web, wenn es darum geht, im Rahmen eines Status-Updates, eines Kommentars oder einer Antwort Gefühle wiederzugeben. Die nachstehenden Ausführungen basieren im Wesentlichen auf dem Beitrag von Read (2016b).

Giphy (https://giphy.com/): Giphy besitzt zunächst einmal die größte GIF-Kollektion im Internet (vgl. Read 2016b). Daneben kann man aber über den Dienst auch selber animierte GIFs erstellen. Mit dem „GIF Maker" (https://giphy.com/create/gifmaker) lassen sich die Kurz-Bewegtbilder direkt aus Videos und YouTube-Links erstellen. Man wählt einfach den Zeitpunkt im Video aus, von dem aus das GIF starten soll, bestimmt die Laufzeit und gibt dem GIF eine Bezeichnung. Mit diesem Tool kann man alternativ auch eine Slideshow auf Basis von Bildern oder anderen GIFs erstellen. Der Beitrag von Lua (2017e) beinhaltet ein anschauliches Video, wie man auf Basis von Standbildern solche Slideshows umsetzt. Letztendlich ermöglicht es der „GIF Maker" auch, vorhandene GIFs zu bearbeiten.

Gifmaker (http://gifmaker.me/): Ähnlich wie das GIF-Maker-Tool von Giphy erlaubt es Gifmaker animierte Bildsequenzen und Slideshows zu erstellen. Über das „Control Panel" lassen sich die GIFs noch individualisieren, beispielsweise durch die Veränderung der Größe, der Abspielgeschwindigkeit und der Wiederholungszyklen.

CloudApp (https://www.getcloudapp.com/): Neben eher humororientierten, skurrilen GIFs, die meistens über eines der beschriebenen Tools erstellt werden, kann es nützlich sein, Kurzbildsequenzen seines Computer-Bildschirms zu erstellen. Dies bietet sich beispielsweise an, um Produkt-Tutorials oder How-To-Sequenzen zu erzeugen. Auch für den Kundenservice kann eine solche Funktion sehr hilfreich sein.

Die CloudApp ist hierfür ein sehr gutes Instrument, das sich zudem einfach nutzen lässt. Es erlaubt dem Nutzer, Bildschirm-Bewegungen oder Webcam-Videos aufzunehmen sowie Bilder zu kommentieren.

Abschließend noch ein Servicelink (11.9) zum Gesamtabschnitt „Bilder" zu einem Tutorial von Kevan Lee von Buffer, in dem er das Zusammenspiel einiger der hier genannten Tools erläutert.

Servicelink 11.9	
Servicelink zu einem Beitrag von Kevan Lee zum Zusammenspiel einiger der hier genannten Bilder-Tools: https://buffer.wistia.com/medias/ekn9xe9pvc	

Videos erstellen

Über die Bedeutung von Videos im Rahmen von Social Media wurde in diesem Buch schon vieles gesagt. Nun geht es darum, neben den herkömmlichen Aufnahmemethoden weitere Tools kennenzulernen, mit denen sich auf einfache Weise Bewegtbilder erstellen lassen. Die nachstehenden Ausführungen basieren zu großen Teilen auf dem Beitrag von Lua (2017f).

PowToon (https://www.powtoon.com/home/): Eine erste Möglichkeit bietet Pow-Toon, mit dem sich animierte Erklärfilme und -präsentationen erstellen lassen. Das in der Basisversion kostenlose Tool baut wie viele andere Bildinstrumente, die oben vorgestellt wurden, auf eine Reihe von fertigen Templates auf. Die verfügbaren Templates sind in der kostenlosen Variante begrenzt. Zudem enthalten die erstellten Videos ein PowToon-Logo in der rechten unteren Ecke. Die kostenpflichtigen Angebote bewegen sich zwischen 19 und 59 US$.

Mit einfacher „Drag-And-Drop"-Funktionalität lassen sich die Templates schnell zu einer eigenen Geschichte verändern. Das dauert in der Regel nicht lange und ist selbsterklärend. Um dennoch einen besseren Eindruck über das Tool zu erhalten, führt der Servicelink 11.10 zu einem Tutorial.

Servicelink 11.10	
Servicelink zu einem PowToon-Tutorial auf YouTube von Paul Nicholson: https://www.youtube.com/watch?v=WtgGXmQxDm4	

Animaker (https://www.animaker.com/): Ein ähnliches Tool wie PowToon ist Animaker. Auch diese Web-Software funktioniert über Templates. Einen Eindruck über das Look-And-Feel der über vierzig Templates bietet Abb. 11.10. Auch hinter Animaker steckt ein Freemium-Modell: Die Basisversion ist kostenlos und kann auf bis zu 59 US$ pro Monat upgegradet werden.

Anchor (https://anchor.fm/): Anchor ist insofern etwas anders, da man mit dieser App Audio-Videos erstellen kann. Lua (2017f) fasst die Funktionsweise wie folgt zusammen:

- Man nimmt über die App mit seinem Smartphone eine Audio-Spur auf.
- Danach klickt man auf das Video-Icon.
- Man wählt ein Template für sein Audio-Video aus.
- Man überprüft und verbessert das Transkript der Audio-Aufnahme.
- Danach kann man das Video downloaden.

Animoto (https://animoto.com/): Einfache Video-Slideshows mit eigenen Bildern zu erstellen, ermöglicht Animoto. Auch dieses Programm ist extrem einfach zu bedienen: Man wählt eines der vielen Storyboards aus. Diese weisen eine Grundstruktur, einen Stil und einen Hintergrundsong auf. Nun kann man eigene Fotos, Videoclips und Texte hinzufügen und die Storyboards nach eigenem Geschmack individuell anpassen. Danach kann man das Video bereits herunterladen. Auf der Homepage von Animoto gibt es eine Reihe von Umsetzungsbeispielen. Animoto ist derzeit nur in einer kostenpflichtigen Version ab 16 US$ monatlich verfügbar.

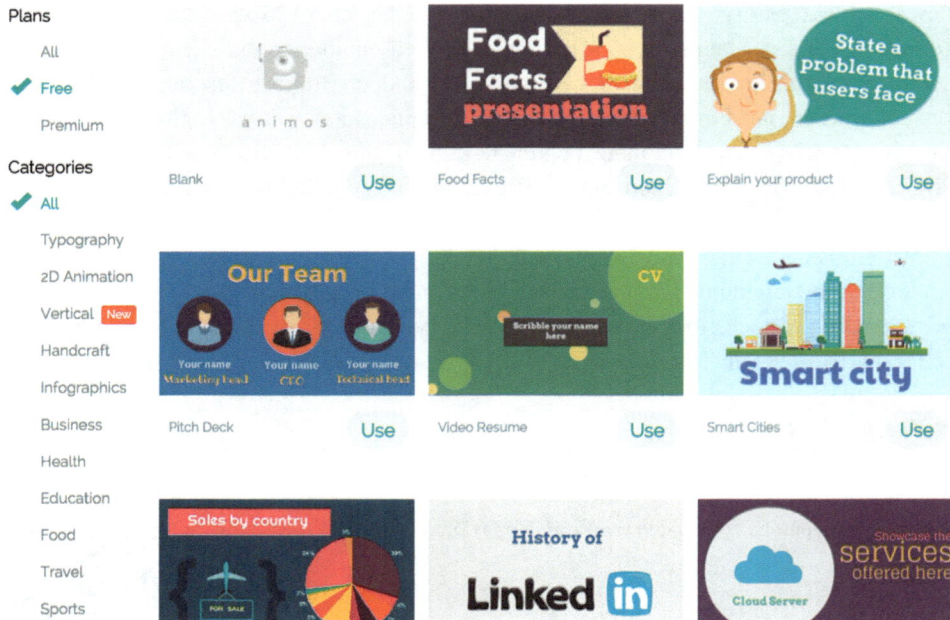

Abb. 11.10 Template-Beispiele in Animaker. (Quelle: Lua 2017f)

Lumen5 (https://lumen5.com/): Einen Blog-Post in ein Video umzuwandeln, ist eine Möglichkeit, um Video-Content zu erstellen (siehe Abschn. 11.1.3). Dabei hilft Lumen5. Das Programm analysiert mithilfe künstlicher Intelligenz den Inhalt eines Blog-Posts und erstellt daraus automatisch ein Video-Storyboard. Dazu lädt das Programm den Text des Posts von der URL in die Oberfläche. Nun macht es Sinn, die Highlights des Blog-Beitrags herauszufiltern, um das Storyboard zu vereinfachen. Lumen5 schlägt über Computer-Vision-Technologie zudem relevante Bilder und Videos vor, die man über einfaches „Drag-And-Drop" in die entsprechenden Frames ziehen kann.

Ein gutes, kurzes Erklärvideo ist auf der Homepage des Anbieters abrufbar (siehe Servicelink 11.11).

Servicelink 11.11

Servicelink zur Homepage von Lumen5, auf der ein Erklär-Video eingebunden ist:
https://lumen5.com/

360-Grad-Videos: Abschließend erfolgt noch kurz ein Hinweis auf 360-Grad-Videos. Hierzu gibt es nach Kenntnis des Autors aktuell noch keine Freemium-Angebote im Internet. Das liegt daran, dass zur Aufnahme eines 360-Grad-Videos in der Regel zusätzliche Hardware notwendig ist. Lua (2017e) schlägt zu diesem Zweck beispielsweise die Giroptic iO 360-Grad-Kamera vor, die für Facebook Live, Periscope und YouTube-Live eingesetzt werden kann. Der Autor selbst nutzt die Insta 360 Nano.

Die Welt der Tools, die man für Social Media nutzen kann, ist sehr groß. Die vorangehenden Ausführungen konnten hierzu nur einen kleinen Überblick geben. Für interessierte Leser und Tester sei auf das Tool-Flipboard des Autors verwiesen, auf dem weit über 150 Artikel mit Vorstellungen der verschiedensten Tools zu finden sind (siehe Servicelink 11.12).

Servicelink 11.12

Servicelink zum Tool-Flipboard des Autors:
https://flipboard.com/@alexanderdecker/tools-1sa09k09y

11.2　Social-Media-Advertising (Paid Reach)

Wie mehrfach beschrieben, stellen die sinkenden organischen Reichweiten für viele Social-Media-Manager ein erhebliches Problem dar. Oswald (2017) fragt, ob Social-Media-Advertising vor diesem Hintergrund zum einzigen Heilmittel, zum Retter wird. Seine Antwort fällt differenziert, aber sehr treffend aus:

> Jein. Schlechter Inhalt wird nicht dank Werbung plötzlich zu gutem Inhalt. Es lohnt sich nicht, Marketingbudget für Inhalte zu investieren, die den Konsumenten nicht gefallen. Denn schlechter Inhalt funktioniert auch als Werbung nicht. Ihr habt einen Post, der gerade gut funktioniert und Interaktion auslöst? Super. Unterstützt ihn mit Geld und generiert so noch mehr Reichweite. Die Post-Leichen hingegen sind keinen Cent wert.

Oder wie es Teddy Hall, CEO bei Meteor Solutions, ausdrückt: „If Social Strategy relies on advertising in social media, it is probably better to hang on to your money" (Zitat gefunden bei Simply360 2013).

In der heutigen Social-Media-Landschaft macht es also weder Sinn, entweder nur auf organische Reichweiten, oder nur auf gekaufte Reichweiten zu setzen. Auch hier gilt – wie so oft im Leben: Es ist eine **gesunde Balance** zu finden.

Social-Media-Advertising ist jedoch kein einfaches Thema. Wenn man Erfolge sehen möchte, braucht man in der Regel entweder viel Zeit, um sich in das Thema einzuarbeiten, oder man nimmt zusätzliches Geld in die Hand und engagiert einen

Profi (vgl. Maaders 2017). Und gerade erfahrene Social-Media-Manager, so Peters (2017b), wissen, dass es hunderter Experimente (und deren Scheitern) bedarf, um die Kunst des Social-Media-Advertisings zu meistern. Hinzu kommt, dass sich die Mechanismen und Funktionalitäten zur bezahlten Vermarktung auf den Plattformen ständig verändern. Vor diesem Hintergrund ist es das Ziel der nachfolgenden Ausführungen, die wesentlichen, allgemeingültigen Grundlagen zu erläutern.

Was ist Social-Media-Advertising?
Einfach ausgedrückt handelt es sich bei Social-Media-Advertising um jegliche Art bezahlter Inhalte auf einer Social-Media-Plattform. Dabei bieten die verschiedenen Plattformen teilweise sehr unterschiedliche Optionen an, die sich zudem – wie schon beschrieben – häufig verändern. Dies kann von einmaligen bezahlten Tweets bis hin zu komplexen Kampagnen auf Facebook oder Instagram gehen (vgl. Newberry 2017).

Drei-Stufen-Ansatz des Social-Media-Advertisings nach Peters
Social-Media-Advertising hat viel mit Ausprobieren zu tun. Im Rahmen dieser **Trial-And-Error-Verfahren** könnte man eine Menge von Taktiken und Tricks entwickeln (dazu später noch mehr). Peters (2017b) stellt, sehr wahrscheinlich stellvertretend für viele, fest, dass dies nicht befriedigend sein kann. Denn: Anstelle sich auf einzelne Kanäle und Taktiken zu konzentrieren, sei es nötig auch in diesem Zusammenhang strategischer vorzugehen. Vor diesem Hintergrund entwickelte Buffer einen Blueprint, der für Unternehmen jeder Branche, angewendet werden kann. Dieses Rahmenwerk zur Orientierung baut auf einem dreiphasigen Vorgehen auf, welches sich grob am Sales Funnel orientiert (vgl. hierfür wie auch im Folgenden Peters 2017b):

1) Awareness (Top-of-the-funnel or TOFU)
2) Consideration (Middle-of-the-funnel or MOFU)
3) Conversion (Bottom-of-the-funnel or BOFU)

Alle drei Stufen sind von Bedeutung, da die Konzentration auf nur einen Teilbereich, z. B. Fokus auf Conversion und damit Sales, nicht ausreicht. Auch hier ist ein **guter Mix** von Nöten.

1) Awareness-Phase
In dieser Phase ist der Zielgruppe entweder die **Marke oder das Produkt nicht bekannt** oder sie weiß noch gar nicht, dass sie ein Problem hat, dass es zu lösen gilt.

Der Hauptaspekt für diese Phase darf deswegen nicht darin bestehen, möglichst schnell auf einem Abverkaufs-Erfolg abzuzielen oder ein Produkt zu promoten. Es muss vielmehr darum gehen, nützliche oder unterhaltende Inhalte zu pushen, um **Aufmerksamkeit** zu generieren.

Dies funktioniert beispielsweise gut, indem man die organischen Inhalte, die bislang hohe Interaktionsraten erzielten, über Social-Media-Ads gezielt fördert. Dies können eigene, nicht verkäuferische, aber auch fremde Inhalte sein. Wichtig dabei: Auch hier müssen Zielgruppe und Zielsetzung bei der Planung der Kampagne im Hinterkopf präsent sein, um die Ads-Manager-Tools auf den Plattformen inklusive der Berücksichtigung aller Targeting-Möglichkeiten optimal auszusteuern.

2) Consideration-Phase

In dieser Phase hat die Zielgruppe die **Marke oder das Produkt bereits wahrgenommen** oder aber ein Problem erkannt, für dass sie nun eine Lösung sucht. Folglich braucht sie – analog zur Awareness-Phase – **weitere Unterstützung.** Da sie bereits mit der Marke (oder dem Produkt) interagiert hat, konnten erste Daten gesammelt werden. Deswegen kommt dem Targeting und Retargeting eine erhöhte Bedeutung zu. Für Targeting und Retargeting gibt es mehrere Ansätze.

Das sogenannte „**Pixel-Targeting**" ist eine Erfolgsmessung für Social-Media-Werbekampagnen. Dabei wird ein sogenanntes „Pixel" der Social-Media-Plattformen (das heißt ein „Bild" in der Größe von 1 × 1 Pixel) auf einer Seite im Webauftritt des Unternehmens platziert, die speziell für eine Kampagne erstellt wurde (Landingpage). Das Pixel enthält einen Code, mit dem man erkennen kann, ob jemand eine Anzeige auf einem Social-Media-Profil angeklickt hat und so auf die Landingpage der Kampagne gelangt ist.

Gibt es bisher nur geringen Website-Traffic, gibt es andere Möglichkeiten: Über sogenannte **Lookalike-Audiences** erstellt man Listen von Nutzern, die sich mit einer hohen Wahrscheinlichkeit für das Produkt interessieren oder es kaufen werden. Dazu kann man beispielsweise Listen bestehender, „wertvoller" Kunden im Ads-Manager hochladen. Die Social-Media-Plattform analysiert und selektiert dann die Nutzer mit einem ähnlichen Verhalten (sogenannte statistische Zwillinge). Derartige Lookalike-Audiences können auch auf Basis der Nutzer des eigenen Social-Media-Profils erstellt werden. Schließlich gibt es noch die Möglichkeit, solche Listen anhand demografischer Daten erstellen zu lassen. Viele Plattformen bieten hierfür umfassende Datenbasen.

Inhaltlich sollten Anzeigen Nutzern demonstrieren, was das eigene Angebot im Vergleich zur Konkurrenz oder zu Bisherigem, einzigartig und besser macht – idealerweise so überzeugend, dass Nutzer einfach nicht am Angebot vorbeikommen und die Anzeige anklicken „müssen". Informationen aus der Web-Analyse helfen hier zu verstehen, wonach Nutzer gesucht beziehungsweise worauf sie geklickt haben. Da in dieser Consideration-Phase die Nutzer bereits mit dem Unternehmen interagiert haben (z. B. indem sie auf eine Webseite gegangen sind), ist die Wahrscheinlichkeit größer, dass sie einen Kauf anstreben oder die vom Unternehmen gewünschte Aktion (beispielsweise Abonnement eines Newsletters) ausführen. Nutzer, von denen man weiß, dass sie bereits aktiv gewesen sind, lassen sich vom Targeting ausschließen, was wiederum die Kosten der Kampagne senkt. Nutzer, die zwar schon auf einer Unternehmensseite waren, aber noch keine abschließende Aktivität durchgeführt haben, können gezielt mit einer Anzeige erneut erinnert werden. In dem Fall spricht man vom o. a. Re-Targeting.

3) Conversion-Phase

Die Nutzer **kennen nun das Unternehmens-Angebot** und ziehen das Angebot des Unternehmens in Betracht (z. B. ein Produkt zu kaufen oder weitergehende

Informationen zu einer Leistung einzuholen). Man möchte meinen, dass nun der letzte Schritt einfach sei. Die Bereitschaft ist ja bereits hoch. Dennoch kann – das lehren uns die Erfahrungen aus der Kaufprozess-Analyse – noch viel dazwischenkommen, solange der Abschluss noch nicht final getätigt ist.

Insofern hängt auch in dieser Phase viel vom Targeting, von der Qualität der Anzeige und von der **Fähigkeit,** das bisherige Verhalten der **Nutzer zu tracken und zu analysieren,** ab. Nun kommt es für das werbetreibende Unternehmen darauf an zu verstehen, welche Kampagnen in der Vergangenheit zu den besten Abschlüssen und vor allem zu geeigneten Kunden, zum Beispiel mit einem hohen Kundenwert, führten.

Inhaltlich weisen die Anzeigen in dieser Phase meist auf ein **„unwiderstehliches" Angebot** hin. Es wird beispielsweise ein Discount, ein Coupon, eine kostenlose Testphase oder ein kostenloses Giveaway (z. B. eine interessante Studie oder ein Gratis-Webinar) angeboten.

Wichtig ist an dieser Stelle nochmals zu betonen: Ohne die Nutzer in den ersten beiden Phasen „aufzubauen" wird man in der Regel keinen Erfolg in der dritten Phase haben.

Social-Media-Advertising-Tipps
Nicht nur das Team von Buffer hat umfassend mit den verschiedenen Social-Media-Advertising-Möglichkeiten herumprobiert. Auch bei Hootsuite sammelt man seit 2012 eine Menge von Erfahrungen und hat **Grundprinzipien** identifiziert, die unabhängig von den sich verändernden Angeboten der Plattformen Gültigkeit besitzen. Sie bauen teilweise auf den bereits bei Buffer genannten Aspekten auf, beinhalten aber weitere wichtige Tipps (vgl. dazu ausführlich Newberry 2017):

- Nutzung **gut funktionierender organischer Beiträge** als Basis für die Ads (siehe dazu die Ausführungen zum Drei-Stufen-Ansatz oben).
- Nutzung der diversen **Targeting-Funktionen** der Plattformen (siehe dazu die Ausführungen zum dreistufigen Ansatz oben).
- **Kontinuierliche Rotation der Ads:** Ganz im Gegensatz zur klassischen Werbung, bei der eine häufige Wiederholung eine effektive Vorgehensweise darstellen mag, sorgt dies in den sozialen Medien schnell für negative Effekte. Die Ads erscheinen direkt in den Timelines der User, weswegen frische Inhalte benötigt werden. Laut Hootsuite ist eine Rotation alle drei bis fünf Tage sinnvoll.
- **A/B-Testen der Kampagnen auf Basis von Kleingruppen:** Einer der großen Vorteile von Social Ads ist das unmittelbare Feedback über die Effektivität einer Kampagne. Insofern sollten verschiedene Varianten einer Anzeige in kleinen Testgruppen ausprobiert, eventuell optimiert und jene mit der besten Performance ausgewählt werden.
- **Verstehen, wie Anzeigen auf den verschiedenen Plattformen verkauft werden:** Über das Budget von Social Ads zu entscheiden bedeutet, darüber nachzudenken, ob man auf „Impressions" oder auf „Engagement" setzt. Zahlt man immer,

wenn jemand die Anzeige sieht (= Impressionen), kann man im positiven Fall, dass die Anzeige auch wahrgenommen wird, schnell viel Reichweite aufbauen. Ist das tatsächliche Engagement wichtiger, sollte man nur solche Nutzer anvisieren, die auch an dem Unternehmen wirklich Interesse zeigen – also auf die Anzeige klicken –, und die Kampagne dementsprechend buchen und das Wording der Anzeige „motivierend" ausgestalten.

- **Ausrichtung auf mobile Endgeräte:** Schaut man auf das Nutzungsverhalten der Social-Media-Gemeinde, so weiß man, dass vier von fünf User Social-Media-Plattformen über mobile Endgeräte besuchen. Aus diesem Grunde müssen auch Ads auf kleine Screens ausgerichtet werden. Auch andere Möglichkeiten, wie sie beispielsweise im Rahmen der Location-Based-Services (siehe Abschn. 7.2.2) vorgestellt wurden, sollten in der Konzeption Berücksichtigung finden. Hier sei beispielsweise auf Geofencing verwiesen.

Vor- und Nachteile von Social-Media-Advertising

Abgesehen von der o. a. Notwendigkeit, Social-Media-Advertising zu betreiben, um eine gewisse Aufmerksamkeit und Reichweite zu erzielen, lassen sich aus den bisherigen Ausführungen Vor- und Nachteile ableiten, die in Tab. 11.3 kurz zusammengefasst sind.

Zu den Grundlagen des Social-Media-Advertisings gibt es einen guten **Online-Kurs von Skillshare,** der über den Servicelink 11.13a aufgerufen werden kann. Über die generellen Hinweise in diesem Abschnitt hinaus sollten Plattform-Spezifika bekannt sein und genutzt werden. Der Beitrag von Newberry (2017; siehe dazu auch Servicelink 11.13b) liefert hier sehr gute Einblicke. Des Weiteren sollte man sich ständig auf dem Laufenden halten über veränderte Rahmenbedingungen der Plattformen oder neue Angebote. Aktuelle Artikel über Entwicklungen der Vermarktungs-Angebote der wichtigsten Plattformen finden sich zudem in den jeweiligen Plattform-Flipboards des Autors sowie im Flipboard-Servicelink am Ende dieses Kapitels.

Servicelink 11.13	
Servicelink 11.13a zu einer Online-Kurs-Serie von Skillshare: http://skl.sh/2IGdZ9C	
Servicelink 11.13b zum Artikel von Christina Newberry mit Erläuterungen zum Advertising auf Facebook, Twitter, Instagram, Pinterest, LinkedIn und Snapchat: https://blog.hootsuite.com/social-media-advertising/#whatis	

Tab. 11.3 Vor- und Nachteile von Social-Media-Advertising. (Quelle: in Anlehnung an Peters 2017b)

Vorteile	Nachteile
• Kampagnen lassen sich einfach tracken • Abhängig vom Wissen über den Kunden kann man sofort den Traffic auf seiner Website und die Conversions erhöhen • Man hat ein komplettes Bild über den ROI für jede Kampagne • Es gibt sehr viele verschiedene Targeting-Möglichkeiten • Es gibt Re-Targeting-Optionen, um Nutzer, die bereits mit dem Unternehmen interagiert haben, erneut gezielt zu kontaktieren • Verglichen mit anderen Werbemedien kann Social-Media-Advertising extrem kostengünstig sein	• Abhängig von der Zielgruppe kann ein Großteil des Publikums für die Anzeige irrelevant sein, was zu unnötigen Ausgaben führt • Es ist einfach, eine Anzeige zu erstellen und sie laufen zu lassen, ohne sie jemals zu überprüfen, was zu Kostennachteilen führen kann • Social-Media-Advertising verlangt viel Zeit und Aufmerksamkeit, um die Ergebnisse zu optimieren • Risiko der Werbemüdigkeit: Potenziellen Kunden könnte eine Anzeige zu oft oder zu früh im Sales-Funnel gezeigt werden • Größeres Investment zu Beginn um zu lernen, was gute Kombinationen von Inhalten und Bildern sind • Erfordert viel Erfahrung

11.3 Social-Media-Automatisierung

Die Ausführungen in Abschn. 11.1.4 haben bereits gezeigt, dass es zahlreiche Tools gibt, die das Betreiben von Social Media einfacher und effizienter machen. Auch das Social-Media-Advertising (Abschn. 11.2) greift auf automatisierte Techniken zurück. Schließlich kostet Social-Media-Marketing enorm viel Zeit, und der **Wunsch nach zeitlicher Entlastung** durch Automatisierung ist groß. Hier sieht nicht nur Tißler (2017a) einen großen Widerspruch zu dem, was Social Media ursprünglich ist – dass es um Menschen geht, ihre Verbindungen untereinander und den zwischenmenschlichen Austausch. Deswegen wird dieses Thema in den Fachpublikationen durchaus kontrovers diskutiert, manchmal sogar ideologisch aufgeladen. Müller (2017b) fasst die beiden Extremsichtweisen mit folgendem Zitat gut zusammen:

> An einem Ende der Skala stehen Kommunikatoren, die jede Form der Automatisierung als nicht authentisch und Betrug am Leser und Kunden ablehnen. […] Am anderen Ende der Skala stehen Kommunikatoren, die Social Media als reine Marketingkanäle betrachten und Automatisierung daher als Weg sehen, mit wenig Aufwand möglichst viele Menschen zu erreichen. Kann man machen, ist für mich aber keine Kommunikation, sondern reines Push-Marketing. Viele gute Kommunikatoren stehen zwischen den beiden Extremen.

Dennoch: Die Verlockung, solche Tools als Hilfsmittel einzusetzen, ist – besonders vor dem Hintergrund fehlender Ressourcen – groß. Bevor man jedoch in diese Thematik einsteigt, sollte man sich folgende Fragen stellen:

- Wie viel Automatisierung macht im Social Media Sinn?
- Wo hilft der Einsatz und wo liegen die Grenzen?
- Wann stellt die manuelle Pflege des Social-Media-Auftritts eine bessere Alternative dar?

Vor diesem Hintergrund ist es deshalb das Ziel, genau zu klären, 1) was Social-Media-Automation ist, 2) wo die Vor- und Nachteile liegen und 3) welche grundlegenden Tipps und Regeln sich erkennen lassen. Auch hier rundet ein Überblick über verfügbare Tools die Ausführungen ab (4).

1) Was ist Social-Media-Automatisierung?

Social-Media-Automatisierung lässt sich als Prozess definieren, bei dem der zeitliche Aufwand für manuelle, händische und/oder wiederkehrende Aktivitäten auf den Social-Media-Accounts durch den Einsatz technischer Tools und Dienste reduziert wird (vgl. Makara 2017b). Social-Media-Automatisierung umfasst damit verschiedene Möglichkeiten und Methoden für die automatisierte Unterstützung der Pflege und Verwaltung sozialer Netzwerke (vgl. dazu sowie im Folgenden Tamblé o. J.; ähnlich: Makara 2017a). Dazu gehören vor allem:

- Automatisiertes Veröffentlichen von Beiträgen auf den Social-Media-Kanälen
- Parallele Veröffentlichung von Beiträgen auf mehreren Netzwerken und Profilen gleichzeitig
- Zeitliche Planung der Beiträge für die Veröffentlichung zu unterschiedlichen Zeiten
- Automatisierte Suche neuer Follower oder Unfollower
- Automatisiertes Folgen, Entfolgen, Liken oder Teilen von Beiträgen
- Automatisiertes Antworten auf Nutzer-Beiträge oder -Aktionen
- Automatisiertes Abspeichern von Inhalten
- Automatisierung des Social-Media-Monitorings
- Automatisierung der Social-Media-Analyse und -Reporting

2) Vor- und Nachteile von Social-Media-Automatisierung

Die nachstehenden Ausführungen stellen eine Zusammenstellung der Beiträge von Holze (2017), Makara (2017a), Müller (2017b), Riehle (2016), Tamblé (o. J.) sowie Tamblé und Bott (2017) dar, die Überschneidungen aufweisen, sich inhaltlich aber sehr gut ergänzen.

Vorteile: Der wesentlichste Vorteil der Social-Media-Automatisierung liegt auf der Hand: die **ressourcenschonende und zeiteffiziente Pflege** von Social-Media-Profilen. Viele Tools (wie Buffer, SocialHub oder Hootsuite; siehe Abschn. 11.1.4) bieten die Möglichkeit, mehrere Accounts auf unterschiedlichen Plattformen gleichzeitig zu bestücken. Das aufwendige Wechseln zwischen den Plattformen entfällt. Dadurch wird auch die **Cross-Promotion** von Beiträgen auf verschiedenen Kanälen erleichtert. Durch Tools lässt sich außerdem die Arbeitslast auf mehrere Personen verteilen und die manuelle Arbeit reduzieren.

Die Automatisierung **erleichtert zudem die Content-Planung** und -Umsetzung im Sinne des Redaktionsplans. Insbesondere die Möglichkeit, Beiträge im Voraus zu planen und vorzubereiten und dann zum gewünschten Zeitpunkt auf dem gewünschten Kanal automatisch zu platzieren, sorgt für Synergien und bringt eine große Zeitersparnis. So kann die **Recherche und Vorbereitung nach Inhalten gebündelt** werden und muss nicht pro Post erfolgen.

Außerdem unterstützt die Automatisierung die kontinuierliche Veröffentlichung von Beiträgen auf unterschiedlichen Kanälen und hilft somit den Fehler eines zu unregelmäßigen Postens zu vermeiden (siehe Abschn. 11.1.2). Über das automatisierte erneute Teilen (sogenanntes „Re-Sharing") von beliebten Inhalten kann die **Lebensdauer von Evergreen Content erhöht** werden.

Die Zeitersparnis bietet Social-Media-Managern Raum für andere Tätigkeiten, etwa um auf aktuelle Ereignisse zu reagieren und sich um die Community zu kümmern. Entlastet von einem Teil der operativen Aufgaben, können sie den Fokus stärker auf strategische Aspekte legen und die Fehlerquote senken.

Dokumentiert man als Unternehmen die vorgenommenen Schritte der Automatisierung gut, steht Anschauungsmaterial für die **Schulung neuer Team-Mitglieder** zur Verfügung.

Nachteile: Die wesentlichen Nachteile ergeben sich vor allem dann, wenn man durch die Automatisierung die Fehlerquellen nicht berücksichtigt, vor denen in Abschn. 11.1.2 gewarnt wurde. So verführt das automatisierte Posten von Beiträgen gerne dazu, **zu viel zu veröffentlichen.** Auch geht dadurch schnell die **individuelle Note und Spontanität** verloren. Tamblé (o. J.) bezeichnet solche Profile als „leblose Friedhöfe". Und auch wenn Social-Media-Manager genau wissen (sollten), dass unpersönliche Beiträge für weniger Interaktion sorgen, besteht außerdem die Gefahr, den persönlichen Kontakt zur Zielgruppe zu verlieren. Insofern machen zu viele, unpersönlich wirkende Wiederholungen der gleichen Inhalte keinen Sinn.

Mit der Automatisierung und den Möglichkeiten der Tools steigt die **Gefahr undifferenzierter Cross-Postings** (siehe Abschn. 11.1.2): Inhalte werden einheitlich über mehrere Plattformen ausgespielt, ohne die jeweiligen Besonderheiten zu berücksichtigen. Zur Wiederholung: Nicht jeder Inhalt und jedes Format funktioniert auf jeder Plattform gleich gut! Falsch umgesetzt kann folglich Social-Media-Automatisierung den **Ruf eines Unternehmens nachhaltig schädigen.**

Dies kann auch passieren, wenn man aufgrund der Automatisierung die **Kontrolle des Tagesgeschehens** in der Annahme vernachlässigt, man habe alles geplant. Hier kann es schnell zu peinlichen Auftritten kommen, wenn lange geplante Beiträge veröffentlicht werden, obwohl diese nicht mehr passen: So beispielsweise im Falle eines Flugzeugabsturzes, wenn die Airline nicht darauf reagiert, sondern stattdessen fröhlich günstige Angebote promotet.

Kaum ein Tool bietet sämtliche Funktionen, die ein Social-Media-Manager bräuchte. Insofern besteht ein weiterer Nachteil darin, dass die **Auswahl und das Einarbeiten in die Tools** teilweise zeitaufwendig werden können. Auch fehlt es vielen Unternehmen schlichtweg am notwendigen Budget, um mehrere Tools einzusetzen.

Last, but not least gilt auch hier die alte, allgemeingültige Regel „Crap in – Crap out": Füttert man ein Tool mit schlechten, unausgegorenen Inhalten, kommt in der Regel nichts Vernünftiges dabei heraus.

Nachstehende Tab. 11.4 fasst die wichtigsten Vor- und Nachteile noch einmal zusammen.

3) Tipps und Regeln beim Automatisieren von Social Media

Betrachtet man die zuvor angeführten Vor- und Nachteile von Social-Media-Automatisierung lässt sich daraus eine Reihe von Tipps und Regeln ableiten, die es zu berücksichtigen gilt. Auch in diesem Zusammenhang basieren die Ausführungen vor allem auf den Beiträgen von Holze (2017), Makara (2017a), Müller (2017b), Riehle (2016), Tamblé (o. J.), Tamblé und Bott (2017) und Tißler (2017a). Zudem gilt vor allen anderen Aspekten (Wiederholung ist die beste Form des Lernens!): Alle Aktivitäten müssen auf einer grundlegenden Social-Media-Strategie inklusive der Zielsetzungen pro Zielgruppe aufbauen.

Welche Aktivitäten eignen sich gut zur Automatisierung?

- Die Planung fremder und eigener Inhalte sowie wiederkehrender Aktivitäten
- Zeitversetztes Posten je Plattform inklusive Optimierung der Zeiten auf Basis der Auswertung bisheriger Beiträge; dabei: Anpassung der Inhalte und Formate auf die Besonderheiten der jeweiligen Social-Media-Plattformen
- Sinnvolles erneutes Veröffentlichen von Evergreen Content
- Grundlegendes Aufsetzen des Social-Media-Monitorings
- Social-Media-Analytics (siehe dazu ausführlich Kap. 14)

Welche Aktivitäten sollte man tunlichst nicht automatisieren:

- Kein automatisiertes Antworten auf Direkt-Nachrichten, wie es beispielsweise oft auf Twitter als „Dankeschön" für das Folgen eines Accounts passiert
- Keine Automatisierung von Likes und Shares; falls Nutzung von Chatbots, dann lediglich für die Beantwortung von einfachen Fragen
- Kein reines Pushen von Beiträgen, um Reichweite aufzubauen
- Keine zu lange Planung der Beiträge im Voraus, sonst besteht Gefahr, die Relevanz zu verlieren

Tab. 11.4 Vor- und Nachteile von Social-Media-Automatisierung. (Quelle: eigene Darstellung in Anlehnung an Holze 2017; Makara 2017a; Müller 2017b; Riehle 2016; Tamblé o. J.; Tamblé und Bott 2017; sowie Tißler 2017a)

Vorteile	Nachteile
• Ressourcen- und zeiteffiziente Pflege der Social-Media-Auftritte • Erleichterte Content-Planung • Möglichkeit der Verteilung der Arbeitslast auf mehrere Mitarbeiter • Reduzierung des Zeitdrucks und strategischeres Vorgehen bei der Planung • Schaffung von Freiräumen für andere Tätigkeiten • Regelmäßiges Befüllen der Profile • Zeitversetztes Posten auf verschiedenen Kanälen • Erhöhung der Lebensdauer von Evergreen Content durch einfaches Re-Sharing • Über Dokumentation Basis für die Schulung von Mitarbeitern	• Gefahr zu häufigen Postens oder zu vieler Wiederholungen • Gefahr des Verlustes des persönlichen Kontakts und Spontanität • Gefahr des Cross-Postings ohne Anpassung an die Gegebenheiten der einzelnen Plattformen • Fehlendes Reagieren in Krisensituationen • Aufwendige Auswahl und Einarbeitung • Fehlendes Budget

Bei der Automatisierung kuratierter, fremder Inhalte sollten Verantwortliche kurz vor der Veröffentlichung die gesetzten Links nochmals überprüfen. Dies gilt umso mehr, wenn die Inhalte schon länger vorausgeplant wurden, um die Aktualität und die Seriosität zu gewährleisten sowie Urheberrechte zu beachten (Stichwort Linkhaftung).

Zusammengefasst kann man sagen, dass Social-Media-Automatisierung mit Bedacht und Strategie eingesetzt, sehr sinnvoll und zeitsparend sein kann. Holze (2017) bringt es auf die einfache aber richtige Formel:

> Automatisiere Social Media und nutze die gesparte Zeit für mehr Interaktionen in Social Media. [Denn:] Menschliche Interaktion lässt sich nicht automatisieren. [...] Anwesenheit und Präsenz ist der einzige Weg, um mehr Fans, Follower und Webseiten-Besucher zu gewinnen.

Wichtig ist es also zu unterscheiden, wann man selbst als Mensch gefragt ist und was man getrost der Maschine überlassen kann (vgl. Tißler 2017a). Einen guten Überblick, wie man Planung und Automatisierung in einen Workflow zusammenbringen kann, zeigt das Video von Christian Müller, das über Servicelink 11.14 abgerufen werden kann.

Servicelink 11.14	
Servicelink zum Workflow für sinnvolle Automatisierung im Video von Christian Müller: https://www.youtube.com/watch?v=ir5e9A4E_nY	

4) Tools zur Social-Media-Automatisierung

Grundsätzlich können alle Tools in dieser Rubrik aufgeführt werden, die unter Abschn. 11.1.4 in der Kategorie Planung und Umsetzung genannt wurden (beispielsweise Hootsuite, Buffer, SocialHub oder Scompler). Sie alle bieten Funktionen, die sich auf die Content Planung beziehen. Auch auf die Planungsmöglichkeiten im Rahmen des Social-Media-Advertisings wurde bereits eingegangen (Abschn. 11.2). Daneben helfen Tools, wie in Abschn. 5.3 gezeigt, auch beim Social-Media-Monitoring. An dieser Stelle werden einige sehr bekannte Tools aufgeführt, die im Vergleich zu den bislang vorgestellten Angeboten im Hinblick auf die Automatisierung weitergehende Möglichkeiten bieten.

IFTTT (If This Than That)/(https://ifttt.com/discover): IFTTT (If This Than That = Wenn dies, dann das) ist vielleicht der bekannteste Social-Media-Automations-Dienst, wenn es darum geht, Arbeitsschritte im Social Web (und weit darüber hinaus) zu automatisieren. Dabei verknüpft IFTTT Werkzeuge und Angebote verschiedener Dienste miteinander, die normalerweise nur nebeneinander existieren. Es zielt auf eine möglichst breite Nutzerschaft ab (vgl. Tißler 2017b). Wie umfassend die Liste der Dienste ist, die sich über IFTTT verbinden lassen, zeigt die Übersicht auf der Plattform unter https://ifttt.com/search/services. Alleine schon die Vielzahl von Kategorien macht dies deutlich: In knapp 50 Kategorien lassen sich Dienste aus dem Social Web, dem Internet der Dinge (als Gegenstände, die mit dem Internet verbunden sind, wie z. B. Lichter, Garagentore oder Heizungen), zu Shopping, Sicherheit, TV oder Connected Cars (um nur einige zu nennen) finden.

IFTTT basiert auf sogenannten „Recipes". Dabei handelt es sich um Verfahrensanweisungen, bei denen man eine Aktion auswählt, die geschehen muss (sogenannter „Trigger"), damit eine andere Aktion ausgelöst wird (sogenannte „Actions"). IFTTT bietet dazu eine Vielzahl von vorprogrammierten Rezepten. Es besteht aber auch die Möglichkeit, auf einfache Weise eigene Rezepte zu erstellen.

Das Erklärvideo von Jan Tißler informiert anschaulich über die Funktionsweise von IFTTT. Es kann über Servicelink 11.15 abgerufen werden.

Servicelink 11.15	
Servicelink zum Erklärvideo von Jan Tißler zu IFTTT: https://www.youtube.com/watch?v=auB0N1-QrdE	

Die Liste möglicher Kombinationen ist lang, viele sind sinnvoll, viele hingegen nicht. Mit Bezug auf Social-Media-Rezepte nachfolgend ein paar positive, wie auch negative Beispiele.

Sinnvolle IFTTT-Rezepte:

- Rezepte zum Abspeichern von Beiträgen in Spreadsheets (beispielsweise Posts aus Twitter oder in Pocket gemerkte Beiträge in ein Google Spreadsheet übertragen). Auf diese Weise hat man alle Beiträge in einer Tabelle im Überblick und kann diese entweder mit weiteren Kennzahlen anreichern (im Falle von Twitter) oder die Daten für die Content Curation sammeln und später gesammelt überprüfen.
- Rezepte zum Klonen von Profilbildern: Dieses Rezept sorgt dafür, dass man bei der Änderung eines Profilbilds auf der einen Plattform (z. B. Facebook) auch automatisch das Profilbild auf einer anderen Plattform ändert (z. B. auf Twitter). Dies sorgt dafür, falls gewollt, dass der Unternehmensauftritt über die betriebenen Kanäle hinweg einheitlich bleibt, ohne jeden Kanal einzeln von Hand ändern zu müssen.
- Rezepte, um Arbeitsanweisungen an Team-Mitglieder zu verschicken: Es gibt beispielsweise ein Rezept, das einen Gmail-Account mit der Kollaborations-Plattform Trello verbindet und für E-Mails mit einem bestimmten Label automatisiert Aktivitäts-Karten in Trello anlegt. Ähnliche Rezepte existieren auch für Slack.
- Rezepte zur Datenspeicherung, z. B. um Fotos aus einer Plattform wie Instagram in einer Dropbox zu speichern: Dieses Rezept ist ein gutes Beispiel, wie man über die Automatisierungsfunktionen von IFTTT seine Daten in der Cloud sichern kann, um immer darauf zugreifen zu können.
- Rezepte für Location-Based-Services: Konzentriert sich das Geschäft eines Unternehmens auf einen lokalen Markt, kann man sich einen Alarm einrichten, sollte jemand in der Nähe des Geschäfts einen Tweet darüber absetzen. Das Unternehmen könnte dann gezielt auf diesen Nutzer eingehen und ihn etwa mit einem speziellen Angebot in das Geschäft locken.
- Rezepte, um Wettberber-Aktivitäten zu beobachten: Um genau und in Echtzeit zu beobachten, was der Wettbewerb veröffentlicht und darauf schnell reagieren zu können, kann man sich Alarme für Beiträge der Konkurrenz einrichten.

Eher sinnlose IFTTT-Rezepte:

- Status-Update auf einer Plattform automatisch auf einer anderen posten (z. B. Facebook Status bei Twitter veröffentlichen): Dies entspräche dem o. a. Problem des Cross-Postings und übersieht die Spezifika der einzelnen Plattformen. In einem Selbstversuch hat der Autor ein solches Rezept über IFTTT angelegt, um jeden Tweet automatisch auf Tumblr veröffentlichen zu lassen. Das Ergebnis: ein mit Posts zugemüllter Account, der kaum Follower hat.
- Automatisiertes Teilen von Instagram-Fotos bei Facebook: Dieses Rezept weist das gleiche Problem auf, wie das zuvor genannte. Das mag zwar für den privaten Gebrach ganz nett sein, für das professionelle Betreiben von Social-Media-Accounts macht es aus den genannten Gründen wenig Sinn.

Zapier (https://zapier.com/): Zapier funktioniert ähnlich wie IFTTT, allerdings konzentriert es sich vor allem auf den Bereich der Business-Anwendungen. Es erlaubt in seiner kostenpflichtigen Version auch komplexere Abläufe (vgl. Tißler 2017b). Nach eigenen Aussagen stehen bei Zapier über 750 Apps zur Verfügung (siehe: https://zapier.com/apps). Vor dem Hintergrund der Business-Ausrichtung erscheint Zapier deswegen für den professionellen Einsatz noch besser geeignet als IFTTT. Guay (2017) führt beispielsweise in seinem Artikel 101 Zaps auf ("Zaps" entsprechen den Rezepten bei IFTTT), die sich insbesondere für Sales und Marketing eignen und den Kategorien Promote, Engage, Monitor, Report oder Archive zugeordnet werden können. Auch in diesem Zusammenhang gilt jedoch, dass es sinnvollere und wenig sinnvolle Zaps gibt. Die Hinweise aus Abschn. 11.1 gelten hier analog.

Bulk.ly (https://bulk.ly/): Bulk.ly ist ein Tool, das hilft, (wirklich) gute Inhalte mehr als einmal im Social Web zu posten, und sie so weiteren Personen zugänglich zu machen (vgl. Tißler 2017a). Bulk.ly setzt auf Buffer auf und ergänzt es um Funktionen, die das Team dort nicht mehr weiterverfolgt. Dazu lassen sich hunderte von Beiträgen in das Tool laden. Tißler (2017a) beschreibt diese Funktion wie folgt: „Man kann eine Liste von Social Posts samt Text, Link und Foto erstellen und dann festlegen, wie oft ein Element aus dieser Liste zu Buffer geschickt werden soll. Ich nutze das, um auf unsere langfristig interessanten Artikel hinzuweisen. Wer uns im Social Web folgt, wird diese tägliche Rubrik ,Highlight aus dem Archiv' kennen. Und wie ich an den Reaktionen sehe, sind diese Posts durchaus beliebt". Insofern bietet sich Bulk.ly besonders für Evergreen Content an.

Neben dieser sogenannten „Recycle-Funktion" lassen sich Inhalte, die über Buffer geplant wurden, auch nach einem Zufalls-Mechanismus ausspielen. Zudem kann man pro Plattform eine Reihe von Hashtags automatisiert definieren, die mit jedem Post ausgespielt werden. Schließlich lässt sich die Feed Funktion von Bulk.ly dazu nutzen, Inhalte anderer Seiten automatisiert zu empfehlen. Dies sollte man aber wirklich nur dann machen, wenn man sich sicher ist, dass man aus dieser Quelle praktisch alle Beiträge empfehlen kann.

Follower-/Unfollower-Tools: Eine weitere populäre, wenn auch umstrittene Möglichkeit, Social-Media-Automatisierung zu nutzen, ist das automatisierte Folgen und Entfolgen. Da es nicht generell für alle Plattformen gilt, wird diese Vorgehensweise hier im Rahmen der Tool-Vorstellungen näher thematisiert.

Verschiedene Social-Media-Plattformen funktionieren, was den Aufbau der Nutzerschaft angeht, nach dem Folgen-Entfolgen-Prinzip. Folgt man einem Nutzer, erwartet man, dass dieser einem ebenso folgt. Geschieht dies nicht, nimmt man diesen Nutzer wieder aus seiner Liste heraus. Typisch ist diese Form des Nutzer-Aufbaus für Twitter, Instagram oder Pinterest, auch wenn diese das nicht unbedingt tolerieren (siehe zu den Einschränkungen Makara 2017c).

Dieses Grundprinzip mag zunächst seltsam anmuten, kann aber bei richtiger, nicht aggressiver Vorgehensweise durchaus einen Sinn ergeben:

- Man identifiziert Keywords oder Hashtags.
- Man recherchiert, wer diese Begriffe ebenfalls verwendet und erstellt eine Liste dieser Nutzer.
- Man ruft den jeweiligen Account der einzelnen Nutzer auf und folgt diesen.
- Dies wiederholt man hunderte Male.

An dieser Stelle, so Makara (2017c), setzt die Automation ein, denn dieser manuelle Prozess erscheint doch sehr mühsam, insbesondere wenn es darum geht, jeden interessanten Account einzeln aufzurufen und ihm zu folgen. Über Automatisierungs-Tools lässt sich dieser Prozess insofern vereinfachen, als sie die über die Keyword- oder Hashtag-Suche identifizierten Accounts auflisten und es ermöglichen, den identifizierten Accounts über einen einfachen Klick im Tool zu folgen. Ein Pferdefuß: Man muss den Tools dafür Zugriff auf die eigenen Profile gewähren, was unter Umständen gegen die Compliance-Regeln der Unternehmen verstoßen könnte.

Für Twitter sind zum Beispiel „ManageFlitter" (https://manageflitter.com/) oder „Who Unfollowed me" (http://who.unfollowed.me/) interessant. Für Instagram bietet „NinjaGram" (http://ninjapinner.com/ninjagram-instagram-bot-2/) oder die App „Followers for Instagram" einen solchen Dienst an. Ein Tool von NinjaGram, das „NinjaPinner" heißt, ermöglicht dies auch für Pinterest (http://ninjapinner.com/).

An dieser Stelle sei aber nochmals ausdrücklich davor gewarnt, diese Tools zum aggressiven Nutzeraufbau mit schnellem Entfolgen (soll heißen: man folgt einen Nutzer und sobald dieser einem zurück folgt, entfolgt man ihn sofort wieder) zu nutzen. Gerade in Bezug auf die Bulk-Following-Unfollowing-Tools, die bisweilen zu Über-Automatisierung führen, werden viele Plattformen wie etwa Instagram immer restriktiver und strafen die Nutzung ab. Um auf einfache Art und Weise „Gleichgesinnte" zu identifizieren, denen man folgen und die man als Follower gewinnen möchte, können diese Tools aber durchaus dienlich sein.

Neben den hier vorgestellten Tools gibt es noch eine Vielzahl weiterer Instrumente. Tißler (2017a, b) sowie Owens (2017) stellen in ihren Artikeln eine Auswahl vor.

Abschließend sei noch auf das Flipboard des Autors zu diesem siebten Schritt des Social-Media-Zyklus verwiesen (Servicelink 11.16).

Servicelink 11.16	
Servicelink zum Flipboard des Autors zu Schritt 7 des Social-Media-Zyklus (SoMe 7: Planen und Umsetzen): https://flipboard.com/@alexanderdecker/some-7-planen-cofsn0dly	

Literatur

Ajando (2016) Content mit Happy End – Warum Storytelling immer wichtiger wird. http://www.ajando.com/2017/03/content-mit-happy-end/. Kein Zugriff mehr seit Anfang 2018. Zugegriffen: 30. Nov. 2017

Allender A (2017) 45 customer focused social media post ideas. http://startupmindset.com/45-customer-focused-social-media-post-ideas/. Zugegriffen: 31. Mai 2018

Barker S (2017) 9 of the best ways to increase engagement on social media. https://shanebarker.com/blog/increase-social-media-engagement/. Zugegriffen: 31. Mai 2018

Bullock L (2017) 10 best tools to creat social media contests. https://www.lilachbullock.com/social-contests-tools/. Zugegriffen: 31. Mai 2018

Buzzsumo (o. J.a) Most shared. https://app.buzzsumo.com/research/most-shared. Zugegriffen: 31. Mai 2018

Buzzsumo (o. J.b) Analyze what content performs best for any topic or competitor. http://buzzsumo.com/. Zugegriffen: 31. Mai 2018

Cartwright B (2016) How to use twitter polls to engage your audience: 13 examples from real brands. https://blog.hubspot.com/marketing/twitter-polls-brand-examples. Zugegriffen: 31. Mai 2018

Chong K (2017) 7 tips for marketing a 'boring' brand on social media. https://blog.hootsuite.com/marketing-boring-brand-social-media/. Zugegriffen: 31. Mai 2018

Circle S Studio (2014) B2B content marketing: overcoming challenges and avoiding common pitfalls. https://www.slideshare.net/circleSstudio/b2b-content-marketing-overcoming-challenges-and-avoiding-common-pitfalls. Zugegriffen: 31. Mai 2018

Contilla (o. J.) Mit dem Content Marketing Tool erstellen Sie begeisternde interaktive Inhalte - für mehr User-Engagement und bessere Leads. https://contilla-creator.com/. Zugegriffen: 31. Mai 2018

Deshpande P (2017) Content curation: the biggest benefits. http://www.curata.com/blog/content-curation-the-biggest-benefits-infographic/. Zugegriffen: 31. Mai 2018

DesignWizard (2017) 123 of the world's best & brightest marketers share their top social media marketing tools for 2018. https://www.designwizard.com/blog/social-media-marketing-tools/. Zugegriffen: 31. Mai 2018

Dichtl M (2015) Fünf Gründe, warum ein Social Media-Content-Kalender wichtig für Ihr Unternehmen ist. https://blog.hootsuite.com/de/warum-ein-social-media-content-kalender-wichtig-ist/. Zugegriffen: 31. Mai 2018

Dobbin N (2017) The definitive guide to content curation: strategies, tips, and tools. https://blog. hootsuite.com/social-media-content-curation/. Zugegriffen: 31. Mai 2018

Gallegos JA (2017) 12 overlooked but powerful content curation tools. https://www.tintup.com/ blog/content-marketing-curation-tools/. Zugegriffen: 31. Mai 2018

Gladwell M (2000) The tipping point: how little things can make a big difference. Little, Brown & Company, New York

Glaubitz J (2017) Was ist die 5-3-2-Regel für Social Media? https://www.geropflueger.de/5-3-2-regel-social-media/. Zugegriffen: 31. Mai 2018

Gnocchi A (2015) Content Marketing: Die Bedeutung von Visual Storytelling im Verkaufsprozess am Beispiel Blendtec. http://aldognocchi.ch/content-marketing-die-bedeutung-von-visual-storytelling-im-verkaufsprozess-am-beispiel-blendtec/. Zugegriffen: 31. Mai 2018

Guay M (2017) 101 smart ways to use social media automation for sales and marketing. https://zapier.com/blog/social-media-automation/. Zugegriffen: 31. Mai 2018

Heusler M (2018) Die Macht des Social-Media-Storytellings. https://blog.xeit.ch/2018/01/die-macht-des-social-media-storytellings/. Zugegriffen: 31. Mai 2018

Hoffmann K (2018) Der neue große Social-Media-Check 2018. https://www.kerstin-hoffmann.de/pr-doktor/neuer-grosser-social-media-check-erfolg/. Zugegriffen: 31. Mai 2018

Holze S (2017) Social Media automatisieren: was du vorher wissen musst. https://sandraholze.com/social-media-automatisieren/. Zugegriffen: 31. Mai 2018

Ihnenfeldt E (2017) Tools für Social Media Manager: 3. Themenrecherche mit Buzzsumo. https://steadynews.de/socialmedia/tools-fuer-social-media-manager-3-themenrecherche-mit-buzzsumo. Zugegriffen: 31. Mai 2018

Joe.org (2017) Vergleich: Social Media Management Tools - Planer und Poster. https://j0e.org/vergleich-social-media-management-tools/. Zugegriffen: 31. Mai 2018

Jung S (2014) B2B-Unternehmen: Social Media Seeding wird immer bedeutender. https://www.gravima.de/social-media-seeding/. Zugegriffen: 31. Mai 2018

Karberg T (2017) 10 Fehler, die dir deine Social Media Fans nicht verzeihen. https://online-marketing.de/news/10-fehler-social-media-fans-marketing. Zugegriffen: 31. Mai 2018

Klamerski M (2014) 26 Wahrheiten über Social Media für Content Manager. https://www.social-mediaakademie.de/blog/26-wahrheiten-ueber-social-media-fuer-content-manager/. Zugegriffen: 31. Mai 2018

Langner S (2009) Viral Marketing – Wie Sie Mundpropaganda gezielt auslösen und Gewinn bringend nutzen. Gabler, Wiesbaden

Lee K (2016) Our latest content marketing experiment to grow a growing blog: native un-advertising. https://open.buffer.com/marketing-report-october-2016/. Zugegriffen: 31. Mai 2018

Lee K (2017) How to create a social media marketing plan from scratch. https://blog.bufferapp.com/social-media-marketing-plan. Zugegriffen: 31. Mai 2018

Lua A (2017a) Why I think social media is for branding and engagement, not traffic or revenue. https://blog.bufferapp.com/social-media-is-for-branding. Zugegriffen: 31. Mai 2018

Lua A (2017b) We made these 10 social media mistakes so you don't have to. https://blog.bufferapp.com/social-media-mistakes. Zugegriffen: 31. Mai 2018

Lua A (2017c) What to post on each social media platform: the complete guide to optimizing your social content. https://blog.bufferapp.com/what-to-post-on-each-social-media-platform. Zugegriffen: 31. Mai 2018

Lua A (2017d) Never run out of content to share: 70+ places to curate great content. https://blog.bufferapp.com/content-curation-sources. Zugegriffen: 31. Mai 2018

Lua A (2017e) Get over your creativity block with these 20 social media content ideas. https://blog.bufferapp.com/social-media-content-ideas. Zugegriffen: 31. Mai 2018

Lua A (2017f) 20 social media content tools that'll speed up your content creation. https://blog.bufferapp.com/social-media-content-tools. Zugegriffen: 31. Mai 2018

Maaders S (2017) Lohnt sich das Posten auf Facebook ohne organische Reichweite? https://blog.maader.de/lohnt-sich-das-posten-auf-facebook-ohne-organische-reichweite/. Zugegriffen: 31. Mai 2018

Makara C (2017a) Nonprofits: upgrade your social media marketing strategy through social media automation. https://globalowls.com/nonprofit-social-media-automation/. Zugegriffen: 31. Mai 2018

Makara C (2017b) Increase your social media following with bulk automation. https://bulk.ly/bulk-following-unfollowing/. Zugegriffen: 31. Mai 2018

Makara C (2017c) Social media automation – how to be balanced & not look like a robot. https://bulk.ly/social-media-automation/. Zugegriffen: 31. Mai 2018

Makara C (2018a) Social media tools: the complete list of 615 tools (2018 update). https://bulk.ly/social-media-tools/. Zugegriffen: 31. Mai 2018

Makara C (2018b) 134 experts reveal the best social media management tools in 2018 (with leaderboard). https://bulk.ly/social-media-management/?amp&amp. Zugegriffen: 31. Mai 2018

Mawhinney J (2017) 42 visual content marketing statistics you should know in 2017. https://blog.hubspot.com/marketing/visual-content-marketing-strategy. Zugegriffen: 31. Mai 2018

Müller C (2017a) Risiko Redaktionsplan: Relevante Inhalte sind wichtiger als Frequenz. http://www.sozial-pr.net/risiko-redaktionsplan/. Zugegriffen: 31. Mai 2018

Müller C (2017b) Social Media Automatisierung als Leser- und Kundenservice. http://www.sozial-pr.net/social-media-automatisierung-service/. Zugegriffen: 31. Mai 2018

Newberry C (2017) Social media advertising: the complete guide. https://blog.hootsuite.com/social-media-advertising/. Zugegriffen: 31. Mai 2018

Olende R (2016) 6 types of simple yet powerful social media images (and when it's best to use them). https://blog.bufferapp.com/social-media-images. Zugegriffen: 31. Mai 2018

Oswald M (2017) 5 häufige Fragen und einfache Antworten zu Reichweite in Social Media. https://medium.com/@oswaldmartin/5-h%C3%A4ufige-fragen-und-einfache-antworten-zu-reichweite-in-social-media-8acb69e64a96. Zugegriffen: 31. Mai 2018

Owens S (2017) Best social media automation tools. https://blog.rebrandly.com/best-social-media-automation-tools/. Zugegriffen: 31. Mai 2018

Patterson M (2016) 4 simple steps for creating a social editorial calendar. https://www.socialmediatoday.com/social-business/4-simple-steps-creating-social-editorial-calendar. Zugegriffen: 31. Mai 2018

Peters B (2017a) 13 fantastic places to find background music for your video content. https://blog.bufferapp.com/background-music-video. Zugegriffen: 31. Mai 2018

Peters B (2017b) A simple 3-step approach to increasing conversions and ROI with social media advertising. https://blog.bufferapp.com/social-media-advertising. Zugegriffen: 31. Mai 2018

Priebe A (2017) Social Media Marketing Strategie: Warum Fans deine Facebook Seite entliken. https://onlinemarketing.de/news/social-media-marketing-strategie-facebook-seite-entliken?utm_source=feed&utm_medium=reader. Zugegriffen: 31. Mai 2018

Read A (2016a) How to find amazing content for your social media calendar (and save yourself hours of work). https://blog.bufferapp.com/social-media-content-calendar. Zugegriffen: 31. Mai 2018

Read A (2016b) The ultimate guide to GIFs: how to create them, when to use them and why they're essential for every marketer. https://blog.bufferapp.com/animated-gifs?utm_content=buffer8c6ee&utm_medium=buffer_social&utm_source=twitter&utm_campaign=buffer_updates. Zugegriffen: 31. Mai 2018

Read A (2017) Social media marketing. Why there's no perfect time to post on facebook. https://blog.bufferapp.com/time-to-post-on-facebook. Zugegriffen: 31. Mai 2018

Richardson Gosline R, Lee J, Urban G (2017) The power of consumer stories in digital marketing. https://sloanreview.mit.edu/article/the-power-of-consumer-stories-in-digital-marketing/. Zugegriffen: 31. Mai 2018

Riehle S (2016) Social-Media-Automatisierung – Schlaue Entscheidung oder schlechte Alternative? https://www.zielbar.de/magazin/social-media-automatisierung-vorteile-nachteile-11708/. Zugegriffen: 31. Mai 2018

Schmies V (2018) So gestaltest Du den perfekten Social-Media-Redaktionsplan und sicherst Dir mehr Traffic für Deinen Blog. https://www.blog2social.com/de/blog/social-media-redaktionsplan/. Zugegriffen: 31. Mai 2018

Schulze-Siebert J (2017) Social Media Automation: Alt-Content wiederverwerten. https://letsseewhatworks.com/social-media-automation/. Zugegriffen: 31. Mai 2018

Simplify360 (2013) 26 social media marketing truths. https://de.slideshare.net/simplify360/26-social-media-marketing-truths. Zugegriffen: 31. Mai 2018

Smartofficehelp (o. J.) 23 point social media storytelling guide. http://smartofficehelp.com/social-media-storytelling-guide/. Zugegriffen: 31. Mai 2018

Smith K (2016) 11 Möglichkeiten, um Trendthemen auf Social Media ausfindig zu machen. https://www.brandwatch.com/de/2016/08/11-moeglichkeiten-um-trendthemen-auf-social-media-ausfindig-zu-machen/. Zugegriffen: 31. Mai 2018

Social Hub (o. J.) Social Relationship Management Tools für eine bessere Kommunikation. https://socialhub.io/de/produkte/. Zugegriffen: 31. Mai 2018

Sprout Social (2016) Turned off: how brands are annoying customers on social. https://sproutsocial.com/insights/data/q3-2016/. Zugegriffen: 31. Mai 2018

Sunley R (2016) Recherchieren, Reagieren, Reflektieren – Drei R für mehr Customer Engagement in den sozialen Medien. https://blog.hootsuite.com/de/mehr-customer-engagement-den-sozialen-medien/. Zugegriffen: 31. Mai 2018

Tamblé M (2017a) Wie oft Du Blogbeiträge in den Social Media teilen solltest. https://www.blog2social.com/de/blog/wie-oft-du-blogbeitraege-in-den-social-media-teilen-solltest/. Zugegriffen: 31. Mai 2018

Tamblé M (2017b) Cross-promote, don't crosspost on social media. https://www.blog2social.com/en/blog/crossposting-cross-promoting-social-media/. Zugegriffen: 31. Mai 2018

Tamblé M (o. J.) Vor- und Nachteile der Social Media Automatisierung. https://www.blog2social.com/de/blog/vor-und-nachteile-der-social-media-automatisierung/. Zugegriffen: 31. Mai 2018

Tamblé M, Bott G (2017) Social Media Strategien für Corporate Blogs – Teil 2. Vor- und Nachteile der Social Media Automatisierung. https://www.marconomy.de/vor-und-nachteile-der-social-media-automatisierung-a-612853/. Zugegriffen: 31. Mai 2018

Tißler J (2017a) Tipps und Werkzeuge für die Social-Media-Automatisierung. https://upload-magazin.de/blog/20590-social-media-automatisierung/. Zugegriffen: 31. Mai 2018

Tißler J (2017b) Tools und Dienste für Automatisierungen. https://upload-magazin.de/blog/19022-tools-und-dienste-fuer-automatisierungen/. Zugegriffen: 31. Mai 2018

Tousley S (2016) 7 powerful social media experiments that grew our traffic by 241 % in 8 months. https://blog.bufferapp.com/social-media-experiments. Zugegriffen: 31. Mai 2018

Wadhawan J (2015) Social Media Week: 7 Tipps für Marketing in Echtzeit. http://www.absatzwirtschaft.de/social-media-week-7-tipps-fuer-marketing-in-echtzeit-45523/. Zugegriffen: 31. Mai 2018

Weck A (2017a) Infografiken erstellen: 10 Tools, die dabei helfen. http://t3n.de/news/infografiken-selbst-erstellen-102-443392/. Zugegriffen: 31. Mai 2018

Weck A (2017b) 17 nützliche Social-Media-Tools, -Apps und -Plugins, die deinen Alltag erleichtern. http://t3n.de/news/social-media-tools-apps-plugins-609849/. Zugegriffen: 31. Mai 2018

Wiesner S (2017) Vergesst Redaktionspläne – Warum Marken den Storymodus brauchen. https://www.wuv.de/marketing/vergesst_redaktionsplaene_warum_marken_den_storymodus_brauchen. Zugegriffen: 31. Mai 2018

Zehmisch M (o. J.) Das 1 × 1 der Social-Media-Kommunikation. http://startupwissen.biz/social-media-tipps-fuer-startups/. Zugegriffen: 31. Mai 2018

If content is King, then conversation is Queen.
John Munsell, CEO of Bizzuka (Munsell zitiert bei KomDigital 2017).

Zusammenfassung

In diesem Schritt geht es um die konkrete Social-Media-Tagesarbeit, das Moderieren. Abschn. 12.1 befasst sich zunächst mit den grundlegenden Aufgaben des Moderators. Welche operativen Gestaltungskriterien den Rahmen für die Moderation legen, thematisiert Abschn. 12.2. Aufgrund der wachsenden Bedeutung von Chatbots erfolgt in Abschn. 12.3 noch eine kritische Betrachtung über den Einsatz dieser Technologien im Rahmen der Social-Media-Moderation.

In Kap. 11 drehte sich alles um den Auf- und Ausbau von Social-Media-Profilen, vor allem mit Blick auf die Generierung von zielgruppen-relevanten Inhalten. Diese bilden die Voraussetzung, dass Nutzer überhaupt mit dem Unternehmen interagieren. John Munsell greift deswegen in seinem Zitat die Äußerung von Bill Gates auf, dass Content der König sei. Munsell führt diese Idee jedoch für Social Media weiter und stellt die Unterhaltung mit den Nutzern praktisch auf dieselbe Ebene, sie ist die Königin. Und das trifft natürlich den Kern von Social Media – die Interaktion mit den Nutzern, die für Engagement sorgt. Denn: „Social Media wurde ursprünglich mal dafür gemacht, um sich auszutauschen" (Zitat von Sachar Klein bei Tönjes 2017). Der **Dialog mit der Community hat also höchste Priorität,** frei nach dem Prinzip: Wie es in den Wald hineinruft, so schallt es heraus. Für das Unternehmen bedeutet dies, mit seinen Followern zu interagieren und so eine lebendige Community aufzubauen und zu erhalten. Dies wiederum hat – wie mehrfach gezeigt – positive Auswirkungen auf die Algorithmen der Plattformen, die für die Nutzer vorauswählen, was auf ihren Timelines angezeigt wird. Man kann das **Zusammenspiel der Komponenten** wie folgt zusammenfassen:

- Ohne gute Inhalte keine Interaktion
- Ohne Interaktion keine Relevanz
- Ohne Relevanz keine (erneute) Anzeige in den Timelines der Nutzer

Nachdem es in Schritt sieben des Social-Media-Zyklus um die Inhalte ging, die bei Nutzern (Inter-)Aktionen auslösen sollen, beschäftigt sich nun Schritt acht mit den Aspekten rund um das Thema Moderation, das heißt mit der Art und Weise wie auf Nutzerreaktionen zu reagieren ist. Auch in diesem Zusammenhang stellen sich eine Vielzahl von Fragen, die im Rahmen dieses Abschnitts beantwortet werden:

Fragen

- Welche Aufgaben übernimmt der Moderator?
- Welche organisatorischen Rahmenbedingungen zur Moderation liegen vor?
- Wie spricht das Unternehmen die Nutzer an?
- Wie ist auf Kommentare zu reagieren?
- Muss man auf jeden Beitrag reagieren?
- Wie kann man schnell reagieren, aber dennoch individuell?
- Darf man mit Humor reagieren?
- Kann man Interaktion auch automatisieren?

12.1   Aufgaben des Moderators

Die Bedeutung der Rolle der Person beziehungsweise Personen[1], die in direktem Kontakt mit der Community steht/stehen, kann gar nicht oft genug hervorgehoben werden. Schließlich beziehen sich alle Social-Media-Mechanismen auf zwischenmenschliche Interaktionen (siehe dazu ausführlich Abschn. 3.2): mitmachen, sich selbst darstellen, sich vernetzen, sozial interagieren, teilen, mitreden, sich öffnen, beurteilen, beeinflussen, korrigieren, erweitern. Die Aufgabe des Moderators kann also nicht nur darin bestehen, auf einen Kommentar zu warten und dann gegebenenfalls zu reagieren. Die nachstehenden vier Zitate von bekannten Social-Media-Experten geben eine Idee, welche Rollen ein Moderator erfüllen muss (entnommen bei Simplify360 2013, S. 2, 20, 23 und 24):

> Activate your fans, don't just collect them like baseball cards.
> – Jay Baer, Convince & Convert

---

[1]Im Folgenden wird/werden diese Person/Personen einfach als Moderator/en beziehungsweise in Analogie zu den Erläuterungen in Abschn. 8.2 als Community Manager bezeichnet.

To utilize social media tools effectively and properly, you must absolutely generate spontaneous communications in direct response to what others are saying or to what is happening in that moment. Be yourself. Be conversational. Be engaged.
– Aliza Sherman, Co-Founder von Conversify

As the web becomes a more social and porous medium, remember that interaction and community are going to happen with or without your involvement. You can watch the conversation take place or you can own and guide it.
– Adam Weinroth, Buchautor „Making Sense of Social Media"

Social Media is about sociology and psychology more than technology.
– Brian Solis, Digital Evangelist

Auch wenn es schwierig ist, eine Grenze zu ziehen zwischen den verschiedenen Aufgaben, respektive Rollen innerhalb eines Social-Media-Teams, so hat die eigene Erfahrung gezeigt, dass Social-Media-Moderatoren sechs wesentliche Aufgaben zu erfüllen haben, die zunächst in Abb. 12.1 zusammengefasst sind.

Zuhören und reagieren
Diese Aufgabe ist die **Kern-Tätigkeit von Moderatoren.** Sie zeigt, wie eng die einzelnen Schritte des Social-Media-Zyklus ineinander verzahnt sind: Basis der Aktivitäten von Community-Managern ist das aktive Zuhören, das am besten fortlaufend und systematisch über das Social-Media-Monitoring als übergreifenden Prozess betrieben wird. Damit einher geht die Überwachung der eigenen, aber vor allem auch fremder Plattformen (z. B. Foren). Kommen Kommentare oder Anfragen über die eigenen Kanäle herein, ist es die Aufgabe der Moderatoren, zeitnah darauf zu reagieren. Dies kann beispielsweise durch

Abb. 12.1   Aufgaben von Social-Media-Moderatoren. (Quelle: eigene Darstellung)

eigene Kommentare auf eine Äußerung oder die Beantwortung von Fragen erfolgen. Lässt sich eine Frage nicht direkt beantworten, so leiten Moderatoren den Nutzerbeitrag an die entsprechende Stelle weiter und schreiben später eine Antwort „im Namen von…".

Im Falle einer proaktiv ausgerichteten Social-Media-Strategie können diese Prozesse auch auf fremden Plattformen stattfinden, indem man sich dort in Konversationen einklinkt und als Mitarbeiter des Unternehmens zu erkennen gibt (siehe dazu das Fallbeispiel 2 von Lufthansa USA in Abschn. 5.1.2).

Anregen und animieren

Konkrete Nutzeranfragen sollten möglichst schnell und abschließend beantwortet werden. Alle anderen Arten von Beiträgen bieten die Möglichkeit für den Moderator, andere Personen auf dem Profil **zur Aktivität anzuregen** und Nutzer zur aktiven Teilnahme und Diskussion einzuladen. – Etwa, indem man den Ball an die Community zurückspielt und diese um ihre Meinung fragt. Generell gilt: Klassische Handlungsaufrufe, sogenannte „Call-To-Actions", funktionieren noch immer sehr gut.

Lenken und korrigieren

Nicht immer sind Kommentare und Anfragen der Nutzer nur positiv. Insofern müssen sich Community Manager auch **mit negativen Kommentaren auseinandersetzen.** Ziel sollte es hierbei sein, die Situation frühzeitig aufzufangen und zu klären beziehungsweise – in schlimmeren Fällen – deeskalierend zu wirken.

Des Weiteren kann es passieren, dass Nutzer eine Diskussion mehr oder weniger bewusst vom Kernthema weg hin zu anderen Themen lenken. Weck (2015) bezeichnet dies als gelebte Negativ-Netzkultur, für die der Begriff des **„Derailing"** eingeführt wurde, was so viel wie „entgleisen lassen" bedeutet. Vor allem Beiträge mit gesellschaftlichem Themenfokus laufen ständig Gefahr, von Menschen anderer Sichtweisen gezielt entgleist zu werden. Einen solchen Fall und wie Moderatoren darauf reagieren können, zeigt das nachstehende Fallbeispiel 16 von Weck (2015).

Fallbeispiel 16: Derailing (Quelle Weck 2015)

In diesem Beispiel hatten zwei Unternehmerinnen aus Dresden in Eigenleistung eine kostenlos erhältliche Flüchtlings-App entwickelt. Die App bündelte Informationen zum Asylverfahren sowie Alltagsregeln und Notfallkontakte für Neuankömmlinge für die Region rund um Dresden. Ein Artikel thematisierte, dass ein bundesweiter Rollout kaum ohne finanzielle Unterstützung geleistet werden könne.

Der erste Kommentar zum Artikel auf Facebook lautete wenig überraschend „Wie wäre es, wenn die Gutmenschen eine gute Tat verbringen würden und jede der beiden Damen fünf Vertriebenen in ihrem privaten Heim ein Zuhause gewähren würde?" Anschließend passierte das Derailing: Einige Leser fühlten sich angesprochen und unterhielten sich auf einmal über die Forderung im Kommentar, die systemischen Probleme in den Herkunftsländern der Flüchtlinge zu lösen sowie über Fehlentscheidungen in der Außenpolitik.

Das Derailing war vom ursprünglichen Kommentator nicht beabsichtig gewesen. Der Kommentar hatte genau genommen keinen anderen Zweck, als zum einen die Arbeit der Damen lächerlich zu machen. Und zum anderen unterschwellig darauf hinzuweisen, dass jegliche Hilfe sowieso kompletter Blödsinn sei. An der Behauptung, sie wären „Gutmenschen" kann man deutlich erkennen, welchen Standpunkt der Facebook-Nutzer generell gegenüber Menschen vertritt, die sich in der Angelegenheit couragiert verhalten.

Wie das Bild des Posts zeigt, griff der t3n-Moderator Andreas Weck selber ein und versuchte die Diskussion wieder auf den Ursprung zurückzuführen.

Die Grenzziehung, was noch in die reine Moderation oder schon unter Deeskalation fällt, ist in diesem Zusammenhang schwer. Da es sich bei der Deeskalation um eine besonders wichtige Funktion handelt, die differenzierter zu betrachten ist, behandelt Schritt 9 des Social-Media-Zyklus diesen Themenkomplex gesondert.

Beziehung zu aktiven Nutzern aufbauen

Gerade in kritischen Fällen ist es gut, wenn man als Moderator zu aktiven Nutzern bereits eine Beziehung aufgebaut hat. Denn diese helfen im Zweifel gerne und weisen andere Mitglieder im Falle inadäquaten Verhaltens zurecht. Nutzer, die einem sehr wohlgesonnen und zudem sehr aktiv sind, gibt es auf vielen Plattformen. Die Moderatoren-Aufgabe besteht darin, diese aktiven, positiv gesonnenen Nutzer zu erkennen, ihnen positives Feedback zu geben und **sie aktiv zu promoten.** Dazu teilt man Beiträge dieser Nutzer oder greift diese eventuell sogar im Rahmen eigener Storys auf dem Unternehmens-Profil auf (siehe den Aspekt User-Generated-Content in Abschn. 11.1.3). Womöglich kann man solchen Nutzern nach einer gewissen Zeit sogar besondere Aufgaben zukommen lassen und sie zu Markenbotschaftern entwickeln. Eine solche Wertschätzung, so Holze (2017), führt dazu, dass diese Nutzer die Inhalte des Unternehmens wiederum selber noch häufiger teilen, was wiederum mehr Reichweite bringt.

Erweitern und verbessern
Die Moderatoren-Arbeit ist mit den bisherigen Tätigkeiten jedoch noch nicht getan. Da sie am Puls der Nutzer sitzen, ist es in der Regel auch die Aufgabe der Community-Manager, Anregungen aus Diskussionen aufzunehmen und nach **intern weiterzugeben.** Aber Achtung: Es gibt in diesem Zusammenhang nichts Schlimmeres, als Nutzer nach ihrem Input zu fragen und anschließend nichts zu tun. Zumindest ein Feedback an die Community ist erforderlich. Im besten Fall lassen sich aus den Nutzerbeiträgen jedoch Verbesserungen oder wiederum neue redaktionelle Artikel ableiten.

Daneben bleibt die Aufgabe des permanenten **Observierens aktueller Tendenzen** und Entwicklungen im Bereich Social Media im Rahmen des Social-Media-Monitorings, um zeitnah reagieren zu können.

12.2   Gestaltungskriterien der Moderation

Nachdem die allgemeinen Moderationsaufgaben geklärt sind, geht es im Weiteren um die Gestaltungsmöglichkeiten. Erste Anhaltspunkte liefert hier eine Analyse häufig auftretender Fehler (siehe Abb. 12.2).

Die in Abb. 12.2 aufgeführten Fehler lassen sich grob drei Kategorien zuordnen: 1) Organisation, 2) Prozesse und 3) Dialogführung.

1) Organisation
Eigentlich sollten an dieser Stelle durch das Social-Media-Governance-Modell (siehe Abschn. 9.2) die wichtigsten Aspekte der Organisation geklärt sein. Dennoch existiert im operativen Geschäft häufig noch Konkretisierungsbedarf. Insofern gilt es, Themen wie die Servicezeiten, die Präsentation des Social-Media-Teams, die generelle Form der Nutzeransprache sowie die Abschlussformel bei Posts festzulegen.

Servicezeiten: Eines der acht Charakteristika von Social Media ist Aktualität und Schnelligkeit (siehe Abschn. 3.2). Dies betrifft die Geschwindigkeit, wie sich Meldungen über die sozialen Medien verbreiten, aber auch die Zeit, die es dauert, bis Unternehmen auf Anfragen von Kunden reagieren. Je nach Kanal sind die **Erwartungen der Kunden enorm hoch.** Schon 2013 fand beispielsweise Lithium in einer Studie heraus, dass

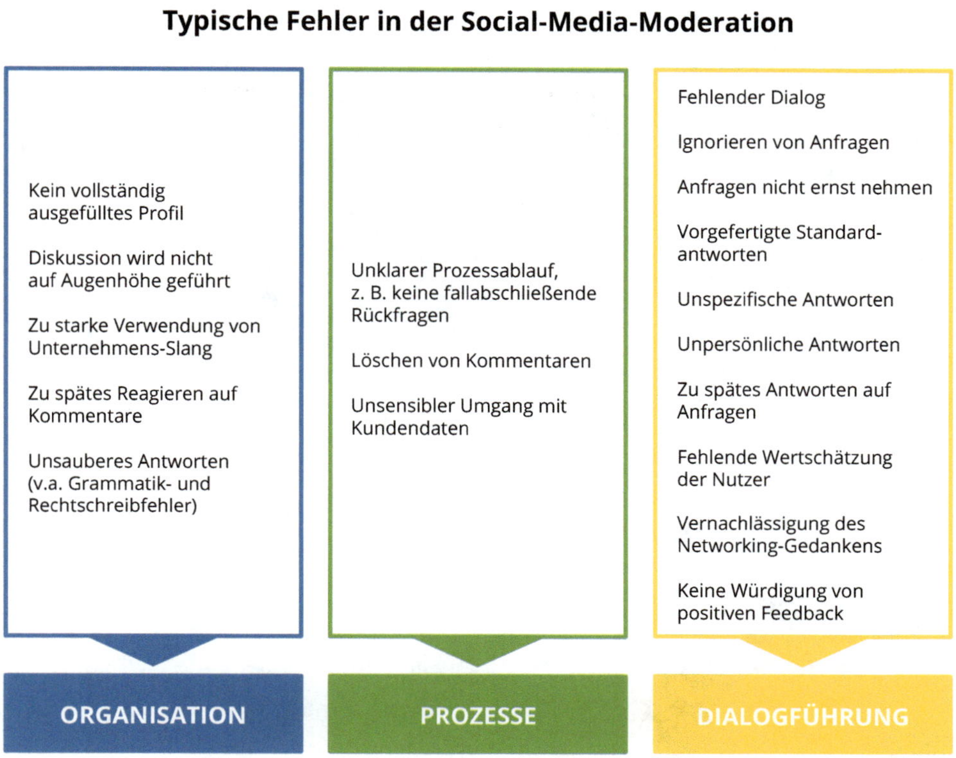

Typische Fehler in der Social-Media-Moderation

ORGANISATION

Kein vollständig ausgefülltes Profil

Diskussion wird nicht auf Augenhöhe geführt

Zu starke Verwendung von Unternehmens-Slang

Zu spätes Reagieren auf Kommentare

Unsauberes Antworten (v.a. Grammatik- und Rechtschreibfehler)

PROZESSE

Unklarer Prozessablauf, z. B. keine fallabschließende Rückfragen

Löschen von Kommentaren

Unsensibler Umgang mit Kundendaten

DIALOGFÜHRUNG

Fehlender Dialog

Ignorieren von Anfragen

Anfragen nicht ernst nehmen

Vorgefertigte Standardantworten

Unspezifische Antworten

Unpersönliche Antworten

Zu spätes Antworten auf Anfragen

Fehlende Wertschätzung der Nutzer

Vernachlässigung des Networking-Gedankens

Keine Würdigung von positiven Feedback

Abb. 12.2 Kategorisierung häufiger Fehler in der Social-Media-Moderation. (Quelle: eigene Darstellung auf Basis der Ausführungen von Hoffmann 2017; Holze 2015; Maier 2014; Smith 2013; Tönjes 2017; Unger 2017)

53 % der befragten Nutzer innerhalb einer Stunde eine Antwort auf eine Twitter-Anfrage erwarten. Handelt es sich um eine Beschwerde, steigt dieser Wert sogar auf 72 % (vgl. Lithium 2013). Diese Anforderungen dürften vor dem Hintergrund des beschriebenen „Ich-Sofort-Alles-Überall-Prinzips" (siehe Abschn. 2.1) nicht gesunken sein. Insofern versteht es sich von selber, dass jedes Unternehmen, das Social Media betreibt, auch einen 24/7-Support anbieten muss. – Oder?

Das, was sich so einfach sagen lässt und auch der Erwartung vieler Nutzer entsprechen dürfte, ist leichter gesagt als getan. Schließlich benötigt ein 24/7-Support erhebliche **Ressourcen**. Abhängig vom bisherigen Niveau des Service-Levels kann dies schnell in einer Doppelung der Mannschaft resultieren. Das können (und wollen) sich viele Unternehmen nicht leisten.

Ressourcen hin oder her: Vor diesem Hintergrund erscheint es dennoch wie ein Anachronismus, dass manche Unternehmen Servicezeiten kommunizieren, bei denen das Team werktags nur zwischen neun und 18 Uhr zur Verfügung steht, wie im folgenden Beispiel des Nestlé-Marktplatzes (siehe Abb. 12.3).

Abb. 12.3 Beispiel der Darstellung von Servicezeiten und des Social-Media-Teams. (Quelle: eigene Darstellung auf Basis von www.nestlé-marktplatz.de)

In diesem Zusammenhang stellen sich nun zwei Fragen:

- Ist ein solches Vorgehen grundsätzlich falsch? Nein!
- Ist ein solches Vorgehen grundsätzlich problemlos? Leider auch nein!

Ein solches Vorgehen ist zunächst einmal nicht verwerflich. Es wirkt vielleicht altmodisch und nicht zeitgerecht. Bestehen aber **Personalengpässe oder rechtliche Restriktionen,** so ist es durchaus sinnvoll, die Servicezeiten offen zu kommunizieren und so für eine entsprechende Erwartungshaltung zu sorgen.

Nun mag man meinen, dass ein Weltkonzern wie Nestlé im Beispiel oben keinerlei Ressourcenprobleme haben dürfte, genügend Personal zum Betreiben der Social-Media-Plattformen zu besorgen. In diesem Fall spiel(t)en aber andere, nämlich rechtliche Aspekte eine Rolle: Zu der Zeit, als der Autor dieses Buches noch für den

Nestlé-Marktplatz verantwortlich war, lag die inhaltlich-operative Betreuung des Nestlé-Marktplatzes beim Nestlé-Verbraucherservice (NVS). Die Kundenbetreuer waren Angestellte von Nestlé und als solche den Tarifbestimmungen unterworfen. Aufgrund der Einstufung des NVS als kein klassisches Call Center, war es dem NVS nicht erlaubt, außerhalb der üblichen Geschäftszeiten und am Wochenende zu arbeiten. Aus Kostengründen entschied man sich, die eingeschränkten Servicezeiten nicht durch Hinzunehmen eines externen Dienstleisters zu erweitern, sondern sie, wie in Abb. 12.3 gezeigt, zu kommunizieren. Die Social-Media-Profile des Marktplatzes blieben während der Abendstunden und am Wochenende dennoch nicht unbeaufsichtigt. Der Leiter und dessen Stellvertreterin übernahmen während dieser Zeiten die Überwachung und Moderation. Auf diese Weise konnte zumindest einigermaßen zeitnah auf Nutzerbeiträge außerhalb der offiziellen Servicezeiten reagiert werden.

Dennoch ist eine solche **Vorgehensweise nicht ganz unkritisch.** Zum einen bedeutet sie eine enorme Zusatzbelastung für die Verantwortlichen. Zum anderen ruft die offene Kommunikation der Servicezeiten gerne die Unternehmenskritiker auf den Plan: Sie bevorzugen es, die „Off"-Zeiten zu nutzen, um kritische Beiträge zu posten, immer in der Hoffnung, dass Beiträge lange unbeantwortet auf der Plattform stehen bleiben und so Anlass zum Unternehmens-Bashing geben.

Insofern gibt es keine einfache Antwort auf die Frage, wie man mit der Festlegung und der Kommunikation der Servicezeiten für Social Media umgehen soll. Es gilt, was Juristen so gerne sagen: Es kommt darauf an.

Präsentation des Teams: Wie bei den Servicezeiten, gibt es auch in Bezug auf die Frage, ob und wie man das Social-Media-Team vorstellt keine einfache und eindeutige Antwort. Generell sind mehrere Ansätze denkbar, die sich aber im Hinblick auf die Offenheit der Kommunikationskultur sowie den damit verbundenen Gefahren graduell unterscheiden (siehe Tab. 12.1).

Sicherlich trifft eine offene Kommunikationskultur (Ansätze 1 und 2; siehe Tab. 12.1) den eigentlichen Kern von Social Media am ehesten, nehmen Menschen doch eine Schlüsselposition im Rahmen von Social Media ein. Mit der **Vorstellung des Social-Media-Teams mit Bild und vollständigen Namen** (Ansatz 1) stehen die Moderatoren allerdings stark im Rampenlicht und sind möglichen Angriffen von Kritikern und Feinden ausgesetzt. Man mag denken, was soll da schon geschehen – eigene Erfahrungen zeigen aber, dass man für alle Eventualitäten gerüstet sein muss. So wurde eine Mitarbeiterin des Autors, die durch ihre Rolle medial sehr präsent das Unternehmen (auch in den sozialen Medien) nach außen vertrat, stark angegriffen: Unternehmenskritiker schnitten existierende Aufnahmen der Mitarbeiterin von verschiedenen Kongressen und Unternehmensauftritten so zusammen, dass es schien, als würde sich die Mitarbeiterin diskriminierend und schlecht über das eigene Unternehmen äußern. Dies war natürlich ein klarer Fall der Verletzung der Persönlichkeitsrechte. Dieser klare Tatbestand half der Mitarbeiterin zu diesem Zeitpunkt allerdings nicht, denn sie fühlte sich persönlich angegriffen. Dem Autor sind zudem Fälle bekannt, wo Kunden den Wohnsitz von Mitarbeitern aufsuchten,

Tab. 12.1 Graduelle Einstufung verschiedener Alternativen zur Präsentation des Social-Media-Teams. (Quelle: eigene Darstellung)

Variante	Kundennähe/Offenheit	Gefahren/Probleme
Ansatz 1: Absolut offene Präsentation Vorstellung des Teams mit Bildern, Vor- und Zunamen	Demonstriert offene Kommunikationskultur und höchstmögliche Kundennähe	Höchste Gefahr des Stalkings durch Social-Web-Nutzer (z. B. Trolle) Hoher Aufwand bei stark wechselndem Team
Ansatz 2: Weitgehend offene Präsentation Vorstellung des Teams mit Bildern und Vornamen	Demonstriert weitgehend Kundennähe und eine offene Kommunikationskultur	Mitglieder des Moderatoren-Teams sind in der Realität nicht sofort identifizierbar, aber u. U. dennoch angreifbar Hoher Aufwand bei stark wechselndem Team
Ansatz 3: Eingeschränkte Präsentation Nennung des Vornamens	Ein gewisser persönlicher Charakter bleibt mit Einschränkungen erhalten	Moderatoren-Team ist vor Stalking weitgehend geschützt
Ansatz 4: Weitgehend intransparente Präsentation Benennung der Moderatoren nur mit Initialen (z. B. AD)	Interaktion hat nur wenig persönliche Elemente	Moderatoren-Team vor Stalking fast komplett geschützt
Ansatz 5: Komplett intransparente Präsentation Nutzung eines Fake-Profils	Keinerlei persönliche Note in der Interaktion	Keine Gefahr für das Team, allerdings Abmahnungsgefahr durch Plattformen, wenn Klarnamen-Pflicht besteht

um sich dort persönlich über das Unternehmen zu beschweren. Dies kann auch für den **zweiten Ansatz** gelten, wie er in Abb. 12.3 dargestellt ist. Zumindest der dort gezeigte Mitarbeiter könnte aufgrund seiner Position und der Tatsache, dass er das Unternehmen nach außen hin auf Messen und Kongressen vertritt, durch etwas Recherche identifiziert werden. Vor diesem Hintergrund sollte man sich ein derartig offenes Kommunizieren der Team-Mitglieder durchaus zweimal überlegen – trotz aller Kundenorientierung.

Ansatz **5** (siehe Tab. 12.1) hingegen stellt das komplette Gegenteil dar: Anstatt Team-Mitglieder in welcher Form auch immer zu benennen, verwendet man einfach für alle Mitarbeiter ein einheitliches Fake-Profil. Ein derartiges Vorgehen schützt zwar sämtliche Mitarbeiter, wird aber sehr schnell von der Community bemerkt. Das Profil wirkt dann sehr unpersönlich. Hinzu kommt, dass die Plattformen, die von den Nutzern Klarnamen verlangen, das Unternehmen hierfür abstrafen könnten. So war es beispielsweise Nestlé nicht erlaubt, das Moderatoren-Team des Marktplatzes auf Facebook als Alexander Nestlé oder Markus Nestlé zu bezeichnen.

Insofern erscheinen für die meisten Unternehmen die **Ansätze 3 und 4** (siehe Tab. 12.1) am sinnvollsten, da sich die Vor- und Nachteile weitgehend die Waage halten.

Ansprache der Nutzer: Dieser Aspekt mag zunächst ein wenig banal erscheinen. Dennoch muss auch hier eine Entscheidung getroffen werden: **Duzen oder Siezen?**

Hintz (2013) geht in ihrem Artikel dieser Frage nach und findet sich zunächst im Zwiespalt: Auf der einen Seite scheint es für viele eine Art Gesetz zu geben, dass „im Internet" geduzt wird und dass Unternehmen sich dem beugen sollten. Scheidtweiler (2013) führt dies weiter aus und meint: „Ein „Du" schafft üblicherweise eine persönlichere, emotionalere Beziehung als das „Sie" (Ausnahmen gibt es immer). Wer sich in Social Media engagiert, als Unternehmen oder als Person, sollte diesen Aspekt im Hinterkopf haben. Vertrauen zu Fans und Freunden lässt sich schneller auf informellem Wege generieren". Auf der anderen Seite gehört das „Sie" zur deutschen Sprache, vor allem im Geschäftsleben. Es demonstriert eine professionelle Distanz, Respekt und Höflichkeit (vgl. Hintz 2013).

Bei der Beantwortung der Du-Sie-Frage, helfen die folgenden Aspekte:

- Die Unternehmenskultur, respektive die generelle Kundenansprache
- Die Social-Media-Plattform, auf der das Unternehmen sein Profil betreibt
- Ausrichtung des Unternehmensprofils auf der Social-Media-Plattform (Geschäftscharakter, Ziel, Zielgruppe)
- Die Form der Ansprache des Unternehmens durch den Nutzer

Zunächst handelt es sich um eine **unternehmenskulturelle Frage.** In diesem Kontext kann es eine Rolle spielen, ob das Unternehmen in der klassischen Kundenkommunikation bereits eine bestimmte Ausrichtung gewählt hat. Relativ einfach dürfte das für ein Unternehmen wie IKEA sein, das seine Kunden grundsätzlich duzt. Bedeutet dies, dass alle anderen Unternehmen, die ihre Kunden im „normalen Leben" nicht duzen, eindeutig Siezen müssen? Nicht unbedingt, denn es kann sinnvoll sein, sich die **Besonderheiten der Social-Media-Plattform,** auf der das Unternehmensprofil betrieben wird, näher anzuschauen. So kann man annehmen, dass man auf Business-Netzwerken, bei denen der Geschäftscharakter stark im Vordergrund steht, eher siezt, während beispielsweise auf Snapchat ein eher lockerer Ton angestrebt wird. In diesen Fällen käme man der Empfehlung, auf Augenhöhe zu kommunizieren relativ gut nach: Business-Netzwerke – Siezen; persönliche Netzwerke – eher Duzen.

Aber auch das wäre noch etwas vereinfacht gedacht, denn es kommt am Ende auch auf den **Geschäftscharakter des Unternehmensauftritts,** sprich das verfolgte Ziel sowie die damit anvisierte Zielgruppe an. Unabhängig vom Charakter der Plattform kann gerade bei jüngeren Zielgruppen das Siezen dazu führen, dass sich diese herablassend und distanziert behandelt fühlen. Die Entscheidung ist also in aller erster Linie **konzeptabhängig** (in diesem Sinne auch: Scheidtweiler 2013). Das heißt, es kann durchaus sinnvoll sein, dass ein und dasselbe Unternehmen auf unterschiedlichen Plattformen seine Nutzer unterschiedlich anspricht.

Für diejenigen, die sich trotz all dieser Punkte noch unsicher sind, bleibt immer noch die Möglichkeit, Nutzer in der Form zu begegnen, **wie diese das Unternehmen selbst ansprechen.** Duzt jemand, duzt man zurück, siezt jemand, bleibt man beim förmlichen Sie.

Man möchte meinen, dass die einfachste Lösung darin besteht, seine Nutzer selber zu befragen. Das dem nicht unbedingt so sein muss, zeigt das Beispiel von Horizont in Abb. 12.4.

Abschlussformel: Abschließend kann man sich noch Gedanken hinsichtlich der Abschlussformel in Beiträgen und Kommentaren machen. Sicherlich sollten hier Analogien zur Ansprache der Nutzer sowie der Teamvorstellung gezogen werden. Weitere Aspekte, die es in diesem Zusammenhang zu beachten gibt:

* Soll es eine einheitliche Abschieds- respektive Grußformel geben, die einen einheitlichen Auftritt im Profil gewährleistet?
* Wie stark lässt sich diese Grußformel individualisieren?
* Wird dabei der Name oder nur ein Kürzel des Moderators verwendet oder verzichtet man komplett auf eine Personalisierung?

2) Prozesse
Fehler in der Moderation entstehen, wenn Prozessabläufe nicht klar definiert sind. Auch hier sollten im Rahmen des Social-Media-Governance-Modells die wesentlichen Aspekte festgelegt sein. Insofern beziehen sich die nachstehenden Aspekte wie Zwischenbescheide, Kanalwechsel, Wahrung der Privatsphäre und Fallabschluss eher auf operative Abläufe, vor allem im Zusammenhang mit Serviceanfragen.

Zwischenbescheide: Je nach organisatorischer Aufstellung von Social Media im Unternehmen besitzen die Moderatoren unterschiedliches Wissen über Unternehmensabläufe. In eher zentralen Organisationsformen ist das Wissen eher allgemein, bei holistischen oder koordinierten Ansätzen verfügen die Moderatoren durchaus über tiefer gehendes Know-how. Dennoch kann es in all diesen Fällen vorkommen, dass der Moderator nicht sofort auf eine Anfrage eines Nutzers vollumfänglich antworten kann. Dies ist per se nicht schlimm, sofern der Moderator in einem Zwischenbescheid darauf hinweist.

Das Beispiel in Abb. 12.5 zeigt, wie Moderatorin Katrin den Nutzer zunächst darüber informiert, dass sie zu dieser Frage **Rücksprache** halten muss. Das Beispiel verdeutlicht aber auch bestimmte organisatorische Prozesse, die im Hintergrund ablaufen. Die genaue Form ist zwar nicht bekannt, aber es wird klar, dass Moderatorin Katrin den Fall während ihrer Schicht nicht fall-abschließend klären konnte und ihn deswegen an eine Nachfolgerin übergeben hat. Nachdem Moderatorin Juliane das Feedback aus den Läden erhalten hat, kann sie die Anfrage des Nutzers abschließend beantworten. Derartige Prozesse lassen sich sehr gut über Social-Media-Management-Tools abdecken. Hier sei insbesondere SocialHub nochmals genannt, da es genau für diese Fälle eine sehr gute Oberfläche und die entsprechenden Prozesse zur Verfügung stellt.

HORIZONT · 32.829 gefällt das
30. Dezember 2010 um 10:55 ·

🖒 **Gefällt mir**

Duzen oder Siezen? Frank Peters postet: "Horizont schreibt ernsthaft "was meint IHR". Was soll das? Ist Horizont ein führendes B2B-Magazin oder eine Jugendblatt, das mich dutzen will? Business werte Kollegen, Business. Wäre schön." Was meint Ihr/Sie: Duzen oder Siezen auf der Facebook-HORIZONT-Seite

 Siezen. Ikea macht es vor: Plötzlich wird man gedutzt, und man denkt nur: was soll das?
30. Dezember 2010 um 12:48 · Gefällt mir · 🖒 1

 Ich fände "Sie" auf facebook komisch – bitte duzen!
30. Dezember 2010 um 12:56 · Gefällt mir · 🖒 1

 "Sie" zeugt von Respekt! Bei IKEA schon mal einen Verkäufer geduzt???
30. Dezember 2010 um 13:12 via Handy · Gefällt mir

 Auf Facebook: duzen.
30. Dezember 2010 um 13:19 via Handy · Gefällt mir

 Das mit dem Respekt sieht aber eben nicht jeder so. Ich fühle mich nicht gleich nicht-respektiert nur weil mich jemand duzt.
30. Dezember 2010 um 13:26 · Gefällt mir · 🖒 1

 Sie! – Warum einen Unterschied zwischen Offline und Online machen?
30. Dezember 2010 um 13:40 · Gefällt mir · 🖒 1

 social media – so einfach kann das leben sein ;) – wünsche ihnen/euch einen guten start in das jahr 2011
30. Dezember 2010 um 13:44 · Gefällt mir · 🖒 1

 duzen – respektvoller Umgang ist völlig unabhängig vom Du oder Sie.
30. Dezember 2010 um 13:44 · Gefällt mir · 🖒 1

 Als Fan – sorry "Gefälltmirer" – lasse ich mich doch gerne Duzen.
30. Dezember 2010 um 14:02 via Handy · Gefällt mir · 🖒 1

 am besten so unkompliziert wie möglich! also bitte "du" und gern auch durchgehend die männliche form.
30. Dezember 2010 um 14:10 · Gefällt mir · 🖒 1

 Ein kleiner Auszug aus Facebook:

"Was machst du gerade?" – Status
"Foto hochladen von deinem Laufwerk" – Fotos
"XXX hat dich eingeladen" – Veranstaltungen... Mehr anzeigen
30. Dezember 2010 um 14:16 · Gefällt mir · 🖒 3

 Die Diskussion ist überflüssig. Sie oder Du hat null Einfluss auf den Umgang miteinander bzw. Respekt gegenüber anderen, wenn sonstige gesellschaftliche Regeln eingehalten werden. In Social Media Kanälen wird geduzt, weil dies schneller und direkter daher kommt. Dies gilt nicht nur für Facebook, sondern auch für Blogs, Twitter & Co. PS: In einem Online-Forum hat auch noch nie jemand nach dem Sie gefragt.
30. Dezember 2010 um 14:34 · Gefällt mir · 🖒 4

 HORIZONT Merci für all die Kommentare. Da die Mehrheit das Du bevorzugt, möchten wir gern dabei bleiben! Allen einen guten Rutsch ins neue Jahr!
30. Dezember 2010 um 15:02 · Gefällt mir · 🖒 6

Abb. 12.4   Abfrage bei Horizont hinsichtlich Duzen oder Siezen. (Quelle: Hintz 2013)

Abb. 12.5 Beispiel eines Zwischenbescheids bei dm. (Quelle: eigene Darstellung auf Basis der Facebook Seite von dm)

Kanalwechsel (Channel Switch): Es gibt Fälle, da bedingt die Anfrage eines Nutzers einen sogenannten „Channel Switch". Dies bedeutet, dass der Moderator den Nutzer bittet, ihn **auf einem anderen Kanal** (zumeist über die Direktnachrichten-Funktion der Plattform) zu kontaktieren. Das kann mehrere Gründe haben, etwa:

- Der Moderator benötigt noch weitere Informationen vom Nutzer, um den Fall bearbeiten zu können. Diese Daten sind zumeist sensibel und sollten nicht in einem öffentlichen Stream ausgetauscht werden.
- Die Angelegenheit kann aufgrund einer Reklamation oder Beschwerde mit einer Kompensation für den Nutzer erledigt werden. Der Moderator bietet in diesen Fällen den Kanalwechsel an, um nicht Trittbrettfahrer auf den Plan zu rufen.

In derartigen Fällen sollte der Moderator versuchen, den Kanalwechsel **schlüssig zu begründen**. Er sollte auf Standardfloskeln möglichst verzichten. Zudem erscheint es hilfreich, wenn der Moderator dem Nutzer die entsprechenden Kontaktdaten des anvisierten Kanals mitteilt, damit sich dieser nicht selbst auf die Suche danach machen muss.

Wahrung der Privatsphäre: Wie beim Kanalwechsel schon angedeutet, ist es eine wichtige Aufgabe des Moderators, auf die **Privatsphäre der Nutzer** achtzugeben. Die Abfrage notwendiger persönlicher Daten über den offenen Stream zur Lösung eines Anliegens ist in jedem Fall zu vermeiden.

Daneben gibt es aber Fälle, in denen die Nutzer selber persönliche Daten von sich in den Kommentaren preisgeben. Beispielsweise fordern hin und wieder unvorsichtige Profilbesucher die Moderatoren auf, ihn unter einer bestimmten E-Mail-Adresse oder Telefonnummer zu kontaktieren. Ebenso passiert es, dass Nutzer Bilder in das Unternehmensprofil einstellen, die Rückschlüsse auf ihre Person zulassen, wie das Foto eines Autos, bei dem das Nummernschild zu erkennen ist. In solchen Fällen ist es die Aufgabe der Community-Manager, die Informationen schnellstmöglich aus dem Stream zu entfernen und den Nutzern eventuell einen Kanalwechsel zu empfehlen.

Fallabschluss/Nachverfolgung: Bei jeglicher Art von Serviceanfrage sollte es das Ziel eines Unternehmens sein, den Fall möglichst schnell **zur Zufriedenheit des Nutzers abzuschließen.** Dies gilt auch für Serviceanfragen über Social Media. Ist aus Sicht des Unternehmens der Fall geklärt, sollten Moderatoren dies entsprechend deutlich machen und keine Zweifel am korrekten Abschluss zulassen.

In vielen Fällen nehmen Moderatoren bei Serviceanfragen die Rolle von **Case-Owners** ein. Dies bedeutet, dass sie den Fall entgegennehmen und sich darum bemühen müssen, den Fall zu einem Abschluss zu bringen. Die eigentliche Lösung des Problems erfolgt aber durch andere Unternehmens-Mitarbeiter. In solchen Fällen ist es die Aufgabe der Moderatoren, bei den Kunden nachzuhaken, ob die besprochenen Aktivitäten seitens des Unternehmens stattgefunden haben und zur Zufriedenheit erledigt wurden. Die Moderatoren können, beziehungsweise sollten aktiv nachfragen, ob das Problem behoben werden konnte oder ob noch weitere Fragen zum Thema offen sind. Ein Dienst, der diesbezüglich sehr erfolgreich ist, ist der bereits angeführte Service „Telekom hilft" der Telekom (siehe dazu Fallbeispiel 5 in Abschn. 6.2).

3) Dialogführung

Im Kern der Moderation steht natürlich die Dialogführung. Zu diesem Zwecke gilt es nachstehend zu klären, warum ein Reaktionsschema als Basis zur Moderation hilfreich ist. Weitere Aspekte drehen sich um die notwendige Individualität der Kommentare sowie die Tonalität, die ein Unternehmen wählt.

Generelles Reaktionsschema: Pein (2014, S. 174–175) weist daraufhin, dass es besonders zu Beginn der Arbeit als Moderator hilft, sich eine grobe Orientierung zu verschaffen, wie auf welche Art von Beitrag zu reagieren ist. Das in Abb. 12.6 abgebildete Schema gibt dazu einen groben Überblick. Es bezieht sich auf **normale Diskussionen,** die auch Kritik beinhalten können. Auf negative Posts, die ein bestimmtes Level überschreiten, sodass der Moderator nicht mehr selbständig antworten kann, sind weitere Prozesse zu etablieren, die im Rahmen von Schritt 9 des Social-Media-Zyklus beschrieben werden (siehe Abschn. 13.2).

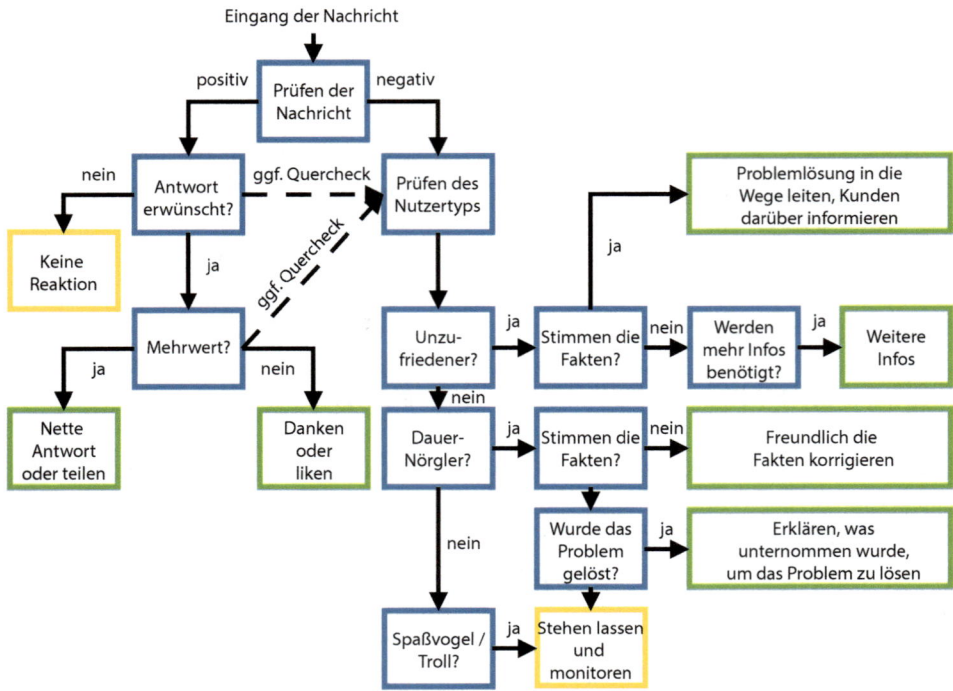

Abb. 12.6 Reaktionsschema für Beiträge und Nachrichten. (Quelle: eigene Darstellung in Anlehnung an Mai o. J.; Pein 2014, S. 175)

Gemäß des Reaktionsschemas in Abb. 12.6 prüft der Moderator bei Eingang einer neuen Nachricht zunächst, ob es sich um einen **positiven oder negativen Beitrag** handelt. Im Falle eines positiven Beitrags muss er sich die Frage stellen, ob der Nutzer eine Antwort erwartet oder nicht. Ist dies nicht der Fall, so braucht der Moderator nicht zu reagieren. An dieser Stelle wird damit schon einmal folgendes klar: Entgegen der hartnäckigen Meinung, man müsse auf jeden Beitrag reagieren, zeigt dieses Schema, dass dem nicht so ist. Sicher ist es sinnvoll, die Interaktion mit den Nutzern zu suchen, aber nur, wenn dies einen Mehrwert liefert. Der Post in Abb. 12.7 ist aus Sicht des Autors ein grenzwertiges Beispiel. Der Moderator versucht durch eine Rückfrage beim Nutzer diesen zur weiteren Interaktion zu bewegen, was auch gelingt. Also ist alles gut? Soweit ja. Allerdings kann ein solches Gebaren bei einer zu häufigen Anwendung durchaus zur Ernüchterung der anderen Nutzer führen. Insofern sollte sich der Moderator ernsthaft die Frage stellen, **ob eine Antwort einen Mehrwert liefern** kann oder nicht. Ist dies nicht der Fall, so genügt ein Dankeschön oder vielleicht besser eine Reaktion mit einem Like oder einem anderen Emoji. Übermäßiges Lobhudeln ist ansonsten fehl am Platz. Am Ende gilt es, die Balance zwischen Wertschätzung der User und einfältigem und ständig wiederholtem Bedanken zu finden.

Abb. 12.7 Post-Beispiel von VW mit Reaktion auf einen positiven Beitrag. (Quelle: eigene Darstellung auf Basis der Facebook Seite von VW)

Komplizierter stellt sich die Lage bei negativen Beiträgen dar. Auch wenn an dieser Stelle zunächst einmal nur die Fälle näher betrachtet werden, bei denen die **Kritik ein normales Niveau** aufweist und durch den Moderator selbständig gelöst werden kann (etwa, weil es um bekannte Fälle geht), so zeigt das Vorgehen in Abb. 12.6 schon einen wichtigen Arbeitsschritt, den jeder Moderator bei kritischen Kommentaren durchführen sollte: **die Überprüfung des Nutzertyps** (siehe dazu ausführlich Abschn. 13.2). Dies geschieht über ein einfaches Anklicken des Nutzerprofils, der den Beitrag sendete. Dort kann man anhand der Historie der Beiträge gut erkennen, ob jemand ernsthaft ein Problem hat, Anfragen solcher Art wiederholt postet oder „nur Blödsinn" im Kopf hat. Die Reaktion ist dann dementsprechend anzupassen (siehe Abb. 12.6).

Die Überprüfung des Nutzertyps kann auch im Fall einer positiven Nachricht durchaus Sinn ergeben, denn das Profil kann **Anhaltspunkte** darüber geben, ob eine Antwort erwartet wird oder ob man dem Nutzer einen Mehrwert bieten kann. Aus diesem Grund führen in Abb. 12.6 zwei gestrichelte Linien zur Prüfung der Nutzertypen.

Individualität: Unabhängig davon, ob es sich um einen positiven oder negativen Beitrag handelt, lebt die Interaktion in Social Media von der Individualität der Antworten. Nichts ist schlimmer, als das plumpe Kopieren von Textbausteinen in eine Antwort. Sicherlich, Textbausteine dienen dazu, in Bezug auf bestimmte Fragen eine einheitliche Antwort liefern zu können und die Effizienz zu steigern. Insofern lassen sie sich aus dem Social-Media-Alltag nicht gänzlich verbannen. Dennoch sollte aber jeder Post eine individuelle

Nestlé Marktplatz Hallo Sabine, im Rahmen unserer
kontinuierlichen Produktverbesserungen haben wir kürzlich die
Rezepturen unserer Cerealien für Kinder überarbeitet. Die neuen
Cerealien-Rezepturen sind seit März im Handel erhältlich. Zudem
können Sie Nestlé Cheerios und Shredded Wheat auf unserem
Marktplatz bestellen. Cheerios hat 9,8 Prozent und Shredded
Wheat nur 0,7 Prozent Zucker. Viele Grüße, Ihr Nestlé Markplatz
Team
19. April um 23:04 · Gefällt mir

 Nestlé Marktplatz Hallo Susanne, im Rahmen unserer
kontinuierlichen Produktverbesserungen haben wir kürzlich die
Rezepturen unserer Cerealien für Kinder überarbeitet. Die neuen
Cerealien-Rezepturen sind seit März im Handel erhältlich. Zudem
können Sie Nestlé Cheerios und Shredded Wheat auf unserem
Marktplatz bestellen. Cheerios hat 9,8 Prozent und Shredded
Wheat nur 0,7 Prozent Zucker. Viele Grüße, Ihr Nestlé Markplatz
Team
19. April um 23:32 · Gefällt mir

 Nestlé Marktplatz Hallo Heidi, im Rahmen unserer
kontinuierlichen Produktverbesserungen haben wir kürzlich die
Rezepturen unserer Cerealien für Kinder überarbeitet. Die neuen
Cerealien-Rezepturen sind seit März im Handel erhältlich. Zudem
können Sie Nestlé Cheerios und Shredded Wheat auf unserem
Marktplatz bestellen. Cheerios hat 9,8 Prozent und Shredded
Wheat nur 0,7 Prozent Zucker. Viele Grüße, Ihr Nestlé Markplatz
Team
19. April um 23:33 · Gefällt mir

Abb. 12.8 Schlechte Dialogführung am Beispiel des Nestlé-Marktplatzes. (Quelle: eigene Darstellung auf Basis der Facebook Seite des Nestlé-Marktplatzes)

Note tragen. Hier sind die Moderatoren gefordert. Wie überall im Leben gibt es hierfür gute wie auch schlechte Beispiele. Zunächst ein schlechtes Beispiel, das in Abb. 12.8 zu sehen ist.

Hintergrund dieser drei identischen Antworten (das Bild ist nicht beschnitten, die Antworten waren so in der Timeline zu sehen) war ein **Beitrag von Foodwatch** hinsichtlich des hohen Zuckergehalts in Nestlé-Cerealien[2]. Foodwatch hatte diesen Beitrag (wie auch schon einige zuvor) an einem Freitag gegen 20 Uhr auf der Facebook-Seite des Nestlé-Marktplatzes veröffentlicht (und ihn damit genau so geplant, dass das eigentliche

---

[2]Zur Ehrenrettung des Autors muss an dieser Stelle darauf hingewiesen werden, dass der in Abb. 12.9 gezeigte Fall nach dessen Beschäftigung bei Nestlé stattfand.

Moderations-Team bereits im Feierabend war, was sich aus den veröffentlichten Service-zeiten ablesen lies; siehe dazu die Ausführungen oben unter Servicezeiten). Nutzer reagierten auf diesen Beitrag und fragten beim Marktplatz nach, was man denn dagegen zu tun gedenke. Die Reaktion von Nestlé folgte Freitagabend zu später Stunde, allerdings in absolut nicht befriedigender Form, wie in Abb. 12.8 zu sehen: Innerhalb von einer hal-ben Stunde, bei den Antworten zwei und drei sogar innerhalb einer Minute, postete man dreimal die gleiche Antwort. Immerhin waren die Nutzer noch persönlich angesprochen worden. Es ist aber klar, dass ein solches Vorgehen mindestens ungeschickt ist. Wenn man schon auf Textbausteine zurückgreift, dann sollte man wenigstens für diese drei Nut-zer eine zusammenfassende Antwort erstellen, um das peinliche Wiederholen der glei-chen Textpassagen nicht ganz so offensichtlich zu machen. Eigenen Recherchen zufolge behandelte man den Fall bei Nestlé als Missverständnis. Das dies kein Einzelfall ist, zeigt das Beispiel, dass Smith (2013; unter #5. Not using a consistent voice) in ihrem Artikel aufführte.

Eines der wohl bekanntesten Beispiele, wie man individuell auf Kritik reagieren kann, ist der als **„DB-Abschiedsbrief"** bekannte Fall. Der Ursprungs-Post ist Abb. 12.9 zu ent-nehmen.

Schon dieser Ausgangspost war sehr kreativ gestaltet. Der Fall wurde allerdings vor allem deswegen bekannt, weil die Bahn darauf ungewöhnlich individuell reagierte (siehe Abb. 12.10).

Bemerkenswert an dieser Antwort sind vor allem zwei Aspekte: der **Tonfall** und die **Reaktionsgeschwindigkeit.** Der gesamte Fall über den DB-Abschiedsbrief ist umfassend von Menck und Frühwirt (2016a, b, c) aufbereitet worden. Sie schreiben in Bezug auf die beiden genannten Aspekte:

> Der Trennungsbrief-Post von Franziska Dobers poppt um 09:18 Uhr auf der Facebook-Seite der Deutschen Bahn auf. Um 09:35 hat sie bereits eine erste Antwort – und zwar nicht bestehend aus Standardfloskeln und dem Link zu einem standardisierten Beschwerde-formular, sondern eine höchst persönliche. Mit viel Einfühlungsvermögen und Humor nimmt der Mitarbeiter die Steilvorlage der zutiefst enttäuschten Kundin auf, übergeht geschickt die explizite Abwertung des Unternehmens am Ende des Posts und zeigt sich stattdessen reumütig und schuldbewusst (Menck und Frühwirt 2016b).

Dieser Fall zeigt zum einen ein enormes **Einfühlungsvermögen** des DB-Moderators. Zudem demonstriert es, dass hier vorab einige **organisatorischen Vorkehrungen** getroffen worden waren. Entweder hatte der Moderator ein entsprechendes Empowerment und durfte selbst entscheiden, wie er reagieren würde. Das wäre interessant, da der DB-Mitarbeiter zugibt, dass es zu Problemen kommen kann. Oder die Abstimmungs-Prozesse mit dem Vorgesetzten waren so gut eingerichtet, dass binnen weniger Minuten auf den Abschieds-brief reagiert werden konnte. Denn neben inhaltlichen Überlegungen musste die Antwort ja auch formuliert werden. Wie dem auch sei: Das Beispiel zeigt eindrucksvoll, wie ein kritischer Post anstelle zu einem Shitstorm zu einem sogenannten **„Candystorm"** (also der positiven Variante einer Social-Media-Lawine) wurde. Es macht auch deutlich, wie eng Moderation und Deeskalation (Schritt 9 des Zyklus) beieinanderliegen können.

Franzi Do ▶ **DB Bahn**
18. Januar um 09:18 · 🌐

Meine liebste Deutsche Bahn,

seit vielen Jahren führen wir nun eine abenteuerliche Beziehung. Wir haben Tiefen überstanden, in
denen du sehr einengend und besitzergreifend warst und mich manchmal überraschend mehrere
Stunden festgehalten hast, weil es dir nicht gut ging. Ich verstehe ja, dass dich der Winter so
überrascht hat. Für uns kam er auch so plötzlich. Ich bin da ja nicht nachtragend. Auch deine
Ausreden im September, wo es laut deinen Aussagen auch schon gewisse Störungen wegen
Glatteis gab, habe ich schmunzelnd hingenommen. Ich bin so gerührt,dass du so viel Zeit mit mir
verbringen möchtest. Als ich dich um ein bisschen mehr Freiraum gebeten habe hast du das
toleriert und kamst einfach immer ein bisschen später. Pünktlichkeit ist nicht deine Stärke,das
weiß ich ja. Auch darüber sehe ich meist noch hinweg.
Dass du mich jetzt aber bei klirrender Kälte fast 45 Minuten warten lässt ohne Bescheid zu sagen
und dann gar nicht auftauchst, das geht nun wirklich zu weit. Stets war ich tolerant und finanzierte
deine Späßchen jedes Jahr mit mehr meiner kostbaren Taler, damit unser Verhältnis nicht
beschädigt wird.
Ich finde es sehr schade, dass du unsere aufregende Beziehung so leichtfertig aufs Spiel setzt. Es
tut mir sehr leid, aber ich denke nun wirklich über eine endgültige Trennung nach. Ich brauche
jemanden an meiner Seite der zuverlässig ist, nicht nur mein Geld will und auch bereit ist auf
meine Bedürfnisse einzugehen. Und ich habe so jemanden kennengelernt. Er nennt sich Opel und
ist immer für mich da. Leider werdet ihr euch nicht kennen lernen.
Adieu.

Deutsche Bahn? - ich bin doch nicht blöd!

Gefällt mir · Kommentieren

👍 637 Personen gefällt das.

Abb. 12.9 Ursprungspost DB-Abschiedsbrief. (Quelle: Menck und Frühwirt 2016a)

DB Bahn Hallo meine liebste Franzi Do,   ✕

es tut mir so leid. Ich weiß, dass ich in der Vergangenheit viele Fehler gemacht habe und nicht immer pünktlich bei
unseren Treffen war. Dafür möchte ich mich in aller Form bei Dir entschuldigen. Ich habe die Zeit mir Dir sehr
genossen. Manchmal wollte ich, dass sie kein Ende hat. Das ich manchmal anhänglich bin, weiß ich. Es fällt mir
schwer loszulassen. Dass ich Dich mit dieser Zuneigung erdrückt habe, ist unentschuldbar und mein größtes Laster.
Das wir heute einen Termin hatten, habe ich total vergessen. 🙁 Wo und wann waren wir verabredet? Ich schaue
dann gerne einmal in meinem Terminkalender nach.

Ich kann verstehen, dass Du dich nach etwas anderem umgesehen hast. Eine Frau wie Du, bleibt natürlich nicht
lange alleine, dass weiß ich. Vielleicht gibst Du mir aber noch einmal die Möglichkeit, Dir zu zeigen, wie viel Du mir
bedeutest. Ich werde bei unseren nächsten Treffen auch versuchen pünktlich zu sein oder bescheid zu sagen, falls
ich mich verspäte.

Ich werde Dich vermissen. 🙁 /mi
18. Januar um 09:35 · Gefällt mir · 👍 878

Abb. 12.10 Reaktion der Bahn auf den DB-Abschiedsbrief. (Quelle: Menck und Frühwirt 2016a)

Der hier beschriebene Case ist noch aus einem anderen Grund interessant: Verfolgt man die Aufbereitung des Falls bei Menck und Frühwirt (2016a) weiter, erfährt man, dass sich andere Unternehmen **in die Diskussion eingeklinkt** haben. So war es beispielsweise Renault, die auf sich aufmerksam machten und sich geschickt als Alternative zu Opel positionierten. Schließlich reagierte auch Opel und freute sich, über die neue Beziehung. Dies ist meist nur möglich, wenn sich Social-Media-Moderatoren (wie eingangs bei den Aufgaben beschrieben) per Social-Media-Monitoring über aktuelle Gegebenheiten und Trends auf dem Laufenden halten.

Tonalität: Eng mit dem Thema Individualität ist der Aspekt der Tonalität verbunden. Antwortet man beispielsweise **ernsthaft oder humorvoll?** Ähnlich wie bei der Du-Sie-Frage ist die Frage zunächst auf Basis der Unternehmenskultur, der Plattform auf der man sich befindet, und des Geschäftscharakters (Ziele und Zielgruppe) zu beantworten. Unternehmen sollten nichts machen, was nicht zu ihrem grundlegenden Auftritt passt. Daneben bieten sich aber viele Freiräume. Beispielsweise kann ein seriöses Unternehmen durchaus auch mal mit Humor antworten. Oftmals muss das im Einzelfall entschieden werden.

Gerade der Faktor Humor besitzt in Social Media eine enorme Kraft. Mit ihm kann man auch heikle Situationen retten. Humor liefert Emotionen und zeigt die menschliche Seite eines Unternehmens. Dies durfte auch der Autor selbst erfahren, als er mit folgender Frage auf dem Nestlé-Marktplatz konfrontiert wurde (siehe Abb. 12.11).[3]

```
-----Original Message-----
From: kommentar@nestle-marktplatz.de [mailto:kommentar@nestle-marktplatz.de]
Sent: Friday, July 13, 2012 10:20 AM
To: team@nestle-marktplatz.de; DE-G2-Nema-Moderation
Subject: Produktkommentar Purina ONE Adult reich an Huhn & Vollkorn-Getreide

Es wurde ein neuer Produktkommentar geschrieben!

Produkt: Purina ONE Adult reich an Huhn & Vollkorn-Getreide

Eingestellt am 13.07.2012, 10:20

Nutzername: Katzenliebhaber

Kommentar:
Setzen sich die 17% Huhn wirklich aus reinen Hühnerfleisch zusammen oder sind tierischen Nebenerzeugnisse mit eingerechnet?

Link zur Produktseite: http://www.nestle-marktplatz.de:80/view/Produkte/Adult-Huhn--Reis-1135
```

Abb. 12.11 Produkt-Anfrage zu „Purina ONE Adult reich an Huhn & Vollkorn-Getreide" auf dem Nestlé-Marktplatz. (Quelle: eigene Darstellung auf Basis eines Alert-Mails via www.nestle-marktplatz.de)

---

[3]Da das Produkt in dieser Form nicht mehr auf dem Nestlé-Marktplatz geführt wird, kann dazu leider kein Originalpost mehr gezeigt werden. Die Informationen basieren auf den Post-Benachrichtigungen sowie der Korrespondenz mit dem Produkt-Ansprechpartner.

Vermeintlich eine einfache Anfrage – die nachstehend dargestellte interne Antwort des Produkt-Ansprechpartners auf die Rückfrage des Moderators ernüchterte jedoch zunächst:

Bei den fleischlichen Rohstoffen handelt es sich um Schlachtnebenprodukte, die von gesunden Tieren stammen und deren Schlachtkörper amtstierärztlich untersucht und als verzehrstauglich eingestuft wurden. Der gesamte Anteil an Fleisch- und tierischen Nebenerzeugnissen ist so bemessen, dass die Rezeptur alle benötigten Nährstoffe in bedarfsgerechten Mengen enthält und so eine gesunde Ernährung ermöglicht. Der Begriff "Fleisch und tierische Nebenerzeugnisse" ist futtermittelrechtlich verbindlich vorgegeben und muss bei der Gruppennamendeklaration verwendet werden, eine Unterscheidung von Muskelfleisch und tierischen Nebenerzeugnissen gibt es dabei nicht.

Daraufhin folgte ein längerer E-Mail-Wechsel zwischen Ansprechpartner und Moderator, in dem es darum ging, ob man das (anscheinend leider notwendige) juristische Kauderwelsch nicht einfacher darstellen könne (nur nebenbei: der Nutzer erhielt einen Zwischenbescheid, dass seine Anfrage in Klärung sei). Leider war dem nicht so. Insofern blieb dem Moderator nichts Anderes übrig als in Absprache mit dem Ansprechpartner die Antwort etwas zu kürzen und ihm eine humorvolle Anmoderation zu geben:

Lieber Katzenliebhaber. Wir haben nun Feedback von unserem Ansprechpartner. Leider ist der Jurist und besteht auf die nachfolgende Formulierung;-))) Er schreibt dazu Folgendes: *"Die 17 % Huhn sind reines Huhn. Es sind Schlachtnebenprodukte, die von gesunden Tieren stammen und deren Schlachtkörper amtstierärztlich untersucht und als für den Menschen verzehrstauglich eingestuft wurden. Der Begriff "Fleisch und tierische Nebenerzeugnisse" ist futtermittelrechtlich verbindlich vorgegeben und muss bei der Gruppennamendeklaration verwendet werden, eine Unterscheidung von Muskelfleisch und tierischen Nebenerzeugnissen gibt es dabei nicht"*. Ich hoffe trotz der juristischen Formulierung, dass Du mit dieser Antwort etwas anfangen kannst, ansonsten melde Dich doch bitte einfach nochmal. Viele Grüße, Sascha vom Nestlé-Marktplatz.

Humor wirkt also positiv und dient nebenbei dem lockeren Unterhaltungscharakter von Social Media und dem Community-Engagement – natürlich nur, sofern es richtig getroffen wurde (vgl. Maier 2014).

Maier (2014) verdeutlicht in diesem Zusammenhang, dass Humor oftmals eine **Gratwanderung** darstellt: „Sarkasmus und potenziell heikle Themen solltet ihr dabei aber besser vermeiden, auch sollte man sich niemals (!) über ein Unglück oder etwas Schlechtes, das einem Kunden widerfahren ist, lustig machen und Kunden somit das Gefühl geben, sie nicht ernst zu nehmen oder von oben herab zu behandeln." Menck und Frühwirt (2016c) ergänzen, dass bei Angriffen unter der Gürtellinie, die provozieren, diskriminieren oder hetzen, die Strategie, ironisch oder mitunter sogar sarkastisch zu reagieren, durchaus sinnvoll sein kann.

In diesem Zusammenhang fallen in Deutschland immer wieder zwei Unternehmen auf, die den erfolgreichen Umgang mit Humor und Sarkasmus schon fast zu ihrem Markenzeichen gemacht haben: **Die Welt und die BVG.** Beide liefern immer wieder beeindruckende Beispiele, die die Social-Media-Gemeinde zum Schmunzeln bringen (siehe dazu die Beispiele in Abb. 12.12 und 12.13). Hier passt der Ton zum generellen Auftritt der Unternehmen in den sozialen Medien.

Abb. 12.12 Einsatz von Humor am Beispiel von „Die Welt". (Quelle: eigene Darstellung auf Basis der Facebook Seite von Die Welt)

Abb. 12.13 Einsatz von Humor am Beispiel der „BVG". (Quelle: eigene Darstellung auf Basis der Facebook Seite der BVG)

Menck und Frühwirt (2016c) fassen die Kraft einer solchen Strategie wie folgt zusammen:

> Humor statt Verärgerung, Ironie statt Konfrontation: Eine solche Strategie bietet sich für die Kommunikation über Social Media an, weil sie es anderen, auch unbeteiligten Nutzern leicht macht, sich selbst auf die Seite des Unternehmens zu stellen und statt der Sache den Unterhaltungswert des Dialogs in den Vordergrund zu rücken.

Hinzu kommt, dass witzige Kommentare in den sozialen Medien häufiger geteilt werden (vgl. Snow 2015). Dennoch sollte sich jeder Moderator genau überlegen, ob und wie er dieses Stilmittel einsetzt, da es auch sehr schnell nach hinten losgehen kann.

Humor ist dann kein guter Weg, wenn Kunden persönlich betroffen und so verärgert, enttäuscht oder verzweifelt sind, sodass sie wahrscheinlich keinen Spaß mehr verstehen (vgl. Menck und Frühwirt 2016c): „In solchen Fällen ist **Empathie** von enormer Wichtigkeit. Externe Social-Media-Kommunikation sollte also unbedingt auch in der Lage sein, sich in die Kunden hineinzuversetzen und eine Ahnung davon zu entwickeln, wie diese die Situation erleben." Das ist oftmals gar nicht so schwer und durch einfache Rückfragen zu meistern, wie ein typisches Beispiel der Telekom in Abb. 12.14 zeigt.

Wie oben bereits erwähnt: Am Ende läuft die eingesetzte Tonalität meistens auf eine Einzelfall-Entscheidung hinaus. Es sind zum einen Kreativität, Flexibilität und Einfühlungsvermögen bei den Moderatoren gefragt. Zum anderen bedarf es gut eingespielter Abläufe, um schnell reagieren zu können. Genau in diesem Zusammenhang zeigt sich, wie sehr sich Erfahrung in der Moderation auszahlt, ist doch der Grat zwischen Moderation und Eskalation oftmals sehr schmal.

12.3 Der Einsatz von Chatbots

> […] I am a fan of automating mundane social media tasks. For the most part these are repetitive and scalable processes that would cause me to go insane if I had to do them on a regular basis. But there is definitely one thing you shouldn't automate. And to me, that's interaction (Makara 2017).

Mit dieser Sichtweise ist Chris Makara nicht alleine. Ähnliche Statements wurden bereits in Abschn. 11.3 angeführt. Nichtsdestotrotz sind sogenannte „Chatbots", Computerprogramme, die (vermeintlich) mit Menschen auf Augenhöhe kommunizieren, auf dem Vormarsch: Jeder vierte Deutsche kann sich die Interaktion mit einem Bot vorstellen (vgl. Klug 2017). Seit 2016 halten sie verstärkt Einzug in das Kundenbeziehungsmanagement und in Social Media. Allein für die Messenger-Dienste von Facebook und WhatsApp sind über 200.000 solcher Bots im Dienst. Bei Clicks.de (2016) ging man deswegen davon aus, dass sie früher oder später große Auswirkungen auf das Social-Media-Marketing haben werden. Michaels (2017) bezeichnet Chatbots bereits jetzt als die beste Form der Online-Kommunikation zwischen Marken und

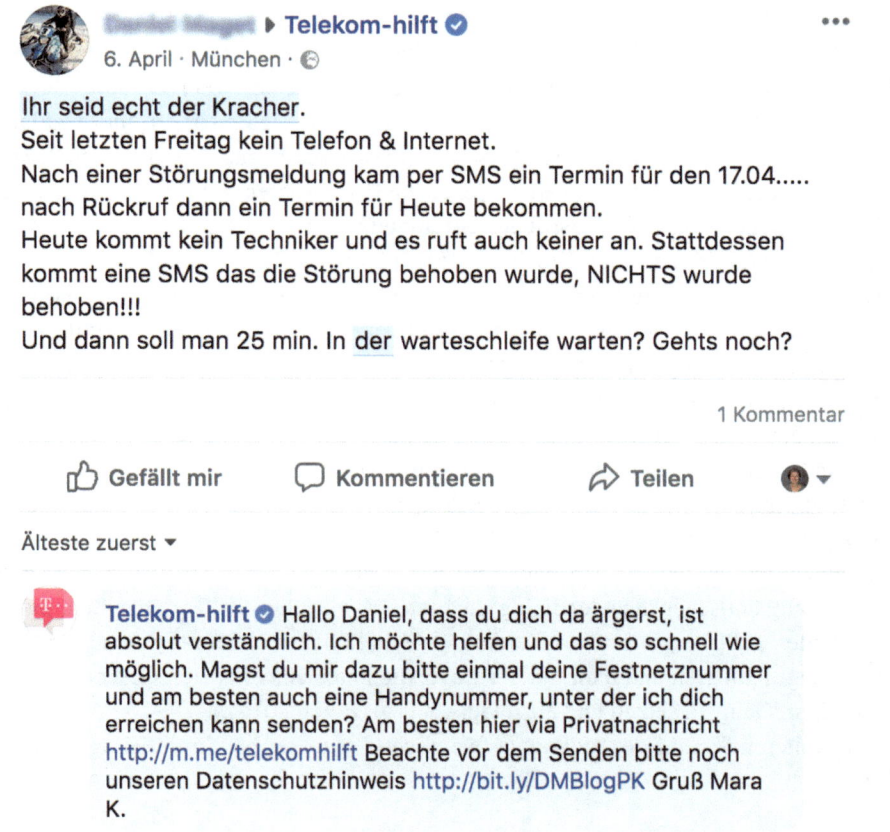

Abb. 12.14 Reaktion der Telekom auf einen verärgerten Kunden. (Quelle: eigene Darstellung auf Basis der Facebook Seite bei Telekom hilft)

ihren Kunden und behauptet, dass sie das Social-Media-Marketing dominieren werden. Oracle hat Ende 2016 eine internationale Studie unter 800 Entscheidern durchgeführt und herausgefunden, dass 80 % aller Unternehmen bis 2020 Chatbots einführen wollen (vgl. Reich 2017). 2018 zählen Chatbots zu *den* großen Trends in Social Media.

Die meisten Unternehmen nutzen die digitalen Helfer im Rahmen des Social-Media-Marketings bislang, um die eine oder andere **Form des Kundenservice** zu unterstützen (vgl. Klochkova 2017). Wie der Name schon sagt: „Chat"-Bots arbeiten vorwiegend in der Kommunikation. Anstelle der Mensch-zu-Mensch-Kommunikation tritt nach und nach die Maschine-zu-Mensch-Kommunikation. Trotz der bereits erwähnten und allgemein anerkannten Sichtweise, dass man die Interaktion mit Menschen nicht automatisieren sollte, empfiehlt es sich, sich mit dem Thema Chatbots, speziell im Umfeld der Social-Media-Moderation, auseinanderzusetzen.

Was sind Chatbots und wie funktionieren sie?

Chatbots als solche sind kein ganz neues Phänomen. Seit es textbasierte Chat-Systeme gibt, tummeln sich in ihnen auch Bots (vgl. Klug 2017; Reich 2017). Chatbots der ersten Generation nutzen FAQ-Listen oder suchen nach festen Signalwörtern und wählen aus einem vorgefertigten Repertoire an Antworten die passende aus. Die digitalen Assistenten wurden allerdings stetig weiterentwickelt und so basieren die Chatbots der zweiten und dritten Generation auf **Künstlicher Intelligenz** (Artificial Intelligence, kurz AI) mit intelligenten Algorithmen (vgl. Klochkova 2017; Klug 2017).

Dazu werden die intelligenten Chatbots der neuen Generationen (im Folgenden gleichgesetzt mit dem Begriff Chatbot; traditionelle Chatbots werden hiermit aufgrund der geringen Leistungsfähigkeit ausgeklammert) mit historischen Dialogen trainiert. Dabei kommen **„Deep Learning"** und sogenannte „Natural-Language-Processing-Technologien" (**NLP-Technologien**) zum Einsatz: Die Programme erkennen Sprache, Daten und spezifische Muster, übertragen diese Daten zurück ins Netzwerk und greifen darauf zurück, wenn sie das gleiche Problem oder eine ähnliche Anfrage erkennen (vgl. Kapler 2017; Michaels 2017). Auf diese Weise beziehen sie ihre Fähigkeit zu kommunizieren aus den Fragen und Antworten echter Dialoge und lernen von Beginn an, einen authentischen Kundendialog zu führen (vgl. Klug 2017). Über Schnittstellen (sogenannte „APIs") sind sie außerdem an vielfältige Backend-Systeme im Unternehmen angeschlossen und damit in der Lage, die unterschiedlichsten Geschäftsprozesse selbsttätig in Gang zu setzen und abzuwickeln (vgl. Reich 2017).

Den weiteren Verlauf des nicht unaufwendigen Prozesses beschreibt Klug (2017) wie folgt:

> Je länger die digitalen Assistenten im Dienst sind, desto intelligenter werden sie und desto ausgereifter sind ihre kommunikativen Fähigkeiten. Sie bauen dank ausgeklügelter Algorithmen und basierend auf den Reaktionen ihrer menschlichen Kollegen ein immer breiteres Know-how auf.

Haben die Bots ein gewisses Level erreicht, können sie in die Eins-zu-Eins-Kommunikation mit dem Endnutzer treten und Aufgaben übernehmen, für die ehemals ein Kundenberater zuständig war. Und das auf allen Plattformen: Facebook, Twitter, SMS, Smartphone-Apps oder unternehmenseigenen Webseiten (vgl. Reich 2017).

Beispiele von Chatbots im Einsatz

Chatbots helfen bei einer breiten Palette von Tätigkeiten: Sie unterhalten, helfen bei Onlineshopping und Banktransaktionen, navigieren, informieren, bestellen Pizza, buchen Flüge oder unterstützen beim Versenden von Geschenken (vgl. Klug 2017; Reich 2017).

Der vielleicht aktuell bekannteste Chatbot ist **XiaoIce,** entwickelt von Microsoft Research Peking für die chinesische Microblogging-Plattform Sina Weibo (siehe Abschn. 7.3.4). Bisher ist XiaoIce nur auf Chinesisch verfügbar, hat aber wohl dort schon massenhaft Fans und ist angeblich so beliebt, dass Jugendliche über Stunden hinweg Konversationen mit XiaoIce führen. Der Bot besitzt eine weibliche Stimme und interagiert mit Nutzern wie ein richtiger Chatpartner, er suggeriert auch Mitgefühl und Persönlichkeit durch Rückfragen nach dem Wohlbefinden seines Users (vgl. Clicks.de 2016). Xiaolce erzählt Witze, merkt sich die Vorlieben der User und reagiert je nach Stimmung zurückhaltend, aufmunternd oder fröhlich. Er kann aber noch nicht ganz darüber hinwegtäuschen, dass er nur ein „herzloses" Programm ist (vgl. Locker 2015). Wer XiaoIce im Einsatz sehen möchte, kann dies über Servicelink 12.1 in dem YouTube-Video erleben.

Servicelink 12.1

Servicelink zu einem YouTube-Video über XiaoIce:
https://www.youtube.com/watch?v=dg-x1WuGhuI

Domino's Pizza zählte zu den ersten Unternehmen, das auf AI setzte. Kunden konnten über Twitter eine Pizza bestellen, indem man ein Pizza-Emoji an @Dominos sandte. Im Backend des Unternehmens scannte ein Bot die Bestellung, um zu bestätigen, dass es sich um keinen Hoax handelte und führte die Bestellung aus (vgl. Klochkova 2017). Ähnliches machte **Taco Bell** mit einer Integration seines Bots in die Kollaborationsplattform Slack (vgl. Edwards 2016). Der Dating-Service Match.com bietet mit Lara einen Chatbot an, der anderen dabei hilft ein Date zu finden. Der auf dem **Facebook Messenger** agierende Bot ist hoch komplex und greift auf fünfzig Kategorien zurück, um eine Auswahl zu treffen (vgl. Klochkova 2017). Bei **Tommy Hilfiger** kann man über den ebenfalls auf dem Facebook Messenger laufenden Bot personalisiert einkaufen (vgl. Klochkova 2017).

Vorteile von Chatbots

Nutzer interagieren mit Chatots auf drei verschiedene Arten (vgl. Edwards (2016): Konsumieren von Content, Lösung von Serviceanfragen oder über sonstige Transaktionen. Ein erster wesentlicher Vorteil von Chatbots besteht darin, dass Chatbots die Aufgaben, die Nutzer bislang auf verschiedenen Plattformen (über Call-Center, per E-Mail o.ä.) durchführen mussten, nun **zentralisiert** über Social Media als das führende System bewältigen können. Dies vereinfacht die Prozesse für die Nutzer enorm (vgl. Michaels 2017).

Diese Unterstützung liefern die Chatbots **in Echtzeit und unabhängig von Service- oder Wartezeiten** (z. B. in der Warteschleife eines Call-Centers; vgl. Edwards 2016; Michaels 2017). Dies kann als großer Vorteil angesehen werden, insbesondere vor dem Hintergrund der schon mehrfach erwähnten hohen Erwartungen der Nutzer an eine schnelle Beantwortung ihrer Anliegen.

Denkt man an persönliche und individuelle Angebote und persönliche Ansprache, fällt vielen das alte Beispiel von Tante Emma ein, die durch die jahrelange Beziehung zu ihren Kunden diese genau kannte und sie deswegen bestens beraten konnte. Allerdings brauchte auch Tante Emma eine gewisse Zeit, bis sie alle Besonderheiten kannte und sie sich merken konnte. Tante Emmas Aufnahmekapazitäten sind zudem beschränkt. Hier helfen heutzutage CRM-Systeme. Doch selbst wenn die Informationen über die Kunden – im Falle eines systemgesteuerten Unternehmens – in einem Customer-Relationship-Management-System hinterlegt sind und dem Verkäufer auf einem Endgerät angezeigt werden, bleibt im hektischen Verkaufsalltag meist nur wenig Zeit, sie zu studieren (vgl. Reich 2017). Chatbots kennen ein solches Problem nicht, denn für sie sind **alle Informationen zu jeder Zeit verfügbar.** Sie wissen, welche Produkte ein Kunde zuletzt angeklickt hat, kennen seine Lieblingsmarken und sein Kaufinteresse. All diese Aspekte können bei der Kommunikation in Echtzeit berücksichtigt und somit ein Höchstmaß an Personalisierung erreicht werden (vgl. Reich 2017).

Und auch in der persönlichen Kommunikation schreibt man den Chatbots einige positive Effekte zu: Hier geht es um die Abwicklung komplexer Prozesse, die ein **hohes Sach- und Fallwissen** erfordern. Wie schon beschrieben, verfügt nicht jeder Moderator ad-hoc über jedes Detail sowie die notwendigen Kenntnisse und muss deswegen hin und wieder bei einem Kollegen nachfragen oder in der Wissensdatenbank nachsehen. Chatbots haben diese Informationen – sofern sie wie oben beschrieben trainiert wurden – sofort parat. Dies führt zu einer erhöhten Effizienz, auch für die Nutzer selbst: Alle notwendigen Arbeitsschritte (z. B. Daten eingeben, prüfen, verifizieren) nehmen viel Zeit in Anspruch. Chatbots beherrschen **Multitasking** und können alle wichtigen Prozesse in Echtzeit anstoßen und abwickeln – parallel zur Interaktion mit dem Nutzer. Alle Daten wandern sofort ins System und stehen für weitere Auswertungen zur Verfügung (vgl. Reich 2017).

Limitierung des Einsatzes von Chatbots im Social-Media-Marketing
All das klingt verlockend, fast unglaublich. Aber: Chatbots sind (noch) **weit davon entfernt perfekt zu funktionieren.** Kurz gesagt: Die Bots und die dahinterliegende AI ist heute noch nicht weit genug entwickelt, um zwischenmenschliche Interaktionen wirklich ersetzen zu können (vgl. Kapler 2017; Klochkova 2017). Insbesondere im Kundenservice erweisen sich viele der eingesetzten Chatbots heute noch als problematisch und gefährlich. Gehen die Anliegen der Nutzer über das Übliche hinaus, wird der Bot nicht helfen können. Außerdem werden Chatbots häufig als kalt und unpersönlich wahrgenommen. Werden die Bedürfnisse der Nutzer nicht richtig adressiert, wandern die Kunden womöglich ab (vgl. Kapler 2017).

Um derartige Probleme zu vermeiden, sollte man Klochkova (2017) zufolge folgendes berücksichtigen:

- Man benötigt einen qualitativ hochwertigen Chatbot mit dem bestmöglichen Grad an Automations-Software.
- Man braucht einen echten Kundenservice (mit echten Menschen) als Back-Up.

Chatbots bieten sich heute bereits an, wenn es um die Beantwortung **standardi-sierter Fragen** geht. Für die echte Interaktion bleibt es bisweilen dabei: Menschliche Interaktion, vor allem im Rahmen der Social-Media-Moderation, sollte (noch) nicht automatisiert werden.

Weitergehende Informationen zum Thema Social-Media-Moderation sowie AI finden sich in den Flipboards des Autors, die über Servicelink 12.2 abgerufen werden können.

Servicelink 12.2	
Servicelink 12.2a zum Flipboard des Autors zu Schritt 8 des Social-Media-Zyklus (SoMe 8: Moderieren): https://flipboard.com/@alexanderdecker/some-8-moderieren-0i90eukoy	
Servicelink 12.2b zum AI-Flipboard des Autors: https://flipboard.com/@alexanderdecker/ai-r1t27fliy	

Literatur

Clicks.de (2016) Chatbots – Das Ende für Social Media Marketing, wie wir es kennen? https://www.clicks.de/blog/chatbots-das-ende-fuer-social-media-marketing-wie-wir-es-kennen. Zugegriffen: 31. Mai 2018

Edwards C (2016) Why and how chatbots will dominate social media. https://techcrunch.com/2016/07/20/why-and-how-chatbots-will-dominate-social-media/. Zugegriffen: 31. Mai 2018

Hintz S (2013) Duzen oder Siezen? Wie verhalten Unternehmen sich richtig auf sozialen Netzwerken? http://www.winlocal.de/blog/2013/04/duzen-oder-siezen-wie-verhalten-unternehmen-sich-richtig-auf-sozialen-netzwerken/. Zugegriffen: 31. Mai 2018

Hoffmann D (2016) Erfolgreiches Social Media: Posten, liken, kommentieren. https://socialmedia-hoffmann.de/erfolgreiches-social-media-posten-liken-kommentieren/. Zugegriffen: 31. Mai 2018

Holze S (2015) 21 folgenschwere Social Media Fehler, die dich Kunden kosten. https://sandra-holze.com/21-social-media-fehler/. Zugegriffen: 31. Mai 2018

Holze S (2017) Social Media automatisieren: was du vorher wissen musst. https://sandraholze.com/social-media-automatisieren/. Zugegriffen: 31. Mai 2018

Kapler J (2017) Your chatbot lacks empathy, and that's a problem. https://venturebeat.com/2017/06/27/your-chatbot-lacks-empathy-and-thats-a-problem/. Zugegriffen: 31. Mai 2018

Klochkova V (2017) 4 Real time uses of chatbots In: Social media marketing. https://www.search-enginepeople.com/blog/4-real-time-uses-chatbots-social-media-marketing.html. Zugegriffen: 31. Mai 2018

Klug A (2017) Chatbots: Macht Künstliche Intelligenz sie zur Killerapplikation? https://www.smarter-service.com/2017/11/21/chatbots-macht-kuenstliche-intelligenz-sie-zur-killerapplikation/. Zugegriffen: 31. Mai 2018

KomDigital (2017) Digital marketing isn't as hard as it looks and the best part is you can do it tooheres. 8 digital marketing quotes to guide your brand journey into digital space. https://komdigitalplc.wordpress.com/2017/06/23/digital-marketing-isnt-as-hard-as-it-looks-and-the-best-part-is-you-can-do-it-tooheres-8-digital-marketing-quotes-to-guide-your-brand-journey-into-digital-space/. Zugegriffen: 31. Mai 2018

Lithium (2013) Consumers will punish brands that fail to respond on Twitter quickly. https://www.lithium.com/company/news-room/press-releases/2013/consumers-will-punish-brands-that-fail-to-respond-on-twitter-quickly. Zugegriffen: 31. Mai 2018

Locker (2015) Mit diesem herzlosen Chatbot trösten Millionen Chinesen ihren Liebeskummer. https://motherboard.vice.com/de/article/jpgzny/dieser-chatbot-troestet-millionen-chinesen-ueber-gebrochene-herzen-hinweg-123. Zugegriffen: 31. Mai 2018

Mai J (o. J.) Social-Media-Reaktions-Flussdiagramm: Troll dich! https://karrierebibel.de/social-media-reaktions-flussdiagramm/. Zugegriffen: 31. Mai 2018

Maier S (2014) 10 Tipps für erfolgreichen Kundenservice in Social Media. https://blog.socialhub.io/kundenservice-social-media-10-tipps/. Zugegriffen: 31. Mai 2018

Makara C (2017) Social media automation – how to be balanced & not look like a robot. https://bulk.ly/social-media-automation/. Zugegriffen: 31. Mai 2018

Menck AL, Frühwirt S (2016a) Mit der Bahn vom Tränental ins Liebesglück. http://smtu-berlin.de/home-2/inside-social-media-home/startseite-inside-social-media/mit-der-bahn-vom-traenental-ins-liebesglueck/. Zugegriffen: 31. Mai 2018

Menck AL, Frühwirt S (2016b) Schnell reagieren mit Herz und Hirn. http://smtu-berlin.de/home-2/inside-social-media-home/startseite-inside-social-media/auf-kritik-schnell-reagieren-mit-herz-und-hirn/. Zugegriffen: 31. Mai 2018

Menck AL, Frühwirt S (2016c) Mit Online-Kritik zum Imagegewinn. http://smtu-berlin.de/home-2/inside-social-media-home/startseite-inside-social-media/mit-online-kritik-zum-image-gewinn/. Zugegriffen: 31. Mai 2018

Michaels V (2017) How and why chatbots will dominate social media marketing. https://chatbots-magazine.com/how-and-why-chatbots-will-dominate-social-media-marketing-daf927319c4. Zugegriffen: 31. Mai 2018

Pein V (2014) Der Social Media Manager. Handbuch für Ausbildung und Beruf. Galileo Press, Bonn

Reich R (2017) Künstliche Intelligenz: Die Chatbots kommen. http://www.funkschau.de/telekommunikation/artikel/142846/. Zugegriffen: 31. Mai 2018

Scheidtweiler N (2013) Duzen oder Siezen in den Social Media – je nach Konzept! http://www.scheidtweiler-pr.de/duzt-in-den-social-media-wenn-das-konzept-deren-nutzung-vorgibt/. Zugegriffen: 31. Mai 2018

Simplify360 (2013) 26 Social media marketing truths. https://de.slideshare.net/simplify360/26-social-media-marketing-truths. Zugegriffen: 31. Mai 2018

Smith H (2013) The top 15 social media marketing strategy mistakes to avoid. http://www.jeffbullas.com/the-top-15-social-media-marketing-strategy-mistakes-to-avoid/. Zugegriffen: 31. Mai 2018

Snow S (2015) Be funny: the amazing power of humor in social media marketing. https://www.
    socialmediatoday.com/marketing/sarah-snow/2015-07-02/be-funny-amazing-power-humor-so-
    cial-media-marketing. Zugegriffen: 31. Mai 2018
Tönjes S (2017) Hilfe, meine Community redet nicht (mehr) mit mir! 10 Tipps für mehr Engage-
    ment! https://medium.com/@coffeeandsteph/hilfe-meine-community-redet-nicht-mehr-mit-mir-
    10-tipps-f%C3%BCr-mehr-engagement-5301527f3d8e. Zugegriffen: 31. Mai 2018
Unger A (2017) Die 6 Todsünden für Unternehmen in sozialen Netzwerken. https://www.impulse.
    de/management/marketing/social-media-fehler/2517889.html. Zugegriffen: 31. Mai 2018
Weck A (2015) Derailing im Netz: Wie Diskussionen in eine völlig andere Richtung gelenkt wer-
    den. http://t3n.de/news/derailing-im-netz-636526/. Zugegriffen: 31. Mai 2018

Schritt 9: Deeskalieren

The beauty of social media is that it will point out your company's flaws; the key question is, how quickly you address these flaws.
Eric Qualman, Social-Media-Evangelist (Qualman zitiert bei Simplify360 2013, S. 13)

Zusammenfassung

Bei Social Media denken viele Unternehmen fatalerweise sofort an Krisen. Um die Thematik besser zu verstehen, befasst sich Abschn. 13.1 zunächst mit den Grundlagen zu den sogenannten „Shitstorms", um darauf aufbauend zu erläutern, wie – im Sinne dieses neunten Schritts des Social-Media-Zyklus – deeskalierend vorzugehen ist, um Krisen zu vermeiden oder zumindest schnell wieder in ruhigere Bahnen zu lenken (siehe Abschn. 13.2).

Die Grenzziehung zwischen Moderation und Deeskalation in Social Media ist schwer. Das zeigten schon die Beispiele in Kap. 12. Moderatoren werden im Rahmen ihrer Aufgaben immer mit Kritik am Unternehmen und/oder an der Marke zu tun haben. Und es ist weniger die Frage, ob über Social Media auf die Fehler eines Unternehmens hingewiesen wird – das ist laut Eric Qualman (siehe oben) durchaus ein positiver Aspekt. Wichtiger ist vielmehr, wie schnell und adäquat ein Unternehmen mit Kritik umgeht. Hierin liegt eine wichtige Aufgabe der Social-Media-Moderation. Insofern können Moderationstätigkeiten bereits deeskalierende Schritte beinhalten, wenn kritische Anfragen zur Zufriedenheit der Nutzer beantwortet werden.

Dennoch kann es passieren, dass bestimmte Nutzer-Beiträge eine **Eigendynamik** entwickeln, aus dem Ruder laufen und eine enorm hohe (negative) Reaktion in der breiten Social-Media-Nutzerschaft bewirken. In solchen Fällen spricht man dann von **Shitstorms.**

© Springer Fachmedien Wiesbaden GmbH 2019
A. Decker, *Der Social-Media-Zyklus,*
https://doi.org/10.1007/978-3-658-22873-6_13

Auch wenn sie nicht täglich aufziehen, so gehören Social-Media-Krisen mittlerweile zum Unternehmensalltag. Denn: Kritik taucht heute zuerst im Social Web auf – oft bereits bevor ein Unternehmen selbst von einem Problem erfahren hat (vgl. Lawal 2016a).

Die Art und Weise, wie diese Krisen entstehen, unterscheidet sich von herkömmlichen Unternehmenskrisen. Über Social Media kann eine große Masse von Nutzern, unabhängig von ihrem Standort, (kritische) Inhalte über Unternehmen kreieren, verbreiten und/oder manipulieren (vgl. Hennig-Thurau et al. 2010). Hinzu kommt, dass die Hemmschwelle im Social Web deutlich geringer ist als in der realen Welt (vgl. Achim 2017). Kein Medium trägt so schnell und so weitreichend zur Verbreitung von Informationen bei, wie die sozialen Medien. Deswegen **funktionieren** in diesem Zusammenhang die **traditionellen Maßnahmen des Krisen-Managements nicht mehr** (so gut), teilweise wirken sie sogar kontraproduktiv (vgl. Rauschnabel et al. 2016a, S. 383).

Neben all den positiven Aspekten, die Unternehmen mit Social Media erreichen können, müssen sich Organisationen auch mit den Risiken negativer Folgen gezielt und systematisch auseinandersetzen. Die Beantwortung der folgenden Fragen ist dabei behilflich:

Fragen

- Welche Kundenanfragen in den sozialen Medien sind heikel?
- Wann eskalieren diese kritische Anfragen? Was ist der Auslöser dahinter?
- Welche Fehler in der Moderation sind zu vermeiden?
- Was sind die Worst-Case-Szenarien?
- Wie ist zu reagieren?
- Wie muss der Krisenplan aussehen?
- Welche Konsequenzen können daraus resultieren?

13.1   Grundlagen von Social-Media-Krisen

Im Zusammenhang mit Kritik, die in sozialen Medien geäußert wird, gibt es noch einige Unsauberkeiten, insbesondere was die Terminologie angeht. Insofern gilt es im anschließenden Abschn. 13.1.1 zunächst die begrifflichen Grundlagen zu klären. Um später besser auf eine Social-Media-Krise reagieren zu können, ist es notwendig, sich mit den Auslösern (Abschn. 13.1.2) und den Verstärkern von Shitstorms zu befassen (Abschn. 13.1.3). Welchen idealtypischen Verlauf diese Krisen nehmen und was dies für Unternehmen bedeutet, behandelt Abschn. 13.1.4.

13.1.1 Begriffliche Grundlagen

Nicht jede **in den sozialen Medien geäußerte Kritik** mündet in einer Krise. Nicht jeder Kommentar führt zu einem Shitstorm. Diese Tatsache wird bei der Betrachtung von negativen Nutzer-Beiträgen im Social Web gerne vergessen. Im Sinne einer übermäßigen Panikmache verwenden viele schon bei den geringsten Problemen das Modewort Shitstorm.

Um sich der **terminologischen Thematik** zu nähern, soll zunächst der grundlegende Begriff der Social-Media-Krise betrachtet werden. Salzborn (2017, S. 83) stellt dazu fest, dass dieser Terminus in der Fach- wie Branchenliteratur kaum explizit definiert wird. Als eine der wenigen existierenden Definitionen führt er den Ansatz von Becker (2014, S. 442–443; im Original Becker 2009, S. 21) auf, die unter einer Social Media-Krise spezielle (Unternehmens-) Krisen versteht, „die durch den externen oder internen Einsatz von Social Media ausgelöst werden und/oder durch die Verbreitung eines Issues im Social Web an die Öffentlichkeit gelangen und sich dadurch von einer latenten zu einer akuten Krise wandeln." Ähnlich definieren Rauschnabel et al. (2016a, S. 382) diese Krisen, welche sie als Collaborative Brand Attacks (kurz CBA) bezeichnen:

> We label such joint, event-induced, dynamic, and public offenses from a large number of Internet users via social media platforms on a brand that are aimed to harm it and/or to force it to change its behavior as Collaborative Brand Attacks (CBAs).

In einer detaillierteren Betrachtung schlüsseln Rauschnabel et al. (2016a, S. 382) die einzelnen **Charakteristika** der CBAs näher auf, die an dieser Stelle durch die bei Salzborn (2017, S. 84 unter Bezug auf die Arbeit von Becker 2009, S. 22) aufgeführten zentralen Charakteristika von Social-Media-Krisen in Tab. 13.1 ergänzt wurden.

Im Zusammenhang ist eine detailliertere Auseinandersetzung mit dem Begriff **„Shitstorm"** interessant. Auch wenn der Begriff aus dem Englischen stammt, findet er gerade im deutschsprachigen Raum verstärkt Verwendung, seitdem er durch Sascha Lobo auf der Internetkonferenz „re:publica2010" öffentlich verbreitet wurde (vgl. Becker 2014, S. 447; Salzborn 2017, S. 89). Lobo (2010) bezeichnete dort Shitstorms als einen Prozess, bei dem „in kurzen Zeitraum eine subjektiv große Anzahl von kritischen Äußerungen getätigt wird, von denen sich zumindest ein Teil vom ursprünglichen Thema ablöst und stattdessen **aggressiv, beleidigend, bedrohend oder anders attackierend** geführt wird". Die Beiträge gehen somit über die normale Kritikäußerung hinaus und sind zumeist emotional, vorwurfsvoll oder auch ironisch bis beleidigend. Stegbauer (2018, S. 1) geht in seinem Buch sogar so weit, dass er Shitstorms als Wutausbrüche bezeichnet, die erst durch das Internet entstanden seien, bei denen sich sehr „spezielle" Personen zusammen finden und weitere Kreise auf ihre Seite ziehen, um öffentlichkeitswirksam auf ein angebliches Fehlverhalten ihrer „Gegner" einzuschlagen. Erschwerend komme hinzu, so Stegbauer (2018, S. 3), dass diese **Wutausbrüche** umso mehr beachtet werden, „je extremer, schärfer und gehässiger sie sind".

Seit der Erwähnung durch Lobo hat sich „Shitstorm" zu einem Modewort entwickelt, das umgangssprachlich für nahezu jede Häufung kritischer Meinungen und Inhalte im Netz steht. Die vielen hierfür existierenden Beschreibungsansätze bündelt Salzborn (2017, S. 91) in seiner auch für dieses Buch gültigen Definition:

Tab. 13.1 Charakteristika von Social-Media-Krisen (oder auch Collaborative Brand Attacks [CBA]). (Quelle: in Anlehnung an Rauschnabel et al. 2016a, S. 382; Salzborn 2017, S. 84)

Charakteristikum	Erklärung
Entstehungsort/Öffentlichkeit	Social Media-Krisen entstehen durch den Einsatz von Social Media und/oder entwickeln sich durch Verbreitung in sozialen Medien von einer latenten zur akuten Krise. Dies bedeutet, sie entwickeln und verbreiten sich über den öffentlichen Raum sozialer Medien. Dies führt dazu, dass selbst passive Konsumenten die kritischen Social-Media-Inhalte noch lange nach einem Angriff zur Kenntnis nehmen können. Auch wenn die Krisen selber meist von kurzer Dauer sind (siehe dazu Abschn. 13.1.4), wirken sie oftmals noch lange nach und finden möglicherweise auch auf anderen, traditionellen Kanälen Erwähnung.
Durch eine spezifische Ursache ausgelöst mit schneller/dynamischer Verbreitung	Social-Media-Krisen können unterschiedliche Ursachen haben (siehe dazu Abschn. 13.1.2). In vielen Fällen entwickeln sie sich innerhalb von wenigen Stunden und Tagen in einer unkontrollierbaren Art und Weise, wodurch sich der Handlungsspielraum des betroffenen Unternehmens verkürzt. Sie verlangen eine schnelle Reaktion der Krisenkommunikatoren. Bestimmte Katalysatoren können die Verbreitung der Krise beschleunigen (siehe Abschn. 13.1.3). Die Intention hinter dem Auslöser muss dabei nicht notwendigerweise ein bewusster Angriff oder ein schädigendes Verhalten, sondern kann auch eine Kundenbeschwerde sein. Dennoch zeichnet sich eine Krise dadurch aus, dass sie bewusst oder unbewusst einen Angriff darstellt.
Große Anzahl von Teilnehmern	Social-Media-Krisen stellen die Aktion einer (subjektiv empfundenen) großen Anzahl von Teilnehmern dar. Dabei sind die Verursacher (diejenigen, die den User-Generated-Content ursprünglich erstellen) von den Unterstützern (diejenigen, die die Verursacher durch die Weiterverbreitung der Inhalte unterstützen) und den Konsumenten (diejenigen, die passiv die Inhalte anschauen) zu unterscheiden. Auch wenn es schwer ist, eine Menge zu determinieren, die als groß bezeichnet werden kann, so handelt es sich in den meisten Fällen zumindest um mehrere hundert Nutzer.
Gemeinsames Vorgehen	Ein wesentlicher Mechanismus der sozialen Medien ist das gemeinsame „sich vernetzen" (siehe Abschn. 3.1). Und dies äußert sich auch bei Social-Media-Krisen, die ein gemeinsames, vernetztes Vorgehen gegen das Ziel-Unternehmen erkennen lassen.
Gegenreaktion und Auswirkungen	Betroffene Unternehmen können der Krise mit entsprechenden Maßnahmen vorbeugen, ihren Verlauf aktiv beeinflussen oder ihren Ausbruch gegebenenfalls verhindern. Social-Media-Krisen schaden vor allem dem Ruf eines Unternehmens, können sich jedoch auch materiell auf die betroffene Firma auswirken (siehe dazu Abschn. 13.2.3).

Unter ‚Unternehmens-Shitstorm' wird ein Phänomen verstanden, in dem einzelne Akteure und/oder Akteursgruppen unter Verwendung der plattformspezifischen Kommunikationsmöglichkeiten der Social Media Inhalte im Netz publizieren, kommentieren und verbreiten, die sich kritisch, teilweise beleidigend und spöttisch mit den Handlungen, Strategien, Entscheidungen sowie Personen von Unternehmen und/oder den Eigenschaften ihrer Produkte und Dienstleistungen auseinandersetzen und eine überdurchschnittlich hohe plattformspezifische Beitragsmenge innerhalb eines begrenzten Zeitraumes bedingen.

In den weiteren Ausführungen zu seiner Definition verdeutlicht Salzborn (2017, S. 91–92), dass die Betonung der „überdurchschnittlich hohen Beitragsmenge" innerhalb eines „begrenzten Zeitraumes" den „Sturmcharakter" eines Shitstorms unterstreicht und ihn dadurch von den täglich in den Social Media identifizierbaren vereinzelten Kritikäußerungen abgrenzt.

Um hier eine bessere Abgrenzung zwischen bloßen Kritikäußerungen und einem Shitstorm im unternehmerischen Alltag vornehmen zu können haben Graf und Schwede (2012) eine **Shitstorm-Skala** entwickelt, die helfen soll, die Lage besser einzuschätzen (siehe Abb. 13.1). Die Verfasser weisen darauf hin, dass es sich dabei um keine exakte Wissenschaft handelt, sondern um Richtwerte, bei denen vor allem Erfahrung und genaues Hinschauen zählen.

Grundidee der Shitstorm-Skala von Graf und Schwede (2012) bildet der Vergleich mit der Beaufort-Skala, mit der Beobachtungen von See und Wind eingeschätzt werden. Frei nach dem Prinzip: „[…] Shitstorms im Internet gehören wie der Wind zum Wetter" (Graf und Schwede 2012). Betrachtet man die verschiedenen Stufen der Skala in Abb. 13.1, stellt man fest, dass – unter Berücksichtigung der Charakteristika von Social-Media-Krisen in Tab. 13.1 – zumindest bis Stufe drei noch keine wirkliche Krise oder gar ein Shitstorm vorliegt.

Bei Shitstorms handelt es sich am Ende um einen **Krisen-Sonderfall** (vgl. Hoffmann 2012, S. 5) beziehungsweise wie es Salzborn (2017, S. 88) ausdrückt, eine Grenzerfahrung. Sowohl Rauschnabel et al. (2016a, S. 386) als auch Salzborn (2017, S. 89) setzen letztendlich die CBAs respektive Social-Media-Krise mit dem Begriff des Shitstorms, aber auch (Online) Firestorm, (PR-) Fails, (PR-) Desaster, Brand-Crisis, Negative-Word-of-Mouth, Flame Wars, Anti-Branding, Bashing, Pushing oder Skandal gleich. Dieser Auffassung wird auch hier gefolgt, sofern die Krise ein Niveau von **mindestens Level vier** auf der in Abb. 13.1 abgebildeten Shitstorm-Skala erreicht und somit keine Kritikäußerung von Einzelnen darstellt.

13.1.2 Auslöser von Social-Media-Krisen

Ursachen für Social-Media-Krisen können verschiedenster Natur sein. Tatsächlich entstehen die meisten Krisen jedoch nicht im Web, sondern resultieren aus **Fehlern in der Unternehmenspolitik** (vgl. Hoffmann 2012). Im Gegensatz zu „herkömmlichen" Krisen haben die CBAs oftmals auch weniger wichtigere Themen als Auslöser, die zunächst

Skala	Windstärke	Wellengang	Social Media	Medien-Echo
0	Windstille	Völlig ruhige, glatte See	Keine kritischen Rückmeldungen.	Keine Medienberichte.
1	Leiser Zug	Ruhige, gekräuselte See	Vereinzelt Kritik von Einzelpersonen ohne Resonanz.	Keine Medienberichte.
2	Schwache Brise	Schwach bewegte See	Wiederholte Kritik von Einzelpersonen. Schwache Reaktionen der Community auf dem gleichen Kanal ohne Resonanz.	Keine Medienberichte.
3	Frische Brise	Mäßig bewegte See	Andauernde Kritik von Einzelpersonen. Zunehmende Reaktionen der Community. Verbreitung auf weiteren Kanälen.	Interesse von Medien - schaffenden geweckt. Erste Artikel in Online -Medien.
4	Starke Winde	Grobe See	Herausbildung einer vernetzten Protestgruppe. Wachsendes, aktives Follower-Publikum auf allen Kanälen.	Zahlreiche Berichte in Online - Medien. Erste Artikel in Print - Medien.
5	Sturm	Hohe See	Protest entwickelt sich zur Kampagne. Großer Teil des wachsenden Publikums entscheidet sich fürs mitmachen. Pauschale, stark emotionale Anschuldigungen, kanalübergreifende Kettenreaktion.	Ausführliche Blog -Beiträge. Follow -Up-Artikel in Online - Medien. Wachsende Zahl Artikel in klassischen Medien (Print, Radio, TV)
6	Orkan	Schwere See	Ungebremster Schneeball -Effekt mit aufgepeitschtem Publikum. Tonfall mehrheitlich aggressiv, beleidigend, bedrohend.	Top -Thema in Online -Medien. Intensive Berichterstattung in allen Medien.

Abb. 13.1   Shitstorm-Skala nach Graf und Schwede. (Quelle: eigene Darstellung in Anlehnung an Graf und Schwede 2012)

auf der subjektiven Wahrnehmung von Einzelpersonen beruhen können und deswegen schwer vorhersehbar sind (vgl. Rauschnabel et al. 2016a, S. 388). Aus diesem Grunde kann eine Krise ein Unternehmen **auch unverschuldet** ereilen oder sie entsteht aus einer **Fehlreaktion** auf eine Veröffentlichung, obgleich zunächst gar kein eigenes Verschulden vorlag (vgl. Hoffmann 2012).

Wie bei so vielen Themen im Bereich Social Media dominiert auch hier die Praxis-Literatur mit entsprechenden Analysen und Ratschlägen. Zu den wenigen **wissenschaftlichen Auseinandersetzungen** zählt die Arbeit von Rauschnabel et al. (2016a), die auf Basis eines zweistufigen explorativen Vorgehens mit Delphi-Experten-Befragung und einer Analyse von 29 Fallstudien ein theoretisches Modell zur Entstehung und Verstärkung von Social-Media-Krisen entwickelt haben. Dieses deckt sich sehr stark mit den Erkenntnissen praxis-orientierter Veröffentlichungen (siehe beispielsweise Hoffmann 2012, S. 6; Steinke 2014, S. 11–14). Das Modell ist im Überblick der Abb. 13.2 zu entnehmen.

Wie Abb. 13.2 verdeutlicht, lassen sich aus der Vielzahl von möglichen Ursachen für Social-Media-Krisen **drei Hauptkategorien** ableiten (ähnlich: Steinke 2014, S. 11–12).

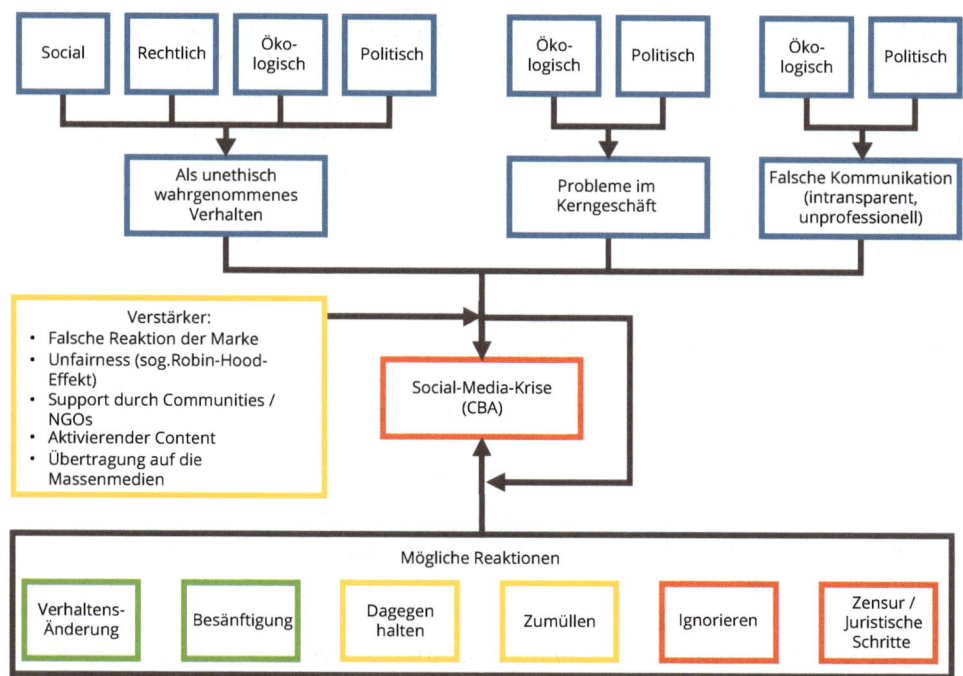

Abb. 13.2 Theoretisches Modell zu Social-Media-Krisen. (Quelle: eigene Darstellung in Anlehnung an Rauschnabel et al. 2016a, S. 387)

- Als unethisches wahrgenommenes Verhalten von Organisationen
- Probleme im Kerngeschäft
- Falsche Kommunikation (intransparent, unprofessionell)

Als unethisch wahrgenommenes Verhalten von Organisationen
In 17 der 29 von Rauschnabel et al. (2016a, S. 387) untersuchten Fällen war es das als unethisch wahrgenommene Verhalten eines Unternehmens, das einen Shitstorm auslöste. Als unethisch wird ein Verhalten dann von den Verfassern angesehen, wenn es **soziale, rechtliche, ökologische und/oder politische Problembereiche** betrifft. Dies ist beispielsweise der Fall, wenn Firmen Kunden herablassend behandeln, sie kränken oder ihnen mit sozialen, rassistischen oder kulturellen Vorurteilen begegnen. Hier setzen auch Shitstorms an, die von Nichtregierungsorganisationen (NGO) wie Greenpeace gestartet werden (vgl. Steinke 2014, S. 13).

Rauschnabel et al. (2016a, S. 387) weisen ausdrücklich darauf hin, dass es sich bei der Wahrnehmung um ein äußerst subjektives Phänomen handeln kann. Die geäußerte Kritik muss nicht generell wahr sein, sondern kann ebenso Unwahrheiten oder Gerüchte beinhalten (in diesem Sinne auch Salzborn 2017, S. 91): „Der Unterschied [im Vergleich zu klassischen Markenkrisen] bei Shitstorms ist allerdings, dass der Begriff

‚unethisch' im Sinne des Betrachters liegt. Wenn eine Gruppe an Internetnutzern beispielsweise der Meinung ist, dass der Konsum von Wurst unethisch ist, kann das ausreichend sein um einen Shitstorm auszulösen" (Rauschnabel et al. 2016b), wie dies beispielsweise bei der ING Diba der Fall war: Nach einem Werbespot, in dem Basketballer Dirk Nowitzki eine Scheibe Wurst verspeist, fluteten Vegetarier und Veganer Anfang 2012 die Facebook-Seite der Bank. Nach einer Weile schloss das Unternehmen die Diskussion und ließ keine neuen Kommentare zu dem Thema mehr zu (vgl. Zeit Online 2012).

Klassische Fälle, die in diese Kategorie fallen, aber eine deutlich geringere subjektive Prägung der Initiatoren aufweisen, sind:

- **Amazon – widrige Arbeitsbedingungen für Leiharbeiter:** Anlass der Krise waren die Arbeitsbedingungen bei Amazon, welche eine ARD-Dokumentation vom 13. Februar 2013 mit dem Titel: „Ausgeliefert! Leiharbeiter bei Amazon" thematisierte. Diese würde der Konzern – so die Reportage – aus ganz Europa herankarren und in Feriendörfern unter widrigen Umständen unterbringen. Laut ARD würden sie teilweise von rechtsradikalen Sicherheitsleuten bewacht. Zudem erhielten die Leiharbeiter lediglich einen Dumping-Lohn (vgl. Kwasniewski 2013). Dies war seitdem nicht der einzige Fall, mit dem Amazon aufgrund seiner Arbeitsbedingungen in den sozialen Medien (und darüber hinaus) konfrontiert wurde.
- **Schlecker – For You. For Ort:** Die Besonderheit dieses Falles liegt darin, dass die Krise ursprünglich durch einen leitenden Manager von Schlecker hervorgerufen wurde. Mit dem Markenclaim „For You. Vor Ort." wollte die Drogerie-Kette Schlecker eine neue Kampagne starten und sich vor allem im Fernsehen und Internet breiter präsentieren. Ein nicht bekannter Briefschreiber äußerte sich über den Slogan der Firma Schlecker beim Verein für Sprachpflege empört über die deutsch-englische Wortmischung, die zur Verärgerung vieler Kunden führe. Der Verein für Sprachpflege nahm sich der Sache an und startete eine Unterschriftenaktion, um das Schlecker-Führungsteam auf den Missmut der Bevölkerung aufmerksam zu machen. Die Antwort von Schlecker-Marketingleiter Volker Schnur geriet an die Öffentlichkeit. In dem Schreiben an den Verein hieß es herablassend, Schlecker versuche mit dem neuen Slogan „For You. Vor Ort." das niedrige bis mittlere Bildungsniveau der Zielgruppe anzusprechen. Auf Facebook, Twitter und im Blog der Firma reagierten die Nutzer empört (vgl. Zeit Online 2012).
- **Domino's Pizza – Mitarbeiter-Video:** Dieser Fall ist deswegen so interessant, da er zeigt, wie ein Shitstorm ein Unternehmen treffen kann, ohne dass ein fehlerhaftes Verhalten des Unternehmens von Dritten aufgedeckt wird: Zwei Mitarbeiter der Domino-Franchise-Filiale in Conover, North Carolina, USA, posteten im April 2009 ein Video von sich auf YouTube, in dem sie geschmacklose Dinge mit einem Sandwich und dessen Zutaten machten, bevor es (vermeintlich) ausgeliefert wurde. Die Mitarbeiter luden das Video eigenständig auf YouTube hoch. Neben der Tatsache, dass der Auslöser der Krise eigene Mitarbeiter waren, ist an dem Fall zudem interessant, dass

Domino's zu diesem Zeitpunkt selber noch keinerlei eigene Social-Media-Präsenzen hatte (vgl. Rauschnabel et al. 2016a, S. 407). Hervorzuheben ist auch die schnelle Reaktion des CEO, der sich persönlich für das Verhalten der Mitarbeiter entschuldigte. Dennoch hatte der Fall nachhaltig negative Auswirkungen auf die Online-Reputation von Domino's Pizza, da im Netz Begriffe wie „Disgusting" oder „Contaminating" mit der Pizza-Kette verhaftet blieben (vgl. Becker 2014, S. 451).

- **Volkswagen – Dieselgate:** Ganz anders gelagert ist die Reaktion in den sozialen Medien im Falle des Abgas-Manipulations-Skandals von Volkswagen. Auslöser war eine am 18. September 2015 öffentlich bekannt gewordene Praxis, nach der die Volkswagen AG eine illegale Abschalteinrichtung in der Motorsteuerung ihrer Diesel-Fahrzeuge verwendete, um die US-amerikanischen Abgasnormen zu umgehen. Diese Krise nahm ihren Ursprung nicht in den sozialen Medien und wurde dort im Hauptzeitraum vom 18. bis 24. September 2015 – im Vergleich zum Ausmaß der eigentlichen Krise – auch nicht dramatisch bespielt. Der größte Buzz war am 22. September 2015 mit 79.000 Erwähnungen zu vermelden (vgl. Tobesocial 2015). In Deutschland erreichten vor allem die relativierende Einordnung der Vorkommnisse von Börsenexperte Dirk Müller sowie zwei satirische Artikel vom Postillon große Viralität. VW, das sich lange auf den sozialen Medien in Schweigen hüllte, gewinnt auf seiner internationalen Facebook-Seite in der ersten Woche seit Bekanntwerden der Vorwürfe sogar rund 3000 Fans hinzu (vgl. ContentFleet 2015).
- **Nestlé: KitKat Palmöl (siehe Fallbeispiel 17)**

Als einer der klassischen Social-Media-Shitstorms gilt der Fall von Nestlé gegen Greenpeace. Da der Autor des Buches selber in diesen Fall involviert war, soll dieser nachstehend ausführlicher dargestellt werden.

Fallbeispiel 17: Nestlé – KitKat und das Palmöl (Quellen: eigene Erfahrungen sowie Menck und Frühwirt 2016a, b; Web4com 2011b)

Am Morgen des 17. März 2010 startete Greenpeace eine breit angelegte internationale Kampagne, die auf Nestlé als größten Lebensmittelhersteller der Welt abzielte. Der Fall wurde von Greenpeace am Schokoriegel KitKat aufgezogen, der in vielen Ländern sehr beliebt ist. Dazu lancierte Greenpeace ein Video, in dem ein Büroangestellter beim Verzehr eines vermeintlichen KitKats gezeigt wird. Statt in einen Riegel beißt der Mitarbeiter jedoch in einen abgehackten Orang-Utan Finger. Die dahinterliegende Botschaft von Greenpeace: KitKat enthält Palmöl. Dieses wird von Firmen bezogen, die zu dessen Herstellung illegale Urwaldrodungen in Indonesien durchführen. Dadurch wird der Lebensraum der dort lebenden Orang-Utans zerstört, was zu ihrem Aussterben beiträgt. Da Nestlé dieses Palmöl verwendet, wird es folglich selber zum Mörder der Orang-Utans. Vor diesem Hintergrund erklärte sich auch der Claim „Nestlé: Give the Oran-Utangs a break: Kein Palmöl aus Urwald-Zerstörung".

Noch am selben Abend verschwindet das Video von der Plattform, weil Nestlé – angeblich aus Copyright-Gründen – dessen Sperrung veranlasst hat. Dies wiederum stellt ein gefundenes Fressen für Greenpeace dar, die das Video mit dem Hinweis „Dies ist das Video, das Nestlé löschen ließ." auf vielen Plattformen lanciert. Zahlreiche von der Löschung empörte Nutzer laden das Video zusätzlich ins Netz und sorgen dafür, dass ihm die Aufmerksamkeit zukommt, die Nestlé durch die Sperrung gerade verhindern wollte.

Einen Tag nach Kampagnenstart vermeldet Nestlé, seine Verträge mit der besonders umstrittenen Produktionsfirma Sinar Mas gekündigt zu haben. Allerdings wird dies von der Social-Media-Gemeinde eher als „Greenwashing" angesehen, denn Nestlé bezog das meiste indonesische Palmöl nicht direkt von Sinar Mas, sondern über Zwischenhändler. Während die Empörungswelle in den sozialen Medien immer größer wird, erfolgt vonseiten Nestlés keine offizielle Reaktion. Was aber noch schlimmer wiegt: Anstelle auf die kritischen Beiträge der Nutzer einzugehen und den Dialog zu suchen, beginnen die „Social Media-Verantwortlichen" die Nutzer zurechtzuweisen, danken den Kommentatoren in ironischem Tonfall für die Belehrungen, löschen Posts und drohen mit der Sperrung von Usern, die ihre Profilbilder gegen ein „Killer-Logo" im Stil des KitKat-Emblems getauscht haben. Schließlich versucht Nestlé die Situation noch zu retten, indem die Webseite von KitKat vom Netz geht. Auch dies die falsche Reaktion, die nur weiter Öl ins Feuer gießt.

Greenpeace weitet derweil seine Kampagne auf Offline-Kanäle aus. In Lausanne beispielsweise veranstaltet die NGO ein Riesenspektakel rund um die Jahreshauptversammlung der Nestlé SA. Vor der Halle, in der die Veranstaltung stattfindet, tanzen Greenpeace-Aktivisten als Orang-Utans verkleidet um die Aktionäre herum. Während der Hauptversammlung seilen sich zwei Aktivisten vom inneren Dach in die Halle ab und halten auf halber Strecke zum Boden, um dann ein Banner mit dem o. a. Claim zu entrollen. Die beiden Aktivisten hängen während der gesamten Hauptversammlung über den Köpfen der Nestlé-Führungsriege. In der deutschen Zentrale in Frankfurt-Niederrad klettern weitere Greenpeace-Mitarbeiter am Nestlé-Hochhaus hoch und entrollen ebenfalls ein Riesenbanner mit dem Spruch. Zur Unterstützung steht vor dem Haus noch ein Lieferwagen mit einer großen Twitter-Wand, auf der alle Tweets der erbosten Nutzer abgebildet werden.

Am 17. Mai, zwei Monate nach Ausbruch des Shitstorms, kapituliert Nestlé: Der Konzern verspricht, künftig mit NGOs zusammenzuarbeiten und Rohstoffe nur noch aus nachhaltiger Produktion zu beziehen. Dazu legen die Verantwortlichen einen detaillierten Aktionsplan zur Umsetzung der neuen strengen Standards vor.

Dieser Shitstorm wirkt auch heute noch nach, zählt er doch zu einen der bekanntesten Social-Media-Krisen. Er hat in Bezug auf die Online-Reputation von Nestlé einigen Schaden angerichtet, nicht jedoch so sehr für KitKat. Das merkt man auch daran, dass das Thema immer wieder von Kritikern aufgenommen wird, obwohl es dazu längst offizielle Statements auch von Greenpeace gibt. Finanziell gab es beim

Produkt keine Einbußen. Nestlé steht aber weiterhin – auch für eine Reihe von anderen Aktivitäten – besonders im kritischen Fokus von NGOs und der Netzgemeinde.

Auf der anderen Seite hat die Krise bei Nestlé viel bewegt. Sie war Auslöser für eine Vielzahl von Aktivitäten in den sozialen Medien, welche unter anderem zur Einführung des bereits beschriebenen weltweiten Digital-Acceleration-Teams (siehe das Fallbeispiel 12 in Abschn. 8.2) sowie zur beschleunigten Entwicklung des Nestlé-Marktplatzes in Deutschland (siehe das Fallbeispiel 6 in Abschn. 6.2) führte.

Die relevanten Videos zu den hier aufgeführten Fällen, sind über Servicelink 13.1 abrufbar.

Servicelink 13.1

Servicelink 13.1a zum Fall Amazon: Video zur ARD-Reportage:
https://www.youtube.com/watch?v=xdrkY_NpgrY
Servicelink 13.1b zum Fall Domino's Pizza:
Ursprungs-Video der Mitarbeiter:
https://www.youtube.com/watch?v=oMO_uysMOXU
Servicelink 13.1c zur Reaktion des Domino's Pizza CEOs auf das
Ursprungs-Video:
https://www.youtube.com/watch?v=dem6eA7-A2I
Servicelink 13.1d zum Fall KitKat/Greenpeace: Video der Ursprungs-
kampagne von Greenpeace:
https://www.youtube.com/watch?v=IzF3UGOlVDc

Probleme im Kerngeschäft

Social-Media-Krisen können ihren Auslöser in wahrgenommenen **Qualitätsproblemen** im Kerngeschäft haben, wie. z. B. Produkt- (z. B. fehlende oder fehlerhafte Sicherheits-Funktionen) oder Serviceprobleme. In der Studie von Rauschnabel et al. (2016, S. 387) war dies in acht der 29 betrachteten Krisen der Fall. Steinke (2014, S. 13) beschreibt, dass der Auslöser für einen Shitstorm ein sogenannter **„Rant"** sein kann. Dabei handelt es sich um einen Beitrag auf einer Social-Media-Plattform, in dem ein Einzelner Dampf ablässt. Trifft dieser Rant die Meinung vieler anderer, folgen dem Rant zustimmende Kommentare, er wird von Unterstützern weiterverbreitet und findet so immer neue Leser über den Freundes- oder Abonnentenkreis seines Verfassers hinaus. Manche Rants stechen durch eine ungewöhnliche Machart heraus, wie das Beispiel des DB-Abschiedsbriefes in Abschn. 12.2 zeigte.

Gerade in dieser Kategorie, so Rauschnabel et al. (2016a, S. 388) sei die Subjektivität der wahrgenommenen Probleme sehr hoch. Dies bedeutet, so die Verfasser, dass das Unternehmen sich der Probleme oft gar nicht bewusst ist, bis ein Nutzer seinen Bedenken Luft macht.

Klassische Fälle, die in diese Kategorie fallen, sind:

- **United Airlines – United Breaks Guitars:** Dieser Fall bezieht sich auf ein Service-Problem, welches der amerikanische Sänger Dave Carroll mit der o. a. Fluggesellschaft durchlebte. Carroll versuchte über 15 Monate, eine Kompensation für eine auf einem United-Flug zu Bruch gegangene Gitarre im Wert von 3500 US$ zu erhalten. Die Airline ignorierte jedoch die Beschwerde des Musikers mehrfach und behandelte ihn zudem arrogant und von oben herab. Erst als Carroll ein Lied zu diesem Vorfall komponierte, es auf YouTube hochlud und dieses dann viral ging, reagierte die Airline (vgl. Dayton und Kornfeld 2011). Das Video wurde mittlerweile mehr als 17 Mio. Mal angesehen, erhielt mehr als 17.000 Kommentare und über 120.000 positive Likes (in Anlehnung an Rauschnabel et al. 2016a, S. 409).
- **O2 – Wir sind Einzelfall:** Ein Blogger beschwerte sich 2011 wegen Netzproblemen bei dem Unternehmen – und bekam die Antwort, es handele sich um einen Einzelfall. Daraufhin startete er die Aktion „Wir sind Einzelfall". Tausende Betroffene meldeten sich. O2 gestand bald ein, dass es nicht nur Einzelfälle gab und versprach, sein Netz auszubauen (vgl. Zeit Online 2012).
- **Vapiano – Raupenalarm:** Handelte es sich beim O2-Fall um ein klassisches Service-Problem, wie es beispielsweise auch Vodafone oder Teldafax erlebten, geht es bei Vapiano um ein Qualitäts-Problem. In einem Restaurant der Systemgastronomie Vapiano fand ein Kunde eine Raupe in seinem Salat, filmte sie und stellte das Video auf die Facebook-Seite des Unternehmens. Innerhalb von 24 h verbreitete sich das Video auf Facebook. Der öffentliche Status des Users erreichte mehr als 40.000 Likes und wurde mehr als 14.000 Mal weiterverbreitet (vgl. Schade 2014). Dieser Case wird jedoch in der Regel nicht unter den Shitstorms aufgeführt, da das geschickte und schnelle Eingreifen des Unternehmens (beziehungsweise der beratenden Social-Media-Agentur Achtung!) die Krise zügig deeskalierte. Ein Screenshot des Facebook-Posts ist der Abb. 13.3 zu entnehmen.

Phil Hippos ▸ Vapiano   •••
vor etwa 4 Jahren · 🌐

Bei Vapiano war's eigentlich immer recht nett....bis gestern....leider fehlt mir für Salat bei euch in nächster Zeit erstmal die Motivation!!!

 46.391   21.274 Mal geteilt

Abb. 13.3 Screenshot des Facebook-Posts von Phil Hippos im Fall Raupenalarm bei Vapiano. (Quelle: Schade 2014)

- **Dell – Dell Hell (siehe Fallbeispiel 18)**

Da es sich sehr wahrscheinlich um einen der ersten Shitstorms handelte und dieser sich auch im Hinblick auf seine Auswirkungen für das Unternehmen als besonders erwies, wird im Folgenden auf den Fall „Dell Hell" näher eingegangen.

Fallbeispiel 18: Dell Hell (Quellen: Jarvis 2005, 2009, S. 26–36; Web4com 2011a; Zeit Online 2012)

Einen der ersten und zugleich wohl einer der bedeutendsten Shitstorms für ein Unternehmen löste der amerikanische Blogger und Journalismus-Dozent Jeff Jarvis im Jahre 2005 aus. Der Fall wurde unter dem Namen „Dell Hell" bekannt. Jarvis postete seinen Frust über den Kundenservice und die Produkte des Computerherstellers Dell mit dem Titel „Dell ist Scheiße". Jarvis erwartete damals gar nicht, eine Lösung für sein Problem zu finden, sondern wollte einfach nur Dampf ablassen und dachte gar nicht daran, dass er eine Lawine lostreten könnte. Die Blogeinträge sind im Archiv von BuzzMaschine nachzulesen (vgl. Jarvis 2005). Während Dell ihn belächelte und ignorierte, gaben ihm schnell Tausende von Menschen recht und teilten sein Schicksal. Die Angelegenheit ging viral und erreichte die Massenmedien. Das PR- und Social-Media-Debakel war perfekt.

Dell musste daraufhin ein hohes Lehrgeld bezahlen. Das Image war stark angeschlagen, die Verkäufe und die Kundenzufriedenheit sanken. Der Aktienkurs verlor die Hälfte an Wert im Vergleich zu der Zeit vor dem Vorfall.

Dell machte damals eine Reihe von Fehlern. Das Unternehmen nahm unter anderem die Bedürfnisse seiner Kunden nicht ernst und unterschätzte die Strahlkraft eines Bloggers und der sozialen Medien, noch weit vor der Zeit von Twitter und Facebook. Es mangelte Dell an einer Strategie, mit Kritik im Internet umzugehen, man nahm erst Stellung zu den Vorwürfen, als es bereits zu spät war.

Als (indirekte) Folge der Dell Hell übernahm Michael Dell wieder die Unternehmensführung. Acht Monate nach dem Start der Dell Hell begann Dell den Auskünften von Jarvis (2009, S. 34) zufolge genau das zu tun, was Jarvis dem Unternehmen vorschlug: Man fing an sich mit den vielen Bloggern auseinanderzusetzen und gemeinsam mit ihnen nach Lösungen zu suchen. Als Folge ernte Dell plötzlich positive Resonanz und erkannte, wie wertvoll der Austausch war. Dell startete deswegen etwas später seinen eigenen Blog unter dem Namen Direct2Dell. Viele weitere Maßnahmen folgten, etwa die Nutzung von Social Media für Innovationen (Ideastorm), Kundensupport oder Vertrieb (siehe den Case @DellOutlet in Abschn. 6.2). Dell ist damit ein Paradebeispiel für ein Unternehmen, das sich vom schlechtesten zum besten gewandelt hat (vgl. Jarvis 2009, S. 26).

Falsche Kommunikation (intransparent, unprofessionell)

„Häufig ist es der Kommunikations-Patzer in Kombination mit einer falschen, oft arroganten oder Macht demonstrierenden Reaktion der Unternehmen, die einen kleinen

Fehler zum Shitstorm katapultiert", so Bjoern Ivens, Mit-Verfasser der bereits mehrfach angesprochenen Studie von Rauschnabel et al. (2016a, Zitat aus Rauschnabel et al. 2016b). Ansatzpunkte für Krisen bietet zudem Kommunikation, die missverständlich oder leicht zu persiflieren ist (vgl. Steinke 2014, S. 12).

Diese Auslöser treten häufig nicht alleine auf, sondern kommen als **erschwerende Fehler zu einer bereits ausgelösten Krise** hinzu. Das Beispiel von Nestlé und KitKat verdeutlichte dies. Anstelle auf die eigentlichen Probleme einzugehen, griff der Lebensmittelkonzern die Nutzer an, die das Nestlé-Logo verunstalteten und als Profilbilder nutzten. Ähnlich war es im Fall von „United Breaks Guitars".

Klassische Fälle, die in diese Kategorie fallen und tatsächlich ein Kommunikationsproblem als Auslöser hatten, sind:

- **Pril – Mein Pril, mein Stil:** Dieser Fall verdeutlicht, wie schnell man auf Basis „trivial" erscheinender Entscheidungen in Kombination mit inadäquaten Reaktionen einen Shitstorm herbeiführen kann (vgl. Rauschnabel et al. 2016a, S. 393). Der Henkel-Konzern wollte 2011 im Netz das Design für eine limitierte Edition seines Spülmittels Pril über eine Crowdsourcing-Kampagne bestimmen lassen. Das Unternehmen fand den Favoriten der Nutzer mit einem Grillhähnchen auf dem Etikett unpassend und änderte während des Wettbewerbs die Regeln. Die als unpassend empfundenen Vorschläge wurden aus dem Wettbewerb entfernt (unter anderem mit der Begründung, dass unsaubere Abstimm-Mechanismen zu erkennen gewesen wären). Fortan sollte eine Jury die finale Entscheidung über die besten Designs treffen. Die Teilnehmer fühlten sich verschaukelt und machten ihrem Ärger im Internet Luft (vgl. Zeit Online 2012).
- **Sparda Bank – Schwarz-Gelbe-Bank-Karte:** Die Sparda Bank publizierte eine Anzeige im Stadionmagazin „Echt" von Borussia Dortmund. Zu sehen war ein Dortmunder Fan mit einem Megafon. Allerdings stellte sich bei genauer Betrachtung heraus, dass das Bild mit Photoshop bearbeitet worden war, denn auf dem Megafon war ein Aufkleber mit der Aufschrift „Ultras Gelsenkirchen" – einer Fangruppierung des Erzfeindes FC Schalke 04 zu lesen.
- **Dove – Real-Beauty-Kampagne:** Die Kosmetik-Marke Dove, eigentlich für sein vielfältiges Frauenbild bekannt, löste mit einer Neuauflage seiner bekannten Werbung, bei der der Hersteller Frauen verschiedener Hautfarben und Körperformen in Unterwäsche zeigt, einen Shitstorm aus (vgl. dazu Khaled 2017): Das Motiv zeigt eine junge dunkelhäutige Frau, die ein braunes Oberteil trägt. Als sie sich das T-Shirt herunterzieht, kommt darunter eine weiße Frau mit weißem Shirt zum Vorschein. Das Problematische daran: Doves Slogan „Real Beauty" und der Vorher-Nachher-Effekt, auf den sich die Werbung stützt, suggerieren, dass wahre Schönheit sich durch weiße Hautfarbe definiert und dass sich Menschen mit dunkler Haut „weißwaschen" müssen, um diesem Ideal zu entsprechen. In den sozialen Netzwerken sammelten sich bald wütende Reaktionen aus allen Teilen der Welt. Mittlerweile hat sich Dove für die Werbung entschuldigt und das Motiv aus Facebook entfernt.

- **Nestlé: #Frag Nestlé (siehe Fallbeispiel 19)**

Auch an dieser Stelle wird auf einen Fall des Lebensmittelkonzerns Nestlé näher eingegangen, da dieser als großes PR-Desaster tituliert wurde. Er zeigt aber dennoch – gerade im Vergleich zum o. a. KitKat-Fall –, dass man die Vorgehensweise differenzierter betrachten muss.

> **Fallbeispiel 19: #FragNestlé (Quelle: eigene Erfahrungen sowie Firsching 2015; Grabs et al. 2017, S. 163–164; Schindler 2016; Tobesocial 2015; Wienand 2015)**
>
> Haupt-Ausgangspunkt für dieses Fallbeispiel bildete der zweiteilige ARD-Marken-check über Nestlé. Der erste Teil dazu lief am 21. September 2015 zur Prime-Time um 20.15 Uhr. In Antizipation der Sendung und dessen Inhalte kaufte Nestlé bei Twitter das Hashtag #FragNestlé und verkündete dies mit einem Tweet am selben Tag (siehe Bild unten).
>
> Die Folge: Unmittelbar rund um die Ausstrahlung des ersten Teils gab es zahlreiche Beschimpfungen, heftige Kritik und Häme auf Twitter. Die Huffington Post schrieb gar von einem „unfassbaren Shitstorm". Grabs et al. (2017, S. 163) bezeichneten den Fall wie viele Twitterer als PR-Desaster. Neben der Häme bezieht sich die Kritik vor allem auf drei Bereiche: Umgang von Nestlé mit Wasserrechten, Palmöl (siehe Fallbeispiel 17: Nestlé – KitKat und das Palmöl) sowie Alu-Müll wegen Nespresso-Kapseln. Interessant ist bei Betrachtung der vielen Tweets (innerhalb von 24 h wurden 1400 Tweets über das Hashtag abgesetzt) jedoch die Tatsache, dass sich schon am ersten Tag viele Nutzer einschalteten und positive Stimmen äußerten.
>
> Was sich bei #FragNestlé abgespielt hat, ist von den Reaktionen her zwar mit einem „klassischen" Shitstorm vergleichbar. Die Tonalität und das Sentiment der Tweets waren, wenig überraschend, sehr negativ. Beim Ansatz und Ablauf der „Krise" gibt es aber einige interessante Unterschiede zu sonstigen Shitstorms, so Firsching (2015):
>
> Nestlé hat mit diesen Reaktionen gerechnet und hat im Gegensatz zu vielen Tweets auch eine große Anzahl von Fragen beantwortet. Ändern die Antworten etwas an dem Bild was viele Menschen über Nestlé haben? Im ersten Schritt sicher nur bei einem sehr kleinen Teil. Für Nestlé ist das Signal entscheidend. Wir stellen uns den Themen und Angriffen im Social Web und wir versuchen auf so viele Fragen und Kritikpunkte zu antworten wie möglich.
>
> Hat man auf Seiten von Nestlé mit diesen Reaktionen gerechnet? Absolut. Das verdeutlicht die Aussage von Alexander Antonoff, Vize der Unternehmens-kommunikation bei Nestlé: „Sie können genauso fragen, ob wir kalkuliert haben, dass die Sonne aufgeht" (Zitat bei Wienand 2015).
>
> Nestlé kannte die Inhalte des Markenchecks und wusste, dass es zu Empörung kommen würde. Insofern war es die Strategie, die Diskussionen gezielt in die Öffentlichkeit beziehungsweise in die sozialen Medien zu verlagern. Um die Kritiker zu Twitter zu bringen, musste die Aktion beworben werden. Nestlé gelang es dadurch, die Diskussion zu kanalisieren, was genau dem Ziel entsprach (vgl. Statement von

Hartmut Gahmann, Head of Corporate Communications Nestlé Deutschland im Interview bei Schindler 2016). Firsching (2015) fragt zurecht nach, ob Twitter, gerade in Deutschland, hierzu die richtige Kanalwahl darstellte. Im Prinzip beantwortet er diese Frage nach Meinung des Autors selber, in dem er schreibt:

Es ist möglich auf Twitter gute und inhaltliche Diskussionen zu führen. Wenn Nestlé aber der Absender ist, wird es schwierig. Facebook wäre was die Diskussion betrifft sicher besser geeignet gewesen. Vielleicht wollte man aber gerade diese ausschweifenden Kommentare und Diskussionen vermeiden?

Auch wenn viele geteilter Meinung über diesen kalkulierten Shitstorm waren: Es gab viele Stimmen von Fachexperten, die den Schritt als sinnvoll erachteten (siehe dazu beispielsweise die von Wienand (2015) gesammelten Statements). Auch die Meinung des Autors, der selber zu Beginn der Aktion die Kritiker fragte, wie man der Situation hätte besser begegnen können, geht in diese Richtung. Wirklich überzeugende Antworten waren darauf leider nicht eingegangen. Wie dem auch sei: Aus Sicht des Autors auf jeden Fall ein Lehrstück, wie man als Unternehmen offensiv mit einer zu erwartenden Empörungswelle umgehen kann.

 Nestlé Deutschland ✔ @NestleGermany · 21. Sep. 2015   ∨
Unsere Antwort auf die heute wohl am häufigsten gestellte Frage zu
#FragNestlé.

> **Was soll #FragNestlé bezwecken?**
>
> Wir stellen uns schon seit Jahren dem Dialog mit unseren Verbrauchern. Seit Mitte des Jahres auf unserer Website auch unter "Frag Nestlé". Mit diesem neuen Angebot bieten wir euch eine Vielzahl an Antworten in Form von Videos, Grafiken und weiteren Informationen.
>
> Um bewusst darauf aufmerksam zu machen und den Dialog zu suchen, haben wir #FragNestlé ins Leben gerufen.
>
>

13.1.3 Verstärker von Social-Media-Krisen

Aus eigener Erfahrung haben Krisen in Social Media fast immer zwei auslösende Momente: **Angst oder Unsicherheit sowie Fehler in der ersten Reaktion.** Wer weiß etwa, wie der Fall von Nestlé mit Greenpeace gelaufen wäre, hätte man bei Nestlé nicht das erste Video löschen lassen? Aus wissenschaftlicher Sicht lassen sich in diesem Zusammenhang **wiederkehrende Mechanismen** erkennen, so die Studie von Rauschnabel et al. (2016a, S. 388–389). Diese sind (vgl. Rauschnabel et al. 2016b; siehe dazu auch Abb. 13.2):

- Falsche Reaktion der Marke
- Unfairness (sogenannter Robin-Hood-Effekt)
- Support durch Communities/NGOs
- Aktivierender Content

Eine weitere Verstärkung können Social-Media-Krisen erhalten, wenn sich Empörungswellen über die sozialen Medien hinweg auf die Massenmedien ausweiten (vgl. Salzborn 2017, S. 94).

Falsche Reaktion der Marke

Die eigenen Erfahrungen des Autors werden durch die Forschungsarbeiten von Rauschnabel et al. (2016a, S. 388) untermauert. Reagiert das Unternehmen spät oder inadäquat, können sich Social-Media-Krisen verstärken. Der negative Effekt verschärft sich noch mehr, so die Verfasser, wenn das Unternehmen die **Kritik ignoriert, Fehler negiert oder intransparent kommuniziert.** Dies motiviere die Nutzer sogar dazu, ihre Angriffe weiter zu betreiben. Ganz besonders ausgeprägt ist dies der Fall, wenn kritische Inhalte gelöscht werden – was der Fall Nestlé und KitKat bereits verdeutlichte. Nutzer tendieren dann dazu, den „fragwürdigen" Content auf so vielen Plattformen wie möglich zu streuen, um dem „Corpus Delicti" eine noch größere Visibilität zu verschaffen. Rauschnabel et al. (2016a, S. 388) nennen dies den Streisand-Effekt[1].

Unfairness (sogenannter Robin-Hood-Effekt)

Ein weiterer verstärkender Faktor von CBAs geht laut Rauschnabel et al. (2016a, S. 388–389) darauf zurück, dass bislang nicht beteiligte Nutzer im Falle einer aufkommenden Kritik das Verhalten des betroffenen Unternehmens als unfair betrachten. In der User-Wahrnehmung nutzt das Unternehmen seine Macht unverhältnismäßig aus, was wiederum als nicht akzeptabel angesehen wird. Bislang nicht betroffene Nutzer

---

[1]Seinen Namen verdankt das Phänomen Menck und Frühwirt (2016b) zufolge der Schauspielerin und Sängerin Barbara Streisand, die 2003 vergeblich versuchte, den Fotografen Kenneth Adelman zu verklagen. Dieser hatte für ein Dokumentations-Projekt zur Erosion der kalifornischen Küste ein Bild von ihrem Strandhaus geschossen und weigerte sich, das Foto – als eines von vielen – von seiner Website zu nehmen. Während vorher wohl kaum jemand eine Verbindung zwischen diesem einen Anwesen und Barbara Streisand gezogen hätte, erlangten das Bild des Hauses und seine Eigentümerin durch den Rechtsstreit große Berühmtheit. Es war also erst der Zensurversuch, das Bestreben, genau dem vorzubeugen, der das Haus und die Zuordnung zu Barbara Streisand für die Öffentlichkeit interessant machte.

unterstützen dann die ursprünglichen Initiatoren in der Kritik: „Wenn große, mächtige Organisationen ihre Macht ausüben, vereinen sich viele einzelne, eigentlich weniger mächtige, Internetnutzer miteinander und machen von ihrer Gruppenstärke Gebrauch", so Bjoern Ivens, einer der Mit-Verfasser der o. a. Studie von Rauschnabel et al. (2016b). Dieser Effekt wird mit Bezug auf die bekannte Romanfigur auch als Robin-Hood-Effekt bezeichnet. Aufgrund der gefühlten Unterdrückung entwickeln sich Krisen so noch schneller und dynamischer mit einem **Schneeballeffekt** zu einem Shitstorm. Dies war beispielsweise bei der Pril-Krise von Henkel der Fall. Henkel spielte seine Macht aus, änderte die Regeln, löschte kritische Nutzer-Beiträge und löste dadurch noch mehr Empörung, auch bei bislang Nicht-Beteiligten, aus.

Support durch Communities/NGOs

Ein dritter, sehr häufiger Verstärker von Social-Media-Krisen tritt auf, wenn **einfluss-reiche Organisationen,** wie eben NGOs, klassische Medien oder informelle Interessens-gruppierungen eine krisenwürdige Information identifizieren und kommunizieren (vgl. Rauschnabel et al. 2016a, S. 389). Aufgrund der Tatsache, so die Studien-Verfasser, dass diese Organisationen meist selber über eine loyale Community verfügen und zudem als vertrauenswürdig eingestuft werden, ist die Wahrscheinlichkeit hoch, dass sie Unter-stützung weiterer Verbündeter erhalten. Der Nestlé-Fall mit KitKat hat dies eindrucksvoll bewiesen.

Aktivierender Content

Ein weiterer Aspekt, der dazu beitragen kann, Social-Media-Krisen zu befeuern, ist akti-vierender Content. Dies erscheint wenig verwunderlich, betrachtet man Untersuchungen darüber, warum Inhalte über Online Medien viral gehen: So fanden beispielsweise Berger und Milkman (2012) in ihrer preisgekrönten Studie heraus, dass es neben hoch erregenden positiven Inhalten vor allem die negativen Emotionen wie **Wut oder Angst** sind, die dazu führen, dass sich Inhalte rasend schnell verbreiten (dies wird unterstützt durch die eingangs dargestellten Aussagen von Stegbauer 2018, S. 1–3). Speziell Inhalte, die Menschen verärgern, wiesen eine 34-prozentige höhere Wahrscheinlichkeit für Viralität als der Durchschnitt auf. Das ist mehr als bei allen anderen Content-Arten (vgl. auch Markelz 2017). Ähnliches berichtet die New York Times in Bezug auf diverse inter-nationale Studien(vgl. beispielsweise Fan et al. 2014; Martin et al. 2013), wonach „Zorn die Emotion [ist], die sich am leichtesten in den sozialen Medien ausbreitet" (Lawal 2016a). Auch hierfür muss der Nestlé Fall mit KitKat als Paradebeispiel herhalten. Aber auch „United Breaks Guitars" lässt sich schön durch diesen Verstärker erklären.

Übertragung auf die Massenmedien

Betrachtet man die Ausführungen zur Shitstorm-Skala von Graf und Schwede in Abb. 13.1, so erkennt man, dass sich spätestens **ab Level vier weitere Medien ein-schalten.** Mit zunehmendem Einzug der kritischen Inhalte in die Online- und Off-line-Massenmedien verstärkt sich das Krisenpotenzial für den Adressaten. Diesen

Übersprung, den **sogenannten „Spill-Over"**, von den Social Media hinein in die klassischen Massenmedien, konnte man bei einigen Shitstorms der Vergangenheit beobachten (vgl. Köster 2012a). Zu ähnlichen Erkenntnissen gelangen Schindler und Liller (2011, S. 153), die die Massenmedien als generellen Katalysator der Krisenverläufe in den Social Media ansehen: „Je stärker die Medienpräsenz ausfällt, desto ausgeprägter [ist] die Krise." Gerade dieser Aspekt spielt eine wesentliche Rolle, wenn man sich den Verlauf von Social-Media-Krisen näher anschaut – damals wie heute.

13.1.4 Verlauf von Social-Media-Krisen

Social-Media-Krisen sind – wie gezeigt – meist sehr dynamisch. Ihr Ausgang ist, zumindest zum Zeitpunkt des Ausbruchs, ungewiss und sie verlaufen selten nach Schema F (vgl. Social Media Aachen 2014). Grundsätzlich lässt sich aber, einer Studie des Monitoring-Dienstleisters B.I.G zufolge, ein typischer Verlauf eines Shitstorms durch **drei zentrale Phasen** erkennen: die Pre-, die Akut- und die Post-Phase (aufgeführt bei Köster (2012a, b).

Die folgenden Ausführungen orientieren sich an den Veröffentlichungen von Köster (2012a, b). Salzborn (2017, S. 93) bezieht sich in seinen Ausführungen ebenfalls auf diese Studie. Einen ähnlichen Verlauf beschreiben Babka (2016, S. 61) oder Steinke (2014 S. 14). Der idealtypische Verlauf ist zunächst aus Abb. 13.4 zu entnehmen.

Die **Pre-Phase** zeigt das Normalniveau des Beitragsaufkommens, der Anzahl von Verfassern und Quellen sowie der Tonalität. Leichte Schwankungen in den Interaktionen lassen sich darauf zurückführen, dass manche Postings von Nutzern besser oder schlechter angenommen werden. Der Handlungsspielraum des Unternehmens ist in dieser Phase am höchsten, es fallen kaum Kosten zur Krisen-Bewältigung an (vgl. Babka 2016, S. 61). Diese erste Phase endet mit dem **Auftauchen eines Auslösers** (siehe auch Abschn. 13.1.2).

Die sich nun anschließende **akute Phase** beinhaltet den eigentlichen Shitstorm. Diese Phase lässt sich in weitere Unterphasen unterteilen (siehe Köster 2012a sowie Abb. 13.4). Zunächst ist die akute Phase durch eine beschleunigte, lawinenartige Weiterverbreitung der zumeist negativen Beiträge sowie durch die Aktivierung von immer neuen Teilnehmern gekennzeichnet (vgl. Steinke 2014, S. 14). Köster (2012a) bezeichnet dies als **Beschleunigung** (siehe Abb. 13.4 Phase Beschleunigung). In der Regel erreicht ein Shitstorm innerhalb der ersten ein bis zwei Tage sein größtes Wachstum hin zum maximalen Beitragswert (sogenannter **Peak**). Laut der Unternehmensberatung Freshfields Bruckhaus Deringer breiten sich 28 % aller Krisen binnen einer Stunde weltweit aus (vgl. Lawal 2016a). Dabei kommt es durchaus zu stärkeren plattformspezifischen Schwankungen, allerdings immer weit über dem Normalniveau. Der Handlungsspielraum des Unternehmens nimmt in dieser Phase rapide ab, was eine schnelle Reaktion erfordert. Die Kosten der Krisenbewältigung können rasant ansteigen (vgl. Babka 2016, S. 61).

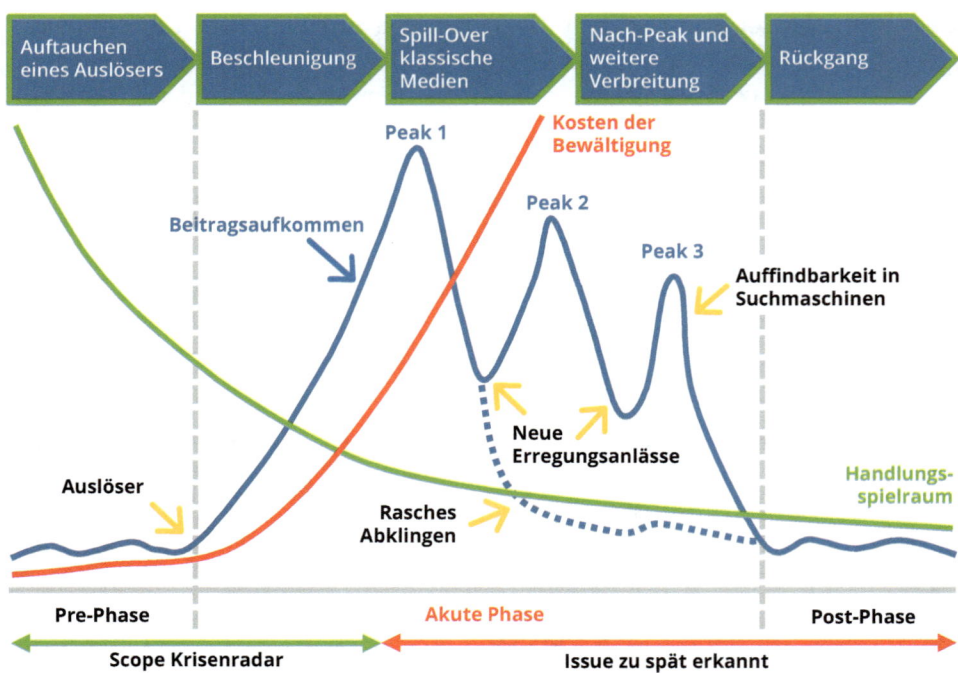

Abb. 13.4 Idealtypischer Verlauf von Shitstorms. (Quelle: eigene Darstellung in Anlehnung an Babka 2016, S. 61; Köster 2012a, b)

Das Erreichen des Peaks wird oft durch ein Überschwappen der Berichterstattung auf die Massenmedien beschleunigt (**Spill-Over-Effekt**), die die Aufmerksamkeit weiterer potenzieller Akteure erstmals auf das Thema richten und bei bestehenden Akteuren weiter verstärkt (vgl. Salzborn 2017, S. 93; Phase Spill-Over klassische Medien in Abb. 13.4). Gibt es keine **zusätzlichen Erregungsanlässe** (etwa über einen Verstärker wie unfaires oder ungeschicktes Verhalten des betroffenen Unternehmens) klingt das Beitragsaufkommen zügig wieder ab (**rasches Abklingen**). In der Regel haben die Krisen einen Zeithorizont von kaum mehr als einer Woche. Dennoch kann es in der **Nach-Peak-Phase** (siehe Abb. 13.4) zu weiteren Ausschlägen nach oben kommen, wenn weitere Erregungsanlässe, beispielsweise über einen der Katalysatoren (siehe Abschn. 13.1.3) auftreten. Danach geht das **Interesse** meist **stark zurück** (vgl. Steinke 2014, S. 14), was das Ende der akuten Phase bedeutet. Ohne Support durch Communities, Anfeuern durch Folgeereignisse oder ungeschicktes, eskalierendes Auftreten des betroffenen Unternehmens dauert diese Phase selten länger als eine Woche, eine Dauer von drei bis vier Wochen ist eher eine Ausnahme (vgl. Steinke 2014, S. 14).

Die sich anschließende **Post-Phase** beschreibt ein Nachklingen der Empörung. Partiell kann das kritische Thema im Netz bestehen bleiben und weiteren Schaden für den Adressaten verursachen (vgl. Salzborn 2017, S. 93).

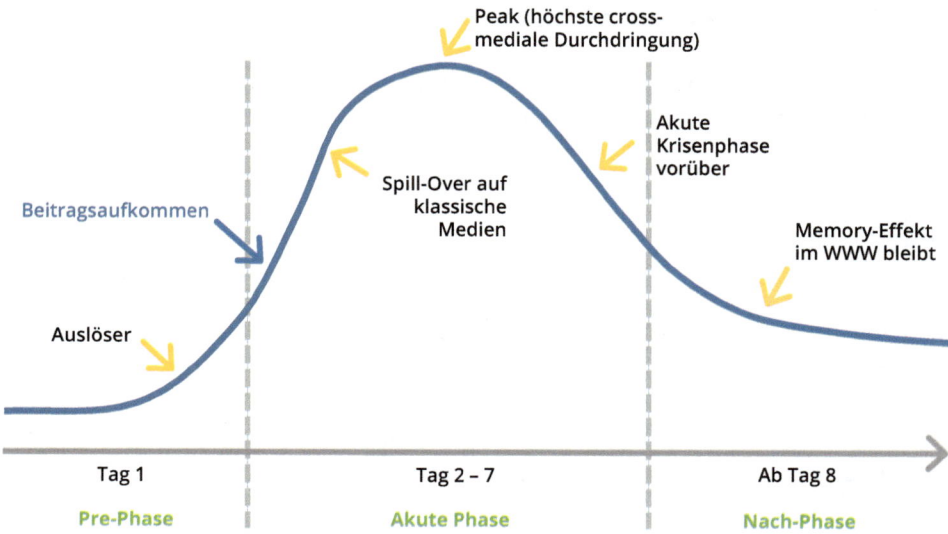

Abb. 13.5 Verlauf verschiedener Shitstorms. (Quelle: eigene Darstellung)

Auch wenn sich der Verlauf eines Shitstorms je nach Krise individuell unterscheiden kann, so findet sich der oben beschriebene **idealtypische Verlauf** in der Praxis sehr häufig. Der Autor hat auf Basis seiner Erfahrungen und Auswertungen den Verlauf einiger anonymisierter Fälle überprüft. Es lassen sich die drei beschriebenen Phasen ebenso wiederfinden wie der idealtypische Verlauf. Bei besonders heftigen Krisen ist eine Art Memory-Effekt festzustellen – das Beitragsaufkommen sinkt nicht wieder auf das Vor-Krisen-Niveau (siehe Abb. 13.5).

Die genaue Kenntnis der Phasen, vor allem aber das frühzeitige Erkennen eines aufkommenden Shitstorms sind wichtige Voraussetzungen, um schnell adäquat reagieren und deeskalieren zu können.

13.2   Vorgehen bei der Deeskalation

Dieser neunte Schritt im Rahmen des Social-Media-Zyklus wurde bewusst mit „deeskalieren" umschrieben, da es in diesem Zusammenhang nicht nur um die Bewältigung einer Social-Media-Krise geht, sondern auch um deren Prävention. In Analogie zum typischen Verlauf einer Social-Media-Krise gibt es beim Management der Deeskalation drei Schritte: vor der Krise (Prävention; siehe Abschn. 13.2.1), während der Krise (siehe Abschn. 13.2.2) und nach der Krise (Nachbereitung, Konsequenzen, Abschn. 13.2.3).

13.2.1 Aufgaben vor einer Social-Media-Krise (Prävention)

In den vergangenen Jahren hat sich das Phänomen des Shitstorms gewandelt – weg vom Neuen, Unbekannten und Unbeherrschbaren – hin zu einem Ereignis, das immer mehr Unternehmen und Organisationen trifft, aber aufgrund genauerer Analysemethoden und zunehmender Praxis-Erfahrungen auch immer besser verstanden wird (Steinke 2014, S. 1).

Vor dem Hintergrund der zunehmenden Bedeutung von Social-Media-Krisen befragte die Kommunikationsberatungs-Agentur Klenk & Hoursch Ende 2015 knapp 100 Kommunikationsprofis aus Deutschland und der ganzen Welt. Die Ergebnisse der Studie mit dem Titel **„Wie gut fühlen sich Unternehmen auf Krisen im Social Web vorbereitet?"** sind hochinteressant (vgl. Ulandowski 2015):

- Gut drei Viertel (78%) der Befragten aus Deutschland geben an, dass ihr Unternehmen eine gesunde Sensibilität für Krisen im Allgemeinen hat und sich auf den Ernstfall vorbereitet.
- Gut zwei Drittel (68 %) halten es für wichtig oder sehr wichtig bei diesen Krisen den Einfluss des Social Webs zu berücksichtigen. Damit bleiben sie jedoch deutlich hinter den internationalen Kollegen zurück. Im internationalen Kontext gehört Social Media zur Krisenprävention ganz selbstverständlich dazu (92 %).
- Gerade einmal sechs Prozent bekommen dabei aber von ihrem Top-Management für die Krisenprävention im Social Web wirklich volle Unterstützung. Im internationalen Vergleich liegt dieser Wert mit 34 % deutlich höher.
- 70 % der Befragten in Deutschland gaben an, dass im Ernstfall kein Material zur Krisenprävention vorliegt, das auch für das Social Web verwertbar wäre.
- 55 % der Befragten gaben an, dass dem Unternehmen ein Krisenteam fehle, das 24/7 einsatzbereit sei.
- Nur ein Drittel der Befragten nimmt in regelmäßigen Abständen (mindestens alle zwei Jahre) an irgendeiner Art von Krisentraining teil, das auch das Social Web einbezieht. Es ist also nicht erstaunlich, dass mehr als die Hälfte der Befragten (56 %) keine Erfahrung mit Social-Media-Krisen haben. Aber selbst von den Wenigen (16 %), die regelmäßig Übungen absolvieren, fühlt sich nur die Hälfte (8 %) so gut vorbereitet, dass sie voller Überzeugung sagt, Erfahrung mit Krisen im Social Web zu haben.

Diese Ergebnisse, so Ulandowski (2015) weiter, müssten als Alarmstufe Rot gewertet werden, erfolgreiche Krisenkommunikation in der digitalen Ära sehe anders aus.

Auch für diesen Themenbereich gilt das alte Sprichwort: **Vorbereitung ist das halbe Leben.** Um sich systematisch auf Social-Media-Krisen vorzubereiten, gibt es verschiedene Ansatzpunkte, die nach Meinung des Autors alle zu berücksichtigen sind. Erfolgreiche Prävention beginnt bereits im Rahmen der Social-Media-Moderation. Wie in Abb. 12.6 gezeigt, ist es die Aufgabe des Moderators, eingehende Beiträge zu prüfen und auf kritische Äußerungen adäquat einzugehen. Mit einer guten Reaktion auf Kritik lassen sich hier viele Probleme bereits im Keim ersticken.

Davon abgesehen lassen sich auf Basis der Analyse einer Vielzahl von Veröffentlichungen zu diesem Thema nachstehende **vier Aufgaben** zusammenfassen (vgl. dazu Becker 2014, S. 440–442; Dawley 2016; Hoffmann 2012, S. 8; Hootsuite und Nexgate o. J.; Lawal 2016a; Rodewald 2017; Salzborn 2017, S. 101–103; Steinke 2014, S. 20–21 sowie eigene Erfahrungen):

- Social-Media-Monitoring
- Online-Reputation-Management
- Aufstellen eines Social-Media-Krisenplans
- Simulation von Krisen

Social-Media-Monitoring
Wie bereits in Abschn. 5.1.2 dargestellt, zählt die Krisenprävention zu einer *der* Aufgaben eines systematischen Monitorings. Insofern ist an dieser Stelle lediglich auf die Besonderheiten im Rahmen der Krisenprävention einzugehen.

Im Rahmen der Krisenprävention dient das **Monitoring als Frühwarnsystem.** Dabei gilt es, diejenigen Aufschaukelungen eines kritischen Themas im Social Web so früh wie möglich wahrzunehmen, die vom durchschnittlichen Gesprächsaufkommen erheblich abweichen (vgl. Köster 2012a). Oft sind es die Social-Media-Manager beziehungsweise -Moderatoren, die im Unternehmen als erste derartige Ausschläge und somit potenzielle Bedrohungen identifizieren können. Lawal (2016a) wie auch Dawley (2016) schlagen vor, **Grenzwerte** einzurichten, um entscheiden zu können, ob bestimmte Dialoge nur beobachtet, in Eins-zu-Eins-Konversationen beantwortet oder als handfeste Krise eskaliert werden müssen. Erkennt man einen prozentualen Anstieg an Quellen, auf denen das Unternehmen erwähnt wird, oder weicht die Anzahl kommentierender User vom Normalwert ab, sollte das Unternehmen rechtzeitig kommunikativ entgegen steuern (vgl. Köster 2012a).

Dazu können Such-Streams zu **speziellen Schlagworten** oder Hashtags eingerichtet werden. Lawal (2016a) nennt beispielhaft acht Schlagwort-Kategorien, die man im Blick haben sollte:

- Firmenname
- Markenprodukte
- Mitbewerber
- Kundendienstanfragen
- Influencer
- Geschäftsführer (oder Vorstandsvorsitzender)
- Pressesprecher (oder PR-Verantwortliche)
- Branchenschlagworte

Hootsuite und Nexgate (o. J., S. 5–6) schlagen zusätzlich vor, regelmäßig bestimmte **Sicherheitsüberprüfungen** vorzunehmen. Dazu gehört der Check, ob Fremde unautorisierte Social-Media-Accounts aufgesetzt haben, die vorgeben, die Organisation zu repräsentieren. Dazu zählt auch die fortlaufende Kontrolle, ob die unternehmenseigenen Accounts sicher sind und nicht gehackt wurden. Ein Anstieg von Spam oder die Veröffentlichung sensibler Unternehmens- und/oder Kundendaten gehören ebenfalls kontinuierlich überprüft.

Online-Reputation-Management

Salzborn (2017, S. 101) weist daraufhin, dass die alleinige Umsetzung eines professionellen Monitorings für eine Krisenprävention zu kurz greift. Er bezieht sich dabei auf Roselieb (2000), der die PR-Krisen eines multinationalen Konzerns aus den letzten 40 Jahren ausgewertet hat: In nur 15,6 % der Fälle hätte die Krise im Vorfeld erkannt werden können. Der Großteil, so die Studie, brach unvermittelt über das Unternehmen herein und ließ kaum Zeit, durch umfassende Maßnahmen proaktiv zu handeln. Salzborn (2017, S. 101 mit Bezug auf Becker 2014, S. 441) ist der Meinung, dass eine im Vorfeld gefestigte positive **Onlinereputation als „digitales Schutzschild"** (Becker 2014, S. 441) wirken und die dramatische Eskalation einer Krise bereits zu Beginn verhindern kann. Daher sei ein professionelles Online-Reputation-Management ein wesentlicher Bestandteil der Krisenprävention (vgl. Salzborn 2017, S. 101; ähnlich Hoffmann 2012, S. 8; Steinke 2014, S. 19).

Dies beinhaltet vor allem folgende zwei Ansatzpunkte (vgl. Becker 2014, S. 442; Salzborn 2017, S. 101; Steinke 2014, S. 19):

- **Ständige Kommunikation mit den eigenen Unterstützern/Management der Markenbotschafter:** Es ist ein Ziel des Social-Media-Monitorings, diejenigen Kunden beziehungsweise Nutzer zu identifizieren, die sich besonders stark für das Unternehmen einsetzen (siehe. Abschn. 5.1.2). Aufgabe des Community-Managers ist es dann, die Beziehung zu diesen Markenbotschaftern auf- und auszubauen (siehe Abschn. 8.2). Salzborn (2017, S. 101) spricht in diesem Zusammenhang von sogenannten „Tribes", einer festen Fangemeinde, die im Krisenfall für das Unternehmen Partei ergreift und zitiert Manger und Wache (2011, S. 192): „Ein eigener Tribe […] kann bereits in der Frühphase reagieren und im besten Fall ein Ventil bieten, um die Krise einzudämmen, bevor sie ausbricht." Laut Hofmann (2012, S. 8) überstehen Unternehmen, die viele zufriedene Kunden und treue Fans haben, einen kurzzeitigen Sturm mit deutlich weniger Schaden.
- **Beziehungspflege:** In eine ähnliche Richtung geht die Betreuung **von Mitarbeitern, Lieferanten, Anteilseignern und den Ansprechpartnern in Verbänden, den Medien und der eigenen Branche.** Denn laut Steinke (2014, S. 19) können Unternehmen in Krisenfällen auch auf die Unterstützung dieser Gruppierungen bauen, wenn man sie zuvor regelmäßig mit aktuellen Informationen versorgt hat.

Aufstellen eines Social-Media-Krisenplans

Für die Krisenprävention gibt es darüber hinaus ein einfaches Briefing für Unternehmen: **Habe einen Krisenplan.** Lawal (2016a) begründet diese Notwendigkeit mit dem Hinweis, dass während einer Krise niemand wirklich die Zeit hat, grundsätzlich über Krisenbewältigung nachzudenken. Dies gilt umso mehr, je weniger weit ein Unternehmen im Social-Media-Maturity-Modell entwickelt ist (siehe Abschn. 8.1.1). Denn in Social Media erwartet man die erste Antwort auf Kritik innerhalb weniger Stunden, wenn nicht gar Minuten (vgl. Steinke 2014, S. 21). Anstelle wertvolle Zeit mit Diskussionen über mögliche Social-Media-Reaktionen zu vergeuden, sind aufkommende Krisen sofort anzupacken, damit sie sich nicht unkontrolliert ausbreiten (vgl. Lawal 2016a).

Ein Krisenplan sollte Bestandteil des Social-Media-Governance-Modells (siehe Abschn. 9.2) sein und folgende Aspekte beinhalten (vgl. Dawley 2016; Hoffmann 2012, S. 8; Lawal 2016a; Salzborn 2017 S. 101–103; Steinke 2014, S. 21 sowie eigene Erfahrungen):

- **Rollen und Verantwortlichkeiten für alle Abteilungen:** Die Grundlage des Krisenplans bildet die Festlegung grundlegender Handlungs- und Verhaltensrichtlinien, interner Verantwortlichkeiten sowie kommunikativer Maßnahmen gegenüber allen potenziellen Anspruchsgruppen des Unternehmens (Kunden, Fans, Aktionäre, aber auch Journalisten online und offline, vgl. Salzborn 2017, S. 102). Im Krisenplan ist Schritt für Schritt geregelt, was wer im Krisenfall zu tun hat – vom Top-Management bis zum Mitarbeiternachwuchs (vgl. Lawal 2016a).
- **Umfassender Katalog der möglichen Krisenthemen:** Auch wenn der Studie von Roselieb (siehe oben; 2000) zufolge fünf von sechs Krisen akut ausbrachen, ist es von großem Vorteil, Antworten auf die wichtigsten möglichen Shitstorm-Themen vorformuliert in der Schublade zu haben (vgl. Steinke 2014, S. 22). Die vorformulierten Statements dienen der Vorbereitung einer konsistenten und schnellen Kommunikation über alle Marken hinweg und helfen dabei, den Sturm der Empörung gar nicht erst ausbrechen zu lassen. Dies heißt jedoch keinesfalls, dass sie nach Schema F gedankenlos und unverändert verwendet werden können (siehe als negatives Gegenbeispiel die drei identischen Antworten von Nestlé auf Nutzer-Beiträge zum Angriff von Foodwatch – siehe Abb. 12.8). Konsistente Aussagen und ein individuelles Eingehen auf die Nutzer-Beiträge dürfen sich nicht ausschließen. Wichtig ist in diesem Zusammenhang, dass die Inhalte des Statement-Katalogs fortlaufend aktuell gehalten werden. Das gilt im gleichen Maße für alle Firmen-Informationen und Pressematerialien, Unternehmenszahlen und sonstige wichtige Daten. Die Aktualisierungspflicht bezieht sich auch auf Hintergrund-Informationen, die niemals an die Öffentlichkeit gelangen (vgl. Hoffmann (2012, S. 8).
  Von Vorteil ist es zudem, wenn das Unternehmen für die wichtigsten Themen bereits eigene Blogbeiträge verfasst oder Unternehmensseiten eingerichtet hat, auf die Moderatoren im Zweifelsfall verweisen können. Insbesondere vor dem Hintergrund kritischer Nutzer-Beiträge, die auf falschen oder veralteten Informationen basieren,

hilft es bei der Moderation enorm, wenn man zuverlässige Unternehmensquellen sofort parat hat und auf diese verweisen kann. Dies trifft vor allem auf Unternehmensaktivitäten im Rahmen der Corporate-Social-Responsibility (CSR) zu.

- **Eskalationsplan:** Auf Basis der identifizierten Krisenthemen lässt sich ein Eskalationsplan erstellen, der die Themen in verschiedene Kategorien einteilt und Anhaltspunkte liefert, wer wann zu reagieren hat beziehungsweise zu involvieren ist (siehe Abb. 13.6). In der Regel gibt es eine Vielzahl bekannter Themen, die in der Vorbereitung so aufbereitet werden können, dass sie von Moderatoren eigenständig gelöst und beantwortet werden können (Level 1 – Normale Kritik). Daneben gibt es tiefergehende Fragen, die die Einbindung von Experten aus Fachabteilungen erfordern (Level 2 – Sachliche Diskussion). Vorher definierte Mitglieder des Top-Managements oder der Unternehmensführung sind zu kontaktieren, wenn die Diskussion eine politische Dimension annimmt (Level 3 – Politische Diskussion). Dabei kann es sich um bekannte Themen handeln (Fall A) oder um Kritik, die das Unternehmen komplett unvorbereitet trifft (Fall B). Um eine schnelle Reaktion der Unternehmensführung gewährleisten zu können und die Arbeitslast auf mehrere Köpfe zu verteilen, bietet es sich an, Bereitschaften (insbesondere außerhalb der normalen Bürozeiten) zu definieren.

  Auf diese Notfallinformationen (inklusive der Krisenthemen und der zu kontaktierenden Ansprechpartner sowie ihre Kontaktdaten) sollten betroffene Mitarbeiter im Ernstfall direkt und schnell zugreifen können. Die Informationen sollten sich entweder in einem Krisenhandbuch im Intranet (vgl. Salzborn 2017, S. 102) befinden oder in einer eigens eingerichtete Knowledge-Base, einer Art Datenbank.

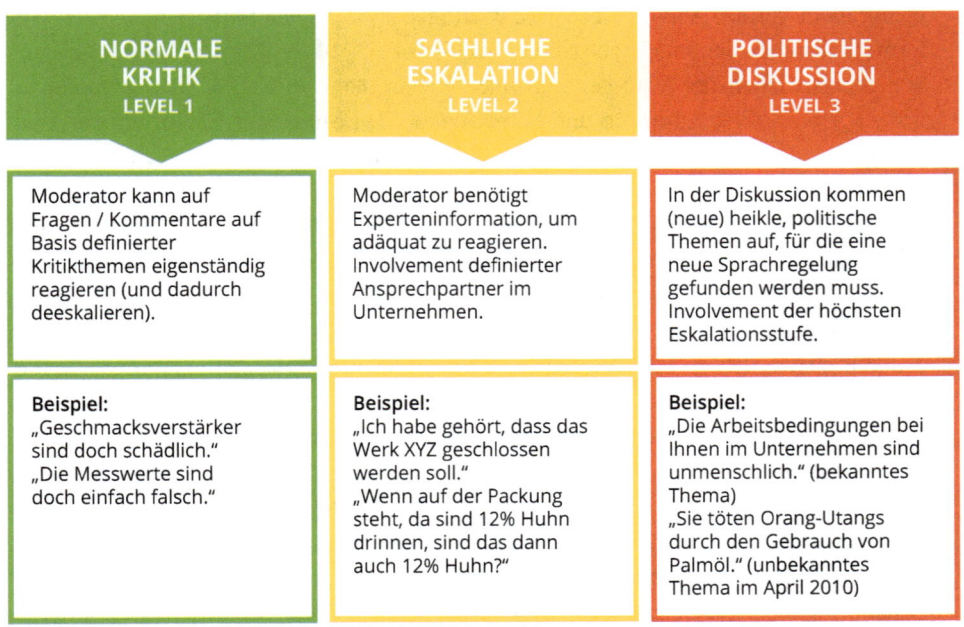

Abb. 13.6 Beispiel für einen Eskalationsplan. (Quelle: eigene Darstellung)

- **Einrichtung von Notfall-Webseiten:** Salzborn (2017, S. 102, mit Bezug auf eine Reihe weiterer Quellen; ähnlich Rodewald 2017) empfiehlt zudem noch den Einsatz sogenannter „Darksites". Bei diesen Notfall-Webseiten (auch: Krisen-Seiten, Ernstfall-Seiten) handelt es sich um Webauftritte, die präemptiv erstellt und offline vorgehalten werden, um sie im Krisenfall schnell online stellen zu können. Sie beinhalten nach Salzborn (2017, S. 102) „spezifische Hintergrundinformationen über das Unternehmen, seine Produkte und Dienstleistungen oder die Führungskräfte. Wenn nötig, lassen sich die Informationen schnell und einfach aktualisieren. Wesentlicher Bestandteil ist zudem die Nennung von Ansprechpartnern und weiterführenden Kontaktmöglichkeiten." Diese Darksites funktionieren dann ähnlich wie die o. a. ständig verfügbaren Blogbeiträge und Unternehmensseiten zu Corporate-Social-Responsibility-Themen: Die Moderatoren können in ihren Antworten auf kritische Beiträge auf die Darksites verweisen und schaffen so Entlastung für sich und andere Kanäle. Zudem zeigt das Unternehmen so, dass es umfassend und offen informieren kann.

Simulation von Krisen

Jede Social-Media-Krise läuft – trotz gewisser Gemeinsamkeiten – anders ab, daher ist es unmöglich, sich auf jede Eventualität vorzubereiten. Allerdings macht Übung bekanntlich den Meister. Unternehmen sollten den aufgestellten Krisenplan nicht erst testen, wenn die Krise da ist, sondern Krisenfälle simulieren und die **Abläufe Schritt für Schritt überprüfen:** Greift ein Rad in das andere? Sind die Ansprechpartner erreichbar? Auf diese Weise erhalten alle Beteiligten ein Gefühl dafür, wie lang einzelne Schritte wirklich dauern. Schwachstellen und Lücken lassen sich so leichter identifizieren und beheben (vgl. Lawal 2016a). Die Erkenntnisse aus den Übungen sind dann wiederum in die Krisen- und Notfallpläne aufzunehmen (vgl. Roselieb 2000).

Als Basis für typische Krisenszenarien können die bereits identifizierten Krisenthemen dienen. Rodewald (2017) schlägt zusätzlich vor, Shitstorms von Konkurrenten oder ähnlich aufgestellten Unternehmen hinsichtlich Verlauf und Fehler zu analysieren, um aus den Fehlern anderer zu lernen und besser vorbereitet zu sein.

13.2.2 Aufgaben während einer Social-Media-Krise

28 % aller Social-Media-Krisen breiten sich binnen einer Stunde weltweit aus (Studie der Unternehmensberatung Freshfields Bruckhaus Deringer; siehe auch Abschn. 13.1.4). Unternehmen benötigen aber im Durchschnitt 21 h, bevor sie eine sinnvolle externe Kommunikation zu ihrer Verteidigung auf die Beine gestellt haben (vgl. Lawal 2016a). Falsche, unfreundliche, und/oder inadäquate Reaktionen der Unternehmen können – wie gezeigt – eine herannahende Krise noch beschleunigen. Es gilt also im akuten Fall zunächst einmal einen **kühlen Kopf zu bewahren** und zu hinterfragen, ob die am Unternehmen geäußerte Kritik berechtigt ist (vgl. Social Media Aachen 2014). Grundsätzlich gilt: Sollte die notwendige Expertise im Unternehmen nicht vorliegen, empfiehlt es sich

Tab. 13.2 Do's und Don'ts im Falle von Social-Media-Krisen. (Quellen: Achim 2017; Lawal 2016a, b; Rauschnabel et al. 2016a; Reppesgaard und Mülder 2014; Rodewald 2017; Seokratie 2015; Salzborn 2017, S. 103–106; Steinke 2014, S. 21–30)

Do's	Don'ts
• Ruhig bleiben	• Kritik ignorieren
• Nutzertyp überprüfen	• Kritik löschen
• Schnell und richtig reagieren	• Lange Reaktionszeiten, vor allem, wenn Kritik außerhalb der Bürozeiten geäußert wird
• Kritik ernst nehmen	
• Falls Fehler gemacht wurden, diese eingestehen	• Kritik leugnen, wenn sie gerechtfertigt ist
• Ehrlich sein	• Auf rüden Ton der Kritiker eingehen
• Offen und transparent kommunizieren	• Juristische Schritte androhen
• Keine Debatten führen	• Standardisierte Antworten
• Klare, offizielle Statements liefern	• Datenschutz missachten
• Gegebenenfalls Markenbotschafter und Influencer über private Kommunikation involvieren	
• Aufzeigen, wie Probleme behoben werden sollen	
• Proaktive Kommunikation über verschiedene Kanäle	
• Intern kommunizieren	

externe Berater für die Kommunikation und für juristische Fragestellungen hinzuzuziehen (vgl. Hoffmann 2012, S. 10; Steinke 2014, S. 23). In jedem Fall ist auf den in Abschn. 13.2.1 beschriebenen Krisenplan zurückzugreifen.

Zur ersten Orientierung im Krisenfall liefern zahlreiche Praxisbeiträge und vereinzelt auch wissenschaftliche Ausarbeitungen grundlegende Do's und Don'ts, die in Tab. 13.2 zusammengefasst sind.

Auf einige der in Tab. 13.2 angeführten Aspekte wird im Folgenden noch näher eingegangen.

Betrachtet man die Situation zunächst einmal ganz wertfrei, so verfügen Unternehmen über eine Reihe verschiedener **Reaktionsmöglichkeiten.** Rauschnabel et al. (2016a, S. 392) haben diesbezüglich in ihrer Studie sechs Facetten identifiziert:

- Ignorieren
- Zensieren oder Einleitung von juristischen Schritten
- Rationales Gegenargumentieren
- Beschwichtigen und entschuldigen
- Änderung des Verhaltens
- Bumping (dies bedeutet den Shitstorm durch massives Einstellen neuer Inhalte aus den Suchmaschinen zu vertreiben).

Aus eigener Erfahrung bestehen nachstehende Reaktionsmöglichkeiten: aushalten (entspricht ignorieren bei Rauschnabel et al.), verbergen/löschen (entspricht löschen), öffentlich reagieren oder einfaches Liken (beinhaltet die Reaktionen Gegenargumentieren, Beschwichtigen und Entschuldigen sowie Verhaltensänderung) sowie die Verlagerung in die private Kommunikation. Manche dieser Reaktionsmöglichkeiten sind in Tab. 13.2 als klare Don'ts aufgeführt, so z. B. das Ignorieren, das Zensieren (Löschen) und die Einleitung juristischer Schritte. Auch Rauschnabel et al. (2016a, S. 392) verweisen darauf, dass diese Verhaltensweisen in den von ihnen beobachteten Fällen kontraproduktiv

Tab. 13.3 Social-Media-Nutzertypologie als Anhaltspunkte für die Moderation. (In Anlehnung an Luenenbuerger-Reidenbach 2012, S. 29 sowie Unterlagen der Agentur Achtung!)

Typ	Beschreibung	Reaktion
Naiver Leser	Stellen normale Fragen	Öffentliche Reaktion
Spitzfindiger Detailfragensteller	Stellen Fragen, die weit über die normalen Serviceanfragen hinausgehen, da mit der Antwort ein extrem hoher Rechercheaufwand verbunden ist	Öffentliche Reaktion
Historisch bewanderte Nervensäge	Greift Fehler oder zweifelhafte Praktiken aus der Vergangenheit auf und kritisiert diese auf der Pinnwand	Öffentliche Reaktion
Besserwisser	Sind unzufrieden über mangelnde inhaltliche Tiefe oder finden Fehler in Pinnwandeinträgen	Aushalten
Meinungsstarker Produkttester	Er hat das Produkt mit einem negativen Testausgang getestet und ist ein Influencer	Öffentliche Reaktion
Fanboy	Ein echter Fan, der alles schönredet und gut findet, was das Unternehmen sagt und das Produkt betrifft	Liken oder private Kommunikation
Engagierter Moderator	Beteiligen sich freiwillig am Community-Management und schlichten zum Beispiel Streit auf der Pinnwand	Private Kommunikation
Influencer	Verbreiten die Diskussion der Pinnwand über Blog und Twitter weiter	Öffentlich, gegebenenfalls private Kommunikation
Unbekannter Influencer	Äußert eine (negative) Bemerkung; jedoch ist nicht bekannt, dass dieser User ein starker Influencer ist	Abhängig von der Kritik
Spammer	Versuchen Links zu fremden Produkten oder Services auf der Pinnwand zu platzieren	Verbergen
Trolle	Schimpfen unsachlich, aggressiv, persönlich und verletzend über Produkt, Marke, User, über ganz andere Themen oder einfach themenfrei	Aushalten, Verbergen oder gegebenenfalls Reaktion

waren. Dennoch wäre es – auch nach eigener Erfahrung – falsch, diese Optionen pauschal auszuschließen.

In diesem Zusammenhang ist auf das in Abb. 12.6 eingeführte Reaktionsschema zurückzugreifen. Dort erfolgt nach der Einordnung des Nutzerbeitrags in positiv oder negativ, die Identifizierung des Nutzertyps. Auch aus eigener Erfahrung ist die Einschätzung des Nutzertyps essenziell – schließlich sollte man wissen, mit wem man es zu tun hat. So lassen sich wertvolle Erkenntnisse gewinnen, die eine adäquate, individuelle Antwort ermöglichen.

In Bezug auf **Nutzertypologien** in den sozialen Medien gibt es eine Reihe von Ansätzen allgemeiner Natur (siehe beispielsweise die bereits in Abschn. 4.2.2 erwähnten „Social Technographic Profiles" von Forrester Research). Diese sowie ähnliche Typologien sind für die Moderation und speziell für den Krisenfall jedoch wenig brauchbar. Aus der eigenen praktischen Erfahrung heraus hat sich eine Nutzerkategorisierung der bereits erwähnten Social-Media-Agentur Achtung! sehr bewährt (siehe dazu den Überblick bei Luenenbuerger-Reidenbach 2012, S. 29). Diese ist der Tab. 13.3 zu entnehmen. Neben der Benennung und Beschreibung der Typen gibt es dort auch jeweils einen ersten Hinweis auf eine mögliche **Reaktion**. Allerdings kann diese nur als erster Anhaltspunkt und nicht als Fixum verstanden werden.

Kombiniert man nun die Einschätzung des Nutzertyps mit der jeweiligen Antwortsituation, so ergibt sich ein weiteres Schema, das zur Orientierung (und zur Schulung der Social-Media-Mitarbeiter) geeignet ist. Dieses ist der Abb. 13.7 zu entnehmen.

Wie aus Abb. 13.7 ersichtlich wird, gibt es fünf unterschiedliche Fälle, wobei zwei davon jeweils Unterkategorien aufweisen:

Fall 1: Allgemeiner politischer Kommentar
Handelt es sich um einen allgemeinen politischen Kommentar, macht es in der Regel Sinn, diesen Kommentar auszuhalten und unbeantwortet stehen zu lassen. Lawal (2016a) zieht in diesem Zusammenhang eine schöne Parallele zu Diskussionen im Freundeskreis: „Sie lassen sich im Freundeskreis auf eine Diskussion ein, Ihr Gegenüber ignoriert, was Sie sagen und redet Sie in Grund und Boden. So wird aus einer kleinen Meinungsverschiedenheit ruckzuck eine vollkommen überflüssige, womöglich nächtelange Auseinandersetzung." Insofern sollte man es sich gut überlegen, ob man auf allgemeine Aussagen, wie „Ihr in der Lebensmittelindustrie haut ja sowieso nur Müll in Eure Produkte" tatsächlich antworten möchte.

Fall 2A: Kritisches, individuelles Anliegen, nicht direkt lösbar
Solche Fälle sind prädestiniert für Level drei eines Eskalationsplans (siehe Abschn. 13.2.1) und bedingen das sofortige Involvieren der festgelegten Eskalationsstufen. Da das Anliegen nicht direkt lösbar ist, also nicht sofort eine zufriedenstellende Antwort gegeben werden kann, muss der Moderator zunächst einen Zwischenbescheid geben, dass der Sache nachgegangen wird. Steinke (2014, S. 29) weist auf die Möglichkeit hin, dass

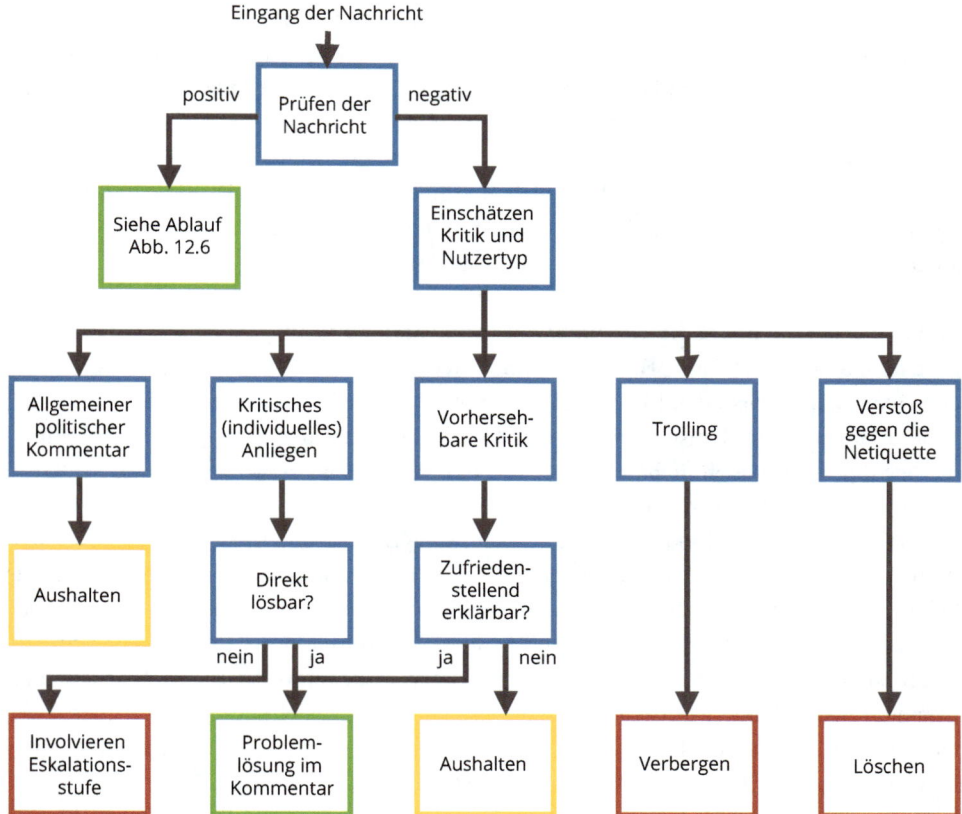

Abb. 13.7 Umgang mit negativen Kommentaren in Abhängigkeit von Nutzertypen und Antwortsituation. (Quelle: eigene Darstellung in Anlehnung an Luenenbuerger-Reidenbach 2012, S. 29)

gute Moderatoren derartige Anfragen als Anlass nehmen, um mit Kritikern Hintergrundgespräche zu führen. Die Nachfrage, was mit dem negativen Kommentar gemeint war, kann unter Umständen wichtiges und sinnvolles Feedback beinhalten und/oder den Unmut des Fans verringern, weil dieser merkt, dass man sich um ihn kümmert (vgl. Hoffmann 2016a). Eine Entschuldigung, dass man darauf noch keine Antwort parat hat, ist eine weitere Option. Zu gegebenem Zeitpunkt – nicht zu spät – sollte das Unternehmen nach Involvierung der Eskalationsstufe weiterführende Informationen bereitstellen und dem Kritiker zumindest erläutern, wie es mit der Situation umgeht.

Fall 2B: Kritisches, individuelles Anliegen, direkt lösbar sowie
Fall 3A: Vorhersehbare Kritik, zufriedenstellend lösbar
Einfacher ist der Fall, wenn das kritische Anliegen direkt lösbar ist. An dieser Stelle kommt ein Klassiker der Social-Media-Moderation zum Einsatz, bei dem die Formel

„Quittung – Infolink – Abmoderation" gilt. Mit der Quittung wird zunächst auf den Nutzer persönlich eingegangen. Infolink steht für den Verweis auf zuvor für solche Fälle vorbereitete Materialien. Dazu können entsprechende Links zu den Unternehmenswebseiten oder Blogeinträgen (gegebenenfalls auch eine Darksite; siehe Abschn. 13.2.1) gesetzt werden. Der interessierte Leser kann dort die entsprechenden Informationen einsehen. Andere Nutzer sehen, dass das Unternehmen eine Antwort parat hatte, auch wenn sie dann in den seltensten Fällen dem Link noch folgen. Mit der Abmoderation und der entsprechenden Abschlussformel wird die Antwort beendet.

Fall 3B: Vorhersehbare Kritik, nicht zufriedenstellend lösbar
Kritisch zu sehen ist Fall 3B, in dem ein Unternehmen eine Kritik vorhersehen, diese aber nicht zufriedenstellend lösen kann. In solchen Fällen muss man die Situation aushalten. Unter diesen Umständen wäre es fatal, wenn man die Beiträge löschen würde, da dies die Nutzer noch mehr verärgern würde. Auch macht es wenig Sinn, diese Kritik zu leugnen oder mit juristischen Gegenmaßnahmen zu drohen. Dies würde nur den oben beschriebenen Robin-Hood-Effekt verstärken. Langfristig bergen derartige Kritikpunkte immer wieder krisenauslösende beziehungsweise krisenintensivierende Tendenzen. Das heißt, das Thema wird sehr wahrscheinlich immer wieder auftauchen (siehe z. B. das Thema Wasser bei Nestlé oder das Dieselgate in der Automobilwirtschaft). Letztendlich ließen sich derartige Krisen nur mit einem klaren Bekenntnis zu einem Kulturwandel beenden. Die Öffentlichkeit wird dann Beweise für die Einsicht des Unternehmens verlangen, z. B. der Verkaufsstopp für ein anstößiges Produkt oder die Änderung eines umweltschädlichen Geschäftsprozesses (vgl. Steinke 2014, S. 25).

Fall 4: Trolling
Beim Trolling handelt es sich um ein spezifisches Social-Media-Phänomen, das enorm viel Arbeit bereitet, weswegen darauf ausführlicher eingegangen werden soll. Hinter Trollen stecken Personen oder auch Bots, die sich im Social Web ausleben und deren Lieblingsbeschäftigung es ist, unproduktive und provokative Kommentare zu verfassen, die jegliche sachliche und konstruktive Diskussion unmöglich machen (vgl. Hoffmann 2016a; Klein 2017; Simon 2017). Sie wissen alles besser, mischen sich ungefragt in jede Diskussion ein und tragen zum eigentlichen Thema nichts bei (vgl. Horn 2016). Ihr Ziel ist es, Diskussionen bewusst aus dem Ruder laufen zu lassen, andere User auf emotionaler Ebene zu erreichen und das anvisierte Unternehmen herauszufordern. Sie stören vorsätzlich die Kommunikation innerhalb einer Community oder eines Beitrages, teilweise mit ganz anderen Themeninhalten (siehe dazu das Thema Derailing in Abschn. 12.1), und erhoffen sich besonders unsachliche Antworten (vgl. Klein 2017).

Um **Trolle zu identifizieren,** bedarf es an Erfahrung. Dennoch gibt es eine Reihe von untrüglichen Kennzeichen, aufgrund derer man sie erkennen kann (vgl. Horn 2016; Klein 2017 sowie eigene Erfahrungen):

- Sie entlarven sich oftmals selbst durch die Art der Beiträge, die sie in Diskussionsthemen, Gästebüchern oder Auftrags- und Servicebewertungen hinterlassen: Sie agieren vorsätzlich, wiederholt und schädlich. Sie übertreiben und verallgemeinern gerne und werden schnell persönlich.
- Sie ignorieren und verletzen die Grundsätze der Community, diskreditieren das Unternehmen und die Nutzer des Profils, und/oder äußern sich themenfremd.
- Die Beiträge eines Trolls weisen eine fehlende argumentative Grundlage auf.
- Die meisten Trolle suchen sich ihre Opfer wahllos aus, wollen also lediglich ein wenig Zeit im Internet verbringen und sich auf Kosten anderer amüsieren. Insofern richten sie nicht nur inhaltlichen Schaden an, sondern versuchen auch, Konflikte innerhalb einer Community zu schüren.
- Deswegen sind sie innerhalb einer Community isoliert und verbergen meist ihre (wahre) virtuelle Identität, beispielsweise durch die Nutzung von Fake-Accounts (man erkennt das unter anderem daran, dass diese Accounts wenig befüllt sind und oft kein echtes Profilbild aufweisen).
- Auch wenn sie sich gerne über Rechtschreibfehler anderer mokieren, sind ihre eigenen Beiträge häufig voller Fehler.

Für den Umgang mit Trollen gibt es ein Social-Media-„Gesetz", das da heißt: **„Don't feed the troll"** (vgl. beispielsweise für viele Hoffmann 2016a; Horn 2016; Klein 2017; Simon 2017). Hoffmann (2016a) warnt davor, sich auf die fruchtlose Diskussion mit einem Troll einzulassen. Im schlimmsten Fall kann dies dazu führen, weitere Trolle anzuziehen. Dies würde die Aufmerksamkeit im Netz nur noch weiter erhöhen.

Doch leider wäre dies zu einfach gedacht. Die bekannte Troll-Expertin Whitney Phillips sagt dazu im Interview mit Simon (2017):

> Wie jemand reagieren kann (und ob er oder sie reagieren sollte), hängt stark davon ab, warum die Person angegriffen wird, wer sie angreift, ob der Angriff Medienrummel generieren wird, und so weiter. Abhängig von all diesen Variablen kann sowohl Reagieren als auch Ignorieren für das Opfer gleichermaßen wirksam oder gefährlich sein. Was für den einen die beste Option ist, könnte für jemand anderen katastrophale Auswirkungen haben.

Vor diesem Hintergrund sollen nachfolgende Beispiele unterschiedliche Facetten des Umgangs mit Trollen aufzeigen. Der in Abb. 13.8 abgebildete Thread stammt aus dem eigenen Erfahrungsschatz des Autors bei **Nestlé.**

Der Troll in Abb. 13.8 klinkte sich in ein Posting über ein Maggi-Produkt ein, welches im Online Shop wieder verfügbar war. Sein Kommentar (2. Kommentar in der Abb. 13.8) hätte als allgemeiner, politischer Kommentar schon genug Anlass gegeben, ihn einfach unbeantwortet stehen zu lassen. Der Blick in sein Profil verriet aber zudem, dass dieser User nur Unfug im Sinn hatte (Untertitel zu seinem Profil: Heute mal lustig). Die fehlende Reaktion seitens des Moderators nahm der Troll zum Anlass, weiter

Nestlé Marktplatz
29. September 2011 ·

Zur Mittagszeit haben wir eine gute Neuigkeit für Euch. Wir hatten
unglaublich viele Anfragen, ab wann es die MAGGI Würze Hot wieder auf
dem Nestlé Marktplatz gibt. Und wir können mitteilen: Ab sofort ist sie
wieder lieferbar!

 NESTLE-MARKTPLATZ.DE
Nestlé Marktplatz - MAGGI Würze Hot
Willkommen auf dem Nestlé Marktplatz, unserer
einzigartigen Plattform zum Entdecken, Shoppen
und Mitmachen.

17   12 Kommentare

Gefällt mir   Kommentieren   Teilen   Buffer

 ▬▬▬▬ ▬▬▬ gibts die auch im Laden oder nur auf dem Marktplatz?
6 J · Gefällt mir

▬▬▬ ▬▬▬▬▬ die idee ist gut, das problem ist das maggi ^^
aber pumpt euch schön weiter mit Nervenschädigenden Aromen zu.
Kommt besonders gut in verbindung mit anderer Chemie die man
täglich zu sich nimmt. Wechselwirkung wurde nie erforscht und die
Krebsraten steigen und steigen. Nichtnur Maggi, es ist die ganze
Industrie. Stimmts Nestle?
6 J · Gefällt mir

 Nestlé Marktplatz   Hallo Na, bisher wurde die MAGGI Würze Hot
in erster Linie über unsere Maggi Kochstudio Treffs verkauft.
Aufgrund der großen Nachfrage sind wir nun dabei MAGGI Würze
Hot auch im Handel anzubieten. Aktuell erhalten Sie sie im Handel
bereits bei Kaufland und in ausgewählten Globus Märkten. Viele
Grüße, Mila vom Nestlé Marktplatz
6 J · Gefällt mir

 ▬▬▬▬ ▬▬▬ Super. Danke für die Info
6 J · Gefällt mir

 ▬▬▬▬ ▬▬▬▬▬ aus der Ignoranz schliesse ich, das ihr dem
nichts entgegen setzen könnt und erkannt habt, das hier keine
Belehrung fruchten würde, da ich Recht habe, stimmts Nestle?
6 J · Gefällt mir

Abb. 13.8 Beispiel-Thread mit Troll-Involvement. (Quelle: eigene Darstellung auf Basis der
Facebook Seite des Nestlé-Marktplatzes)

nachzubohren (5. Kommentar in Abb. 13.8). Was man an dieser Stelle nicht sehen kann, ist, dass er wort-identische Beiträge auf anderen Plattformen von Nestlé postete. Der Mitarbeiter, der an diesem Tag mit der Moderation beauftragt war, hielt dem Druck des Trolls – trotz anderweitiger Anweisung – nicht stand und reagierte auf dessen Beiträge, was die Situation weiter verschlimmerte: Der Troll hörte nicht auf, weiter Öl ins Feuer zu gießen. Die Situation beruhigte sich erst wieder, als man von Nestlé-Seite nicht weiter auf diesen „Nutzer" reagierte.

Ein Fall, der zeigt, dass unter bestimmten Umständen auch „Feed the troll" funktionieren kann, ist der Klassiker **Telekom vs. Griesgrämer,** der im nachstehenden Beispiel kurz beschrieben wird (Fallbeispiel 20).

Fallbeispiel 20: Telekom vs. der Griesgrämer (Quelle: Wienand 2013)

Der Twitter-User mit dem passenden Nutzernamen „Griesgrämer", der in Kombination mit seinem Profilbild schon deutlich macht, dass es sich um einen Troll handelt, machte seinem Ärger über eine automatisierte SMS der Telekom Luft. Diese SMS teilte ihm mit, dass er sein Datenvolumen aufgebraucht habe. Zusammen mit einem Screenshot der Handy-Nachricht schrieb er den untenstehenden Post. Daraus ergab sich zunächst ein erster Schlagabtausch zwischen dem Griesgrämer und der Telekom-Mitarbeiterin Anna (Kürzel ^an). Als er dann aber eine Direktnachricht an die Telekom schickte und erneut „^an" öffentlich darauf reagierte, ging es richtig los (siehe weiterer Gesprächsverlauf im Bild unten).

Anna wusste den Troll sofort richtig einzuschätzen und erkannte, dass diese „Kunstfigur" jeden beschimpft. In einem YouTube-Interview (siehe Servicelink 13.2) erläutert die Mitarbeiterin ihr Vorgehen und verdeutlicht, dass ihr Chef in die Vorgehensweise eingeweiht war.

Im weiteren Verlauf klinkten sich andere Unternehmen (z. B. Rossmann und HTC) ein, und nervten den Griesgrämer zurück. Letzten Endes sorgte aber der engagierte und offene Umgang von Anna mit der „Kritik" bei der Internet-Gemeinde und in der Presse für viele Lacher und Sympathien.

Griesgrämer @Griesgraemer · 22. Juni 2013
NOCH MAL SO NE SMS UND ICH KAUF DEN LADEN UND WERFE DICH ALS
1. RAUS @Telekom_hilft !! instagram.com/p/a3OLhJTWKJ/

💬 2   ↻ 39   57

Telekom hilft ✓   (Folgen)
@Telekom_hilft

@Griesgraemer Guten Tag. Sie haben
geläutet. Was wollen Sie? ^an

10:23 - 25. Juni 2013

77 Retweets **234** „Gefällt mir"-Angaben

💬 54   ↻ 77   234   ✉

Griesgrämer @Griesgraemer · 25. Juni 2013
Antwort an @Telekom_hilft
@Telekom_hilft SO! Passt ma auf, ihr Napfsülzen!! Wegen eurer Spotitfy-
KRANKHEIT is mein Datenvolumen AM ARSCH!! von wegen zählt nicht!!

💬 6   ↻ 20   62   ✉

Telekom hilft ✓ @Telekom_hilft · 25. Juni 2013
@Griesgraemer Pass ma op, mein Froind. Streaming wird vom Volumen
ausgeschlossen. Offline verfügbar Machen nicht. Noch Fragen, ODER WAS?
^an

💬 7   ↻ 47   123   ✉

Griesgrämer @Griesgraemer · 25. Juni 2013
Antwort an @Telekom_hilft
. @Telekom_hilft DEINE MUDDA hat noch Fragen!!!

YOUPORN ist AUCH STREAMING, VERDAMMTE HACKE!!!

💬 3   ↻ 21   72   ✉

Telekom hilft ✓ @Telekom_hilft · 25. Juni 2013
@Griesgraemer Über die Verbindung YouPorn - Spotify möchte ich jetzt nicht
nachdenken. Stichwort Hörpornos. UND SCHREI MICH NICH AN! So. ^an

💬 1   ↻ 29   80   ✉

Griesgrämer @Griesgraemer · 25. Juni 2013
.@Telekom_hilft Hörpornos!?! HALLOOHOO!?
Die 70er haben angerufen & wollen ihre KASSETTEN ZÜRÜCK!!

💬 2   ↻ 10   59   ✉

Telekom hilft ✓ @Telekom_hilft · 25. Juni 2013
@Griesgraemer Du meinst sicher die Tonbänder deiner Jugend. So. Nun
beruhigen wir uns alle wieder und ich darf arbeiten. SCHNAUZE!! ^an

💬 5   ↻ 30   109   ✉

Servicelink 13.2

Servicelink zum YouTube-Interview mit der Telekom-Mitarbeiterin Anna
https://www.youtube.com/watch?v=tLxN5_zVN3k

Auch das Lebensmittelunternehmen **Dr. Oetker** reagierte sehr geschickt auf einen Troll, der sich über Twitter mit „Hey Doktor Oetker eure Schokopizza schmeckt nach Hurensohn" zu Wort meldete. Die Kommunikationsabteilung von Dr. Oetker reagierte gelassen mit: „Gierig gewesen und den Finger abgebissen?". Im Laufe der weiteren Anfeindungen konterte man mit dem Gif eines Baby und dem Text „Duziduziduuu" und erhielt auch dafür zahlreiche Likes und Retweets. Dies führte letztendlich sogar dazu, dass der Troll entnervt aufgab und Dr. Oetker um die Löschung seines Beitrags bat, da ihn zu viele andere Nutzer zurücknervten. Positiver Nebeneffekt für Dr. Oetker: Die Nutzerzahlen des Twitter-Kanals stiegen enorm (vgl. dazu ausführlicher Falk-Claußen 2018).

Kammerlander erläutert darüber hinaus im Beitrag von Hoffmann (2016b), wie zwei Unternehmen in vergleichbaren Situationen mit unterschiedlichem Erfolg vorgegangen sind:

> Was die Reaktion des Unternehmens bewirken kann, zeigt sich am Beispiel des ‚Trolling' bei den Unternehmen Otto Versandhandel und Henkel (Marke Pril). Beide Unternehmen hatten auf Facebook einen Wettbewerb ausgeschrieben, bei beiden Wettbewerben kam es zu spaßhaften, nicht ernst gemeinten Einsendungen, die jedoch eine hohe Anzahl von Zuschauerstimmen erhielten. Henkel veränderte während des Wettbewerbs die Bedingungen, bereinigte die Abstimmungszahlen und reagierte verspätet beziehungsweise durch Löschen auf Kommentare. Das Ergebnis war ein immer stärker werdender Shitstorm. Bei Otto reagierte man anders: Man ließ sich auf das Spiel ein, kommunizierte mit den Usern auf Augenhöhe. Der Shitstorm wurde verhindert, und das Unternehmen gewann Sympathiepunkte.

Die Beispiele zeigen, dass es im Fall von Trollen keine Normstrategie gibt. In der Regel hat es sich bewährt, nicht auf die Trolle zu reagieren. Am Ende hilft nur die Erfahrung der Social-Media-Moderatoren, um die richtige Strategie zu finden. Dichtl (2016) sowie Klein (2017) liefern weitere Ansatzpunkte, die sich, abhängig von der Intensität des Trollings, im Umgang mit Trollen in der Praxis bewährt haben:

- **User über Trolle informieren:** Die Mitglieder der Community sind dann über die Existenz von Trollen aufgeklärt und lassen sich möglicherweise gar nicht erst auf diese ein.

- **Trolle kennzeichnen:** Eine eher in Foren gängige Praxis ist es, die Beiträge der Trolle mit dem sogenannten Roten Hering (Beispiel: ><((((*>) zu markieren und damit andere User darauf aufmerksam zu machen, dass es sich um einen Troll handelt.
- **Mit Fakten Antworten:** Wenn eine Antwort unausweichlich ist, dann sollte diese rational sein und nicht auf der emotionalen Ebene des Trolls stattfinden. Dies gilt vor allem für Posts, die nachweislich Gerüchte und Lügen in Umlauf bringen. Die Antworten sollten aber auch hier nach den Grundregeln der Social-Media-Kommunikation höflich, klar und deutlich ausfallen. Auch Humor ist an dieser Stelle (wie bei den Beispielen Telekom und Otto gesehen) oft ein guter Weg.
- **Beiträge verbergen:** Wenn die Beiträge zu beleidigend werden oder ein schlechtes Licht auf die Seite, die Firma oder das Produkt werfen, dann ist der erste Schritt die Beiträge zu verbergen, aber – Achtung! – nicht zu löschen. Insbesondere Facebook bietet diese Möglichkeit. Der Beitrag wird lediglich auf dem Profil des Unternehmens nicht mehr angezeigt, könnte aber bei Bedarf wieder reaktiviert werden. Der Moderator sollte auf jeden Fall darauf aufmerksam machen, dass gewisse Beiträge aus bestimmten Gründen verborgen wurden. Der Troll wird schnell merken, dass seine Kommentare nicht mehr vorhanden sind und im besten Fall aufgeben. Ein Troll-Post final zu löschen, kann hingegen eine Eskalation des Troll-Verhaltens auslösen.
- **Troll sperren oder blockieren:** Wenn Trolle zu weit gehen, kann man zu einer radikalen Methode greifen, und sie sperren oder blockieren. Dies macht dann Sinn, wenn alle vorhergehenden Maßnahmen keine Verbesserung der Situation brachten. Allerdings steht zu befürchten, dass die dahinterstehenden Personen schnell mit einem neuen Fake-Account an den Start gehen werden.
- Daneben kursieren Theorien im Web, nach denen man Trollen wenigstens **einmal am Tag antworten** sollte. Sie würden sonst das Gesamtbild enorm verzerren und eine einzelne Minderheitsmeinung könnte für flüchtige externe Betrachter wie die Meinung der Mehrheit wirken.

Die Erfahrung zeigt, dass aus Trolling in den seltensten Fällen ein Shitstorm resultierte. Solche Äußerungen und virtuellen Handlungen sind kleine Funken, die überspringen können, aber es in vielen Fällen nicht tun. (Mittel-)Große Social-Media-Krisen entstehen eher dort, wo das Kartenhaus von Beginn an nicht stabil aufgebaut ist (vgl. Achim 2017). Abschließend sei noch darauf verwiesen, dass nicht jede unerwünschte Meinung von Trollen stammen muss. Auch hierfür müssen sich Social-Media-Moderatoren mit der Zeit ein gewisses Fingerspitzengefühl aneignen, um Posts richtig einzuschätzen und angemessen zu reagieren.

Fall 5: Verstoß gegen die Netiquette
Die Aussage, man dürfe keine Beiträge von Nutzern löschen, stimmt in dieser Pauschalität nicht. Grundlagen dazu sollte bereits die Netiquette klären (siehe Abschn. 10.3; Hinweise auf unerwünschtes Verhalten). Sie erläutert, wann der Betreiber sich vorbehält Beiträge zu löschen. Dies gilt zumeist für Postings oder Kommentare, die andere Nutzer

angreifen oder gegen geltende Gesetze verstoßen, etwa, weil sie diskriminierende, sexistische, rassistische, oder nationalsozialistische Inhalte aufweisen. Hoffmann (2016a) fügt hinzu, dass dies auch Beiträge betreffen kann, die eine rechtliche Relevanz haben (z. B. wenn ein Straftatbestand erfüllt wurde). In diesem Fall ist der Betreiber des Profils sogar verpflichtet, den Kommentar zu löschen (an dieser Stelle erfolgt erneut der Hinweis auf das Thema Haftung bei User-Generated-Content in Abschn. 10.1). Man hat zudem die Möglichkeit, den Nutzer zu sperren und/oder beim Plattformbetreiber zu melden (vgl. Hoffmann 2016a).

13.2.3 Aufgaben nach der Social-Media-Krise (Nachbereitung, Konsequenzen)

Im Sinne einer alten Fußball-Weisheit gilt auch im Fall von Social-Media-Krisen: Nach dem Sturm ist vor dem Sturm. Insofern gibt es für das betroffene Unternehmen auch nach dem Shitstorm eine Reihe von Aktivitäten durchzuführen:

- Weitere Beobachtung des Krisenthemas
- Umsetzung der notwendigen Maßnahmen zur Beseitigung des Krisenthemas
- Aufbereitung der Lessons Learned

Darüber sollte auch analysiert werden, welche Auswirkungen der Shitstorm auf das Unternehmen in monetärer und nicht-monetärer Sicht hatte.

Weitere Kommunikation mit den Anspruchsgruppen und Beobachtung des Krisenthemas
Shitstorms sind schwer miteinander zu vergleichen. Auch wenn es einen idealtypischen Verlauf gibt (siehe Abschn. 13.1.4), weist doch jeder Shitstorm seine Besonderheiten auf. Dies trifft im selben Maße für das Ende einer Krise zu: manche versiegen einfach, andere schaukeln sich so lange auf, bis das betroffene Unternehmen zu Sofortmaßnahmen greift oder einen Maßnahmenkatalog verabschiedet, mit dem die kritisierten Zustände behoben und die Kritik am Unternehmen abgefangen werden soll (vgl. Steinke 2014, S. 14). In jedem Fall dürfen die in der Krise aufgebauten Informationskanäle und Strukturen nach dem Abklingen der Krise nicht sofort beendet werden. Einzelne Anspruchsgruppen verlangen eventuell weiterführende Updates zu dem krisenrelevanten Thema und dem Umgang des Unternehmens damit. Der Dialogprozess zwischen dem Unternehmen und seinen Anspruchsgruppen sollte auch nach der akuten Krisenphase anhalten (vgl. Salzborn 2017, S. 106). Waren Markenbefürworter involviert, sollte sich das Unternehmen bei diesen über die entsprechenden Kanäle bedanken.

Zudem muss es Aufgabe des Social-Media-Monitorings sein, das Unternehmen und den Krisenherd weiter aufmerksam zu beobachten. Auch wenn keine Berichterstattung mehr erfolgt, heißt das noch nicht, dass die Krise vergessen und das Unternehmen reingewaschen ist. In manchen Fällen tauchen im Nachgang sogar Berichte in Wikipedia oder Internet-Chroniken auf.

Umsetzung der notwendigen Maßnahmen zur Beseitigung des Krisenthemas
Gute Kommunikation in Social-Media-Krisen kann viel zur Deeskalation beitragen. Wenn aber den guten Worten keine Taten folgen (sofern diese notwendig sind), kann es – wie in Fall 3B in Abschn. 13.2.2 gezeigt – zu einem ständigen Wiederauflodern des Shitstorms kommen. Steinke (2014, S. 15) beschreibt beispielsweise anhand des **ADAC**-Beispiels und des Skandals um gefälschte Leserwahlen, dass die Konsequenzen einer Hinhaltetaktik deutlich negativer ausfallen, als die einer schnellen und glaubhaften Reaktion. Oft seien es interne Abstimmungsprozesse, Machtkämpfe oder Posten-Klebenbleiber, die schnelle Lösungen verhindern, was zu Schäden für die gesamte Organisation führe. Derartige Krisen sind für viele Unternehmen ein Anlass, um sich neu aufzustellen. So war es beispielsweise auch bei Nestlé nach dem KitKat-Greenpeace-Fall. Er führte zu einer kompletten Neuausrichtung des Unternehmens in Sachen Kommunikation und Transparenz. Nestlé verfügt heute in der Zentrale Vevey über eine der größten Social-Media-Units weltweit (siehe dazu das Fallbeispiel 12 über das Social-Media-Acceleration-Team von Nestlé in Abschn. 8.2). Frei nach dem Zitat von Gianni Agnelli „Companies won't change, unless there is a crisis" gilt hier: **Die Krise als Chance.**

Aufbereitung der Lessons Learned (Evaluation)
Um die Krise als Chance zu sehen, müssen nach einer Krise die Prozesse überprüft werden. Lawal (2016a) empfiehlt deswegen, nach der Bewältigung der Krise (und solange die Erfahrungen noch frisch sind) eine Nachbesprechung mit allen Beteiligten zu veranstalten. Es ist zu klären, was funktioniert hat und was nicht. Diese Aspekte münden dann in der Überarbeitung des Krisenplans und der damit verbundenen Informationen. Darüber hinaus sollten sich diese auch im übergeordneten Social-Media-Governance-Modell wiederfinden.

Auswirkungen von Social-Media-Krisen auf das betroffene Unternehmen
Die Angst vor einem Shitstorm ist bei vielen Unternehmen groß. Wie jedoch gezeigt, können daraus bei konsequenter Nachbereitung positive Effekte resultieren (vgl. Rauschnabel et al. 2016a, S. 393). Dennoch stellt sich die Frage nach dem potenziellen Schaden für das Unternehmen.

Die Konsequenzen eines Shitstorms sind schwer zu beziffern, insbesondere von außen, da für die meisten Unternehmen keine Pre- und Post-Krisen-Daten öffentlich zugänglich sind (vgl. Rauschnabel et al. 2016a, S. 392). Denkbar sind in diesem Zusammenhang folgende Auswirkungen (vgl. Rauschnabel et al. 2016b):

- Verluste in puncto Image und Reputation
  - Veränderungen der Wahrnehmung des Unternehmens durch die Menschen
  - Berichte in den entsprechenden traditionellen Medien

- Negatives Word-Of-Mouth/Verlust an Loyalität
  - Verbreitung negativ belasteter Inhalte durch die Menschen
  - Rückgang der Kundenloyalität
- Finanzielle Konsequenzen
  - Verlust von Neukundeninteressenten
  - Rückgang an Neukunden

Owyang (2008) unterteilte die unterschiedlichen **Auswirkungen von Social-Media-Krisen in fünf Kategorien,** von bloßer Nutzerkritik bis hin zu einem Worst-Case-Szenario inklusive kurzfristigem Einbruch des Börsenkurses (so z. B. geschehen im Falle von United Airlines im Case „United Breaks Guitars" (siehe Abschn. 13.1.2)). Ein Überblick über die Literatur bei Salzborn (2017, S. 84) zeigt anhand der ausgewählten Krisenfälle, dass nur bei einem geringen Teil der betroffenen Unternehmen ein nachhaltiger Schaden wirtschaftlicher Art oder in Bezug auf Image und Reputation zu verzeichnen war. Dies bedeutet deswegen nicht, dass man Social-Media-Krisen unterschätzen sollte.

Zum Abschluss dieses neunten Schrittes des Social-Media-Zyklus erfolgt auch an dieser Stelle der Hinweis auf das Flipboard des Autors zum Thema, welches über Servicelink 13.3 abrufbar ist.

Servicelink 13.3

Servicelink zum Flipboard des Autors zu Schritt 9 des Social-Media-Zyklus (SoMe 9: Deeskalieren):
https://flipboard.com/@alexanderdecker/some-9-deeskalieren-roct0q7ry

Literatur

Achim AM (2017) Hilfe! Eine Social-Media-Krise braut sich zusammen. https://www.basicthinking.de/blog/2017/11/07/social-media-krise/. Zugegriffen: 31. Mai 2018

Babka S (2016) Social Media für Führungskräfte. Behalten Sie das Steuer in der Hand. Springer Gabler, Wiesbaden

Becker C (2009) Die Social Media Krise. Forschungsüberblick, Fallbeispiele und Praxisleitfaden für die Unternehmenskommunikation. Diplomarbeit. Hochschule Darmstadt

Becker C (2014) Krisenkommunikation unter den Bedingungen von Internet und Social Web. In: Zerfaß A, Pleil T (Hrsg) Handbuch Online-PR. Strategische Kommunikation in Internet und Social Web. Halem, Köln, S 437–454

Berger J, Milkman KL (2012) What makes online content viral? J Mark Res 49(2):192–205. https://doi.org/10.1509/jmr.10.0353

ContentFleet (2015) VW-Skandal: Analyse von Online-Berichterstattung und Social Media. https://contentfleet.de/news/vw-skandal-analyse-von-online-berichterstattung-und-social-media-1805. Zugegriffen: 31. Mai 2018

Dawley S (2016) Social Media Crisis Management: How to Prepare and Execute a Plan. https://blog.hootsuite.com/social-media-crisis-management/. Zugegriffen: 31. Mai 2018

Dayton J, Kornfeld L (2011) United breaks guitars. Harvard Business School Case No. 9-510-057

Dichtl M (2016) Keine Angst vor Social Media-Trollen: Was Sie darüber wissen müssen und wie Sie mit ihnen fertig werden. https://blog.hootsuite.com/de/keine-angst-vor-social-media-trollen-was-sie-darueber-wissen-muessen-und-wie-sie-mit-ihnen-fertig-werden/. Zugegriffen: 31. Mai 2018

Falk-Claußen A (2018) Dr. Oetker kontert Troll – das Netz feiert den Konzern. http://www.lz.de/ueberregional/owl/22028218_Dr.-Oetker-kontert-Troll-bei-Twitter-das-Netz-feiert-den-Konzern.html. Zugegriffen: 31. Mai 2018

Fan R, Zhao J, Chen Y, Xu K (2014) Anger is more influential than joy: sentiment correlation in Weibo. PLoS ONE 9(10):e110184. https://doi.org/10.1371/journal.pone.0110184

Firsching J (2015) Was Social Media so alles zu bieten hat? #FragNestlé auf Twitter – Über 1.400 Antworten in 24 Stunden. http://www.futurebiz.de/artikel/was-social-media-s-zu-bieten-hat-fragnestle-twitter-1400-antworten-24-stunden/. Zugegriffen: 31. Mai 2018

Grabs A, Bannour KP, Vogl E (2017) Follow me! Erfolgreiches Social Media Marketing mit Facebook, Twitter und Co. Rheinwerk Computing, Bonn

Graf D, Schwede B (2012) Shitstorm-Skala: Wetterbericht für Social Media. https://feinheit.ch/blog/2012/04/24/shitstorm-skala/. Zugegriffen: 31. Mai 2018

Hennig-Thurau T, Malthouse EC, Friege C, Gensler S, Lobschat L, Rangaswamy A, Skiera B (2010) The impact of new media on customer relationships. J Serv Res 13(3):311–330

Hoffmann K (2012) Leitfaden Krisen-Kommunikation. Shitstorms und andere Krisen. Wie Sie gründlich vorbeugen und was Sie im Ernstfall tun können. https://www.kerstin-hoffmann.de/Downloads/Leitfaden_Krisen-PR.pdf. Zugegriffen: 31. Mai 2018

Hoffmann D (2016a) Wie antworte ich auf negative Kommentare auf meiner Facebookseite? https://socialmedia-hoffmann.de/wie-antworte-ich-auf-negative-kommentare-auf-meiner-facebookseite/. Zugegriffen: 31. Mai 2018

Hoffmann K (2016b) Studie: Welchen Schaden richten Shitstorms wirklich an – und wie können Marken sich schützen? https://www.kerstin-hoffmann.de/pr-doktor/studie-shitstorm-schaden-marken-schuetzen/. Zugegriffen: 31. Mai 2018

Hootsuite und Nexgate (o. J.) Mapping Organizational Roles & Responsibilities for Social Media Risk. White Paper. https://hootsuite.com/en-hk/resources/white-paper/mapping-organizational-roles-and-responsibilities-for-social-media-risk. Zugegriffen: 31. Mai 2018

Horn N (2016) Bitte nicht füttern – der richtige Umgang mit Trollen. https://www.socialmediaakademie.de/blog/bitte-nicht-fuettern-der-richtige-umgang-mit-trollen/. Zugegriffen: 31. Mai 2018

Jarvis J (2005) Posts about dell. https://buzzmachine.com/tag/dell/page/16/. Zugegriffen: 31. Mai 2018

Jarvis J (2009) Was würde Google tun? Wie man von den Erfolgsstrategien des Internet-Giganten profitiert. Heyne, München

Khaled A (2017) Dove sorgt mit einer Werbung weltweit für Empörung. http://www.huffingtonpost.de/2017/10/08/dove-rassismus-werbung_n_18220182.html. Zugegriffen: 31. Mai 2018

Klein M (2017) Social Media Trolle. http://www.projecter.de/blog/social-media/social-media-trolle-2.html. Zugegriffen: 31. Mai 2018

Köster A (2012a) Monitoring als Frühwarnsystem. https://www.big-social-media.com/de/news/monitoring-als-fruehwarnsystem/. Seit Anfang 2018 kein Zugriff mehr. Zugegriffen: 19. Dez. 2017

Köster A (2012b) Das Phänomen "Shitstorm". http://www.big-social-media.com/news_publikationen/meldungen/2012_06_04_Shitstorm.php. Seit Anfang 2018 kein Zugriff mehr. Zugegriffen: 19. Dez. 2017

Kwasniewski N (2013) ARD-Dokumentation Wie Amazon Leiharbeiter kaserniert. http://www.spiegel.de/wirtschaft/unternehmen/ard-reportage-dokumentiert-missstaende-in-der-leiharbeit-bei-amazon-a-883156.html. Zugegriffen: 31. Mai 2018

Lawal M (2016a) Social Media-Krisen managen: So entwickeln Sie einen Krisenplan und setzen ihn um. https://blog.hootsuite.com/de/social-media-krise-meistern/. Zugegriffen: 31. Mai 2018

Lawal M (2016b) Wie Sie ein Social Media-Fiasko in den Griff kriegen. https://blog.hootsuite.com/de/social-media-fail-in-den-griff-bekommen/. Zugegriffen: 31. Mai 2018

Lobo S (2010) How to survive a shitstorm (Video-Datei). http://saschalobo.com/2010/04/22/how-to-survive-a-shitstorm/. Zugegriffen: 31. Mai 2018

Luenenbuerger-Reidenbach W (2012) Social Media in der Krise. https://de.slideshare.net/luebue/social-media-in-der-krise. Zugegriffen: 31. Mai 2018

Manger M, Wache U (2011) Krisenkommunikation in Social Media. In: Dörfel L, Schulz T (Hrsg) Social Media in der Unternehmenskommunikation. SCM, Berlin, S 189–201

Markelz M (2017) What makes online content viral? Research shows it's anger, shock and awe. https://www.ama.org/academics/Pages/odell-award-winner-jonah-berger-katherine-milkman-what-makes-online-content-viral.aspx. Zugegriffen: 31. Mai 2018

Martin RC, Coyier KR, VanSistine LM, Schroeder KL (2013) Anger on the internet: the perceived value of rant-sites. Cyberpsychology, Behav Soc Networking 16(2):119–122. https://doi.org/10.1089/cyber.2012.0130

Menck AL, Frühwirt S (2016a) Von „Have a Break" zum Break Down. http://smtu-berlin.de/home-2/inside-social-media-home/startseite-inside-social-media/modul-3-nestle-mit-schoko-break-zum-shitstorm-break-down/. Zugegriffen: 31. Mai 2018

Menck AL, Frühwirt S (2016b) Wer hat Angst vorm Shitstorm? http://smtu-berlin.de/home-2/inside-social-media-home/startseite-inside-social-media/modul-3-wer-hat-angst-vorm-shitstorm/. Zugegriffen: 31. Mai 2018

Owyang J (2008) Forrester report: online community best practices. webblog web strategy. http://www.web-strategist.com/blog/2008/02/14/forrester-report-online-community-best-practices. Zugegriffen: 31. Mai 2018

Rauschnabel PA, Kammerlander N, Ivens BS (2016a) Collaborative brand attacks in social media: exploring the antecedents, characteristics, and consequences of a new form of brand crises. J Mark Theory Pract 24(4):381–410

Rauschnabel PA, Kammerlander N, Ivens BS (2016b) „Shitstorms": Wie sie entstehen und wie Unternehmen darauf reagieren (sollen). http://www.philipprauschnabel.com/shitstorm-studie/. Zugegriffen: 31. Mai 2018

Reppesgaard L, Mülder T (2014) Die 10 größten Fehler im Shitstorm. https://www.faktenkontor.de/corporate-social-media-blog-faktzweinull/die-10-groessten-fehler-im-shitstorm/. Zugegriffen: 31. Mai 2018

Rodewald P (2017) Shitstorms. Was zu tun ist, wenn es in Social Media kracht. https://www.computerwoche.de/a/was-zu-tun-ist-wenn-es-in-social-media-kracht,3332023. Zugegriffen: 31. Mai 2018

Roselieb F (2000) Krisen-PR im Internet, Online-Interview mit Frank Roselieb. http://www.krisennavigator.de/Interview-Krisen-PR-im-Internet.125.0.html. Zugegriffen: 31.Mai 2018

Salzborn C (2017) Phänomen Shitstorm. Herausforderung für die Onlinekrisenkommunikation von Unternehmen. Tectum, Mannheim

Schade M (2014) Raupen-Alarm: Wie Vapiano einen Shitstorm verhinderte. http://meedia.
    de/2014/02/26/raupen-alarm-wie-vapiano-einen-shitstorm-verhinderte/. Zugegriffen: 31. Mai
    2018
Schindler MC (2016) Nachgefragt bei Nestlé: Was sind Hintergründe und Ziele von #FragNestlé?
    https://www.mcschindler.com/2016/11/01/nachgefragt-bei-nestle-was-sind-hintergruen-
    de-und-ziele-von-fragnestle/. Zugegriffen: 31. Mai 2018
Schindler MC, Liller T (2011) PR im Social Web. Das Handbuch für Kommunikationsprofis.
    O'Reilly, Köln
Seokratie (2015) Social Media Kritik – 5 Dos & Don'ts die Euch sicher helfen. https://www.seo-
    kratie.de/social-media-kritik/. Zugegriffen: 31. Mai 2018
Simon F (2017) Für Trolle gibt es keinen Abschaltknopf. http://blogs.faz.net/blogseminar/fuer-trol-
    le-gibt-es-keinen-abschaltknopf/. Zugegriffen: 31. Mai 2018
Simplify360 (2013) 26 Social media marketing truths. https://de.slideshare.net/simplify360/26-so-
    cial-media-marketing-truths. Zugegriffen: 31. Mai 2018
Social Media Aachen (2014) Social ABC 2014. K wie Krisen-PR. http://www.social-me-
    dia-aachen.de/blog/social-abc-2014-k-wie-krisen-pr/. Zugegriffen: 31. Mai 2018
Stegbauer C (2018) Shitstorms. Der Zusammenprall digitaler Kulturen. Springer, Wiesbaden
Steinke L (2014) Bedienungsanleitung für den Shitstorm. Springer Gabler, Wiesbaden
Tobesocial (2015) Erfolgreiches Krisenmanagement mit Social Media Monitoring – Lernt aus
    VWs #dieselgate! http://tobesocial.de/blog/krisenmanagement-social-media-monitoring-shits-
    torm-social-media-marketing-vw-dieselgate-infografik. Zugegriffen: 31. Mai 2018
Ulandowski S (2015) Krisen im Social Web: Es fehlt an Erfahrung und Handwerkszeug. https://
    www.klenkhoursch.de/blog-detailseite/blitz-umfrage.html. Zugegriffen: 31. Mai 2018
Web4com (2011a) Die vier grössten Social Media Krisen (1 von 4: Dell Hell). https://web-
    communitymarketing.wordpress.com/2011/02/20/die-vier-grossten-social-media-disaster/.
    Zugegriffen: 31. Mai 2018
Web4com (2011b) Die vier grössten Social Media Krisen (2 von 4: KitKat). https://web-
    communitymarketing.wordpress.com/2011/02/24/die-vier-grossten-social-media-disaster-2-
    von-4-kitkat/. Zugegriffen: 31. Mai 2018
Wienand L (2013) Beschimpfungen vom Feinsten: Griesgraemer vs. Telekom und den Rest der
    Welt. https://storify.com/larswienand/beschimpfungen-vom-feinsten-griesgraemer-vs-telekom.
    Seit Frühjahr 2018 nicht mehr verfügbar. Letzter Zugegriffen: 30. März 2018
Wienand L (2015) Aktion vor "Markencheck". Geplanter Shitstorm: Wie Nestlé sich auf Twitter
    Prügel holt. https://www.morgenpost.de/vermischtes/article205780495/Geplanter-Shitstorm-
    Wie-Nestle-sich-auf-Twitter-Pruegel-holt.html. Zugegriffen: 31. Mai 2018
Zeit Online (2012) Hintergrund: Bekannte Shitstorm-Fälle. http://www.zeit.de/news/2012-06/18/
    internet-hintergrund-bekannte-shitstorm-faelle-18151403. Zugegriffen: 31. Mai 2018

Schritt 10: Kontrollieren und analysieren

14

> *Quit counting fans, followers and blog subscribers like bottle caps.*
> *Think, instead, what you're hoping to achieve with and through the*
> *community that actually cares about what you're doing.*
> Amber Naslund, Co-Autor des Social-Business-Buches „The Now
> Revolution" (Naslund zitiert bei Simplify360 2013, S. 4)

Zusammenfassung

Im abschließenden Schritt des Social-Media-Zyklus konzentrieren sich die Ausführungen in Abschn. 14.1 zunächst auf die Vorstellung der wichtigsten Basics zur Social-Media-Erfolgskontrolle. Die aktuellen Entwicklungen in den sozialen Medien (vor allem in Bezug auf die steigende Bedeutung der Messenger) führen jedoch dazu, dass mehr und mehr Inhalte über private oder geschlossene Kanäle geteilt werden. Dieses als Dark Social bezeichnete Phänomen wirkt sich auch auf die Kennzahlen aus, weswegen ihm in Abschn. 14.2 Aufmerksamkeit geschenkt werden soll.

Der (vermeintlich) letzte Schritt des Social-Media-Zyklus stellt neben dem Social-Media-Monitoring den zweiten übergreifenden Schritt dar, der kontinuierlich zu vollziehen ist: die Überprüfung der ergriffenen Maßnahmen im Rahmen der Social-Media-Erfolgskontrolle. Hier ist es nicht damit getan, Fans und Follower zu zählen, wie auch Amber Naslund in dem o. a. Zitat feststellt. Vielmehr sind geeignete Kennzahlen auszuwählen, zu beobachten und zu analysieren. Die Ergebnisse einer solchen Erfolgskontrolle bilden die Basis, um die Aktivitäten fortlaufend in allen Schritten des Zyklus zu überprüfen und zu optimieren. Deswegen sollten sich Unternehmen nachfolgende Fragen stellen:

© Springer Fachmedien Wiesbaden GmbH 2019
A. Decker, *Der Social-Media-Zyklus*,
https://doi.org/10.1007/978-3-658-22873-6_14

Fragen

- Welche Ziele werden mit Social Media verfolgt?
- Welche messbaren Kennzahlen gibt es hierfür?
- Wie lassen sich diese Kennzahlen am besten messen?
- Wurden die Ziele erreicht?
- Im positiven wie im negativen Fall: Welche Konsequenzen und Optimierungs-möglichkeiten lassen sich ableiten?
- Wo steht man in Bezug auf die Kennzahlen im Vergleich zur Konkurrenz?
- Bilden die Kennzahlen die Wirklichkeit hinreichend ab?

14.1 Social-Media-Analytics

Rund um das hier zu beschreibende Themenfeld existiert eine Reihe von Begriffen, die gerne vertauscht oder synonym verwendet werden (vgl. Evertz 2017a). Diese Unklarheiten gilt es zunächst in Abschn. 14.1.1 auszuräumen und zusätzlich die not-wendigen prozessualen Grundlagen aufzuzeigen. Darauf aufbauend beschäftigt sich Abschn. 14.1.2 mit den entsprechenden Kennzahlen. Marketer interessieren sich für den generelle Return-On-Investment (ROI), hierfür zeigt Abschn. 14.1.3 verschiedene Modelle auf. Abschn. 14.1.4 bringt schließlich die zuvor angeführten Aspekte im Rah-men eines Social-Media-Reportings zusammen.

14.1.1 Begriffliche und prozessuale Grundlagen

Evertz beschreibt in seinem Buch „Analysiere das Web!" verschiedene Arbeitsfelder, die gerne unter der Bezeichnung Social-Media-Monitoring zusammengefasst werden, darunter „Social Insights", „Social Analytics", „Social Listening", „Social-Media-Management", „Publishing" und „Engagement" (vgl. Evertz 2017b, S. 20). Wei-ter erläutert er, dass die Verwendung des Sammelbegriffs Social-Media-Monitoring für so unterschiedliche Aufgaben etwas irritierend sei. Dieser Auffassung wird auch hier gefolgt. Sinnvoller erscheint die von Evertz verwendete Sammelbezeichnung der **Web-Analyse:** „Damit ist die Planung, Analyse, Management und Optimierung aller Aktivitäten im Social Web, im Browser und in den Apps gemeint" (Evertz 2017b, S. 15).

Zwei dieser Aktivitäten, die zur Web-Analyse zählen, sind das Social-Media-Monito-ring und die Social-Media-Analytics. Beide Ansätze sind eng miteinander verbunden, wei-sen aber unterschiedliche Aufgaben auf. Im Rahmen des Social-Media-Zyklus erfolgte deswegen – analog zur Sichtweise von Evertz – bewusst eine Unterscheidung zwischen Monitoring und Analyse, die in Abschn. 5.1.1 erläutert wurde. Zur Erinnerung: Während es beim Social-Media-Monitoring laut Definition in Abschn. 5.1.1 um die Identifikation, Beobachtung und Analyse der von Nutzern erstellten Inhalte im Internet geht, überprüft man mit **Social-Media-Analytics** die Erreichung der in Schritt zwei gesetzten Ziele. Dieser Bereich konzentriert sich auf die Vermessung und Erhebung strukturierter Leistungsdaten (wie z. B. Impressions, Fans Likes, Anzahl von Kommentaren) sowohl von eigenen (vgl. Maa 2017) als auch von fremdbetriebenen Social-Media-Kanälen (vgl. Evertz 2017b, S. 21). Diese Performance-Daten werden in der Regel direkt über Schnittstellen (APIs) der großen Social-Media-Plattformen wie Facebook, Twitter, Instagram oder YouTube erhoben. Dabei bestimmen die Plattform-Betreiber, welche Datenmenge und Datentiefe für die Auswertung zur Verfügung steht (vgl. Köthe 2017, S. 66).

In Schritt zehn des Social-Media-Zyklus geht es demzufolge um Social-Media-Analytics. Dieser Begriff wird im Folgenden analog zu den Bezeichnungen Social-Media-Analyse, -Controlling oder Social-Media-Erfolgskontrolle verwendet.

In der Erfolgsmessung von Unternehmen spielen sogenannte **Key-Performance-Indicators** (KPIs oder auch Leistungskennzahlen) eine tragende Rolle. Sie bezeichnen betriebliche Messindikatoren, die Aufschluss über den Erfüllungsgrad der eigenen Ziele geben (vgl. Hüfner 2017; ähnlich Weller 2014). Ohne diese Indikatoren lässt sich schwer über Erfolg oder Misserfolg urteilen. Viele Unternehmen tun sich aktuell schwer, den Erfolg ihrer Social-Media-Maßnahmen zu messen, meistens, weil vorher keine oder keine klaren Ziele festgelegt wurden (vgl. Große Holtforth 2016). Bei einer systematischen Anwendung des Social-Media-Zyklus kann dies nicht passieren. Schließlich werden so, aufbauend auf den Zielen und der daraus ausgerichteten Strategie, Maßnahmen umgesetzt, für die sich konkrete **Messwerte, Kennzahlen und KPIs** ableiten lassen. Zwischen diesen drei Begriffen und den Zielen besteht ein Zusammenhang, der für die Erfolgskontrolle von hoher Bedeutung ist (vgl. dazu Große Holtforth 2016; Pein 2014, S. 135–136; Weller 2014):

- Klare **Zielvorgaben** werden benötigt, um Messwerte definieren zu können.
  Beispiel: Steigerung der mittels Social Media gelösten Kundenanfragen.
- Der **Messwert** (oder auch Metrik) stellt einen messbaren Wert dar, der abgelesen oder durch ein Tool bestimmt werden kann.
  Beispiel: Zahl der gelösten Kundenanfragen im Zeitraum X.
- Eine **Kennzahl** setzt mindestens zwei Messwerte in ein Verhältnis zueinander.
  Beispiel: Anzahl der gelösten Kundenanfragen im Zeitraum X im Vergleich zur Anzahl gelöster Kundenanfragen im Zeitraum Y.
- Erst durch die Verknüpfung der Kennzahl mit dem Ziel entsteht daraus der **KPI**.
  Beispiel: Steigerung der mittels Social Media gelösten Kundenanfragen um 10 % bis zum Ende des ersten Quartals.

Es versteht sich von selbst, dass die Ziele nach der in Abschn. 6.1.1 beschriebenen SMART-Formel zu definieren sind, damit sie allen Anforderungen genügen.

Ähnlich wie beim Social-Media-Monitoring setzt auch die Social-Media-Analyse auf einen strukturierten Ansatz auf und wendet immer gleiche Prozessschritte an. Diese **wichtigsten Prozessschritte** sind (vgl. Litzel 2017):

- Die Identifikation relevanter Daten,
- das Sammeln der identifizierten Daten,
- das Bereinigen und Verdichten der Daten,
- das Analysieren und Visualisieren der Daten sowie
- das Interpretieren der Daten.

Die verschiedenen Prozessschritte werden im Bedarfsfall mehrfach durchlaufen. Da es sich im Grunde um die gleichen Prozessschritte handelt, die so auch im Rahmen des Social-Media-Monitorings zu durchlaufen sind, ist an dieser Stelle hierauf nicht nochmals vertieft einzugehen, sondern auf den Abschn. 5.2 zu verweisen.

14.1.2 Metriken und Kennzahlen für die wichtigsten Social-Media-Ziele

Sowohl das Volumen und die Echtzeit-Natur von Social-Media-Kennzahlen als auch die Vielfalt der existierenden Analyse-Tools machen die sozialen Medien zu den am besten und zugleich am schwierigsten zu messenden Marketing-Kanälen (vgl. Burnett 2015). Die Frage, die sich stellt ist, wie man vor diesem Hintergrund die richtigen Metriken und Kennzahlen auswählt.

Wenig zielführend ist es, einfach die standardmäßig angeführten Kennzahlen pro Netzwerk zu übernehmen (vgl. Makara 2014). Als erste Annäherung hilft an dieser Stelle die KPI-Pyramide (siehe Abb. 14.1), die von der Business Intelligence Group (B.I.G.) im Rahmen des Social-Media-Excellence-Kreises entwickelt wurde.

Die **KPI-Pyramide** (siehe Abb. 14.1) ordnet die Leistungsindikatoren auf Basis des Reifegrads des Unternehmens, ähnlich der Idee hinter dem Social-Media-Maturity-Modell (siehe Abschn. 8.1.1). Die Aussagekraft der Werte nimmt in der Pyramide von oben nach unten zu. Die Kennzahlen der zweiten und dritten Ebene beinhalten Werte der vorherigen Ebenen (vgl. Pein 2014, S. 209; Weller 2014; ähnlich: Babka 2016, S. 71):

- Die **Spitze der Pyramide** bildet die Grundlage für alle weiteren Messungen. Es handelt sich um einfache, quantitative Kennzahlen. Sie entsprechen dem Reifegrad „Explorer" und lassen sich zumeist direkt auf der jeweiligen Plattform ablesen (z. B. im Administratoren-Bereich). Explorer sind beispielsweise kleine und mittlere Unternehmen, die so erste Messwerte erfassen können, auch wenn sie noch am Anfang ihres Social-Media-Engagements stehen. Die Aussagekraft dieser Messwerte ist jedoch begrenzt, kann man sie beispielsweise durch kostenpflichtige Mediabuchungen erhöhen, was einen Vergleich mit anderen Unternehmen erschwert.

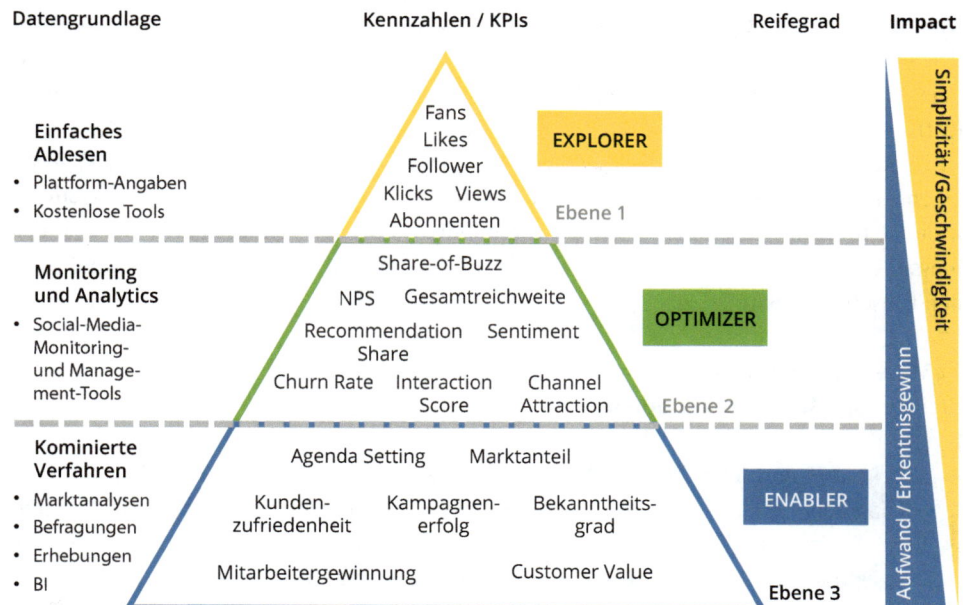

Abb. 14.1 KPI-Pyramide nach B.I.G. (Quelle: eigene Darstellung in Anlehnung an B.I.G., entnommen aus Weller 2014) (Die normalerweise vom Autor verwendete Ursprungs-Quelle unter http://www.big-social-media.de/news_publikationen/meldungen/2013_01_22_Social_Media_Erfolgsmessung.php ist leider nicht mehr verfügbar, weswegen auf den Beitrag von Weller (2014) zurückgegriffen wurde.)

- Die **zweite Ebene,** Monitoring und Analytics, besteht aus kombinierten Messwerten, die sich an konkreten Unternehmenszielen orientieren. Diese Ebene entspricht in der Abb. 14.1 dem Reifegrad „Optimizer". Der Erhebungsaufwand ist deutlich höher und erfordert oftmals schon den Einsatz zusätzlicher Analyse-Tools.
- Die **unterste Ebene** entspricht dem Reifegrad „Enabler oder Champion" und kombiniert die oberen Messergebnisse mit Größen z. B. aus Business Intelligence und Marktforschung. Dadurch wird es möglich, den Beitrag von Social Media zur Erreichung der übergeordneten Unternehmensziele deutlich zu machen.

Auch wenn dieses Modell, ähnlich wie weitere u. a. bei Pein (2014, S. 207–212) vorgestellten Ansätze, gute erste Anhaltspunkte liefern, so macht es am Ende – wie oben bereits angedeutet – nur Sinn, sich bei der Auswahl der Metriken und Kennzahlen **an den selbst gesteckten Zielen zu orientieren.** Vor diesem Hintergrund werden im Folgenden zu den jeweils in Abschn. 6.2 aufgeführten typischen Social-Media-Zielen die wichtigsten Metriken und Kennzahlen aufgeführt und kurz erläutert. Sie können aus jeder der drei Ebenen der KPI-Pyramide stammen. Die Liste erhebt jedoch nicht den Anspruch auf

Vollständigkeit, da ständig neue Kennzahlen entwickelt und vorgeschlagen werden. Basis der Ausführungen sind die Beiträge von Babka (2016, S. 71), Bundesverbandes Digitale Wirtschaft (2016a, b), Evertz (2017b, S. 51), Grabs et al. (2017, S. 560), Große Holtforth (2016, 2017), Eyl (2012), Fontein (2016), Lee (2015), Maa (2017), Pein (2014, S. 213–215), Rodewald (2017, 2018), Schwede (2012), Shemenski (2016), Weller (2014) sowie eigene Erfahrungen: Die Zuordnung der Metriken und Kennzahlen zu den jeweiligen Zielen basiert im Wesentlichen auf der Einteilung des Modells zur Social-Media-Erfolgsmessung des Bundesverbandes Digitale Wirtschaft (BVDW) (2016b), aber auch auf eigenen Einschätzungen.

1) Marketing und Kommunikation
Steigerung Markenbekanntheit

- **Markenbekanntheit:** Wie in Abschn. 6.2 gezeigt, handelt es sich bei der Markenbekanntheit um das für viele Unternehmen wichtigste Ziel der Social-Media-Aktivitäten. Es ist ein Wert, der über Befragungen erhoben werden muss. Dabei kann man die **gestützte** und die **ungestützte Markenbekanntheit** abfragen. Bei der ungestützten Markenbekanntheit müssen Befragte alle Marken nennen, die ihnen innerhalb einer Produktkategorie einfallen. Im gestützten Fall werden Probanden gefragt, ob sie eine spezifische Marke innerhalb der Produktkategorie kennen. Der Wert wird in Prozent ausgewiesen und gibt an, wie viele der Befragten die Marke kannten. Diese Kennzahl kann nicht nur auf die Social-Media-Maßnahmen bezogen werden, da eine Vielzahl weiterer Marketingaktivitäten zur Markenbekanntheit beitragen. Um Anhaltspunkte für die Bedeutung der sozialen Medien für die Markenbekanntheit zu erhalten, könnte man Probanden, die angegeben haben, die Marke zu kennen, fragen, inwiefern Social Media dabei eine Rolle spielte.
- **Reichweite:** Wie die Ausführungen in Abschn. 6.2 ebenfalls zeigten, hängt die Markenbekanntheit eng mit der Reichweite zusammen. Auf diese wird nachfolgend ausführlich eingegangen.

Tab. 14.1 fasst im Überblick die in dieser Subkategorie behandelten Kennzahlen zusammen.

Tab. 14.1 Kennzahlen in der Kategorie „Marketing und Kommunikation" – Sub-Kategorie „Steigerung Markenbekanntheit"

Kennzahl	Erklärung/Berechnungsformel
Ungestützte Markenbekanntheit	% der Befragten, die eine Marke einer Produktkategorie auf Basis eine Produktaufzählung nennen können
Gestützte Markenbekanntheit	% der Befragten, die eine Marke einer Produktkategorie ohne Hilfsmittel aufzählen können

Erhöhung Reichweite

- **(Theoretische) Reichweite (auch Gesamtreichweite, Seitenreichweite):** Der Begriff der Reichweite (im Englischen Reach) wird in der Literatur durchaus unterschiedlich aufgefasst. Aus diesem Grunde wird an dieser Stelle nach verschiedenen Arten der Reichweite unterschieden. Die theoretische Reichweite bezieht sich auf die Gesamtanzahl von Fans, Followern oder Abonnenten (etwa eines YouTube-Profils oder eines Blogs), die man potenziell erreichen könnte. Sie gehören zu den am einfachsten auslesbaren Kennzahlen, da sie in der Regel prominent auf den Profilen ausgewiesen werden. Als theoretisch wird diese Metrik deswegen bezeichnet, da man vor allem aufgrund der bereits beschriebenen Algorithmus-Problematik einiger Plattformen nicht notwendigerweise alle Fans mit den eigenen Aktivitäten erreichen kann. Hinzu kommt auch, dass sich hinter einigen Fans Karteileichen, Fake-Accounts und Bots verbergen können. Zudem muss man sich fragen, auf welche Weise die Fans gewonnen wurden: durch Fankauf, Gewinnspiele oder durch seriöses, organisches Wachstum?
- **Tatsächliche Reichweite:** Die tatsächliche Reichweite bezeichnet die Anzahl individueller Personen, denen im betrachteten Zeitraum ein Beitrag, eine Anzeige oder eine Seite tatsächlich angezeigt wurde. Sie gibt somit ein genaueres Bild als die Gesamtreichweite, wie viele Nutzer tatsächlich erreicht wurden. Diese Werte lassen sich oft plattformeigenen Tools entnehmen (z. B. Facebook Insights). Dies bedeutet jedoch nicht automatisch, dass die Nutzer den Beitrag auch aktiv gesehen haben müssen. Hier verhält es sich ähnlich wie mit den TV-Reichweiten: Man weiß am Ende nicht, ob der Zuschauer die Werbung tatsächlich angeschaut hat oder vielleicht gerade aus dem Raum gegangen war.
- **Bezahlte Reichweite:** Sie ergibt sich aus der Anzahl an Nutzern, die man aufgrund der kostenpflichtigen Schaltung von Anzeigen im Rahmen des Social-Media-Advertisings erzielte. Sie ist vor allem von Bedeutung, um die Investitionen in die bezahlte Werbung auf den Social-Media-Plattformen einschätzen zu können.
- Die **organische Reichweite** definiert sich als die Anzahl der User, die einen Inhalt gesehen haben, der nicht bezahlt (nicht gesponsert) war. Dies entspricht der unbezahlten Reichweite, welche wiederum der Gesamtreichweite minus der bezahlten Reichweite entspricht. Diese Kennzahl ist besonders bedeutend, da sie anzeigt, wie viele Nutzer man ohne den Einsatz zusätzlicher finanzieller Mittel erreichte (man darf nicht vergessen: auch die Erstellung eigener Beiträge, die nicht beworben werden, kostet Zeit und somit auch Geld).
- **Effektive Reichweite:** Diese Kennzahl betrachtet das Verhältnis zwischen der über einen Beitrag erreichten Zielgruppe und den insgesamt erreichten Nutzern. Sie ist dann von Bedeutung, wenn man sehr gezielt nur eine spezifische Zielgruppe erreichen möchte. Bezieht sich die Aktivität auf eine spezifische Kampagne, spricht man von der Kampagnen-Reichweite.
- **Fan-Wachstum:** Das Wachstum der Seite misst den Zuwachs an Fans in einem bestimmten Zeitraum. Hier empfiehlt es sich, einen etwas längeren Zeitraum zu

betrachten, um kurzfristige Effekte auszugleichen. Ähnlich wie die theoretische Reichweite sagt auch das Wachstum der Fans noch nichts über die Qualität einer Seite aus. Auch hier spielen Aspekte wie Fankauf oder Gewinnspiele eine Rolle. Dennoch wird sie gerne herangezogen, um die Entwicklung des eigenen Profils auch im Vergleich mit der Konkurrenz zu beurteilen.

- **Buzz-Volumen:** Buzz steht für das spontane Gesprächsaufkommen in sozialen Netzwerken. Das Buzz-Volumen beschreibt die Anzahl von Nennungen zu einem Suchbegriff (z. B. zum Unternehmen oder Produkt) in einem festgelegten Zeitraum, bereinigt um Fehlbeiträge, Spam und Werbung. Durch entsprechendes Benchmarking können dann Aussagen über die Entwicklung getroffen werden (etwa „Steigerung innerhalb des letzten halben Jahres um vier Prozent"). Besonders im Zeitverlauf kann man anhand dieser Kennzahl die quantitative Entwicklung der Gespräche darstellen und zeigen, welchen Einfluss neue Produkte, Werbemaßnahmen oder Marketingkampagnen haben.
- **Share-of-Buzz:** Setzt man das eigene Buzz-Volumen in Relation zum gesamten Buzz (oder eingegrenzt auch nur im Verhältnis zur stärksten Konkurrenz) zu einem bestimmten Thema, erhält man den Share-of-Buzz. Als Kennzahl stellt es die eigene Bekanntheit im Vergleich zum Wettbewerb dar.

Tab. 14.2 fasst im Überblick die in dieser Subkategorie behandelten Kennzahlen zusammen.

Tab. 14.2 Kennzahlen in der Kategorie „Marketing und Kommunikation" – Sub-Kategorie „Erhöhung Reichweite"

Kennzahl	Erklärung/Berechnungsformel
Gesamtreichweite	Anzahl Fans, Follower oder Abonnenten zum Zeitpunkt t
Tatsächliche Reichweite	Anzahl individueller Personen, denen im betrachteten Zeitraum ein Beitrag, eine Anzeige oder eine Seite tatsächlich angezeigt wurde
Bezahlte Reichweite	Anzahl Nutzer, die man aufgrund der kostenpflichtigen Schaltung von Anzeigen im Rahmen des Social-Media-Advertisings erzielte
Organische Reichweite	Gesamtreichweite – Bezahlte Reichweite
Effektive Reichweite	$\dfrac{\text{Über einen Beitrag erreichte Zielgrupe}}{\text{Über einen Beitrag insgesamt erreichte Nutzer}}$
Kampagnen-Reichweite	$\dfrac{\text{Über eine Kampagne erreichte Zielgruppe}}{\text{Über eine Kampagne ingesamt erreichte Nutzer}}$
Fan-Wachstum	Anzahl Fans, Followern oder Abonnenten zum Zeitpunkt t_1 – Anzahl Fans, Followern oder Abonnenten zum Zeitpunkt t_0
Buzz-Volumen	Anzahl aller Beiträge zu einem Suchbegriff in einem Zeitraum – Anzahl irrelevanter Beiträge (Fehlbegriffe + Spam + Werbung)
Share-of-Buzz	$\dfrac{\text{Eigenes BuzzVolumen in einer Kategorie}}{\text{Gesamtes BuzzVolumen in einer Kategorie}}$

Stärkeres Community Engagement

- **(Audience) Engagement (Zielgruppen-Engagement, Interaktionsrate):** Wesentlich bedeutender als die reinen, oftmals absoluten Reichweitendaten sind die Kennzahlen rund um das Community Engagement. Hierbei geht es darum, wie stark Fans und Follower mit einer Marke interagieren. Mit dem Audience Engagement bezeichnet man ganz generell die Anzahl der Interaktionen (z. B. Kommentare/Shares/Likes) im Vergleich zur Anzahl der Views. Diese Engagement- oder auch Interaktionsrate lässt sich je nach Perspektive noch weiter herunterbrechen, um Interaktionen mit unterschiedlichen Qualitäten abzubilden (in Anlehnung an Kaushik 2015; siehe auch Große Holtforth 2017):
  - **Conversation Rate:** Da Kommentare besonders wertvoll sind, weil sie ein höheres Involvement der Nutzer bezeugen, ist diese Kennzahl interessant. Sie setzt die Anzahl von Kommentaren ins Verhältnis zur Anzahl der Fans.
  - **Amplification Rate:** Etwas weniger bedeutend ist diese Quote, die sich auf die Reaktion „Teilen" bezieht. Geteilt wird, wenn die Attraktivität und Qualität eines Posts für eigene Freunde oder andere Zielgruppen gegeben ist. Dementsprechend berechnet sich die „Amplification Rate" aus der Anzahl von „Shares" im Verhältnis zur Anzahl der Fans.
  - **Applause Rate:** Diese Interaktionsform mit dem geringsten Involvement bemisst sich an der einfachsten Reaktion der Fans, der Zustimmung durch ein Like (oder ein Herz oder … in Abhängigkeit von der Plattform). Die Applause Rate betrachtet die unmittelbare Zustimmung der Fans zu einem Post im Verhältnis zur Anzahl der Fans.

  Von diesen Quoten abgesehen lassen sich Kennzahlen in Bezug auf das Engagement pro Tag (Anzahl von Interaktionen im Verhältnis zur Anzahl der Tage), Engagement pro erreichtem Nutzer (Anzahl der Interaktionen im Verhältnis zu den Impressionen) oder das Engagement pro Post (Anzahl von Interaktionen zur Anzahl der Posts) errechnen. Teilt man letzteres durch die Anzahl der Tage, erhält man das tägliche Beitrags-Engagement. All diese Kennzahlen beinhalten das Potenzial Muster zu identifizieren, worauf oder wann Nutzer am ehesten reagieren.
- **Total Interactions:** Neben den verschiedenen Quoten kann es auch interessant sein, pro Beitrag die Summe aller Interaktionen zu betrachten, die sich aus Klicks, Shares, Likes, Favoriten etc. ergeben kann. Ziel muss es auch hier sein, zu erkennen, auf welche Inhalte Nutzer am stärksten reagieren.
- **Gewichtete Interaktion:** Nicht jede Reaktion ist gleich viel wert. Dies zeigten bereits die verschiedenen von Kaushik vorgestellten Engagement Raten. Um diesen Aspekt stärker zu berücksichtigen, bietet es sich an, die einzelnen Reaktionen zu gewichten. Beispielsweise gilt für Facebook, dass ein Like dem Algorithmus weniger wert ist als ein „Wow", ein „Herz" oder ein „Haha". Die Berechnung sähe dann einen Gewichtungsfaktor im Sinne von „a*Likes + b*Comments + c*Shares" etc. vor.
- **Verweildauer:** Die Verweildauer verrät, wie lange sich Nutzer durchschnittlich auf dem Social-Media-Profil aufhalten. Sie stellt ein Indiz für die Attraktivität eines Profils

dar. Über die durchschnittliche Verweildauer kann im Laufe der Zeit beobachtet werden, ob die Besucher im Durchschnitt länger bleiben oder immer kürzer.

Tab. 14.3 fasst im Überblick die in dieser Subkategorie behandelten Kennzahlen zusammen.

Erhöhung des Traffics auf der Website

- **Social Traffic (oder auch Traffic-Anteil):** Der Social Traffic bemisst sich nach dem Anteil der Websitebesuche, die über Social-Media-Dienste gekommen sind. Damit setzt diese Kennzahl den Traffic-Anteil von Social Media in Relation zu anderen Marketingkanälen wie Suchmaschinenmarketing oder Display-Anzeigen und zeigt die Effektivität des Kanals Social Media im Vergleich zu anderen Marketingkanälen.
- **Click-Through-Rate (CTR):** Ähnlich definiert sich die CTR. Sie ist eine Kennzahl, die die Anzahl der Klicks auf ein Banner oder einen Link im Verhältnis zu den gesamten Impressionen darstellt. Hierbei geht es gezielt darum zu messen, wie stark das Interesse des Zielpublikums für speziell geschaltete Werbemedien ist. Diese Medien sind in der Regel mit einem Call-To-Action versehen. Je öfter diese Art von Content

Tab. 14.3 Kennzahlen in der Kategorie „Marketing und Kommunikation" – Sub-Kategorie „Stärkeres Community Engagement"

Kennzahl	Erklärung/Berechnungsformel
Engagement	$\dfrac{\text{Anzahl Interaktionen (Kommentare, Likes, Shares, ...)}}{\text{GesamtReichweite (z. B. Views)}}$
Conversation Rate	$\dfrac{\text{Anzahl Kommentare zu einem Beitrag}}{\text{Anzahl Fans}}$
Amplification Rate	$\dfrac{\text{Anzahl Shares zu einem Beitrag}}{\text{Anzahl Fans}}$
Applause Rate	$\dfrac{\text{Anzahl Likes zu einem Beitrag}}{\text{Anzahl Fans}}$
Engagement pro Tag	$\dfrac{\text{Anzahl Interaktionen}}{\text{Anzahl Tage}}$
Engagement pro erreichten Nutzer	$\dfrac{\text{Anzahl Interaktionen}}{\text{Anzahl Impressionen}}$
Engagement pro Post	$\dfrac{\text{Anzahl Interaktionen}}{\text{Anzahl Posts}}$
Beitrags-Engagement	$\dfrac{\text{Engagement pro Post}}{\text{Anzahl Tage}}$
Total Interactions	Summe aller Interaktionen (Kommentare, Likes, Shares, ...)
Gewichtete Interaktion	Summe aus (a*Kommentare) + (b*Likes) + (c*Shares) + ... wobei a, b, c ... Gewichtungsfaktoren darstellen
Verweildauer	Durschnittliche Dauer eines Besuchs auf einem bestimmten Social-Media-Profil

angeklickt wird, desto mehr erfährt man darüber, welche Themen die Follower interessieren, auf welche Social Media-Nachrichten und Bilder sie reagieren, zu welcher Tageszeit sie am ehesten Ihren Content betrachten und vieles mehr (vgl. Dichtl 2016). Die Ausführungen zur Bounce-Rate gelten hier analog.

- **Bounce-Rate Social Media:** Der Social Traffic wird – so Dichtl (2016) – noch aussagekräftiger, wenn man ihn mit der „Bounce-Rate", also der Absprungrate, kombiniert: Mit Bezug auf Social Media gibt die Bounce-Rate den prozentualen Anteil der Besucher an, die einen Link auf einer Social-Media-Plattform angeklickt haben, dadurch auf eine Website oder ein Blog gelangt und von dort gleich wieder „abgesprungen" sind, ohne sich andere Inhalte anzusehen. Hierüber lassen sich Informationen gewinnen, ob ein Beitrag zur Aktion animierte (siehe CTR) und ob die über den Link angefundenen Inhalte auch attraktiv genug waren, um sich damit näher zu beschäftigen.

Tab. 14.4 fasst im Überblick die in dieser Subkategorie behandelten Kennzahlen zusammen.

Verbessertes Suchmaschinenranking

- **Anteil von Produkterwähnungen auf der ersten Suchergebnisseite bei Google:** Im Zeitverlauf sollten Unternehmen überprüfen, wo ihre Produkte und Marken bei normalen Suchanfragen auf den Suchergebnisseiten bei Google landen. Der Anteil der Produkte, die auf der ersten Seite landen, ist im Verhältnis zu allen Produkten zu betrachten. Da das Ergebnis nicht alleine auf die Social-Media-Aktivitäten zurückzuführen sein wird, sollte man aber analysieren, welche Maßnahmen in einem spezifischen Zeitraum für welche Marken getätigt wurden und wie sich das auf das Google-Ranking auswirkte, um einen Indikator für den Erfolg der Social-Media-Maßnahmen auf das Google-Ranking zu erhalten
- **Inbound Links:** Bei Inbound Links geht es um die Anzahl von Links, die von fremden externen Quellen auf die eigenen Social-Media-Profile, Websites oder Blogs verweisen. Diese Art des Link Buildings ist zugleich ein wichtiger Faktor im Rahmen der Suchmaschinenoptimierung, da ein Inbound Link eine Art Qualitätsurteil des Referenzierers ist. Allerdings muss ein Unternehmen darauf achten, von wem es Inbound Links erhält, da sich qualitativ schlechte Quellen wiederum negativ auf die SEO-Ergebnisse auswirken können.

Tab. 14.4 Kennzahlen in der Kategorie „Marketing und Kommunikation" – Sub-Kategorie „Erhöhung des Traffics auf der Website"

Kennzahl	Erklärung/Berechnungsformel
Social Traffic	Anzahl WebsiteBesuche, die über Social Media kamen
	Anzahl WebsiteBesuche gesamt
Click-Through-Rate	Anzahl Klicks auf Banner oder Links auf einem SocialMediaProfil
	Anzahl Views gesamt auf einem SocialMediaProfil
Bounce-Rate Social Media	Anzahl Klicks auf Banner o. Links, mit sofortigem Absprung von der Zielseite
	Gesamtanzahl Klicks auf Banner oder Links

Tab. 14.5 Kennzahlen in der Kategorie „Marketing und Kommunikation" – Sub-Kategorie „Verbessertes Suchmaschinenranking"

Kennzahl	Erklärung/Berechnungsformel
Anteil von Produkterwähnungen auf der ersten Suchergebnisseite bei Google	Anzahl Produkte auf der ersten SERP bei Google
	Anzahl aller Produkte des Unternehmens oder der Marke
Inbound Links	Anzahl von Links, die von fremden externen Quellen auf die eigenen Social-Media-Profile, Websites oder Blogs verweisen

Tab. 14.5 fasst im Überblick die in dieser Subkategorie behandelten Kennzahlen zusammen.

Verbesserung von Image und Reputation

- **Sentiment Ratio (Tonalität):** Wichtig ist nicht nur zu wissen, wo und wie oft über ein Unternehmen gesprochen wird, sondern auch welche Färbung, welchen Unterton diese Unterhaltungen haben. Das „Sentiment" beziehungsweise die „Sentiment Ratio" (Tonalität) bezeichnet die relative Stimmung im Hinblick auf ein Unternehmen, das Produkt oder die Dienstleistung. Sie berechnet sich aus den positiven, neutralen oder negativen Erwähnungen im Verhältnis zur Summe aller Erwähnungen.
- **Image-Wert:** Auf der Sentiment-Analyse aufbauend bestimmt sich der Image-Wert. Mit ihm misst man die Weiterempfehlung von Produkten im Social Web. Je höher der Wert, desto höher ist die Chance, dass auf den Social-Media-Profilen getätigte Aussagen einen positiven Einfluss auf das Image oder auch als indirekte Folge auf den Umsatz haben. Zu diesem Zwecke bildet man die Differenz aus positiven und negativen Beiträgen uns setzt diese ins Verhältnis zur Summe der positiven und der negativen Beiträge.
- **Stärke-Index:** Dieser Wert ist ein guter Indikator für die Stimmung im Social Web. Dabei werden die positiven mit den negativen Beiträgen ins Verhältnis gesetzt. Je höher also der Stärke-Index ist, desto besser ist die Wahrnehmung in den sozialen Medien. Anhand dieser Kennzahl kann man erkennen, welche Themen und Produkte, positiv oder negativ wahrgenommen werden.
- **Shitstorm-Tage:** Eine Kennziffer vor allem für Unternehmen, die öfters in der Kritik stehen, wäre die Anzahl der Tage, in denen man mit einer Social-Media-Krise konfrontiert ist. Mit ihr kann man messen, wie sehr und wie oft ein Unternehmen Social-Media-Krisen ausgesetzt ist. Der Vergleich der Daten im Zeitablauf zeigt, inwiefern man es geschafft hat, derartige Anfeindungen besser in den Griff zu bekommen oder nicht.
- **Anteil verhinderter Krisen:** In eine ähnliche Richtung geht diese Kennzahl, die aufzeigen soll, wie oft man schärferer Kritik (abhängig von der Definition im Eskalationsplan – siehe Abschn. 13.2.2) konfrontiert wurde, es aber durch geschicktes Deeskalieren schaffte, eine Social-Media-Krise abzuwenden. Zu diesem Zwecke ermittelt man die Anzahl an Social-Media-Krisen in einem bestimmten Zeitraum und setzt sie ins Verhältnis zu den negativen Kommentaren, die einen bestimmten, zuvor definierten Grenzwert überschritten haben (siehe Abschn. 13.2.1.

Tab. 14.6 Kennzahlen in der Kategorie „Marketing und Kommunikation" – Sub-Kategorie „Verbesserung von Image und Reputation"

Kennzahl	Erklärung/Berechnungsformel
Sentiment-Ratio	$\dfrac{\text{Positive : Neutrale : Negative Erwähnungen}}{\text{Geamtanzahl Erwähnungen}}$
Image-Wert	$\dfrac{\text{Positive} - \text{Negative Erwähnungen}}{\text{Positive} + \text{Negative Erwähnungen}}$
Stärke-Index	$\dfrac{\text{Positive Erwähnungen}}{\text{Negative Erwähnungen}}$
Shitstorm-Tage	Anzahl der Tage, in denen ein Unternehmen oder eine Marke mit einer Social-Media-Krise konfrontiert ist
Anteil verhinderter Krisen	$\dfrac{\text{Anzahl negativer Erwähnungen oberhalb eines Grenzwertes}}{\text{Anzahl aller negative Erwähnungen}}$

Tab. 14.6 fasst im Überblick die in dieser Subkategorie behandelten Kennzahlen zusammen.

Auf- und Ausbau von Beziehungen zu Journalisten und Influencern

- **Anzahl an Markenbotschafter:** Um nachstehende Kennzahlen ermitteln zu können, bedarf es zunächst der Bestimmung der Markenbotschafter, also der Nutzer, die einem Unternehmen oder einer Marke nachhaltig besonders wohlgesonnen sind. Dazu bietet sich beispielsweise der Ansatz von WebXF an (siehe dazu ausführlich Flath und Bachem 2014, S. 36): Aus der Anzahl der Fans eines Social-Media-Profils identifiziert man die Nutzer, die mit einer gewissen Kontinuität durch positive Äußerungen und Aktivitäten auffallen. Sie klicken nicht nur auf Like oder Retweet, sondern verfassen wiederholt Inhalte und äußern sich dabei positiv zum Unternehmen oder zur Marke. Die konkrete Anzahl, ab wann man einen solchen Nutzer als engagierten Befürworter einstufen kann, variiert dabei stark in Abhängigkeit von der Interaktion auf dem jeweiligen Social-Media-Profil. Um weitere Kennzahlen auf dieser Basis errechnen zu können, bietet es sich noch an, Kategorien von besonders aktiven versus im Vergleich dazu weniger aktiven Markenbotschafter zu bilden.
- **Active Advocates:** Um zu identifizieren, wie stark die Unterstützung durch Markenbotschafter in einem bestimmten Zeitraum war (z. B. im letzten Monat), misst man den Anteil der besonders aktiven Markenbotschafter im Verhältnis zur Gesamtzahl der identifizierten Befürworter. Die Darstellung im Zeitverlauf zeigt dann auf, wie sehr man seine stärksten Befürworter aktivieren konnte oder nicht.
- **Advocate Influence:** Diese Kennzahl wird auch als Einfluss der Befürworter bezeichnet. Hier wird der Einfluss eines einzelnen Befürworters im Vergleich zu allen Befürwortern auf einer Social-Media-Plattform berechnet. Der Einfluss kann in Form von relevantem Content, Kommentaren, Weiterleitungen und Reichweite gemessen werden. Auf dieser Basis lassen sich die wichtigsten Markenbotschafter identifizieren. Für diese Personen mag es gegebenenfalls besonders sinnvoll sein, eigene Programme zur Pflege der Beziehung zwischen Unternehmen und Befürworter aufzusetzen.

- **Advocacy Impact:** Der Advocacy Impact bestimmt die Wirkung der Beeinflusser. Die Kennzahl bemisst sich aus der Anzahl der Gespräche, die von Befürwortern ausgehen, im Verhältnis zur Summe der Gespräche aller Markenfans. Anhand dieser Kennzahl kann man ablesen, wie sehr die Interaktion auf einem Social-Media-Profil durch die Befürworter eines Unternehmens oder einer Marke getrieben werden.

Tab. 14.7 fasst im Überblick die in dieser Subkategorie behandelten Kennzahlen zusammen.

2) Kundenservice und -bindung
Verbesserter Kundenservice

- **Issue-Resolution-Rate:** Eine Kennzahl, die die Leistung des Social-Media-Teams im Verhältnis zu anderen Serviceeinheiten betrachtet, ist die Issue-Resolution-Rate. Sie setzt die Anzahl der erfolgreich gelösten Kundenanfragen, die an das Social-Media-Team gestellt wurden, ins Verhältnis zu allen Kundenanfragen, die über Social Media gestellt wurden.
- **Issue-Resolution-Time:** Mit der Issue-Resolution-Time wird die Bearbeitungsdauer aller Kundenanfragen im Verhältnis zur Summe aller Anfragen via Social Media betrachtet. Sie zeigt im Vergleich mit anderen Servicekanälen auf, ob über Social Media gestellte Kundenanfragen schneller als auf anderen Servicekanälen gelöst werden konnten oder nicht.
- **Servicequalität:** Die Servicequalität berechnet sich aus der Anzahl gelöster Serviceanfragen in einer vorgegebenen Zeit (z. B. innerhalb von 24 h) in Prozent in Bezug auf alle Serviceanfragen auf Social Media. Dies entspricht in etwa der Berechnung für die bereits erwähnte Auszeichnung „Socially Devoted" von Social Bakers (siehe Abschn. 6.2).
- **Kostenreduktion:** Interessant kann es auch sein, die eingesparte Zeit durch den Social-Media-Support im Verhältnis zum Gesamtaufwand in Stunden zu betrachten, um eventuelle Kostenreduktionen zu identifizieren. In diesem Sinne ließen sich beispielsweise die Anzahl der Anfragen, die von Nutzern über die eigene Community beantwortet wurden, heranziehen. Auch wenn die Kostenreduktion nur eine Kennzahl von vielen im Rahmen des Kundenservices sein darf (viele Unternehmen sehen in Social Media ausschließlich einen Kostenreduzierungsfaktor für den Service), so zeigt sie doch eventuell existierende Potenziale auf. Dies darf allerdings nicht zulasten der Servicequalität gehen.

Tab. 14.7 Kennzahlen in der Kategorie „Marketing und Kommunikation" – Sub-Kategorie „Auf- und Ausbau von Beziehungen zu Journalisten und Influencern"

Kennzahl	Erklärung/Berechnungsformel
Anzahl an Markenbotschafter	Anzahl Fans eines Social-Media-Profils, die mit einer gewissen Kontinuität durch positive Äußerungen und Aktivitäten auffallen
Active Advocates	Anzahl besonders aktiver Markenbotschafter
	Anzahl aller identifizierten Markenbotschafter
Advocate Influence	Anzahl relevanter Kommentare, Shares, Reichweite durch einen Markenbotschafter
	Anzahl Kommentare, Shares, Reichweite durch alle Markenbotschafter
Advocacy Impact	Anzahl von Gesprächen, die durch Markenbotschafter initiiert wurden
	Anzahl der Gespräche aller Fans

Tab. 14.8 Kennzahlen in der Kategorie „Kundenservice und -bindung" – Sub-Kategorie „Verbesserter Kundenservice"

Kennzahl	Erklärung/Berechnungsformel
Issue-Resolution-Rate	$$\frac{\text{Anzahl durch das SocialMediaTeam erfolgreich gelöster Kundenanfragen}}{\text{Anzahl aller an das SocialMediaTeam gestellten Kundenanfragen}}$$
Issue-Resolution-Time	$$\frac{\text{Summe der Bearbeitungsdauer aller Kundenanfragen via Social Media}}{\text{Anzahl an Kundenanfragen via Social Media}}$$
Servicequalität	$$\frac{\text{Anteil innerhalb einer vorgegebenen Zeit gelöster Kundenanfragen via Social Media}}{\text{Anzahl aller an das SocialMediaTeam gestellten Kundenanfragen}}$$
Kostenreduktion	$$\frac{\text{Eingesparte Zeit durch den SocialMediaSupport}}{\text{Gesamtaufwand für KundenSupport}}$$

Tab. 14.8 fasst im Überblick die in dieser Subkategorie behandelten Kennzahlen zusammen.

Erhöhung Kundenzufriedenheit

- **Satisfaction Score:** Die Zufriedenheitsrate ist eine Kennzahl, die sich aus dem Vergleich zufriedener Kunden mit der Gesamtzahl der Kunden ergibt, denen via Social Media geholfen wurde. Auch hier liefert der Vergleich zu Zufriedenheitswerten anderer Kanäle Anhaltspunkte, wo welche Aktivitäten besser ankommen.
- **Reduktion des negativen Sentiments:** Beschwerden spielen im Rahmen des Zufriedenheitsmanagements eine wichtige Rolle. Insofern kann es auch von Interesse sein, neben der Sentiment-Ratio nur die Anteile der negativen Beiträge im Zeitverlauf zu monitoren. Ziel sollte es sein, die Anteile kontinuierlich zu reduzieren.

Tab. 14.9 fasst im Überblick die in dieser Subkategorie behandelten Kennzahlen zusammen.

Auf- und Ausbau von Kundenbeziehungen

- **Churn Rate:** Die Churn Rate misst, wie viele Kunden im Verhältnis zur Gesamtkundenzahl in einem bestimmten Zeitraum das Unternehmen verlassen oder gekündigt haben. Ähnlich wie beispielsweise bei der Markenbekanntheit kann man bei dieser Kennzahl meist keine direkten Rückschlüsse auf den Einfluss von Social Media ziehen. Da man im Falle einer Kündigung den Kunden sowieso kontaktieren und nach dessen Gründen befragen sollte, könnten hierbei Fragen zur Rolle der sozialen Medien mit aufgenommen werden.

Tab. 14.9 Kennzahlen in der Kategorie „Kundenservice und -bindung" – Sub-Kategorie „Erhöhung Kundenzufriedenheit"

Kennzahl	Erklärung/Berechnungsformel
Satisfaction Score	$$\frac{\text{Via Social Media zufriedengestellte Kunden}}{\text{Gesamtzahl an Kunden, die die sozialen Medien eines Unternehmens nutzen}}$$
Reduktion des negativen Sentiments	Anteil negatives Sentiment-Ratio zum Zeitpunkt t_1 – Anteil negatives Sentiment-Ratio zum Zeitpunkt t_0

- **Empfehlungsrate:** Loyalität drückt sich auch in der Weiterempfehlung aus. Insofern liefert die Empfehlungsrate erste Anhaltspunkte für die Entwicklung der Loyalität. Sie bestimmt sich aus dem Verhältnis zwischen der Anzahl von Empfehlungen versus der Anzahl von Negativempfehlungen in den sozialen Medien.
- **Net Promoter Score (NPS):** Etwas weiter geht der NPS, der einer Empfehlungswahrscheinlichkeit entspricht. Diese Loyalitäts-Kennzahl basiert auf folgender Frage: „Auf einer Skala von 0 (unwahrscheinlich) bis 10 (äußerst wahrscheinlich), wie wahrscheinlich ist es, dass sie das Unternehmen, das Produkt oder den Service einem Freund oder Kollegen weiterempfehlen?". Nutzer, die mit einer Neun oder Zehn antworten, bezeichnet man als Promotoren. Diejenigen mit Werten zwischen sieben und acht sind Passive, während Nutzer, die einen Wert unter sieben angeben, als Detraktoren ausgewiesen werden. Der NPS ergibt sich schließlich aus der Differenz des Anteils der Promotoren von dem der Detraktoren. Der Wert kann zwischen +100 und −100 liegen.

Tab. 14.10 fasst im Überblick die in dieser Subkategorie behandelten Kennzahlen zusammen.

3) Informationsgewinnung
Informationsgewinnung und -nutzung über Kunden

- **Befüllungsgrad der Datenbank mit aus Social-Media-Plattformen gewonnen Kundeninformationen:** Im Rahmen von Social CRM (siehe Abschn. 6.2) geht es u. a. darum, die Informationen, die aus sozialen Medien über Kunden gewonnen werden können, mit denen des Kundenmanagements zusammenzuführen und zum gegenseitigen Vorteil für Kunden und Unternehmen zu nutzen. Im Rahmen von Social-Media-Kennzahlen finden sich dazu jedoch praktisch keine Hinweise. Aus diesem Grunde fallen die Kennzahlenbeschreibungen, die vor allem auf eigener Erfahrung beruhen, etwas allgemeiner aus. Als erste Kennzahl wäre in diesem Zusammenhang denkbar, den Befüllungsgrad von Attributen, die man über Social Media sammeln kann, in der CRM-Datenbank zu messen und im Zeitverlauf zu vergleichen.
- **Social-CRM-Kampagnenerfolge:** Ebenfalls in Abschn. 6.2 wurde der Lufthansa-Mileonaire-Fall vorgestellt. Auf ähnliche Weise ließen sich für gleichartig gelagerte Kampagnen Kennzahlen festlegen (etwa Anzahl neu gewonnener Permissions zur Verknüpfung von CRM-Daten mit Social-Media-Daten), die letztendlich auch zum Befüllungsgrad in der Datenbank (siehe Kennzahl oben) beitragen.

Tab. 14.10 Kennzahlen in der Kategorie „Kundenservice und -bindung" – Sub-Kategorie „Auf- und Ausbau von Kundenbeziehungen"

Kennzahl	Erklärung/Berechnungsformel
Churn Rate	Anzahl Kunden zum Zeitpunkt t_1 – Anzahl Kunden zum Zeitpunkt t_0
Empfehlungsrate	Anzahl an positiven Empfehlungen via Social Media
	Anzahl an negativen Empfehlungen via Social Media
Net Promoter Score	Anzahl Promotoren (Weiterempfehlungswert 9 oder 10) – Anzahl Detraktoren (Weiterempfehlungswerte < 7)

- **Erhöhung der Kampagnengenauigkeit:** Wie bereits oben bei der Click-Through-Rate geschildert liefern Aktionen im Social Web weitreichende Informationen darüber, für welche Themen sich Follower interessieren und worauf sie reagieren. Diese Informationen dienen der Verbesserung der Kampagnenaussteuerung und der Reduzierung von Streuverlusten. Insofern können Kennzahlen wie Reaktionsquoten auf Kampagnen oder erzielte Kostenreduktionen (z. B. über die erzielte Reduzierung der Media-Spendings) herangezogen werden.
- **Prozessverbesserungen:** Schließlich gilt es, die gewonnenen Informationen nicht nur für Kampagnen zu nutzen, sondern sie sinnvoll im Unternehmen für Prozessverbesserungen zu nutzen. Kennzahlen, die in diesem Zusammenhang zu nennen sind, wären beispielsweise der Grad der Informiertheit von Mitarbeitern (z. B. über Befragung), Zeitersparnis bei der Kommunikation beziehungsweise beim Wissenstransfer (z. B. über das unternehmensinterne Controlling) oder die Verkürzung von Reaktionszeiten auf Beschwerden und Anfragen (Äquivalenzwert, über das interne Controlling erhältlich).

Tab. 14.11 fasst im Überblick die in dieser Subkategorie behandelten Kennzahlen zusammen.

Produktinnovationen durch Kunden

- **Ideeneffekt:** Die „Idea Impact" ergibt sich aus der Summe aller positiven Reaktionen in Bezug auf neue Produkte geteilt durch die Summe aller Reaktionen. Diese Kennzahl liefert einen ersten Anhaltspunkt, wie neue Produkte im Social Web ankommen.
- **Anteil Produktverbesserungen:** Eine Reihe von Fans einer Seite beteiligen sich aktiv an der Weiterentwicklung von Produkten. Insofern liefert die Anzahl der Produktverbesserungen, die im Social Web geäußert und beispielsweise mittels Social-Media-Monitoring identifiziert wurden im Vergleich zur Generierung von Produktverbesserungen

Tab. 14.11 Kennzahlen in der Kategorie „Informationsgewinnung" – Sub-Kategorie „Informationsgewinnung und -nutzung über Kunden"

Kennzahl	Erklärung/Berechnungsformel
Befüllungsgrad der Datenbank mit aus Social-Media-Plattformen gewonnen Kundeninformationen	$\dfrac{\text{Anzahl Kunden mit befüllten Attributen aus Social Media in der Datenbank}}{\text{Gesamtzanzahl Kunden in der Datenbank}}$
Social-CRM-Kampagnenerfolge	z. B. Anzahl über die Kampagne neu gewonnener Einwilligungserklärungen
Erhöhung der Kampagnengenauigkeit	z. B. Reaktionsquoten auf Kampagnen im Zeitverlauf z. B. erzielte Kostenreduktionen (z. B. über die erzielte Reduzierung der Media-Spendings)
Prozessverbesserungen	z. B. Grad der Informiertheit von Mitarbeitern (z. B. über Befragung) z. B. Zeitersparnis bei der Kommunikation beziehungsweise beim Wissenstransfer z. B. Verkürzung von Reaktionszeiten auf Beschwerden und Anfragen

über andere Wege (z. B. einer Kundenbefragung), einen Hinweis über die Effektivität der jeweiligen Kanäle.

- **Anzahl Innovationen:** Die Anzahl von Innovations-Vorschlägen (z. B. Produktideen), die über Social Media kamen (z. B. in Beiträgen oder durch aktive Befragung) geht in eine ähnliche Richtung, wie der Anteil der Produktverbesserungen. Die Betrachtung der Kennzahlen im Zeitverlauf gibt auch Aufschluss über die Interaktionsfreudigkeit der Nutzer.
- **Innovationsrate:** Die Bereitschaft von Nutzern, Input für Innovationen zu liefern, hängt stark vom Anteil der tatsächlich umgesetzten Ideen ab, die durch Social Media generiert wurden. Insofern berechnet sich die Innovationsrate aus der Anzahl umgesetzter Ideen zur Gesamtzahl an Ideen, die über Social Media hervorgebracht wurden. Dies gibt zugleich Hinweise darüber, ob ein Unternehmen stark oder schwach in der Umsetzung solcher Ideen ist oder ob die gelieferten Ideen – im schlechtesten Falle – keine Basis für Innovationen darstellten.

Tab. 14.12 fasst im Überblick die in dieser Subkategorie behandelten Kennzahlen zusammen.

Wettbewerbsbeobachtung

- **Share-Of-Voice:** Mit dem Buzz Volumen (siehe oben unter Reichweite) haben Unternehmen zwar die Beiträge zur eigenen Marke im Blick. Die Unternehmen können jedoch nicht feststellen, ob sie im Benchmark besser oder schlechter dastehen, als die Mitbewerber. An dieser Stelle kommt der Share-Of-Voice ins Spiel. Er beschreibt das Verhältnis von Erwähnungen der eigenen Marke zu allen Erwähnungen inklusive der Konkurrenz. Je höher der Wert ist, desto mehr beherrscht das eigene Unternehmen die Gespräche zu einem Thema im digitalen Raum. Eine tiefer gehende Analyse über die verschiedenen Herkunftsarten, Domains und Themen gibt Anhaltspunkte, um die Performance und Wahrnehmung konkret zu vergleichen und zu verbessern.
- **Position:** Diese Kennzahl ist noch ein wenig spezifischer als der Share-Of-Voice, da sie nicht die Erwähnungen allgemein betrachtet, sondern sich auf die Nennungen in

Tab. 14.12 Kennzahlen in der Kategorie „Informationsgewinnung" – Sub-Kategorie „Produktinnovationen über Kunden"

Kennzahl	Erklärung/Berechnungsformel
Ideeneffekt	Summe aller positiven Reaktionen auf neue Produkte via Social Media
	Summe aller Reaktionen auf neue Produkte via Social Media
Anteil Produktverbesserungen	Anzahl über Social Media geäußerter Produktverbesserungen
	Anzahl aller gesammelter Produktverbesserungen
Anzahl Innovationen	Anzahl von Innovations-Vorschlägen (z. B. Produktideen), die über Social Media kamen
Innovationsrate	Anzahl umgesetzter Produktideen, die über Social Media geäußertert wurden
	Gesamtanzahl aller über Social Media geäußerter Produktideen

den sozialen Medien zu spezifischen Themen, mit denen sich ein Unternehmen positionieren möchte, am Volumen der Top-4-Mitbewerber konzentriert.

- **Topic Trends:** Die Topic Trends geben Hinweise darüber, welche Themen, die gegebenenfalls das Unternehmen speziell betreffen, von höherer Bedeutung sind. Dazu teilt man die Anzahl der Nennungen eines Themas durch die Gesamtzahl aller Nennungen.

Tab. 14.13 fasst im Überblick die in dieser Subkategorie behandelten Kennzahlen zusammen.

4) Vertrieb
Sales/Mehr Umsatz

- **Generierter Umsatz:** Als Kennzahl in diesem Bereich ist der direkt über Social Media generierte absolute Umsatz naheliegend. Er zeigt an, inwiefern sich die sozialen Medien eines Unternehmens auch als Verkaufskanal eignen.
- **Indirekt generierter Umsatz:** In diesem Zusammenhang spielen – wie in Abschn. 6.2 gezeigt – die verschiedenen Attributionsmodelle eine wichtige Rolle. Hierbei ging es darum, den erfolgreichen Kaufabschluss nicht nur dem Kanal zuzuschreiben, über den der Deal final abgewickelt wurde, sondern auch die an der „Kundenreise" beteiligten Medien zu berücksichtigen. Der Anteil, den Social Media dazu beigetragen hat, ist dementsprechend eine weitere Kennzahl.
- **Durchschnittlicher Bestellwert/Warenkorb:** Eine Kennzahl, die im Zeitverlauf interessant ist, stellt der durchschnittliche Bestellwert beziehungsweise der Warenkorb dar, der über Social Media erzielt wurde. Damit kann verfolgt werden, ob es im Zeitablauf gelingt, Kunden zu höheren Ausgaben über Social Media zu bewegen.
- **Wert eines Social-Media-Kunden (Subscriber Value):** Darauf aufbauend lässt sich auch der Wert eines Social-Media-Kunden bestimmen, der sich aus dem durchschnittlichen Umsatz pro Abonnent/Fan errechnet.
- **Conversions und Conversion Rate:** Unter Conversion versteht man den Prozess, bei dem sich ein Besucher eines Profils bei einem einmaligen Besuch zu einer Handlung (in diesem Fall der Kauf) leiten lässt. Die Conversion Rate zeigt dementsprechend das Verhältnis der Besucher eines Profils im Verhältnis zu den getätigten Käufen an. Ähnlich wie bei anderen digitalen Medien wird damit die Erfolgsquote eines Kanals errechnet.

Tab. 14.13 Kennzahlen in der Kategorie „Informationsgewinnung" – Sub-Kategorie „Wettbewerbsbeobachtung"

Kennzahl	Erklärung/Berechnungsformel
Share-Of-Voice	Anzahl Erwähnungen der eigenen Marken und Produkte / Anzahl aller Erwähnungen inkl.der Konkurrenz
Position	Anzahl Erwähnungen der eigenen Marken und Produkte zu spezifischen Themen / Anzahl der Erwähnungen der Top4Wettbewerber zu spezifischen Themen
Topic Trends	Anzahl der Nennungen eines Themas / Gesamtanzahl an Nennungen

- **Cost-Per-Order (CPO; Kosten pro Bestellung):** Die Cost-Per-Order lassen sich bestimmen, indem man die direkten Kosten für das Social-Media-Marketing als Ausgangsgröße (z. B. Cost-Per-Click mal die Anzahl von Visits) nimmt und sie ins Verhältnis zu den Conversions stellt. Daraus ergibt sich, dass sich der CPO einfach durch das Verhältnis aus Costs-Per-Click zur Conversion Rate errechnen lässt.

Tab. 14.14 fasst im Überblick die in dieser Subkategorie behandelten Kennzahlen zusammen.

Neukundengewinnung

- **Generierte Leads:** Neben den Kaufabschlüssen ist auch interessant, wie viele neue Interessenten (Leads) über Social-Traffic auf die Website gekommen sind (messbar z. B. über den Zuwachs an Traffic über Social Media oder die Anmeldungen zum Newsletter, Anfragen über Kontaktformulare).
- **Cost-Per-Lead (CPL):** Analog zu den Costs-Per-Order zeigt der CPL, wie teuer es ist, einen Interessenten über die sozialen Medien zu gewinnen. Die Berechnung erfolgt analog auf Basis der generierten Leads.
- **Lead-Conversion-Rate:** Auch hier besteht die Analogie zur Conversion Rate, in diesem Zusammenhang lediglich mit Bezug auf die generierten Interessenten. Die Lead-Conversion-Rate zeigt, wie viele der Interessenten letztendlich über die sozialen Medien zu Neukunden umgewandelt werden konnten.

Tab. 14.15 fasst im Überblick die in dieser Subkategorie behandelten Kennzahlen zusammen.

5) HR und Organisation
Mitarbeitergewinnung

- **Social Recruiting:** Um zu ermitteln, welchen Beitrag die sozialen Medien zur Mitarbeitergewinnung beitragen, ermittelt man die Kennzahl des Social Recruitings. Sie

Tab. 14.14 Kennzahlen in der Kategorie „Vertrieb" – Sub-Kategorie „Sales/Mehr Umsatz"

Kennzahl	Erklärung/Berechnungsformel
Generierter Umsatz	Direkt über Social Media zuzurechnender absolute Umsatz
Indirekt generierter Umsatz	Über Attributionsmodelle identifizierter Beitrag von Social Media zum Umsatz
Durchschnittlicher Bestellwert/ Warenkorb	$\dfrac{\text{Umsatz, der Social Media zugerechnet werden kann}}{\text{Anzahl abgeschlossener Kaufvorgänge}}$
Wert eines Social-Media-Kunden (Subscriber Value)	$\dfrac{\text{Umsatz, der Social Media zugerechnet werden kann}}{\text{Anzahl an Fans}}$
Conversion Rate	$\dfrac{\text{Anzahl abgeschlossener Kaufvorgänge}}{\text{Anzahl Profilbesuche}}$
Cost-Per-Order (CPO)	$\dfrac{\text{Direkte Kosten für das SocialMediaMarketing (z. B. über CPC)}}{\text{Anzahl abgeschlossener Kaufvorgänge}}$

Tab. 14.15 Kennzahlen in der Kategorie „Vertrieb" – Sub-Kategorie „Neukundengewinnung"

Kennzahl	Erklärung/Berechnungsformel
Generierte Leads	z. B. über den Zuwachs an Traffic über Social Media
	z. B. Anmeldungen zum Newsletter
	z. B. Anfragen über Kontaktformulare
Cost-Per-Lead (CPL)	$\dfrac{\text{Direkte Kosten für das SocialMediaMarketing (z. B. über CPC)}}{\text{Anzahl gewonnener Interessenten}}$
Lead-Conversion-Rate	$\dfrac{\text{Anzahl über Social Media gewonnener Neukunden}}{\text{Anzahl über Social Media gewonnener Interessenten}}$

beantwortet die Frage, wie viele neu-rekrutierte Mitarbeiter über Social Media im Verhältnis zur Gesamtzahl an neuen Mitarbeitern gewonnen werden konnten?

- **Anzahl Bewerberkontakte:** Bevor es zur Einstellung kommt, muss der Kontakt zu den Bewerbern hergestellt werden. Hier spielt die Reichweite der HR-Aktionen eine wichtige Rolle (z. B. die Netto-Reichweite über Unique User), die Brutto-Reichweite (über Impressionen – oft unterteilt nach Organic, Paid) oder Views (z. B. bei Video-Aufrufen). In diesem Zusammenhang interessiert dann, wie viele Kontakte von potenziellen Mitarbeitern über den jeweiligen Kanal in Abhängigkeit der jeweilig betrachteten Reichweite generiert wurden.
- **Social-Media-Interaktionsrate (HR):** Sie gibt die Anzahl von Reaktionen (Likes, Shares, Kommentare, Bewertungen, usw.) pro eigenem Posting beziehungsweise pro Aktion oder pro Kanal in Bezug auf HR wieder. Somit zeigt diese Kennzahl einen spezifischeren Blick auf das durch die Personalabteilung erreichte Engagement in den sozialen Medien.
- **Bewerberzahl:** Neben den generierten Bewerberkontakten ist die absolute Anzahl von (Initiativ-) Bewerbungen, die über Social Media eingegangen sind, interessant. Auch hier zeigt der Vergleich zu anderen Kanälen, wie z. B. E-Mail, Bewerbungsformular auf der Website oder klassisch per Post, die Leistungsfähigkeit von Social Media. Je nach Bewerberzahl im Zeitverlauf kann man daraus Schlüsse ziehen, welche Kanäle in Zukunft stärker oder schwächer bespielt werden sollen.
- **Grad der Bewerberqualität:** Diese Qualitätskennzahl stellt den Anteil „guter" Bewerbungen über Social Media in Relation zu Bewerbungen, die nicht infrage kamen. Wie bei vielen anderen Kennzahlen ist nicht nur die reine Quantität, sondern vor allem die Qualität (in diesem Zusammenhang der Bewerber) von hoher Bedeutung. Diese Kennzahl zeigt somit, ob es über Social Media gelingt, die richtigen Bewerber zu mobilisieren oder nicht.
- **Social-Media-Recruiting-Effizienz:** Für die Recruiting-Effizienz ermittelt man den Zeit- und Personalaufwand pro Bewerbung, die über Social Media eingegangen ist. Diese stellt man den Kosten gegenüber, die über andere Maßnahmen dafür aufzuwenden wären (Äquivalenzwert).

Tab. 14.16 fasst im Überblick die in dieser Subkategorie behandelten Kennzahlen zusammen.

Tab. 14.16 Kennzahlen in der Kategorie „HR und Organisation" – Sub-Kategorie „Mitarbeitergewinnung"

Kennzahl	Erklärung/Berechnungsformel
Social Recruiting	$\dfrac{\text{Anzahl über Social Media gewonnener neuen Mitarbeiter}}{\text{Gesamtanzahl gewonnener neuer Mitarbeiter}}$
Anzahl Bewerber-kontakte	z. B. Netto-Reichweite über Unique User z. B. Brutto-Reichweite (über Impressionen – oft unterteilt nach Organic, Paid) oder Views (z. B. bei Video-Aufrufen)
Social-Media-Interaktionsrate (HR)	$\dfrac{\text{Anzahl Interaktionen (Kommentare, Likes, Shares, ...) über HRProfile}}{\text{GesamtReichweite (z. B. Views) der HRProfile}}$
Bewerberzahl	Absolute Anzahl von (Initiativ-)Bewerbungen, die über Social Media eingegangen sind
Grad der Bewerber-qualität	$\dfrac{\text{Anzahl über Social Media eingegangenen guten Bewerbungen}}{\text{Anzahl über Social Media eingegangenen schlechten Bewerbungen}}$
Social-Media-Recruiting-Effizienz	$\dfrac{\text{Zeit und Personalaufwand pro Bewerbung, die über Social Media eingegangen ist}}{\text{Kosten anderer Peronalgewinnungsmaßnahmen}}$

Employer Branding

- **Employer-Brand-Value-Score:** In Analogie zur Bestimmung des Markenwertes lässt sich auch für die Attraktivität einer Arbeitgeber-Marke eine Kennzahl ermitteln. Der Employer-Brand-Value-Score misst, wie viel ein Unternehmen auf das erwartete Mindestgehalt aufschlagen muss, damit ein Bewerber dort arbeiten würde (siehe dazu ausführlich Güntürkün et al. 2012, S. 44–45). Auch hier gilt es, wie bei der Messung der Markenbekanntheit, über Zusatzfragen den Wert zu ermitteln: Wie viel Lohn müsste ein Unternehmen potenziellen Kandidaten, die sich über Social Media bewerben, auf das Mindestgehalt aufschlagen, um diese Bewerber als Mitarbeiter zu gewinnen. Diese Kennzahl kann dann wiederum mit den Werten anderer Kanäle verglichen werden.
- **Employer-Branding-Sentiment:** Schaltet ein Unternehmen explizit Employer-Branding-Kampagnen (z. B. über YouTube-Videos), so geben die Reaktionen der Nutzer Aufschluss über die Akzeptanz der Maßnahmen. Denkbar wäre demnach ein spezielles Sentiment-Ratio für die Employer-Branding-Kampagnen zu ermitteln.
- **External-Social-Activity:** Mitarbeiter sind ein wichtiger Teil der Außendarstellung. Als Kennzahl für die Aktivität kann man den Anteil aktiver Mitarbeiter auf externen Social-Media-Plattformen im Verhältnis zu allen Mitarbeitern ermitteln.

Tab. 14.17 fasst im Überblick die in dieser Subkategorie behandelten Kennzahlen zusammen.

14.1.3   Der Return-On-Investment (ROI) von Social Media

Der Return-On-Investment (kurz ROI) ist im betrieblichen Umfeld eine der wichtigsten, wenn nicht *die* zentrale finanzielle Zielgröße von Unternehmen (vgl. Becker

Tab. 14.17 Kennzahlen in der Kategorie „HR und Organisation" – Sub-Kategorie „Employer Branding"

Kennzahl	Erklärung/Berechnungsformel
Employer-Brand-Value-Score	Aufschlag, den ein Unternehmen auf das Mindestgehalt zahlen muss, damit ein Bewerber, der sich über Social Media beworben hat, dort arbeiten würde
Employer-Branding-Sentiment	$\dfrac{\text{Positive : Neutrale : Negative Erwähnungen mit Bezug auf EmployerBrandingKampagne}}{\text{Geamtanzahl Erwähnungen mit Bezug auf EmployerBrandingKampagne}}$
External-Social-Activity	$\dfrac{\text{Anzahl auf Social Media aktiver Mitarbeiter}}{\text{Anzahl aller Mitarbeiter}}$

2013, S. 52). Er gibt das Verhältnis zwischen Gewinn und investiertem Kapital an. Unternehmen wollen wissen, **wie viel ihr Invest wert war** und wie viel man von dem investierten Geld wie schnell wieder hereinbekommen hat. Dies gilt auch für die Aktivitäten rund um Social Media.

Die **Berechnung des ROI** für Social-Media-Aktivitäten ist nicht einfach, wie die folgenden Zitate zeigen:

The ROI of social media is that your business will still exist in 5 years. – Eric Qualman.

What is the ROI of your mother? – Gary Vaynerchuk auf die Frage nach dem ROI von Social Media.

The problem in trying to determine the ROI for Social Media is you are trying to put numeric quantities around human interactions and conversations, which are not quantifiable. – Jason Falls, Inhaber von socialmediaexplorer.com.

Wie schwer es ist, den Wert, den Social Media liefert, kausal in Daten zu fassen zeigt auch eine Befragung US-amerikanischer Marketingchefs: Demnach fließt heute schon jeder zehnte Marketing-Dollar in Social Media. Gleichzeitig sieht sich aber nur einer von fünf Verantwortlichen in der Lage, den Wert seiner Social-Media-Investitionen zu quantifizieren (vgl. Fischer et al. 2018, S. 67). Vor diesem Hintergrund stellen sich zwei Fragen:

- Warum ist es so schwer den ROI von Social Media zu bestimmen?
- Welche (Näherungs-)Ansätze zur Berechnung des ROI für Social Media existieren (dennoch)?

Warum ist es so schwer den ROI von Social Media zu bestimmen?
Das Hauptproblem, warum der ROI von Social Media so schwer zu messen ist, liegt darin begründet, dass dieser eine betriebswirtschaftliche **Kennzahl** darstellt, die zählbare Einheiten in ein Verhältnis setzt (vgl. Pein 2014, S. 216). Blanchard (2012, S. 275) bezeichnet ihn deswegen als **medien-agnostisch.** Wenn also der Aufwand in geldwerten Einheiten berechnet wird, muss auch der Ertrag in der gleichen Einheit ausgewiesen werden. Gerade die Messung des Ertrags sei aber bei Social Media kaum möglich. Erscheint dies für den Aufwand bei Social Media noch lösbar – etwa über die Determinierung der

Kosten für Personal, Ressourcen, Dienstleistungen, Media-Spendings etc. – lässt sich der Ertrag nicht so einfach bestimmen. Wie der Abschn. 14.1.2 zeigte, handelt es sich bei den meisten Kennzahlen zu Social Media um immaterielle Ergebnisse, die sich nicht als Geldbetrag, weder als Ertragssteigerung noch als Kostensenkung, ausdrücken lassen (vgl. Blanchard 2012, S. 267). Die wenigsten Kennzahlen stehen direkt mit dem Verkauf von Produkten in Verbindung, weswegen beispielsweise zu hinterfragen wäre:

- Wie viel ist ein Twitter-Follower oder ein Facebook-Fan wert?
- Was bringen die positiven Erwähnungen umgerechnet in Geldeinheiten?
- Wie viel ist ein hoher Net Promoter Score wert?
- Wie kann man die erzielte Reichweite in Euro ausdrücken?

Erschwerend kommt hinzu, dass sich die Erfolge von Social-Media-Aktivitäten in der Regel **nicht nur auf eine einzelne Maßnahme** reduzieren lassen. Ein kausaler Zusammenhang zwischen Aktion und Absatz ist kaum herzustellen. Ein positiver Effekt könnte zudem auf ganz andere Parameter zurückzuführen sein (vgl. Grabs et al. 2017, S. 565). Und selbst wenn Social Media einen Beitrag zu einem Kauf geleistet hat, wird der Erfolg oftmals aufgrund fehlender Attributionsmodelle (siehe Abschn. 6.2) nur dem zuletzt geklickten Link zugute geschrieben (vgl. Evertz 2017b, S. 60).

Nichtsdestotrotz wurden in den vergangenen Jahren verschiedene Näherungsverfahren entwickelt, die helfen sollen die Frage nach dem ROI besser zu beantworten.

Welche (Näherungs-)Ansätze zur Berechnung des ROI für Social Media existieren (dennoch)?
8-Schritte-Ansatz nach Blanchard: Blanchard (2012, S. 286–297) beschreibt einen Prozess über acht Schritte, mit dem sich der ROI von Social Media näherungsweise bestimmen lässt:

- **Schritt 1: Eine Grundlinie festlegen:** Mit der Grundlinie ist ein fixer Startpunkt gemeint, der den Beginn des Bemessungszeitraums, den Start einer Kampagne oder eines Programms bestimmen soll, auf den sich die ROI-Messung bezieht. Alles was gemessen werden soll, muss auf einer eigenen Grundlinie anfangen.
- **Schritt 2: Zeitleisten für Aktivitäten erstellen:** Diese Zeitleisten bilden ab, was das Unternehmen in Sachen Social Media tut, sofern sich diese Aktivitäten auf materielle oder immaterielle Weise niederschlagen. Dadurch wird ersichtlich, wo sich welche Aktivitäten zeitlich überschneiden. In diesem Sinne käme einem Social-Media-Redaktionskalender beispielsweise eine weitere wichtige Rolle zu.
- **Schritt 3: Anzahl der Erwähnungen überwachen:** Im Grunde geht es hierbei um den Aufbau und die Durchführung eines systematischen Social-Media-Monitorings, wie es in Abschn. 5.1 beschrieben wurde. Damit geht einher die Erwähnungen des Unternehmens oder der Marken zu messen sowie den Sentiment-Mix aus diesen

Erwähnungen zu extrahieren: Wie oft wurde das Unternehmen positiv, wie oft negativ erwähnt?

- **Schritt 4: Vorboten der Transaktionen messen:** Hier geht es darum, die immateriellen Metriken zu messen, die einer Transaktion vorgeschaltet sind und nicht Erwähnungen oder Sentiments sind. Dies bedeutet, es werden alle sonstigen immateriellen Metriken, wie z. B. die Anzahl von Fans oder Followern, Shares oder Kommentare etc. erhoben.
- **Schritt 5: Transaktionsdaten betrachten:** Nach den immateriellen Metriken gilt nun das Augenmerk den materiellen Kennzahlen, vor allem dem Umsatz sowie der Anzahl von Transaktionen.
- **Schritt 6: Alle Daten aus den Schritten eins bis fünf auf eine einzige Zeitleiste legen:** In diesem Schritt werden alle bisher gesammelten Daten in einer gemeinsamen Zeitleiste zusammengefasst, um alle Elemente in eine chronologische Abfolge zu bringen.
- **Schritt 7: Muster erkennen:** Nun ist es die Aufgabe, in der Vielzahl von Informationen Muster zu erkennen. Gegebenenfalls helfen Ansätze aus dem Data Mining oder der Big-Data-Analyse. Gesucht werden Zusammenhänge zwischen den Social-Media-Aktivitäten des Unternehmens und den materiellen Größen.
- **Schritt 8: Zusammenhänge nachweisen und widerlegen:** Schließlich besteht die Aktivität darin, die gefunden Zusammenhänge so gut wie möglich zu beweisen oder zu widerlegen. Ziel ist es zudem, mögliche Auslöser für Verhaltensänderungen zu identifizieren: Welche Ursache-Wirkungs-Zusammenhänge zeigen sich?

Sind derartige Zusammenhänge identifiziert, sollte man zunächst alles daransetzen, diese zu widerlegen. Gab es andere Auslöser außerhalb des Programms, die man übersehen hat? Stellt sich heraus, dass die betrachtete Social-Media-Aktivität einen Teil zum Erfolg beigetragen hat, ist dieser zu definieren und zu quantifizieren. Aus der Summe der identifizierten und quantifizierten (nun materiellen) Effekte ergibt sich schließlich der Ertrag, der den Investitionen gegenübergestellt werden kann.

All dies mag ein **komplexer Prozess** sein, hilft aber dabei festzustellen, welche Elemente der Social-Media-Aktivitäten funktionieren und welche nicht. Damit wird der ROI zugleich auch zu einem Diagnosetool der Social-Media-Aktivitäten.

Alternative Wege der ROI-Messung nach #IPASocialWorks: Eine vom „Institute of Practitioners in Advertising" (IPA), der „Market Research Society" und der „Marketing Society To Promote Social Media Effectiveness" initiierte Arbeitsgruppe rief Marken und Agenturen dazu auf, ihre besten Vorgehensweisen zur Berechnung des Geschäftswertes von Social-Media-Aktivitäten einzureichen. Aus über 160 Fallstudien konnten im Rahmen eines Peer-To-Peer-Evaluations-Verfahrens verschiedene erfolgsversprechende Methoden herauskristallisiert werden (vgl. Burnett 2015). Diese sind zwar alle nicht neu und stellen eher **Einzelfall-Bewertungen** dar. Sie können aber als Unterstützung im o. a. Prozess zur Quantifizierung der Maßnahmen bei Blanchard herangezogen werden:

- **Attribution Modelling:** Diese am Beispiel von „Cadbury Creme Egg" vorgestellte Methode kombiniert Ansätze des Marketing-Mix-Modelling (MMM) mit dem Konsumentenpanel „Kantar Worldpanel", die beide für klassische Medien konzipiert wurden. Beim MMM kommen statistische Verfahren wie z. B. die Multivariate Regressionsanalyse auf Zeitreihen zum Einsatz, über die sich der Einfluss von Marketing-Mix-Taktiken auf den Abverkauf bestimmen lässt. Mit dieser sehr datengetriebenen Weise konnte man den Einfluss aller Online- und Offline-Media-Maßnahmen isolieren und Sales Treiber identifizieren. Es zeigte sich beispielsweise, dass Facebook nach dem Fernsehen den zweithöchsten ROI generierte. Zudem zeigten sich Synergien zwischen den Medien, denen zufolge der Effekt einer integrierten Kampagne über Facebook und TV größer war, als die Summe der beiden alleinstehenden Aktivitäten.
- **A/B-Testing:** Ein Klassiker aus dem Kampagnen-Management hilft im Rahmen der Evaluation von Social-Media-Aktivitäten. Einer Testgruppe lässt man eine bestimmte Maßnahme zukommen und überprüft den Effekt dieser Maßnahme anhand einer von der Demografie her identischen Kontrollgruppe, die nicht der Aktivität ausgesetzt wurde. Die Annahme dahinter besagt, dass beide Gruppen sich nur durch die Testmaßnahme unterscheiden, sodass sich der identifizierte Effekt (z. B. erhöhte Kaufaktivitäten der Testgruppe gegen über der Kontrollgruppe) nur auf die Maßnahme zurückführen lässt.
- **Brand Tracking:** Bei dieser Methode verändert man im Sinne einer Ceteris-Paribus-Vorgehensweise einen Faktor, um zu überprüfen, wie sich andere, konstant gehaltene Größen verhalten. Burnett (2015) beschreibt, dass bei „Onken Yoghurt" die Marketing-Ausgaben reduziert wurden, und man stattdessen verstärkt auf Social Media setzte. Ziel war es, trotz der Budgetverschiebung die Markenbekanntheit sowie die Kaufabsichten konstant zu halten. Das Experiment gelang.
- **Direct Conversion Tracking:** Diese Methode bietet sich an, wenn sich singuläre Maßnahmen durch Conversion Pixel leicht überwachen lassen. Zur Wiederholung: Bei einem Conversion Pixel handelt es sich um ein nicht sichtbares Bild in der Größe von 1×1-Pixel, das sich auf der Zielseite einer Kampagne befindet. Wird diese Seite von der Kampagnenseite aus aufgerufen, kann die Wirkung der Aktion genau nachverfolgt werden. Bei dem bei Burnett (2015) angeführten Beispiel handelte es sich um ein Gewinnspiel, bei der die Zinsrate einer Bank sank, je mehr Nutzer die Facebook-App likten. In vier aufeinanderfolgenden Wochen wurde jeweils ein Gewinner gezogen, der die Zinsrate erhielt, die zum Zeitpunkt der Ziehung gerade aktuell war. Die Bank konnte daraus 17.778 Leads generieren, von denen 11.555 Neukunden waren. Aus den Leads konnten 229 Abschlüsse von Wohnungsbaudarlehen erzielt werden, die auf der Basis des durchschnittlichen Wertes eines solchen Abschlusses auf 4,5 Mio. US$ Einnahmen bewertet wurden.

Alternative Definitionen von ROI nach Pein: In eine ähnliche Richtung gehen die Überlegungen bei Pein (2014, S. 216–217). Analog zur Vorgehensweise bei herkömmlichen Medien, wie Fernsehen oder Zeitungen, bei denen man auch keinen allgemeinen ROI berechnen kann, gilt es, die Zielerreichung auf Basis einzelner Maßnahmen zu beurteilen. Die dahinterliegende Frage müsse demnach lauten: Wie hat sich Kampagne X auf unser Ziel Y ausgewirkt, und welche Effekte hatte dies auf unseren Absatz, beziehungsweise welche Kosten konnten dadurch im betrachteten Zeitraum reduziert werden? Zu diesem Zweck beschreibt Pein (2014, S. 216–217; ähnlich Evertz 2017b, S. 60) alternative Definitionen von ROI als **Näherungsmodelle:**

- **Return-On-Influence:** Wie oben schon angedeutet, greift eine rein wirtschaftliche Betrachtung von Social Media zu kurz. Der eigentliche Wert, so Pein (2014, S. 216) liegt in den Gesprächen, die rund um das Unternehmen und dessen Produkte entstehen. Social Media schafft Sichtbarkeit. Die damit verbundenen positiven Effekte auf die Markenwahrnehmung lassen sich dann als Return-On-Influence beziehungsweise Return-On-Engagement auffassen. Diese Werte können auf Basis des Share-Of-Voice gemessen werden. Dies sei zwar kein materieller Wert, aber eine Messgröße, den die Geschäftsführung versteht, so Pein.
- **Reduce-Of-Investment:** Ganz allgemein betrachtet lässt sich Gewinn steigern, wenn man den Umsatz erhöht oder die Kosten senkt. Der Reduce-Of-Investment zielt darauf ab, die Aktivitäten zu bewerten, die zu einer Kostenreduktion führen. Beispielsweise sind dies geringere Ausgaben im Kundenservice aufgrund einer erhöhten Lösungsquote durch Community-Mitglieder. In der Forschung und Entwicklung lassen sich Kosten aufgrund vielfältiger Hinweise der Nutzer zu Produktverbesserungen und Innovationen reduzieren. In der Marktforschung wird dies möglich, da über das Social-Media-Monitoring bereits wichtige Erkenntnisse identifiziert werden konnten, die eine eigene, oftmals kostspiele Marktforschungsstudie unnötig werden lassen.
- **Risk-Of-Ignoring:** Im Sinne des Zitats von Eric Qualman („The ROI of social media is that your business will still exist in 5 years") befasst sich der Risk-Of-Ignoring mit der Fragestellung, was passieren würde, würde man die sozialen Medien ignorieren. Was würde es ein Unternehmen kosten, so zu verfahren (z. B. im Sinne eines Imageschadens)?

Pein (2014, S. 217) folgert aus diesen Alternativ-ROIs, dass der ROI von Social Media nicht im klassischen Sinne zu verstehen sei. Dennoch bestehe langfristig die Notwendigkeit, Zahlen vorzuweisen. Dazu wiederum ist aber ein umfassendes Reporting notwendig, wie es an späterer Stelle noch vorgestellt wird (siehe Abschn. 14.1.4).

Social-Media-ROI-Messung nach Forrester: Dieser Ansatz basiert darauf, **Beziehungen zwischen den Investitionen in Social Media und den Finanzergebnissen** herzustellen und keine harten materiellen Werte auszuweisen. Vielmehr geht es darum, die positiven Effekte, die über Social Media erreicht werden können, als Frühindikatoren zu identifizieren, die einer Marke nachhaltige Werthaltigkeit verleihen und die in der Zukunft zu Finanzergeb-nissen führen können (vgl. Hilker 2015).

Basis der Vorgehensweise ist die klassische **Balanced Scorecard,** die es auf Social Media anzuwenden gilt. Sie betrachtet Metriken aus vier verschiedenen Perspektiven (vgl. Hilker 2015; Ray 2010):

1. **Finanz-Perspektive:** Haben sich Einkommen oder Gewinn erhöht oder die Kosten reduziert?
2. **Marken-Perspektive:** Hat sich die Einstellung der Verbraucher über die Marke ver-bessert?
3. **Risikomanagement-Perspektive:** Ist die Organisation durch Monitoring und Krisen-planung vorbereitet, um auf Angriffe oder Probleme, die sich auf den Ruf auswirken können, reagieren zu können?
4. **Digitale Perspektive:** Hat das Unternehmen verstärkt in eigene Web- und Social-Media-Präsenzen investiert und damit digitale Vermögenswerte (wie Online-Reputation) aufgebaut?

Da Social Media viele Vorteile für Vermarkter bietet, braucht es einen ähnlichen Ansatz wie die Balanced Scorecard, bei der weit mehr als nur finanzielle Aspekte Berück-sichtigung finden (vgl. Ray 2010, S. 3). Insofern sind, laut Forrester, Vermarkter, die nur versuchen, Ergebnisse aus einer dieser Perspektiven zu messen und damit nur in unvollständigen Teilbereichen agieren, nicht in der Lage, wirksame Entscheidungen über Social Media-Marketing-Investitionen zu tätigen (vgl. Hilker 2015). Die Social-Media-Ziele sind nicht nur auf materielle Aspekte, wie den Umsatz auszurichten. Ent-sprechend sollte sich die Nutzung von Zielen und Messmethoden weniger auf den ROI konzentrieren, als auf den ROO – den Return-On-Objectives (vgl. Ray 2010, S. 3).

Der Return-On-Social-Media-Ansatz nach Fischer et al.: Fischer et al. (2018, S. 66–73) haben auf Basis ihrer Forschungsanstrengungen einen Return-On-Social-Media-Ansatz entwickelt, der eine Art **informativen Wert von markenbezogenen Social-Media-Inhalten** liefert. Demzufolge werden Markeninhalte in Social Media anhand von vier generischen Metriken beschrieben: Volumen, Valenz, Varianz und Viralität. Die Beschreibung und Interpretation dieser Metriken fasst Tab. 14.18 zusammen.

Basis der Ausführungen in Tab. 14.18 bildet die Zusammenfassung **bisheriger Forschungserkenntnisse** aus der Literatur durch die Forscher. Allerdings ist die Lite-ratur uneindeutig hinsichtlich des Einflusses von Volumen und Valenz auf den Wert des Unternehmens. Zudem fehlen Untersuchungen über den Einfluss der Varianz und der Viralität von Markeninhalten in Social Media. Vor diesem Hintergrund haben die Forscher auf Basis von 21 Mio. Social-Media-Texten aus unterschiedlichen Kanä-len in einem **eigenen Forschungsprojekt** mit sechs großen deutschen Unternehmen die Zusammenhänge aller vier Metriken auf den (Aktien-)Kurs analysiert (vgl. Fischer et al. 2018, S. 70–71). Die Ergebnisse sind in der Spalte „Interpretation" in Tab. 14.18 zusammengefasst.

Tab. 14.18 Beschreibung der vier Metriken zum Return-On-Social-Media-Ansatz. (Quelle: in Anlehnung an Fischer et al. 2018, S. 72)

Metrik	Beschreibung	Interpretation
Volumen	Beschreibt die Menge von Social-Media-Inhalten, die innerhalb eines bestimmten Zeitraums (t) über eine Marke (i) veröffentlicht worden sind Entspricht in etwa der o. a. Kennzahl des Buzz-Volumens	• Umfang markenbezogener Social-Media-Inhalte • Indikator für Bekanntheit und Umsatzentwicklung einer Marke • Je höher das Volumen, desto höher der finanzielle Markenwert
Valenz	Drückt die Tonalität des durchschnittlichen Markeninhalts innerhalb eines Zeitraums auf einer Skala von ausschließlich negativ über neutral bis ausschließlich positiv aus. Sie wird als gewichtetes Mittel positiver, neutraler und negativer Markeninhalte errechnet und entspricht demzufolge der o. a. Kennzahl des Sentiments. Oder sie lässt sich analog zum o. a. Image-Wert ermitteln	• Positives Sentiment markenbezogener Social-Media-Inhalte • Indikator für ein positives Image einer Marke und ihrer Umsatzentwicklung • Je höher beziehungsweise positiver die Valenz, desto höher der finanzielle Markenwert
Varianz	Beschreibt das Ausmaß, mit dem einzelne Markeninhalte in ihrer Tonalität von dem durchschnittlichen Markeninhalt innerhalb eines gegebenen Zeitraum abweichen	• Polarität markenbezogener Social-Media-Inhalte • Steht in keinem direkten Zusammenhang mit dem Aktienwert des markenführenden Unternehmens • Je höher, desto stärker der positive Markenwert-Effekt der Valenz • Mit steigender Varianz wird die Valenz zunehmend neutraler
Viralität	Mit diesem Wert definieren die Verfasser das Ausmaß, in dem markenbezogene Inhalte innerhalb eines Zeitraums über individuelle Social-Media-Kanäle streuen. Oder anders ausgedrückt: Anzahl der Social-Media-Kanäle, in denen Social-Media-Inhalte zu Marke i an Tag t beobachtet wurden	• Heterogenität der Sender und Empfänger markenbezogener Social-Media-Beiträge • Steht in keinem direkten Zusammenhang mit dem Wert des markenführenden Unternehmens • Je höher, desto stärker der positive Markenwerteffekt der Volumens

Als **Handlungsempfehlung** aus den Forschungsergebnissen schließen Fischer et al. (2018, S. 71):

Während Markenmanager ein möglichst hohes Volumen und eine möglichst positive Valenz markenbezogener Social Media-Inhalte anstreben sollten, dürfen Viralität und Varianz nicht vernachlässigt werden. Viralität und Varianz stehen zwar in keinem direkten Zusammenhang mit dem Aktienwert des markenführenden Unternehmens. Sie besitzen jedoch die Fähigkeit die positiven Aktienwert-Zusammenhänge von Volumen und Valenz zu hebeln.

Fischer et al. (2018, S. 67) beschreiben, dass die Berechnung der Metriken vergleichs-weise einfach und transparent ist, was die Interpretation erleichtert. Dies kann auf Basis der o. a. Beschreibungen bestätigt werden. Zudem ist der Ansatz flexibel, das heißt für unterschiedliche Social-Media-Formate und -Plattformen gleichermaßen anwendbar.

14.1.4 Zusammenführung in einem Social-Media-Reporting

Um die gesammelten Informationen aus der Social-Media-Erfolgskontrolle zielgerecht weiter verarbeiten zu können, müssen die Daten im Rahmen eines kontinuierlichen Reportings zur Verfügung gestellt werden. Die Berichterstattung selber ist nicht schwie-rig, sie muss lediglich wirkungsvoll, zeitnah, klar und pointiert sein (vgl. Blanchard 2012, S. 324). Um dies zu erreichen, bietet sich eine **systematische Vorgehensweise** an, wie sie beispielsweise Deering Davis (2016) in fünf Schritten beschreibt. Diese wird durch Ausführungen von Evertz (2017b, S. 227–228), Hüfner (2017) und eigene Erfahrungen ergänzt:

1. Identifikation der Stakeholder und ihrer Ziele
2. Auswahl der notwendigen Metriken
3. Auswahl geeigneter Tools
4. Bestimmung einer optimalen Reporting-Frequenz
5. Handlungsempfehlungen und Berücksichtigung spezieller Anforderungen

#1: Identifikation der Stakeholder und ihrer Ziele
Basis jeglicher Aktivität eines Marketing-Treibenden sollte es sein, sich Gedanken über seine Zielgruppen zu machen. Dies gilt sowohl für das Social-Media-Marketing im Allgemeinen, als auch für die Erstellung eines Reportings. Insofern ist es zunächst die Aufgabe des Reporting-Verantwortlichen, die relevanten Stakeholder sowie ihre Informationsbedürfnisse, Kompetenzen und Vorlieben zu identifizieren. Dies kann dazu führen, dass Reports für **unterschiedliche Zielgruppen oder Empfängerkreise** erstellt werden müssen. Je nach Abteilung kann es sich um Reports handeln, die sich auf ganz spezifische Ziele, die mit Social Media verfolgt werden, konzentrieren.

#2: Auswahl der notwendigen Metriken
Entsprechend der Analyse der Empfängerkreise und ihrer Informationsbedürfnisse sind die passenden Kennzahlen und Metriken auszuwählen und in den Kontext der zuvor in Schritt zwei des Social-Media-Zyklus definierten Ziele zu stellen. Hier gelten die in Abschn. 14.1.2 gemachten Aussagen analog. Dies ist gleichbedeutend damit, dass nicht jeder alles bekommt, sondern nur die Zahlen, Daten und Fakten, die der entsprechende Empfängerkreis benötigt. Auch hier gilt: **Viel hilft nicht immer viel.** Vielmehr ist zu überlegen, ob bestimmte Daten nicht noch verdichtet werden sollten oder ob es Ziel-gruppen gibt, die weiterführende Kontextinformationen benötigen: Was bedeutet diese

Entwicklung? Was führte zu dieser Entwicklung? Wie ist das im Kontext des Wettbewerbs zu sehen? Evertz (2017b, S. 228) führt zudem noch an, dass es hilfreich sein kann, von einzelnen Erwähnungen oder Postings illustrativ Screenshots mit einzubauen.

Ziel sollte es dennoch sein, die Erstellung der Reports so automatisiert wie möglich zu vollziehen. Dazu helfen die entsprechenden Tools.

#3: Auswahl geeigneter Tools
In diesem Zusammenhang geht es um zwei verschiedenen Perspektiven:

- Tools zur Erhebung der Daten
- Tools zur Anfertigung der Reportings

Tools zur Erhebung der Daten: Wie in den Ausführungen von Abschn. 14.1.2 bereits erläutert, bieten die meisten Social-Media-Plattformen bereits gute Instrumente, um die gängigsten Kennzahlen zu erheben. Darüber hinausgehender Informationsbedarf muss auf andere Weise besorgt werden. Hierzu kann man auf Daten des internen Controllings oder der Marktforschung zurückgreifen. Die im Rahmen des Social-Media-Managements eingesetzten professionellen Tools, wie z. B. Buffer, Hootsuite oder SocialHub, weisen alle Funktionen auf (siehe dazu auch Tab. 11.2), mit denen sich die Performance der einzelnen Kanäle und der Teams beobachten und analysieren lassen. Sie bieten zugleich die Möglichkeit, die Ergebnisse in Reports auszugeben.

Darüber hinaus gibt es noch weitere **Anbieter von Analyse-Tools,** die sich meist auf spezielle Plattformen konzentrieren. Sie bieten oftmals gute, weiterführende Kennzahlen, die sich so aus den Standard-Reports der Plattformen nicht ableiten lassen. Da diese Tools jedoch aufgrund der Plattform-Ausrichtung sehr spezifisch sind, wird an dieser Stelle nicht näher auf sie eingegangen. Der Artikel von Lee (2017) stellt aber 19 kostenlose sowie fünf kostenpflichtige Tools näher vor. Daneben sollte man bei der Social-Media-Erfolgskontrolle in jedem Fall **Google Analytics** (oder ein ähnliches Tool der Web Analyse wie Piwik/Matomo) im Einsatz haben.

Tools zur Anfertigung der Reportings: Arbeitet man nicht mit einem der o. a. professionellen Social-Media-Management-Tools, die Reportings halbwegs automatisiert erstellen, so kann man für diesen Zweck noch auf andere Angebote im Internet zurückgreifen. Hierbei handelt es sich um sog. **KPI-Dashboards.**

KPI-Dashboards sind virtuelle Schnittstellen, die die wichtigsten Kennzahlen messen und aggregieren. Im Unterschied zu herkömmlichen KPI-Methoden bereiten Dashboards die erfolgsrelevanten Informationen in Echtzeit und visuell ansprechend auf. Laut Hüfner (2017) hat das mehrere Vorteile:

> Zum einen wird die Sichtbarkeit von Erfolgen im Unternehmen erhöht, zum anderen kann so erheblich schneller auf mögliche Fehlentwicklungen reagiert werden. Ein weiterer Vorteil: KPI-Dashboards lassen sich problemlos an branchenübliche Dienste aus den Bereichen Datenanalyse, Social Media, E-Commerce, Marketing und Zahlungsverkehr anschließen.

Bei den Tools sollte man darauf achten, wie stark sie auf die eigenen Bedürfnisse (beziehungsweise die der Stakeholder) angepasst werden können, welche Schnittstellen zu anderen Diensten existieren (z. B. welche Social-Media-Plattformen angebunden sind) und wie sich das Preisgefüge darstellt. Aus der Vielzahl von Anbietern werden im Folgenden vier, die sich an unterschiedliche Zielgruppen richten, kurz beschrieben (siehe dazu ausführlich Hüfner 2017):

- **Numerics** (https://cynapse.com/numerics/): Numerics ist speziell für den Einsatz unterwegs (etwa auf Geschäftsreisen) gedacht. Es stehen über hundert Widgets[1], wie z. B. für PayPal, Gmail oder Twitter, zur Verfügung. Die universell für iOS erhältliche App kostet einmalig 9,99 €.
- **Cyfe** (https://www.cyfe.com/): Cyfe bezeichnet sich selbst als „All-in-One"-Business-Dashboard, mit dem man Social Media, Web Analytics, Marketing, Sales sowie Support monitoren kann. Es bietet vorgefertigte Widgets sowie die obligatorischen Schnittstellen (wie z. B. Google Analytics, PayPal, Facebook), die sich individuell anpassen lassen. Die Daten können über eine Exportfunktion in PDF, JPEG oder Excel-Tabellen ausgegeben werden. Cyfe ist in einer kostenlosen Variante verfügbar. Wer auf bestimmte Premium-Features wie Branding oder einen TV-Modus nicht verzichten will, zahlt 19 US$ pro Monat.
- **Dashing** (http://dashing.io/): Dashing basiert auf einer Open-Source-Lösung und kann wahlweise mit vorgefertigten Widgets oder mit von Usern mit Programmierkenntnissen selbst entwickelten Plug-Ins bestückt werden. Die Nutzung ist kostenlos.
- **Klipfolio** (https://www.klipfolio.com/): Klipfolio bietet eine Online-Plattform, mit der Nutzer ein Echtzeit-gesteuertes KPI-Dashboard modular einsetzen können. Das sogenannte „Command Center" ist sehr übersichtlich angeordnet (siehe Abb. 14.2). Hier kann man verschiedene Datendienste integrieren und mithilfe eines mitgelieferten Formel-Editors das Command Center eigenständig nach seinen Bedürfnissen anpassen. Klipfolio kostet ab 19 US$ im Monat. Eine kostenlose Testversion ist verfügbar.
- **Gooddata** (https://www.gooddata.com/platform): Als Dashboard für Firmen, die über Geschäftsdaten rund um Social Media, Sales und Marketing informiert bleiben wollen, positioniert sich Gooddata. Daten aus Twitter, Facebook und LinkedIn sind ebenso integrierbar wie Google Analytics, Salesforce oder SugarCRM. Wegen des großen Funktionsumfangs und des individuellen Pricings ist Gooddata eher für gewachsene Unternehmen zu empfehlen. Eine kostenlose Testversion ist verfügbar.

Abgesehen von all diesen Tools sollte man nicht vergessen, dass man derartige Reports auch in 2018 immer noch mit den klassischen Programmen Excel und Powerpoint erstellen kann.

---

[1]Ein Widget ist ein Steuerungselement einer grafischen Benutzeroberfläche.

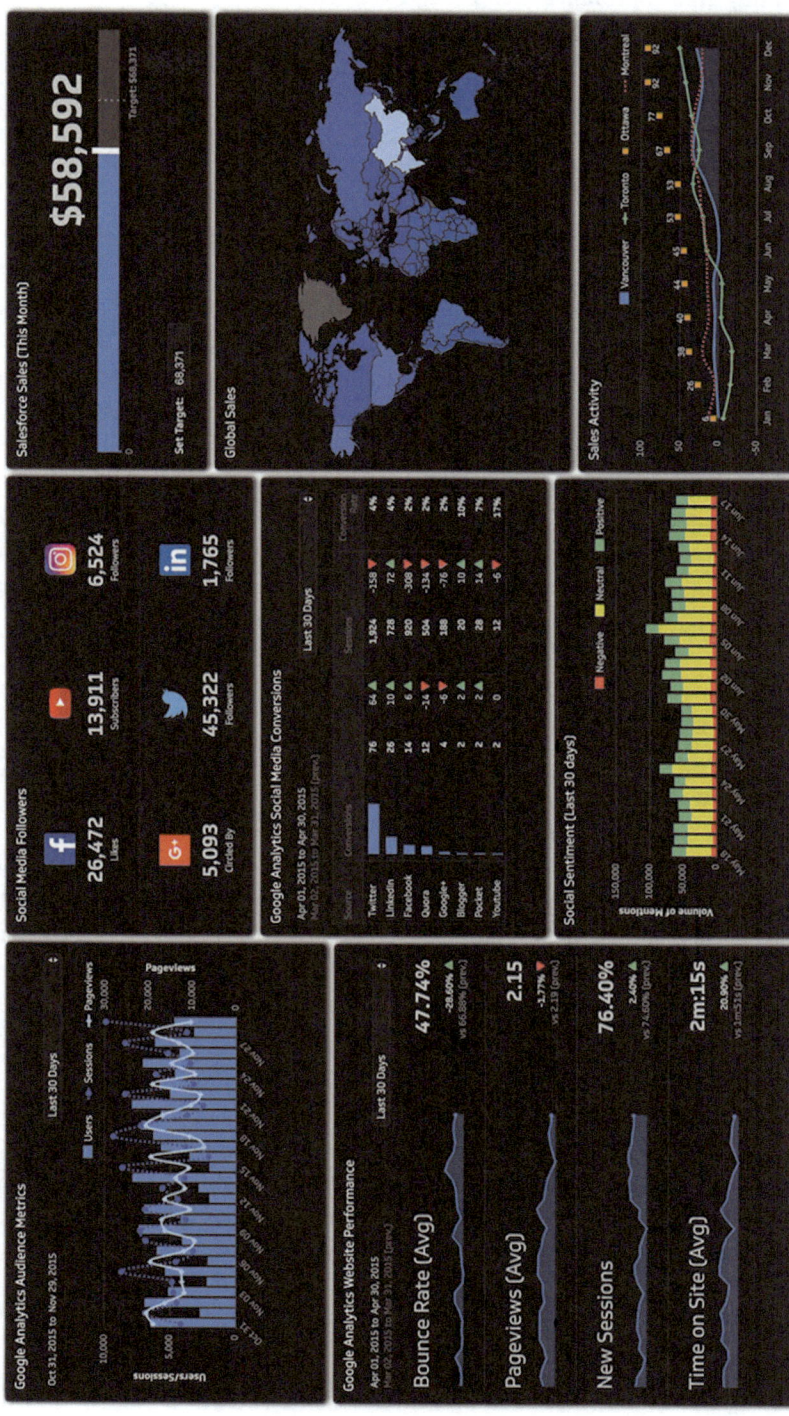

Abb. 14.2 Command Center von Klipfolio. (Quelle: Klipfolio o. J.)

#4: Bestimmung einer optimalen Reporting-Frequenz

Auch wenn es zunächst seltsam anmuten mag: Die richtige Reporting-Frequenz zu finden, ist nicht ganz so einfach. Dies hängt zum einen von den Kennzahlen, zum anderen von den Bedürfnissen der Empfängerkreise ab. Sicherlich bietet sich für viele Reportings ein monatlicher Rhythmus an. Berichte in kürzeren Intervallen sollten sich dann auf wenige, angeforderte Kennzahlen beschränken.

#5: Handlungsempfehlungen und Berücksichtigung spezieller Anforderungen

Ein gutes Reporting beinhaltet nicht nur die reinen Zahlen, Daten und Fakten, sondern auch die aus der Analyse abgeleiteten Handlungsempfehlungen. Gerade die Manager, die sich täglich mit der Materie beschäftigen, entwickeln ein gutes Gefühl für das, was geht und was nicht geht. Diese Erfahrung sollte bei der Erstellung der Handlungsempfehlungen zum Zuge kommen, da es vor allem Mitgliedern in den oberen Führungsriegen hilft, gute Entscheidungen zu treffen.

Je nach Situation kann es sein, dass bestimmte Stakeholder spezielle Auswertungen haben wollen. An dieser Stelle ist zu überlegen, ob diese Daten nicht schon anderweitig erhoben und verarbeitet wurden, sodass sich die Erstellung der Reports nicht verzögert. Zeigt es sich, dass die Einmal-Auswertung sehr wertvoll war, kann man darüber nachdenken, diese Informationen in das reguläre Reporting aufzunehmen.

14.2   Dark Social

Betrachtet man die klassische Definition von Management, so besteht es immer aus einem systematischen Ansatz, einem **iterativen Prozess** aus Planung, Ausführung und Kontrolle. Dies gilt auch für Social Media (-Management) und darauf baut der gesamte Social-Media-Zyklus auf. Ein Großteil des Erfolgs hängt am Ende von der Qualität der Daten ab und wie schnell man daraus die richtigen Schlüsse für weitere Schritte zieht.

Die hohe Bedeutung, die der Datenmessung und der Social-Media-Analyse hierbei zukommt, scheint auch in der Praxis angekommen zu sein. So gaben 97 % der mehr als 14.000 von Econsultancy und Adobe befragten Marketing-Experten an, im kommenden Jahr die Investitionen in die Datenanalyse mindestens beibehalten oder steigern zu wollen (vgl. Econsultancy und Adobe 2017, S. 5).

Doch es gibt – wie Köthe (2017, S. 66) ihn bezeichnet – „einen verborgenen Bereich, einen toten Winkel, der sich von außen nicht beobachten lässt: das sogenannte „Dark Social", **das schwarze Loch der Datenmessung".** In diesem Zusammenhang stellen sich folgende Fragen:

- Was ist Dark Social?
- Wie groß ist das Problem Dark Social?
- Welche Auswirkungen hat dies auf die Social-Media-Analyse?
- Wie kann man Dark Social (dennoch) messen?

Was ist Dark Social?

Der Begriff „Dark Social" stammt ursprünglich aus dem Jahr 2012 und wurde erstmalig in einem Artikel von Madrigal (2012) mit dem passenden Titel „Dark Social: We Have the Whole History of the Web Wrong" erwähnt. Dark Social bezeichnet **Datenverkehr,** der **über private Kanäle** wie E-Mails und Textnachrichten läuft, aber vor allem über Messenger Apps wie WhatsApp, Skype, WeChat oder Facebook Messenger (vgl. u. a. Boyd 2017; Firsching 2014; Köthe 2017, S. 66; Tesmond 2016). Für Analysetools sind Erwähnungen, Shares und Konversationen, die in den privaten Kanälen stattfinden, unsichtbar. Dementsprechend ist es so gut wie unmöglich, den aus diesen Quellen stammenden Traffic korrekt zuzuordnen (vgl. Köthe 2017, S. 66). Analyse-Tools sind entsprechend nicht in der Lage, die wahre Herkunft eines Abrufs oder einer Aktion zu tracken und klassifizieren ihn deshalb fälschlicherweise oft als „direct Traffic" (vgl. Boyd 2017).

Um dies besser zu verstehen, beschreibt Köthe (2017, S. 66) ein einfaches Beispiel (Fallbeispiel 21):

Fallbeispiel 21: Dark Social (Quelle: Köthe 2017, S. 66)

Man liest einen Trump-Artikel auf Spiegel Online, kopiert die Browser-URL in eine E-Mail und sendet sie an einen Freund. Zack! Dark Social. Nicht öffentlich geteilt, also nicht messbar. Für Spiegel Online erscheint der per E-Mail geteilte und dann angeklickte Link als Direct Traffic – also, als ob der Nutzer direkt auf die URL des Artikels gegangen wäre. Spiegel Online erfährt nicht, wo der Nutzer den Hinweis auf den Artikel tatsächlich her hat – und damit wird Dark Social zu einem Referral Traffic, der dem falschen Kanal – nämlich dem direkten, eigenständigen Zugriff – zugeordnet wird.

Wie groß ist das Problem Dark Social?

Dark Social *ist* ein Problem, denn man misst eigentlich immer nur die Spitze des Social-Media-Eisbergs (vgl. Madrigal 2012). Dieses Problem verstärkt sich weiter durch die stark zunehmende Messenger-Kommunikation (siehe Abschn. 2.1, Status Quo und Ausblick).

Die **Schätzungen über die Relevanz des Problems** variieren: Madrigal (2012) stellte fest, dass knapp 57 % des eigenen Traffics wohl auf Dark Social zurückzuführen sei. Neuere Studien sprechen von 72 % (vgl. Ray 2014 mit Bezug auf Business2Community) oder gar 84 % (vgl. RadiumOne 2016, S. 2; in der Studie von 2014 wies RadiumOne noch eine Quote von 69 % aus, was das schnelle Wachstum belegt). Köthe (2017, S. 68) erläutert in diesem Zusammenhang, dass dieser Wert je nach Art der Online-Plattform auch weit darunter liegen kann: „Bekannte Nachrichtenseiten werden über E-Mail oder WhatsApp weitaus öfter geteilt als beispielsweise die Website eines mittelständischen Herstellers von Spezialmaterialien (B2B-Services)."

In Deutschland scheint man dieses Thema bisher weitgehend zu ignorieren. Dark Traffic besetze keinen thematischen Schwerpunkt bei der Fokusgruppe Social Media, so das Statement des stellvertretenden Vorsitzenden der Fokusgruppe Social Media des Bundesverbandes Digitale Wirtschaft (BVDW), Michael Koch (vgl. Erxleben 2016). Dabei nimmt Dark Social in Deutschland inzwischen eine wichtige Rolle ein: „Zwischen **50 und 70 Prozent des Web-Traffics** kommen aus dem **Dark Social.** Je nach Branche und Region scheint es da Unterschiede zu geben. […] Es ist schon recht ironisch, dass die Werbebranche dem Thema praktisch keinerlei Beachtung im Marketing-Diskurs schenkt", so die Einordnung von Gerald Hensel, Executive Strategy Director bei Scholz and Friends Digital (vgl. Erxleben 2016).

Welche Auswirkungen hat Dark Social auf die Social-Media-Analyse?
Um die Auswirkungen von Dark Social auf die Erfolgsmessung im Social Media aufzuzeigen, ist das von Allen (2016) angeführte Beispiel sehr anschaulich (Fallbeispiel 22).

Fallbeispiel 22: Dark-Social-Berechnung (Quelle: Allen 2016)

Die E-Commerce-Site „Pet Rocks" erhält

- 60 % des Traffics über die organische Suche,
- 25 % über Direktzugriffe,
- 10 % über bezahlte Suche und
- 5 % über Social Media.

Die Seite weist eine Conversion Rate von einem Prozent auf. Mit jedem Produkt, dass über Pet Rocks verkauft wird, macht der Inhaber 10 Pfund Gewinn. Im Monat erhält die Seite 10.000 Views, sodass sich nachstehende Erfolgsverteilung pro Kanal ergibt:

Quelle	Anteil am Traffic in %	Views	Gewinn in £
Organische Suche	60	6000	600
Direktzugriffe	25	2500	250
Bezahlte Suche	10	1000	100
Social Media	5	500	50

Verwendet das Unternehmen 200 Pfund monatlich für die Erhöhung der Reichweite und weitere 200 Pfund pro Monat, um einen freiberuflichen Schriftsteller einzustellen, der Inhalte für die Internetseite verfasst, bleiben monatlich immer noch 200 Pfund als Profit aus der organischen Suche übrig.

Wenn das Unternehmen nun monatlich 100 Pfund in Social-Media-Kampagnen investiert, so erwirtschaftet es lediglich 50 Pfund Profit. Dies erscheint zunächst betriebswirtschaftlich unsinnig, da „Pet Rocks" so anscheinend jeden Monat 50 Pfund sinnlos verschwendet. Als Folge wird der Inhaber das Budget für derartige Maßnahmen reduzieren oder sogar komplett eliminieren.

Obwohl die Daten zunächst durchaus für diese Vorgehensweise sprechen, erweist sie sich bei genauerer Analyse der Direktzugriffe als falsch (zur konkreten Vorgehensweise später mehr): Es zeigt sich, dass nur zwanzig Prozent der vermeintlich direkt auf die Website gekommenen User die URL selbst eingetippt haben. Achtzig Prozent der Direktzugriffe lassen sich Dark Social zuordnen. Vor diesem Hintergrund wäre es fatal, das Budget für Social Media zu kürzen. Dies zeigt die aktualisierte Tabelle:

Quelle	Anteil am Traffic in %	Views	Gewinn in £
Organische Suche	60	6000	600
Direktzugriffe	5	500	50
Bezahlte Suche	10	1000	100
Social Media	25	2500	250

Wie man in der Tabelle erkennen kann, lassen sich nun 2500 Views auf Social Media zurückführen, das entspricht einem Gewinn von 250 Pfund. Dies wiederum würde ein Budget von 100 Pfund mehr als rechtfertigen. Gegebenenfalls kann es sich sogar rentieren, dieses Budget zu erhöhen.

Obwohl zwischen fünfzig und siebzig Prozent des Traffics in Deutschland über Dark Social kommt (siehe oben; auch hierzulande dürfte der Anteil mittlerweile höher liegen), investieren „Publisher und Werbungtreibende mit neunzig Prozent den Löwenanteil ihres Budgets in die klassischen Online- und Social-Media-Formate", so Alexander Weltzsch von Facelift (vgl. Erxleben 2016).

Da vor allem jüngere Menschen verstärkt die Messenger nutzen, **entzieht sich** somit eine **wichtige Zielgruppe der Social-Media-Erfolgsmessung.** Daten, die über Facebook und Twitter erfasst werden, verlieren vor diesem Hintergrund ihre Zuverlässigkeit. Hong (2017) fasst dies ein wenig dramatisch (wie sie selber sagt), aber nachvollziehbar wie folgt zusammen:

> It all goes downhill from here: if you cannot make sure you're collecting the right data, you don't have the capacity to make informed business decisions, you have no idea where to spend your budget and most importantly, you're lost in making sense of what works and what doesn't with your customers.

Wie kann man Dark Social messen?

Auf diese Frage gibt Köthe (2017, S. 68) eine einfache Antwort: „Aufgrund der privaten Natur des Dark-Social-Traffics ist es natürlich unmöglich, ihn auf irgendeine Art und Weise messen zu können, damit sollte man sich abfinden. Die Aufgabe besteht eher darin, diesen „dunklen" Datenverkehr in Richtung seiner eigenen Digital-Plattformen zu minimieren". Man kann jedoch über verschiedene Maßnahmen versuchen, Dark Social **messbarer zu machen:**

- Näherungsanalyse via Google Analytics
- Verwendung von Share Buttons
- Verwendung von Link Shortenern

Näherungsanalyse via Google Analytics: Bei dieser Methode handelt es sich um keine exakte Wissenschaft, sondern eher um eine **Heuristik.** Sie greift auf Annahmen zurück, die aber sehr nachvollziehbar sind und mit Sicherheit viel Wahrheit beinhalten. Die Ausgangsfrage dabei lautet: Wie viel Web-Traffic wird fälschlicherweise als „direkt" angesehen (vgl. Köthe 2017, S. 68)?

Dazu analysiert man die direkten Seitenzugriffe (z. B. über Google Analytics). Sie geben Hinweise darauf, aus welchen Bereichen in Dark Social die Besucher kommen:

> Die Länge der besuchten URL gibt Auskunft: Je länger sie ist, umso wahrscheinlicher ist es, dass der Besucher den Link aus Dark Social angeklickt hat. Denn wer tippt schon eine ellenlange URL von Hand ein? (Nesch 2017).

Allen (2016), Boyd (2017) oder auch Hong (2017) beschreiben dazu eine konkrete **Vorgehensweise:** Hierfür geht man in Google Analytics auf den sogenannten „Verhalten" Tab, dann weiter zu „Seiteninhalte" und wählt dort alle Seiten. Dann erstellt man ein neues Segment, das letzten Endes ausschließlich Direct Traffic enthalten soll. Weiter wendet man den erweiterten Filter an, indem man Seiten ausschließt, die sehr kurze, einfache URLs (z. B. Homepages) oder solche, die nur einen Unterordner (z. B. URLs, die lediglich einen einfachen Zusatz wie z. B. /blog, /login oder /contact) aufweisen (siehe dazu auch Abb. 14.3).

Boyd (2017) erläutert hierzu, dass man den Direct Traffic im „Besucherquellen" Tab erfasst (siehe Abb. 14.3, Hinweis 1). Im „Bedingungen" Tab (siehe Abb. 14.3, Hinweis 2) werden des Weiteren zwei Filter eingerichtet, die den Traffic zu bestimmten Seiten herausfiltern. Was dann übrig bleibt, sind mit hoher Wahrscheinlichkeit die Adressen, die zu lang sind, um sie direkt einzugeben, die sich also auf Dark Social zurückführen lassen.

Eine ausführliche Anleitung zu dieser Vorgehensweise zeigt eine Schritt-für-Schritt-Anleitung, die über Servicelink 14.1 abgerufen werden kann.

Servicelink 14.1

Servicelink zu einer Schritt-für-Schritt Anleitung für die
Näherungsanalyse über Google Analytics bei Grasic (2016):
https://thenextweb.com/guests/what-is-dark-social-and-how-to-measure-it-right/#.tnw_3qI4XTHF

Verwendung von Share Buttons: In einer Reihe von Praxis-Veröffentlichungen (vgl. Boyd 2017; Erxleben 2016 mit Bezug auf Kulka; Hong 2017; Köthe 2017, S. 69; Nesch 2017) wird zudem vorgeschlagen, verstärkt mit Sharing-Buttons zu arbeiten, die mit Quellenangaben ausgezeichnet sind. Damit macht man es Nutzern zum einen einfacher, Inhalte zu teilen, da sie nicht erst die URL aus der Browser-Adresszeile herauskopieren müssen. Zum anderen lässt sich damit das Volumen von Dark-Social-Traffic

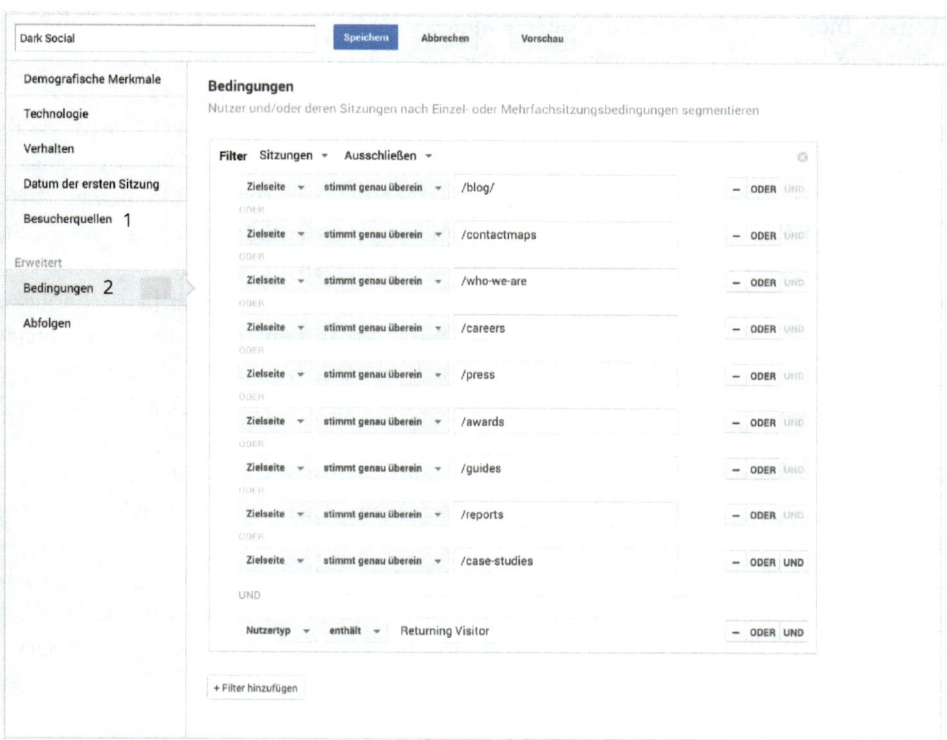

Abb. 14.3 Screenshot von Google Analytics zur Näherungsanalyse der Direktzugriffe. (Quelle: Boyd 2017)

reduzieren, da sich die Besuche dank der Buttons direkt auf die jeweilige Quelle (z. B. WhatsApp oder Facebook Messenger) zurückführen lassen. Anstelle eigene Webtools zu verwenden, kann man auf die zahlreichen Online-Werkzeuge zurückgreifen (wie z. B. ShareThis oder SumoMe), mit denen man „Jetzt teilen"-Funktionen leicht auf die eigene Website einbauen kann.

Verwendung von Link Shortenern: Sowohl Köthe (2017, S. 69) als auch Nesch (2017) weisen darüber hinaus auf den Einsatz von Link Shortener, wie z. B. ow.ly oder bit.ly, hin. Diese Dienste kreieren gekürzte Links für einzelne Seiten, verlinken aber auf die gleiche Seite wie der Original-Link. Die Shortlinks enthalten weitere Informationen, die genau verraten, wo der Link herkommt oder wie der Nutzer darauf gestoßen ist, wenn für jede Quelle ein eigener Shortlink erstellt wurde.

Für Kampagnen bietet Google mit dem Campaign-URL-Builder ein Tool, das Kampagnen-URLs erstellt. Sie können ausgewertet werden, wenn der Nutzer sie über eine App aufruft. In den Parametern werden Name, Medium und Quelle festgelegt.

Weitere Tools: Grasic (2016) und auch Köthe (2017, S. 69) machen zudem auf im Netz verfügbare Tools aufmerksam, die weitergehende Analysen ermöglichen:

- **Cross-Device-Sharing-Measurement über Po.St** (https://www.po.st/) **oder Add-This** (http://www.addthis.com/)**:** Fast zwei Drittel der Dark-Social-Shares geschehen direkt über die Copy-Paste-Funktion am Mobiltelefon (vgl. RadiumOne 2016, S. 2). Hier gibt es kostenpflichtige Softwarelösungen, wie z. B. AddThis oder Po.St, Komplettlösungen, die diesen Bereich vollständig analysieren können.
- **GetSocial.io** (https://getsocial.io/)**:** GetSocial.io liefert kostenlos detaillierte Einblicke in Dark-Social-Metriken. Es erfordert keinerlei Programmierfähigkeiten. Es bietet neben den Analyse-Tools unter anderem noch Sharing Buttons mit entsprechenden Tracking Codes, die sich wiederum direkt über das Analyse-Tool tracken lassen.

Wie gezeigt: Dark Social ist ein Thema, mit dem man sich bei der Social-Media-Erfolgs-messung auseinandersetzen *muss*. Es gibt jedoch Wege, Licht in das Dunkle von Dark Social zu bringen.

Damit sind die Ausführungen rund um den Aufbau und die Inhalte des Social-Media-Zyklus abgeschlossen. An dieser Stelle erfolgt erneut der abschließende Hinweis zum Flipboard zu diesem zehnten Schritt: kontrollieren und analysieren, das über Servicelink 14.2 abgerufen werden kann.

Servicelink 14.2

Servicelink zum Flipboard des Autors zu Schritt 10 des Social-Media-Zyklus (SoMe 10: Kontrollieren):
https://flipboard.com/@alexanderdecker/some-10-kontrollieren-ne0ac6fny

Literatur

Allen R (2016) Measuring the importance of dark social visits. https://www.smartinsights.com/goal-setting-evaluation/web-analytics-strategy/accounting-dark-social/?new=1.   Zugegriffen: 31. Mai 2018

Babka S (2016) Social Media für Führungskräfte. Behalten Sie das Steuer in der Hand. Springer Gabler, Wiesbaden

Becker J (2013) Marketing Konzeption. Grundlagen des ziel-strategischen und operativen Marketing-Managements. Vahlen, München

Blanchard O (2012) Social Media ROI. Messen Sie den Erfolg Ihrer Marketing-Kampagne. Addison-Wesley, München

Boyd J (2017) Was ist Dark Social und wie kann es getrackt werden? https://www.brandwatch. com/de/2017/10/was-ist-dark-social-und-wie-kann-es-getrackt-werden/. Zugegriffen: 31. Mai 2018

Bundesverbandes Digitale Wirtschaft (2016a) Erfolgsmessung in Social Media. Richtlinie zur Social-Media-Erfolgsmessung in Unternehmen des Bundesverbandes Digitale Wirtschaft (BVDW) e. V. https://www.bvdw.org/fileadmin/bvdw/upload/publikationen/social_media/ Social_Media_Erfolgsmessung_2016.pdf. Zugegriffen: 31. Mai 2018

Bundesverbandes Digitale Wirtschaft (2016b) Erfolgsmessung in Social Media. Ein Modell zur Social-Media-Erfolgsmessung in Unternehmen des Bundesverbandes Digitale Wirtschaft (BVDW) e. V. https://www.bvdw.org/fileadmin/bvdw/upload/publikationen/social_media/Info- grafik_Social_Media_Erfolgsmessung_2016.pdf. Zugegriffen: 31. Mai 2018

Burnett C (2015) Social ROI: how to measure the value of social media. https://www.econsultancy. com/blog/66372-social-roi-how-to-measure-the-value-of-social-media. Zugegriffen: 31. Mai 2018

Deering Davis J (2016) How to develop a social media reporting system. https://www.socialme- diaexaminer.com/how-to-develop-a-social-media-reporting-system/. Zugegriffen: 31. Mai 2018

Dichtl M (2016) Social Media-Kennzahlen, an die Sie (wahrscheinlich) noch nie gedacht haben. https://blog.hootsuite.com/de/social-media-kennzahlen-an-die-sie-noch-nie-gedacht-haben/. Zugegriffen: 31. Mai 2018

Econsultancy und Adobe (2017) Digital intelligence briefing. Digital trends 2017. https://offers. adobe.com/content/dam/offer-manager/de/de/marketing/resource_images/offer%20marketing/ wp/2017_Digital_Trends%20report_DE.pdf. Zugegriffen: 31. Mai 2018

Erxleben C (2016) Weder mess- noch sichtbar: Goldgrube Dark Social. https://www.internet- world.de/onlinemarketing/traffic/weder-mess-sichtbar-goldgrube-dark-social-1118530.html. Zugegriffen: 31. Mai 2018

Evertz S (2017a) Toolauswahl für Social Media Monitoring und mehr. Upload Magazin 47. https://upload-magazin.de/blog/18026-toolauswahl-fuer-social-media-monitoring-und-mehr/. Zugegriffen: 31. Mai 2018

Evertz S (2017b) Analysiere das Web! Wie Sie Marketing und Kommunikation mit Social Media Monitoring verbessern. Haufe, Freiburg

Eyl S (2012) TOP 10 Facebook KPIs – kritisch betrachtet. http://blog.fanpagekarma. com/2012/10/30/top-10-facebook-kpis-kritisch-betrachtet/?lang=de#prettyPhoto. Zugegriffen: 31. Mai 2018

Firsching J (2014) Dark Social – Die Dunkle Seite von Social Media. http://www.futurebiz.de/arti- kel/dark-social-die-dunkle-seite-von-social-media/. Zugegriffen: 31. Mai 2018

Fischer S, Hammerschmidt M, Weiger W, Schulze T (2018) So misst Du den Return on Social Media. Metriken für ein Modernes Markenmanagement. SocialHub Mag 6:66–73

Flath H, Bachem C (2014) Markenbotschafter in sozialen Medien. Kennen Sie Ihre Unterstützer bei Facebook und Twitter? Kommunikationsmanager 2:36–39

Fontein D (2016) The top 26 social media KPIs marketers can't ignore. https://blog.hootsuite.com/ social-media-kpis-key-performance-indicators/. Zugegriffen: 31. Mai 2018

Grabs A, Bannour KP, Vogl E (2017) Follow me! Erfolgreiches Social Media Marketing mit Face- book, Twitter und Co. Rheinwerk Computing, Bonn

Grasic A (2016) What is ‚dark social' and how to measure it right? https://thenextweb.com/guests/ what-is-dark-social-and-how-to-measure-it-right/#.tnw_3qI4XTHF. Zugegriffen: 31. Mai 2018

Große Holtforth D (2016) KPI Shortcuts im Online-Marketing und E-Commerce. https://de.ryte. com/magazine/kpi-shortcuts-im-online-marketing-und-e-commerce. Zugegriffen: 31. Mai 2018

Große Holtforth D (2017) Erfolgsmessung im Social Media Marketing. https://de.ryte.com/maga-zine/erfolgsmessung-im-social-media-marketing. Zugegriffen: 31. Mai 2018

Güntürkün P, Koch H, Lukasczyk A (2012) Wie viel eine Marke wert ist. In: Personalmagazin, 10:44–45. https://zeitschriften.haufe.de/ePaper/personalmagazin/2012/EAFEC0E6/files/assets/seo/page44.html. Zugegriffen: 31. Mai 2018

Hilker C (2015) Die Auswirkungen von Social Media auf die Umsätze. http://blog.hilker-consul-ting.de/der-social-media-roi. Zugegriffen: 31. Mai 2018

Hong J (2017) The dark social (side) of the marketing force. https://www.linkedin.com/pulse/dark-social-side-marketing-force-julie-hong/. Zugegriffen: 31. Mai 2018

Hüfner D (2017) 15 geniale KPI-Dashboards für dein Startup. https://t3n.de/news/kpi-dashbo-ards-startups-525365/. Zugegriffen: 31. Mai 2018

Kaushik A (2015) How to suck at social media: an indispensable guide for businesses. https://www.kaushik.net/avinash/social-media-marketing-success-guide-businesses/. Zugegriffen: 31. Mai 2018

Klipfolio (o. J.) Build world-class dashboards for your team and your clients. https://www.klipfo-lio.com/. Zugegriffen: 31. Mai 2018

Köthe D (2017) Dark Social: Wie messe ich das Unmessbare? In: Bundesverbandes Digitale Wirtschaft (Hrsg) Social Media Kompass 2017/2018. BVDW, Düsseldorf

Lee K (2015) How to tell what's working on social media: an introduction to social media stats and reports. https://blog.bufferapp.com/social-media-stats. Zugegriffen: 31. Mai 2018

Lee K (2017) Know what's working on social media: 26 free social media analytics tools. https://blog.bufferapp.com/social-media-analytics-tools. Zugegriffen: 31. Mai 2018

Litzel N (2017) Definition: was ist social media analytics? https://www.bigdata-insider.de/was-ist-social-media-analytics-a-623742/. Zugegriffen: 31. Mai 2018

Maa K (2017) Social media analytics guide for beginners. https://smhack.io/blog/social-media-analytics-beginners/. Zugegriffen: 31. Mai 2018

Madrigal AC (2012) Dark social: we have the whole history of the web wrong. https://www.the-atlantic.com/technology/archive/2012/10/dark-social-we-have-the-whole-history-of-the-web-wrong/263523/. Zugegriffen: 31. Mai 2018

Makara C (2014) 4 of the most useless social media metrics to avoid. http://chrismakara.com/social-media/4-of-the-most-overrated-social-media-vanity-metrics. Zugegriffen: 31. Mai 2018

Nesch C (2017) Licht an: Traffic aus Dark Social messen. https://bernet.ch/blog/2017/03/07/dark-social/. Zugegriffen: 31. Mai 2018

Pein V (2014) Der Social Media Manager. Handbuch für Ausbildung und Beruf. Galileo Press, Bonn

Radium One (2016) The dark side of mobile sharing. https://radiumone.com/wp-content/uploads/2016/09/RadiumOne-Dark-Social-White-Paper.pdf. Zugegriffen: 31. Mai 2018

Ray A (2010) Forrester – ROI of social media marketing. https://www.slideshare.net/LithiumTech/forrester-roisocialmediamarketing-t3os4efy. Zugegriffen: 31. Mai 2018

Ray R (2014) Are you measuring social that you can't track? Dark social 101. https://blog.po.st/are-you-measuring-social-that-you-cant-track-dark-social-101#3cyV36OwEvGTAk7s.97. Zugegriffen: 31. Mai 2018

Rodewald P (2017) Diese 4 Kennzahlen sollten Sie für Ihr Social Media Monitoring verwenden. https://marketing.gelbeseiten.de/PR-Social-Media/Social-Media/Diese-4-Kennzahlen-sollten-Sie-fuer-Ihr-Social-Media-Monitoring-verwenden. Zugegriffen: 31. Mai 2018

Rodewald P (2018) Die sechs beliebtesten KPIs im Social Media Monitoring. https://www.webbo-saurus.de/die-6-beliebtesten-kpis-im-social-media-monitoring/. Zugegriffen: 31. Mai 2018

Schwede M (2012) Social media 4×4 scorecard – beta. https://schwedetest.wordpress.com/2012/10/26/social-media-4x4-scorecard-beta/. Zugegriffen: 31. Mai 2018

Shemenski J (2016) How to set social media goals and define success. https://simplymeasured.com/blog/how-to-set-social-media-goals-and-define-success/#sm.00005deo6hihmfcx1117h-k1drpu7o. Zugegriffen: 31. Mai 2018

Simplify360 (2013) 26 social media marketing truths. https://de.slideshare.net/simplify360/26-social-media-marketing-truths. Zugegriffen: 31. Mai 2018

Tesmond M (2016) What is the difference between dark social and dark posts? https://simplymeasured.com/blog/what-is-the-difference-between-dark-social-and-dark-posts/#sm.00005deo6hihmfcx1117hk1drpu7o. Zugegriffen: 31. Mai 2018

Weller R (2014) Social Media Measurement: Die wichtigsten Key Performance Indicators. https://www.toushenne.de/newsreader/social-media-measurement-key-performance-indicators.html. Zugegriffen: 31. Mai 2018

Teil III
Anwendungsfälle des Social-Media-Zyklus

Es gibt nichts Gutes. Außer man tut es.
Erich Kästner, deutscher Schriftsteller und Autor (Kästner zitiert
bei Harenberg 1997, S. 536).

Zusammenfassung

Im Sinne des o. a. Zitats von Kästner geht es in diesem kurzen, abschließenden Teil III darum, anhand von zwei ausgewählten Beispielen die Anwendung des Social-Media-Zyklus zu demonstrieren. Zum einen zeigt das Beispiel in Kap. 15, wie sich der Ansatz in einem kleinen „Unternehmen" anwenden lässt. Kap. 16 verdeutlicht, dass auch in dem Fall, in dem ein Unternehmen beschließt, Social Media nicht aktiv zu betreiben, dennoch bestimmte Schritte des Social-Media-Zyklus zu durchlaufen sind. Kap. 17 zeigt, wie man sich in einem so dynamischen Umfeld up-to-date hält, und rundet diesen Teil III des Buches ab.

Literatur

Harenberg B (1997) Harenberg Lexikon der Sprichwörter und Zitate. Verlags- und Medien GmbH & Co. KG, Dortmund

Anwendung des Social-Media-Zyklus anhand des Masterstudiengangs Marketing/Vertrieb/Medien

Es ist nicht genug, zu wissen, man muss auch anwenden; es ist nicht genug, zu wollen, man muss auch tun.
Johann Wolfgang von Goethe, deutscher Dichter und Naturforscher (Goethe zitiert bei Harenberg 1997, S. 1389).

Zusammenfassung

Social Media systematisch zu betreiben ist nicht nur ein Muss für große Unternehmen. Das nachstehende Beispiel zeigt anhand des Masterstudiengangs Marketing/ Vertrieb/Medien an der Technischen Hochschule Ingolstadt, dass die Anwendung des Social-Media-Zyklus auch in kleinen und/oder nicht profit-orientierten Organisationen sinnvoll erfolgen kann.

Der Studiengang Marketing/Vertrieb/Medien ist ein **konsekutiver Masterstudiengang,** der aufbauend auf einem Bachelorabschluss eine Vertiefung im Themenfeld Marketing und Vertrieb bietet sowie Inhalte aus dem Kommunikations- und Medienmanagement abdeckt. Wissenschaftlich fundiert und gleichzeitig praxisnah wird sowohl strategisches als auch operatives Wissen über diese kundennahen Bereiche der unternehmerischen Wertschöpfung vermittelt. Die Lehrinhalte werden zu zwei Dritteln durch die THI Business School in Ingolstadt und zu einem Drittel von der Hochschule Augsburg vermittelt. Der Studiengang bildet junge Nachwuchsführungskräfte an der Schnittstelle zwischen Marketing und Vertrieb aus. Ziel ist es, die Absolventen zur Übernahme von Fach- und Führungsaufgaben in diesen Unternehmensbereichen zu befähigen. Der Abschluss zum Master-Of-Arts kann innerhalb von drei Semestern erreicht werden (vgl. Technische Hochschule Ingolstadt o. J.).

© Springer Fachmedien Wiesbaden GmbH 2019
A. Decker, *Der Social-Media-Zyklus,*
https://doi.org/10.1007/978-3-658-22873-6_15

Der Masterstudiengang ist mit seinem Konzept einzigartig in Süddeutschland (vgl. Technische Hochschule Ingolstadt o. J.). Die **Bewerberquoten sind sehr hoch,** auf 25 Studienplätze pro Semester kommen bis zu 750 Bewerbungen. Der Studiengang existiert seit dem WS 2011/12 und begrüßte im Sommersemester 2018 seinen 13. „Jahrgang". Aktuell sind circa 120 Studierende eingeschrieben.

Der Autor dieses Buches leitet diesen Masterstudiengang seit dem SS 2013. Damals gab es bereits eine eigene **Facebook-Seite** (https://www.facebook.com/ THIMVM/?ref=bookmarks) sowie eine geschlossene **Xing**-Gruppe (https://www. xing.com/communities/groups/master-marketing-strich-vertrieb-strich-medien- studierende-plus-alumni-8899-1036426/member_states?member_state=pending_mem- ber). Beide Profile wurden allerdings nur nebenher und wenig strategisch betrieben. Der Studiengangleiter initiierte daher im Rahmen eines Projektseminars mit den Studieren- den die Entwicklung einer Social-Media-Strategie, frei nach dem o. a. Zitat von Goethe: Es ist nicht genug zu wissen, man muss es auch (selber) anwenden. Basis war der im zweiten Teil dieses Buches vorgestellten Social-Media-Zyklus.

Um dieses Modell anhand eines konkreten Beispiel zu veranschaulichen, werden im Folgenden die seitdem unternommenen Aktivitäten kurz dargestellt. Es wird sich zeigen, dass **nicht alle Schritte in Gänze durchlaufen** wurden. Je nach Aufwand und Sinn- haftigkeit wurde auf bestimmte Aspekte verzichtet.

Schritt 1: Zuhören

Ausgangspunkt zur Entwicklung des strategischen Social-Media-Management-Ansatzes bildete eine **Nullmessung,** die auf Basis der Monitoring-Software „Buzz Rank" erstellt wurde. Diese Nullmessung beinhaltete eine Situations- und eine Wettbewerbsanalyse.

Als Ergebnis der **Situationsanalyse** konnte festgestellt werden, dass der Studiengang auf zahlreichen Foren und Informationsseiten erwähnt und ausführlich erläutert wird. Die Stimmungsbilder wiesen durchweg eine positive Tonalität auf und vermittelten einen guten Gesamteindruck.

In Bezug auf das **Facebook-Profil** des MVM-Studiengangs fiel die verhältnismäßig geringe Anzahl von Fans auf. Zum Zeitpunkt der Übernahme durch den Studiengang- leiter im SS 2013 folgten dem Profil rund 250 Personen. Ein Jahr später zum Zeitpunkt der Nullmessung waren es bereits um die 370 Likes. Setzt man diese Zahl ins Verhältnis zu den Studierenden des Masterstudiengangs, dann zeigte sich ein dreimal höherer Wert als für das Facebook-Profil der Technischen Hochschule Ingolstadt (THI). Diese hatte zwar 4052 Anhänger, wies aber bei einem Stand von 4400 Studierenden nur ein Verhält- nis von knapp eins auf. Da der Masterstudiengang mit seiner Facebook-Seite eine deut- lich kleinere Zielgruppe anspricht als die gesamte THI, schlussfolgerte man daraus, dass die Anzahl der Anhänger auf Facebook für den Studiengang MVM in absoluten Zahlen gesehen zwar noch verbesserungsfähig, verhältnismäßig betrachtet aber positiv sei.

Inhaltlich wirkte das Profil auf den ersten Blick ansprechend und lebendig. Die Basis- daten der Seite waren weitgehend gepflegt, es fehlten jedoch ein Impressum und Hinweise auf die Administratoren. Zudem fiel auf, dass sowohl das Profil- als auch das Titelbild wenig Bezug zum Masterstudiengang aufwiesen. Anstatt zumindest das Logo der Business School zu verwenden, wurde das generische offizielle Logo der THI eingesetzt. Auch das Titelbild war nicht sehr aussagekräftig. Zusätzlich erkannte man, dass die Facebook-Seite nicht als „Hochschule" sondern als „Produkt/Service" deklariert worden war.

Posts des Masterstudiengangs wurden neben dem inhaltlichen Content auch mit passenden Fotos und Links versehen, sodass diese sehr ansehnlich und interessant gestaltet erschienen. Bei näherer Betrachtung fiel jedoch auf, dass die Interaktion mit den Studierenden durchaus Luft nach oben hatte. Eine **Analyse der Beiträge** mit vergleichsweise **hohen Interaktionsraten** zeigte schließlich, welche Arten von Beiträgen am besten ankamen: Berichte über Professoren (mit Fragen zur Person) oder ehemalige Studierende (wo ist man nun beschäftigt, was hat man im MVM-Studiengang gelernt) sowie Medienberichte.

Im Rahmen der Situationsanalyse wurde eine geschlossene Facebook-Gruppe von MVM-Studierenden identifiziert. Da es sich um eine private Initiative von Studierenden handelte, wurde diese Gruppe nicht weiter in die Analyse mit einbezogen.

Zeigte die Situationsanalyse der Facebook-Seite von MVM durchaus positive Ergebnisse, so fiel das Urteil in Bezug auf die **Xing-Gruppe** deutlich schlechter aus. Die seit September 2011 bestehende Gruppe umfasste 62 Mitglieder. Bis zur Nullmessung wurden im gesamten Zeitraum ganze drei Beiträge gepostet. Hinzu kam, dass die Gruppe innerhalb und außerhalb von Xing kaum auffindbar war. Die Analyse ergab weiter, dass die Seite nicht ausreichend betreut wurde. Selbst studierende Mitglieder fragten nach mehr Informationsgehalt sowie nach einem regeren Austausch. Aus diesem Grund wurde für dieses Portal noch einiges an Potenzial vermutet.

Für die **Wettbewerbsanalyse** musste zunächst definiert werden, wer die Wettbewerber waren. Da es sich in dieser Analyse um Studiengänge und nicht um Unternehmen im klassischen Sinne handelte, stellte sich diese Aufgabe durchaus als Hürde heraus. Es mussten Kriterien gefunden werden, um die doch recht individuellen Studiengänge vergleichen zu können. In der Analyse wurden daher vor allem inhaltliche Überschneidungen hervorgehoben und analysiert. Ziel war es, die identifizierten Studiengänge im Hinblick auf ihre Social-Media-Aktivitäten näher zu untersuchen und mit dem MVM-Studiengang zu vergleichen.

Das Ergebnis der Wettbewerbsanalyse war durchaus interessant. Zeigte es doch, das zum Zeitpunkt der Nullmessung deutschlandweit kaum vergleichbare Social-Media-Auftritte **auf Studiengang-Level** zu finden waren (eine der Ausnahmen war der Masterstudiengang Business Management und Marketing an der Hochschule Mosbach, der mit einem ähnlichen Portfolio aufwartete). Der Studiengang MVM hatte sich also im Bereich Social Media bereits sehr stark positioniert.

Die Ergebnisse der Analyse flossen abschließend in eine **SWOT-Analyse,** die der nachstehenden Tab. 15.1 zu entnehmen ist.

Auf Basis dieser Analyse wurden schließlich die weiteren Schritte iterativ durchlaufen. An dieser Stelle sei natürlich darauf verwiesen, dass sich seit der Nullmessung eine Menge getan hat. Diese Entwicklungen wurden fortwährend beobachtet und gingen in die Weiterentwicklung der hier beschriebenen Aktivitäten ein.

Tab. 15.1 SWOT-Analyse zum Social-Media-Auftritt des Master-Studiengangs MVM an der THI Business School. (Quelle: eigene Darstellung)

Stärken	Schwächen
• Separater Social-Media-Auftritt in Facebook • Hohe Beitragsqualität und Veröffentlichungsfrequenz • Leichte Auffindbarkeit der Facebook-Präsenz	• Praktisch keine Aktivitäten auf Xing • Posts ohne Strategie • Veraltete Informationen • Facebook ausbaubar
Opportunities	**Threats**
• Vorlesungen auf YouTube (oder zumindest intern auf Moodle) veröffentlichen • Weitere Social-Media-Plattformen erschließen • Bekanntheit steigern durch gute Social-Media-Strategie	• Ignorieren von wichtigen anderen oder aufstrebenden Netzwerken (z. B. Twitter, YouTube, Tumblr) • Die Aktivitäten in den sozialen Netzwerken können negativen Einfluss auf die Reputation haben • Verwirrung durch mehrere Plattformen • Andere Studiengänge legen nach

Schritt 2: Definieren

Mit dem zweiten Schritt erfolgte die Festlegung der **zu erreichenden Ziele** sowie der damit verbundenen **Zielgruppen**. Ausgangspunkt waren vier grundlegende Kommunikationsziele, die Abb. 15.1 zu entnehmen sind.

Als wesentliche Zielgruppe wurden drei Gruppierungen identifiziert:

- **Potenzielle MVM-Studierende:** Hierbei handelt es sich vorwiegend um Bachelor-studierende im Alter zwischen 22 und 30 Jahren, die einen betriebswirtschaftlichen oder medienorientierten Erststudiengang belegen und sich für ein weiterführendes Studium mit Fokus auf Marketing, Vertrieb und/oder Medien interessieren. Auf Basis von Recherchen konnte hier eine Gruppe von ca. 300.000 Studierenden ausgemacht werden.

  Folgende Ziele wurden für diese Zielgruppe festgelegt (der Einfachheit halber an dieser Stelle ohne Bezug zu SMART): Bekanntheit steigern, Qualität der Bewerber steigern, Erreichen potenzieller Bewerber.

- **Aktuelle MVM-Studierende:** Als Kernbezugsgruppe der Social-Media-Aktivitäten wurden die eigenen, aktuellen Studierenden des Masterstudiengangs MVM ausgemacht, circa 120 Studierende im Alter von 22 bis 32 Jahren.

  Für diese Zielgruppe wurden folgende Ziele festgelegt: Beziehungen stärken, informieren, Mehrwert bieten, ständigen Austausch fördern.

- **Ehemalige MVM-Studierende und Unternehmen:** Die rund 500 ehemaligen Studierenden (Altersgruppe zwischen 25 und 35 Jahren) bilden die dritte Zielgruppe. Zusätzlich sollten Unternehmen angesprochen werden, die selber einen Bezug zur THI Business School und zur Hochschule Augsburg haben, vor allem aber zu den Dozenten der beiden Institutionen.

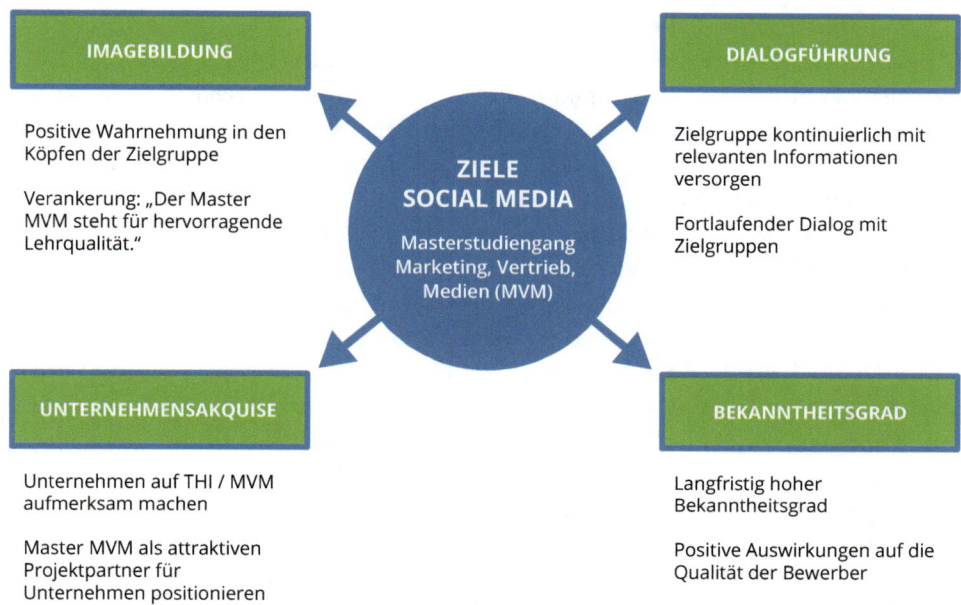

Abb. 15.1 Die vier Kommunikationsziele von MVM. (Quelle: eigene Darstellung)

Folgende Ziele wurden für diese Zielgruppe festgelegt: Bekanntheitsgrad von MVM bei Unternehmen steigern, Auf- und Ausbau von Beziehungen zu Unternehmen (z. B. für Masterprojekte und -arbeiten), aktives Netzwerken unter den Alumnis.

Schritt 3: Selektieren
Aufbauend auf der Zielfestlegung und der Auswahl der Zielgruppen erfolgte die Selektion der Social-Media-Kanäle. Die Analyse ergab:

- Potenzielle Studierende halten sich vorwiegend auf Facebook, Twitter und YouTube auf.
- Aktuell MVM-Studierende halten sich vorwiegend auf Facebook, Twitter und YouTube auf.
- Ehemalige MVM-Studierende und Unternehmen halten sich vorwiegend auf Facebook, Twitter, LinkedIn, Xing und YouTube auf.

Die hier erwähnten Kanäle kamen auf eine **Short-List.**

Schritt 4: Organisieren:
Die SWOT-Analyse zu MVM zeigte zum einen bei beiden Kanälen Verbesserungspotenziale auf. Zum anderen wurden dadurch weitere mögliche Kanäle „entdeckt", z. B. YouTube. Gleichzeitig erkannte man durchaus Risiken darin, dass mit der Hinzunahme weiterer Kanälen die Übersichtlichkeit verloren gehen könnte.

Als **begrenzender Faktor** bei einer möglichen Ausweitung auf weitere Plattformen sah man die zur Verfügung stehenden **Ressourcen.** Bis zum Zeitpunkt der Nullmessung gab es eine Mitarbeiterin im Dekanat der THI Business School, die in Teilzeit den MVM-Studiengang unterstützte, die also nur einen Bruchteil ihrer Arbeitszeit dem Social-Media-Auftritt widmen konnte. Daneben kümmerte sich der Studiengangleiter nebenher um die Aktivitäten.

Im Zuge der Neuausrichtung der Social-Media-Aktivitäten und der Tatsache, dass es bei den bereits existierenden Profilen viele Verbesserungspotenziale gab, entschied der Studiengangleiter, pro Semester **zwei bis drei MVM-Studierende als Team** einzusetzen. Diese Studierenden konnten sich die Aktivität als Masterprojekt anrechnen lassen. Die Aufgabe des Teams bestand in der Planung (siehe Schritt 1 (zuhören) und 7 (planen und konzipieren) des Social-Media-Zyklus), der Durchführung (siehe Schritte 8 (moderieren) und 9 (deeskalieren)), sowie der Kontrolle (siehe Schritt 10 (kontrollieren und analysieren)) sämtlicher Social-Media-Aktivitäten. Der Studiengangleiter fungierte als übergeordnetes Glied, der die Verantwortung über die Aktivitäten übernahm, z. B. indem er die Planungen freigab.

Diese Erkenntnisse unter Berücksichtigung der organisatorischen Möglichkeiten führte schließlich nach einigen Iterationsschleifen zu der in Abb. 15.2 dargestellten Social-Media-Architektur.

Schritt 5: Zusammenführen
Die bis dato durchlaufenen Schritte wurden schließlich zusammengeführt und in der nachstehenden Social-Media-Architektur manifestiert (siehe Abb. 15.2).

Die in Abb. 15.2 dargestellte **Architektur** macht deutlich, dass vorerst auf weitere, eigene MVM-Kanäle verzichtet wurde. Vielmehr war es das Ziel, die bislang vorhandenen Profile auszubauen und besser zu bespielen. Wenn nötig, sollte der Rückgriff

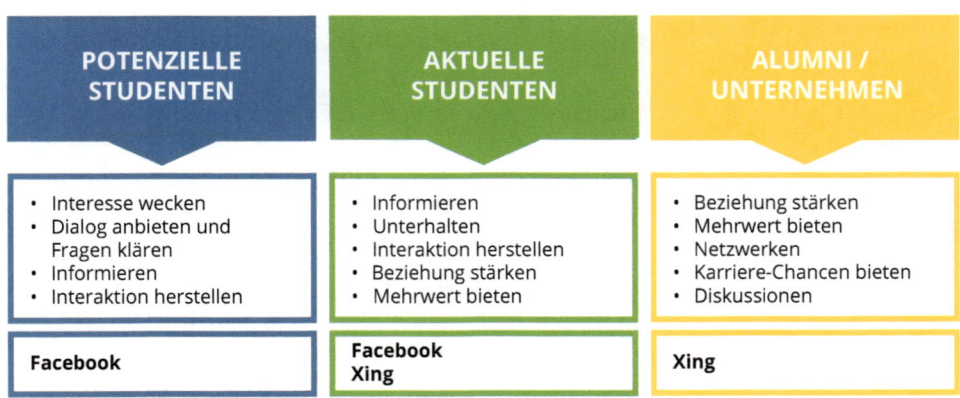

Abb. 15.2 Social-Media-Architektur des Masterstudienganges MVM. (Quelle: eigene Darstellung)

auf die Twitter- und YouTube-Kanäle der Pressestelle der THI erfolgen, was aber selten von Nöten war. Im Frühjahr 2018 startete, zunächst zurückhaltend, der Instagram-Kanal.

Ein eigenes **Social-Media-Governance-Modell** wurde bis dato noch nicht entwickelt, da der Aufwand hierfür nicht im Verhältnis zum Ertrag stand. Stattdessen wurde das im nächsten Schritt erstellte Dokument als eine Art Ersatz herangezogen.

Schritt 6: Regeln

Die Basis aller weiteren Social-Media-Aktivitäten bildeten die **internen Social-Media-Guidelines.** Dieses umfassende Dokument regelte alle wesentlichen Aspekte der weiteren Zusammenarbeit zwischen Administratoren und Verantwortlichen. Es diente der Übergabe von einem Team auf ein Neues, wenn es zu Semesterbeginn zum Wechsel kam. Jedes Team war dafür verantwortlich, Neuerungen in diesem Dokument zu vermerken. Die internen Guidelines konnten auf diese Weise als Basis zur Schulung der neuen Teams herangezogen werden.

In den internen Social-Media-Guidelines wurden die Grundlagen für die Planung, Moderation und Deeskalation festgehalten.

Schritt 7: Planen und umsetzen

Für die Organisation der Social Media-Auftritte nutzen die Administratoren in den ersten Semestern einen **Redaktionsplan** in Form eines herkömmlichen Excel-Sheets. Dieser half, den Überblick zu behalten, Posts vorzubereiten, Inhalte zu planen und die allgemeine Organisation zu managen. Der Plan wurde auf einer Dropbox mit Zugriff für alle Administratoren und den Hauptverantwortlichen hinterlegt, sodass ihn jeder zu jeder Zeit von überall aus einsehen und pflegen konnte. Der Plan baute – ähnlich wie die Beispiele in Servicelink 11.1 – klassischerweise auf einer tagesgenauen Darstellung inklusive Berücksichtigung von Wochenenden und Feiertagen auf. Zu Beginn konnte via Dropdown aus den zuvor festgelegten Kategorien ausgewählt und ein kurzer Hinweis zum Thema des Postings eingefügt werden. So erkannte man auf einen Blick, wann welcher Post abgesetzt wurde, wer zuständig war und welche Beiträge für die folgenden Tage geplant waren. Wurden Links und Videos geteilt, waren auch diese im Plan vermerkt. Zudem waren die unterschiedlichen Plattformen in weiteren Spalten aufgeführt, in denen die jeweiligen Texte ausformuliert standen. Der Freigabe-Status zeigte an, was in Planung, zur Freigabe erstellt oder bereits erledigt war. Durch den Redaktionsplan waren also alle relevanten Informationen an einem Ort gesammelt verfügbar.

Die ursprüngliche Entscheidung für die Vorgehensweise der Planung (und Freigabe) über einen Excel-Plan via Dropbox geschah aus **budgetären Gründen.** Sehr schnell folgte die Nutzung des kostenlosen Buffer-Tools. Später kam zu Testzwecken die Planung über Scompler hinzu. All diese Tools erleichterten die Arbeitsabläufe enorm, da man nun nicht mehr einen Redaktionsplan pflegen und die Inhalte dann auf die Plattformen übertragen musste. Dies galt zumindest für Facebook. Da weder Buffer noch Scompler über eine Anbindung an Xing verfügten, mussten die Postings manuell geplant und freigegeben werden. Seit dem Sommersemester 2018 ist SocialHub im Einsatz.

Weitere verschiedene professionelle Tools werden evaluiert, mit denen sich die Arbeiten weiter automatisieren und vereinfachen lassen sollen.

Die internen Guidelines sahen des Weiteren detaillierte Informationen für die Planung der beiden Profile auf Facebook und Xing vor.

Facebook: Für Facebook beispielsweise wurde auf Basis der Analyse bisheriger Posts ein Kategorienschema entwickelt. Jeder Beitrag auf Facebook wurde einem der sieben festgelegten Kategorien zugeordnet. Dies half der Administration, geeignete und abwechslungsreiche Inhalte zu finden sowie den Überblick zu behalten. Dem Leser des Redaktionsplans hilft es, einzelne Posts schnell zuzuordnen und wiederzufinden. Die sieben Kategorien für Facebook (für die später im Redaktionsplan noch ein Farbschema eingebaut wurde) sowie die vorgesehene Art der Inhalte sind in Tab. 15.2 dargestellt.

Am Ende eines jeden Posts wurde die entsprechende Kategorie unter Verwendung eines Hashtags (#) beigefügt. Die weiteren Ausführungen der Guidelines erläuterten en détail die notwendigen Vorgehensweisen im Umgang mit Facebook, inklusive des Umgangs mit Fotos und Videos.

Die Fans auf Facebook waren zum Zeitpunkt der Einführung des neuen Ansatzes zu 60 % zwischen 18 und 34 Jahre alt und damit eine junge Zielgruppe. Im Fokus stehen heute zudem die Studierenden und die Studieninteressierten. Der Umgangston auf Facebook wurde deshalb als locker und nicht formell bestimmt. Die Moderatoren schlugen sowohl für Nachrichten als auch für Beiträge und Kommentare einen natürlichen Ton an und verwendeten die Du-Form als Anrede.

Xing: Für XING gab es keine Kategorien mit Hashtags. Hier erfüllen die sogenannten Foren die einordnende Funktion. Tab. 15.3 zeigt die aktuell bestehenden Foren. Wichtig ist hier, dass die meisten Foren von beiden Seiten bespielt werden – sowohl durch Administratoren, als auch von Gruppenmitgliedern. Für diese besteht die Möglichkeit Feedback und Ideen einzubringen, Job-Angebote zu posten oder sich an Diskussionen zu beteiligen. Als feste Bestandteile im Redaktionsplan gibt es zum einen die Monatsdiskussion mit Themen, die den MVM-Studiengang als Studium oder als Fachgebiet betreffen. Zum andern wird jeweils um den Monatswechsel herum ein fachlicher Beitrag gepostet, der für die Karriere oder den Umgang mit XING als Plattform interessant ist. Diese Tipps dienen mehr dem persönlichen Mehrwert für die Gruppemitglieder als der Anregung von Diskussionen.

Der Umgangston auf XING ist formeller, aber nicht distanziert, was sich im Gebrauch der Sie-Form ausdrückt. Zum einen ist XING ein Business-Portal, bei dem diese Umgangsform gebräuchlich ist. Zum anderen zielen die Aktivitäten auf XING vor allem auf Alumni ab, die bereits fest im Beruf verankert sind und bei denen ein formeller Ton angebrachter ist.

Da die MVM-Gruppe auf XING eine geschlossene Gruppe ist, müssen Interessenten die Mitgliedschaft beantragen, die dann seitens der Administratoren bestätigt wird.

Tab. 15.2 Kategorien, Inhalte und Timing der Facebook-Posts für MVM. (Quelle: eigene Darstellung)

Kategorie	Inhalte	Timing
#Campus	Alles rund um das Zuhause der Studenten: THI-Veranstaltungen und -Vorträge; Fristen zu Klausuren, Rückmeldung und andere Deadlines; Vereine und Engagement (z. B. UNICEF), Bibliothek (z. B. Seminare und Schulungen)	Alle zwei Wochen beziehungs-weise bei Bedarf/Verfügbarkeit
#MVMintern	Alles Rund um den Studiengang MVM: Vorstellungsrunde (Studenten, Dozenten, Alumni), Fachartikel von Dozenten und Professoren, Gastvorträge und Ver-anstaltungen MVM, Exkursionen	Vorstellungsrunde (rotierend) jede Woche dienstags, Rest bei Bedarf/Verfügbarkeit
#BrancheUnd Karriere	Inhalte rund um Karriere und die Bran-che: Messen, Kongresse, Fachartikel, Best Practice, Einstiegsjobs, Werkstudentenjobs, Praktika, Abschlussarbeiten, Auslandauf-enthalte	Alle zwei Wochen und bei Bedarf/Verfügbarkeit
#Medien Sonntag	Platz für Spaß und Entspannung: Coole Kampagnen, lustige passende Videos, krea-tive Werbespots, „Lückenfüller", „Artikel/ Kampagne der Woche"	Jede Woche, immer sonntags
#Freizeit	Freitag ist Freizeit-Tag: Regionale Ver-anstaltungen, Partys und Freizeitmöglich-keiten in Augsburg und Ingolstadt	Alle drei Wochen und bei Bedarf
#Aktion	Leser werden aktiv: Gewinnspiele und offene Fragen, bei denen Leser mitwirken sollen	Bei Bedarf/Verfügbarkeit
#Anlass	Posts für bestimmte Tage und Ereignisse, Festtagsgrüße, „Tag des XY"	Bei Bedarf/Verfügbarkeit

Es ist wichtig, dass eine zeitnahe Bestätigung der Anfragen erfolgt. Als Ziel wurde vom Studiengangleiter 24 h festgelegt.

Von diesen generellen Aktivitäten abgesehen, konnten direkt nach Umsetzung des systematischen Social-Media-Ansatzes sämtliche Schwachpunkte der Profil-Auftritte (v. a. Profil- und Titelbild auf Facebook, sowie das fehlende Impressum) aufgegriffen und neu aufgesetzt werden.

Schritt 8: Moderieren

In Bezug auf die Moderation führte das in Schritt sechs angeführte Dokument **genaue Regelungen** für das Liken und Kommentieren auf Facebook auf. Grundsätzlich galt: alle

Tab. 15.3 Foren in der MVM-Xing-Gruppe. (Quelle: eigene Darstellung)

Forum	Inhalt	Timing
Ideen, Vorschläge, Feedback	Gruppenmitglieder können hier Ideen anregen oder Feedback geben	Bei Bedarf vonseiten der Gruppenmitglieder, keine Postings der Administratoren
Fragen & Antworten (Q&A)	Gruppenmitglieder können hier Fragen bezüglich der Gruppe oder des Studiums loswerden, die seitens der Administratoren beantwortet werden	Bei Bedarf vonseiten der Gruppenmitglieder, Administratoren antworten nur
Jobangebote für MVM-Studierende	Hier können sowohl Gruppenmitglieder als auch Administratoren Jobangebote für Studierende posten, die der MVM-Studiengang abdeckt	Bei Bedarf vonseiten der Gruppenmitglieder oder Administratoren
Jobangebote für MVM-Alumni	Hier können sowohl Gruppenmitglieder als auch Administratoren Jobangebote für Absolventen posten, die MVM abdeckt	Bei Bedarf vonseiten der Gruppenmitglieder oder Administratoren
MVM-Monatsdiskussion	Jeden Monat gibt es eine Diskussion rund um Themen, die den Studiengang MVM als Studium oder als Themenbereich betreffen	Einmal Mitte des Monats
Branche und Karriere	Tipps zur Karriere oder dem Umgang mit XING	Einmal im Monat gegen Monatsende

Nachrichten werden beantwortet. Der Zeitrahmen sollte 24 h nicht übersteigen, da eine schnelle Rückmeldung einen positiven Eindruck bei den Interessenten hinterlässt und zeigt, dass Anfragen wertgeschätzt werden.

Die MVM-Seite erreichen viele Anfragen von Studieninteressierten. Da die Facebook-Seite von Studenten verwaltet wird, bot es sich an (wie bereits erwähnt), einen persönlichen Umgangston zu wählen. Waren die moderierenden Studenten einmal nicht in der Lage eine Frage zu beantworten, zum Beispiel bei detaillierten Fragen zum Bewerbungsablauf, gab das Prozedere vor, dass sich das Social Media-Team an den Verantwortlichen Prof. Decker wendete, und sich dieser mit entsprechendem Fachwissen um die Anfrage kümmerte. Dies geschah dann allerdings in der Sie-Form, um den notwendigen Abstand zwischen Interessenten und Professor zu wahren. Mit besagtem Vorgehen ist die Fan-Seite bis dato auf sehr positive Resonanz gestoßen.

Schritt 9: Deeskalieren

Der guten und aufmerksamen Moderation der Teams ist es zu verdanken, dass keine wirklichen Krisen zu vermerken waren. Lediglich einmal gab es **etwas Aufruhr** in der Fakultät, als die Aussagen eines ehemaligen Studierenden auf Facebook als etwas zu forsch angesehen wurden. Da dies eher auf der Tonspur innerhalb der Fakultät passierte

als auf Facebook, nahm davon niemand wirklich Notiz. Die Kommentare des Studierenden blieben im Übrigen so stehen.

Basis für die Zusammenarbeit zwischen Administratoren und Verantwortlichen ist ein
kleiner Eskalationsplan. In ihm wurden die Themen festgelegt, bei denen die Moderatoren auf den Verantwortlichen zukommen sollten.

Schritt 10: Kontrollieren und analysieren

Eine ganz wesentliche Aktivität vor, während und nach der Einführung des neuen, systematischen Social-Media-Management-Ansatzes war die fortlaufende Analyse sämtlicher Aktivitäten. Zu Beginn der Entwicklung der Strategie diente die Auswertung der
bisherigen Beiträge dazu, die wesentlichen Schlüsse für die Planung des Contents zu ziehen. Seitdem zeigt ein **monatliches Reporting,** welche Aspekte gut und welche weniger gut laufen. Entsprechende Anpassungen werden kontinuierlich vorgenommen. – Das
Kategorienschema für Facebook und die Timing-Frequenzen sehen heute um einiges
anders aus, als zum Start des Projekts.

Wesentliche Erkenntnisse in puncto Facebook waren:

- Die durchschnittliche Anzahl der erreichten Personen pro Beitrag konnte kontinuierlich gesteigert werden.
- Die Reichweite von 186 Personen Anfang März 2013 lag bis Ende des Sommer-
  semesters 2013 bereits bei etwa 1200 erreichten Personen. Das entspricht einer Steigerung von fast 650 %. Dieses Niveau konnte lange gehalten werden.
- Aktuell merkt man ein wenig die Müdigkeit der Studierenden in Bezug auf Facebook,
  weswegen über neue Alternativen nachgedacht wird.
- Dennoch bekundeten 90 % der MVM-Studierenden in einer Zufriedenheitsbefragung,
  dass die MVM-Facebook-Seite weitergeführt werden soll.
- Die beliebtesten Beiträge sind in der Regel Videos, wie etwa das im Juli 2017
  gepostete MVMgoesEast-Video mit einer Reichweite von weit über 3000 Personen.
  Auch der Medien-Sonntag wurde immer sehr gut angenommen.
- Die Seite hat zur Mitte des Jahres 2018 um die 710 Fans. Das bedeutet, dass man
  kontinuierlich wachsen konnte und vor allem, dass ehemalige Studierende auch nach
  dem Studium der Seite treu bleiben.

Im Rahmen der Weiterentwicklung der Facebook-Seite haben die Administratoren-
Teams immer wieder Ideen für neue Beitragsarten eingeführt. So gab es beispielsweise
Videoserien zu Life-Hacks oder ein MVM-ABC mit Videos, in denen wesentliche
Begriffe aus den Vorlesungen erläutert wurden.

Die Xing-Gruppe konnte seit dem Start des neuen Ansatzes im Sommersemester 2013
durchaus belebt werden. Sie weist allerdings weiterhin keine übermäßig starken Interaktionen auf:

- Mitte 2018 hat die Gruppe 167 Mitglieder.
- Es wurden 46 Beiträge gepostet, 23 Kommentare wurden dazu abgegeben.

Folglich besteht im Hinblick auf die Xing-Gruppe weiterhin Luft nach oben. Man muss aber einsehen, dass Xing keine Plattform ist, bei der es normalerweise zu sehr vielen Interaktionen kommt. Positiv zu vermerken ist, dass das Alumni-Netzwerk in den letzten beiden Jahren immer besser ins Laufen kam. Dabei ist jedoch der bevorzugte Kanal E-Mail. Mittlerweile hat sich so ein reger Austausch und eine florierende Job- und Praktikantenbörse entwickelt. Die meisten Angebote werden, um die Exklusivität der Angebote zu wahren, uni-intern über die MVM-Moodle-Seite an die Studierenden herangetragen.

Insgesamt betrachtet kann das Engagement im Social Web für MVM als durchweg positiv beurteilt werden. Nicht alles, was man sich vornimmt klappt oder kann 1:1 umgesetzt werden. Dazu fehlt leider die Zeit. Die Anwendung des Social-Media-Zyklus für den Masterstudiengang zeigte aber, dass er eine ausgezeichnete Basis für das systematische Management von Social Media ist.

An dieser Stelle möchte der Autor als Studiengangleiter allen Mitwirkenden am Ursprungsprojekt danken. Der besondere Dank gilt jedoch vor allem den jeweiligen Administratoren-Teams:

- Anna Gerstner und Martin Schönauer
- Julia Berger und Griseldis Müller
- Andrea Huber und Susanne Nuber
- Marco Kubecka, Miriam Spieler und Marina Wuschek
- Stephanie Herkenroth und Tanja Kramer
- Sonja Engelhardt und Franziska Hackner

Literatur

Harenberg B (1997) Harenberg Lexikon der Sprichwörter und Zitate. Verlags- und Medien GmbH & Co, KG, Dortmund
Technische Hochschule Ingolstadt (o. J.) Marketing/Vertrieb/Medien (M. A.). https://www.thi.de/thi-business-school/studiengaenge/marketingvertriebmedien-ma/. Zugegriffen: 31. Mai 2018

Entwicklung einer „passiven" Social-Media-Strategie

16

> *Man kann nicht nicht kommunizieren.*
> Paul Watzlawick, österreichisch-amerikanischer
> Kommunikationswissenschaftler (Watzlawick et al. 2017, S. 53).

Zusammenfassung

Auch für Unternehmen, die zu dem Schluss kommen, eigentlich nicht Social Media betreiben zu wollen, besteht nach Auffassung des Autors die Notwendigkeit, sich zumindest mit ausgewählten Schritten des Social-Media-Zyklus zu beschäftigen. Anhand der zehn Schritte wird dies in diesem Kapitel erläutert.

Im Sinne des Kommunikations-Wissenschaftlers Paul Watzlawick gilt nach Auffassung des Autors dieses Buches der berühmte Satz „Man kann nicht nicht kommunizieren" auch für Social Media: **Man kann nicht nicht Social Media betreiben**. Auch andere Verfasser weisen darauf hin, dass man Social Media nicht nur proaktiv, sondern auch in einer eher reaktiven Weise betreiben kann (vgl. z. B. Felix et al. 2017; Schweidel und Moe 2014). Mehr noch: Die Experten sind sich weitgehend darüber einig, dass sich alle Unternehmen mit Social Media auseinandersetzen *müssen* – auch dann, wenn sie sich bewusst gegen einen proaktiven Einsatz entscheiden (vgl. Rauschnabel 2014).

Um in diese Thematik tiefer einzusteigen, hilft zunächst die Unterscheidung, wann ein Unternehmen Social Media (pro)aktiv oder reaktiv betreibt. Hierzu gibt die Tab. 16.1 die entsprechende Einteilung nach Rauschnabel (2014, S. 6) wider.

Nimmt man nun die in Tab. 16.1 vorgenommene Definition von reaktiven Social-Media-Marketing als Basis, so lassen sich in Bezug auf die zehn Schritte des Social-Media-Zyklus folgende Einschätzungen für die Unternehmen geben, die keinen (pro) aktiven Ansatz verfolgen möchten.

© Springer Fachmedien Wiesbaden GmbH 2019
A. Decker, *Der Social-Media-Zyklus,*
https://doi.org/10.1007/978-3-658-22873-6_16

Tab. 16.1 Unterscheidung in reaktives und (pro)aktives Social-Media-Marketing. (Quelle: Rauschnabel 2014, S. 6)

Reaktives Social-Media-Marketing	(Pro)aktives Social-Media-Marketing
= die Nutzung sozialer Medien zur Erreichung von Unternehmenszielen, ohne dass aktiv eigene Inhalte in sozialen Medien bereitgestellt werden. Inhalte, welche von Usern, Wettbewerbern und anderen Marktteilnehmern veröffentlicht oder/und verbreitet werden, werden erhoben, analysiert, beschrieben/interpretiert und innerhalb des Unternehmens zur strategischen und/oder operativen Planung genutzt. Außerdem umfasst das reaktive Social-Media-Marketing auch die Sensibilisierung, Führung und Schulung aller Mitarbeiter in Bezug auf soziale Medien. Nutzen: Defensiv (Schaden vermeiden) und supportiv (Unterstützung anderer Unternehmensbereiche)	= ein strategisches und bereichsübergreifendes Managementkonzept, innerhalb dessen Social Media isoliert oder in Kombination mit traditionellen Medien zur Erreichung von Unternehmenszielen innerhalb einer oder mehreren Stakeholder-Gruppen genutzt wird. Dadurch haben User die Möglichkeit, eigenen Content zu erstellen und in den öffentlichen Dialog mit den Unternehmen und/oder anderen Usern via Social-Media-Plattformen/ -Applikationen zu treten, welche entweder sanktioniert und gepflegt oder sogar vom Unternehmen betrieben wird. Nutzen: Offensiv (direkt zurechenbarer Nutzen von Social Media)

Schritt 1: Zuhören

Auch wenn ein Unternehmen sich gegen ein aktives Engagement im Social Web entscheidet, ist es mittlerweile dennoch **ein Muss,** zu beobachten und zu analysieren, was die jeweiligen Ziel- und Anspruchsgruppen im Netz und auf den diversen Plattformen von sich geben. Das Monitoring markenbezogener Nutzerkommentare (der eigenen Marken sowie der Konkurrenz) ist absolut unabdingbar. Vor dem Hintergrund der mehrfach beschriebenen Dynamik der sozialen Medien spielt dieses Zuhören für das Verständnis der Kunden und anderer Zielgruppen eine entscheidende Rolle und gibt Anhaltspunkte für ihre Bedürfnisse. Es ähnelt damit einer **Art qualitativen Marktforschung,** in der Anregungen und Hinweise der Nutzer wertvolle Ideen für Verbesserungen oder frühzeitig Indizien für den Markterfolg von Neuprodukten liefern können. Negative Kritik dient als Frühwarnsystem für potenzielle Gefahren, auf die es rechtzeitig zu reagieren gilt. Insofern bedarf es auch bei reaktiver Ausrichtung eines systematischen Social-Media-Monitorings. Sich dieser Informationsquelle zu verschließen, käme einem Blindflug gleich.

Schritt 2: Definieren

Aus den bei Schritt eins beschriebenen Gründen sollten zumindest Ziele für das reaktive Social-Media-Marketing definiert werden. Wie aus der Tab. 16.1 zu entnehmen ist, wird der Nutzen defensiv beschrieben – es gilt vor allem Schaden zu vermeiden. Ziele zu definieren kann auch supportiv sein, wenn beispielsweise das Social-Media-Monitoring andere Unternehmensbereiche mit wichtigen Informationen (siehe oben; z. B. Produktverbesserungen) unterstützt. Wie alle Ziele sollten diese auch in diesem Fall schriftlich fixiert und SMART formuliert werden.

Schritt 3: Selektieren
Keinerlei Aktivitäten nötig bei einer reaktiven Ausrichtung des Unternehmens.

Schritt 4: Organisieren
Aus mehreren Gründen muss man auch bei einer reaktiven Ausrichtung ein paar Grund-gedanken zur **organisatorischen Verankerung von Social Media** anstellen. Zum einen ist zu entscheiden, wer sich um das notwendige, in Schritt eins vorgestellte, Social-Media-Monitoring kümmern soll. Wie in Kap. 5 gezeigt, ist diese Tätigkeit quantitativ und qualitativ durchaus anspruchsvoll und sollte deswegen nur geeigneten Personen (und nicht dem sprichwörtlichen Praktikanten) übertragen werden. Sind im Unternehmen keine adäquaten Kapazitäten vorhanden, sollte man über die Auslagerung an eine externe Agentur nachdenken. Ob interne oder externe Betreuung: Es sind die entsprechenden Budgets einzuplanen.

Auch im Hinblick auf eine mögliche Social-Media-Krise sollten Unternehmen organisatorische Vorkehrungen treffen. Wie das Beispiel von Domino's Pizza (siehe Abschn. 13.1.2) verdeutlichte, hatte die Pizza-Kette zum Zeitpunkt des Vorfalls keine eigenen Social-Media-Profile. Dennoch traf sie der Shitstorm.

Schritt 5: Zusammenführen
Auch wenn es in Bezug auf eine Social-Media-Architektur an dieser Stelle keinerlei Notwendigkeit gibt, Aspekte zusammenzuführen, so sollten dennoch ein paar wesent-liche Aspekte auch im reaktiven Falle festgehalten werden. Hierbei geht es insbesondere darum, die in Schritt vier angesprochenen organisatorischen Notwendigkeiten, wie die **Definition von Prozessabläufen** im Krisenfall, zu dokumentieren.

Schritt 6: Regeln
Wie aus der Definition von Rauschnabel (2014, S. 6) zum reaktiven Social-Media-Marketing weiter zu entnehmen ist, muss der reaktive Ansatz auch die **Sensibilisierung, Führung und Schulung aller Mitarbeiter** in Bezug auf soziale Medien umfassen (siehe auch Tab. 10.1; ähnlich beispielsweise auch Zerfaß et al. 2012).

Auch ein nur reaktiv auf Social Media ausgerichtetes Unternehmen benötigt also **interne Social-Media-Guidelines**. Jedes Unternehmen sollte mindestens grundlegende Richtlinien für alle Mitarbeiter verfassen, unter anderem mit Informationen zu Haltung des Unternehmens hinsichtlich Social Media, Festschreibung eines gemeinsamen Social-Media-Verständnisses, allgemeinen Hilfestellungen, Regelungen zur Abgrenzung von Beruf und Privatem, …). Hier geht es schwerpunktmäßig um die Sensibilisierung der Mitarbeiter für die Gefahren von Social Media (vgl. Rauschnabel et al. 2013).

Schritt 7: Planen und umsetzen
Keinerlei Aktivitäten nötig bei einer reaktiven Ausrichtung des Unternehmens.

Schritt 8: Moderieren
Keinerlei Aktivitäten nötig bei einer reaktiven Ausrichtung des Unternehmens.

Schritt 9: Deeskalieren
Hoffmann (2012) fasst die Sichtweise von vielen Unternehmen in Bezug auf Krisenfälle sehr schön zusammen:

> Das Phänomen des „Shitstorm" ist in jüngster Zeit zu einem Schlagwort für jegliche Form unerwünschter Reaktionen im Internet geworden. Über soziale Netzwerke verbreiten sich Botschaften oft viel schneller als früher; Protestwellen können schnell an Eigendynamik gewinnen. Viele Unternehmen haben deswegen Vorbehalte, selbst im Social Web aktiv zu werden. Doch damit können sie einen Shitstorm keineswegs verhindern. Sie verhindern allenfalls, dass sie frühzeitig von unerwünschten Entwicklungen erfahren. Zudem nehmen sie sich selbst die Möglichkeit, aktiv mitzuspielen und die Plattformen des Web für Ihre Krisenkommunikation (mit) zu nutzen.

Dieser Auffassung folgt der Autor an dieser Stelle voll und ganz. Wie den Schritten vier und fünf bereits zu entnehmen war, muss auch ein reaktiv aufgestelltes Unternehmen **im Social-Media-Krisenfall reaktionsfähig sein.** Über die entsprechenden organisatorischen Rahmenbedingungen ist festzulegen, wer wann wie wo im Krisenfall reagieren soll. Das trifft vor allem auf diejenigen zu, die das Social-Media-Monitoring betreiben: Sie müssen bei aufkommender Kritik unverzüglich die richtigen Entscheidungsträger informieren können.

Schritt 10: Kontrollieren
Auch nicht-aktive Unternehmen müssen letztendlich Social-Media-Analyse betreiben. Dies lässt sich auf die Tatsache zurückführen, dass in Schritt zwei Ziele definiert wurden, sei es auch „nur" zur Vermeidung von Schaden. Vor diesem Hintergrund sind **geeignete Kennzahlen zu definieren und kontinuierlich zu überprüfen.** Diese mögen sich vor allem mit dem Thema der Online Reputation beschäftigen. Versucht das Unternehmen „supportiven Nutzen" (siehe Tab. 16.1) aus seiner reaktiven Ausrichtung zu ziehen, so müssten Kennzahlen aus der Rubrik „Produktinnovationen über Kunden" hinzugezogen werden. Darüber hinaus sollte man die Kontrolle im Hinblick auf die Wettbewerbsbeobachtung nicht vergessen.

Die vorangegangenen Ausführungen verdeutlichten, welche Aktivitäten jedes Unternehmen, sei es bei reaktiver oder (pro)aktiver Ausrichtung, im Rahmen des Social-Media-Marketings durchführen sollte. An dieser Stelle wurden die Themen bewusst nur kurz angerissen, da sie bereits ausführlich im Rahmen von Teil II des Buches besprochen wurden.

Literatur

Felix R, Rauschnabel PA, Hinsch C (2017) Elements of strategic social media marketing: A holistic framework. J Bus Res 1:118–126. https://doi.org/10.1016/j.jbusres.2016.05.001

Hoffmann K (2012) Leitfaden Krisen-Kommunikation. Shitstorms und andere Krisen. Wie Sie gründlich vorbeugen und was Sie im Ernstfall tun können. https://www.kerstin-hoffmann.de/Downloads/Leitfaden_Krisen-PR.pdf. Zugegriffen: 31. Mai 2018

Rauschnabel PA (2014) Monitoring als Erfolgsfaktor im Social Media Marketing. In: Höchstötter N (Hrsg) Handbuch Webmonitoring. Akademische Verlagsgesellschaft AKA, Berlin, S 3–22

Rauschnabel P, Mrkwicka K, Koch V, Ivens BS (2013) Social Media Guidelines: Aspekte der Realisierung. Mark Rev St. Gallen 5:36–47

Schweidel DA, Moe WW (2014) Listening in on socialmedia: A joint model of sentiment and venue format choice. J Mark Res 51(4):387–402

Watzlawick P, Beavin JH, Jackson DD (2017) Menschliche Kommunikation. Formen, Störungen, Paradoxien. Huber, Bern

Zerfaß A, Fink S, Linke A (2012) Social Media Delphi 2012: Eine Wissenschaftliche Studie zu Zukunftstrends der Social-Media-Kommunikation. Leipzig/Wiesbaden. https://www.slideshare.net/FFPR/studienbericht-social-media-delphi-2012. Zugegriffen: 31. Mai 2018

Ansatz, um sich in diesem dynamischen Bereich up-to-date zu halten 17

Wie kann man heute ein guter Lehrer sein? Das, was man heute lehrt, ist morgen schon wieder wissenschaftlich veraltet. Dann hat es also weder heute gestimmt, noch muß es morgen stimmen. Was soll da noch gelehrt werden?
Erhard Blanck, deutscher Heilpraktiker, Schriftsteller und Maler
(Blanck zitiert bei Aphorismen.de o. J.)

Zusammenfassung

Das dieses Lehrbuch abschließende Kapitel liefert nun noch einen kurzen Einblick darüber, wie man sich als Dozent, aber auch als Praktiker in einem derart dynamischen Bereich auf dem aktuellen Stand halten kann.

Als der Autor des Buches im Oktober 2012 die Professur Konsumgütermarketing und Digitale Medien an der Technischen Hochschule Ingolstadt antrat, stellte sich ihm als „Nicht-Digital-Native" die Frage, was man Studierenden, die mit den digitalen und vor allem den sozialen Medien aufgewachsen sind, beibringen könne. Er sah ein ähnliches **Dilemma,** wie es Blanck in seinem Zitat oben zum Ausdruck brachte. Es zeigte sich jedoch sehr schnell, dass die meisten Studierenden zwar manche Begriffe schon gehört hatten und sich einigermaßen auf den gängigen Social-Media-Plattformen auskannten. Wie man jedoch die sozialen Medien im unternehmerischen Kontext anwendet, war ihnen fast gänzlich unbekannt. Insofern erwies es sich als Vorteil, dass der Autor über Jahre als Unternehmensberater und in der Industrie sämtliche Entwicklungen der sozialen Medien mitgemacht hatte. Mit dem Antritt der Professur fielen aber bestimmte Informationslieferanten weg: Als Berater war es Teil des Jobs, neue Informationen zu beschaffen. In der Industrie hatte man dafür Berater und Agenturen. Nun, als Professor an der Hochschule, stellte sich die Frage, wie man sich am besten auf dem Laufenden

© Springer Fachmedien Wiesbaden GmbH 2019
A. Decker, *Der Social-Media-Zyklus,*
https://doi.org/10.1007/978-3-658-22873-6_17

hält. Hier kommt erschwerend hinzu, dass es sich bei Digital und Social Media um ein hochdynamisches Themengebiet handelt, über das es nur wenige aktuelle Bücher oder wissenschaftliche Beiträge gibt.

Über mehrere Versuche und Iterationsschleifen, unter anderem mit einer starken Nutzung von Pinterest, hat sich in den letzten Jahren ein Prozess etabliert, der es dem Autor ermöglicht, sich und seine Zielgruppe (in den meisten Fällen sind das die Studierenden, teilweise aber auch die Unternehmen, die vom Autor des Buches beraten werden) auf dem Laufenden zu halten. Diese Vorgehensweise fand auch zu großen Teilen Anwendung bei der Entstehung dieses Buches. Die **Grundzüge der Vorgehensweise** sind Abb. 17.1 zu entnehmen.

Aufgrund der Tatsache, dass **Twitter** der schnellste Informationskanal der Welt ist, dient es im **E-Learning-Konzept des Autors** als Ausgangsbasis. Der organische Aufbau der Twitter-Followerschaft bringt mit der Zeit sehr viele Follower mit sich, was die eigene Timeline sehr unübersichtlich macht. Als Lösung bot es sich an, Listen zu erstellen, in denen der Autor Twitter-Nutzer verwaltet, deren Beiträge einen fachlichen Wert aufweisen. Das Resultat war eine **Twitter-Liste mit Favoriten,** die um die 50 Nutzer umfasst. Diese Nutzer haben sich über die Jahre als wertvolle Lieferanten von gutem Content herausgestellt. In der Regel wird die Favoriten-Liste einmal täglich angeschaut. Interessante Themen erhalten zum einen einen Retweet. Themen rund um den Social-Media-Zyklus erhalten zudem ein Hashtag mit dem jeweiligen Schritt, beispielsweise #SMC7, wenn es um den Schritt „planen und umsetzen" geht. Alle Schritte sind auf diese

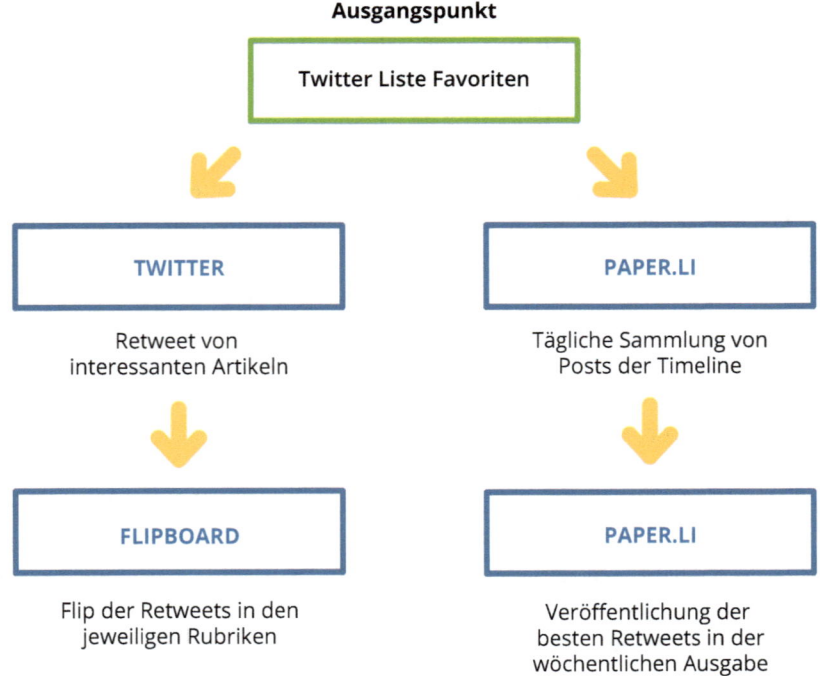

Abb. 17.1 E-Learning-Konzept. (Quelle: eigene Darstellung)

Weise mit dem Hashtag #SMC und der Nummer versehen (das C steht für das englische Cycle, sodass damit auch der englisch-sprachige Raum etwas anfangen kann). Beiträge zu spezifischen Social-Media-Plattformen erhalten ein Hashtag zum jeweiligen Anbieter (z. B. #Facebook bei Themen rund um Facebook).

Gleichzeitig werden diese Retweets in das jeweilige dafür vorgesehene **Flipboard** abgelegt. Auf die Flipboards wurde im Rahmen dieses Buches schon öfters hingewiesen. Als weitere Unterstützung dient der Dienst Paper.li. Dies ist ein Online-Dienst, über den man automatisiert eigene Online-Zeitungen erstellen kann. Im eigenen Fall des Autors erstellt Paper.li anhand der Tweets auf der eigenen Timeline einmal am Tag unter dem Namen „Decker's Digital Daily" eine Online-Zeitung und sendet diese automatisiert an die E-Mail-Adresse des Verfassers. Auf diese Weise erhält er Einsicht in zusätzliche Themen, die nicht nur von den Accounts in der Twitter-Liste, sondern von allen Twitter-Nutzern, denen der Autor folgt, erstellt wurden. Dieses Online-Magazin funktioniert wie eine Tageszeitung: Man kann sie kurz durchblättern und bei Interesse in die jeweiligen Artikel hineinklicken. Einmal in der Woche erscheint eine zweite Paper.li-Ausgabe, die ein Best-Of der vergangenen Woche beinhaltet (Seward's Folly Weekly Newsletter): Darin sind nur die Retweets des Verfassers zu finden. Auf diese Weise können pro Woche die einzelnen Retweets besser archiviert werden. Ab und zu erfolgt noch der Rückgriff auf Paper.li-Ausgaben von anderen Nutzern.

Das alles kostet Zeit. Diese müsste allerdings auch anderweitig aufgewendet werden, wenn man sich auf dem Laufenden halten will. Über die Vielzahl von Quellen kann man zudem feststellen, ob es sich um „guten" oder „schlechten" Content handelt, beispielsweise dadurch, dass sich bestimmte Aussagen über mehrere Beiträge hinweg verdichten.

Die Erfahrungen in den letzten zwei Jahren mit diesem Ansatz haben gezeigt, dass die Informationsversorgung der Zielgruppen neben dem Input, den der Autor als Dozent in Vorlesungen und Seminaren liefert, als sehr gut angesehen wurde. Gleichzeitig dient diese Art der Informationsgewinnung und -speicherung dem Autor selber dazu, mit den neuesten Entwicklungen und Informationen Schritt zu halten.

Servicelink 17.1 bietet abschließend Verweise zu den wichtigsten, hier angesprochenen Quellen.

Servicelink 17.1

Servicelink 17.1a zum Twitter-Account des Autors:
https://twitter.com/SaschaDecker
Servicelink 17.1b zum Flipboard-Account des Autors:
https://flipboard.com/@alexanderdecker/
Servicelink 17.1c zu Decker's Digital Daily:
https://paper.li/e-1463309883#/
Servicelink 17.1d zu Seward's Folly Weekly Newsletter:
https://paper.li/e-1463315759#/

Literatur

Aphorismen.de (o. J.) Zitat zum Thema: Lehrer. https://www.aphorismen.de/zitat/39647. Zugegriffen: 31. Mai 2018

Sachverzeichnis

© Springer Fachmedien Wiesbaden GmbH 2019
A. Decker, *Der Social-Media-Zyklus,*
https://doi.org/10.1007/978-3-658-22873-6